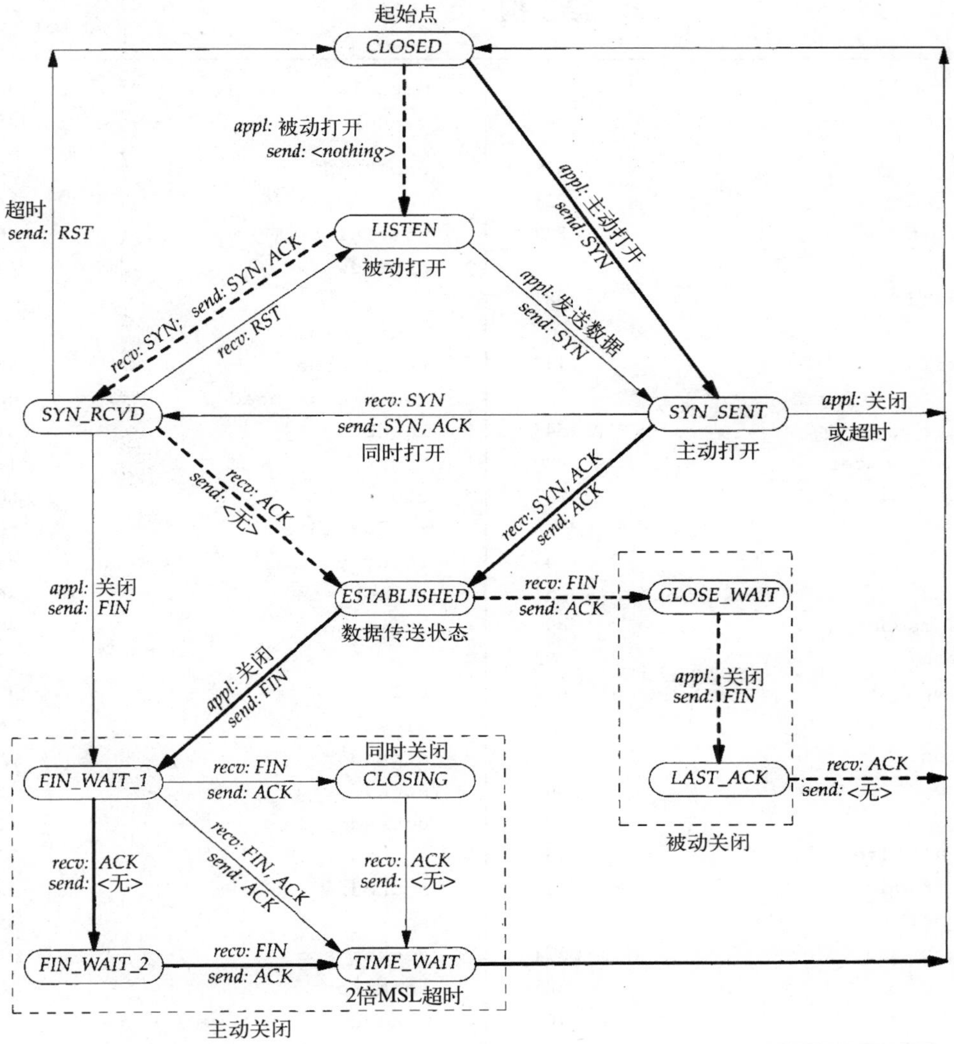

起始点

CLOSED

appl: 被动打开
send: <nothing>

超时
send: RST

appl: 主动打开
send: SYN

LISTEN

被动打开

recv: SYN; *send:* SYN, ACK

recv: RST

appl: 发送数据
send: SYN

SYN_RCVD

recv: SYN
send: SYN, ACK
同时打开

SYN_SENT

主动打开

appl: 关闭
或超时

recv: SYN, ACK
send: ACK

recv: ACK
send: <无>

appl: 关闭
send: FIN

ESTABLISHED

数据传送状态

recv: FIN
send: ACK

CLOSE_WAIT

appl: 关闭
send: FIN

LAST_ACK

recv: ACK
send: <无>

被动关闭

appl: 关闭
send: FIN

FIN_WAIT_1

recv: FIN
send: ACK

同时关闭
CLOSING

recv: ACK
send: <无>

recv: ACK
send: <无>

recv: FIN, ACK
send: ACK

FIN_WAIT_2

recv: FIN
send: ACK

TIME_WAIT

2倍MSL超时

主动关闭

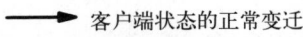 客户端状态的正常变迁

- - - -> 服务器端状态的正常变迁

appl: 应用程序产生操作时发生的状态变迁
recv: 收到报文段时发生的状态变迁
send: 状态变迁时发送的内容

U0394846

TCP状态变迁图

结 构 定 义

arpcom	62	mrtctl	335
arphdr	547	msghdr	386
bpf_d	826	osockaddr	58
bpf_hdr	823		
bpf_if	822	pdevinit	60
		protosw	148
cmsghdr	387		
		radix_mask	463
domain	147	radix node	461
		radix node_head	460
ether_arp	547	rawcb	519
ether_header	79	route	174
ether_multi	272	route_cb	501
		rt_addrinfo	500
icmp	245	rtentry	464
ifaddr	57	rt_metrics	465
ifa_msghdr	499	rt_msghdr	498
ifconf	92		
if_msghdr	499	selinfo	427
ifnet	51	sl_softc	64
ifreq	92	sockaddr	58
igmp	305	sockaddr_dl	67
in_addr	127	sockaddr_in	127
in_aliasreq	139	sockaddr_inarp	562
in_ifaddr	128	sockbuf	382
in_multi	274	socket	350
inpcb	574	socket_args	354
iovec	385	sockproto	502
ip	166	sysent	354
ipasfrag	227		
ip_moptions	276	tcpcb	643
ip_mreq	282	tcp_debug	733
ipoption	211	tcphdr	641
ipovly	609	tcpiphdr	643
ipq	227	timeval	83
ip_srcrt	205		
ip_timestamp	208	udphdr	608
		udpiphdr	608
le_softc	62	uio	389
lgrplctl	327		
linger	434	vif	323
llinfo_arp	547	vifctl	324
mbuf	29	walkarg	507
mrt	334		

函数和宏定义

accept	366	ifa_ifwiLhnet	145	ip_init	158
addlgrp	328	ifa_ifwithroute	145	ip_insertoptions	211
add_mrt	336	ifaof_ifpforaddr	145	ipintr	168
add_vif	324	if_attach	68	ip_mforward	339
arpintr	551	ifconf	93	ip_mloopback	301
arplookup	563	IF_DEQUEUE	56	ip_mrouter_cmd	319
arprequest	549	if_down	97	ip_mrouter_done	346
arpresolve	559	IF_DROP	56	ip_mrouter_init	321
arp_rtrequest	565	IF_ENQUEUE	56	ip_optcopy	223
arpLfree	558	ifinit	72	ip_output	181
arptimer	557	ifioctl	91	ip_pcbopts	214
arpwhohas	548	IF_PREPEND	56	ip_reass	230
		if_qflush	56	ip_rtaddr	201
bind	363	IF_QFULL	56	ip_setmoptions	279
bpfattach	824	if_slowtimo	73	ip_slowtimo	237
bpf_attachd	831	ifunit	145	ip_srcroute	206
bpfloctl	828	if_up	97	ip_sysctl	194
bpfopen	827	igmp_fasttimo	309	iptime	210
bpfread	835	igmp_input	312		
bpf_setif	830	igmp_joinqroup	307	leattach	63
bpf_tap	832	igmp_1eavegroup	314	leioctl	97
bpfwrite	837	IGMP_RANDOM_DELAY	307	leread	79
		igmp_sendreport	310	lstart	88
catchpacket	833	in_addmulti	285	listen	364
connect	373	in_ar_pinput	553	loioctl	143
		in_broadcast	144	loopattach	66
del_lgrp	330	in_canforward	144	looutput	119
del_mrL	335	in_cksum	187		
del_vif	326	in_control	131	m_adj	41
domaininit	153	in_delmulLi	293	main	61
dtom	36	IN_FIRST_MULTI	308	m_cat	41
		in_ifinit	134	MCLGET	40
ether_addmulti	289	in_localaddr	144	m_copy	41
ether_delmulti	294	IN_LOOKUP_MULTT	275	m_copyback	41
ether_ifaLtach	71	in_losing	601	m_copydata	41
ether_input	82	in_netof	144	m_copym	41
ETHER_LOOKUP_MULTI	273	IN_NEXT_MULTI	308	m_devget	41
ETHER_MAP_IP_MULTICAST	271	in_pcballoc	576	MFREE	40
ether_output	84	in_pcbbind	585	m_free	41
		in_pcbconnect	590	m_freem	41
fcnt1	441	in_pcbdetach	576	m_get	32
		in_pcbdisconnect	594	MGET	32
getpeername	446	in_pcblookup	582	m_getclr	41
getsock	362	in_pcbnotify	597	MGETHDR	40
getsockname	445	in_rtchange	598	m_geLhdr	41
geLsockopt	437	in_setpeeraddr	595	MH_ALIGN	40
grplst_member	330	in_SeLsockaddr	595	M_LEADINGSPACE	612
		insque	231	M_PREPEND	40
icmp_error	258	ip_ctloutput	191	m_pullup	41
icmp_input	247	ip_deq	231	m_retry	33
icmp_reflect	262	ip_dooptions	199	mrtfind	337
icmp_send	265	ip_draln	238	mtod	36
icmp_sYSCL1	266	ip_enq	231		
ifa_ifwithaddr	145	lp_forwaifd	175	nethash	335
ifa_ifwithaf	145	ip_freef	237	net_sysct1	160
ifa_ifwithdstaddr	145	ip_getmoptions	296		

函数和宏定义

pfctlinput	157	sblock	383	sosetopt	443
pffasttimo	155	sbrelease	384	soshutdown	376
pffindproLo	156	sbreserve	384	sowakeup	383
pffindtype	156	sbspace	383	sowriteable	426
pfslowtimo	155	sbunlock	383	sowwakeup	383
phyint_send	343	sbwait	383	sysctl_dumpentry	515
		select	422	sysctl_iflist	516
raw_attach	539	selrecord	427	sysctl_rtable	512
raw_detach	540	selscan	424		
raw_disconnect	540	selwakeup	429	tcp_attach	815
raw_init	520	sendit	391	tcp_canceltimers	657
raw_input	532	sendmsg	388	tcp_close	715
raw_usrreq	536	SEQ_GEQ	649	tcp_ctlinput	723
recvit	404	SEQ_GT	649	tcp_ctloutput	818
recvmsg	403	SEQ_LEQ	649	tcp_disconnect	816
remque	231	SEQ_LT	649	tcp_dooptions	745
rip_CLlout_pul	850	setsockopt	432	tcp_drop	713
rip_init	842	shutdown	375	tcp_fasttimo	657
rip_input	842	slattach	65	tcp_init_	651
rip_output	845	s1close	117	tcp_input	739
rip_usrreq	846	sliniL	105	tcp_mss	717
rn_init	468	slinpuL	106	tcp_newtcpcb	667
rn_maLch	474	slioctl	142	tcp_notify	723
rn_search	480	slopen	110	tcp_output	681
route_init	468	sloutput	112	tcp_pulloutofband	788
rouLe_ouLpuL	521	s1start	118	tcp_quench	724
rouLe_usrreq	534	sltloctl	118	tcp_rcvseqinit	756
rtable_iniL	468	soaccept	369	TCP_REASS	726
rtalloc	482	sobind	364	tcp_reass	728
rtallocl	483	socantrcvmore	353	tcp_respond	709
RTFREE	485	socantsendmore	353	tcp_sendseqinit	756
rtfree	485	sockargs	362	tcp_setpersist	668
rt_ifmsg	503	socket	358	tcp_slowtimo	658
rtinit	493	soclose	378	tcp_template	707
rt_missmsg	501	soconnect	374	tcp_timers	660
rt_imsgl	506	socreate	359	tcp_trace	733
rt_msg2	509	sofree	379	TCPT_RANGESET	656
rt_newaddrmsg	504	sogetopt	438	tcp_usrclosed	817
rtredirect	496	soisconnectecl	371	tcp_usrreq	805
rtrequesL	487	soisconnecting	353	tcp_xmit_timer	670
rt_setgate	492	soisdisconnected	353	tunnel_send	343
rt_setmetrics	531	soisdisconnecting	353		
rl_xaddrs	531	solisten	365	udp_ctlinput	627
		sonewconn	370	udp_detach	630
save_rte	205	soo_close	377	udp_init	609
sballoc	383	soo_ioctl	443	udp_input	617
sbappend	383	soo_select	426	udp_notify	628
sbappendaddr	384	soqinsque	353	udp_output	611
soappendcontrol	384	soqremque	353	udp_saveopt	626
sbappendrecord	383	soreadable	425	udp_sysctl	633
sbcompress	384	soreceive	410	udp_usrreq	628
sbdrop	384	soreserve	384		
sbdroprecord	384	sorflush	384		
sbflush	384	sorwakeup	383		
sbfree	384	sosend	394		
sbinsertoob	384	sosendallatonce	353		

计 算 机 科 学 丛 书

TCP/IP详解

卷2：实现

[美] 加里·R. 赖特（Gary R. Wright） W. 理查德·史蒂文斯（W. Richard Stevens） 著

陆雪莹 蒋慧 等译

谢希仁 校

TCP/IP Illustrated
Volume 2: The Implementation

机械工业出版社
CHINA MACHINE PRESS

图书在版编目（CIP）数据

TCP/IP 详解　卷 2：实现 /（美）加里・R. 赖特（Gary R. Wright），（美）W. 理查德・史蒂文斯（W. Richard Stevens）著；陆雪莹等译 . —北京：机械工业出版社，2019.3（2024.5 重印）

（计算机科学丛书）

书名原文：TCP/IP Illustrated, Volume 2: The Implementation

ISBN 978-7-111-61793-8

I. T… II.①加… ②W… ③陆… III. 计算机网络 - 通信协议 IV. TN915.04

中国版本图书馆 CIP 数据核字（2019）第 011813 号

北京市版权局著作权合同登记　图字：01-2018-7884 号。

本书是三卷本套书《TCP/IP 详解》的第 2 卷，完整而详细地介绍了 TCP/IP 是如何实现的。书中给出了约 500 个图例、15 000 行实际操作的 C 代码，采用案例教学的方法帮助读者掌握 TCP/IP 实现。本书不仅说明了插口 API 和协议族的关系以及主机实现与路由器实现的差别，还介绍了 4.4BSD-Lite 版的新特点，如多播、长肥管道支持等。读者阅读本书时，应当具备卷 1 中阐述的关于 TCP/IP 的基础知识。

本书适用于希望理解 TCP/IP 实现细节的人，包括编写网络应用程序的程序员以及利用 TCP/IP 维护计算机网络的系统管理员。

出版发行：机械工业出版社（北京市西城区百万庄大街 22 号　邮政编码：100037）

责任编辑：吴　怡　　　　　　　　　　　　责任校对：李秋荣

印　　刷：保定市中画美凯印刷有限公司　　版　　次：2024 年 5 月第 1 版第 10 次印刷

开　　本：185mm×260mm　1/16　　　　　印　　张：57.75

书　　号：ISBN 978-7-111-61793-8　　　　定　　价：139.00 元

客服电话：（010）88361066　68326294

译 者 序

我们愿意向广大的读者推荐W. Richard Stevens关于TCP/IP的经典著作(共3卷)的中译本。本书是其中的第2卷：《TCP/IP详解 卷2：实现》。

大家知道，TCP/IP已成为计算机网络事实上的标准。在关于TCP/IP的论著中，最有影响的就是两部著作。一部是Douglas E. Comer写的《用TCP/IP进行网际互连》，一套共3卷，而另一部就是Stevens写的这3卷书。这两套巨著都很有名，各有其特点。无论是从事计算机网络教学的教师还是进行计算机网络科研的技术人员，这两套书都应当是必读的。

这套书的特点是内容丰富，概念清楚且准确，讲解详细，例子很多。作者在书中举出的所有例子均在作者安装的计算机网络上做过实际验证。各章都留有一定数量的习题。在附录A作者对部分习题给出了解答，而且书后还给出了许多经典的参考文献，并一一写出评注。

第2卷是第1卷的继续和深入。读者在学习这一卷时，应当先具备第1卷所阐述的关于TCP/IP的基本知识。本卷的特点是使用大量的源代码来讲述TCP/IP协议族中的各协议是怎样实现的。这些内容对于编写TCP/IP网络应用程序的程序员和负责维护基于TCP/IP协议的计算机网络的系统管理员来说，应当是必读的。

参加本书翻译的有：谢钧(序言和第1~7章)，蒋慧(第8~14章，第22~23章)，吴礼发(第15~17章)，端义峰(第18~19章)，胥光辉(第20~21章)，陆雪莹(第24~32章以及全部附录)。全书由谢希仁教授审校。

限于水平，翻译中不妥或错误之处在所难免，敬请广大读者批评指正。

前　言

简介

本书描述并给出了TCP/IP实现引用的源代码——加利福尼亚大学伯克利分校的计算机系统研究组(CSRG)的实现。历史上，它曾以4.x BSD系统(伯克利软件发行)发布。这个实现第一次发布是在1982年，经过了很多重大的改变和改进，并且其中很多特性被引入到其他Unix和非Unix系统中。这不是一个没有多大意义的实现，而是天天在世界上成千上万个系统上运行的TCP/IP实现的基础。这个实现还提供路由功能，显示主机和路由器的TCP/IP实现间的区别。

我们描述这个实现并给出TCP/IP内核实现的完整源代码，大约15 000行C代码。在本文中描述的是4.4BSD-Lite版本。这个代码在1994年4月公开，包含很多增强的联网部分，它们被添加到1988年的4.3BSD Tahoe版、1990年的4.3BSD Reno版和1993年的4.4BSD版(附录B介绍了如何获得这些源代码)。4.4BSD版提供最新的TCP/IP特征，如多播和长肥管道支持(用于高宽带、长时延路径)。图1-1提供了伯克利联网代码的各种版本的其他细节。

本书适用于希望理解TCP/IP的实现细节的广大读者：编写网络应用的程序员，负责利用TCP/IP维护计算机系统和网络的系统管理员，以及任何想理解大块的重要代码是如何满足一个真实操作系统的程序员。

本书的组织结构

下图显示的是所涉及的各种协议和子系统。每个方框旁的斜体数字指出方框中的论题在哪一章讨论。

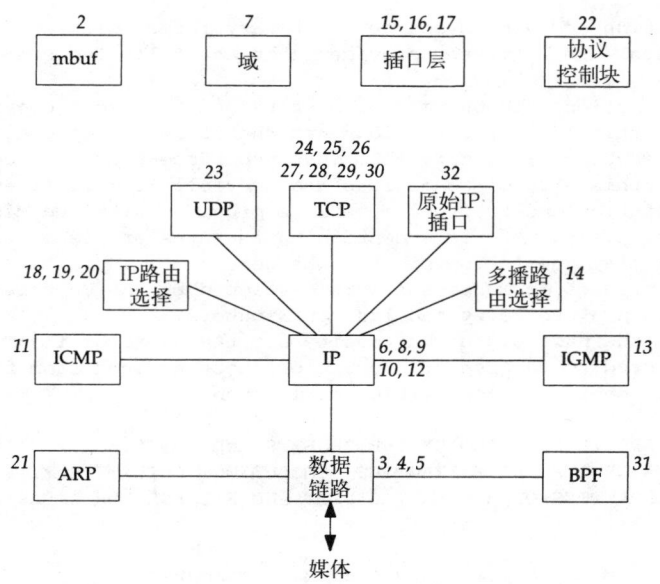

我们采用自底向上的方法来讨论TCP/IP协议族，从数据链路层开始，然后是网络层(IP、ICMP、IGMP、IP路由选择和多播路由选择)，接下来是插口[⊖]层，最后以运输层(UDP、TCP和原始IP)结束。

预期的读者

本书假设读者对TCP/IP的工作原理有基本的理解。不熟悉TCP/IP的读者应该参考本套书中的第1卷[Stevens 1994]，那本书对TCP/IP协议组进行了全面的描述。在本书中对第1卷的引用均为卷1。本书还假设读者对操作系统原理有基本的理解。

我们用数据结构方法来描述这个协议的实现。即，除了给出源代码外，每章还包括源代码使用和维护的数据结构的图与说明。我们显示了这些数据结构是如何适用于TCP/IP和内核使用的其他数据结构的。通篇使用大量的图表——超过250个图表。

这种数据结构方法允许读者采用各种方式使用本书。对所有实现细节感兴趣的读者可以从头到尾阅读全书，看完所有的源代码。可能只想理解协议的实现细节的其他读者，可通过理解所有数据结构并阅读所有文字达到目的，而不必看完所有的源代码。

我们预料很多读者会对书中的特定部分感兴趣并且想直接进入那一章。因此，通篇提供了很多向前或向后的引用，沿着完整的索引，允许单独学习某一章。在各章的结尾都提供了习题，并在附录A中给出大多数习题的答案作为自学的参考，使本书能发挥最大的作用。

源代码版权

本书中出现的所有代码，除了图1-2和图8-27，都是来自4.4BSD-Lite发行版。这个软件是公开的，可从很多地方获得(参见附录B)。

源代码的所有部分都包含下列版权声明。

```
/*
 * Copyright (c) 1982, 1986, 1988, 1990, 1993, 1994
 *      The Regents of the University of California.  All rights reserved.
 *
 * Redistribution and use in source and binary forms, with or without
 * modification, are permitted provided that the following conditions
 * are met:
 * 1. Redistributions of source code must retain the above copyright
 *    notice, this list of conditions and the following disclaimer.
 * 2. Redistributions in binary form must reproduce the above copyright
 *    notice, this list of conditions and the following disclaimer in the
 *    documentation and/or other materials provided with the distribution.
 * 3. All advertising materials mentioning features or use of this software
 *    must display the following acknowledgement:
 *      This product includes software developed by the University of
 *      California, Berkeley and its contributors.
 * 4. Neither the name of the University nor the names of its contributors
 *    may be used to endorse or promote products derived from this software
 *    without specific prior written permission.
 *
 * THIS SOFTWARE IS PROVIDED BY THE REGENTS AND CONTRIBUTORS ``AS IS'' AND
 * ANY EXPRESS OR IMPLIED WARRANTIES, INCLUDING, BUT NOT LIMITED TO, THE
 * IMPLIED WARRANTIES OF MERCHANTABILITY AND FITNESS FOR A PARTICULAR PURPOSE
```

⊖ "插口"一词对应的原文为socket，现在更常用的译法为"套接字"。——编辑注

Gary R.Wright

米德尔顿，康涅狄格

W. Richard Stevens

图森，亚利桑那

1994年11月

目 录

译者序

前言

第1章 概述 ……………………………………1

1.1 引言 ……………………………………1

1.2 源代码表示 ……………………………1

1.2.1 将拥塞窗口设置为1 ………1

1.2.2 印刷约定 …………………2

1.3 历史 ……………………………………2

1.4 应用编程接口 …………………………3

1.5 程序示例 ………………………………4

1.6 系统调用和库函数 ……………………6

1.7 网络实现概述 …………………………6

1.8 描述符 …………………………………7

1.9 mbuf与输出处理 ………………………11

1.9.1 包含插口地址结构的mbuf …11

1.9.2 包含数据的mbuf …………12

1.9.3 添加IP和UDP首部 ………13

1.9.4 IP输出 ……………………14

1.9.5 以太网输出 ………………14

1.9.6 UDP输出小结 ……………14

1.10 输入处理 ……………………………15

1.10.1 以太网输入 ……………15

1.10.2 IP输入 …………………15

1.10.3 UDP输入 ………………16

1.10.4 进程输入 ………………17

1.11 网络实现概述(续) …………………17

1.12 中断级别与并发 ……………………18

1.13 源代码组织 …………………………20

1.14 测试网络 ……………………………21

1.15 小结 …………………………………22

第2章 mbuf：存储器缓存 ……………………24

2.1 引言 …………………………………24

2.2 代码介绍 ……………………………27

2.2.1 全局变量 …………………27

2.2.2 统计 ………………………28

2.2.3 内核统计 …………………28

2.3 mbuf的定义 …………………………29

2.4 mbuf结构 ……………………………29

2.5 简单的mbuf宏和函数 ………………31

2.5.1 m_get函数 ………………32

2.5.2 MGET宏 …………………32

2.5.3 m_retry函数 ……………33

2.5.4 mbuf锁 ……………………34

2.6 m_devget和m_pullup函数 …………34

2.6.1 m_devget函数 ……………34

2.6.2 mtod和dtom宏 …………36

2.6.3 m_pullup函数和连续的协议首部 …36

2.6.4 m_pullup和IP的分片与重组 …37

2.6.5 TCP重组避免调用m_pullup …39

2.6.6 m_pullup使用总结 ……40

2.7 mbuf宏和函数的小结 ………………40

2.8 Net/3联网数据结构小结 ……………42

2.9 m_copy和簇引用计数 ………………43

2.10 其他选择 ……………………………47

2.11 小结 …………………………………47

第3章 接口层 …………………………………49

3.1 引言 …………………………………49

3.2 代码介绍 ……………………………49

3.2.1 全局变量 …………………49

3.2.2 SNMP变量 ………………50

3.3 ifnet结构 ……………………………51

3.4 ifaddr结构 …………………………57

3.5 sockaddr结构 ………………………58

3.6 ifnet与ifaddr的专用化 ……………59

3.7 网络初始化概述 ……………………60

3.8 以太网初始化 ………………………61

3.9 SLIP初始化 …………………………64

3.10 环回初始化 ····················65
3.11 if_attach函数 ·················66
3.12 ifinit函数 ···················72
3.13 小结 ·······················73
第4章 接口：以太网 ···············74
4.1 引言 ························74
4.2 代码介绍 ····················75
4.2.1 全局变量 ·················75
4.2.2 统计量 ···················75
4.2.3 SNMP变量 ················76
4.3 以太网接口 ···················77
4.3.1 leintr函数 ···············79
4.3.2 leread函数 ···············79
4.3.3 ether_input函数 ··········81
4.3.4 ether_output函数 ·········84
4.3.5 lestart函数 ··············87
4.4 ioctl系统调用 ················89
4.4.1 ifioctl函数 ··············90
4.4.2 ifconf函数 ···············91
4.4.3 举例 ·····················94
4.4.4 通用接口ioctl命令 ········95
4.4.5 if_down和if_up函数 ······96
4.4.6 以太网、SLIP和环回 ······97
4.5 小结 ························98
第5章 接口：SLIP和环回 ··········100
5.1 引言 ·······················100
5.2 代码介绍 ····················100
5.2.1 全局变量 ·················100
5.2.2 统计量 ···················101
5.3 SLIP接口 ····················101
5.3.1 SLIP线路规程：SLIPDISC ···101
5.3.2 SLIP初始化：slopen和slinit ···103
5.3.3 SLIP输入处理：slinput ·····105
5.3.4 SLIP输出处理：sloutput ····109
5.3.5 slstart函数 ··············111
5.3.6 SLIP分组丢失 ············116
5.3.7 SLIP性能考虑 ············117
5.3.8 slclose函数 ··············117
5.3.9 sltioctl函数 ··············118

5.4 环回接口 ····················119
5.5 小结 ························121
第6章 IP编址 ····················123
6.1 引言 ························123
6.1.1 IP地址 ···················123
6.1.2 IP地址的印刷规定 ·········123
6.1.3 主机和路由器 ············124
6.2 代码介绍 ····················125
6.3 接口和地址小结 ···············125
6.4 sockaddr_in结构 ··············126
6.5 in_ifaddr结构 ················127
6.6 地址指派 ····················128
6.6.1 ifioctl函数 ···············130
6.6.2 in_control函数 ···········130
6.6.3 前提条件：SIOCSIFADDR、
        SIOCSIFNETMASK和
        SIOCSIFDSTADDR ········132
6.6.4 地址指派：SIOCSIFADDR ···133
6.6.5 in_ifinit函数 ·············133
6.6.6 网络掩码指派：SIOCSIFNETMASK···136
6.6.7 目的地址指派：SIOCSIFDSTADDR···137
6.6.8 获取接口信息 ············137
6.6.9 每个接口多个IP地址 ······138
6.6.10 附加IP地址：SIOCAIFADDR ···139
6.6.11 删除IP地址：SIOCDIFADDR ···140
6.7 接口ioctl处理 ················141
6.7.1 leioctl函数 ··············141
6.7.2 slioctl函数 ··············142
6.7.3 loioctl函数 ··············143
6.8 Internet实用函数 ·············144
6.9 ifnet实用函数 ················144
6.10 小结 ·······················145
第7章 域和协议 ··················146
7.1 引言 ························146
7.2 代码介绍 ····················146
7.2.1 全局变量 ·················147
7.2.2 统计量 ···················147
7.3 domain结构 ··················147
7.4 protosw结构 ·················148

7.5 IP 的 domain 和 protosw 结构 ············· *150*

7.6 pffindproto 和 pffindtype 函数 ······ *155*

7.7 pfctlinput 函数 ············· *157*

7.8 IP 初始化 ············· *157*

  7.8.1 Internet 传输分用 ············· *157*

  7.8.2 ip_init 函数 ············· *158*

7.9 sysctl 系统调用 ············· *159*

7.10 小结 ············· *161*

第 8 章 IP：网际协议 ············· *162*

8.1 引言 ············· *162*

8.2 代码介绍 ············· *163*

  8.2.1 全局变量 ············· *163*

  8.2.2 统计量 ············· *163*

  8.2.3 SNMP 变量 ············· *164*

8.3 IP 分组 ············· *165*

8.4 输入处理：ipintr 函数 ············· *167*

  8.4.1 ipintr 概观 ············· *167*

  8.4.2 验证 ············· *168*

  8.4.3 转发或不转发 ············· *171*

  8.4.4 重装和分用 ············· *173*

8.5 转发：ip_forward 函数 ············· *174*

8.6 输出处理：ip_output 函数 ············· *180*

  8.6.1 首部初始化 ············· *181*

  8.6.2 路由选择 ············· *182*

  8.6.3 源地址选择和分片 ············· *184*

8.7 Internet 检验和：in_cksum 函数 ······ *186*

8.8 setsockopt 和 getsockopt 系统调用 ··· *190*

  8.8.1 PRCO_SETOPT 的处理 ············· *192*

  8.8.2 PRCO_GETOPT 的处理 ············· *193*

8.9 ip_sysctl 函数 ············· *193*

8.10 小结 ············· *194*

第 9 章 IP 选项处理 ············· *196*

9.1 引言 ············· *196*

9.2 代码介绍 ············· *196*

  9.2.1 全局变量 ············· *196*

  9.2.2 统计量 ············· *197*

9.3 选项格式 ············· *197*

9.4 ip_dooptions 函数 ············· *198*

9.5 记录路由选项 ············· *200*

9.6 源站和记录路由选项 ············· *202*

  9.6.1 save_rte 函数 ············· *205*

  9.6.2 ip_srcroute 函数 ············· *206*

9.7 时间戳选项 ············· *207*

9.8 ip_insertoptions 函数 ············· *210*

9.9 ip_pcbopts 函数 ············· *214*

9.10 一些限制 ············· *217*

9.11 小结 ············· *217*

第 10 章 IP 的分片与重装 ············· *218*

10.1 引言 ············· *218*

10.2 代码介绍 ············· *219*

  10.2.1 全局变量 ············· *220*

  10.2.2 统计量 ············· *220*

10.3 分片 ············· *220*

10.4 ip_optcopy 函数 ············· *223*

10.5 重装 ············· *224*

10.6 ip_reass 函数 ············· *227*

10.7 ip_slowtimo 函数 ············· *237*

10.8 小结 ············· *238*

第 11 章 ICMP：Internet 控制报文协议 ······ *239*

11.1 引言 ············· *239*

11.2 代码介绍 ············· *242*

  11.2.1 全局变量 ············· *242*

  11.2.2 统计量 ············· *242*

  11.2.3 SNMP 变量 ············· *243*

11.3 icmp 结构 ············· *244*

11.4 ICMP 的 protosw 结构 ············· *245*

11.5 输入处理：icmp_input 函数 ············· *246*

11.6 差错处理 ············· *249*

11.7 请求处理 ············· *251*

  11.7.1 回显询问：ICMP_ECHO 和
ICMP_ECHOREPLY ············· *252*

  11.7.2 时间戳询问：ICMP_TSTAMP 和
ICMP_TSTAMPREPLY ············· *253*

  11.7.3 地址掩码询问：ICMP_MASKREQ 和
ICMP_MASKREPLY ············· *253*

  11.7.4 信息询问：ICMP_IREQ 和 ICMP_
IREQREPLY ············· *255*

  11.7.5 路由器发现：ICMP_ROUTERADVERT

　　　和ICMP_ROUTERSOLICIT ··········255
11.8　重定向处理 ·····················255
11.9　回答处理 ·······················257
11.10　输出处理 ······················257
11.11　icmp_error函数 ················258
11.12　icmp_reflect函数 ···············261
11.13　icmp_send函数 ·················265
11.14　icmp_sysctl函数 ···············266
11.15　小结 ·························266
第12章　IP多播 ······················268
12.1　引言 ··························268
12.2　代码介绍 ······················269
　12.2.1　全局变量 ···················270
　12.2.2　统计量 ····················270
12.3　以太网多播地址 ·················270
12.4　ether_multi结构 ···············271
12.5　以太网多播接收 ·················273
12.6　in_multi结构 ··················273
12.7　ip_moptions结构 ···············275
12.8　多播的插口选项 ·················276
12.9　多播的TTL值 ···················277
　12.9.1　MBONE ····················278
　12.9.2　扩展环搜索 ·················278
12.10　ip_setmoptions函数 ···········278
　12.10.1　选择一个明确的多播接口：IP_
　　　MULTICAST_IF ················280
　12.10.2　选择明确的多播TTL：IP_
　　　MULTICAST_TTL ···············281
　12.10.3　选择多播环回：IP_MULTICAST_
　　　LOOP ·······················281
12.11　加入一个IP多播组 ·············282
　12.11.1　in_addmulti函数 ···········285
　12.11.2　slioctl和loioctl函数：
　　　SIOCADDMULTI和SIOCDELMULTI ···287
　12.11.3　leioctl函数：SIOCADDMULTI和
　　　SIOCDELMULTI ················288
　12.11.4　ether_addmulti函数 ·········288
12.12　离开一个IP多播组 ·············291
　12.12.1　in_delmulti函数 ···········292

　12.12.2　ether_delmulti函数 ·········293
12.13　ip_getmoptions函数 ···········295
12.14　多播输入处理：ipintr函数 ·······296
12.15　多播输出处理：ip_output函数 ·····298
12.16　性能的考虑 ···················301
12.17　小结 ························301
第13章　IGMP：Internet组管理协议 ·····303
13.1　引言 ·························303
13.2　代码介绍 ·····················304
　13.2.1　全局变量 ··················304
　13.2.2　统计量 ···················304
　13.2.3　SNMP变量 ················305
13.3　igmp结构 ····················305
13.4　IGMP的protosw的结构 ··········306
13.5　加入一个组：igmp_joingroup函数 ···306
13.6　igmp_fasttimo函数 ············308
13.7　输入处理：igmp_input函数 ······311
　13.7.1　成员关系查询：IGMP_HOST_
　　　MEMBERSHIP_QUERY ··········312
　13.7.2　成员关系报告：IGMP_HOST_
　　　MEMBERSHIP_REPORT ·········313
13.8　离开一个组：igmp_leavegroup函数 ···314
13.9　小结 ························315
第14章　IP多播选路 ··················316
14.1　引言 ·························316
14.2　代码介绍 ·····················316
　14.2.1　全局变量 ··················316
　14.2.2　统计量 ···················317
　14.2.3　SNMP变量 ················317
14.3　多播输出处理(续) ··············317
14.4　mrouted守护程序 ···············318
14.5　虚拟接口 ·····················321
　14.5.1　虚拟接口表 ················322
　14.5.2　add_vif函数 ···············324
　14.5.3　del_vif函数 ···············326
14.6　IGMP(续) ····················327
　14.6.1　add_lgrp函数 ··············328
　14.6.2　del_lgrp函数 ··············329
　14.6.3　grplst_member函数 ·········330

14.7 多播选路 ································331
14.7.1 多播选路表 ···················334
14.7.2 del_mrt函数 ···············335
14.7.3 add_mrt函数 ···············336
14.7.4 mrtfind函数 ················337
14.8 多播转发：ip_mforward函数 ···338
14.8.1 phyint_send函数 ··········343
14.8.2 tunnel_send函数 ··········344
14.9 清理：ip_mrouter_done函数 ···345
14.10 小结 ·····························346
第15章 插口层 ·····························348
15.1 引言 ·····························348
15.2 代码介绍 ························349
15.3 socket结构 ····················349
15.4 系统调用 ························354
15.4.1 举例 ··························355
15.4.2 系统调用小结 ···············355
15.5 进程、描述符和插口 ··········357
15.6 socket系统调用 ···············358
15.6.1 socreate函数 ··············359
15.6.2 超级用户特权 ···············361
15.7 getsock和sockargs函数 ·······361
15.8 bind系统调用 ··················363
15.9 listen系统调用 ···············364
15.10 tsleep和wakeup函数 ·········365
15.11 accept系统调用 ·············366
15.12 sonewconn和soisconnected
      函数 ·························369
15.13 connect系统调用 ···········372
15.13.1 soconnect函数 ···········374
15.13.2 切断无连接插口和外部地址的
        关联 ·····················375
15.14 shutdown系统调用 ··········375
15.15 close系统调用 ··············377
15.15.1 soo_close函数 ···········377
15.15.2 soclose函数 ·············378
15.16 小结 ···························380
第16章 插口I/O ··························381
16.1 引言 ·····························381

16.2 代码介绍 ························381
16.3 插口缓存 ························381
16.4 write、writev、sendto和sendmsg
     系统调用 ·······················384
16.5 sendmsg系统调用 ··············387
16.6 sendit函数 ·····················388
16.6.1 uiomove函数 ···············389
16.6.2 举例 ··························390
16.6.3 sendit代码 ·················391
16.7 sosend函数 ·····················392
16.7.1 可靠的协议缓存 ············393
16.7.2 不可靠的协议缓存 ··········393
16.7.3 sosend函数小结 ············401
16.7.4 性能问题 ····················401
16.8 read、readv、recvfrom和recvmsg
     系统调用 ·······················401
16.9 recvmsg系统调用 ··············402
16.10 recvit函数 ····················403
16.11 soreceive函数 ················405
16.11.1 带外数据 ··················406
16.11.2 举例 ························406
16.11.3 其他的接收操作选项 ······407
16.11.4 接收缓存的组织：报文边界 ···407
16.11.5 接收缓存的组织：没有报文边界 ···408
16.11.6 控制信息和带外数据 ······409
16.12 soreceive代码 ···············410
16.13 select系统调用 ·············421
16.13.1 selscan函数 ·············425
16.13.2 soo_select函数 ··········425
16.13.3 selrecord函数 ···········427
16.13.4 selwakeup函数 ···········428
16.14 小结 ···························429
第17章 插口选项 ·························431
17.1 引言 ·····························431
17.2 代码介绍 ························431
17.3 setsockopt系统调用 ··········432
17.4 getsockopt系统调用 ··········437
17.5 fcntl和ioctl系统调用 ·········440
17.5.1 fcntl代码 ·················441

17.5.2 ioctl代码 ·············443
17.6 getsockname系统调用 ·····444
17.7 getpeername系统调用 ·····445
17.8 小结 ····················447
第18章 Radix树路由表 ·········448
18.1 引言 ····················448
18.2 路由表结构 ···············448
18.3 选路插口 ···············456
18.4 代码介绍 ···············456
18.4.1 全局变量 ············458
18.4.2 统计量 ············458
18.4.3 SNMP变量 ·········459
18.5 Radix结点数据结构 ·······460
18.6 选路结构 ···············463
18.7 初始化：route_init和rtable_init
函数 ····················465
18.8 初始化：rn_init和rn_inithead
函数 ····················468
18.9 重复键和掩码列表 ·········471
18.10 rn_match函数 ··········473
18.11 rn_search函数 ·········480
18.12 小结 ··················481
第19章 选路请求和选路消息 ·····482
19.1 引言 ····················482
19.2 rtalloc和rtalloc1函数 ·····482
19.3 宏RTFREE和rtfree函数 ····484
19.4 rtrequest函数 ···········486
19.5 rt_setgate函数 ··········491
19.6 rtinit函数 ··············493
19.7 rtredirect函数 ··········495
19.8 选路消息的结构 ·········498
19.9 rt_missmsg函数 ·········501
19.10 rt_ifmsg函数 ··········503
19.11 rt_newaddrmsg函数 ·····504
19.12 rt_msg1函数 ···········505
19.13 rt_msg2函数 ···········507
19.14 sysctl_rtable函数 ·······510
19.15 sysctl_dumpentry函数 ····514
19.16 sysctl_iflist函数 ········515

19.17 小结 ··················517
第20章 选路插口 ···············518
20.1 引言 ····················518
20.2 routedomain和protosw结构 ·······518
20.3 选路控制块 ·············519
20.4 raw_init函数 ···········520
20.5 route_output函数 ········520
20.6 rt_xaddrs函数 ··········530
20.7 rt_setmetrics函数 ·······531
20.8 raw_input函数 ··········532
20.9 route_usrreq函数 ········534
20.10 raw_usrreq函数 ········535
20.11 raw_attach、raw_detach和
raw_disconnect函数 ·······539
20.12 小结 ··················540
第21章 ARP：地址解析协议 ·····542
21.1 介绍 ····················542
21.2 ARP和路由表 ···········542
21.3 代码介绍 ···············544
21.3.1 全局变量 ············544
21.3.2 统计量 ············544
21.3.3 SNMP变量 ·········546
21.4 ARP结构 ···············546
21.5 arpwhohas函数 ·········548
21.6 arprequest函数 ·········548
21.7 arpintr函数 ············551
21.8 in_arpinput函数 ········552
21.9 ARP定时器函数 ·········557
21.9.1 arptimer函数 ·······557
21.9.2 arptfree函数 ·······557
21.10 arpresolve函数 ········558
21.11 arplookup函数 ·········562
21.12 代理ARP ··············563
21.13 arp_rtrequest函数 ······564
21.14 ARP和多播 ···········569
21.15 小结 ··················570
第22章 协议控制块 ···········572
22.1 引言 ····················572
22.2 代码介绍 ···············573

22.2.1 全局变量 ·············574
22.2.2 统计量 ·············574
22.3 inpcb的结构 ·············574
22.4 in_pcballoc和in_pcbdetach函数···575
22.5 绑定、连接和分用 ·············577
22.6 in_pcblookup函数 ·············581
22.7 in_pcbbind函数 ·············584
22.8 in_pcbconnect函数 ·············589
22.9 in_pcbdisconnect函数 ·············594
22.10 in_setsockaddr和in_setpeeraddr
   函数 ·············595
22.11 in_pcbnotify、in_rtchange和
   in_losing函数 ·············595
22.11.1 in_rtchange函数 ·············598
22.11.2 重定向和原始插口 ·············599
22.11.3 ICMP差错和UDP插口 ·············600
22.11.4 in_losing函数 ·············601
22.12 实现求精 ·············602
22.13 小结 ·············602
第23章 UDP：用户数据报协议 ·············605
23.1 引言 ·············605
23.2 代码介绍 ·············605
23.2.1 全局变量 ·············606
23.2.2 统计量 ·············606
23.2.3 SNMP变量 ·············607
23.3 UDP的protosw结构 ·············607
23.4 UDP的首部 ·············608
23.5 udp_init函数 ·············609
23.6 udp_output函数 ·············609
23.6.1 在前面加上IP/UDP首部和mbuf簇···612
23.6.2 UDP检验和计算和伪首部 ·············612
23.7 udp_input函数 ·············616
23.7.1 对收到的UDP数据报的一般确认···616
23.7.2 分用单播数据报 ·············619
23.7.3 分用多播和广播数据报 ·············622
23.7.4 连接上的UDP插口和多接口主机···625
23.8 udp_saveopt函数 ·············625
23.9 udp_ctlinput函数 ·············627
23.10 udp_usrreq函数 ·············628

23.11 udp_sysctl函数 ·············633
23.12 实现求精 ·············633
23.12.1 UDP PCB高速缓存 ·············633
23.12.2 UDP检验和 ·············634
23.13 小结 ·············635
第24章 TCP：传输控制协议 ·············636
24.1 引言 ·············636
24.2 代码介绍 ·············636
24.2.1 全局变量 ·············636
24.2.2 统计量 ·············637
24.2.3 SNMP变量 ·············640
24.3 TCP的protosw结构 ·············641
24.4 TCP的首部 ·············641
24.5 TCP的控制块 ·············643
24.6 TCP的状态变迁图 ·············645
24.7 TCP的序号 ·············646
24.8 tcp_init函数 ·············650
24.9 小结 ·············652
第25章 TCP的定时器 ·············654
25.1 引言 ·············654
25.2 代码介绍 ·············655
25.3 tcp_canceltimers函数 ·············657
25.4 tcp_fasttimo函数 ·············657
25.5 tcp_slowtimo函数 ·············658
25.6 tcp_timers函数 ·············659
25.6.1 FIN_WAIT_2和2MSL定时器 ·············660
25.6.2 持续定时器 ·············662
25.6.3 连接建立定时器和保活定时器···662
25.7 重传定时器的计算 ·············665
25.8 tcp_newtcpcb算法 ·············666
25.9 tcp_setpersist函数 ·············668
25.10 tcp_xmit_timer函数 ·············669
25.11 重传超时：tcp_timers函数 ·············673
25.11.1 慢起动和避免拥塞 ·············675
25.11.2 精确性 ·············677
25.12 一个RTT的例子 ·············677
25.13 小结 ·············679
第26章 TCP输出 ·············680
26.1 引言 ·············680

26.2 tcp_output概述 ················ 680
26.3 决定是否应发送一个报文段 ······ 682
26.4 TCP选项 ······················· 691
26.5 窗口大小选项 ·················· 692
26.6 时间戳选项 ···················· 692
　26.6.1 哪个时间戳需要回显，RFC 1323
　　　　算法 ····················· 694
　26.6.2 哪个时间戳需要回显，正确的
　　　　算法 ····················· 695
　26.6.3 时间戳与延迟ACK ········· 695
26.7 发送一个报文段 ··············· 696
26.8 tcp_template函数 ············ 707
26.9 tcp_respond函数 ············· 708
26.10 小结 ························· 710

第27章 TCP的函数 ················· 712
27.1 引言 ·························· 712
27.2 tcp_drain函数 ··············· 712
27.3 tcp_drop函数 ················ 712
27.4 tcp_close函数 ··············· 713
　27.4.1 路由特性 ················ 713
　27.4.2 资源释放 ················ 716
27.5 tcp_mss函数 ················· 717
27.6 tcp_ctlinput函数 ············ 722
27.7 tcp_notify函数 ·············· 723
27.8 tcp_quench函数 ·············· 724
27.9 TCP_REASS宏和tcp_reass函数 ····724
　27.9.1 TCP_REASS宏 ············· 725
　27.9.2 TCP_REASS函数 ··········· 727
27.10 tcp_trace函数 ·············· 732
27.11 小结 ························· 736

第28章 TCP的输入 ················· 737
28.1 引言 ·························· 737
28.2 预处理 ······················· 739
28.3 tcp_dooptions函数 ··········· 745
28.4 首部预测 ····················· 747
28.5 TCP输入：缓慢的执行路径······ 752
28.6 完成被动打开或主动打开 ······· 752
　28.6.1 完成被动打开 ············ 753
　28.6.2 完成主动打开 ············ 756

28.7 PAWS：防止序号回绕 ·········· 760
28.8 裁剪报文段使数据在窗口内 ····· 762
28.9 自连接和同时打开 ············· 768
28.10 记录时间戳 ·················· 770
28.11 RST处理 ····················· 770
28.12 小结 ························· 772
第29章 TCP的输入(续) ············· 773
29.1 引言 ·························· 773
29.2 ACK处理概述 ················· 773
29.3 完成被动打开和同时打开 ······· 774
29.4 快速重传和快速恢复的算法 ····· 775
29.5 ACK处理 ······················ 778
29.6 更新窗口信息 ················· 784
29.7 紧急方式处理 ················· 786
29.8 tcp_pulloutofband函数 ······· 788
29.9 处理已接收的数据 ············· 789
29.10 FIN处理 ····················· 791
29.11 最后的处理 ·················· 793
29.12 实现求精 ···················· 795
29.13 首部压缩 ···················· 795
　29.13.1 引言 ···················· 796
　29.13.2 首部字段的压缩 ········· 799
　29.13.3 特殊情况 ··············· 801
　29.13.4 实例 ···················· 802
　29.13.5 配置 ···················· 803
29.14 小结 ························· 803
第30章 TCP的用户需求 ············· 805
30.1 引言 ·························· 805
30.2 tcp_usrreq函数 ·············· 805
30.3 tcp_attach函数 ·············· 814
30.4 tcp_disconnect函数 ·········· 815
30.5 tcp_usrclosed函数 ··········· 816
30.6 tcp_ctloutput函数 ··········· 817
30.7 小结 ························· 820
第31章 BPF：BSD 分组过滤程序 ····· 821
31.1 引言 ·························· 821
31.2 代码介绍 ····················· 821
　31.2.1 全局变量 ················ 821
　31.2.2 统计量 ·················· 822

31.3 bpf_if结构 ·················822

31.4 bpf_d结构 ·················825

31.4.1 bpfopen函数 ·················826

31.4.2 bpfioctl函数 ·················827

31.4.3 bpf_setif函数 ·················830

31.4.4 bpf_attachd函数 ·················831

31.5 BPF的输入 ·················832

31.5.1 bpf_tap函数 ·················832

31.5.2 catchpacket函数 ·················833

31.5.3 bpfread函数 ·················835

31.6 BPF的输出 ·················837

31.7 小结 ·················838

第32章 原始IP ·················839

32.1 引言 ·················839

32.2 代码介绍 ·················839

32.2.1 全局变量 ·················839

32.2.2 统计量 ·················840

32.3 原始IP的protosw结构 ·················840

32.4 rip_init函数 ·················842

32.5 rip_input函数 ·················842

32.6 rip_output函数 ·················844

32.7 rip_usrreq函数 ·················846

32.8 rip_ctloutput函数 ·················850

32.9 小结 ·················852

结束语 ·················853

附录A 部分习题的解答 ·················854

附录B 源代码的获取 ·················872

附录C RFC 1122 的有关内容 ·················874

参考文献 ·················895

第1章 概　　述

1.1　引言

本章介绍伯克利(Berkeley)联网程序代码。开始我们先看一段源代码并介绍一些通篇要用的印刷约定。对各种不同代码版本的简单历史回顾让我们可以看到本书中的源代码处于什么位置。接下来介绍了两种主要的编程接口，它们在Unix与非Unix系统中用于编写TCP/IP协议。

然后我们介绍一个简单的用户程序，它发送一个UDP数据报给位于局域网中另一台主机上的日期/时间服务器，服务器返回一个UDP数据报，其中包含服务器的日期和时间的ASCII码字符串。这个进程发送的数据报经过所有的协议栈到达设备驱动器，来自服务器的应答从下向上经过所有协议栈到达这个进程。通过这个例子的这些细节介绍了很多核心数据结构和概念，这些数据结构和概念在后面的章节中还要详细说明。

本章的最后介绍了在本书中各源代码的组织，并显示了联网代码在整个组织中的位置。

1.2　源代码表示

不考虑主题，列举15 000行源代码本身就是一件难事。下面是所有源代码都使用的文本格式：

```
                                                                    —— tcp_subr.c
381 void
382 tcp_quench(inp, errno)
383 struct inpcb *inp;
384 int     errno;
385 {
386     struct tcpcb *tp = intotcpcb(inp);

387     if (tp)
388         tp->snd_cwnd = tp->t_maxseg;
389 }
                                                                    —— tcp_subr.c
```

1.2.1　将拥塞窗口设置为1

387-388　这是文件tcp_subr.c中的函数tcp_quench。这些源文件名引用4.4BSD-Lite发布的文件，它们在1.13节中讨论。每个非空白行都有编号。正文所描述的代码的起始和结束位置的行号记于行开始处，如本段所示。有时在段前有一个简短的描述性题头，对所描述的代码提供一个概述。

这些源代码同4.4BSD-Lite发行版一样，偶尔包含一些错误，在遇到时我们会提出来并加以讨论，偶尔还包括一些原作者的编者评论。这些代码已通过了GNU缩进程序的运行，使它们从版面上看起来具有一致性。制表符的位置被设置成4个栏的界线使得这些行在一个页面中显示得很合适。在定义常量时，有些#ifdef语句和它们的对应语句#endif被删去(如：GATEWAY和MROUTING，因为我们假设系统作为一个路由器或多播路由器)。所有register

说明符被删去了。有些地方加了一些注释，并且对一些注释中的印刷错误做了修改，但代码的其他部分被保留下来。

这些函数大小不一，从几行(如前面的`tcp_quench`)到最大1100行(`tcp_input`)。超过40行的函数一般被分成段，一段一段地显示。虽然尽量使代码和相应的描述文字放在同一页或对开的两页上，但为了节约版面，不可能完全做到这样。

本书中有很多对其他函数的交叉引用。为了避免给每个引用都添加一个图号和页码，文前插页中有一个本书中描述的所有函数和宏的字母交叉引用表和描述的起始页码。由于本书的源代码来自公开的4.4BSD_Lite版，因此很容易获得它的一个拷贝：附录B详细说明了各种方法。当你阅读文章时，有时也能帮助你搜索一个在线拷贝[例如Unix程序grep(1)]。

描述每个源代码模块的各章通常以所讨论的源文件的列表开始，接着是全局变量、代码维护的相关统计以及一个实际系统的一些例子统计，最后是与所描述协议相关的SNMP变量。全局变量的定义通常跨越各种源文件和头文件，因此我们将它们集中到的一个表中以便于参考。这样显示所有的统计，简化了后面当统计更新时对代码的讨论。卷1的第25章提供了SNMP的所有细节。我们在本文中关心的是由内核中的TCP/IP例程维护的、支持在系统上运行的SNMP代理的信息。

1.2.2 印刷约定

通篇的图中，我们使用等宽字体表示变量名和结构成员名(`m_next`)，用斜体等宽字体表示定义的常量(*NULL*)或常量的值(*512*)，用带花括号的粗体等宽字体表示结构名称(**mbuf{}**)。这里有一个例子：

mbuf{}	
m_next	*NULL*
m_len	*512*

在表中，我们使用等宽字体表示变量名称和结构成员名称，用斜体等宽字体表示定义的常量。这里有一个例子：

m_flags	说　明
M_BCAST	以链路层广播发送/接收

通常用这种方式显示所有的`#define`符号。如果必要，我们显示符号的值(*M_BCAST*的值无关紧要)并且所列符号按字母排序，除非对顺序有特殊要求。

> 通篇我们会使用这种缩进格式的附加说明来描述历史观点或实现细节。

我们用有一个数字在圆括号里的命令名称来表示Unix命令，如grep(1)。圆括号中的数字是4.4BSD手册"manual page"中此命令的节号，在那里可以找到其他的信息。

1.3 历史

本书讨论加利福尼亚大学伯克利分校计算机系统研究组的TCP/IP实现的常用引用。历史上，它曾以4.x BSD系统(伯克利软件发行)和"BSD联网版本"发行。这个源代码是很多其他实现的起点，不论是Unix或非Unix操作系统。

图1-1显示了各种BSD版本的年表，包括重要的TCP/IP特征。显示在左边的版本是公开可

用源代码版，它包括所有联网代码：协议本身、联网接口的内核例程及很多应用和实用程序
(如Telnet和FTP)。

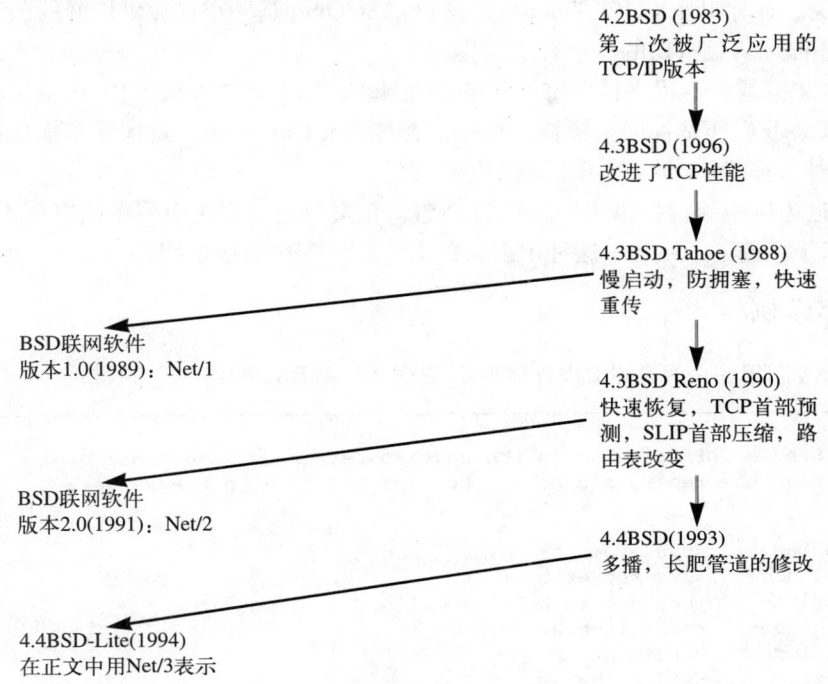

图1-1　带有重要TCP/IP特征的各种BSD版本

虽然本文描述的软件的官方名称为4.4BSD-Lite发行软件，但我们简单地称它为Net/3。

虽然源代码由U. C. Berkeley发行并被称为伯克利软件发行，但TCP/IP代码确实是融合了
各种研究人员的工作，包括伯克利和其他地区的研究人员。

通篇我们会使用源于伯克利实现的术语来谈及各厂商的实现，如SunOS 4.x、System V版
本4(SVR4)和AIX 3.2，它们的TCP/IP代码最初都是从伯克利源代码发展而来的。这些实现有
很多共同之处，通常包括同样的错误！

在图1-1中没有显示的伯克利联网代码的第1版实际上是1982年的4.1cBSD，但是
广泛发布的是1983年的版本4.2BSD。

在4.1cBSD之前的BSD版本使用的TCP/IP实现是由Bolt Beranek and
Newman(BBN)的Rob Gurwitz和Jack Haverty开发的。[Salus 1994]的第18章提供了一
些合并到4.2BSD中的BBN代码细节。其他对伯克利TCP/IP代码有影响的实现是由
Ballistics研究室的Mike Muuss为PDP-11开发的TCP/IP实现。

描述联网代码从一个版本到下一个版本的变化的文档有限。[Karels and
McKusick 1986]描述了从4.2BSD到4.3BSD的变化，并且[Jacobson 1990d]描述了从
4.3BSD Tahoe到4.3BSD Reno的变化。

1.4　应用编程接口

在互联网协议中两种常用的应用编程接口(API)是插口(socket)和TLI(运输层接口)。前者

有时称为伯克利插口(Berkeley socket)，因为它被广泛地发布于4.2BSD系统中(见图1-1)。但它已被移植到很多非BSD Unix系统和很多非Unix系统中。后者最初是由AT&T开发的，由于被X/Open承认，有时叫作XTI(X/Open传输接口)。X/Open是一个计算机厂商的国际组织，它制定自己的标准。XTI是TLI的一个有效超集。

虽然本文不是一本程序设计书，但既然在Net/3(和所有BSD版本)中应用程序使用插口来访问TCP/IP，我们还是说明一下插口接口。在各种非Unix系统中也实现了插口接口。插口和TLI的编程细节在[Stevens 1990]中可以找到。

SVR4也为应用编程提供了一组插口 API，在实现上与本文中列举的有所不同。在SVR4中的插口基于"流"子系统，这种子系统在[Rago 1993]中有所说明。

1.5 程序示例

在本章我们用一个简单的C程序(图1-2)来介绍一些BSD网络实现的特点。

```
 1  /*
 2   * Send a UDP datagram to the daytime server on some other host,
 3   * read the reply, and print the time and date on the server.
 4   */

 5  #include    <sys/types.h>
 6  #include    <sys/socket.h>
 7  #include    <netinet/in.h>
 8  #include    <arpa/inet.h>
 9  #include    <stdio.h>
10  #include    <stdlib.h>
11  #include    <string.h>

12  #define BUFFSIZE    150             /* arbitrary size */
13  int
14  main()
15  {
16      struct sockaddr_in serv;
17      char    buff[BUFFSIZE];
18      int     sockfd, n;

19      if ((sockfd = socket(PF_INET, SOCK_DGRAM, 0)) < 0)
20          err_sys("socket error");

21      bzero((char *) &serv, sizeof(serv));
22      serv.sin_family = AF_INET;
23      serv.sin_addr.s_addr = inet_addr("140.252.1.32");
24      serv.sin_port = htons(13);

25      if (sendto(sockfd, buff, BUFFSIZE, 0,
26              (struct sockaddr *) &serv, sizeof(serv)) != BUFFSIZE)
27          err_sys("sendto error");

28      if ((n = recvfrom(sockfd, buff, BUFFSIZE, 0,
29                  (struct sockaddr *) NULL, (int *) NULL)) < 2)
30          err_sys("recvfrom error");
31      buff[n - 2] = 0;                /* null terminate */
32      printf("%s\n", buff);

33      exit(0);
34  }
```

图1-2 程序示例：发送一个数据报给UDP日期/时间服务器并读取一个应答

1. 创建一个数据报插口

19-20 socket函数创建了一个UDP插口，并且给进程返回一个保存在变量sockfd中的描述符。差错处理函数err_sys在[Stevens 1992]的附录B.2中给出。它接收任意数量的参数，并用vsprintf对它们格式化，将系统调用产生的errno值对应的Unix错误信息打印出来，并中断进程。

> 我们使用术语"插口"时有三种不同的方式：(1)为4.2BSD开发的、程序用来访问网络协议的API通常叫"插口API"或者就叫"插口接口"；(2) socket是插口API中的一个函数的名字；(3)我们把调用socket创建的端点叫作插口，如注释"创建一个数据报插口"。

> 但是还有一些地方也使用这个术语：(4)socket函数的返回值叫"插口描述符"或者就叫"插口"；(5)在内核中的伯克利联网协议实现叫"插口实现"，相较于其他系统如System V的流实现；(6)IP地址和端口号的组合叫"插口"，IP地址和端口号对叫"插口对"。所幸的是引用哪一种术语含义是很明显的。

2. 将服务器地址放到结构sockaddr_in中

21-24 互联网插口地址结构(sockaddr_in)中存放日期/时间服务器的IP地址(140.252.1.32)和端口号(13)。大多数TCP/IP实现都提供标准的日期/时间服务器，它的端口号为13 [Stevens 1994，图1-9]。我们对服务器主机的选择是随意的——直接选择了提供此服务的本地主机(图1-17)。

函数inet_addr将一个点分十进制表示的IP地址的ASCII字符串转换成网络字节序的32位二进制整数(Internet协议族的网络字节序采用大端模式)。函数htons把一个主机字节序的短整数(可能采用小端模式)转换成网络字节序(大端模式)。在Sparc这种系统中，整数采用大端模式，htons一般是一个什么也不做的宏。但是在采用小端模式的80386上的BSD/386系统中，htons可能是一个宏或者是一个函数，用来完成一个16位整数中的两个字节的交换。

3. 发送数据报给服务器

25-27 程序调用sendto发送一个150字节的数据报给服务器。因为是运行时栈中分配的未初始化数组，150字节的缓存内容是不确定的。但没有关系，因为服务器根本就不看它收到的报文的内容。当服务器收到一个报文时，就发送一个应答给客户端。应答中包含服务器以可读格式表示的当前时间和日期。

我们选择的150字节的客户数据报是随意的。我们有意选择一个报文长度在100~208之间的值，以便说明在本章的后面要提到的mbuf链表的使用。为了避免拥塞，在以太网中，我们希望长度要小于1472。

4. 读取从服务器返回的数据报

28-32 程序通过调用recvfrom来读取从服务器返回的数据报。Unix服务器典型地返回一个如下格式的26字节字符串

```
Sat Dec 11 11:28:05 1993\r\n
```

\r是一个ASCII回车符，\n是一个ASCII换行符。我们的程序将回车符替换成一个空字节，然后调用printf输出结果。

在本章和下一章我们分析函数socket、sendto和recvfrom的实现时，要审视这个例子的一些细节部分。

1.6 系统调用和库函数

所有的操作系统都提供服务访问点，程序可以通过它们请求内核中的服务。各种Unix都提供精心定义的有限个内核入口点，即系统调用。我们不能改变系统调用，除非我们有内核的源代码。Unix第7版提供了大约50个系统调用，4.4BSD提供了大约135个，而SVR4大约有120个。

在《Unix程序员手册》第2节中有系统调用接口的文档。它是以C语言定义的，在任何给定的系统中无须考虑系统调用是如何被调用的。

在各种Unix系统中，每个系统调用在标准C函数库中都有一个相同名字的函数。一个应用程序用标准C的调用序列来调用此函数。这个函数再调用相应的内核服务，所使用的技术依赖于所在系统。例如，函数可能把一个或多个C参数放到通用寄存器中，并执行几条机器指令产生一个软件中断进入内核。对于我们来说，可以把系统调用看成C函数。

在《Unix程序员手册》的第3节中为程序员定义了一般用途的函数。虽然这些函数可能调用一个或多个内核系统调用，但没有进入内核的入口点。如函数printf可能调用了系统调用write去执行输出，而函数strcpy(复制一个串)和atoi(将ASCII码转换成整数)完全不涉及操作系统。

从实现者的角度来看，系统调用和库函数有着根本的区别，但在用户看来区别并不大。例如，在4.4BSD中我们运行图1-2中的程序。程序调用了3个函数——socket、sendto和recvfrom，每个函数最终调用了内核中一个同样名称的函数。在本书的后面我们可以看到这3个系统调用的BSD内核实现。

如果我们在SVR4中运行这个程序，在那里，用户库中的插口函数调用"流"子系统，那么3个函数同内核的相互作用是完全不同的。在SVR4中对socket的调用最终会调用内核的open系统调用，操作文件/dev/udp并将流模块sockmod放置到结果流。调用sendto导致一个putmsg系统调用，而调用recvfrom导致一个getmsg系统调用。这些SVR4的细节在本书中并不重要，我们仅仅想指出的是：实现可能不同但都提供相同的API给应用程序。

最后，从一个版本到下一个版本的实现技术可能会改变。例如，在Net/1中，send和sendto是分别用内核系统调用实现的。但在Net/3中，send是一个调用系统调用sendto的库函数：

```
send(int s, char *msg, int len, int flags)
{
    return(sendto(s, msg, len, flags, (struct sockaddr *) NULL, 0));
}
```

用库函数实现send的好处是仅调用sendto，减少了系统调用的个数和内核代码的长度；缺点是由于多调用了一个函数，增加了进程调用send的开销。

因为本书是说明TCP/IP的伯克利实现，所以大多数进程调用的函数(socket、bind、connect等)是直接由内核系统调用来实现的。

1.7 网络实现概述

Net/3通过同时支持多种通信协议来提供通用的底层基础服务。的确，4.4BSD支持4种不同的通信协议族：

1) TCP/IP(互联网协议族)，本书的主题。

2) XNS(Xerox网络系统)，一个与TCP/IP相似的协议族，在20世纪80年代中期它被广泛应用于连接Xerox设备(如打印机和文件服务器)，通常使用的是以太网。虽然Net/3仍然发布它的代码，但今天已很少使用这个协议了，并且很多使用伯克利TCP/IP代码的厂商把XNS代码删去了(这样就不需要支持它了)。

3) OSI协议[Rose 1990；Piscitello and Chapin 1993]。这些协议在20世纪80年代是作为开放系统技术的最终目标而设计的，用来代替所有其他通信协议。在20世纪90年代初它没有什么吸引力，以至于在真正的网络中很少使用它，其历史地位有待进一步确定。

4) Unix域协议。从通信协议是用来在不同的系统之间交换信息的意义上来说，它还不算是一套真正的协议，但它提供了一种进程间通信(IPC)的形式。

相对于其他IPC，例如System V消息队列，在同一主机上两个进程间的IPC使用Unix域协议的好处是Unix域协议用与其他三种协议同样的API(插口)访问。另一方面，消息队列和大多数其他形式IPC的API与插口和TLI完全不同。在同一主机上的两进程间的IPC使用网络API，更容易将一个客户/服务器应用程序从一台主机移植到多台主机上。在Unix域中提供两个不同的协议——一个是与TCP相似的可靠的、面向连接的字节流协议；一个是与UDP相似的不可靠的、无连接的数据报协议。

虽然Unix域协议可以作为一种同一主机上两进程间的IPC，但也可以用TCP/IP来完成它们之间的通信。进程间通信并不要求使用在不同的主机上的互联网协议。

内核中的联网代码组织成三层，如图1-3所示。在图的右侧我们注明了OSI参考模型[Piscitello和Chapin 1994]的七层分别对应到BSD组织的哪里。

1) 插口层是一个到下面协议相关层的协议无关接口。所有系统调用从协议无关的插口层开始。例如：在插口层中的bind系统调用的协议无关代码包含几十行代码，它们验证的第一个参数是一个有效的插口描述符，并且第二个参数是一个进程中的有效指针。然后调用下层的协议相关代码，协议相关代码可能包含几百行代码。

2) 协议层包括我们前面提到的四种协议族(TCP/IP、XNS、OSI和Unix域)的实现。

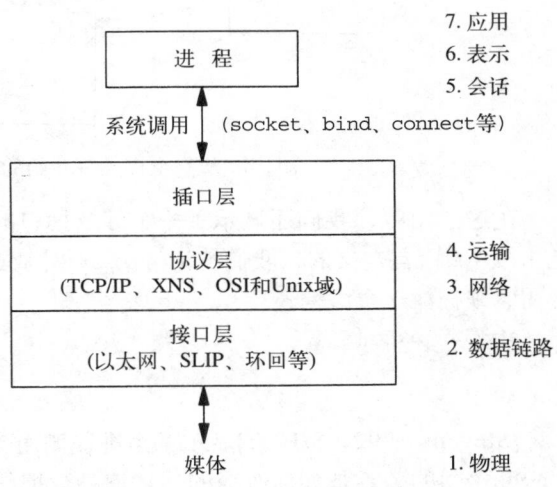

图1-3 Net/3联网代码的大概组织

每个协议族可能包含自己的内部结构，在图1-3中我们没有显示出来。例如，在Internet协议族中，IP(网络层)是最低层，TCP和UDP两种运输层在IP的上面。

3) 接口层包括同网络设备通信的设备驱动程序。

1.8 描述符

图1-2中，一开始调用socket，这要求定义插口类型。Internet协议族(PF_INET)和数据报插口(SOCK_DGRAM)组合成一个UDP协议插口。

socket的返回值是一个描述符，它具有其他Unix描述符的所有特性：可以用这个描述符调用read和write；可以用dup复制它；在调用了fork后，父进程和子进程可以共享它；

可以调用fcntl来改变它的属性；可以调用colse来关闭它；等等。在我们的例子中可以看到插口描述符是函数sendto和recvfrom的第一个参数。当程序终止时（通过调用exit），所有打开的描述符，包括插口描述符都会被内核关闭。

我们现在介绍在进程调用socket时被内核创建的数据结构。在后面的几章中会更详细地描述这些数据结构。

首先从进程的进程表表项开始。在每个进程的生存期内都会有一个对应的进程表表项存在。

一个描述符是进程的进程表表项中的一个数组的下标。这个数组项指向一个打开文件表结构，这个结构又指向一个描述此文件的i-node或v-node结构。图1-4说明了这种关系。

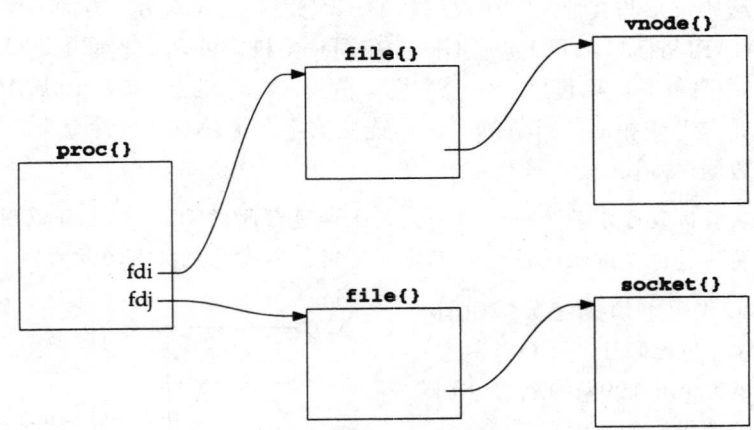

图1-4　从一个描述符开始的内核数据结构的基本关系

在这个图中，我们还显示了一个涉及插口的描述符，它是本书的焦点。由于进程表表项是由以下C语言定义的，我们把记号proc{}放在进程表表项的上面。并且在本书所有的图中都用它来标注这个结构。

```
struct proc {
    ...
}
```

[Stevens 1992，3.10节]显示了当进程调用dup和fork时描述符、文件表结构和i-node或v-node之间的关系是如何改变的。这三种数据结构的关系存在于所有版本的Unix中，但不同的实现细节有所变化。在本书中我们感兴趣的是socket结构和它所指向的Internet专用数据结构。但是既然插口系统调用以一个描述符开始，我们就需要理解如何从一个描述符导出一个socket结构。

如果程序如此执行：

```
a.out
```

不重定向标准输入(描述符0)、标准输出(描述符1)和标准错误处理(描述符2)，图1-5显示了程序示例中的Net/3数据结构的更多细节。在这个例子中，描述符0、1和2连接到我们的终端，并且当socket被调用时未用描述符的最小编号是3。

当进程执行了一个系统调用，如socket，内核就访问进程表结构。在这个结构中的项p_fd指向进程的filedesc结构。在这个结构中有两个我们现在关心的成员：一个是

fd_ofileflags，它是一个字符数组指针（每个描述符有一个描述符标志）；一个是
fd_ofiles，它是一个指向文件表结构的指针数组的指针。描述符标志有8位，只有2位是任
何描述符都可设置的：close-on-exec标志和mapped-from-device标志。在这里我们显示的所有
标志都是0。

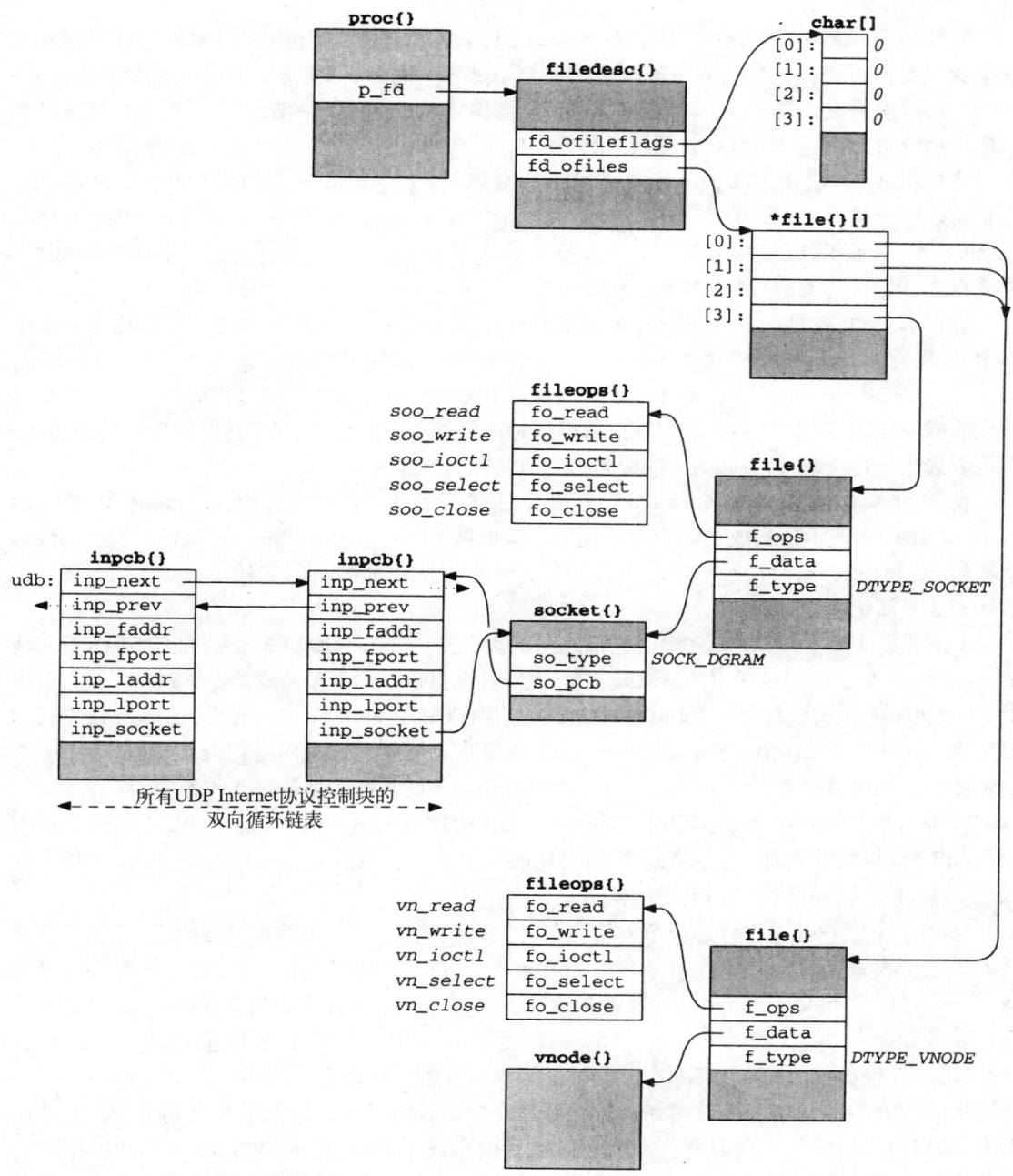

图1-5 在程序示例中调用socket后的内核数据结构

由于Unix描述符与很多东西有关，除了文件外，还有插口、管道、目录、设备等等，因此，我们有意把本节叫作"描述符"而不是"文件描述符"。但是很多Unix文献在谈到描述符时总是加上"文件"这个修饰词，其实没有必要。虽然我们要说明的是插口描述符，但这个内核数据结构叫filedesc{}。我们尽可能使用描述符这个未加修饰的术语。

项fd_ofiles指向的数据结构用*file{}[]表示。它是一个指向file结构的指针数组。这个数组及描述符标志数组的下标就是描述符本身——0、1、2等等，是非负整数。在图1-5中我们可以看到描述符0、1、2对应的项指向图底部的同一个file结构(由于这三个描述符都对应终端设备)。描述符3对应的项指向另外一个file结构。

结构file的成员f_type指示描述符的类型是DTYPE_SOCKET和DTYPE_VNODE。v-node是一个通用机制，允许内核支持不同类型的文件系统——磁盘文件系统、网络文件系统(如NFS)、CD-ROM文件系统、基于存储器的文件系统等等。在本书中关心的不是v-node，因为TCP/IP插口的类型总是DTYPE_SOCKET。

结构file的成员f_data指向一个socket结构或者一个vnode结构，根据描述符类型而定。成员f_ops指向一个有5个函数指针的向量。这些函数指针用在read、readv、write、writev、ioctl、select和close系统调用中，这些系统调用需要一个插口描述符或非插口描述符。这些系统调用每次被调用时都要查看f_type的值，然后做出相应的跳转，实现者选择了直接通过fileops结构的相应项跳转的方式。

我们用等宽字体(fo_read)来醒目地表示结构成员的名称，用斜体等宽字体(*soo_read*)来表示结构成员的内容。注意，有时我们用一个箭头指向一个结构的左上角(如结构filedesc)，有时用一个箭头指向一个结构的右上角(如结构file和fileops)。我们用这些方法来简化图例。

下面我们来查看结构socket，当描述符的类型是DTYPE_SOCKET时，结构file指向结构socket。在我们的例子中，socket的类型(数据报插口的类型是SOCK_DGRAM)保存在成员so_type中。还分配了一个Internet协议控制块(PCB)：一个inpcb结构。结构socket的成员so_pcb指向inpcb，并且结构inpcb的成员inp_socket指向结构socket。对于一个给定插口，操作可能来自"上"或"下"两个方向，因此需要有指针来互相指向。

1) 当进程执行一个系统调用时，如sendto，内核从描述符值开始，使用fd_ofiles索引到file结构指针向量，直到描述符所对应的file结构。结构file指向socket结构，结构socket带有指向结构inpcb的指针。

2) 当一个UDP数据报到达一个网络接口时，内核搜索所有UDP协议控制块，寻找一个合适的，至少要根据目标UDP端口号寻找，可能还要根据目标IP地址、源IP地址和源端口号寻找。一旦定位了所找的inpcb，内核就能通过inp_socket指针来找到相应的socket结构。

成员inp_faddr和inp_laddr包含远地和本地IP地址，而成员inp_fport和inp_lport包含远地和本地端口号。IP地址和端口号的组合经常叫作插口。

在图1-5的左边，我们用名称udb来标注另一个inpcb结构。这是一个全局结构，它是由所有UDP PCB组成的链表表头。我们可以看到两个成员inp_next和inp_prev把所有的UDP PCB组成了一个双向环形链表。为了简化此图，我们用两条平行的水平箭头来表示两条链，而不是用箭头指向PCB的顶角。右边的inpcb结构的成员inp_prev指向结构udb，而不是它的成员inp_prev。来自udb.inp_prev和另一个PCB成员inp_next的虚线箭头表示这里还有其他PCB在这个双向链表上，但我们没有画出。

在本章我们已看到不少内核数据结构，其中大多数还要在后续章节中说明。现在要理解的关键是：

1) 我们的进程调用socket，最后分配了最小未用的描述符(在我们的例子中是3)。在后面，所有针对此socket的系统调用都要用这个描述符。

2) 以下内核数据结构是一起被分配和链接起来的：一个DTYPE_SOCKET类型file结构、一个socket结构和一个inpcb结构。这些结构的很多初始化过程我们并没有说明：file结构的读写标志(因为调用socket总是返回一个可读或可写的描述符)；默认的输入和输出缓存大小被设置在socket结构中；等等。

3) 我们显示了标准输入、输出和标准错误处理等非插口描述符，目的是说明所有描述符最后都对应一个file结构，虽然插口描述符和其他描述符之间有所不同。

1.9 mbuf与输出处理

在伯克利联网代码设计中，有一个基本概念就是存储器缓存，称作一个mbuf，在整个联网代码中用于存储各种信息。下面通过我们的简单例子(图1-2)分析mbuf的一些典型用法，在第2章中我们会更详细地说明mbuf。

1.9.1 包含插口地址结构的mbuf

在sendto调用中，第5个参数指向一个Internet插口地址结构(叫serv)，第6个参数指示它的长度(后面我们将要看到是16字节)。插口层为这个系统调用做的第一件事就是验证这些参数是有效的(即这个指针指向进程地址空间的一段存储器)，并且将插口地址结构复制到一个mbuf中。图1-6所示就是这个所得到的mbuf。

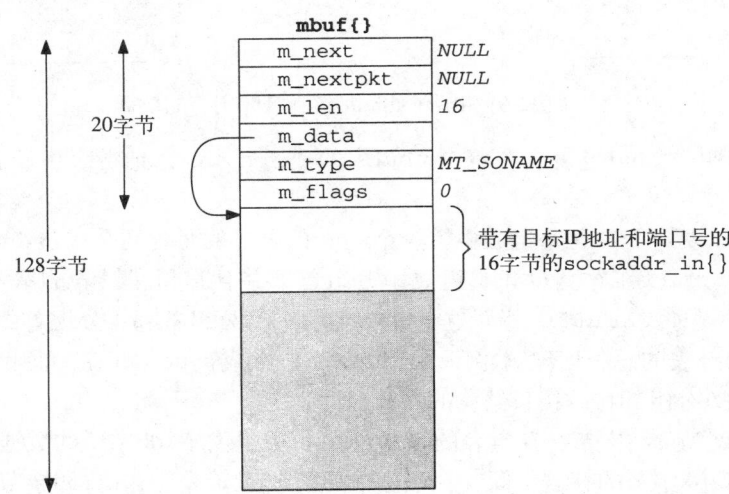

图1-6 mbuf中针对sendto的目的地址

mbuf的前20字节是首部，它包含关于这个mbuf的一些信息。这个20字节的首部包括四个4字节字段和两个2字节字段。mbuf的总长度为128字节。

稍后我们会看到，mbuf可以用成员m_next和m_nextpkt链接起来。在这个例子中都是空指针，它是一个独立的mbuf。

成员m_data指向mbuf中的数据，成员m_len指示它的长度。对于这个例子，m_data指向mbuf中数据的第一个字节(紧接着mbuf首部)。mbuf后面的92字节(108−16)没有用(图1-6的阴影部分)。

成员m_type指示包含在mbuf中的数据的类型，在本例中是MT_SONAME(插口名称)。首部的最后一个成员m_flags，在本例中是0。

1.9.2 包含数据的mbuf

下面继续讨论我们的例子，插口层将sendto调用中指定的数据缓存中的数据复制到一个或多个mbuf中。sendto的第二个参数指示了数据缓存(buff)的开始位置，第三个参数是它的大小(150字节)。图1-7显示了150字节的数据是如何存储在两个 mbuf 中的。

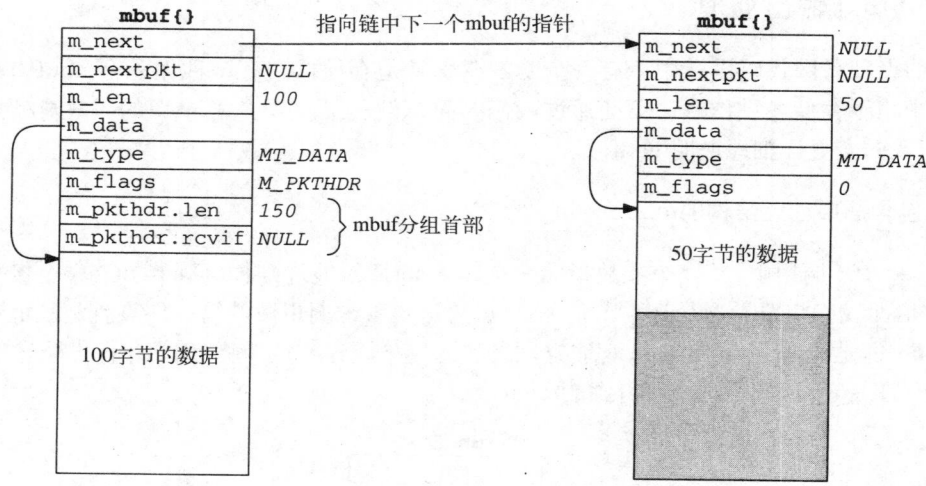

图1-7 用两个mbuf来存储150字节的数据

这种安排叫作mbuf链表。在每个mbuf中的成员m_next把链表中所有的mbuf都链接在一起。

我们看到的另一个变化是链表中第一个mbuf的首部的另外两个成员：m_pkthdr.len和m_pkthdr.rcvif。这两个成员组成了分组首部并且只用在链表的第一个mbuf中。成员m_flags的值是M_PKTHDR，指示这个mbuf包含一个分组首部。分组首部结构的成员len包含了整个mbuf链表的总长度(在本例中是150)，下一个成员rcvif在后面我们会看到，它包含了一个指向接收分组的接收接口结构的指针。

因为mbuf总是128字节，在链表的第一个mbuf中提供了100字节的数据存储能力，而后面所有的mbuf有108字节的存储空间。在本例中的两个mbuf需要存储150字节的数据。我们稍后会看到当数据超过208字节时，就需要3个或更多的mbuf。有一种不同的技术叫"簇"——一种大缓存，一般有1024字节或2048字节。

在链表的第一个mbuf中维护一个带有总长度的分组首部的原因是，当需要总长度时可以避免查看所有mbuf中的m_len来求和。

1.9.3 添加IP和UDP首部

在插口层将目标插口地址结构复制到mbuf中，并把数据复制到mbuf链中后，与此插口描述符(一个UDP描述符)对应的协议层被调用。明确地说，UDP输出例程被调用，指向mbuf的指针被作为一个参数传递。这个例程要在这150字节数据的前面添加一个IP首部和一个UDP首部，然后将这些mbuf传递给IP输出例程。

在图1-7中的mbuf链表中添加这些数据的方法是分配另外一个mbuf，把它放在链首，并将分组首部从带有100字节数据的mbuf复制到这个mbuf。在图1-8中显示了这三个mbuf。

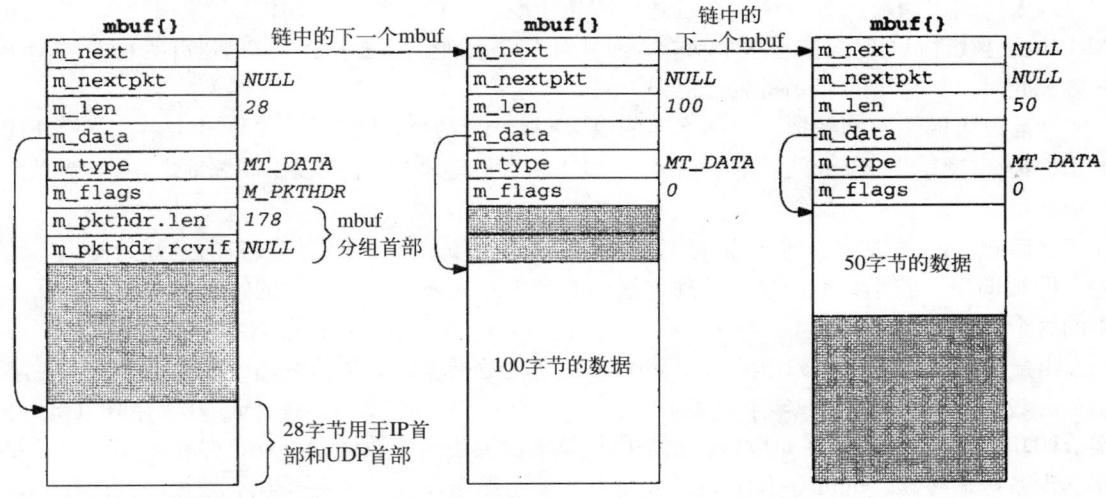

图1-8 在图1-7中的mbuf链表中添加另一个带有IP和UDP首部的mbuf

IP首部和UDP首部被放置在新mbuf的最后，这个新mbuf就成了整个链表的首部。如果需要，它允许任何其他低层协议(例如接口层)在IP首部前添加自己的首部，而不需要再复制IP和UDP首部。在第一个mbuf中的m_data指针指向这两个首部的起始位置，m_len的值是28。在分组首部和IP首部之间有72字节的未用空间留给以后的首部，它们可通过适当地修改m_data指针和m_len添加在IP首部的前面。稍后我们会看见以太网首部就是用这种方法建立的。

注意，分组首部已从带有100字节数据的mbuf中移到新mbuf中去了。分组首部必须放在mbuf链表的第一个mbuf中。在移动分组首部的同时，在第一个mbuf设置M_PKTHDR标志并且在第二个mbuf中清除此标志。在第二个mbuf中分组首部占用的空间现在未用。最后，在此分组首部中的长度成员由于增加了28字节而变成了178。

然后UDP输出例程填写UDP首部和IP首部中它们所能填写的部分。例如，IP首部中的目标地址可以被设置，但IP检验和要留给IP输出例程来计算和存放。

UDP检验和计算后存储在UDP首部中。注意，这要求遍历存储在mbuf链表中的所有150字节的数据。这样，内核要对这150字节的用户数据做两次遍历：一次是把用户缓存中的数据复制到内核中的mbuf中，一次是计算UDP检验和。对整个数据的额外遍历会降低协议的性能，在后续章节中我们会介绍另一种可选的实现技术，它可以避免不必要的遍历。

接着，UDP输出例程调用IP输出例程，并把此mbuf链表的指针传递给IP输出例程。

1.9.4 IP输出

IP输出例程要填写IP首部中剩余的字段，包括：IP检验和，确定数据报应发到哪个输出接口(这是IP路由功能)，必要时对IP报文分片，以及调用接口输出函数。

假设输出接口是一个以太网接口，再次把此mbuf链表的指针作为一个参数，调用一个通用的以太网输出函数。

1.9.5 以太网输出

以太网输出函数的第一个功能就是把32位IP地址转换成相应的48位以太网地址。在使用ARP(地址解析协议)时会使用这个功能，而且会在以太网上发送一个ARP请求并等待一个ARP应答。此时，要输出的mbuf链表已得到，并等待应答。

然后以太网输出例程把一个14字节的以太网首部添加到链表的第一个mbuf中，紧接在IP首部的前面(图1-8)。以太网首部包括6字节以太网目标地址、6字节以太网源地址和2字节以太网帧类型。

之后此mbuf链表被加到此接口的输出队列队尾。如果接口不忙，接口的"开始输出"例程立即被调用。若接口忙，在它处理完输出队列中的其他缓存后，它的输出例程会处理队列中的这个新mbuf。

当接口处理它输出队列中的一个mbuf时，它把数据复制到它的传输缓存中，并且开始输出。在我们的例子中，192字节被复制到传输缓存中：14字节以太网首部、20字节IP首部、8字节UDP首部及150字节用户数据。这是内核第三次遍历这些数据。一旦数据从mbuf链表被复制到设备传输缓存，mbuf链表就被以太网设备驱动程序释放。这三个mbuf被放回到内核的自由缓存池中。

1.9.6 UDP输出小结

我们在图1-9中给出了进程调用`sendto`传输UDP数据报时的大致处理过程。图中所示的处理过程与三层内核代码(图1-3)的关系也显示出来了。

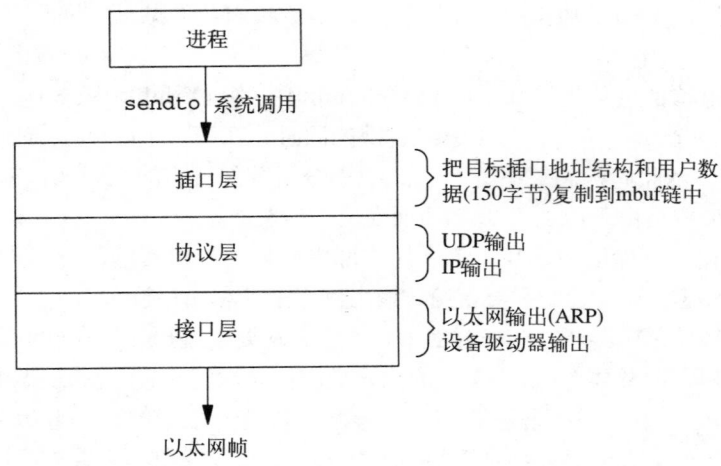

图1-9 三层处理一个简单UDP输出的执行过程

函数调用控制从插口层到UDP输出例程，到IP输出例程，然后到以太网输出例程。每个函数调用传递一个指向要输出的mbuf的指针。在最低层——设备驱动程序层，mbuf链表被放置到设备输出队列并启动设备。函数调用按调用的相反顺序返回，最后系统调用返回给进程。注意，直到UDP数据报到达设备驱动程序前，UDP数据没有排队。高层仅仅添加它们的协议首部并把mbuf传递给下一层。

这时，在我们的程序示例中调用recvfrom去读取服务器的应答。因为该插口的输入队列是空的(假设应答还没有到达)，进程就进入睡眠状态。

1.10 输入处理

输入处理与刚讲过的输出处理不同，因为输入是异步的。也就是说，它通过一个"接收完成中断"触发以太网设备驱动程序来接收输入分组，而不是通过进程的系统调用。内核处理这个设备中断，并调度设备驱动程序进入运行状态。

1.10.1 以太网输入

以太网设备驱动程序处理这个中断，假定它表示一个正常的接收已完成，数据从设备读到一个mbuf链表中。在我们的例子中，接收了54字节的数据并复制到一个mbuf中：20字节IP首部、8字节UDP首部及26字节数据(服务器的时间与日期)。图1-10所示的是这个mbuf的格式。

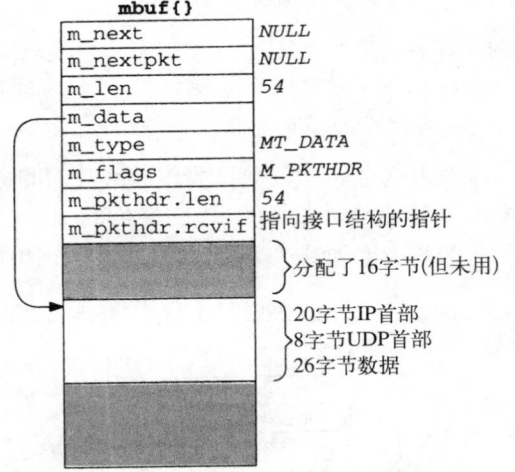

图1-10 用一个mbuf存储输入的以太网数据

这个mbuf是一个分组首部(m_flags被设置成M_PKTHDR)，它是一个数据记录的第一个mbuf。分组首部的成员len包含数据的总长度，成员rcvif包含一个指针，它指向接收数据的接口的结构(第3章)。我们可以看到成员rcvif用于接收分组而不是输出分组(图1-7和图1-8)。

mbuf的前16字节数据空间被分配给一个接口层首部，但没有使用。数据就存储在这个mbuf中，54字节的数据存储在剩余的84字节的空间中。

设备驱动程序把mbuf传给一个通用以太网输入例程，它通过以太网帧中的类型字段确定哪个协议层来接收此分组。在这个例子中，类型字段标识一个IP数据报，从而mbuf被加入到IP输入队列中。另外，会产生一个软中断来执行IP输入例程。这样，这个设备中断处理就完成了。

1.10.2 IP输入

IP输入是异步的，并且通过一个软中断来执行。当接口层在系统的接口上收到IP数据报时，它就设置这个软中断。当IP输入例程执行它时，循环处理在它的输入队列中的每一个IP数据报，并在整个队列被处理完后返回。

IP输入例程处理每个接收到的IP数据报。它验证IP首部检验和，处理IP选项，验证数据报被传递到正确的主机(通过比较数据报的目标IP地址与主机IP地址)，并当系统被配置为一个路由器且数据报被标注为其他的IP地址时转发此数据报。如果IP数据报到达它的最终目标，调用IP首部中标识的协议（ICMP，IGMP，TCP或UDP）的输入例程。在我们的例子中，调用UDP输入例程去处理UDP数据报。

1.10.3 UDP输入

UDP输入例程验证UDP首部中的各字段(长度与可选的检验和)，然后确定一个进程是否应该接收此数据报。在第23章我们要详细讨论这个检查是如何进行的。一个进程可以接收到一指定UDP端口的所有数据报，或让内核根据源与目标IP地址及源与目标端口号来限制数据报的接收。

在我们的例子中，UDP输入例程从一个全局变量udb(图1-5)开始，查看所有UDP协议控制块链表，寻找一个本地端口号(inp_lport)与接收的UDP数据报的目标端口号匹配的协议控制块。这个PCB是由我们调用socket创建的，它的成员inp_socket指向相应socket结构，并允许接收的数据在此插口排队。

在程序示例中，我们从未为应用程序指定本地端口号。在习题23.3中，我们会看到在写第一个UDP程序时创建一个插口而不绑定一个本地端口号会导致内核自动地给此插口分配一个本地端口号(称为短期端口)。这就是插口的PCB成员inp_lport不是一个空值的原因。

因为这个UDP数据报要传递给我们的进程，发送方的IP地址和UDP端口号被放置到一个mbuf中，这个mbuf和数据(在我们的例子中是26字节)被追加到此插口的接收队列中。图1-11所示的是被追加到这个插口的接收队列中的这两个mbuf。

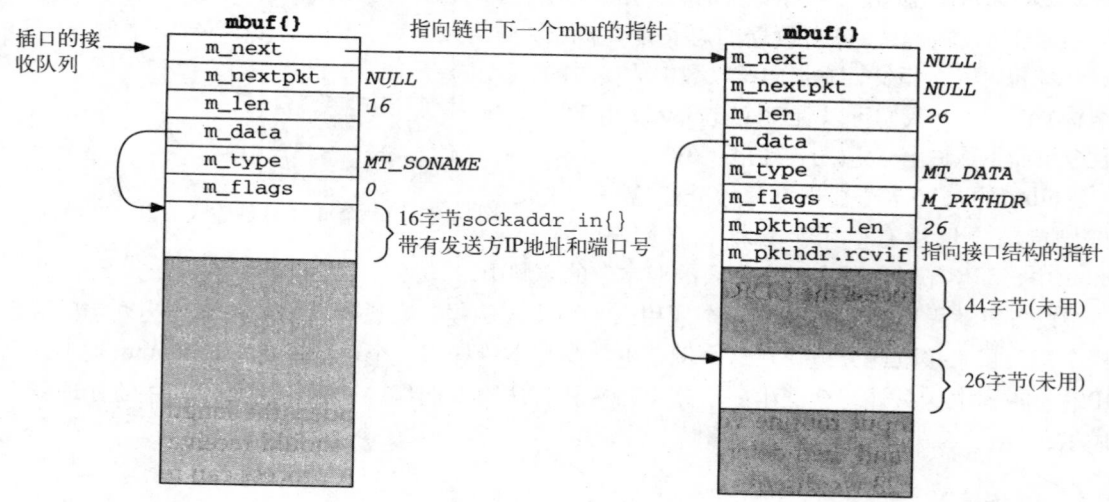

图1-11 发送方地址和数据

比较这个链表中的第二个mbuf(MT_DATA类型)与图1-10中的mbuf，成员m_len和m_pkthdr.len都减小了28字节(20字节的IP首部和8字节的UDP首部)，并且指针m_data也减小了28字节。这有效地将IP和UDP首部删去，只保留了26字节数据追加到插口接收队列。

在链表的第一个mbuf中包括一个16字节Internet插口地址结构，它带有发送方IP地址和UDP端口号。它的类型是MT_SONAME，与图1-6中的mbuf类似。这个mbuf是插口层创建的，将这些信息返回给通过系统调用recvform或recvmsg调用的进程。即使在这个链表的第二个mbuf中有空间(16字节)存储这个插口地址结构，它也必须存放到自己的mbuf中，因为它们的类型不同(一个是MT_SONAME，一个是MT_DATA)。

然后接收进程被唤醒。如果进程处于睡眠状态等待数据的到达(我们例子中的情况)，进程被标志为可运行状态等待内核的调度。也可以通过select系统调用或SIGIO信号来通知进程数据的到达。

1.10.4 进程输入

我们的进程调用recvfrom时被阻塞，在内核中处于睡眠状态，现在进程被唤醒。UDP层追加到插口接收队列中的26字节的数据(接收的数据报)被内核从mbuf复制到我们程序的缓存中。

注意，我们的程序把recvform的第5和第6个参数设置为空指针，告诉系统在接收过程中不关心发送方的IP地址和UDP端口号。这使得系统调用recvfrom时略过链表中的第一个mbuf(图1-11)，仅返回第二个mbuf中的26字节的数据。然后内核的recvfrom代码释放图1-11中的两个mbuf，并把它们放回到自由mbuf池中。

1.11 网络实现概述(续)

图1-12总结了在各层间为网络输入、输出而进行的通信。图1-12是对图1-3进行了重画，它只考虑Internet协议，并且强调层间的通信。符号splnet与splimp在下一节讨论。

对于插口队列(socket queue)和接口队列(interface queue)来说，每个插口和每个接口(以太

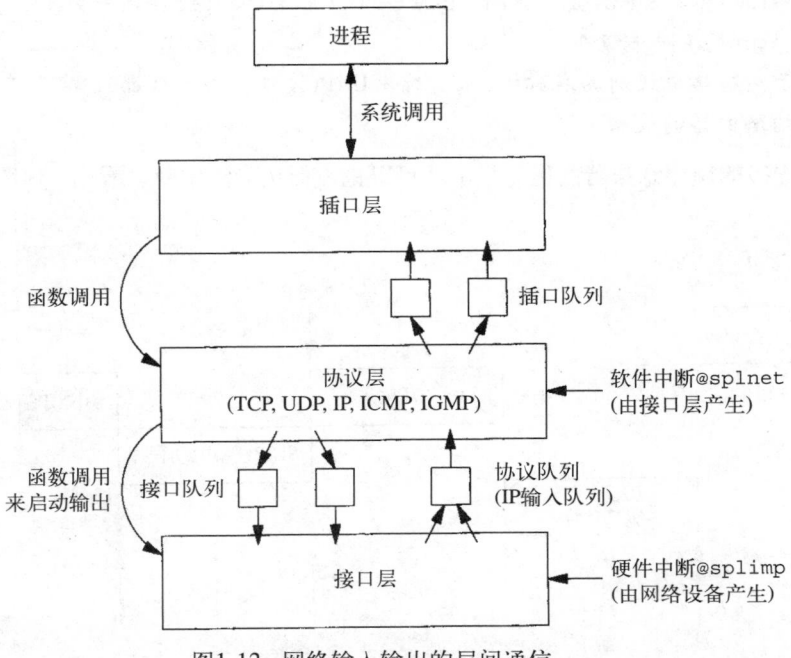

图1-12 网络输入输出的层间通信

网、环回、SLIP、PPP等)都有一个队列，但对于协议队列(protocol queue)来说，只有一个IP输入队列。如果考虑其他协议层，我们就会有一个队列用于XNS协议，一个队列用于OSI协议。

1.12   中断级别与并发

我们在1.10节看到联网代码处理输入分组用的是异步和中断驱动的方式。首先，一个设备中断引发接口层代码执行，然后它产生一个软中断引发协议层代码执行。当内核完成这些级别的中断后，执行插口代码。

在这里给每个硬件和软件中断分配一个优先级。图1-13所示的是8个优先级别的顺序，从最低级别(不阻塞中断)到最高级别(阻塞所有中断)。

函 数	说 明
spl0	正常操作方式，不阻塞中断 (最低优先级)
Splsoftclock	低优先级时钟处理
splnet	网络协议处理
spltty	终端输入/输出
splbio	磁盘与磁带输入/输出
splimp	网络设备输入/输出
splclock	高优先级时钟处理
splhigh	阻塞所有中断 (最高优先级)
splx(s)	(见正文)

图1-13   阻塞所选中断的内核函数

[Leffler et al. 1989]的表4-5显示了用于VAX实现的优先级别。386的Net/3的实现使用图1-13所示的8个函数，但splsoftclock与splnet在同一级别，splclock与splhigh也在同一级别。

用于网络接口级别的名称*imp*来自缩写IMP(接口报文处理器)，它是在ARPANET中使用的路由器的最初类型。

不同优先级的顺序意味着高优先级中断可以抢占低优先级中断。看图1-14所示的事件顺序。

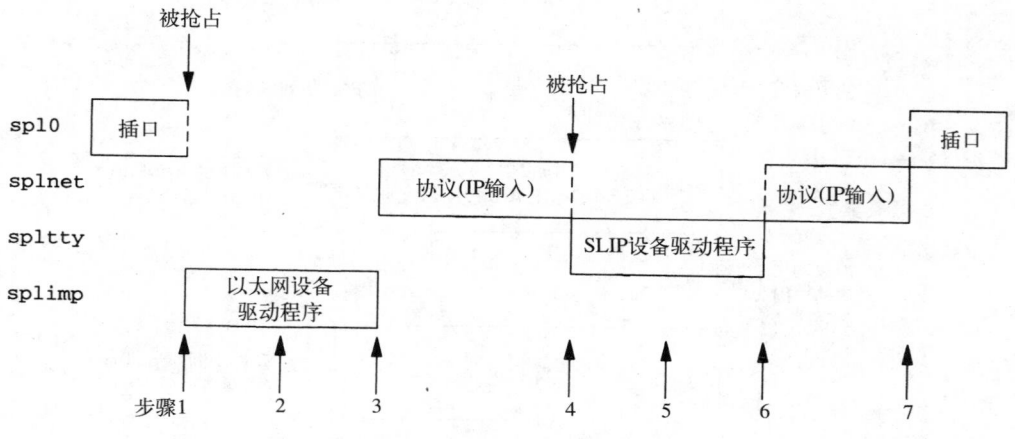

图1-14   优先级示例与内核处理

1) 当插口层以级别spl0执行时，一个以太网设备驱动程序中断发生，使接口层以级别splimp执行。这个中断抢占了插口层代码的执行。这就是异步执行接口输入例程。

2) 当以太网设备驱动程序在运行时，它把一个接收的分组放置到IP输出队列中并调度一个splnet级别的软中断。软中断不会立即有效，因为内核正在一个更高的优先级(splimp)上运行。

3) 当以太网设备驱动程序完成后，协议层以级别splnet执行。这就是异步执行IP输入例程。

4) 一个终端设备中断发生(完成一个SLIP分组)时，它立即被处理，抢占协议层，因为终端输入/输出(spltty)优先级比图1-13中的协议层(splnet)更高。

5) SLIP驱动程序把接收的分组放到IP输入队列中并为协议层调度另一个软中断。

6) 当SLIP驱动程序结束时，被抢占的协议层继续以级别splnet执行，处理完从以太网设备驱动程序收到的分组后，处理从SLIP驱动程序接收的分组。仅当没有其他输入分组要处理时，它才会把控制权交还给被它抢占的进程(在本例中是插口层)。

7) 插口层从它被中断的地方继续执行。

对于这些不同优先级，一个要关心的问题就是如何处理那些在不同级别的进程间共享的数据结构。在图1-12中显示了三种在不同优先级进程间共享的数据结构——插口队列、接口队列和协议队列。例如，当IP输入例程正在从它的输入队列中取出一个收到的分组时，一个设备中断发生，抢占了协议层，并且那个设备驱动程序可能添加另一个分组到IP输入队列。这些共享的数据结构(本例中的IP输入队列，它共享于协议层和接口层)，如果不加协调地访问它们，可能会破坏数据的完整性。

Net/3的代码经常调用函数splimp和splnet。这两个调用总是与splx成对出现，splx使处理器返回到原来的优先级。例如下面这段代码，被协议层IP输入函数执行，检查是否有其他分组在它的输入队列中等待处理：

```
struct mbuf *m;
int s;
s = splimp ();
IF_DEQUEUE (&ipintrq, m);
splx(s);
if (m == 0)
   return;
```

调用splimp把CPU的优先级升高到网络设备驱动程序级，防止任何网络设备驱动程序中断发生。原来的优先级作为函数的返回值存储到变量s中。然后执行宏IF_DEQUEUE把IP输入队列(ipintrq)头部的第二个分组删去，并把指向此mbuf链表的指针放到变量m中。最后，通过调用带有参数s(其保存着前面调用splimp的返回值)的splx，CPU的优先级恢复到调用splimp前的级别。

由于在调用splimp和splx之间所有的网络设备驱动程序的中断被禁止，在这两个调用间的代码应尽可能地少。如果中断被禁止的时间过长，其他设备会被忽略，数据会被丢失。因此，对变量m的测试(看是否有其他分组要处理)被放在调用splx之后而不是之前。

当以太网输出例程把一个要输出的分组放到一个接口队列，并测试接口当前是否忙时——若接口不忙则启动接口，需要这些spl调用。

```
struct mbuf   *m;
int   s;

s = splimp();
/*
 * Queue message on interface, and start output if interface not active.
 */
if (IF_QFULL(&ifp->if_snd)) {
    IF_DROP(&ifp->if_snd);     /* queue is full, drop packet */
    splx(s);
    error = ENOBUFS;
    goto bad;
}

IF_ENQUEUE(&ifp->if_snd, m);   /* add the packet to interface queue */
if ((ifp->if_flags & IFF_OACTIVE) == 0)
    (*ifp->if_start)(ifp);     /* start interface */

splx(s);
```

在这个例子中，设备中断被禁止的原因是，防止在协议层正往队列添加分组时设备驱动程序从它的发送队列中取走下一个分组。设备发送队列是一个在协议层和接口层共享的数据结构。

在整个源代码中到处都会看到spl函数。

1.13 源代码组织

图1-15所示的是Net/3网络源代码的组织，假设它位于目录/usr/src/sys。

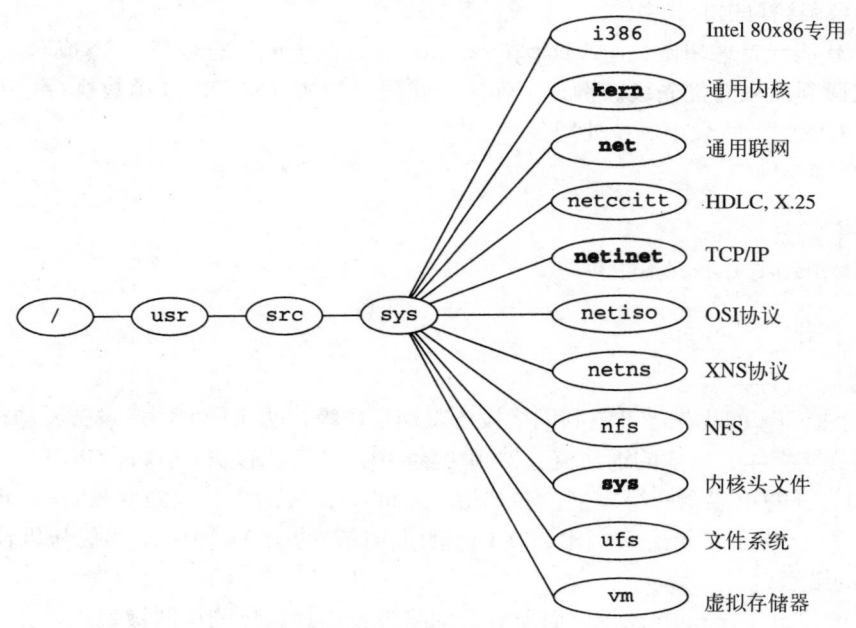

图1-15   Net/3源代码组织

本书的重点在目录netinet，它包含所有TCP/IP源代码。在目录kern和net中我们也可找到一些文件。前者是协议无关的插口代码，而后者是一些通用联网函数，用于TCP/IP例程，如路由代码。

包含在每个目录中的文件简要地列于下面。

- `i386`：Intel 80x86专用目录。例如，目录`i386/isa`包含专用于ISA总线的设备驱动程序。目录`i386/stand`包含单机引导程序代码。
- `kern`：通用的内核文件，不属于其他目录。例如，处理系统调用`fork`和`exec`的内核文件在这个目录。在这个目录中，我们只考察少数几个文件——用于插口系统调用的文件(插口层在图1-3)。
- `net`：通用联网文件，例如，通用联网接口函数，BPF(BSD分组过滤器)代码、SLIP驱动程序和路由代码。在这个目录中我们考察一些文件。
- `netccitt`：OSI协议接口代码，包括HDLC(高级数据链路控制)和X.25驱动程序。
- `netinet`：Internet协议代码，包括IP、ICMP、IGMP、TCP和UDP。本书的重点集中在这个目录中的文件。
- `netiso`：OSI协议。
- `netns`：施乐(Xerox)XNS协议。
- `nfs`：Sun公司的网络文件系统代码。
- `sys`：系统头文件。在这个目录中我们考察几个头文件。这个目录中的文件还出现在目录`/usr/include/sys`中。
- `ufs`：Unix文件系统（有时叫伯克利快速文件系统）的代码。它是标准磁盘文件系统。
- `vm`：虚拟存储器系统代码。

图1-16所示的是源代码组织的另一种表现形式，它映射到我们的三个内核层。忽略`netimp`和`nfs`这样的目录，在本书中我们不关心它们。

kern/sys_socket.c	kern/uipc_socket.c	插口层
kern/uipc_domain.c	kern/uipc_socket2.c	
kern/uipc_mbuf.c	kern/uipc_syscalls.c	

4000行C代码

net/ 选路	netinet/ (TCP/IP)	netns/ (XNS)	netiso/ (OSI)	kern/ (Unix域)	协议层
2 100	13 000	6 000	26 000	750	

net/ (以太网，ARP)	net/if_sl* (SLIP)	net/if_loop* (boopback)	net/bpf* (BPF)	以太网设备 驱动程序	接口层
500	1 750	250	2 000	1 000每驱动程序	

图1-16 映射到三个内核层的Net/3源代码组织

在每个表格框底下的数字是对应功能的C代码的近似行数，包括源文件中的所有注释。

我们不考察图中所有的源代码。显示目录`netns`与`netiso`是为了与Internet协议比较。我们仅考虑有阴影的表格框。

1.14 测试网络

图1-17所示的测试网络用于本书中所有的例子。除了在图顶部的主机`vangogh`，所有的

IP地址属于B类网络地址140.252，并且所有主机名属于域`.tuc.noao.edu`(noao代表"国家光学天文台"，`tuc`代表"图森")。例如，在右下角的系统的主机全名是`svr4.tuc.noao.edu`，IP地址是140.252.13.34。在每个框图顶上的记号是运行在此系统上操作系统的名称。

在图顶部的主机的全名是`vangogh.cs.berkeley.edu`，其他主机通过Internet可以连接到它。

这个图与卷1中的测试网络几乎一样，有一些操作系统升级了，在sun与netb之间的拨号链路现在用PPP取代了SLIP。另外，我们用Net/3联网代码代替了BSD/386 V1.1提供的Net/2联网代码。

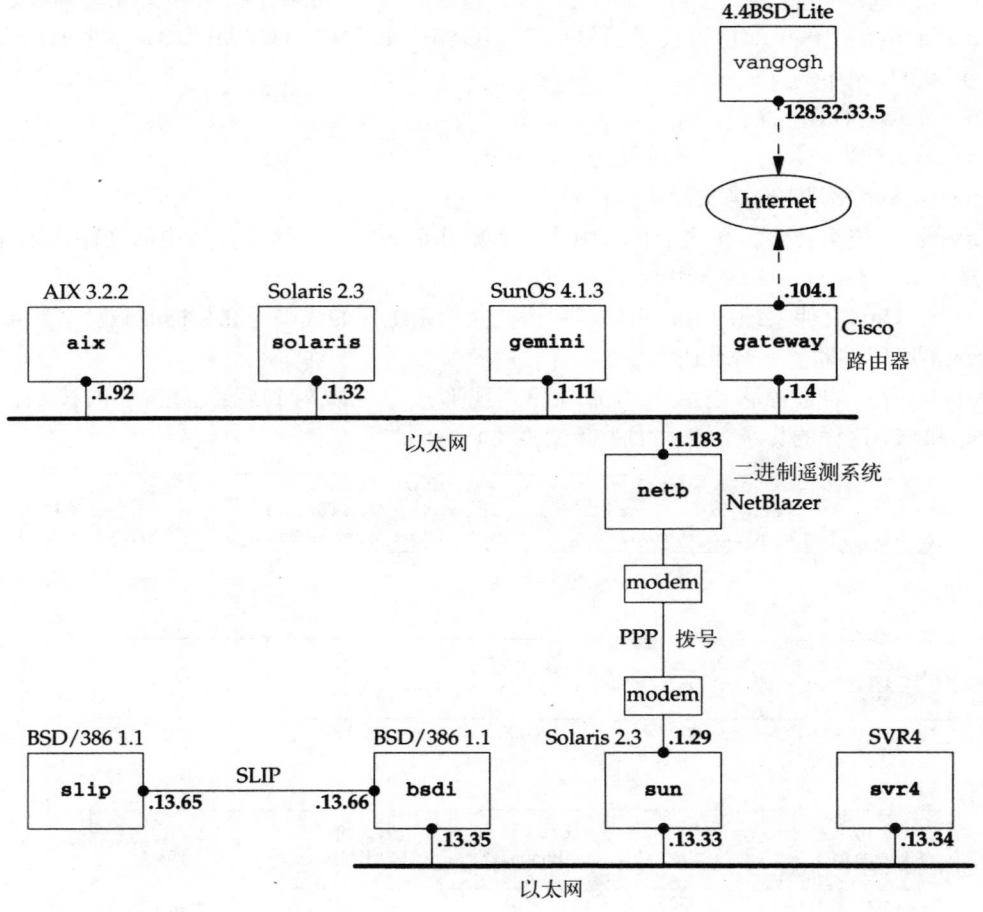

图1-17　用于本书中所有例子的测试网络

1.15　小结

本章是对Net/3联网代码的概述。通过一个简单的程序示例(图1-2)——发送一个UDP数据报给一个日期时间服务器并接收应答，我们分析了通过内核进行输入、输出的过程。mbuf中保存要输出的信息和接收的IP数据报。下一章我们要查看mbuf的更多细节。

当进程执行`sendto`系统调用时，产生UDP输出，而IP输入是异步的。当一个设备驱动程序接收了一个IP数据报，数据报被放到IP输入队列中并且产生一个软中断使IP输入函数执行。我们考察了在内核中用于联网代码的不同中断级别。由于很多联网数据结构被不同的层所共享，而这些层在不同的中断级别上执行，因此当访问或修改这些共享结构时要特别小心。几乎所有我们要查看的函数中都会遇到spl函数。

本章结束时我们查看了Net/3源代码的整个组织结构，以及本书关注的代码。

习题

1.1 输入程序示例(图1-2)并在你的系统上运行。如果你的系统有系统调用跟踪能力，如 trace (SunOS 4.x)、truss (SVR4)或ktrace (4.4BSD)，用它检测本例中调用的系统调用。

1.2 在1.12节调用IF_DEQUEUE的例子中，我们注意到调用splimp来防止网络设备驱动程序的中断。当以太网驱动程序以这个级别执行时，SLIP驱动程序会发生什么？

第2章 mbuf：存储器缓存

2.1 引言

联网协议对内核的存储器管理能力提出了很多要求。这些要求包括能方便地操作可变长缓存，能在缓存头部和尾部添加数据(如低层封装来自高层的数据)，能从缓存中移去数据(如当数据分组向上经过协议栈时要去掉首部)，并能尽量减少为这些操作所做的数据复制。内核中的存储器管理调度直接关系到联网协议的性能。

在第1章我们介绍了普遍应用于Net/3内核中的存储器缓存——mbuf，它是"memory buffer"的缩写。在本章，我们要查看mbuf和内核中用于操作它们的函数的更多细节，在本书中几乎每一页我们都会遇到mbuf。要理解本书的其他部分必须先要理解mbuf。

mbuf的主要用途是保存在进程和网络接口间互相传递的用户数据。但mbuf也用于保存其他各种数据：源与目标地址、插口选项等等。

图2-1显示了我们要遇到的四种不同类型的mbuf，它们依据在成员m_flags中填写的不同标志M_PKTHDR和M_EXT而不同。图2-1中四个mbuf的区别从左到右罗列如下：

1) 如果m_flags等于0，mbuf只包含数据。在mbuf中有108字节的数据空间(m_dat数组)。指针m_data指向这108字节缓存中的某个位置。图中所示的m_data指向缓存的起始，但它也能指向缓存中的任意位置。成员m_len指示了从m_data开始的数据的字节数。图1-6是这类mbuf的一个例子。

在图2-1中，结构m_hdr中有六个成员，它的总长是20字节。当我们查看此结构的C语言定义时(图2-8)，会看见前四个成员每个占用4字节而后两个成员每个占用2字节。在图2-1中我们没有区分4字节成员和2字节成员。

2) 第二类mbuf的m_flags值是M_PKTHDR，它指示这是一个分组首部，描述一个分组数据的第一个mbuf。数据仍然保存在这个mbuf中，但是由于分组首部占用了8字节，只有100字节的数据可存储在这个mbuf中(在m_pktdat数组中)。图1-10是这种mbuf的一个例子。

成员m_pkthdr.len的值是这个分组的mbuf链表中所有数据的总长度：所有通过m_next指针链接的mbuf的m_len值的和，如图1-8所示。输出分组没有使用成员m_pkthdr.rcvif，但对于接收的分组，它包含一个指向接收接口ifnet结构(图3-6)的指针。

3) 下一种mbuf不包含分组首部(没有设置M_PKTHDR)，但包含超过208字节的数据，这时用到一个叫"簇"的外部缓存(设置M_EXT)。在此mbuf中仍然为分组首部结构分配了空间，但没有用——在图2-1中，我们用阴影显示出来。Net/3分配一个大小为1024字节或2048字节的簇，而不是使用多个mbuf来保存数据(第一个带有100字节数据，其余的每个带有108字节数据)。在这个mbuf中，指针m_data指向这个簇中的某个位置。

Net/3版本支持七种不同的结构。定义了四种1024字节的簇(惯例值)，三种2048字节的簇。习惯上用1024字节的目的是节约存储器：如果簇的大小是2048字节，对于以太网分组(最大1500字节)，每个簇大约有四分之一没有用。在27.5节中我们会看到Net/3 TCP发送的每个TCP

报文段从来不超过一簇大小，因此当簇的大小为1024字节时，每个1500字节的以太网帧几乎三分之一未用。但是[Mogul 1993，图15-15]显示了当在以太网中发送最大帧而不是1024字节的帧时能明显提高以太网的性能。这就是一种性能/存储器互换。老的系统使用1024字节的簇来节约存储器，而拥有廉价存储器的新系统用2048字节的簇来提高性能。在本书中我们假定一簇的大小是2048字节。

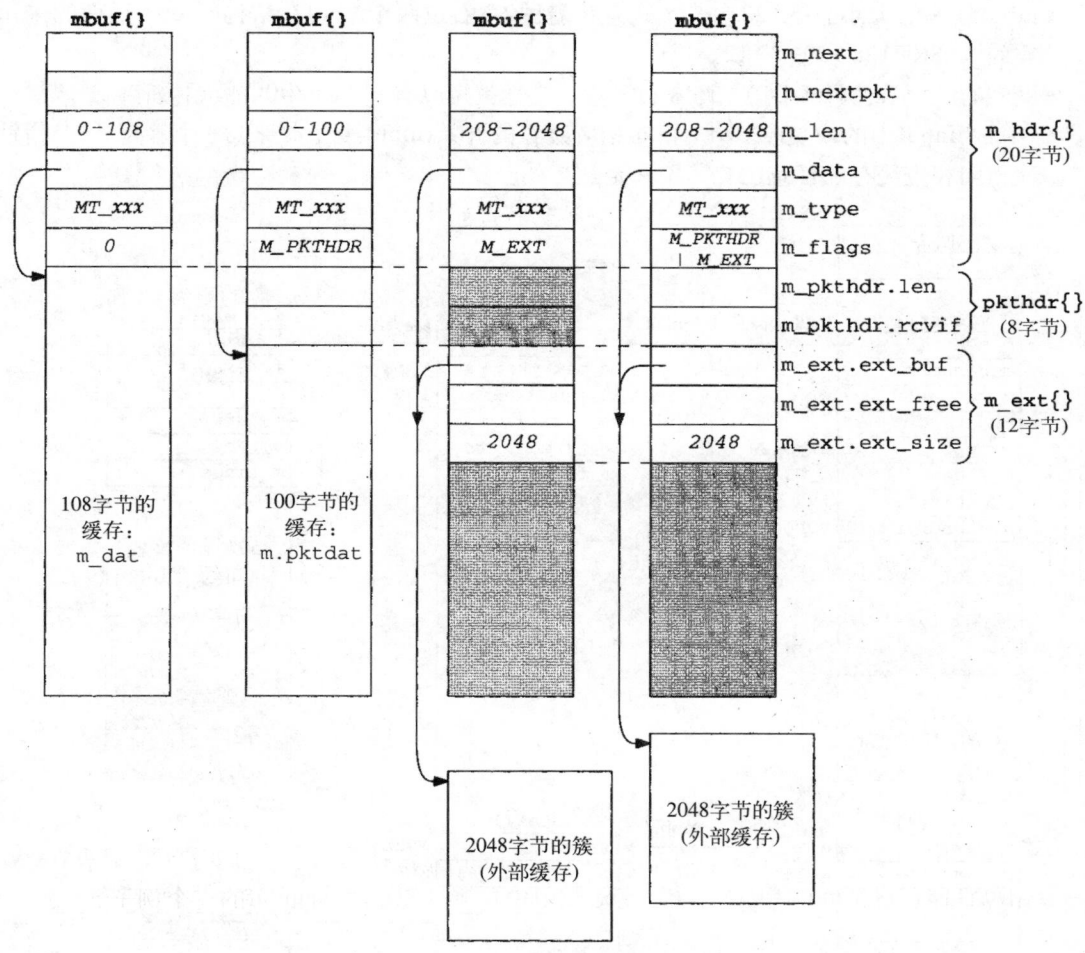

图2-1　根据不同m_flags值的四种不同类型的mbuf

　　然而，我们所说的"簇"(cluster)用过不同的名字。常量MCLBYTES是这些缓存(1024或2048)的大小，操作这些缓存的宏的名字是MCLGET、MCLALLOC和MCLFREE。这就是之所以称它们为"簇"的原因。但我们还看到mbuf的标志是M_EXT，它代表"外部的"缓存。最后，[Leffler et al. 1989]称它们为映射页(mapped page)。这后一种称法来源于它们的实现，在2.9节我们会看到当要求一个副本时，这些簇是可以共享的。

　　我们可能会希望这种类型的mbuf的m_len的最小值是209而不是我们在图中所示的208。这是指，208字节数据的记录是可以存放在两个mbuf中的，第一个mbuf存放

100字节，第二个mbuf存放108字节。但在源代码中有一个差错：若超过或等于208就
分配一个簇。

4）最后一类mbuf包含一个分组首部，并包含超过208字节的数据。同时设置了标志
M_PKTHDR和M_EXT。

对于图2-1，我们还有另外几点需要说明：

- mbuf结构的大小总是128字节。这意味着图2-1右边两个mbuf在结构m_ext后面的未用
  空间为88(即128−20−8−12)字节。
- 既然有些协议(例如UDP)允许零长记录，当然就可以有m_len为0的数据缓存。
- 在每个mbuf中的成员m_data指向相应缓存的开始(mbuf缓存本身或一个簇)。这个指针
  能指向相应缓存的任意位置，不一定是起始。

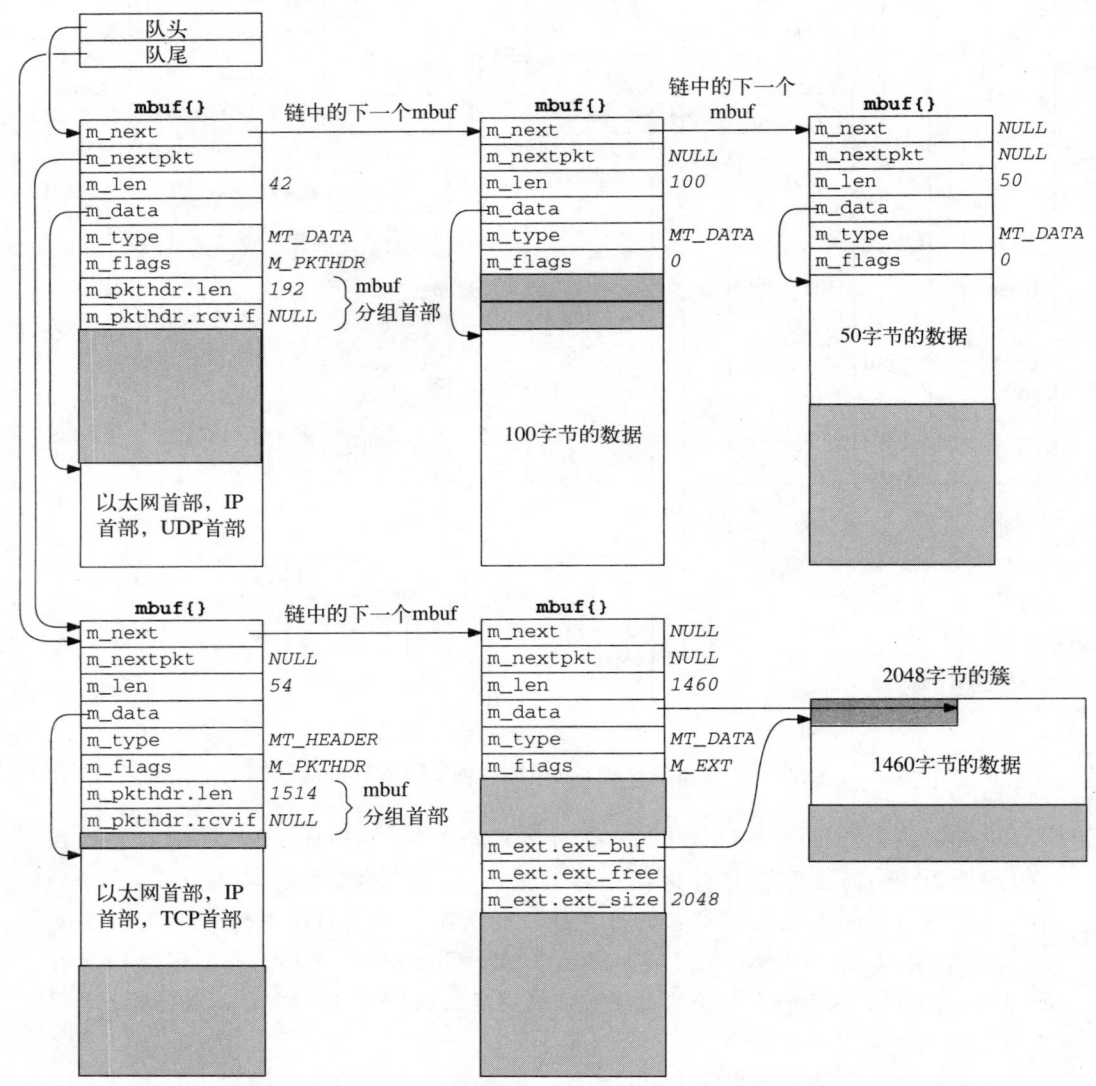

图2-2 在一个队列中的两个分组：第一个带有192字节的数据，第二个带有1514字节的数据

- 带有簇的mbuf总是包含缓存的起始地址(m_ext.ext_buf)和它的大小(m_ext.ext_size)。我们在本书采用的大小为2048。成员m_data和m_ext.ext_buf的值是不同的(如我们所示),除非m_data也指向缓存的第一个字节。结构m_ext的第三个成员ext_free,Net/3当前未用。
- 指针m_next把mbuf链接在一起,把一个分组(记录)形成一条mbuf链表,如图1-8所示。
- 指针m_nextpkt把多个分组(记录)链接成一个mbuf链表队列。在队列中的每个分组可以是一个单独的mbuf,也可以是一个mbuf链表。每个分组的第一个mbuf包含一个分组首部。如果多个mbuf定义一个分组,只有第一个mbuf的成员m_nextpkt被使用——链表中其他mbuf的成员m_nextpkt全是空指针。

图2-2所示的是在一个队列中的两个分组的例子,它是图1-8的一个修改版。我们已经把UDP数据报放到接口输出队列中(显示出14字节的以太网首部已经添加到链表中第一个mbuf的IP首部前面),并且第二个分组已经被添加到队列中:TCP段包含1460字节的用户数据。TCP数据包含在一个簇中,并且有一个mbuf包含了它的以太网、IP与TCP首部。通过这个簇,我们可以看到指向簇的数据指针(m_data)不需要指向簇的起始位置。我们所示的队列有一个头指针和一个尾指针,这就是Net/3处理接口输出队列的方法。我们还给有M_EXT标志的mbuf添加了一个m_ext结构,并且用阴影表示这个mbuf中未用的pkthdr结构。

　　带有UDP数据报分组首部的第一个mbuf的类型是MT_DATA,但带有TCP报文段分组首部的第一个mbuf的类型是MT_HEADER。这是由于UDP和TCP采用了不同的方式往数据中添加首部造成的,但没有什么不同,这两种类型的mbuf本质上一样。链表中第一个mbuf的m_flags的值M_PKTHDR指示了它是一个分组首部。

　　仔细的读者可能会注意到我们显示一个mbuf的图(Net/3 mbuf, 图2-1)与显示一个Net/1 mbuf的图[Leffler et al. 1989, p.290]的区别。这个变化是在Net/2中造成的:添加了成员m_flags,把指针m_act改名为m_nextpkt,并把这个指针移到这个mbuf的前面。

　　在第一个mbuf中,UDP与TCP协议首部位置的不同是由于UDP调用M_PREPEND(图23-15和习题23.1)而TCP调用MGETHDR(图26-25)造成的。

2.2 代码介绍

mbuf函数在一个单独的C文件中,并且mbuf宏与各种mbuf定义都在一个单独的头文件中,如图2-3所示。

文 件	说 明
sys/mbuf.h	mbuf结构、mbuf宏与定义
kern/uipc_mbuf.c	mbuf函数

图2-3 本章讨论的文件

2.2.1 全局变量

在本章要介绍一个全局变量,如图2-4所示。

变 量	数 据 类 型	说 明
mbstat	struct mbstat	mbuf的统计信息(图2-5)

图2-4 本章介绍的全局变量

2.2.2 统计

在全局结构mbstat中维护的各种统计如图2-5所示。

mbstat成员	说 明
m_clfree	自由簇
m_clusters	从页池中获得的簇
m_drain	调用协议的释放(drain)函数来回收空间的次数
m_drops	寻找空间(未用)失败的次数
m_mbufs	从页池(未用)中获得的mbuf数
m_mtypes[256]	当前mbuf的分配数：MT_*xxx*索引
m_spare	剩余空间(未用)
m_wait	等待空间(未用)的次数

图2-5 在结构mbstat中维护的mbuf统计

这个结构能用命令netstat -m检测，图2-6所示的是一些输出示例。关于所用映射页的数量，该示例给出的两个值是2/34，其含义分别为：m_clusters(34)减m_clfree (32)——当前使用的簇数(2)，以及m_clusters(34)。

分配给网络的存储器的千字节数是mbuf存储器字节数(99×128字节)加上簇存储器字节数(34×2048字节)再除以1024。使用百分比表示就是mbuf存储器字节数(99×128字节)加上所用簇的存储器字节数(2×2048字节)除以网络存储器总字节数(80KB)，再乘100。

netstat -m 输出	mbstat 成员
99 mbufs in use:	
1 mbufs allocated to data	m_mtypes[MT_DATA]
43 mbufs allocated to packet headers	m_mtypes[MT_HEADER]
17 mbufs allocated to protocol control blocks	m_mtypes[MT_PCB]
20 mbufs allocated to socket names and addresses	m_mtypes[MT_SONAME]
18 mbufs allocated to socket options	m_mtypes[MT_SOOPTS]
2/34 mapped pages in use	(见正文)
80 Kbytes allocated to network (20% in use)	(见正文)
0 requests for memory denied	m_drops
0 requests for memory delayed	m_wait
0 calls to protocol drain routines	m_drain

图2-6 mbuf统计例子

2.2.3 内核统计

mbuf统计显示了Net/3源代码中应用的一种通用技术。内核在一个全局变量(在本例中是结构mbstat)中保持对某些统计信息的跟踪。当内核在运行时，一个进程(在本例中是netstat程序)可以检查这些统计。

不是提供系统调用来获取由内核维护的统计，而是进程通过读取链接编辑器在内核建立时保存的信息来获得所关心的数据结构在内核中的地址。然后进程调用函数kvm(3)，使用特殊文件/dev/mem读取在内核存储器中的相应位置。如果内核数据结构从一个版本改变为下一个版本，任何读取这个结构的程序也必须改变。

2.3 mbuf的定义

处理mbuf时，我们会反复遇到几个常量。它们的值显示在图2-7中。除了MCLBYTES定义在文件/usr/include/machine/param.h中外，其他所有常量都定义在文件mbuf.h中。

常　量	值(字节数)	说　明
MCLBYTES	2048	一个mbuf簇(外部缓存)的大小
MHLEN	100	带分组首部的mbuf的最大数据量
MINCLSIZE	208	存储到簇中的最小数据量
MLEN	108	在正常mbuf中的最大数据量
MSIZE	128	每个mbuf的大小

图2-7　mbuf.h中的mbuf常量

2.4 mbuf结构

图2-8所示的是mbuf结构的定义。

mbuf.h

```
60 /* header at beginning of each mbuf: */
61 struct m_hdr {
62     struct mbuf *mh_next;        /* next buffer in chain */
63     struct mbuf *mh_nextpkt;     /* next chain in queue/record */
64     int     mh_len;              /* amount of data in this mbuf */
65     caddr_t mh_data;             /* pointer to data */
66     short   mh_type;             /* type of data (Figure 2.10) */
67     short   mh_flags;            /* flags (Figure 2.9) */
68 };

69 /* record/packet header in first mbuf of chain; valid if M_PKTHDR set */
70 struct pkthdr {
71     int     len;                 /* total packet length */
72     struct ifnet *rcvif;         /* receive interface */
73 };

74 /* description of external storage mapped into mbuf, valid if M_EXT set */
75 struct m_ext {
76     caddr_t ext_buf;             /* start of buffer */
77     void    (*ext_free) ();      /* free routine if not the usual */
78     u_int   ext_size;            /* size of buffer, for ext_free */
79 };

80 struct mbuf {
81     struct m_hdr m_hdr;
82     union {
83         struct {
84             struct pkthdr MH_pkthdr;    /* M_PKTHDR set */
85             union {
86                 struct m_ext MH_ext;    /* M_EXT set */
87                 char    MH_databuf[MHLEN];
88             } MH_dat;
89         } MH;
90         char    M_databuf[MLEN];     /* !M_PKTHDR, !M_EXT */
91     } M_dat;
92 };
```

图2-8　mbuf结构

```
 93 #define m_next       m_hdr.mh_next
 94 #define m_len        m_hdr.mh_len
 95 #define m_data       m_hdr.mh_data
 96 #define m_type       m_hdr.mh_type
 97 #define m_flags      m_hdr.mh_flags
 98 #define m_nextpkt    m_hdr.mh_nextpkt
 99 #define m_act        m_nextpkt
100 #define m_pkthdr     M_dat.MH.MH_pkthdr
101 #define m_ext        M_dat.MH.MH_dat.MH_ext
102 #define m_pktdat     M_dat.MH.MH_dat.MH_databuf
103 #define m_dat        M_dat.M_databuf
```
——— *mbuf.h*

图2-8 （续）

结构mbuf是用一个m_hdr结构跟着一个联合来定义的。如注释所示，联合的内容依赖于标志M_PKTHDR和M_EXT。

93-103 这11个#define语句简化了对mbuf结构中的结构与联合的成员的访问。我们会看到这种技术普遍应用于Net/3源代码中，只要是一个结构包含其他结构或联合这种情况。

我们在前面说明了结构mbuf中前两个成员的作用：指针m_next把mbuf链接成一个mbuf链表，而指针m_nextpkt把mbuf链表链接成一个mbuf队列。

图1-8显示了每个mbuf的成员m_len与分组首部中的成员m_pkthdr.len的区别。后者是链表中所有mbuf的成员m_len的和。

图2-9所示的是成员m_flags的五个独立的值。

m_flags	说　　明
M_BCAST	作为链路层广播发送/接收
M_EOR	记录结束
M_EXT	此mubf带有簇（外部缓存）
M_MCAST	作为链路层多播发送/接收
M_PKTHDR	形成一个分组（记录）的第一个mbuf
M_COPYFLAGS	M_PKTHDR/M_EOR/M_BCAST/M_MCAST

图2-9 m_flags的值

我们已经说明了标志M_EXT和M_PKTHDR。M_EOR在一个包含记录尾的mbuf中设置。Internet协议（例如TCP）从来不设置这个标志，因为TCP提供无记录边界的字节流服务。但是OSI与XNS运输层要用这个标志。在插口层我们会遇到这个标志，因为这一层是协议无关的，并且它要处理来自或发往所有运输层的数据。

当要往一个链路层广播地址或多播地址发送分组，或者要从一个链路层广播地址或多播地址接收分组时，在这个mubf中要设置标志M_BCAST和M_MCAST。这两个常量是协议层与接口层之间的标志（图1-3）。

对于最后一个标志M_COPYFLAGS，当一个mbuf包含一个分组首部的副本时，这个标志表明这些标志是复制的。

图2-10所示的常量MT_*xxx*用于成员m_type，指示存储在mbuf中的数据的类型。虽然我们总认为一个mbuf是用来存放要发送或接收的用户数据的，但mbuf可以存储各种不同的数据结构。回忆图1-6中的一个mbuf被用来存放一个插口地址结构，其中的目标地址用于系统调用sendto。它的m_type成员被设置为MT_SONAME。

不是图2-10中所有的mbuf类型值都用于Net/3。有些已不再使用(MT_HTABLE)，还有一些不用于TCP/IP代码中，但用于内核的其他地方。例如，MT_OOBDATA用于OSI和XNS协议，但是TCP用不同方法来处理带外(out-of-band)数据(我们在29.7节说明)。当我们在本书的后面遇到其他mbuf类型时会说明它们的用法。

mbuf m_type	用于Net/3 TCP/IP代码	说　明	存储类型
MT_CONTROL	●	外部数据协议报文	M_MBUF
MT_DATA	●	动态数据分配	M_MBUF
MT_FREE		应该在自由列表中	M_FREE
MT_FTABLE	●	分片重组首部	M_FTABLE
MT_HEADER	●	分组首部	M_MBUF
MT_HTABLE		IMP主机表	M_HTABLE
MT_IFADDR		接口地址	M_IFADDR
MT_OOBDATA		加速(带外)数据	M_MBUF
MT_PCB		协议控制块	M_PCB
MT_RIGHTS		访问权限	M_MBUF
MT_RTABLE		路由表	M_RTABLE
MT_SONAME	●	插口名称	M_MBUF
MT_SOOPTS	●	插口选项	M_SOOPTS
MT_SOCKET		插口结构	M_SOCKET

图2-10　成员m_type的值

本图的最后一列所示的M_*xxx*值与内核为不同类型mbuf分配的存储器片有关。这里有大约60个可能的M_*xxx*值指派给由内核函数malloc和宏MALLOC分配的不同类型的存储器空间。图2-6所示的是来源于命令netstat -m的mbuf分配统计信息，它包括每种MT_*xxx*类型的统计。命令vmstat -m显示了内核的存储分配统计，包括每个M_*xxx*类型的统计。

　　由于mbuf有固定的长度(128字节)，因此对于mbuf的使用有一个限制——包含的数据不能超过108字节。Net/3用一个mbuf来存储一个TCP协议控制块(在第24章我们会讨论)，这个mbuf的类型为MT_PCB。但是4.4BSD把这个结构的大小从108字节增加到140字节，并为这个结构使用一种不同的内核存储器分配类型。

　　仔细的读者会注意到图2-10中我们表明未使用MT_PCB类型的mbuf，而图2-6中显示这个类型的计数不为零。Unix域协议使用这种类型的mbuf，并且mbuf的统计功能用于所有协议，而不只是Internet协议，记住这一点很重要。

2.5　简单的mbuf宏和函数

有20多个宏和函数用来处理mbuf(分配一个mbuf，释放一个mbuf，等等)。让我们来查看几个宏与函数的源代码，看看它们是如何实现的。

有些操作既提供了宏也提供了函数。宏版本的名称是以M开头的大写字母名称，而函数是以m_开始的小写字母名称。两者的区别是一种典型的时间−空间互换。宏版本在每个被用到的地方都被C预处理器展开(要求更多的代码空间)，但是它在执行时更快，因为它不需要执行函数调用(对于有些体系结构，这是费时的)。而对于函数版本，它在每个被调用的地方变成了一些指令(参数压栈，调用函数等)，要求较少的代码空间，但会花费更多的执行时间。

2.5.1 `m_get`函数

让我们先看一下图2-11中分配mbuf的函数：m_get。这个函数仅仅就是宏MGET的展开。

```
                                                            ———— uipc_mbuf.c
134 struct mbuf *
135 m_get(nowait, type)
136 int     nowait, type;
137 {
138     struct mbuf *m;

139     MGET(m, nowait, type);
140     return (m);
141 }
                                                            ———— uipc_mbuf.c
```

图2-11 m_get函数：分配一个mbuf

注意，Net/3代码不使用ANSI C参数声明。但是，如果使用一个ANSI C编译器，所有Net/3系统头文件为所有的内核函数都提供了ANSI C函数原型。例如，<sys/mbuf.h>头文件中包含这样的行：

```
    struct mbuf *m_get(int, int);
```

这些函数原型为所有内核函数的调用提供编译期间的参数与返回值的检查。

这个调用表明参数nowait的值为M_WAIT或M_DONTWAIT，它取决于在存储器不可用时是否要求等待。例如，当插口层请求分配一个mbuf来存储sendto系统调用(图1-6)的目标地址时，它指定M_WAIT，因为在此阻塞是没有问题的。但是当以太网设备驱动程序请求分配一个mbuf来存储一个接收的帧时(图1-10)，它指定M_DONTWAIT，因为它是作为一个设备中断处理来执行的，不能进入睡眠状态来等待一个mbuf。在这种情况下，若存储器不可用，设备驱动程序丢弃这个帧比较好。

2.5.2 `MGET`宏

图2-12所示的是MGET宏。调用MGET来分配存储sendto系统调用(图1-6)的目标地址的mbuf如下所示：

```
MGET(m, M_WAIT, MT_SONAME);
if (m == NULL)
    return(ENOBUFS);
```

```
                                                            ———— mbuf.h
154 #define MGET(m, how, type) { \
155     MALLOC((m), struct mbuf *, MSIZE, mbtypes[type], (how)); \
156     if (m) { \
157         (m)->m_type = (type); \
158         MBUFLOCK(mbstat.m_mtypes[type]++;) \
159         (m)->m_next = (struct mbuf *)NULL; \
160         (m)->m_nextpkt = (struct mbuf *)NULL; \
161         (m)->m_data = (m)->m_dat; \
162         (m)->m_flags = 0; \
163     } else \
164         (m) = m_retry((how), (type)); \
165 }
                                                            ———— mbuf.h
```

图2-12 MGET宏

　　虽然调用指定了M_WAIT，但返回值仍然要检查，因为，如图2-13所示，等待一个mbuf并不保证它是可用的。

154-157 MGET一开始调用内核宏MALLOC，它是通用内核存储器分配器。数组mbtypes把mbuf的MT_*xxx*值转换成相应的M_*xxx*值(图2-10)。若存储器被分配，成员m_type被设置为参数中的值。

158 用于跟踪每种mbuf类型统计的内核结构加1(mbstat)。当执行这句时，宏MBUFLOCK把它作为参数来改变处理器优先级(图1-13)，然后把优先级恢复为原值。这防止在执行语句mbstat.m_mtypes[type]++;时被网络设备中断，因为mbuf可能在内核中的各层中被分配。考虑这样一个系统，它用三步来实现C中的一个++运算：(1)把当前值装入一个寄存器；(2)寄存器加1；(3)把寄存器值存入存储器。假设计数器值为77并且MGET在插口层执行。假设执行了步骤1和2(寄存器值为78)，并且一个设备中断发生。若设备驱动也执行MGET来获得同种类型的mbuf，在存储器中取值(77)，加1(78)，并存回存储器。当被中断执行的MGET的步骤3继续执行时，它将寄存器的值(78)存入存储器。但是计数器应为79，而不是78，这样计数器就被破坏了。

159-160 两个mbuf指针m_next和m_nextpkt被设置为空指针。若必要，由调用者把这个mbuf加入一个链或队列。

161-162 最后，数据指针被设置为指向108字节的mbuf缓存的起始，而标志被设置为0。

163-164 若内核的存储器分配调用失败，调用m_retry(图2-13)。第一个参数是M_WAIT或M_DONTWAIT。

2.5.3 m_retry函数

　　图2-13所示的是m_retry函数。

```
                                                                    uipc_mbuf.c
 92  struct mbuf *
 93  m_retry(i, t)
 94  int     i, t;
 95  {
 96      struct mbuf *m;

 97      m_reclaim();
 98  #define m_retry(i, t)    (struct mbuf *)0
 99      MGET(m, i, t);
100  #undef m_retry
101      return (m);
102  }
                                                                    uipc_mbuf.c
```

图2-13 m_retry函数

92-97 被m_retry调用的第一个函数是m_reclaim。在7.4节我们会看到每个协议都能定义一个"释放"(drain)函数，在系统缺乏可用存储器时能被m_reclaim调用。在图10-32中我们还会发现当IP的释放函数被调用时，所有等待重新组成IP数据报的IP分片被丢弃。TCP的释放函数什么都不做，而UDP甚至就没有定义释放函数。

98-102 因为在调用了m_reclaim后有可能得到更多的存储器，所以再次调用宏MGET，试图获得mbuf。在展开宏MGET(图2-12)之前，m_retry被定义为一个空指针。这可以防止当存储器仍然不可用时的无休止循环：这个MGET展开会把m设置为空指针而不是调用m_retry函数。在MGET展开以后，这个m_retry的临时定义就被取消了，以防在此之后有对MGET的其他引用。

2.5.4 mbuf锁

在本节中我们所讨论的函数和宏并不调用spl函数，而是调用图2-12中的MBUFLOCK来保护这些函数和宏不被中断。但在宏MALLOC的开始有一个splimp，结尾有一个splx。宏MFREE中包含同样的保护机制。由于mbuf在内核的所有层中被分配和释放，因此内核必须保护那些用于存储器分配的数据结构。

另外，用于分配和释放mbuf簇的宏MCLALLOC与MCLFREE要用一个splimp和一个splx包括起来，因为它们修改的是一个可用簇链。

因为存储器分配与释放及簇分配与释放的宏被保护起来防止被中断，我们通常在MGET和m_get这样的函数和宏的前后不再调用spl函数。

2.6 m_devget和m_pullup函数

我们在讨论IP、ICMP、IGMP、UDP和TCP的代码时会遇到函数m_pullup。它用来保证指定数目的字节(相应协议首部的大小)在链表的第一个mbuf中紧挨着存放，即这些指定数目的字节被复制到一个新的mbuf并紧接着存放。为了理解m_pullup的用法，必须查看它的实现及相关的函数m_devget和宏mtod与dtom。在分析这些问题的同时我们还可以再次领会Net/3中mbuf的用法。

2.6.1 m_devget函数

当接收到一个以太网帧时，设备驱动程序调用函数m_devget来创建一个mbuf链表，并把设备中的帧复制到这个链表中。根据所接收的帧的长度(不包括以太网首部)，可能导致4种不同的mbuf链表。图2-14所示的是前两种。

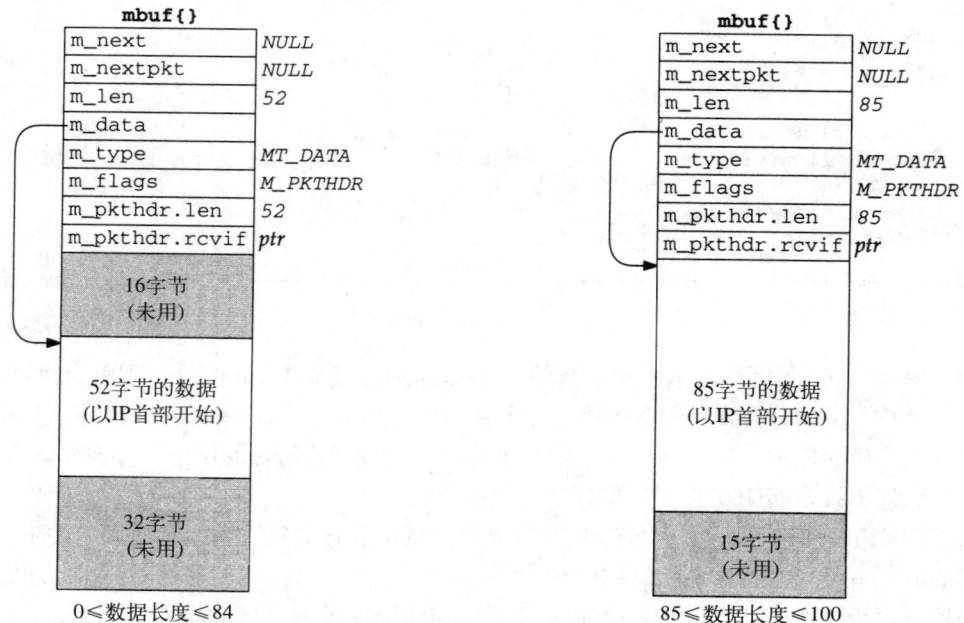

图2-14 m_devget创建的前两种类型的mbuf

1) 图2-14左边的mbuf用于数据的长度在0~84字节之间的情况。在这个图中，我们假定有52字节的数据：一个20字节的IP首部和一个32字节的TCP首部(标准的20字节的TCP首部加上12字节的TCP选项)，但不包括TCP数据。既然m_devget返回的mbuf数据从IP首部开始，m_len的实际最小值是28：20字节的IP首部，8字节的UDP首部和一个0长度的UDP数据报。

m_devget在这个mbuf的开始保留了16字节未用。虽然14字节的以太网首部不存放在这里，但还是分配了一个14字节的用于输出的以太网首部，这是同一个mbuf，用于输出。我们会遇到函数icmp_reflect和tcp_respond，它们通过把接收到的mbuf作为输出mbuf来产生一个应答。在这两种情况中，接收的数据报应该少于84字节，因此很容易在前面保留16字节的空间，这样在建立输出数据报时可以节省时间。分配16字节而不是14字节是为了在mbuf中用长字对准方式存储IP首部。

2) 如果数据在85~100字节之间，就仍然存放在一个分组首部mbuf中，但在开始没有16字节的空间。数据存储在数组m_pktdat的开始，并且任何未用的空间放在这个数组的后面。例如在图2-14右边的mbuf显示的就是这个例子，假设有85字节数据。

3) 图2-15所示的是m_devget创建的第3种mbuf。当数据在101~207字节之间时，要求有两个mbuf。前100字节存放在第一个mbuf中(有分组首部的mbuf)，而剩下的存放在第二个mbuf中。在此例中，我们显示的是一个104字节的数据报。在第一个mbuf的开始没有保留16字节的空间。

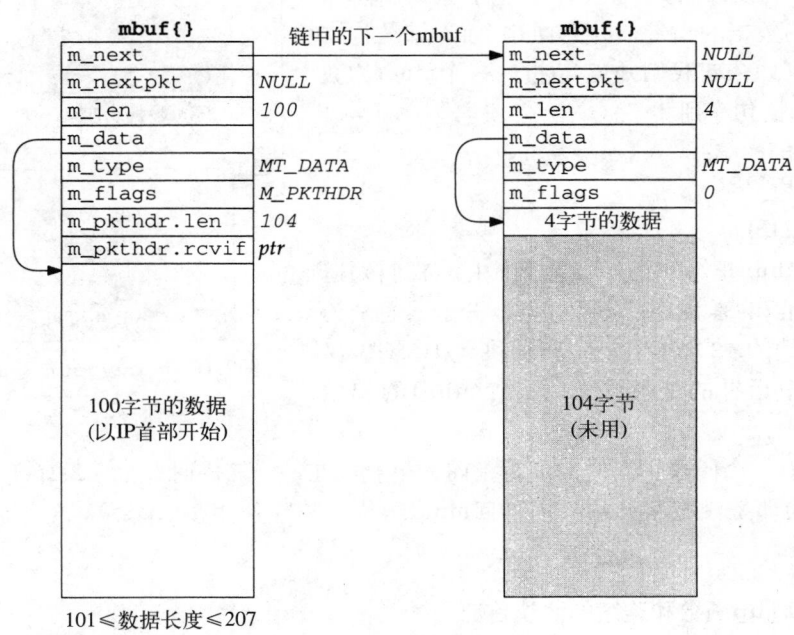

图2-15 m_devget创建的第3种mbuf

4) 图2-16所示的是m_devget创建的第4种mbuf。如果数据超过或等于208字节(MINCLBYTES)，要用一个或多个簇。图中的例子假设了一个1500字节的以太网帧。如果使用1024字节的簇，本例子需要两个mbuf，每个mbuf都有标志M_EXT，以及指向一个簇的指针。

2.6.2 mtod和dtom宏

宏mtod和dtom也定义在文件mbuf.h中。它们简化了复杂的mbuf结构表达式。

```
#define   mtod(m,t)    ((t)((m)->m_data))
#define   dtom(x)      ((struct mbuf *)((int)(x) & ~(MSIZE-1)))
```

mtod（"mbuf到数据"）返回一个指向mbuf数据的
指针，并把指针声明为指定类型。例如代码

```
struct mbuf *m;
struct ip *ip;

ip = mtod(m, struct ip *);
ip->ip_v = IPVERSION;
```

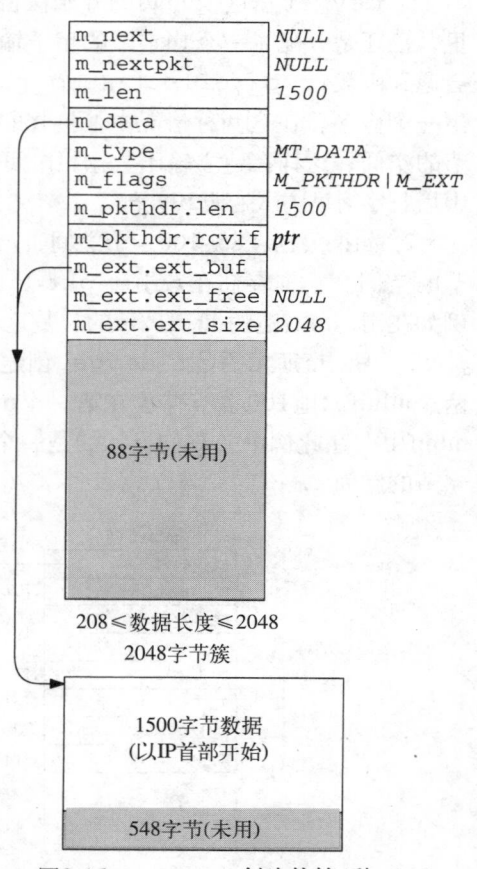

存储在mbuf的数据(m_data)指针ip中。C编译器要
求进行类型转换，然后代码用指针ip引用IP首部。
我们可以看到当一个C结构(通常是一个协议首部)存
储在一个mbuf中时会用到这个宏。当数据存放在
mbuf本身(图2-14和图2-15)或存放在一个簇(图2-16)
中时，可以用这个宏。

宏dtom（"数据到mbuf"）取得一个存放在mbuf
中任意位置的数据的指针，并返回这个mbuf结构本
身的指针。例如，若我们知道ip指向一个mbuf的数
据区，下面的语句序列

```
struct mbuf *m;
struct ip *ip;

m = dtom(ip);
```

图2-16 m_devget创建的第4种mbuf

把指向这个mbuf开始的指针存放到m中。我们知道
MSIZE(128)是2的幂，并且内核存储器分配器总是为
mbuf分配连续的MSIZE字节的存储块，dtom仅仅
是清除参数中指针的低位来发现这个mbuf的起始
位置。

宏dtom有一个问题：当它的参数指向一个簇或在一个簇内时，如图2-16所示，它不能正
确执行。因为那里没有指针从簇内指回mbuf结构，不能使用dtom。这导致了下一个函数：
m_pullup。

2.6.3 m_pullup函数和连续的协议首部

函数m_pullup有两个用途。第一个是当一个协议(IP、ICMP、IGMP、UDP或TCP)发现
在第一个mbuf的数据量(m_len)小于协议首部的最小长度(例如：IP是20，UDP是8，TCP是
20)时，调用m_pullup是基于假定协议首部的剩余部分存放在链表的下一个mbuf，
m_pullup重新安排mbuf链表，使得前*N*字节的数据被连续地存放在链表的第一个mbuf中。*N*
是这个函数的一个参数，它必须小于或等于100(MHLEN)。如果前*N*字节连续存放在第一个

mbuf中，则可以使用宏mtod和dtom。

例如，我们在IP输入例程中会遇到下面这样的代码：

```
if (m->m_len < sizeof(struct ip) &&
    (m = m_pullup(m, sizeof(struct ip))) == 0) {
        ipstat.ips_toosmall++;
        goto next;
}
ip = mtod(m, struct ip *);
```

如果第一个mbuf中的数据量小于20(标准IP首部的大小)，m_pullup被调用。函数m_pullup失败的原因有两个：(1)如果它需要其他mbuf并且调用MGET失败；(2)如果整个mbuf链表中的数据量总数少于要求的连续字节数(即我们所说的N，在本例中是20)。通常，第二个原因是主要的。在此例中，如果m_pullup失败，一个IP计数器加1，并且此IP数据报被丢弃。注意，这段代码假设失败的原因是mbuf链表中数据量少于20字节。

实际上，在这种情况下，m_pullup很少能被调用(注意，C语言的&&操作符仅当mbuf长度小于期待值时才调用它)，并且当它被调用时，通常会失败。通过查看图2-14~图2-16，我们可以找到原因：在第一个mbuf中，或在簇中，从IP首部开始至少有100字节的连续字节。这允许60字节的最大IP首部，并且后面跟着40字节的TCP首部(其他协议如ICMP、IGMP和UDP的协议首部不到40字节)。如果mbuf链表中的数据可用(分组不小于协议要求的最小值)，则所要求的字节数总能连续地存放在第一个mbuf中。但是，如果接收的分组太小(m_len小于期待的最小值)，则m_pullup被调用，并且它返回一个差错，因为在mbuf链表中没有所要求数目的可用数据量。

源于伯克利的内核维护一个叫MPFail的变量，每次m_pullup失败时，它都加1。在一个Net/3系统中曾经接收了超过2700万的IP数据报，而MPFail只有9。计数器ipstat.ips_toosmall也是9，并且所有其他协议计数器(ICMP、IGMP、UDP和TCP等)所计的m_pullup失败次数为0。这证实了我们的断言：大多数m_pullup的失败是因为接收的IP数据报太小。

2.6.4 m_pullup和IP的分片与重组

m_pullup的第二个用途涉及IP和TCP的重组。假定IP接收到一个长度为296的分组，这个分组是一个大的IP数据报的一个分片。这个从设备驱动程序传到IP输入的mbuf看起来像我们在图2-16中所示的mbuf：296字节的数据存放在一个簇中。我们将这显示在图2-17中。

问题在于，IP的分片算法将各分片都存放在一个双向链表中，使用IP首部中的源与目标IP地址来存放向前与向后链表指针(当然，这两个IP地址要保存在这个链表的表头中，因为它们还要放回到重装的数据报中。我们在第10章讨论这个问题)。但是如果这个IP首部在一个簇中，如图2-17所示，这些链表指针会存放在这个簇中，并且当以后遍历链表时，指向IP首部的指针(即指向这个簇的起始的指针)不能被转换成指向mbuf的指针。这是我们在本节前面提到的问题：如果m_data指向一个簇时不能使用宏dtom，因为没有从簇指回mbuf的指针。IP分片不能如图2-17所示那样把链指针存储在簇中。

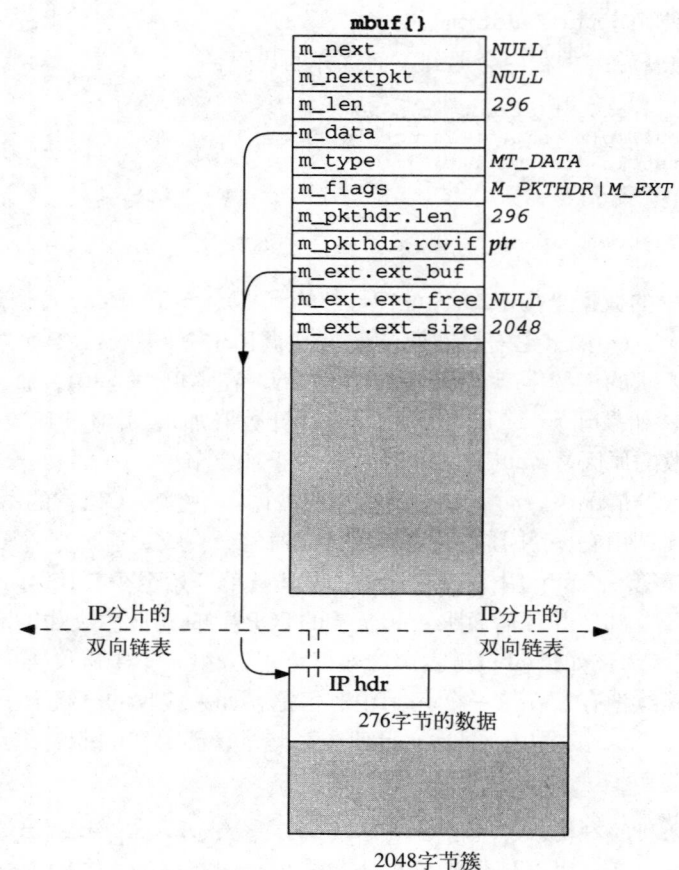

图2-17   一个长度为296的IP分片

为解决这个问题，当接收到一个分片时，若分片存放在一个簇中，IP分片例程总是调用m_pullup。它强行将20字节的IP首部放到它自己的mbuf中，代码如下：

```
if (m->m_flags & M_EXT) {
    if ((m = m_pullup(m, sizeof(struct ip))) == 0) {
        ipstat.ips_toosmall++;
        goto next;
    }
    ip = mtod(m, struct ip *);
}
```

图2-18所示的是在调用了m_pullup后得到的mbuf链表。m_pullup分配了一个新的mubf，挂在链表的前面，并从簇中取走40字节放入这个新的mbuf中。取40字节而不是仅要求的20字节，是为了保证以后在IP把数据报传给一个高层协议(例如ICMP、IGMP、UDP或TCP)时，高层协议能正确处理。采用不可思议的40(图7-17中的max_protohdr)是因为最大协议首部通常是一个20 字节的IP首部和一个20字节的TCP首部的组合(这假设其他协议族例如OSI协议并不编译到内核中)。

在图2-18中，IP分片算法在左边的mbuf中保存了一个指向IP首部的指针，并且可以用dtom将这个指针转换成一个指向mbuf本身的指针。

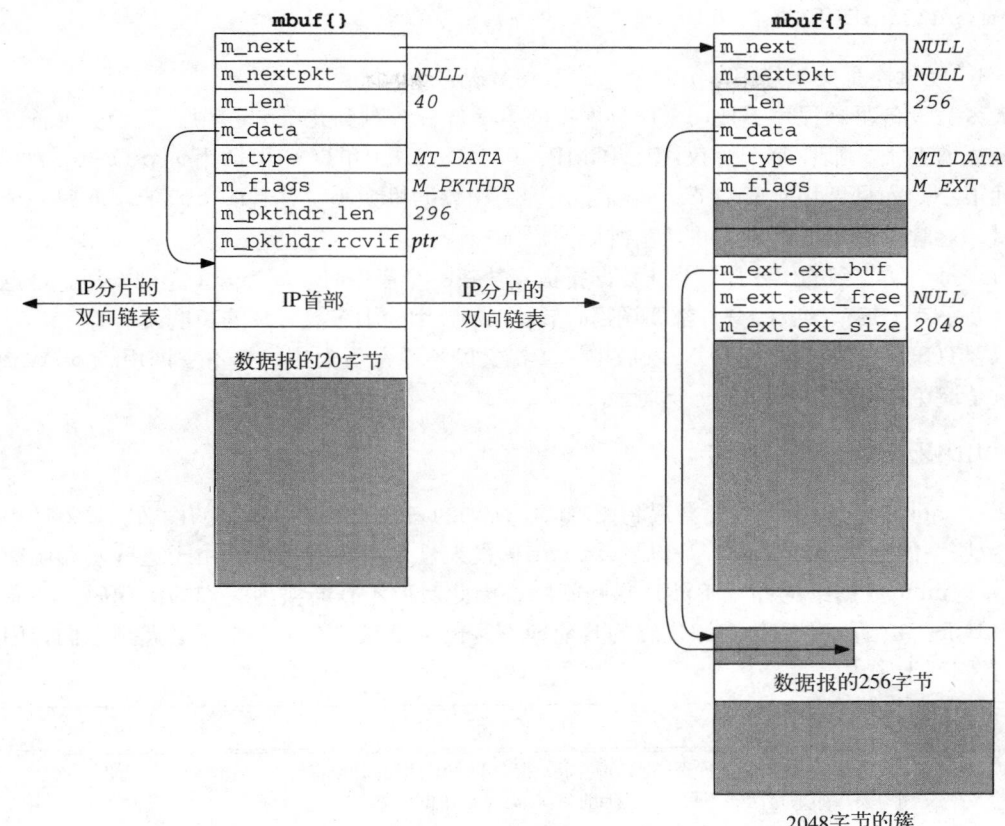

图2-18　调用m_pullup后的长度为296的IP分片

2.6.5　TCP重组避免调用m_pullup

重组TCP报文段使用一种不同的技术而不是调用m_pullup。这是因为m_pullup开销较大：分配存储器并且数据从一个簇复制到一个mbuf中。TCP试图尽可能地避免数据的复制。

卷1的第19章提到大约有一半的TCP数据是批量数据(通常每个报文段有512字节或更多字节的数据)，并且另一半是交互式数据(这里面有大约90%的报文段包含不到10字节的数据)。因此，当TCP从IP接收报文段时，它们通常是如图2-14左边所示的格式(一个小量的交互数据，存储在mbuf本身)或图2-16所示的格式(批量数据，存储在一个簇中)。当TCP报文段失序到达时，它们被TCP存储到一个双向链表中。如IP分片一样，在IP首部的字段用于存放链表的指针，既然这些字段在TCP接收了IP数据报后不再需要，这完全可行。但当IP首部存放在一个簇中时，要将一个链表指针转换成一个相应的mbuf指针，这时会引起同样的问题(图2-17)。

为解决这个问题，在27.9节中我们会看到TCP把mbuf指针存放在TCP首部中的一些未用的字段中，提供一个从簇指回mbuf的指针来避免对每个失序的报文段调用m_pullup。如果IP首部包含在mbuf的数据区(图2-18)，则这个回指指针是无用的，因为宏dtom对这个链表指针会正常工作。但如果IP首部包含在一个簇中，这个回指指针将被使用。当我们在讨论27.9节的tcp_reass时，会研究实现这种技术的源代码。

2.6.6 `m_pullup`使用总结

我们已经讨论了关于使用m_pullup的三种情况：

- 大多数设备驱动程序不把一个IP数据报的第一部分分割到几个mbuf中。假设协议首部都紧挨着存放，则在每个协议(IP、ICMP、IGMP、UDP和TCP)中调用m_pullup的可能性很小。如果调用m_pullup，通常是因为IP数据报太小，并且m_pullup返回一个差错，这时数据报被丢弃，并且差错计数器加1。
- 对于每个接收到的IP分片，当IP数据报被存放在一个簇中时，m_pullup被调用。这意味着几乎对于每个接收的分片都要调用m_pullup，因为大多数分片的长度大于208字节。
- 只要TCP报文段不被IP分片，接收的TCP报文段不论是否失序，都不需调用m_pullup。这是避免IP对TCP分片的一个原因。

2.7 mbuf宏和函数的小结

在操作mbuf的代码中，我们会遇到图2-19中所列的宏和图2-20中所列的函数。图2-19中的宏以函数原型的形式显示，而不是以#define形式来显示参数的类型。由于这些宏和函数主要用于处理mbuf数据结构并且不涉及联网问题，因此我们不查看实现它们的源代码。还有另外一些mbuf宏和函数用于Net/3源代码的其他地方，但由于我们在本书中不会遇到它们，因此没有把它们列于图中。

宏	描　　述
MCLGET	获得一个簇(一个外部缓存)并将*m*指向的mbuf中的数据指针(m_data)设置为指向这个簇。如果存储器不可用，返回时不设置mbuf中的M_EXT标志 void **MCLGET**(struct mbuf * *m*, int *nowait*);
MFREE	释放一个*m*指向的mbuf。若*m*指向一个簇(设置了M_EXT)，这个簇的引用计数器减1，但这个簇并不被释放，直到它的引用计数器降为0(如2.9节所述)。返回*m*的后继(由m->m_next指向，可以为空)存放在*n*中 void **MFREE**(struct mbuf * *m*, struct mbuf *n*);
MGETHDR	分配一个mbuf，并把它初始化为一个分组首部。这个宏与MGET(图2-12)相似，但设置了标志M_PKTHDR，并且数据指针(m_data)指向紧接分组首部后的100字节的缓存 void **MGETHDR**(struct mbuf * *m*, int *nowait*, int *type*);
MH_ALIGN	设置包含一个分组首部的mbuf的m_data，在这个mbuf数据区的尾部为一个长度为len字节的对象提供空间。这个数据指针也是长字对准方式的 void **MH_ALIGN**(struct mbuf * *m*, int *len*);
M_PREPEND	在*m*指向的mbuf中的数据的前面添加*len*字节的数据。如果mbuf有空间，则仅把指针(m_data)减*len*字节，并将长度(m_len)增加*len*字节。如果没有足够的空间，就分配一个新的mbuf，它的m_next指针被设置为*m*。一个新mbuf的指针存放在*m*中，并且设置新mbuf的数据指针使*len*字节的数据放到这个mbuf的尾部(即调用MH_ALIGN)。如果一个新mbuf被分配，并且原来mbuf的分组首部标志被设置，则分组首部从旧mbuf中移到新mbuf中 void **M_PREPEND**(struct mbuf * *m*, int *len*, int *nowait*);
dtom	将指向一个mbuf数据区中某个位置的指针*x*转换成一个指向这个mbuf的起始的指针 struct mbuf ***dtom**(void **x*);
mtod	将*m*指向的mbuf的数据区指针的类型转换成*type*类型 type **mtod**(struct mbuf **m*, *type*);

图2-19　我们在本书中会遇到的mbuf宏

函　数	说　明
m_adj	从m指向的mbuf链表中移走len字节的数据。如果len是正数，则所操作的是紧排在这个mbuf的开始的len字节数据；否则是紧排在这个mbuf的尾部的len绝对值字节数据 void **m_adj**(struct mbuf *m, int len);
m_cat	把由n指向的mbuf链表链接到由m指向的mbuf链表的尾部。当我们讨论IP重装时(第10章)会遇到这个函数 void **m_cat**(struct mbuf *m, struct mbuf *n);
m_copy	这是m_copym的三参数版本，它隐含的第4个参数的值为M_DONTWAIT struct mbuf * **m_copy**(struct mbuf *m, int offset, int len);
m_copydata	从m指向的mbuf链表中复制len字节数据到由cp指向的缓存。从mbuf链表数据区起始的offset字节开始复制 void **m_copydata**(struct mbuf *m, int offset, int len, caddr_t cp);
m_copyback	从cp指向的缓存复制len字节的数据到由m指向的mbuf，数据存储在mbuf链表起始offset字节后。必要时，mbuf链表可以用其他mbuf来扩充 void **m_copyback**(struct mbuf *m, int offset, int len, caddr_t cp);
m_copym	创建一个新的mbuf链表，并从m指向的mbuf链表的开始offset处复制len字节的数据。一个新mbuf链表的指针作为此函数的返回值。如果len等于常量M_COPYALL，则从这个mbuf链表的offset开始的所有数据都将被复制。在2.9节中，我们会更详细地介绍这个函数 struct mbuf **m_copym**(struct mbuf *m, int offset, int len, int nowait);
m_devget	创建一个带分组首部的mbuf链表，并返回指向这个链表的指针。这个分组首部的len和rcvif字段被设置为len和ifp。调用函数copy从设备接口(由buf指向)将数据复制到mbuf中。如果copy是一个空指针，调用函数bcopy。由于尾部协议不再被支持，off为0。我们在2.6节讨论了这个函数 struct mbuf **m_devget**(char *buf, int len, int off, struct ifnet *ifp, 　　　　　　　　void (*copy)(const void *, void *, u_int));
m_free	宏MFREE的函数版本 struct mbuf **m_free**(struct mbuf * m);
m_freem	释放m指向的链表中的所有mbuf void **m_freem**(struct mbuf * m);
m_get	宏MGET的函数版本。我们在图2-12中显示过此函数 struct mbuf **m_get**(int nowait, int type);
m_getclr	此函数调用宏MGET来得到一个mbuf，并把108字节的缓存清零 struct mbuf **m_getclr**(int nowait, int type);
m_gethdr	宏MGETHDR的函数版本 struct mbuf **m_gethdr**(int nowait, int type);
m_pullup	重新排列由m指向的mbuf中的数据，使得前len字节的数据连续地存储在链表中的第一个mbuf中。如果这个函数成功，则宏mtod能返回一个正好指向这个大小为len的结构的指针。我们在2.6节讨论了这个函数 struct mbuf **m_pullup**(struct mbuf *m, int len);

图2-20　我们在本书中会遇到的mbuf函数

在所有原型中，参数nowait都是M_WAIT或M_DONTWAIT，参数type是图2-10中所示的MT_xxx中的一个。

调用宏M_PREPEND的例子如：从图1-7转换到图1-8的过程中，当IP和UDP首部被添加到数据的前面时要调用这个宏，因为另一个mbuf要被分配。但当这个宏再次被调用(从图1-8转换成图2-2)来添加以太网首部时，在那个mbuf中已有存放这个首部的空间。

m_copydata的最后一个参数的类型是caddr_t，它代表"内核地址"。这个数据类型通常定义在<sys/types.h>中，为char *。它最初在内核中使用，但被某些系统调用使用时被外露出来。例如mmap系统调用，不论是4.4BSD或SVR4都把caddr_t作为第一个参数的类型并作为返回值类型。

2.8　Net/3联网数据结构小结

本节总结我们在Net/3联网代码中要遇到的数据结构类型。在Net/3内核中会用到其他数据结构(感兴趣的读者可以查看头文件<sys/queue.h>)，但下面这些是我们在本书中要遇到的。

1) 一个mbuf链：一个通过m_next指针链接的mbuf链表。我们已经看过几个这样的例子。

2) 只有一个头指针的mbuf链的链表。mbuf链通过每个链的第一个mbuf中的m_nextpkt指针链接起来。

图2-21所示的就是这种链表。这种数据结构的例子是一个插口发送缓存和接收缓存。

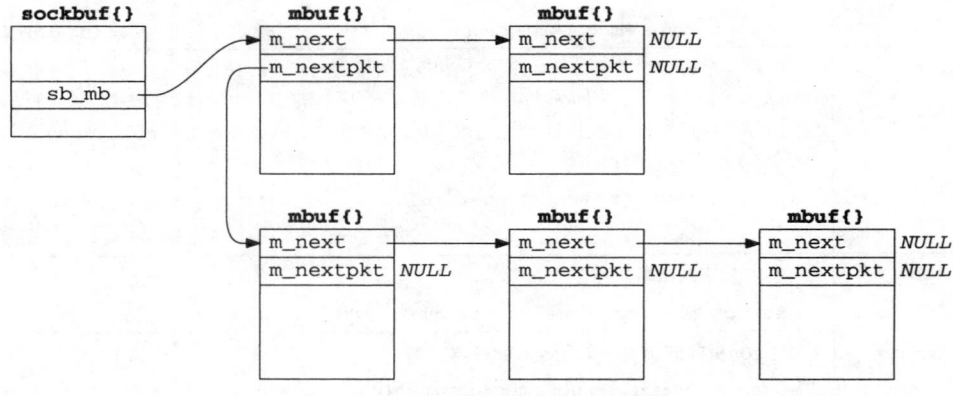

图2-21　只有头指针的mbuf链的链表

顶部的两个mbuf形成这个队列中的第一个记录，底下三个mbuf形成这个队列的第二个记录。对于一个基于记录的协议，如UDP，我们在每个队列中能遇到多个记录。但对于像TCP这样的协议，它没有记录的边界，每个队列我们只能发现一个记录(一个mbuf链可能包含多个mbuf)。

把一个mbuf追加到队列的第一个记录中要遍历所有第一个记录的mbuf，直到遇到m_next为空的mbuf。而追加一个包含新记录的mbuf链到这个队列中，要查找所有记录直到遇到m_nextpkt为空的记录。

3) 一个有头指针和尾指针的mbuf链的链表。

图2-22显示的是这种类型的链表。我们在接口队列中会遇到它(图3-13)，并且在图2-2中已显示过它的一个例子。与图2-21相比仅有一点改变：增加了一个尾指针来简化增加一个新记录的操作。

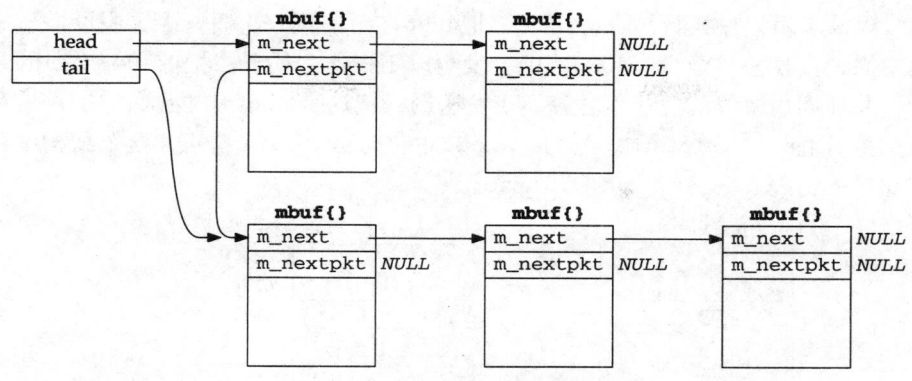

图2-22 有头指针和尾指针的链表

4) 双向循环链表。

图2-23所示的是这种类型的链表,我们在IP分片与重装(第10章)、协议控制块(第22章)及TCP失序报文段队列(27.9节)中会遇到这种数据结构。

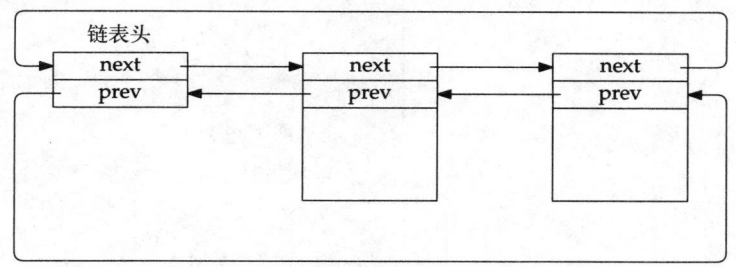

图2-23 双向循环链表

在这个链表中的元素不是mbuf,它们是一些定义了两个相邻的指针的结构:一个next指针跟着一个prev(代表previous)指针。两个指针必须在结构的起始处。如果链表为空,表头的next和prev指针都指向这个表头本身。

在图中我们简单地把向后指针指向另一个向后指针。显然所有的指针应包含它所指向的结构的地址,即向前指针的地址(因为向前和向后指针总是放在结构的起始处)。

这种类型的数据结构能方便地向前向后遍历,并允许方便地在链表中任何位置进行插入与删除。

调用函数insque和remque(图10-20)来对这个链表进行插入和删除。

2.9 m_copy和簇引用计数

使用簇的一个明显好处就是在要求包含大量数据时能减少mbuf的数目。例如,如果不使用簇,要有10个mbuf才能包含1024字节的数据:第一个mbuf带有100字节的数据,后面8个每个存放108字节数据,最后一个存放60字节数据。分配并链接10个mbuf比分配一个包含1024字节簇的mbuf开销要大。簇的一个潜在缺点是浪费空间。在我们的例子中使用一个簇(2048 + 128)要2176字节,而1280字节不到1簇(10 × 128)。

簇的另外一个好处是在多个mbuf间可以共享一个簇。在TCP输出和m_copy函数中我们遇到过这种情况,但现在我们要更详细地说明这个问题。

例如，假设应用程序执行一个write，把4096字节写到TCP插口中。假设插口的发送缓存原来是空的，接收窗口至少有4096，则会发生以下操作。插口层把前2048字节的数据放在一个簇中，并且调用协议的发送例程。TCP发送例程把这个mbuf追加到它的发送缓存，如图2-24所示，并调用tcp_output。结构socket中包含sockbuf结构，这个结构中存储着发送缓存mbuf链的链表表头：so_snd.sb_mb。

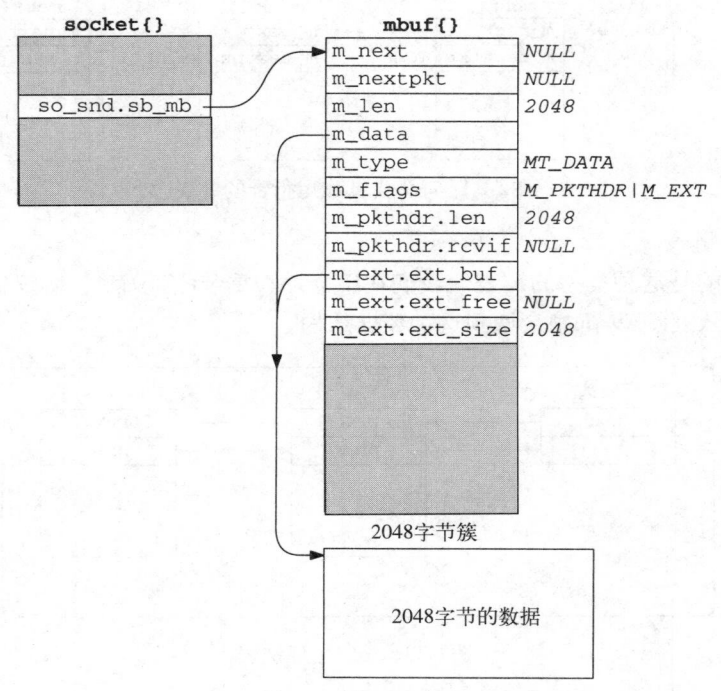

图2-24 包含2048字节数据的TCP插口发送缓存

对这个连接(典型的是以太网)而言，假设一个TCP最大报文段大小(MSS)为1460，tcp_output建立一个报文段来发送包含前1460字节的数据。它还建立一个包含IP和TCP首部的mbuf，为链路层首部(16字节)预留了空间，并将这个mbuf链传给IP输出。在接口输出队列尾部的mbuf链显示在图2-25中。

在1.9节的UDP例子中，UDP用mbuf链来存放数据报，在前面添加一个mbuf来存放协议首部，并把此链传给IP输出。UDP并不把这个mbuf保存在它的发送缓存中。而TCP不能这样做，因为TCP是一个可靠协议，并且它必须维护一个发送数据的副本，直到数据被对方确认。

在这个例子中，tcp_output调用函数m_copy，请求复制1460字节的数据，从发送缓存起始位置开始。但由于数据被存放在一个簇中，m_copy创建一个mbuf(图2-25的右下侧)并且对它初始化，将它指向那个已存在的簇的正确位置(此例中是簇的起始处)。这个mbuf的长度是1460字节，虽然有另外588字节的数据在簇中。我们所示的这个mbuf链的长度是1514，包括以太网首部、IP首部和TCP首部。

在图2-25的右下侧我们还显示了这个mbuf包含一个分组首部，但它不是链中的第一个mbuf。当m_copy复制一个包含分组首部的mbuf并且从原来mbuf的起始地址开始复制时，分组首部也被复制下来。因为这个mbuf不是链中的第一个mbuf，这个额外的分组首部被忽略。而在这个额外的分组首部中的m_pkthdr.len的值2048也被忽略。

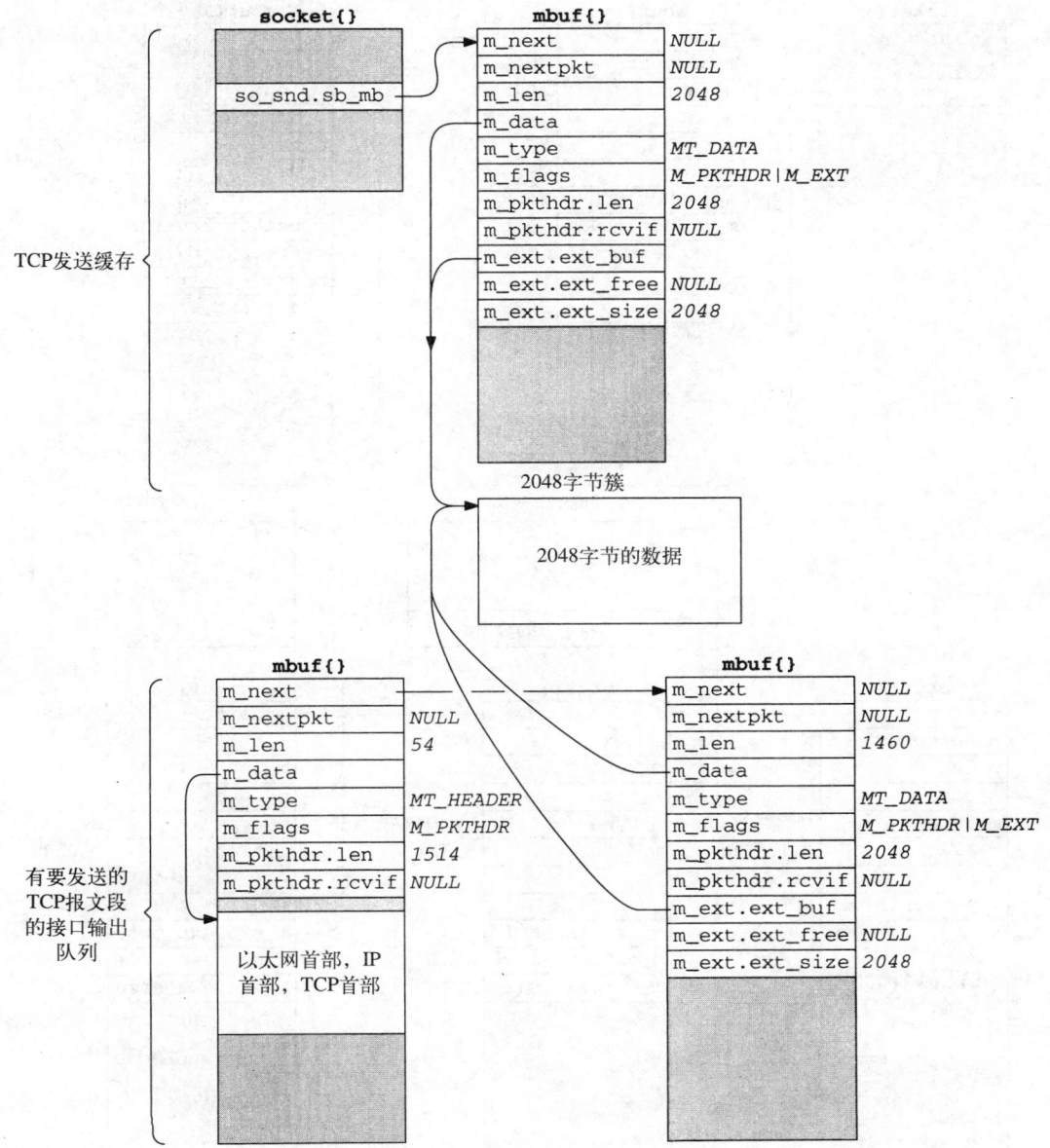

图2-25 TCP插口发送缓存和接口输出队列中的报文段

这个共享的簇避免了内核将数据从一个mbuf复制到另一个mbuf中——这节约了很多开销。它是通过为每个簇提供一个引用计数来实现的，每次另一个mbuf指向这个簇时计数加1，当一个簇释放时计数减1。仅当引用计数到达0时，被这个簇占用的存储器才能被其他程序使用(见习题2.4)。

例如，当图2-25底部的mbuf链到达以太网设备驱动程序并且它的内容已被复制给这个设备时，驱动程序调用m_freem。这个函数释放带有协议首部的第一个mbuf，并注意到链中第二个mbuf指向一个簇；簇引用计数减1，但由于它的值变成了1，它仍然保存在存储器中；它不能被释放，因为它仍在TCP发送缓存中。

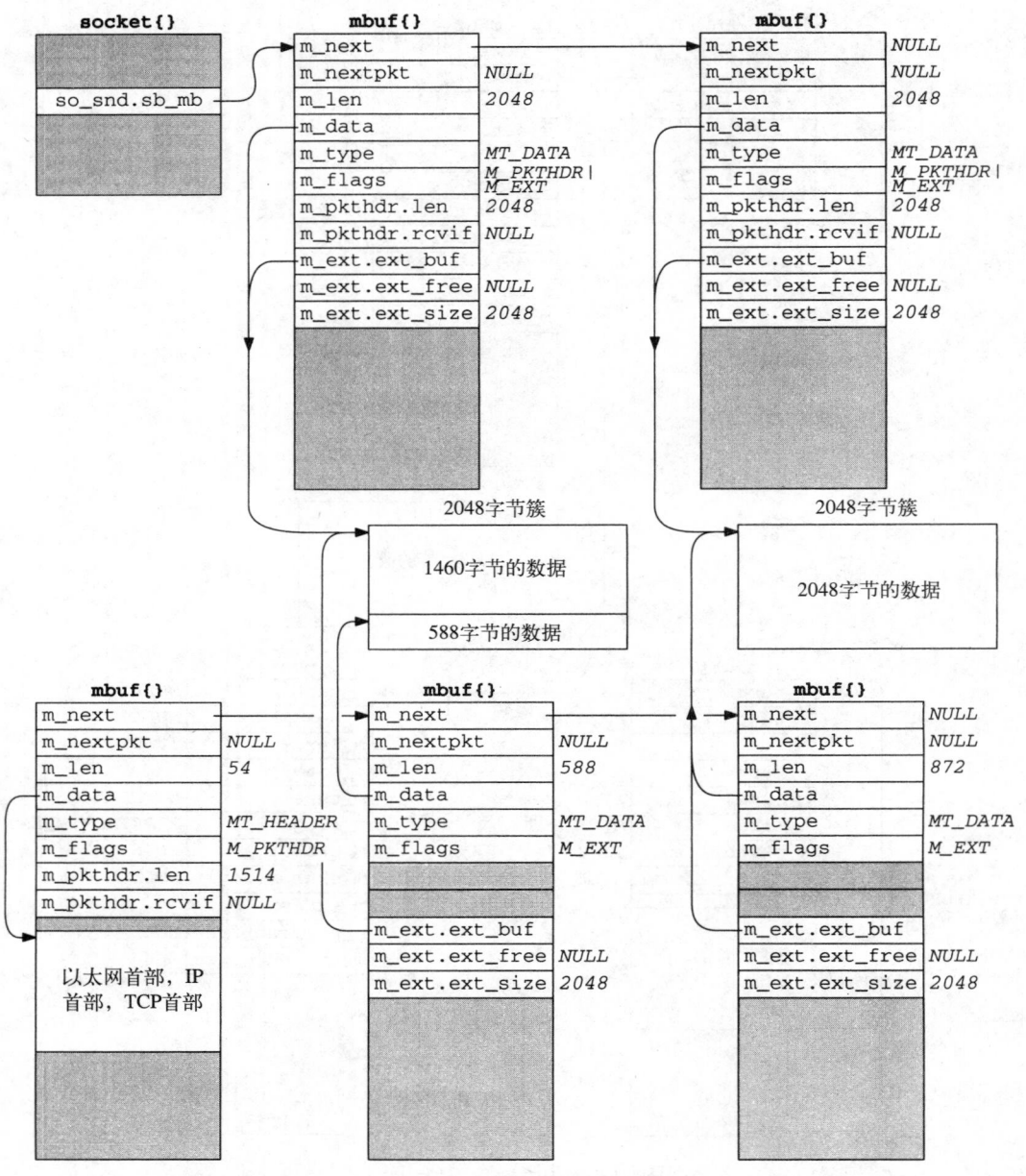

图2-26   用于发送1460字节TCP报文段的mbuf链

继续我们的例子，由于在发送缓存中剩余的588字节不能组成一个报文段，`tcp_output`在把1460字节的报文段传给IP后返回(在第26章我们会说明在这种条件下`tcp_output`发送数据的细节)。插口层继续处理来自应用程序的数据：剩下的2048字节被存放到一个带有一个簇的mbuf中，TCP发送例程再次被调用，并且新的mbuf被追加到插口发送缓存中。因为能发送一个完整的报文段，`tcp_output`建立另一个带有协议首部和1460字节数据的mbuf链表。

m_copy的参数指定了1460字节的数据在发送缓存中的起始位移和长度(1460字节)。这显示在图2-26中,并假设这个mbuf链在接口输出队列中(这个链中的第一个mbuf的长度反映了以太网首部、IP首部及TCP首部)。

这次1460字节的数据来自两个簇:前588字节来自发送缓存的第一个簇,而后面的872字节来自发送缓存的第二个簇。它用两个mbuf来存放1460字节,但m_copy还是不复制这1460字节的数据——它引用已存在的簇。

> 这次我们没有在图2-26右下侧的任何mbuf中显示分组首部。原因是调用m_copy
> 的起始位移为零。但在插口发送缓存中的第二个mbuf包含一个分组首部,而不是链
> 中的第一个mbuf。这是函数sosend的特点,这个额外的分组首部被简单地忽略了。

我们通篇会多次遇到函数m_copy。虽然这个名字隐含着对数据进行物理复制,但如果数据被包含在一个簇中,则是仅引用这个簇而不是复制。

2.10 其他选择

mbuf远非完美,并且时常遭到批评。但不管怎样,它们形成了所有今天正使用着的伯克利联网代码的基础。

一种由Van Jacobson [Partridge 1993]完成的Internet协议的研究实现,废除了复杂的支持大量连续缓存的mbuf数据结构。[Jacobson 1993]提出了一种速度能提高一到两个数量级的改进方案,还包括其他改进及废除mbuf。

mbuf的复杂性是一种权衡,目的是避免分配固定长度的大缓存,因为这样的大缓存很少能被装满。一个VAX-11/780有4MB存储器,是一个大系统,并且存储器是昂贵的资源,需要仔细分配,在这种情况下mbuf要进行设计。而今天存储器已不昂贵了,焦点已经转向更高的性能和代码的简单性。

mbuf的性能基于存放在mbuf中的数据量。[Hutchinson and Peterson 1991]表明,处理mbuf的时间与数据量不是线性关系。

2.11 小结

在本书几乎所有的函数中我们都会遇到mbuf。它们的主要用途是在进程和网络接口之间传递用户数据时存放用户数据,但mbuf还用于保存其他各种数据:源地址和目标地址、插口选项等等。

根据M_PKTHDR和M_EXT标志是否被设置,这里有4种类型的mbuf:
- 无分组首部,mbuf本身带有0~108字节数据;
- 有分组首部,mbuf本身带有0~100字节数据;
- 无分组首部,数据在簇(外部缓存)中;
- 有分组首部,数据在簇(外部缓存)中。

我们查看了几个mbuf宏和函数的源代码,但不是所有的mbuf例程源代码。图2-19和图2-20提供了我们在本书中遇到的所有mbuf例程的函数原型和说明。

查看了我们要遇到的两个函数的操作:m_devget,很多网络设备驱动程序调用它来存储一个收到的帧;m_pullup,所有输入例程调用它把协议首部连续放置在一个mbuf中。

由一个mbuf指向的簇(外部缓存)能通过m_copy被共享。例如，用于TCP输出，因为要传输的数据的副本要被发送端保存，直到数据被对方确认。比起进行物理复制来说，通过引用计数，共享簇提高了性能。

习题

2.1 在图2-9中定义了M_COPYFLAGS。为什么不复制标志M_EXT？

2.2 在2.6节中，我们列出了m_pullup会失败的两个原因。实际上有三个原因。查看这个函数的源代码(附录B)，并发现另外一个原因。

2.3 为避免宏dtom遇到我们在2.6节中所讨论的问题，当数据在簇中时，为什么不仅仅给每个簇加一个指向mbuf的回指指针？

2.4 既然一个mbuf簇的大小是2的幂(典型的是1024或2048)，簇内的空间不能用于引用计数。查看Net/3的源代码(附录B)，并确定这些引用计数存储在什么地方。

2.5 在图2-5中，我们注意到两个计数器m_drops和m_wait现在没有实现。修改mbuf例程增加这些计数器。

第3章 接 口 层

3.1 引言

本章开始讨论Net/3在协议栈底部的接口层,它包括在本地网上发送和接收分组的硬件与软件。

我们使用术语设备驱动程序来表示与硬件及网络接口(或仅仅是接口)通信的软件,网络接口是指在一个特定网络上硬件与设备驱动器之间的接口。

Net/3接口层试图在网络协议和连接到系统的网络设备驱动器间提供一个与硬件无关的编程接口。这个接口层为所有的设备提供以下支持:

- 一套精心定义的接口函数;
- 一套标准的统计与控制标志;
- 一个与设备无关的存储协议地址的方法;
- 一个标准的输出分组的排队方法。

这里不要求接口层提供可靠的分组传输,仅要求提供最大努力(best-effort)的服务。更高协议层必须弥补这种可靠性缺陷。本章说明为所有网络接口维护的通用数据结构。为了说明相关数据结构和算法,我们参考Net/3中三种特定的网络接口。

1) 一个AMD 7990 LANCE以太网接口:一个能广播局域网的例子。

2) 一个串行线IP(SLIP)接口:一个在异步串行线上的点对点网络的例子。

3) 一个环回接口:一个把所有输出分组作为输入返回的逻辑网络。

3.2 代码介绍

通用接口结构和初始化代码可在3个头文件和2个C文件中找到。在本章说明的设备专用初始化代码可在另外3个C文件中找到。所有的8个文件都列于图3-1中。

文 件	说 明
sys/socket.h	地址结构定义
net/if.h	接口结构定义
net/if_dl.h	链路层结构定义
kern/init_main.c	系统和接口初始化
net/if.c	通用接口代码
net/if_loop.c	环回设备驱动程序
net/if_sl.c	SLIP设备驱动程序
hp300/dev/if_le.c	LANCE以太网设备驱动程序

图3-1 本章讨论的文件

3.2.1 全局变量

在本章中介绍的全局变量列于图3-2中。

变　　量	数据类型	说　　明
pdevinit	struct pdevinit[]	伪设备如SLIP和环回接口的初始化参数数组
ifnet	struct ifnet *	ifnet结构的列表的表头
ifnet_addrs	struct ifaddr **	指向链路层接口地址的指针数组
if_indexlim	int	数组ifnet_addrs的大小
if_index	int	上一个配置接口的索引
ifqmaxlen	int	接口输出队列的最大值
hz	int	这个系统的时钟频率(次/秒)

图3-2　本章中介绍的全局变量

3.2.2　SNMP变量

Net/3内核收集了大量的各种联网统计。在大多数章节中，我们都要总结这些统计并说明它们与定义在简单网络管理协议信息库(SNMP MIB-II)中的标准TCP/IP信息和统计之间的关系。RFC 1213 [McCloghrie and Rose 1991]说明了SNMP MIB-II，它组织成如图3-3所示的10个不同的信息组。

SNMP组	说　　明
System	系统通用信息
Interfaces	网络接口信息
Address Translation	网络地址到硬件地址的映射表(不推荐使用)
IP	IP协议信息
ICMP	ICMP协议信息
TCP	TCP协议信息
UDP	UDP协议信息
EGP	EGP协议信息
Transmission	媒体专用信息
SNMP	SNMP协议信息

图3-3　MIB-II中的SNMP组

Net/3并不包括SNMP代理。针对Net/3的SNMP代理是作为进程来实现的，它根据SNMP的要求通过2.2节描述的机制来访问这些内核统计。

Net/3收集大多数MIB-II变量并且能被SNMP代理直接访问，而其他的变量则要通过间接方式来获得。MIB-II变量分为三类：(1)简单变量，例如一个整数值、一个时间戳或一个字节串；(2)简单变量的列表，例如一个单独的路由项或一个接口描述项；(3)各种表的列表，例如整个路由表和所有接口表项的列表。

ISODE包中有一个Net/3 SNMP代理的例子。ISODE的信息见附录B。

图3-4所示的是一个为SNMP接口组维护的简单变量。我们在后面的图4-7中描述SNMP接口表。

SNMP变量	Net/3变量	说　　明
ifNumber	if_index + 1	if_index是系统中最后一个接口的索引值，并且起始为0；加1来获得系统中接口个数ifNumber

图3-4　在接口组中的一个简单的SNMP变量

3.3 ifnet结构

结构ifnet中包含所有接口的通用信息。在系统初始化期间，分别为每个网络设备分配一个独立的ifnet结构。每个ifnet结构有一个列表，它包含这个设备的一个或多个协议地址。图3-5说明了一个接口和它的地址之间的关系。

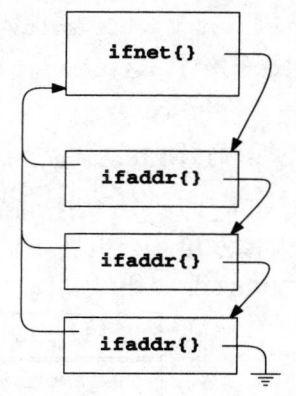

在图3-5中的接口显示了3个存放在ifaddr结构中的协议地址。虽然有些网络接口（如SLIP）仅支持一个协议，但有些接口（如以太网）支持多个协议并需要多个地址。例如，一个系统可能使用一个以太网接口同时用于Internet和OSI两个协议。一个类型字段标识每个以太网帧的内容，并且因为Internet和OSI协议使用不同的编址方式，以太网接口必须有一个Internet地址和一个OSI地址。所有地址用一个链表链接起来(图3-5右侧的箭头)，并且每个结构包含一个回指指针指向相关的ifnet结构(图3-5左侧的箭头)。

图3-5 每个ifnet结构有一个 ifaddr结构的列表

可能一个网络接口支持同一协议的多个地址。例如，在Net/3中可能为一个以太网接口分配两个Internet地址。

> 这个特点第一次是出现在Net/2中。当为一个网络重编地址时，一个接口有两个IP地址是有用的。在过渡期间，接口可以接收老地址和新地址的分组。

结构ifnet比较大，我们分五个部分来说明：
- 实现信息。
- 硬件信息。
- 接口统计。
- 函数指针。
- 输出队列。

图3-6所示的是包含在结构ifnet中的实现信息。

```
                                                                    ────if.h
80 struct ifnet {
81      struct ifnet *if_next;       /* all struct ifnets are chained */
82      struct ifaddr *if_addrlist;  /* linked list of addresses per if */
83      char    *if_name;            /* name, e.g. 'le' or 'lo' */
84      short   if_unit;             /* sub-unit for lower level driver */
85      u_short if_index;            /* numeric abbreviation for this if  */
86      short   if_flags;            /* Figure 3.7 */
87      short   if_timer;            /* time 'til if_watchdog called */
88      int     if_pcount;           /* number of promiscuous listeners */
89      caddr_t if_bpf;              /* packet filter structure */
                                                                    ────if.h
```

图3-6 ifnet结构：实现信息

80-82 if_next把所有接口的ifnet结构链接成一个链表。函数if_attach在系统初始化期间构造这个链表。if_addrlist指向这个接口的ifaddr结构列表(图3-16)。每个ifaddr结构存储一个要用这个接口通信的协议的地址信息。

1. 通用接口信息

83-86 if_name是一个短字符串，用于标识接口的类型，而if_unit标识多个相同类型的实例。例如，一个系统有两个SLIP接口，每个都有一个if_name，包含两字节的"s1"和一个if_unit。if_unit对第一个接口为0，对第二个接口为1。if_index在内核中唯一地标识这个接口，这在sysctl系统调用(见19.14节)以及路由域中要用到。

有时一个接口并不被一个协议地址唯一地标识。例如，几个SLIP连接可以有同样的本地IP地址。在这种情况下，if_index明确地指明这个接口。

if_flags表明接口的操作状态和属性。一个进程能检查所有的标志，但不能改变图3-7"内核专用"列中做了记号的标志。这些标志用4.4节讨论的命令SIOCGIFFLAGS和SIOCSIFFLAGS来访问。

if_flags	内核专用	说　　明
IFF_BROADCAST	●	接口用于广播网
IFF_MULTICAST	●	接口支持多播
IFF_POINTOPOINT	●	接口用于点对点网络
IFF_LOOPBACK		接口用于环回网络
IFF_OACTIVE	●	正在传输数据
IFF_RUNNING	●	资源已分配给这个接口
IFF_SIMPLEX	●	接口不能接收它自己发送的数据
IFF_LINK0	见正文	由设备驱动程序定义
IFF_LINK1	见正文	由设备驱动程序定义
IFF_LINK2	见正文	由设备驱动程序定义
IFF_ALLMULTI		接口正接收所有多播分组
IFF_DEBUG		这个接口允许调试
IFF_NOARP		在这个接口上不使用ARP协议
IFF_NOTRAILERS		避免使用尾部封装
IFF_PROMISC		接口接收所有网络分组
IFF_UP		接口正在工作

图3-7 if_flags值

IFF_BROADCAST和IFF_POINTOPOINT标志是互斥的。

宏IFF_CANTCHANGE是对所有在"内核专用"列中做了记号的标志进行按位"或"操作。

设备专用标志(IFF_LINKx)对于一个依赖这个设备的进程可能是可修改的，也可能是不可修改的。例如，图3-29显示了这些标志是如何被SLIP驱动程序定义的。

2. 接口时钟

87 if_timer以秒为单位记录时间，直到内核为此接口调用函数if_watchdog为止。这个函数用于设备驱动程序定时收集接口统计，或用于复位运行不正确的硬件。

3. BSD分组过滤器

88-89 下面两个成员if_pcount和if_bpf支持BSD分组过滤器(BPF)。通过BPF，一个进程能接收由此接口传输或接收的分组的备份。当我们讨论设备驱动程序时，还要讨论分组是如何通过BPF的。BPF在第31章讨论。

ifnet结构的下一个部分显示在图3-8中，它用来描述接口的硬件特性。

```
                                                                          ———— if.h
90      struct if_data {
91 /* generic interface information */
92          u_char   ifi_type;      /* Figure 3.9 */
93          u_char   ifi_addrlen;   /* media address length */
94          u_char   ifi_hdrlen;    /* media header length */
95          u_long   ifi_mtu;       /* maximum transmission unit */
96          u_long   ifi_metric;    /* routing metric (external only) */
97          u_long   ifi_baudrate;  /* linespeed */


                        /* other ifnet members */


138 #define if_mtu       if_data.ifi_mtu
139 #define if_type      if_data.ifi_type
140 #define if_addrlen   if_data.ifi_addrlen
141 #define if_hdrlen    if_data.ifi_hdrlen
142 #define if_metric    if_data.ifi_metric
143 #define if_baudrate  if_data.ifi_baudrate
                                                                          ———— if.h
```

图3-8 ifnet结构：接口特性

Net/3和本书使用第138～143行的#define语句定义的短语来表示ifnet的成员。

4. 接口特性

90-92 if_type指明接口支持的硬件地址类型。图3-9列出了net/if_types.h中几个公共的if_type值。

if_type	说　明
IFT_OTHER	未指明
IFT_ETHER	以太网
IFT_ISO88023	IEEE 802.3以太网(CSMA/CD)
IFT_ISO88025	IEEE 802.5令牌环
IFT_FDDI	光纤分布式数据接口
IFT_LOOP	环回接口
IFT_SLIP	串行线IP

图3-9 if_type：数据链路类型

93-94 if_addrlen是数据链路地址的长度，而if_hdrlen是由硬件附加给任何分组的首部的长度。例如，以太网有一个长度为6字节的地址和一个长度为14字节的首部(图4-8)。

95 if_mtu是接口传输单元的最大值，即接口在一次输出操作中能传输的最大数据单元的字节数。这是控制网络和传输协议创建分组大小的重要参数。对于以太网来说，这个值是1500。

96-97 if_metric通常是0，其他更大的值不利于路由通过此接口。if_baudrate指定接口的传输速率，只有SLIP接口才设置它。

接口统计由图3-10中显示的下一组ifnet接口成员来收集。

5. 接口统计

98-111 这些统计大多数是不言自明的。当分组传输被共享媒体上其他传输中断时，if_collisions加1。if_noproto统计由于协议不被系统或接口支持而不能处理的分组数

（例如：仅支持IP的系统接收到一个OSI分组）。当一个非IP分组到达一个SLIP接口的输出队列时，if_noproto加1。

```
                                                                          if.h
 98 /* volatile statistics */
 99         u_long   ifi_ipackets;    /* #packets received on interface */
100         u_long   ifi_ierrors;     /* #input errors on interface */
101         u_long   ifi_opackets;    /* #packets sent on interface */
102         u_long   ifi_oerrors;     /* #output errors on interface */
103         u_long   ifi_collisions;  /* #collisions on csma interfaces */
104         u_long   ifi_ibytes;      /* #bytes received */
105         u_long   ifi_obytes;      /* #bytes sent */
106         u_long   ifi_imcasts;     /* #packets received via multicast */
107         u_long   ifi_omcasts;     /* #packets sent via multicast */
108         u_long   ifi_iqdrops;     /* #packets dropped on input, for this
109                                      interface */
110         u_long   ifi_noproto;     /* #packets destined for unsupported
111                                      protocol */
112         struct timeval ifi_lastchange;  /* last updated */
113     } if_data;


                            /* other ifnet members */


144 #define if_ipackets if_data.ifi_ipackets
145 #define if_ierrors  if_data.ifi_ierrors
146 #define if_opackets if_data.ifi_opackets
147 #define if_oerrors  if_data.ifi_oerrors
148 #define if_collisions   if_data.ifi_collisions
149 #define if_ibytes   if_data.ifi_ibytes
150 #define if_obytes   if_data.ifi_obytes
151 #define if_imcasts  if_data.ifi_imcasts
152 #define if_omcasts  if_data.ifi_omcasts
153 #define if_iqdrops  if_data.ifi_iqdrops
154 #define if_noproto  if_data.ifi_noproto
155 #define if_lastchange   if_data.ifi_lastchange
                                                                          if.h
```

图3-10　结构ifnet：接口统计

这些统计在Net/1中不属于ifnet结构，加入它们的目的是支持接口的标准SNMP MIB-II变量。

if_iqdrops仅被SLIP设备驱动程序访问。当IF_DROP被调用时，SLIP和其他网络驱动程序把if_snd.ifq_drops（图3-13)加1。在SNMP统计加入前，ifq_drops就已经存在于BSD软件中了。ISODE SNMP代理忽略if_iqdrops而使用if_snd.ifq_drops。

6. 改变时间戳

112-113 if_lastchange记录任何统计改变的最近时间。

Net/3和本书又一次使用第144~155行的#define语句定义的短名来指明ifnet的成员。

结构ifnet的下一个部分显示在图3-11中，它包含指向标准接口层函数的指针，它们把设备专用的细节从网络层分离出来。每个网络接口实现这些适用于特定设备的函数。

```
                                                                   ── if.h
114  /* procedure handles */
115      int     (*if_init)          /* init routine */
116              (int);
117      int     (*if_output)        /* output routine (enqueue) */
118              (struct ifnet *, struct mbuf *, struct sockaddr *,
119               struct rtentry *);
120      int     (*if_start)         /* initiate output routine */
121              (struct ifnet *);
122      int     (*if_done)          /* output complete routine */
123              (struct ifnet *);   /* (XXX not used; fake prototype) */
124      int     (*if_ioctl)         /* ioctl routine */
125              (struct ifnet *, int, caddr_t);
126      int     (*if_reset)
127              (int);              /* new autoconfig will permit removal */
128      int     (*if_watchdog)      /* timer routine */
129              (int);
                                                                   ── if.h
```

图3-11　结构ifnet：接口过程

7. 接口函数

114-129　在系统初始化时，每个设备驱动程序初始化它自己的ifnet结构，包括7个函数指针。图3-12说明了这些通用函数。

　　　　我们在Net/3中常会看到注释/* XXX */。它提醒读者这段代码是易混淆的，包括不明确的副作用，或者一个更难问题的快速解决方案。在这里，它指示if_done不在Net/3中使用。

函　　数	说　　明
if_init	初始化接口
if_output	对要传输的输出分组进行排队
if_start	启动分组的传输
if_done	传输完成后的清除（未用）
if_ioctl	处理I/O控制命令
if_reset	复位接口设备
if_watchdog	周期性接口例程

图3-12　结构ifnet：函数指针

　　在第4章我们要查看以太网、SLIP和环回接口的设备专用函数，内核通过ifnet结构中的这些指针直接调用它们。例如，如果ifp指向一个ifnet结构，

```
(*ifp->if_start)(ifp)
```

则调用这个接口的设备驱动程序的if_start函数。

　　结构ifnet中剩下的最后一个成员是接口的输出队列，如图3-13所示。

130-137　if_snd是接口输出分组队列，每个接口有它自己的ifnet结构，即它自己的输出队列。ifq_head指向队列的第一个分组（下一个要输出的分组），ifq_tail指向队列最后一个分组，if_len是当前队列中分组的数目，而ifq_maxlen是队列中允许的缓存最大个数。除非驱动程序修改它，这个最大值被设置为50（来源于全局整数ifqmaxlen，它在编译期间根据IFQ_MAXLEN初始化而来）。队列作为一个mbuf链的链表来实现。ifq_drops统计

因为队列满而丢弃的分组数。图3-14列出了那些访问队列的宏和函数。

```
                                                                        if.h
130     struct ifqueue {
131         struct mbuf *ifq_head;
132         struct mbuf *ifq_tail;
133         int     ifq_len;        /* current length of queue */
134         int     ifq_maxlen;     /* maximum length of queue */
135         int     ifq_drops;      /* packets dropped because of full queue */
136     } if_snd;                   /* output queue */
137 };
                                                                        if.h
```

图3-13 结构ifnet: 输出队列

函　　数	说　　明
IF_QFULL	*ifq*是否满 int **IF_QFULL**(struct ifqueue *ifq*);
IF_DROP	IF_DROP仅将与*ifq*关联的ifq_drops加1。这个名字会引起误导，调用者丢弃这个分组 void **IF_DROP**(struct ifqueue *ifq*);
IF_ENQUEUE	把分组*m*追加到*ifq*队列的后面。分组通过mbuf首部中的m_nextpkt链接在一起 void **IF_ENQUEUE**(struct ifqueue *ifq*, struct mbuf *m*);
IF_PREPEND	把分组*m*插到*ifq*队列的前面 void **IF_PREPEND**(struct ifqueue *ifq*, struct mbuf *m*);
IF_DEQUEUE	从*ifq*队列中取走第一个分组。*m*指向取走的分组，若队列为空，则*m*为空值 void **IF_DEQUEUE**(struct ifqueue *ifq*, struct mbuf *m*);
if_qflush	丢弃队列*ifq*中的所有分组，例如，当一个接口被关闭了 void **if_qflush**(struct ifqueue *ifq*);

图3-14 fiqueue例程

前5个例程是定义在net/if.h中的宏，最后一个例程if_qflush是定义在net/if.c中的函数。这些宏经常出现在下面这样的程序语句中:

```
s = splimp();
if (IF_QFULL(inq)) {
    IF_DROP(inq);              /* queue is full, drop new packet */
    m_freem(m);
} else
    IF_ENQUEUE(inq, m);   /* there is room, add to end of queue */
splx(s);
```

这段代码试图把一个分组加到队列中。如果队列满，IF_DROP把ifq_drops加1，并且分组被丢弃。可靠协议如TCP会重传丢弃的分组。使用不可靠协议(如UDP)的应用程序必须自己检测和处理重传。

访问队列的语句被splimp和splx括起来，阻止网络中断，并且防止在不确定状态时网络中断服务例程访问此队列。

在splx之前调用m_freem，是因为这段mbuf代码有一个临界区运行在splimp级别上。若在m_freem前调用splx，在m_freem中进入另一个临界区(2.5节)是浪费效率的。

3.4 **ifaddr**结构

我们要看的下一个结构是接口地址结构ifaddr，它显示在图3-15中。每个接口维护一个ifaddr结构的链表，因为一些数据链路（如以太网）支持多个协议。用一个独立的ifaddr结构描述每个分配给接口的地址，通常每个协议一个地址。支持多地址的另一个原因是很多协议（包括TCP/IP）支持为单个物理接口指派多个地址。虽然Net/3支持这个特性，但很多TCP/IP实现并不支持。

```
                                                                    if.h
217 struct ifaddr {
218        struct  ifaddr *ifa_next;        /* next address for interface */
219        struct  ifnet *ifa_ifp;          /* back-pointer to interface */
220        struct  sockaddr *ifa_addr;      /* address of interface */
221        struct  sockaddr *ifa_dstaddr;   /* other end of p-to-p link */
222 #define ifa_broadaddr   ifa_dstaddr     /* broadcast address interface */
223        struct  sockaddr *ifa_netmask;   /* used to determine subnet */
224        void    (*ifa_rtrequest)();      /* check or clean routes */
225        u_short ifa_flags;               /* mostly rt_flags for cloning */
226        short   ifa_refcnt;              /* references to this structure */
227        int     ifa_metric;              /* cost for this interface */
228 };
                                                                    if.h
```

图3-15 结构ifaddr

217-219 结构ifaddr通过ifa_next把分配给一个接口的所有地址链接起来，它还包括一个指回接口的ifnet结构的指针ifa_ifp。图3-16显示了结构ifnet与ifaddr之间的关系。

220 ifa_addr指向接口的一个协议地址，而ifa_netmask指向一个位掩码，它用于选择ifa_addr中的网络部分。地址中表示网络部分的比特在掩码中被设置为1，地址中表示主机的部分被设置为0。两个地址都存放在sockaddr结构中(3.5节)。图3-38显示了一个地址及其掩码结构。对于IP地址，掩码选择IP地址中的网络和子网部分。

221-223 ifa_dstaddr(或它的别名ifa_broadaddr)指向一个点对点链路上的另一端的接口协议地址或指向一个广播网中分配给接口的广播地址(如以太网)。接口的ifnet结构中互斥的两个标志IFF_BROADCAST和IFF_POINTOPOINT(图3-7)指示接口的类型。

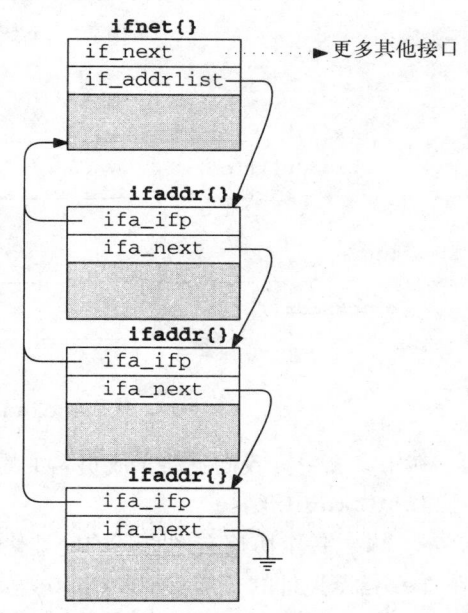

图3-16 结构ifnet和ifaddr

224-228 ifa_rtrequest、ifa_flags和ifa_metric支持接口的路由查找。

ifa_refcnt统计对结构ifaddr的引用。宏IFAFREE仅在引用计数降到0时才释放这个结构，例如，当地址被命令SIOCDIFADDR ioctl删除时。结构ifaddr使用引用计数是因为接口和路由数据结构共享这些结构。

如果有其他对ifaddr的引用，IFAFREE将计数器加1并返回。这是一个通用的方法，除了最后一个引用外，它避免了每次都调用一个函数的开销。如果是最后一个引用，IFAFREE调用函数ifafree来释放这个结构。

3.5　sockaddr结构

一个接口的编址信息不仅仅包括一个主机地址。Net/3在通用的sockaddr结构中维护主机地址、广播地址和网络掩码。通过使用一个通用的结构，将硬件与协议专用的地址细节相对于接口层隐藏起来。

图3-17显示的是这个结构的当前定义及早期BSD版的定义——结构osockaddr。图3-18说明了这些结构的组织。

```
                                                        ─────────── socket.h
120 struct sockaddr {
121     u_char  sa_len;              /* total length */
122     u_char  sa_family;           /* address family (Figure 3.19) */
123     char    sa_data[14];         /* actually longer; address value */
124 };

271 struct osockaddr {
272     u_short sa_family;           /* address family (Figure 3.19) */
273     char    sa_data[14];         /* up to 14 bytes of direct address */
274 };
                                                        ─────────── socket.h
```

图3-17　结构sockaddr和osockaddr

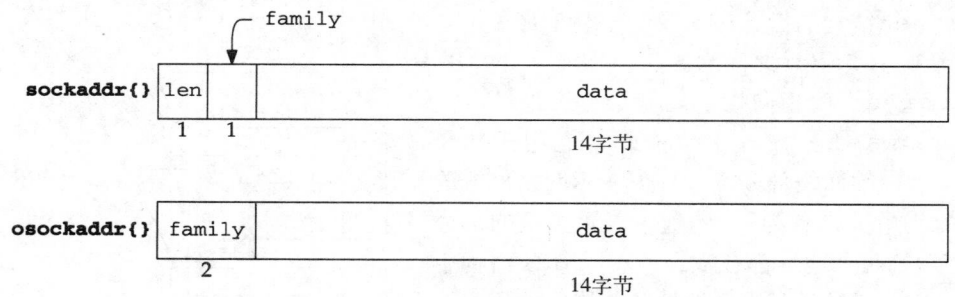

图3-18　结构sockaddr和osockaddr（省略了前缀sa_）

在很多图中，我们省略了成员名中的公共前缀。在这里，我们省略了sa_前缀。

1. sockaddr结构

120-124　每个协议有它自己的地址格式。Net/3在一个sockaddr结构中处理通用的地址。sa_len指示地址的长度(OSI和Unix域协议有不同的地址长度)，sa_family指示地址的类型。图3-19列出了地址族(address family)常量，其中包括我们遇到的。

当指明为AF_UNSPEC时，sockaddr的内容要根据情况而定。大多数情况下，它包含一个以太网硬件地址。

成员sa_len和sa_family允许协议无关代码操作来自多个协议的变长的sockaddr结构。剩下的成员sa_data包含一个协议相关格式的地址。sa_data定义为一个14字节的数组，但当sockaddr结构覆盖更大的内存空间时，sa_data可能会扩展到253字节。sa_len仅有一个字节,因此整个地址包括sa_len和sa_family必须不超过256字节。

这是C语言的一种通用技术,它允许程序员把一个结构中的最后一个成员看成是可变长的。

每个协议定义一个专用的sockaddr结构,该结构复制成员sa_len和sa_family,但按相应协议的要求来定义成员sa_data。存储在sa_data中的地址是

sa_family	协 议
AF_INET	Internet
AF_ISO,AF_OSI	OSI
AF_UNIX	Unix
AF_ROUTE	路由表
AF_LINK	数据链路
AF_UNSPEC	(见正文)

图3-19 sa_family常量

一个传输地址,它包含足够的信息来标识同一主机上的多个通信端点。在第6章我们要查看Internet地址结构sockaddr_in,它包含了一个IP地址和一个端口号。

2. osockaddr结构

271-274 结构osockaddr是4.3BSD Reno版本以前的sockaddr定义。因为在这个定义中一个地址的长度不是显式地可用,所以它不能用来写能够处理可变长地址的协议无关代码。OSI协议使用可变长地址,为了包括OSI协议,在Net/3的sockaddr定义中才有了我们所见的改变。结构osockaddr是为了支持对以前编译的程序的二进制兼容。

在本书中我们省略了二进制兼容代码。

3.6 ifnet与ifaddr的专用化

结构ifnet和ifaddr包含适用于所有网络接口和协议地址的通用信息。为了容纳其他设备和协议专用信息,每个驱动程序都定义了且每个协议都分配了一个专用化版本的ifnet和ifaddr结构。这些专用化的结构总是包含一个ifnet或ifaddr结构作为它们的第一个成员,这样无须考虑其他专用信息就能访问这些公共信息。

多数设备驱动程序通过分配一个专用化的ifnet结构的数组来处理同一类型的多个接口,但有些设备(例如环回设备)仅处理一个接口。图3-20所示的是我们的例子接口的专用化ifnet结构的组织。

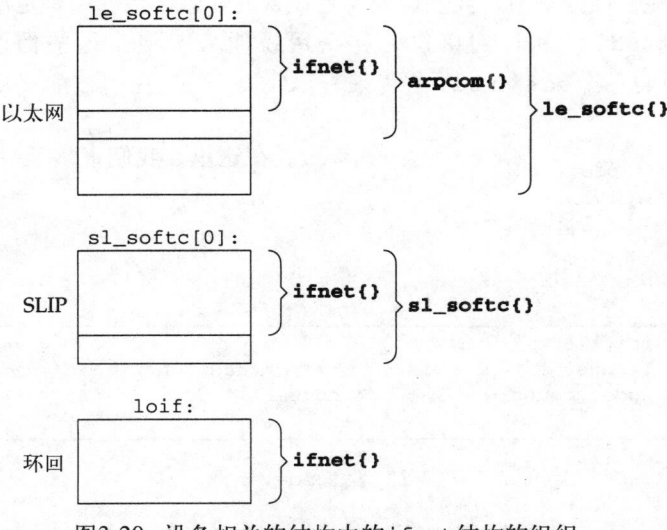

图3-20 设备相关的结构中的ifnet结构的组织

注意，每个设备的结构以一个ifnet开始，接下来全是设备相关的数据。环回接口只声明了一个ifnet结构，因为它不要求任何设备相关的数据。在图3-20中，我们显示的以太网和SLIP驱动程序的结构softc带有数组下标0，因为两个设备都支持多个接口。任何给定类型的接口的最大个数由内核建立时的配置参数来限制。

结构arpcom(图3-26)对于所有以太网设备是通用的，并且包含地址解析协议(ARP)和以太网多播信息。结构le_softc(图3-25)包含专用于LANCE以太网设备驱动程序的其他信息。

每个协议把每个接口的地址信息存储在一个专用化的ifaddr结构的列表中。以太网协议使用一个in_ifaddr结构(6.5节)，而OSI协议使用一个iso_ifaddr结构。另外，当接口被初始化时，内核为每个接口分配了一个链路层地址，它在内核中标识这个接口。

内核通过分配一个ifaddr结构和两个sockaddr_dl结构(一个是链路层地址本身，一个

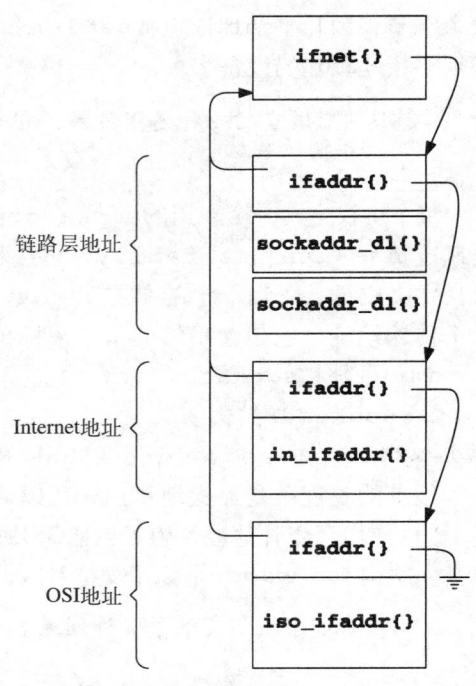

图3-21 一个包含链路层地址、Internet地址和OSI地址的接口地址列表

是地址掩码)来构造一个链路层地址。结构sockaddr_dl可被OSI、ARP和路由算法访问。图3-21显示的是一个带有链路层地址、Internet地址和OSI地址的以太网接口。3.11节说明了链路层地址(ifaddr和两个sockaddr_ld结构)的构造和初始化。

3.7 网络初始化概述

所有我们说明的结构是在内核初始化时分配和互相链接起来的。在本节我们大致概述一下初始化的步骤。在后面的章节，我们说明特定设备的初始化步骤和特定协议的初始化步骤。

有些设备，例如SLIP和环回接口，完全用软件来实现。这些伪设备用存储在全局pdevinit数组中的一个pdevinit结构来表示(图3-22)。在内核配置期间构造这个数组。例如：

```
struct pdevinit pdevinit[] = {
    { slattach, 1 },
    { loopattach, 1 },
    { 0, 0 }
};
```

---
device.h
```
120 struct pdevinit {
121     void    (*pdev_attach) (int);   /* attach function */
122     int     pdev_count;             /* number of devices */
123 };
```
device.h

图3-22 结构pdevinit

120-123 对于SLIP和环回接口，在结构pdevinit中pdev_attach分别被设置为

slattach和loopattach。当调用这个attach函数时，pdev_count作为传递的唯一参数，它指定创建的设备个数。只有一个环回设备被创建，但如果管理员适当配置SLIP项可能有多个SLIP设备被创建。

网络初始化函数从main开始显示在图3-23中。

```
                                                              ——— init_main.c
70 main(framep)
71 void    *framep;
72 {

                            /* nonnetwork code */

96          cpu_startup();              /* locate and initialize devices */

                            /* nonnetwork code */

172     /* Attach pseudo-devices. (e.g., SLIP and loopback interfaces) */
173     for (pdev = pdevinit; pdev->pdev_attach != NULL; pdev++)
174        (*pdev->pdev_attach) (pdev->pdev_count);

175     /*
176      * Initialize protocols.  Block reception of incoming packets
177      * until everything is ready.
178      */
179     s = splimp();
180     ifinit();                   /* initialize network interfaces */
181     domaininit();               /* initialize protocol domains */
182     splx(s);

                            /* nonnetwork code */

231     /* The scheduler is an infinite loop. */
232     scheduler();
233     /* NOTREACHED */
234 }
                                                              ——— init_main.c
```

图3-23 main函数：网络初始化

70-96 cpu_startup查找并初始化所有连接到系统的硬件设备，包括任何网络接口。

97-174 在内核初始化硬件设备后，它调用包含在pdevinit数组中的每个pdev_attach函数。

175-234 ifinit和domaininit完成网络接口和协议的初始化，并且scheduler开始内核进程调度。ifinit和domaininit在第7章讨论。

在下面几节中，我们说明以太网、SLIP和环回接口的初始化。

3.8 以太网初始化

作为cpu_startup的一部分，内核查找任何连接的网络设备。这个进程的细节超出了本书的范围。一旦一个设备被识别，一个设备专用的初始化函数就被调用。图3-24显示的是我们的3个例子接口的初始化函数。

　　每个设备驱动程序为一个网络接口初始化一个专用化的ifnet结构，并调用if_attach把这个结构插入接口链表中。显示在图3-25中的结构le_softc是我们的例子以太网驱动程序的专用化ifnet结构(图3-20)。

设　备	初始化函数
LANCE以太网	leattach
SLIP	slattach
环回	loopattach

图3-24　网络接口初始化函数

1. le_softc结构

69-95　在if_le.c中声明了一个le_softc结构(有NLE成员)的数组。每个结构的第一个成员是sc_ac，arpcom结构对于所有以太网接口都是通用的，接下来是设备专用成员。宏sc_if和sc_addr简化了对结构ifnet及存储在结构arpcom(sc_ac)中的以太网地址的访问，如图3-26所示。

```
                                                                  ── if_le.c
69 struct le_softc {
70     struct arpcom sc_ac;         /* common Ethernet structures */
71 #define sc_if    sc_ac.ac_if     /* network-visible interface */
72 #define sc_addr  sc_ac.ac_enaddr /* hardware Ethernet address */


                        /* device-specific members */


95 } le_softc[NLE];
                                                                  ── if_le.c
```

图3-25　结构le_softc

```
                                                                  ── if_ether.h
95 struct arpcom {
96     struct ifnet ac_if;          /* network-visible interface */
97     u_char  ac_enaddr[6];        /* ethernet hardware address */
98     struct in_addr ac_ipaddr;    /* copy of ip address - XXX */
99     struct ether_multi *ac_multiaddrs; /* list of ether multicast addrs */
100    int     ac_multicnt;         /* length of ac_multiaddrs list */
101 };
                                                                  ── if_ether.h
```

图3-26　结构arpcom

2. arpcom结构

95-101　结构arpcom的第一个成员ac_if是一个ifnet结构，如图3-20所示。ac_enaddr是以太网硬件地址，它是在cpu_startup期间内核检测设备时由LANCE设备驱动程序从硬件上复制的。对于我们的例子驱动程序，这发生在函数leattach中(图3-27)。ac_ipaddr是上一个分配给此设备的IP地址。我们在6.6节讨论地址的分配，可以看到一个接口可以有多个IP地址。也可参见习题6.3。ac_multiaddrs是一个用结构ether_multi表示的以太网多播地址的列表。ac_multicnt统计这个列表的项数。多播列表在第12章讨论。

　　图3-27所示的是LANCE以太网驱动程序的初始化代码。

106-115　内核在系统中每发现一个LANCE卡都调用一次leattach。

　　只有一个指向hp_device结构的参数，它包含了HP专用信息，因为它是专为HP工作站编写的驱动程序。

　　le指向此卡的专用化ifnet结构(图3-20)，ifp指向这个结构的第一个成员sc_if——一个通用的ifnet结构。图3-27并不包括设备专用初始化代码，它在本书中不予讨论。

```
                                                                        if_le.c
106 leattach(hd)
107 struct hp_device *hd;
108 {
109     struct lereg0 *ler0;
110     struct lereg2 *ler2;
111     struct lereg2 *lemem = 0;
112     struct le_softc *le = &le_softc[hd->hp_unit];
113     struct ifnet *ifp = &le->sc_if;
114     char    *cp;
115     int     i;

                         /* device-specific code */

126     /*
127      * Read the ethernet address off the board, one nibble at a time.
128      */
129     cp = (char *) (lestd[3] + (int) hd->hp_addr);
130     for (i = 0; i < sizeof(le->sc_addr); i++) {
131         le->sc_addr[i] = (*++cp & 0xF) << 4;
132         cp++;
133         le->sc_addr[i] |= *++cp & 0xF;
134         cp++;
135     }
136     printf("le%d: hardware address %s\n", hd->hp_unit,
137             ether_sprintf(le->sc_addr));

                         /* device-specific code */

150     ifp->if_unit = hd->hp_unit;
151     ifp->if_name = "le";
152     ifp->if_mtu = ETHERMTU;
153     ifp->if_init = leinit;
154     ifp->if_reset = lereset;
155     ifp->if_ioctl = leioctl;
156     ifp->if_output = ether_output;
157     ifp->if_start = lestart;
158     ifp->if_flags = IFF_BROADCAST | IFF_SIMPLEX | IFF_MULTICAST;
159     bpfattach(&ifp->if_bpf, ifp, DLT_EN10MB, sizeof(struct ether_header));
160     if_attach(ifp);
161     return (1);
162 }
                                                                        if_le.c
```

图3-27 函数leattach

3. 从设备复制硬件地址

126-137 对于LANCE设备，由厂商指派的以太网地址在这个循环中以每次半个字节(4位)从设备复制到sc_addr(即sc_ac.ac_enaddr，见图3-26)。

lestd是一个设备专用的位移表，用于定位hp_addr的相关信息，hp_addr指向LANCE专用信息。

通过printf语句将完整的地址输出到控制台，用来指示此设备存在并且可操作。

4. 初始化ifnet结构

150-157 leattach从hp_device结构把设备单元号复制到if_unit来标识同类型的多

个接口。这个设备的if_name是"le"；if_mtu为1500字节(ETHERMTU)，以太网的最大传输单元；if_init、if_reset、if_ioctl、if_output和it_start都指向控制网络接口的通用函数的设备专用实现。4.1节说明这些函数。

158 所有的以太网设备都支持IFF_BROADCAST。LANCE设备不接收它自己发送的数据，因此被设置为IFF_SIMPLEX。支持多播的设备和硬件还要设置IFF_MULTICAST。

159-162 bpfattach登记带BPF的接口，在图31-8中说明。函数if_attach把初始化了的ifnet结构插入接口的链表中(3.11节)。

3.9 SLIP初始化

依赖标准异步串行设备的SLIP接口在调用cpu_startup时初始化。当main直接通过SLIP的pdevinit结构中的指针pdev_attach调用slattach时，SLIP伪设备被初始化。

每个SLIP接口由图3-28中的一个sl_softc结构来描述。

```
                                                                  ── if_slvar.h
43 struct sl_softc {
44     struct ifnet sc_if;              /* network-visible interface */
45     struct ifqueue sc_fastq;         /* interactive output queue */
46     struct tty *sc_ttyp;             /* pointer to tty structure */
47     u_char *sc_mp;                   /* pointer to next available buf char */
48     u_char *sc_ep;                   /* pointer to last available buf char */
49     u_char *sc_buf;                  /* input buffer */
50     u_int   sc_flags;                /* Figure 3.29 */
51     u_int   sc_escape;               /* =1 if last char input was FRAME_ESCAPE */
52     struct slcompress sc_comp;       /* tcp compression data */
53     caddr_t sc_bpf;                  /* BPF data */
54 };
                                                                  ── if_slvar.h
```

图3-28 结构sl_softc

43-54 与所有接口结构一样，sl_softc有一个ifnet结构并且后面跟着设备专用信息。

除了在ifnet结构中的输出队列外，一个SLIP设备还维护另一个队列sc_fastq，它用于要求低时延服务的分组——一般由交互应用产生。

sc_ttyp指向关联的终端设备。指针sc_buf和sc_ep分别指向一个接收SLIP分组的缓存的第一个字节和最后一个字节。sc_mp指向下一个接收字节的地址，并在另一个字节到达时向前移动。

SLIP定义的4个标志显示在图3-29中。

常　　量	sc_softc成员	说　　明
SC_COMPRESS	sc_if.if_flags	IFF_LINK0；压缩TCP通信
SC_NOICMP	sc_if.if_flags	IFF_LINK1；禁止ICMP通信
SC_AUTOCOMP	sc_if.if_flags	IFF_LINK2；允许TCP自动压缩
SC_ERROR	sc_flags	检测到错误；丢弃接收帧

图3-29 SLIP的if_flags和sc_flags值

SLIP在ifnet结构中定义了3个接口标志预留给设备驱动程序，另一个标志定义在结构sl_softc中。

sc_escape用于串行线的IP封装机制(5.3节)，而TCP首部压缩信息(29.13节)保留在

sc_comp中。

　　指针sc_bpf指向SLIP设备的BPF信息。

　　结构sl_softc由slattach初始化，如图3-30所示。

135-152　　不像leattach一次仅初始化一个接口，内核只调用一次slattach，并且slattach初始化所有的SLIP接口。硬件设备在内核执行cpu_startup过程中被发现时进行初始化，而伪设备都是在main为这个设备调用pdev_attach函数时被初始化的。一个SLIP设备的if_mtu为296字节(SLMTU)。这包括标准的20字节IP首部、标准的20字节TCP首部和256字节的用户数据(5.3节)。

```
                                                             ── if_sl.c
135 void
136 slattach()
137 {
138     struct sl_softc *sc;
139     int     i = 0;

140     for (sc = sl_softc; i < NSL; sc++) {
141         sc->sc_if.if_name = "sl";
142         sc->sc_if.if_next = NULL;
143         sc->sc_if.if_unit = i++;
144         sc->sc_if.if_mtu = SLMTU;
145         sc->sc_if.if_flags =
146             IFF_POINTOPOINT | SC_AUTOCOMP | IFF_MULTICAST;
147         sc->sc_if.if_type = IFT_SLIP;
148         sc->sc_if.if_ioctl = slioctl;
149         sc->sc_if.if_output = sloutput;
150         sc->sc_if.if_snd.ifq_maxlen = 50;
151         sc->sc_fastq.ifq_maxlen = 32;
152         if_attach(&sc->sc_if);
153         bpfattach(&sc->sc_bpf, &sc->sc_if, DLT_SLIP, SLIP_HDRLEN);
154     }
155 }
                                                             ── if_sl.c
```

图3-30 函数slattach

　　SLIP网络由位于串行通信线两端的两个接口组成。slattach在if_flags中设置IFF_POINTOPOINT、SC_AUTOCOMP和IFF_MULTICAST。

　　SLIP接口限制它的输出分组队列if_snd的长度为50，并且它自己的接口队列sc_fastq的长度为32。图3-42显示，如果驱动程序没有设置长度，if_snd队列的长度默认为50(ifqmaxlen)，因此这里的初始化是多余的。

　　以太网设备驱动程序不显式地设置它的输出队列的长度，它依赖于ifinit(图3-42)把它设置为系统的默认值。

　　if_attach需要一个指向ifnet结构的指针，因此slattach将sc_if的地址传递给if_attach，sc_if是一个第一个成员为结构sl_softc的ifnet结构。

　　专用程序slattach在内核初始化后运行(从初始化文件/etc/netstart)，并通过打开串行设备和执行ioctl命令(5.3节)添加SLIP接口和异步串行设备。

153-155　　对于每个SLIP设备，slattach调用bpfattach来登记带BPF的接口。

3.10　环回初始化

　　最后显示环回接口的初始化。环回接口把输出分组放回到相应的输入队列中。接口没有相关联的硬件设备。环回伪设备在main通过环回接口的pdevinit结构中的pdev_attach指针直接调用loopattach时初始化。图3-31所示的是函数loopattach。

```
                                                                    ─ if_loop.c
41 void
42 loopattach(n)
43 int      n;
44 {
45     struct ifnet *ifp = &loif;
46     ifp->if_name = "lo";
47     ifp->if_mtu = LOMTU;
48     ifp->if_flags = IFF_LOOPBACK | IFF_MULTICAST;
49     ifp->if_ioctl = loioctl;
50     ifp->if_output = looutput;
51     ifp->if_type = IFT_LOOP;
52     ifp->if_hdrlen = 0;
53     ifp->if_addrlen = 0;
54     if_attach(ifp);
55     bpfattach(&ifp->if_bpf, ifp, DLT_NULL, sizeof(u_int));
56 }
                                                                    ─ if_loop.c
```

图3-31 环回接口初始化

41-56   环回if_mtu被设置为1536字节(LOMTU)。在if_flags中设置IFF_LOOPBACK和IFF_MULTICAST。一个环回接口没有链路首部和硬件地址，因此if_hdrlen和if_addrlen被设置为0。if_attach完成ifnet结构的初始化并且bpfattach登记带BPF的环回接口。

环回MTU至少有1576(即40 + 3×512)字节留给一个标准的TCP/IP首部。例如Solaris 2.3环回MTU设置为8232(即40 + 8×1024)字节。这些计算基于Internet协议；而其他协议可能有大于40字节的默认首部。

3.11 **if_attach**函数

前面显示的三个接口初始化函数都调用if_attach来完成接口的ifnet结构的初始化，并把这个结构插到先前配置的接口的列表中。在if_attach中，内核也为每个接口初始化并分配一个链路层地址。图3-32说明了由if_attach构造的数据结构。

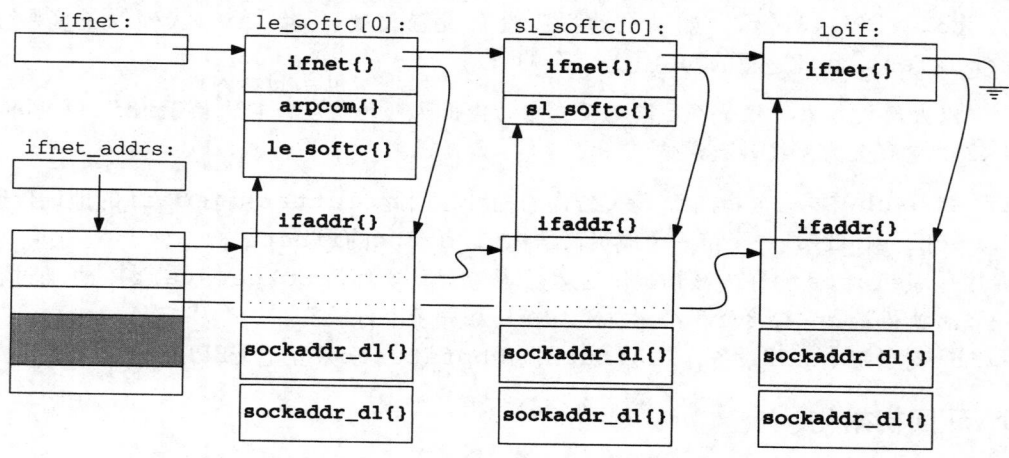

图3-32 ifnet列表

在图3-32中，if_attach被调用了三次：以一个le_softc结构为参数从leattach调用，以一个sl_softc结构为参数从slattach调用，以一个通用ifnet结构为参数从loopattach调用。每次调用时，它向ifnet列表中添加一个新的ifnet结构，为这个接口创建一个链路层ifaddr结构(包含两个sockaddr_dl结构，见图3-33)，并且初始化ifnet_addrs数组中的一项。

─── *if_dl.h*

```
55 struct sockaddr_dl {
56     u_char  sdl_len;        /* Total length of sockaddr */
57     u_char  sdl_family;     /* AF_LINK */
58     u_short sdl_index;      /* if != 0, system given index for
59                                interface */
60     u_char  sdl_type;       /* interface type (Figure 3.9) */
61     u_char  sdl_nlen;       /* interface name length, no trailing 0
62                                reqd. */
63     u_char  sdl_alen;       /* link level address length */
64     u_char  sdl_slen;       /* link layer selector length */
65     char    sdl_data[12];   /* minimum work area, can be larger;
66                                contains both if name and ll address */
67 };

68 #define LLADDR(s) ((caddr_t)((s)->sdl_data + (s)->sdl_nlen))
```
─── *if_dl.h*

图3-33 结构sockaddr_dl

图3-20显示了包含在le_softc[0]和sl_softc[0]中的嵌套结构。

初始化以后，接口仅配置链路层地址。例如，IP地址直到后面讨论的ifconfig程序才配置(6.6节)。

链路层地址包含接口的逻辑地址和硬件地址(如果网络支持，例如le0的48位以太网地址)。在ARP和OSI协议中要用到这个硬件地址，而一个sockaddr_dl中的逻辑地址包含一个名称和这个接口在内核中的索引数值，它支持用于在接口索引和关联ifaddr结构(ifa_ifwithnet，图6-32)间相互转换的表查找。

结构sockaddr_dl显示在图3-33中。

55-57 回忆图3-18，sdl_len指明了整个地址的长度，而sdl_family指明了地址族类，在此例中为AF_LINK。

58 sdl_index在内核中标识接口。图3-32中的以太网接口的索引为1，SLIP接口的索引为2，而环回接口的索引为3。全局整数变量if_index包含的是内核最近分配的一个索引值。

60 sdl_type根据这个数据链路地址的ifnet结构的成员if_type进行初始化。

61-68 除了一个数字索引，每个接口有一个由结构ifnet的成员if_name和if_unit组成的文本名称。例如，第一个SLIP接口叫"sl0"，而第二个叫"sl1"。文本名称存储在数组sdl_data的前面，并且sdl_nlen为这个名称的字节长度(在我们的SLIP例子中为3)。

数据链路地址也存储在这个结构中。宏LLADDR将一个指向sockaddr_dl结构的指针转换成一个指向这个文本名称的第一个字节的指针。sdl_alen是硬件地址的长度。对于一个以太网设备，48位硬件地址位于结构sockaddr_dl的这个文本名称的前面。图3-38所示的是一个初始化了的sockaddr_dl结构。

Net/3不使用sdl_slen。

if_attach更新两个全局变量。第一个是if_index，它存放系统中的最后一个接口的索引；第二个是ifnet_addrs，它指向一个ifaddr指针的数组。这个数组的每项都指向一个接口的链路层地址。这个数组提供对系统中每个接口的链路层地址的快速访问。

函数if_attach较长，并且有几个奇怪的赋值语句。从图3-34开始，我们分5个部分讨论这个函数。

59-74 if_attach有一个参数ifp，这是一个指向ifnet结构的指针，由网络设备驱动程序初始化。Net/3在一个链表中维护所有这些ifnet结构，全局指针ifnet指向这个链表的首部。while循环查找链表的尾部，并将链表尾部的空指针的地址存储到p中。在循环后，新ifnet结构被接到这个ifnet链表的尾部，if_index加1，并且将新索引值赋给ifp->if_index。

```
                                                                    ── if.c
59 void
60 if_attach(ifp)
61 struct ifnet *ifp;
62 {
63     unsigned socksize, ifasize;
64     int      namelen, unitlen, masklen, ether_output();
65     char     workbuf[12], *unitname;
66     struct ifnet **p = &ifnet;  /* head of interface list */
67     struct sockaddr_dl *sdl;
68     struct ifaddr *ifa;
69     static int if_indexlim = 8; /* size of ifnet_addrs array */
70     extern void link_rtrequest();

71     while (*p)                  /* find end of interface list */
72         p = &((*p)->if_next);
73     *p = ifp;
74     ifp->if_index = ++if_index; /* assign next index */

75     /* resize ifnet_addrs array if necessary */
76     if (ifnet_addrs == 0 || if_index >= if_indexlim) {
77         unsigned n = (if_indexlim <<= 1) * sizeof(ifa);
78         struct ifaddr **q = (struct ifaddr **)
79                 malloc(n, M_IFADDR, M_WAITOK);
80         if (ifnet_addrs) {
81             bcopy((caddr_t) ifnet_addrs, (caddr_t) q, n / 2);
82             free((caddr_t) ifnet_addrs, M_IFADDR);
83         }
84         ifnet_addrs = q;
85     }
                                                                    ── if.c
```

图3-34 函数if_attach：分配接口索引

1. 必要时调整ifnet_addrs数组的大小

75-85 第一次调用if_attach时，数组ifnet_addrs不存在，因此要分配16(16=8<<1)项的空间。当数组满时，一个两倍大的新数组被分配，并且老数组中的项被复制到新的数组中。

if_indexlim是if_attach私有的一个静态变量。if_indexlim通过<<=操作符来更新。

图3-34中的函数malloc和free不是同名的标准C库函数。内核版的第二个参数指明一个

类型，内核中可选的诊断代码用它来检测程序错误。如果malloc的第三个参数为M_WAITOK，且函数需要等待释放的可用内存，则阻塞调用进程。如果第三个参数为M_DONTWAIT，则当内存不可用时，函数不阻塞并返回一个空指针。

函数if_attach的下一部分显示在图3-35中，它为接口准备一个文本名称并计算链路层地址的长度。

if.c

```
86      /* create a Link Level name for this device */
87      unitname = sprint_d((u_int) ifp->if_unit, workbuf, sizeof(workbuf));
88      namelen = strlen(ifp->if_name);
89      unitlen = strlen(unitname);

90      /* compute size of sockaddr_dl structure for this device */
91 #define _offsetof(t, m) ((int)((caddr_t)&((t *)0)->m))
92      masklen = _offsetof(struct sockaddr_dl, sdl_data[0]) +
93              unitlen + namelen;
94      socksize = masklen + ifp->if_addrlen;
95 #define ROUNDUP(a) (1 + (((a) - 1) | (sizeof(long) - 1)))
96      socksize = ROUNDUP(socksize);
97      if (socksize < sizeof(*sdl))
98          socksize = sizeof(*sdl);
99      ifasize = sizeof(*ifa) + 2 * socksize;
```

if.c

图3-35 if_attach函数：计算链路层地址大小

2. 创建链路层名称并计算链路层地址的长度

86-99 if_attach用if_unit和if_name组装接口的名称。函数sprint_d将if_unit的数值转换成一个串并存储到workbuf中。masklen是sockaddr_dl数组中sdl_data前面的信息所占用的字节数加上这个接口的文本名称的大小(namelen + unitlen)。函数对socksize进行"上舍入"，socksize是masklen加上硬件地址长度(if_addrlen)，上舍入为一个长整型(ROUNDUP)。如果它小于一个sockaddr_dl结构的长度，就使用标准的sockaddr_dl结构。ifasize是一个ifaddr结构的大小加上两倍的socksize，因此，它能容纳结构sockaddr_dl。

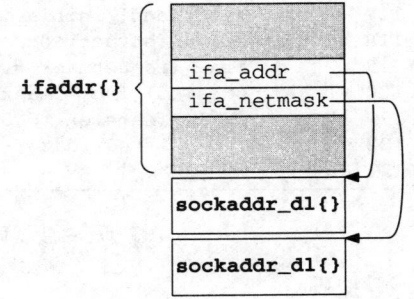

图3-36 在if_attach中分配的链路层地址和掩码

在函数的下一部分中，if_attach分配结构并将结构连接起来，如图3-36所示。

图3-36中，在ifaddr结构与两个sockaddr_dl结构间有一个空隙，用来说明它们分配在一个连续的内存中但没有定义在一个C结构中。

像图3-36所示的组织还出现在结构in_ifaddr中；在这个结构的通用ifaddr部分中的指针指向在这个结构的设备专用部分中的专用化sockaddr结构，在本例中是结构sockaddr_dl。图3-37所示的是这些结构的初始化。

3. 地址

100-116 如果有足够的内存可用，bzero把新结构清零，并且sdl指向紧接着ifnet结构的第一个sockaddr_dl。若没有可用内存，代码被忽略。

sdl_len被设置为结构sockaddr_dl的长度，并且sdl_family被设置为AF_LINK。

用if_name和unitname组成的文本名称存放在sdl_data中，而它的长度存放在
sdl_nlen中。接口的索引被复制到sdl_index中，而接口的类型被复制到sdl_type中。
分配的结构被插入数组ifnet_addrs中，并通过ifa_ifp和ifa_addrlist链接到结构
ifnet。最后，结构sockaddr_dl用ifa_addr链接到ifnet结构。以太网接口用
arp_rtrequest取代默认函数link_rtrequest。环回接口装入函数
loop_rtrequest。我们在第19章和第21章讨论ifa_rtrequest和arp_rtrequest。
而linkrtrequest和loop_rtrequest留给读者自己去研究。以上完成了第一个
sockaddr_dl结构的初始化。

```
                                                                        ── if.c
100      if (ifa = (struct ifaddr *) malloc(ifasize, M_IFADDR, M_WAITOK)) {
101          bzero((caddr_t) ifa, ifasize);

102          /* First: initialize the sockaddr_dl address */
103          sdl = (struct sockaddr_dl *) (ifa + 1);
104          sdl->sdl_len = socksize;
105          sdl->sdl_family = AF_LINK;
106          bcopy(ifp->if_name, sdl->sdl_data, namelen);
107          bcopy(unitname, namelen + (caddr_t) sdl->sdl_data, unitlen);
108          sdl->sdl_nlen = (namelen += unitlen);
109          sdl->sdl_index = ifp->if_index;
110          sdl->sdl_type = ifp->if_type;
111          ifnet_addrs[if_index - 1] = ifa;
112          ifa->ifa_ifp = ifp;
113          ifa->ifa_next = ifp->if_addrlist;
114          ifa->ifa_rtrequest = link_rtrequest;
115          ifp->if_addrlist = ifa;
116          ifa->ifa_addr = (struct sockaddr *) sdl;

117          /* Second: initialize the sockaddr_dl mask */
118          sdl = (struct sockaddr_dl *) (socksize + (caddr_t) sdl);
119          ifa->ifa_netmask = (struct sockaddr *) sdl;
120          sdl->sdl_len = masklen;
121          while (namelen != 0)
122              sdl->sdl_data[--namelen] = 0xff;
123      }
                                                                        ── if.c
```

图3-37 函数if_attach：分配并初始化链路层地址

4. 掩码

117-123   第二个sockaddr_dl结构是一个比特掩码，用来选择出现在第一个结构中的文
本名称。ifa_netmask从结构ifaddr指向掩码结构(在这里是选择接口文本名称而不是网
络掩码)。while循环把与名称对应的那些字节的每个比特都置为1。

图3-38所示的是我们以太网接口例子的两个初始化了的sockaddr_dl结构。它的
if_name为"le"，if_unit为0，if_index为1。

图3-38中所示的是ether_ifattach对这个结构初始化后的地址(图3-41)。

图3-39所示的是第一个接口链接if_attach后的结构。

在if_attach的最后，以太网设备的函数ether_ifattach被调用，如图3-40所示。

124-127   开始不调用ether_ifattach (例如：从leattach)，是因为它要把以太网硬件
地址复制到if_attach分配的sockaddr_dl中。

XXX注释表示作者发现在此处插入代码比修改所有的以太网驱动程序要容易。

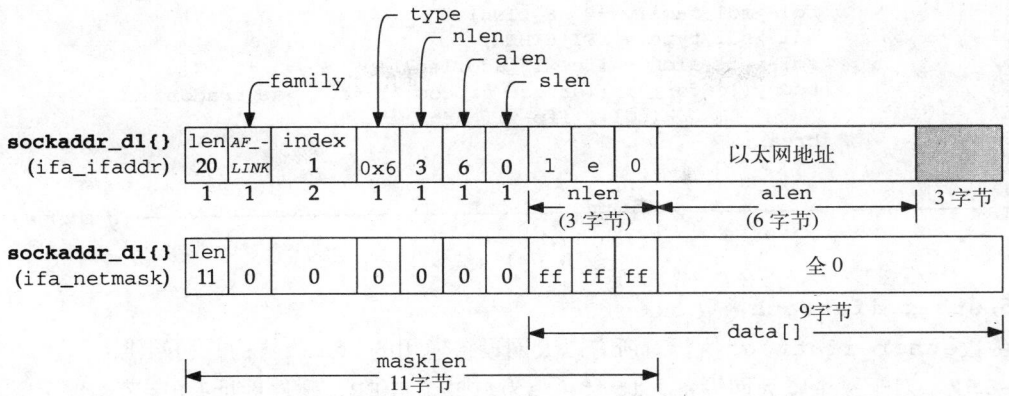

图3-38 初始化了的以太网sockaddr_dl结构(省略了前缀sdl_)

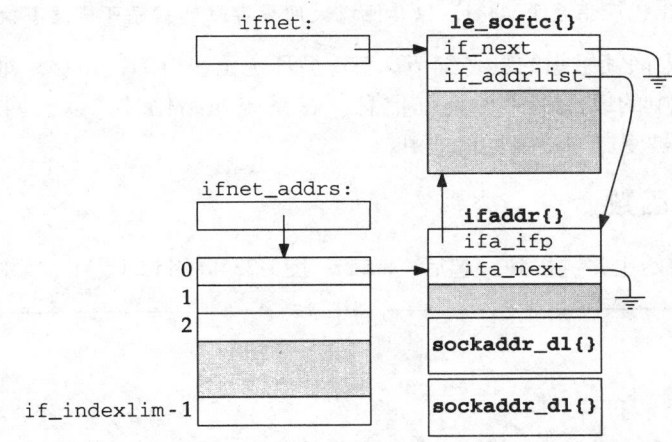

图3-39 第一次调用if_attach后的ifnet和sockaddr_dl结构

```
                                                                    —— if.c
124    /* XXX -- Temporary fix before changing 10 ethernet drivers */
125    if (ifp->if_output == ether_output)
126        ether_ifattach(ifp);
127 }
                                                                    —— if.c
```

图3-40 函数if_attach：以太网初始化

```
                                                              —— if_ethersubr.c
338 void
339 ether_ifattach(ifp)
340 struct ifnet *ifp;
341 {
342     struct ifaddr *ifa;
343     struct sockaddr_dl *sdl;

344     ifp->if_type = IFT_ETHER;
345     ifp->if_addrlen = 6;
346     ifp->if_hdrlen = 14;
347     ifp->if_mtu = ETHERMTU;
348     for (ifa = ifp->if_addrlist; ifa; ifa = ifa->ifa_next)
349         if ((sdl = (struct sockaddr_dl *) ifa->ifa_addr) &&
```

图3-41 函数ether_ifattach

```
350                 sdl->sdl_family == AF_LINK) {
351                 sdl->sdl_type = IFT_ETHER;
352                 sdl->sdl_alen = ifp->if_addrlen;
353                 bcopy((caddr_t) ((struct arpcom *) ifp)->ac_enaddr,
354                     LLADDR(sdl), ifp->if_addrlen);
355                 break;
356             }
357 }
```
if_ethersubr.c

图3-41 （续）

5. ether_ifattach函数

函数ether_ifattach执行对所有以太网设备通用的ifnet结构的初始化。

338-357 对于一个以太网设备，if_type为IFT_ETHER，硬件地址有6字节，整个以太网首部有14字节，而以太网MTU为1500字节（ETHERMTU）。

leattach已经指派了MTU，但其他以太网设备驱动程序可能没有执行这个初始化。

4.3节讨论以太网帧组织的更多细节。for循环定位接口的链路层地址，然后初始化结构sockaddr_dl中的以太网硬件地址信息。在系统初始化时，以太网地址被复制到结构arpcom中，现在被复制到链路层地址中。

3.12 ifinit函数

接口结构被初始化并链接到一起后，main（图3-23）调用ifinit，如图3-42所示。

if.c
```
43 void
44 ifinit()
45 {
46     struct ifnet *ifp;
47     for (ifp = ifnet; ifp; ifp = ifp->if_next)
48         if (ifp->if_snd.ifq_maxlen == 0)
49             ifp->if_snd.ifq_maxlen = ifqmaxlen;     /* set default length */
50     if_slowtimo(0);
51 }
```
if.c

图3-42 函数ifinit

43-51 for循环遍历接口列表，并把没有被接口的attach函数设置的每个接口输出队列的最大长度设置为50（ifqmaxlen）。

输出队列的大小关键要考虑的是发送最大长度数据报的分组的个数。例如以太网，若一个进程调用sendto发送65 507字节的数据，它被分为45个数据报片，并且每个数据报片被放进接口的输出队列。若队列非常小，由于队列没有空间，进程可能不能发送大的数据报。

if_slowtimo启动接口的监视（watchdog）定时器。当一个接口的定时器到期，内核会调用这个接口的监视定时器函数。一个接口可以提前重设定时器来阻止监视定时器函数的调用，或者，若不需要监视定时器函数，则可以把if_timer设置为0。图3-43所示的是函数if_slowtimo。

338-343 if_slowtimo函数有一个参数arg没有使用，但慢超时函数的原型(7.4节)要求有这个参数。

```
                                                                    ─── if.c
338 void
339 if_slowtimo(arg)
340 void    *arg;
341 {
342     struct ifnet *ifp;
343     int      s = splimp();

344     for (ifp = ifnet; ifp; ifp = ifp->if_next) {
345         if (ifp->if_timer == 0 || --ifp->if_timer)
346             continue;
347         if (ifp->if_watchdog)
348             (*ifp->if_watchdog) (ifp->if_unit);
349     }
350     splx(s);
351     timeout(if_slowtimo, (void *) 0, hz / IFNET_SLOWHZ);
352 }
                                                                    ─── if.c
```

图3-43 函数if_slowtimo

344-352 if_slowtimo忽略if_timer为0的接口；若if_timer不等于0，if_slowtimo把if_timer减1，并在这个定时器到达0时调用这个接口关联的if_watchdog函数。在调用if_slowtimo时，分组处理进程被splimp阻塞。返回前，ip_slowtimo调用timeout，以hz/IFNET_SLOWHZ时钟频率调度对它自己的调用。hz是1秒内时钟滴答数(通常是100)。它在系统初始化时设置，并保持不变。因为IFNET_SLOWHZ被定义为1，因此内核每赫兹调用一次if_slowtimo，即每秒一次。

函数timeout调度的函数被内核的函数callout回调。详见[Leffler er al. 1989]。

3.13 小结

在本章我们研究了结构ifnet和ifaddr，它们被分配给在系统初始化时发现的每一个网络接口。结构ifnet链接成ifnet链表。每个接口的链路层地址被初始化，并被加到ifnet结构的地址链表中，还存放到数组if_addrs中。

我们讨论了通用sockaddr结构及其成员sa_family和sa_len，它们标识每个地址的类型和长度。我们还查看了一个链路层地址的sockaddr_dl结构的初始化。

在本章中，我们还介绍了在全书中要用到的三个网络接口例子。

习题

3.1 很多Unix系统中的netstat程序列出网络接口及其配置信息。在你接触的系统中试一下命令netstat -i。那个网络接口的名称(if_name)是什么？传输单元的最大长度(if_mtu)是多少？

3.2 在if_slowtimo (图3-43)中，调用splimp和splx出现在循环的外面。与把这些调用放到循环内部相比，这样安排有何优缺点？

3.3 为什么SLIP的交互队列比它的标准输出队列要短？

3.4 为什么if_hdrlen和if_addrlen不在slattach中初始化？

3.5 为SLIP和环回设备画一个与图3-38类似的图。

第4章 接口：以太网

4.1 引言

在第3章中，我们讨论了所有接口要用到的数据结构及对这些数据结构的初始化。在本章中，我们说明以太网设备驱动程序在初始化后是如何接收和传输帧的。本章的后半部分介绍配置网络设备的通用ioctl命令。第5章是SLIP和环回驱动程序。

我们不准备查看整个以太网驱动程序的源代码，因为它有大约1 000行C代码(其中有一半是一个特定接口卡的硬件细节)，但要研究与设备无关的以太网代码部分，及驱动程序是如何与内核其他部分交互的。

如果读者对一个驱动程序的源代码感兴趣，Net/3版本包括很多不同接口的源代码。要想研究接口的技术规范，就要求能理解设备专用的命令。图4-1所示的是Net/3提供的各种驱动程序，包括在本章我们要讨论的LANCE驱动程序。

网络设备驱动程序通过ifnet结构(图3-6)中的7个函数指针来访问。图4-2列出了指向我们的三个例子驱动程序的入口点。

输入函数不包含在图4-2中，因为它们是网络设备中断驱动的。中断服务例程的配置与硬件相关，并且超出了本书的范围。我们要识别处理设备中断的函数，但不是这些函数被调用的机制。

设　备	文　件
DEC DEUNA接口	vax/if/if_de.c
3Com以太网接口	vax/if/if_ec.c
Excelan EXOS 204接口	vax/if/if_ex.c
Interlan以太网通信控制器	vax/if/if_il.c
Interlan NP100以太网通信控制器	vax/if/if_ix.c
Digital Q-BUS to NI适配器	vax/if/if_qe.c
CMC ENP-20以太网控制器	tahoe/if/if_enp.c
Excelan EXOS 202 (VME) & 203 (QBUS)	tahoe/if/if_ex.c
ACC VERSAbus以太网控制器	tahoe/if/if_ace.c
AMD 7990 LANCE接口	**hp300/dev/if_le.c**
NE2000以太网	i386/isa/if_ne.c
Western Digital 8003以太网适配器	i386/isa/if_we.c

图4-1　Net/3中可用的以太网驱动程序

ifnet	以 太 网	SLIP	环　回	说　明
if_init	leinit			硬件初始化
if_output	ether_output	slouput	looutput	接收并对传输的帧进行排队
if_start	lestart			开始传输帧
if_done				输出完成(未用)
if_ioctl	leioctl	slioctl	lcioctl	处理来自一个进程的ioctl命令
if_reset	lereset			把设备复位到已知的状态
if_watchdog				监视设备故障或收集统计信息

图4-2　例子驱动程序的接口函数

只有函数if_output和if_ioctl被经常地调用。而if_init、if_done和if_reset从来不被调用或仅从设备专用代码调用（例如：leinit直接被leioctl调用）。函数if_start仅被函数ether_output调用。

4.2 代码介绍

以太网设备驱动程序和通用接口ioctl的代码包含在两个头文件和三个C文件中，它们列于图4-3中。

文　件	说　明
net/if_ether.h	以太网结构
net/if.h	ioctl命令定义
net/if_ethersubr.c	通用以太网函数
hp300/dev/if_le.c	LANCE以太网驱动程序
net/if.c	ioctl处理

图4-3　在本章讨论的文件

4.2.1 全局变量

显示在图4-4中的全局变量包括协议输入队列、LANCE接口结构和以太网广播地址。

变　量	数据类型	说　明
arpintrq	struct ifqueue	ARP输入队列
clnlintrq	struct ifqueue	CLNP输入队列
ipintrq	struct ifqueue	IP输入队列
le_softc	struct le_softc[]	LANCE以太网接口
etherbraodcastaddr	u_char[]	以太网广播地址

图4-4　本章介绍的全局变量

le_softc是一个数组，因为这里可以有多个以太网接口。

4.2.2 统计量

结构ifnet中为每个接口收集的统计量如图4-5所示。

图4-6显示了netstat命令的一些输出例子，包括ifnet结构中的一些统计信息。

第1列包含显示为一个字符串的if_name和if_unit。若接口是关闭的（不设置IFF_UP），一个星号显示在这个名字的旁边。在图4-6中，sl0、sl2和sl3是关闭的。

第2列显示的是if_mtu。在表头"Network"和"Address"底下的输出依赖于地址的类型。对于链路层地址，显示了结构sockaddr_dl的sdl_data的内容。对于IP地址，显示了子网和单播地址。其余的列是if_ipackets、if_ierrors、if_opackets、if_oerrors和if_collisions。

- 在输出中冲突的分组大约有3%（942 798 / 23 234 729）。
- 这个机器的SLIP输出队列从未满过，因为SLIP接口的输出没有差错。
- 在传输中，LANCE硬件检测到12个以太网的输出差错。其中有些差错可能被视为冲突。
- 硬件检测出814个以太网的输入差错，例如分组太短或错误的检验和。

ifnet成员	说　　　明	用于SNMP
if_collisions	在CSMA接口的冲突数	
if_ibytes	接收到的字节总数	•
if_ierrors	接收到的有输入差错分组数	•
if_imcasts	接收到的多播分组数	•
if_ipackets	在接口接收到的分组数	•
if_iqdrops	被此接口丢失的输入分组数	•
if_lastchange	上一次改变统计的时间	•
if_noproto	指定为不支持协议的分组数	•
if_obytes	发送的字节总数	•
if_oerrors	接口上输出的差错数	•
if_omcasts	发送的多播分组数	•
if_opackets	接口上发送的分组数	•
if_snd.ifq_drops	在输出期间丢失的分组数	•
if_snd.ifq_len	输出队列中的分组数	

图4-5　结构ifnet中维护的统计

```
                              netstat -i output
Name  Mtu   Network         Address            Ipkts Ierrs    Opkts Oerrs   Coll
le0   1500  <Link>8.0.9.13.d.33            28680519   814 29234729    12 942798
le0   1500  128.32.33       128.32.33.5     28680519   814 29234729    12 942798
sl0*  296   <Link>                            54036     0    45402     0      0
sl0*  296   128.32.33       128.32.33.5        54036     0    45402     0      0
sl1   296   <Link>                            40397     0    33544     0      0
sl1   296   128.32.33       128.32.33.5        40397     0    33544     0      0
sl2*  296   <Link>                                0     0        0     0      0
sl3*  296   <Link>                                0     0        0     0      0
lo0   1536  <Link>                           493599     0   493599     0      0
lo0   1536  127             127.0.0.1        493599     0   493599     0      0
```

图4-6　接口统计的样本

4.2.3　SNMP变量

　　图4-7所示的是SNMP接口表(ifTable)中的一个接口项对象(ifEntry)，它包含在每个接口的ifnet结构中。

　　ISODE SNMP代理从if_type获得ifSpeed，并为ifAdminStatus维护一个内部变量。代理的ifLastChange基于结构ifnet中的if_lastchange，但与代理的启动时间相关，而不是与系统的启动时间相关。代理为ifSpecific返回一个空变量。

接口表，索引=<*ifIndex*>		
SNMP变量	ifnet成员	说　　　明
ifIndex	if_index	唯一地标识接口
ifDescr	if_name	接口的文本名称
ifType	if_type	接口的类型（例如以太网、SLIP等等）

图4-7　接口表ifTable的变量

接口表，索引=<ifIndex>		
SNMP变量	ifnet成员	说　明
`ifMtu`	`if_mtu`	接口的MTU（字节）
`ifSpeed`	（看正文）	接口的正常速率（每秒比特）
`ifPhysAddress`	`ac_enaddr`	媒体地址（来自结构arpcom）
`ifAdminStatus`	（看正文）	接口的期望状态（IFF_UP标志）
`ifOperStatus`	`if_flags`	接口的操作状态（IFF_UP标志）
`ifLastChange`	（看正文）	上一次统计改变时间
`ifInOctets`	`if_ibytes`	输入的字节总数
`ifInUcastPkts`	`if_ipackets -if_imcasts`	输入的单播分组数
`ifInNUcastPkts`	`if_imcasts`	输入的广播或多播分组数
`ifInDiscards`	`if_iqdrops`	因为实现的限制而丢弃的分组数
`ifInErrors`	`if_ierrors`	差错的分组数
`ifInUnknownProtos`	`if_noproto`	指定为未知协议的分组数
`ifOutOctets`	`if_obytes`	输出字节数
`ifOutUcastPkts`	`if_opackets-if_omcasts`	输出的单播分组数
`ifOutNUcastPkts`	`if_omcasts`	输出的广播或多播分组数
`ifOutDiscards`	`if_snd.ifq_drops`	因为实现的限制而丢失的输出分组数
`ifOutErrors`	`if_oerrors`	因为差错而丢失的输出分组数
`ifOutQLen`	`if_snd.ifq_len`	输出队列长度
`ifSpecific`	`n/a`	媒体专用信息的SNMP对象ID（未实现）

图4-7　（续）

4.3　以太网接口

Net/3以太网设备驱动程序都遵循同样的设计。对于大多数Unix设备驱动程序来说，都是这样，因为写一个新接口卡的驱动程序总是在一个已有的驱动程序的基础上修改而来的。在本节，我们简要地概述一下以太网的标准和一个以太网驱动程序的设计。我们用LANCE驱动程序来说明这个设计。

图4-8说明了一个IP分组的以太网封装。

目标地址	源地址	类型	数　据	CRC
6字节	6字节	2	46~1500字节	4字节

类型 0800	IP分组
2	46~1500字节

图4-8　一个IP分组的以太网封装

以太网帧包括48 bit的目标地址和源地址，接下来是一个16 bit的类型字段，它标识这个帧所携带的数据的格式。对于IP分组，类型是0x0800(2048)。帧的最后是一个32 bit的CRC（循环冗余检验），它用来检查帧中的差错。

我们所讨论的最初的以太网组帧的标准在1982年由Digital设备公司、Intel公司及施乐公司发布，并作为今天在TCP/IP网络中最常用的格式。另一个可选的格式是IEEE（电气电子工程师协会)规定的802.2和802.3标准。更多的IEEE标准详见[Stallings 1987]。

对于以太网，IP分组的封装由RFC 894[Hornig 1984]规定，而对于802.3网，却由
RFC1042[Postel和Reynolds 1988]规定。

我们用48 bit的以太网地址作为硬件地址。IP地址到硬件地址之间的转换用ARP协议(RFC
826 [Plummer 1982])，这个协议在第21章讨论。而硬件地址到IP地址的转换用RARP协议(RFC
903 [Finlayson et al. 1984])。以太网地址有两种类型：单播和多播。一个单播地址描述一个单
一的以太网接口，而一个多播地址描述一组以太网接口。一个以太网广播是一个所有接口都
接收的多播。以太网单播地址由设备的厂商分配，也有一些设备的地址允许用软件改变。

一些DECNET协议要求标识一个多接口主机的硬件地址，因此DECNET必须能
改变一个设备的以太网单播地址。

图4-9列举了以太网接口的数据结构和函数。

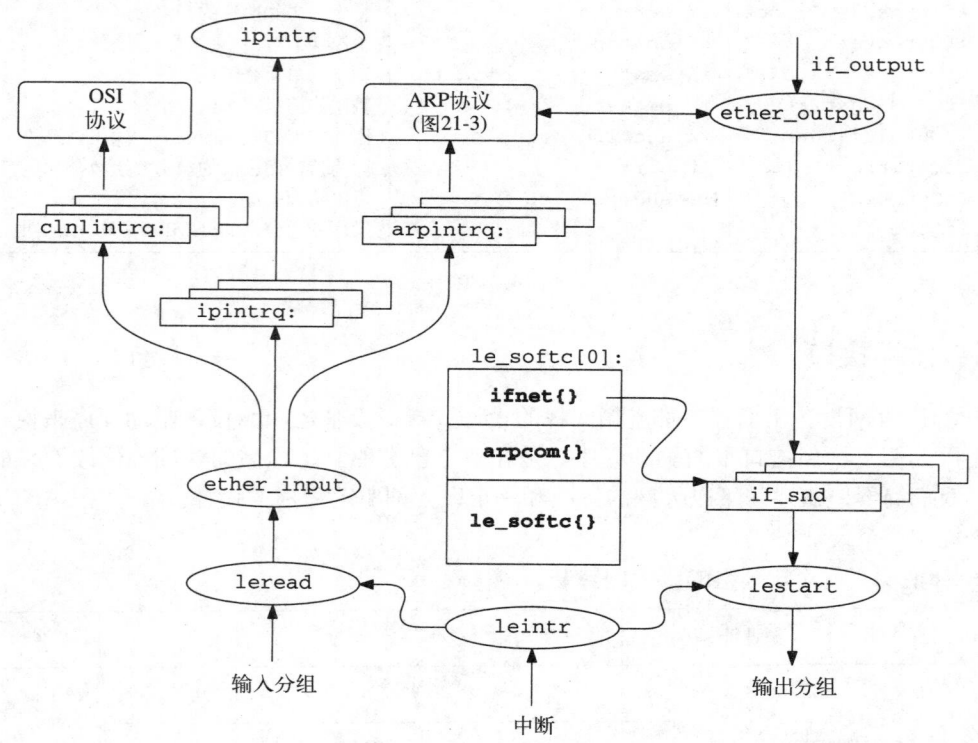

图4-9 以太网设备驱动程序

在图中，用一个椭圆标识一个函数(leintr)，用一个方框标识数据结构
(le_softc[0])、le_softc，用圆角方框标识一组函数(ARP协议)。

图4-9左上角显示的是OSI无连接网络层(clnl)协议、IP和ARP的输入队列。对于
clnlintrq，我们不打算讲更多，将它包含进来是为了强调ether_input要将以太网帧分
用到多个协议队列中。

在技术上，OSI使用无连接网络协议(CLNP而不是CLNL)，但我们使用的是Net/3
中的术语。CLNP的官方标准是ISO 8473。[Stallings 1993]对这个标准做了概述。

接口结构le_softc在图4-9的中间。我们感兴趣的是这个结构中的ifnet和arpcom，其他是LANCE硬件的专用部分。我们在图3-6中显示了结构ifnet，在图3-26中显示了结构arpcom。

4.3.1 `leintr`函数

我们从以太网帧的接收开始。现在，假设硬件已初始化并且系统已完成配置，当接口产生一个中断时，leintr被调用。在正常操作中，一个以太网接口接收发送到它的单播地址和以太网广播地址的帧。当一个完整的帧可用时，接口就产生一个中断，并且内核调用leintr。

在第12章中，我们会看见可能要配置多个以太网接口来接收以太网多播帧(不同于广播)。

有些接口可以配置为运行在混杂方式。在这种方式下，接口接收所有出现在网络上的帧。在卷1中讨论的tcpdump程序可以使用BPF (BSD分组过滤程序)来利用这种特性。

leintr检测硬件，并且如果有一个帧到达，就调用leread把这个帧从接口转移到一个mbuf链中(用m_devget)。如果硬件报告一个帧已传输完或发现一个差错(如一个有错误的检验和)，则leintr更新相应的接口统计，复位这个硬件，并调用lestart来传输另一个帧。

所有以太网设备驱动程序将它们接收到的帧传给ether_input做进一步的处理。设备驱动程序构造的mbuf链不包括以太网首部，以太网首部作为一个独立的参数传递给ether_input。结构ether_header显示在图4-10中。

38-42 以太网CRC并不总是可用。它由接口硬件来计算与检验，接口硬件丢弃到达的CRC差错帧。以太网设备驱动程序负责ether_type的网络和主机字节序间的转换。在驱动程序外，它总是主机字节序。

if_ether.h
```
38 struct ether_header {
39     u_char  ether_dhost[6];    /* Ethernet destination address */
40     u_char  ether_shost[6];    /* Ethernet source address */
41     u_short ether_type;        /* Ethernet frame type */
42 };
```
if_ether.h

图4-10 结构ether_header

4.3.2 `leread`函数

函数leread(图4-11)的开始是由leintr传给它的一个连续的内存缓冲区，并且构造了一个ether_header结构和一个mbuf链。这个链表存储来自以太网帧的数据。leread还将输入帧传给BPF。

if_le.c
```
528 leread(unit, buf, len)
529 int     unit;
530 char    *buf;
531 int     len;
532 {
533     struct le_softc *le = &le_softc[unit];
```
图4-11 函数leread

```
534         struct ether_header *et;
535         struct mbuf *m;
536         int      off, resid, flags;

537         le->sc_if.if_ipackets++;
538         et = (struct ether_header *) buf;
539         et->ether_type = ntohs((u_short) et->ether_type);
540         /* adjust input length to account for header and CRC */
541         len = len - sizeof(struct ether_header) - 4;
542         off = 0;

543         if (len <= 0) {
544             if (ledebug)
545                 log(LOG_WARNING,
546                     "le%d: ierror(runt packet): from %s: len=%d\n",
547                     unit, ether_sprintf(et->ether_shost), len);
548             le->sc_runt++;
549             le->sc_if.if_ierrors++;
550             return;
551         }
552         flags = 0;
553         if (bcmp((caddr_t) etherbroadcastaddr,
554                 (caddr_t) et->ether_dhost, sizeof(etherbroadcastaddr)) == 0)
555             flags |= M_BCAST;
556         if (et->ether_dhost[0] & 1)
557             flags |= M_MCAST;

558         /*
559          * Check if there's a bpf filter listening on this interface.
560          * If so, hand off the raw packet to enet.
561          */
562         if (le->sc_if.if_bpf) {
563             bpf_tap(le->sc_if.if_bpf, buf, len + sizeof(struct ether_header));

564             /*
565              * Keep the packet if it's a broadcast or has our
566              * physical ethernet address (or if we support
567              * multicast and it's one).
568              */
569             if ((flags & (M_BCAST | M_MCAST)) == 0 &&
570                 bcmp(et->ether_dhost, le->sc_addr,
571                     sizeof(et->ether_dhost)) != 0)
572                 return;
573         }
574         /*
575          * Pull packet off interface.  Off is nonzero if packet
576          * has trailing header; m_devget will then force this header
577          * information to be at the front, but we still have to drop
578          * the type and length which are at the front of any trailer data.
579          */
580         m = m_devget((char *) (et + 1), len, off, &le->sc_if, 0);
581         if (m == 0)
582             return;
583         m->m_flags |= flags;
584         ether_input(&le->sc_if, et, m);
585     }
```
——— *if_le.c*

图4-11 （续）

528-539 函数leintr给leread传了三个参数：unit，它标识接收到此帧的特定接口卡；buf，它指向接收到的帧；len，它是帧的字节数(包括首部和CRC)。

　　函数将et指向这个缓存的开始，并且将以太网字节序转换成主机字节序，来构造结构ether_header。

540-551 将len减去以太网首部和CRC的大小得到数据的字节数。短分组(runt packet)是一个长度太短的非法以太网帧，它被记录、统计，并被丢弃。

552-557 接下来，目标地址被检测，并判断是不是以太网广播或多播地址。以太网广播地址是一个以太网多播地址的特例；它的每一比特都被设置了。etherbroadcastaddr是一个数组，定义如下：

```
u_char etherbroadcastaddr[6] = { 0xff, 0xff, 0xff, 0xff, 0xff, 0xff };
```

　　这是C语言中定义一个48 bit值的简便方法。这项技术仅在我们假设字符是8 bit值时才起作用——ANSI C并不保证这一点。

bcmp比较etherbroadcastaddr和ether_dhost，若相同，则设置标志M_BCAST。一个以太网多播地址由这个地址的首字节的低位比特来标识，如图4-12所示。

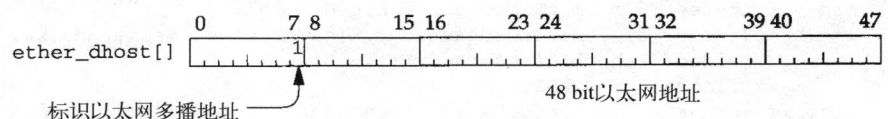

图4-12 检测一个以太网多播地址

　　在第12章中，我们会看到并不是所有以太网多播帧都是IP多播数据报，并且IP必须进一步检测这个分组。

　　如果这个地址的多播比特被置位，在mbuf首部中设置M_MCAST。检测的顺序是重要的：首先ether_input将整个48 bit地址和以太网广播地址比较，若不同，则检测标识以太网多播地址的首字节的低位比特(习题4.1)。

558-573 如果接口带有BPF，调用bpf_tap把这个帧直接传给BPF。我们会看见对于SLIP和环回接口，要构造一个特定的BPF帧，因为这些网络没有一个链路层首部(不像以太网)。

　　当一个接口带有BPF时，它可以配置为运行在混淆模式，并且接收网络上出现的所有以太网帧，而不是通常由硬件接收的帧的子集。如果分组发送给一个不与此接口地址匹配的单播地址，则被leread丢弃。

574-585 m_devget (2.6节)将数据从传给leread的缓存中复制到一个它分配的mbuf链中。传给m_devget的第一个参数指向以太网首部后的第一个字节，它是此帧中的第一个数据字节。如果m_devget内存用完，leread立即返回。另外广播和多播标志被设置在链表中的第一个mbuf中，ether_input处理这个分组。

4.3.3 ether_input函数

　　函数ether_input显示在图4-13中，它检查结构ether_header来判断接收到的数据的类型，并将接收到的分组加入队列中等待处理。

1. 广播和多播的识别

196-209 传给ether_input的参数有：ifp，一个指向接收此分组的接口的ifnet结构的指针；eh，一个指向接收分组的以太网首部的指针；m，一个指向接收分组的指针(不包括以太网首部)。

任何到达不工作接口的分组将被丢弃。可能没有为接口配置一个协议地址，或者接口可能被程序ifconfig (8)(6.6节)显式地禁用了。

─── *if_ethersubr.c*
```
196 void
197 ether_input(ifp, eh, m)
198 struct ifnet *ifp;
199 struct ether_header *eh;
200 struct mbuf *m;
201 {
202     struct ifqueue *inq;
203     struct llc *l;
204     struct arpcom *ac = (struct arpcom *) ifp;
205     int     s;

206     if ((ifp->if_flags & IFF_UP) == 0) {
207         m_freem(m);
208         return;
209     }
210     ifp->if_lastchange = time;
211     ifp->if_ibytes += m->m_pkthdr.len + sizeof(*eh);
212     if (bcmp((caddr_t) etherbroadcastaddr, (caddr_t) eh->ether_dhost,
213             sizeof(etherbroadcastaddr)) == 0)
214         m->m_flags |= M_BCAST;
215     else if (eh->ether_dhost[0] & 1)
216         m->m_flags |= M_MCAST;
217     if (m->m_flags & (M_BCAST | M_MCAST))
218         ifp->if_imcasts++;

219     switch (eh->ether_type) {
220     case ETHERTYPE_IP:
221         schednetisr(NETISR_IP);
222         inq = &ipintrq;
223         break;

224     case ETHERTYPE_ARP:
225         schednetisr(NETISR_ARP);
226         inq = &arpintrq;
227         break;

228     default:
229         if (eh->ether_type > ETHERMTU) {
230             m_freem(m);
231             return;
232         }

                            /* OSI code */

307     }

308     s = splimp();
309     if (IF_QFULL(inq)) {
310         IF_DROP(inq);
311         m_freem(m);
312     } else
313         IF_ENQUEUE(inq, m);
314     splx(s);
315 }
```
─── *if_ethersubr.c*

图4-13　函数ether_input

210-218 变量time是一个全局的timeval结构，内核用它维护当前时间和日期，它是从Unix新纪元(1970年1月1日00:00:00，协调通用时间[UTC])开始的秒和微秒数。在[Itano and Ramsey 1993]中可以找到对UTC的简要讨论。我们在Net/3源代码中会经常遇到结构timeval：

```
struct timeval {
  long tv_sec;     /* seconds */
  long tv_usec;    /* and microseconds */
};
```

ether_input用当前时间更新if_lastchange，并且把if_ibytes加上输入分组的长度(分组长度加上14字节的以太网首部)。

然后，ether_input再次用leread去判断分组是否为一个广播或多播分组。

有些内核编译时可能没有包括BPF代码，因此测试必须在ether_input中进行。

2. 链路层分用

219-227 ether_input根据以太网类型字段来跳转。对于一个IP分组，schednetisr调度一个IP软件中断，并选择IP输入队列，ipintrq。对于一个ARP分组，调度ARP软件中断，并选择arpintrq。

一个isr是一个中断服务例程。

在原先的BSD版本中，当处于网络中断级别时，ARP分组通过调用arpinput立即被处理。通过分组排队，它们可以在软件中断级别被处理。

如果要处理其他以太网类型，一个内核程序员应在此增加其他情况的处理。或者，一个进程能用BPF接收其他以太网类型。例如，在Net/3中，RARP服务通常用BPF实现。

228-307 默认情况处理不识别以太网类型或按802.3标准(例如OSI无连接传输)封装的分组。以太网的type字段和802.3的length字段在一个以太网帧中占用同一位置。两种封装能够分辨出来，因为一个以太网封装的类型范围和802.3封装的长度范围是不同的(图4-14)。我们跳过OSI代码，在[Stallings 1993]中有对OSI链路层协议的说明。

范 围	说 明
0~1500	IEEE 802.3 *length*字段
1501~65535	以太网*type*字段：
2048	IP分组
2045	ARP分组

图4-14 以太网的*type*字段和802.3的*length*字段

有很多其他以太网类型值分配给各种协议；我们没有在图4-14中显示。在RFC 1700 [Reynolds and Postel 1994]中有一个有更多通用类型的列表。

3. 分组排队

308-315 最后，ether_input把分组放置到选择的队列中，若队列为空，则丢弃此分组。我们在图7-23和图21-16中会看到IP和ARP队列的默认限制为每个50个(ipqmaxlen)分组。

当ether_input返回时，设备驱动程序通知硬件它已准备接收下一分组，这时下一分组可能已存在于设备中。当schednetisr调度的软件中断发生时，处理分组输入队列(1.12节)。准确地说，调用ipintr来处理IP输入队列中的分组，调用arpintr来处理ARP输入队列中的分组。

4.3.4 `ether_output`函数

我们现在查看以太网帧的输出，当一个网络层协议，如IP，调用此接口ifnet结构中指定的函数if_output时，开始处理输出。所有以太网设备的if_output是ether_output (图4-2)。ether_output用14字节以太网首部封装一个以太网帧的数据部分，并将它放置到接口的发送队列中。这个函数比较大，我们分4个部分来说明：

- 验证；
- 特定协议处理；
- 构造帧；
- 接口排队。

图4-15包括这个函数的第一个部分。

```
                                                                    if_ethersubr.c
49  int
50  ether_output(ifp, m0, dst, rt0)
51  struct ifnet *ifp;
52  struct mbuf *m0;
53  struct sockaddr *dst;
54  struct rtentry *rt0;
55  {
56      short    type;
57      int      s, error = 0;
58      u_char   edst[6];
59      struct mbuf *m = m0;
60      struct rtentry *rt;
61      struct mbuf *mcopy = (struct mbuf *) 0;
62      struct ether_header *eh;
63      int      off, len = m->m_pkthdr.len;
64      struct arpcom *ac = (struct arpcom *) ifp;

65      if ((ifp->if_flags & (IFF_UP | IFF_RUNNING)) != (IFF_UP | IFF_RUNNING))
66          senderr(ENETDOWN);
67      ifp->if_lastchange = time;
68      if (rt = rt0) {
69          if ((rt->rt_flags & RTF_UP) == 0) {
70              if (rt0 = rt = rtalloc1(dst, 1))
71                  rt->rt_refcnt--;
72              else
73                  senderr(EHOSTUNREACH);
74          }
75          if (rt->rt_flags & RTF_GATEWAY) {
76              if (rt->rt_gwroute == 0)
77                  goto lookup;
78              if (((rt = rt->rt_gwroute)->rt_flags & RTF_UP) == 0) {
79                  rtfree(rt);
80                  rt = rt0;
81  lookup:         rt->rt_gwroute = rtalloc1(rt->rt_gateway, 1);
82                  if ((rt = rt->rt_gwroute) == 0)
83                      senderr(EHOSTUNREACH);
84              }
85          }
86          if (rt->rt_flags & RTF_REJECT)
87              if (rt->rt_rmx.rmx_expire == 0 ||
88                  time.tv_sec < rt->rt_rmx.rmx_expire)
89                  senderr(rt == rt0 ? EHOSTDOWN : EHOSTUNREACH);
90      }
                                                                    if_ethersubr.c
```

图4-15 函数ether_output：验证

49-64 ether_output的参数有：ifp，它指向输出接口的ifnet结构；m0，要发送的分组；dst，分组的目标地址；rt0，路由信息。

65-67 在ether_output中多次调用宏senderr。

```
#define senderr(e) { error = (e); goto bad;}
```

senderr保存差错码，并跳到函数的尾部bad，在那里分组被丢弃，并且ether_output返回error。

如果接口启动并在运行，ether_output更新接口的上次更改时间。否则，返回ENETDOWN。

1. 主机路由

68-74 rt0指向ip_output找到的路由项，并传递给ether_output。如果从BPF调用ether_output，rt0可以为空。在这种情况下，控制转给图4-16中的代码。否则，验证路由。如果路由无效，参考路由表，并且当路由不能被找到时，返回EHOSTUNREACH。这时，rt0和rt指向一个到下一跳目的地的有效路由。

if_ethersubr.c

```
 91    switch (dst->sa_family) {

 92    case AF_INET:
 93        if (!arpresolve(ac, rt, m, dst, edst))
 94            return (0);          /* if not yet resolved */
 95        /* If broadcasting on a simplex interface, loopback a copy */
 96        if ((m->m_flags & M_BCAST) && (ifp->if_flags & IFF_SIMPLEX))
 97            mcopy = m_copy(m, 0, (int) M_COPYALL);
 98        off = m->m_pkthdr.len - m->m_len;
 99        type = ETHERTYPE_IP;
100        break;
101    case AF_ISO:



                              /* OSI code */



142    case AF_UNSPEC:
143        eh = (struct ether_header *) dst->sa_data;
144        bcopy((caddr_t) eh->ether_dhost, (caddr_t) edst, sizeof(edst));
145        type = eh->ether_type;
146        break;

147    default:
148        printf("%s%d: can't handle af%d\n", ifp->if_name, ifp->if_unit,
149               dst->sa_family);
150        senderr(EAFNOSUPPORT);
151    }
```

if_ethersubr.c

图4-16 函数ether_output：网络协议处理

2. 网关路由

75-85 如果分组的下一跳是一个网关(而不是最终目的)，找到一个到此网关的路由，并且rt指向它。如果不能发现一个网关路由，则返回EHOSTUNREACH。这时，rt指向下一跳目的地的路由。下一跳可能是一个网关或最终目标地址。

3. 避免ARP泛洪

86-90 当目标方不准备响应ARP请求时，ARP代码设置标志RTF_REJECT来丢弃到达目标方的分组。这在图21-24中描述。

ether_output根据此分组的目标地址继续处理。因为以太网设备仅响应以太网地址，要发送一个分组，ether_output必须发现下一跳目的地的IP地址所对应的以太网地址。ARP协议(第21章)用来实现这个转换。图4-16显示了驱动程序是如何访问ARP协议的。

4. IP输出

91-101   ether_output根据目标地址中的sa_family进行跳转。我们在图4-16中仅显示了case为AF_INET、AF_ISO和AF_UNSPEC的代码，而略过了case AF_ISO的代码。

case AF_INET调用arpresolve来决定与目标IP地址相对应的以太网地址。如果以太网地址已存在于ARP高速缓存中，则arpresolve返回1，并且ether_output继续执行。否则，这个IP分组由ARP控制，并且ARP判断地址，从函数in_arpinput调用ether_output。

假设ARP高速缓存包含硬件地址，ether_output检查是否分组要广播，并且接口是否是单向的(例如，它不能接收自己发送的分组)。如果都成立，则m_copy复制这个分组。在执行switch后，这个复制的分组同到达以太网接口的分组一样进行排队。这是广播定义的要求，发送主机必须接收这个分组的一个备份。

我们在第12章会看到多播分组可能会环回到输出接口而被接收。

5. 显式以太网输出

142-146   有些协议，如ARP，需要显式地指定以太网目的地和类型。地址族类常量AF_UNSPEC指出：dst指向一个以太网首部。bcopy复制edst中的目标地址，并把以太网类型设为type。它不必调用arpresolve(如AF_INET)，因为以太网目标地址已由调用者显式地提供了。

6. 未识别的地址族类

147-151   未识别的地址族类产生一个控制台消息，并且ether_output返回EAFNOSUPPORT。

图4-17所示的是ether_output的下一部分：构造以太网帧。

```
                                                                ── if_ethersubr.c
152     if (mcopy)
153         (void) looutput(ifp, mcopy, dst, rt);
154     /*
155      * Add local net header.  If no space in first mbuf,
156      * allocate another.
157      */
158     M_PREPEND(m, sizeof(struct ether_header), M_DONTWAIT);
159     if (m == 0)
160         senderr(ENOBUFS);
161     eh = mtod(m, struct ether_header *);
162     type = htons((u_short) type);
163     bcopy((caddr_t) &type, (caddr_t) &eh->ether_type,
164         sizeof(eh->ether_type));
165     bcopy((caddr_t)edst, (caddr_t)eh->ether_dhost, sizeof (edst));
166     bcopy((caddr_t)ac->ac_enaddr, (caddr_t)eh->ether_shost,
167         sizeof(eh->ether_shost));
                                                                ── if_ethersubr.c
```

图4-17 函数ether_output：构造以太网帧

7. 以太网首部

152-167   如果在switch中的代码复制了这个分组，这个分组副本同在输出接口上接收到的分组一样通过调用looutput来处理。环回接口和looutput在5.4节讨论。
M_PREPEND确保在分组的前面有14字节的空间。

大多数协议要在mbuf链表的前面留一些空间，因此，M_PREPEND仅需要调整一些指针(例如，16.7节中UDP输出的sosend和13.6节的igmp_sendreport)。
ether_output用type、edst和ac_enaddr(图3-26)构成以太网首部。ac_enaddr是与此输出接口关联的以太网单播地址，并且是所有从此接口传输的帧的源地址。ether_header用ac_enaddr重写调用者可能在ether_header结构中指定的源地址。这使得伪造一个以太网帧的源地址变得更难。

这时，mbuf包含一个除32 bit CRC以外的完整以太网帧，CRC由以太网硬件在传输时计算。图4-18所示的代码对设备要传送的帧进行排队。

────────────────────────────────────── *if_ethersubr.c*

```
168     s = splimp();
169     /*
170      * Queue message on interface, and start output if interface
171      * not yet active.
172      */
173     if (IF_QFULL(&ifp->if_snd)) {
174         IF_DROP(&ifp->if_snd);
175         splx(s);
176         senderr(ENOBUFS);
177     }
178     IF_ENQUEUE(&ifp->if_snd, m);
179     if ((ifp->if_flags & IFF_OACTIVE) == 0)
180         (*ifp->if_start) (ifp);
181     splx(s);
182     ifp->if_obytes += len + sizeof(struct ether_header);
183     if (m->m_flags & M_MCAST)
184         ifp->if_omcasts++;
185     return (error);

186 bad:
187     if (m)
188         m_freem(m);
189     return (error);
190 }
```
────────────────────────────────────── *if_ethersubr.c*

图4-18 函数ether_output：输出排队

168-185 如果输出队列为空，ether_output丢弃此帧，并返回ENOBUFS。如果输出队列不为空，这个帧放置到接口的发送队列中，并且若接口未激活，接口的if_start函数传输下一帧。
186-190 宏senderr跳到bad，在这里帧被丢弃，并返回一个差错码。

4.3.5 lestart函数

函数lestart从接口输出队列中取出排队的帧，并交给LANCE以太网卡发送。如果设备空闲，调用此函数开始发送帧。ether_output(图4-18)的最后是一个例子，直接通过接口的if_start函数调用lestart。

如果设备忙，当它完成了当前帧的传输时产生一个中断。设备调用lestart来退队并传输下一帧。一旦开始，协议层不再用调用lestart来排队帧，因为驱动程序不断退队并传输帧，直到队列为空为止。

图4-19所示的是函数lestart。lestart假设已调用splimp来阻塞所有设备中断。

―― *if_le.c*
```
325 lestart(ifp)
326 struct ifnet *ifp;
327 {
328     struct le_softc *le = &le_softc[ifp->if_unit];
329     struct letmd *tmd;
330     struct mbuf *m;
331     int     len;

332     if ((le->sc_if.if_flags & IFF_RUNNING) == 0)
333         return (0);

                                /* device-specific code */

335     do {

                                /* device-specific code */

340         IF_DEQUEUE(&le->sc_if.if_snd, m);
341         if (m == 0)
342             return (0);
343         len = leput(le->sc_r2->ler2_tbuf[le->sc_tmd], m);
344         /*
345          * If bpf is listening on this interface, let it
346          * see the packet before we commit it to the wire.
347          */
348         if (ifp->if_bpf)
349             bpf_tap(ifp->if_bpf, le->sc_r2->ler2_tbuf[le->sc_tmd],
350                     len);

                                /* device-specific code */

359     } while (++le->sc_txcnt < LETBUF);
360     le->sc_if.if_flags |= IFF_OACTIVE;
361     return (0);
362 }
```
―― *if_le.c*

图4-19 函数lestart

1. 接口必须初始化

325-333   如果接口没有初始化，lestart立即返回。

2. 将帧从输出队列中退队

335-342   如果接口已初始化，下一帧从队列中移去。如果接口输出队列为空，则lestart
返回。

3. 传输帧并传递给BPF

343-350   leput将m中的帧复制到leput第一个参数所指向的硬件缓存中。如果接口带有
BPF，将帧传给bpf_tap。我们跳过硬件缓存中帧传输的设备专用初始化代码。

4. 如果设备准备好，重复发送多帧

359 当le->sc_txcnt等于LETBUF时，lestart停止给设备传送帧。有些以太网接口能排队多个以太网输出帧。对于LANCE驱动器，LETBUF是此驱动器硬件传输缓存的可用个数，并且le->sc_txcnt保持跟踪有多少个缓存被使用。

5. 将设备标记为忙

360-362 最后，lestart在ifnet结构中设置IFF_OACTIVE来标识这个设备忙于传输帧。

在设备中将多个要传输的帧进行排队有一个负面影响。根据[Jacobson 1998a]，LANCE芯片能够在两个帧间以很小的时延传输排队的帧。不幸的是，有些(差的)以太网设备会丢失帧，因为它们不能足够快地处理输入的数据。

在一个应用如NFS中，这会很糟糕地互相影响。NFS发送大的UDP数据报(经常是超过8192字节)，数据报被IP分片，并在LANCE设备中作为多个以太网帧排队。分片在接收方丢失，当NFS重传整个UDP数据报时，会导致很多未完成的数据报极大的时延。Jacobson提出Sun的LANCE驱动器一次只排队一个帧就可能避免这一问题。

4.4 ioctl系统调用

ioctl系统调用提供一个通用命令接口，一个进程用它来访问一个设备的标准系统调用所不支持的特性。ioctl的原型为：

int ioctl(int *fd*, unsigned long *com*,…);

*fd*是一个描述符，通常是一个设备或网络连接。每种类型的描述符都支持它自己的一套ioctl命令，这套命令由第二个参数com来指定。第三个参数在原型中显示为"..."，因为它是依赖于被调用的ioctl命令的类型的指针。如果命令要取回信息，第三个参数必须是指向一个足够保存数据的缓存的指针。在本书中，我们仅讨论用于插口描述符的ioctl命令。

我们显示的系统调用的原型是一个进程进行系统调用的原型。在第15章中我们会看见在内核中的这个函数还有一个不同的原型。

我们在第17章讨论系统调用ioctl的实现，但在本书的各个部分讨论ioctl单个命令的实现。

我们讨论的第一个ioctl命令提供对讨论过的网络接口结构的访问。我们总结的本书中所有的ioctl命令如图4-20所示。

命 令	第三个参数	函 数	说 明
SIOCGIFCONF	struct ifconf *	ifconf	获取接口配置清单
SIOCGIFFLAGS	struct ifreq *	ifioctl	获得接口标志
SIOCGIFMETRIC	struct ifreq *	ifioctl	获得接口度量
SIOCSIFFLAGS	struct ifreq *	ifioctl	设置接口标志
SIOCSIFMETRIC	struct ifreq *	ifioctl	设置接口度量

图4-20 接口ioctl的命令

第一列显示的符号常量标识ioctl命令(第二个参数，com)。第二列显示传递给第一列所显示的命令的系统调用的第三个参数的类型。第三列是实现这个命令的函数的名称。

图4-21显示处理ioctl命令的各种函数的组织。带阴影的函数我们在本章中说明。其余

的函数在其他章说明。

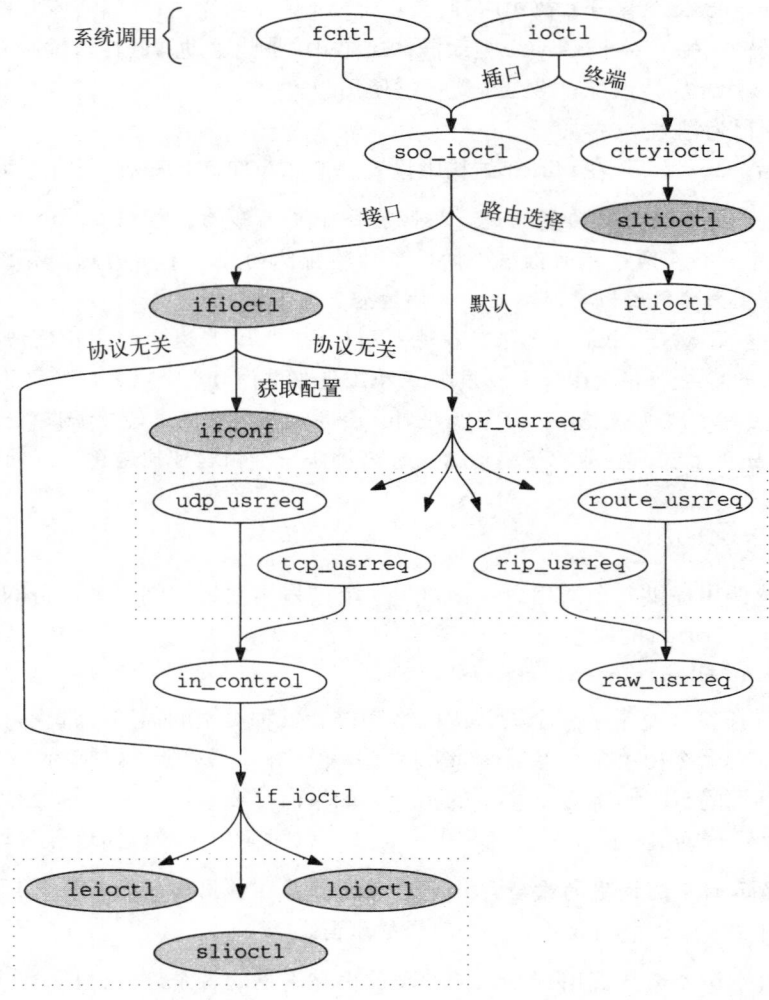

图4-21　在本章说明的ioctl函数

4.4.1　**ifioctl**函数

系统调用ioctl将图4-20所列的5种命令传递给图4-22所示的ifioctl函数。

394-405　对于命令SIOCGIFCONF，ifioctl调用ifconf来构造一个可变长ifreq结构的表。

406-410　对于其他ioctl命令，数据参数是指向一个ifreq结构的指针。ifunit在ifnet列表中查找名称为进程在ifr->ifr_name中提供的文本名称(例如："sl0"，"le1"或"lo0")的接口。如果没有匹配的接口，ifioctl返回ENXIO。剩下的代码依赖于cmd，它们在图4-29中说明。

447-454　如果接口ioctl命令不能被识别，ifioctl把命令发送给与所请求插口关联的协议的用户要求函数。对于IP，这些命令以一个UDP插口发送并调用udp_usrreq。这一类命

令在图6-10中描述。23.10节将详细讨论函数udp_usrreq。

如果控制到达switch语句外，返回0。

```
                                                                    —— if.c
394 int
395 ifioctl(so, cmd, data, p)
396 struct socket *so;
397 int      cmd;
398 caddr_t data;
399 struct proc *p;
400 {
401     struct ifnet *ifp;
402     struct ifreq *ifr;
403     int      error;
404     if (cmd == SIOCGIFCONF)
405         return (ifconf(cmd, data));
406     ifr = (struct ifreq *) data;
407     ifp = ifunit(ifr->ifr_name);
408     if (ifp == 0)
409         return (ENXIO);
410     switch (cmd) {

        /* other interface ioctl commands (Figures 4.29 and 12.11) */

447     default:
448         if (so->so_proto == 0)
449             return (EOPNOTSUPP);
450         return ((*so->so_proto->pr_usrreq) (so, PRU_CONTROL,
451                                         cmd, data, ifp));
452     }
453     return (0);
454 }
                                                                    —— if.c
```
图4-22 函数ifioctl：综述与SIOCGIFCONF

4.4.2 ifconf函数

ifconf为进程提供一个标准的方法来发现一个系统中的接口和配置的地址。由结构ifreq和ifconf表示的接口信息如图4-23和图4-24所示。

262-279 一个ifreq结构包含在ifr_name中一个接口的名称。在联合中的其他成员被各种ioctl命令访问。通常，用宏来简化对联合的成员的访问语法。

292-300 在结构ifconf中，ifc_len是ifc_buf指向的缓存的字节数。这个缓存由一个进程分配，但由ifconf用一个具有可变长ifreq结构的数组来填充。对于函数ifconf，ifr_addr是结构ifreq中联合的相关成员。每个ifreq结构有一个可变长度，因为ifr_addr(一个sockaddr结构)的长度根据地址的类型而变。必须用结构sockaddr的成员sa_len来定位每项的结束。图4-25说明了ifconf所维护的数据结构。

在图4-25中，左边的数据在内核中，而右边的数据在一个进程中。我们用这个图来讨论图4-26中所示的ifconf函数。

462-474 ifconf的两个参数是：cmd，它被忽略；data，它指向此进程指定的ifconf结构的一个副本。

```
262 struct  ifreq {
263 #define IFNAMSIZ      16
264     char    ifr_name[IFNAMSIZ];                      /* if name, e.g. "en0" */
265     union {
266         struct  sockaddr ifru_addr;
267         struct  sockaddr ifru_dstaddr;
268         struct  sockaddr ifru_broadaddr;
269         short   ifru_flags;
270         int ifru_metric;
271         caddr_t ifru_data;
272     } ifr_ifru;
273 #define ifr_addr    ifr_ifru.ifru_addr          /* address */
274 #define ifr_dstaddr ifr_ifru.ifru_dstaddr       /* other end of p-to-p link */
275 #define ifr_broadaddr   ifr_ifru.ifru_broadaddr /* broadcast address */
276 #define ifr_flags   ifr_ifru.ifru_flags         /* flags */
277 #define ifr_metric  ifr_ifru.ifru_metric        /* metric */
278 #define ifr_data    ifr_ifru.ifru_data          /* for use by interface */
279 };
```
——— if.h

图4-23 结构ifreq

—— if.h
```
292 struct  ifconf {
293     int ifc_len;                        /* size of associated buffer */
294     union {
295         caddr_t ifcu_buf;
296         struct  ifreq *ifcu_req;
297     } ifc_ifcu;
298 #define ifc_buf ifc_ifcu.ifcu_buf   /* buffer address */
299 #define ifc_req ifc_ifcu.ifcu_req   /* array of structures returned */
300 };
```
——— if.h

图4-24 结构ifconf

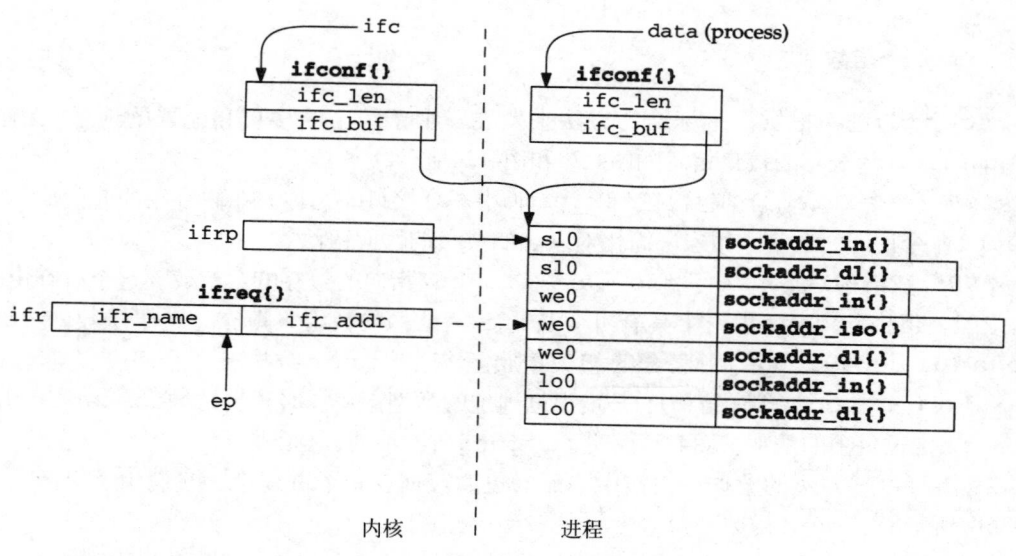

图4-25 ifconf数据结构

—— *if.c*
```
462  int
463  ifconf(cmd, data)
464  int     cmd;
465  caddr_t data;
466  {
467      struct ifconf *ifc = (struct ifconf *) data;
468      struct ifnet *ifp = ifnet;
469      struct ifaddr *ifa;
470      char    *cp, *ep;
471      struct ifreq ifr, *ifrp;
472      int     space = ifc->ifc_len, error = 0;
473      ifrp = ifc->ifc_req;
474      ep = ifr.ifr_name + sizeof(ifr.ifr_name) - 2;

475      for (; space > sizeof(ifr) && ifp; ifp = ifp->if_next) {
476          strncpy(ifr.ifr_name, ifp->if_name, sizeof(ifr.ifr_name) - 2);
477          for (cp = ifr.ifr_name; cp < ep && *cp; cp++)
478              continue;
479          *cp++ = '0' + ifp->if_unit;
480          *cp = '\0';
481          if ((ifa = ifp->if_addrlist) == 0) {
482              bzero((caddr_t) & ifr.ifr_addr, sizeof(ifr.ifr_addr));
483              error = copyout((caddr_t) & ifr, (caddr_t) ifrp,
484                          sizeof(ifr));
485              if (error)
486                  break;
487              space -= sizeof(ifr), ifrp++;
488          } else
489              for (; space > sizeof(ifr) && ifa; ifa = ifa->ifa_next) {
490                  struct sockaddr *sa = ifa->ifa_addr;
491                  if (sa->sa_len <= sizeof(*sa)) {
492                      ifr.ifr_addr = *sa;
493                      error = copyout((caddr_t) & ifr, (caddr_t) ifrp,
494                                  sizeof(ifr));
495                      ifrp++;
496                  } else {
497                      space -= sa->sa_len - sizeof(*sa);
498                      if (space < sizeof(ifr))
499                          break;
500                      error = copyout((caddr_t) & ifr, (caddr_t) ifrp,
501                                  sizeof(ifr.ifr_name));
502                      if (error == 0)
503                          error = copyout((caddr_t) sa,
504                                  (caddr_t) & ifrp->ifr_addr, sa->sa_len);
505                      ifrp = (struct ifreq *)
506                          (sa->sa_len + (caddr_t) & ifrp->ifr_addr);
507                  }
508                  if (error)
509                      break;
510                  space -= sizeof(ifr);
511              }
512      }
513      ifc->ifc_len -= space;
514      return (error);
515  }
```
—— *if.c*

图4-26 函数ifconf

ifc是强制为一个ifconf结构指针的data。ifp从ifnet（列表头）开始遍历接口列表，而ifa遍历每个接口的地址列表。cp和ep控制构造在ifr中的接口文本名称，ifr是一个ifreq结构，它在接口名称和地址复制到进程的缓存前保存接口名称和地址。ifrq指向这个缓存，并且在每个地址被复制后指向下一个。space是进程缓存中剩余字节的个数，cp用来搜寻名称的结尾，而ep标志接口名称数字部分最后的可能位置。

475-488 for循环遍历接口列表。对于每个接口，文本名称被复制到ifr_name，在ifr_name的后面跟着if_unit数的文本表示。如果没有给接口分配地址，一个全0的地址被构造，所得的ifreq结构被复制到进程中，并减小space，增加ifrp。

489-515 如果接口有一个或多个地址，用for循环来处理每个地址。地址加到ifr中的接口名称中，然后ifr被复制到进程中。长度超过标准sockaddr结构的地址不放到ifr中，并且直接复制到进程。在复制完每个地址后，调整space和ifrp的值。所有接口处理完后，更新缓存长度(ifc->ifc_len)，并且ifconf返回。系统调用ioctl负责将结构ifconf中新的内容复制回进程中的结构ifconf。

4.4.3 举例

图4-27显示了以太网、SLIP和环回接口被初始化后的接口结构的配置。

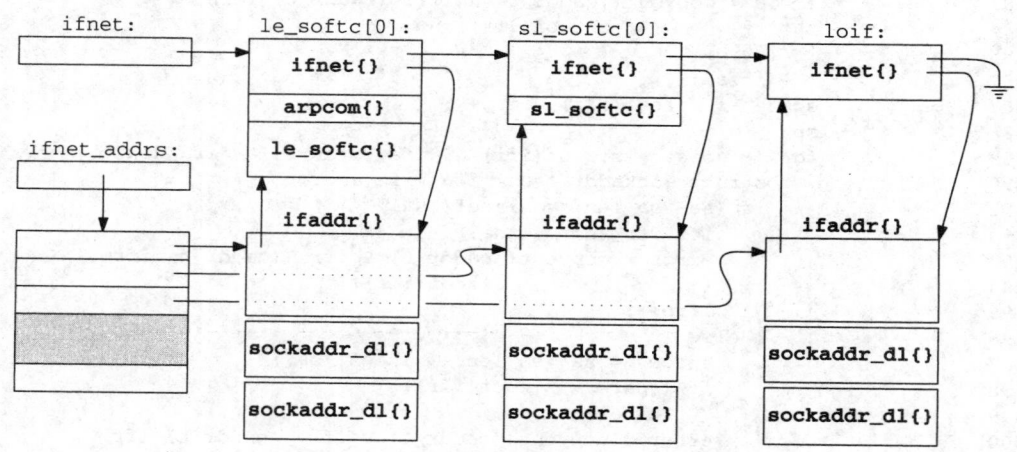

图4-27 接口和地址数据结构

图4-28显示了以下代码执行后的ifc和buffer的内容。

```
struct ifconf ifc;      /* SIOCGIFCONF adjusts this */
char buffer[144];       /* contains interface addresses when ioctl returns */
int s;                  /* any socket */

ifc.ifc_len = 144;
ifc.ifc_buf = buffer;
if (ioctl(s, SIOCGIFCONF, &ifc) < 0 ) {
    perror("ioctl failed");
    exit(1);
}
```

这里对命令SIOCGIFCONF操作的插口的类型没有限制，如我们所看到的，这个命令返回所有协议族类的地址。

在图4-28中，因为在缓存中返回的三个地址仅占用108 (3×36)字节，ioctl将ifc_len

由144改为108。返回三个sockaddr_dl地址，并且这个缓存后面的36字节未用。每项的前16个字节包含接口的文本名称。在这里，这16字节中只有3个字节被使用。

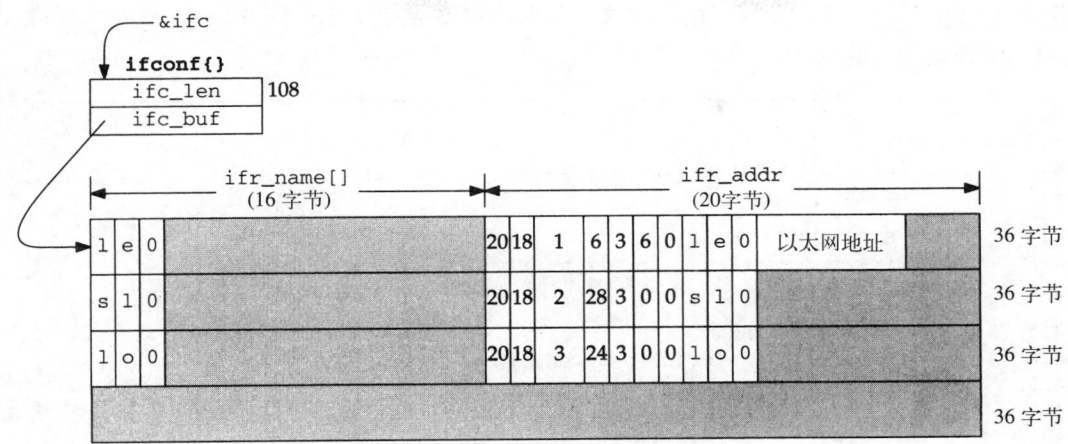

图4-28 SIOCGIFCONF命令返回的数据

ifr_addr为一个sockaddr结构的形式，因此第一个值为长度（20字节），且第二个值为地址的类型(18, AF_LINK)。接下来的一个值为sdl_index，与sdl_type一样，对于每个接口，它是不同的(与IFT_ETHER、IFT_SLIP和IFT_LOOP相对应的值为6、28和24)。

下面三个值为sa_nlen(文本名称的长度)、sa_alen(硬件地址的长度)及sa_slen(未用)。对于所有三项，sa_nlen都为3。以太网地址的sa_alen为6，而SLIP和环回接口的sa_alen为0。sa_slen总是为0。

最后，是接口的文本名称，其后面是硬件地址(仅对于以太网)。SLIP和环回接口在sockaddr_dl结构中不存放一个硬件级地址。

在此例中，仅返回sockaddr_dl地址(因为在图4-27中没有配置其他地址类型)，因此缓存中的每项大小一样。如果为每个接口配置其他地址(例如：IP或OSI地址)，它们会同sockaddr_dl地址一起返回，并且每项的大小根据返回的地址类型的不同而不同。

4.4.4 通用接口ioctl命令

图4-20中剩下的四个接口命令(SIOCGIFFLAGS、SIOCGIFMETRIC、SIOCSIFFLAGS和SIOCSIFMETRIC)由函数ifioctl处理。图4-29所示的是处理这些命令的case语句。

1. SIOCGIFFLAGS和SIOCGIFMETRIC

410-416 对于两个SIOCG*xxx*命令，ifioctl将每个接口的if_flags或if_metric值复制到ifreq结构中。对于标志，使用联合的成员ifr_flags；而对于度量，使用成员ifr_metric (图4-23)。

2. SIOCSIFFLAGS

417-429 为改变接口的标志，调用进程必须有超级用户权限。如果进程正在关闭一个运行的接口或启动一个未运行的接口，分别调用if_down和if_up。

3. 忽略标志IFF_CANTCHAGE

430-434 回忆图3-7，有些接口标志不能被进程改变。表达式(ifp->if_flags &

IFF_CANTCHANGE)清除能被进程改变的接口标志，而表达式(ifr->ifr_flags & ~
IFF_CANTCHANGE)清除在请求中不被进程改变的标志。这两个表达式进行或运算并作为新
值保存在ifp->if_flags中。在返回前，请求被传递给与设备相关联的if_ioctl函数(例
如：LANCE驱动器的leioctl——图4-31)。

```
                                                                          if.c
410    switch (cmd) {
411    case SIOCGIFFLAGS:
412        ifr->ifr_flags = ifp->if_flags;
413        break;

414    case SIOCGIFMETRIC:
415        ifr->ifr_metric = ifp->if_metric;
416        break;

417    case SIOCSIFFLAGS:
418        if (error = suser(p->p_ucred, &p->p_acflag))
419            return (error);
420        if (ifp->if_flags & IFF_UP && (ifr->ifr_flags & IFF_UP) == 0) {
421            int     s = splimp();
422            if_down(ifp);
423            splx(s);
424        }
425        if (ifr->ifr_flags & IFF_UP && (ifp->if_flags & IFF_UP) == 0) {
426            int     s = splimp();
427            if_up(ifp);
428            splx(s);
429        }
430        ifp->if_flags = (ifp->if_flags & IFF_CANTCHANGE) |
431            (ifr->ifr_flags & ~IFF_CANTCHANGE);
432        if (ifp->if_ioctl)
433            (void) (*ifp->if_ioctl) (ifp, cmd, data);
434        break;

435    case SIOCSIFMETRIC:
436        if (error = suser(p->p_ucred, &p->p_acflag))
437            return (error);
438        ifp->if_metric = ifr->ifr_metric;
439        break;
                                                                          if.c
```

图4-29 函数ifioctl：标志和度量

4. SIOCSIFMETRIC
435-439 改变接口的度量要容易些；进程同样要有超级用户权限，ifioctl将接口新的度
量复制到if_metric中。

4.4.5 `if_down`和`if_up`函数

利用程序ifconfig，一个管理员可以通过命令SIOCSIFFLAGS设置或清除标志
IFF_UP来启用或禁用一个接口。图4-30显示了函数if_down和if_up的代码。
292-302 当一个接口被关闭时，IFF_UP标志被清除并且对与接口关联的每个地址用
pfctlinput(7.7节)发送命令PRC_IFDOWN。这给每个协议一个机会来响应被关闭的接口。
有些协议，如OSI，要使用接口来终止连接。对于IP，如果可能，要通过其他接口为连接进行
重新路由。TCP和UDP忽略失效的接口，并依赖路由协议去发现分组的可选路径。

if_qflush忽略接口的任何排队分组。rt_ifmsg通知路由系统发生的变化。TCP自动重传丢失的分组；UDP应用必须自己显式地检测这种情况，并对此做出响应。

308-315 当一个接口被启用时，IFF_UP标志被设置，并且rt_ifmsg通知路由系统接口状态发生变化。

```
──────────────────────────────────────────────────────────── if.c
292 void
293 if_down(ifp)
294 struct ifnet *ifp;
295 {
296     struct ifaddr *ifa;

297     ifp->if_flags &= ~IFF_UP;
298     for (ifa = ifp->if_addrlist; ifa; ifa = ifa->ifa_next)
299         pfctlinput(PRC_IFDOWN, ifa->ifa_addr);
300     if_qflush(&ifp->if_snd);
301     rt_ifmsg(ifp);
302 }

308 void
309 if_up(ifp)
310 struct ifnet *ifp;
311 {
312     struct ifaddr *ifa;

313     ifp->if_flags |= IFF_UP;
314     rt_ifmsg(ifp);
315 }
──────────────────────────────────────────────────────────── if.c
```

图4-30 函数if_down和if_up

4.4.6 以太网、SLIP和环回

我们看图4-29中处理SIOCSIFFLAGS命令的代码，ifioctl调用接口的if_ioctl函数。在我们的三个例子接口中，函数slioctl和loioctl为这个被ifioctl忽略的命令返回EINVAL。图4-31显示了函数leioctl及LANCE以太网驱动程序的SIOCSIFFLAGS命令的处理。

```
──────────────────────────────────────────────────────────── if_le.c
614 leioctl(ifp, cmd, data)
615 struct ifnet *ifp;
616 int      cmd;
617 caddr_t data;
618 {
619     struct ifaddr *ifa = (struct ifaddr *) data;
620     struct le_softc *le = &le_softc[ifp->if_unit];
621     struct lereg1 *ler1 = le->sc_r1;
622     int      s = splimp(), error = 0;

623     switch (cmd) {

                    /* SIOCSIFADDR code (Figure 6.28) */

638     case SIOCSIFFLAGS:
```

图4-31 函数leioctl：SIOCSIFFLAGS

```
639          if ((ifp->if_flags & IFF_UP) == 0 &&
640              ifp->if_flags & IFF_RUNNING) {
641              LERDWR(le->sc_r0, LE_STOP, ler1->ler1_rdp);
642              ifp->if_flags &= ~IFF_RUNNING;
643          } else if (ifp->if_flags & IFF_UP &&
644                   (ifp->if_flags & IFF_RUNNING) == 0)
645              leinit(ifp->if_unit);
646          /*
647           * If the state of the promiscuous bit changes, the interface
648           * must be reset to effect the change.
649           */
650          if ((((ifp->if_flags ^ le->sc_iflags) & IFF_PROMISC) &&
651              (ifp->if_flags & IFF_RUNNING)) {
652              le->sc_iflags = ifp->if_flags;
653              lereset(ifp->if_unit);
654              lestart(ifp);
655          }
656          break;

            /* SIOCADDMULTI and SIOCDELMULTI code (Figure 12.31) */

672      default:
673          error = EINVAL;
674      }
675      splx(s);
676      return (error);
677  }
```
──────────────────────────────────── if_le.c

图4-31 （续）

614-623 leioctl把第三个参数data转换为一个ifaddr结构的指针，并保存在ifa中。le指针引用下标为ifp->if_unit的le_softc结构。基于cmd的switch语句构成了这个函数的主体。

638-656 在图4-31中仅显示了case SIOCSIFFLAGS。这次ifioctl调用leioctl，接口标志被改变。显示的代码强制物理接口进入标志所配置的状态。如果要关闭接口(没有设置IFF_UP)，但接口正在工作，则关闭接口。若要启动未操作的接口，接口被初始化并重启。

如果混淆比特被改变，那么就关闭接口，复位，并重启来实现这种变化。

仅当要求改变IFF_PROMISC比特时包含异或和IFF_PROMISC的表达式才为真。

672-677 处理未识别命令的default情况分支发送EINVAL，并在函数的结尾将它返回。

4.5 小结

在本章中，我们说明了LANCE以太网设备驱动程序的实现，这个驱动程序在全书中多处引用。我们还看到了以太网驱动程序如何检测输入中的广播地址和多播地址，如何检测以太网和802.3封装，以及如何将输入的帧分用到相应的协议队列中。在第21章中我们会看到IP地址(单播、广播和多播)是如何在输出转换成正确的以太网地址。

最后，我们讨论了协议专用的ioctl命令，它用来访问接口层数据结构。

习题

4.1 在leread中，当接收到一个广播分组时，总是设置标志M_MCAST(除了M_BCAST外)。与ether_input的代码比较，为什么在leread和ether_input中设置此标志？它至关重要吗？哪个正确？

4.2 在ether_input(图4-13)中，如果交换广播地址和多播地址检测次序会发生什么情况？如果在检测多播地址的if语句前加上一个else会发生什么情况？

第5章 接口：SLIP和环回

5.1 引言

在第4章中，我们查看了以太网接口。在本章中，我们讨论SLIP和环回接口，同样用ioctl命令来配置所有网络接口。SLIP驱动程序使用的TCP压缩算法在29.13节讨论。环回驱动程序比较简单，在这里我们要对它进行完整地讨论。

像图4-2一样，图5-1列出了针对我们三个示例驱动程序的入口点。

ifnet	以 太 网	SLIP	环 回	说 明
if_init	leinit			初始化硬件
if_output	ether_output	sloutput	looutput	接收并将要传输的分组进行排队
if_start	lestart			开始传输帧
if_done				输出完成(未用)
if_ioctl	leioctl	slioctl	loioctl	从一个进程处理ioctl命令
if_reset	lereset			将设备重新设置为一已知状态
if_watchdog				监视设备的故障或采集统计信息

图5-1 例子驱动程序的接口函数

5.2 代码介绍

SLIP和环回驱动程序的代码文件列于图5-2中。

文 件	说 明
net/if_slvar.h	SLIP定义
net/if_sl.c	SLIP驱动程序函数
net/if_loop.c	环回驱动程序

图5-2 本章讨论的文件

5.2.1 全局变量

在本章讨论SLIP和环回接口结构。全局变量见图5-3。

变 量	数据类型	说 明
sl_softc	struct sl_softc []	SLIP接口
loif	struct ifnet	环回接口

图5-3 本章中介绍的全局变量

sl_softc是一个数组，因为可能有很多SLIP接口。loif不是一个数组，因为只可能有一个环回接口。

5.2.2 统计量

在第4章讨论的ifnet结构的统计也会被SLIP和环回驱动程序更新。采集的另一个统计量
(它不在ifnet结构中)显示在图5-4中。

变　量	说　　明	被SNMP使用
tk_nin	被任何串行接口(被SLIP驱动程序更新)接收的字节数	

图5-4 变量tk_nin

5.3 SLIP接口

一个SLIP接口通过一个标准的异步串行线与一个远程系统通信。像以太网一样，SLIP定
义了一个标准的方法对传输在串行线上的IP分组进行组帧。图5-5显示了将一个包含SLIP保留
字符的IP分组封装到一个SLIP帧中。

分组用SLIP END字符0xc0来分割开。如果END字符出现在IP分组中，则在它前面填充
SLIP ESC字符0xdb，并且在传输时将它替换为0xdc。当ESC字符出现在IP分组中时，就在
它前面填充ESC字符0xdb，并在传输时将它替换为0xdd。

因为在SLIP帧(与以太网比较)中没有类型字段，SLIP仅适用于传输IP分组。

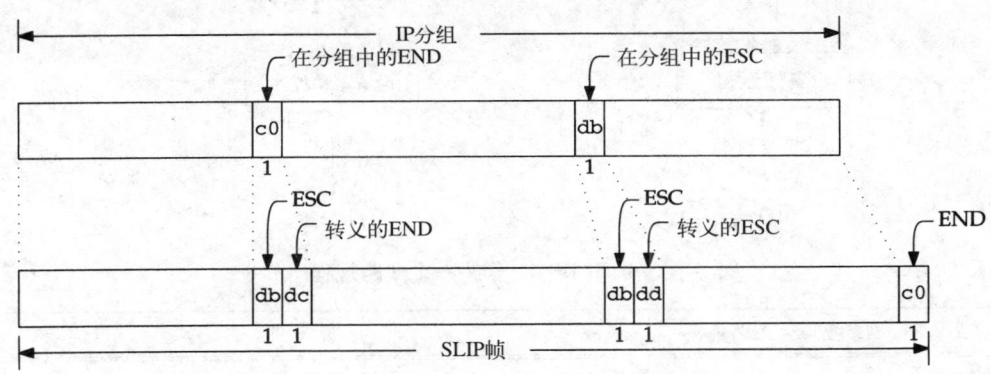

图5-5 将一个IP分组进行SLIP封装

在RFC 1055 [Romkey 1988]中讨论了SLIP，陈述了它的很多弱点和非标准情况。
卷1中包含了SLIP封装的详细讨论。

点对点协议(PPP)被设计用来解决SLIP的问题，并提供一个标准方法来通过一个
串行链路传输帧。PPP在RFC 1332 [McGregor 1992]和RFC 1548 [Simpson 1993]中定
义。Net/3不包含一个PPP的实现，因此我们不在本书中讨论它。关于PPP的更多信息
见卷1的2.6节。附录B讨论在哪里获得一个PPP实现的参考。

5.3.1 SLIP线路规程：**SLIPDISC**

在Net/3中，SLIP接口依靠一个异步串行设备驱动器来发送和接收数据。传统上，这些设
备驱动器称为TTY(电传机)。Net/3 TTY子系统包括一个线路规程的概念，这个线路规程作为
一个在物理设备和I/O系统调用(如read和write)之间的过滤器。一个线路规程实现以下特性：

如行编辑、换行和回车处理、制表符扩展等等。SLIP接口作为TTY子系统的一个线路规程，但它不把输入数据传给从设备读数据的进程，也不接受来自向设备写数据的进程的输出数据。SLIP接口将输入分组传给IP输入队列，并通过SLIP的ifnet结构中的函数if_output来获得要输出的分组。内核通过一个整数常量来标识线路规程，对于SLIP，该常量是SLIPDISC。

图5-6左边显示的是传统的线路规程，右边是SLIP规程。我们在右边用slattach显示进程，因为它是初始化SLIP接口的程序。TTY子系统和线路规程的细节超出了本书的范围。我们仅介绍理解SLIP代码工作的相关信息。对于更多关于TTY子系统的信息见[Leffler et al. 1989]。图5-7列出了实现SLIP驱动程序的函数。中间的列指示函数是否实现线路规程特性和(或)网络接口特性。

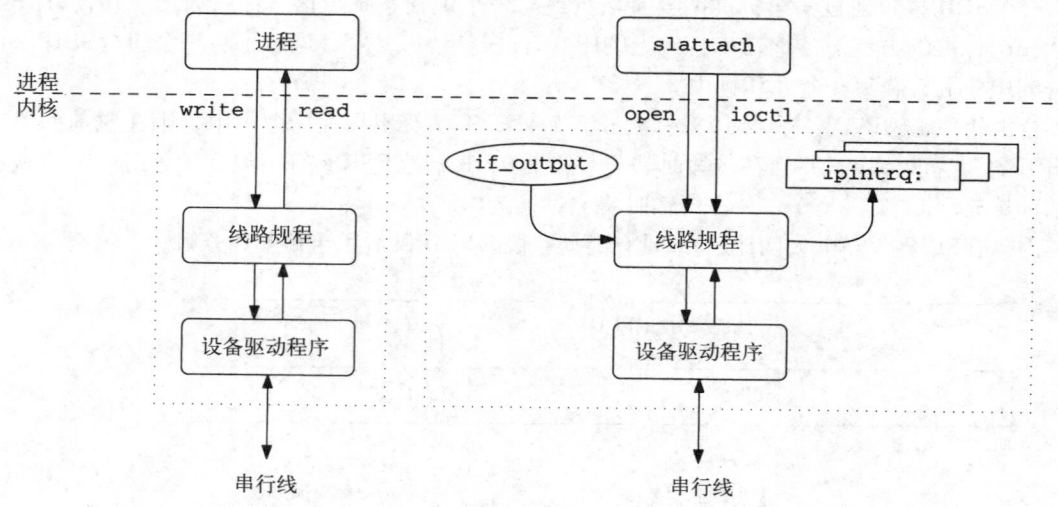

图5-6   SLIP接口作为一个线路规程

函　　数	网络接口	线路规程	说　　　明
slattach slinit sloutput slioctl sl_btom	● ● ● ● ●		初始化sl_softc结构，并将它连接到ifnet列表 初始化SLIP数据结构 对相关TTY设备上要传输的输出分组进行排队 处理插口ioctl请求 将一个设备缓存转换成一个mbuf链表
slopen slclose sltioctl		● ● ●	将sl_softc结构连接到TTY设备，并初始化驱动程序 取消TTY设备与sl_softc结构的连接，标记接口为关闭，并释放存储器 处理TTY ioctl命令
slstart slinput	● ●	● ●	从队列中取分组，并开始在TTY设备上传输数据 处理从TTY设备输入的字节，如果整个帧被接收，就排列输入的分组

图5-7   SLIP设备驱动程序的函数

在Net/3中的SLIP驱动程序通过支持TCP分组首部压缩来得到更好的吞吐量。我们在29.13节讨论分组首部压缩，因此，图5-7跳过实现这些特性的函数。

Net/3 SLIP接口还支持一种转义序列。当接收方检测到这个序列时，就终止SLIP

的处理，并将对设备的控制返回给标准线路规程。我们这里的讨论忽略这个处理。

图5-8显示了作为一个线路规程的SLIP和作为一个网络接口的SLIP间的复杂关系。

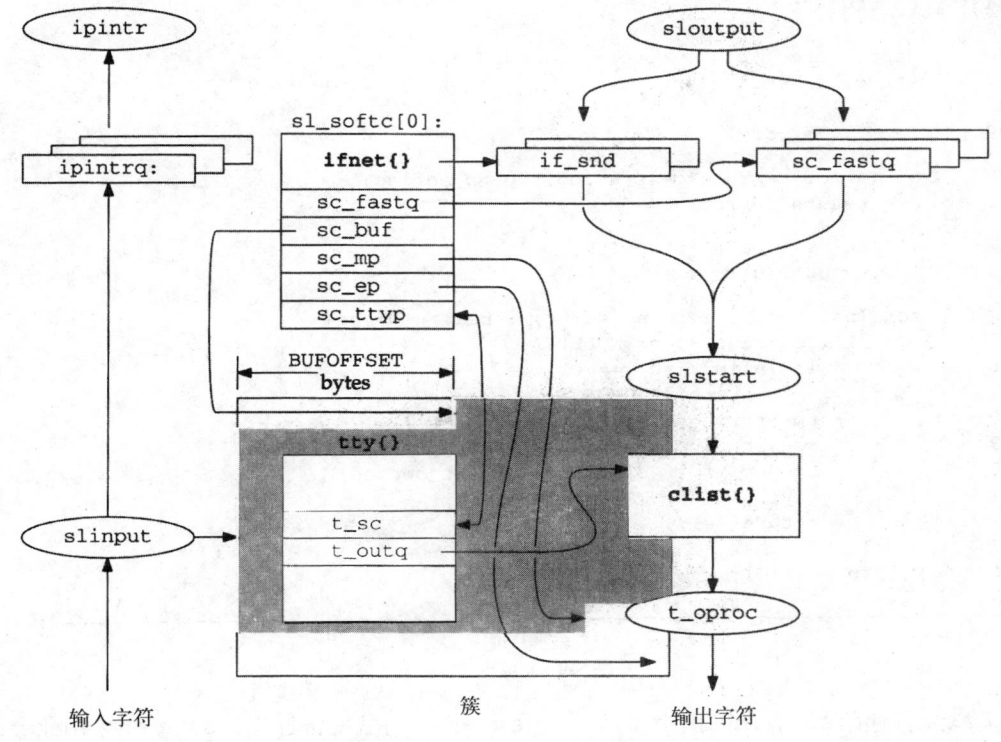

图5-8　SLIP设备驱动程序

　　在Net/3中，sc_ttyp和t_sc指向tty结构和sl_softc[0]结构。由于使用两个箭头会使图显得较乱，我们用一对相反的箭头表示两个指针来说明结构间的双链。

在图5-8中包含很多信息：
- 结构sl_softc表示的网络接口和结构tty表示的TTY设备。
- 输入字节存放在簇中(显示在结构tyy后面)。当一个完整的SLIP帧被接收时，封装的IP分组被slinput放到ipintrq中。
- 输出分组从if_snd或sc_fastq退队，转换成SLIP帧，并被slstart传给TTY设备。TTY缓存将字节输出到结构clist。函数t_oproc取完，并传输在clist结构中的字节。

5.3.2　SLIP初始化：slopen和slinit

　　我们在3.7节讨论了slattach是如何初始化sl_softc结构的。接口虽然被初始化，但还不能操作，直到一个程序(通常是slattach)打开一个TTY设备(例如：/dev/tty01)，并发送一个ioctl命令用SLIP规程代替标准的线路规程才能操作。这时，TTY子系统调用线路规程的打开函数(在此是slopen)，此函数在一个特定TTY设备和一个特定SLIP接口间建立关联。slopen显示在图5-9中。

```
                                                                    ── if_sl.c
181  int
182  slopen(dev, tp)
183  dev_t    dev;
184  struct tty *tp;
185  {
186      struct proc *p = curproc;    /* XXX */
187      struct sl_softc *sc;
188      int    nsl;
189      int     error;

190      if (error = suser(p->p_ucred, &p->p_acflag))
191          return (error);

192      if (tp->t_line == SLIPDISC)
193          return (0);

194      for (nsl = NSL, sc = sl_softc; --nsl >= 0; sc++)
195          if (sc->sc_ttyp == NULL) {
196              if (slinit(sc) == 0)
197                  return (ENOBUFS);
198              tp->t_sc = (caddr_t) sc;
199              sc->sc_ttyp = tp;
200              sc->sc_if.if_baudrate = tp->t_ospeed;
201              ttyflush(tp, FREAD | FWRITE);
202              return (0);
203          }
204      return (ENXIO);
205  }
                                                                    ── if_sl.c
```

图5-9　函数slopen

181-193　传递给slopen的两个参数为：dev，一个内核设备标识，slopen未用此参数；tp，一个指向此TTY设备相关tty结构的指针。最开始是一些预防处理：若进程没有超级用户权限，或TTY的线路规程已经被设置为SLIPDISC，则slopen立即返回。

194-205　for循环在sl_softc结构数组中查找第一个未用的项，调用slinit (5.10节)，通过t_sc和sc_ttyp加进结构tty和sl_softc，并将TTY输出速率(t_ospeed)复制到SLIP接口。ttyflush丢弃任何在TTY队列中追加的输入输出数据。如果一个SLIP接口结构不可用，slopen返回ENXIO。若成功，返回0。

注意，第一个变量sl_softc结构与TTY设备相关。如果系统有多个SLIP线路，在TTY设备和SLIP接口间不需要固定的映射。实际上，这个映射依赖于slattach打开和关闭TTY设备的次序。

显示在图5-10中的函数slinit初始化结构sl_softc。

156-175　函数slinit分配一个mbuf簇，并将它用三个指针连接到结构sl_softc。当一个完整的SLIP帧被接收后，输入字节存储在这个簇中。sc_buf总是指向簇中的这个分组的起始位置，sc_mp指向要接收的下一个字节的位置，并且sc_ep指向这个簇的结束。sl_compress_init为此链路初始化TCP首部的压缩状态(29.13节)。

在图5-8中，我们看到sc_buf不指向簇的第一个字节。slinit保留了148字节(BUFOFFSET)的空间，因为输入分组可能含有一个压缩了的首部，它会扩展来填充这个空间。在簇中已接收的字节用阴影表示。我们看到sc_mp指向接收的最后一个字节的下一个字节，并且sc_ep指向这个簇的结尾。图5-11显示了在几个SLIP常量间的关系。

　　使这个接口能运行，剩下的要做的工作就是给它分配一个IP地址。同以太网驱动程序一样，我们将地址分配的讨论推迟到6.6节。

```
                                                               ———————— if_sl.c
156 static int
157 slinit(sc)
158 struct sl_softc *sc;
159 {
160     caddr_t p;

161     if (sc->sc_ep == (u_char *) 0) {
162         MCLALLOC(p, M_WAIT);
163         if (p)
164             sc->sc_ep = (u_char *) p + SLBUFSIZE;
165         else {
166             printf("sl%d: can't allocate buffer\n", sc - sl_softc);
167             sc->sc_if.if_flags &= ~IFF_UP;
168             return (0);
169         }
170     }
171     sc->sc_buf = sc->sc_ep - SLMAX;
172     sc->sc_mp = sc->sc_buf;
173     sl_compress_init(&sc->sc_comp);
174     return (1);
175 }
                                                               ———————— if_sl.c
```

图5-10 函数slinit

常　量	值	说　明
MCLBYTES	2048	一个mbuf簇的大小
SLBUFSIZE	2048	一个未压缩的SLIP分组的最大长度——包括一个BPF首部
SLIP_HDRLEN	16	SLIP BPF首部的大小
BUFOFFSET	148	一个扩展的TCP/IP首部的最大长度加上一个BPF首部的大小
SLMAX	1900	一个存储在簇中的压缩SLIP分组的最大长度
SLMTU	296	SLIP分组的最佳长度；导致最小的时延，同时还有较高的批量吞吐量
SLIP_HIWAT	100	在TTY输出队列中排队的最大字节数
	BUFOFFSET+SLMAX=SLBUFSIZE=MCLBYTES	

图5-11 SLIP常量

5.3.3 SLIP输入处理：slinput

　　TTY设备驱动程序每次调用slinput，都将输入字符传给SLIP线路规程。图5-12显示了函数slinput，但跳过了帧结束的处理，对于它我们分开讨论。

527-545 传递给slinput的参数为：c，下一个输入字符；tp，一个指向设备tty结构的指针。全局整数tk_nin计算所有TTY设备的输入字符数。slinput将tp->t_sc转换成sc，sc是指向一个sl_softc结构的指针。如果这个TTY设备没有相关联的接口，slinput立即返回。

　　slinput的第一个参数是一个整数。除了接收的字符，c还包含从TTY设备驱动程序以高位在前的比特序发送的控制字符。如果在c中指示了一个差错，或调制解调器控制线禁用并且不应该被忽略，则SC_ERROR被置位，并且slinput返回。之后，当slinput处理END字符时，此帧被丢弃。标志CLOCAL指示系统应该把这个线路视为一个本地线路(即不是一个拨号线路)，并且不应该看到调制解调器的控制信号。

—— *if_sl.c*

```
527 void
528 slinput(c, tp)
529 int      c;
530 struct tty *tp;
531 {
532     struct sl_softc *sc;
533     struct mbuf *m;
534     int     len;
535     int     s;
536     u_char  chdr[CHDR_LEN];

537     tk_nin++;
538     sc = (struct sl_softc *) tp->t_sc;
539     if (sc == NULL)
540         return;
541     if (c & TTY_ERRORMASK || ((tp->t_state & TS_CARR_ON) == 0 &&
542                             (tp->t_cflag & CLOCAL) == 0)) {
543         sc->sc_flags |= SC_ERROR;
544         return;
545     }
546     c &= TTY_CHARMASK;

547     ++sc->sc_if.if_ibytes;

548     switch (c) {

549     case TRANS_FRAME_ESCAPE:
550         if (sc->sc_escape)
551             c = FRAME_ESCAPE;
552         break;
553     case TRANS_FRAME_END:
554         if (sc->sc_escape)
555             c = FRAME_END;
556         break;

557     case FRAME_ESCAPE:
558         sc->sc_escape = 1;
559         return;

560     case FRAME_END:


                        /* FRAME_END code (Figure 5.13) */


636     }
637     if (sc->sc_mp < sc->sc_ep) {
638         *sc->sc_mp++ = c;
639         sc->sc_escape = 0;
640         return;
641     }
642     /* can't put lower; would miss an extra frame */
643     sc->sc_flags |= SC_ERROR;

644   error:
645     sc->sc_if.if_ierrors++;
646   newpack:
647     sc->sc_mp = sc->sc_buf = sc->sc_ep - SLMAX;
648     sc->sc_escape = 0;
649 }
```

—— *if_sl.c*

图5-12 函数slinput

546-636   slinput丢弃c中的控制比特，并用TTY_CHARMASK来屏蔽掉，更新接口上接收字节数的计数，同时跳过接收到的字符：

- 如果c是一个转义的ESC字符，并且前一字符为ESC，则slinput用一个ESC字符替代c。
- 如果c是一个转义的END字符，并且前一字符为ESC，则slinput用一个END字符代替c。
- 如果c是SLIP ESC字符，则将sc_escape置位，并且slinput立即返回（即，ESC字符被丢弃）。
- 如果c是SLIP END字符，则将分组放到IP输入队列。处理SLIP帧结束字符的代码显示在图5-13中。

—————————————————————————————— if_sl.c

```
560     case FRAME_END:
561         if (sc->sc_flags & SC_ERROR) {
562             sc->sc_flags &= ~SC_ERROR;
563             goto newpack;
564         }
565         len = sc->sc_mp - sc->sc_buf;
566         if (len < 3)
567             /* less than min length packet - ignore */
568             goto newpack;

569         if (sc->sc_bpf) {
570             /*
571              * Save the compressed header, so we
572              * can tack it on later.  Note that we
573              * will end up copying garbage in some
574              * cases but this is okay.  We remember
575              * where the buffer started so we can
576              * compute the new header length.
577              */
578             bcopy(sc->sc_buf, chdr, CHDR_LEN);
579         }
580         if ((c = (*sc->sc_buf & 0xf0)) != (IPVERSION << 4)) {
581             if (c & 0x80)
582                 c = TYPE_COMPRESSED_TCP;
583             else if (c == TYPE_UNCOMPRESSED_TCP)
584                 *sc->sc_buf &= 0x4f;     /* XXX */
585             /*
586              * We've got something that's not an IP packet.
587              * If compression is enabled, try to decompress it.
588              * Otherwise, if auto-enable compression is on and
589              * it's a reasonable packet, decompress it and then
590              * enable compression.  Otherwise, drop it.
591              */
592             if (sc->sc_if.if_flags & SC_COMPRESS) {
593                 len = sl_uncompress_tcp(&sc->sc_buf, len,
594                                 (u_int) c, &sc->sc_comp);
595                 if (len <= 0)
596                     goto error;
597             } else if ((sc->sc_if.if_flags & SC_AUTOCOMP) &&
598                     c == TYPE_UNCOMPRESSED_TCP && len >= 40) {
599                 len = sl_uncompress_tcp(&sc->sc_buf, len,
600                                 (u_int) c, &sc->sc_comp);
601                 if (len <= 0)
602                     goto error;
603                 sc->sc_if.if_flags |= SC_COMPRESS;
604             } else
```

图5-13 函数slinput：帧结束处理

```
605                    goto error;
606            }
607            if (sc->sc_bpf) {
608                    /*
609                     * Put the SLIP pseudo-"link header" in place.
610                     * We couldn't do this any earlier since
611                     * decompression probably moved the buffer
612                     * pointer.  Then, invoke BPF.
613                     */
614                    u_char *hp = sc->sc_buf - SLIP_HDRLEN;

615                    hp[SLX_DIR] = SLIPDIR_IN;
616                    bcopy(chdr, &hp[SLX_CHDR], CHDR_LEN);
617                    bpf_tap(sc->sc_bpf, hp, len + SLIP_HDRLEN);
618            }
619            m = sl_btom(sc, len);
620            if (m == NULL)
621                    goto error;

622            sc->sc_if.if_ipackets++;
623            sc->sc_if.if_lastchange = time;
624            s = splimp();
625            if (IF_QFULL(&ipintrq)) {
626                    IF_DROP(&ipintrq);
627                    sc->sc_if.if_ierrors++;
628                    sc->sc_if.if_iqdrops++;
629                    m_freem(m);
630            } else {
631                    IF_ENQUEUE(&ipintrq, m);
632                    schednetisr(NETISR_IP);
633            }
634            splx(s);
635            goto newpack;
```

—— *if_sl.c*

图5-13 （续）

通过这个switch语句的普通控制流会落到switch外(这里没有default情况)。大多数字节是数据，并且不与这4种情况中的任何一种匹配。前两个case的控制也会落到这个switch外。

637-649   如果控制落到switch外，接收的字符为IP分组中的一部分。这个字符被存储到簇中(如果还有空间)，指针增加，sc_escape被清除，并且slinput返回。

如果簇满，字符被丢弃，并且slinput设置SC_ERROR。如果簇满或在处理帧结束时检测到一个差错，则控制跳到error。程序在newpack为一个新的分组重设簇指针，sc_escape被清除，并且slinput返回。

图5-13显示了图5-12中跳过的FRAME_END代码。

560-579   如果SC_ERROR被设置，同时正在接收分组或如果分组长度小于3字节(记住，分组可能被压缩)，则slinput立即丢弃此输入SLIP分组。

如果SLIP接口带有BPF，slinput在chdr数组中保存这个首部的一个备份(可能被压缩)。

580-606   通过检查分组的第一个字节，slinput判断它是一个未压缩的IP分组，还是一个压缩的TCP分段，或者一个未压缩的TCP分段。类型存放在c中，并且类型信息从数据的第一个字节中移去(29.13节)。如果分组以压缩形式出现，并且允许压缩，sl_uncompress_tcp对分组进行解压缩。如果禁止压缩，自动允许压缩被设置，并且如果分组足够大，则仍然调用sl_uncompress_tcp。如果是一个压缩的TCP分组，则设置压缩标志。

若分组不被识别，slinput跳到error，丢弃此分组。29.13节详细讨论了首部压缩技术。现在簇中包含一个完整的未压缩分组。

607-618 SLIP解压缩分组后，首部和数据传给BPF。图5-14显示了slinput构造的缓存格式。

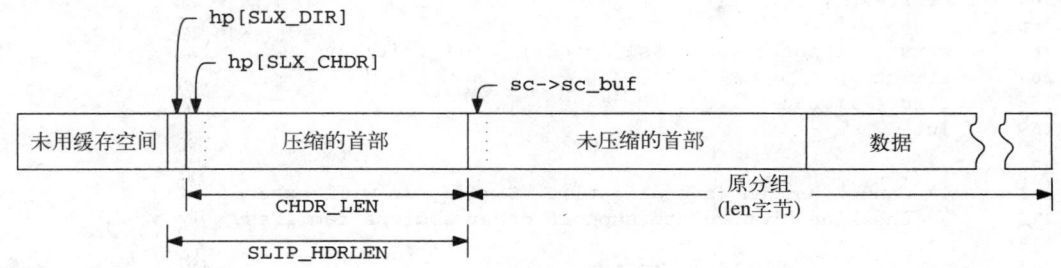

图5-14 BPF格式的SLIP分组

BPF首部的第一个字节是分组方向的编码，在此例中是输入(SLIPDIR_IN)。接下来的15字节包含压缩的首部。整个分组被传给bpf_tap。

619-635 sl_btom将簇转换为一个mbuf链表。如果分组足够小，能放到一个单独的mbuf中，sl_btom就将分组从簇复制到一个新分配的mbuf的分组首部；否则sl_btom将这个簇连接到一个mbuf，并为这个接口分配一个新簇。这样比从一个簇复制到另一个簇要快。我们在本书中不显示sl_btom的代码。

因为在SLIP接口上只能传输IP分组，slinput不必选择协议队列(如以太网驱动程序所做)。分组在ipintrq中排队，一个IP软件中断被调度，并且slinput跳到newpack，更新簇的分组指针，并清除sc_escape。

> 如果分组不能在ipintrq上排队，SLIP驱动程序增加if_ierrors，而在这种情况下，以太网或环回驱动程序都不增加这个统计量。

即使在spltty调用slinput，访问IP输入队列必须用splimp保护。回忆图1-14，一个splimp中断能抢占spltty进程。

5.3.4 SLIP输出处理：sloutput

如所有的网络接口，当一个网络层协议调用接口的if_output函数时，开始处理输出。对于以太网驱动程序，此函数是ether_output。而对于SLIP，此函数是sloutput(图5-15)。

259-289 sloutput的4个参数为：ifp，指向SLIP ifnet结构(在此例中是一个sl_softc结构)的指针；m，指向排队等待输出的分组的指针；dst，分组下一跳的目标地址；rtp，指向一个路由表项的指针。sloutput未用第4个参数，但却是要求的，因为sloutput必须匹配在ifnet结构中的if_output函数原型。

sloutput确认dst是一个IP地址，接口被连接到一个TTY设备，并且这个TTY设备是正在运行的(即有载波信号，或应忽略它)。如果任何检测失败，则返回差错。

290-291 SLIP为输出分组维护两个队列。默认选择标准队列if_snd。

292-295 如果输出分组包含一个ICMP报文，并且接口的SC_NOICMP被置位，则丢弃此分组。这防止一个SLIP链路被一个恶意用户发送的无关ICMP分组(例如ECHO分组)所淹没(第11章)。

————————————————————————————————————— if_sl.c

```
259  int
260  sloutput(ifp, m, dst, rtp)
261  struct ifnet *ifp;
262  struct mbuf *m;
263  struct sockaddr *dst;
264  struct rtentry *rtp;
265  {
266      struct sl_softc *sc = &sl_softc[ifp->if_unit];
267      struct ip *ip;
268      struct ifqueue *ifq;
269      int      s;

270      /*
271       * Cannot happen (see slioctl).  Someday we will extend
272       * the line protocol to support other address families.
273       */
274      if (dst->sa_family != AF_INET) {
275          printf("sl%d: af%d not supported\n", sc->sc_if.if_unit,
276                 dst->sa_family);
277          m_freem(m);
278          sc->sc_if.if_noproto++;
279          return (EAFNOSUPPORT);
280      }
281      if (sc->sc_ttyp == NULL) {
282          m_freem(m);
283          return (ENETDOWN);        /* sort of */
284      }
285      if ((sc->sc_ttyp->t_state & TS_CARR_ON) == 0 &&
286          (sc->sc_ttyp->t_cflag & CLOCAL) == 0) {
287          m_freem(m);
288          return (EHOSTUNREACH);
289      }
290      ifq = &sc->sc_if.if_snd;
291      ip = mtod(m, struct ip *);
292      if (sc->sc_if.if_flags & SC_NOICMP && ip->ip_p == IPPROTO_ICMP) {
293          m_freem(m);
294          return (ENETRESET);       /* XXX ? */
295      }
296      if (ip->ip_tos & IPTOS_LOWDELAY)
297          ifq = &sc->sc_fastq;
298      s = splimp();
299      if (IF_QFULL(ifq)) {
300          IF_DROP(ifq);
301          m_freem(m);
302          splx(s);
303          sc->sc_if.if_oerrors++;
304          return (ENOBUFS);
305      }
306      IF_ENQUEUE(ifq, m);
307      sc->sc_if.if_lastchange = time;
308      if (sc->sc_ttyp->t_outq.c_cc == 0)
309          slstart(sc->sc_ttyp);
310      splx(s);
311      return (0);
312  }
```

————————————————————————————————————— if_sl.c

图5-15 函数sloutput

差错码ENETRESET指示分组因决策而被丢弃(相对于网络故障)。我们在第11章会看到除了在本地产生一个ICMP报文外，此差错简单地被忽略，在这种情况下，一个差错返回给发送此报文的进程。

Net/2在这种情况返回一个0。对于一个诊断工具，如ping或traceroute，会出现这种情况：好像这个分组消失了，因为输出操作会报告成功完成。

通常，ICMP报文可以被丢弃。对于正确的操作，它们并不必要，但丢弃它们会造成更多的麻烦，可能导致不佳的路由决定和较差的性能，并且会浪费网络资源。

296-297 如果在输出分组的TOS字段指明低时延服务(IPTOS_LOWDELAY)，则输出队列改为sc_fastq。

RFC 1700和RFC 1349 [Almquist 1992]规定了标准协议的TOS设置。为Telnet、Rlogin、FTP(控制)、TFTP、SMTP(命令阶段)和DNS(UDP查询)指明了低时延服务。更多细节见卷1的3.2节。

在以前的BSD版本中，ip_tos不由应用程序设置。SLIP驱动程序通过检查在IP分组中的传输首部来实现TOS排队。如果发现FTP(命令)、Telnet或Rlogin端口的TCP分组，分组就如指明了IPTOS_LOWDELAY一样被排队。很多路由器仍然这样，因为很多这些交互服务的实现仍然不设置ip_tos。

298-312 现在分组被放到所选择的队列中，接口统计被更新，并且(如果TTY输出队列为空)sloutput调用slstart来发起对此分组的传输。

如果接口队列满，则SLIP增加if_oerrors；而对于ether_output，则不是这样做的。

不像以太网输出函数(ether_output)，sloutput不为输出分组构造一个数据链路首部。因为在SLIP网络上的另一系统在串行链路的另一端，所以不需要硬件地址或一个协议(如ARP)在IP地址和硬件地址间进行转换。协议标识符(如以太网类型字段)也是多余的，因为一个SLIP链路仅承载IP分组。

5.3.5 slstart函数

除了被sloutput调用外，当TTY取完它的输出队列并要传输更多的字节时，TTY设备调用slstart。TTY子系统通过一个clist结构管理它的队列。在图5-8中，输出clist t_outq显示在slstart下面和设备的t_oproc函数的上面。slstart把字节添加到队列中，而t_oproc将队列取完并传输这些字节。

函数slstart显示在图5-16中。

318-358 当slstart函数被调用时，tp指向设备的tty结构。slstart的主体由一个for循环构成。如果输出队列t_outq不空，slstart调用设备的输出函数t_oproc，此函数传输设备所能接收的字节数。如果TTY输出队列中剩余的字节超过100字节(SLIP_HIWAT)，则slstart返回而不是将另一分组的字节添加到队列中。当传输完所有字节，输出设备产生一个中断，并且当输出列表为空时，TTY子系统调用slstart。

如果TTY输出队列为空，则一个分组从sc_fastq中退队，或者，若sc_fastq为空，则从if_snd队列中退队，这样在其他分组前传输所有交互的分组。

没有标准的SNMP变量来统计根据TOS字段排队的分组。在353行的XXX注释表示SLIP驱动程序在if_omcasts中统计低时延分组数,而不是多播分组数。

359-383   如果SLIP接口带有BPF,slstart在任何首部压缩前为输出分组产生一个备份。这个备份存储在bpfbuf数组的栈中。

384-388   如果允许压缩,并且分组包含一个TCP报文段,则sloutput调用sl_compress_tcp来压缩这个分组。得到的分组类型被返回,并与IP首部的第一个字节(29.13节)进行逻辑或运算。

389-398   压缩的首部现在复制到BPF首部,并且方向标记为SLIPDIR_OUT。完整的BPF分组传给bpf_tap。

483-484   如果for循环终止,则slstart返回。

————————————————————————————————————— if_sl.c

```
318 void
319 slstart(tp)
320 struct tty *tp;
321 {
322     struct sl_softc *sc = (struct sl_softc *) tp->t_sc;
323     struct mbuf *m;
324     u_char *cp;
325     struct ip *ip;
326     int      s;
327     struct mbuf *m2;
328     u_char   bpfbuf[SLMTU + SLIP_HDRLEN];
329     int      len;
330     extern int cfreecount;

331     for (;;) {
332         /*
333          * If there is more in the output queue, just send it now.
334          * We are being called in lieu of ttstart and must do what
335          * it would.
336          */
337         if (tp->t_outq.c_cc != 0) {
338             (*tp->t_oproc) (tp);
339             if (tp->t_outq.c_cc > SLIP_HIWAT)
340                 return;
341         }
342         /*
343          * This happens briefly when the line shuts down.
344          */
345         if (sc == NULL)
346             return;
347         /*
348          * Get a packet and send it to the interface.
349          */
350         s = splimp();
351         IF_DEQUEUE(&sc->sc_fastq, m);
352         if (m)
353             sc->sc_if.if_omcasts++;        /* XXX */
354         else
355             IF_DEQUEUE(&sc->sc_if.if_snd, m);
356         splx(s);
357         if (m == NULL)
358             return;
```

图5-16 函数slstart:分组退队

```
359          /*
360           * We do the header compression here rather than in sloutput
361           * because the packets will be out of order if we are using TOS
362           * queueing, and the connection id compression will get
363           * munged when this happens.
364           */
365          if (sc->sc_bpf) {
366              /*
367               * We need to save the TCP/IP header before it's
368               * compressed.  To avoid complicated code, we just
369               * copy the entire packet into a stack buffer (since
370               * this is a serial line, packets should be short
371               * and/or the copy should be negligible cost compared
372               * to the packet transmission time).
373               */
374              struct mbuf *m1 = m;
375              u_char *cp = bpfbuf + SLIP_HDRLEN;

376              len = 0;
377              do {
378                  int      mlen = m1->m_len;

379                  bcopy(mtod(m1, caddr_t), cp, mlen);
380                  cp += mlen;
381                  len += mlen;
382              } while (m1 = m1->m_next);
383          }
384          if ((ip = mtod(m, struct ip *))->ip_p == IPPROTO_TCP) {
385              if (sc->sc_if.if_flags & SC_COMPRESS)
386                  *mtod(m, u_char *) |= sl_compress_tcp(m, ip,
387                                                &sc->sc_comp, 1);
388          }
389          if (sc->sc_bpf) {
390              /*
391               * Put the SLIP pseudo-"link header" in place.  The
392               * compressed header is now at the beginning of the
393               * mbuf.
394               */
395              bpfbuf[SLX_DIR] = SLIPDIR_OUT;
396              bcopy(mtod(m, caddr_t), &bpfbuf[SLX_CHDR], CHDR_LEN);
397              bpf_tap(sc->sc_bpf, bpfbuf, len + SLIP_HDRLEN);
398          }

                         /* packet output code */

483      }
484  }
```
— if_sl.c

图5-16 （续）

slstart的下一部分(图5-17)在系统存储器容量不足时丢弃分组，并且采用一种简单的技术来丢弃由于串行线上的噪声产生的数据。这些代码在图5-16中忽略了。

399-409　如果系统缺少clist结构，则分组被丢弃，并且作为一个冲突被统计。通过不断地循环而不是返回，slstart快速地丢弃所有剩余的排队输出的分组。由于设备仍然有太多字节为输出排队，每次迭代都要丢弃一个分组。高层协议必须检测丢失的分组并重传它们。

410-418　如果TTY输出队列为空，则通信线路可能有一段时间空闲，并且接收方在另一端可能接收了线路噪声产生的无关数据。slstart在输出队列中放置一个额外的SLIP END字符。一个长度为0的帧或一个由线路噪声产生的帧应该被接收方SLIP接口或IP协议丢弃。

```
                                                                   ─ if_sl.c
399        sc->sc_if.if_lastchange = time;
400        /*
401         * If system is getting low on clists, just flush our
402         * output queue (if the stuff was important, it'll get
403         * retransmitted).
404         */
405        if (cfreecount < CLISTRESERVE + SLMTU) {
406            m_freem(m);
407            sc->sc_if.if_collisions++;
408            continue;
409        }
410        /*
411         * The extra FRAME_END will start up a new packet, and thus
412         * will flush any accumulated garbage.  We do this whenever
413         * the line may have been idle for some time.
414         */
415        if (tp->t_outq.c_cc == 0) {
416            ++sc->sc_if.if_obytes;
417            (void) putc(FRAME_END, &tp->t_outq);
418        }
                                                                   ─ if_sl.c
```

图5-17 函数slstart：资源缺乏和线路噪声

图5-18说明了这个丢弃线路噪声的技术，它来源于由Phil Karn撰写的RFC 1055。在图5-18中，传输第二个帧结束符(END)，因为线路空闲了一段时间。由噪声产生的无效帧和这个END字节被接收系统丢弃。

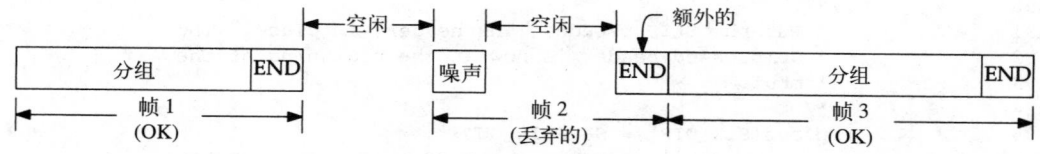

图5-18 Karn的丢弃SLIP线路噪声的方法

在图5-19中，线路上没有噪声并且0长度帧被接收系统丢弃。

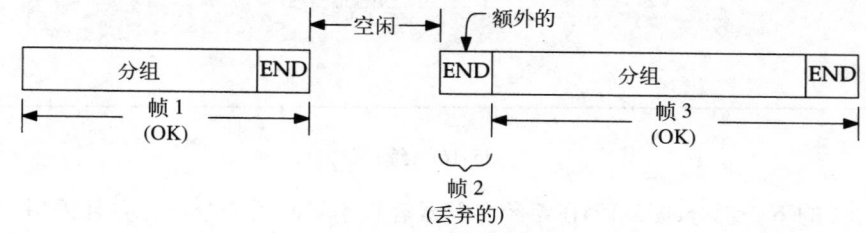

图5-19 无噪声的Karn方法

slstart的下一部分(图5-20)将数据从一个mbuf传给TTY设备的输出队列。

419-467 在这部分的外部while循环对链表中的每个mbuf执行一次。中间的while循环将数据从每个mbuf传给输出设备。内部的while循环不断递增cp，直到它找到一个END或ESC字符。b_to_q传输bp到cp之间的数据。END和ESC字符被转义，并且两次通过调用putc放入队列。中间的循环直到mbuf的所有字节都传给TTY设备输出队列才停止。图5-21说明了对包含了一个SLIP END字符和一个SLIP ESC字符的mbuf的处理。

　　bp标记用b_to_q传输的mbuf的第一部分的开始，cp标记这个部分的结束。ep标记这个mbuf中数据的结束位置。

```
                                                                 ─── if_sl.c
419          while (m) {
420              u_char *ep;

421              cp = mtod(m, u_char *);
422              ep = cp + m->m_len;
423              while (cp < ep) {
424                  /*
425                   * Find out how many bytes in the string we can
426                   * handle without doing something special.
427                   */
428                  u_char *bp = cp;

429                  while (cp < ep) {
430                      switch (*cp++) {
431                      case FRAME_ESCAPE:
432                      case FRAME_END:
433                          --cp;
434                          goto out;
435                      }
436                  }
437              out:
438                  if (cp > bp) {
439                      /*
440                       * Put n characters at once
441                       * into the tty output queue.
442                       */
443                      if (b_to_q((char *) bp, cp - bp,
444                              &tp->t_outq))
445                          break;
446                      sc->sc_if.if_obytes += cp - bp;
447                  }
448                  /*
449                   * If there are characters left in the mbuf,
450                   * the first one must be special..
451                   * Put it out in a different form.
452                   */
453                  if (cp < ep) {
454                      if (putc(FRAME_ESCAPE, &tp->t_outq))
455                          break;
456                      if (putc(*cp++ == FRAME_ESCAPE ?
457                              TRANS_FRAME_ESCAPE : TRANS_FRAME_END,
458                              &tp->t_outq)) {
459                          (void) unputc(&tp->t_outq);
460                          break;
461                      }
462                      sc->sc_if.if_obytes += 2;
463                  }
464              }
465              MFREE(m, m2);
466              m = m2;
467          }
                                                                 ─── if_sl.c
```

图5-20　函数slstart：传输分组

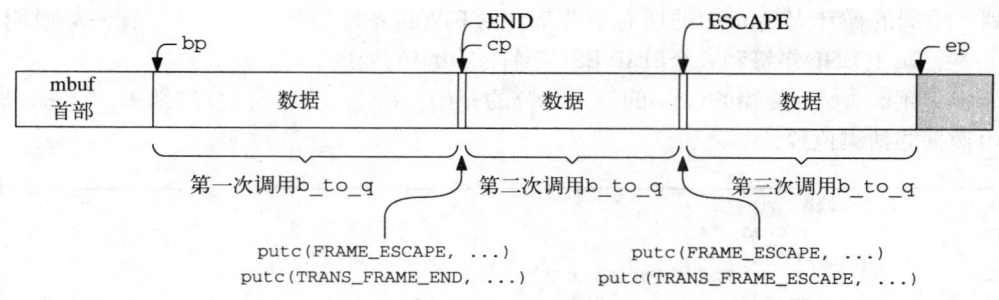

图5-21 单个mbuf的SLIP传输

如果`b_to_q`或`putc`失败(即，数据不能在TTY设备排队)，则`break`导致`slstart`退出内部`while`循环。这种失败表示内核clist资源用完。在每个mbuf被复制到TTY设备后，或者当一个差错发生时，mbuf被释放，m增加到链表的下一个mbuf，并且外部`while`循环继续执行直到链表中所有mbuf被处理。

图5-22显示了`slstart`完成输出帧的处理。

```
─────────────────────────────────────────────────────────── if_sl.c
468        if (putc(FRAME_END, &tp->t_outq)) {
469            /*
470             * Not enough room.  Remove a char to make room
471             * and end the packet normally.
472             * If you get many collisions (more than one or two
473             * a day) you probably do not have enough clists
474             * and you should increase "nclist" in param.c.
475             */
476            (void) unputc(&tp->t_outq);
477            (void) putc(FRAME_END, &tp->t_outq);
478            sc->sc_if.if_collisions++;
479        } else {
480            ++sc->sc_if.if_obytes;
481            sc->sc_if.if_opackets++;
482        }
─────────────────────────────────────────────────────────── if_sl.c
```

图5-22 函数`slstart`：帧结束处理

468-482 当外部`while`循环处理完对输出队列中的字节排队时，控制到达这段代码。驱动程序发送一个SLIP END字符，来终止这个帧。

如果这些字节在排队时发生差错，则输出帧无效，并会因为"无效的检验和"或"无效的长度"被接收系统检测出来。

无论这个帧是不是因为一个差错而终止，如果END字符没有填充到输出队列中，队列的最后一个字符就要被丢弃，并且`slstart`将使这个帧结束。这保证传输了一个END字符。这个无效帧在目标站被丢弃。

5.3.6 SLIP分组丢失

SLIP接口提供了一个尽最大努力服务的好例子。如果TTY超载，则SLIP丢弃分组；在分组开始传输后，如果资源不可用，则它截断分组，并且为了检测和丢弃线路噪声插入无关的空分组。对以上的每一种情况都不产生差错报文。SLIP依靠IP层和运输层来检测损坏的和丢失的分组。

在一个路由器上从一个高速接口例如以太网，发送帧到一个低速的SLIP线路上。如果发送方不能意识到瓶颈并相应调节数据速率，则会有大比例的分组被丢弃。在25.11节我们会看到TCP是如何检测并对此响应的。应用程序使用一个无流量控制的协议，如UDP，必须自己识别和响应这种情况(习题5.8)。

5.3.7 SLIP性能考虑

一个SLIP帧的MTU(SLMTU)、clist高水位标记(high-water mark)(SLIP_HIWAT)和SLIP的TOS排队策略都是用来设计交互通信的低速串行链，使得固有的时延最小。

1) 一个小的MTU能够改进交互数据的时延(如敲键和回显)，但有损批量数据传输的吞吐量。一个大的MTU能改进批量数据的吞吐量，但增加了交互时延。SLIP链路的另一个问题是键入一个字符就要有40字节的开销来写入TCP首部和IP首部的信息，这就增加了通信的时延。

   解决办法是挑选一个足够大的MTU来提供好的交互响应时间和适当的批量数据吞吐量，并压缩TCP/IP首部来减小每个分组的负荷。RFC 1144 [Jacobson 1990a]描述了一个压缩方案和时间计算，它为一个典型的9600 b/s异步SLIP链路选择了一个数值为296的MTU。我们在29.13节讨论压缩的SLIP(CSLIP)。卷1的2.10节和7.2节总结了这种定时考虑，并说明了在SLIP链路上的时延。

2) 如果有太多的字节缓存在clist中(因为SLIP_HIWAT设置得太高)，TOS排队会受到阻碍，因为新的交互式通信等在大量缓存数据的后面。如果SLIP一次传给TTY驱动程序一个字节(因为SLIP_HIWAT设置得太低)，设备为每个字节调用slstart，并在每个字节传输后线路空闲一段时间。把SLIP_HIWAT设置为100可使在设备排队的数据量最小化，并且减小了TTY子系统调用slstart的频率，大约每100字符必须调用slstart一次。

3) 如前所述，SLIP驱动程序提供了TOS排队，其策略是先从sc_fastq队列中发送交互式通信数据，然后在标准接口队列if_snd中发送其他的通信数据。

5.3.8 slclose函数

为了完整性，我们给出函数slclose如图5-23所示。当slattach程序关闭SLIP的TTY设备，并且中断对远程系统的连接时，调用它。

if_sl.c
```
210 void
211 slclose(tp)
212 struct tty *tp;
213 {
214     struct sl_softc *sc;
215     int     s;

216     ttywflush(tp);
217     s = splimp();                  /* actually, max(spltty, splnet) */
218     tp->t_line = 0;
219     sc = (struct sl_softc *) tp->t_sc;
220     if (sc != NULL) {
221         if_down(&sc->sc_if);
222         sc->sc_ttyp = NULL;
223         tp->t_sc = NULL;
```

图5-23 函数slclose

```
224              MCLFREE((caddr_t) (sc->sc_ep - SLBUFSIZE));
225              sc->sc_ep = 0;
226              sc->sc_mp = 0;
227              sc->sc_buf = 0;
228         }
229         splx(s);
230    }
```
—— *if_sl.c*

图5-23 （续）

210-230 tp指向要关闭的TTY设备。slclose清除任何残留在串行设备中的数据，中断TTY和网络处理，并且将TTY复位到默认的线路规程。如果TTY设备被连接到一个SLIP接口，则关闭这个接口，在这两个结构间的链接被切断，与此接口关联的mbuf簇被释放，并且指向现在被丢弃的簇的指针被复位。最后，splx重新允许TTY中断和网络中断。

5.3.9 sltioctl函数

回忆一下，SLIP在内核中有两种作用：
- 作为一个网络接口；
- 作为一个TTY线路规程。

图5-7显示了slioctl处理通过一个插口描述符发送给一个SLIP接口的ioctl命令。在4.4节中，我们显示了ifioctl是如何调用slioctl的。我们会看到一个处理ioctl命令的相似模型，并且在后面的章节中会讨论到。

图5-7还表示了sltioctl处理发送给与一个SLIP网络接口关联的TTY设备的ioctl命令。这个被sltioctl识别的命令显示在图5-24中。

命　令	参　数	函　数	说　明
SLIOCGUNIT	int *	sltioctl	返回与TTY设备关联的接口联合

图5-24　sltioctl命令

函数sltioctl显示在图5-25中。

—— *if_sl.c*
```
236 int
237 sltioctl(tp, cmd, data, flag)
238 struct tty *tp;
239 int     cmd;
240 caddr_t data;
241 int     flag;
242 {
243     struct sl_softc *sc = (struct sl_softc *) tp->t_sc;

244     switch (cmd) {
245     case SLIOCGUNIT:
246         *(int *) data = sc->sc_if.if_unit;
247         break;

248     default:
249         return (-1);
250     }
251     return (0);
252 }
```
—— *if_sl.c*

图5-25　函数sltioctl

236-252   tty结构的t_sc指针指向关联的sl_softc结构。这个SLIP接口的设备号从if_unit被复制到*data，它最后返回给进程(17.5节)。

当系统被初始化时，slattach初始化if_unit，并且当slattach程序为此TTY设备选择SLIP线路规程时，slopen初始化t_sc。因为一个TTY设备和一个SLIP sl_softc结构间的关系是在运行时建立的，一个进程能通过SLIOCGUNIT命令发现所选择的接口结构。

5.4 环回接口

任何发送给环回接口(图5-26)的分组立即排入输入队列。接口完全用软件实现。

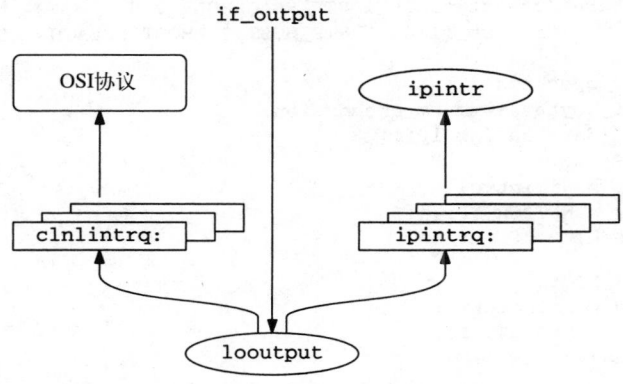

图5-26 环回设备驱动程序

环回接口的if_output指向的函数looutput，将输出分组放置到分组的目的地址指明的协议的输入队列中。

我们已经看到当设备被设置为IFF_SIMPLEX时，ether_output会调用looutput来排队一个输出广播分组。在第12章中，我们会看到多播分组也可能以这种方式环回。looutput显示在图5-27中。

```
                                                            ────── if_loop.c
57  int
58  looutput(ifp, m, dst, rt)
59  struct ifnet *ifp;
60  struct mbuf *m;
61  struct sockaddr *dst;
62  struct rtentry *rt;
63  {
64      int      s, isr;
65      struct ifqueue *ifq = 0;

66      if ((m->m_flags & M_PKTHDR) == 0)
67          panic("looutput no HDR");
68      ifp->if_lastchange = time;
69      if (loif.if_bpf) {
70          /*
71           * We need to prepend the address family as
72           * a four byte field.  Cons up a dummy header
73           * to pacify bpf.  This is safe because bpf
74           * will only read from the mbuf (i.e., it won't
75           * try to free it or keep a pointer a to it).
76           */
```

图5-27 函数looutput

```
77              struct mbuf m0;
78              u_int    af = dst->sa_family;

79              m0.m_next = m;
80              m0.m_len = 4;
81              m0.m_data = (char *) &af;

82              bpf_mtap(loif.if_bpf, &m0);
83          }
84      m->m_pkthdr.rcvif = ifp;
85      if (rt && rt->rt_flags & (RTF_REJECT | RTF_BLACKHOLE)) {
86          m_freem(m);
87          return (rt->rt_flags & RTF_BLACKHOLE ? 0 :
88                  rt->rt_flags & RTF_HOST ? EHOSTUNREACH : ENETUNREACH);
89      }
90      ifp->if_opackets++;
91      ifp->if_obytes += m->m_pkthdr.len;
92      switch (dst->sa_family) {
93      case AF_INET:
94          ifq = &ipintrq;
95          isr = NETISR_IP;
96          break;

97      case AF_ISO:
98          ifq = &clnlintrq;
99          isr = NETISR_ISO;
100         break;

101     default:
102         printf("lo%d: can't handle af%d\n", ifp->if_unit,
103                 dst->sa_family);
104         m_freem(m);
105         return (EAFNOSUPPORT);
106     }
107     s = splimp();
108     if (IF_QFULL(ifq)) {
109         IF_DROP(ifq);
110         m_freem(m);
111         splx(s);
112         return (ENOBUFS);
113     }
114     IF_ENQUEUE(ifq, m);
115     schednetisr(isr);
116     ifp->if_ipackets++;
117     ifp->if_ibytes += m->m_pkthdr.len;
118     splx(s);
119     return (0);
120 }
```
if_loop.c

图5-27 （续）

57-66 looutput的参数同ether_output一样，因为都是通过它们的ifnet结构中的
if_output指针直接调用的。ifp，指向输出接口的ifnet结构的指针；m，要发送的分
组；dst，分组的目的地址；rt，路由信息。如果链表中的第一个mbuf不包含一个分组，
looutput调用panic。

图5-28所示的是一个BPF环回分组的逻辑格式。

69-83 驱动程序在堆栈上的m0中构造BPF环回分组，并且把m0连接到包含原始分组的mbuf

链表中。注意m0的声明不同往常。它是一个mbuf，而不是一个mbuf指针。m0的m_data指向af，它也分配在这个堆栈中。图5-29显示了这种安排。

图5-28　BPF环回分组：逻辑格式

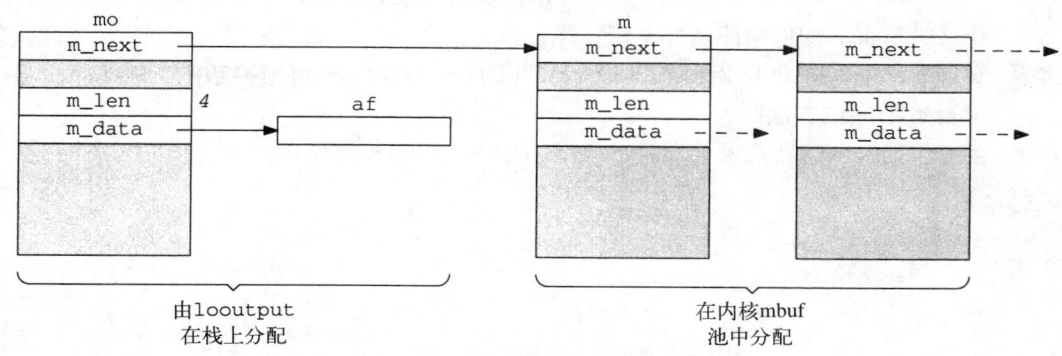

图5-29　BPF环回分组：mbuf格式

looutput将目的地址族复制到af，并且将新mbuf链表传递给bpf_mtap，去处理这个分组。与bpf_tap相比，它在一个单独的连续缓存中接收这个分组而不是在一个mbuf链表中。如图中注释所示，BPF从来不释放一个链表中的mbuf，因此将m0（它指向栈中的一个mbuf）传给bpf_mtap是安全的。

84-89　looutput剩下的代码包含input对此分组的处理。虽然这是一个输出函数，但分组被环回到输入。首先，m->m_pkthdr.rcvif设置为指向接收接口。如果调用方提供一个路由项，looutput检查是否它指示此分组应该被拒绝(RTF_REJECT)或直接被丢弃(RTF_BLACKHOLE)。通过丢弃mbuf并返回0来实现一个黑洞。从调用者看来就好像分组已经被传输了。要拒绝一个分组，如果路由是一个主机，则looutput返回EHOSTUNREACH；如果路由是一个网络则返回ENETUNREACH。

各种RTF_*xxx*标志在图18-25中描述。

90-120　然后looutput通过检查分组目的地址中的sa_family来选择合适的协议输入队列和软件中断。接着把识别的分组进行排队，并用schednetisr来调度一个软件中断。

5.5　小结

我们讨论了两个剩下的接口，它们在书中多次引用：sl0，一个SLIP接口；lo0，标准的环回接口。

我们显示了在SLIP接口和SLIP线路规程之间的关系，讨论了SLIP封装方法，并且讨论了TOS处理交互式通信和SLIP驱动程序的其他性能考虑。

我们显示了环回接口是如何按目的地址分用输出分组及将分组放到相应的输入队列中去。

习题

5.1　为什么环回接口没有输入函数?

5.2　你认为为什么图5-27中的m0要分配在堆栈中?

5.3　分析一个19 200 b/s的串行线的SLIP特性。对于这个线路，SLIP MTU应该改变吗?

5.4　导出一个根据串行线速率选择SLIP MTU的公式。

5.5　如果一个分组对于SLIP输入缓存太大，会发生什么情况?

5.6　一个slinput的早期版本，当一个分组在输入缓存溢出时，不将SC_ERROR置位。在这种情况下如何检测这种差错?

5.7　在图4-31中le被下标为ifp->if_unit的le_softc数组项初始化。你能想出另一种初始化le的方法吗?

5.8　当分组因为网络瓶颈被丢弃时，一个UDP应用程序如何知道?

第6章 IP 编 址

6.1 引言

本章讨论Net/3如何管理IP地址信息。我们从in_ifaddr和sockaddr_in结构开始，它们基于通用的ifaddr和sockaddr结构。

本章其余部分讨论IP地址的指派和几个查询接口数据结构与维护IP地址的实用函数。

6.1.1 IP地址

虽然我们假设读者熟悉基本的Internet编址系统，仍然有几点值得指出。

在IP模型中，地址是指派给一个系统(一个主机或路由器)中的网络接口而不是系统本身。在系统有多个接口的情况下，系统有多重初始地址，并有多个IP地址。一个路由器被定义为有多重初始地址。如我们所看到的，这个体系特点有几个小分支。

IP地址定义了5类。A、B和C类地址支持单播通信。D类地址支持IP多播。在一个多播通信中，一个单独的源方发送一个数据报给多个目标方。D类地址和多播协议在第12章说明。E类地址是试验用的。接收的E类地址分组被不参与试验的主机丢弃。

我们强调IP多播和硬件多播间的区别是重要的。硬件多播的特点是数据链路硬件用来将帧传输给多个硬件接口。有些网络硬件，如以太网，支持数据链路多播。其他硬件可能不支持。

IP多播是一个在IP系统内实现的软件特性，将分组传输给多个可能在Internet中任何位置的IP地址。

我们假设读者熟悉IP网络的子网划分(RFC 950 [Mogul and Postel 1985]和卷1的第3章)。我们会看到每个网络接口有一个相关的子网掩码，它是判断一个分组是否到达它最后的目的地或还需要被转发的关键。通常，当提及一个IP地址的网络部分时，我们包括任何可能定义的子网。当需要区分网络和子网时，我们就要明确地指出来。

环回网络，127.0.0.0，是一个特殊的A类网络。这种格式的地址是不会出现在一个主机的外部的。发送到这个网络的分组被环回并被这个主机接收。

> RFC 1122要求所有在环回网络中的地址被正确地处理。因为环回接口必须指派一个地址，很多系统选择127.0.0.1作为环回地址。如果系统不能正确识别，像127.0.0.2这样的地址可能不能被路由到环回接口而被传输到一个连接的网络，这是不允许的。有些系统可能正确地路由这个到环回接口的分组，但由于目标地址与地址127.0.0.1不匹配，分组被丢弃。

图18-2显示了一个Net/3系统配置为拒绝接收发送到一个不是127.0.0.1的环回地址的分组。

6.1.2 IP地址的印刷规定

我们通常以点分十进制数表示法来显示一个IP地址。图6-1列出了每类IP地址的范围。

地址类	范　围	类　型
A	0.0.0.0到127.255.255.255	单播
B	128.0.0.0到191.255.255.255	
C	192.0.0.0到223.255.255.255	
D	224.0.0.0到239.255.255.255	多播
E	240.0.0.0到247.255.255.255	试验性

图6-1　不同IP地址类的范围

对于我们的有些例子，子网字段不按一个字节对齐(即，一个网络/子网/主机在一个B类网络中分为16/11/5)。从点分十进制数表示法很难表示这样的地址，因此我们还是用方块图来说明IP地址的内容。我们用三个部分显示每个地址：网络、子网和主机。每个部分的阴影指示它的内容。图6-2用我们网络示例(1.14节)中的主机sun的以太网接口来同时说明块表示法和点分十进制数表示法。

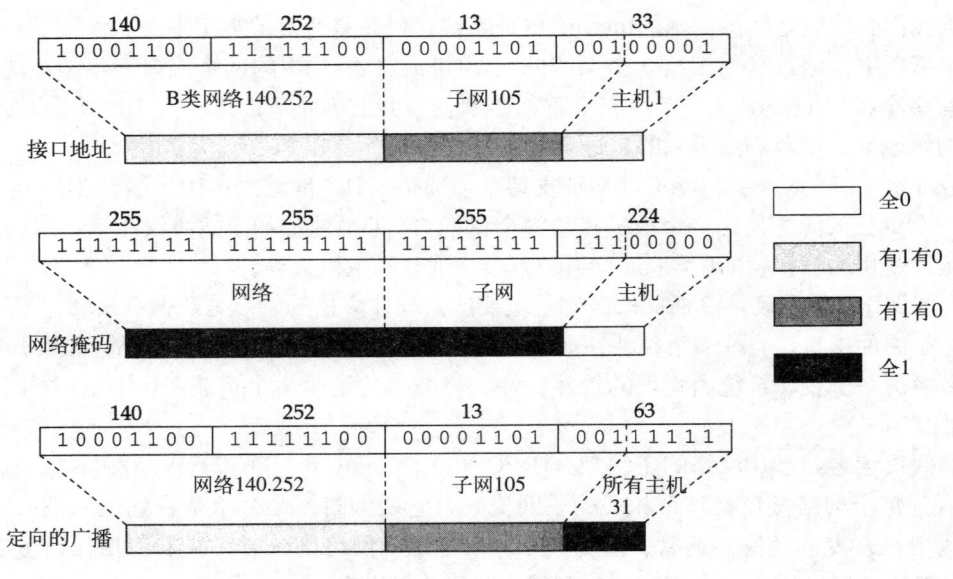

图6-2　可选的IP地址表示法

当地址的一个部分不是全为0或1时，我们使用两个中等程度的阴影。有两种中等程度的阴影，这样我们就能区分网络和子网部分或用来显示如图6-31所示的地址组合。

6.1.3　主机和路由器

在一个Internet上的系统通常能划分为两类：主机和路由器。一个主机通常有一个网络接口，并且是一个IP分组的源或目标方。一个路由器有多个网络接口，当分组向它的目标方移动时将分组从一个网络转发到下一个网络。为执行这个功能，路由器用各种专用路由协议来交换关于网络拓扑的信息。IP路由问题比较复杂，在第18章开始讨论它们。

如果一个有多个网络接口的系统不在网络接口间路由分组，仍然叫一个主机。一个系统可能既是一个主机又是一个路由器。这种情况经常发生在当一个路由器提供运输层服务如用于配置的Telnet访问，或用于网络管理的SNMP时。当区分一个主机和路由器间的意义并不重要时，我们使用术语系统。

不谨慎地配置一个路由器会干扰一个网络的正常运转，因此RFC 1122规定一个系统必须默认为一个主机来操作，并且必须显式地由一个管理员来配置作为一个路由器操作。这样做是不鼓励管理员将通用主机作为路由器来操作而没有仔细地配置。在Net/3中，如果全局整数ipforwarding不为0，则一个系统作为一个路由器；如果ipforwarding为0(默认)，则系统作为一个主机。

在Net/3中，一个路由器通常称为网关，虽然术语网关现在更多的是与一个提供应用层路由的系统相关，如一个电子邮件网关，而不是转发IP分组的系统。我们在本书中使用术语路由器，并假设ipforwarding非0。在编译Net/3内核期间，当GATEWAY被定义时，我们还有条件地包括所有代码，它们将ipforwarding定义为1。

6.2 代码介绍

图6-3所列的两个头文件和两个C文件包含本章中讨论的结构定义和实用函数。

文 件	说 明
netinet/in.h	Internet地址定义
netinet/in_var.h	Internet接口定义
netinet/in.c	Internet初始化和实用函数
netinet/if.c	Internet接口实用函数

图6-3 本章讨论的文件

全局变量

图6-4所列的是本章中介绍的两个全局变量。

变 量	数据类型	说 明
in_ifaddr	struct in_ifaddr *	in_ifaddr结构列表的首部
in_interfaces	int	有IP能力的接口个数

图6-4 在本章中介绍的全局变量

6.3 接口和地址小结

在本章讨论的所有接口和地址结构的一个例子配置如图6-5所示。

图6-5显示了我们的三个接口例子：以太网接口、SLIP接口和环回接口。它们都有一个链路层地址作为地址列表中的第一个结点。显示的以太网接口有两个IP地址，SLIP接口有一个IP地址，并且环回接口有一个IP地址和一个OSI地址。

注意所有的IP地址被链接到in_ifaddr列表中，并且所有链路层地址能从ifnet_addrs数组访问。

为了清楚起见，图6-5没有画出每个ifaddr结构中的指针ifa_ifp。这些指针回指包含此ifaddr结构的列表的首部ifnet结构。

接下来的部分讨论图6-5中的数据结构及用来查看和修改这些结构的IP专用ioctl命令。

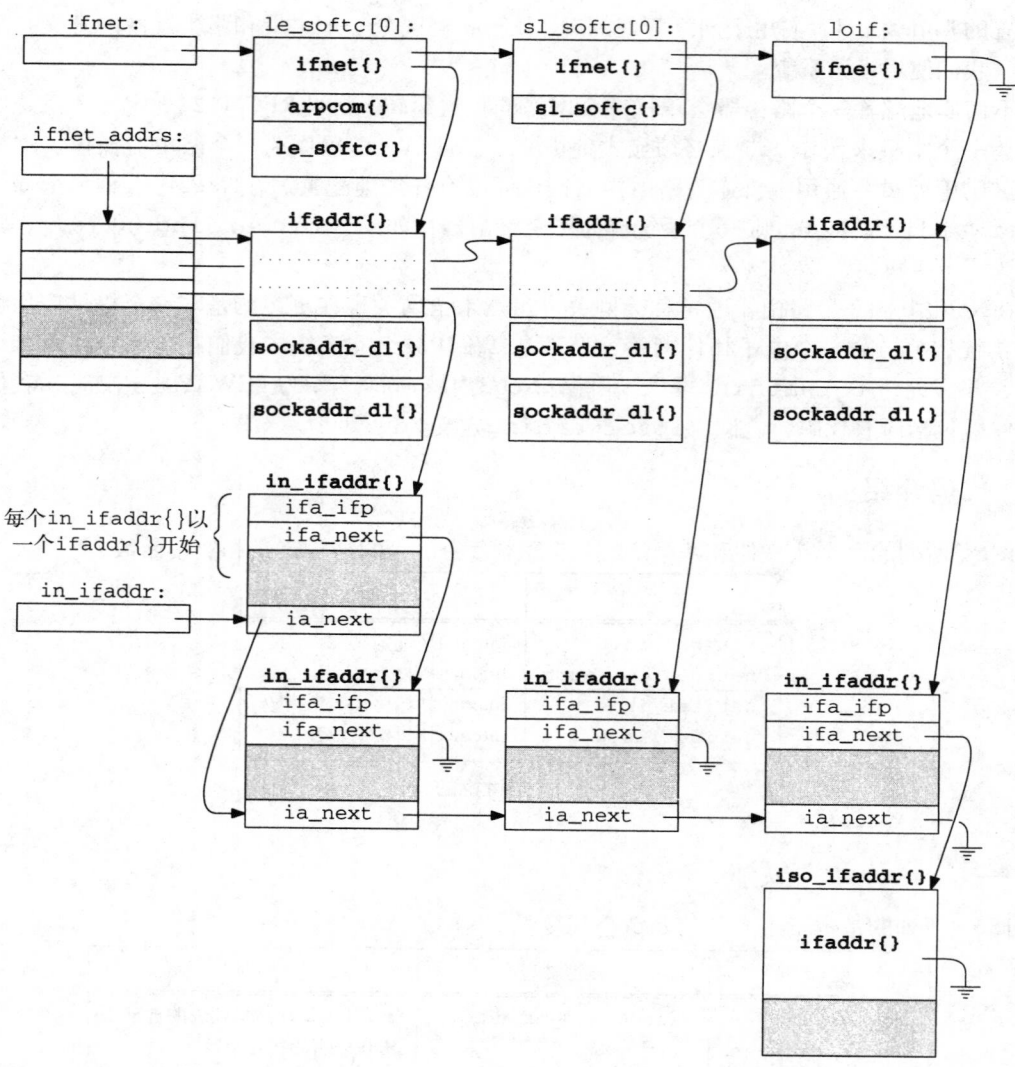

图6-5 接口和地址数据结构

6.4 sockaddr_in结构

我们在第3章讨论了通用的sockaddr和ifaddr结构。现在我们显示IP专用的结构：sockaddr_in和in_ifaddr。在Internet域中的地址存放在一个sockaddr_in结构。

68-70 由于历史原因，Net/3以网络字节序将Internet地址存储在一个in_addr结构中。这个结构只有一个成员s_addr，它包含这个地址。虽然这是多余和混乱的，但在Net/3中一直保持这种组织方式。

106-112 sin_len总是16(结构sockaddr_in的大小)，并且sin_family为AF_INET。sin_port是一个网络字节序(不是主机字节序)的16位的值，用来分用运输层报文。sin_addr标识一个32位的Internet地址。

图6-6显示了sockaddr_in的成员sin_port、sin_addr和sin_zero覆盖sockaddr

的成员sa_data。在Internet域中，sin_zero未用，但必须由全0字节组成(2.7节)。将它
追加到sockaddr_in结构后面，以得到与一个sockaddr结构一样的长度。

```
                                                                    ─── in.h
68 struct in_addr {
69     u_long  s_addr;              /* 32-bit IP address, net byte order */
70 };

106 struct sockaddr_in {
107    u_char  sin_len;             /* sizeof (struct sockaddr_in) = 16 */
108    u_char  sin_family;          /* AF_INET */
109    u_short sin_port;            /* 16-bit port number, net byte order */
110    struct in_addr sin_addr;
111    char    sin_zero[8];         /* unused */
112 };
                                                                    ─── in.h
```

图6-6 结构sockaddr_in

通常，当一个Internet地址存储在一个u_long中时，它以主机字节序存储，以便于地址
的压缩和位操作。在in_addr结构(图6-7)中的s_addr是一个值得注意的例外。

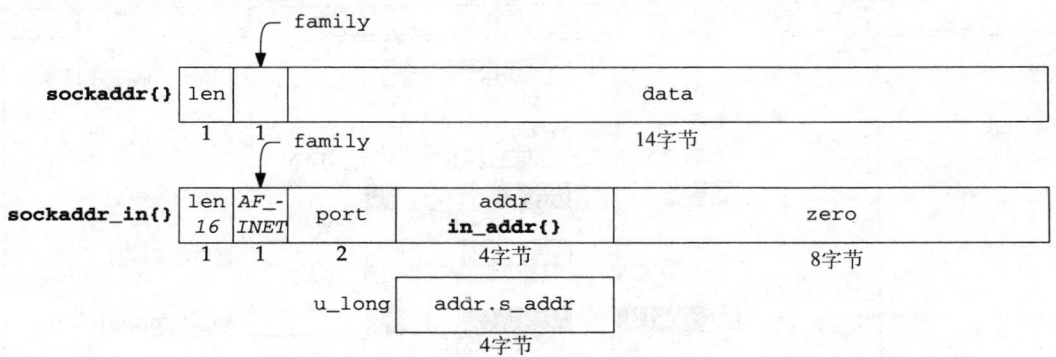

图6-7 一个sockaddr_in结构(省略sin_)的组织

6.5 in_ifaddr结构

图6-8显示了为Internet协议定义的接口地址结构。对于每个指派给一个接口的IP地址，分
配了一个in_ifaddr结构，并且添加到接口地址列表中和IP地址全局列表中(图6-5)。

41-45 in_ifaddr开始是一个通用接口地址结构ia_ifa，跟着是IP专用成员。ifaddr结
构显示在图3-15中。两个宏ia_ifp和ia_flags简化了对存储在通用ifaddr结构中的接口
指针和接口地址标志的访问。ia_next维护指派给任意接口的所有Internet地址的链接列表。
这个列表独立于每个接口关联的链路层ifaddr结构列表，并且通过全局列表in_ifaddr来
访问。

46-54 其余的成员(除了ia_multiaddrs)显示在图6-9中，它显示了在我们的B类网络例子
中sun的三个接口的相应值。地址按主机字节序以u_long变量存储；变量in_addr和
sockaddr_in按照网络字节序存储。sun有一个PPP接口，但显示在本表中的信息对于一个
PPP或SLIP接口是一样的。

55-56 结构in_ifaddr的最后一个成员指向一个in_multi结构的列表(12.6节)，其中每
项包含与此接口有关的一个IP多播地址。

```
                                                                      —— in_var.h
41 struct in_ifaddr {
42         struct  ifaddr ia_ifa;               /* protocol-independent info */
43 #define ia_ifp            ia_ifa.ifa_ifp
44 #define ia_flags          ia_ifa.ifa_flags
45         struct  in_ifaddr *ia_next;          /* next internet addresses list */
46         u_long  ia_net;                      /* network number of interface */
47         u_long  ia_netmask;                  /* mask of net part         */
48         u_long  ia_subnet;                   /* subnet number, including net */
49         u_long  ia_subnetmask;               /* mask of subnet part      */
50         struct  in_addr ia_netbroadcast;     /* to recognize net broadcasts */
51         struct  sockaddr_in ia_addr;         /* space for interface name  */
52         struct  sockaddr_in ia_dstaddr;      /* space for broadcast addr  */
53 #define ia_broadaddr      ia_dstaddr
54         struct  sockaddr_in ia_sockmask;     /* space for general netmask */
55         struct  in_multi *ia_multiaddrs;     /* list of multicast addresses */
56 };
                                                                      —— in_var.h
```

图6-8 结构in_ifaddr

变量	类型	以太网	PPP	环回	说明
ia_addr	sockaddr_in	140.252.13.33	140.252.1.29	127.0.0.1	网络、子网和主机号
ia_net	u_long	140.252.0.0	140.252.0.0	127.0.0.0	网络号
ia_netmask	u_long	255.255.0.0	255.255.0.0	255.0.0.0	网络号掩码
ia_subnet	u_long	140.252.13.32	140.252.1.0	127.0.0.0	网络和子网号
ia_subnetmask	u_long	255.255.255.224	255.255.255.0	255.0.0.0	网络和子网掩码
ia_netbroadcast	in_addr	140.252.255.255	140.252.255.255	127.255.255.255	网络广播地址
ia_broadaddr	sockaddr_in	140.252.13.63			定向广播地址
ia_dstaddr	sockaddr_in		140.252.1.183	127.0.0.1	目的地址
ia_sockmask	sockaddr_in	255.255.255.224	255.255.255.0	255.0.0.0	像ia_subnetmask 但是用网络字节序

图6-9 sun上的以太网、PPP和环回in_ifaddr结构

6.6 地址指派

在第4章中，我们显示了当接口结构在系统初始化期间被识别时的初始化。在Internet协议能通过这个接口进行通信前，必须指派一个IP地址。一旦Net/3内核运行，程序ifconfig就配置这些接口，ifconfig通过在某个插口上的ioctl系统调用来发送配置命令。这通常通过/etc/netstart shell脚本来实现，这个脚本在系统引导时执行。

图6-10显示了本章中讨论的ioctl命令。命令相关的地址必须是此命令指定插口所支持的地址族类(即，你不能通过一个UDP插口配置一个OSI地址)。对于IP地址，ioctl命令在一

个UDP插口上发送。

命 令	参 数	函 数	说 明
SIOCGIFADDR	struct ifreq *	in_control	获得接口地址
SIOCGIFNETMASK	struct ifreq *	in_control	获得接口网络掩码
SIOCGIFDSTADDR	struct ifreq *	in_control	获得接口目标地址
SIOCGIFBRDADDR	struct ifreq *	in_control	获得接口广播地址
SIOCSIFADDR	struct ifreq *	in_control	设置接口地址
SIOCSIFNETMASK	struct ifreq *	in_control	设置接口网络掩码
SIOCSIFDSTADDR	struct ifreq *	in_control	设置接口目标地址
SIOCSIFBRDADDR	struct ifreq *	in_control	设置接口广播地址
SIOCDIFADDR	struct ifreq *	in_control	删除接口地址
SIOCAIFADDR	struct in_aliasreq *	in_control	添加接口地址

图6-10 接口ioctl命令

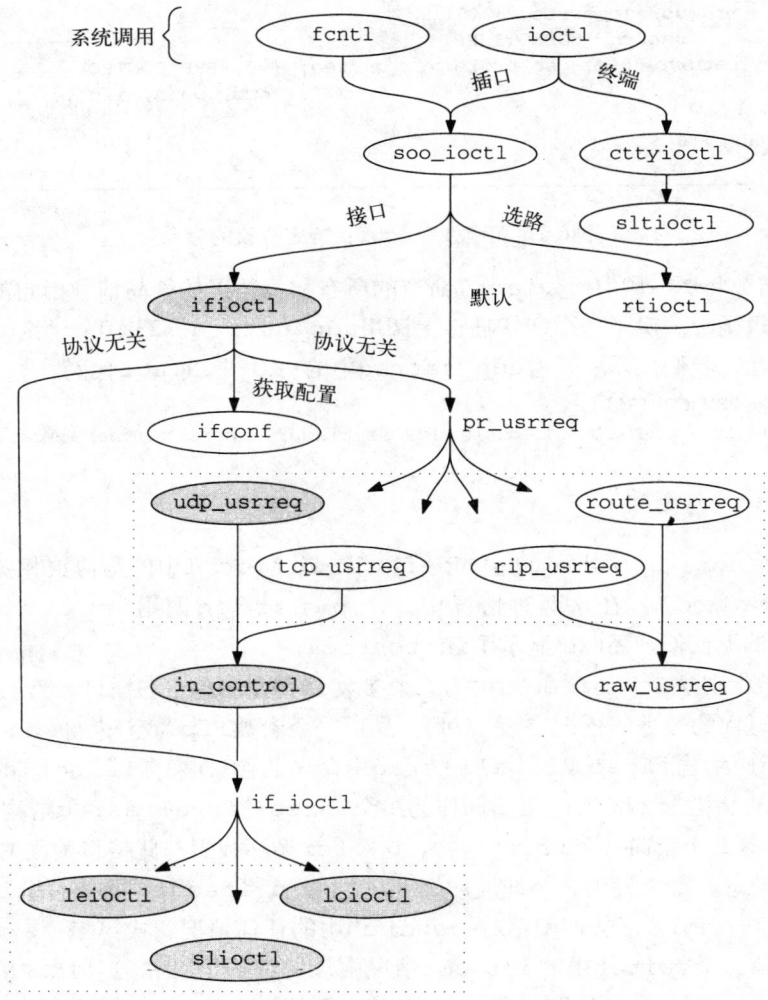

图6-11 本章中说明的ioctl函数

获得地址信息的命令从SIOCG开始，设置地址信息的命令从SIOCS开始。SIOC代表socket ioctl，G代表get，而S代表set。

在第4章中，我们看到了5个与协议无关的ioctl命令。图6-10中的命令修改一个接口的相关地址信息。由于地址是特定协议使用的，因此，命令处理是与协议相关的。图6-11强调了与这些命令关联的ioctl相关函数。

6.6.1 `ifioctl`函数

如图6-11所示，ifioctl将协议无关的ioctl命令传递给此插口关联协议的pr_usrreq函数。将控制交给udp_usrreq，并且又立即传给in_control，在in_control中进行大部分的处理。如果在一个TCP插口上发送同样的命令，控制最后也会到达in_control。图6-12再次显示了ifioctl中的default代码，第一次显示在图4-22中。

```
                                                                    if.c
447     default:
448         if (so->so_proto == 0)
449             return (EOPNOTSUPP);
450         return ((*so->so_proto->pr_usrreq) (so, PRU_CONTROL,
451                                        cmd, data, ifp));
452     }
453     return (0);
454 }
                                                                    if.c
```

图6-12 函数ifioctl：特定协议的命令

447-454   函数将图6-10中所列ioctl命令的所有相关数据传给与请求指定的插口相关联的协议的用户请求函数。对于一个UDP插口，调用udp_usrreq。23.10节讨论udp_usrreq函数的细节。现在，我们仅需要查看udp_usrreq中的PRU_CONTROL代码：

```
if (req == PRU_CONTROL)
    return (in_control(so, (int)m, (caddr_t)addr, (struct ifnet *)control));
```

6.6.2 `in_control`函数

图6-11显示了通过soo_ioctl中的default或ifioctl中的与协议相关的情况，控制能到达in_control。在这两种情况中，udp_usrreq调用in_control，并返回in_control的返回值。图6-13显示了in_control。

132-145   so指向这个ioctl命令(由第二个参数cmd标识)指定的插口。第三个参数data指向命令所用或返回的数据(图6-10的第二列)。最后一个参数ifp为空(来自soo_ioctl的无接口ioctl)或指向结构ifreq或in_aliasreq中命名的接口(来自ifioctl的接口ioctl)。in_control初始化ifr和ifra来访问作为一个ifreq或in_aliasreq结构的data。

146-152   如果ifp指向一个ifnet结构，这个for循环找到与此接口关联的Internet地址列表中的第一个地址。如果发现一个地址，ia指向它的in_ifaddr结构；否则ia为空。

若ifp为空，cmd就不会匹配第一个switch中的任何情况；或第二个switch中任何非默认情况。在第二个switch中的default情况中，当ifp为空时，返回EOPNOTSUPP。

153-330   in_control中的第一个switch确保在第二个switch处理命令之前每个命令的前提条件都满足。在后面的章节会单独说明各个情况。

———————————————————————————————— *in.c*
```
132 in_control(so, cmd, data, ifp)
133 struct socket *so;
134 int      cmd;
135 caddr_t data;
136 struct ifnet *ifp;
137 {
138     struct ifreq *ifr = (struct ifreq *) data;
139     struct in_ifaddr *ia = 0;
140     struct ifaddr *ifa;
141     struct in_ifaddr *oia;
142     struct in_aliasreq *ifra = (struct in_aliasreq *) data;
143     struct sockaddr_in oldaddr;
144     int      error, hostIsNew, maskIsNew;
145     u_long  i;

146     /*
147      * Find address for this interface, if it exists.
148      */
149     if (ifp)
150         for (ia = in_ifaddr; ia; ia = ia->ia_next)
151             if (ia->ia_ifp == ifp)
152                 break;

153     switch (cmd) {

                    /* establish preconditions for commands */

218     }
219     switch (cmd) {

                    /* perform the commands */

326     default:
327         if (ifp == 0 || ifp->if_ioctl == 0)
328             return (EOPNOTSUPP);
329         return ((*ifp->if_ioctl) (ifp, cmd, data));
330     }
331     return (0);
332 }
```
———————————————————————————————— *in.c*

图6-13 函数in_control

如果在第二个switch中的default情况被执行，ifp指向一个接口结构；并且如果接口有一个if_ioctl函数，则in_control将ioctl命令传给这个接口进行设备的特定处理。

Net/3不定义任何会被default情况处理的接口命令。但是，一个特定设备的驱动程序可能会定义它自己的接口ioctl命令，并通过这个*case*来处理它们。

331-332 我们会看到这个switch语句中的很多情况都直接返回了。如果控制落到两个switch语句外，则in_control返回0。第二个switch中有几个case执行了跳出语句。

我们按照下面的顺序查看这个接口ioctl命令：
• 指派一个地址、网络掩码或目标地址；
• 指派一个广播地址；

- 取回一个地址、网络掩码、目标地址或广播地址；
- 给一个接口指派多播地址；
- 删除一个地址。

对于每组命令，在第一个switch语句中进行前提条件处理，然后在第二个switch语句中处理命令。

6.6.3 前提条件：SIOCSIFADDR、SIOCSIFNETMASK和SIOCSIFDSTADDR

图6-14显示了对SIOCSIFADDR、SIOCSIFNETMASK和SIOCSIFDSTADDR的前提条件检验。

```
                                                                        ─── in.c
166     case SIOCSIFADDR:
167     case SIOCSIFNETMASK:
168     case SIOCSIFDSTADDR:
169         if ((so->so_state & SS_PRIV) == 0)
170             return (EPERM);

171         if (ifp == 0)
172             panic("in_control");
173         if (ia == (struct in_ifaddr *) 0) {
174             oia = (struct in_ifaddr *)
175                 malloc(sizeof *oia, M_IFADDR, M_WAITOK);
176             if (oia == (struct in_ifaddr *) NULL)
177                 return (ENOBUFS);
178             bzero((caddr_t) oia, sizeof *oia);
179             if (ia = in_ifaddr) {
180                 for (; ia->ia_next; ia = ia->ia_next)
181                     continue;
182                 ia->ia_next = oia;
183             } else
184                 in_ifaddr = oia;
185             ia = oia;
186             if (ifa = ifp->if_addrlist) {
187                 for (; ifa->ifa_next; ifa = ifa->ifa_next)
188                     continue;
189                 ifa->ifa_next = (struct ifaddr *) ia;
190             } else
191                 ifp->if_addrlist = (struct ifaddr *) ia;

192             ia->ia_ifa.ifa_addr = (struct sockaddr *) &ia->ia_addr;
193             ia->ia_ifa.ifa_dstaddr
194                 = (struct sockaddr *) &ia->ia_dstaddr;
195             ia->ia_ifa.ifa_netmask
196                 = (struct sockaddr *) &ia->ia_sockmask;
197             ia->ia_sockmask.sin_len = 8;
198             if (ifp->if_flags & IFF_BROADCAST) {
199                 ia->ia_broadaddr.sin_len = sizeof(ia->ia_addr);
200                 ia->ia_broadaddr.sin_family = AF_INET;
201             }
202             ia->ia_ifp = ifp;
203             if (ifp != &loif)
204                 in_interfaces++;
205         }
206         break;
                                                                        ─── in.c
```

图6-14 函数in_control：地址指派

1. 仅用于超级用户

166-172 如果这个插口不是由一个超级用户进程创建的,这些命令被禁止,并且in_control返回EPERM。如果此请求没有关联的接口,内核调用panic。由于如果ifioctl不能找到一个接口,它就返回(图4-22),因此,panic从来不会被调用。

当一个超级用户进程创建一个插口时,socreate(图15-16)设置标志SS_PRIV。因为这里的检验是针对标志而不是有效的进程用户ID的,所以一个设置用户ID的根进程能创建一个插口,并且放弃它的超级用户权限,但仍然能发送有特权的ioctl命令。

2. 分配结构

173-191 如果ia为空,命令请求一个新的地址。in_control分配一个in_ifaddr结构,用bzero清除它,并且将它链接到系统的in_ifaddr列表中和此接口的if_addrlist列表中。

3. 初始化结构

192-206 代码的下一部分初始化in_ifaddr结构。首先,在此结构的ifaddr部分的通用指针被初始化为指向结构in_ifaddr中的结构sockaddr_in。必要时,此函数还初始化结构ia_sockmask和ia_broadaddr。图6-15说明了初始化后的结构in_ifaddr。

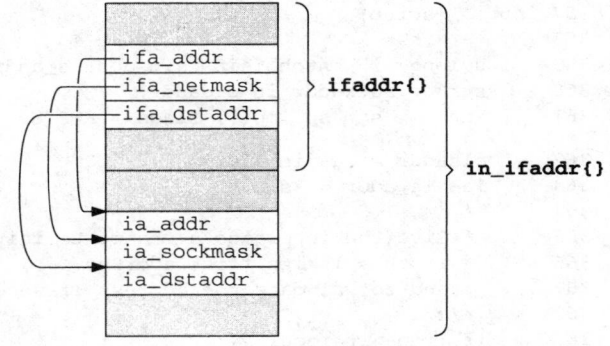

图6-15 被in_control初始化后的一个in_ifaddr结构

202-206 最后,in_control建立从in_ifaddr到此接口的ifnet结构的回指指针。

Net/3在in_interfaces中只统计非环回接口。

6.6.4 地址指派:SIOCSIFADDR

前提条件处理代码保证ia指向一个要被SIOCSIFADDR命令修改的in_ifaddr结构。图6-16显示了in_control第二个switch中处理这个命令的执行代码。

```
                                                                    in.c
259      case SIOCSIFADDR:
260          return (in_ifinit(ifp, ia,
261                   (struct sockaddr_in *) &ifr->ifr_addr, 1));
                                                                    in.c
```

图6-16 函数in_control:地址指派

159-261 in_ifinit完成所有的工作。IP地址包含在ifreq结构(ifr_addr)里传递给in_ifinit。

6.6.5 in_ifinit函数

in_ifinit的主要步骤是:
• 将地址复制到此结构并将此变化通知硬件;

- 忽略原地址配置的任何路由；
- 为这个地址建立一个子网掩码；
- 建立一个默认路由到连接的网络(或主机)；
- 将此接口加入所有主机组。

从图6-17开始分三个部分讨论这段代码。

353-357　in_ifinit的四个参数为：ifp，指向接口结构的指针；ia，指向要改变的
in_ifaddr结构的指针；sin，指向请求的IP地址的指针；scrub，指示这个接口如果存在
路由应该被忽略。i保存主机字节序的IP地址。

```
                                                                    in.c
353 in_ifinit(ifp, ia, sin, scrub)
354 struct ifnet *ifp;
355 struct in_ifaddr *ia;
356 struct sockaddr_in *sin;
357 int     scrub;
358 {
359     u_long  i = ntohl(sin->sin_addr.s_addr);
360     struct sockaddr_in oldaddr;
361     int     s = splimp(), flags = RTF_UP, error, ether_output();

362     oldaddr = ia->ia_addr;
363     ia->ia_addr = *sin;
364     /*
365      * Give the interface a chance to initialize
366      * if this is its first address,
367      * and to validate the address if necessary.
368      */
369     if (ifp->if_ioctl &&
370         (error = (*ifp->if_ioctl) (ifp, SIOCSIFADDR, (caddr_t) ia))) {
371         splx(s);
372         ia->ia_addr = oldaddr;
373         return (error);
374     }
375     if (ifp->if_output == ether_output) {    /* XXX: Another Kludge */
376         ia->ia_ifa.ifa_rtrequest = arp_rtrequest;
377         ia->ia_ifa.ifa_flags |= RTF_CLONING;
378     }
379     splx(s);
380     if (scrub) {
381         ia->ia_ifa.ifa_addr = (struct sockaddr *) &oldaddr;
382         in_ifscrub(ifp, ia);
383         ia->ia_ifa.ifa_addr = (struct sockaddr *) &ia->ia_addr;
384     }
                                                                    in.c
```

图6-17　函数in_ifinit：地址指派和路由初始化

1. 指派地址并通知硬件

358-374　in_control将原来的地址保存在oldaddr中，当发生差错时，必须恢复它。如
果接口定义了一个if_ioctl函数，则in_control调用它。相同接口的三个函数
leioctl、slioctl和loioctl在下一节讨论。如果发生差错，恢复原来的地址，并且
in_control返回。

2. 以太网配置

375-378　对于以太网设备，arp_rtrequest作为链路层路由函数被选择，并且设置
RTF_CLONING标志。arp_rtrequest在21.13节讨论，而RTF_CLONING在19.4节的最后

讨论。如XXX注释所建议,在此加入代码以避免改变所有以太网驱动程序。

3. 忽略原来的路由

379-384 如果调用者要求已存在的路由被清除,原地址被重新连接到ifa_addr,同时in_ifscrub找到并废除任何基于老地址的路由。in_ifscrub返回后,新地址被恢复。

in_ifinit显示在图6-18中的部分构造网络和子网掩码。

```
                                                                  in.c
385    if (IN_CLASSA(i))
386        ia->ia_netmask = IN_CLASSA_NET;
387    else if (IN_CLASSB(i))
388        ia->ia_netmask = IN_CLASSB_NET;
389    else
390        ia->ia_netmask = IN_CLASSC_NET;
391    /*
392     * The subnet mask usually includes at least the standard network part,
393     * but may may be smaller in the case of supernetting.
394     * If it is set, we believe it.
395     */
396    if (ia->ia_subnetmask == 0) {
397        ia->ia_subnetmask = ia->ia_netmask;
398        ia->ia_sockmask.sin_addr.s_addr = htonl(ia->ia_subnetmask);
399    } else
400        ia->ia_netmask &= ia->ia_subnetmask;
401    ia->ia_net = i & ia->ia_netmask;
402    ia->ia_subnet = i & ia->ia_subnetmask;
403    in_socktrim(&ia->ia_sockmask);
                                                                  in.c
```

图6-18 函数in_ifinit:网络和子网掩码

4. 构造网络掩码和默认子网掩码

385-400 根据地址是一个A类、B类或C类地址,在ia_netmask中构造了一个尝试性网络掩码。如果这个地址没有子网掩码,ia_subnetmask和ia_sockmask被初始化为ia_netmask中的尝试性掩码。

如果指定了一个子网,in_ifinit将这个尝试性网络掩码和这个已存在的子网掩码进行逻辑与运算来获得一个新的网络掩码。这个操作可能会清除该尝试性网络掩码中的一些1(它从来不设置0,因为0与任何值进行逻辑与都得到0)。在这种情况下,网络掩码比所考虑的地址类所期望的要少一些1。

> 这叫作超级联网,它在RFC 1519 [Fuller et al. 1993]中做了描述。一个超级网络是几个A类、B类或C类网络的一个群组。卷1的10.8节也讨论了超级联网。

一个接口默认配置为不划分子网(即网络和子网的掩码相同)。一个显式请求(用SIOCSIFNETMASK或SIOCAIFADDR)用来允许子网划分(或超级联网)。

5. 构造网络和子网数量

401-403 网络和子网数量通过网络和子网掩码从新地址中获得。函数in_socktrim通过查找掩码中包含1的最后一个字节来设置in_sockmask(是一个sockaddr_in结构)的长度。

图6-19显示了in_ifinit的最后一部分,它为接口添加了一个路由,并加入所有主机多播组。

6. 为主机或网络建立路由

404-422 下一步是为新地址所指定的网络创建一个路由。in_control从接口将路由度量

复制到结构in_ifaddr中。如果接口支持广播，则构造广播地址，并且把目的地址强制为分配给环回接口的地址。如果一个点对点接口没有一个指派给链路另一端的IP地址，则in_control在试图为这个无效地址建立路由前返回。

in_ifinit将flags初始化为RTF_UP，并与环回和点对点接口的RTF_HOST进行逻辑或。rtinit为此接口给这个网络(不设置RTF_HOST)或主机(设置RTF_HOST)安装一个路由。若rtinit安装成功，则设置ia_flags中的标志IFA_ROUTE，指示已给此地址安装了一个路由。

```
                                                                  ─ in.c
404      /*
405       * Add route for the network.
406       */
407      ia->ia_ifa.ifa_metric = ifp->if_metric;
408      if (ifp->if_flags & IFF_BROADCAST) {
409          ia->ia_broadaddr.sin_addr.s_addr =
410              htonl(ia->ia_subnet | ~ia->ia_subnetmask);
411          ia->ia_netbroadcast.s_addr =
412              htonl(ia->ia_net | ~ia->ia_netmask);
413      } else if (ifp->if_flags & IFF_LOOPBACK) {
414          ia->ia_ifa.ifa_dstaddr = ia->ia_ifa.ifa_addr;
415          flags |= RTF_HOST;
416      } else if (ifp->if_flags & IFF_POINTOPOINT) {
417          if (ia->ia_dstaddr.sin_family != AF_INET)
418              return (0);
419          flags |= RTF_HOST;
420      }
421      if ((error = rtinit(&(ia->ia_ifa), (int) RTM_ADD, flags)) == 0)
422          ia->ia_flags |= IFA_ROUTE;
423      /*
424       * If the interface supports multicast, join the "all hosts"
425       * multicast group on that interface.
426       */
427      if (ifp->if_flags & IFF_MULTICAST) {
428          struct in_addr addr;

429          addr.s_addr = htonl(INADDR_ALLHOSTS_GROUP);
430          in_addmulti(&addr, ifp);
431      }
432      return (error);
433  }
                                                                  ─ in.c
```

图6-19　函数in_ifinit：路由和多播组

7. 加入所有主机组

423-433　最后，一个有多播能力的接口当它被初始化时必须加入所有主机多播组。in_addmulti完成此工作，并在12.11节讨论。

6.6.6　网络掩码指派：**SIOCSIFNETMASK**

图6-20显示了网络掩码命令的处理。

```
                                                                  ─ in.c
262      case SIOCSIFNETMASK:
263          i = ifra->ifra_addr.sin_addr.s_addr;
264          ia->ia_subnetmask = ntohl(ia->ia_sockmask.sin_addr.s_addr = i);
265          break;
                                                                  ─ in.c
```

图6-20　函数in_control：网络掩码指派

262-265 in_control从ifreq结构中获取网络掩码，并将它以网络字节序保存在ia_sockmask中，以主机字节序保存在ia_subnetmask中。

6.6.7 目的地址指派：SIOCSIFDSTADDR

对于点对点接口，在链路另一端的系统的地址用SIOCSIFDSTADDR命令指定。图6-14显示了图6-21中的代码的前提条件处理。

```
                                                              in.c
236     case SIOCSIFDSTADDR:
237         if ((ifp->if_flags & IFF_POINTOPOINT) == 0)
238             return (EINVAL);
239         oldaddr = ia->ia_dstaddr;
240         ia->ia_dstaddr = *(struct sockaddr_in *) &ifr->ifr_dstaddr;
241         if (ifp->if_ioctl && (error = (*ifp->if_ioctl)
242                             (ifp, SIOCSIFDSTADDR, (caddr_t) ia))) {
243             ia->ia_dstaddr = oldaddr;
244             return (error);
245         }
246         if (ia->ia_flags & IFA_ROUTE) {
247             ia->ia_ifa.ifa_dstaddr = (struct sockaddr *) &oldaddr;
248             rtinit(&(ia->ia_ifa), (int) RTM_DELETE, RTF_HOST);
249             ia->ia_ifa.ifa_dstaddr =
250                 (struct sockaddr *) &ia->ia_dstaddr;
251             rtinit(&(ia->ia_ifa), (int) RTM_ADD, RTF_HOST | RTF_UP);
252         }
253         break;
                                                              in.c
```

图6-21 函数in_control：目的地址指派

236-245 只有点对点网络才有目的地址，因此对于其他网络，in_control返回EINVAL。将当前目的地址保存在oldaddr后，代码设置新地址，并通过函数if_ioctl通知硬件。如果发生差错，则恢复原地址。

246-253 如果地址原来有一个关联的路由，首先调用rtinit删除这个路由，并再次调用rtinit为新地址安装一个新路由。

6.6.8 获取接口信息

图6-22显示了命令SIOCSIFBRDADDR的前提条件处理，它同将接口信息返回给调用进程的ioctl命令一样。

```
                                                              in.c
207     case SIOCSIFBRDADDR:
208         if ((so->so_state & SS_PRIV) == 0)
209             return (EPERM);
210         /* FALLTHROUGH */

211     case SIOCGIFADDR:
212     case SIOCGIFNETMASK:
213     case SIOCGIFDSTADDR:
214     case SIOCGIFBRDADDR:
215         if (ia == (struct in_ifaddr *) 0)
216             return (EADDRNOTAVAIL);
217         break;
                                                              in.c
```

图6-22 函数in_control：前提条件处理

207-217 广播地址只能通过一个超级用户进程创建的插口来设置。命令SIOCSIFBRDADDR
和4个SIOCGxxx命令仅当已经为此接口定义了一个地址时才起作用，在这种情况下，ia不会
为空(ia被in_control设置，图6-13)。如果ia为空，返回EADDRNOTAVAIL。

这5个命令(4个*get*命令和一个*set*命令)的处理显示在图6-23中。

```
──────────────────────────────────────────────────────────── in.c
220        case SIOCGIFADDR:
221            *((struct sockaddr_in *) &ifr->ifr_addr) = ia->ia_addr;
222            break;

223        case SIOCGIFBRDADDR:
224            if ((ifp->if_flags & IFF_BROADCAST) == 0)
225                return (EINVAL);
226            *((struct sockaddr_in *) &ifr->ifr_dstaddr) = ia->ia_broadaddr;
227            break;

228        case SIOCGIFDSTADDR:
229            if ((ifp->if_flags & IFF_POINTOPOINT) == 0)
230                return (EINVAL);
231            *((struct sockaddr_in *) &ifr->ifr_dstaddr) = ia->ia_dstaddr;
232            break;

233        case SIOCGIFNETMASK:
234            *((struct sockaddr_in *) &ifr->ifr_addr) = ia->ia_sockmask;
235            break;


                /* processing for SIOCSIFDSTADDR command (Figure 6.21) */


254        case SIOCSIFBRDADDR:
255            if ((ifp->if_flags & IFF_BROADCAST) == 0)
256                return (EINVAL);
257            ia->ia_broadaddr = *(struct sockaddr_in *) &ifr->ifr_broadaddr;
258            break;
──────────────────────────────────────────────────────────── in.c
```

图6-23 函数in_control：处理

220-235   将单播地址、广播地址、目的地址或者网络掩码复制到ifreq结构。只有网络接
口支持广播，广播地址才有效；并且只有点对点接口，目的地址才有效。
254-258 仅当接口支持广播，才从结构ifreq中复制广播地址。

6.6.9 每个接口多个IP地址

SIOCGxxx和SIOCSxxx命令只操作与一个接口关联的第一个IP地址——在in_control
开头的循环找到的第一个地址(图6-25)。为支持每个接口的多个IP地址，必须用
SIOCAIFADDR命令指派和配置其他的地址。实际上，SIOCAIFADDR能完成所有SIOCGxxx
和SIOCSxxx命令能完成的操作。程序ifconfig使用SIOCAIFADDR来配置一个接口的所有
地址信息。

如前所述，每个接口有多个地址便于在主机或网络改号时过渡。一个容错软件系统可能
使用这个特性来准许一个备份系统充当一个故障系统的IP地址。

Net/3的ifconfig程序的-alias选项将存放在一个in_aliasreq中的其他地址的相关
信息传递给内核，如图6-24所示。

```
                                                                     ── in_var.h
59 struct in_aliasreq {
60      char    ifra_name[IFNAMSIZ];    /* interface name, e.g. "en0" */
61      struct sockaddr_in ifra_addr;
62      struct sockaddr_in ifra_broadaddr;
63 #define ifra_dstaddr ifra_broadaddr
64      struct sockaddr_in ifra_mask;
65 };
                                                                     ── in_var.h
```

图6-24 结构in_aliasreq

59-65 注意，不像结构ifreq，在结构in_aliasreq中没有定义联合。在一个单独的ioctl调用中可以为SIOCAIFADDR指定地址、广播地址和掩码。

SIOCAIFADDR增加一个新地址或修改一个已存在地址的相关信息。SIOCDIFADDR删除匹配的IP地址的in_ifaddr结构。图6-25显示命令SIOCAIFADDR和SIOCDIFADDR的前提条件处理，它假设在in_control(图6-13)开头的循环已经将ia设置为指向与ifra_name(如果存在)指定的接口关联的第一个IP地址。

```
                                                                     ── in.c
154      case SIOCAIFADDR:
155      case SIOCDIFADDR:
156          if (ifra->ifra_addr.sin_family == AF_INET)
157              for (oia = ia; ia; ia = ia->ia_next) {
158                  if (ia->ia_ifp == ifp &&
159                      ia->ia_addr.sin_addr.s_addr ==
160                      ifra->ifra_addr.sin_addr.s_addr)
161                      break;
162              }
163          if (cmd == SIOCDIFADDR && ia == 0)
164              return (EADDRNOTAVAIL);
165          /* FALLTHROUGH to Figure 6.14 */
                                                                     ── in.c
```

图6-25 函数in_control：添加和删除地址

154-165 因为SIOCDIFADDR代码只查看*ifra的前两个成员，图6-25所示的代码用于处理SIOCAIFADDR(当ifra指向一个in_aliasreq结构时)和SIOCDIFADDR(当ifra指向一个ifreq结构时)。结构in_aliasreq和ifreq的前两个成员是一样的。

对于这两个命令，in_control开头的循环启动for循环不断地查找与ifra->ifra_addr指定的IP地址相同的in_ifaddr结构。对于删除命令，如果地址没有找到，则返回EADDRNOTAVAIL。

在这个处理删除命令的循环和检验后，控制落到我们在图6-14中讨论的代码之外。对于添加命令，图6-14的代码若找不到一个与in_aliasreq结构中地址匹配的地址，就分配一个新in_ifaddr结构。

6.6.10 附加IP地址：SIOCAIFADDR

这时ia指向一个新的in_ifaddr结构或一个包含与请求地址匹配的IP地址的旧in_ifaddr结构。SIOCAIFADDR的处理显示在图6-26中。

266-277 因为SIOCAIFADDR能创建一个新地址或修改一个已存在地址的相关信息，标志maskIsNew和hostIsNew跟踪变化的情况。这样，在这个函数结束时，如果必要，能更新路由。

```
266        case SIOCAIFADDR:                                          in.c
267            maskIsNew = 0;
268            hostIsNew = 1;
269            error = 0;
270            if (ia->ia_addr.sin_family == AF_INET) {
271                if (ifra->ifra_addr.sin_len == 0) {
272                    ifra->ifra_addr = ia->ia_addr;
273                    hostIsNew = 0;
274                } else if (ifra->ifra_addr.sin_addr.s_addr ==
275                            ia->ia_addr.sin_addr.s_addr)
276                    hostIsNew = 0;
277            }
278            if (ifra->ifra_mask.sin_len) {
279                in_ifscrub(ifp, ia);
280                ia->ia_sockmask = ifra->ifra_mask;
281                ia->ia_subnetmask =
282                    ntohl(ia->ia_sockmask.sin_addr.s_addr);
283                maskIsNew = 1;
284            }
285            if ((ifp->if_flags & IFF_POINTOPOINT) &&
286                (ifra->ifra_dstaddr.sin_family == AF_INET)) {
287                in_ifscrub(ifp, ia);
288                ia->ia_dstaddr = ifra->ifra_dstaddr;
289                maskIsNew = 1;        /* We lie; but the effect's the same */
290            }
291            if (ifra->ifra_addr.sin_family == AF_INET &&
292                (hostIsNew || maskIsNew))
293                error = in_ifinit(ifp, ia, &ifra->ifra_addr, 0);
294            if ((ifp->if_flags & IFF_BROADCAST) &&
295                (ifra->ifra_broadaddr.sin_family == AF_INET))
296                ia->ia_broadaddr = ifra->ifra_broadaddr;
297            return (error);
                                                                       in.c
```

图6-26 函数in_control：SIOCAIFADDR处理

代码在默认方式下取一个新的IP地址指派给接口(hostIsNew以1开始)。如果新地址的长度为0，in_control将当前地址复制到请求中，并将hostIsNew修改为0。如果长度不是0，并且新地址与老地址匹配，则这个请求不包含一个新地址，并且hostIsNew被设置为0。

278-284   如果在这个请求中指定一个网络掩码，则任何使用此当前地址的路由被忽略，并且in_control安装此新掩码。

285-290   如果接口是一个点对点接口，并且此请求包括一个新目的地址，则in_scrub忽略任何使用此地址的路由，新目的地址被安装，并且maskIsNew被设置为1，以强制调用in_ifinit来重配置接口。

291-297   如果配置了一个新地址或指派了一个新掩码，则in_ifinit做适当的修改来支持新的配置(图6-17)。注意，in_ifinit的最后一个参数为0。这表示已注意到这一点，不必刷新所有路由。最后，如果接口支持广播，则从in_aliasreq结构复制广播地址。

6.6.11 删除IP地址：**SIOCDIFADDR**

命令SIOCDIFADDR从一个接口删除IP地址，如图6-27所示。记住，ia指向要被删除的in_ifaddr结构(即，与请求匹配的)。

```
298         case SIOCDIFADDR:
299             in_ifscrub(ifp, ia);
300             if ((ifa = ifp->if_addrlist) == (struct ifaddr *) ia)
301                 /* ia is the first address in the list */
302                 ifp->if_addrlist = ifa->ifa_next;
303             else {
304                 /* ia is *not* the first address in the list */
305                 while (ifa->ifa_next &&
306                         (ifa->ifa_next != (struct ifaddr *) ia))
307                     ifa = ifa->ifa_next;
308                 if (ifa->ifa_next)
309                     ifa->ifa_next = ((struct ifaddr *) ia)->ifa_next;
310                 else
311                     printf("Couldn't unlink inifaddr from ifp\n");
312             }
313             oia = ia;
314             if (oia == (ia = in_ifaddr))
315                 in_ifaddr = ia->ia_next;
316             else {
317                 while (ia->ia_next && (ia->ia_next != oia))
318                     ia = ia->ia_next;
319                 if (ia->ia_next)
320                     ia->ia_next = oia->ia_next;
321                 else
322                     printf("Didn't unlink inifadr from list\n");
323             }
324             IFAFREE((&oia->ia_ifa));
325             break;
```
in.c

图6-27 in_control函数：删除地址

298-323 前提条件处理代码将ia指向要删除的地址。`in_ifscrub`删除任何与此地址关联的路由。第一个`if`删除接口地址列表的结构。第二个`if`删除来自Internet地址列表(`in_ifaddr`)的结构。

324-325 `IFAFREE`只在引用计数降到0时才释放此结构。

其他引用可能来自路由表中的各项。

6.7 接口ioctl处理

我们现在查看当一个地址被分配给接口时的专用ioctl处理，对于我们的每个例子接口，这个处理分别在函数`leioctl`、`slioctl`和`loioctl`中。

`in_ifinit`通过图6-16中的SIOCSIFADDR代码和图6-26中的SIOCAIFADDR代码调用。`in_ifinit`总是通过接口的`if_ioctl`函数发送SIOCSIFADDR命令(图6-17)。

6.7.1 leioctl函数

图4-31显示了LANCE驱动程序的SIOCSIFFLAGS命令的处理。图6-28显示了SIOCSIFADDR命令的处理。

614-637 在处理命令前，data转换成一个ifaddr结构指针，并且`ifp->if_unit`为此请求选择相应的le_softc结构。

`leinit`将接口标志为启动并初始化硬件。对于Internet地址，IP地址保存在arpcom结构中，并且为此地址发送一个免费ARP。免费ARP在21.5节和卷1的4.7节中讨论。

未识别命令

627-677 对于未识别命令，返回EINVAL。

```
                                                                    —— if_le.c
614 leioctl(ifp, cmd, data)
615 struct ifnet *ifp;
616 int     cmd;
617 caddr_t data;
618 {
619     struct ifaddr *ifa = (struct ifaddr *) data;
620     struct le_softc *le = &le_softc[ifp->if_unit];
621     struct lereg1 *ler1 = le->sc_r1;
622     int     s = splimp(), error = 0;

623     switch (cmd) {
624     case SIOCSIFADDR:
625         ifp->if_flags |= IFF_UP;
626         switch (ifa->ifa_addr->sa_family) {
627         case AF_INET:
628             leinit(ifp->if_unit);    /* before arpwhohas */
629             ((struct arpcom *) ifp)->ac_ipaddr =
630                 IA_SIN(ifa)->sin_addr;
631             arpwhohas((struct arpcom *) ifp, &IA_SIN(ifa)->sin_addr);
632             break;
633         default:
634             leinit(ifp->if_unit);
635             break;
636         }
637         break;

                    /* SIOCSIFFLAGS command (Figure 4.31) */
                /* SIOCADDMULTI and SIOCDELMULTI commands (Figure 12.31) */

672     default:
673         error = EINVAL;
674     }
675     splx(s);
676     return (error);
677 }
                                                                    —— if_le.c
```

图6-28 函数leioctl

6.7.2 slioctl函数

函数slioctl(图6-29)为SLIP设备驱动器处理命令SIOCSIFADDR和SIOCSIFDSTADDR。

```
                                                                    —— if_sl.c
653 int
654 slioctl(ifp, cmd, data)
655 struct ifnet *ifp;
656 int     cmd;
657 caddr_t data;
658 {
659     struct ifaddr *ifa = (struct ifaddr *) data;
660     struct ifreq *ifr;
661     int     s = splimp(), error = 0;

662     switch (cmd) {
```

图6-29 函数slioctld：命令SIOCSIFADDR和SIOCSIFDSTADDR

```
663     case SIOCSIFADDR:
664         if (ifa->ifa_addr->sa_family == AF_INET)
665             ifp->if_flags |= IFF_UP;
666         else
667             error = EAFNOSUPPORT;
668         break;

669     case SIOCSIFDSTADDR:
670         if (ifa->ifa_addr->sa_family != AF_INET)
671             error = EAFNOSUPPORT;
672         break;

        /* SIOCADDMULTI and SIOCDELMULTI commands (Figure 12.29)*/

688     default:
689         error = EINVAL;
690     }
691     splx(s);
692     return (error);
693 }
```
— if_sl.c

图6-29 （续）

663-672 对于这两个命令，如果地址不是一个IP地址，则返回EAFNOSUPPORT。
SIOCSIFADDR命令设置IFF_UP。

未识别命令

688-693 对于未识别命令，返回EINVAL。

6.7.3 loioctl函数

函数loioctl和它的SIOCSIFADDR命令的实现显示在图6-30中。

— *if_loop.c*
```
135 int
136 loioctl(ifp, cmd, data)
137 struct ifnet *ifp;
138 int     cmd;
139 caddr_t data;
140 {
141     struct ifaddr *ifa;
142     struct ifreq *ifr;
143     int     error = 0;

144     switch (cmd) {
145     case SIOCSIFADDR:
146         ifp->if_flags |= IFF_UP;
147         ifa = (struct ifaddr *) data;
148         /*
149          * Everything else is done at a higher level.
150          */
151         break;

        /* SIOCADDMULTI and SIOCDELMULTI commands (Figure 12.30) */
```

图6-30 函数loioctl：命令SIOCSIFADDR

```
167        default:
168            error = EINVAL;
169        }
170        return (error);
171  }
```
if_loop.c

图6-30 （续）

135-151 对于Internet地址，loioctl设置IFF_UP，并立即返回。

未识别命令

167-171 对于未识别命令，返回EINVAL。

注意，对于所有这三个例子驱动程序，指派一个地址会导致接口被标记为启用(IFF_UP)。

6.8 Internet实用函数

图6-31列出了几个操作Internet地址或依赖于图6-5中ifnet结构的函数，它们通常用于发现不能单从32位IP地址中获得的子网信息。这些函数的实现主要包括数据结构的转换和操作位掩码。读者在netinet/in.c中可以找到这些函数。

函　　数	说　　明
in_netof	返回*in*中的网络和子网部分。主机比特被设置为0。对于D类地址，返回D类前缀比特和用于多播组的0比特 u_long **in_netof**(struct in_addr *in*);
in_canforward	如果地址为*in*的IP分组有资格转发，则返回真。D类和E类地址、环回网络地址和有一个为0网络号的地址不能转发 int **in_canforward**(struct in_addr *in*);
in_localaddr	如果主机*in*被定位在一个直接连接的网络，则返回真。如果全局变量subnetsarelocal非0，则所有直接连接的网络的子网也被认为是本地的 int **in_localaddr**(struct in_addr *in*);
in_broadcast	如果*in*是一个由*ifp*指向的接口所关联的广播地址，则返回真 int **in_broadcast**(struct in_addr *in*, struct ifnet **ifp*);

图6-31　Internet地址函数

Net/2在in_canforward中有一个错误：它允许转发环回地址。因为大多数Net/2系统被配置为只承认一个环回地址，如127.0.0.1，Net/2系统常沿着默认路由在环回网络中转发其他地址(例如127.0.0.2)。

一个到127.0.0.2的telnet可能不是你所希望的(见习题6.6)。

6.9 **ifnet实用函数**

几个查找数据结构的函数显示在图6-5中。列于图6-32的函数接受任何协议族类的地址，因为它们的参数是指向一个sockaddr结构的指针，这个结构中包含有地址族类。与图6-31中的函数比较，在那里的每个函数将32 bit的IP地址作为一个参数。这些函数定义在文件net/if.c中。

函　　数	说　　明
ifa_ifwithaddr	在ifnet列表中查找有一个单播或广播地址*addr*的接口。返回一个指向这个匹配的ifaddr结构的指针；或者若没有找到，则返回一个空指针 struct ifaddr * **ifa_ifwithaddr**(struct sockaddr *addr);
ifa_ifwithdstaddr	在ifnet列表中查找目的地址为*addr*的接口。返回一个指向这个匹配的ifaddr结构的指针；或者若没有找到，则返回一个空指针 struct ifaddr * **ifa_ifwithdstaddr**(struct sockaddr *addr);
ifa_ifwithnet	在ifnet列表中查找与*addr*同一网络的地址。返回匹配的ifaddr结构的指针；或者若没有找到，则返回一个空指针 struct ifaddr * **ifa_ifwithnet**(struct sockaddr *addr);
ifa_ifwithaf	在ifnet列表中查找与*add*具有相同地址族类的第一个地址。返回匹配的ifaddr结构的指针；或者若没有找到，则返回一个空指针 struct ifaddr * **ifa_ifwithaf**(struct sockaddr *addr);
ifaof_ifpforaddr	在*ifp*列表中查找与*addr*匹配的地址。用于精确匹配的引用次序为：一个点对点链路上的目的地址、一个同一网络上的地址和一个在同一地址族类的地址，则返回匹配的ifaddr结构的指针；或者若没有找到，则返回一个空指针 struct **ifaddr** * **ifaof_ifpforaddr**(struct sockaddr *addr, struct ifnet *ifp);
ifa_ifwithroute	返回目的地址(dst)和网关地址(gateway)指定的相应的本地接口的ifaddr结构的指针 struct **ifaddr** * **ifa_ifwithroute**(int *flags*, struct sockaddr *dst*, struct sockaddr *gateway*);
ifunit	返回与*name*关联的ifnet结构的指针 struct ifnet * **ifunit**(char *name*);

图6-32　ifnet实用函数

6.10　小结

在本章中，我们概述了IP编址机制，并且说明了IP专用的接口地址结构和协议地址结构：结构in_ifaddr和sockaddr_in。

我们讨论了如何通过程序ifconfig和ioctl接口命令来配置接口的IP专用信息。

最后，我们总结了几个操作IP地址和查找接口数据结构的实用函数。

习题

6.1　你认为为什么在结构sockaddr_in中的sin_addr最初定义为一个结构？

6.2　ifunit("sl0")返回的指针指向图6-5中的哪个结构？

6.3　当IP地址已经包含在接口的地址列表中的一个ifaddr结构中时，为什么还要在ac_ipaddr中备份？

6.4　你认为为什么IP接口地址要通过一个UDP插口而不是一个原始的IP插口来访问？

6.5　为什么in_socktrim要修改sin_len来匹配掩码的长度，而不使用一个sockaddr_in结构的标准长度？

6.6　当一个telnet 127.0.0.2命令中的连接请求部分被一个Net/2系统错误地转发，并且最后被认可，同时还被默认路由上的一个系统所接收时，会发生什么情况？

第7章 域和协议

7.1 引言

在本章中，我们讨论支持同时操作多个网络协议的Net/3数据结构。用Internet协议来说明在系统初始化时这些数据结构的构造和初始化。本章为我们讨论IP协议处理层提供必要的背景资料，IP协议处理层在第8章讨论。

Net/3组把协议关联到一个域中，并且用一个协议族常量来标识每个域。Net/3还通过所使用的编址方法将协议分组。回忆图3-19，地址族也有标识常量。当前，在一个域中的每个协议使用同类地址，并且每种地址只被一个域使用。作为结果，一个域能通过它的协议族或地址族常量唯一标识。图7-1列出了我们讨论的协议和常量。

协 议 族	地 址 族	协 议
PF_INET	AF_INET	Internet
PF_OSI, PF_ISO	AF_OSI, AF_ISO	OSI
PF_LOCAL, PF_UNIX	AF_LOCAL, AF_UNIX	本地IPC(Unix)
PF_ROUTE	AF_ROUTE	路由表
n/a	AF_LINK	链路层（例如以太网）

图7-1 公共的协议和地址族常量

PF_LOCAL和AF_LOCAL是支持同一主机上进程间通信的协议的主要标识，它们是POSIX.12标准的一部分。在Net/3以前，用PF_UNIX和AF_UNIX标识这些协议。在Net/3中保留UNIX常量，用于向后兼容，并且要在本书中讨论。

PF_UNIX域支持在一个单独的Unix主机上的进程间通信。细节见[Stevens 1990]。PF_ROUTE域支持在一个进程和内核中路由软件间的通信(第18章)。我们偶尔引用PF_OSI协议，它作为Net/3特性仅支持OSI协议，但我们不讨论它们的细节。大多数讨论是关于PF_INET协议的。

7.2 代码介绍

本章涉及两个头文件和两个C文件。图7-2描述了这4个文件。

文 件	说 明
netinet/domain.h	domain结构定义
netinet/protosw.h	protosw结构定义
netinet/in_proto.c	IP domain和protosw结构
kern/uipc_domain.c	初始化和查找函数

图7-2 在本章中讨论的文件

7.2.1 全局变量

图7-3描述了几个重要的全局数据结构和系统参数，它们在本章中讨论，并经常在Net/3中引用。

变　　量	数据类型	说　　明
domain	struct domain *	链接的域列表
inetdomain	struct domain	Internet协议的domain结构
inetsw	struct protosw[]	Internet协议的protosw结构数组
max_linkhdr	int	见图7-17
max_protohdr	int	见图7-17
max_hdr	int	见图7-17
max_datalen	int	见图7-17

图7-3　在本章中介绍的全局变量

7.2.2 统计量

除了图7-4显示的由函数ip_init分配和初始化的统计量表，本章讨论的代码没有收集其他统计量。通过一个内核调试工具是查看这个表的唯一方法。

变　　量	数据类型	说　　明
ip_ifmatrix	int[][]	二维数组，用来统计在任意两个接口间传送的分组数

图7-4　在本章中收集的统计量

7.3　domain结构

一个协议域由一个图7-5所示的domain结构来表示。

```
                                                          ———— domain.h
42 struct domain {
43     int     dom_family;          /* AF_xxx */
44     char    *dom_name;
45     void    (*dom_init)          /* initialize domain data structures */
46             (void);
47     int     (*dom_externalize)   /* externalize access rights */
48             (struct mbuf *);
49     int     (*dom_dispose)       /* dispose of internalized rights */
50             (struct mbuf *);
51     struct protosw *dom_protosw, *dom_protoswNPROTOSW;
52     struct domain *dom_next;
53     int     (*dom_rtattach)      /* initialize routing table */
54             (void **, int);
55     int     dom_rtoffset;        /* an arg to rtattach, in bits */
56     int     dom_maxrtkey;        /* for routing layer */
57 };
                                                          ———— domain.h
```

图7-5　结构domain的定义

42-57 dom_family是一个地址族常量(例如AF_INET)，它指示在此域中协议使用的编址方式。dom_name是此域的一个文本名称(例如"internet")。

除了程序fstat (1)在它格式化插口信息时使用dom_name外，成员dom_name
不被Net/3内核的任何部分访问。

dom_init指向初始化此域的函数。dom_externalize和dom_dispose指向那些管
理通过此域内通信路径发送的访问权限的函数。Unix域实现这个特性在进程间传递文件描述
符。Internet域不实现访问权限。

dom_protosw和dom_protoswNPROTOSW指向一个protosw结构的数组的起始和结
束。dom_next指向在一个内核支持的域链表中的下一个域。包含所有域的链表通过全局指
针domains来访问。

接下来的三个成员，dom_rtattach、dom_rtoffset和dom_maxrtkey保存此域的
路由信息。它们在第18章讨论。

图7-6显示了一个domains列表的例子。

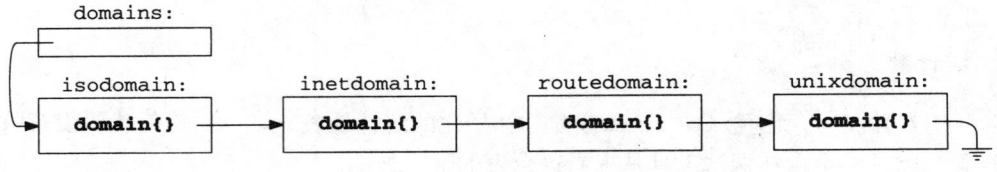

图7-6 domains列表

7.4 protosw结构

在编译期间，Net/3为内核中的每个协议分配一个protosw结构并初始化，同时将在一个域
中的所有协议的这个结构组织到一个数组中。每个domain结构引用相应的protosw结构数组。
一个内核可以通过提供多个protosw项为同一协议提供多个接口。Protosw结构的定义见图7-7。

```
                                                                    ── protosw.h
57 struct protosw {
58      short    pr_type;              /* see (Figure 7.8) */
59      struct domain *pr_domain;      /* domain protocol a member of */
60      short    pr_protocol;          /* protocol number */
61      short    pr_flags;             /* see Figure 7.9 */
62 /* protocol-protocol hooks */
63      void     (*pr_input) ();       /* input to protocol (from below) */
64      int      (*pr_output) ();      /* output to protocol (from above) */
65      void     (*pr_ctlinput) ();    /* control input (from below) */
66      int      (*pr_ctloutput) ();   /* control output (from above) */
67 /* user-protocol hook */
68      int      (*pr_usrreq) ();      /* user request from process */
69 /* utility hooks */
70      void     (*pr_init) ();        /* initialization hook */
71      void     (*pr_fasttimo) ();    /* fast timeout (200ms) */
72      void     (*pr_slowtimo) ();    /* slow timeout (500ms) */
73      void     (*pr_drain) ();       /* flush any excess space possible */
74      int      (*pr_sysctl) ();      /* sysctl for protocol */
75 };
                                                                    ── protosw.h
```

图7-7 protosw结构的定义

57-61   此结构中的前4个成员用来标识和表征协议。pr_type指示协议的通信语义。图7-8

列出了pr_type可能的值和对应的Internet协议。

pr_type	协议语义	Internet协议
SOCK_STREAM	可靠的双向字节流服务	TCP
SOCK_DGRAM	最好的运输层数据报服务	UDP
SOCK_RAW	最好的网络层数据报服务	ICMP，IGMP，原始IP
SOCK_RDM	可靠的数据报服务（未实现）	n/a
SOCK_SEQPACKET	可靠的双向记录流服务	n/a

图7-8 pr_type指明协议的语义

pr_domain指向相关的domain结构，pr_protocol为域中协议的编号，pr_flags标识协议的附加特征。图7-9列出了pr_flags的可能值。

pr_flags	说 明
PR_ATOMIC	每个进程请求映射为一个单个的协议请求
PR_ADDR	协议在每个数据报中都传递地址
PR_CONNREQUIRED	协议是面向连接的
PR_WANTRCVD	当一个进程接收到数据时通知协议
PR_RIGHTS	协议支持访问权限

图7-9 pr_flags的值

如果一个协议支持PR_ADDR，必须也支持PR_ATOMIC。PR_ADDR和PR_CONNREQUIRED是互斥的。

当设置了PR_WANTRCVD，并当插口层将插口接收缓存中的数据传递给一个进程时(即当在接收缓存中有更多空间可用时)，它通知协议层。

PR_RIGHTS指示访问权限控制报文能通过连接来传递。访问权限要求内核中的其他支持来确保在接收进程没有销毁报文时能完成正确的清除工作。仅Unix域支持访问权限，在那里它们用来在进程间传递描述符。

图7-10所示的是协议类型、协议标志和协议语义间的关系。

pr_type	PR_			是否有记录边界	可靠否	举 例	
	ADDR	ATOMIC	CONNREQUIRED			Internet	其他
SOCK_STREAM			•	否	•	TCP	SPP
SOCK_SEQPACKET		•	•	显式	•		TP4
			•	隐式	•		SPP
SOCK_RDM		•		隐式	见正文		RDP
SOCK_DGRAM	•	•		隐式		UDP	
SOCK_RAW	•	•		隐式		ICMP	

图7-10 协议特征和举例

图7-10不包括标志PR_WANTRCVD和PR_RIGHTS。对于可靠的面向连接的协议，PR_WANTRCVD总是被设置。

为了理解Net/3中一个protosw项的通信语义，我们必须要一起考虑PRxxx标志和pr_type。在图7-10中，我们用两列("是否有记录边界"和"可靠否")来描述由pr_type

隐式指示的语义。图7-10显示了可靠协议的三种类型：

- 面向连接的字节流协议，如TCP和SPP(源于XNS协议族)。这些协议用SOCK_STREAM标识。
- 有记录边界的面向连接的流协议用SOCK_SEQPACKET标识。在这种协议类型中，PR_ATOMIC指示记录是否由每个输出请求隐式地指定，或者显式地通过在输出中设置标志MSG_EOR来指定。

  SPP同时支持语义SOCK_STREAM和SOCK_SEQPACKET。

- 第三种可靠协议提供一个有隐式记录边界的面向连接服务，它由SOCK_RDM标识。RDP不保证按照记录发送的顺序接收记录。RDP在[Partridge 1987]中讨论并在RFC 115 [Partridge and Hinden 1990]中被描述。

  两种不可靠协议显示在图7-10中：

- 一个运输层数据报协议，如UDP，它包括复用和检验和，由SOCK_DGRAM指定。
- 一个网络层数据报协议，如ICMP，它由SOCK_RAW指定。在Net/3中，只有超级用户进程才能创建一个SOCK_RAW插口(图15-8)。

62-68 接着的5个成员是函数指针，用来提供从其他协议对此协议的访问。pr_input处理从一个低层协议输入的数据，pr_output处理从一个高层协议输出的数据，pr_ctlinput处理来自下层的控制信息，而pr_ctloutput处理来自上层的控制信息。pr_usrreq处理来自进程的所有通信请求。如图7-11所示。

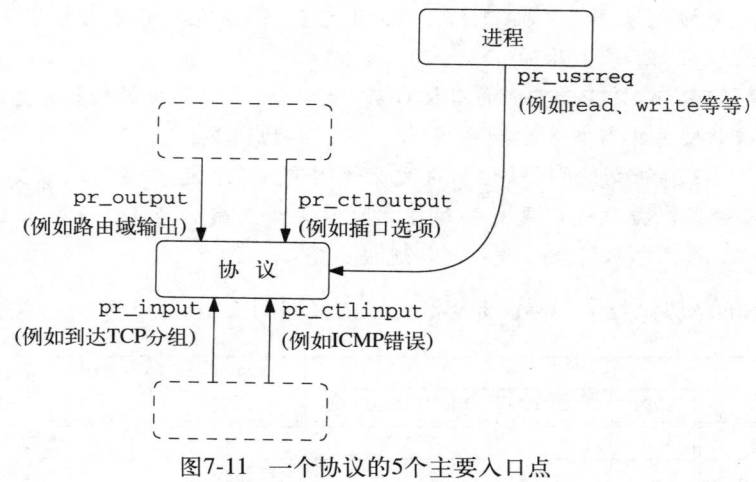

图7-11 一个协议的5个主要入口点

69-75 剩下的5个成员是协议的实用函数。pr_init处理初始化。pr_fasttimo和pr_slowtimo分别每200 ms和500 ms被调用来执行周期性的协议函数，如更新重传定时器。pr_drain在内存缺乏时被m_reclaim调用(图2-13)。它请求协议释放尽可能多的内存。pr_sysctl为sysctl(8)命令提供一个接口，一种修改系统范围的参数的方式，如允许转发分组或UDP检验和计算。

7.5 IP的domain和protosw结构

声明所有协议的结构domain和protosw，并进行静态初始化。对于Internet协议，inetsw数组包含protosw结构。图7-12总结了在数组inetsw中的协议信息。图7-13显示了

Internet协议的数组定义和domain结构的定义。

inetsw[]	pr_protocol	pr_type	说　　明	缩　　写
0	*0*	*0*	Internet协议	IP
1	*IPPROTO_UDP*	*SOCK_DGRAM*	用户数据报协议	UDP
2	*IPPROTO_TCP*	*SOCK_STREAM*	传输控制协议	TCP
3	*IPPROTO_RAW*	*SOCK_RAW*	Internet协议(原始)	IP(原始)
4	*IPPROTO_ICMP*	*SOCK_RAW*	Internet控制报文协议	ICMP
5	*IPPROTO_IGMP*	*SOCK_RAW*	Internet组管理协议	IGMP
6	*0*	*SOCK_RAW*	Internet协议(原始、默认)	IP(原始)

图7-12　Internet域协议

```
                                                                  in_proto.c
39 struct protosw inetsw[] =
40 {
41     {0, &inetdomain, 0, 0,
42      0, ip_output, 0, 0,
43      0,
44      ip_init, 0, ip_slowtimo, ip_drain, ip_sysctl
45     },
46     {SOCK_DGRAM, &inetdomain, IPPROTO_UDP, PR_ATOMIC | PR_ADDR,
47      udp_input, 0, udp_ctlinput, ip_ctloutput,
48      udp_usrreq,
49      udp_init, 0, 0, 0, udp_sysctl
50     },
51     {SOCK_STREAM, &inetdomain, IPPROTO_TCP, PR_CONNREQUIRED | PR_WANTRCVD,
52      tcp_input, 0, tcp_ctlinput, tcp_ctloutput,
53      tcp_usrreq,
54      tcp_init, tcp_fasttimo, tcp_slowtimo, tcp_drain,
55     },
56     {SOCK_RAW, &inetdomain, IPPROTO_RAW, PR_ATOMIC | PR_ADDR,
57      rip_input, rip_output, 0, rip_ctloutput,
58      rip_usrreq,
59      0, 0, 0, 0,
60     },
61     {SOCK_RAW, &inetdomain, IPPROTO_ICMP, PR_ATOMIC | PR_ADDR,
62      icmp_input, rip_output, 0, rip_ctloutput,
63      rip_usrreq,
64      0, 0, 0, 0, icmp_sysctl
65     },
66     {SOCK_RAW, &inetdomain, IPPROTO_IGMP, PR_ATOMIC | PR_ADDR,
67      igmp_input, rip_output, 0, rip_ctloutput,
68      rip_usrreq,
69      igmp_init, igmp_fasttimo, 0, 0,
70     },
71     /* raw wildcard */
72     {SOCK_RAW, &inetdomain, 0, PR_ATOMIC | PR_ADDR,
73      rip_input, rip_output, 0, rip_ctloutput,
74      rip_usrreq,
75      rip_init, 0, 0, 0,
76     },
77 };

78 struct domain inetdomain =
79 {AF_INET, "internet", 0, 0, 0,
80  inetsw, &inetsw[sizeof(inetsw) / sizeof(inetsw[0])], 0,
81  rn_inithead, 32, sizeof(struct sockaddr_in)};
                                                                  in_proto.c
```

图7-13　Internet 的domain和protosw结构

39-77　在inetsw数组中的3个protosw结构提供对IP的访问。第一个：inetsw[0]，标识IP的管理函数并且只能由内核访问。其他两项：inetsw[3]和inetsw[6]，除了pr_protocol值以外它们是一样的，都提供到IP的一个原始接口。inetsw[3]处理接收到的任何未识别协议的分组。inetsw[6]是默认的原始协议，当没有找到其他可匹配的项时，这个结构由函数pffindproto返回(7.6节)。

　　　　在Net/3以前的版本中，通过inetsw[3]传输不带IP首部的分组，由进程负责构造正确的首部。由内核通过inetsw[6]传输带IP首部的分组。4.3BSD Reno引入了IP_HDRINCL插口选项(32.8节)，这样在inetsw[3]和inetsw[6]之间的区别就不再重要了。

　　原始接口允许一个进程发送和接收不涉及运输层的IP分组。原始接口的一个用途是实现内核外的传输协议。一旦这个协议稳定下来，就能移植到内核中改进它的性能和对其他进程的可用性。另一个用途就是作为诊断工具，如traceroute，它使用原始IP接口来直接访问IP。第32章讨论原始IP接口。图7-14总结了IP protosw结构。

protosw	inetsw[0]	inetsw[3和6]	说　　明
pr_type	*0*	*SOCK_RAW*	IP提供原始分组服务
pr_domain	*&inetdomain*	*&inetdomain*	两协议都是Internet域的一部分
pr_protocol	*0*	*IPPROTO_RAW或0*	IPPROTO_RAW(255)和0都是预留的(RFC 1700)，并且不应在一个IP数据报中出现
pr_flags	*0*	*PR_ATOMIC/PR_ADDR*	插口层标志，IP不使用
pr_input	*null*	*rip_input*	从IP、ICMP或IGMP接收未识别的数据报
pr_output	*ip_output*	*rip_output*	分别准备并发送数据报到IP和硬件层
pr_ctlinput	*null*	*null*	IP不使用
pr_ctloutput	*null*	*rip_ctloutput*	响应来自进程的配置请求
pr_usrreq	*null*	*rip_usrreq*	响应来自进程的协议请求
pr_init	*ip_init*	*null或rip_init*	ip_init完成所有初始化
pr_fasttimo	*null*	*null*	IP不使用
pr_slowtimo	*ip_slowtimo*	*null*	用于IP重装算法的慢超时
pr_drain	*ip_drain*	*null*	如果可能，释放内存
pr_sysctl	*ip_sysctl*	*null*	修改系统范围参数

图7-14　IP inetsw的条目

78-81　Internet协议的domain结构显示在图7-13的下部。Internet域使用AF_INET风格编址，文本名称为"internet"，没有初始化和控制报文函数，它的protosw结构在inetsw数组中。

　　Internet协议的路由初始化函数是rn_inithead。一个IP地址的最大有效位数为32，并且一个Internet选路键的大小为一个sockaddr_in结构的大小(16字节)。

　　　　inetsw[3]和inetsw[6]的唯一区别是它们的pr_protocol号和初始化函数rip_init，它仅在inetsw[6]中定义，因此只在初始化期间被调用一次。

domaininit函数

在系统初始化期间(图3-23)，内核调用domaininit来链接结构domain和protosw。domaininit显示在图7-15中。

```
                                                                        —— uipc_domain.c
37  /* simplifies code in domaininit */
38  #define ADDDOMAIN(x)     { \
39      extern struct domain __CONCAT(x,domain); \
40      __CONCAT(x,domain.dom_next) = domains; \
41      domains = &__CONCAT(x,domain); \
42  }

43  domaininit()
44  {
45      struct domain *dp;
46      struct protosw *pr;
47      /* The C compiler usually defines unix. We don't want to get
48       * confused with the unix argument to ADDDOMAIN
49       */
50  #undef unix
51      ADDDOMAIN(unix);
52      ADDDOMAIN(route);
53      ADDDOMAIN(inet);
54      ADDDOMAIN(iso);

55      for (dp = domains; dp; dp = dp->dom_next) {
56          if (dp->dom_init)
57              (*dp->dom_init) ();
58          for (pr = dp->dom_protosw; pr < dp->dom_protoswNPROTOSW; pr++)
59              if (pr->pr_init)
60                  (*pr->pr_init) ();
61      }

62      if (max_linkhdr < 16)           /* XXX */
63          max_linkhdr = 16;
64      max_hdr = max_linkhdr + max_protohdr;
65      max_datalen = MHLEN - max_hdr;
66      timeout(pffasttimo, (void *) 0, 1);
67      timeout(pfslowtimo, (void *) 0, 1);
68  }
                                                                        —— uipc_domain.c
```

图7-15　函数domaininit

37-42 ADDDOMAIN宏声明并链接一个domain结构。例如，ADDDOMAIN(unix)展开为：

```
extern struct domain unixdomain;
unixdomain.dom_next = domains;
domains = &unixdomain;
```

　　宏_CONCAT定义在sys/defs.h中，并且连接两个符号名。例如_CONCAT (unix, domain)产生unixdomain。

43-54 domaininit通过调用ADDDOMAIN为每个支持的域构造域列表。

　　因为符号unix常常被C预处理器预定义，因此，Net/3在这里显式地取消它的定义，使ADDDOMAIN能正确工作。

图7-16显示了链接的结构domain和protosw，它们配置在内核中来支持Internet、Unix和OSI协议族。

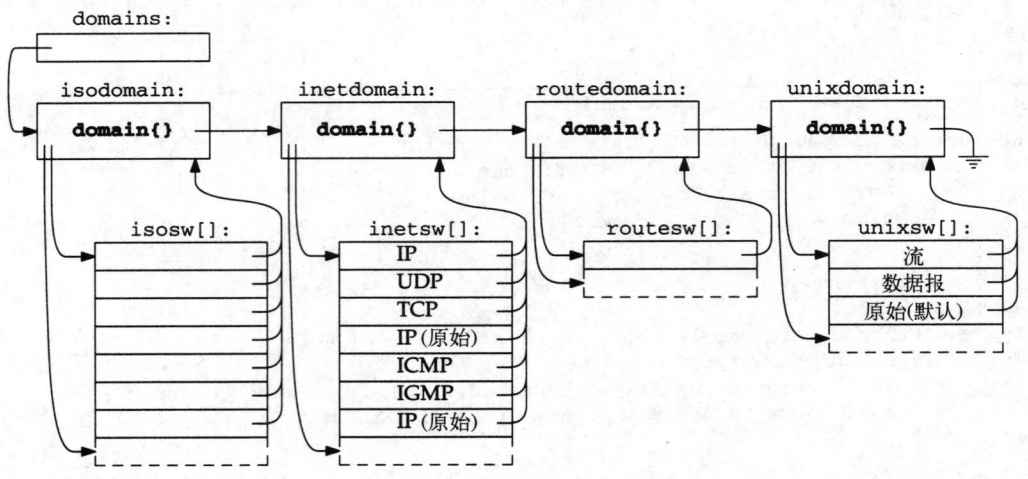

图7-16　初始化后的domain链表和protosw数组

55-61　两个嵌套的for循环查找内核中的每个域和协议，并且若定义了初始化函数dom_init和pr_init，则调用它们。对于Internet协议，调用下面的函数(图7-13)：ip_init、udp_init、tcp_init、igmp_init和rip_init。

62-65　在domaininit中计算这些参数，用来控制mbuf中分组的格式，以避免对数据的额外复制。在协议初始化期间设置了max_linkhdr和max_protohdr。这里，domaininit将max_linkhdr强制设置为一个下限16。16字节用于给带有4字节边界的14字节以太网首部留出空间。图7-17和图7-18列出了这些参数和典型的取值。

变　　量	值	说　　明
max_linkhdr	16	由链路层添加的最大字节数
max_protohdr	40	由网络和运输层添加的最大字节数
max_hdr	56	max_linkhdr + max_protohdr
max_datalen	44	在计算了链路和协议首部后的分组首部mubf中的可用数据字节数

图7-17　用来减少协议数据复制的参数

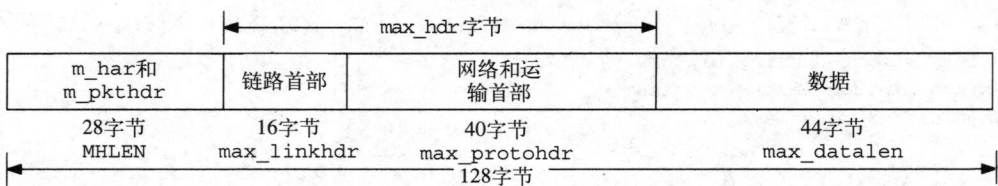

图7-18　mbuf和相关的最大首部长度

max_protohdr是一个软限制，估算预期的协议首部大小。在Internet域中，IP和TCP首部长度通常为20字节，但都可达到60字节。长度超过max_protohdr的代价是花时间将数据向后移动，以留出比预期的协议首部更大的空间。

66-68   domaininit通过调用timeout启动pfslowtimo和pffasttimo。第3个参数指明何时内核应该调用这个函数，在这里是在1个时钟滴答内。两个函数都显示在图7-19中。

```
                                                                    ─ uipc_domain.c
153 void
154 pfslowtimo(arg)
155 void    *arg;
156 {
157     struct domain *dp;
158     struct protosw *pr;

159     for (dp = domains; dp; dp = dp->dom_next)
160         for (pr = dp->dom_protosw; pr < dp->dom_protoswNPROTOSW; pr++)
161             if (pr->pr_slowtimo)
162                 (*pr->pr_slowtimo) ();
163     timeout(pfslowtimo, (void *) 0, hz / 2);
164 }

165 void
166 pffasttimo(arg)
167 void    *arg;
168 {
169     struct domain *dp;
170     struct protosw *pr;

171     for (dp = domains; dp; dp = dp->dom_next)
172         for (pr = dp->dom_protosw; pr < dp->dom_protoswNPROTOSW; pr++)
173             if (pr->pr_fasttimo)
174                 (*pr->pr_fasttimo) ();
175     timeout(pffasttimo, (void *) 0, hz / 5);
176 }
                                                                    ─ uipc_domain.c
```

图7-19 函数pfslowtimo和pffasttimo

153-176   这两个相近的函数用两个for循环分别为每个协议调用函数pr_slowtimo和pr_fasttimo，前提是如果定义了这两个函数。这两个函数每500 ms和200 ms通过调用timeout调度自己一次，timeout在图3-43中讨论过。

7.6 **pffindproto和pffindtype函数**

如图7-20所示，函数pffindproto和pffindtype通过编号(例如IPPROTO_TCP)或类型(例如SOCK_STREAM)来查找一个协议。如我们在第15章要看到的，当进程创建一个插口时，这两个函数被调用来查找相应的protosw项。

69-84   pffindtype线性搜索domains，查找指定的族，然后在域内搜索第一个为此指定类型的协议。

85-107   pffindproto像pffindtype一样搜索domains，查找由调用者指定的族、类型和协议。如果pffindproto在指定的协议族中没有发现一个(protocol，type)匹配项，并且type为SOCK_RAW，而此域有一个默认的原始协议(pr_protocol等于0)，则pffindproto选择默认的原始协议而不是完全失败。例如，一个调用如下：

```
    pffindproto(PF_INET, 27, SOCK_RAW);
```

它返回一个指向inetsw[6]的指针，默认的原始IP协议，因为Net/3不包括对协议27的支持。通过访问原始IP，一个进程可以使用内核来管理IP分组的发送和接收，从而自己实现协议27

服务。

协议27预留给可靠的数据报协议(RFC 1151)。

两个函数都返回一个所选协议的protosw结构的指针；或者，如果没有找到匹配项，则返回一个空指针。

```
                                                         uipc_domain.c
69 struct protosw *
70 pffindtype(family, type)
71 int      family, type;
72 {
73     struct domain *dp;
74     struct protosw *pr;

75     for (dp = domains; dp; dp = dp->dom_next)
76         if (dp->dom_family == family)
77             goto found;
78     return (0);
79   found:
80     for (pr = dp->dom_protosw; pr < dp->dom_protoswNPROTOSW; pr++)
81         if (pr->pr_type && pr->pr_type == type)
82             return (pr);
83     return (0);
84 }
85 struct protosw *
86 pffindproto(family, protocol, type)
87 int      family, protocol, type;
88 {
89     struct domain *dp;
90     struct protosw *pr;
91     struct protosw *maybe = 0;

92     if (family == 0)
93         return (0);
94     for (dp = domains; dp; dp = dp->dom_next)
95         if (dp->dom_family == family)
96             goto found;
97     return (0);
98   found:
99     for (pr = dp->dom_protosw; pr < dp->dom_protoswNPROTOSW; pr++) {
100        if ((pr->pr_protocol == protocol) && (pr->pr_type == type))
101            return (pr);
102        if (type == SOCK_RAW && pr->pr_type == SOCK_RAW &&
103            pr->pr_protocol == 0 && maybe == (struct protosw *) 0)
104            maybe = pr;
105    }
106    return (maybe);
107 }
                                                         uipc_domain.c
```

图7-20 函数pffindproto和pffindtype

举例

我们在15.6节中会看到，当一个应用程序进行下面的调用时：

```
socket(PF_INET, SOCK_STREAM, 0);    /* TCP 插口 */
```

pffindtype被调用如下：

```
pffindtype(PF_INET, SOCK_STREAM);
```

图7-12显示pffindtype会返回一个指向inetsw[2]的指针，因为TCP是此数组中第一个SOCK_STREAM协议。同样，

```
socket(PF_INET, SOCK_DGRAM, 0);     /* UCP 插口 */
```

会导致

```
pffindtype(PF_INET, SOCK_DGRAM);
```

它返回一个指向inetsw[1]中UDP的指针。

7.7 pfctlinput函数

函数pfctlinput给每个域中的每个协议发送一个控制请求(图7-21)。当可能影响每个协议的事件发生时，使用这个函数，例如一个接口被关闭，或路由表发生改变。当一个ICMP重定向报文到达时，ICMP调用pfctlinput (图11-14)，因为重定向会影响所有Internet协议(例如UDP和TCP)。

```
                                                           —— uipc_domain.c
142 pfctlinput(cmd, sa)
143 int      cmd;
144 struct sockaddr *sa;
145 {
146     struct domain *dp;
147     struct protosw *pr;

148     for (dp = domains; dp; dp = dp->dom_next)
149         for (pr = dp->dom_protosw; pr < dp->dom_protoswNPROTOSW; pr++)
150             if (pr->pr_ctlinput)
151                 (*pr->pr_ctlinput) (cmd, sa, (caddr_t) 0);
152 }
                                                           —— uipc_domain.c
```

图7-21 函数pfctlinput

142-152 两个嵌套的for循环查找每个域中的每个协议。pfctlinput通过调用每个协议的pr_ctlinput函数来发送由cmd指定的协议控制命令。对于UDP，调用udp_ctlinput；而对于TCP，调用tcp_ctlinput。

7.8 IP初始化

如图7-13所示，Internet域没有一个初始化函数，但单个Internet协议有。现在，我们仅查看IP初始化函数ip_init。在第23章和第24章中，我们讨论UDP和TCP初始化函数。在讨论这些代码前，需要说明一下数组ip_protox。

7.8.1 Internet传输分用

一个网络层协议像IP必须分用输入数据报，并将它们传递到相应的运输层协议。为了完成这些，相应的protosw结构必须通过一个在数据报中出现的协议编号得到。对于Internet协议，这由数组ip_protox来完成，如图7-22所示。

数组ip_protox的下标是来自IP首部的协议值(ip_p，图8-8)。被选项是inetsw数组中处理此数据报的协议的下标。例如，一个协议编号为6的数据报由inetsw[2]处理，协议为TCP。内核在协议初始化时构造ip_protox，如图7-23所示。

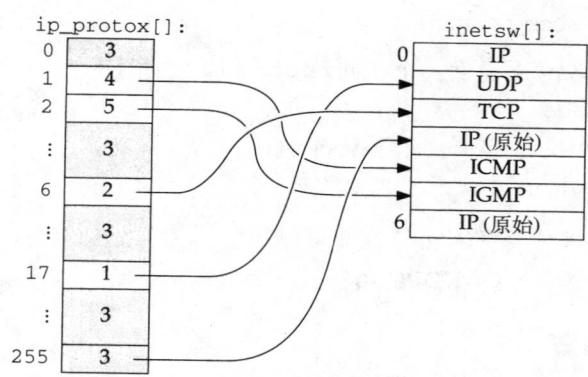

图7-22 数组ip_protox将协议编号映射到数组inetsw中的一项

```
                                                              ─── ip_input.c
71 void
72 ip_init()
73 {
74      struct protosw *pr;
75      int       i;

76      pr = pffindproto(PF_INET, IPPROTO_RAW, SOCK_RAW);
77      if (pr == 0)
78          panic("ip_init");
79      for (i = 0; i < IPPROTO_MAX; i++)
80          ip_protox[i] = pr - inetsw;
81      for (pr = inetdomain.dom_protosw;
82           pr < inetdomain.dom_protoswNPROTOSW; pr++)
83          if (pr->pr_domain->dom_family == PF_INET &&
84              pr->pr_protocol && pr->pr_protocol != IPPROTO_RAW)
85              ip_protox[pr->pr_protocol] = pr - inetsw;
86      ipq.next = ipq.prev = &ipq;
87      ip_id = time.tv_sec & 0xffff;
88      ipintrq.ifq_maxlen = ipqmaxlen;
89      i = (if_index + 1) * (if_index + 1) * sizeof(u_long);
90      ip_ifmatrix = (u_long *) malloc(i, M_RTABLE, M_WAITOK);
91      bzero((char *) ip_ifmatrix, i);
92 }
                                                              ─── ip_input.c
```

图7-23 函数ip_init

7.8.2 `ip_init`函数

domaininit (图7-15)在系统初始化期间调用函数ip_init。

71-78 pffindproto返回一个指向原始协议(inetsw[3]，图7-14)的指针。如果找不到原始协议，Net/3就调用panic，因为这是内核要求的部分。如果找不到原始协议，内核一定被错误配置了。IP将传输到一个未知传输协议的到达分组传递给此协议，在那里它们由内核外部的一个进程来处理。

79-85 接着的两个循环初始化数组ip_protox。第一个循环将数组中的每项设置为pr，即默认协议的下标(图7-22中为3)。第二个循环检查inetsw中的每个协议(而不是协议编号为0或IPPROTO_RAW的项)，并且将ip_protox中的匹配项设置为引用相应的inetsw项。为此，每个protosw结构中的pr_protocol必须是期望出现在输入数据报中的协议编号。

86-92 ip_init初始化IP重装队列ipq(10.6节)，用系统时钟植入ip_id，并将IP输入队列
(ipintrq)的最大长度设置为50(ipqmaxlen)。ip_id用系统时钟设置，为数据报标识符提
供一个随机起点(10.6节)。最后，ip_init分配一个两维数组ip_ifmatrix，统计在系统接
口之间路由的分组数。

在Net/3中，有很多变量可以被一个系统管理员修改。为了允许在运行时改变这
些变量而不需重新编译内核，一个常量(在此例中是IFQ_MAXLEN)表示的默认值在编
译时指派给一个变量(ipqmaxlen)。一个系统管理员能使用一个内核调试器如adb，
来修改ipqmaxlen，并用新值重启内核。如果图7-23直接使用IFQ_MAXLEN，它会
要求内核重新编译来改变这个限制。

7.9 sysctl系统调用

系统调用sysctl访问并修改Net/3系统范围参数。系统管理员通过程序sysctl(8)修改这
些参数。每个参数由一个分层的整数列表来标识，并有一个相应的类型。此系统调用的原型为：

int sysctl(int *name*, u_int *namelen*, void *old*, size_t *oldlenp*, void *new*, size_t *newlen*);

*name*指向一个包含*namelen*个整数的数组。*old*指向在此范围内返回的旧值，*new*指向
在此范围内传递的新值。

图7-24总结了联网名称的组织情况。

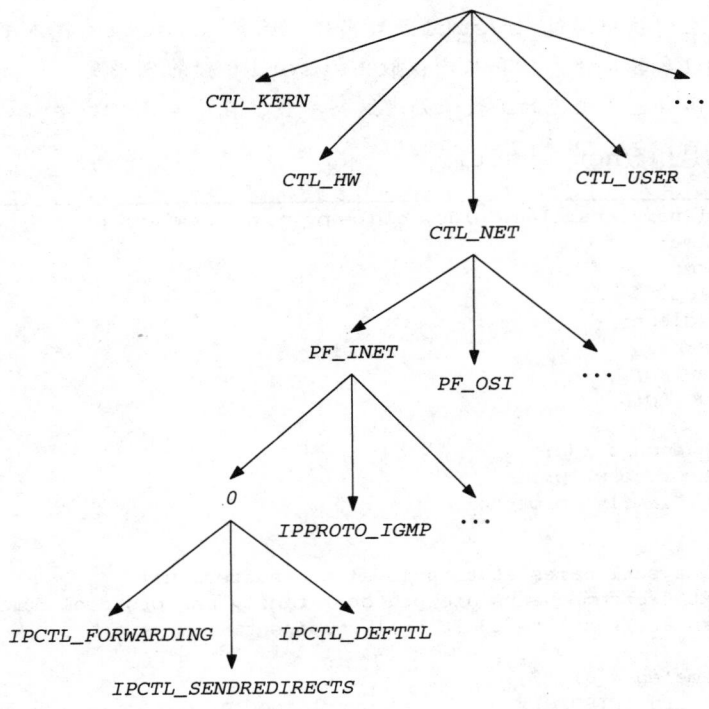

图7-24 sysctl的名称组织

在图7-24中，IP转发标志的全名为：
CTL_NET, PF_INET, 0, IPCTL_FORWARDING

用4个整数存储在一个数组中。

net_sysctl函数

每层的sysctl命名方案通过不同函数处理。图7-25显示了处理这些Internet参数的函数。

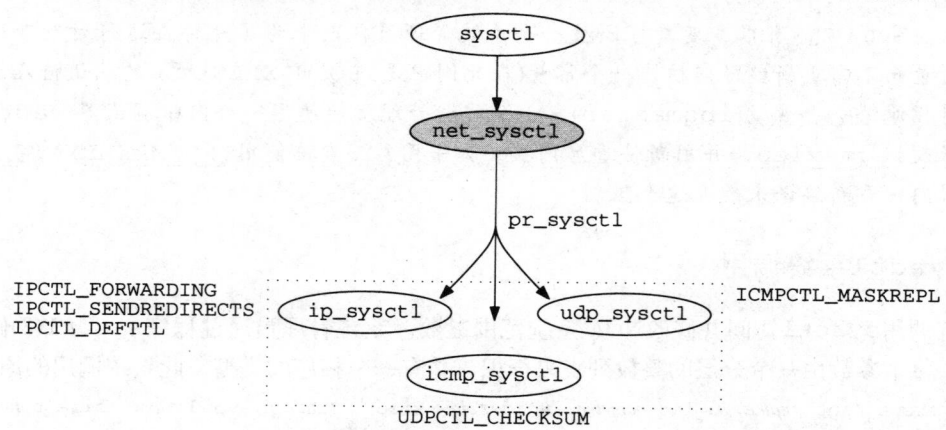

图7-25 处理Internet参数的sysctl函数

顶层名称由sysctl处理。网络层名称由net_sysctl处理，它根据族和协议将控制转给此协议的protosw项指定的pr_sysctl函数。

sysctl在内核中通过_sysctl函数实现，函数_sysctl不在本书中讨论。它包含将sysctl参数传给内核和从内核取出sysctl参数的代码及一个switch语句，这个switch语句选择相应的函数来处理这些参数，在这里是net_sysctl。

图7-26所示的是函数net_sysctl。

```
                                                        ─── uipc_domain.c
108 net_sysctl(name, namelen, oldp, oldlenp, newp, newlen, p)
109 int     *name;
110 u_int   namelen;
111 void    *oldp;
112 size_t *oldlenp;
113 void    *newp;
114 size_t  newlen;
115 struct proc *p;
116 {
117     struct domain *dp;
118     struct protosw *pr;
119     int      family, protocol;

120     /*
121      * All sysctl names at this level are nonterminal;
122      * next two components are protocol family and protocol number,
123      * then at least one additional component.
124      */
125     if (namelen < 3)
126         return (EISDIR);            /* overloaded */
127     family = name[0];
128     protocol = name[1];

129     if (family == 0)
```

图7-26 函数net_sysctl

```
130          return (0);
131      for (dp = domains; dp; dp = dp->dom_next)
132          if (dp->dom_family == family)
133              goto found;
134      return (ENOPROTOOPT);
135  found:
136      for (pr = dp->dom_protosw; pr < dp->dom_protoswNPROTOSW; pr++)
137          if (pr->pr_protocol == protocol && pr->pr_sysctl)
138              return ((*pr->pr_sysctl) (name + 2, namelen - 2,
139                                      oldp, oldlenp, newp, newlen));
140      return (ENOPROTOOPT);
141  }
```
uipc_domain.c

图7-26 (续)

108-119 net_sysctl的参数除了增加了p外，同系统调用sysctl一样，p指向当前进程结构。

120-134 在名称中接下来的两个整数被认为是在结构domain和protosw中指定的协议族和协议编号成员的值。如果没有指定族，则返回0。如果指定了族，for循环在域列表中查找一个匹配的族。如果没有找到，则返回ENOPROTOOPT。

135-141 如果找到匹配域，第二个for循环查找第一个定义了函数pr_sysctl的匹配协议。当找到匹配项，将请求传递给此协议的pr_sysctl函数。注意，把(name+2)指向的整数传递给下一级。如果没有找到匹配的协议，返回ENOPROTOOPT。

图7-27所示的是为Internet协议定义的pr_sysctl函数。

pr_protocol	inetsw[]	pr_sysctl	说 明	参 考
0	0	*ip_sysctl*	IP	8.9节
IPPROTO_UDP	1	*udp_sysctl*	UDP	23.11节
IPPROTO_ICMP	4	*icmp_sysctl*	ICMP	11.14节

图7-27 Internet协议族的pr_sysctl函数

在路由选择域中，pr_sysctl指向函数sysctl_rtable，它在第19章中讨论。

7.10 小结

本章从说明结构domain和protosw开始，这两个结构在Net/3内核中描述及组织协议。我们看到一个域的所有protosw结构在编译时分配在一个数组中，inetdomain和数组inetsw描述Internet协议。我们仔细查看了三个描述IP协议的inetsw项：一个用于内核访问IP，其他两个用于进程访问IP。

在系统初始化时，domainint将域链接到domains列表中，调用域和协议初始化函数，并调用快速和慢速超时函数。

两个函数pffindproto和pffindtype通过协议号或类型搜索域和协议列表。pfctlinput发送一个控制命令给所有协议。

最后，我们说明了IP初始化程序，它通过数组ip_protox完成传输分用。

习题

7.1 由谁调用pfsfindproto会返回一个指向inetsw[6]指针？

第8章 IP：网际协议

8.1 引言

本章我们介绍IP分组的结构和基本的IP处理过程，包括输入、转发和输出。假定读者熟悉IP协议的基本操作，其他IP的背景知识见卷1的第3、9和12章。RFC 791 [Postel 1981a] 是IP的官方规范，RFC 1122 [Braden 1989a] 中有RFC 791的说明。

第9章将讨论选项的处理，第10章讨论分片和重装。图8-1显示了IP层常见的组织形式。

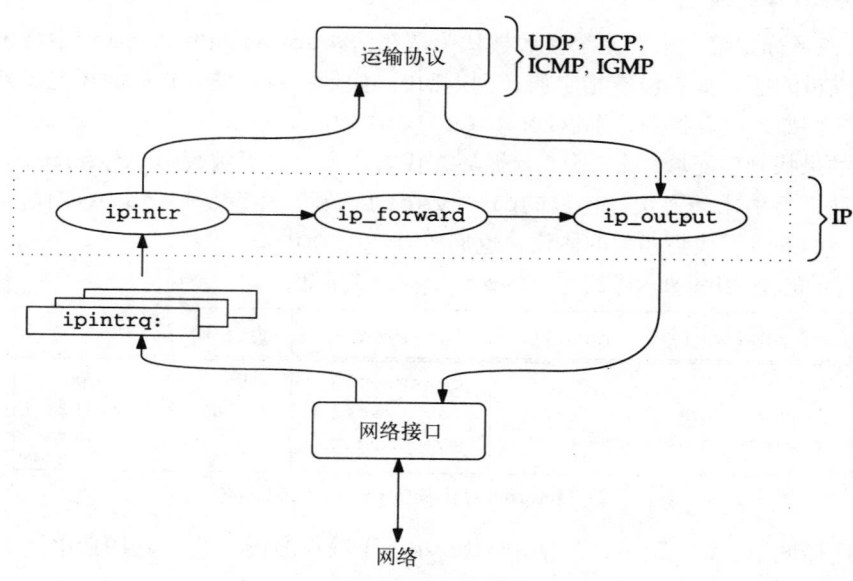

图8-1 IP层的处理

在第4章中，我们看到了网络接口如何把到达的IP分组放到IP输入队列ipintrq中，并如何调用一个软件中断。因为硬件中断的优先级比软件中断的要高，所以在发生一次软件中断之前，有的分组可能会被放到队列中。在软件中断处理中，ipintr函数不断从ipintrq中移走和处理分组，直到队列为空。在最终的目的地，IP把分组重装为数据报，并通过函数调用把该数据报直接传给适当的运输层协议。如果分组没有到达最后的目的地，并且如果主机被配置成一个路由器，则IP把分组传给ip_forward。传输协议和ip_forward把要输出的分组传给ip_output，由ip_output完成IP首部、选择输出接口以及在必要时对分组分片。最终的分组被传给合适的网络接口输出函数。

当产生差错时，IP丢弃该分组，并在某些条件下向分组的源站发出一个差错报文。这些报文是ICMP(第11章)的一部分。Net/3通过调用icmp_error发出ICMP差错报文，icmp_error接收一个mbuf，其中包含差错分组、发现的差错类型以及一个选项码，提供依赖于差错类型的附加信息。

本章我们讨论IP为什么以及何时发送ICMP报文，至于有关ICMP本身的详细讨论将在第11章进行。

8.2 代码介绍

本章讨论两个头文件和三个C文件。如图8-2所示。

文 件	描 述
net/route.h	路由表项
netinet/ip.h	IP首部结构
netinet/ip_ input.c	IP输入处理
netinet/ip_ output.c	IP输出处理
netinet/ip_ cksum.c	Internet检验和算法

图8-2 本章描述的文件

8.2.1 全局变量

在IP处理代码中出现了几个全局变量，见图8-3。

变 量	数据类型	描 述
in_ifaddr	struct in_ ifaddr *	IP地址清单
ip_defttl	int	IP分组的默认TTL
ip_id	int	赋给输出的IP分组的上一个ID
ip_protox	int[]	IP分组的分路矩阵
ipforwarding	int	系统是否转发IP分组？
ipforward_rt	struct route	大多数最近转发的路由的缓存
ipintrq	struct ifqueue	IP输入队列
ipqmaxlen	int	IP输入队列的最大长度
ipsendredirects	int	系统是否发送ICMP重定向？
ipstat	struct ipstat	IP统计

图8-3 本章中引入的全局变量

8.2.2 统计量

IP收集的所有统计量都放在图8-4描述的ipstat结构中。图8-5显示了由netstat-s命令得到的一些统计输出样本。统计是在主机启动30天后收集的。

ipstat成员	描 述	SNMP使用的
ips_badhlen	IP首部长度无效的分组数	•
ips_badlen	IP首部和IP数据长度不一致的分组数	•
ips_badoptions	在选项处理中发现差错的分组数	•
ips_badsum	检验和差错的分组数	•
ips_badvers	IP版本不是4的分组数	•
ips_cantforward	目的站不可到达的分组数	•
ips_delivered	向高层交付的数据报数	•

图8-4 本章收集的统计量

ipstat成员	描　　述	SNMP使用的
ips_forward	转发的分组数	•
ips_fragdropped	分片丢失数(副本或空间不足)	•
ips_fragments	收到分片数	•
ips_fragtimeout	超时的分片数	•
ips_noproto	具有未知或不支持的协议的分组数	•
ips_reassembled	重装的数据报数	•
ips_tooshort	具有无效数据长度的分组数	•
ips_toosmall	无法包含IP分组的太小的分组数	•
ips_total	全部接收到的分组数	•
ips_cantfrag	由于不分片比特而丢弃的分组数	•
ips_fragmented	成功分片的数据报数	•
ips_localout	系统生成的数据报数(即没有转发的)	•
ips_noroute	丢弃的分组数——到目的地没有路由	•
ips_odropped	由于资源不足丢掉的分组数	•
ips_ofragments	为输出产生的分片数	•
ips_rawout	全部生成的原始ip分组数	•
ips_redirectsent	已发送的重定向报文数	•

图8-4 （续）

netstat -s 输出	ipstat 成员
27,881,978 total packets received	ips_total
6 bad header checksums	ips_badsum
9 with size smaller than minimum	ips_tooshort
14 with data size < data length	ips_toosmall
0 with header length < data size	ips_badhlen
0 with data length < header length	ips_badlen
0 with bad options	ips_badoptions
0 with incorrect version number	ips_badvers
72,786 fragments received	ips_fragments
0 fragments dropped (dup or out of space)	ips_fragdropped
349 fragments dropped after timeout	ips_fragtimeout
16,557 packets reassembled ok	ips_reassembled
27,390,665 packets for this host	ips_delivered
330,882 packets for unknown/unsupported protocol	ips_noproto
97,939 packets forwarded	ips_forward
6,228 packets not forwardable	ips_cantforward
0 redirects sent	ips_redirectsent
29,447,726 packets sent from this host	ips_localout
769 packets sent with fabricated ip header	ips_rawout
0 output packets dropped due to no bufs, etc.	ips_odropped
0 output packets discarded due to no route	ips_noroute
260,484 output datagrams fragmented	ips_fragmented
796,084 fragments created	ips_ofragments
0 datagrams that can't be fragmented	ips_cantfrag

图8-5 IP统计输出样本

ips_noproto的值很高，因为当没有进程准备接收报文时，它能对ICMP主机不可达报文进行计数。见32.5节的详细讨论。

8.2.3 SNMP变量

图8-6显示了IP组和Net/3收集的统计中的SNMP变量之间的关系。

SNMP变量	ipstat成员	描 述
ipDefaultTTL ipForwarding ipReasmTimeout	ip_defttl ipforwarding IPFRAGTTL	数据报的默认TTL(64跳) 系统是路由器吗？ 分片的重装超时(30秒)
ipInReceives	ips_total	收到的全部IP分组数
ipInHdrErrors	ips_badsum+ ips_tooshort+ ips_toosmall+ ips_badhlen+ ips_badlen+ ips_badoptions+ ips_badvers	IP首部出错的分组数
ipInAddrErrors ipForwDatagrams ipReasmReqds ipReasmFails	ips_cantforward ips_forward ips_fragments ips_fragdropped+ ips_fragtimeout	由于错误交付而丢弃的IP分组数(ip_output也失败) 转发的IP分组数 收到的分片数 丢失的分片数
ipReasmOKs ipInDiscards ipInUnknownProtos ipInDelivers	ips_reassembled （未实现） ips_noproto ips_delivered	成功地重装的数据报数 由于资源限制而丢弃的数据报数 具有未知或不支持的协议的数据报数 交付到运输层的数据报数
ipOutRequests ipFragOKs iPFragFails ipFragCreates ipOutDiscards ipOutRoutes	ips_localout ips_fragmented ips_cantfrag ips_ofragments ips_odropped ips_noroute	由运输层产生的数据报数 分片成功的数据报数 由于不分片位丢弃的IP分组数 为输出产生的分片数 由于资源短缺丢失的IP分组数 由于没有路由丢失的IP分组数

图8-6 IP组中SNMP变量的例子

8.3 IP分组

为了更准确地讨论Internet协议处理，我们必须定义一些名词。图8-7显示了在不同的Internet层之间传递数据时用来描述数据的名词。

我们把传输协议交给IP的数据称为报文。典型的报文包含一个运输层首部和应用程序数据。图8-7所示的传输协议是UDP。IP在报文的首部前加上它自己的首部形成一个数据报。如果在选定的网络中，数据报的长度太大，IP就把数据报分裂成几个分片，每个分片中含有它自己的IP首部和一段原来数据报的数据。图8-7显示了一个数据报被分成三个分片。

当提交给数据链路层进行传送时，一个IP分片或一个很小的无须分片的IP数据报称为分组。数据链路层在分组前面加上它自己的首部，并发送得到的帧。

IP只考虑它自己加上的IP首部，对报文本身既不检查也不修改(除非进行分片)。图8-8显示了IP首部的结构。

图8-8包括ip结构(如图8-9)中各成员的名字，Net/3通过该结构访问IP首部。

47-67 因为在存储器中，位字段的物理顺序依机器和编译器的不同而不同，所以由#ifs保证编译器按照IP标准排列结构成员。从而，当Net/3把一个ip结构覆盖到存储器中的一个IP分组上时，结构成员能够访问到分组中的正确位。

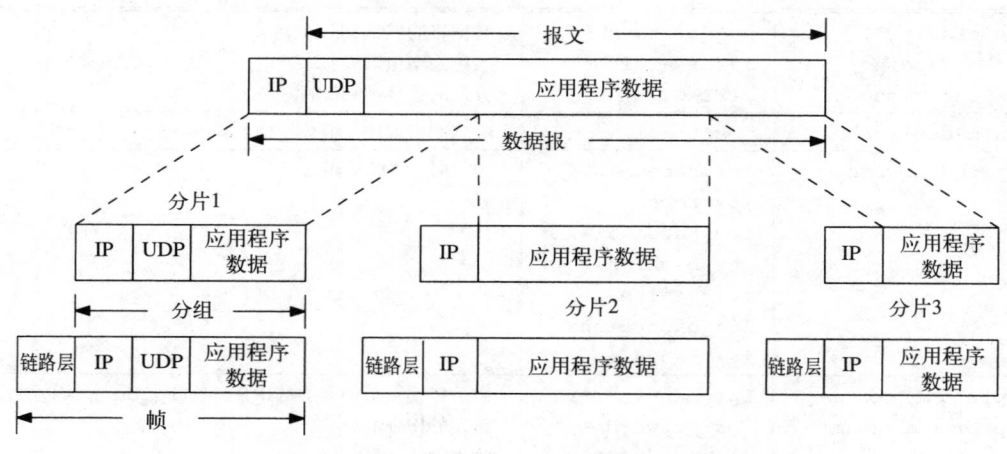

图8-7 帧、分组、分片、数据报和报文

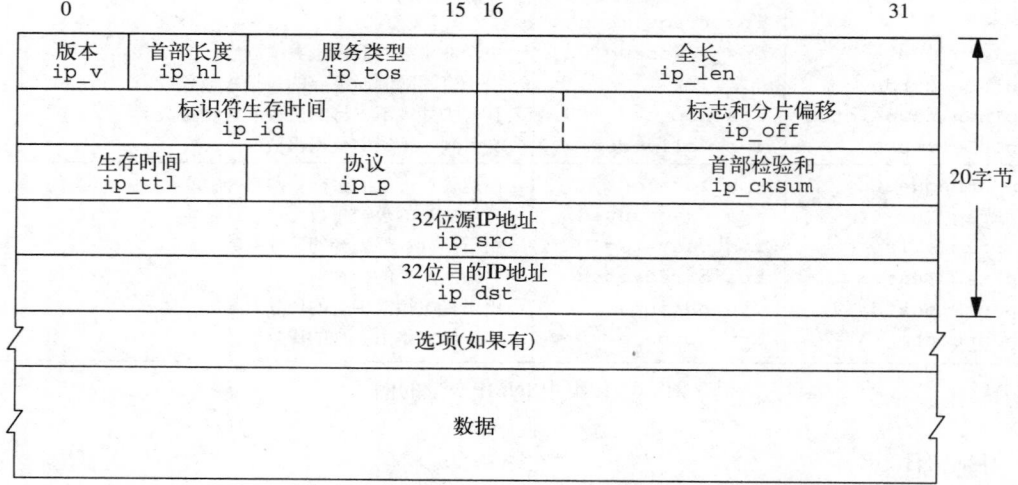

图8-8 IP数据报，包括ip结构名

```
                                                               ——————————————————— ip.h
40  /*
41   * Structure of an internet header, naked of options.
42   *
43   * We declare ip_len and ip_off to be short, rather than u_short
44   * pragmatically since otherwise unsigned comparisons can result
45   * against negative integers quite easily, and fail in subtle ways.
46   */
47  struct ip {
48  #if BYTE_ORDER == LITTLE_ENDIAN
49      u_char  ip_hl:4,               /* header length */
50              ip_v:4;                /* version */
51  #endif
52  #if BYTE_ORDER == BIG_ENDIAN
53      u_char  ip_v:4,                /* version */
54              ip_hl:4;               /* header length */
55  #endif
```

图8-9 ip结构

```
56    u_char  ip_tos;                /* type of service */
57    short   ip_len;                /* total length */
58    u_short ip_id;                 /* identification */
59    short   ip_off;                /* fragment offset field */
60 #define IP_DF 0x4000              /* dont fragment flag */
61 #define IP_MF 0x2000              /* more fragments flag */
62 #define IP_OFFMASK 0x1fff         /* mask for fragmenting bits */
63    u_char  ip_ttl;                /* time to live */
64    u_char  ip_p;                  /* protocol */
65    u_short ip_sum;                /* checksum */
66    struct in_addr ip_src, ip_dst;  /* source and dest address */
67 };
```
—— *ip.h*

图8-9 （续）

IP首部中包含IP分组格式、内容、寻址、路由选择以及分片的信息。

IP分组的格式由版本ip_v指定，通常为4；首部长度ip_hl，通常以4字节单元度量；分组长度ip_len以字节为单位度量；传输协议ip_p生成分组内数据；ip_sum是检验和，检测在发送中首部的变化。

标准的IP首部长度是20个字节，所以ip_hl必须大于或等于5。大于5表示IP选项紧跟在标准首部后。如ip_hl的最大值为15 (2^4-1)，允许最多40个字节的选项(20+40=60)。IP数据报的最大长度为65 535 ($2^{16}-1$)字节，因为ip_len是一个16位的字段。图8-10是整个构成。

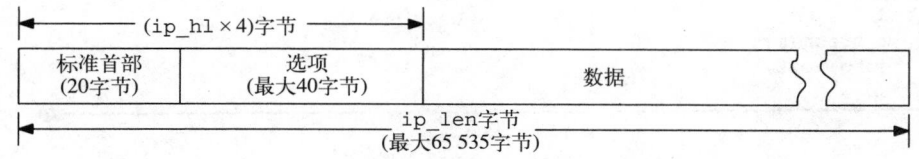

图8-10 有选项的IP分组构成

因为ip_hl是以4字节为单元计算的，所以IP选项必须常常被填充成4字节的倍数。

8.4 输入处理：ipintr函数

在第3～5章中，我们描述了示例的网络接口如何对到达的数据报排队以等待协议处理：

1) 以太网接口用以太网首部中的类型字段分路到达帧(见4.3节)；

2) SLIP接口只处理IP分组，所以无须分用(见5.3节)；

3) 环回接口在looutput函数中结合输入和输出处理，用目的地址中的sa_family成员对数据报分用(见5.4节)。

在以上情况中，当接口把分组放到ipintrq上排队后，通过schednetisr调用一个软中断。当该软中断发生时，如果IP处理过程已经由schednetisr调度，则内核调用ipintr。在调用ipintr之前，CPU的优先级被改变成splnet。

8.4.1 ipintr概观

ipintr是一个大函数，我们将在4个部分中讨论：(1)对到达分组进行验证；(2)选项处理及转发；(3)分组重装；(4)分用。在ipintr中发生分组的重装，但比较复杂，我们将单独放在第10章中讨论。图8-11显示了ipintr的整体结构。

```
                                                              ─── ip_input.c
100 void
101 ipintr()
102 {
103     struct ip *ip;
104     struct mbuf *m;
105     struct ipq *fp;
106     struct in_ifaddr *ia;
107     int     hlen, s;

108  next:
109     /*
110      * Get next datagram off input queue and get IP header
111      * in first mbuf.
112      */
113     s = splimp();
114     IF_DEQUEUE(&ipintrq, m);
115     splx(s);
116     if (m == 0)
117         return;

                        /* input packet processing *\
                /* Figures 8.12, 8.13, 8.15, 10.11, and 12:40 *\

332     goto next;
333  bad:
334     m_freem(m);
335     goto next;
336 }
                                                              ─── ip_input.c
```

图8-11 ipintr函数

100-117   标号next标识主要的分组处理循环的开始。ipintr从ipintrq中移走分组，并对之加以处理直到整个队列空为止。如果到函数最后控制失败，goto把控制权传回给next中最上面的函数。ipintr把分组阻塞在splimp内，避免当它访问队列时，运行网络的中断程序(例如slinput和ether_ input)。

332-336   标号bad标识由于释放相关mbuf并返回到next中处理循环的开始而自动丢弃的分组。在整个ipintr中，都是跳到bad来处理差错。

8.4.2 验证

我们从图8-12开始：把分组从ipintrq中取出，验证它们的内容。损坏和有差错的分组被自动丢弃。

```
                                                              ─── ip_input.c
118     /*
119      * If no IP addresses have been set yet but the interfaces
120      * are receiving, can't do anything with incoming packets yet.
121      */
122     if (in_ifaddr == NULL)
123         goto bad;
124     ipstat.ips_total++;
125     if (m->m_len < sizeof(struct ip) &&
```

图8-12 ipintr函数

```
126                     (m = m_pullup(m, sizeof(struct ip))) == 0) {
127                 ipstat.ips_toosmall++;
128                 goto next;
129          }
130          ip = mtod(m, struct ip *);
131          if (ip->ip_v != IPVERSION) {
132                 ipstat.ips_badvers++;
133                 goto bad;
134          }
135          hlen = ip->ip_hl << 2;
136          if (hlen < sizeof(struct ip)) {        /* minimum header length */
137                 ipstat.ips_badhlen++;
138                 goto bad;
139          }
140          if (hlen > m->m_len) {
141                 if ((m = m_pullup(m, hlen)) == 0) {
142                      ipstat.ips_badhlen++;
143                      goto next;
144                 }
145                 ip = mtod(m, struct ip *);
146          }
147          if (ip->ip_sum = in_cksum(m, hlen)) {
148                 ipstat.ips_badsum++;
149                 goto bad;
150          }
151          /*
152           * Convert fields to host representation.
153           */
154          NTOHS(ip->ip_len);
155          if (ip->ip_len < hlen) {
156                 ipstat.ips_badlen++;
157                 goto bad;
158          }
159          NTOHS(ip->ip_id);
160          NTOHS(ip->ip_off);
161          /*
162           * Check that the amount of data in the buffers
163           * is as at least much as the IP header would have us expect.
164           * Trim mbufs if longer than we expect.
165           * Drop packet if shorter than we expect.
166           */
167          if (m->m_pkthdr.len < ip->ip_len) {
168                 ipstat.ips_tooshort++;
169                 goto bad;
170          }
171          if (m->m_pkthdr.len > ip->ip_len) {
172                 if (m->m_len == m->m_pkthdr.len) {
173                      m->m_len = ip->ip_len;
174                      m->m_pkthdr.len = ip->ip_len;
175                 } else
176                      m_adj(m, ip->ip_len - m->m_pkthdr.len);
177          }
```
ip_input.c

图8-12 （续）

1. IP版本

118-134 如果in_ifaddr表(见6.5节)为空，则该网络接口没有指派IP地址，ipintr必须丢掉所有的IP分组；没有地址，ipintr就无法决定该分组是否要到该系统。通常这是一种暂时情况，是当系统启动时，接口正在运行但还没有配置好时发生的。我们在6.3节中介绍了地址如何分配的问题。

在ipintr访问任何IP首部字段之前，它必须证实ip_v是4(IPVERSION)。RFC 1122要求某种实现丢弃那些具有无法识别版本号的分组而不回显信息。

> Net/2不检查ip_v。目前大多数正在使用的IP实现（包括Net/2），都是在IP的版本4之后产生的，因此无须区分不同IP版本的分组。因为目前正在对IP进行修正，所以将来的实现都会检查ip_v。

> IEN 119 [Forgie 1979] 和RFC 1190 [Topolcic 1990] 描述了使用IP版本5和6的实验协议。版本6还被选为下一个正式的IP标准(IPv6)。保留版本0和15，其他的没有赋值。

在C中，处理位于一个无类型存储区域中数据的最简单的方法是：在该存储区域上覆盖一个结构，转而处理该结构中的各个成员，而不再对原始的字节进行操作。如第2章所言，mbuf链把一个字节的逻辑序列（例如一个IP分组）储存在多个物理mbuf中，各mbuf相互连接在一个链表上。因为覆盖技术也可用于IP分组的首部，所以首部必须驻留在一段连续的存储区内（也就是说，不能把首部分开放在不同的存储器缓存区中）。

135-146 下面的步骤保证IP首部(包括选项)位于一段连续的存储器缓存区上：

- 如果在第一个mbuf中的数据小于一个标准的IP首部(20字节)，m_pullup会重新把该标准首部放到一个连续的存储器缓存区上去。

  > 链路层不太可能会把最大的(60字节) IP首部分在两个mbuf中从而使用上面的m_pullup。

- ip_hl通过乘以4得到首部字节长度，并将其保存在hlen中。
- 如果IP分组首部的字节数长度hlen小于标准首部(20字节)，将是无效的并被丢弃。
- 如果整个首部仍然不在第一个mbuf中(也就是说，分组包含了IP选项)，则由m_pullup完成其任务。

  > 同样，这不一定是必需的。

检验和计算是所有Internet协议的重要组成。所有的协议均使用相同的算法(由函数in_cksum完成)，但应用于分组的不同部分。对IP来说，检验和只保证IP的首部(以及选项，如果有的话)。对传输协议，如UDP或TCP，检验和覆盖了分组的数据部分和运输层首部。

2. IP检验和

147-150 ipintr把由in_cksum计算出来的检验和保存在首部的ip_sum字段中。一个未被破坏的首部应该具有0检验和。

> 正如我们将在8.7节中看到的，在计算到达分组的检验和之前，必须将ip_sum清零。通过把in_cksum中的结果储存在ip_sum中，就为分组转发做好了准备(尽管还没有减小TTL)。ip_output函数不依赖这项操作；它为转发的分组重新计算检验和。

如果结果非0，则该分组被自动丢弃。我们将在8.7节中详细讨论in_cksum。

3. 字节顺序

151-160 Internet标准在指定协议首部中多字节整数值的字节顺序时非常小心。NTOHS把IP

首部中所有16位的值从网络字节序转换成主机字节序：分组长度(ip_len)、数据报标识符(ip_id)和分片偏移(ip_off)。如果两种格式相同，则NTOHS是一个空的宏。在这里就转换成主机字节序，以避免Net/3每次检查该字段时必须进行一次转换。

4. 分组长度

161-177 如果分组的逻辑长度(ip_len)比储存在mbuf中的数据量(m_pkthdr.len)大，并且有些字节丢失了，就必须丢弃该分组。如果mbuf比分组大，则去掉多余的字节。

　　丢失字节的一个常见原因是，数据到达某个没有或只有很少缓存的串口设备，例如许多个人计算机。设备丢弃到达的字节，而IP丢弃最后的分组。

　　多余的字节可能产生，如在某个以太网设备上，当一个IP分组的大小比以太网要求的最小长度还小时。发送该帧时加上的多余字节就在这里被丢掉。这就是IP分组的长度被保存在首部的原因之一；IP允许链路层填充分组。

　　现在，有了完整的IP首部，分组的逻辑长度和物理长度相同，检验和表明分组的首部无损地到达。

8.4.3 转发或不转发

　　图8-13显示了ipintr的下一部分，调用ip_dooptions(见第9章)来处理IP选项，然后决定分组是否到达它最后的目的地。如果分组没有到达最后的目的地，Net/3会尝试转发该分组(如果系统被配置成路由器)。如果分组到达最后的目的地，就被交付给合适的运输层协议。

ip_input.c

```
178      /*
179       * Process options and, if not destined for us,
180       * ship it on.  ip_dooptions returns 1 when an
181       * error was detected (causing an icmp message
182       * to be sent and the original packet to be freed).
183       */
184      ip_nhops = 0;                  /* for source routed packets */
185      if (hlen > sizeof(struct ip) && ip_dooptions(m))
186              goto next;

187      /*
188       * Check our list of addresses, to see if the packet is for us.
189       */
190      for (ia = in_ifaddr; ia; ia = ia->ia_next) {
191  #define satosin(sa) ((struct sockaddr_in *)(sa))

192          if (IA_SIN(ia)->sin_addr.s_addr == ip->ip_dst.s_addr)
193              goto ours;

194          /* Only examine broadcast addresses for the receiving interface */
195          if (ia->ia_ifp == m->m_pkthdr.rcvif &&
196              (ia->ia_ifp->if_flags & IFF_BROADCAST)) {
197              u_long  t;

198              if (satosin(&ia->ia_broadaddr)->sin_addr.s_addr ==
199                  ip->ip_dst.s_addr)
200                  goto ours;
201              if (ip->ip_dst.s_addr == ia->ia_netbroadcast.s_addr)
```

图8-13 续ipintr

```
202              goto ours;
203          /*
204           * Look for all-0's host part (old broadcast addr),
205           * either for subnet or net.
206           */
207          t = ntohl(ip->ip_dst.s_addr);
208          if (t == ia->ia_subnet)
209              goto ours;
210          if (t == ia->ia_net)
211              goto ours;
212      }
213  }

                          /* multicast code (Figure 12.39) */

258  if (ip->ip_dst.s_addr == (u_long) INADDR_BROADCAST)
259      goto ours;
260  if (ip->ip_dst.s_addr == INADDR_ANY)
261      goto ours;

262  /*
263   * Not for us; forward if possible and desirable.
264   */
265  if (ipforwarding == 0) {
266      ipstat.ips_cantforward++;
267      m_freem(m);
268  } else
269      ip_forward(m, 0);
270  goto next;

271  ours:
```
                                                        —————————————————— *ip_input.c*

图8-13 （续）

1. 选项处理

178-186 通过对ip_nhops(见9.6节)清零，丢掉前一个分组的原路由。如果分组首部大于默认首部，它必然包含由ip_dooptions处理的选项。如果ip_dooptions返回0，ipintr将继续处理该分组；否则，ip_dooptions通过转发或丢弃分组完成对该分组的处理，ipintr可以处理输入队列中的下一个分组。我们把对选项的进一步讨论放到第9章进行。

处理完选项后，ipintr通过把IP首部内的ip_dst与配置的所有本地接口的IP地址进行比较，以确定分组是否已到达最终目的地。ipintr必须考虑与接口相关的几个广播地址、一个或多个单播地址以及任意个多播地址。

2. 最终目的地

187-261 ipintr通过遍历in_ifaddr(图6-5)，配置好的Internet地址表，来确定是否有与分组的目的地址的匹配。对清单中的每个in_ifaddr结构进行一系列的比较。要考虑4种常见的情况：

- 与某个接口地址完全匹配(图8-14中的第一行)；
- 与某个与接收接口相关的广播地址匹配(图8-14的中间4行)；
- 与某个与接收接口相关的多播组之一匹配(图12-39)；
- 与两个受限的广播地址之一匹配(图8-14的最后一行)。

图8-14显示的是当分组到达示例网络中主机sun上的以太网接口时要测试的地址，将在第12章中讨论的多播地址除外。

变量	以太网	SLIP	环回	行号 (图8-13)
ia_addr	140.252.13.33	140.252.1.29	127.0.0.1	192~193
ia_broadaddr	140.252.13.224			198~200
ia_netbroadcast	140.252.255.255			201~202
ia_subnet	140.252.13.32			207~209
ia_net	140.252.0.0			210~211
INADDR_BROADCAST		255.255.255.255		258~259
INADDR_ANY		0.0.0.0		260~261

图8-14 为判定分组是否到达最终目的地进行的比较

对ia_subnet、ia_net和INADDR_ANY的测试不是必需的，因为它们表示的是4.2BSD使用的已经过时的广播地址。但不幸的是，许多TCP/IP实现是从4.2BSD派生而来的，所以，在某些网络中能够识别出这些旧广播地址可能十分重要。

3. 转发

262-271 如果ip_dst与所有地址都不匹配，分组还没有到达最终目的地。如果还没有设置ipforwarding，就丢弃分组。否则，ip_forward尝试把分组路由到它的最终目的地。

当分组到达的某个地址不是目的地址指定的接口时，主机会丢掉该分组。在这种情况下，Net/3将搜索整个in_ifaddr表；只考虑那些分配给接收接口的地址。RFC 1122 称此为强端系统(strong end system)模型。

对多主主机而言，很少出现分组到达接口地址与其目的地址不对应的情况，除非配置了特定的主机路由。主机路由强迫相邻的路由器把多主主机作为分组的下一跳路由器。弱端系统(weak end system)模型要求该主机接收这些分组。实现人员可以随意选择两种模型。Net/3实现弱端系统模型。

8.4.4 重装和分用

最后，我们来看ipintr的最后一部分(图8-15)，在这里进行重装和分用。我们略去了重装的代码，将其推迟到第10章讨论。当无法重装完全的数据报时，略去的代码将把指针ip设成空。否则，ip指向一个已经到达目的地的完整数据报。

运输分用

325-332 数据报中指定的协议被ip_p用ip_protox数组(图7-22)映射到inetsw数组的下

标。ipintr调用选定的protosw结构中的pr_input函数来处理数据报包含的运输报文。
当pr_input返回时，ipintr继续处理ipintrq中的下一个分组。

　　注意，运输层对分组的处理发生在ipintr处理循环的内部。在IP和传输协议之间没有到
达分组的排队，这与TCP/IP中SVR4流实现的排队不同。

```
                                                                        ── ip_input.c

                            /* reassembly (Figure 10.11) *\

325    /*
326     * If control reaches here, ip points to a complete datagram.
327     * Otherwise, the reassembly code jumps back to next (Figure 8.11)
328     * Switch out to protocol's input routine.
329     */
330    ipstat.ips_delivered++;
331    (*inetsw[ip_protox[ip->ip_p]].pr_input) (m, hlen);
332    goto next;
                                                                        ── ip_input.c
```

图8-15　续ipintr

8.5　转发：ip_forward函数

　　到达非最终目的地系统的分组需要被转发。只有当ipforwarding非零(6.1节)或当分组
中包含源路由(9.6节)时，ipintr才调用实现转发算法的ip_forward函数。当分组中包含
源路由时，ip_dooptions调用ip_forward，并且第2个参数srcrt设为1。

　　ip_forward通过图8-16中显示的route结构与路由表接口。

```
                                                                        ── route.h
46 struct route {
47     struct rtentry *ro_rt;      /* pointer to struct with information */
48     struct sockaddr ro_dst;     /* destination of this route */
49 };
                                                                        ── route.h
```

图8-16　route结构

46-49　route结构有两个成员：ro_rt，指向rtentry结构的指针；ro_dst，一个
sockaddr结构，指定与ro_rt所指的路由项相关的目的地。目的地是在内核的路由表中用
来查找路由信息的关键字。第18章对rtentry结构和路由表有详细的描述。

　　我们分两部分讨论ip_forward。第一部分确定允许系统转发分组，修改IP首部，并为分
组选择路由。第二部分处理ICMP重定向报文，并把分组交给ip_output进行发送。见图8-17。

1. 分组适合转发吗

867-871　ip_forward的第1个参数是指向一个mbuf链的指针，该mbuf中包含了要被转发
的分组。如果第2个参数srcrt为非零，则分组由于源路由选项(见9.6节)正在被转发。

879-884　if语句识别并丢弃以下分组。

- 链路层广播。任何支持广播的网络接口驱动器必须为收到的广播分组把M_BCAST标志
  置位。如果分组寻址是到以太网广播地址，则ether_input(图4-13)就把M_BCAST置
  位。不转发链路层的广播分组。

RFC 1122不允许以链路层广播的方式发送一个寻址到单播IP地址的分组，并在这里将该分组丢掉。

- 环回分组。对寻址到环回网络的分组，in_canforward返回0。这些分组将被ipintr提交给ip_forward，因为没有正确配置反馈接口。
- 网络0和E类地址。对这些分组，in_canforward返回0。这些目的地址是无效的，而且因为没有主机接收这些分组，所以它们不应该继续在网络中流动。
- D类地址。寻址到D类地址的分组应该由多播函数ip_mforward而不是由ip_forward处理。in_canforward拒绝D类(多播)地址。

RFC 791 规定处理分组的所有系统都必须把生存时间(TTL)字段至少减去1，即使TTL是以秒计算的。由于这个要求，TTL通常被认为是对IP分组在被丢掉之前能经过的跳数的界限。从技术角度说，如果路由器持有分组超过1秒，就必须把ip_ttl减去大于1的值。

ip_input.c

```
867  void
868  ip_forward(m, srcrt)
869  struct mbuf *m;
870  int      srcrt;
871  {
872      struct ip *ip = mtod(m, struct ip *);
873      struct sockaddr_in *sin;
874      struct rtentry *rt;
875      int      error, type = 0, code;
876      struct mbuf *mcopy;
877      n_long   dest;
878      struct ifnet *destifp;

879      dest = 0;
880      if (m->m_flags & M_BCAST || in_canforward(ip->ip_dst) == 0) {
881          ipstat.ips_cantforward++;
882          m_freem(m);
883          return;
884      }
885      HTONS(ip->ip_id);
886      if (ip->ip_ttl <= IPTTLDEC) {
887          icmp_error(m, ICMP_TIMXCEED, ICMP_TIMXCEED_INTRANS, dest, 0);
888          return;
889      }
890      ip->ip_ttl -= IPTTLDEC;

891      sin = (struct sockaddr_in *) &ipforward_rt.ro_dst;
892      if ((rt = ipforward_rt.ro_rt) == 0 ||
893          ip->ip_dst.s_addr != sin->sin_addr.s_addr) {
894          if (ipforward_rt.ro_rt) {
895              RTFREE(ipforward_rt.ro_rt);
896              ipforward_rt.ro_rt = 0;
897          }
898          sin->sin_family = AF_INET;
899          sin->sin_len = sizeof(*sin);
900          sin->sin_addr = ip->ip_dst;

901          rtalloc(&ipforward_rt);
```

ip_input.c

图8-17 ip_forward函数：路由选择

```
902              if (ipforward_rt.ro_rt == 0) {
903                  icmp_error(m, ICMP_UNREACH, ICMP_UNREACH_HOST, dest, 0);
904                  return;
905              }
906              rt = ipforward_rt.ro_rt;
907          }
908          /*
909           * Save at most 64 bytes of the packet in case
910           * we need to generate an ICMP message to the src.
911           */
912          mcopy = m_copy(m, 0, imin((int) ip->ip_len, 64));

913          ip_ifmatrix[rt->rt_ifp->if_index +
914                      if_index * m->m_pkthdr.rcvif->if_index]++;
```
——— *ip_input.c*

图8-17 （续）

　　这就产生了一个问题：在Internet上，最长的路径有多长？这个度量称为网络的直径(diameter)。除了通过实验外无法知道直径的大小。[Olivier 1994]中有37跳的路径。

2. 减小TTL

885-890　由于转发时不再需要分组的标识符，所以标识符又被转换回网络字节序。但是当ip_forward发送包含无效IP首部的ICMP差错报文时，分组的标识符又应该是正确的顺序。

　　Net/3漏做了对已被ipintr转换成主机字节序的ip_len的转换。作者注意到在大端模式的机器上，这不会产生问题，因为从未对字节进行过转换。但在小端模式的机器如386上，这个小的漏洞允许交换了字节的值在ICMP差错的IP首部中。从运行在386上的SVR4(可能是Net/1码)和AIX3.2(4.3BSD Reno码)返回的ICMP分组中可以观察到这个小的漏洞。

　　如果ip_ttl达到1(IPTTLDEC)，则向发送方返回一个ICMP超时报文，并丢掉该分组。否则，ip_forward把ip_ttl减去IPTTLDEC。

　　系统不接受TTL为0的IP数据报，但Net/3在即使出现这种情况时也能生成正确的ICMP差错，因为p_ttl是在分组被认为是在本地交付之后和被转发之前检测的。

3. 定位下一跳

891-907　IP转发算法把最近的路由缓存在全局route结构的ipforward_rt中，在可能时应用于当前分组。研究表明连续分组趋向于同一目的地址([Jain和Routhier 1986]和[Mogul 1991])，所以这种向后一个(one-behind)的缓存使路由查询的次数最少。如果缓存为空(ipforward_rt)或当前分组的目的地不是ipforward_rt中的路由，就取消前面的路由，ro_dst被初始化成新的目的地，rtalloc为当前分组的目的地找一个新路由。如果找不到路由，则返回一个ICMP主机不可达差错，并丢掉该分组。

908-914　由于在产生差错时，ip_output要丢掉分组，所以m_copy复制分组的前64个字节，以便ip_forward发送ICMP差错报文。如果调用m_copy失败，ip_forward并不终止。在这种情况下，不发送差错报文。ip_ifmatrix记录在接口之间进行路由选择的分组的个数。具有接收和发送接口索引的计数器是递增的。

重定向报文

当主机错误地选择某个路由器作为分组的第一跳路由器时，该路由器向源主机返回一个ICMP重定向报文。IP网络互连模型假定主机不知道整个互联网的拓扑结构，把维护正确路由选择的责任交给路由器。路由器发出重定向报文是向主机表明它为分组选择了一个不正确的路由。我们用图8-18说明重定向报文。

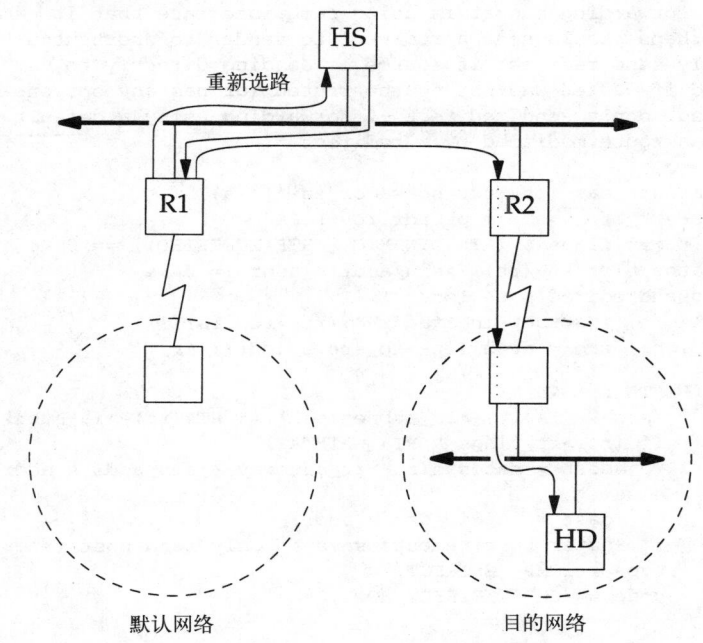

图8-18　路由器R1重定向主机HS使用路由器R2到达HD

通常，管理员对主机的配置是：把到远程网络的分组发送到某个默认路由器上。在图8-18中，主机HS上R1被配置成它的默认路由器。当HS首次向HD发送分组时，它不知道R2是合适的选择，而把分组发给R1。R1识别出差错，就把分组转发给R2，并向HS发回一个重定向报文。接收到重定向报文后，HS更新它的路由表，下一次发往HD的分组就直接发给R2。

RFC 1122推荐只有路由器才发重定向报文，而主机在接收到ICMP重定向报文后必须更新它们的路由表(11.8节)。因为Net/3只在系统被配置成路由器时才调用`ip_forward`，所以Net/3采用RFC 1122的推荐。

在图8-19中，`ip_forward`决定是否发重定向报文。

1. 在接收接口上离开吗

915-929　路由器识别重定向情况的规则很复杂。首先，只有在同一接口(`rt_ifp`和`rcvif`)上接收或重发分组时，才能应用重定向。其次，被选择的路由本身必须没有被ICMP重定向报文创建或修改过(`RTF_DYNAMIC|RTF_MODIFIED`)，而且该路由也不能是到默认目的地的(0.0.0.0)。这就保证系统在未授权时不会生成路由选择信息，并且不与其他系统共享自己的默认路由。

通常，路由选择协议使用特殊目的地址0.0.0.0定位默认路由。当到某目的地的某个路由不能使用时，与目的地0.0.0.0相关的路由就把分组定向到一个默认路由器上。

第18章对默认路由有详细的讨论。

全局整数`ipsendredirects`指定系统是否被授权发送重定向(8.9节)，`ipsendredirects`的默认值为1。当传给`ip_forward`的参数`srcrt`指明系统是对分组路由选择的源时，禁止系统重定向，因为假定源主机要覆盖中间路由器的选择。

```
                                                          ─── ip_input.c
915     /*
916      * If forwarding packet is using same interface that it came in on,
917      * perhaps should send a redirect to sender to shortcut a hop.
918      * Only send redirect if source is sending directly to us,
919      * and if packet was not source routed (or has any options).
920      * Also, don't send redirect if forwarding using a default route
921      * or a route modified by a redirect.
922      */
923 #define satosin(sa)  ((struct sockaddr_in *)(sa))
924     if (rt->rt_ifp == m->m_pkthdr.rcvif &&
925         (rt->rt_flags & (RTF_DYNAMIC | RTF_MODIFIED)) == 0 &&
926         satosin(rt_key(rt))->sin_addr.s_addr != 0 &&
927         ipsendredirects && !srcrt) {
928 #define RTA(rt) ((struct in_ifaddr *)(rt->rt_ifa))
929         u_long   src = ntohl(ip->ip_src.s_addr);

930         if (RTA(rt) &&
931             (src & RTA(rt)->ia_subnetmask) == RTA(rt)->ia_subnet) {
932             if (rt->rt_flags & RTF_GATEWAY)
933                 dest = satosin(rt->rt_gateway)->sin_addr.s_addr;
934             else
935                 dest = ip->ip_dst.s_addr;
936             /* Router requirements says to only send host redirects */
937             type = ICMP_REDIRECT;
938             code = ICMP_REDIRECT_HOST;
939         }
940     }
                                                          ─── ip_input.c
```

图8-19 ip_forward(续)

2. 发送重定向吗

930-931　这个测试决定分组是否产生于本地子网。如果源地址的子网掩码位和输出接口的地址相同，则两个地址位于同一IP网络中。如果源接口和输出的接口位于同一网络中，则该系统就不应该接收这个分组，因为源站可能已经把分组发给正确的第一跳路由器了。ICMP重定向报文告诉主机正确的第一跳目的地。如果分组产生于其他子网，则前一系统是个路由器，这个系统就不应该发重定向报文；差错由路由选择协议纠正。

在任何情况下，都要求路由器忽略重定向报文。尽管如此，当`ipforwarding`被置位时(也就是说，当它被配置成路由器时)，Net/3并不丢掉重定向报文。

3. 选择合适的路由器

932-940　ICMP重定向报文中包含正确的下一个系统的地址，如果目的主机不在直接相连的网络上，该地址是一个路由器的地址；当目的主机在直接相连的网络中时，该地址是主机地址。

RFC 792描述了重定向报文的4种类型：(1)网络；(2)主机；(3)TOS和网络；(4)TOS和主机。RFC 1009推荐在任何时候都不发送网络重定向报文，因为无法保证接收到重定向报文的主机能为目的网络找到合适的子网掩码。RFC 1122推荐主机把网络重定向看作是主机重定向，

以避免二义性。Net/3只发送主机重定向报文，并省略所有对TOS的考虑。在图8-20中，
ipintr把分组和所有的ICMP报文都提交给链路层。

—— *ip_input.c*

```
941     error = ip_output(m, (struct mbuf *) 0, &ipforward_rt,
942                      IP_FORWARDING | IP_ALLOWBROADCAST, 0);
943     if (error)
944         ipstat.ips_cantforward++;
945     else {
946         ipstat.ips_forward++;
947         if (type)
948             ipstat.ips_redirectsent++;
949         else {
950             if (mcopy)
951                 m_freem(mcopy);
952             return;
953         }
954     }
955     if (mcopy == NULL)
956         return;
957     destifp = NULL;

958     switch (error) {

959     case 0:                      /* forwarded, but need redirect */
960         /* type, code set above */
961         break;

962     case ENETUNREACH:                 /* shouldn't happen, checked above */
963     case EHOSTUNREACH:
964     case ENETDOWN:
965     case EHOSTDOWN:
966     default:
967         type = ICMP_UNREACH;
968         code = ICMP_UNREACH_HOST;
969         break;

970     case EMSGSIZE:
971         type = ICMP_UNREACH;
972         code = ICMP_UNREACH_NEEDFRAG;
973         if (ipforward_rt.ro_rt)
974             destifp = ipforward_rt.ro_rt->rt_ifp;
975         ipstat.ips_cantfrag++;
976         break;

977     case ENOBUFS:
978         type = ICMP_SOURCEQUENCH;
979         code = 0;
980         break;
981     }
982     icmp_error(mcopy, type, code, dest, destifp);
983 }
```

—— *ip_input.c*

图8-20 ip_forward（续）

重定向报文的标准化是在子网化之前，在一个非子网化的互联网中，网络重定
向很有用，但在一个子网化的互联网中，由于重定向报文中没有有关子网掩码的信
息，所以容易产生二义性。

4. 转发分组

941-954 现在，ip_forward有一个路由，并决定是否需要ICMP重定向报文。ip_output把分组发送到路由ipforward_rt所指定的下一跳。IP_ALLOWBROADCAST标志位允许被转发分组是个到某局域网的广播。如果ip_output成功，并且不需要发送任何重定向报文，则丢掉分组的前64字节，ip_forward返回。

5. 发送ICMP差错报文吗

955-983   ip_forward可能会由于ip_output失败或重定向而发送ICMP报文。如果没有原始分组的复制（可能当要复制时，曾经缓存不足），则无法发送重定向报文，ip_forward返回。如果有重定向，type和code以前已被置位，但如果ip_output失败，switch语句会基于从ip_output返回的值重新设置新的ICMP类型和码值。icmp_error会发送该报文。来自失败的ip_output的ICMP报文将覆盖任何重定向报文。

处理来自ip_output的差错的switch语句非常重要。它把本地差错翻译成适当的ICMP差错报文，并返回给分组的源站。图8-21对差错做了总结。第11章更详细地描述了ICMP报文。

当ip_output返回ENOBUFS时，Net/3通常生成ICMP源站抑制报文。Router Requirements(路由器需求)RFC [Almquist和Kastenholz 1994]不赞成源站抑制并要求路由器不产生这种报文。

来自ip_output的差错码	生成的ICMP报文	描　述
EMSGSIZE	ICMP_UNREACH_NEEDFRAG	对所选的接口来说，发出的分组太大，并且禁止分片(第10章)
ENOBUFS	ICMP_SOURCEQUENCH	接口队列满或内核运行内存不足。本报文向源主机指示降低数据率
EHOSTUNREACH		找不到到主机的路由
ENETDOWN		路由指明的输出接口没在运行
EHOSTDOWN	ICMP_UNREACH_HOST	接口无法把分组发给选定的主机
default		所有不识别的差错均作为ICMP_UNREACH_HOST差错报告

图8-21　来自ip_output的差错

8.6 输出处理：iP_output函数

IP输出代码从ip_forward和运输协议(图8-1)接收分组。让inetsw[0].pr_output能访问到IP输出操作似乎很有道理，但事实并非如此。标准的Internet传输协议(ICMP、IGMP、UDP和TCP)直接调用ip_output，而不查询inetsw表。对标准Internet传输协议而言，protosw结构不必具有一般性，因为调用函数并不是在与协议无关的情况下接入IP的。在第20章中，我们将看到与协议无关的路由选择插口调用pr_output接入IP。

我们分三个部分描述ip_ output:
• 首部初始化；
• 路由选择；
• 源地址选择和分片。

8.6.1 首部初始化

图8-22显示了`ip_output`的第一部分，把选项与外出的分组合并，完成传输协议提交(不是`ip_forward`提交的)的分组首部。

44-59 传给`ip_output`的参数包括：`m0`，要发送的分组；`opt`，包含的IP选项；`ro`，缓存的到目的地的路由；`flags`，见图8-23；`imo`，指向多播选项的指针，见第12章。

`IP_FORWARDING`由`ip_forward`和`ip_mforward`(多播分组转发)设置，并禁止`ip_output`重新设置任何IP首部字段。

ip_output.c

```
44  int
45  ip_output(m0, opt, ro, flags, imo)
46  struct mbuf *m0;
47  struct mbuf *opt;
48  struct route *ro;
49  int      flags;
50  struct ip_moptions *imo;
51  {
52      struct ip *ip, *mhip;
53      struct ifnet *ifp;
54      struct mbuf *m = m0;
55      int      hlen = sizeof(struct ip);
56      int      len, off, error = 0;
57      struct route iproute;
58      struct sockaddr_in *dst;
59      struct in_ifaddr *ia;

60      if (opt) {
61          m = ip_insertoptions(m, opt, &len);
62          hlen = len;
63      }
64      ip = mtod(m, struct ip *);
65      /*
66       * Fill in IP header.
67       */
68      if ((flags & (IP_FORWARDING | IP_RAWOUTPUT)) == 0) {
69          ip->ip_v = IPVERSION;
70          ip->ip_off &= IP_DF;
71          ip->ip_id = htons(ip_id++);
72          ip->ip_hl = hlen >> 2;
73          ipstat.ips_localout++;
74      } else {
75          hlen = ip->ip_hl << 2;
76      }
```

ip_output.c

图8-22 函数`ip_output`

标　志	描　述
IP_FORWARDING	这是一个转发过的分组
IP_ROUTETOIF	忽略路由表，直接路由到接口
IP_ALLOWBROADCAST	允许发送广播分组
IP_RAWOUTPUT	包含一个预构IP首部的分组

图8-23 `ip_output`：flag值

send、sendto和sendmsg的MSG_DONTROUTE标志使IP_ROUTETOIF有效，并进行一次写操作(见16.4节)，而SO_DONTROUTE插口选项使IP_ROUTETOIF有效，并在某个特定插口上进行任意的写操作(见8.8节)。该标志被传输协议传给ip_ output。

IP_ALLOWBROADCAST标志可以被SO_BROADCAST插口选项(见8.8节)设置，但只被UDP提交。原来的IP默认地设置IP_ALLOWBROADCAST。TCP不支持广播，所以IP_ALLOWBROADCAST不能被TCP提交给ip_output。不存在广播的预请求标志。

1. 构造IP首部

60-73 如果调用程序提供任何IP选项，它们将被ip_insertoptions(见9.8节)与分组合并，并返回新的首部长度。

我们将在8.8节中看到，进程可以设置IP_OPTIONS插口选项来为一个插口指定IP选项。插口的运输层(TCP或UDP)总是把这些选项提交给ip_output。

被转发分组(IP_FORWARDING)或有预构首部(IP_RAWOUTPUT)分组的IP首部不能被ip_output修改。任何其他分组(例如，产生于这个主机的UDP或TCP分组)需要有几个IP首部字段被初始化。ip_output把ip_v设置成4(IPVERSION)，把DF位需要的ip_off清零，并设置成调用程序提供的值(见第10章)，给来自全局整数的ip->ip_id赋一个唯一的标识符，把ip_id加1。ip_id是在协议初始化时由系统时钟设置的(见7.8节)。ip_hl被设置成用32位字度量的首部长度。

IP首部的其他字段(长度、偏移、TTL、协议、TOS和目的地址)已经被传输协议初始化了。源地址可能没被设置，因为是在确定了到目的地的路由后选择的(图8-25)。

2. 分组已经包括首部

74-76 对一个已转发的分组(或一个有首部的原始IP分组)，首部长度(以字节数度量)被保存在hlen中，留给将来分片算法使用。

8.6.2 路由选择

在完成IP首部后，ip_output的下一个任务就是确定一条到目的地的路由。如图8-24所示。

```
                                                                    ip_output.c
77      /*
78       * Route packet.
79       */
80      if (ro == 0) {
81          ro = &iproute;
82          bzero((caddr_t) ro, sizeof(*ro));
83      }
84      dst = (struct sockaddr_in *) &ro->ro_dst;
85      /*
86       * If there is a cached route,
87       * check that it is to the same destination
88       * and is still up.  If not, free it and try again.
89       */
90      if (ro->ro_rt && ((ro->ro_rt->rt_flags & RTF_UP) == 0 ||
91                      dst->sin_addr.s_addr != ip->ip_dst.s_addr)) {
92          RTFREE(ro->ro_rt);
93          ro->ro_rt = (struct rtentry *) 0;
94      }
```

图8-24 ip_output (续)

```
 95        if (ro->ro_rt == 0) {
 96            dst->sin_family = AF_INET;
 97            dst->sin_len = sizeof(*dst);
 98            dst->sin_addr = ip->ip_dst;
 99        }
100        /*
101         * If routing to interface only,
102         * short circuit routing lookup.
103         */
104 #define ifatoia(ifa)      ((struct in_ifaddr *)(ifa))
105 #define sintosa(sin)      ((struct sockaddr *)(sin))
106        if (flags & IP_ROUTETOIF) {
107            if ((ia = ifatoia(ifa_ifwithdstaddr(sintosa(dst)))) == 0 &&
108                (ia = ifatoia(ifa_ifwithnet(sintosa(dst)))) == 0) {
109                ipstat.ips_noroute++;
110                error = ENETUNREACH;
111                goto bad;
112            }
113            ifp = ia->ia_ifp;
114            ip->ip_ttl = 1;
115        } else {
116            if (ro->ro_rt == 0)
117                rtalloc(ro);
118            if (ro->ro_rt == 0) {
119                ipstat.ips_noroute++;
120                error = EHOSTUNREACH;
121                goto bad;
122            }
123            ia = ifatoia(ro->ro_rt->rt_ifa);
124            ifp = ro->ro_rt->rt_ifp;
125            ro->ro_rt->rt_use++;
126            if (ro->ro_rt->rt_flags & RTF_GATEWAY)
127                dst = (struct sockaddr_in *) ro->ro_rt->rt_gateway;
128        }
```

                    /* multicast destination (Figure 12.40) */

ip_output.c

图8-24 （续）

1. 验证高速缓存中的路由

77-99 ip_output可能把一条在高速缓存中的路由作为ro参数来提供。在第24章中，我们将看到UDP和TCP维护一个与各插口相关的路由缓存。如果没有路由，则ip_output把ro设置成指向临时route结构iproute。

如果高速缓存中的目的地不是去当前分组的目的地，就把该路由丢掉，新的目的地址放在dst中。

2. 旁路路由选择

100-114 调用方可通过设置IP_ROUTETOIF 标志(见8.8节)禁止对分组进行路由选择。ip_output必须找到一个与分组中指定目的地网络直接相连的接口。ifa_ifwithdstaddr搜索点到点接口，而in_ifwithnet搜索其他接口。如果任一函数找到与目的网络相连的接口，就返回ENETUNREACH；否则，ifp指向选定的接口。

这个选项允许路由选择协议绕过本地路由表，并使分组通过某特定接口退出系

统。通过这个方法，即使本地路由表不正确，也可以与其他路由器交换路由选择
信息。

3. 本地路由

115-122   如果分组正被路由选择(IP_ROUTETOIF为关状态)，并且没有其他缓存的路由，
则rtalloc找到一条到dst指定地址的路由。如果rtalloc没找到路由，则ip_output返
回EHOSTUNREACH。如果ip_forward调用ip_output，就把EHOSTUNREACH转换成
ICMP差错。如果某个传输协议调用ip_output，就把差错传回给进程(图8-21)。

123-128   ia被设成指向选定接口的地址(ifaddr结构)，而ifp指向接口的ifnet结构。如
果下一跳不是分组的最终目的地，则把dst改成下一跳路由器地址，而不再是分组的最终目
的地址。IP首部内的目的地址不变，但接口层必须把分组提交给dst，即下一跳路由器。

8.6.3 源地址选择和分片

ip_output的最后一部分如图8-25所示，保证IP首部有一个有效源地址，然后把分组提
交给与路由相关的接口。如果分组比接口的MTU大，就必须对分组分片，然后一片一片地发
送。像前面的重装代码一样，我们省略了分片代码，并推迟到第10章再讨论。

---
ip_output.c

```
212      /*
213       * If source address not specified yet, use address
214       * of outgoing interface.
215       */
216      if (ip->ip_src.s_addr == INADDR_ANY)
217          ip->ip_src = IA_SIN(ia)->sin_addr;
218      /*
219       * Look for broadcast address and
220       * verify user is allowed to send
221       * such a packet.
222       */
223      if (in_broadcast(dst->sin_addr, ifp)) {
224          if ((ifp->if_flags & IFF_BROADCAST) == 0) {      /* interface check */
225              error = EADDRNOTAVAIL;
226              goto bad;
227          }
228          if ((flags & IP_ALLOWBROADCAST) == 0) {       /* application check */
229              error = EACCES;
230              goto bad;
231          }
232          /* don't allow broadcast messages to be fragmented */
233          if ((u_short) ip->ip_len > ifp->if_mtu) {
234              error = EMSGSIZE;
235              goto bad;
236          }
237          m->m_flags |= M_BCAST;
238      } else
239          m->m_flags &= ~M_BCAST;
240  sendit:
241      /*
242       * If small enough for interface, can just send directly.
243       */
244      if ((u_short) ip->ip_len <= ifp->if_mtu) {
```

图8-25 ip_output (续)

```
245                ip->ip_len = htons((u_short) ip->ip_len);
246                ip->ip_off = htons((u_short) ip->ip_off);
247                ip->ip_sum = 0;
248                ip->ip_sum = in_cksum(m, hlen);
249                error = (*ifp->if_output) (ifp, m,
250                                           (struct sockaddr *) dst, ro->ro_rt);
251                goto done;
252            }

                        /* fragmentation (Section 10.3) */

339    done:
340        if (ro == &iproute && (flags & IP_ROUTETOIF) == 0 && ro->ro_rt)
341            RTFREE(ro->ro_rt);
342        return (error);
343    bad:
344        m_freem(m0);
345        goto done;
346    }
```
ip_output.c

图8-25 （续）

1. 选择源地址

212-239 如果没有指定ip_src，则ip_output选择输出接口的IP地址ia作为源地址。这不能在早期填充其他IP首部字段时做，因为那时还没有选定路由。转发的分组通常都有一个源地址，但是，如果发送进程没有明确指定源地址，产生于本地主机的分组可能没有源地址。

如果目的IP地址是一个广播地址，则接口必须支持广播(IFF_BROADCAST，图3-7)，调用方必须明确使能广播(IP_ALLOWBROADCAST，图8-23)，而分组必须足够小，无须分片。

最后的测试是一个策略决定。IP协议规范中没有明确禁止对广播分组的分片，但是，要求分组适合接口的MTU。这就增加了广播分组被每个接口接收的机会，因为接收一个未损坏的分组的机会要远大于接收两个或多个未损坏分组的机会。

如果这些条件都不满足，就扔掉该分组，把EADDRNOTAVAIL、EACCES和EMSGSIZE返回给调用方。否则，设置输出分组的M_BCAST，告诉接口输出函数把该分组作为链路级广播发送。21.20节中，我们将看到arpresolve把IP广播地址翻译成以太网广播地址。

如果目的地址不是广播地址，则ip_output把M_BCAST清零。

如果M_BCAST没有清零，则对一个作为广播到达的请求分组的应答将可能作为一个广播被返回。我们将在第11章中看到，ICMP应答将以这种方式作为TCP RST分组(见26.9节)在请求分组内构造。

2. 发送分组

240-252 如果分组对所选择的接口足够小，ip_len和ip_off被转换成网络字节序，IP检验和与 in_cksum(见8.7节)一起计算，把分组提交给所选接口的if_output函数。

3. 分片分组

253-338 大分组在被发送之前必须分片。这里我们省略这段代码，推迟到第10章讨论。

4. 清零

339-346 对每一路由表项都有一个引用计数。我们提到过，如果参数ro为空，ip_

output可能会使用一个临时的route结构(iproute)。如果需要，RTFREE发布iproute内的路由表项，并把引用计数减1。Bad处的代码在返回前扔掉当前分组。

> 引用计数是一个存储器管理技术。程序员必须对一个数据结构的外部引用计数；当计数返回为0时，就可以安全地把存储器返回给空存储器池。引用计数要求程序员遵守一些规定，在恰当的时机增加或减小引用计数。

8.7 Internet检验和：`in_cksum`函数

有两个操作占据了处理分组的主要时间：复制数据和计算检验和([Kay和Pasquale 1993])。mbuf数据结构的灵活性是Net/3中减少复制操作的主要方法。由于对硬件的依赖，所以检验和的有效计算相对较难。Net/3中有几种in_cksum的实现(图8-26)。

版 本	源 文 件
portable C	sys/netinet/in_cksum.c
SPARC	net3/sparc/sparc/in_cksum.c
68k	net3/luna68k/luna68k/in_cksum.c
VAX	sys/vax/vax/in_cksum.c
Tahoe	sys/tahoe/tahoe/in_cksum.c
HP 3000	sys/hp300/hp300/in_cksum.c
Intel 80386	sys/i386/i386/in_cksum.c

图8-26 在Net/3中的几个in_cksum版本

即使是可移植C实现也已经被相当好地优化了。RFC 1071 [Braden、Borman和Partridge 1988] 和RFC 1141 [Mallory和Kullberg 1990]讨论了Internet检验和函数的设计和实现。RFC 1141被RFC 1624 [Rijsinghani 1994] 修正。根据RFC 1071：

1) 把被检验的相邻字节成对配成16位整数，就形成了这些整数的二进制反码的和。

2) 为生成检验和，把检验和字段本身清零，把16位的二进制反码的和以及这个和的二进制反码放到检验和字段。

3) 为检验检验和，对同一组字节计算它们的二进制反码的和。如果结果为全1(在二进制反码运算中为−0，见下面的解释)，则检验成功。

简而言之，当对用二进制反码表示的整数进行加法运算时，把两个整数相加后再加上进位就得到加法的结果。在二进制反码运算中，只要把每一位求补就得到一个数的反。所以在二进制反码运算中，0有两种表示方法：全0和全1。有关二进制反码的运算和表示的详细讨论见 [Mano 1982]。

检验和算法在发送分组之前计算出要放在IP首部检验和字段的值。为了计算这个值，先把首部的检验和字段设为0，然后计算整个首部(包括选项)的二进制反码的和。把首部作为一个16位整数数组来处理。让我们把这个计算结果称为a。因为检验和字段被明确设为0，所以a是除了检验和字段外所有IP首部字段的和。a的二进制反码用$-a$表示，放在检验和字段中，发送该分组。

如果在传输过程中没有位改变，则在目的地计算的检验和应该等于$(a+-a)$的二进制反码。在二进制反码运算中$(a+-a)$的和是−0(全1)，而它的二进制反码应该等于0(全0)。所以在目的地，一个没有损坏分组计算出来的检验和应该总是为0。这就是我们在图8-12中看到的。

图8-27所示的C代码(不是Net/3的内容)是这个算法的一种原始实现：

```
1  unsigned short
2  cksum(struct ip *ip, int len)
3  {
4      long    sum = 0;            /* assume 32 bit long, 16 bit short */
5      while (len > 1) {
6          sum += *((unsigned short *) ip)++;
7          if (sum & 0x80000000)   /* if high-order bit set, fold */
8              sum = (sum & 0xFFFF) + (sum >> 16);
9          len -= 2;
10     }
11     if (len)                    /* take care of left over byte */
12         sum += (unsigned short) *(unsigned char *) ip;
13     while (sum >> 16)
14         sum = (sum & 0xFFFF) + (sum >> 16);
15     return ~sum;
16 }
```

图8-27 IP检验和计算的一种原始实现

1-16 这里唯一提高性能之处在于累计sum高16位的进位。当循环结束时，累计的进位被加在低16位上，直到没有其他进位发生。RFC 1071称此为延迟进位(deferred carries)。在没有有进位加法指令或检测进位代价很大的机器上，这个技术非常有效。

图8-28显示Net/3的可移植C版本。它使用了延迟进位技术，作用于存储在一个mbuf链中的分组。

42-140 我们的新检验和实现假定所有被检验字节都存储在一个连续缓存而不是mbuf中。这个版本的检验和计算采用相同的底层算法来正确地处理mbuf：用32位整数的延迟进位对16位字做加法。对奇数个字节的mbuf，多出来的一个字节被保存起来，并与下一个mbuf的第一个字节配对。因为在大多数体系结构中，对16位字的不对齐访问是无效的，甚至会产生严重差错，所以不对齐字节将被保存，in_cksum继续加上下一个对齐的字。当这种情况发生时，in_ cksum总是很小心地交换字节，保证位于奇数和偶数位置的字节被放在单独的和字节中，以满足检验和算法的要求。

循环展开

93-115 函数中的三个while循环在每次迭代中分别在和中加上16个字、4个字和1个字。展开的循环减小了循环的耗费，在某些体系结构中可能比一个直接循环要快得多。但代价是代码长度和复杂性增大。

─── *in_cksum.c*

```
42 #define ADDCARRY(x)  (x > 65535 ? x -= 65535 : x)
43 #define REDUCE {l_util.l = sum; sum = l_util.s[0] + l_util.s[1]; ADDCARRY(sum);}

44 int
45 in_cksum(m, len)
46 struct mbuf *m;
47 int     len;
48 {
49     u_short *w;
50     int     sum = 0;
```

图8-28 IP检验和计算的一个优化的可移植C程序

```
51      int     mlen = 0;
52      int     byte_swapped = 0;
53      union {
54          char    c[2];
55          u_short s;
56      } s_util;
57      union {
58          u_short s[2];
59          long    l;
60      } l_util;
61      for (; m && len; m = m->m_next) {
62          if (m->m_len == 0)
63              continue;
64          w = mtod(m, u_short *);
65          if (mlen == -1) {
66              /*
67               * The first byte of this mbuf is the continuation of a
68               * word spanning between this mbuf and the last mbuf.
69               *
70               * s_util.c[0] is already saved when scanning previous mbuf.
71               */
72              s_util.c[1] = *(char *) w;
73              sum += s_util.s;
74              w = (u_short *) ((char *) w + 1);
75              mlen = m->m_len - 1;
76              len--;
77          } else
78              mlen = m->m_len;
79          if (len < mlen)
80              mlen = len;
81          len -= mlen;
82          /*
83           * Force to even boundary.
84           */
85          if ((1 & (int) w) && (mlen > 0)) {
86              REDUCE;
87              sum <<= 8;
88              s_util.c[0] = *(u_char *) w;
89              w = (u_short *) ((char *) w + 1);
90              mlen--;
91              byte_swapped = 1;
92          }
93          /*
94           * Unroll the loop to make overhead from
95           * branches &c small.
96           */
97          while ((mlen -= 32) >= 0) {
98              sum += w[0]; sum += w[1]; sum += w[2]; sum += w[3];
99              sum += w[4]; sum += w[5]; sum += w[6]; sum += w[7];
100             sum += w[8]; sum += w[9]; sum += w[10]; sum += w[11];
101             sum += w[12]; sum += w[13]; sum += w[14]; sum += w[15];
102             w += 16;
103         }
104         mlen += 32;
105         while ((mlen -= 8) >= 0) {
106             sum += w[0]; sum += w[1]; sum += w[2]; sum += w[3];
107             w += 4;
```

图8-28 (续)

```
108          }
109          mlen += 8;
110          if (mlen == 0 && byte_swapped == 0)
111              continue;
112      REDUCE;
113      while ((mlen -= 2) >= 0) {
114          sum += *w++;
115      }
116      if (byte_swapped) {
117          REDUCE;
118          sum <<= 8;
119          byte_swapped = 0;
120          if (mlen == -1) {
121              s_util.c[1] = *(char *) w;
122              sum += s_util.s;
123              mlen = 0;
124          } else
125              mlen = -1;
126      } else if (mlen == -1)
127          s_util.c[0] = *(char *) w;
128  }
129  if (len)
130      printf("cksum: out of data\n");
131  if (mlen == -1) {
132      /* The last mbuf has odd # of bytes. Follow the standard (the odd
133         byte may be shifted left by 8 bits or not as determined by
134         endian-ness of the machine) */
135      s_util.c[1] = 0;
136      sum += s_util.s;
137  }
138  REDUCE;
139  return (~sum & 0xffff);
140 }
```
—————————————————————————————————— in_cksum.c

图8-28 （续）

其他优化

RFC 1071提到两个在Net/3中没有出现的优化：联合的有检验和的复制操作与递增的检验和更新。对IP首部检验和来说，把复制和检验和操作结合起来并不像对TCP和UDP那么重要，因为后者覆盖了更多的字节。在23.12节中对这个合并的操作进行了讨论。 [Partridge和Pink 1993]报告了IP首部检验和的一个内联版本比调用更一般的in_cksum函数要快得多，只需6~8个汇编指令就可以完成(标准的20字节IP首部)。

检验和算法设计允许改变分组，并在不重新检查所有字节的情况下更新检验和。RFC 1071对该问题进行了简明的讨论。RFC 1141和1624中有更详细的讨论。该技术的一个典型应用是在分组转发的过程中。通常情况下，当分组没有选项时，转发过程中只有TTL字段发生变化。在这种情况下，可以只用一次循环进位，重新计算检验和。

为了进一步提高效率，递增的检验和也有助于检测到被有差错的软件破坏的首部。如果递增地计算检验和，则下一个系统可以检测到被破坏的首部。但是如果不是递增计算检验和，那么检验和中就包含了差错的字节，检测不到有问题的首部。UDP和TCP使用的检验和算法在最终目的主机中检测到该差错。我们将在第23和25章看到UDP和TCP检验和包含了IP首部的几个部分。

使用硬件有进位加法指令一次性计算32位检验和的检验和函数，可参见`./sys/vax/`
`vax/in_cksum.c`文件中VAX实现的`in_cksum`。

8.8 `setsockopt`和`getsockopt`系统调用

Net/3提供setsockopt和getsockopt两个系统调用来访问一些网络互连的性质。这两个系统调用支持一个动态接口，进程可用该动态接口来访问某种网络互连协议的一些性质，而标准系统调用通常不支持该协议。这两个调用的原型是：

```
int setsockopt(int s, int level, int optname, void *optval, int optlen);
int getsockopt(int s, int level, int optname, const void *optval, int optlen);
```

大多数插口选项只影响它们在其上发布的插口。与sysctl参数相比，后者影响整个系统。与多播相关的插口选项是一个明显的例外，将在第12章中讨论。

setsockopt和getsockopt分别设置和获取通信栈所有层上的选项。Net/3按照与*s*相关的协议和由*level*指定的标识符处理选项。图8-29列出了在我们讨论的协议中*level*可能取得的值。

在第17章中，我们描述了setsockopt和getsockopt的实现，但在其他适当章节中讨论有关选项的实现。本章讨论访问IP性质的选项。

字段	协议	*level*	函 数	参 考
任意	任意	*SOL_SOCKET*	sosetopt和sogetopt	图17-5和图17-11
IP	UDP	*IPPROTO_IP*	ip_ctloutput	图8-31
	TCP	*IPPROTO_TCP*	tcp_ctloutput	30.6节
		IPPROTO_IP	ip_ctloutput	图8-31
	原始IP ICMP IGMP	*IPPROTO_IP*	rip_ctloutput和 ip_ctloutput	32.8节

图8-29 sosetopt和sogetopt参数

我们把本书中出现的所有插口选项总结在图8-30中。该图显示了IPPROTO_IP级的选项。选项出现在第1列，*optval*指向变量的数据类型出现在第2列，第3列显示的是处理该选项的函数。

选 项 名	Optval类型	函 数	描 述
IP_OPTIONS	void*	in_pcbopts	设置或获取发出的数据报中的IP选项
IP_TOS	int	ip_ctloutput	设置或获取发出的数据报中的IP TOS
IP_TTL	int	ip_ctloutput	设置或获取发出的数据报中的IP TTL
TP_RECVDSTADDR	int	ip_ctloutput	使能或禁止IP目的地址(只有UDP)的排队
IP_RECVOPTS	int	ip_ctloutput	使能或禁止对到达IP选项作为控制信息的排队(只对UDP；还没有实现)
IP_RECVRETOPTS	int	ip_ctloutput	使能或禁止与到达数据报相关的逆源路由(只对UDP；还没有实现)

图8-30 插口选项：SOCK_RAW、SOCK_DGRAM和SOCK_STREAMR插口的IPPROTO_IP级

图8-31显示了用于处理大部分IPPROTO_IP选项的ip_ctloutput函数的整个结构。在32.8节中我们给出与SOCK_RAW插口一起使用的IPPROTO_IP选项。

ip_output.c

```
431 int
432 ip_ctloutput(op, so, level, optname, mp)
433 int      op;
434 struct socket *so;
435 int      level, optname;
436 struct mbuf **mp;
437 {
438     struct inpcb *inp = sotoinpcb(so);
439     struct mbuf *m = *mp;
440     int      optval;
441     int      error = 0;

442     if (level != IPPROTO_IP) {
443         error = EINVAL;
444         if (op == PRCO_SETOPT && *mp)
445             (void) m_free(*mp);
446     } else
447         switch (op) {

448         case PRCO_SETOPT:
449             switch (optname) {


                    /* PRCO_SETOPT processing (Figures 8.32 and 12.17) */


493             freeit:
494             default:
495                 error = EINVAL;
496                 break;
497             }
498             if (m)
499                 (void) m_free(m);
500             break;

501         case PRCO_GETOPT:
502             switch (optname) {


                    /* PRCO_SETOPT processing (Figures 8.33 and 12.17) */


546             default:
547                 error = ENOPROTOOPT;
548                 break;
549             }
550             break;
551         }
552     return (error);
553 }
```

ip_output.c

图8-31 ip_ctloutput函数：概貌

431-447 ip_ctloutput的第一个参数op，可以是PRCO_SETOPT或者PRCO_GETOPT。第二个参数so，指向向其发布请求的插口。level必须是IPPROTO_IP。optname是要改变或要检索的选项，mp间接地指向一个含有与该选项相关数据的mbuf，m被初始化为指向由*mp引用的mbuf。

448-500 如果在调用setsockopt时指定了一个无法识别的选项(因此，在switch中调用PRCO_SETOPT语句)，ip_ctloutput释放掉所有调用方传来的缓存，并返回EINVAL。

501-553 getsockopt传来的无法识别的选项导致ip_ctloutput返回ENOPROTOOPT。在这种情况下，调用方释放mbuf。

8.8.1 PRCO_SETOPT的处理

对PRCO_SETOPT的处理如图8-32所示。

```
450                    case IP_OPTIONS:                                    ip_output.c
451                        return (ip_pcbopts(&inp->inp_options, m));
452                    case IP_TOS:
453                    case IP_TTL:
454                    case IP_RECVOPTS:
455                    case IP_RECVRETOPTS:
456                    case IP_RECVDSTADDR:
457                        if (m->m_len != sizeof(int))
458                            error = EINVAL;
459                        else {
460                            optval = *mtod(m, int *);
461                            switch (optname) {
462                            case IP_TOS:
463                                inp->inp_ip.ip_tos = optval;
464                                break;
465                            case IP_TTL:
466                                inp->inp_ip.ip_ttl = optval;
467                                break;
468 #define OPTSET(bit) \
469     if (optval) \
470         inp->inp_flags |= bit; \
471     else \
472         inp->inp_flags &= ~bit;
473                            case IP_RECVOPTS:
474                                OPTSET(INP_RECVOPTS);
475                                break;
476                            case IP_RECVRETOPTS:
477                                OPTSET(INP_RECVRETOPTS);
478                                break;
479                            case IP_RECVDSTADDR:
480                                OPTSET(INP_RECVDSTADDR);
481                                break;
482                            }
483                        }
484                    break;
                                                                           ip_output.c
```

图8-32 ip_ctloutput函数：处理PRCO_SETOPT

450-451 IP_OPTIONS是由ip_pcbopts处理的(图9-32)。

452-484 IP_TOS、IP_TTL、IP_RECVOPTS、IP_RECVERTOPTS及IP_RECVDSTADDR选项都需要在由m指向的mbuf中有一个整数。该整数存储在optval中，用来改变与插口有关的ip_tos和ip_ttl的值，或者用来设置或复位与插口相关的INP_RECVOPTS、INP_RECVERTOPTS和INP_RECVDSTADDR标志位。如果optval是非零(或0)，则宏OPTSET设置(或复位)指定的比特。

图8-30中显示没有实现IP_RECVOPTS和IP_RECVERTOPTS。在第23章中，我

们将看到UDP忽略了这些选项的设置。

8.8.2 PRCO_GETOPT的处理

图8-33显示的一段代码完成了当指定PRCO_GETOPT时对IP选项的检索。

```
                                                                    ip_output.c
503            case IP_OPTIONS:
504                *mp = m = m_get(M_WAIT, MT_SOOPTS);
505                if (inp->inp_options) {
506                    m->m_len = inp->inp_options->m_len;
507                    bcopy(mtod(inp->inp_options, caddr_t),
508                            mtod(m, caddr_t), (unsigned) m->m_len);
509                } else
510                    m->m_len = 0;
511                break;

512        case IP_TOS:
513        case IP_TTL:
514        case IP_RECVOPTS:
515        case IP_RECVRETOPTS:
516        case IP_RECVDSTADDR:
517                *mp = m = m_get(M_WAIT, MT_SOOPTS);
518                m->m_len = sizeof(int);
519                switch (optname) {

520                case IP_TOS:
521                    optval = inp->inp_ip.ip_tos;
522                    break;

523                case IP_TTL:
524                    optval = inp->inp_ip.ip_ttl;
525                    break;

526 #define OPTBIT(bit) (inp->inp_flags & bit ? 1 : 0)

527                case IP_RECVOPTS:
528                    optval = OPTBIT(INP_RECVOPTS);
529                    break;

530                case IP_RECVRETOPTS:
531                    optval = OPTBIT(INP_RECVRETOPTS);
532                    break;

533                case IP_RECVDSTADDR:
534                    optval = OPTBIT(INP_RECVDSTADDR);
535                    break;
536                }
537                *mtod(m, int *) = optval;
538                break;
                                                                    ip_output.c
```

图8-33 ip_ctloutput函数：PRCO_GETOPT的处理

503-538 对IP_OPTIONS，ip_ctloutput返回一个缓存，该缓存中包含了与该插口相关的选项的备份。对其他选项，ip_ctloutput返回ip_tos和ip_ttl的值，或与该选项相关的标志的状态。返回的值放在由m指向的mbuf中。如果在inp_flags中的bit是打开(或关闭)的，则宏OPTBIT将返回1(或0)。

8.9 ip_sysctl函数

图7-27显示，在调用sysctl中，当协议和协议族的标识符是0时，就调用ip_sysctl函

数。图8-34显示了ip_sysctl支持的三个函数。

sysctl常量	Net/3变量	描　　述
IPCTL_FORWARDING	ipforwarding	系统是否转发IP分组？
IPCTL_SENDREDIRECTS	ipsendredirects	系统是否发ICMP重定向？
IPCTL_DEFTTL	ip_defttl	IP分组的默认TTL

图8-34 sysctl参数

图8-35显示了ip_sysctl函数。

```
                                                                    ip_input.c
984 int
985 ip_sysctl(name, namelen, oldp, oldlenp, newp, newlen)
986 int     *name;
987 u_int    namelen;
988 void    *oldp;
989 size_t  *oldlenp;
990 void    *newp;
991 size_t  newlen;
992 {
993     /* All sysctl names at this level are terminal. */
994     if (namelen != 1)
995         return (ENOTDIR);

996     switch (name[0]) {
997     case IPCTL_FORWARDING:
998         return (sysctl_int(oldp, oldlenp, newp, newlen, &ipforwarding));
999     case IPCTL_SENDREDIRECTS:
1000        return (sysctl_int(oldp, oldlenp, newp, newlen,
1001                       &ipsendredirects));
1002    case IPCTL_DEFTTL:
1003        return (sysctl_int(oldp, oldlenp, newp, newlen, &ip_defttl));
1004    default:
1005        return (EOPNOTSUPP);
1006    }
1007    /* NOTREACHED */
1008 }
                                                                    ip_input.c
```

图8-35 ip_sysctl函数

因为ip_sysctl并不把sysctl请求转发给其他函数，所以在name中只能有一个成员。否则返回ENOTDIR。

Switch语句选择恰当的调用systl_int，它访问或修改ipforwarding、ipsendredirects或ip_defttl。对无法识别的选项返回EOPNOTSUPP。

8.10 小结

IP是一个最佳的数据报服务，它为所有其他Internet协议提供交付机制。标准IP首部长度为20字节，但可跟最多40字节的选项。IP可以把大的数据报分片发送，并在目的地重装分片。对选项处理的讨论放在第9章和第10章。

ipintr保证IP首部到达时未经破坏，通过把目的地址与系统接口地址及其他几个广播地址比较来确定它们是否到达最终目的地。ipintr把到达最终目的地的数据报传给分组内指定的运输层协议。如果系统被配置成路由器，就把还没有到达最终目的地的分组发给

`ip_forward`转发到最终目的地。分组有一个受限的生命期。如果TTL字段变成0，则`ip_forward`就丢掉该分组。

许多Internet协议都使用Internet检验和函数，Net/3用in_cksum实现。IP检验和只覆盖首部(和选项)，不覆盖数据，数据必须由传输协议级的检验和保护。作为IP中最耗时的操作，检验和函数通常要针对不同的平台进行优化。

习题

8.1 当没有为任何接口分配IP地址时，IP是否该接收广播分组？

8.2 修改`ip_forward`和`ip_output`，当转发一个没有选项的分组时，对IP检验和进行递增的更新。

8.3 当拒绝转发分组时，为什么需要检测链路级广播(某缓存中的M_BCAST标志)和IP级广播(in_canforward)？在何种情况下，把一个具有IP单播目的地的分组作为一个链路层广播接收？

8.4 当一个IP分组到达时有检验和差错，为什么不向发送方返回一个差错信息？

8.5 假定一个多接口主机上的某个进程为它发出的分组选择了一个明确的源地址。而且，假定是通过一个接口而不是作为分组源地址所选择的地址到达的。当第一跳路由器发现分组应该到另一个路由器时，会发生什么情况？会向主机发送重定向报文吗？

8.6 一个新的主机被连到一个已划分子网的网络中，并被配置成完成路由选择的功能(ipforwarding等于1)，但它的网络接口没有分配子网掩码。当该主机接收一个子网广播分组时会出现什么情况？

8.7 图8-17中，在检测ip_ttl后(与之前相比)，为什么需要把它减1？

8.8 如果两个路由器都认为对方是分组的最佳下一跳目的地，将发生什么情况？

8.9 图8-14中，对一个到达SLIP接口的分组，不检测哪些地址？有没有其他在图8-14中没有列出的地址被检测？

8.10 `ip_forward`在调用icmp_error之前，把分片的id从主机字节序转换成网络字节序。为什么它不对分片的偏移进行转换？

第9章 IP选项处理

9.1 引言

第8章中提到,IP输入函数(ipintr)将在验证分组格式(检验和,长度等)之后,确定分组是否到达目的地之前,对选项进行处理。这表明,分组所遇到的每个路由器以及最终的目的主机都要对分组的选项进行处理。

RFC 791和1122指定了IP选项和处理规则。本章将讨论大多数IP选项的格式和处理。我们也将显示运输协议如何指定IP数据报内的IP选项。

IP分组内可以包含某些在分组被转发或被接收之前处理的可选字段。IP实现可以用任意顺序处理选项;Net/3按照选项在分组中出现的顺序处理选项。图9-1显示,标准IP首部之后最多可跟40字节的选项。

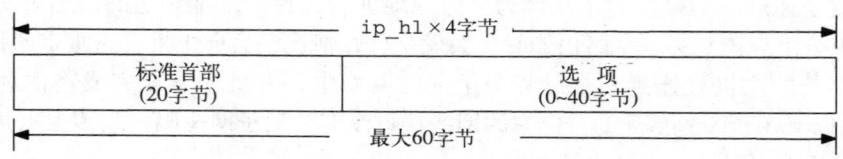

图9-1 一个IP首部可以有0~40字节的IP选项

9.2 代码介绍

两个首部描述了IP选项的数据结构。选项处理的代码出现在两个C文件中。图9-2列出了相关的文件。

文 件	描 述
netinet/ip.h	ip_timestamp结构
netinet/ip_var.h	ipoption结构
netinet/ip_input.c	选项处理
netinet/ip_output.c	ip_insertoptions函数

图9-2 本章讨论的文件

9.2.1 全局变量

图9-3描述了两个全局变量支持源路由的逆(reversal)。

变 量	数据类型	描 述
ip_nhops	int	以前的源路由跳计数
ip_srcrt	struct ip_srcrt	以前的源路由

图9-3 本章引入的全局变量

9.2.2   统计量

选项处理代码更新的唯一的统计量是ipstat结构中的`ips_badoptions`，如图8-4所示。

9.3   选项格式

IP选项字段可能包含0个或多个单独选项。选项有两种类型，单字节和多字节，如图9-4中所示。

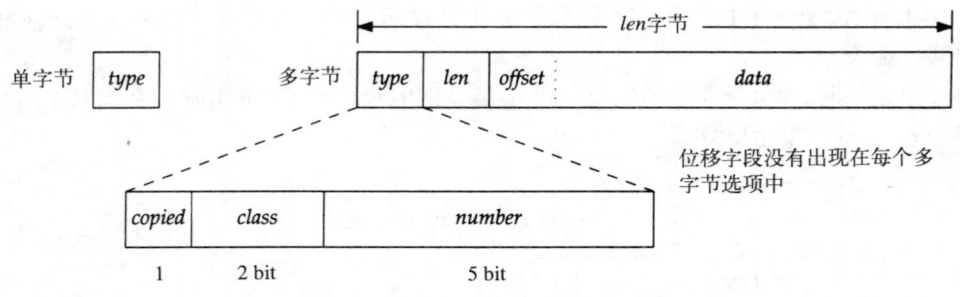

图9-4   单字节和多字节IP选项的结构

所有选项都以1字节类型(*type*)字段开始。在多字节选项中，类型字段后面紧接着一个长度(*len*)字段，其他的字节是数据(*data*)。许多选项数据字段的第一个字节是1字节的位移(*offset*)字段，指向数据字段内的某个字节。长度字节的计算覆盖了类型、长度和数据字段。类型被继续分成三个子字段：1 bit备份(*copied*)标志、2 bit类(*class*)字段和5 bit数字(*number*)字段。图9-5列出了目前定义的IP选项。前两个选项是单字节选项；其他的是多字节选项。

常　　量	类　　型		长度	Net/3	描　　述
	十进制	二进制	(字节)		
IPOPT_EOL	0-0-0　0	0-00-00000	1	•	选项表的结尾(EOL)
IPOPT_NOP	0-0-1　1	0-00-00001	1	•	无操作(NOP)
IPOPT_RR	0-0-7　7	0-00-00111	可变	•	记录路由
IPOPT_TS	0-2-4　68	0-10-00100	可变	•	时间戳
IPOPT_SECURITY	1-0-2　130	1-00-00010	11		基本的安全
IPOPT_LSRR	1-0-3　131	1-00-00011	可变	•	宽松源路由和记录路由(LSRR)
	1-0-5　133	1-00-00101	可变		扩展的安全
IPOPT_SATID	1-0-8　136	1-00-01000	4		流标识符
IPOPT_SSRR	1-0-9　137	1-00-01001	可变	•	严格源路由和记录路由(SSRR)

图9-5   RFC 791定义的IP选项

第1列显示了Net/3的选项常量，第2列和第3列是该类型的十进制和二进制值，第4列是选项的长度。Net/3列显示的是在Net/3中由`ip_dooptions`实现的选项。IP必须自动忽略所有它不识别的选项。我们不描述Net/3没有实现的选项：安全和流ID。流ID选项是过时的，安全选项主要只由美国军方使用。RFC 791中有更多的讨论。

class	描　　述
0	控制
1	保留
2	查错和措施
3	保留

图9-6   IP选项内的
*class*字段

当Net/3对一个有选项的分组进行分片时(10.4节)，它将检查*copied*标志位。该标志位指出是否把所有选项都备份到每个分片的IP首部。*class*字段把相关的选项按如图9-6所示进行分组。图9-5中，除时间戳选项的*class*为2外，其他所有选项都是*class*为0。

9.4 `ip_dooptions`函数

在图8-13中，我们看到`ipintr`在检测分组的目的地址之前调用`ip_dooptions`。`ip_dooptions`被传给一个指针`m`，该指针指向某个分组，`ip_dooptions`处理分组中它所知道的选项。如果`ip_dooptions`转发该分组，如在处理LSRR和SSRR选项时，或由于某个差错而丢掉该分组时，它返回1。如果它不转发分组，`ip_dooptions`返回0，由`ipintr`继续处理该分组。

`ip_dooptions`是一个长函数，所以我们分步地显示。第一部分初始化一个`for`循环，处理首部中的各选项。

当处理每个选项时，`cp`指向选项的第一个字节。图9-7显示，当可用时，如何从`cp`的常量位移访问*type*、*length*和*offset*字段。

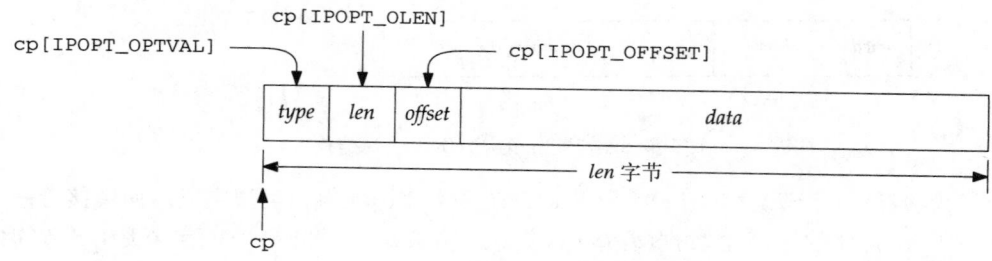

图9-7 用常量位移访问IP选项字段

RFC把位移(*offset*)字段称为指针(*pointer*)，指针比位移的描述性略强一些。*offset*的值是某个字节在该选项内的序号(从*type*开始，序号为1)，不是从*type*开始的、且以零开始的计数。位移的最小值是4(`IPOPT_MINOFF`)，它指向的是多字节选项中数据字段的第一个字节。

图9-8显示了`ip_dooptions`函数的整体结构。

555-566 `ip_dooptions`把ICMP差错类型type初始化为`ICMP_PARAMPROB`，对任何没有特定差错类型的差错，这是一个一般值。对于`ICMP_PARAMPROB`，code指的是出错字节在分组内的位移。这是默认的ICMP差错报文。某些选项将改变这些值。

`ip`指向一个20字节大小的`ip`结构，所以`ip+1`指向的是跟在IP首部后面的下一个`ip`结构。因为`ip_dooptions`需要IP首部后面字节的地址，所以就把结果指针转换成为指向一个无符号字节(`u_char`)的指针。因此，`cp`指向标准IP首部以外的第一个字节，就是IP选项的第一个字节。

1. EOL和NOP过程

567-582 `for`循环按照每个选项在分组中出现的顺序分别对它们进行处理。EOL选项以及一个无效的选项长度(也即选项长度表明选项数据超过了IP首部)都将终止该循环。当出现NOP选项时，忽略它。`switch`语句的`default`情况隐含要求系统忽略未知的选项。

下面的内容描述了`switch`语句处理的每个选项。如果`ip_dooptions`在处理分组选项时没有出错，就把控制交给`switch`下面的代码。

2. 源路由转发

719-724 如果分组需要被转发，SSRR或LSRR选项处理代码就把`forward`置位。分组被传给ip_forward，并且第2个参数为1，表明分组是按源路由选择的。

ip_input.c

```
553 int
554 ip_dooptions(m)
555 struct mbuf *m;
556 {
557     struct ip *ip = mtod(m, struct ip *);
558     u_char *cp;
559     struct ip_timestamp *ipt;
560     struct in_ifaddr *ia;
561     int     opt, optlen, cnt, off, code, type = ICMP_PARAMPROB, forward = 0;
562     struct in_addr *sin, dst;
563     n_time  ntime;

564     dst = ip->ip_dst;
565     cp = (u_char *) (ip + 1);
566     cnt = (ip->ip_hl << 2) - sizeof(struct ip);
567     for (; cnt > 0; cnt -= optlen, cp += optlen) {
568         opt = cp[IPOPT_OPTVAL];
569         if (opt == IPOPT_EOL)
570             break;
571         if (opt == IPOPT_NOP)
572             optlen = 1;
573         else {
574             optlen = cp[IPOPT_OLEN];
575             if (optlen <= 0 || optlen > cnt) {
576                 code = &cp[IPOPT_OLEN] - (u_char *) ip;
577                 goto bad;
578             }
579         }
580         switch (opt) {

581         default:
582             break;


                            /* option processing */


719         }
720     if (forward) {
721         ip_forward(m, 1);
722         return (1);
723     }
724     return (0);

725 bad:
726     ip->ip_len -= ip->ip_hl << 2;    /* XXX icmp_error adds in hdr length */
727     icmp_error(m, type, code, 0, 0);
728     ipstat.ips_badoptions++;
729     return (1);
730 }
```

ip_input.c

图9-8 ip_dooptions函数

我们在8.5节中讲到，并不为源路由选择分组生成ICMP重定向——这就是为什么在传给ip_forward时设置第2个参数的原因。

如果转发了分组，则ip_dooptions返回1。如果分组中没有源路由，则返回0给ipintr，表明需要对该数据报进一步处理。注意，只有当系统被配置成路由器时（ipforwarding等于1），才发生源路由转发。

从某种程度上说，这是一个有些矛盾的策略，但却是RFC 1122的书面要求。RFC 1127 [Braden 1989c]把它作为一个公开问题加以阐述。

3. 差错处理

725-730 如果在switch语句里出现了错误，ip_dooptions就跳到bad。从分组长度中把IP首部长度减去，因为icmp_error假设首部长度不包含在分组长度里。icmp_error发出适当的差错报文，ip_dooptions返回1，避免ipintr处理被丢弃的分组。

下一节描述Net/3处理的所有选项。

9.5 记录路由选项

记录路由选项使得分组在穿过互联网时所经过的路由被记录在分组内部。项的大小是源主机在构造时确定的，必须足够保存所有预期的地址。我们记得在IP分组的首部，选项最多只能有40字节。记录路由选项可以有3个字节的开销，后面紧跟地址的列表(每个地址4字节)。如果该选项是唯一的选项，则最多可以有9个$(3+4\times9=39)$地址出现。一旦分配给该选项的空间被填满，就按通常的情况对分组进行转发，中间的系统就不再记录地址。

图9-9说明了一个记录路由选项的格式，图9-10是其源程序。

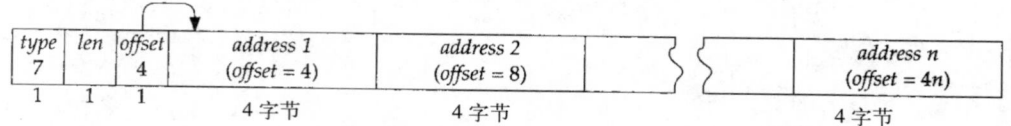

图9-9 记录路由选项，其中*n*必须≤9

```
                                                                 — ip_input.c
647        case IPOPT_RR:
648            if ((off = cp[IPOPT_OFFSET]) < IPOPT_MINOFF) {
649                code = &cp[IPOPT_OFFSET] - (u_char *) ip;
650                goto bad;
651            }
652            /*
653             * If no space remains, ignore.
654             */
655            off--;                    /* 0 origin */
656            if (off > optlen - sizeof(struct in_addr))
657                break;
658            bcopy((caddr_t) (&ip->ip_dst), (caddr_t) & ipaddr.sin_addr,
659                sizeof(ipaddr.sin_addr));
660            /*
661             * locate outgoing interface; if we're the destination,
662             * use the incoming interface (should be same).
663             */
664            if ((ia = (INA) ifa_ifwithaddr((SA) & ipaddr)) == 0 &&
665                (ia = ip_rtaddr(ipaddr.sin_addr)) == 0) {
666                type = ICMP_UNREACH;
667                code = ICMP_UNREACH_HOST;
```

图9-10 函数ip_dooptions：记录路由选项的处理

```
668            goto bad;
669        }
670        bcopy((caddr_t) & (IA_SIN(ia)->sin_addr),
671            (caddr_t) (cp + off), sizeof(struct in_addr));
672        cp[IPOPT_OFFSET] += sizeof(struct in_addr);
673        break;
```
ip_input.c

图9-10 （续）

647-657 如果位移选项太小，则ip_dooptions就发送一个ICMP参数问题差错。如果变量code被设置成分组内无效选项的字节位移量，并且bad标号(图9-8)语句的执行产生错误，则发出的ICMP参数问题差错报文中就具有该code值。如果选项中没有附加地址的空间，则忽略该选项，并继续处理下一个选项。

记录地址

658-673 如果ip_dst是某个系统地址(分组已到达目的地)，则把接收接口的地址记录在选项中；否则把ip_rtaddr提供的外出接口的地址记录下来。把位移更新为选项中下一个可用地址位置。如果ip_rtaddr无法找到到目的地的路由，就发送一个ICMP主机不可达差错报文。

卷1的7.3节举了一些记录路由选项的例子。

ip_rtaddr函数

函数ip_rtaddr查询路由缓存，必要时查询完整的路由表，来找到到给定IP地址的路由。它返回一个指向in_ifaddr结构的指针，该指针与该路由的外出接口有关。图9-11显示了该函数。

ip_input.c
```
735 struct in_ifaddr *
736 ip_rtaddr(dst)
737 struct in_addr dst;
738 {
739     struct sockaddr_in *sin;

740     sin = (struct sockaddr_in *) &ipforward_rt.ro_dst;

741     if (ipforward_rt.ro_rt == 0 || dst.s_addr != sin->sin_addr.s_addr) {
742         if (ipforward_rt.ro_rt) {
743             RTFREE(ipforward_rt.ro_rt);
744             ipforward_rt.ro_rt = 0;
745         }
746         sin->sin_family = AF_INET;
747         sin->sin_len = sizeof(*sin);
748         sin->sin_addr = dst;

749         rtalloc(&ipforward_rt);
750     }
751     if (ipforward_rt.ro_rt == 0)
752         return ((struct in_ifaddr *) 0);
753     return ((struct in_ifaddr *) ipforward_rt.ro_rt->rt_ifa);
754 }
```
ip_input.c

图9-11 函数ip_rtaddr：寻找外出的接口

1. 检查IP转发缓存

735-741 如果路由缓存为空，或者如果ip_rtaddr的唯一参数dest与路由缓存中的目的地不匹配，则必须查询路由表选择一个外出的接口。

2. 确定路由

742-750   旧的路由(如果有的话)被丢弃，并把新的路由储存在 `*sin`(这是转发缓存的 `ro_dst`成员)。rtalloc搜索路由表，寻找到目的地的路由。

3. 返回路由信息

751-754   如果没有路由可用，就返回一个空指针；否则，就返回一个指针，指向与所选路由相关联的接口地址结构。

9.6 源站和记录路由选项

通常是在中间路由器所选择的路径上转发分组。源站和记录路由选项允许源站明确指定一条到目的地的路由，覆盖掉中间路由器的路由选择决定。而且，在分组到达目的地的过程中，把该路由记录下来。

严格路由包含了源站和目的站之间的每个中间路由器的地址；宽松路由只指定某些中间路由器的地址。在宽松路由中，路由器可以自由选择两个系统之间的任何路径；而在严格路由中，则不允许路由器这样做。我们用图9-12说明源路由处理。

A、B和C是路由器，而HS和HD是源和目的主机。因为每个接口都有自己的IP地址，所以我们看到路由器A有三个地址：A_1，A_2和A_3。同样，路由器B和C也有多个地址。图9-13显示了源站和记录路由选项的格式。

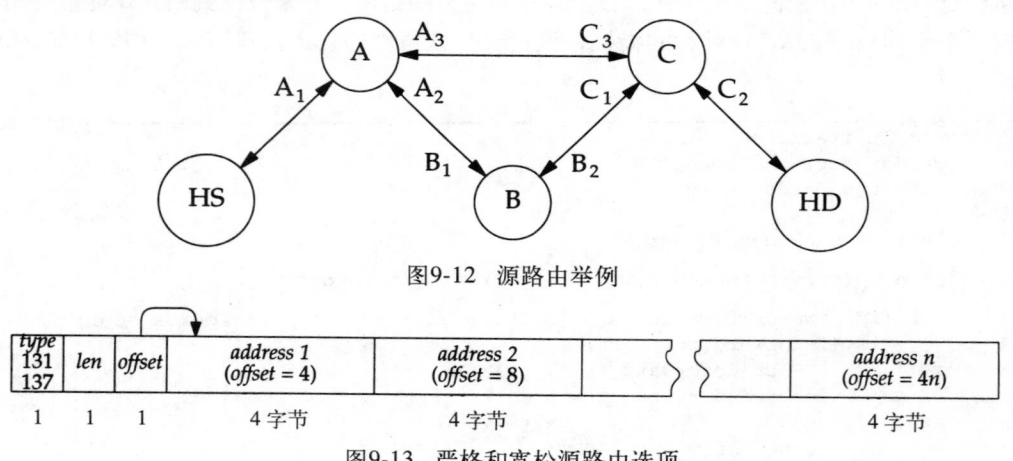

图9-12　源路由举例

type 131 137	len	offset	address 1 (offset = 4)	address 2 (offset = 8)		address n (offset = 4n)
1	1	1	4字节	4字节		4字节

图9-13　严格和宽松源路由选项

IP首部的源和目的地址以及在选项中列出的位移和地址表，指定了路由以及分组目前在该路由中所处的位置。图9-14显示，当分组按照这个宽松源路由从HS经A、B、C到HD时，信息是如何改变的。每行代表当分组被第1列显示的系统发送时的状态。最后一行显示分组被HD接收。图9-15显示了相关的代码。

符号"•"表示位移与路由中地址的相对位置。注意，每个系统都把出接口的地址放到选项去。特别地，原来的路由指定A_3为第一跳目的地，但是外出接口A_2被记录在路由中。通过这种方法，分组所采用的路由被记录在选项中。被记录的路由将被目的地系统倒转过来放到所有应答分组上，让它们沿着原始的路由的逆方向发送。

除了UDP，Net/3在应答时总是把收到的源路由逆转过来。

系统	IP首部		源路由选项				
	ip_src	ip_dst	位移	地址			
HS	HS	A_3	4	•	B_1	C_1	HD
A	HS	B_1	8	A_2	•	C_1	HD
B	HS	C_1	12	A_2	B_2	•	HD
C	HS	HD	16	A_2	B_2	C_2	•
HD	HS	HD	16	A_2	B_2	C_2	•

图9-14 当分组通过该路由时，源路由选项被修改。

ip_input.c

```
583                 /*
584                  * Source routing with record.
585                  * Find interface with current destination address.
586                  * If none on this machine then drop if strictly routed,
587                  * or do nothing if loosely routed.
588                  * Record interface address and bring up next address
589                  * component.  If strictly routed make sure next
590                  * address is on directly accessible net.
591                  */
592         case IPOPT_LSRR:
593         case IPOPT_SSRR:
594             if ((off = cp[IPOPT_OFFSET]) < IPOPT_MINOFF) {
595                 code = &cp[IPOPT_OFFSET] - (u_char *) ip;
596                 goto bad;
597             }
598             ipaddr.sin_addr = ip->ip_dst;
599             ia = (struct in_ifaddr *)
600                 ifa_ifwithaddr((struct sockaddr *) &ipaddr);
601             if (ia == 0) {
602                 if (opt == IPOPT_SSRR) {
603                     type = ICMP_UNREACH;
604                     code = ICMP_UNREACH_SRCFAIL;
605                     goto bad;
606                 }
607                 /*
608                  * Loose routing, and not at next destination
609                  * yet; nothing to do except forward.
610                  */
611                 break;
612             }
613             off--;              /* 0 origin */
614             if (off > optlen - sizeof(struct in_addr)) {
615                 /*
616                  * End of source route.  Should be for us.
617                  */
618                 save_rte(cp, ip->ip_src);
619                 break;
620             }
621             /*
622              * locate outgoing interface
623              */
624             bcopy((caddr_t) (cp + off), (caddr_t) & ipaddr.sin_addr,
625                 sizeof(ipaddr.sin_addr));
626             if (opt == IPOPT_SSRR) {
627 #define INA struct in_ifaddr *
628 #define SA  struct sockaddr *
629                 if ((ia = (INA) ifa_ifwithstaddr((SA) & ipaddr)) == 0)
```

图9-15 函数ip_dooptions：LSRR和SSRR选项处理

```
630                         ia = (INA) ifa_ifwithnet((SA) & ipaddr);
631                     } else
632                         ia = ip_rtaddr(ipaddr.sin_addr);
633                     if (ia == 0) {
634                         type = ICMP_UNREACH;
635                         code = ICMP_UNREACH_SRCFAIL;
636                         goto bad;
637                     }
638                     ip->ip_dst = ipaddr.sin_addr;
639                     bcopy((caddr_t) & (IA_SIN(ia)->sin_addr),
640                             (caddr_t) (cp + off), sizeof(struct in_addr));
641                     cp[IPOPT_OFFSET] += sizeof(struct in_addr);
642                     /*
643                      * Let ip_intr's mcast routing check handle mcast pkts
644                      */
645                     forward = !IN_MULTICAST(ntohl(ip->ip_dst.s_addr));
646                     break;
```
                                                                        ip_input.c

图9-15 (续)

583-612   如果选项位移小于4 (IPOPT_MINOFF)，则Net/3发送一个ICMP参数问题差错，并带上相应的code值。如果分组的目的地址与本地地址没有一个匹配，且选项是严格源路由 (IPOPT_SSRR)，则发送一个源路由失败差错。如果本地地址不在路由中，则上一个系统把分组发送到错误的主机上了。对宽松路由(IPOPT_LSRR)来说，这不是错误；仅意味着IP必须把分组转发到目的地。

1. 源路由的结束

613-620   减小off，把它转换成从选项开始的字节位移。如果IP首部的ip_dst是某个本地地址，并且off所指向的超过了源路由的末尾，源路由中没有地址了，则分组已经到达了目的地。save_rte复制在静态结构ip_srcrt中的路由，并保存在全局ip_nhops(图9-18)里路由中的地址个数。

　　　ip_srcrt被定义成为一个外部静态结构，因为它只能被在ip_input.c中定义的函数访问。

2. 为下一跳更新分组

621-637   如果ip_dst是一个本地地址，并且offset指向选项内的一个地址，则该系统是源路由中指定的一个中间系统，分组也没有到达目的地。在严格路由中，下一个系统必须位于某个直接相连的网络上。ifa_ifwithdst和ifa_ifwithnet通过在配置的接口中搜索匹配的目的地址(一个点到点的接口)或匹配的网络地址(广播接口)来寻找一条到下一个系统的路由。而在宽松路由中，ip_rtaddr(图9-11)通过查询路由表来寻找到下一个系统的路由。如果没有找到到下一系统的接口或路由，就发送一个ICMP源路由失败差错报文。

638-644   如果找到一个接口或一条路由，则ip_dooptions把ip_dst设置成off指向的IP地址。在源路由选项内，用外出接口的地址代替中间系统的地址，把位移增加，指向路由中的下一个地址。

3. 多播目的地

645-646   如果新的目的地址不是多播地址，就将forward设置成1，表明在处理完所有选项后，应该把分组转发而不是返回给ipintr。

　　源路由中的多播地址允许两个多播路由器通过不支持多播的中间路由器进行通信。第14章详细描述了这一技术。

卷1的8.5节有更多的源路由选项的例子。

9.6.1 `save_rte`函数

RFC 1122要求，在最终目的地，运输协议必须能够使用分组中被记录下来的路由。运输协议必须把该路由倒过来并附在所有应答的分组上。图9-18中显示的`save_rte`函数，把源路由保存在如图9-16所示的`ip_srcrt`结构中。

```
                                                              ip_input.c
57 int       ip_nhops = 0;
58 static struct ip_srcrt {
59     struct in_addr dst;              /* final destination */
60     char    nop;                     /* one NOP to align */
61     char    srcopt[IPOPT_OFFSET + 1];   /* OPTVAL, OLEN and OFFSET */
62     struct in_addr route[MAX_IPOPTLEN / sizeof(struct in_addr)];
63 } ip_srcrt;
                                                              ip_input.c
```

图9-16 结构`ip_srcrt`

Route的声明是不正确的，尽管这不是个恶性错误。应该是
Struct in_addr route[(MAX_IPOPTLEN - 3)/sizeof(struct in_addr)];
对图9-26和图9-27的讨论详细地说明了这个问题。

57-63 该代码定义了`ip_srcrt`结构，并声明了静态变量`ip_srcrt`。只有两个函数访问`ip_srcrt`：`save_rte`，把到达分组中的源路由复制到`ip_srcrt`中；`ip_srcroute`，创建一个与源路由方向相逆的路由。图9-17说明了源路由处理过程。

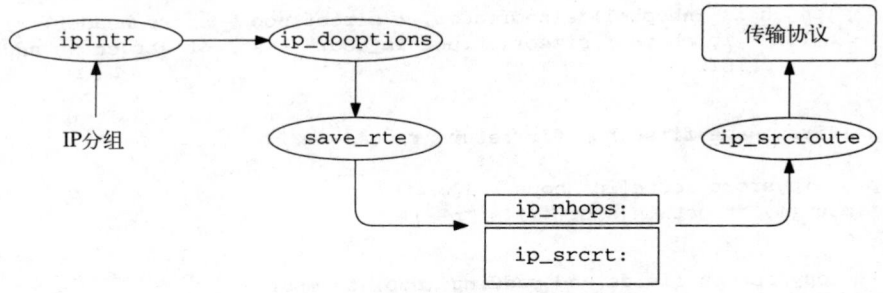

图9-17 对求逆后的源路由的处理

```
                                                              ip_input.c
759 void
760 save_rte(option, dst)
761 u_char *option;
762 struct in_addr dst;
763 {
764     unsigned olen;

765     olen = option[IPOPT_OLEN];
766     if (olen > sizeof(ip_srcrt) - (1 + sizeof(dst)))
767         return;
768     bcopy((caddr_t) option, (caddr_t) ip_srcrt.srcopt, olen);
769     ip_nhops = (olen - IPOPT_OFFSET - 1) / sizeof(struct in_addr);
770     ip_srcrt.dst = dst;
771 }
                                                              ip_input.c
```

图9-18 函数`save_rte`

759-771 当一个源路由选择的分组到达目的地时，`ip_dooptions`调用`save_rte`。option是一个指向分组的源路由选项的指针，`dst`是从分组首部来的`ip_src`（也就是，返回路由的目的地，图9-12中的HS）。如果选项的长度超过`ip_srcrt`结构，`save_rte`立即返回。

　　　　永远也不可能发生这种情况，因为`ip_srcrt`结构比最大选项长度(40字节)要大。

　　`save_rte`把该选项复制到`ip_srcrt`，计算并保存`ip_nhops`中源路由的跳数，把返回路由的目的地保存在`dst`中。

9.6.2 `ip_srcroute`函数

　　当响应某个分组时，ICMP和标准的运输层协议必须把分组带的任意源路由逆转。逆转源路由是通过`ip_srcroute`保存的路由构造的，如图9-19所示。

```
                                                                    ─── ip_input.c
777 struct mbuf *
778 ip_srcroute()
779 {
780     struct in_addr *p, *q;
781     struct mbuf *m;

782     if (ip_nhops == 0)
783         return ((struct mbuf *) 0);
784     m = m_get(M_DONTWAIT, MT_SOOPTS);
785     if (m == 0)
786         return ((struct mbuf *) 0);

787 #define OPTSIZ   (sizeof(ip_srcrt.nop) + sizeof(ip_srcrt.srcopt))

788     /* length is (nhops+1)*sizeof(addr) + sizeof(nop + srcrt header) */
789     m->m_len = ip_nhops * sizeof(struct in_addr) + sizeof(struct in_addr) +
790             OPTSIZ;

791     /*
792      * First save first hop for return route
793      */
794     p = &ip_srcrt.route[ip_nhops - 1];
795     *(mtod(m, struct in_addr *)) = *p--;

796     /*
797      * Copy option fields and padding (nop) to mbuf.
798      */
799     ip_srcrt.nop = IPOPT_NOP;
800     ip_srcrt.srcopt[IPOPT_OFFSET] = IPOPT_MINOFF;
801     bcopy((caddr_t) & ip_srcrt.nop,
802             mtod(m, caddr_t) + sizeof(struct in_addr), OPTSIZ);
803     q = (struct in_addr *) (mtod(m, caddr_t) +
804                             sizeof(struct in_addr) + OPTSIZ);
805 #undef OPTSIZ
806     /*
807      * Record return path as an IP source route,
808      * reversing the path (pointers are now aligned).
809      */
810     while (p >= ip_srcrt.route) {
811         *q++ = *p--;
812     }
813     /*
814      * Last hop goes to final destination.
```

图9-19　`ip_srcroute`函数

```
815        */
816        *q = ip_srcrt.dst;
817        return (m);
818   }
```
——— *ip_input.c*

图9-19 （续）

777-783　　ip_srcroute把保存在ip_srcrt结构中的源路由逆转后，返回与ipoption结构（图9-26）格式类似的结果。如果ip_nhops是0，则没有保存的路由，所以ip_srcroute返回一个指针。

　　　　记得在图8-13中，当一个无效分组到达时，ipintr把ip_nhops清零。运输层协议必须调用ip_srcroute，并在下一个分组到达之前自己保存逆转后的路由。正如以前我们注意到的，这样做是正确的，因为ipintr在处理分组时，在IP输入队列的下一个分组被处理之前都会调用运输层(TCP或UDP)的。

为源路由分配存储器缓存

784-786　　如果ip_nhops非0，ip_srcroute就分配一个mbuf，并把m_len设置成足够大，以便包含第一跳目的地、选项首部信息(OPTSIZ)以及逆转后的路由。如果分配失败，则返回一个空指针，跟没有源路由一样。

　　p被初始化为指向到达路由的末尾，ip_srcroute把最后记录的地址复制到mbuf的前面，在这里它为外出的第一跳目的地开始逆转后的路由。然后该函数把一份NOP选项(习题9.4)和源路由信息复制到mbuf中。

805-818　　While循环把其余的IP地址从源路由中以相反的顺序复制到mbuf中。路由的最后一个地址被设置成到达分组中被save_rte放在ip_srcrt.dst中的源站地址。返回一个指向mbuf的指针。图9-20说明了对图9-12的路由如何构造逆转的路由。

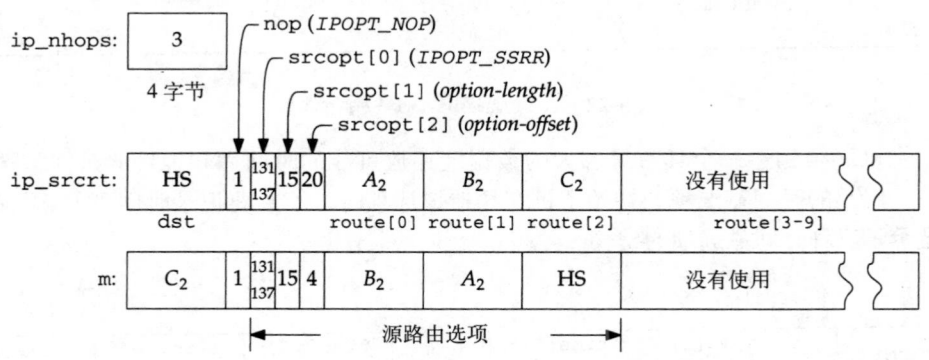

图9-20　ip_srcroute逆转ip_srcrt中的路由

9.7 时间戳选项

　　当分组穿过一个互联网时，时间戳选项使各个系统把它当前的时间表示记录在分组的选项内。时间是以从UTC的午夜开始计算的毫秒计，被记录在一个32 bit的字段里。

　　如果系统没有准确的UTC(几分钟以内)或没有每秒更新至少15次，就不把它作为标准时间。非标准时间必须把时间戳字段的高比特位置位。

有三种时间戳选项类型，Net/3通过如图9-22所示的ip_timestamp结构访问。

114-133   如同ip结构(图8-10)一样，#ifs保证比特字段访问选项中正确的比特位。图9-21中列出了由ipt_flg指定的三种时间戳选项类型。

ipt_flg	值	描　　述
IPOOPT_TS_TSONLY	0	记录时间戳
IPOPT_TS_TSANDADDR	1	记录地址和时间戳
	2	保留
IPOPT_TS_PRESPEC	3	只在预先指定的系统记录时间戳
	4-15	保留

图9-21　ipt_flg可能的值

```
                                                                        ── ip.h
114 struct ip_timestamp {
115     u_char    ipt_code;          /* IPOPT_TS */
116     u_char    ipt_len;           /* size of structure (variable) */
117     u_char    ipt_ptr;           /* index of current entry */
118 #if BYTE_ORDER == LITTLE_ENDIAN
119     u_char    ipt_flg:4,         /* flags, see below */
120               ipt_oflw:4;        /* overflow counter */
121 #endif
122 #if BYTE_ORDER == BIG_ENDIAN
123     u_char    ipt_oflw:4,        /* overflow counter */
124               ipt_flg:4;         /* flags, see below */
125 #endif
126     union ipt_timestamp {
127         n_long    ipt_time[1];
128         struct ipt_ta {
129             struct in_addr ipt_addr;
130             n_long  ipt_time;
131         } ipt_ta[1];
132     } ipt_timestamp;
133 };
                                                                        ── ip.h
```

图9-22　ip_timestamp结构和常量

初始主机必须构造一个具有足够大的数据区存放可能的时间戳和地址的时间戳选项。对于ipt_flg为3的时间戳选项，初始主机在构造该选项时，填写要记录时间戳的系统的地址。图9-23显示了三种时间戳选项的结构。

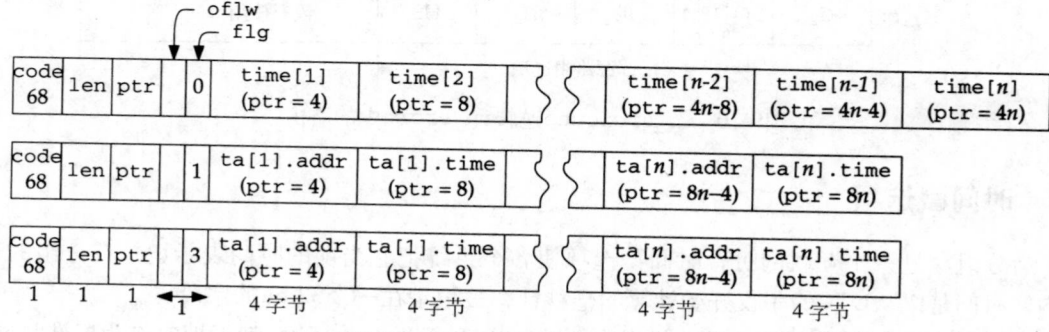

图9-23　三种时间戳选项(省略ipt_)

因为IP选项只能有40字节，所以时间戳选项限制只能有9个时间戳(ipt_flg等于0)或4个地址和时间戳对(ipt_flg等于1或3)。图9-24显示了对三种不同的时间戳选项类型的处理。

674-684 如果选项长度小于5字节(时间戳选项的最小长度),则ip_dooptions发出一个
ICMP参数问题差错报文。oflw字段统计由于选项数据区满而无法登记时间戳的系统个数。
如果数据区满,则oflw加1;当它本身超过16(它是一个4 bit的字段)而溢出时,发出一个
ICMP参数问题差错报文。

ip_input.c

```
674        case IPOPT_TS:
675            code = cp - (u_char *) ip;
676            ipt = (struct ip_timestamp *) cp;
677            if (ipt->ipt_len < 5)
678                goto bad;
679            if (ipt->ipt_ptr > ipt->ipt_len - sizeof(long)) {
680                if (++ipt->ipt_oflw == 0)
681                    goto bad;
682                break;
683            }
684            sin = (struct in_addr *) (cp + ipt->ipt_ptr - 1);
685            switch (ipt->ipt_flg) {

686            case IPOPT_TS_TSONLY:
687                break;

688            case IPOPT_TS_TSANDADDR:
689                if (ipt->ipt_ptr + sizeof(n_time) +
690                    sizeof(struct in_addr) > ipt->ipt_len)
691                        goto bad;
692                ipaddr.sin_addr = dst;
693                ia = (INA) ifaof_ifpforaddr((SA) & ipaddr,
694                                        m->m_pkthdr.rcvif);
695                if (ia == 0)
696                    continue;
697                bcopy((caddr_t) & IA_SIN(ia)->sin_addr,
698                    (caddr_t) sin, sizeof(struct in_addr));
699                ipt->ipt_ptr += sizeof(struct in_addr);
700                break;

701            case IPOPT_TS_PRESPEC:
702                if (ipt->ipt_ptr + sizeof(n_time) +
703                    sizeof(struct in_addr) > ipt->ipt_len)
704                        goto bad;
705                bcopy((caddr_t) sin, (caddr_t) & ipaddr.sin_addr,
706                    sizeof(struct in_addr));
707                if (ifa_ifwithaddr((SA) & ipaddr) == 0)
708                    continue;
709                ipt->ipt_ptr += sizeof(struct in_addr);
710                break;

711            default:
712                goto bad;
713            }
714            ntime = iptime();
715            bcopy((caddr_t) & ntime, (caddr_t) cp + ipt->ipt_ptr - 1,
716                sizeof(n_time));
717            ipt->ipt_ptr += sizeof(n_time);
718        }
719    }
```

ip_input.c

图9-24 函数ip_dooptions:时间戳选项处理

1. 只有时间戳

685-687   对于ipt_flg为0的时间戳选项(IPOPT_TS_TSONLY)，所有的工作都在switch语句之后再做。

2. 时间戳和地址

688-700   对于ipt_flg为1的时间戳选项(IPOPT_TS_TSANDADDR)，接收接口的地址被记录下来(如果数据区还有空间)，选项的指针前进一步。因为Net/3支持一个接收接口上的多IP地址，所以ip_dooptions调用ifaof_ifpforaddr选择与分组的初始目的地址(也就是在任何源路由选择发生之前的目的地)最匹配的地址。如果没有匹配，则跳过时间戳选项(INA和SA定义如图9-15所示)。

3. 预定地址上的时间戳

701-710   如果ipt_flg为3 (IPOPT_TS_PRESPEC)，ifa_ifwithaddr确定选项中指定的下一个地址是否与系统的某个地址匹配。如果不匹配，该选项要求在这个系统上不处理；continue使ip_dooptions继续处理下一个选项。如果下一个地址与系统的某个地址匹配，则选项的指针前进到下一个位置，控制交给switch的后面。

4. 插入时间戳

711-713   default截获无效的ipt_flg值，并把控制传递到bad。

714-719   时间戳用switch语句后面的代码写入到选项中。iptime返回自从UTC午夜起到现在的毫秒数，ip_dooptions记录此时间戳，并增加此选项相对于下一个位置的偏移。

iptime函数

图9-25显示了iptime的实现。

```
                                                                    ──── ip_icmp.c
458 n_time
459 iptime()
460 {
461     struct timeval atv;
462     u_long  t;

463     microtime(&atv);
464     t = (atv.tv_sec % (24 * 60 * 60)) * 1000 + atv.tv_usec / 1000;
465     return (htonl(t));
466 }
                                                                    ──── ip_icmp.c
```

图9-25 函数iptime

458-466   microtime返回从UTC1970年1月1日午夜以来的时间，放在timeval结构中。从午夜以来的毫秒数用atv计算，并以网络字节序返回。

卷1的7.4节有几个时间戳选项的例子。

9.8 ip_insertoptions函数

我们在8.6节看到，ip_output函数接收一个分组和选项。当ip_forward调用该函数时，选项已经是分组的一部分，所以ip_forward总是把一个空选项指针传给ip_output。但是，运输层协议可能会把由ip_insertoptions(由图8-22中的ip_output调用)合并到分组中的选项传递给ip_forward。

`ip_insertoptions`希望选项在`ipoption`结构中被格式化，如图9-26所示。

─── *ip_var.h*
```
92 struct ipoption {
93     struct in_addr ipopt_dst;   /* first-hop dst if source routed */
94     char    ipopt_list[MAX_IPOPTLEN];   /* options proper */
95 };
```
─── *ip_var.h*

图9-26 结构ipoption

92-95 该结构只有两个成员：`ipopt_dst`，如果选项表中有源路由，则其中有第一跳目的地，`ipopt_list`，是一个最多40(`MAX_IPOPTLEN`)字节的选项矩阵，其格式我们在本章中已做了描述。如果选项表中没有源路由，则`ipopt_dst`全为0。

注意，`ip_srcrt`结构(图9-16)和由`ip_srcroute`(图9-19)返回的mbuf都符合由`ipoption`结构所指定的格式。图9-27把结构`ip_srcrt`和`ipoption`做了比较。

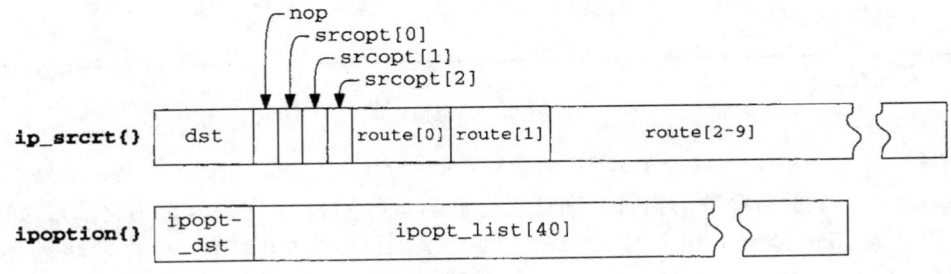

图9-27 结构ip_srcrt和ipoption

结构`ip_srcrt`比`ipoption`多4个字节。路由矩阵的最后一个条目(`route[9]`)永远都不会填上，因为这样的话，源路由选项将会有44字节长，比IP首部所能容纳的要大(图9-16)。

函数`ip_insertoptions`如图9-28所示。

─── *ip_output.c*
```
352 static struct mbuf *
353 ip_insertoptions(m, opt, phlen)
354 struct mbuf *m;
355 struct mbuf *opt;
356 int    *phlen;
357 {
358     struct ipoption *p = mtod(opt, struct ipoption *);
359     struct mbuf *n;
360     struct ip *ip = mtod(m, struct ip *);
361     unsigned optlen;

362     optlen = opt->m_len - sizeof(p->ipopt_dst);
363     if (optlen + (u_short) ip->ip_len > IP_MAXPACKET)
364         return (m);           /* XXX should fail */
365     if (p->ipopt_dst.s_addr)
366         ip->ip_dst = p->ipopt_dst;
367     if (m->m_flags & M_EXT || m->m_data - optlen < m->m_pktdat) {
368         MGETHDR(n, M_DONTWAIT, MT_HEADER);
369         if (n == 0)
```

图9-28 函数ip_insertoptions

```
370            return (m);
371        n->m_pkthdr.len = m->m_pkthdr.len + optlen;
372        m->m_len -= sizeof(struct ip);
373        m->m_data += sizeof(struct ip);
374        n->m_next = m;
375        m = n;
376        m->m_len = optlen + sizeof(struct ip);
377        m->m_data += max_linkhdr;
378        bcopy((caddr_t) ip, mtod(m, caddr_t), sizeof(struct ip));
379    } else {
380        m->m_data -= optlen;
381        m->m_len += optlen;
382        m->m_pkthdr.len += optlen;
383        ovbcopy((caddr_t) ip, mtod(m, caddr_t), sizeof(struct ip));
384    }
385    ip = mtod(m, struct ip *);
386    bcopy((caddr_t) p->ipopt_list, (caddr_t) (ip + 1), (unsigned) optlen);
387    *phlen = sizeof(struct ip) + optlen;
388    ip->ip_len += optlen;
389    return (m);
390 }
```
ip_output.c

图9-28 (续)

352-364 ip_insertoptions有三个参数：m，外出的分组；opt，在结构中格式化的选项；phlen，一个指向整数的指针，在这里返回新首部的长度(在插入选项之后)。如果插入选项分组长度超过最大分组长度65 535(IP_MAXPACKET)字节，则自动将选项丢弃。ip_dooptions认为ip_insertoptions永远都不会失败，所以无法报告差错。幸好，很少有应用程序会试图发送最大长度的数据报，更别说选项了。

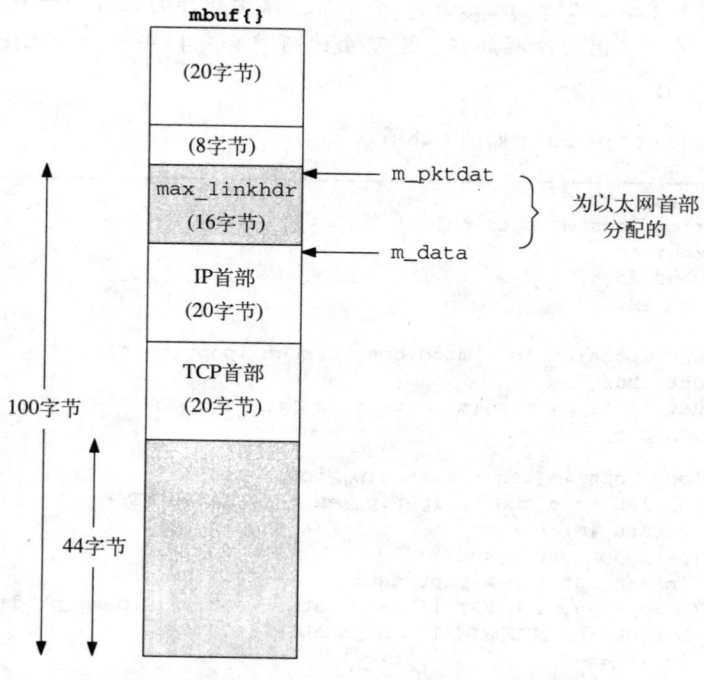

图9-29 函数ip_insertoptions：TCP报文段

365-366 如果ipopt_dst.s_addr指定了一个非零地址，则选项中包括了源路由，并且
分组首部的ip_dst被源路由中的第一跳目的地代替。

在26.2节中，我们将看到TCP调用MGETHDR为IP和TCP首部分配一个单独的mbuf。图9-29
显示了在第367~378行代码执行之前，一个TCP报文段的mbuf结构。

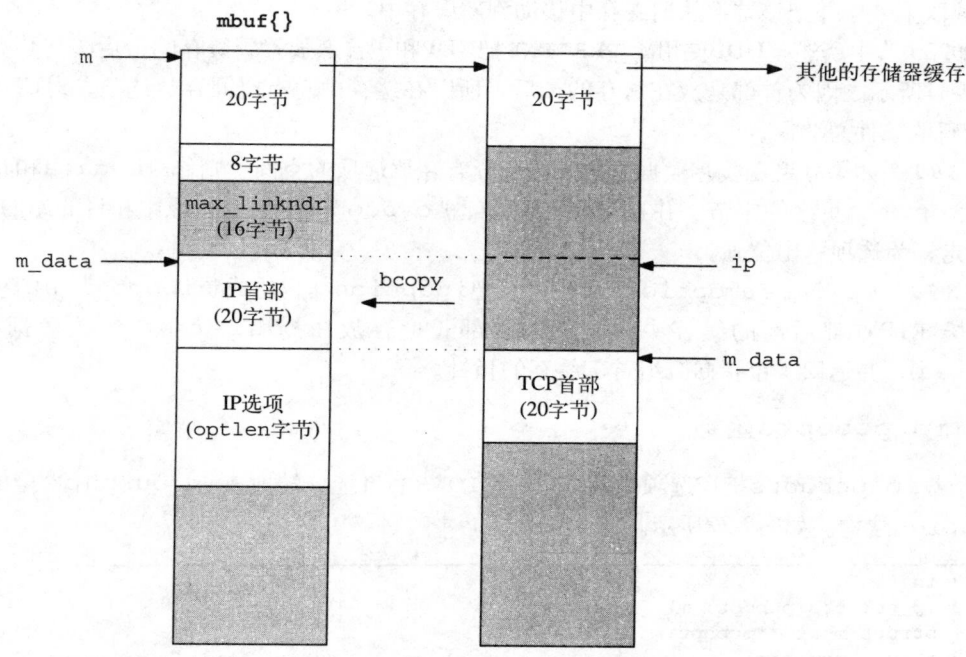

图9-30 函数ip_insertoptions：在选项被复制后的TCP报文段

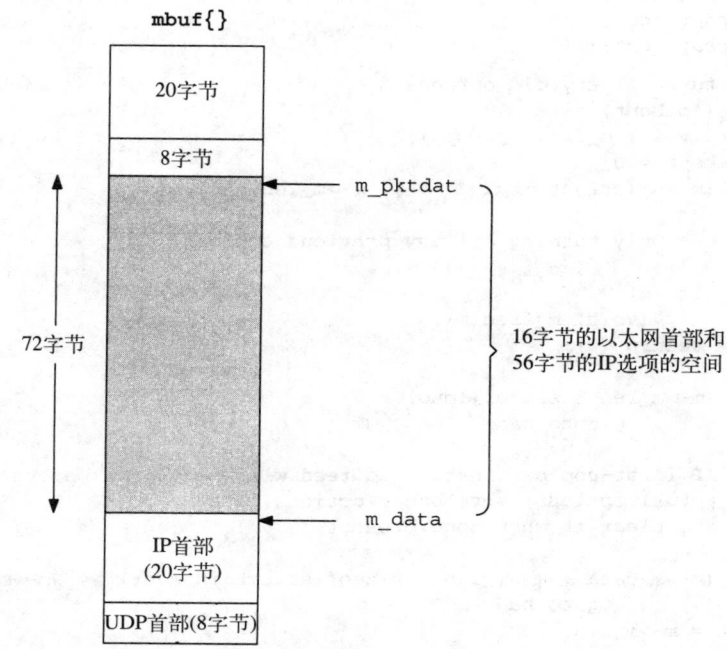

图9-31 函数ip_insertoptions：UDP报文段

如果被插入的选项占据了多于16的字节数，则第367行的测试为真，并调用MGETHDR分配另一个mbuf。图9-30显示了选项被复制到新的mbuf后，该缓存的结构。

367-378 如果分组首部被存放在一簇，或者第一个缓存中没有多余选项的空间，则ip_insertoptions分配一个新的分组首部mbuf，初始化它的长度，从旧的缓存中把该IP首部截取下来，并把该首部从旧缓存中移动到新缓存中。

如23.6节中所述，UDP使用M_PREPEND把UDP和IP首部放置到缓存的最后，与数据分离。如图9-31所示。因为首部是放在缓存的最后，所以在缓存中总有空间存放选项，对UDP来说，第367行的条件总为假。

379-384 如果分组在缓存数据区的开始部分有存放选项的空间，则修改m_data和m_len，以包含optlen更多的字节。并且当前的IP首部被ovbcopy(能够处理源站和目的站的重叠问题)移走，为选项腾出位置。

385-390 ip_insertoptions现在可以把ipoption结构的成员ipopt_list直接复制到紧接在IP首部后面的缓存中。把新的首部长度存放在*phlen中，修改数据报长度(ip_len)，并返回一个指向分组首部缓存的指针。

9.9 ip_pcbopts函数

函数ip_pcbopts把IP选项表及IP_OPTIONS插口选项转换成ip_output希望的格式：ipoption结构。如图9-32所示。

ip_output.c

```
559 int
560 ip_pcbopts(pcbopt, m)
561 struct mbuf **pcbopt;
562 struct mbuf *m;
563 {
564     cnt, optlen;
565     u_char *cp;
566     u_char  opt;
567     /* turn off any old options */
568     if (*pcbopt)
569         (void) m_free(*pcbopt);
570     *pcbopt = 0;
571     if (m == (struct mbuf *) 0 || m->m_len == 0) {
572         /*
573          * Only turning off any previous options.
574          */
575         if (m)
576             (void) m_free(m);
577         return (0);
578     }
579     if (m->m_len % sizeof(long))
580             goto bad;
581     /*
582      * IP first-hop destination address will be stored before
583      * actual options; move other options back
584      * and clear it when none present.
585      */
586     if (m->m_data + m->m_len + sizeof(struct in_addr) >= &m->m_dat[MLEN])
587             goto bad;
588     cnt = m->m_len;
589     m->m_len += sizeof(struct in_addr);
```

图9-32 函数ip_pcbopts

```
590        cp = mtod(m, u_char *) + sizeof(struct in_addr);
591        ovbcopy(mtod(m, caddr_t), (caddr_t) cp, (unsigned) cnt);
592        bzero(mtod(m, caddr_t), sizeof(struct in_addr));
593        for (; cnt > 0; cnt -= optlen, cp += optlen) {
594            opt = cp[IPOPT_OPTVAL];
595            if (opt == IPOPT_EOL)
596                break;
597            if (opt == IPOPT_NOP)
598                optlen = 1;
599            else {
600                optlen = cp[IPOPT_OLEN];
601                if (optlen <= IPOPT_OLEN || optlen > cnt)
602                    goto bad;
603            }
604            switch (opt) {
605            default:
606                break;
607            case IPOPT_LSRR:
608            case IPOPT_SSRR:
609                /*
610                 * user process specifies route as:
611                 *   ->A->B->C->D
612                 * D must be our final destination (but we can't
613                 * check that since we may not have connected yet).
614                 * A is first hop destination, which doesn't appear in
615                 * actual IP option, but is stored before the options.
616                 */
617                if (optlen < IPOPT_MINOFF - 1 + sizeof(struct in_addr))
618                        goto bad;
619                m->m_len -= sizeof(struct in_addr);
620                cnt -= sizeof(struct in_addr);
621                optlen -= sizeof(struct in_addr);
622                cp[IPOPT_OLEN] = optlen;
623                /*
624                 * Move first hop before start of options.
625                 */
626                bcopy((caddr_t) & cp[IPOPT_OFFSET + 1], mtod(m, caddr_t),
627                        sizeof(struct in_addr));
628                /*
629                 * Then copy rest of options back
630                 * to close up the deleted entry.
631                 */
632                ovbcopy((caddr_t) (&cp[IPOPT_OFFSET + 1] +
633                                sizeof(struct in_addr)),
634                            (caddr_t) & cp[IPOPT_OFFSET + 1],
635                            (unsigned) cnt + sizeof(struct in_addr));
636                break;
637            }
638        }
639        if (m->m_len > MAX_IPOPTLEN + sizeof(struct in_addr))
640                goto bad;
641        *pcbopt = m;
642        return (0);
643  bad:
644        (void) m_free(m);
645        return (EINVAL);
646  }
```
ip_output.c

图9-32 (续)

559-562   第一个参数，pcbopt引用指向当前选项表的指针。然后该函数用一个指向新的选项表的指针来代替该指针，这个新选项表是由第二个参数m指向的缓存链所指定的选项构造而来。该过程所准备的选项表，将被包含在IP_OPTIONS插口选项中，除了LSRR和SSRR选项的格式外，看起来像一个标准的IP选项表。对这些选项，第一跳目的地址是作为路由的第一个地址出现的。图9-14显示，在外出的分组中，第一跳目的地址是作为目的地址出现的，而不是路由的第一个地址。

1. 扔掉以前的选项

563-580   所有被m_free和*pcbopt扔掉的选项都被清除。如果该过程传来一个空缓存或者根本不传递缓存，则该函数不安装任何新的选项，并立即返回。

如果新选项表没有填充到4 bit的边界，则ip_pcbopts跳到bad，扔掉该表，并返回EINVAL。

该函数的其余部分重新安排该表，使其看起来像一个ipoption结构。图9-33显示了这个过程。

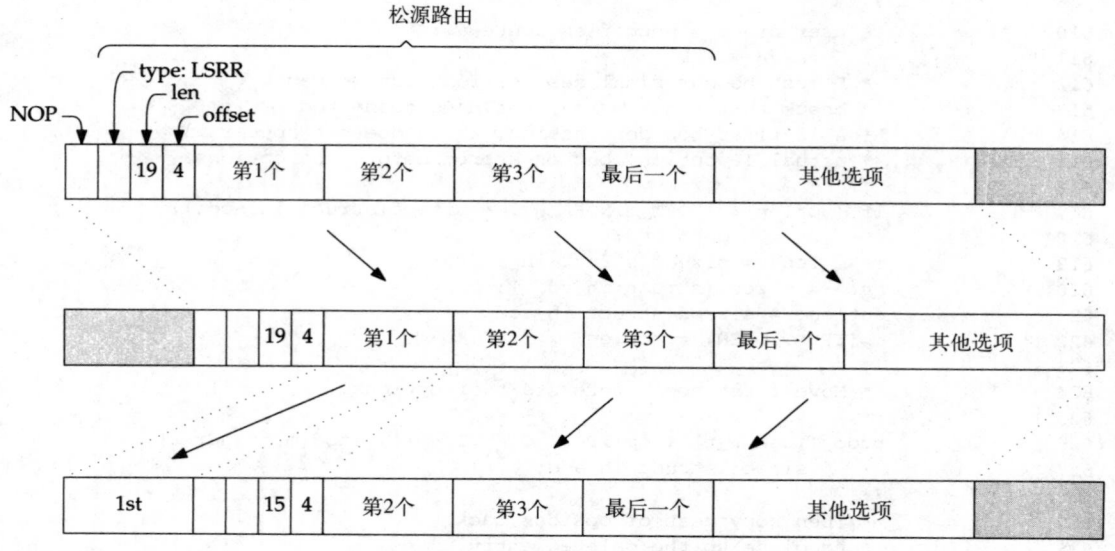

图9-33 ip_pcbopts选项表处理

2. 为第一跳目的地腾出位置

581-592   如果缓存中没有位置，则把所有的数据都向缓存的末尾移动4个字节(是一个in_addr结构的大小)。ovbcopy完成复制。bzero清除缓存开始的4个字节。

3. 扫描选项表

593-606   for循环扫描选项表，寻找LSRR和SSRR选项。对多字节选项，该循环也验证选项的长度是否合理。

4. 重新安排LSRR和SSRR选项

607-638   当该循环找到一个LSRR或SSRR选项时，它把缓存的大小、循环变量和选项长度减去4，因为选项的每一个地址将被移走，并被移到缓存的前面。

bcopy把第一个地址移走，ovbcopy把选项的其他部分移动4个字节，来填补第一个地址留下的空隙。

5. 清除

639-646 循环结束后,选项表的大小(包括第一跳地址)必须不超过44 (MAX_IPOPTLEN +4)字节。更长的选项表无法放入IP分组的首部。该表被保存在*pcbopt中,函数返回。

9.10 一些限制

除了管理和诊断工具生成的IP数据报外,很少出现选项。卷1讨论了两个最常用的工具,ping和traceroute。使用IP选项的应用程序很难写。编程接口的文档很少,也没有很好地标准化。许多厂商提供的应用程序,比如Telnet和FTP,并没有为用户提供方法,来指定如源路由等的选项。

在大的互联网上,记录路由、时间戳和源路由选项的用途被IP首部的最大长度所限制。许多路由含有的跳数远多于40选项字节所能表示的。当多选项在同一分组中出现时,所能得到的空间是几乎没有用的。IPv6用一个更为灵活的选项首部设计强调了这个问题。

在分片过程中,IP只把某些选项复制到非初始片上,因为重组时会扔掉非初始片上的选项。在目的主机上,运输层协议只能用到初始片上的选项(10.6节)。但有些选项,如源路由,即使在目的主机上,被非初始片丢弃,依然必须被复制到每个分片。

9.11 小结

本章中我们显示了IP选项的格式和处理过程。我们没有讨论安全和流ID选项,因为Net/3没有实现它们。

我们看到,多字节选项的大小是由源主机在构造它们时确定的。最大选项首部长度只有40字节,这严格限制了IP选项的使用。

源路由选项要求最多的支持。到达的源路由被save_rte保存,并保留在ip_srcroute中。通常不转发分组的主机可能转发源路由选择的分组,但是RFC 1122默认要求不允许这种功能。Net/3没有对这种特性的判断,总是转发源路由选择的分组。

最后,我们看到ip_insertoptions是如何把选项插入到一个外出的分组中去的。

习题

9.1 如果一个分组中有两个不同的源路由选项会发生什么情况?

9.2 一些商用路由器可以被配置成按照分组的IP目的地址扔掉它们。通过种方式,可以把一台或一组主机通过路由器隔离在更大的互联网之外。请描述源路由选择的分组如何绕过这个机制。假定网络中至少有一个主机,路由器没有阻塞,并转发源路由选择的数据报。

9.3 某些主机可能没有被配置成默认路由。这样主机就无法路由选择到其他与它直接相连的网络。请描述源路由如何与这种类型的主机通信。

9.4 为什么NOP采用如图9-16所示的ip_srcrt结构?

9.5 时间戳选项中非标准时间值会和标准时间值混淆吗?

9.6 ip_dooptions在处理其他选项之前要把分组的目的地址保存在dest中(图9-8)。为什么?

第10章 IP的分片与重装

10.1 引言

我们将第8章的IP的分片与重装处理问题推迟到本章来讨论。

IP具有一种重要功能，就是当分组过大而不适合在所选硬件接口上发送时，能够对分组进行分片。过大的分组被分成两个或多个大小适合在所选定网络上发送的IP分片。而在去目的主机的路途中，分片还可能被中间的路由器继续分片。因此，在目的主机上，一个IP数据报可能放在一个IP分组内，或者，如果在发送时被分片，就放在多个IP分组内。因为各个分片可能以不同的路径到达目的主机，所以只有目的主机才有机会看到所有分片。因此，也只有目的主机才能把所有分片重装成一个完整的数据报，提交给合适的运输层协议。

图8-5显示在被接收的分组中，0.3%(72 786/27 881 978)是分片，0.12% (264 484/(29 447 726−796 084))的数据报是被分片后发送的。在world.std.com上，被接收分组的9.5%是被分片的。world有更多的NFS活动，这是IP分片的主要来源。

IP首部内有三个字段实现分片和重装：标识字段(ip_id)、标志字段(ip_off的3个高位比特)和偏移字段(ip_off的13个低位比特)。标志字段由三个1 bit标志组成。比特0是保留的，必须为0；比特1是"不分片"(DF)标志；比特2是"更多分片"(MF)标志。Net/3中，标志和偏移字段结合起来，由ip_off访问，如图10-1所示。

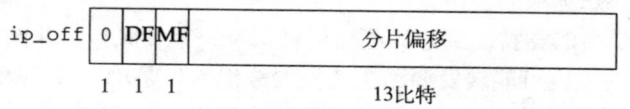

图10-1 ip_off控制IP分组的分片

Net/3通过用IP_DF和 IP_MF掩去ip_off来访问DF和MF。IP实现必须允许应用程序请求在输出的数据报中设置DF比特。

> 当使用UDP或TCP时，Net/3并不提供对DF比特的应用程序级的控制。
>
> 进程可以用原始IP接口(第32章)构造和发送它自己的IP首部。运输层必须直接设置DF比特。例如，当TCP运行"路径MTU发现(path MTU discovery)"时。

ip_off的其他13比特指出在原始数据报内分片的位置，以8字节为单元计算。因而，除最后一个分片外，其他每个分片都希望是一个8字节倍数的数据，从而使后面的分片从8字节边界开始。图10-2显示了在原始数据报内的字节偏移关系，以及在分片的IP首部内分片的偏移(ip_off的低位13比特)。

图10-2显示了把一个最大的IP数据报分成8190个分片，除最后一个分片包含3个字节外，其他每个分片都包含8字节。图中还显示，除最后一个分片外，设置了其余分片的MF比特。这是一个不太理想的例子，但它说明了一些实现中存在的问题。

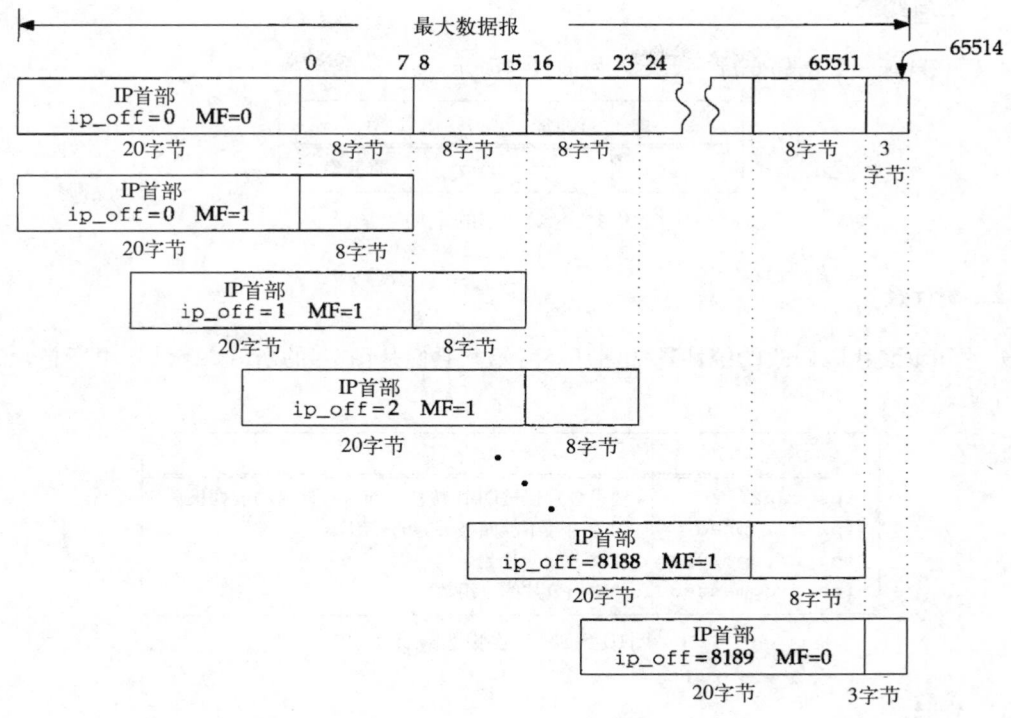

图10-2 65 535字节的数据报的分片

原始数据报上面的数字是该数据部分在数据报内的字节偏移。分片偏移(ip_off)是从数据报的数据部分开始计算的。分片不可能含有偏移超过65 514的字节,因为如果这样的话,重装的数据报会大于65 535字节——这是ip_len字段的最大值。这就限制了ip_off的最大值为8189(8189×8=65 512),只为最后一个分片留下3字节空间。如果有IP选项,则偏移还要小些。

因为IP互联网是无连接的,所以,在目的主机上,来自一个数据报的分片必然会与来自其他数据报的分片交错。ip_id唯一地标识某个特定数据报的分片。源系统用相同的源地址(ip_src)、目的地址(ip_dst)和协议(ip_p)值,作为数据报在互联网上生命期的值,把每个数据报的ip_id设置成一个唯一的值。

总而言之,ip_id标识了特定数据报的分片,ip_off确定了分片在原始数据报内的位置,除最后一个分片外,MF标识每个分片。

10.2 代码介绍

重装数据结构出现在一个头文件里。两个C文件中有重装和分片处理的代码。这三个文件列在图10-3中。

文 件	描 述
netinet/ip_var.h	重装数据结构
netinet/ip_output.c	分片代码
netinet/ip_input.c	重装代码

图10-3 本章讨论的文件

10.2.1 全局变量

本章中只有一个全局变量，ipq。如图10-4所示。

变　　量	类　　型	描　　述
ipq	struct ipq *	重装表

图10-4　本章介绍的全局变量

10.2.2 统计量

分片和重装代码修改的统计量如图10-5所示。它们是图8-4的ipstat结构中所包含统计量的子集。

ipstat成员	描　　述
ips_cantfrag	要求分片但被DF比特禁止而没有发送的数据报数
ips_odropped	因为内存不够而被丢弃的分组数
ips_ofragments	被发送的分片数
ips_fragmented	为输出分片的分组数

图10-5　本章收集的统计量

10.3　分片

我们现在返回到ip_output，分析分片代码。记得在图8-25中，如果分组正好适合选定出接口的MTU，就在一个链路级帧中发送它。否则，必须对分组分片，并在多个帧中将其发送。分组可以是一个完整的数据报或者它自己也是前边系统创建的分片。我们分三个部分讨论分片代码：

- 确定分片大小(图10-6)；
- 构造分片表(图10-7)；
- 构造第一个分片并发送分片(图10-8)。

```
                                                              ── ip_output.c
253     /*
254      * Too large for interface; fragment if possible.
255      * Must be able to put at least 8 bytes per fragment.
256      */
257     if (ip->ip_off & IP_DF) {
258         error = EMSGSIZE;
259         ipstat.ips_cantfrag++;
260         goto bad;
261     }
262     len = (ifp->if_mtu - hlen) & ~7;
263     if (len < 8) {
264         error = EMSGSIZE;
265         goto bad;
266     }
                                                              ── ip_output.c
```

图10-6　函数ip_output：确定分片大小

253-261 分片算法很简单，但由于对mbuf结构和链的操作使实现非常复杂。如果DF比特禁

止分片，则ip_output丢弃该分组，并返回EMSGSIZE。如果该数据报是在本地生成的，则运输层协议把该错误传回该进程；但如果分组是被转发的，则ip_forward生成一个ICMP目的地不可达差错报文，并指出不分片就无法转发该分组(图8-21)。

Net/3没有实现"路径MTU发现"算法，该算法用来搜索到目的主机的路径，并发现所有中间网络支持的最大传送单元。卷1的11.8节和24.2节讨论了UDP和TCP的路径MTU发现。

262-266   每个分片中的数据字节数，len的计算是用接口的MTU减去分组首部的长度后，舍去低位的3比特(& ~7)。后成为8字节倍数。如果MTU太小，使每个分片中无法含有8字节的数据，则ip_output返回EMSGSIZE。

每个新的分片中都包含：一个IP首部、某些原始分组中的选项以及最多len长度的数据。

图10-7中的代码，以一个C的复合语句开始，构造了从第2个分片开始的分片表。在表生成后(图10-8)，原来的分组被转换成第一个分片。

```
267    {
268        int      mhlen, firstlen = len;
269        struct mbuf **mnext = &m->m_nextpkt;
270        /*
271         * Loop through length of segment after first fragment,
272         * make new header and copy data of each part and link onto chain.
273         */
274        m0 = m;
275        mhlen = sizeof(struct ip);
276        for (off = hlen + len; off < (u_short) ip->ip_len; off += len) {
277            MGETHDR(m, M_DONTWAIT, MT_HEADER);
278            if (m == 0) {
279                error = ENOBUFS;
280                ipstat.ips_odropped++;
281                goto sendorfree;
282            }
283            m->m_data += max_linkhdr;
284            mhip = mtod(m, struct ip *);
285            *mhip = *ip;
286            if (hlen > sizeof(struct ip)) {
287                mhlen = ip_optcopy(ip, mhip) + sizeof(struct ip);
288                mhip->ip_hl = mhlen >> 2;
289            }
290            m->m_len = mhlen;
291            mhip->ip_off = ((off - hlen) >> 3) + (ip->ip_off & ~IP_MF);
292            if (ip->ip_off & IP_MF)
293                mhip->ip_off |= IP_MF;
294            if (off + len >= (u_short) ip->ip_len)
295                len = (u_short) ip->ip_len - off;
296            else
297                mhip->ip_off |= IP_MF;
298            mhip->ip_len = htons((u_short) (len + mhlen));
299            m->m_next = m_copy(m0, off, len);
300            if (m->m_next == 0) {
301                (void) m_free(m);
302                error = ENOBUFS;        /* ??? */
303                ipstat.ips_odropped++;
304                goto sendorfree;
305            }
306            m->m_pkthdr.len = mhlen + len;
```
ip_output.c

图10-7 函数ip_output：构造分片表

```
307              m->m_pkthdr.rcvif = (struct ifnet *) 0;
308              mhip->ip_off = htons((u_short) mhip->ip_off);
309              mhip->ip_sum = 0;
310              mhip->ip_sum = in_cksum(m, mhlen);
311              *mnext = m;
312              mnext = &m->m_nextpkt;
313              ipstat.ips_ofragments++;
314          }
```
── *ip_output.c*

图10-7　(续)

── *ip_output.c*
```
315          /*
316           * Update first fragment by trimming what's been copied out
317           * and updating header, then send each fragment (in order).
318           */
319          m = m0;
320          m_adj(m, hlen + firstlen - (u_short) ip->ip_len);
321          m->m_pkthdr.len = hlen + firstlen;
322          ip->ip_len = htons((u_short) m->m_pkthdr.len);
323          ip->ip_off = htons((u_short) (ip->ip_off | IP_MF));
324          ip->ip_sum = 0;
325          ip->ip_sum = in_cksum(m, hlen);
326      sendorfree:
327          for (m = m0; m; m = m0) {
328              m0 = m->m_nextpkt;
329              m->m_nextpkt = 0;
330              if (error == 0)
331                  error = (*ifp->if_output) (ifp, m,
332                                  (struct sockaddr *) dst, ro->ro_rt);
333              else
334                  m_freem(m);
335          }
336          if (error == 0)
337              ipstat.ips_fragmented++;
338      }
```
── *ip_output.c*

图10-8　函数ip_output：发送分片

267-269　外部块允许在函数中离使用点更近一点的地方定义mhlen、firstlen和mnext。这些变量的范围一直到块的末尾，它们隐藏其他在块外定义的有相同名字的变量。

270-276　因为原来的缓存链现在成了第一个分片，所以for循环从第2个分片的偏移开始：hlen+len。对每个分片，ip_output采取以下动作：

- **277-284**　分配一个新的分组缓存，调整m_data指针，为一个16字节链路层首部(max_linkhdr)腾出空间。如果ip_output不这么做，则网络接口驱动器就必须再分配一个mbuf来存放链路层首部或移动数据。两种工作都很耗时，在这里就很容易避免。

- **285-290**　从原来的分组中把IP首部和IP选项复制到新的分组中。前者复制在一个结构中。ip_optcopy只复制那些将被复制到每个分片中的选项(10.4节)。

- **291-297**　设置分片包括MF比特的偏移字段(ip_off)。如果原来分组中已设置了MF比特，则在所有分片中都把MF置位。如果原来分组中没有设置MF比特，则除了最后一个分片外，其他所有分片中的MF都置位。

- **298**　为分片设置长度，解决首部小一些(ip_optcopy可能没有复制所有选项)，以及最后一个分片的数据区小一些的问题。以网络字节序存储长度。

- **299-305** 从原始分组中把数据复制到该分片中。如果必要，m_copy会再分配一个mbuf。如果m_copy失败，则发出ENOBUFS。sendorfree丢弃所有已被分配的缓存。
- **306-314** 调整新创建的分片的mbuf分组首部，使其具有正确的全长。把新分片的接口指针清零，把ip_off转换成网络字节序，计算新分片的检验和。通过m_nextpkt把该分片与前面的分片链接起来。

在图10-8中，ip_output构造了第一个分片，并把每个分片传递到接口层。

315-325 把末尾多余的数据截断后，原来的分组就被转换成第一个分片，同时设置MF比特，把ip_len和ip_off转换成网络字节序，计算新的检验和。在这个分片中，保留所有的IP选项。在目的主机重装时，只保留数据报的第一个分片的IP选项(图10-28)。某些选项，如源路由选项，必须被复制到每个分片中，即使在重装时都被丢弃了。

326-338 此时，ip_output可能有一个完整的分片表，或者已经产生了错误，都必须把生成的那部分分片表丢弃。for循环遍历该表，发送分片或者由于error而丢弃分片。在发送期间遇到的所有错误都会使后面的分片被丢弃。

10.4 ip_optcopy函数

在分片过程中，ip_optcopy(图10-9)复制到达分组(如果分组是被转发的)或者原始数据报中(如果该数据报是在本地生成的)中的选项到外出的分片中。

—— ip_output.c

```
395 int
396 ip_optcopy(ip, jp)
397 struct ip *ip, *jp;
398 {
399     u_char *cp, *dp;
400     int     opt, optlen, cnt;

401     cp = (u_char *) (ip + 1);
402     dp = (u_char *) (jp + 1);
403     cnt = (ip->ip_hl << 2) - sizeof(struct ip);
404     for (; cnt > 0; cnt -= optlen, cp += optlen) {
405         opt = cp[0];
406         if (opt == IPOPT_EOL)
407             break;
408         if (opt == IPOPT_NOP) {
409             /* Preserve for IP mcast tunnel's LSRR alignment. */
410             *dp++ = IPOPT_NOP;
411             optlen = 1;
412             continue;
413         } else
414             optlen = cp[IPOPT_OLEN];
415         /* bogus lengths should have been caught by ip_dooptions */
416         if (optlen > cnt)
417             optlen = cnt;
418         if (IPOPT_COPIED(opt)) {
419             bcopy((caddr_t) cp, (caddr_t) dp, (unsigned) optlen);
420             dp += optlen;
421         }
422     }
423     for (optlen = dp - (u_char *) (jp + 1); optlen & 0x3; optlen++)
424         *dp++ = IPOPT_EOL;
425     return (optlen);
426 }
```

—— ip_output.c

图10-9 函数：确定分片大小

395-422   `ip_optcopy`的参数是：`ip`，一个指向外出分组的IP首部的指针；`jp`，一个指向新生成的分片的IP首部的指针；`ip_optcopy`初始化`cp`和`dp`指向每个分组的第一个选项，并在处理每个选项时把`cp`和`dp`向前移动。第一个`for`循环在每次重复时复制一个选项，当它遇到EOL选项或已经检查完所有选项时。NOP选项被复制，用来维持后继选项的对齐限制。

Net/2版本废除了NOP选项。

如果`IPOPT_COPIED`指示*copied*比特被置位，则`ip_optcopy`把选项复制到新片中。图9-5显示了哪些选项的*copied*比特是被置位的。如果某个选项的长度太大，就被截断；`ip_dooptions`应该已经发现这种错误了。

423-426   第2个`for`循环把选项表填充到4字节的边界。由于分组首部长度(`ip_hlen`)是以4字节为单位计算的，所以需要这个操作。这也保证了后面跟着的运输层首部与4字节边界对齐。这样会提高性能，因为在许多运输层协议的设计中，如果运输层首部从一个32 bit边界开始，那么32 bit首部字段将按照32 bit边界对齐。在某些机器上，CPU访问32 bit对齐的字有困难，这时，这种字节安排就提高了CPU的性能。

图10-10显示了`ip_optcopy`的运行。

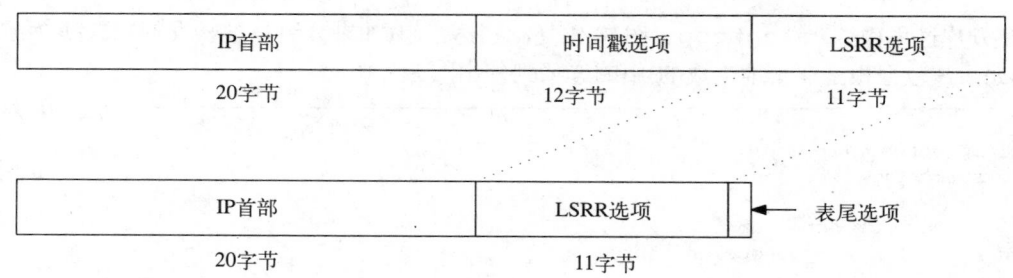

图10-10   在分片中并不复制所有选项

在图10-10中，我们看到`ip_optcopy`不复制时间戳选项(它的*copied*比特为0)，但却复制LSRR选项(它的*copied*比特为1)。为了把新选项与4字节边界对齐，`ip_optcopy`也增加了一个EOL选项。

10.5 重装

到目前为止，我们已经讨论了数据报(或片)的分片，现在再回到`ipintr`讨论重装过程。在图8-15中，我们把`ipintr`中的重装代码省略了，并推迟对它的讨论。`ipintr`可以把数据报整个地交给运输层处理。`ipintr`接收的分片被传给`ip_reass`，由它尝试把分片重装成一个完整的数据报。图10-11显示了`ipintr`的代码。

271-279   我们知道`ip_off`包含DF比特、MF比特以及分片偏移。如果MF比特或分片偏移非零，则DF就被掩盖掉了，分组就是一个必须被重装的分片。如果两者都为零，则分组就是一个完整的数据报。跳过重装代码，执行图10-11中最后的`else`语句，它从全部数据报长度中排除了首部长度。

280-286   `m_pullup`把位于外部簇上的数据移动到mbuf的数据区。我们记得，如果一个缓存区无法容纳外部簇上的一个IP分组，则SLIP接口(5.3节)可能会把该分组整个返回。`m_devget`也会全部返回外部簇上的某个IP分组(2.6节)。在`mtod`宏(2.6节)开始工作之前，

m_pullup必须把IP首部从外部簇上移到mbuf的数据区中去。

ip_input.c

```
271  ours:
272      /*
273       * If offset or IP_MF are set, must reassemble.
274       * Otherwise, nothing need be done.
275       * (We could look in the reassembly queue to see
276       * if the packet was previously fragmented,
277       * but it's not worth the time; just let them time out.)
278       */
279      if (ip->ip_off & ~IP_DF) {
280          if (m->m_flags & M_EXT) {    /* XXX */
281              if ((m = m_pullup(m, sizeof(struct ip))) == 0) {
282                  ipstat.ips_toosmall++;
283                  goto next;
284              }
285              ip = mtod(m, struct ip *);
286          }
287          /*
288           * Look for queue of fragments
289           * of this datagram.
290           */
291          for (fp = ipq.next; fp != &ipq; fp = fp->next)
292              if (ip->ip_id == fp->ipq_id &&
293                  ip->ip_src.s_addr == fp->ipq_src.s_addr &&
294                  ip->ip_dst.s_addr == fp->ipq_dst.s_addr &&
295                  ip->ip_p == fp->ipq_p)
296                  goto found;
297          fp = 0;
298      found:
299          /*
300           * Adjust ip_len to not reflect header,
301           * set ip_mff if more fragments are expected,
302           * convert offset of this to bytes.
303           */
304          ip->ip_len -= hlen;
305          ((struct ipasfrag *) ip)->ipf_mff &= ~1;
306          if (ip->ip_off & IP_MF)
307              ((struct ipasfrag *) ip)->ipf_mff |= 1;
308          ip->ip_off <<= 3;
309          /*
310           * If datagram marked as having more fragments
311           * or if this is not the first fragment,
312           * attempt reassembly; if it succeeds, proceed.
313           */
314          if (((struct ipasfrag *) ip)->ipf_mff & 1 || ip->ip_off) {
315              ipstat.ips_fragments++;
316              ip = ip_reass((struct ipasfrag *) ip, fp);
317              if (ip == 0)
318                  goto next;
319              ipstat.ips_reassembled++;
320              m = dtom(ip);
321          } else if (fp)
322              ip_freef(fp);
323      } else
324          ip->ip_len -= hlen;
```

ip_input.c

图10-11 函数ipintr：分片处理

287-297   Net/3在一个全局双向链表ipq上记录不完整的数据报。这个名字可能容易产生误解，因为这个数据结构并不是一个队列。也就是说，可以在表的任何地方插入和删除，并不限制一定要在末尾。我们将用名词"表(list)"来强调这个事实。

ipintr对表进行线性搜索，为当前分片找到合适的数据报。记住分片是由4元组{ip_id,ip_src,ip_dst,ip_p}唯一标识的。ipq中的每项是一个分片表，如果ipintr找到一个匹配，则fp指向匹配的表。

　　Net/3采用线性搜索来访问它的许多数据结构。尽管简单，但是当主机支持大量网络连接时，这种方法就成为瓶颈。

298-303   在found语句，ipintr为方便重装，修改了分组：

- **304**   ipintr修改ip_len，从中减去标准IP首部和任何选项。我们必须牢记这一点，以免混淆对标准ip_len解释的理解。标准ip_len中包含了标准首部、选项和数据。如果跳过重装代码，ip_len也会被改变，因为这个分组不是一个分片。

- **305-307**   ipintr把MF标志复制到ipf_mff的低位，把ip_tos覆盖掉(&= ~1只清除低位)。注意，在ipf_mff成为一个有效成员之前，必须把ip指一个ipasfrag结构。10.6节和图10-14描述了ipasfrag结构。

　　尽管RFC 1122要求IP层提供某种机制，允许运输层为每个外出的数据报设置ip_tos比特。但它只推荐，在目的主机，IP层把ip_tos值传给运输层。因为TOS字段的低位字节必须总是0，所以当重装算法使用ip_off(通常在这里找到MF比特)时，可以得到MF比特。

　　现在，可以把ip_off作为一个16 bit偏移，而不是3个标志比特和一个13 bit偏移来访问了。

- **308**   用8乘ip_off，把它从以8字节为单元转换成以1字节为单元。

ipf_mff和ip_off决定ipintr是否应该重装。图10-12描述了不同的情况及相应的动作，其中fp指向的是系统以前为该数据报接收的分片表。许多工作是由ip_reass做的。

309-322   如果ip_reass通过把当前分片与以前收到的分片组合在一起，能重装成一个完整的数据报，它就返回指向该重装好的数据报的指针。如果没有重装好，则ip_reass保存该分片，ipintr跳到next去处理下一个分片(图8-12)。

ip_off	ipf_mff	fp	描　　述	动　　作
0	假	空	完整数据报	没有要求重装
0	假	非空	完整数据报	丢弃前面的分片
任意	真	空	新数据报的分片	用这个分片初始化新的分片表
任意	真	非空	不完整新数据报的分片	插入到已有的分片表中，尝试重装
非零	假	空	新数据报的末尾分片	初始化新的分片表
非零	假	非空	不完整新数据报的末尾分片	插入到已有的分片表中，尝试重装

图10-12　ipintr和ip_reass中的IP分片处理

323-324   当到达一个完整的数据报时，就选择这个else分支，并按照前面的叙述修改ip_hlen。这是一个普通的流，因为收到的大多数数据报都不是分片。

　　如果重装处理产生一个完整的数据报，ipintr就把这个完整的数据报上传给合适的运输

层协议(图8-15):

```
(*inetsw[ip_protox[ip->ip_p]].pr_input)(m,hlen);
```

10.6 ip_reass函数

ipintr把一个要处理的分片和一个指针传给ip_reass,其中指针指向的是ipq中匹配的重装首部。ip_reass可能重装成功并返回一个完整的数据报,可能把该分片链接到数据报的重装链表上,等待其他分片到达后重装。每个重装链表的表头是一个ipq结构,如图10-13所示。

```
                                                                  ──── ip_var.h
52 struct ipq {
53     struct ipq *next, *prev;     /* to other reass headers */
54     u_char  ipq_ttl;             /* time for reass q to live */
55     u_char  ipq_p;               /* protocol of this fragment */
56     u_short ipq_id;              /* sequence id for reassembly */
57     struct ipasfrag *ipq_next, *ipq_prev;
58     /* to ip headers of fragments */
59     struct in_addr ipq_src, ipq_dst;
60 };
                                                                  ──── ip_var.h
```

图10-13 ipq结构

52-60 用来标识一个数据报分片的四个字段,ip_id、ip_src、ip_dst和ip_p,被保存在每个重装链表表头的ipq结构中。Net/3用next和prev构造数据报链表,用ipq_next和ipq_prev构造分片的链表。

到达分组的IP首部在被放在重装链表之前,首先被转换成一个ipasfrag结构(图10-14)。

```
                                                                  ──── ip_var.h
66 struct  ipasfrag {
67 #if BYTE_ORDER == LITTLE_ENDIAN
68     u_char  ip_hl:4,
69             ip_v:4;
70 #endif
71 #if BYTE_ORDER == BIG_ENDIAN
72     u_char  ip_v:4,
73             ip_hl:4;
74 #endif
75     u_char  ipf_mff;       /* XXX overlays ip_tos: use low bit
76                             * to avoid destroying tos;
77                             * copied from (ip_off&IP_MF) */
78     short   ip_len;
79     u_short ip_id;
80     short   ip_off;
81     u_char  ip_ttl;
82     u_char  ip_p;
83     u_short ip_sum;
84     struct  ipasfrag *ipf_next; /* next fragment */
85     struct  ipasfrag *ipf_prev; /* previous fragment */
86 };
                                                                  ──── ip_var.h
```

图10-14 ipasfrag结构

66-86 ip_reass在一个由ipf_next和ipf_prev链接起来的双向循环链表上,收集某个数据报的分片。这些指针覆盖了IP首部的源地址和目的地址。ipf_mff成员覆盖ip结构中的

`ip_tos`。其他成员是相同的。

图10-15显示了分片首部链表(ipq)和分片(ipasfrag)之间的关系。

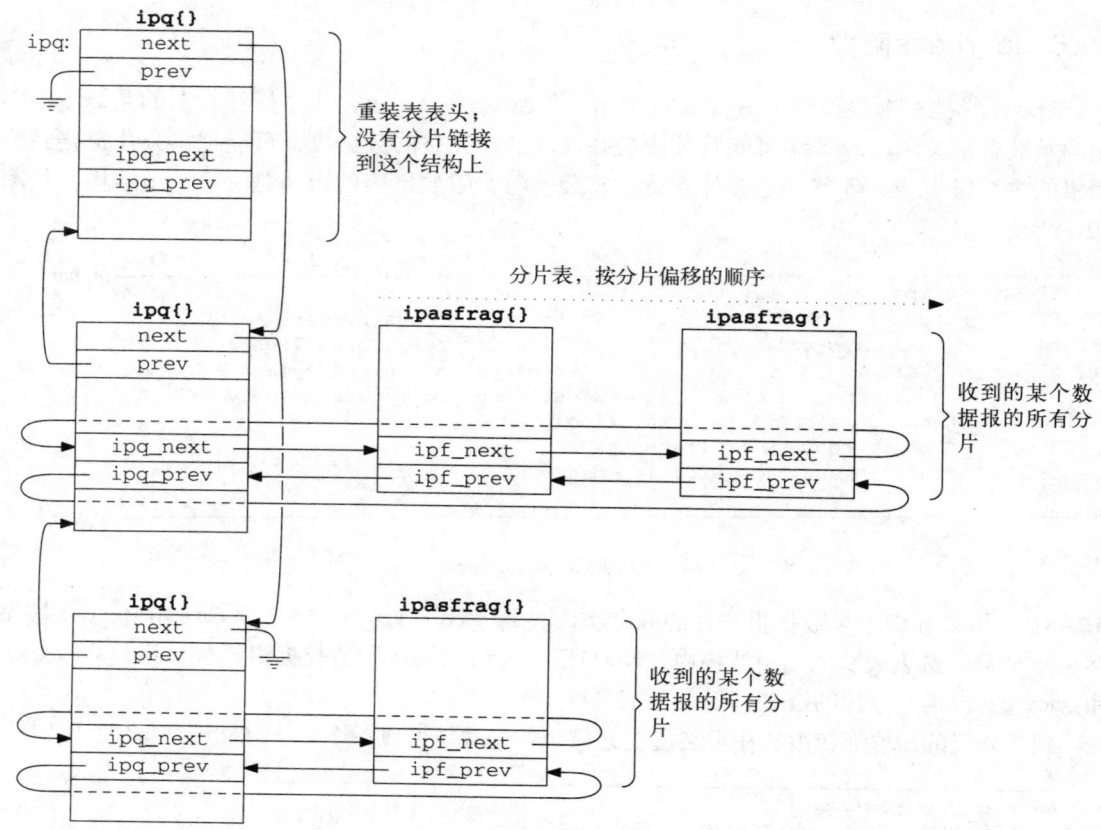

图10-15 分片首部链表ipq和分片

图10-15的左下部是重装首部的链表。表中第一个节点是全局ipq结构，ipq。它永远不会有自己的相关分片表。ipq表是一个双向链表，用于支持快速插入和删除。next和prev指针指向前一个和后一个ipq结构，用终止结构的角上的箭头表示。

图10-15仍然没有显示重装结构的所有复杂性。重装代码很难跟踪，因为它完全依靠把指针指向底层mbuf上的三个不同的结构。我们已经接触过这个技术了，例如，当一个ip结构覆盖某个缓存的数据部分时。

图10-16显示了mbuf、ipq结构、ipasfrag结构和ip结构之间的关系。

图10-16中含有大量信息：

• 所有结构都放在一个mbuf的数据区内。

• ipq链表由next和prev链接起来的ipq结构组成。每个ipq结构保存了唯一标识一个IP数据报的四个字段(图10-16中的阴影部分)。

• 当作为分片链表的头访问时，每个ipq结构被看成是一个ipasfrag结构。这些分片由ipf_next和ipf_prev链接起来，分别覆盖了ipq 结构的ipq_next和ipq_prev成员。

• 每个ipasfrag结构都覆盖了到达分片的ip结构，与分片一起到达的数据在缓存中跟在该结构之后。ipasfrag结构的阴影部分的成员的含义与其在ip结构中不太相同。

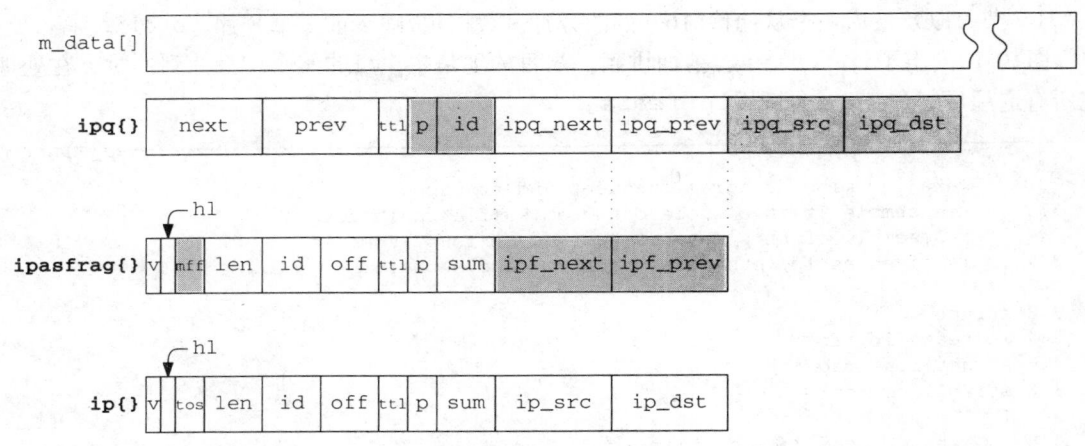

图10-16 可通过多种结构访问的一段内存区

图10-15显示了这些重装结构之间的物理连接，图10-16显示了ip_reass使用的覆盖技术。图10-17从逻辑的观点说明重装结构：该图显示了三个数据报的重装，以及ipq链表和ipasfrag结构之间的关系。

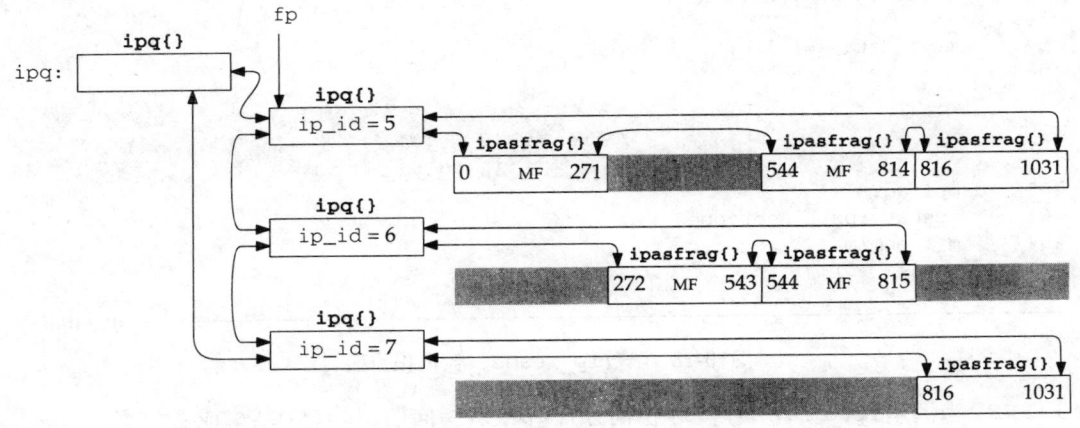

图10-17 三个IP数据报的重装

每个重装链表的表头包含原始数据报的标识符、协议、源和目的地址。图中只显示了ip_id字段。分片表通过偏移字段排序，如果MF比特被置位，则用MF标志分片，缺少的分片出现在阴影里。每个分片内的数字显示了该分片的开始和结束字节相对于原始数据报数据区的相对偏移，而不是相对于原始数据报的IP首部。

这个例子是用来说明三个没有IP选项的UDP数据报，其中每个数据报都有1024字节的数据。每个数据报的全长是1052(20+8+1024)字节，正好适合1500字节以太网MTU。在到目的主机的途中，这些数据报会遇到一个SLIP链路，该链路上的路由器对数据报分片，使其大小适于放在典型的296字节的SLIP MTU中。每个数据报分4个分片到达。第1个分片中包含一个标准的20字节IP首部，8字节UDP首部和264字节数据。第2个和第3个分片中包含一个20字节IP首部和272字节数据。最后一个分片中有一个20字节首部和216字节数据(1032=272×3+216)。

在图10-17中，数据报5缺少一个包含272~543字节的分片。数据报6缺少第一个分片，

0~271字节，以及最后一个从偏移816开始的分片。数据报7缺少前三个分片，0~815。

图10-18列出了ip_reass。前面讲到，当目的地是本主机的某个IP分片到达时，在处理完所有选项后，ipintr会调用ip_reass。

```
                                                           ——— ip_input.c
337 /*
338  * Take incoming datagram fragment and try to
339  * reassemble it into whole datagram.  If a chain for
340  * reassembly of this datagram already exists, then it
341  * is given as fp; otherwise have to make a chain.
342  */
343 struct ip *
344 ip_reass(ip, fp)
345 struct ipasfrag *ip;
346 struct ipq *fp;
347 {
348     struct mbuf *m = dtom(ip);
349     struct ipasfrag *q;
350     struct mbuf *t;
351     int     hlen = ip->ip_hl << 2;
352     int     i, next;

353     /*
354      * Presence of header sizes in mbufs
355      * would confuse code below.
356      */
357     m->m_data += hlen;
358     m->m_len -= hlen;

                        /* reassembly code */

465 dropfrag:
466     ipstat.ips_fragdropped++;
467     m_freem(m);
468     return (0);
469 }
                                                           ——— ip_input.c
```

图10-18 函数ip_reass：数据报重装

343-358 当调用ip_reass时，ip指向分片fp或者指向匹配的ipq结构或者为空。因为重装只涉及每个分片的数据部分，所以ip_reass调整含有该分片的mbuf的m_data和m_len，减去每个分片的IP首部。

465-469 在重装过程中，如果产生错误，该函数就跳到dropfrag。dropfrag增加ips_fragdropped，丢弃该分片，并返回一个空指针。

在运输层丢弃分片通常会严重降低性能，因为必须重传整个数据报。TCP谨慎地避免分片，但是UDP应用程序必须采取步骤以避免对自己分片。[Kent和Mogul 1987]解释了为什么应该避免分片。

所有IP实现必须能够重装最多576字节的数据报。没有通用的方法来确定远程主机能重装的最大数据报的大小。我们将在27.5节中看到TCP提供了一个机制，可以确定远程主机所能处理的最大数据报的大小。UDP没有这样的机制，所以许多基于UDP的协议(例如，RIP、TFTP、BOOTP、SNMP和DNS)，都限制在576字节左右。

我们将分7个部分显示重装代码，从图10-19开始。

```
359        /*
360         * If first fragment to arrive, create a reassembly queue.
361         */
362        if (fp == 0) {
363            if ((t = m_get(M_DONTWAIT, MT_FTABLE)) == NULL)
364                goto dropfrag;
365            fp = mtod(t, struct ipq *);
366            insque(fp, &ipq);
367            fp->ipq_ttl = IPFRAGTTL;
368            fp->ipq_p = ip->ip_p;
369            fp->ipq_id = ip->ip_id;
370            fp->ipq_next = fp->ipq_prev = (struct ipasfrag *) fp;
371            fp->ipq_src = ((struct ip *) ip)->ip_src;
372            fp->ipq_dst = ((struct ip *) ip)->ip_dst;
373            q = (struct ipasfrag *) fp;
374            goto insert;
375        }
```
ip_input.c

图10-19 函数ip_reass：创建重装表

1. 创建重装表

359-366 当fp为空时，ip_reass用新的数据报的第一个分片创建一个重装表。它分配一个mbuf来存放新表的头(一个ipq结构)，并调用insque，把该结构插入到重装表的链表中。

图10-20列出了操作数据报和分片链表的函数。

Net/3的386版本是在machdep.c文件中定义insque和remque函数的。每台机器都有自己的文件，在其中定义核心函数，通常是为提高性能。该文件也包括与机器体系结构有关的函数，包括中断处理支持、CPU和设备配置以及内存管理函数。

insque和remque的存在主要是为了维护内核执行队列。Net/3可把它们用于数据报重装链表，因为链表具有下一个和前一个两个指针，分别作为各自节点结构的前两个成员。对任何类型结构的链表，这些函数同样可以用，尽管编译器可能会发出一些警告。这也是另一个通过两个不同结构访问内存的例子。

在所有内核结构里，下一个指针通常位于前一个指针的前面(例如，图10-14)。这是因为insque和remque最早是在VAX上用insque和remque硬件指令实现的，这些指令要求前向和后向指针具有这种顺序。

分片表不是用ipasfrag结构的前两个成员链接起来的(图10-14)，所以Net/3调用ip_deq和ip_enq而不是insque和remque。

函 数	描 述
insque	紧接在*prev*后面插入*node* void **insque**(void *node, void* prev);
Remque	把*node*从表中移走 void **remque**(void *node);
ip_enq	紧接在分片*prev*后面插入分片*p* void **ip_enq**(struct ipasfrag *p, Struct ipasfrag * prev);
ip_deq	移走分片*p* void **ip_deq**(struct ipasfrag *p);

图10-20 ip_reass采用的队列函数

2. 重装超时

367 RFC 1122要求有生命期字段(ipq_ttl)，并限制Net/3等待分片以完成一个数据报的时间。这与IP首部的TTL字段是不同的，IP首部的TTL字段是为了限制分组在互联网中循环的时间。重用IP首部的TTL字段作为重装超时的原因在于，一旦分片到达它的最终目的地，就不再需要首部TTL。

在Net/3中，重装超时的初始值设为60 (IPFRAGTTL)。因为每次内核调用ip_slowtimo时，ipq_ttl就减去1，而内核每500 ms调用ip_slowtimo一次。如果系统在接收到数据报的任一分片30秒后，还没有组装好一个完整的IP数据报，那么系统就丢弃该IP重装链表。重装定时器在链表被创建后的第一次调用ip_slowtimo时开始计时。

RFC 1122推荐重装时间在60~120秒内，并且当收到数据报的第一个分片且定时器超时时，向源主机发出一个ICMP超时差错报文。重装后，总是丢弃其他分片的首部和选项，并且在ICMP差错报文中必须包含出错数据报的前64 bit(或者，如果该数据报短于8字节，就可以少一些)。所以，如果内核还没有接收到分片0，它就不能发ICMP报文。

Net/3的定时器要短一些，并且当丢弃分片时，Net/3不发送ICMP报文。要求返回数据报的前64 bit保证含有运输层首部的前端，这样就可以把差错报文返回给发生错误的应用程序。注意，因为这个原因，TCP和UDP有意把它们的端口号放在首部的前8个字节。

3. 数据报标识符

368-375 ip_reass在分配给该数据报的ipq结构中保存ip_p、ip_id、ip_src和ip_dst，让ipq_next和ipq_prev指针指向该ipq结构(也就是说，它用一个节点构造一个循环链表)，让q指向这个结构，并跳到insert(图10-25)，把第一个分片ip插入到新的重装表中去。

ip_reass的下一个部分(图10-21)是当fp不空，并已当前表中为新的分片找到正确位置后执行的。

```
376      /*                                                        ── ip_input.c
377       * Find a fragment which begins after this one does.
378       */
379      for (q = fp->ipq_next; q != (struct ipasfrag *) fp; q = q->ipf_next)
380          if (q->ip_off > ip->ip_off)
381              break;
                                                                   ── ip_input.c
```

图10-21 函数ip_reass：在重装链表中找位置

376-381 因为fp不空，所以for循环搜索数据报的分片链表，找到一个偏移大于ip_off的分片。

在目的主机上，分片包含的字节范围可能会相互覆盖。发生这种情况的原因是，当一个运输层协议重传某个数据报时，采用与原来数据报不同的路由；而且，分片的模式也可能不同，这就导致在目的主机上的相互覆盖。传输协议必须能强制IP使用原来的ID字段，确保目的主机识别出该数据报是重传的。

Net/3并不为运输层协议提供机制保证在重传的数据报中重用IP ID字段。在准备新数据报时，ip_output通过增加全局整数ip_id来赋一个新值(图8-22)。尽管如此，Net/3系统也能从让运输层用相同ID字段重传IP数据报的系统上接收重叠的分片。

图10-22说明分片可能会以不同的方式与已经到达的分片重叠。分片是按照它们到达目的主机的顺序编号的。重装的分片在图10-22底部显示，分片的阴影部分是被丢弃的多余字节。

在下面的讨论中，早到(*earlier*)分片是指先前到达主机的分片。

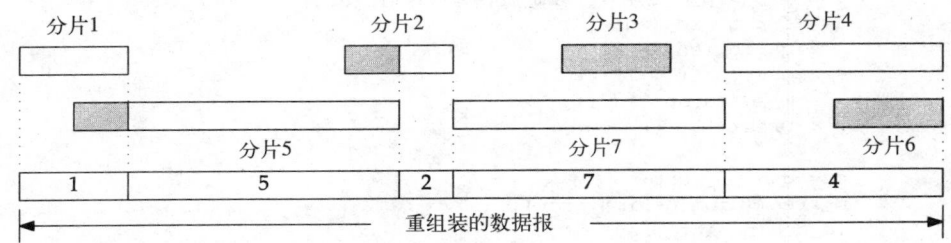

图10-22 可能会在目的主机重叠的分片的字节范围

图10-23中代码截断或丢弃到达的分片。

382-396 ip_reass把新片中与早到分片末尾重叠的字节丢弃，截断重复的部分(图10-22中分片5的前部)，或者，如果新分片的所有字节已经在早先的分片中(分片4)出现，就丢弃整个新分片(分片6)。

```
                                                                  ip_input.c
382     /*
383      * If there is a preceding fragment, it may provide some of
384      * our data already.  If so, drop the data from the incoming
385      * fragment.  If it provides all of our data, drop us.
386      */
387     if (q->ipf_prev != (struct ipasfrag *) fp) {
388         i = q->ipf_prev->ip_off + q->ipf_prev->ip_len - ip->ip_off;
389         if (i > 0) {
390             if (i >= ip->ip_len)
391                 goto dropfrag;
392             m_adj(dtom(ip), i);
393             ip->ip_off += i;
394             ip->ip_len -= i;
395         }
396     }
                                                                  ip_input.c
```

图10-23 函数ip_reass：截断到达分组

图10-24中的代码截断或丢弃已有的分片。

397-412 如果当前分片部分地与早到分片的前端部分重叠，就把早到分片中重复的数据截掉(图10-22中分片2的前部)。丢弃所有与当前分片完全重叠的早到分片(分片3)。

图10-25中，到达分片被插入到重装链表。

413-426 在截断后，ip_enq把该分片插入链表，并扫描整个链表，确定是否所有分片全部到达。如果还缺少分片，或链表最后一个分片的ipf_mff被置位，ip_reass就返回0，并等待更多的分片。

当目前的分片完成一个数据报后，整个链表被图10-26所示的代码转换成一个mbuf链。

427-440 如果某个数据报的所有分片都被接收下来，while循环用m_cat把分片重新构造成数据报。

```
397      /*                                                                   ip_input.c
398       * While we overlap succeeding fragments trim them or,
399       * if they are completely covered, dequeue them.
400       */
401      while (q !=(struct ipasfrag *) fp && ip->ip_off+ip->ip_len > q->ip_off){
402          i = (ip->ip_off + ip->ip_len) - q->ip_off;
403          if (i < q->ip_len) {
404              q->ip_len -= i;
405              q->ip_off += i;
406              m_adj(dtom(q), i);
407              break;
408          }
409          q = q->ipf_next;
410          m_freem(dtom(q->ipf_prev));
411          ip_deq(q->ipf_prev);
412      }
                                                                             ip_input.c
```

图10-24　函数ip_reass：截断已有分组

```
413  insert:                                                                  ip_input.c
414      /*
415       * Stick new fragment in its place;
416       * check for complete reassembly.
417       */
418      ip_enq(ip, q->ipf_prev);
419      next = 0;
420      for (q = fp->ipq_next; q != (struct ipasfrag *) fp; q = q->ipf_next) {
421          if (q->ip_off != next)
422              return (0);
423          next += q->ip_len;
424      }
425      if (q->ipf_prev->ipf_mff & 1)
426          return (0);
                                                                             ip_input.c
```

图10-25　函数ip_reass：插入分组

```
427      /*                                                                   ip_input.c
428       * Reassembly is complete; concatenate fragments.
429       */
430      q = fp->ipq_next;
431      m = dtom(q);
432      t = m->m_next;
433      m->m_next = 0;
434      m_cat(m, t);
435      q = q->ipf_next;
436      while (q != (struct ipasfrag *) fp) {
437          t = dtom(q);
438          q = q->ipf_next;
439          m_cat(m, t);
440      }
                                                                             ip_input.c
```

图10-26　函数ip_reass：重装数据报

图10-27显示了一个有三个分片的数据报的mbuf和ipq结构之间的关系。

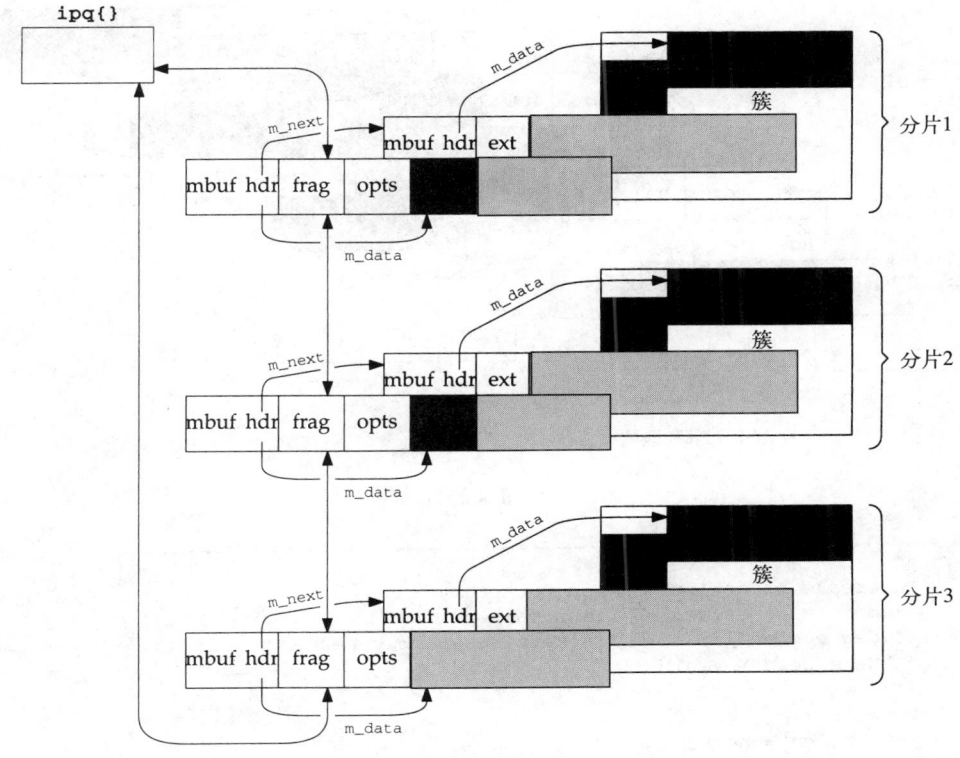

图10-27 m_cat重装缓存内的分片

图中最暗的区域是分组的数据部分，稍淡的阴影部分是mbuf中未用的部分。有三个分片，每个分片都被存放在一个有两个mbuf的链上：一个分组首部和一个簇。每个分片的第一个缓存上的m_data指针指向分组数据，而不是分组的首部。因此，由m_cat构造的缓存链只包含分片的数据部分。

当一个分片含有多于208字节的数据时，情况通常是这样的(2.6节)。缓存的"frag"部分是分片的IP首部。由于图10-18中的代码，各缓存链第一个缓存的m_data指针指向"opts"之后。

图10-28显示了用所有分片的缓存重装的数据报。注意，分片2和3的IP部分和选项不在重装的数据报里。

第一个分片的首部仍然被用作ipasfrag结构。它被图10-29中的代码恢复成一个有效的IP数据报首部。

4. 重建数据报首部

441-456 ip_reass把ip指向链表的第一个分片，将ipasfrag结构恢复成ip结构：把数据报长度恢复成ip_len，源站地址恢复成ip_src，目的地址恢复成ip_dst；并把ipf_mff的低位清零(从图10-14可以知道，ipasfrag结构的ipf_mff覆盖了ip结构的ipf_tos)。

ip_reass用remque把整个分组从重装链表中移走，丢弃链表头ipq结构，调整第一个缓存中的m_len和m_data，将前面被隐藏起来的第一个分片的首部和选项包含进来。

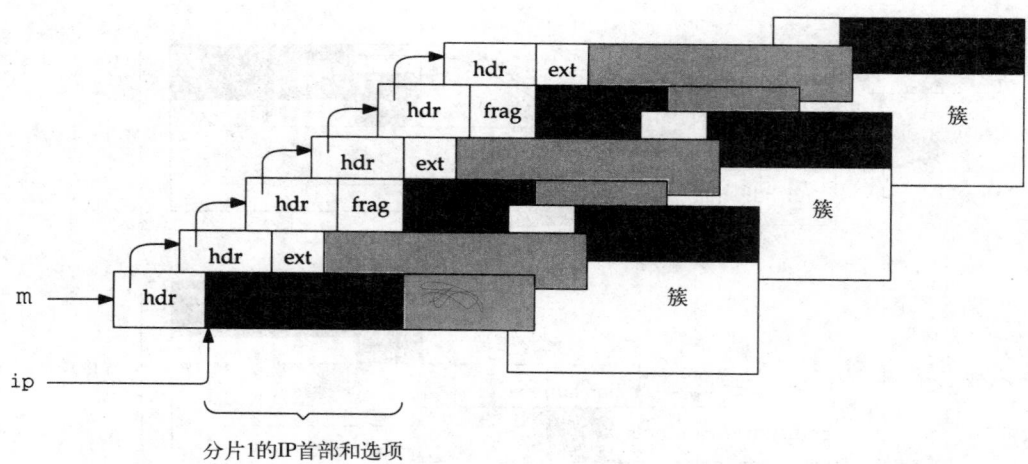

分片1的IP首部和选项

图10-28　重装的数据报

```
                                                                    ip_input.c
441     /*
442      * Create header for new ip packet by
443      * modifying header of first packet;
444      * dequeue and discard fragment reassembly header.
445      * Make header visible.
446      */
447     ip = fp->ipq_next;
448     ip->ip_len = next;
449     ip->ipf_mff &= ~1;
450     ((struct ip *) ip)->ip_src = fp->ipq_src;
451     ((struct ip *) ip)->ip_dst = fp->ipq_dst;
452     remque(fp);
453     (void) m_free(dtom(fp));
454     m = dtom(ip);
455     m->m_len += (ip->ip_hl << 2);
456     m->m_data -= (ip->ip_hl << 2);
457     /* some debugging cruft by sklower, below, will go away soon */
458     if (m->m_flags & M_PKTHDR) {    /* XXX this should be done elsewhere */
459         int     plen = 0;
460         for (t = m; m; m = m->m_next)
461             plen += m->m_len;
462         t->m_pkthdr.len = plen;
463     }
464     return ((struct ip *) ip);
                                                                    ip_input.c
```

图10-29　函数ip_reass：数据报重装

5. 计算分组长度

457-464　此处的代码总被执行，因为数据报的第一个缓存总是一个分组首部。for循环计算缓存链中数据的字节数，并把值保存在m_pkthdr.len中。

　　在选项类型字段中，*copied*比特的意义现在应该很明白了。因为目的主机只保留那些出现在第一个分片中的选项，而且只有那些在分组去往目的主机的途中控制分组处理的选项才被复制下来。不复制那些在传送过程中收集信息的选项，因为当分组在目的主机上被重装时，所有收集的信息都被丢弃了。

10.7 `ip_slowtimo`函数

如7.4节所述，Net/3的各项协议可能指定每500 ms调用一个函数。对IP而言，这个函数是`ip_slowtimo`，如图10-30所示，为重装链表上的分片计时。

```
──────────────────────────────────────────────── ip_input.c
515 void
516 ip_slowtimo(void)
517 {
518     struct ipq *fp;
519     int    s = splnet();

520     fp = ipq.next;
521     if (fp == 0) {
522         splx(s);
523         return;
524     }
525     while (fp != &ipq) {
526         --fp->ipq_ttl;
527         fp = fp->next;
528         if (fp->prev->ipq_ttl == 0) {
529             ipstat.ips_fragtimeout++;
530             ip_freef(fp->prev);
531         }
532     }
533     splx(s);
534 }
──────────────────────────────────────────────── ip_input.c
```

图10-30 `ip_slowtimo`函数

515-534 `ip_slowtimo`遍历部分数据报的链表，减少重装TTL字段。当该字段减为0时，就调用`ip_freef`，把与该数据报相关的分片都丢弃。在splnet处运行`ip_slowtimo`，避免到达分组修改链表。

`ip_freef`显示如图10-31。

470-486 `ip_freef`移走并释放链表上fp指向的各分片，然后释放链表本身。

```
──────────────────────────────────────────────── ip_input.c
474 void
475 ip_freef(fp)
476 struct ipq *fp;
477 {
478     struct ipasfrag *q, *p;

479     for (q = fp->ipq_next; q != (struct ipasfrag *) fp; q = p) {
480         p = q->ipf_next;
481         ip_deq(q);
482         m_freem(dtom(q));
483     }
484     remque(fp);
485     (void) m_free(dtom(fp));
486 }
──────────────────────────────────────────────── ip_input.c
```

图10-31 `ip_freef`函数

`ip_drain`函数

在图7-14中，我们讲到IP把`ip_drain`定义成一个当内核需要更多内存时才调用的函数。

这种情况通常发生在我们讨论过的(图2-13)分配缓存时。`ip_drain`显示如图10-32。

```
                                                                    ip_input.c
538 void
539 ip_drain()
540 {
541     while (ipq.next != &ipq) {
542         ipstat.ips_fragdropped++;
543         ip_freef(ipq.next);
544     }
545 }
                                                                    ip_input.c
```

图10-32 ip_drain函数

538-545   IP释放内存的最简单办法就是丢弃重装链表上的所有IP分片。对属于某个TCP报文段的分片，TCP最终会重传该数据。属于UDP数据报的IP分片就丢失了，基于UDP的协议必须在应用程序层处理这种情况。

10.8 小结

本章展示了当一个外出的数据报过大而不适于在选定网络上传送时，`ip_output`如何对数据报分片。由于分片在向目的地传送的途中可能会被继续分片，也有可能走不同的路径，所以只有目的主机才能组装原来的数据报。

`ip_reass`接收到达分片，并试图重装数据报。如果重装成功，就把数据报传回`ipintr`，然后提交给恰当的运输层协议。所有IP实现必须能够重装最多576字节的数据报。Net/3的唯一限制就是可以得到的mbuf的个数。如果在一段合理的时间内，没有接收完数据报的所有分片，`ip_slowtimo`就丢弃不完整的数据报。

习题

10.1   修改`ip_slowtimo`，当它丢弃一个不完整数据报时(图11-1)，发出一个ICMP超时差错报文。

10.2   在分片的数据报中，各分片记录的路由可能互不相同。在目的主机上重装某个数据报时，返回给运输层的哪一个路由？

10.3   画一个图说明图10-17中ID为7的分片的ipq结构所涉及的mbuf和相关的分片链表。

10.4   [Auerbach 1994] 建议在对数据报分片后，应该首先传送最后的分片。如果接收系统先收到最后的分片，它就可以利用偏移值为数据报分配一个大小合适的缓冲区。请修改`ip_output`，首先发送最后的分片。

   [Auerbach 1994] 注意到某些商用TCP/IP实现如果先收到最后的分片，就会出现崩溃。

10.5   用图8-5中的统计回答下面的问题。什么是每个重装的数据报的平均分片数？当一个外出的数据报被分片时，创建的平均分片数是多少？

10.6   如果`ip_off`的保留比特被置位，分组会发生什么情况？

第11章 ICMP：Internet控制报文协议

11.1 引言

　　ICMP在IP系统间传递差错和管理报文，是任何IP实现必需和要求的组成部分。ICMP的规范见RFC 792 [Postel 1981b]。RFC 950 [Mogul和Postel 1985]和RFC 1256 [Deering 1991a]定义了更多的ICMP报文类型。RFC 792 [Braden 1989a]提供了重要的ICMP细节。

　　ICMP有自己的传输协议号(1)，允许ICMP报文在IP数据报内携带。应用程序可以直接从第32章讨论的原始IP接口发送或接收ICMP报文。

　　我们可把ICMP报文分成两类：差错和查询。查询报文是用一对请求和回答定义的。ICMP差错报文通常包含了引起错误的IP数据报的第一个分片的IP首部(和选项)，加上该分片数据部分的前8个字节。标准假定这8个字节包含了该分组运输层首部的所有分用信息，这样运输层协议可以向正确的进程提交ICMP差错报文。

　　TCP和UDP端口号在它们首部的前8个字节内出现。

　　图11-1显示了所有目前定义的ICMP报文。双线上面的是ICMP请求和回答报文；双线下面的是ICMP差错报文。

type和code	描　述	PRC_
ICMP_ECHO ICMP_ECHOREPLY	回显请求 回显回答	
ICMP_TSAMP ICMP_TSTAMPREPLY	时间戳请求 时间戳回答	
ICMP_MASKREQ ICMP_MASKREPLY	地址掩码请求 地址掩码回答	
ICMP_IREQ ICMP_IREQREPLY	信息请求(过时的) 信息回答(过时的)	
ICMP_ROUTERADVERT ICMP_ROUTESOLICIT	路由器通告 路由器请求	
ICMP_REDIRECT 　ICMP_REDIRECT_NET 　ICMP_REDIRECT_HOST 　ICMP_REDIRECT_TOSNET 　ICMP_REDIRECT_TOSHOST 　其他	有更好的路由 　网络有更好的路由 　主机有更好的路由 　TOS和网络有更好的路由 　TOS和主机有更好的路由 　不识别码	 PRC_REDIRECT_HOST PRC_REDIRECT_HOST PRC_REDIRECT_HOST PRC_REDIRECT_HOST
ICMP_UNREACH 　ICMP_UNREACH_NET 　ICMP_UNREACH_HOST	目的主机不可达 　网络不可达 　主机不可达	 PRC_UNREACH_NET PRC_UNREACH_HOST

图11-1　ICMP报文类型和代码

type和code	描　述	PRC_
ICMP_UNREACH_PROTOCOL	目的主机上协议不能用	PRC_UNREACH_PROTOCOL
ICMP_UNREACH_PORT	目的主机上端口没有被激活	PRC_UNREACH_PORT
ICMP_UNREACH_SRCFAIL	源路由失败	PRC_UNREACH_SRCFAIL
ICMP_UNREACH_NEEDFRAG	需要分片并设置DF比特	PRC_MSGSIZE
ICMP_UNREACH_NET_UNKNOWN	目的网络未知	PRC_UNREACH_NET
ICMP_UNREACH_HOST_UNKNOWN	目的主机未知	PRC_UNREACH_HOST
ICMP_UNREACH_ISOLATED	源主机被隔离	PRC_UNREACH_HOST
ICMP_UNREACH_NET_PROHIB	从管理上禁止与目的网络通信	PRC_UNREACH_NET
ICMP_UNREACH_HOST_PROHIB	从管理上禁止与目的主机通信	PRC_UNREACH_HOST
ICMP_UNREACH_TOSNET	对服务类型，网络不可达	PRC_UNREACH_NET
ICMP_UNREACH_TOSHOST	对服务类型，主机不可达	PRC_UNREACH_HOST
13	用过滤从管理上禁止通信	
14	主机优先违规	
15	事实上优先切断	
其他	不识别码	
ICMP_TIMXCEED	超时	
ICMP_TIMXCEED_INTRANS	传送过程中IP生存期到期	PRC_TIMXCEED_INTRANS
ICMP_TIMXCEED_REASS	重装生存期到期	PRC_TIMXCEED_REASS
其他	不识别码	
ICMP_PRRAMPROB	IP首部的问题	
0	未指明首部差错	PRC_PARAMPROB
ICMP_PRRAMPROB_OPTABSENT	丢失需要的选项	PRC_PARAMPROB
其他	无效字节的字节偏移	
ICMP_SOURCEQUENCH	要求放慢发送	PRC_QUENCH
其他	不识别类型	

图11-1　(续)

图11-1和图11-2中含有大量信息：

- PRC_栏显示了Net/3处理的与协议无关的差错码(11.6节)和ICMP报文之间的映射。对请求和回答，这一列是空的。因为在这种情况下不会产生差错。如果对一个ICMP差错，这一行为空，说明Net/3不识别该码，并自动丢弃该差错报文。
- 图11-3显示了我们讨论图11-2所列函数的位置。
- icmp_input栏是icmp_input为每个ICMP报文调用的函数。
- UDP栏是为UDP插口处理ICMP报文的函数。
- TCP栏是为TCP插口处理ICMP报文的函数。注意，是tcp_quench处理ICMP源站抑制差错，而不是tcp_notify。
- 如果errno栏为空，内核不向进程报告ICMP报文。
- 表的最后一行显示，在用于接收ICMP报文的进程的接收点上，不识别的ICMP报文被提交给原来的IP协议。

在Net/3中，ICMP是作为IP之上的一个运输层协议实现的，它不产生差错或请求；它代表其他协议格式化并发送报文。ICMP传递到达的差错，并向适当的传输协议或等待ICMP报文的进程发出回答。另一方面，ICMP用一个合适的ICMP回答响应大多数ICMP请求。图11-4对此做了总结。

type和code	icmp_input	UDP	TCP	errno
ICMP_ECHO ICMP_ECHOREPLY	icmp_reflect rip_input			
ICMP_TSTAMP ICMP_TSTAMPREPLY	icmp_reflect rip_input			
ICMP_MASKREQ ICMP_MASKREPLY	icmp_reflect rip_input			
ICMP_IREQ ICMP_IREQREPLY	rip_input rip_input			
ICMP_ROUTERADVERT ICMP_ROUTERSOLICIT	rip_input rip_input			
ICMP_REDIRECT 　ICMP_REDIRECT_NET 　ICMP_REDIRECT_HOST 　ICMP_REDIRECT_TOSNET 　ICMP_REDIRECT_TOSHOST 　其他	 pfctlinput pfctlinput pfctlinput pfctlinput rip_input	 in_rtchange in_rtchange in_rtchange in_rtchange	 in_rtchange in_rtchange in_rtchange in_rtchange	
ICMP_UNREACH 　ICMP_UNREACH_NET 　ICMP_UNREACH_HOST 　ICMP_UNREACH_PROTOCOL 　ICMP_UNREACH_PORT 　ICMP_UNREACH_SRCFAIL 　ICMP_UNREACH_NEEDFRAG 　ICMP_UNREACH_NET_UNKNOWN 　ICMP_UNREACH_HOST_UNKNOWN 　ICMP_UNREACH_ISOLATED 　ICMP_UNREACH_NET_PROHIB 　ICMP_UNREACH_HOST_PROHIB 　ICMP_UNREACH_TOSNET 　ICMP_UNREACH_TOSHOST 　13 　14 　15 　其他	 pr_ctlinput pr_ctlinput pr_ctlinput pr_ctlinput pr_ctlinput pr_ctlinput pr_ctlinput pr_ctlinput pr_ctlinput pr_ctlinput pr_ctlinput pr_ctlinput pr_ctlinput rip_input rip_input rip_input rip_input	 udp_notify udp_notify udp_notify udp_notify udp_notify udp_notify udp_notify udp_notify udp_notify udp_notify udp_notify udp_notify udp_notify	 tcp_notify tcp_notify tcp_notify tcp_notify tcp_notify tcp_notify tcp_notify tcp_notify tcp_notify tcp_notify tcp_notify tcp_notify tcp_notify	 EHOSTUNREACH EHOSTUNREACH ECONNREFUSED ECONNREFUSED EHOSTUNREACH EMSGSIZE EHOSTUNREACH EHOSTUNREACH EHOSTUNREACH EHOSTUNREACH EHOSTUNREACH EHOSTUNREACH EHOSTUNREACH
ICMP_TIMXCEED 　ICMP_TIMXCEED_INTRANS 　ICMP_TIMXCEED_REASS 　其他	 pr_ctlinput pr_ctlinput rip_input	 udp_notify udp_notify	 tcp_notify tcp_notify	
ICMP_PARAMPROB 　0 　ICMP_PARAMPROB_OPTABSENT 　其他	 pr_ctlinput pr_ctlinput rip_input	 udp_notify udp_notify	 tcp_notify tcp_notify	 ENOPROTOOPT ENOPROTOOPT
ICMP_SOURCEQUENCH	pr_ctlinput	udp_notify	tcp_quench	
其他	rip_input			

图11-2 ICMP报文类型和代码(续)

函　　数	描　　述	引　用
icmp_reflect	为ICMP生成回答	11.12节
in_rtchange	更新IP路由表	图22-34
pfctlinput	向所有协议报告差错	7.7节
pr_ctlinput	向与插口有关的协议报告差错	7.4节
rip_input	进程不识别的ICMP报文	32.5节
tcp_notify	向进程报告差错或忽略	图27-12
tcp_quench	放慢输出	图27-13
udp_notify	向进程报告差错	图23-31

图11-3　ICMP输入处理时调用的函数

ICMP报文类型	到　　达	输　　出
请求	向ICMP请求生成回答	由某个进程生成
回答	传给原始IP	由内核生成
差错	传给传输协议和原始IP	由IP或传输协议生成
未知	传给原始IP	由某个进程生成

图11-4　ICMP报文处理

11.2　代码介绍

图11-5的两个文件中有本章讨论的ICMP数据结构、统计量和处理的程序。

文　　件	描　　述
netinet/ip_icmp.h	ICMP结构定义
netinet/ip_icmp.c	ICMP处理

图11-5　本章定义的文件

11.2.1　全局变量

本章介绍的全局变量如图11-6所示。

变　　量	类　　型	描　　述
icmpmaskrepl	int	使ICMP地址掩码回答的返回有效
icmpstat	struct icmpstat	ICMP统计量(图11-7)

图11-6　本章介绍的全局变量

11.2.2　统计量

统计量是由图11-7所示的icmpstat结构的成员收集的。

icmpstat成员	描　　述	SNMP使用的
icps_oldicmp	因为数据报是一个ICMP报文而丢弃的差错数	●
icps_oldshort	因为IP数据报太短而丢弃的差错数	●

图11-7　本章收集的统计信息

icmpstat成员	描　　述	SNMP使用的
icps_badcode	由于无效码而丢弃的ICMP报文数	●
icps_badlen	由于无效的ICMP体而丢弃的ICMP报文数	●
icps_checksum	由于坏的ICMP检验和而丢弃的ICMP报文数	●
icps_tooshort	由于ICMP首部太短而丢弃的报文数	●
icps_outhist[]	输出计数器数组；每种ICMP类型对应一个	●
icps_inhist[]	输入计数器数组；每种ICMP类型对应一个	●
icps_error	icmp_error的调用(重定向除外)数	
icps_reflect	内核反映的ICMP报文数	

图11-7　(续)

在分析程序时，我们会看到计数器是递增的。

图11-8显示的是执行netstat -s命令输出的统计信息的例子。

netstat -s 输出	icmpstat 成员
84124 calls to icmp_error	icps_error
0 errors not generated 'cuz old message was icmp	icps_oldicmp
Output histogram:	icps_outhist[]
echo reply: 11770	ICMP_ECHOREPLY
destination unreachable: 84118	ICMP_UNREACH
time exceeded: 6	ICMP_TIMXCEED
6 messages with bad code fields	icps_badcode
0 messages < minimum length	icps_badlen
0 bad checksums	icps_checksum
143 messages with bad length	icps_tooshort
Input histogram:	icps_inhist[]
echo reply: 793	ICMP_ECHOREPLY
destination unreachable: 305869	ICMP_UNREACH
source quench: 621	ICMP_SOURCEQUENCH
routing redirect: 103	ICMP_REDIRECT
echo: 11770	ICMP_ECHO
time exceeded: 25296	ICMP_TIMXCEED
11770 message responses generated	icps_reflect

图11-8　ICMP统计信息示例

11.2.3　SNMP变量

图11-9显示了SNMP ICMP组的变量与Net/3收集的统计量之间的关系。

SNMP变量	icmpstat 成员	描　　述
icmpInMsgs	见正文	
icmpInErrors	icps_badcode + icps_badlen + icps_checksum + icps_tooshort	收到的ICMP报文数 由于错误丢弃的ICMP报文数
icmpInDestUnreachs icmpInTimeExcds icmpInParmProbs icmpInSrcQuenchs icmpInRedirects icmpInEchos	icps_inhist[]计数器	每一类收到的ICMP报文数

图11-9　ICMP组内的简单SNMP变量

SNMP变量	icmpstat 成员	描　　述
icmpInEchoReps icmpInTimestamps icmpInTimestampReps icmpInAddrMasks icmpInAddrMaskReps		
icmpOutMsgs icmpOutErrors	见正文 icps_oldicmp + icps_oldshort	发送的ICMP报文数 由于一个错误而没有发送的ICMP错误数
icmpOutDestUnreachs icmpOutTimeExcds icmpOutParmProbs icmpOutSrcQuenchs icmpOutRedirects icmpOutEchos icmpOutEchoReps icmpOutTimestamps icmpOutTimestampReps icmpOutAddrMasks icmpOutAddrMaskReps	icps_outhist[] 计数器	每一类发送的ICMP报文数

图11-9 （续）

icmpInMsgs是icps_inhist数组和icmpInErrors中的计数之和，icmpOutMsgs是icps_outist数组和icmpOutErrors中的计数之和。

11.3 icmp结构

Net/3通过图11-10中的icmp结构访问某个ICMP报文。

42-45　icmp_type标识特定报文，icmp_code进一步指定该报文(图11-1的第1栏)。计算icmp_cksum的算法与IP首部检验和相同，保护整个ICMP 报文(像IP一样，不仅仅保护首部)。

46-79　联合icmp_hun(首部联合)和icmp_dun(数据联合)按照icmp_type和icmp_code访问多种ICMP报文。每种ICMP报文都使用icmp_hun；只有一部分报文用icmp_dun。没有使用的字段必须设置为0。

80-86　我们已经看到，利用其他嵌套的结构(例如mbuf、le_softc和ether_arp)，#define宏可以简化对结构成员的访问。

图11-11显示了ICMP报文的整体结构，并再次强调ICMP报文是封装在IP数据报里的。我们将在分析程序时，分析所遇报文的特定结构。

```
                                                                    ────── ip_icmp.h
42 struct icmp {
43      u_char   icmp_type;          /* type of message, see below */
44      u_char   icmp_code;          /* type sub code */
45      u_short  icmp_cksum;         /* ones complement cksum of struct */
46      union {
47          u_char  ih_pptr;         /* ICMP_PARAMPROB */
48          struct in_addr ih_gwaddr;   /* ICMP_REDIRECT */
49          struct ih_idseq {
50              n_short icd_id;
51              n_short icd_seq;
52          } ih_idseq;
53          int     ih_void;

54          /* ICMP_UNREACH_NEEDFRAG -- Path MTU Discovery (RFC1191) */
55          struct ih_pmtu {
```

图11-10 icmp结构

```
56                  n_short   ipm_void;
57                  n_short   ipm_nextmtu;
58              } ih_pmtu;
59         } icmp_hun;
60  #define icmp_pptr      icmp_hun.ih_pptr
61  #define icmp_gwaddr    icmp_hun.ih_gwaddr
62  #define icmp_id        icmp_hun.ih_idseq.icd_id
63  #define icmp_seq       icmp_hun.ih_idseq.icd_seq
64  #define icmp_void      icmp_hun.ih_void
65  #define icmp_pmvoid    icmp_hun.ih_pmtu.ipm_void
66  #define icmp_nextmtu     icmp_hun.ih_pmtu.ipm_nextmtu
67      union {
68          struct id_ts {
69              n_time    its_otime;
70              n_time    its_rtime;
71              n_time    its_ttime;
72          } id_ts;
73          struct id_ip {
74              struct ip idi_ip;
75              /* options and then 64 bits of data */
76          } id_ip;
77          u_long    id_mask;
78          char      id_data[1];
79      } icmp_dun;
80  #define icmp_otime   icmp_dun.id_ts.its_otime
81  #define icmp_rtime   icmp_dun.id_ts.its_rtime
82  #define icmp_ttime   icmp_dun.id_ts.its_ttime
83  #define icmp_ip      icmp_dun.id_ip.idi_ip
84  #define icmp_mask    icmp_dun.id_mask
85  #define icmp_data    icmp_dun.id_data
86  };
```
                                                              ——— *ip_icmp.h*

图11-10 （续）

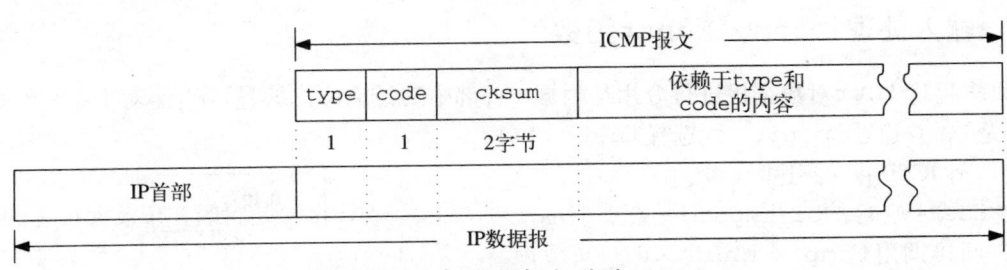

图11-11 一个ICMP报文(省略icmp_)

11.4 ICMP 的protosw结构

inetsw[4](图11-13)的protosw结构描述了ICMP，并支持内核和进程对协议的访问。
图11-12显示了该结构。在内核里，icmp_input处理到达的ICMP报文，进程产生的外出
ICMP报文由rip_output处理。以rip_开头的三个函数将在第32章中讨论。

成 员	inetsw[4]	描 述
pr_type	*SOCK_RAW*	ICMP提供原始分组服务
pr_domain	*&inetdomain*	ICMP是Internet域的一部分

图11-12 ICMP 的inetsw项

成　员	inetsw[4]	描　述
pr_protocol	IPPROTO_ICMP (1)	出现在IP首部的ip_p字段中
pr_flags	PR_ATOMIC|PR_ADDR	插口层标志，ICMP不使用
pr_input	icmp_input	从IP层接收ICMP报文
pr_output	rip_output	将ICMP报文发送到IP层
pr_ctlinput	0	ICMP不使用
pr_ctloutput	rip_ctloutput	响应来自一个进程的管理请求
pr_usrreq	rip_usrreq	响应来自一个进程的通信请求
pr_init	0	ICMP不使用
pr_fasttimo	0	ICMP不使用
pr_slowtimo	0	ICMP不使用
pr_drain	0	ICMP不使用
pr_sysctl	0	ICMP不使用

图11-12　(续)

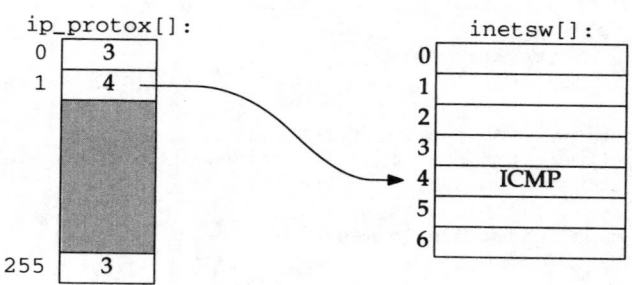

图11-13　数值为1的ip_p选择了inetsw[4]

11.5　输入处理：`icmp_input`函数

回想起ipintr对数据报进行分用是根据IP首部中的传输协议编号ip_p。对于ICMP报文，ip_p是1，并通过ip_protox选择inetsw[4]。

当一个ICMP报文到达时，IP层通过inetsw[4]的pr_input函数，间接调用icmp_input（图10-11）。

我们将看到，在icmp_input中，每一个ICMP报文要被处理3次：被icmp_input处理一次；被与ICMP差错报文中的IP分组相关联的传输协议处理一次；被记录收到ICMP报文的进程处理一次。ICMP输入处理过程的总的构成情况如图11-14所示。

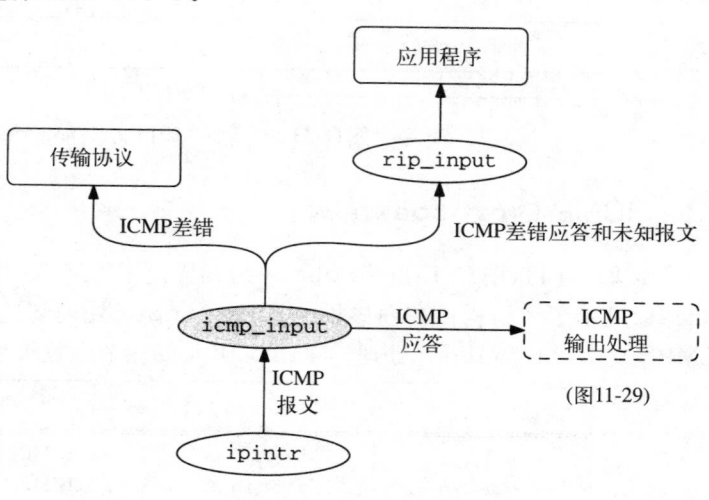

图11-14　ICMP的输入处理过程

　　我们将在以下5节(11.6～11.10)讨论icmp_input：(1) 验证收到的报文；(2) ICMP差错报文；(3) ICMP请求报文；(4) ICMP重定向报文；(5) ICMP回答报文。icmp_input函数的第一部分如图11-15所示。

─── *ip_icmp.c*

```
131 static struct sockaddr_in icmpsrc = { sizeof (struct sockaddr_in), AF_INET };
132 static struct sockaddr_in icmpdst = { sizeof (struct sockaddr_in), AF_INET };
133 static struct sockaddr_in icmpgw = { sizeof (struct sockaddr_in), AF_INET };
134 struct sockaddr_in icmpmask = { 8, 0 };

135 void
136 icmp_input(m, hlen)
137 struct mbuf *m;
138 int     hlen;
139 {
140     struct icmp *icp;
141     struct ip *ip = mtod(m, struct ip *);
142     int     icmplen = ip->ip_len;
143     int     i;
144     struct in_ifaddr *ia;
145     void    (*ctlfunc) (int, struct sockaddr *, struct ip *);
146     int     code;
147     extern u_char ip_protox[];

148     /*
149      * Locate icmp structure in mbuf, and check
150      * that not corrupted and of at least minimum length.
151      */
152     if (icmplen < ICMP_MINLEN) {
153         icmpstat.icps_tooshort++;
154         goto freeit;
155     }
156     i = hlen + min(icmplen, ICMP_ADVLENMIN);
157     if (m->m_len < i && (m = m_pullup(m, i)) == 0) {
158         icmpstat.icps_tooshort++;
159         return;
160     }
161     ip = mtod(m, struct ip *);
162     m->m_len -= hlen;
163     m->m_data += hlen;
164     icp = mtod(m, struct icmp *);
165     if (in_cksum(m, icmplen)) {
166         icmpstat.icps_checksum++;
167         goto freeit;
168     }
169     m->m_len += hlen;
170     m->m_data -= hlen;

171     if (icp->icmp_type > ICMP_MAXTYPE)
172         goto raw;
173     icmpstat.icps_inhist[icp->icmp_type]++;
174     code = icp->icmp_code;
175     switch (icp->icmp_type) {

                        /* ICMP message processing */
```

图11-15 icmp_input函数

```
317     default:
318         break;
319     }
320 raw:
321     rip_input(m);
322     return;

323 freeit:
324     m_freem(m);
325 }
```
ip_icmp.c

图11-15 （续）

1. 静态结构

131-134　因为icmp_input是在中断时调用的，此时堆栈的大小是有限的。所以，为了在每次调用icmp_input时，避免动态分配造成的延迟，以及使堆栈最小，这4个结构是动态分配的。icmp_input把这4个结构用作临时变量。

　　icmpsrc的命名容易引起误解，因为icmp_input把它用作临时sockaddr_in变量，而它也从未包含过源站地址。在Net/2版本的icmp_input中，在报文被raw_input函数提交给原始IP之前，报文的源站地址在函数的最后被复制到icmpsrc中。而Net/3调用只需要一个指向该分组的指针的rip_input，而不是raw_input。虽然有这个改变，但是icmpsrc仍然保留了在Net/2中的名字。

2. 确认报文

135-139　icmp_input希望收到的ICMP报文(m)中含有一个指向该数据报的指针，以及该数据报IP首部的字节长度(hlen)。图11-16列出了几个在icmp_input里用于简化检测无效ICMP报文的常量。

常量/宏	值	描　　述
ICMP_MINLEN	8	ICMP报文大小的最小值
ICMP_TSLEN	20	ICMP时间戳报文大小
ICMP_MASKLEN	12	ICMP地址掩码报文大小
ICMP_ADVLENMIN	36	ICMP差错(建议)报文大小的最小值
		(*IP + ICMP + BADIP = 20 + 8 + 8 = 36*)
ICMP_ADVLEN(p)	36 + *optsize*	ICMP差错报文的大小，包含无效分组p的IP选项的*optsize*字节

图11-16　ICMP引用的用来验证报文的常量

140-160　icmp_input从ip_len取出ICMP报文的大小，并把它存放在icmplen中。第8章讲过，ipintr从ip_len中排除了IP首部的长度。如果报文长度太短，不是有效报文，就生成icps_tooshort，并丢弃该报文。如果在第一个mbuf中，ICMP首部和IP首部不是连续的，则由m_pullup保证ICMP首部以及封闭的IP分组的IP首部在同一个mbuf中。

3. 验证检验和

161-170　icmp_input隐藏mbuf中的IP首部，并用 in_cksum验证ICMP的检验和。如果报文被破坏，就增加icps_checksum，并丢弃该报文。

4. 验证类型

171-175　如果报文类型(icmp_type)不在识别范围内，icmp_input就跳过switch执行

raw语句(图11-9)。如果在识别范围内，`icmp_input`复制`icmp_code`，switch 按照`icmp_type`处理该报文。

在ICMP switch语句处理完后，`icmp_input`向`rip_input`发送ICMP 报文，后者把ICMP 报文发布给准备接收的进程。只有那些被破坏的报文(长度或检验和出错)以及只由内核处理的ICMP请求报文才不传给`rip_input`。在这两种情况下，`icmp_input`都立即返回，并跳过raw处的源程序。

5. 原始ICMP输入

317-325 `icmp_input`把到达的报文传给`rip_input`，`rip_input`依据报文里含有的协议及源站和目的站地址信息(32章)，把报文发布给正在监听的进程。

原始IP机制允许进程直接发送和接收ICMP报文，这样做有几个原因：

- 新ICMP 报文可由进程处理而无须修改内核(例如，路由器通告，图11-28)。
- 可以用进程而无须用内核模块来实现发送ICMP 请求和处理回答的机制(ping和traceroute)。
- 进程可以增加对报文的内核处理。与此类似，内核在更新完它的路由表后，会把ICMP重定向报文传给一个路由守护程序。

11.6 差错处理

我们首先考虑ICMP差错报文。当主机发出的数据报无法成功地提交给目的主机时，它就接收这些报文。目的主机或中间的路由器生成这些报文，并将它们返回到原来的系统。图11-17显示了多种ICMP差错报文的格式。

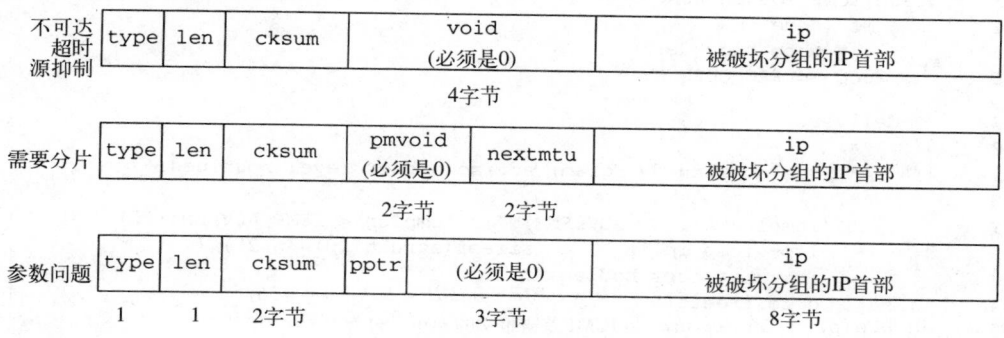

图11-17 ICMP差错报文(省略icmp_)

图11-18中的源程序来自图11-15中的switch语句。

```
                                                                      ip_icmp.c
176     case ICMP_UNREACH:
177         switch (code) {
178         case ICMP_UNREACH_NET:
179         case ICMP_UNREACH_HOST:
180         case ICMP_UNREACH_PROTOCOL:
181         case ICMP_UNREACH_PORT:
182         case ICMP_UNREACH_SRCFAIL:
183             code += PRC_UNREACH_NET;
184             break;

185         case ICMP_UNREACH_NEEDFRAG:
```

图11-18 `icmp_input`函数：差错报文

```
186              code = PRC_MSGSIZE;
187              break;

188          case ICMP_UNREACH_NET_UNKNOWN:
189          case ICMP_UNREACH_NET_PROHIB:
190          case ICMP_UNREACH_TOSNET:
191              code = PRC_UNREACH_NET;
192              break;

193          case ICMP_UNREACH_HOST_UNKNOWN:
194          case ICMP_UNREACH_ISOLATED:
195          case ICMP_UNREACH_HOST_PROHIB:
196          case ICMP_UNREACH_TOSHOST:
197              code = PRC_UNREACH_HOST;
198              break;

199          default:
200              goto badcode;
201          }
202          goto deliver;

203      case ICMP_TIMXCEED:
204          if (code > 1)
205              goto badcode;
206          code += PRC_TIMXCEED_INTRANS;
207          goto deliver;
208      case ICMP_PARAMPROB:
209          if (code > 1)
210              goto badcode;
211          code = PRC_PARAMPROB;
212          goto deliver;

213      case ICMP_SOURCEQUENCH:
214          if (code)
215              goto badcode;
216          code = PRC_QUENCH;

217      deliver:
218          /*
219           * Problem with datagram; advise higher level routines.
220           */
221          if (icmplen < ICMP_ADVLENMIN || icmplen < ICMP_ADVLEN(icp) ||
222              icp->icmp_ip.ip_hl < (sizeof(struct ip) >> 2)) {
223              icmpstat.icps_badlen++;
224              goto freeit;
225          }
226          NTOHS(icp->icmp_ip.ip_len);
227          icmpsrc.sin_addr = icp->icmp_ip.ip_dst;
228          if (ctlfunc = inetsw[ip_protox[icp->icmp_ip.ip_p]].pr_ctlinput)
229              (*ctlfunc) (code, (struct sockaddr *) &icmpsrc,
230                          &icp->icmp_ip);
231          break;

232      badcode:
233          icmpstat.icps_badcode++;
234          break;
```
—— ip_icmp.c

图11-18 （续）

176-216 对ICMP差错的处理是最少的，因为这主要是运输层协议的责任。imcp_input把
icmp_type和icmp_code映射到一个与协议无关的差错码集上，该差错码是由PRC_常量

(图11-19)表示的。PRC_常量有一个隐含的顺序，正好与ICMP的code相对应。这就解释了为什么code是按一个PRC_常量递增的。

217-225 如果识别出类型和码，`icmp_input`就跳到`deliver`。如果没有识别出来，`icmp_input`就跳到`badcode`。

如果对所报告的差错而言，报文长度不正确，`icps_badlen`的值就加1，并丢弃该报文。Net/3总是丢弃无效的ICMP报文，也不生成有关该无效报文的ICMP差错。这样，就避免在两个有缺陷的实现之间形成无限的差错报文序列。

226-231 `icmp_input`调用运输层协议的`pr_ctlinput`函数，该函数根据原始数据报的`ip_p`，把到达分组分用到正确的协议，从而构造出原始的IP数据报。差错码(code)、原始IP数据报的目的地址(`icmpsrc`)以及一个指向无效数据报的指针(`icmp_ip`)被传给`pr_ctlinput`(如果是为该协议定义的)。图23-31和图27-12讨论这些差错。

232-234 最后，`icps_badcode`的值增加1，并终止switch语句的执行。

常　　量	描　　述
PRC_HOSTDEAD	主机似乎已关闭
PRC_IFDOWN	网络接口关闭
PRC_MSGSIZE	无效报文大小
PRC_PRRAMPROB	首部不正确
PRC_QUENCH	某人说要放慢
PRC_QUENCH2	阻塞比特要求放慢
PRC_REDIRECT_HOST	主机路由选择重定向
PRC_REDIRECT_NET	网络路由选择重定向
PRC_REDIRECT_TOSHOST	TOS和主机的重定向
PRC_REDIRECT_TOSNET	TOS和网络的重定向
PRC_ROUTEDEAD	如果可能，选择新的路由
PRC_TIMXCEED_INTRANS	传送过程中分组生命期到期
PRC_TIMXCEED_REASS	分片在重装过程中生命期到期
PRC_UNREACH_HOST	没有到主机的路由
PRC_UNREACH_NET	没有到网络的路由
PRC_UNREACH_PORT	目的主机称端口未激活
PRC_UNREACH_PROTOCOL	目的主机称协议不可用
PRC_UNREACH_SRCFAIL	源路由失败

图11-19　与协议无关的差错码

尽管PRC_常量表面上与协议无关，但它们主要还是基于Internet协议族。其结果是，当某个Internet协议族以外的协议把自己的差错映射到PRC_常量时，会失去可指定性。

11.7　请求处理

Net/3响应具有正确格式的ICMP请求报文，但把无效ICMP请求报文传给`rip_input`。第32章讨论了应用程序如何生成ICMP请求报文。

除路由器通告报文外，大多数Net/3所接收的ICMP请求报文都生成回答报文。为避免为回答报文分配新的mbuf，`icmp_input`把请求的缓存转换成回答的缓存，并返回给发送方。我们将分别讨论各个请求。

11.7.1 回显询问：`ICMP_ECHO`和`ICMP_ECHOREPLY`

尽管ICMP非常简单，但是ICMP回显请求和回答却是网络管理员最有力的诊断工具。发出ICMP回显请求称为"ping"一个主机，也就是调用ping程序一次。许多系统提供该程序来手工发送ICMP回显请求。卷1的第7章详细讨论了ping。

ping程序的名字依照了声呐脉冲(soar ping)，用其他物体对声呐脉冲的反射所产生的回声确定它们的位置。卷1把这个名字解释成Packet InterNet Groper，是不正确的。

图11-20是ICMP回显请求和回答报文的结构。

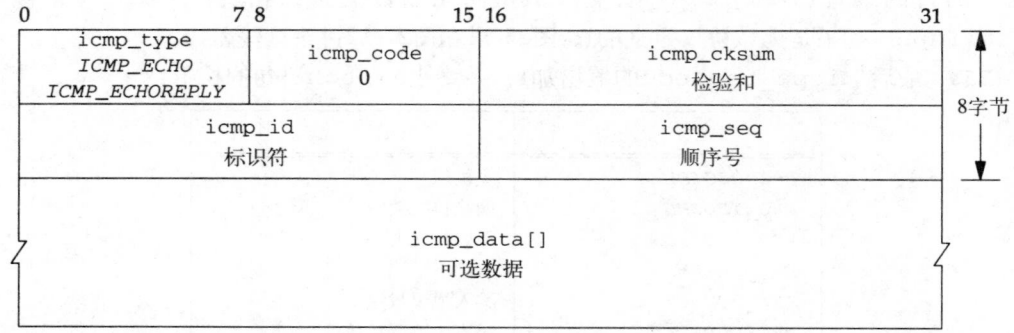

图11-20 ICMP回显请求和回答

`icmp_code`总是0。 `icmp_id`和`icmp_seq`设置成请求的发送方，回答中也不做修改。源系统可以用这些字段匹配请求和回答。`icmp_data`中到达的所有数据也被反射。图11-21是ICMP回显处理和`icmp_input`实现反射ICMP请求的源程序。

ip_icmp.c

```
235        case ICMP_ECHO:
236            icp->icmp_type = ICMP_ECHOREPLY;
237            goto reflect;


                    /* other ICMP request processing */


277    reflect:
278        ip->ip_len += hlen;        /* since ip_input deducts this */
279        icmpstat.icps_reflect++;
280        icmpstat.icps_outhist[icp->icmp_type]++;
281        icmp_reflect(m);
282        return;
```

ip_icmp.c

图11-21 `icmp_input`函数：回显请求和回答

235-237 通过把`icmp_type`变成`ICMP_ECHOREPLY`，并跳转到reflect发送回答，`icmp_input`把回显请求转换成了回显回答。

277-282 在为每个ICMP 请求构造完回答之后，`icmp_input`执行reflect处的程序。在这里，存储数据报正确的长度被恢复，在`icps_reflect`和`icps_outhist[]`中分别计算请求的数量和ICMP报文的类型。`icmp_reflect`(11.12节)把回答发回给请求方。

11.7.2 时间戳询问：`ICMP_TSTAMP`和`ICMP_TSTAMPREPLY`

ICMP时间戳报文如图11-22所示。

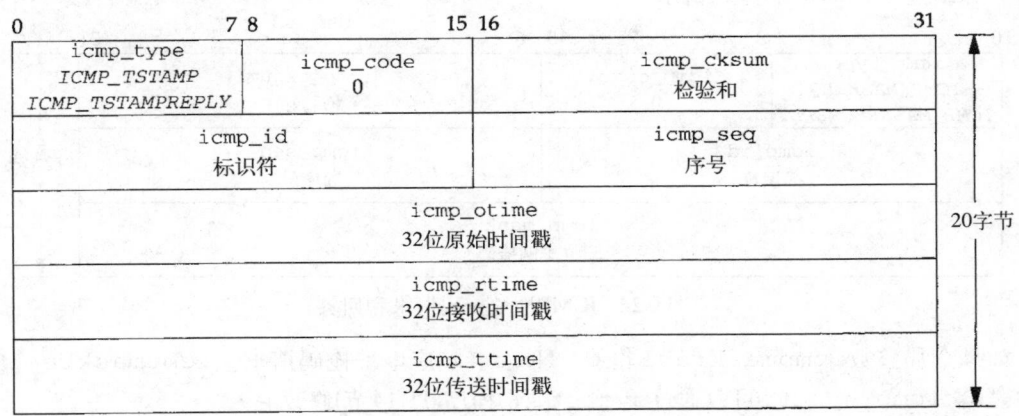

图11-22 ICMP时间戳请求和回答

`icmp_code`总是0。`icmp_id`和`icmp_seq`的作用与它们在ICMP回显报文中的一样。请求的发送方设置`icmp_otime`（发出请求的时间）；`icmp_rtime`（收到请求的时间）和`icmp_ttime`（发出回答的时间）由回答的发送方设置。所有时间都是从UTC午夜开始的毫秒数。如果时间值没有以标准单位记录，就把高位置位，与IP时间戳选项一样。

图11-23是实现时间戳报文的程序。

```
                                                                    ── ip_icmp.c
238        case ICMP_TSTAMP:
239            if (icmplen < ICMP_TSLEN) {
240                icmpstat.icps_badlen++;
241                break;
242            }
243            icp->icmp_type = ICMP_TSTAMPREPLY;
244            icp->icmp_rtime = iptime();
245            icp->icmp_ttime = icp->icmp_rtime;   /* bogus, do later! */
246            goto reflect;
                                                                    ── ip_icmp.c
```

图11-23 icmp_input函数：时间戳请求和回答

238-246 icmp_input对ICMP的响应，包括：把`icmp_type`改成`ICMP_TSTAMPREPLY`，记录当前`icmp_rtime`和`icmp_ttime`，并跳转到`reflect`发送回答。

很难精确地设置`icmp_rtime`和`icmp_ttime`。当系统执行这段程序时，报文可能已经在IP输入队列中等待处理，这时设置`icmp_rtime`已经太晚了。类似地，数据报也可能在要求处理时在网络接口的传输队列中被延迟，这时设置`icmp_ttime`又太早了。为了把时间戳设置得更接近真实的接收和发送时间，必须修改每个网络的接口驱动程序，使其能理解ICMP报文(习题11.8)。

11.7.3 地址掩码询问：`ICMP_MASKREQ`和`ICMP_MASKREPLY`

ICMP 地址掩码请求和回答如图11-24所示。

RFC 950 [Mogul和Postel 1985]在原来的ICMP规范说明中增加了地址掩码报文，使系统能发现某个网络上使用的子网掩码。

除非系统被明确地配置成地址掩码的授权代理，否则，RFC 1122禁止向其发送掩码回答。这样，就避免系统与所有向它发出请求的系统共享不正确的地址掩码。如果没有管理员授权回答，系统也要忽略地址掩码请求。

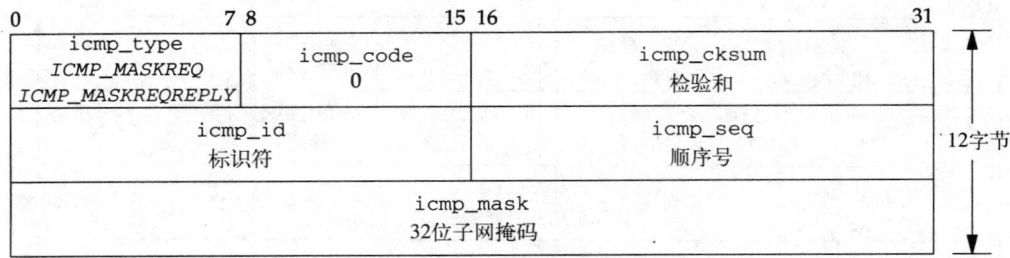

图11-24 ICMP地址掩码请求和回答

如果全局整数icmpmaskrepl非零，Net/3会响应地址掩码请求。icmpmaskrepl的默认值是0，icmp_sysctl可以通过systctl(8)程序(11.14节)修改它。

Net/2系统中没有控制回答地址掩码请求的机制。其结果是，必须非常正确地配置Net/2接口的地址掩码；该信息是与网络上所有发出地址掩码请求的系统共享的。

地址掩码报文的处理如图11-25所示。

```
                                                                    ip_icmp.c
247      case ICMP_MASKREQ:
248 #define satosin(sa) ((struct sockaddr_in *)(sa))
249      if (icmpmaskrepl == 0)
250          break;
251      /*
252       * We are not able to respond with all ones broadcast
253       * unless we receive it over a point-to-point interface.
254       */
255      if (icmplen < ICMP_MASKLEN)
256          break;
257      switch (ip->ip_dst.s_addr) {

258      case INADDR_BROADCAST:
259      case INADDR_ANY:
260          icmpdst.sin_addr = ip->ip_src;
261          break;

262      default:
263          icmpdst.sin_addr = ip->ip_dst;
264      }
265      ia = (struct in_ifaddr *) ifaof_ifpforaddr(
266              (struct sockaddr *) &icmpdst, m->m_pkthdr.rcvif);
267      if (ia == 0)
268          break;
269      icp->icmp_type = ICMP_MASKREPLY;
270      icp->icmp_mask = ia->ia_sockmask.sin_addr.s_addr;
271      if (ip->ip_src.s_addr == 0) {
272          if (ia->ia_ifp->if_flags & IFF_BROADCAST)
273              ip->ip_src = satosin(&ia->ia_broadaddr)->sin_addr;
274          else if (ia->ia_ifp->if_flags & IFF_POINTOPOINT)
275              ip->ip_src = satosin(&ia->ia_dstaddr)->sin_addr;
276      }
                                                                    ip_icmp.c
```

图11-25 icmp_input函数：地址掩码请求和回答

247-256 如果没有配置响应掩码请求，或者该请求太短，这段程序就中止switch的执行，并把报文传给rip_input(图11-15)。

在这里Net/3无法增加icps_badlen。对其他ICMP 长度差错，它却增加icps_badlen。

1. 选择子网掩码

257-267 如果地址掩码请求被发到0.0.0.0或255.255.255.255，源地址被保存在icmpdst中。在这里，ifaof_offoraddr把icmpdst作为源站地址，在同一网络上查找in_ofaddr结构。如果源站地址是0.0.0.0或255.255.255.255，ifaof_offoraddr返回一个指针，该指针指向与接收接口相关的第一个IP地址。

default情况(针对单播或有向广播)为ifaof_ifpforaddr保存目的地址。

2. 转换成回答

269-270 通过改变icmp_type，并把所选子网掩码ia_sockmask复制到icmp_mask，就完成了把请求转换成回答的工作。

3. 选择目的地址

271-276 如果请求的源站地址全0("该网络上的这台主机"，只在引导时用作源站地址，RFC 1122)，并且源站不知道自己的地址，Net/3必须广播这个回答，使源站系统接收到这个报文。在这种情况下，如果接收接口位于某个广播或点到点网络上，该回答的目的地址将分别是ia_broadaddr和ia_dstaddr。icmp_input把回答的目的地址放在ip_src里，因为reflect处的程序(图11-21)会把源站和目的站地址倒过来。不改变单播请求的地址。

11.7.4 信息询问：ICMP_IREQ和ICMP_IREQREPLY

ICMP信息报文已经过时了。它们企图广播一个源和目的站地址字段的网络部分为全0的请求，使系统发现连接的IP网络的数量。响应该请求的主机将返回一个填好网络号的报文。主机还需要其他办法找到地址的主机部分。

RFC 1122推荐主机不要实现ICMP信息报文，因为RARP(RFC 903 [Finlayson et al., 1984])和BOOTP(RFC 951 [Croft和Gilmore 1985])更适于发现地址。RFC 1541 [Droms 1993]描述的一个新协议，动态主机配置协议(Dynamic Host Configuration Protocol，DHCP)，可能会取代或增强BOOTP的功能。它现在是一个建议的标准。

Net/2响应ICMP信息请求报文。但是，Net/3把它们传给rip_input。

11.7.5 路由器发现：ICMP_ROUTERADVERT和ICMP_ROUTERSOLICIT

RFC 1256 定义了ICMP路由器发现报文。Net/3内核不直接处理这些报文，而由rip_input把它们传给一个用户级守护程序，由它发送和响应这种报文。

卷1的9.6节讨论了这种报文的设计和运行。

11.8 重定向处理

图11-26显示了ICMP重定向报文的格式。

icmp_input中要讨论的最后一个case是ICMP_REDIRECT。如8.5节的讨论，当分组被发给错误的路由器时，产生重定向报文。该路由器把分组转发给正确的路由器，并发回一个ICMP重定向报文，系统把信息记入它自己的路由表。

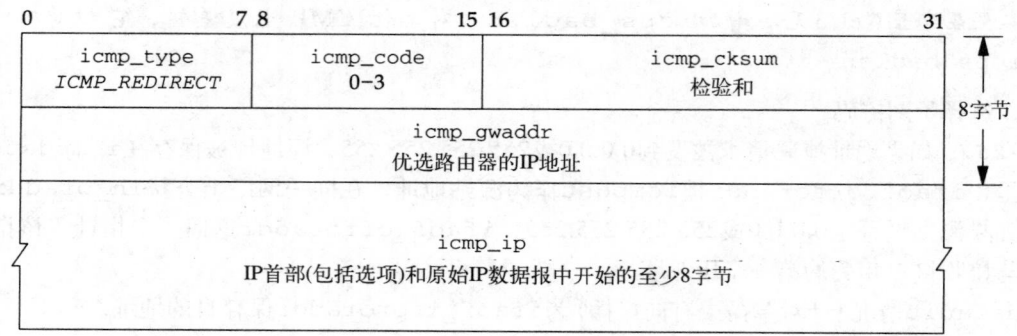

图11-26 ICMP重定向报文

图11-27显示了icmp_input用来处理重定向报文的程序。

```
                                                                  ─── ip_icmp.c
283     case ICMP_REDIRECT:
284         if (code > 3)
285             goto badcode;
286         if (icmplen < ICMP_ADVLENMIN || icmplen < ICMP_ADVLEN(icp) ||
287             icp->icmp_ip.ip_hl < (sizeof(struct ip) >> 2)) {
288             icmpstat.icps_badlen++;
289             break;
290         }
291         /*
292          * Short circuit routing redirects to force
293          * immediate change in the kernel's routing
294          * tables.  The message is also handed to anyone
295          * listening on a raw socket (e.g. the routing
296          * daemon for use in updating its tables).
297          */
298         icmpgw.sin_addr = ip->ip_src;
299         icmpdst.sin_addr = icp->icmp_gwaddr;
300         icmpsrc.sin_addr = icp->icmp_ip.ip_dst;
301         rtredirect((struct sockaddr *) &icmpsrc,
302                    (struct sockaddr *) &icmpdst,
303                    (struct sockaddr *) 0, RTF_GATEWAY | RTF_HOST,
304                    (struct sockaddr *) &icmpgw, (struct rtentry **) 0);
305         pfctlinput(PRC_REDIRECT_HOST, (struct sockaddr *) &icmpsrc);
306         break;
                                                                  ─── ip_icmp.c
```

图11-27 icmp_input函数：重定向报文

1. 验证

283-290   如果重定向报文中含有未识别的ICMP 码，icmp_input就跳到badcode(图11-18的232行)；如果报文具有无效长度或封闭的IP分组具有无效首部长度，则中止switch。图11-16显示了ICMP差错报文的最小长度是36(ICMP_ADVLENMIN)。ICMP_ADVLEN(icp)是当icp所指向的分组有IP选项时，ICMP差错报文的最小长度。

291-300   icmp_input分别把重定向报文的源站地址(发送该报文的网关)、为原始分组推荐的路由器(第一跳目的地)和原始分组的最终目的地址分配给icmpgw、icmpdst和icmpsrc。

这里，icmpsrc并不包含源站地址——这是方便存放目的地址的位置，无须再定义一个sockaddr结构。

2. 更新路由

301-306 Net/3按照RFC 1122的推荐，等价地对待网络重定向和主机重定向。重定向信息被传给rtredirect，由这个函数更新路由表。重定向的目的地址(保存在icmpsrc)被传给pfctlinput，由它通告重定向的所有协议域(7.3节)，使协议有机会把缓存的到目的站的路由作废。

> 按照RFC 1122，应该把网络重定向作为主机重定向对待，因为当目的网络划分了子网时，它们会提供不正确的路由信息。事实上，RFC 1009要求，在网络划分子网的情况下，不发送网络重定向。不幸的是，许多路由器违背了这个要求。Net/3从不发重定向报文。

ICMP重定向报文是IP路由选择体系结构的基本组成部分。尽管被划分到差错报文类，但它却是在任何有多个路由器的网络正常运行时出现的。第18章更详细讨论了IP路由选择问题。

11.9 回答处理

如图11-28所示，内核不处理任何ICMP回答报文。ICMP请求由进程产生，内核从不产生请求。所以，内核把它接收的所有回答传给等待ICMP报文的进程。另外，ICMP路由器发现报文被传给rip_input。

—————————————————————————————————— *ip_icmp.c*
```
307         /*
308          * No kernel processing for the following;
309          * just fall through to send to raw listener.
310          */
311     case ICMP_ECHOREPLY:
312     case ICMP_ROUTERADVERT:
313     case ICMP_ROUTERSOLICIT:
314     case ICMP_TSTAMPREPLY:
315     case ICMP_IREQREPLY:
316     case ICMP_MASKREPLY:
317     default:
318         break;
319     }
320 raw:
321     rip_input(m);
322     return;
```
—————————————————————————————————— *ip_icmp.c*

图11-28 icmp_input函数：回答报文

307-322 内核无须对ICMP回答报文做出任何反应，所以在raw处的switch语句后继续执行(图11-15)。注意，switch语句的default情况(未识别的ICMP报文)也把控制传给在raw处的代码。

11.10 输出处理

有几种方法产生外出的ICMP报文。第8章讲到IP调用icmp_error来产生和发送ICMP差错报文。icmp_reflect发送ICMP回答报文，同时，进程也可能通过原始ICMP协议生成ICMP报文。图11-29显示了这些函数与ICMP外出处理之间的关系。

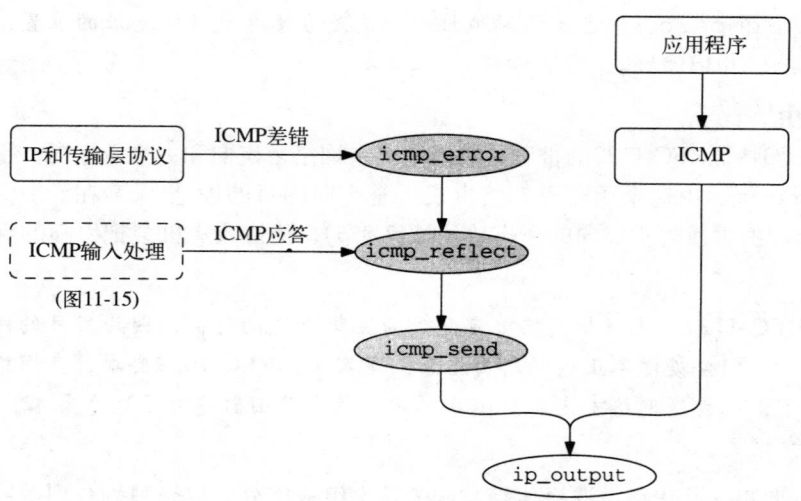

图11-29 ICMP外出处理

11.11 `icmp_error`函数

`icmp_error`在IP或运输层协议的请求下，构造一个ICMP差错请求报文，并把它传给`icmp_reflect`，在那里该报文被返回无效数据报的源站。我们分三部分分析这个函数：

```
                                                                    ─── ip_icmp.c
46 void
47 icmp_error(n, type, code, dest, destifp)
48 struct mbuf *n;
49 int      type, code;
50 n_long  dest;
51 struct ifnet *destifp;
52 {
53     struct ip *oip = mtod(n, struct ip *), *nip;
54     unsigned oiplen = oip->ip_hl << 2;
55     struct icmp *icp;
56     struct mbuf *m;
57     unsigned icmplen;

58     if (type != ICMP_REDIRECT)
59         icmpstat.icps_error++;
60     /*
61      * Don't send error if not the first fragment of message.
62      * Don't error if the old packet protocol was ICMP
63      * error message, only known informational types.
64      */
65     if (oip->ip_off & ~(IP_MF | IP_DF))
66         goto freeit;
67     if (oip->ip_p == IPPROTO_ICMP && type != ICMP_REDIRECT &&
68         n->m_len >= oiplen + ICMP_MINLEN &&
69         !ICMP_INFOTYPE(((struct icmp *)((caddr_t) oip + oiplen))->icmp_type)){
70         icmpstat.icps_oldicmp++;
71         goto freeit;
72     }
73     /* Don't send error in response to a multicast or broadcast packet */
74     if (n->m_flags & (M_BCAST | M_MCAST))
75         goto freeit;
                                                                    ─── ip_icmp.c
```

图11-30 `icmp_error`函数：验证

- 确认该报文(图11-30)；
- 构造首部(图11-32)；并
- 把原来的数据报包含进来(图11-33)。

46-57 参数是：n，指向包含无效数据报缓存链的指针；type和code，ICMP差错类型和代码；dest，ICMP重定向报文中的下一跳路由器地址；以及destifp，指向原始IP分组外出接口的指针。mtod把缓存链指针n转换成oip，oip是指向缓存中ip结构的指针。原始IP分组的字节长度保存在ioplen中。

58-75 icps_error统计除重定向报文外的所有ICMP差错。Net/3不把重定向报文看作错误，而且icps_error也不是一个SNMP变量。

icmp_error丢弃无效数据报oip，并且在以下情况下，不发送差错报文：

- 除IP_MF和IP_DF外，ip_off的某些位非零(习题11.10)。这表明oip不是数据报的第一个分片，而且ICMP决不能为跟踪数据报的分片而生成差错报文。
- 无效数据报本身是一个ICMP差错报文。如果icmp_type是ICMP请求或响应类型，则ICMP_INFOTYPE返回真；如果icmp_type是一个差错类型，则ICMP_INFOTYPE返回假。

Net/3不考虑ICMP重定向报文差错，尽管RFC 1122要求考虑。

- 数据报作为链路层广播或多播到达(由M_BCAST和IM_MCAST标志表明)。

在以下两种其他情况下，不能发送ICMP差错报文：

- 该数据报是发给IP广播和IP多播地址的。
- 数据报的源站地址不是单播IP地址(也即，这个源站地址是一个全零地址、环回地址、广播地址、多播地址或E类地址)。

Net/3无法检查第一种情况。icmp_reflect函数强调了第二种情况(11.12节)。

有趣的是，Net/2的Deering多播扩展并不丢弃第一种类型的数据报。因为Net/3的多播程序来自Deering多播扩展，所以，检测似乎被删去了。

这些限制的目的是为了避免有错的广播数据报触发网络上所有主机都发出ICMP差错报文。当网络上所有主机同时要发送差错报文时，产生的广播风暴会使整个网络的通信崩溃。

这些规则适用于ICMP差错报文，但不适用于ICMP回答。如RFC 1122和RFC 1127的讨论，允许响应广播请求，但既不推荐也不鼓励。Net/3只响应具有单播源地址的广播请求，因为ip_output会把返回到广播地址的ICMP报文丢弃(图11-39)。

图11-31是ICMP差错报文的构造。

图11-32的程序构造差错报文。

76-106 icmp_error以下面的方式构造ICMP差错报文的首部：

- m_gethdr分配一个新的分组首部缓存。MH_ALIGN定位缓存的数据指针，使无效数据报的ICMP首部、IP首部(和选项)和最多8字节的数据被放在缓存的最后。
- icmp_type、icmp_code、icmp_gwaddr(用于重定向)、icmp_pptr(用于参数问题)和icmp_nextmtu(用于要求分片报文)被初始化。icmp_nextmtu字段实现了RFC 1191中描述的要求分片报文的扩展。卷1的24.2节描述的"路径MTU发现算法"依赖于这个报文。

一旦构造好ICMP首部，就必须把原始数据报的一部分附到首部上，如图11-33所示。

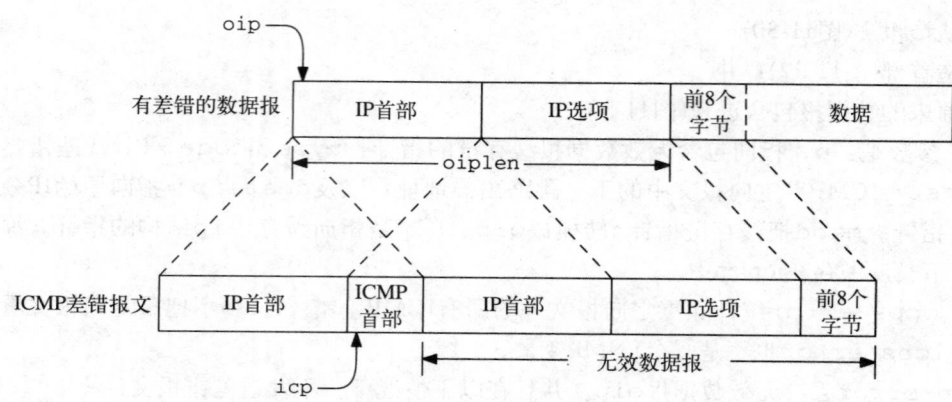

图11-31 ICMP差错报文的构造

```
76      /*                                                           ip_icmp.c
77       * First, formulate icmp message
78       */
79      m = m_gethdr(M_DONTWAIT, MT_HEADER);
80      if (m == NULL)
81          goto freeit;
82      icmplen = oiplen + min(8, oip->ip_len);
83      m->m_len = icmplen + ICMP_MINLEN;
84      MH_ALIGN(m, m->m_len);
85      icp = mtod(m, struct icmp *);
86      if ((u_int) type > ICMP_MAXTYPE)
87          panic("icmp_error");
88      icmpstat.icps_outhist[type]++;
89      icp->icmp_type = type;
90      if (type == ICMP_REDIRECT)
91          icp->icmp_gwaddr.s_addr = dest;
92      else {
93          icp->icmp_void = 0;
94          /*
95           * The following assignments assume an overlay with the
96           * zeroed icmp_void field.
97           */
98          if (type == ICMP_PARAMPROB) {
99              icp->icmp_pptr = code;
100             code = 0;
101         } else if (type == ICMP_UNREACH &&
102                 code == ICMP_UNREACH_NEEDFRAG && destifp) {
103             icp->icmp_nextmtu = htons(destifp->if_mtu);
104         }
105     }
106     icp->icmp_code = code;
                                                                     ip_icmp.c
```

图11-32 icmp_error函数：报文首部构造

107-125 无效数据报的IP首部、选项和数据(一共是icmplen个字节)被复制到ICMP差错报文中。同时，首部的长度被加回无效数据报的ip_len中。

在udp_usrreq中，UDP也把首部长度加回到无效数据报的ip_len。其结果是一个ICMP报文，该报文具有无效分组IP首部内的不正确的数据报长度。作者发现，许多基于Net/2程序的系统都有这个错误，Net/1系统没有这个问题。

```
                                                                      ip_icmp.c
107        bcopy((caddr_t) oip, (caddr_t) & icp->icmp_ip, icmplen);
108        nip = &icp->icmp_ip;
109        nip->ip_len = htons((u_short) (nip->ip_len + oiplen));

110        /*
111         * Now, copy old ip header (without options)
112         * in front of icmp message.
113         */
114        if (m->m_data - sizeof(struct ip) < m->m_pktdat)
115                    panic("icmp len");
116        m->m_data -= sizeof(struct ip);
117        m->m_len += sizeof(struct ip);
118        m->m_pkthdr.len = m->m_len;
119        m->m_pkthdr.rcvif = n->m_pkthdr.rcvif;
120        nip = mtod(m, struct ip *);
121        bcopy((caddr_t) oip, (caddr_t) nip, sizeof(struct ip));
122        nip->ip_len = m->m_len;
123        nip->ip_hl = sizeof(struct ip) >> 2;
124        nip->ip_p = IPPROTO_ICMP;
125        nip->ip_tos = 0;
126        icmp_reflect(m);

127    freeit:
128        m_freem(n);
129 }
                                                                      ip_icmp.c
```

图11-33 icmp_error函数：包含原始数据报

因为MH_ALIGN把ICMP报文分配在缓存的最后，所以缓存的前面应该有足够的空间存放IP首部。无效数据报的IP首部(除选项外)被复制到ICMP报文的前面。

> Net/2版本的这部分有一个错误：函数的最后一个bcopy移动oiplen个字节，其中包括无效数据报的选项。应该只复制没有选项的标准首部。

在恢复正确的数据报长度(ip_len)、首部长度(ip_hl)和协议(ip_p)后，IP首部就完整了。TOS字段(ip_tos)被清除。

> RFC 792和RFC 1122推荐在ICMP报文中，把TOS字段设为0。

126-129 完整的报文被传给icmp_reflect，由icmp_reflect把它发回源主机。丢掉无效数据报。

11.12 icmp_reflect函数

icmp_reflect把ICMP回答或差错发回给请求或无效数据报的源站。必须牢记，icmp_reflect在发送数据报之前，把它的源站地址和目的地址倒过来。与ICMP 报文的源站和目的站地址有关的规则非常复杂，图11-34对其中几个函数的作用做了小结。

我们分三部分讨论icmp_reflect函数：源站和目的站地址选择、选项构造及组装和发送。图11-35显示了该函数的第一部分。

1. 设置目的地址

329-345 icmp_reflect一开始，就复制ip_dst，并把请求或差错报文的源站地址ip_src移到ip_dst。icmp_error和icmp_reflect保证：ip_src对差错报文而言是有效的目的地址。ip_output丢掉所有发往广播地址的分组。

函 数	小 结
icmp_input	在地址掩码请求中，用接收接口的广播或目的地址代替全0地址
icmp_error	把作为链路级广播或多播发送的数据报引起的差错报文丢弃。应该丢弃(但没有)发往IP广播或多播地址的数据报引起的报文
icmp_reflect	丢弃报文，而不是把它返回给多播或实验地址
	把非单播目的地址转换成接收接口的地址，对返回的报文来说，目的地址就是一个有效的源地址
	交换源站和目的站的地址
ip_output	按照ICMP的请求丢弃输出的广播(也就是说，丢弃由发往广播地址的分组产生的差错报文)

图11-34 ICMP丢弃和地址小结

2. 选择源站地址

346-371   icmp_reflect在in_ifaddr中找到具有单播或广播地址的接口，该接口地址与原始数据报的目的地址匹配，这样，icmp_reflect就为报文选好了源地址。在多接口主机上，匹配的接口可能不是接收该数据报的接口。如果没有匹配，就选择正在接收的接口的in_ifaddr结构，或者in_ifaddr中的第一个地址(如果该接口没有被配置成IP可用的)。该函数把ip_src设成所选的地址，并把ip_ttl改为255(MAXTTL)，因为这是一个新的数据报。

RFC 1700推荐把所有IP分组的TTL字段设成64。但是现在，许多系统把ICMP报文的TTL设成255。

TTL的取值有一个拆衷。小的TTL避免分组在路由回路里面循环，但也有可能使分组无法到达远一点的节点(有很多跳)。大的TTL允许分组到达远距离的主机，但却让分组在路由回路里循环较长时间。

```
                                                             ── ip_icmp.c
329 void
330 icmp_reflect(m)
331 struct mbuf *m;
332 {
333     struct ip *ip = mtod(m, struct ip *);
334     struct in_ifaddr *ia;
335     struct in_addr t;
336     struct mbuf *opts = 0, *ip_srcroute();
337     int     optlen = (ip->ip_hl << 2) - sizeof(struct ip);

338     if (!in_canforward(ip->ip_src) &&
339         ((ntohl(ip->ip_src.s_addr) & IN_CLASSA_NET) !=
340          (IN_LOOPBACKNET << IN_CLASSA_NSHIFT))) {
341         m_freem(m);              /* Bad return address */
342         goto done;               /* Ip_output() will check for broadcast */
343     }
344     t = ip->ip_dst;
345     ip->ip_dst = ip->ip_src;
346     /*
347      * If the incoming packet was addressed directly to us,
348      * use dst as the src for the reply.  Otherwise (broadcast
349      * or anonymous), use the address which corresponds
350      * to the incoming interface.
351      */
352     for (ia = in_ifaddr; ia; ia = ia->ia_next) {
```

图11-35 icmp_reflect函数：地址选择

```
353        if (t.s_addr == IA_SIN(ia)->sin_addr.s_addr)
354            break;
355        if ((ia->ia_ifp->if_flags & IFF_BROADCAST) &&
356            t.s_addr == satosin(&ia->ia_broadaddr)->sin_addr.s_addr)
357            break;
358    }
359    icmpdst.sin_addr = t;
360    if (ia == (struct in_ifaddr *) 0)
361        ia = (struct in_ifaddr *) ifaof_ifpforaddr(
362                    (struct sockaddr *) &icmpdst, m->m_pkthdr.rcvif);
363    /*
364     * The following happens if the packet was not addressed to us,
365     * and was received on an interface with no IP address.
366     */
367    if (ia == (struct in_ifaddr *) 0)
368        ia = in_ifaddr;
369    t = IA_SIN(ia)->sin_addr;
370    ip->ip_src = t;
371    ip->ip_ttl = MAXTTL;
```
—— ip_icmp.c

图11-35 （续）

RFC 1122提出，对到达的回显请求或时间戳请求，要求把其中的源路由选项及记录路由和时间戳选项的建议，附到回答报文中。在这个过程期间，源路由必须被逆转过来。RFC 1122没有涉及在其他ICMP回答报文中如何处理这些选项。Net/3把这些规则应用于地址掩码请求，因为它在构造地址掩码回答后调用了icmp_reflect(图11-21)。

程序的下一部分(图11-36)为ICMP报文构造选项。

—— ip_icmp.c
```
372    if (optlen > 0) {
373        u_char *cp;
374        int    opt, cnt;
375        u_int  len;

376        /*
377         * Retrieve any source routing from the incoming packet;
378         * add on any record-route or timestamp options.
379         */
380        cp = (u_char *) (ip + 1);
381        if ((opts = ip_srcroute()) == 0 &&
382            (opts = m_gethdr(M_DONTWAIT, MT_HEADER))) {
383            opts->m_len = sizeof(struct in_addr);
384            mtod(opts, struct in_addr *)->s_addr = 0;
385        }
386        if (opts) {
387            for (cnt = optlen; cnt > 0; cnt -= len, cp += len) {
388                opt = cp[IPOPT_OPTVAL];
389                if (opt == IPOPT_EOL)
390                    break;
391                if (opt == IPOPT_NOP)
392                    len = 1;
393                else {
394                    len = cp[IPOPT_OLEN];
395                    if (len <= 0 || len > cnt)
396                        break;
397                }
398                /*
```

图11-36 icmp_reflect函数：选项构造

```
399                      * Should check for overflow, but it "can't happen"
400                      */
401                     if (opt == IPOPT_RR || opt == IPOPT_TS ||
402                         opt == IPOPT_SECURITY) {
403                         bcopy((caddr_t) cp,
404                             mtod(opts, caddr_t) + opts->m_len, len);
405                         opts->m_len += len;
406                     }
407                 }
408                 /* Terminate & pad, if necessary */
409                 if (cnt = opts->m_len % 4) {
410                     for (; cnt < 4; cnt++) {
411                         *(mtod(opts, caddr_t) + opts->m_len) =
412                             IPOPT_EOL;
413                         opts->m_len++;
414                     }
415                 }
416             }
```
———— ip_icmp.c

图11-36 (续)

3. 取得逆转后的源路由

372-385   如果到达的数据报没有选项，控制被传给430行(图11-37)。`icmp_error`传给
`icmp_reflect`的差错报文从来没有IP选项，所以后面的程序只用于那些被转换成回答并直
接传给`icmp_reflect`的ICMP请求。

cp指向回答的选项的开始。`ip_srcroute`逆转并返回所有在`ipintr`处理数据报时保存
下来的源路由选项。如果`ip_srcoute`返回0，即请求中没有源路由选项，`icmp_reflect`
分配并初始化一个mbuf，作为空的ipoption结构。

4. 加上记录路由和时间戳选项

386-416   如果opts指向某个缓存，`for`循环搜索原始IP首部的选项，在`ip_srcroute`返回
的源路由后面加上记录路由和时间戳选项。

在ICMP报文发送之前必须移走原始首部里的选项。这由图11-37中的程序完成。

———— ip_icmp.c
```
417             /*
418              * Now strip out original options by copying rest of first
419              * mbuf's data back, and adjust the IP length.
420              */
421             ip->ip_len -= optlen;
422             ip->ip_hl = sizeof(struct ip) >> 2;
423             m->m_len -= optlen;
424             if (m->m_flags & M_PKTHDR)
425                 m->m_pkthdr.len -= optlen;
426             optlen += sizeof(struct ip);
427             bcopy((caddr_t) ip + optlen, (caddr_t) (ip + 1),
428                 (unsigned) (m->m_len - sizeof(struct ip)));
429         }
430     m->m_flags &= ~(M_BCAST | M_MCAST);
431     icmp_send(m, opts);
432 done:
433     if (opts)
434         (void) m_free(opts);
435 }
```
———— ip_icmp.c

图11-37 `icmp_reflect`函数：最后的组装

5. 移走原始选项

417-429 icmp_reflect把ICMP报文移到IP首部的后面，这样就从原始请求中移走了选项。如图11-38所示。新选项在opts所指向的mbuf里，被ip_output再次插入。

6. 发送报文和清除

430-435 在报文和选项被传给icmp_send之前，要明确地清除广播和多播标志位。此后释放掉存放选项的缓存。

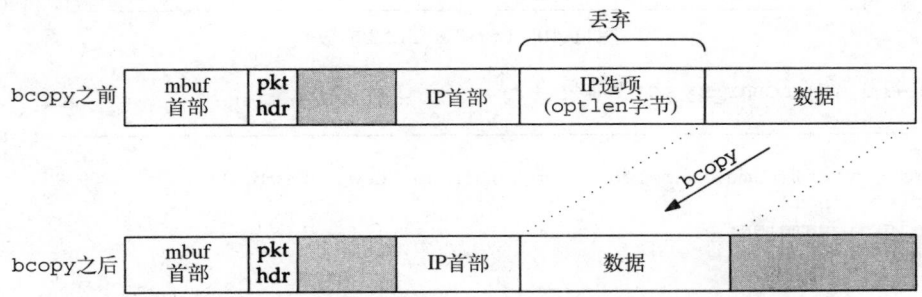

图11-38 icmp_reflect：移走选项

11.13 icmp_send函数

icmp_send(图11-39)处理所有输出的ICMP报文，并在把它们传给IP层之前计算ICMP检验和。

```
                                                              ip_icmp.c
440 void
441 icmp_send(m, opts)
442 struct mbuf *m;
443 struct mbuf *opts;
444 {
445     struct ip *ip = mtod(m, struct ip *);
446     int     hlen;
447     struct icmp *icp;

448     hlen = ip->ip_hl << 2;
449     m->m_data += hlen;
450     m->m_len -= hlen;
451     icp = mtod(m, struct icmp *);
452     icp->icmp_cksum = 0;
453     icp->icmp_cksum = in_cksum(m, ip->ip_len - hlen);
454     m->m_data -= hlen;
455     m->m_len += hlen;
456     (void) ip_output(m, opts, NULL, 0, NULL);
457 }
                                                              ip_icmp.c
```

图11-39 icmp_send函数

440-457 与icmp_input检测ICMP检验和一样，Net/3调整缓存的数据指针和长度，隐藏IP首部，让in_cksum只看到ICMP报文。计算好的检验和放在首部的icmp_cksum，然后把数据报和所有选项传给ip_output。ICMP层并不维护路由高速缓存，所以icmp_send只传给ip_output一个空指针(第4个参数)，而不是控制标志。特别是不传IP_ALLOWBROADCAST，所以ip_output丢弃所有具有广播目的地址的ICMP报文(也就是说，到达原始数据报的具有无效的源地址)。

11.14　`icmp_sysctl`函数

IP的`icmp_sysctl`函数只支持图11-40列出的选项。系统管理员可以用`sysctl`程序修改该选项。

Sysctl常量	Net/3变量	描　　述
ICMPCTL_MASKREPL	icmpmaskrepl	系统是否响应ICMP地址掩码请求

图11-40　`icmp_sysctl`参数

图11-41显示了`icmp_sysctl`函数。

```
                                                                    ─── ip_icmp.c
467 int
468 icmp_sysctl(name, namelen, oldp, oldlenp, newp, newlen)
469 int     *name;
470 u_int    namelen;
471 void    *oldp;
472 size_t *oldlenp;
473 void    *newp;
474 size_t  newlen;
475 {
476     /* All sysctl names at this level are terminal. */
477     if (namelen != 1)
478         return (ENOTDIR);

479     switch (name[0]) {
480     case ICMPCTL_MASKREPL:
481         return (sysctl_int(oldp, oldlenp, newp, newlen, &icmpmaskrepl));
482     default:
483         return (ENOPROTOOPT);
484     }
485     /* NOTREACHED */
486 }
                                                                    ─── ip_icmp.c
```

图11-41　`icmp_sysctl`函数

467-478　如果缺少所要求的ICMP sysctl名，就返回ENOTDIR。

479-486　ICMP级以下没有选项，所以，如果不识别选项，该函数就调用`sysctl_int`修改`icmpmaskrepl`或返回ENOPROTOOPT。

11.15　小结

ICMP协议是作为IP上面的运输层实现的，但它与IP层紧密结合一起。我们看到，内核直接响应ICMP请求报文，但把差错与回答传给合适的运输层协议或应用程序处理。当一个ICMP重定向报文到达时，内核立刻重定向表，并且也把重定向传给所有等待的进程，比如典型地传给一个路由守护程序。

我们将在23.9和27.6节看到UDP和TCP协议如何响应ICMP差错报文，在第32章看到进程如何产生ICMP请求。

习题

11.1　一个目的地址是0.0.0.0的请求所产生的ICMP地址掩码回答报文的源地址是什么？

11.2 试描述一个具有假的单播源地址的分组在链路级的广播会如何影响网络上另一个主机的运行。

11.3 RFC 1122建议，如果新的第一跳路由器与旧的第一跳路由器位于不同的子网，或者如果发送报文的路由器不是报文最终目的地的当前第一跳路由器，那么主机应该丢弃ICMP重定向报文。为什么要采纳这个建议？

11.4 如果ICMP信息请求是过时的，为什么`icmp_inout`要把它传给`rip_input`而不是丢弃它呢？

11.5 我们指出，Net/3在把IP分组放入一个ICMP差错报文之前，并不把它的偏移和长度字段转换成网络字节序。为什么这对IP位移字段来说是无关紧要的？

11.6 描述某种情况，使图11-25的`ifaof_ifpforaddr`返回一个空指针。

11.7 在一次时间戳询问中，时间戳后面的数据会怎么样？

11.8 实现以下改变，改进ICMP时间戳程序：
在缓存分组首部加上一个时间戳字段，让设备驱动程序把接收分组的确切时间记录在这个字段内，并用ICMP 时间戳程序把该值复制到`icmp_rtime`字段。
在输出端，让ICMP时间戳程序保存分组中的某个字节偏移，该位置用于保存时间戳里的当前时间。修改设备驱动程序，在发送分组之前插入时间戳。

11.9 修改`icmp_error`，使ICMP差错报文中返回最多64字节(像Solaris 2.x一样)的原始数据。

11.10 图11-30中，`ip_off`的高位被置位的分组会发生什么情况？

11.11 为什么图11-39中丢弃了`ip_output`返回的值？

第12章 IP 多 播

12.1 引言

第8章讲到，D类IP地址(224.0.0.0到239.255.255.255)不识别互联网内的单个接口，但识别接口组。因为这个原因，D类地址被称为多播组(multicast group)。具有D类目的地址的数据报被提交给互联网内所有加入相应多播组的各个接口。

Internet上利用多播的实验性应用程序包括：音频和视频会议应用程序、资源发现工具和共享白板等。

多播组的成员由于接口加入或离开组而动态地变化，这是根据各系统上运行的进程的请求决定的。因为多播组成员与接口有关，所以多接口主机可能针对每个接口，都有不同的多播组成员关系表。我们称一个特定接口上的组成员关系为一对{接口，多播组}。

单个网络上的组成员利用IGMP协议(第13章)在系统之间通信。多播路由器用多播选路协议(第14章)，如DVMRP(Distance Vector Multicast Routing Protocol, 距离向量多播路由选择协议)传播成员信息。标准IP路由器可能支持多播选路，或者用一专用路由器处理多播选路。

如以太网、令牌环和FDDI一类的网络直接支持硬件多播。在Net/3中，如果某个接口支持多播，那么在接口的ifnet结构(图3-7)中的if_flags标志的IFF_MULTICAST比特就被打开。因为以太网被广泛使用，并且Net/3有以太网驱动器程序，所以我们将以以太网为例说明硬件支持的IP多播。多播业务通常在如SLIP和环回接口等的点到点网络上实现。

如果本地网络不支持硬件级多播，那么在某个特定接口上就得不到IP多播业务。RFC 1122并不反对接口层提供软件级的多播业务，只要它对IP是透明的。

RFC 1112 [Deering 1989] 描述了多播对主机的要求。分三个级别：

0级：主机不能发送或接收IP多播。

这种主机应该自动丢弃它收到的具有D类目的地址的分组。

1级：主机能发送但不能接收IP多播。

在向某个IP多播组发送数据报之前，并不要求主机加入该组。多播数据报的发送方式与单播一样，除了多播数据报的目的地址是IP多播组之外。网络驱动器必须能够识别出这个地址，把在本地网络上多播数据报。

2级：主机能发送和接收IP多播。

为了接收IP多播，主机必须能够加入或离开多播组，而且必须支持IGMP，能够在至少一个接口上交换组成员信息。多接口主机必须支持在它的接口的一个子网上的多播。Net/3符合2级主机要求，可以完成多播路由器的工作。与单播IP选路一样，我们假定所描述的系统是一个多播路由器，并加上了Net/3多播选路的程序。

知名的IP多播组

和UDP、TCP的端口号一样，互联网号授权机构IANA(Internet Assigned Numbers

Authority)维护着一个注册的IP多播组表。当前的表可以在RFC 1700中查到。有关IANA的其他信息可以在RFC 1700中找到。图12-1只给出了一些知名的多播组。

组	描　　述	Net/3常量
224.0.0.0	预留	INADDR_UNSPEC_GROUP
224.0.0.1	这个子网上的所有系统	INADDR_ALLHOSTS_GROUP
224.0.0.2	这个子网上的所有路由器	
224.0.0.3	没有分配	INADDR_MAX_LOCAL_GROUP
224.0.0.4	DVMRP路由器	
224.0.0.255	没有分配	
224.0.1.1	NTP网络时间协议	
224.0.1.2	SGI-Dogfight	

图12-1　一些注册的IP多播组

前256个组(224.0.0.0到224.0.0.255)是为实现IP单播和多播选路机制的协议预留的。不管发给其中任意一个组的数据报内IP首部的TTL值如何变化，多播路由器都不会把它转发出本地网络。

RFC 1075只对224.0.0.0组和224.0.0.1组有这个要求，但最常见的多播选路实现mrouted限制这里讨论的其他组。组224.0.0.0(INADDR_UNSPEC_GROUP)被预留，组224.0.0.255(INADDR_MAX_LOCAL_GROUP)标志着本地最后一个多播组。

对于符合2级的系统，要求其在系统初始化时(图6-17)，在所有的多播接口上加入224.0.0.1组(INADDR_ALLHOSTS_GROUP)，并且保持为该组成员，直到系统关闭。在一个互联网上，没有多播组与每个接口都对应。

想象一下，如果你的语音邮件系统有一个选项，可以向公司里的所有语音邮箱发一个消息。可能你就有这个选项。你发现它有用吗？对更大的公司适用吗？是否有人能向"所有邮箱"组发邮件，或者是否限制这么做？

单播和多播路由可能会加入224.0.0.2组进行互相通信。ICMP路由器请求报文和路由器通告报文可能被分别发往224.0.0.2("所有路由器"组)和224.0.0.1("所有主机"组)，而不是受限的广播地址(255.255.255.255)。

224.0.0.4组支持在实现DVMRP的多播路由器之间的通信。本地多播组范围内的其他组被类似地指派给其他路由选择协议。

除了前256个组外，其他组(224.0.1.0~239.255.255.255)或者被分配给多个多播应用程序协议，或者仍然没有被分配。图12-1中有两个例子，网络时间协议(224.0.1.1)和SGI-Dogfight(224.0.1.2)。

在本章中，我们注意到，是主机上的运输层发送和接收多播分组。尽管多播程序并不知道具体是哪个传输协议发送和接收多播数据报，但唯一支持多播的Internet传输协议是UDP。

12.2　代码介绍

本章中讨论的基本多播程序与标准IP程序在相同的文件里。图12-2列出了我们研究的文件。

文　　件	描　　述
net/if_either.h	以太网多播数据结构和宏定义
netinet/in.h	其他Internet多播数据结构
netinet/in_var.h	Internet多播数据结构和宏定义
netinet/ip_var.h	IP多播数据结构
net/if_ethersubr.c	以太网多播函数
netinet/in.c	组成员函数
netinet/ip_input.c	输入多播处理
netinet/ip_output.c	输出多播处理

图12-2　本章讨论的文件

12.2.1　全局变量

本章介绍了三个新的全局变量(图12-3)。

变　　量	数据类型	描　　述
ether_ipmulticast_min	u_char []	为IP预留的最小以太网多播地址
ether_ipmulticast_max	u_char []	为IP预留的最大以太网多播地址
ip_mrouter	struct socket *	多播选路守护程序创建的指向插口的指针

图12-3　本章引入的全局变量

12.2.2　统计量

本章讨论的程序更新全局ipstat结构中的几个计数器（图12-4）。

ipstat成员	描　　述
ips_forward	被这个系统转发的分组数
ips_cantforward	不能被系统转发的分组数——系统不是一个路由器
ips_noroute	由于无法访问到路由器而无法转发的分组数

图12-4　多播处理统计量

链路级多播统计放在ifnet结构中(图4-5)，还可能统计除IP以外的其他协议的多播。

12.3　以太网多播地址

IP多播的高效实现要求IP充分利用硬件级多播，因为如果没有硬件级多播，就不得不在网络上广播每个多播IP数据报，而每台主机也不得不检查每个数据报，把那些不是给它的丢掉。硬件在数据报到达IP层之前，就把没有用的过滤掉了。

为了保证硬件过滤器能正常工作，网络接口必须把IP多播组目的地址转换成网络硬件识别的链路级多播地址。在点到点网络上，如SLIP和环回接口，必须明确给出地址映射，因为只能有一个目的地址。在其他网络上，如以太网，也需要有一个明确地完成映射地址的函数。以太网的标准映射适用于任何使用802.3寻址方式的网络。

图4-12显示了以太网单播和多播地址的区别：如果以太网地址的高位字节的最低位是1，则它是一个多播地址；否则，它是一个单播地址。单播以太网地址由接口制造商分配，多播

地址由网络协议动态分配。

IP到以太网地址映射

因为以太网支持多种协议，所以要采取措施分配多播地址，避免冲突。IEEE管理以太网多播地址分配。IEEE把一块以太网多播地址分给IANA以支持IP多播。块的地址都以01:00:5e开头。

以00:00:5e开头的以太网单播也被分配给IANA，但为将来使用预留。

图12-5显示了从一个D类IP地址构造出一个以太网多播地址。

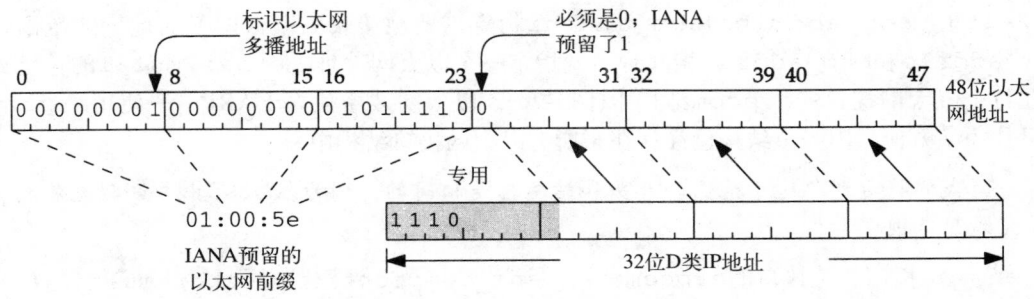

图12-5 IP和以太网地址之间的映射

图12-5显示的映射是一个多到一的映射。在构造以太网地址时，没有使用D类IP地址的高位9比特。32个 IP多播组映射到一个以太网多播地址(习题12.3)。我们将在12.14节看到这将如何影响输入的处理。图12-6显示了Net/3中实现这个映射的宏。

```
                                                                        ──── if_ether.h
61 #define ETHER_MAP_IP_MULTICAST(ipaddr, enaddr) \
62     /* struct in_addr *ipaddr; */ \
63     /* u_char enaddr[6];       */ \
64 { \
65     (enaddr)[0] = 0x01; \
66     (enaddr)[1] = 0x00; \
67     (enaddr)[2] = 0x5e; \
68     (enaddr)[3] = ((u_char *)ipaddr)[1] & 0x7f; \
69     (enaddr)[4] = ((u_char *)ipaddr)[2]; \
70     (enaddr)[5] = ((u_char *)ipaddr)[3]; \
71 }
                                                                        ──── if_ether.h
```

图12-6 ETHER_MAP_IP_MULTICAST宏

IP到以太网多播映射

61-71 ETHER_MAP_IP_MULTICAST实现图12-5所示的映射。ipaddr指向D类多播地址，enaddr构造匹配的以太网地址，用6字节的数组表示。该以太网多播地址的前3个字节是0x01，0x00和0x5e，后面跟着0比特，然后是D类IP地址的低23位。

12.4 ether_multi结构

Net/3为每个以太网接口维护一个该硬件接收的以太网多播地址范围表。这个表定义了该设备要实现的多播过滤。因为大多数以太网设备能选择地接收的地址是有限的，所以IP层必须要准备丢弃那些通过了硬件过滤的数据报。地址范围被保存在ether_multi结构中(图12-7)：

```
                                                                    ── if_ether.h
147 struct ether_multi {
148     u_char  enm_addrlo[6];      /* low  or only address of range */
149     u_char  enm_addrhi[6];      /* high or only address of range */
150     struct arpcom *enm_ac;      /* back pointer to arpcom */
151     u_int   enm_refcount;       /* no. claims to this addr/range */
152     struct ether_multi *enm_next;   /* ptr to next ether_multi */
153 };
                                                                    ── if_ether.h
```

图12-7 ether_multi结构

1. 以太网多播地址

147-153   enm_addrlo和enm_addrhi指定需要被接收的以太网多播地址的范围。当enm_addrlo和enm_addrhi相同时，就指定一个以太网地址。ether_multi的完整列表附在每个以太网接口的arpcom结构中(图3-26)。以太网多播独立于ARP——使用arpcom结构只是为了方便，因为该结构已经存在于所有以太网接口结构中。

> 我们将看到，这个范围的开头和结尾总是相同的，因为在Net/3中，进程无法指定地址范围。

enm_ac指回相关接口的arpcom结构，enm_refcount跟踪对ether_multi结构的使用。当引用计数变成0时，就释放arpcom结构。enm_next把单个接口的ether_multi结构做成链表。图12-8显示出，有三个ether_multi结构的链表附在le_softc[0]上，这是我们以太网接口示例的ifnet结构。

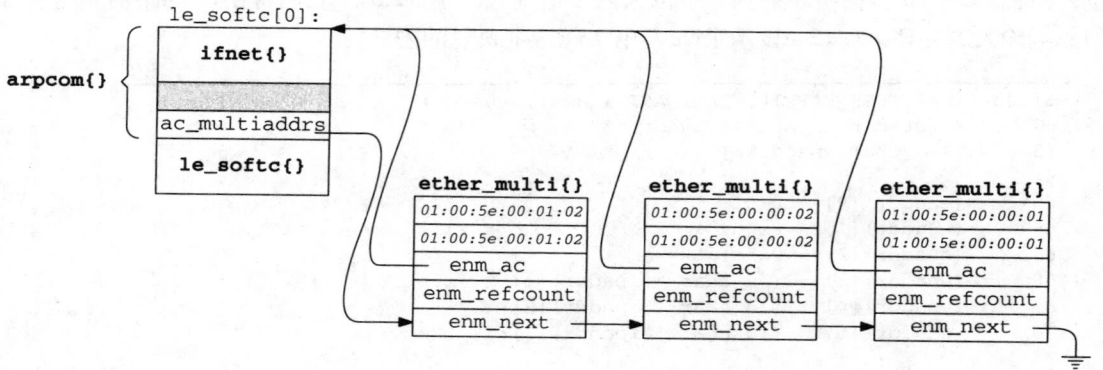

图12-8 有三个ether_multi结构的LANCE接口

在图12-8中，我们看到：

- 接口已经加入了三个组。很有可能是224.0.0.1(所有主机)、224.0.0.2(所有路由器)和224.0.1.2(SGI-dogfight)。因为以太网到IP地址的映射是一到多的，所以只看到以太网多播地址的结果，无法确定确切的IP多播地址。比如，接口可能已经加入了225.0.0.1、225.0.0.2和226.0.1.2组。
- 有了enm_ac后向指针，就很容易找到链表的开始，释放某个ehter_multi结构，无须再实现双向链表。
- ether_multi只适用于以太网设备。其他多播设备可能有其他实现。

图12-9中的ETHER_LOOKUP_MULTI宏，搜索某个ether_multi结构，找到地址范围。

2. 以太网多播查找

166-177   addrlo和addrhi指定搜索的范围，ac指向包含了要搜索链表的arpcom结构。

for循环完成线性搜索，在表的最后结束，或者当enm_addrlo和enm_addrhi都分别与和所提供的addrlo和addrhi匹配时结束。当循环终止时，enm为空或者指向某个匹配的ether_multi结构。

```
                                                                    if_ether.h
166  #define ETHER_LOOKUP_MULTI(addrlo, addrhi, ac, enm) \
167      /* u_char addrlo[6]; */ \
168      /* u_char addrhi[6]; */ \
169      /* struct arpcom *ac; */ \
170      /* struct ether_multi *enm; */ \
171  { \
172      for ((enm) = (ac)->ac_multiaddrs; \
173          (enm) != NULL && \
174          (bcmp((enm)->enm_addrlo, (addrlo), 6) != 0 || \
175           bcmp((enm)->enm_addrhi, (addrhi), 6) != 0); \
176          (enm) = (enm)->enm_next); \
177  }
                                                                    if_ether.h
```

图12-9 ETHER_LOOKUP_MULTI宏

12.5 以太网多播接收

从本节以后，本章只讨论IP多播。但是，在Net/3中，也有可能把系统配置成接收所有以太网多播分组。虽然对IP 协议族没有用，但内核的其他协议族可能准备接收这些多播分组。发出图12-10中的ioctl命令，就可以明确地进行多播配置。

命　　令	参　　数	函　　数	描　　述
SIOCADDMULTI	struct ifreq *	ifioctl	在接收表里加上多播地址
SIOCDELMULTI	struct ifreq *	ifioctl	从接收表里删去多播地址

图12-10 多播ioctl命令

这两个命令被ifioctl(图12-11)直接传给ifreq结构(图6-12)中所指定的接口的设备驱动程序。

```
                                                                    if.c
440      case SIOCADDMULTI:
441      case SIOCDELMULTI:
442          if (error = suser(p->p_ucred, &p->p_acflag))
443              return (error);
444          if (ifp->if_ioctl == NULL)
445              return (EOPNOTSUPP);
446          return ((*ifp->if_ioctl) (ifp, cmd, data));
                                                                    if.c
```

图12-11 ifioctl函数：多播命令

440-446 如果该进程没有超级用户权限，或者如果接口没有if_ioctl结构，则ifioctl返回一个错误；否则，把请求直接传给该设备驱动程序。

12.6 in_multi结构

12.4节描述的以太网多播数据结构并不专用于IP；它们必须支持所有内核支持的任意协议族的多播活动。在网络级，IP维护着一个与接口相关的IP多播组表。

为了实现方便，把这个IP多播表附在与该接口有关的in_ifaddr结构中。6.5节讲到，这个结构中包含了该接口的单播地址。除了它们都与同一个接口相关以外，这个单播地址与所附的多播组表之间没有任何关系。

> 这是Net/3实现的产品。也可以在一个不接收IP单播分组的接口上，支持IP多播组。

图12-12中的in_multi结构描述了每个IP多播{接口，组}对。

```
────────────────────────────────────────────────────────── in_var.h
111 struct in_multi {
112     struct in_addr inm_addr;    /* IP multicast address */
113     struct ifnet *inm_ifp;      /* back pointer to ifnet */
114     struct in_ifaddr *inm_ia;   /* back pointer to in_ifaddr */
115     u_int   inm_refcount;       /* no. membership claims by sockets */
116     u_int   inm_timer;          /* IGMP membership report timer */
117     struct in_multi *inm_next;  /* ptr to next multicast address */
118 };
────────────────────────────────────────────────────────── in_var.h
```

图12-12 in_multi结构

1. IP多播地址

111-118 inm_addr是一个D类多播地址(如224.0.0.1，所有主机组)。inm_ifp指回相关接口的ifnet结构，而inm_ia指回接口的in_ifaddr结构。

只有当系统中的某个进程通知内核，它要在某个特定的{接口，组}对上接收多播数据报时，才存在一个in_multi结构。由于可能会有多个进程要求接收发往同一个对上的数据报，所以inm_refcount跟踪对该对的引用次数。当没有进程对某个特定的对感兴趣时，inm_refcount就变成0，in_multi结构就被释放掉。这个动作可能会引起相关的ether_multi结构也被释放，如果此时它的引用计数也变成了0。

inm_timer是第13章描述的IGMP协议实现的一部分，最后，inm_next指向表中的下一个in_multi结构。

图12-13用接口示例le_softc[0]显示了接口，即它的单播地址和它的IP多播组表之间的关系。

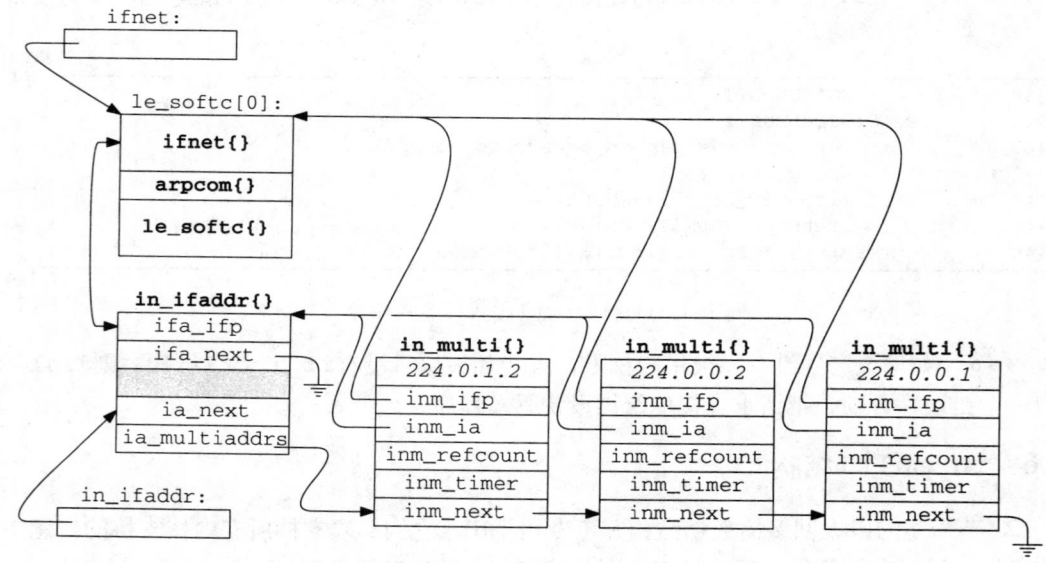

图12-13 le接口的一个IP多播组表

为了清楚起见，我们已经省略了对应的ether_multi结构(图12-34)。如果系统有两个以太网网卡，第二个可能由le_softc[1]管理，还可能有它自己的附在arpcom结构的多播组表。IN_LOOKUP_MULTI宏(图12-14)搜索IP多播表寻找某个特定多播组。

2. IP多播查找

131-146 IN_LOOKUP_MULTI在与接口ifp相关的多播组表中查找多播组addr。IFP_TO_IA搜索Internet地址表in_ifaddr，寻找与接口ifp相关的in_ifaddr结构。如果IFP_TO_IA找到一个接口，则for循环搜索它的IP多播表。循环结束后，inm为空或指向匹配的in_multi结构。

```
                                                            ——————————— in_var.h
131 #define IN_LOOKUP_MULTI(addr, ifp, inm) \
132     /* struct in_addr addr; */ \
133     /* struct ifnet *ifp; */ \
134     /* struct in_multi *inm; */ \
135 { \
136     struct in_ifaddr *ia; \
137 \
138     IFP_TO_IA((ifp), ia); \
139     if (ia == NULL) \
140         (inm) = NULL; \
141     else \
142         for ((inm) = ia->ia_multiaddrs; \
143             (inm) != NULL && (inm)->inm_addr.s_addr != (addr).s_addr; \
144             (inm) = inm->inm_next) \
145             continue; \
146 }
                                                            ——————————— in_var.h
```

图12-14　IN_LOOKUP_MULTI宏

12.7　ip_moptions结构

运输层通过ip_moptions结构包含的多播选项控制多播输出处理。例如，UDP调用ip_output是：

```
error = ip_output(m, inp->inp_options, &inp->inp_route,
                  inp->inp_socket->so_options & (SO_DONTROUTE|SO_BROADCAST),
                  inp->inp_moptions);
```

在第22章中我们将看到，inp指向某个Internet协议控制块(PCB)，并且UDP为每个由进程创建的socket关联一个PCB。在PCB内，inp_moptions是指向某个ip_moptions结构的指针。这里我们看到，对每个输出的数据报，都可以给ip_output传一个不同的ip_moptions结构。图12-15是ip_moptions结构的定义。

```
                                                            ——————————— ip_var.h
100 struct ip_moptions {
101     struct  ifnet *imo_multicast_ifp;  /* ifp for outgoing multicasts */
102     u_char  imo_multicast_ttl;         /* TTL for outgoing multicasts */
103     u_char  imo_multicast_loop;        /* 1 => hear sends if a member */
104     u_short imo_num_memberships;        /* no. memberships this socket */
105     struct  in_multi *imo_membership[IP_MAX_MEMBERSHIPS];
106 };
                                                            ——————————— ip_var.h
```

图12-15　ip_moptions结构

多播选项

100-106 ip_output通过imo_multicast_ifp指向的接口对输出的多播数据报进行选路。如果imo_multicast_ifp为空，就通过目的站多播组的默认接口(第14章)。

imo_multicast_ttl为外出的多播数据报指定初始的IP TTL。默认值是1，把多播数据报保留在本地网络内。

如果imo_multicast_loop是0，就不回送数据报，也不把数据报提交给正在发送的接口，即使该接口是多播组的成员。如果imo_multicast_loop是1，并且如果正在发送的接口是多播组的成员，就把多播数据报回送给该接口。

最后，整数imo_num_memberships和数组imo_membership维护与该结构相关的{接口，组}对。所有对该表的改变都转告给IP，由IP在所连到的本地网络上宣布成员的变化。imo_membership数组的每项都是指向一个in_multi结构的指针，该in_multi结构附在适当接口的in_ifaddr结构上。

12.8 多播的插口选项

图12-16显示了几个IP级的插口选项，提供对ip_moptions结构的进程级访问。

命　令	参　数	函　数	描　述
IP_MULTICAST_IF	struct in_addr	ip_ctloutput	为外出的多播选择默认接口
IP_MULTICAST_TTL	u_char	ip_ctloutput	为外出的多播选择默认的TTL
IP_MULTICAST_LOOP	u_char	ip_ctloutput	允许或使能回送外出的多播
IP_ADD_MEMBERSHIP	struct ip_mreq	ip_ctloutput	加入一个多播组
IP_DROP_MEMBERSHIP	struct ip_mreq	ip_ctloutput	离开一个多播组

图12-16 多播插口选项

我们在图8-31中看到ip_ctloutput函数的整体结构。图12-17显示了与改变和检索多播选项有关的情况语句。

```
                                                                    ip_output.c
448         case PRCO_SETOPT:
449             switch (optname) {



                              /* other set cases */



486         case IP_MULTICAST_IF:
487         case IP_MULTICAST_TTL:
488         case IP_MULTICAST_LOOP:
489         case IP_ADD_MEMBERSHIP:
490         case IP_DROP_MEMBERSHIP:
491             error = ip_setmoptions(optname, &inp->inp_moptions, m);
492             break;
493           freeit:
494         default:
495             error = EINVAL;
496             break;
497         }
498         if (m)
```

图12-17 ip_ctloutput函数：多播选项

```
499                    (void) m_free(m);
500                    break;

501            case PRCO_GETOPT:
502                    switch (optname) {


                                        /* other get cases */


539                    case IP_MULTICAST_IF:
540                    case IP_MULTICAST_TTL:
541                    case IP_MULTICAST_LOOP:
542                    case IP_ADD_MEMBERSHIP:
543                    case IP_DROP_MEMBERSHIP:
544                            error = ip_getmoptions(optname, inp->inp_moptions, mp);
545                            break;

546                    default:
547                            error = ENOPROTOOPT;
548                            break;
549                    }
```
ip_output.c

图12-17 （续）

486-491 所有多播选项都由ip_setmoptions和ip_getmoptions函数处理。ip_moptions结构由引用传给

539-549 ip_getmoptions和ip_setmoptions，该结构与发布ioctl命令的那个插口关联。

对于PRCO_SETOPT和PRCO_GETOPT两种情况，选项不识别时返回的差错码是不一样的。ENOPROTOOPT是更合理的选择。

12.9 多播的TTL值

多播的TTL值难以理解，因为它们有两个作用。TTL值的基本作用，如IP分组一样，是限制分组在互联网内的生存期，避免它在网络内部无限地循环。第二个作用是，把分组限制在管理边界所指定的互联网的某个区域内。管理区域是由一些主观的词语指定的，如"这个结点"，"这个公司"，"这个州"等，并与分组开始的地方有关。与多播分组有关的区域叫作它的辖域(scope)。

RFC 1122的标准实现把生存期和辖域这两个概念合并在IP首部的一个TTL值里。当IP TTL变成0时，除了丢弃该分组外，多播路由器还给每个接口关联了一个TTL阈值，限制在该接口上的多播传输。一个要在该接口上传输的分组必须具有大于或等于该接口阈值的TTL。由于这个原因，多播分组可能会在它的TTL到0之前就被丢弃了。

阈值是管理员在配置多播路由器时分配的，这些值确定了多播分组的辖域。管理员使用的阈值策略以及数据报的源站与多播接口之间的距离定义多播数据报的初始TTL值的意义。

图12-18显示了多种应用程序的推荐TTL值和推荐的阈值。

第一栏是IP首部中的ip_ttl初始值。第二栏是应用程序专用阈值([Casner 1993])。第三栏是与该TTL值相关的推荐的辖域。

例如，一个要与本地结点外的网络通信的接口，多播阈值要被配置成32。所有开始时

TTL为32(或小于32)的数据报到达该接口时，TTL都小于32(假定源站和路由器之间至少有一跳)，所以它们在被转发到外部网络之前，都被丢弃了——即使TTL远大于0。

TTL初始值是128的多播数据报可以通过阈值为32的结点接口(只要它以少于128-32=96跳到达接口)，但将被阈值为128的洲际接口丢弃。

ip_ttl	应用程序	辖 域
0		同一接口
1		同一子网
31	本地事件视频	
32		同一地点
63	本地事件音频	
64		同一区域
95	IETF频道2视频	
127	IETF频道1视频	
128		同一州
159	IETF频道2音频	
191	IETF频道1音频	
223	IETF频道2低速率音频	
255	IETF频道1低速率音频，辖域不受限	

图12-18 IP多播数据报的TTL值

12.9.1 MBONE

Internet上有一个路由器子网支持IP多播选路。这个多播骨干网称为MBONE,[Casner 1993] 对其做了描述。它是为了支持用IP多播的实验——尤其是用音频和视频数据流的实验。在MBONE里，阈值限制了多种数据流传播的距离。在图12-18中，我们看到本地事件视频分组总是以TTL 31开始。阈值为32的接口总是阻止本地事件视频。另外，IETF频道1低速率音频，只受到IP TTL固有的最大255跳的限制。它能传播通过整个MBONE。MBONE 内的路由器的管理员可以选择阈值，有选择地接受或丢弃MBONE数据流。

12.9.2 扩展环搜索

多播TTL的另一种用处是，只要改变探测数据报的初始TTL值，就能在互联网上探测资源。这个技术叫作扩展环搜索(expanding-ring search，[Boggs 1982])。初始TTL 为0的数据报只能到达与外出接口相关的本地网络上的一个资源；TTL为1，则到达本地子网(如果存在)上的资源；TTL为2，则到达相距2跳的资源。应用程序指数地增加TTL的值，迅速地在大的互联网上探测资源。

RFC 1546 [Partridge、Mendez和Milliken 1993] 描述了一种相关业务的任播(*anycasting*)。任播依赖一组显著的IP地址来表示更像多播的多个主机的组。与多播地址不同，网络必须传播所有任播的分组，直到它被至少一个主机接收。这样简化了应用程序的实现，不再进行扩展环搜索。

12.10 **ip_setmoptions**函数

ip_setmoptions函数块包括一个用来处理各选项的switch语句。图12-19是

ip_setmoptions的开始和结束。下面几节讨论switch的语句体。

```
                                                                  ip_output.c
650 int
651 ip_setmoptions(optname, imop, m)
652 int        optname;
653 struct ip_moptions **imop;
654 struct mbuf *m;
655 {
656     int        error = 0;
657     u_char  loop;
658     int        i;
659     struct in_addr addr;
660     struct ip_mreq *mreq;
661     struct ifnet *ifp;
662     struct ip_moptions *imo = *imop;
663     struct route ro;
664     struct sockaddr_in *dst;
665     if (imo == NULL) {
666         /*
667          * No multicast option buffer attached to the pcb;
668          * allocate one and initialize to default values.
669          */
670         imo = (struct ip_moptions *) malloc(sizeof(*imo), M_IPMOPTS,
671                                             M_WAITOK);
672         if (imo == NULL)
673             return (ENOBUFS);
674         *imop = imo;
675         imo->imo_multicast_ifp = NULL;
676         imo->imo_multicast_ttl = IP_DEFAULT_MULTICAST_TTL;
677         imo->imo_multicast_loop = IP_DEFAULT_MULTICAST_LOOP;
678         imo->imo_num_memberships = 0;
679     }
680     switch (optname) {

                            /* switch cases */

857     default:
858         error = EOPNOTSUPP;
859         break;
860     }
861     /*
862      * If all options have default values, no need to keep the mbuf.
863      */
864     if (imo->imo_multicast_ifp == NULL &&
865         imo->imo_multicast_ttl == IP_DEFAULT_MULTICAST_TTL &&
866         imo->imo_multicast_loop == IP_DEFAULT_MULTICAST_LOOP &&
867         imo->imo_num_memberships == 0) {
868         free(*imop, M_IPMOPTS);
869         *imop = NULL;
870     }
871     return (error);
872 }
                                                                  ip_output.c
```

图12-19 ip_setmoptions函数

650-664   第一个参数，optname，指明正在改变哪个多播参数。第二个参数，imop，是指向某个ip_motions结构的指针。如果*imop不空，ip_setmoptions修改它所指向的

结构。否则，ip_setmoptions分配一个新的ip_moptions结构，并把它的地址保存在
*imop里。如果没有内存了，ip_setmoptions立即返回ENOBUFS。后面的所有错误都通
告error，error在函数的最后被返回给调用方。第三个参数，m，指向存放要改变选项数
据的mbuf(图12-16的第二栏)。

1. 构造默认值

665-679 当分配一个新的ip_moptions结构时，ip_setmoptions把默认的多播接口指
针初始化为空，把默认TTL初始化为1(IP_DEFAULT_MULTICAST_TTL)，使能多播数据报
的回送，并清除组成员表。有了这些默认值后，ip_output查询路由表选择一个输出的接口，
多播被限制在本地网络中，并且，如果输出的接口是目的多播组的成员，则系统将接收它自
己的多播发送。

2. 进程选项

680-860 ip_setmoptions体由一个switch语句组成，其中对每种选项都有一个case
语句。default情况(对未知选项)把error设成EOPNOTSUPP。

3. 如果默认值是OK，丢弃结构

861-872 switch语句之后，ip_setmoptions检查ip_moptions结构。如果所有多播
选项与它们对应的默认值匹配，就不再需要该结构，将其释放。ip_setmoptions返回0或
公布的差错码。

12.10.1 选择一个明确的多播接口：IP_MULTICAST_IF

当optname是IP_MULTICAST_IF时，传给ip_setmoptions的mbuf中就包含了多播
接口的单播地址，该地址指定了在这个插口上发送的多播所使用的特定接口。图12-20是这个
选项的程序。

```
                                                               ip_output.c
681         case IP_MULTICAST_IF:
682             /*
683              * Select the interface for outgoing multicast packets.
684              */
685             if (m == NULL || m->m_len != sizeof(struct in_addr)) {
686                 error = EINVAL;
687                 break;
688             }
689             addr = *(mtod(m, struct in_addr *));
690             /*
691              * INADDR_ANY is used to remove a previous selection.
692              * When no interface is selected, a default one is
693              * chosen every time a multicast packet is sent.
694              */
695             if (addr.s_addr == INADDR_ANY) {
696                 imo->imo_multicast_ifp = NULL;
697                 break;
698             }
699             /*
700              * The selected interface is identified by its local
701              * IP address.  Find the interface and confirm that
702              * it supports multicasting.
703              */
```

图12-20 ip_setmoptions函数：选择多播输出接口

```
704            INADDR_TO_IFP(addr, ifp);
705            if (ifp == NULL || (ifp->if_flags & IFF_MULTICAST) == 0) {
706                error = EADDRNOTAVAIL;
707                break;
708            }
709            imo->imo_multicast_ifp = ifp;
710            break;
```
── *ip_output.c*

图12-20 (续)

1. 验证

681-698 如果没有提供mbuf, 或者mbuf中的数不是一个in_addr结构的大小, 则
ip_setmoptions通告一个EINVAL差错; 否则把数据复制到addr。如果接口地址是
INADDR_ANY, 则丢弃所有前面选定的接口。对后面用这个ip_moptions结构的多播, 将
根据它们的目的多播组进行选路, 而不再通过一个明确命名的接口(图12-40)。

2. 选择默认接口

699-710 如果addr中有地址, 就由INADDR_TO_IFP找到匹配接口的位置。如果找不到匹
配或接口不支持多播, 就发布EADDRNOTAVAIL。否则, 匹配接口ifp成为与这个
ip_moptions结构相关的输出请求的多播接口。

12.10.2 选择明确的多播TTL: IP_MULTICAST_TTL

当optname是IP_MULTICAST_TTL时, 缓存中有一个字节指定输出多播的IP TTL。这
个TTL是ip_output在每个发往相关插口的多播数据报中插入的。图12-21是该选项的程序。

── *ip_output.c*
```
711            case IP_MULTICAST_TTL:
712                /*
713                 * Set the IP time-to-live for outgoing multicast packets.
714                 */
715                if (m == NULL || m->m_len != 1) {
716                    error = EINVAL;
717                    break;
718                }
719                imo->imo_multicast_ttl = *(mtod(m, u_char *));
720                break;
```
── *ip_output.c*

图12-21 ip_setmoptions函数: 选择明确的多播TTL

验证和选项默认的TTL

711-720 如果缓存中有一个字节的数据, 就把它复制到imo_multicast_ttl。否则, 发
布EINVAL。

12.10.3 选择多播环回: IP_MULTICAST_LOOP

通常, 多播应用程序有两种形式:

- 一个系统内一个发送方和多个远程接收方的应用程序。这种配置中, 只有一个本地进程
  向多播组发送数据报, 所以无须回送输出的多播。这样的例子有多播选路守护进程和会
  议系统。
- 一个系统内的多个发送方和接收方。必须回送数据报, 确保每个进程接收到系统其他发

送方的传送。

IP_MULTICAST_LOOP选项(图12-22)为ip_moptions 结构选择回送策略。

ip_output.c
```
721        case IP_MULTICAST_LOOP:
722            /*
723             * Set the loopback flag for outgoing multicast packets.
724             * Must be zero or one.
725             */
726            if (m == NULL || m->m_len != 1 ||
727                (loop = *(mtod(m, u_char *))) > 1) {
728                error = EINVAL;
729                break;
730            }
731            imo->imo_multicast_loop = loop;
732            break;
```
ip_output.c

图12-22 ip_setmoptions函数：选择多播环回

验证和选择环回策略

721-732   如果m为空，或者没有1字节数据，或者该字节不是0或1，就发布EINVAL。否则，把该字节复制到imo_multicast_loop。0指明不要把数据报回送，1允许环回机制。

图12-23显示了多播数据报的最大辖域值之间的关系：imo_multicast_ttl和imo_multicast_loop。

imo_multicast-		Recipients			
_loop	_ttl	Outgoing Interface?	Local Network?	Remote Networks?	Other Interfaces?
1	0	●			
1	1	●	●		
1	>1	●	●	●	see text

图12-23 环回和TTL对多播辖域的影响

图12-23显示了根据发送的环回策略，指定的TTL值接收多播分组的接口的设置。如果硬件接收自己的发送，则不管采用什么环回策略，都接收分组。数据报可能通过选路穿过该网络，并到达与系统相连的其他接口(习题12.6)。如果发送系统本身是一个多播路由器，输出的分组可能被转发到其他接口，但是，只有一个接口接受它们进行输入处理(第14章)。

12.11 加入一个IP多播组

除了内核自动加入(图6-17)的IP所有主机组外，其他组成员是由进程明确发出请求产生的。加入(或离开)多播组选项比其他选项更多使用。必须修改接口的in_multi表以及其他链路层多播结构，如我们在以太网中讨论的ether_multi。

当optname是IP_ADDMEMBERSHIP时，mbuf中的数据是一个如图12-24所示的ip_mreq结构。

in.h
```
148 struct ip_mreq {
149     struct in_addr imr_multiaddr;  /* IP multicast address of group */
150     struct in_addr imr_interface;  /* local IP address of interface */
151 };
```
in.h

图12-24 ip_mreq结构

148-151 imr_multiaddr指定多播组，imr_interface用相关的单播IP地址指定接口。ip_mreq结构指定{接口，组}对表示成员的变化。

图12-25显示了加入和离开与我们的以太网接口例子相关的多播组时，所调用的函数。

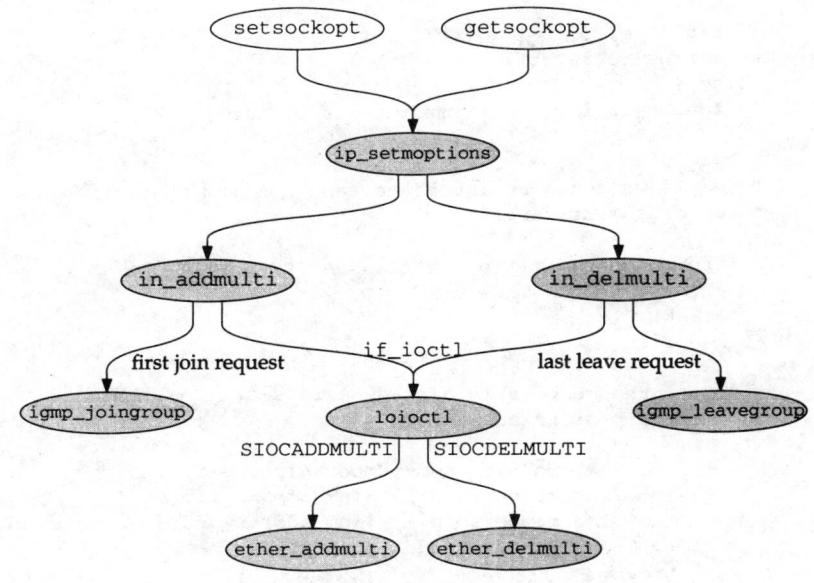

图12-25 加入和离开一个多播组

我们从ip_setmoptions(图12-26)的IP_ADD_MEMBERSHIP情况开始，在这里修改ip_moptions结构。然后我们跟踪请求通过IP层、以太网驱动程序，一直到物理设备——在这里，是LANCE以太网网卡。

```
                                                                 ip_output.c
733     case IP_ADD_MEMBERSHIP:
734         /*
735          * Add a multicast group membership.
736          * Group must be a valid IP multicast address.
737          */
738         if (m == NULL || m->m_len != sizeof(struct ip_mreq)) {
739             error = EINVAL;
740             break;
741         }
742         mreq = mtod(m, struct ip_mreq *);
743         if (!IN_MULTICAST(ntohl(mreq->imr_multiaddr.s_addr))) {
744             error = EINVAL;
745             break;
746         }
747         /*
748          * If no interface address was provided, use the interface of
749          * the route to the given multicast address.
750          */
751         if (mreq->imr_interface.s_addr == INADDR_ANY) {
752             ro.ro_rt = NULL;
753             dst = (struct sockaddr_in *) &ro.ro_dst;
754             dst->sin_len = sizeof(*dst);
755             dst->sin_family = AF_INET;
```

图12-26 ip_setmoptions函数：加入一个多播组

```
756              dst->sin_addr = mreq->imr_multiaddr;
757              rtalloc(&ro);
758              if (ro.ro_rt == NULL) {
759                  error = EADDRNOTAVAIL;
760                  break;
761              }
762              ifp = ro.ro_rt->rt_ifp;
763              rtfree(ro.ro_rt);
764          } else {
765              INADDR_TO_IFP(mreq->imr_interface, ifp);
766          }
767          /*
768           * See if we found an interface, and confirm that it
769           * supports multicast.
770           */
771          if (ifp == NULL || (ifp->if_flags & IFF_MULTICAST) == 0) {
772              error = EADDRNOTAVAIL;
773              break;
774          }
775          /*
776           * See if the membership already exists or if all the
777           * membership slots are full.
778           */
779          for (i = 0; i < imo->imo_num_memberships; ++i) {
780              if (imo->imo_membership[i]->inm_ifp == ifp &&
781                  imo->imo_membership[i]->inm_addr.s_addr
782                  == mreq->imr_multiaddr.s_addr)
783                  break;
784          }
785          if (i < imo->imo_num_memberships) {
786              error = EADDRINUSE;
787              break;
788          }
789          if (i == IP_MAX_MEMBERSHIPS) {
790              error = ETOOMANYREFS;
791              break;
792          }
793          /*
794           * Everything looks good; add a new record to the multicast
795           * address list for the given interface.
796           */
797          if ((imo->imo_membership[i] =
798              in_addmulti(&mreq->imr_multiaddr, ifp)) == NULL) {
799              error = ENOBUFS;
800              break;
801          }
802          ++imo->imo_num_memberships;
803          break;
```

ip_output.c

图12-26 (续)

1. 验证

733-746   ip_setmoptions从验证该请求开始。如果没有传给mbuf，或缓存的大小不对，或结构的地址(imr_multiaddr)不是一个多播组地址，则ip_setmoptions发布ENIVAL。Mreq指向有效ip_mreq地址。

2. 找到接口

747-774   如果接口的单播地址(imr_interface)是INADDR_ANY，则ip_setmoptions

必须找到指定组的默认接口。该多播组构造一个route结构，作为目的地址，并传给rtalloc，由rtalloc为多播组找到一个路由器。如果没有路由器可用，则请求失败，产生错误EADDRNOTAVAIL。如果找到路由器，则在ifp中保存指向路由器外出接口的指针，而不再需要路由条目，将其释放。

如果imr_interface不是INADDR_ANY，则请求一个明确的接口。INADDR_TO_IFP宏用请求的单播地址搜索接口。如果没有找到接口或者它支持多播，则请求失败，产生错误EADDRNOTAVAIL。

8.5节描述了route结构，19.2节描述了rtalloc函数，第14章描述了用路由选择表选择多播接口。

3. 已经是成员了吗

775-792 对请求做的最后检查是检查imo_membership数组，看看所选接口是否已经是请求组的成员。如果for循环找到一个匹配，或者成员数组为空，则发布EADDRINUSE或ETOOMANYREFS，并终止对这个选项的处理。

4. 加入多播组

793-803 此时，请求似乎是合理的了。in_addmulti安排IP开始接收该组的多播数据报。in_addmulti返回的指针指向一个新的或已存在的in_multi结构(图12-12)，该结构位于接口的多播组表中。这个结构被保存在成员数组中，并且把数组的大小加1。

12.11.1 in_addmulti函数

in_addmulti和相应的in_delmulti(图12-27和图12-36)维护接口已加入多播组的表。加入请求或者在接口表中增加一个新的in_multi结构，或者增加对某个已有结构的引用次数。

```
                                                                    in.c
469 struct in_multi *
470 in_addmulti(ap, ifp)
471 struct in_addr *ap;
472 struct ifnet *ifp;
473 {
474     struct in_multi *inm;
475     struct ifreq ifr;
476     struct in_ifaddr *ia;
477     int      s = splnet();

478     /*
479      * See if address already in list.
480      */
481     IN_LOOKUP_MULTI(*ap, ifp, inm);
482     if (inm != NULL) {
483         /*
484          * Found it; just increment the reference count.
485          */
486         ++inm->inm_refcount;
487     } else {
                                                                    in.c
```

图12-27 in_addmulti函数：前半部分

1. 已经是一个成员了

469-487 ip_setmoptions已经证实ap指向一个D类多播地址，ifp指向一个能够多播的

接口。IN_LOOKUP_MULTI(图12-14)确定接口是否已经是该组的一个成员。如果是，则
in_addmulti更新引用计数后返回。

　　如果接口还不是该组的成员，则执行图12-28中的程序。

```
                                                                        — in.c
487        } else {
488            /*
489             * New address; allocate a new multicast record
490             * and link it into the interface's multicast list.
491             */
492            inm = (struct in_multi *) malloc(sizeof(*inm),
493                                        M_IPMADDR, M_NOWAIT);
494            if (inm == NULL) {
495                splx(s);
496                return (NULL);
497            }
498            inm->inm_addr = *ap;
499            inm->inm_ifp = ifp;
500            inm->inm_refcount = 1;
501            IFP_TO_IA(ifp, ia);
502            if (ia == NULL) {
503                free(inm, M_IPMADDR);
504                splx(s);
505                return (NULL);
506            }
507            inm->inm_ia = ia;
508            inm->inm_next = ia->ia_multiaddrs;
509            ia->ia_multiaddrs = inm;
510            /*
511             * Ask the network driver to update its multicast reception
512             * filter appropriately for the new address.
513             */
514            ((struct sockaddr_in *) &ifr.ifr_addr)->sin_family = AF_INET;
515            ((struct sockaddr_in *) &ifr.ifr_addr)->sin_addr = *ap;
516            if ((ifp->if_ioctl == NULL) ||
517                (*ifp->if_ioctl) (ifp, SIOCADDMULTI, (caddr_t) & ifr) != 0) {
518                ia->ia_multiaddrs = inm->inm_next;
519                free(inm, M_IPMADDR);
520                splx(s);
521                return (NULL);
522            }
523            /*
524             * Let IGMP know that we have joined a new IP multicast group.
525             */
526            igmp_joingroup(inm);
527        }
528        splx(s);
529        return (inm);
530 }
                                                                        — in.c
```

图12-28 in_addmulti函数：后半部分

2. 更新in_multi表

487-509　如果接口还不是成员，则in_addmulti分配并初始化一个新的in_multi结构，
把该结构插到接口的in_ifaddr(图12-13)结构中ia_multiaddrs表的前端。

3. 更新接口，通告变化

510-530　如果接口驱动程序已经定义了一个if_ioctl函数，则in_addmulti　构造一个

包含了该组地址的ifreq结构(图4-23)，并把SIOCADDMULTI请求传给接口。如果接口拒绝该请求，则把in_multi结构从链表中断开，释放掉。最后，in_addmulti调用igmp_joingroup，把成员变化信息传播给其他主机和路由器。

in_addmulti返回一个指针，该指针指向in_multi结构，或者如果出错，则为空。

12.11.2 slioctl和loioctl函数：SIOCADDMULTI和SIOCDELMULTI

SLIP和环回接口的多播组处理很简单：除了检查差错外，不做其他事情。图12-29显示了SLIP处理。

```
                                                                ── if_sl.c
673    case SIOCADDMULTI:
674    case SIOCDELMULTI:
675        ifr = (struct ifreq *) data;
676        if (ifr == 0) {
677            error = EAFNOSUPPORT;    /* XXX */
678            break;
679        }
680        switch (ifr->ifr_addr.sa_family) {

681        case AF_INET:
682            break;

683        default:
684            error = EAFNOSUPPORT;
685            break;
686        }
687        break;
                                                                ── if_sl.c
```

图12-29 slioctl函数：多播处理

673-687 不管请求为空还是不适用于AF_INET协议族，都返回EAFNOSUPPORT。

图12-30显示了环回处理。

```
                                                                ── if_loop.c
152    case SIOCADDMULTI:
153    case SIOCDELMULTI:
154        ifr = (struct ifreq *) data;
155        if (ifr == 0) {
156            error = EAFNOSUPPORT;    /* XXX */
157            break;
158        }
159        switch (ifr->ifr_addr.sa_family) {

160        case AF_INET:
161            break;

162        default:
163            error = EAFNOSUPPORT;
164            break;
165        }
166        break;
                                                                ── if_loop.c
```

图12-30 lioctl函数：多播处理

152-166 环回接口的处理等价于图12-29中SLIP的程序。不管请求为空还是不适用于AF_INET协议族，都返回EAFNOSUPPORT。

12.11.3 leioctl函数：SIOCADDMULTI和SIOCDELMULTI

在图4-2中，我们讲到LANCE以太网驱动程序的leioctl和if_ioctl函数。图12-31是处理SIOCADDMULTI和SIOCDELMULTI的程序。

```
                                                                  ── if_le.c
657    case SIOCADDMULTI:
658    case SIOCDELMULTI:
659        /* Update our multicast list  */
660        error = (cmd == SIOCADDMULTI) ?
661            ether_addmulti((struct ifreq *) data, &le->sc_ac) :
662            ether_delmulti((struct ifreq *) data, &le->sc_ac);

663        if (error == ENETRESET) {
664            /*
665             * Multicast list has changed; set the hardware
666             * filter accordingly.
667             */
668            lereset(ifp->if_unit);
669            error = 0;
670        }
671        break;
                                                                  ── if_le.c
```

图12-31 leioctl函数：多播处理

657-671 leioctl把增加和删除请求直接传给ether_addmulti或ether_delmulti函数。如果请求改变了该物理硬件必须接收的IP多播地址集，则两个函数都返回ENETRESET。如果发生了这种情况，则leioctl调用lereset，用新的多播接收表重新初始化该硬件。

我们没有显示lereset，因为它是LANCE以太网硬件专用的。对多播来说，lereset安排硬件接收所有寻址到ether_multi中与该接口相关的多播地址的帧。如果多播表中的每个条目是一个地址，则LANCE驱动程序采用散列机制。散列程序使硬件可以有选择地接收分组。如果驱动程序发现某个条目是一个地址范围，它废除散列策略，配置硬件接收所有多播分组。如果驱动程序必须回到接收所有以太网多播地址的状态，lereset就在返回时把IFP_ALLMULTI标志位置位。

12.11.4 ether_addmulti函数

所有以太网驱动程序都调用ether_addmulti函数处理SIOCADDMULTI请求。这个函数把IP D类地址映射到合适的以太网多播地址(图12-5)上，并更新ether_multi表。图12-32是ether_multi函数的前半部。

1. 初始化地址范围

366-399 首先，ether_addmulti初始化addrlo和addrhi(两者都是六个无符号字符)中的多播地址范围。如果所请求的地址来自AF_UNSPEC族，ether_addmulti假定该地址是一个明确的以太网多播地址，并把它复制到addrlo和addrhi中。如果地址属于AF_INET族，并且是INADDR_ANY (0.0.0.0)，ether_addmulti把addrlo初始化成ether_ipmulticast_min，把addrhi初始化成ether_ipmulticast_max。这两个以太网地址常量定义为：

```
u_char ether_ipmulticast_min[6] = { 0x01, 0x00, 0x5e, 0x00, 0x00, 0x00 };
u_char ether_ipmulticast_max[6] = { 0x01, 0x00, 0x5e, 0x7f, 0xff, 0xff };
```

—————————————————————— if_ethersubr.c

```
366 int
367 ether_addmulti(ifr, ac)
368 struct ifreq *ifr;
369 struct arpcom *ac;
370 {
371     struct ether_multi *enm;
372     struct sockaddr_in *sin;
373     u_char  addrlo[6];
374     u_char  addrhi[6];
375     int     s = splimp();

376     switch (ifr->ifr_addr.sa_family) {

377     case AF_UNSPEC:
378         bcopy(ifr->ifr_addr.sa_data, addrlo, 6);
379         bcopy(addrlo, addrhi, 6);
380         break;

381     case AF_INET:
382         sin = (struct sockaddr_in *) &(ifr->ifr_addr);
383         if (sin->sin_addr.s_addr == INADDR_ANY) {
384             /*
385              * An IP address of INADDR_ANY means listen to all
386              * of the Ethernet multicast addresses used for IP.
387              * (This is for the sake of IP multicast routers.)
388              */
389             bcopy(ether_ipmulticast_min, addrlo, 6);
390             bcopy(ether_ipmulticast_max, addrhi, 6);
391         } else {
392             ETHER_MAP_IP_MULTICAST(&sin->sin_addr, addrlo);
393             bcopy(addrlo, addrhi, 6);
394         }
395         break;

396     default:
397         splx(s);
398         return (EAFNOSUPPORT);
399     }
```

—————————————————————— if_ethersubr.c

图12-32 ether_addmulti函数：前一半

与etherbroadcastaddr(4.3节)一样，这是一个很方便地定义一个48 bit常量的方法。

IP多播路由器必须监听所有IP多播。把组指定为INADDR_ANY，被认为是请求加入所有IP多播组。在这种情况下，所选择的以太网地址范围跨越了分配给IANA的整个IP多播地址块。

当mrouted (8)守护程序开始对到多播接口的分组进行路选时，它用INADDR_ANY发布一个SIOCADDMULTI请求。

ETHER_MAP_IP_MULTICAST把其他特定的IP多播组映射到合适的以太网多播地址。当发生EAFNOSUPPORT错误时，将拒绝对其他地址族的请求。

尽管以太网多播表支持地址范围，但是除了列举出所有地址外，进程或内核无法对某个特定范围提出请求，因为总是把addrlo和addrhi设成同一值。

ether_addmulti的第二部分，显示如图12-33，证实地址范围，并且，如果该地址是新的，就把它加入表中。

```
400     /*
401      * Verify that we have valid Ethernet multicast addresses.
402      */
403     if ((addrlo[0] & 0x01) != 1 || (addrhi[0] & 0x01) != 1) {
404         splx(s);
405         return (EINVAL);
406     }
407     /*
408      * See if the address range is already in the list.
409      */
410     ETHER_LOOKUP_MULTI(addrlo, addrhi, ac, enm);
411     if (enm != NULL) {
412         /*
413          * Found it; just increment the reference count.
414          */
415         ++enm->enm_refcount;
416         splx(s);
417         return (0);
418     }
419     /*
420      * New address or range; malloc a new multicast record
421      * and link it into the interface's multicast list.
422      */
423     enm = (struct ether_multi *) malloc(sizeof(*enm), M_IFMADDR, M_NOWAIT);
424     if (enm == NULL) {
425         splx(s);
426         return (ENOBUFS);
427     }
428     bcopy(addrlo, enm->enm_addrlo, 6);
429     bcopy(addrhi, enm->enm_addrhi, 6);
430     enm->enm_ac = ac;
431     enm->enm_refcount = 1;
432     enm->enm_next = ac->ac_multiaddrs;
433     ac->ac_multiaddrs = enm;
434     ac->ac_multicnt++;
435     splx(s);
436     /*
437      * Return ENETRESET to inform the driver that the list has changed
438      * and its reception filter should be adjusted accordingly.
439      */
440     return (ENETRESET);
441 }
```

图12-33 ether_addmulti函数：后一半

2. 已经在接收

400-418 ether_addmulti检查高地址和低地址的多播比特位(图4-12)，保证它们是真正的以太网多播地址。ETHER_LOOKUP_MULTI(图12-9)确定硬件是否已经对指定的地址开始监听。如果是，则增加匹配的ether_multi结构中的引用计数(enm_refcount)，并且ether_addmulti返回0。

3. 更新ether_multi表

419-441 如果这是一个新的地址范围，则分配并初始化一个新的ether_multi结构，把它链到接口arpcom结构(图12-8)中的ac_multiaddrs表上。如果ether_addmulti返回

ENETRESET，则调用它的设备驱动程序就知道多播表被改变了，必须更新硬件接收过滤器。

图12-34显示在LANCE以太网接口加入所有主机组后，`ip_moptions`、`in_multi`和`ether_multi`结构之间的关系。

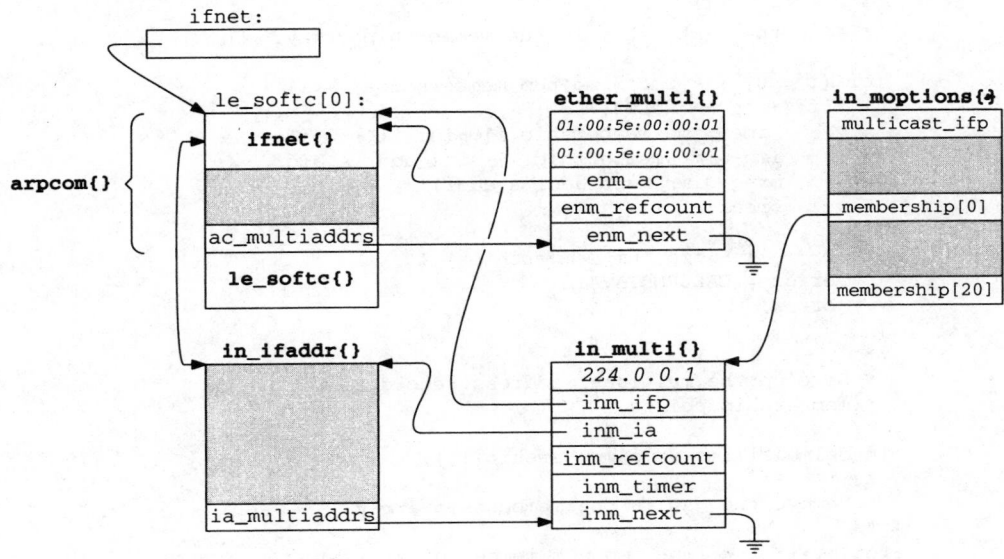

图12-34 多播数据结构的整体图

12.12 离开一个IP多播组

通常情况下，离开一个多播组的步骤是加入一个多播组的步骤的反序。更新`ip_moptions`结构中的成员表、IP接口的`in_multi`表和设备的`ether_multi`表。首先，我们回到`ip_setmoptions`中的IP_DROP_MEMBERSHIP情况语句，如图12-35所示。

```
                                                           ───── ip_output.c
804      case IP_DROP_MEMBERSHIP:
805          /*
806           * Drop a multicast group membership.
807           * Group must be a valid IP multicast address.
808           */
809          if (m == NULL || m->m_len != sizeof(struct ip_mreq)) {
810              error = EINVAL;
811              break;
812          }
813          mreq = mtod(m, struct ip_mreq *);
814          if (!IN_MULTICAST(ntohl(mreq->imr_multiaddr.s_addr))) {
815              error = EINVAL;
816              break;
817          }
818          /*
819           * If an interface address was specified, get a pointer
820           * to its ifnet structure.
821           */
822          if (mreq->imr_interface.s_addr == INADDR_ANY)
823              ifp = NULL;
824          else {
825              INADDR_TO_IFP(mreq->imr_interface, ifp);
```

图12-35 `ip_setmoptions`函数：离开一个多播组

```
826                    if (ifp == NULL) {
827                        error = EADDRNOTAVAIL;
828                        break;
829                    }
830                }
831                /*
832                 * Find the membership in the membership array.
833                 */
834                for (i = 0; i < imo->imo_num_memberships; ++i) {
835                    if ((ifp == NULL ||
836                        imo->imo_membership[i]->inm_ifp == ifp) &&
837                        imo->imo_membership[i]->inm_addr.s_addr ==
838                        mreq->imr_multiaddr.s_addr)
839                        break;
840                }
841                if (i == imo->imo_num_memberships) {
842                    error = EADDRNOTAVAIL;
843                    break;
844                }
845                /*
846                 * Give up the multicast address record to which the
847                 * membership points.
848                 */
849                in_delmulti(imo->imo_membership[i]);
850                /*
851                 * Remove the gap in the membership array.
852                 */
853                for (++i; i < imo->imo_num_memberships; ++i)
854                    imo->imo_membership[i - 1] = imo->imo_membership[i];
855                --imo->imo_num_memberships;
856                break;
```
── *ip_output.c*

图12-35 (续)

1. 验证

804-830　存储器缓存中必然包含一个ip_mreq结构，其中的imr_multiaddr必须是一个多播组，而且必须有一个接口与单播地址imr_interface相关。如果这些条件不满足，则发布EINVAL和EADDRNOTAVAIL错误信息，继续到该switch语句的最后进行处理。

2. 删除成员引用

831-856　for循环用请求的{接口，组}对在组成员表中寻找一个in_multi结构。如果没有找到，则发布EADDRNOTAVAIL错误信息。如果找到了，则in_delmulti更新in_multi表，并且第二个for循环把成员数组中不用的条目删去，把后面的条目向前移动。数组的大小也被相应更新。

12.12.1 `in_delmulti`函数

因为可能会有多个进程接收多播数据报，所以调用in_delmulti(图12-36)的结果是，当对in_multi结构没有引用时，只离开指定的多播组。

更新in_multi结构

534-567　in_delmulti一开始就减少in_multi结构的引用计数，如果该计数非零，则返回。如果该计数减为0，则表明在指定的{接口，组}对上，没有其他进程等待多播数据报。调用igmp_leavegroup，但该函数不做任何事情，我们将在13.8节中看到。

for循环遍历in_multi结构的链表，找到匹配的结构。

——————————————————————————————————————— *in.c*

```
534 int
535 in_delmulti(inm)
536 struct in_multi *inm;
537 {
538     struct in_multi **p;
539     struct ifreq ifr;
540     int      s = splnet();

541     if (--inm->inm_refcount == 0) {
542         /*
543          * No remaining claims to this record; let IGMP know that
544          * we are leaving the multicast group.
545          */
546         igmp_leavegroup(inm);
547         /*
548          * Unlink from list.
549          */
550         for (p = &inm->inm_ia->ia_multiaddrs;
551              *p != inm;
552              p = &(*p)->inm_next)
553             continue;
554         *p = (*p)->inm_next;
555         /*
556          * Notify the network driver to update its multicast reception
557          * filter.
558          */
559         ((struct sockaddr_in *) &(ifr.ifr_addr))->sin_family = AF_INET;
560         ((struct sockaddr_in *) &(ifr.ifr_addr))->sin_addr =
561                 inm->inm_addr;
562         (*inm->inm_ifp->if_ioctl) (inm->inm_ifp, SIOCDELMULTI,
563                                    (caddr_t) & ifr);
564         free(inm, M_IPMADDR);
565     }
566     splx(s);
567 }
```

——————————————————————————————————————— *in.c*

图12-36 in_delmulti函数

　　for循环体只包含一个continue语句。但所有工作都由循环上面的表达式做了，并不需要continue语句，只是因为它比只有一个分号更清楚一些。

　　图12-9中的宏ETHER_LOOKUP_MULTI不用continue语句，仅有一个分号几乎是不可检测的。

　　循环结束后，把匹配的in_multi结构从链表上断开，in_delmulti向接口发布SIOCDELMULTI请求，以便更新所有设备专用的数据结构。对以太网接口来说，这意味着更新ether_multi 表。最后释放in_multi结构。

　　LANCE驱动程序的SIOCDELMULTI情况语句包括在图12-31中，这里我们也讨论了SIOCADDRMULTI情况。

12.12.2　ether_delmulti函数

　　当IP释放与某个以太网设备相关的in_multi结构时，该设备也可能释放匹配的ether_multi结构。我们说"可能"是因为IP忽略其他监听IP多播的软件。当ether_ multi结构的引用计数变成0时，就释放该结构。图12-37是 ether_delmulti函数。

if_ethersubr.c

```
445 int
446 ether_delmulti(ifr, ac)
447 struct ifreq *ifr;
448 struct arpcom *ac;
449 {
450     struct ether_multi *enm;
451     struct ether_multi **p;
452     struct sockaddr_in *sin;
453     u_char  addrlo[6];
454     u_char  addrhi[6];
455     int     s = splimp();

456     switch (ifr->ifr_addr.sa_family) {

457     case AF_UNSPEC:
458         bcopy(ifr->ifr_addr.sa_data, addrlo, 6);
459         bcopy(addrlo, addrhi, 6);
460         break;

461     case AF_INET:
462         sin = (struct sockaddr_in *) &(ifr->ifr_addr);
463         if (sin->sin_addr.s_addr == INADDR_ANY) {
464             /*
465              * An IP address of INADDR_ANY means stop listening
466              * to the range of Ethernet multicast addresses used
467              * for IP.
468              */
469             bcopy(ether_ipmulticast_min, addrlo, 6);
470             bcopy(ether_ipmulticast_max, addrhi, 6);
471         } else {
472             ETHER_MAP_IP_MULTICAST(&sin->sin_addr, addrlo);
473             bcopy(addrlo, addrhi, 6);
474         }
475         break;

476     default:
477         splx(s);
478         return (EAFNOSUPPORT);
479     }

480     /*
481      * Look up the address in our list.
482      */
483     ETHER_LOOKUP_MULTI(addrlo, addrhi, ac, enm);
484     if (enm == NULL) {
485         splx(s);
486         return (ENXIO);
487     }
488     if (--enm->enm_refcount != 0) {
489         /*
490          * Still some claims to this record.
491          */
492         splx(s);
493         return (0);
494     }
495     /*
496      * No remaining claims to this record; unlink and free it.
497      */
```

图12-37 ether_delmulti函数

```
498      for (p = &enm->enm_ac->ac_multiaddrs;
499          *p != enm;
500          p = &(*p)->enm_next)
501        continue;
502   *p = (*p)->enm_next;
503   free(enm, M_IFMADDR);
504   ac->ac_multicnt--;
505   splx(s);
506   /*
507    * Return ENETRESET to inform the driver that the list has changed
508    * and its reception filter should be adjusted accordingly.
509    */
510   return (ENETRESET);
511 }
```
if_ethersubr.c

图12-37 （续）

445-479 ether_delmulti函数用ether_addrmulti函数采用的同一方法初始化addrlo和addrhi数组。

1. 寻找ether_multi结构

480-494 ETHER_LOOKUP_MULTI寻找匹配的ether_multi结构。如果没有找到，则返回ENXIO。如果找到匹配的结构，则把引用计数减去1。如果此时引用计数非零，ether_delmulti立即返回。在这种情况下，可能会由于其他协议也要接收相同的多播分组而释放该结构。

2. 删除ether_multi结构

495-511 for循环搜索ether_multi表，寻找匹配的地址范围，并从链表中断开匹配的结构，将它释放掉。最后，更新链表的长度，返回ENETRESET，使设备驱动程序可以更新它的硬件接收过滤器。

12.13 ip_getmoptions函数

取得当前的选项设置比设置它们要容易。ip_getmoptions完成所有的工作，如图12-38所示。

复制选项数据和返回

876-914 ip_getmoptions的三个参数是：optname，要取得的选项；imo，ip_moptions结构；mp，一个指向mbuf的指针。m_get分配一个mbuf存放该选项数据。这三个选项的指针(分别是addr、ttl和loop)被初始化为指向mbuf的数据域，而mbuf的长度被设成选项数据的长度。

对IP_MULTICAST_IF，返回IFP_TO_IA发现的单播地址，或者如果没有选择明确的多播接口，则返回INADDR_ANY。

对IP_MULTICAST_TTL，返回imo_multicast_ttl，或者如果没有选择明确的TTL，则返回1(IP_DEFAULT_MULTICAST_TTL)。

对IP_MULTICAST_LOOP，返回imo_multicast_loop，或者如果没有选择明确的多播环回策略，则返回1(IP_DEFAULT_MULTICAST_LOOP)。

最后，如果不识别该选项，则返回EOPNOTSUPP。

```
876 int
877 ip_getmoptions(optname, imo, mp)
878 int        optname;
879 struct ip_moptions *imo;
880 struct mbuf **mp;
881 {
882     u_char *ttl;
883     u_char *loop;
884     struct in_addr *addr;
885     struct in_ifaddr *ia;

886     *mp = m_get(M_WAIT, MT_SOOPTS);

887     switch (optname) {

888     case IP_MULTICAST_IF:
889         addr = mtod(*mp, struct in_addr *);
890         (*mp)->m_len = sizeof(struct in_addr);
891         if (imo == NULL || imo->imo_multicast_ifp == NULL)
892             addr->s_addr = INADDR_ANY;
893         else {
894             IFP_TO_IA(imo->imo_multicast_ifp, ia);
895             addr->s_addr = (ia == NULL) ? INADDR_ANY
896                 : IA_SIN(ia)->sin_addr.s_addr;
897         }
898         return (0);

899     case IP_MULTICAST_TTL:
900         ttl = mtod(*mp, u_char *);
901         (*mp)->m_len = 1;
902         *ttl = (imo == NULL) ? IP_DEFAULT_MULTICAST_TTL
903             : imo->imo_multicast_ttl;
904         return (0);

905     case IP_MULTICAST_LOOP:
906         loop = mtod(*mp, u_char *);
907         (*mp)->m_len = 1;
908         *loop = (imo == NULL) ? IP_DEFAULT_MULTICAST_LOOP
909             : imo->imo_multicast_loop;
910         return (0);

911     default:
912         return (EOPNOTSUPP);
913     }
914 }
```

图12-38 ip_getmoptions函数

12.14 多播输入处理：ipintr函数

到目前为止，我们已经讨论了多播选路，组成员关系，以及多种与IP和以太网多播有关的数据结构，现在转入讨论对多播数据报的处理。

在图4-13中，我们看到ether_input检测到达的以太网多播分组，在把一个IP分组放到IP输入队列之前(ipintrq)，把mbuf首部的M_MCAST标志位置位。ipintr函数按顺序处理每个分组。我们在ipintr中省略的多播处理程序如图12-39所示。

该段代码来自ipintr程序，用来确定分组是寻址到本地网络还是应该被转发。此时，已经检测到分组中的错误，并且已经处理完分组的所有选项。ip指向分组内的IP首部。

如果被配置成多播路由器，就转发分组

214-245 如果目的地址不是一个IP多播组，则跳过整个这部分代码。如果地址是一个多播组，并且系统被配置成IP多播路由器(ip_mrouter)，就把ip_id转换成网络字节序(ip_mforward希望的格式)，并把分组传给ip_mforward。如果出现错误或者分组是通过一个多播隧道(multicast tunnel)到达的，则ip_mforward返回一个非零值。分组被丢弃，且ips_cantforward的值加1。

我们在第14章中描述了多播隧道。它们在两个被标准IP路由器隔开的多播路由器之间传递分组。通过隧道到达的分组必须由ip_mforward处理，而不是由ipintr处理。

如果ip_mforward返回0，则把ip_id转换回主机字节序，由ipintr继续处理分组。

如果ip指向一个IGMP分组，则接受该分组，并在ours处(图10-11的ipintr)继续执行。不管到达接口的每个目的组或组成员是什么，多播路由器必须接受所有IGMP分组。IGMP分组中有组成员变化的信息。

246-257 根据系统是否被配置成多播路由器来确定是否执行图12-39中的其余程序。IN_LOOKUP_MULTI搜索接口加入的多播组表。如果没有找到匹配，则丢弃该分组。当硬件过滤器接受不需要的分组时，或者当与接口相关的多播组与分组中的目的多播地址映射到同一个以太网地址时，才出现这种情况。

如果接受了该分组，就继续执行ipintr(图10-11)的ours标号处的语句。

```
                                                                    ip_input.c
214     if (IN_MULTICAST(ntohl(ip->ip_dst.s_addr))) {
215         struct in_multi *inm;
216         extern struct socket *ip_mrouter;

217         if (ip_mrouter) {
218             /*
219              * If we are acting as a multicast router, all
220              * incoming multicast packets are passed to the
221              * kernel-level multicast forwarding function.
222              * The packet is returned (relatively) intact; if
223              * ip_mforward() returns a non-zero value, the packet
224              * must be discarded, else it may be accepted below.
225              *
226              * (The IP ident field is put in the same byte order
227              * as expected when ip_mforward() is called from
228              * ip_output().)
229              */
230             ip->ip_id = htons(ip->ip_id);
231             if (ip_mforward(m, m->m_pkthdr.rcvif) != 0) {
232                 ipstat.ips_cantforward++;
233                 m_freem(m);
234                 goto next;
235             }
236             ip->ip_id = ntohs(ip->ip_id);

237             /*
238              * The process-level routing demon needs to receive
239              * all multicast IGMP packets, whether or not this
240              * host belongs to their destination groups.
241              */
```

图12-39 ipintr函数：多播输入处理

```
242                if (ip->ip_p == IPPROTO_IGMP)
243                    goto ours;
244                ipstat.ips_forward++;
245            }
246            /*
247             * See if we belong to the destination multicast group on the
248             * arrival interface.
249             */
250            IN_LOOKUP_MULTI(ip->ip_dst, m->m_pkthdr.rcvif, inm);
251            if (inm == NULL) {
252                ipstat.ips_cantforward++;
253                m_freem(m);
254                goto next;
255            }
256            goto ours;
257        }
```
ip_input.c

图12-39 （续）

12.15 多播输出处理：`ip_output`函数

当我们在第8章讨论ip_output时，推迟了对ip_output的mp参数和多播处理程序的讨论。在ip_output中，如果mp指向一个ip_moptions结构，它就覆盖多播输出处理的默认值。ip_output中省略的程序在图12-40和图12-41中显示。ip指向输出的分组，m指向包含该分组的mbuf，ifp指向路由表为目的多播组选择的接口。

ip_output.c
```
129    if (IN_MULTICAST(ntohl(ip->ip_dst.s_addr))) {
130        struct in_multi *inm;
131        extern struct ifnet loif;

132        m->m_flags |= M_MCAST;
133        /*
134         * IP destination address is multicast.  Make sure "dst"
135         * still points to the address in "ro".  (It may have been
136         * changed to point to a gateway address, above.)
137         */
138        dst = (struct sockaddr_in *) &ro->ro_dst;
139        /*
140         * See if the caller provided any multicast options
141         */
142        if (imo != NULL) {
143            ip->ip_ttl = imo->imo_multicast_ttl;
144            if (imo->imo_multicast_ifp != NULL)
145                ifp = imo->imo_multicast_ifp;
146        } else
147            ip->ip_ttl = IP_DEFAULT_MULTICAST_TTL;
148        /*
149         * Confirm that the outgoing interface supports multicast.
150         */
151        if ((ifp->if_flags & IFF_MULTICAST) == 0) {
152            ipstat.ips_noroute++;
153            error = ENETUNREACH;
154            goto bad;
155        }
156        /*
```

图12-40 ip_output函数：默认和源地址

```
157              * If source address not specified yet, use address
158              * of outgoing interface.
159              */
160             if (ip->ip_src.s_addr == INADDR_ANY) {
161                 struct in_ifaddr *ia;

162                 for (ia = in_ifaddr; ia; ia = ia->ia_next)
163                     if (ia->ia_ifp == ifp) {
164                         ip->ip_src = IA_SIN(ia)->sin_addr;
165                         break;
166                     }
167             }
```
— *ip_output.c*

图12-40 （续）

— *ip_output.c*
```
168             IN_LOOKUP_MULTI(ip->ip_dst, ifp, inm);
169             if (inm != NULL &&
170                 (imo == NULL || imo->imo_multicast_loop)) {
171                 /*
172                  * If we belong to the destination multicast group
173                  * on the outgoing interface, and the caller did not
174                  * forbid loopback, loop back a copy.
175                  */
176                 ip_mloopback(ifp, m, dst);
177             } else {
178                 /*
179                  * If we are acting as a multicast router, perform
180                  * multicast forwarding as if the packet had just
181                  * arrived on the interface to which we are about
182                  * to send.  The multicast forwarding function
183                  * recursively calls this function, using the
184                  * IP_FORWARDING flag to prevent infinite recursion.
185                  *
186                  * Multicasts that are looped back by ip_mloopback(),
187                  * above, will be forwarded by the ip_input() routine,
188                  * if necessary.
189                  */
190                 extern struct socket *ip_mrouter;
191                 if (ip_mrouter && (flags & IP_FORWARDING) == 0) {
192                     if (ip_mforward(m, ifp) != 0) {
193                         m_freem(m);
194                         goto done;
195                     }
196                 }
197             }
198             /*
199              * Multicasts with a time-to-live of zero may be looped-
200              * back, above, but must not be transmitted on a network.
201              * Also, multicasts addressed to the loopback interface
202              * are not sent -- the above call to ip_mloopback() will
203              * loop back a copy if this host actually belongs to the
204              * destination group on the loopback interface.
205              */
206             if (ip->ip_ttl == 0 || ifp == &loif) {
207                 m_freem(m);
208                 goto done;
209             }
210             goto sendit;
211         }
```
— *ip_output.c*

图12-41 ip_output函数：环回、转发和发送

1. 建立默认值

129-155   只有分组是到一个多播组时，才执行图12-40中的程序。此时，ip_output把mbuf中的M_MCAST置位，并把dst重设成最终目的地址，因为ip_output可能曾把它设成下一跳路由器(图8-24)。

如果传递了一个ip_moptions结构，则相应地改变ip_ttl和ifp。否则，把ip_ttl设成1(IP_DEFAULT_MULTICAST_TTL)，避免多播分组到达某个远程网络。查询路由表或ip_moptions结构所得到的接口必须支持多播。如果不支持，则ip_output丢弃该分组，并返回ENETUNREACH。

2. 选择源地址

156-167   如果没有指定源地址，则由for循环找到与输出接口相关的单播地址，并填入IP首部的ip_src。

与单播分组不同，如果系统被配置成一个多播路由器，则必须在一个以上的接口上发送输出的多播分组。即使系统不是一个多播路由器，输出的接口也可能是目的多播组的一个成员，也会需要接收该分组。最后，我们需要考虑一下多播环回策略和环回接口本身。把所有这些都考虑进去，共有三个问题：

- 是否要在输出的接口上接收该分组？
- 是否向其他接口转发该分组？
- 是否在出去的接口发送该分组？

图12-41显示了ip_output中解决这三个问题的程序。

3. 是否环回

168-176   如果IN_LOOKUP_MULTI确定输出的接口是目的多播组的成员，而且imo_multicast_loop非零，则分组被ip_mloopback放到输出接口上排队，等待输入。在这种情况下，不考虑转发原始分组，因为在输入过程中如果需要，分组的复制会被转发的。

4. 是否转发

178-197   如果分组不是环回的，但系统被配置成一个多播路由器，并且分组符合转发的条件，则ip_mforward向其他多播接口分发该分组的备份。如果ip_mforward没有返回0，则ip_output丢弃该分组，不发送它。这表明分组中有错误。

为了避免ip_mforward和ip_output之间的无限循环，ip_mforward在调用ip_output之前，总是把IP_FORWARDING打开。在本系统上产生的数据报是符合转发条件的，因为运输层不打开IF_FORWARDING。

5. 是否发送

198-209   TTL是0的分组可能被环回，但从不转发它们(ip_mforward丢弃它们)，也从不被发送。如果TTL是0或者如果输出接口是环回接口，则ip_output丢弃该分组，因为TTL超时，或者分组已经被ip_mloopback环回了。

6. 发送分组

210-211   到这个时候，分组应该已经从物理上在输出接口上被发送了。sendit(ip_output，图8-25)处的程序在把分组传给接口的if_output函数之前可能已经把它分片了。我们将在21.10节中看到，以太网输出函数ether_output调用arpresolve， arpresolve又调用ETHER_MAP_MULTICAST，由ETHER_MAP_MULTICAST根据IP多播目的地址构造一个以太网多播目的地址。

ip_mloopback函数

ip_mloopback依靠looutput(图5-27)完成它的工作。ip_mloopback传递的looutput不是指向环回接口的指针，而是指向输出多播接口的指针。图12-42显示了ip_mloopback函数。

```
                                                                    ─ ip_output.c
935 static void
936 ip_mloopback(ifp, m, dst)
937 struct ifnet *ifp;
938 struct mbuf *m;
939 struct sockaddr_in *dst;
940 {
941     struct ip *ip;
942     struct mbuf *copym;

943     copym = m_copy(m, 0, M_COPYALL);
944     if (copym != NULL) {
945         /*
946          * We don't bother to fragment if the IP length is greater
947          * than the interface's MTU.  Can this possibly matter?
948          */
949         ip = mtod(copym, struct ip *);
950         ip->ip_len = htons((u_short) ip->ip_len);
951         ip->ip_off = htons((u_short) ip->ip_off);
952         ip->ip_sum = 0;
953         ip->ip_sum = in_cksum(copym, ip->ip_hl << 2);
954         (void) looutput(ifp, copym, (struct sockaddr *) dst, NULL);
955     }
956 }
                                                                    ─ ip_output.c
```

图12-42 ip_mloopback函数

复制并把分组放到队列中

929-956 仅仅复制分组是不够的；必须看起来分组已经被输出接口接收了，所以ip_mloopback把ip_len和ip_off转换成网络字节序，并计算分组的检验和。looutput把分组放到IP输入队列。

12.16 性能的考虑

Net/3的多播实现有几个潜在的性能瓶颈。因为许多以太网网卡并不能完美地实现对多播地址的过滤，所以操作系统必须能够丢弃那些通过硬件过滤器的分组。在最坏的情况下，以太网网卡可能会接收所有分组，而其中大部分可能会被ipintr发现不具有合法的IP多播组地址。

IP用简单的线性表和线性搜索过滤到达的IP数据报。如果表增长到一定长度后，某些高速缓存技术，如移动最近接收地址到表的最前面，将有助于提高性能。

12.17 小结

本章我们讨论了一个主机如何处理IP多播数据报。我们看到，在IP的D类地址和以太网多播地址的格式及它们之间的映射关系。

我们讨论了in-multi和ether_multi结构，每个IP多播接口都维护一个它自己的组成员表，而每个以太网接口都维护一个以太网多播地址。

在输入处理中，只有到达接口是目的多播组的成员时，该IP多播才被接受下来。尽管如果系统被配置成多播路由器，它们也可能被继续转发到其他接口。

被配置成多播路由器的系统必须接受所有接口上的所有多播分组。只要为INADDR_ANY地址发布SIOCADDMULTI命令，就可以迅速做到这一点。

ip_moptions结构是多播输出处理的基础。它控制对输出接口的选择、多播数据报TTL辖域值的设置以及环回策略。它也控制对in_multi结构的引用计数，从而决定接口加入或离开某个IP多播组的时机。

我们也讨论了多播TTL值实现的两个概念：分组生存期和分组辖域。

习题

12.1 发送IP广播分组到255.255.255.255和发送IP多播给所有主机组224.0.0.1的区别是什么？

12.2 为什么用多播代码中的IP单播地址标识接口？如果接口能发送和接收多播地址，但没有一个单播IP地址，必须做什么改动？

12.3 在12.3节中，我们讲到32个IP组地址被映射到同一个以太网地址上。因为32 bit地址中的9 bit不在映射中。为什么我们不说512(2^9)个IP组被映射到一个以太网地址上？

12.4 你认为为什么把IP_MAX_MEMBERSHIPS设成20？能被设得更大一些吗？提示：考虑ip_moptions结构(图12-15)的大小。

12.5 当一个多播数据报被IP环回并且被发送它的硬件接口接收(即一个非单工接口)时，会发生什么情况？

12.6 画一个有一个多接口主机的网络图，即使该主机没有被配置成多播路由器，其他接口也能接收到在某个接口上发送的多播分组。

12.7 通过SLIP和环回接口而不是以太网接口跟踪成员增加请求。

12.8 进程如何请求内核加入多于IP_MAX_MEMBERSHIPS个组？

12.9 计算环回分组的检验和是多余的。设计一个方法，避免计算环回分组的检验和。

12.10 接口在不重用以太网地址的情况下，最多可加入多少个IP多播组中？

12.11 细心的读者可能已经注意到in_delmulti在发布SIOCDELMULTI请求时，假定接口已经定义了ioctl函数。为什么这样不会出错？

12.12 如果请求一个未识别的选项，则ip_getmoptions中分配的mbuf将会发生什么情况？

12.13 为什么把组成员机制与用于接收单播和广播数据报的绑定机制分离开来？

第13章 IGMP：Internet组管理协议

13.1 引言

IGMP在本地网络上的主机和路由器之间传达组成员信息。路由器定时向"所有主机组"多播IGMP查询。主机多播IGMP报告报文以响应查询。IGMP规范在RFC 1112中。卷1的第13章讨论了IGMP的规范，并给出了一些例子。

从体系结构的观点来看，IGMP是位于IP上面的运输层协议。它有一个协议号(2)，它的报文是由IP数据报运载的(与ICMP一样)。与ICMP一样，进程通常不直接访问IGMP，但进程可以通过IGMP插口发送或接收IGMP报文。这个特性使得能够把多播选路守护程序作为用户级进程实现。

图13-1显示了Net/3中IGMP协议的整体结构。

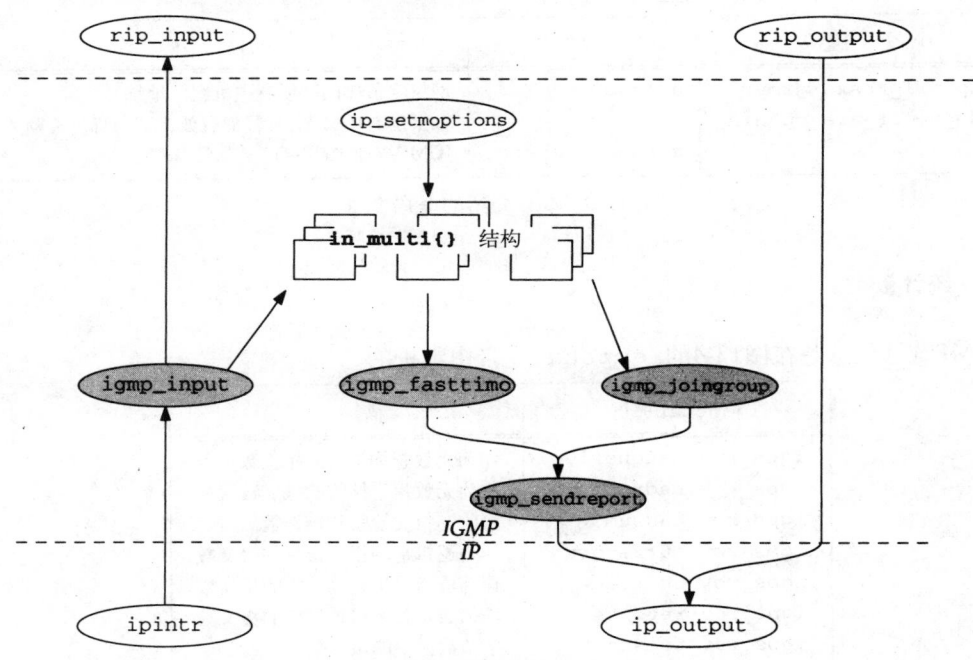

图13-1 IGMP处理概要

IGMP处理的关键是一组在图13-1中心显示的in_multi结构。到达的IGMP查询使igmp_input为每个in_multi结构初始化一个递减定时器。该定时器由igmp_fasttimo更新，当每个定时器超时时，igmp_fasttimo调用igmp_sendreport。

我们在第12章中看到，当创建一个新的in_multi结构时，ip_setmoptions调用igmp_joingroup。igmp_joingroup调用igmp_sendreport来发布新的组成员信息，使组的定时器能够在短时间内安排第二次通告。igmp_sendreport完成对IGMP报文的格式化，并把它传给ip_output。

在图13-1的左边和右边，我们看到一个原始插口可以直接发送和接收IGMP报文。

13.2 代码介绍

图13-2中列出了实现IGMP协议的4个文件。

文 件	描 述
netinet/igmp.h	IGMP协议定义
netinet/igmp_var.h	IGMP实现定义
netinet/in_var.h	IP多播数据结构
netinet/igmp.c	IGMP协议实现

图13-2　本章讨论的文件

13.2.1 全局变量

本章中介绍的新的全局变量显示在图13-3中。

变 量	数 据 类 型	描 述
igmp_all_hosts_group	u_long	网络字节序的"所有主机组"地址
igmp_timer_are_running	int	如果所有IGMP定时器都有效，则为真；否则为假
igmp_stat	struct igmpstat	IGMP统计(图13-4)

图13-3　本章介绍的全局变量

13.2.2 统计量

IGMP统计信息是在图13-4的igmpstat变量中维护的。

Igmpstat成员	描 述
igps_rcv_badqueries	作为无效查询接收的报文数
igps_rcv_badreports	作为无效报告接收的报文数
igps_rcv_badsum	接收的报文检验和错误数
igps_rcv_ourreports	作为逻辑组的报告接收的报文数
igps_rcv_queries	作为成员关系查询接收的报文数
igps_rcv_reports	作为成员关系报告接收的报文数
igps_rcv_tooshort	字节数太少的报文数
igps_rcv_total	接收的全部报文数
igps_snd_reports	作为成员关系报告发送的报文数

图13-4　IGMP统计

图13-5是在vangogh.cs.berkeley.edu上执行netstat -p igmp命令后输出的统计信息。

在图13-5中，我们看到vangogh是连到一个使用IGMP的网络上的，但是vangogh没有加入任何多播组，因为igps_snd_reports是0。

netstat -p igmp 输出	igmpstat 成员
18774 messages received	igps_rcv_total
0 messages received with too few bytes	igps_rcv_tooshort
0 messages received with bad checksum	igps_rcv_badsum
18774 membership queries received	igps_rcv_queries
0 membership queries received with invalid field(s)	igps_rcv_badqueries
0 membership reports received	igps_rcv_reports
0 membership reports received with invalid field(s)	igps_rcv_badreports
0 membership reports received for groups to which we belong	igps_rcv_ourreports
0 membership reports sent	igps_snd_reports

图13-5 IGMP统计示例

13.2.3 SNMP变量

IGMP没有标准的SNMP MIB，但 [McCloghrie Farinacci 1994a]描述了一个IGMP的实验MIB。

13.3 igmp结构

IGMP报文只有8字节长。图13-6显示了Net/3使用的igmp结构。

```
                                                                  ——————— igmp.h
43 struct igmp {
44     u_char  igmp_type;        /* version & type of IGMP message  */
45     u_char  igmp_code;        /* unused, should be zero          */
46     u_short igmp_cksum;       /* IP-style checksum               */
47     struct in_addr igmp_group; /* group address being reported   */
48 };                           /* (zero for queries)              */
                                                                  ——————— igmp.h
```

图13-6 igmp结构

igmp_type包括一个4 bit的版本码和一个4 bit的类型码。图13-7显示了标准值。

版本	类型	igmp_type	描　　述
1	1	0x11(IGMP_HOST_MEMBERSHIP_QUERY)	成员关系查询
1	2	0x11 (IGMP_HOST_MEMBERSHIP_REPORT)	成员关系报告
1	3	0x13	DVMRP报文(第14章)

图13-7 IGMP报文类型

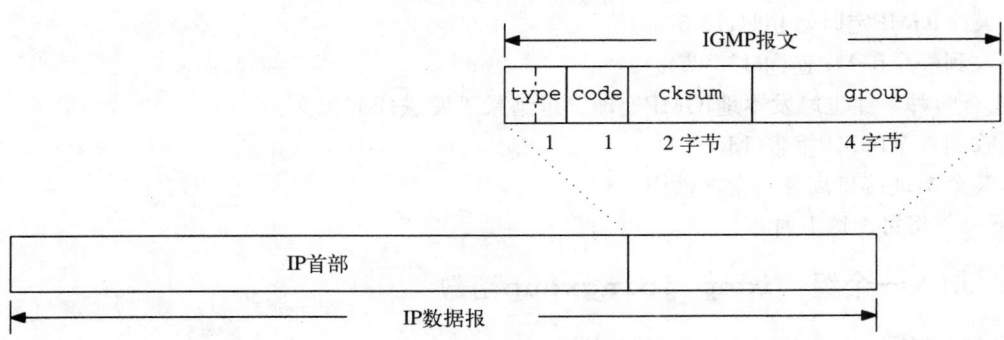

图13-8 IGMP报文(省略igmp_)

43-44   Net/3只使用版本1的报文。多播路由器发送1类报文(IGMP_HOST_MEMBERSHIP_ QUERY)向本地网络上所有主机请求成员关系报告。对1类IGMP报文的响应是主机的一个2类报文(IGMP_HOST_MEMBERSHIP_REPORT)，报告它们的多播成员信息。3类报文在路由器之间传输多播选路信息(第14章)。主机不处理3类报文。本章后面部分只讨论1类和2类报文。

45-46   在IGMP版本1中没有使用igmp_code。igmp_cksum与IP类似，计算IGMP报文的所有8个字节。

47-48   对查询，igmp_group是0。对回答，它包括报告的多播组。

图13-8是相对于IP数据报的IGMP报文结构。

13.4   IGMP的`protosw`的结构

图13-9是IGMP的protosw结构。

成　员	Inetsw[5]	描　述
pr_type	SOCK_RAW	IGMP提供原始分组服务
pr_domain	&inetdomain	IGMP是Internet域的一部分
pr_protocol	IPROTO_IGMP(2)	显示在IP首部的ip_p字段
pr_flags	PR_ATOMIC|PR_ADDR	插口层标志，协议处理不使用
pr_input	igmp_input	从IP层接收报文
pr_output	rip_output	向IP层发送IGMP报文
pr_ctlinput	0	IGMP没有使用
pr_ctloutput	rip_ctloutput	响应来自进程的管理请求
pr_usrreq	rip_usrreq	响应来自进程的通信请求
pr_init	igmp_init	为IGMP初始化
pr_fasttimo	igmp_fasttino	进程挂起成员关系报告
pr_slowtimo	0	IGMP没有使用
pr_drain	0	IGMP没有使用
pr_sysctl	0	IGMP没有使用

图13-9　IGMP protosw的结构

尽管进程有可能通过IGMP protosw项发送原始IP分组，但在本章，我们只考虑内核如何处理IGMP报文。第32章讨论进程如何用原始插口访问IGMP。

三种事件触发IGMP处理：
- 一个本地接口加入一个新的多播组(13.5节)；
- 某个IGMP定时器超时(13.6节)；
- 收到一个IGMP查询(13.7节)。

还有两种事件也触发本地IGMP处理，但结果不发送任何报文：
- 收到一个IGMP报告(13.7节)；
- 某个本地接口离开一个多播组(13.8节)。

下一节将讨论这五种事件。

13.5   加入一个组：`igmp_joingroup`函数

在第12章中我们看到，当一个新的in_multi结构被创建时，in_addmulti调用igmp_joingroup。后面加入同一多播组的请求只增加in_multi结构里的引用计数，不调用igmp_joingroup。igmp_joingroup如图13-10所示。

```
                                                              ———— igmp.c
164 void
165 igmp_joingroup(inm)
166 struct in_multi *inm;
167 {
168     int     s = splnet();
169     if (inm->inm_addr.s_addr == igmp_all_hosts_group ||
170         inm->inm_ifp == &loif)
171         inm->inm_timer = 0;
172     else {
173         igmp_sendreport(inm);
174         inm->inm_timer = IGMP_RANDOM_DELAY(inm->inm_addr);
175         igmp_timers_are_running = 1;
176     }
177     splx(s);
178 }
                                                              ———— igmp.c
```

图13-10 igmp_joingroup函数

164-178 inm指向组的新in_multi结构。如果新的组是"所有主机组"，或成员关系请求是环回接口的，则inm_timer被禁止，igmp_joingroup返回。不报告"所有主机组"的成员关系，因为假定每个多播主机都是该组的成员。没必要向环回接口发送组成员报告，因为本地主机是在回路网络上的唯一系统，它已经知道它的成员状态了。

在其他情况下，新组的报告被立即发送，并根据组的情况为组定时器选择一个随机值。全局标志位igmp_timers_are_running被设置，表明至少使能一个定时器。igmp_fasttimo(13.6节)检查这个变量，避免不必要的处理。

59-73 当新组的定时器超时时，就发布第2次成员关系报告。复制报告是无害的，当第一次报告丢失或被破坏时，有了它就保险了。IGMP_RANDOM_DELAY(图13-11)计算报告时延。

```
                                                              ———— igmp_var.h
59 /*
60  * Macro to compute a random timer value between 1 and (IGMP_MAX_REPORTING_
61  * DELAY * countdown frequency).  We generate a "random" number by adding
62  * the total number of IP packets received, our primary IP address, and the
63  * multicast address being timed-out.  The 4.3 random() routine really
64  * ought to be available in the kernel!
65  */
66 #define IGMP_RANDOM_DELAY(multiaddr) \
67     /* struct in_addr multiaddr; */ \
68     ( (ipstat.ips_total + \
69       ntohl(IA_SIN(in_ifaddr)->sin_addr.s_addr) + \
70       ntohl((multiaddr).s_addr) \
71      ) \
72     % (IGMP_MAX_HOST_REPORT_DELAY * PR_FASTHZ) + 1 \
73     )
                                                              ———— igmp_var.h
```

图13-11 IGMP_RANDOM_DELAY函数

根据RFC 1122，报告定时器必须设成0～10之间的随机秒数(IGMP_MAX_HOST_REPORT_DELAY)。因为IGMP定时器每秒被减去5次(PR_FASTHZ)，所以IGMP_RANDOM_DELAY必须选择一个在1~50之间的随机数。如果r是把接到的所有IP分组数、主机的原始地址和多播组相加后得到的随机数，则

$$0 \leqslant (r \bmod 50) \leqslant 49$$

且

$$1 \leqslant (r \bmod 50)+1 \leqslant 50$$

要避免为0，因为这会禁止定时器，并且不发送任何报告。

13.6 `igmp_fasttimo`函数

在讨论igmp_fasttino之前，我们需要描述一下遍历in_multi结构的机制。

为找到各个in_multi结构，Net/3必须遍历每个接口的in_multi表。在遍历过程中，in_multistep结构(图13-12)记录位置。

```
                                                                      in_var.h
123 struct in_multistep {
124     struct in_ifaddr *i_ia;
125     struct in_multi  *i_inm;
126 };
                                                                      in_var.h
```

图13-12　in_multistep函数

123-126 i_ia指向下一个in_ifaddr接口结构，i_inm指向当前接口的in_multi结构。

IN_FIRST_MULTI和IN_NEXT_MULTI宏(图13-13)遍历该表。

```
                                                                      in_var.h
147 /*
148  * Macro to step through all of the in_multi records, one at a time.
149  * The current position is remembered in "step", which the caller must
150  * provide.  IN_FIRST_MULTI(), below, must be called to initialize "step"
151  * and get the first record.  Both macros return a NULL "inm" when there
152  * are no remaining records.
153  */
154 #define IN_NEXT_MULTI(step, inm) \
155     /* struct in_multistep  step; */ \
156     /* struct in_multi *inm; */ \
157 { \
158     if (((inm) = (step).i_inm) != NULL) \
159         (step).i_inm = (inm)->inm_next; \
160     else \
161         while ((step).i_ia != NULL) { \
162             (inm) = (step).i_ia->ia_multiaddrs; \
163             (step).i_ia = (step).i_ia->ia_next; \
164             if ((inm) != NULL) { \
165                 (step).i_inm = (inm)->inm_next; \
166                 break; \
167             } \
168         } \
169 }

170 #define IN_FIRST_MULTI(step, inm) \
171     /* struct in_multistep step; */ \
172     /* struct in_multi *inm; */ \
173 { \
174     (step).i_ia = in_ifaddr; \
175     (step).i_inm = NULL; \
176     IN_NEXT_MULTI((step), (inm)); \
177 }
                                                                      in_var.h
```

图13-13　IN_FIRST_MULTI和IN_NEXT_MULTI结构

154-169   如果in_multi表有多个项，i_inm就前进到下一项。当IN_NEXT_ MULTI到达多播表的最后时，i_ia就指向下一个接口，i_inm指向与该接口相关的第一个in_multi结构。如果该接口没有多播结构，while循环继续遍历整个接口表，直到搜索完所有接口。

170-177   in_multistep数组初始化时，指向in_ifaddr表的第一个in_ifaddr结构，i_inm设成空。IN_NEXT_MULTI找到第一个in_multi结构。

从图13-9我们知道，igmp_fasttimo是IGMP的快速超时函数，每秒被调用5次。igmp_fasttimo(图13-14)递减多播报告定时器，并在定时器超时时发送一个报告。

```
                                                                    ─ igmp.c
187 void
188 igmp_fasttimo()
189 {
190     struct in_multi *inm;
191     int     s;
192     struct in_multistep step;

193     /*
194      * Quick check to see if any work needs to be done, in order
195      * to minimize the overhead of fasttimo processing.
196      */
197     if (!igmp_timers_are_running)
198         return;

199     s = splnet();
200     igmp_timers_are_running = 0;
201     IN_FIRST_MULTI(step, inm);
202     while (inm != NULL) {
203         if (inm->inm_timer == 0) {
204             /* do nothing */
205         } else if (--inm->inm_timer == 0) {
206             igmp_sendreport(inm);
207         } else {
208             igmp_timers_are_running = 1;
209         }
210         IN_NEXT_MULTI(step, inm);
211     }
212     splx(s);
213 }
                                                                    ─ igmp.c
```

图13-14 igmp_fasttino函数

187-198   如果igmp_timers_are_running为假，igmp_fasttimo立即返回，不再浪费时间检查各个定时器。

199-213   igmp_fasttimo重新设置运行标志位，用IN_FIRST_MULTI初始化step和inm。igmp_fasttimo函数用while循环找到各个in_multi结构和IN_NEXT_MULTI宏。对每个结构：

• 如果定时器是0，什么都不做。

• 如果定时器不是0，则将其递减。如果到达0，则发送一个IGMP组成员关系报告。

• 如果定时器还不是0，则至少还有一个定时器在运行，所以把igmp_timers_are_running设成1。

igmp_sendreport函数

igmp_sendreport函数(图13-15)为一个多播组构造和发送IGMP报告报文。

—————————————————————————— igmp.c

```
214 static void
215 igmp_sendreport(inm)
216 struct in_multi *inm;
217 {
218     struct mbuf *m;
219     struct igmp *igmp;
220     struct ip *ip;
221     struct ip_moptions *imo;
222     struct ip_moptions simo;

223     MGETHDR(m, M_DONTWAIT, MT_HEADER);
224     if (m == NULL)
225         return;
226     /*
227      * Assume max_linkhdr + sizeof(struct ip) + IGMP_MINLEN
228      * is smaller than mbuf size returned by MGETHDR.
229      */
230     m->m_data += max_linkhdr;
231     m->m_len = sizeof(struct ip) + IGMP_MINLEN;
232     m->m_pkthdr.len = sizeof(struct ip) + IGMP_MINLEN;

233     ip = mtod(m, struct ip *);
234     ip->ip_tos = 0;
235     ip->ip_len = sizeof(struct ip) + IGMP_MINLEN;
236     ip->ip_off = 0;
237     ip->ip_p = IPPROTO_IGMP;
238     ip->ip_src.s_addr = INADDR_ANY;
239     ip->ip_dst = inm->inm_addr;

240     igmp = (struct igmp *) (ip + 1);
241     igmp->igmp_type = IGMP_HOST_MEMBERSHIP_REPORT;
242     igmp->igmp_code = 0;
243     igmp->igmp_group = inm->inm_addr;
244     igmp->igmp_cksum = 0;
245     igmp->igmp_cksum = in_cksum(m, IGMP_MINLEN);

246     imo = &simo;
247     bzero((caddr_t) imo, sizeof(*imo));
248     imo->imo_multicast_ifp = inm->inm_ifp;
249     imo->imo_multicast_ttl = 1;

250     /*
251      * Request loopback of the report if we are acting as a multicast
252      * router, so that the process-level routing demon can hear it.
253      */
254     {
255         extern struct socket *ip_mrouter;
256         imo->imo_multicast_loop = (ip_mrouter != NULL);
257     }
258     ip_output(m, NULL, NULL, 0, imo);

259     ++igmpstat.igps_snd_reports;
260 }
```

—————————————————————————— igmp.c

图13-15 igmp_sentreport函数

214-232 唯一的参数inm指向被报告组的in_multi结构。igmp_sendreport分配一个新的mbuf，准备存放一个IGMP报文。igmp_sendreport为链路层首部留下空间，把mbuf

的长度和分组的长度设成IGMP报文的长度。

233-245 每次构造IP首部和IGMP报文的一个字段。数据报的源地址设成INADDR_ANY，目的地址是被报告的多播组。ip_output用输出接口的单播地址替换INADDR_ANY。每个组成员和所有多播路由器都接收报告(因为路由器接收所有IP多播)。

246-260 最后，igmp_sentreport构造一个ip_moptions结构，并把它与报文一起传给ip_output。与in_multi结构相关的接口被选作输出的接口；TTL被设成1，使报告只在本地网络上；如果本地系统被配置成路由器，则允许这个请求的多播环回。

进程级的多播路由器必须监听成员关系报告。在12.14节中我们看到，当系统被配置成多播路由器时，总是接收IGMP数据报。通过普通的运输层分用代码把报文传给IGMP的igmp_input和pr_input函数(图13-9)。

13.7 输入处理：`igmp_input`函数

在12.14节中，我们描述了ipintr的多播处理部分。我们看到，多播路由器接受(accept)所有的IGMP报文，但多播主机只接受那些到达接口是目的多播组成员的IGMP报文(即，那些接收(receive)它们的接口是组成员的查询和成员关系报告)。

标准协议分用机制把接受的报文传给igmp_input。igmp_input的开始和结束如图13-16所示。下面几节描述每种IGMP报文类型码。

—————————————————————————— igmp.c

```
52 void
53 igmp_input(m, iphlen)
54 struct mbuf *m;
55 int        iphlen;
56 {
57     struct igmp *igmp;
58     struct ip *ip;
59     int        igmplen;
60     struct ifnet *ifp = m->m_pkthdr.rcvif;
61     int        minlen;
62     struct in_multi *inm;
63     struct in_ifaddr *ia;
64     struct in_multistep step;

65     ++igmpstat.igps_rcv_total;

66     ip = mtod(m, struct ip *);
67     igmplen = ip->ip_len;

68     /*
69      * Validate lengths
70      */
71     if (igmplen < IGMP_MINLEN) {
72         ++igmpstat.igps_rcv_tooshort;
73         m_freem(m);
74         return;
75     }
76     minlen = iphlen + IGMP_MINLEN;
77     if ((m->m_flags & M_EXT || m->m_len < minlen) &&
78         (m = m_pullup(m, minlen)) == 0) {
79         ++igmpstat.igps_rcv_tooshort;
80         return;
81     }
```

图13-16 `igmp_input`函数

```
82        /*
83         * Validate checksum
84         */
85        m->m_data += iphlen;
86        m->m_len -= iphlen;
87        igmp = mtod(m, struct igmp *);
88        if (in_cksum(m, igmplen)) {
89            ++igmpstat.igps_rcv_badsum;
90            m_freem(m);
91            return;
92        }
93        m->m_data -= iphlen;
94        m->m_len += iphlen;
95        ip = mtod(m, struct ip *);

96        switch (igmp->igmp_type) {


                                        /* switch cases */


157       }
158       /*
159        * Pass all valid IGMP packets up to any process(es) listening
160        * on a raw IGMP socket.
161        */
162       rip_input(m);
163   }
```

igmp.c

图13-16 (续)

1. 验证IGMP报文

52-96   函数ipintr传递一个指向所接收分组(存放在一个mbuf中)的指针m，以及数据报IP首部的大小iphlen。

数据报的长度必须足够容纳一个IGMP报文(IGMP_MIN_LEN)，并能被放在一个标准的mbuf首部中(m_pullup)，而且还必须有正确的IGMP检验和。如果发现有任何错误，统计错误的个数，并自动丢弃该数据报，igmp_input返回。

igmp_input函数体根据igmp_type内的代码处理无效报文。记得在图13-6中，igmp_type包含一个版本码和一个类型码。switch语句基于igmp_type(图13-7)中两个值的结合。下面几节分别讨论每种情况。

2. 把IGMP报文传给原始IP

157-163   这个switch语句没有default情况。所有有效报文(也就是格式正确的报文)被传给rip_input，在rip_input里被提交给所有监听IGMP报文的进程。监听进程可以自由处理或丢弃那些具有内核不识别的版本或类型的IGMP报文。

mrouted依靠对rip_input的调用接收成员关系查询和报告。

13.7.1 成员关系查询：IGMP_HOST_MEMBERSHIP_QUERY

RFC 1075推荐多播路由器每120秒至少发布一次IGMP成员关系查询。把查询发到224.0.0.1组("所有主机组")。图13-17显示了主机如何处理报文。

97-122   到达环回接口上的查询报文被自动丢弃(习题13.1)。查询报文被定义成发给"所有

主机组"，到达其他地址的查询报文由igps_rcv_badqueries统计数量，并被丢弃。

```
                                                                    — igmp.c
97     case IGMP_HOST_MEMBERSHIP_QUERY:
98         ++igmpstat.igps_rcv_queries;

99         if (ifp == &loif)
100            break;

101        if (ip->ip_dst.s_addr != igmp_all_hosts_group) {
102            ++igmpstat.igps_rcv_badqueries;
103            m_freem(m);
104            return;
105        }
106        /*
107         * Start the timers in all of our membership records for
108         * the interface on which the query arrived, except those
109         * that are already running and those that belong to the
110         * "all-hosts" group.
111         */
112        IN_FIRST_MULTI(step, inm);
113        while (inm != NULL) {
114            if (inm->inm_ifp == ifp && inm->inm_timer == 0 &&
115                inm->inm_addr.s_addr != igmp_all_hosts_group) {
116                inm->inm_timer =
117                    IGMP_RANDOM_DELAY(inm->inm_addr);
118                igmp_timers_are_running = 1;
119            }
120            IN_NEXT_MULTI(step, inm);
121        }
122        break;
                                                                    — igmp.c
```

图13-17　IGMP查询报文的输入处理

接收查询报文并不会立即引起IGMP成员报告。相反，igmp_input为与接收查询的接口相关的各个组定时器设置一个随机的值IGMP_RANDOM_DELAY。当某组的定时器超时，则igmp_fasttimo发送一个成员关系报告，与此同时，其他所有收到查询的主机也进行同一动作。一旦某个主机上的某个特定组的随机定时器超时，就向该组多播一个报告。这个报告将取消其他主机上的定时器，保证只有一个报告在网络上多播。路由器与其他组成员一样，接收该报告。

这个情况的一个例外就是"所有主机组"。这个组不设定时器，也不发送报告。

13.7.2　成员关系报告：IGMP_HOST_MEMBERSHIP_REPORT

接收一个IGMP成员关系报告是我们在13.1节中提到的不会产生IGMP报文的两种事件之一。该报文的效果限于接收它的接口本地。图13-18显示了报文处理。

123-146 和发送到不正确多播组的成员关系报告一样，发到环回接口上的报告被丢弃。也就是说，报文必须寻址到报文内标识的组。

未完整初始化的主机的源地址中可能没有网络号或主机号(或两者都没有)。igmp_report查看地址的A类网络部分，如果地址的网络或子网部分是0，这部分一定为0。如果是这种情况，则把源地址设成子网地址，其中包含正在接收接口的网络标识符和子网标识符。这样做的唯一目的是通知子网号所标识的正在接收接口上的某个进程级守护程序。

如果接收接口属于被报告的组，就把相关的报告定时器重新设成0，从而使发给该组的第一个报告能够制止其他主机发布报告。路由器只需知道网络上至少有一个接口是组的成员，就无须维护一个明确的组成员表或计数器。

——— igmp.c

```
123    case IGMP_HOST_MEMBERSHIP_REPORT:
124        ++igmpstat.igps_rcv_reports;
125        if (ifp == &loif)
126            break;
127        if (!IN_MULTICAST(ntohl(igmp->igmp_group.s_addr)) ||
128            igmp->igmp_group.s_addr != ip->ip_dst.s_addr) {
129            ++igmpstat.igps_rcv_badreports;
130            m_freem(m);
131            return;
132        }
133        /*
134         * KLUDGE: if the IP source address of the report has an
135         * unspecified (i.e., zero) subnet number, as is allowed for
136         * a booting host, replace it with the correct subnet number
137         * so that a process-level multicast routing demon can
138         * determine which subnet it arrived from.  This is necessary
139         * to compensate for the lack of any way for a process to
140         * determine the arrival interface of an incoming packet.
141         */
142        if ((ntohl(ip->ip_src.s_addr) & IN_CLASSA_NET) == 0) {
143            IFP_TO_IA(ifp, ia);
144            if (ia)
145                ip->ip_src.s_addr = htonl(ia->ia_subnet);
146        }
147        /*
148         * If we belong to the group being reported, stop
149         * our timer for that group.
150         */
151        IN_LOOKUP_MULTI(igmp->igmp_group, ifp, inm);
152        if (inm != NULL) {
153            inm->inm_timer = 0;
154            ++igmpstat.igps_rcv_ourreports;
155        }
156        break;
```

——— igmp.c

图13-18 IGMP报告报文的输入处理

13.8 离开一个组：`igmp_leavegroup`函数

我们在第12章中看到，当in_multi结构中的引用计数器跳到0时，in_delmulti调用igmp_leavegroup，如图13-19所示。

——— igmp.c

```
179 void
180 igmp_leavegroup(inm)
181 struct in_multi *inm;
182 {
183    /*
184     * No action required on leaving a group.
185     */
186 }
```

——— igmp.c

图13-19 igmp_leavegroup函数

179-186 当一个接口离开一个组时，IGMP没有采取任何动作。不发明确的通知——下一次多播路由器发布IGMP查询时，接口不为该组生成IGMP报告。如果没有为某个组生成报告，则多播路由器就假定所有接口已经离开该组，并停止把到该组的分组在网络上多播。

如果当一个报告被挂起时接口离开了该组(也就是说，此时组的报告定时器正在计时)，就不再发送该报告，因为当`icmp_leavegroup`返回时，`in_delmulti`(图12-36)已经把组的定时器及其相关的`in_multi`结构丢掉了。

13.9 小结

本章我们讲述了IGMP，IGMP在一个网络上的主机和路由器之间传递IP多播成员信息。当一个接口加入一个组时(或按照多播路由器发布的IGMP报告查询报文的要求)，生成IGMP成员关系报告。

设计IGMP使交换成员信息所需要的报文数最少：
- 当主机加入一个组时，宣布它们的成员关系；
- 对成员关系查询的响应被随机推迟一个的时间，而且第一个响应抑制了其他的响应；
- 当主机离开一个组时，不发通知报文；
- 每分钟发的成员查询不超过一次。

多播路由器与其他路由器共享自己收集的IGMP信息(第14章)，以便于把多播数据报传给多播目的组的远程成员。

习题

13.1 为什么不需要响应在环回接口上到达的IGMP查询？

13.2 验证图13-15中226到229行的假设。

13.3 对在点到点网络接口上到达的成员关系查询，是否有必要设置随机的延迟时间？

第14章 IP多播选路

14.1 引言

前面两章讨论了在一个网络上的多播。本章我们讨论在整个互联网上的多播。我们将讨论mrouted程序的执行，该程序计算多播路由表，以及在网络之间转发多播数据报的内核函数。

从技术上说，多播分组(packet)被转发。本章我们假定每个多播分组中都包含一个完整数据报(也就是说，没有分片)，所以我们只用名词数据报(datagram)。Net/3转发IP分片，也转发IP数据报。

图14-1是mrouted的几个版本及它们和BSD版本的对应关系。mrouted版本包括用户级守护程序和内核级多播程序。

mrouted版本	描　　述
1.2	修改4.3 BSD Tahoe版本
2.0	包括在4.4 BSD和Net/3中
3.3	修改SunOS 4.1.3

图14-1　mrouted和IP多播版本

IP多播技术是一个活跃的研究和开发领域。本章讨论包括在Net/3中的多播软件的2.0版，但被认为已经过时了。3.3版的发行还有一段时间，因此无法在本书中完整地讨论，但我们在整个过程中将指出3.3版本的一些特点。

因为还没有广泛安装商用多播路由器，所以常用多播隧道连接标准IP单播互联网上的两个多播路由器，构造多播网络。Net/3支持多播隧道，并采用宽松源站记录路由(LSRR，Loose Source Record Route)选项(9.6节)构造多播隧道。一种更好的隧道技术把IP多播数据报封装在一个单播数据报里，3.3版的多播程序支持这一技术，但Net/3不支持。

与第12章一样，我们用通常名称运输层协议代指发送和接收多播数据报的协议，但UDP是唯一支持多播的Internet协议。

14.2 代码介绍

本章讨论的三个文件显示在图14-2中。

文　　件	描　　述
netinet/ip_mroute.h	多播结构定义
netinet/ ip_mroute.c	多播选路函数
netinet/raw_ip.c	多播选路选项

图14-2　本章讨论的文件

14.2.1 全局变量

多播选路程序所使用的全局变量显示在图14-3中。

变　量	数据类型	描　述
cached_mrt	struct mrt	多播选路的"后面一个"高速缓存
cached_origin	u_long	"后面一个"高速缓存的多播组
cached_originmask	u_long	"后面一个"高速缓存的多播组的掩码
mrtstat	struct mrtstat	多播选路统计
mrttable	struct mrt *[]	指向多播路由器的指针的散列表
numvifs	vifi_t	允许的多播接口数
viftable	struct vif[]	虚拟多播接口的数组

图14-3　本章介绍的全局变量

14.2.2 统计量

多播选路程序收集的所有统计信息都放在图14-4的 mrtstat 结构中。图14-5是在执行 netstat -gs 命令后，输出的统计信息。

mrtstat成员	描　述	SNMP使用的
mrts_mrt_lookups	查找的多播路由数	
mrts_mrt_misses	高速缓存丢失的多播路由数	
mrts_grp_lookups	查找的组地址数	
mrts_grp_misses	高速缓存丢失的组地址数	
mrts_no_route	查找失败的多播路由数	
mrts_bad_tunnel	有错误的隧道选项的分组数	
mrts_cant_tunnel	没有空间存放隧道选项的分组数	

图14-4　本章收集的统计量

netstat -gs 输出	mrtstat 成员
multicast routing:	
329569328 multicast route lookups	mrts_mrt_lookups
9377023 multicast route cache misses	mrts_mrt_misses
242754062 group address lookups	mrts_grp_lookups
159317788 group address cache misses	mrts_grp_misses
65648 datagrams with no route for origin	mrts_no_route
0 datagrams with malformed tunnel options	mrts_bad_tunnel
0 datagrams with no room for tunnel options	mrts_cant_tunnel

图14-5　IP多播路由选择统计的例子

这些统计信息来自一个有两个物理接口和一个隧道接口的系统。它们说明，98%的时间，在高速缓存中发现多播路由。组地址高速缓存的效率稍低一些，最高只有34%。图14-34描述了路由缓存，图14-21描述了组地址高速缓存。

14.2.3 SNMP变量

多播选路没有标准的SNMP MIB，但 [McCloghrie和Farinacci 1994a] 和 [McCloghrie和Farinacci 1994b] 描述一些多播路由器的实验MIB。

14.3 多播输出处理(续)

12.15节讲到如何为输出的多播数据报选择接口。我们看到在 ip_moptions 结构中

ip_output被传给一个明确的接口，或者ip_output在路由表中查找目的组，并使用在路由条目中返回的接口。

如果在选择了输出的接口后，ip_output回送该数据报，就把它放在所选输出接口等待输入处理，当ipintr处理它时，把它当作是要转发的数据报。图14-6显示了这个过程。

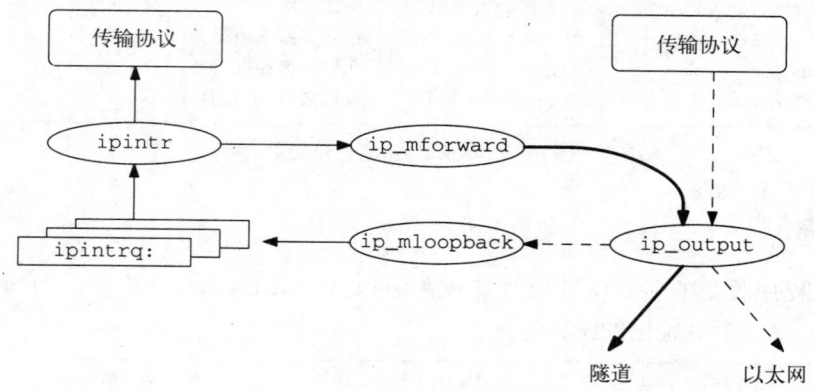

图14-6 有环回的多播输出处理

在图14-6中，虚线箭头代表原始输出的数据报，本例是本地以太网上的多播。ip_mloopback创建的备份由带箭头的细线表示；并作为输入被传给运输层协议。当ip_mforward决定通过系统上的另一个接口转发该数据报时，就产生第三个备份。图14-6中最粗的箭头代表第三个备份，在多播隧道上发送。

如果数据报不是回送的，则ip_output把它直接传给ip_mforward，ip_mforward复制并处理该数据报，就像它是从ip_output选定的接口上收到的一样。图14-7显示了这个过程。

一旦ip_mforward调用ip_output发送多播数据报，它就把IP_FORWARDING置位，这样，ip_output就不再把数据报传回给ip_mforward，以免导致无限循环。

图12-42显示了ip_mloopback。14.8节描述了ip_mforward。

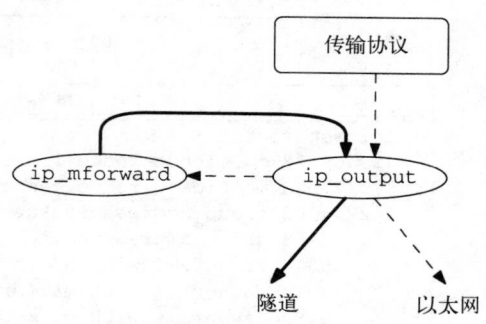

图14-7 没有环回的多播输出处理

14.4 mrouted守护程序

用户级进程mrouted守护程序允许和管理多播路由选择。mrouted实现IGMP协议的路由部分，并与其他多播路由器通信，实现网络间的多播路由选择。路由算法在mrouted上实现，但内核维护多播路由选择表，并转发数据报。

本书中我们只讨论支持mrouted的内核数据结构和函数——不讨论mrouted本身。我们讨论用于为数据报选择路由的截断逆向路径广播TRPB(Truncated Reverse Path Broadcast)算法[Deering和Cheriton 1990]，以及用于在多播路由器之间传递信息的距离向量多播选路协议DVMRP。我们力求使读者了解内核多播程序的工作原理。

RFC 1075 [Waitzman、Partidge 和Deering1988] 是DVMRP的一个老版本。mrouted实现了一个新的DVMRP，还没有用RFC文档写出来。目前，该算法和协议的最好的文档是mrouted发布的源代码。附录B指出在哪里能找到到源代码。

mrouted守护程序通过在一个IGMP插口上设置选项与内核通信(第32章)。这些选项总结在图14-8中。

optname	optval类型	函　　数	描　　述
DVMRP_INIT		ip_mrouter_init	mrouted开始
DVMRP_DONE		ip_mrouter_done	mrouted被关闭
DVMRP_ADD_VIF	struct vifctl	add_vif	增加虚拟接口
DVMRP_DEL_VIF	vifi_t	del_vif	删除虚拟接口
DVMRP_ADD_LGRP	struct lgrplctl	add_lgrp	为某个接口增加多播组条目
DVMRP_DEL_LGRP	struct lgrplctl	del_lgrp	为某个接口删除多播组条目
DVMRP_ADD_MRT	struct mrtctl	add_mrt	增加多播路由
DVMRP_DEL_MRT	struct in addr	del_mrt	删除多播路由

图14-8　多播路由插口选项

图14-8显示的插口选项被setsockopt系统调用传给rip_ctloutput(32.8节)。图14-9显示了处理DVMRP_*xxx* 选项的rip_ctloutput部分。

```
                                                              raw_ip.c
173     case DVMRP_INIT:
174     case DVMRP_DONE:
175     case DVMRP_ADD_VIF:
176     case DVMRP_DEL_VIF:
177     case DVMRP_ADD_LGRP:
178     case DVMRP_DEL_LGRP:
179     case DVMRP_ADD_MRT:
180     case DVMRP_DEL_MRT:
181         if (op == PRCO_SETOPT) {
182             error = ip_mrouter_cmd(optname, so, *m);
183             if (*m)
184                 (void) m_free(*m);
185         } else
186             error = EINVAL;
187         return (error);
                                                              raw_ip.c
```

图14-9　rip_ctloutput函数：DVMRP_*xxx* 插口选项

173-187　当调用setsockopt时，op等于PRCO_SETOPT，而且所有选项都被传给ip_mrouter_cmd函数。对于getsockopt系统调用，op等于PRCO_GETOPT；对所有选项都返回EINVAL。

图14-10显示了ip_mrouter_cmd函数。

```
                                                              ip_mroute.c
84 int
85 ip_mrouter_cmd(cmd, so, m)
86 int     cmd;
87 struct socket *so;
88 struct mbuf *m;
89 {
90     int     error = 0;
```

图14-10　ip_mrouter_cmd函数

```
91      if (cmd != DVMRP_INIT && so != ip_mrouter)
92          error = EACCES;
93      else
94          switch (cmd) {

95          case DVMRP_INIT:
96              error = ip_mrouter_init(so);
97              break;

98          case DVMRP_DONE:
99              error = ip_mrouter_done();
100             break;

101         case DVMRP_ADD_VIF:
102             if (m == NULL || m->m_len < sizeof(struct vifctl))
103                     error = EINVAL;
104             else
105                 error = add_vif(mtod(m, struct vifctl *));
106             break;

107         case DVMRP_DEL_VIF:
108             if (m == NULL || m->m_len < sizeof(short))
109                     error = EINVAL;
110             else
111                 error = del_vif(mtod(m, vifi_t *));
112             break;
113         case DVMRP_ADD_LGRP:
114             if (m == NULL || m->m_len < sizeof(struct lgrplctl))
115                     error = EINVAL;
116             else
117                 error = add_lgrp(mtod(m, struct lgrplctl *));
118             break;

119         case DVMRP_DEL_LGRP:
120             if (m == NULL || m->m_len < sizeof(struct lgrplctl))
121                     error = EINVAL;
122             else
123                 error = del_lgrp(mtod(m, struct lgrplctl *));
124             break;

125         case DVMRP_ADD_MRT:
126             if (m == NULL || m->m_len < sizeof(struct mrtctl))
127                     error = EINVAL;
128             else
129                 error = add_mrt(mtod(m, struct mrtctl *));
130             break;

131         case DVMRP_DEL_MRT:
132             if (m == NULL || m->m_len < sizeof(struct in_addr))
133                     error = EINVAL;
134             else
135                 error = del_mrt(mtod(m, struct in_addr *));
136             break;

137     default:
138         error = EOPNOTSUPP;
139         break;
140     }
141     return (error);
142 }
```

ip_mroute.c

图14-10 （续）

这些"选项"更像命令,因为它们引起内核更新多个数据结构。本章后面我们将使用命令(command)一词强调这个事实。

84-92 mrouted发布的第一个命令必须是DVMRP_INIT。后续命令必须来自发布DVMRP_INIT的同一插口。当在其他插口上发布其他命令时,返回EACCES。

94-142 switch语句的每个case语句检查每条命令中的数据量是否正确,然后调用匹配函数。如果不能识别该命令,则返回EOPNOTSUPP。任何从匹配函数返回的错误都在error中发布,并在函数的最后返回。

初始化时,mrouted发布DVMRP_INIT命令,调用图14-11显示的ip_mrouter_init。

```
                                                              —— ip_mroute.c
146 static int
147 ip_mrouter_init(so)
148 struct socket *so;
149 {
150     if (so->so_type != SOCK_RAW ||
151         so->so_proto->pr_protocol != IPPROTO_IGMP)
152         return (EOPNOTSUPP);

153     if (ip_mrouter != NULL)
154         return (EADDRINUSE);

155     ip_mrouter = so;

156     return (0);
157 }
                                                              —— ip_mroute.c
```

图14-11 ip_mrouter_init函数:DVMRP_INIT命令

146-157 如果不是在某个原始IGMP插口上发布命令,或者如果DVMRP_INIT已经被置位,则分别返回EOPNOTSUPP和EADDRINUSE。全局变量ip_mrouter保存指向某个插口的指针,初始化命令就是在该插口上发布的。必须在该插口上发布后续命令。以避免多个mrouted进程的并行操作。

下面几节讨论其他DVMRP_*xxx*命令。

14.5 虚拟接口

当作为多播路由器运行时,Net/3接收到达的多播数据报,复制它们,并在一个或多个接口上转发备份。通过这种方式,数据报被转发给互联网上的其他多播路由器。

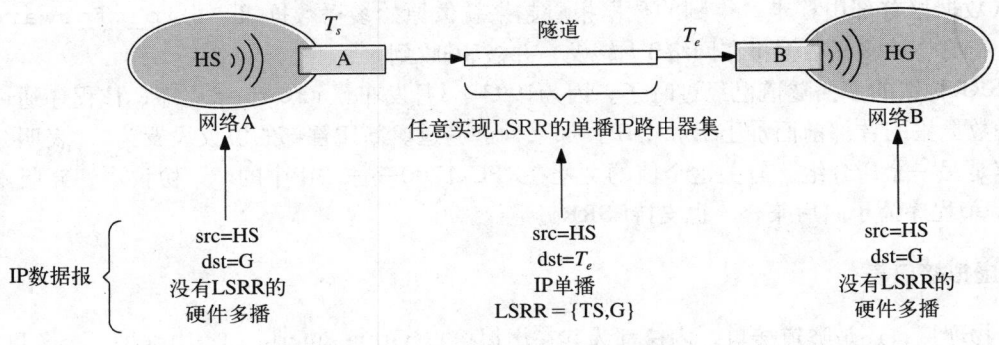

图14-12 多播隧道

输出的接口可以是一个物理接口，也可以是一个多播隧道。多播隧道的两端都与一个多播路由器上的某个物理接口相关。多播隧道使两个多播路由器，即使被不能转发多播数据报的路由器分隔，也能够交换多播数据报。图14-12是一个多播隧道连接的两个多播路由器。

图14-12中，网络A上的源主机HS正在向组G多播数据报。组G的唯一成员在网络B上，并通过一个多播隧道连接到网络A。路由器A接收多播(因为多播路由器接收所有多播)，查询它的多播路由选择表，并通过多播隧道转发该数据报。

隧道的开始是路由器A上的一个物理接口，以IP单播地址T_s标识。隧道的结束是网络B上的一个物理接口，以IP单播地址T_e标识。隧道本身是一个任意复杂的网络，由实现LSRR选项的IP单播路由器连接起来。图14-13显示IP LSRR选项如何实现多播隧道。

系统	IP首部		源路由选项		描　述
	ip_src	ip_dst	偏移	地　址	
HS	HS	G			在网络A上
T_s	HS	T_e	8	$T_s \cdot G$	在隧道上
T_e	HS	G	12	T_s 见正文	在路由器B上ip_dooptions之后
T_e	HS	G			在路由器B上ip_mforward之后

图14-13　LSRR多播隧道选项

图14-13的第一行是HS在网络A上发送的多播数据报。路由器A全部接收，因为多播路由器接收本地连接的网络上的所有数据报。

为通过隧道发送数据报，路由器A在IP首部插入一个LSRR选项。第二行是在隧道上离开A时的数据报。LSRR选项的第一个地址是隧道的源地址，第二个地址是目的多播组地址。数据报的目的地址是T_e——隧道的另一端。LSRR偏移指向目的组。

经过隧道的数据报被转发，通过互联网，直到它到达路由器B上的隧道的另一端。

该图中的第三行是被路由器B上的ip_dooptions处理之后的数据报。记得第9章中讲到，ip_dooptions在ipintr检查数据报的目的地址之前处理LSRR选项。因为数据报的目的地址(T_e)和路由器B上的一个接口匹配，所以ip_dooptions把由选项偏移(本例中是G)标识的地址复制到IP首部的目的地址字段。在选项内，G被ip_rtaddr返回的地址取代，ip_rtaddr通常根据IP目的地址(本例中是G)为数据报选择输出的接口。这个地址是不相关的，因为ip_mforward将丢弃整个选项。最后，ip_dooptions把选项偏移向前移动。

图14-13的第四行是ipintr调用ip_mforward之后的数据报。在那里，LSRR选项被识别，并从数据报首部中移走。得到的数据报看起来就像原始多播数据报，由ip_mforward处理它，把它作为多播数据报在网络B上转发，并被HG收到。

用LSRR构造的多播隧道已经过时了。因为1993年3月发布了mrouted程序，该程序通过在IP多播数据报的首部前面加上另一个IP首部来构造隧道。新IP首部的协议设置为4，表明分组的内容是另一个IP分组。有关这个值的文档在RFC 1700——"IP中的IP"协议中。新版本的mrouted程序为了向后兼容，也支持LSRR隧道。

14.5.1　虚拟接口表

无论物理接口还是隧道接口，内核都为其在虚拟接口(virtual interface)表中维护一个条目，其中包含了只有多播使用的信息。每个虚拟接口都用一个vif结构表示(图14-14)。全局变量

viftable是一个这种结构的数组。数组的下标保存在无符号短整数vifi_t变量中。

```
                                                         ——— ip_mroute.h
105 struct vif {
106     u_char    v_flags;           /* VIFF_ flags */
107     u_char    v_threshold;       /* min ttl required to forward on vif */
108     struct in_addr v_lcl_addr;   /* local interface address */
109     struct in_addr v_rmt_addr;   /* remote address (tunnels only) */
110     struct ifnet *v_ifp;         /* pointer to interface */
111     struct in_addr *v_lcl_grps;  /* list of local grps (phyints only) */
112     int       v_lcl_grps_max;    /* malloc'ed number of v_lcl_grps */
113     int       v_lcl_grps_n;      /* used number of v_lcl_grps */
114     u_long    v_cached_group;    /* last grp looked-up (phyints only) */
115     int       v_cached_result;   /* last look-up result (phyints only) */
116 };
                                                         ——— ip_mroute.h
```

图14-14 vif结构

105-110 为v_flags定义的唯一的标志位是VIFF_TUNNEL。被置位时，该接口是一个到远程多播路由器的隧道。没有置位时，接口是在本地系统上的一个物理接口。v_threshold是我们在12.9节描述的多播阈值。v_lcl_addr是与这个虚拟接口相关的本地接口的IP地址。v_rmt_addr是一个IP多播隧道远端的单播IP地址。v_lcl_addr或者v_rmt_addr为非零，但不会两者都为非零。对物理接口，v_ifp非空，并指向本地接口的ifnet结构。对隧道，v_ifp是空的。

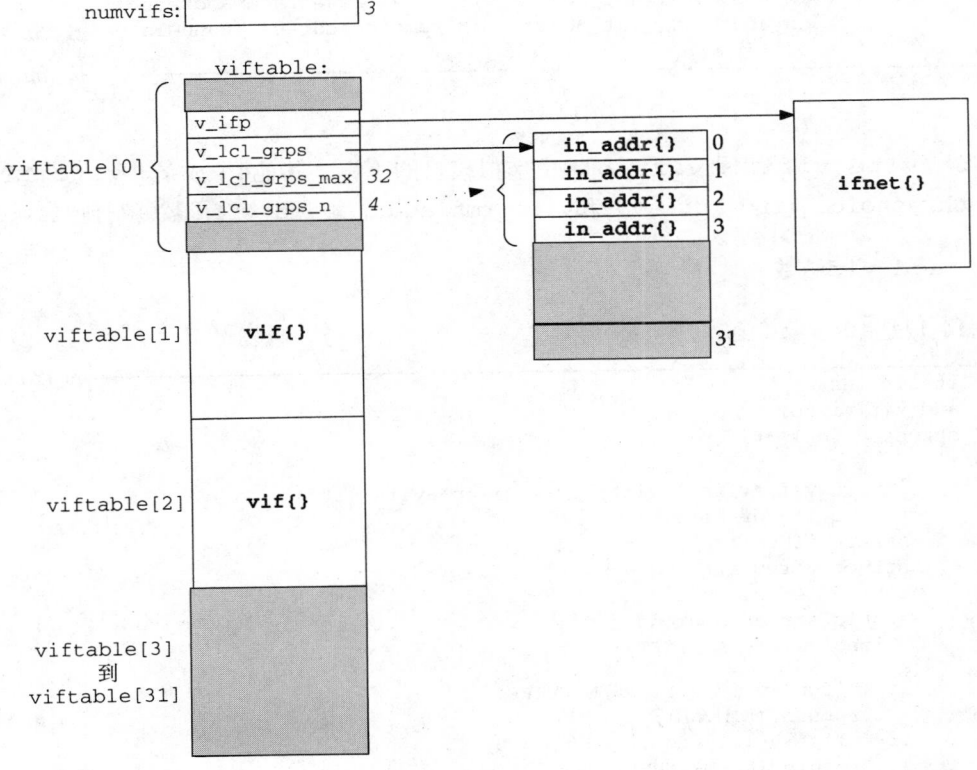

图14-15 viftable数组

111-116 v_lcl_grps指向一个IP 多播组地址数组，这个数组记录了在连到的接口上的成员组列表。对隧道来说，v_lcl_grps总是空的。数组的大小保存在v_lcl_grps_max中，被使用的条目数保存在v_lcl_grps_n中。数组随着组成员关系表的增大而增长。v_cached_group和v_cached_result实现"一个条目"高速缓存，其中记录的是最近一次查找得到的组。

图14-15说明了viftable，它最多有32个(MAXVIFS)条目。viftable[2]是正在使用的最后一个条目，所以numvifs是3。编译内核时固定了表的大小。图中还显示了表的第一个条目的vif结构的几个成员。v_ifp指向一个ifnet结构，v_lcl_grps指向in_addr结构中的一个数组。数组有32(v_lcl_grps_max)个条目，其中只用了4个(v_lcl_grps_n)。

mrouted通过DVMRP_ADD_VIF和DVMRP_DEL_VIF命令维护viftable。通常，当mrouted开始运行时，会把本地系统上有多播能力的接口加入表中。当mrouted阅读自己的配置文件，通常是/etc/mrouted.conf时，会把多播隧道加入表中。这个文件中的命令也可能从虚拟接口表中删除物理接口，或者改变与接口有关的多播信息。

mrouted用DVMRP_ADD_VIF命令把ctl结构(图14-16)传给内核。它指示内核在虚拟接口表中加入一个接口项。

```
                                                    ─── ip_mroute.h
76 struct vifctl {
77     vifi_t  vifc_vifi;          /* the index of the vif to be added */
78     u_char  vifc_flags;         /* VIFF_ flags (Figure 14.14) */
79     u_char  vifc_threshold;     /* min ttl required to forward on vif */
80     struct in_addr vifc_lcl_addr;   /* local interface address */
81     struct in_addr vifc_rmt_addr;   /* remote address (tunnels only) */
82 };
                                                    ─── ip_mroute.h
```

图14-16 vifctl结构

78-82 vifc_vifi识别viftable中虚拟接口的下标。其他4个成员，vifc_flags、vifc_threshold、vifc_lcl_addr和vifc_rmt_addr，被add_vif函数复制到vif函数中。

14.5.2 add_vif函数

图14-17是add_vif函数。

```
                                                    ─── ip_mroute.c
202 static int
203 add_vif(vifcp)
204 struct vifctl *vifcp;
205 {
206     struct vif *vifp = viftable + vifcp->vifc_vifi;
207     struct ifaddr *ifa;
208     struct ifnet *ifp;
209     struct ifreq ifr;
210     int     error, s;
211     static struct sockaddr_in sin =
212     {sizeof(sin), AF_INET};

213     if (vifcp->vifc_vifi >= MAXVIFS)
214         return (EINVAL);
215     if (vifp->v_lcl_addr.s_addr != 0)
216         return (EADDRINUSE);
```

图14-17 add_vif函数：DVMRP_ADD_VIF命令

```
217      /* Find the interface with an address in AF_INET family */
218      sin.sin_addr = vifcp->vifc_lcl_addr;
219      ifa = ifa_ifwithaddr((struct sockaddr *) &sin);
220      if (ifa == 0)
221          return (EADDRNOTAVAIL);

222      s = splnet();

223      if (vifcp->vifc_flags & VIFF_TUNNEL)
224          vifp->v_rmt_addr = vifcp->vifc_rmt_addr;
225      else {
226          /* Make sure the interface supports multicast */
227          ifp = ifa->ifa_ifp;
228          if ((ifp->if_flags & IFF_MULTICAST) == 0) {
229              splx(s);
230              return (EOPNOTSUPP);
231          }
232          /*
233           * Enable promiscuous reception of all IP multicasts
234           * from the interface.
235           */
236          satosin(&ifr.ifr_addr)->sin_family = AF_INET;
237          satosin(&ifr.ifr_addr)->sin_addr.s_addr = INADDR_ANY;
238          error = (*ifp->if_ioctl) (ifp, SIOCADDMULTI, (caddr_t) & ifr);
239          if (error) {
240              splx(s);
241              return (error);
242          }
243      }
244      vifp->v_flags = vifcp->vifc_flags;
245      vifp->v_threshold = vifcp->vifc_threshold;
246      vifp->v_lcl_addr = vifcp->vifc_lcl_addr;
247      vifp->v_ifp = ifa->ifa_ifp;

248      /* Adjust numvifs up if the vifi is higher than numvifs */
249      if (numvifs <= vifcp->vifc_vifi)
250          numvifs = vifcp->vifc_vifi + 1;

251      splx(s);
252      return (0);
253  }
```
ip_mroute.c

图14-17 （续）

1. 验证下标

202-216 如果mrouted指定的vifc_vifi中的下标太大，或者该表条目已经被使用，则分别返回EINVAL或EADDRINUSE。

2. 本地物理接口

217-221 ifa_ifwithaddr取得vifc_lcl_addr中的单播IP地址，并返回一个指向相关ifnet结构的指针。这就标识出这个虚拟接口要用的物理接口。如果没有匹配的接口，返回EADDRNOTAVAIL。

3. 配置隧道接口

222-224 对于隧道，它的远端地址被从vifctl结构中复制到接口表的vif结构中。

4. 配置物理接口

225-243 对于物理接口，链路级驱动程序必须支持多播。SIOCADDMULTI命令与

INADDR_ANY一起配置接口，开始接收所有IP多播数据报(图12-32)，因为它是一个多播路由器。当ipintr把到达数据报传给ip_mforward时，被ip_mforward转发。

5. 保存多播信息

244-253 其他接口信息被从vifctl结构复制到vif结构。如果需要，更新numvifs，记录正在使用的虚拟接口数。

14.5.3 del_vif函数

图14-18显示的del_vif函数从虚拟接口表中删除表项。当mrouted设置DVMRP_DEL_VIF命令时，调用该函数。

1. 验证下标

257-268 如果传给del_vif的下标大于正在使用的最大下标，或者指向一个没有使用的条目，则分别返回EINVAL和EADDRNOTAVAIL。

```
                                                                         ip_mroute.c
257 static int
258 del_vif(vifip)
259 vifi_t *vifip;
260 {
261     struct vif *vifp = viftable + *vifip;
262     struct ifnet *ifp;
263     int     i, s;
264     struct ifreq ifr;

265     if (*vifip >= numvifs)
266         return (EINVAL);
267     if (vifp->v_lcl_addr.s_addr == 0)
268         return (EADDRNOTAVAIL);

269     s = splnet();

270     if (!(vifp->v_flags & VIFF_TUNNEL)) {
271         if (vifp->v_lcl_grps)
272             free(vifp->v_lcl_grps, M_MRTABLE);
273         satosin(&ifr.ifr_addr)->sin_family = AF_INET;
274         satosin(&ifr.ifr_addr)->sin_addr.s_addr = INADDR_ANY;
275         ifp = vifp->v_ifp;
276         (*ifp->if_ioctl) (ifp, SIOCDELMULTI, (caddr_t) & ifr);
277     }
278     bzero((caddr_t) vifp, sizeof(*vifp));

279     /* Adjust numvifs down */
280     for (i = numvifs - 1; i >= 0; i--)
281         if (viftable[i].v_lcl_addr.s_addr != 0)
282             break;
283     numvifs = i + 1;

284     splx(s);
285     return (0);
286 }
                                                                         ip_mroute.c
```

图14-18 del_vif函数：DVMRP_DEL_VIF命令

2. 删除接口

269-278 对于物理接口，释放本地多播组表，SIOCADDMULTI禁止接收所有多播数据报，bzero对viftable的条目清零。

3. 调整接口计数

279-286 for循环从以前活动的最大条目开始向后直到第一个条目为止，搜索出第一个活动的条目。对没有使用的条目，`v_lcl_addr`(一个`in_addr`结构)的成员`s_addr`是0。相应地更新`numvifs`，函数返回。

14.6 IGMP(续)

第13章侧重于IGMP协议的主机部分，`mrouted`实现了这个协议的路由器部分。`mrouted`必须为每个物理接口记录哪个多播组有成员在连到的网络上。`mrouted`每120秒多播一个`IGMP_HOST_MEMBERSHIP_QUERY`数据报，并把`IGMP_HOST_MEMBERSHIP_ REPORT`的结果汇编到与每个网络相关的成员关系数组中。这个数组不是我们在第13章讲的成员关系表。

`mrouted`根据收集到的信息构造多播路由选择表。多播组表也提供信息，用来抑制向没有目的组成员的多播互联网区进行多播。

只为物理接口维护这样的成员关系数组。对其他多播路由器来说，隧道是点到点接口，所以不需要组成员关系信息。

我们在图14-14中看到，`v_lcl_grps`指向一个IP多播组数组。`mrouted`用`DVMRP_ ADD_LGRP`和`DVMRP_DEL_LGRP`命令维护这个表。两个命令都带了一个`lgrpctl`结构(图14-19)。

```
                                                         ────── ip_mroute.h
87 struct lgrpctl {
88     vifi_t  lgc_vifi;
89     struct in_addr lgc_gaddr;
90 };
                                                         ────── ip_mroute.h
```

图14-19 `lgrpctl`结构

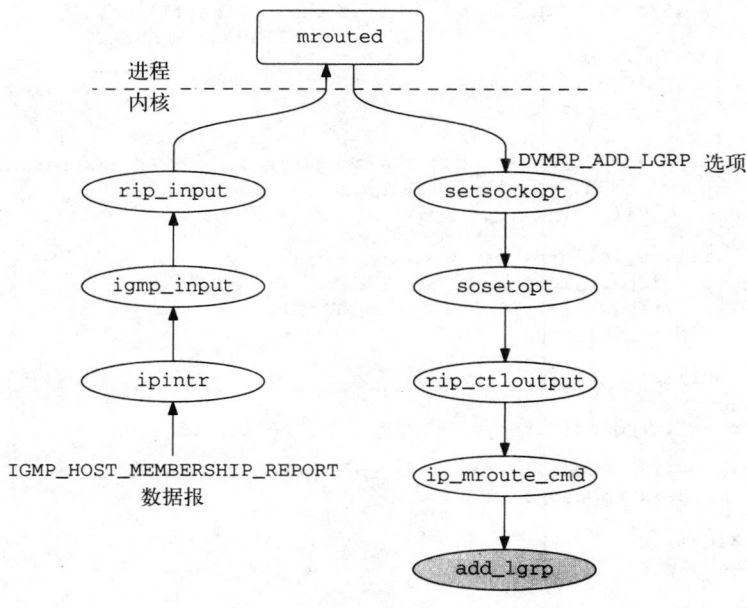

图14-20 IGMP报告处理

87-90   lgc_vifi和lgc_gaddr标识{接口，组}对。接口下标(无符号短整数lgc_vifi)标识一个虚拟接口，而不是物理接口。

当收到一个IGMP_HOST_MEMBERSHIP_REPORT时，调用图14-20所示的函数。

14.6.1   add_lgrp函数

mrouted检查到达IGMP报告的源地址，确定是哪个子网，从而确定报告是哪个接口接

```
                                                                    ip_mroute.c
291 static int
292 add_lgrp(gcp)
293 struct lgrplctl *gcp;
294 {
295     struct vif *vifp;
296     int      s;

297     if (gcp->lgc_vifi >= numvifs)
298         return (EINVAL);

299     vifp = viftable + gcp->lgc_vifi;
300     if (vifp->v_lcl_addr.s_addr == 0 || (vifp->v_flags & VIFF_TUNNEL))
301         return (EADDRNOTAVAIL);

302     /* If not enough space in existing list, allocate a larger one */
303     s = splnet();
304     if (vifp->v_lcl_grps_n + 1 >= vifp->v_lcl_grps_max) {
305         int      num;
306         struct in_addr *ip;

307         num = vifp->v_lcl_grps_max;
308         if (num <= 0)
309             num = 32;              /* initial number */
310         else
311             num += num;            /* double last number */
312         ip = (struct in_addr *) malloc(num * sizeof(*ip),
313                                 M_MRTABLE, M_NOWAIT);
314         if (ip == NULL) {
315             splx(s);
316             return (ENOBUFS);
317         }
318         bzero((caddr_t) ip, num * sizeof(*ip));     /* XXX paranoid */
319         bcopy((caddr_t) vifp->v_lcl_grps, (caddr_t) ip,
320             vifp->v_lcl_grps_n * sizeof(*ip));

321         vifp->v_lcl_grps_max = num;
322         if (vifp->v_lcl_grps)
323             free(vifp->v_lcl_grps, M_MRTABLE);
324         vifp->v_lcl_grps = ip;

325         splx(s);
326     }
327     vifp->v_lcl_grps[vifp->v_lcl_grps_n++] = gcp->lgc_gaddr;

328     if (gcp->lgc_gaddr.s_addr == vifp->v_cached_group)
329         vifp->v_cached_result = 1;

330     splx(s);
331     return (0);
332 }
                                                                    ip_mroute.c
```

图14-21   add_lgrp函数：DVMRP_ADD_GLRP命令

收的。根据这个信息，mrouted为该接口设置DVMRP_ADD_LGRP命令，更新内核中的成员关系表。这个信息也被送到多播路由选择算法，更新路由选择表。图14-21显示了add_lgrp函数。

1. 验证增加请求

291-301 如果该请求标识了一个无效接口，就返回EINVAL。如果没有使用该接口或它是一个隧道，则返回EADDRNOTAVAIL。

2. 如果需要，扩展组数组

302-326 如果新组无法放在当前的组数组中，就分配一个新的数组。第一次为接口调用add_lgrp函数时，分配一个能装32个组的数组。

每次数组被填满后，add_lgrp就分配一个两倍于前面数组大小的新数组。Malloc负责分配，bzero负责清零，bcopy把旧数组中的内容复制到新数组中。更新最大条目数v_lcl_grps_max，释放旧数组(如果有的话)，把新数组和v_lcl_grps连接到vif条目。

"偏执狂(paranoid)"评论指出，无法保证malloc分配的内存全部是0。

3. 增加新的组

327-332 新组被复制到下一个可用的条目，如果高速缓存中已经存放了新组，就把高速缓存标记为有效。

查找高速缓存中包含一个地址v_cached_group，以及一个高速缓存的查找结果v_cached_result。grplst_member函数在搜索成员关系数组之前，总是先查一下这个高速缓存。如果给定的组与v_cached_group匹配，就返回高速缓存的查找结果；否则，搜索成员关系数组。

14.6.2 del_lgrp函数

如果在270秒内，没有收到该组任何成员关系的报告，则每个接口的组信息超时。mrouted维护适当的定时器，并当信息超时后，发布DVMRP_DEL_LGRP命令。图14-22显示了del_lgrp。

1. 验证接口下标

337-347 如果请求标识无效接口，叫返回EINVAL。如果该接口没有使用或是一个隧道，则返回EADDRNOTAVAIL。

2. 更新查找高速缓存

348-350 如果要删除的组在高速缓存里，就把查找结果设成0(假)。

3. 删除组

351-364 如果在成员关系表中没有找到该组，则在error中发布EADDRNOTAVAIL。for循环搜索与该接口相关的成员关系数组。如果same(是一个宏，用bcmp比较两个地址)为真，则清除error，把组计数器加1。bcopy移动后续的数组条目，删除该组，del_lgrp跳出该循环。

如果循环结束，没有找到匹配，则返回EADDRNOTAVAIL；否则返回0。

```
337 static int
338 del_lgrp(gcp)
339 struct lgrplctl *gcp;
340 {
341     struct vif *vifp;
342     int     i, error, s;

343     if (gcp->lgc_vifi >= numvifs)
344         return (EINVAL);
345     vifp = viftable + gcp->lgc_vifi;
346     if (vifp->v_lcl_addr.s_addr == 0 || (vifp->v_flags & VIFF_TUNNEL))
347         return (EADDRNOTAVAIL);

348     s = splnet();

349     if (gcp->lgc_gaddr.s_addr == vifp->v_cached_group)
350         vifp->v_cached_result = 0;

351     error = EADDRNOTAVAIL;
352     for (i = 0; i < vifp->v_lcl_grps_n; ++i)
353         if (same(&gcp->lgc_gaddr, &vifp->v_lcl_grps[i])) {
354             error = 0;
355             vifp->v_lcl_grps_n--;
356             bcopy((caddr_t) & vifp->v_lcl_grps[i + 1],
357                     (caddr_t) & vifp->v_lcl_grps[i],
358                     (vifp->v_lcl_grps_n - i) * sizeof(struct in_addr));
359             error = 0;
360             break;
361         }
362     splx(s);
363     return (error);
364 }
```

图14-22 del_lgrp函数：DVMRP_DEL_LGRP命令

14.6.3 grplst_member函数

在转发多播时，查询成员关系数组，以免把数据报发到没有目的组成员的网络上。图14-23显示的grplst_member函数，搜索整个表，寻找给定组地址。

```
368 static int
369 grplst_member(vifp, gaddr)
370 struct vif *vifp;
371 struct in_addr gaddr;
372 {
373     int     i, s;
374     u_long  addr;

375     mrtstat.mrts_grp_lookups++;

376     addr = gaddr.s_addr;
377     if (addr == vifp->v_cached_group)
378         return (vifp->v_cached_result);

379     mrtstat.mrts_grp_misses++;

380     for (i = 0; i < vifp->v_lcl_grps_n; ++i)
```

图14-23 grplst_member函数

```
381              if (addr == vifp->v_lcl_grps[i].s_addr) {
382                  s = splnet();
383                  vifp->v_cached_group = addr;
384                  vifp->v_cached_result = 1;
385                  splx(s);
386                  return (1);
387              }
388          s = splnet();
389          vifp->v_cached_group = addr;
390          vifp->v_cached_result = 0;
391          splx(s);
392          return (0);
393 }
```
————— ip_mroute.c

图14-23 （续）

1. 检查高速缓存

368-379 如果请求的组在高速缓存中，则返回高速缓存的结果，不搜索成员关系数组。

2. 搜索成员关系数组

380-390 对数组进行线性搜索，确定组是否在其中。如果找到，就更新高速缓存以记录匹配的值，并返回1；如果没有找到，就更新高速缓存记录丢失的，并返回0。

14.7 多播选路

正如在本章开始提到的，我们不给出mrouted实现的TRPB算法，但给出一个有关该机制的综述，描述内核的多播路由选择表和多播路由选择函数。图14-24显示了一个我们用于解释该算法的示例多播网络。

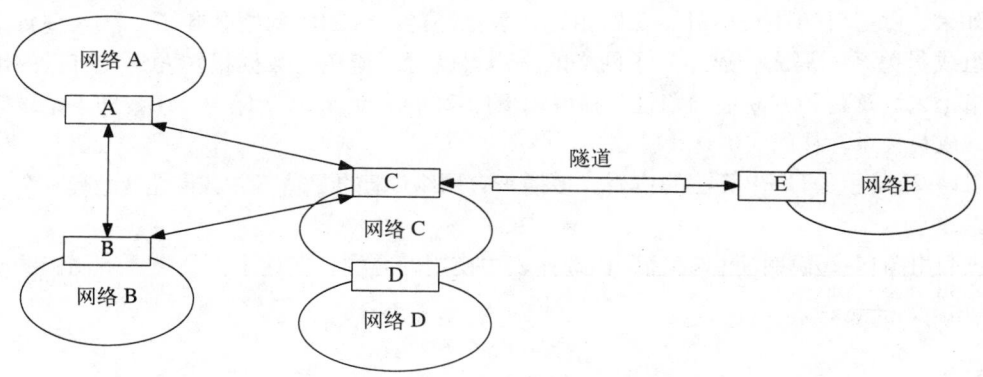

图14-24 多播网络示例

图14-24中，方框代表路由器，椭圆代表连接到路由器的多播网络。例如，路由器D可以在网络D和网络C上多播。路由器C可以向网络C多播，通过点到点接口向路由器A和B多播，并可以通过一个多播隧道向路由器E多播。

最简单的路由选择办法是，从互联网拓扑中选出一个子网，形成一个生成树。如果每个路由器都沿着生成树转发多播，则各路由器最终会收到数据报。图14-25显示了示例网络的一个生成树。其中，网络A上的主机S是多播数据报的源。

有关生成树的讨论，参见 [Tanenbaum 1989] 或 [Perlman 1992]。

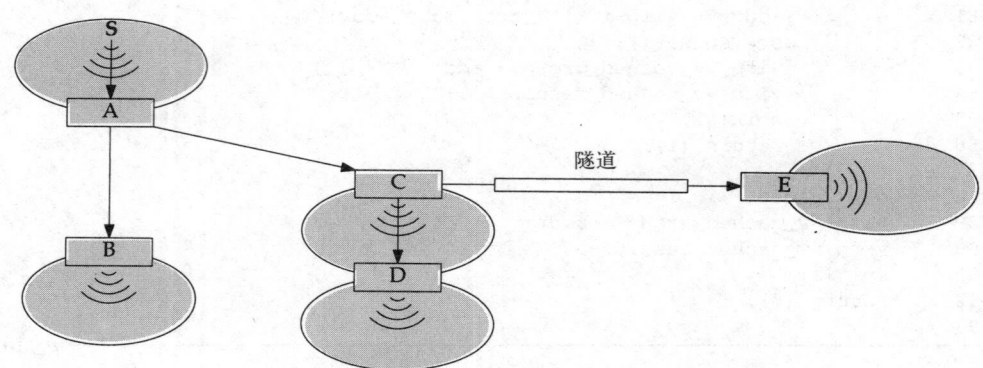

图14-25 网络A的生成树

这个生成树是根据从各网络回到网络A上的源站的最短逆向路径(*reverse path*)构造的。图
14-25的生成树中，省略了路由器B和C之间的线路。源站和路由器A之间的箭头，以及路由器
B和C之间的箭头，强调了多播网络是生成树的一部分。

如果用同一生成树转发来自网络C的数据报，为了在网络B上收到，数据报经过的转发路
径将大于需要的长度。RFC 1075提出的算法为每个潜在的源站计算了一个单独的生成树，以
避免这种情况。路由选择表为每条路由记录了一个网络号和子网掩码，所以一条路由可以应
用到源子网内的任意主机。

因为构造生成树是为了给源站的数据报提供最短逆向路径，而每个网络都接收所有多播
数据报，所以这个过程称为逆向路径广播(*reverse path broadcast*)即RPB。

RPB没有任何多播组成员信息，使许多数据报被不必要地转发到没有目的组成员的网络
上。如果，除了计算生成树外，该路由选择算法还能记录哪些网络是叶子，注意到每个网络
上的组成员关系，那么，连到叶子网络的路由器就可以避免把数据报转发到没有目的组成员
的网络上去。这称为截断逆向路径广播(TRPB)，2.0版的`mrouted`在IGMP帮助下记录叶子网
络上的成员关系，从而实现这一算法。

图14-26显示了TRPB算法的应用。多播来自网络C上的源站，并在网络B上有一个目的组
成员。

我们用图14-26说明Net/3多播路由选择表中使用的名词。在这个例子中，有阴影的网络和

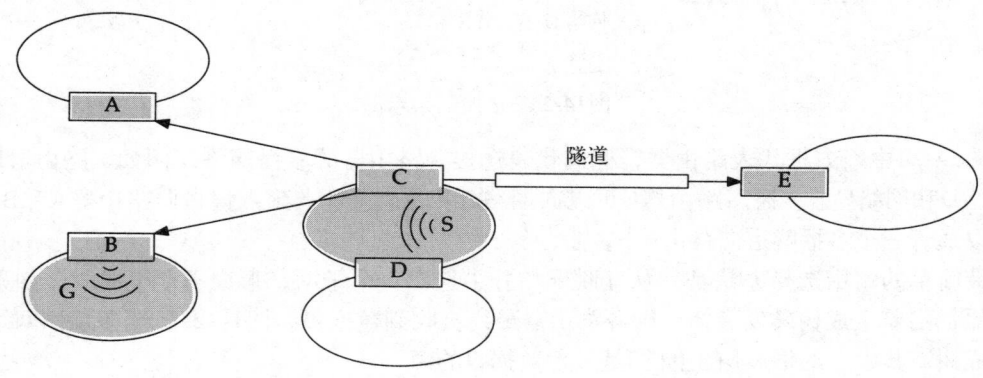

图14-26 网络C的TRPB路由选择

路由器收到来自网络C上源站的数据报。A和B之间的线路不属于生成树，C与D之间没有连接，因为C和D直接收到源站发送的多播。

在这个图中，网络A、B、D和E是叶子网络。路由器C接收多播，并通过连到路由器A、B和E的接口将其转发——尽管把它发给A和E都是浪费。这是TRPB算法的缺点。

路由器C上与网络C相关的接口叫作父亲，因为路由器C期望用它接收来自网络C的多播。从路由器C到路由器A、B和E的接口叫作儿子接口。对路由器A来说，点到点接口是来自C的源分组的父亲，到网络A的接口是儿子。接口相对于数据报的源站，被标识为父亲和儿子。只在相关的儿子接口上转发多播数据报，不在父亲接口上转发多播。

继续我们的例子，因为网络A、D和E是叶子网络，并且没有目的组成员，所以它们没有阴影。在路由器处截断生成树，也不把数据报转发到这些网络上去。路由器B把数据报转发到网络B上，因为B上有一个目的组成员。为实现截断算法，接收数据报的所有路由器都在自己的viftable中查询与每个虚拟接口相关的组表。

对该多播路由选择算法的最后一个改进叫作逆向路径多播(reverse path multicasting, RPM)。RPM的目的是修剪(prune)各生成树，避免在没有目的组成员的分支上发送数据报。在图14-26中，RPM可以避免路由器C向A和E发送数据报，因为在这两个分支上没有目的多播组的成员。3.3版的mrouted实现了RPM。

图14-27是我们的示例网络，但这一次，只有那些RPM算法选路数据报能到达的路由器和网络才有阴影。

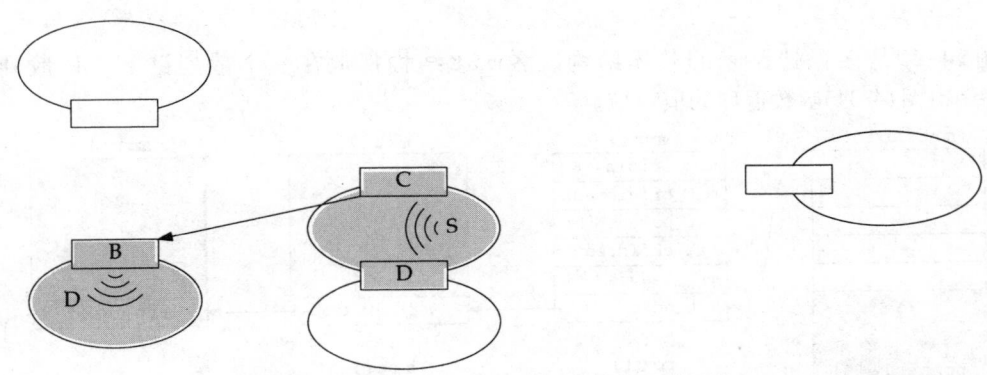

图14-27 网络C的RPM路由选择

为了计算生成树对应的路由表，多播路由器和邻近的多播路由器通信，发现多播互联网拓扑和多播组成员的位置。在Net/3中，用DVMRP进行这种通信。DVMRP作为IGMP数据报传送，发给224.0.0.4组，该组是给DVMRP通信保留的(图12-1)。

在图12-39中，我们看到，多播路由器总是接受到达的IGMP分组，把它们传给igmp_input和rip_input，然后mrouted在一个原始IGMP插口上读它们。mrouted把DVMRP报文发送到同一原始IGMP插口上的其他多播路由器。

实现这些算法需要的有关RPB、TRPB、RPM以及DVMRP报文的其他细节参见 [Deering和Cheriton 1990] 和mrouted的源代码。

Internet上还使用了其他多播路由选择协议。Proteon路由器实现了RFC 1584 [Moy 1994]提出的MOSPF协议。Cisco从操作软件的10.2版开始实现了PIM(Protocol Independent

Multicasting)。[Deering et al1994]描述了PIM。

14.7.1 多播选路表

现在我们描述Net/3中实现的多播路由选择。内核的多播路由选择表是作为一个有64个条目的散列表实现的(MRTHASHIZ)。该表保存在全局数组mrttable中，每个条目指向一个mrt结构的链表，如图14-28所示。

```
120 struct mrt {                                                    ──── ip_mroute.h
121     struct in_addr mrt_origin;   /* subnet origin of multicasts */
122     struct in_addr mrt_originmask;  /* subnet mask for origin */
123     vifi_t  mrt_parent;          /* incoming vif */
124     vifbitmap_t mrt_children;    /* outgoing children vifs */
125     vifbitmap_t mrt_leaves;      /* subset of outgoing children vifs */
126     struct mrt *mrt_next;        /* forward link */
127 };
                                                                    ──── ip_mroute.h
```

图14-28 mrt结构

120-127 mrtc_origin和mrtc_originmask标识表中的一个条目。mrtc_parent是虚拟接口的下标，该虚拟接口上预期有来自起点的所有多播数据报。mrtc_children是一个位图，标识外出的接口。mrtc_leaves也是一个位图，里面标识多播路由选择树中也是叶子的外出接口。当多条路由散列到同一个数组条目时，最后一个成员mrt_next实现该条目的一个链表。

图14-29是多播选路表的整体结构。各mrt结构都放在一个散列链上，该散列链与nethash(图14-31)函数返回的值对应。

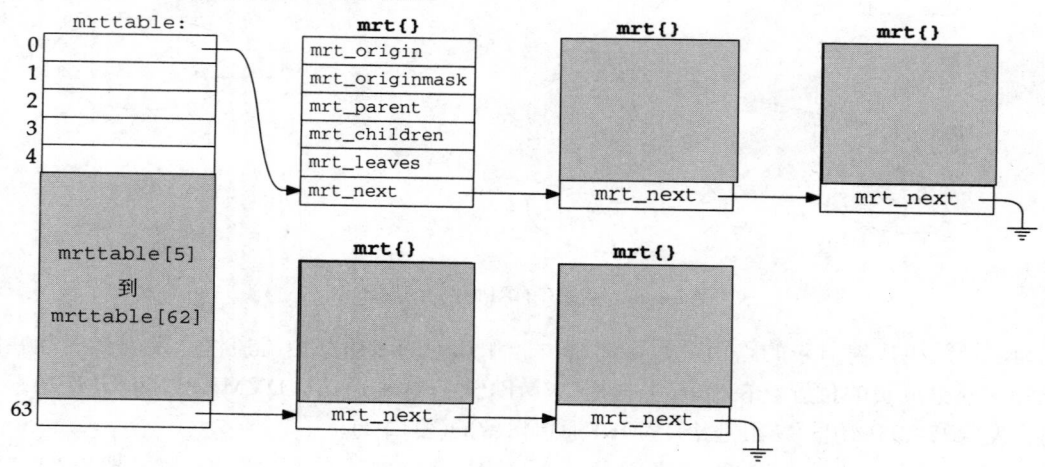

图14-29 多播选路表

内核维护的多播选路表是mrouted维护的多播选路表的一个子集，其中的信息足够内核支持多播转发。发送内核表更新和DVMRP_ADD_MRT命令，其中包含图14-30显示的mrtctl结构。

95-101 mrtctl结构的5个成员携带了我们谈到的mrouted和内核之间的信息(图14-28)。

多播选路表的键值是多播数据报的源IP地址。nethash(图14-31)实现该用于该表的散列算法。它接受源IP地址，并返回0~63之间的一个值(MRTHASHSIZ −1)。

ip_mroute.h

```
 95 struct mrtctl {
 96     struct in_addr mrtc_origin;   /* subnet origin of multicasts */
 97     struct in_addr mrtc_originmask;      /* subnet mask for origin */
 98     vifi_t  mrtc_parent;          /* incoming vif */
 99     vifbitmap_t mrtc_children;    /* outgoing children vifs */
100     vifbitmap_t mrtc_leaves;      /* subset of outgoing children vifs */
101 };
```
ip_mroute.h

图14-30 mrtctl结构

ip_mroute.c

```
398 static  u_long
399 nethash(in)
400 struct in_addr in;
401 {
402     u_long  n;

403     n = in_netof(in);
404     while ((n & 0xff) == 0)
405         n >>= 8;
406     return (MRTHASHMOD(n));
407 }
```
ip_mroute.c

图14-31 nethash结构

398-407 in_netof返回in，主机部分设置为全0，在n中仅留下发送主机的A、B和C类网络。右移结果，直到低8位非零为止。MRTHASHMOD是

```
#define MRTHASHMOD(h) ((h) & (MRTHASHSIZ - 1))
```

把低8位与63进行逻辑与运算，留下低6位，这是0~63之间的一个整数。

用两个函数调用(nethash和in_netof)计算散列值，作为散列32 bit地址值太过昂贵了。

14.7.2 del_mrt函数

mrouted守护程序通过DVMRP_ADD_MRT和DVMRP_DEL_MRT命令在内核的多播选路表中增加或删除表项。图14-32显示了del_mrt函数。

ip_mroute.c

```
451 static int
452 del_mrt(origin)
453 struct in_addr *origin;
454 {
455     struct mrt *rt, *prev_rt;
456     u_long  hash = nethash(*origin);
457     int     s;

458     for (prev_rt = rt = mrttable[hash]; rt; prev_rt = rt, rt = rt->mrt_next)
459         if (origin->s_addr == rt->mrt_origin.s_addr)
460             break;
461     if (!rt)
462         return (ESRCH);

463     s = splnet();
```

图14-32 del_mrt函数：DVMRP_DEL_MRT命令

```
464         if (rt == cached_mrt)
465             cached_mrt = NULL;
466         if (prev_rt == rt)
467             mrttable[hash] = rt->mrt_next;
468         else
469             prev_rt->mrt_next = rt->mrt_next;
470         free(rt, M_MRTABLE);

471         splx(s);
472         return (0);
473 }
```
——————————————————————————————————— *ip_mroute.c*

图14-32 （续）

1. 找到路由条目

451-462   for循环从hash标识的条目开始(在nethash中定义时初始化)。如果没有找到条目，则返回ESRCH。

2. 删除路由条目

463-473   如果该条目在高速缓存中，则高速缓存也无效了。从散列链上把该条目断开，并且释放。当匹配条目在表的最前面时，需要if语句处理这一特殊情况。

14.7.3 `add_mrt`函数

add_mrt函数如图14-33所示。

——————————————————————————————————— *ip_mroute.c*
```
411 static int
412 add_mrt(mrtcp)
413 struct mrtctl *mrtcp;
414 {
415     struct mrt *rt;
416     u_long hash;
417     int    s;

418     if (rt = mrtfind(mrtcp->mrtc_origin)) {
419         /* Just update the route */
420         s = splnet();
421         rt->mrt_parent = mrtcp->mrtc_parent;
422         VIFM_COPY(mrtcp->mrtc_children, rt->mrt_children);
423         VIFM_COPY(mrtcp->mrtc_leaves, rt->mrt_leaves);
424         splx(s);
425         return (0);
426     }
427     s = splnet();

428     rt = (struct mrt *) malloc(sizeof(*rt), M_MRTABLE, M_NOWAIT);
429     if (rt == NULL) {
430         splx(s);
431         return (ENOBUFS);
432     }
433     /*
434      * insert new entry at head of hash chain
435      */
436     rt->mrt_origin = mrtcp->mrtc_origin;
437     rt->mrt_originmask = mrtcp->mrtc_originmask;
438     rt->mrt_parent = mrtcp->mrtc_parent;
```

图14-33 add_mrt函数：处理DVMRP_ADD_MRT命令

```
439        VIFM_COPY(mrtcp->mrtc_children, rt->mrt_children);
440        VIFM_COPY(mrtcp->mrtc_leaves, rt->mrt_leaves);
441        /* link into table */
442        hash = nethash(mrtcp->mrtc_origin);
443        rt->mrt_next = mrttable[hash];
444        mrttable[hash] = rt;

445        splx(s);
446        return (0);
447 }
```
———————————————————————————————————— *ip_mroute.c*

图14-33　（续）

1. 更新存在的路由

411-427　如果请求的路由已经在路由表中，则把新的信息复制到该路由中，add_mrt返回。

2. 分配新路由

428-447　在新分配的mbuf中，根据增加请求传递的mrtctl结构，构造一个mrt结构。从mrtc_origin计算出散列下标，并把新路由插入散列链的第一个条目。

14.7.4　mrtfind函数

mrtfind函数负责搜索多播选路表。如图14-34所示。把数据报的源站地址传给mrtfind，mrtfind返回一个指向匹配mrt结构的指针；如果没有匹配，则返回一个空指针。

1. 检查路由查询高速缓存

477-488　把给定的源IP地址(orgin)与高速缓存中的原始掩码做逻辑与运算。如果结果与cached_origin匹配，则返回高速缓存的条目。

———————————————————————————————————— *ip_mroute.c*
```
477 static struct mrt *
478 mrtfind(origin)
479 struct in_addr origin;
480 {
481        struct mrt *rt;
482        u_int   hash;
483        int     s;

484        mrtstat.mrts_mrt_lookups++;

485        if (cached_mrt != NULL &&
486            (origin.s_addr & cached_originmask) == cached_origin)
487            return (cached_mrt);

488        mrtstat.mrts_mrt_misses++;

489        hash = nethash(origin);
490        for (rt = mrttable[hash]; rt; rt = rt->mrt_next)
491            if ((origin.s_addr & rt->mrt_originmask.s_addr) ==
492                rt->mrt_origin.s_addr) {
493                s = splnet();
494                cached_mrt = rt;
495                cached_origin = rt->mrt_origin.s_addr;
496                cached_originmask = rt->mrt_originmask.s_addr;
497                splx(s);
498                return (rt);
499            }
500        return (NULL);
501 }
```
———————————————————————————————————— *ip_mroute.c*

图14-34　mrtfind函数

2. 检查散列表

489-501   nethash返回该路由条目的散列下标。for循环搜索散列链找到匹配的路由。当找到一个匹配时，更新高速缓存，返回一个指向该路由的指针。如果没有找到匹配，则返回一个空指针。

14.8 多播转发：`ip_mforward`函数

内核实现了整个多播转发。我们在图12-39中看到，当ip_mrouter非空时，也就是mrouted在运行时，ipintr把到达数据报传给ip_mforward。

我们在图12-40中看到，ip_output可以把本地主机产生的多播数据报传给ip_mforward，由ip_mforward为这些数据报选路到除ip_output选定的接口以外的其他接口上去。

与单播转发不同，每当多播数据报被转发到某个接口上时，就为该数据报产生一个备份。例如，如果本地主机是一个多播路由器，并且连接到三个不同的网络，则系统产生的多播数据报被分别复制三份，在三个接口上等待输出。另外，如果应用程序设置了多播环回标志位，或者任何输出的接口也接收它自己的传送，则数据报也将被复制，等待输入。

图14-35显示了一个到达某个物理接口的多播数据报。

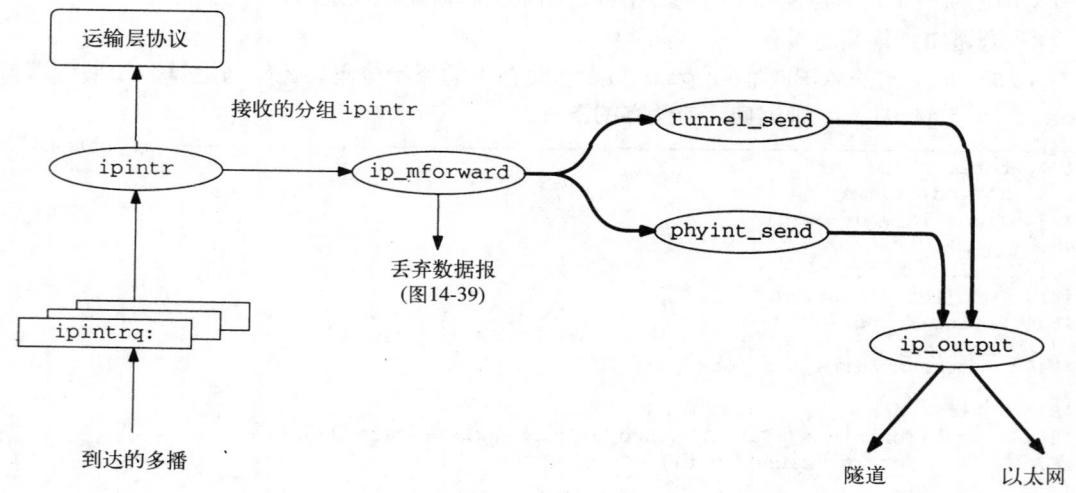

图14-35 到达某个物理接口的多播数据报

在图14-35中，数据报到达的接口是目的多播组的一个成员，所以数据报被传给运输层协议等待输入处理。该数据报也被传给ip_mforward，在这里它被复制和转发到一个物理接口和一个隧道上(带粗线的箭头)，这两个必须都不和接收接口相同。

图14-36显示了一个到达某隧道的多播数据报。

在图14-36中，用带虚线的箭头表示与该隧道的本地端有关的物理接口，数据报就在这一接口上到达。数据报被传给ip_mforward，我们将在图14-37看到，因为分组到达一个隧道，所以ip_mforward返回一个非零值。这导致ipintr不再把该分组传给运输层协议。

ip_mforward从分组中取出隧道选项，查询多播选路表，并且，在本例中，还把分组转发到另一个隧道以及到达的物理接口上去，用带细线的箭头表示。这是可行的，因为多播选路表是根据虚拟接口，而不是物理接口。

在图14-36中，我们假定物理接口是目的多播组的成员，所以ip_output把该数据报传给ip_mloopback，ip_mloopback把它送到队列中等待ipintr的处理(带粗线的箭头)。然后，分组又被传给ip_mforward，并被这个函数丢弃(练习14.4)。这一次，ip_mforward返回0(因为分组是在物理接口上到达的)，所以ipintr接受该数据报，并进行输入处理。

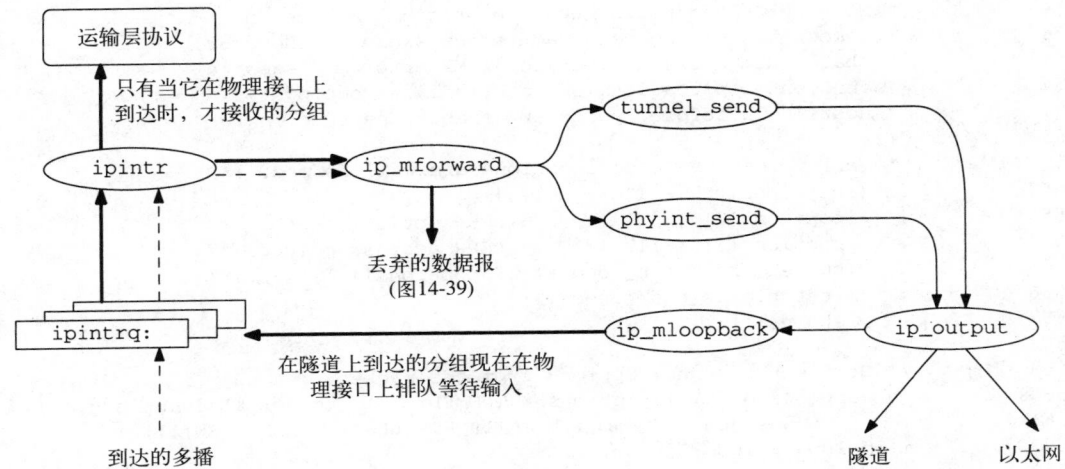

图14-36 到达某个多播隧道的多播数据报

我们分三部分说明多播转发程序：
• 隧道输入处理(图14-37)；
• 转发条件合格(图14-39)；
• 转发到出去的接口上(图14-40)。

ip_mroute.c

```
516 int
517 ip_mforward(m, ifp)
518 struct mbuf *m;
519 struct ifnet *ifp;
520 {
521     struct ip *ip = mtod(m, struct ip *);
522     struct mrt *rt;
523     struct vif *vifp;
524     int     vifi;
525     u_char *ipoptions;
526     u_long  tunnel_src;

527     if (ip->ip_hl < (IP_HDR_LEN + TUNNEL_LEN) >> 2 ||
528         (ipoptions = (u_char *) (ip + 1))[1] != IPOPT_LSRR) {
529         /* Packet arrived via a physical interface. */
530         tunnel_src = 0;
531     } else {
532         /*
533          * Packet arrived through a tunnel.
534          * A tunneled packet has a single NOP option and a
```

图14-37 ip_mforward函数：到达隧道

```
535           * two-element loose-source-and-record-route (LSRR)
536           * option immediately following the fixed-size part of
537           * the IP header.  At this point in processing, the IP
538           * header should contain the following IP addresses:
539           *
540           * original source          - in the source address field
541           * destination group        - in the destination address field
542           * remote tunnel end-point  - in the first  element of LSRR
543           * one of this host's addrs - in the second element of LSRR
544           *
545           * NOTE: RFC-1075 would have the original source and
546           * remote tunnel end-point addresses swapped.  However,
547           * that could cause delivery of ICMP error messages to
548           * innocent applications on intermediate routing
549           * hosts!  Therefore, we hereby change the spec.
550           */
551          /* Verify that the tunnel options are well-formed.  */
552          if (ipoptions[0] != IPOPT_NOP ||
553              ipoptions[2] != 11 ||    /* LSRR option length  */
554              ipoptions[3] != 12 ||    /* LSRR address pointer */
555              (tunnel_src = *(u_long *) (&ipoptions[4])) == 0) {
556              mrtstat.mrts_bad_tunnel++;
557              return (1);
558          }
559          /* Delete the tunnel options from the packet. */
560          ovbcopy((caddr_t) (ipoptions + TUNNEL_LEN), (caddr_t) ipoptions,
561                  (unsigned) (m->m_len - (IP_HDR_LEN + TUNNEL_LEN)));
562          m->m_len -= TUNNEL_LEN;
563          ip->ip_len -= TUNNEL_LEN;
564          ip->ip_hl -= TUNNEL_LEN >> 2;
565      }
```
—— *ip_mroute.c*

图14-37 （续）

516-526　ip_mforward的两个参数是：一个指向包含该数据报的mbuf链的指针；另一个
是指向接收接口ifnet结构的指针。

1. 到达物理接口

527-530　为了区分在同一物理接口上到达的多播数据报是否经过隧道，要检查IP首部的特
征LSRR选项。如果首部太小，无法包含该选项；或者该选项不是以一个后面跟着一个LSRR
选项的NOP开始，就假定该数据报是在一个物理接口上到达的，并把tunnel_src设为0。

2. 到达隧道

531-558　如果数据报看起来像是从隧道上到达的，就检查选项，验证格式是否正确。如果选
项的格式不符合多播隧道，则ip_mforward返回1，指示应该把该数据报丢弃。图14-38是隧
道选项的结构。

在图14-38中，我们假定数据报里没有其他选项，但不是必须这样的。任何其他
IP选项都可能出现在LSRR选项的后面，因为隧道开始端的多播路由器总是把LSRR
选项插在所有其他选项之前。

3. 删除隧道选项

559-565　如果选项正确，就把后面的选项和数据向前移动，调整mbuf首部的m_len和IP 首
部的ip_len和ip_hl的值，然后删除隧道选项(图14-38)。

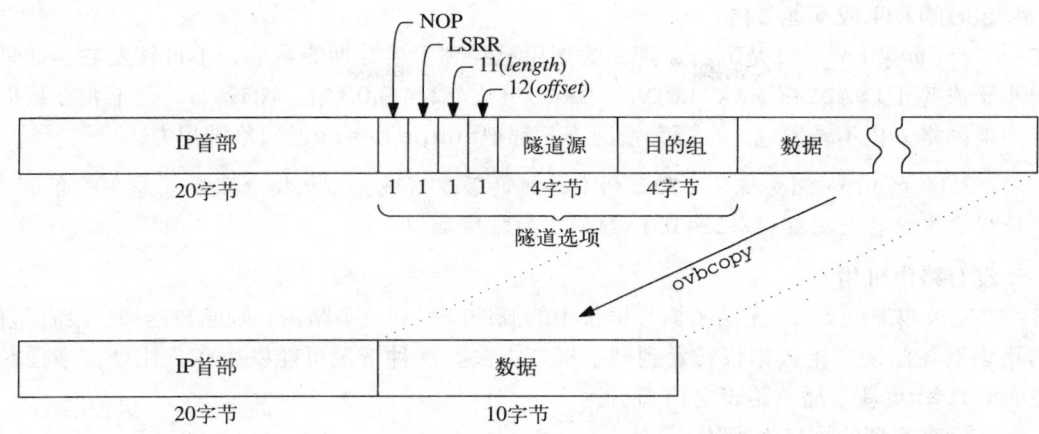

图14-38 多播隧道选项

ip_mforward经常把tunnel_source作为返回值。当数据报从隧道上到达时，这个值只能是非零的。当ip_mforward返回非零值时，它的调用方就丢弃该数据报。对ipintr来说，这意味着在隧道上到达的一个数据报被传给ip_mforward，并且被ipintr丢弃。转发程序取出隧道信息，复制数据报，用ip_output将其发送出去；如果接口是目的多播组的成员，则ip_output调用ip_mloopback。

ip_mforward的下一部分显示在图14-39中，在这部分程序中，如果数据报不符合转发的条件，就丢弃它。

```
                                                                    ─── ip_mroute.c
566     /*
567      * Don't forward a packet with time-to-live of zero or one,
568      * or a packet destined to a local-only group.
569      */
570     if (ip->ip_ttl <= 1 ||
571         ntohl(ip->ip_dst.s_addr) <= INADDR_MAX_LOCAL_GROUP)
572         return ((int) tunnel_src);

573     /*
574      * Don't forward if we don't have a route for the packet's origin.
575      */
576     if (!(rt = mrtfind(ip->ip_src))) {
577         mrtstat.mrts_no_route++;
578         return ((int) tunnel_src);
579     }
580     /*
581      * Don't forward if it didn't arrive from the parent vif for its origin.
582      */
583     vifi = rt->mrt_parent;
584     if (tunnel_src == 0) {
585         if ((viftable[vifi].v_flags & VIFF_TUNNEL) ||
586             viftable[vifi].v_ifp != ifp)
587             return ((int) tunnel_src);
588     } else {
589         if (!(viftable[vifi].v_flags & VIFF_TUNNEL) ||
590             viftable[vifi].v_rmt_addr.s_addr != tunnel_src)
591             return ((int) tunnel_src);
592     }
                                                                    ─── ip_mroute.c
```

图14-39 ip_mforward函数：转发可行性检查

4. 超时的TTL或本地多播

566-572 如果ip_ttl是0或1，那么数据报已经到了生存期的最后，不再转发它。如果目的组小于或等于INADDR_MAX_LOCAL_GROUP(几个224.0.0.x组，图12-1)，则不允许数据报离开本地网络，也不转发它。在两种情况下，都把tunnel_src返回给调用方。

3.3版的mrouted支持对某些目的多播组的管理辖域。可把接口配置成丢弃所有寻址到这些组的数据报，与224.0.0.x组的自动辖域类似。

5. 没有路由可用

573-579 如果mrtfind无法根据数据报中的源地址找到一条路由，则函数返回。没有路由，多播路由器无法确定把数据报转发到哪个接口上去。这种情况可能发生在，比如，多播数据报在mrouted更新多播选路表之前到达。

6. 在没有想到的接口上到达

580-592 如果数据报到达某个物理接口，但系统本来预想它应该到达某个隧道或其他物理接口，则ip_mforward返回；如果数据报到达某个隧道，但系统本来预想它应该在某个物理接口或其他隧道上到达，则ip_mforward也返回。产生这些情况的原因是，当组成员关系或网络的物理拓扑发生变化后，正在更新选路表时，数据报到达。

ip_mforward的最后一部分(图14-40)把该数据报在多播路由条目所指定的每个输出接口上发送。

```
                                                                        ip_mroute.c
593     /*
594      * For each vif, decide if a copy of the packet should be forwarded.
595      * Forward if:
596      *      - the ttl exceeds the vif's threshold AND
597      *      - the vif is a child in the origin's route AND
598      *      - ( the vif is not a leaf in the origin's route OR
599      *          the destination group has members on the vif )
600      *
601      * (This might be speeded up with some sort of cache -- someday.)
602      */
603     for (vifp = viftable, vifi = 0; vifi < numvifs; vifp++, vifi++) {
604         if (ip->ip_ttl > vifp->v_threshold &&
605             VIFM_ISSET(vifi, rt->mrt_children) &&
606             (!VIFM_ISSET(vifi, rt->mrt_leaves) ||
607              grplst_member(vifp, ip->ip_dst))) {
608             if (vifp->v_flags & VIFF_TUNNEL)
609                 tunnel_send(m, vifp);
610             else
611                 phyint_send(m, vifp);
612         }
613     }

614     return ((int) tunnel_src);
615 }
                                                                        ip_mroute.c
```

图14-40 ip_mforward函数：转发

593-615 对viftable中的每个接口，如果以下条件满足，则在该接口上发送数据报：
- 数据报的TTL大于接口的多播阈值；
- 接口是该路由的子接口；
- 接口没有和某个叶子网络相连。

如果该接口是一个叶子，那么只有当网络上有目的多播组成员时（也就是说，grplst_member返回一个非零值），才输出该数据报。

tunnel_send在隧道接口上转发该数据报；用phyint_send在物理接口上转发。

14.8.1 phyint_send函数

为在物理接口上发送多播数据报，phyint_send(图14-41)在它传给ip_output的ip_moptions结构中，明确指定了输出接口。

```
                                                          ———————— ip_mroute.c
616 static void
617 phyint_send(m, vifp)
618 struct mbuf *m;
619 struct vif *vifp;
620 {
621     struct ip *ip = mtod(m, struct ip *);
622     struct mbuf *mb_copy;
623     struct ip_moptions *imo;
624     int     error;
625     struct ip_moptions simo;

626     mb_copy = m_copy(m, 0, M_COPYALL);
627     if (mb_copy == NULL)
628         return;

629     imo = &simo;
630     imo->imo_multicast_ifp = vifp->v_ifp;
631     imo->imo_multicast_ttl = ip->ip_ttl - 1;
632     imo->imo_multicast_loop = 1;

633     error = ip_output(mb_copy, NULL, NULL, IP_FORWARDING, imo);
634 }
                                                          ———————— ip_mroute.c
```

图14-41 phyint_send函数

616-634 m_copy复制输出的数据报。ip_moptions结构设置为强制在选定的接口上传送该数据报。递减TTL，允许多播环回。

数据报被传给ip_output。IP_FORWARDING标志位避免产生无限回路，使ip_output再次调用ip_mforward。

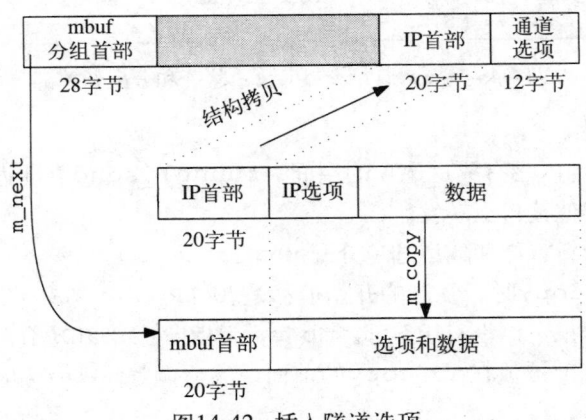

图14-42 插入隧道选项

14.8.2 `tunnel_send`函数

为了在隧道上发送数据报，`tunnel_send`(图14-43)必须构造合适的隧道选项，并将其插到输出数据报的首部。图14-42显示了`tunnel_send`如何为隧道准备分组。

```
                                                                ─── ip_mroute.c
635 static void
636 tunnel_send(m, vifp)
637 struct mbuf *m;
638 struct vif *vifp;
639 {
640     struct ip *ip = mtod(m, struct ip *);
641     struct mbuf *mb_copy, *mb_opts;
642     struct ip *ip_copy;
643     int     error;
644     u_char *cp;

645     /*
646      * Make sure that adding the tunnel options won't exceed the
647      * maximum allowed number of option bytes.
648      */
649     if (ip->ip_hl > (60 - TUNNEL_LEN) >> 2) {
650         mrtstat.mrts_cant_tunnel++;
651         return;
652     }
653     /*
654      * Get a private copy of the IP header so that changes to some
655      * of the IP fields don't damage the original header, which is
656      * examined later in ip_input.c.
657      */
658     mb_copy = m_copy(m, IP_HDR_LEN, M_COPYALL);
659     if (mb_copy == NULL)
660         return;
661     MGETHDR(mb_opts, M_DONTWAIT, MT_HEADER);
662     if (mb_opts == NULL) {
663         m_freem(mb_copy);
664         return;
665     }
666     /*
667      * Make mb_opts be the new head of the packet chain.
668      * Any options of the packet were left in the old packet chain head
669      */
670     mb_opts->m_next = mb_copy;
671     mb_opts->m_len = IP_HDR_LEN + TUNNEL_LEN;
672     mb_opts->m_data += MSIZE - mb_opts->m_len;
                                                                ─── ip_mroute.c
```

图14-43 `tunnel_send`函数：验证和分配新首部

1. 隧道选项合适吗

635-652 如果IP首部内没有隧道选项的空间，`tunnel_send`立即返回，不再在隧道上转发该数据报。可能在其他接口上转发。

2. 复制数据报，为新首部和隧道选项分配mbuf

653-672 在调用`m_copy`时，复制的开始偏移是20(`IP_HDR_LEN`)。产生的mbuf链中包含了数据报的选项和数据报，但没有IP首部。`mb_opts`指向`MGETHDR`分配的一个新的数据报首部，这个新的数据报首部被放在`mb_copy`的前面。然后调整`m_len`和`m_data`的值，以容纳IP首部和隧道选项。

tunnel_send的第二部分，如图14-44所示，修改输出分组的首部，并发送该分组。

```
                                                              ───── ip_mroute.c
673     ip_copy = mtod(mb_opts, struct ip *);
674     /*
675      * Copy the base ip header to the new head mbuf.
676      */
677     *ip_copy = *ip;
678     ip_copy->ip_ttl--;
679     ip_copy->ip_dst = vifp->v_rmt_addr;       /* remote tunnel end-point */
680     /*
681      * Adjust the ip header length to account for the tunnel options.
682      */
683     ip_copy->ip_hl += TUNNEL_LEN >> 2;
684     ip_copy->ip_len += TUNNEL_LEN;
685     /*
686      * Add the NOP and LSRR after the base ip header
687      */
688     cp = (u_char *) (ip_copy + 1);
689     *cp++ = IPOPT_NOP;
690     *cp++ = IPOPT_LSRR;
691     *cp++ = 11;                      /* LSRR option length */
692     *cp++ = 8;                       /* LSSR pointer to second element */
693     *(u_long *) cp = vifp->v_lcl_addr.s_addr;   /* local tunnel end-point */
694     cp += 4;
695     *(u_long *) cp = ip->ip_dst.s_addr;       /* destination group */

696     error = ip_output(mb_opts, NULL, NULL, IP_FORWARDING, NULL);
697 }
                                                              ───── ip_mroute.c
```

图14-44 tunnel_send函数：构造首部和发送

3. 修改IP首部

673-679 从原始mbuf链中把原始IP 首部复制到新分配的mbuf首部中。减少该首部的TTL，把目的地址改成隧道另一端的接口地址。

4. 构造隧道选项

680-664 调整ip_hl和ip_len的值以容纳隧道选项。隧道选项紧跟在IP 首部的后面：一个NOP，后面是LSRR码，LSRR选项的长度(11字节)，以及一个指向选项第二个地址的指针(8字节)。源路由包括了本地隧道端点和后面的目的多播组地址(图14-13)。

5. 发送经过隧道处理的数据报

665-697 现在，这个数据报看起来像一个有LSRR选项的单播数据报，因为它的目的地址是隧道另一端的单播地址。ip_output发送该数据报。当数据报到达隧道的另一端时，隧道选项被剥离，另一端可能会通过其他隧道将数据报继续转发。

14.9 清理：`ip_mrouter_done`函数

当mrouted结束时，它发布DVMRP_DONE命令，ip_mrouter_done函数(图14-45)处理这个命令。

161-186 这个函数在splnet上运行，避免与多播转发代码的任何交互。对每个物理多播接口，释放本地组表，并发布SIOCDELMULTI命令，阻止接收多播数据报(练习14.3)。bzero清零整个viftable数组，并把numvifs设置成0。

187-198 释放多播选路表中的所有活动条目，bzero清零整个表，清零缓存，置位
`ip_mrouter`。

多播选路表中的每个条目都可能是条目链表的第一个。这段代码只释放表的第
一个条目，引起内存泄漏。

― *ip_mroute.c*
```
161 int
162 ip_mrouter_done()
163 {
164     vifi_t  vifi;
165     int     i;
166     struct ifnet *ifp;
167     int     s;
168     struct ifreq ifr;
169     s = splnet();
170     /*
171      * For each phyint in use, free its local group list and
172      * disable promiscuous reception of all IP multicasts.
173      */
174     for (vifi = 0; vifi < numvifs; vifi++) {
175         if (viftable[vifi].v_lcl_addr.s_addr != 0 &&
176             !(viftable[vifi].v_flags & VIFF_TUNNEL)) {
177             if (viftable[vifi].v_lcl_grps)
178                 free(viftable[vifi].v_lcl_grps, M_MRTABLE);
179             satosin(&ifr.ifr_addr)->sin_family = AF_INET;
180             satosin(&ifr.ifr_addr)->sin_addr.s_addr = INADDR_ANY;
181             ifp = viftable[vifi].v_ifp;
182             (*ifp->if_ioctl) (ifp, SIOCDELMULTI, (caddr_t) & ifr);
183         }
184     }
185     bzero((caddr_t) viftable, sizeof(viftable));
186     numvifs = 0;
187     /*
188      * Free any multicast route entries.
189      */
190     for (i = 0; i < MRTHASHSIZ; i++)
191         if (mrttable[i])
192             free(mrttable[i], M_MRTABLE);
193     bzero((caddr_t) mrttable, sizeof(mrttable));
194     cached_mrt = NULL;
195     ip_mrouter = NULL;
196     splx(s);
197     return (0);
198 }
```
― *ip_mroute.c*

图14-45　ip_mrouter_done函数：DVMRP_DONE命令

14.10　小结

本章我们描述了网际多播的一般概念和支持它的Net/3内核中心专用函数。我们没有讨论
mrouted的实现，有兴趣的读者可以得到源代码。

我们描述了虚拟接口表，讨论了物理接口和隧道之间的区别，以及Net/3中用于实现隧道
的LSRR选项。

我们说明了RPB、TRPB和RPM算法，描述了根据TRPB转发多播数据报的内核表，还讨
论了父网络和叶子网络。

习题

14.1 在图14-25中，需要多少多播路由？

14.2 为什么splnet和splx保护对图14-23中组成员关系高速缓存的更新？

14.3 当某个接口用IP_ADD_MEMBERSHIP选项明确加入一个多播组后，如果向它发布 SIOCDELMULTI，会发生什么？

14.4 当某个上隧道上到达一个数据报，并被ip_mforward接收后，可能会在转发到某 个物理接口时，被ip_output环回。为什么当环回分组到达该物理接口时， ip_mforward会丢弃它呢？

14.5 重新设计组地址高速缓存，提高它的效率。

第15章 插 口 层

15.1 引言

本书共有三章介绍Net/3的插口层代码，本章是第一章。插口概念最早出现于1983年的4.2BSD版本中，它的主要目的是提供一个统一的访问网络和进程间通信协议的接口。这里讨论的Net/3版基于4.3BSD Reno版，该版本与大多数Unix供应商使用的早期的4.2版有细小的差别。

如1.7节所介绍的，插口层的主要功能是将进程发送的与协议有关的请求映射到产生插口时指定的与协议有关的实现。

为了允许标准的Unix I/O系统调用(如read和write)也能操作网络连接，在BSD版本中将文件系统和网络功能集成在系统调用级。与通过描述符访问打开的文件一样，进程也是通过描述符(一个小整数)来访问插口上的网络连接。这个特点使得标准的文件系统调用如read和write，以及与网络有关的系统调用如sendmsg和recvmsg，都能通过描述符来处理插口。

我们的重点是插口及相关的系统调用的实现，而不是讨论如何使用插口层来实现网络应用。关于进程级的插口接口和如何编写网络应用的详细讨论，请参考[Stevens 1990]和[Rago 1990]。

图15-1说明了进程中的插口接口与内核中的协议实现之间的层次关系。

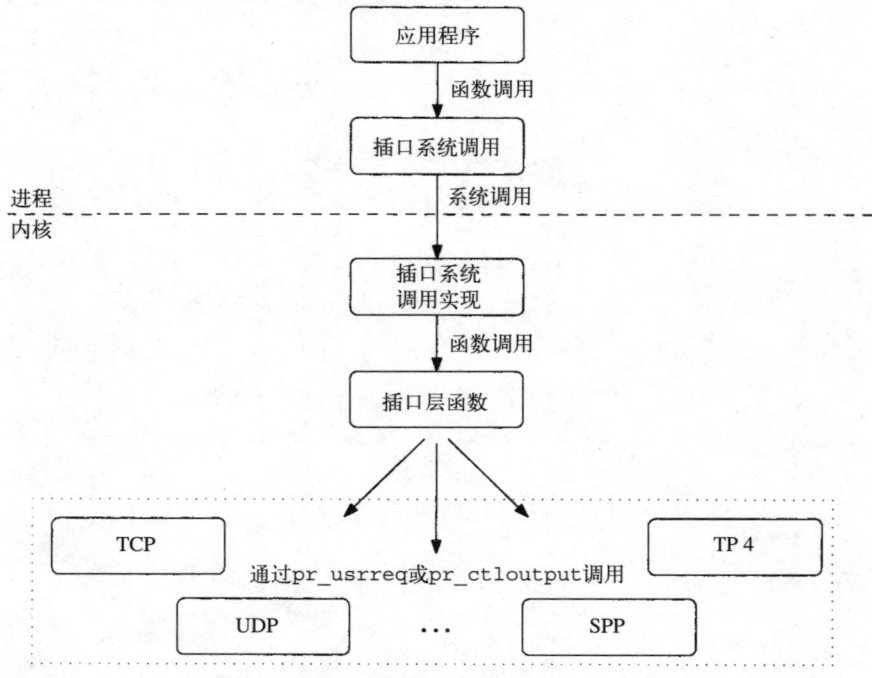

图15-1　插口层将一般的请求转换为指定的协议操作

splnet处理

插口包含很多对splnet和splx的成对调用。正如1.12节中介绍的，这些调用保护访问在插口层和协议处理层间共享的数据结构的代码。如果不使用splnet，初始化协议处理和改变共享的数据结构的软件中断将使得插口层代码恢复执行时出现混乱。

我们假定读者理解了这些调用，因而在以后讨论中一般不再特别说明它们。

15.2 代码介绍

本章讨论涉及的三个文件在图15-2中列出。

文 件	描 述
sys/socketvar.h	socket结构定义
kern/uipc_syscalls.c	系统调用实现
kern/uipc_socket.c	插口层函数

图15-2 本章讨论涉及的源文件

全局变量

本章讨论涉及的两个全局变量如图15-3所示。

变 量	数据类型	描 述
socketps	struct fileops	I/O系统调用的socket实现
sysent	struct sysent[]	系统调用入口数组

图15-3 本章介绍的全局变量

15.3 socket结构

插口代表一条通信链路的一端，存储或指向与链路有关的所有信息。这些信息包括：使用的协议、协议的状态信息(包括源和目的地址)、到达的连接队列、数据缓存和可选标志。图15-5中给出了插口和与插口相关的缓存的定义。

41-42 so_type由产生插口的进程来指定，它指明插口和相关协议支持的通信语义。so_type的值等于图7-8所示的pr_type。对于UDP，so_type等于SOCK_DGRAM，而对于TCP，so_type则等于SOCK_STREAM。

43 so_options是一组改变插口行为的标志。图15-4列出了这些标志。

通过getsockopt和setsockopt系统调用，进程能修改除SO_ACCEPTCONN外的所有插口选项。当在插口上发送listen系统调用时，SO_ACCEPTCONN被内核设置。

44 so_linger等于当关闭一条连接时插口继续发送数据的时间间隔(单位为一个时钟滴答，参见15.15节)。

45 so_state表示插口的内部状态和一些其他的特点。图15-6列出了so_state可能的取值。

so_options	仅用于内核	描　　述
SO_ACCEPTCONN	●	插口接受进入的连接
SO_BROADCAST		插口能够发送广播报文
SO_DEBUG		插口记录排错信息
SO_DONTROUTE		输出操作旁路选路表
SO_KEEPALIVE		插口查询空闲的连接
SO_OOBINLINE		插口将带外数据同正常数据存放在一起
SO_REUSEADDR		插口能重新使用一个本地地址
SO_REUSEPORT		插口能重新使用一个本地地址和端口
SO_USELOOPBACK		仅针对选路域插口；发送进程收到它自己的选路请求

图15-4 so_options的值

```
                                                                    socketvar.h
41  struct socket {
42      short     so_type;        /* generic type, Figure 7.8 */
43      short     so_options;     /* from socket call, Figure 15.5 */
44      short     so_linger;      /* time to linger while closing */
45      short     so_state;       /* internal state flags, Figure 15.6 */
46      caddr_t   so_pcb;         /* protocol control block */
47      struct protosw *so_proto; /* protocol handle */
48  /*
49   * Variables for connection queueing.
50   * Socket where accepts occur is so_head in all subsidiary sockets.
51   * If so_head is 0, socket is not related to an accept.
52   * For head socket so_q0 queues partially completed connections,
53   * while so_q is a queue of connections ready to be accepted.
54   * If a connection is aborted and it has so_head set, then
55   * it has to be pulled out of either so_q0 or so_q.
56   * We allow connections to queue up based on current queue lengths
57   * and limit on number of queued connections for this socket.
58   */
59      struct socket *so_head;   /* back pointer to accept socket */
60      struct socket *so_q0;     /* queue of partial connections */
61      struct socket *so_q;      /* queue of incoming connections */
62      short     so_q0len;       /* partials on so_q0 */
63      short     so_qlen;        /* number of connections on so_q */
64      short     so_qlimit;      /* max number queued connections */
65      short     so_timeo;       /* connection timeout */
66      u_short   so_error;       /* error affecting connection */
67      pid_t     so_pgid;        /* pgid for signals */
68      u_long    so_oobmark;     /* chars to oob mark */
69  /*
70   * Variables for socket buffering.
71   */
72      struct sockbuf {
73          u_long    sb_cc;      /* actual chars in buffer */
74          u_long    sb_hiwat;   /* max actual char count */
75          u_long    sb_mbcnt;   /* chars of mbufs used */
76          u_long    sb_mbmax;   /* max chars of mbufs to use */
77          long      sb_lowat;   /* low water mark */
78          struct mbuf *sb_mb;   /* the mbuf chain */
79          struct selinfo sb_sel; /* process selecting read/write */
80          short     sb_flags;   /* Figure 16.5 */
81          short     sb_timeo;   /* timeout for read/write */
82      } so_rcv, so_snd;
83      caddr_t so_tpcb;                  /* Wisc. protocol control block XXX */
```

图15-5 struct socket定义

```
84        void    (*so_upcall) (struct socket * so, caddr_t arg, int waitf);
85        caddr_t so_upcallarg;           /* Arg for above */
86  };
```
socketvar.h

图15-5 （续）

so_state	仅用于内核	描　　　述
SS_ASYNC		插口应该发送I/O事件的异步通知
SS_NBIO		插口操作不能阻塞进程
SS_CANTRCVMORE	•	插口不能再从对方接收数据
SS_CANTSENDMORE	•	插口不能再发送数据给对方
SS_ISCONFIRMING	•	插口正在协商一个连接请求
SS_ISCONNECTED	•	插口被连接到外部插口
SS_ISCONNECTING	•	插口正在连接一个外部插口
SS_ISDISCONNECTING	•	插口正在同对方断连
SS_NOFDREF	•	插口没有同任何描述符相连
SS_PRIV	•	插口由拥有超级用户权限的进程所创建
SS_RCVATMARK	•	在最近的带外数据到达之前，插口已处理完所有收到的数据

图15-6 so_state的值

从图15-6的第二列中可以看出，进程可以通过fcntl和ioctl系统调用直接修改SS_ASYNC和SS_NBIO。对于其他的标志，进程只能在系统调用的执行过程中间接修改。例如，如果进程调用connect，当连接被建立时，SS_ISCONNECTED标志就会被内核设置。

SS_NBIO和SS_ASYNC标志

在默认情况下，进程在发出I/O请求后会等待资源。例如，对一个插口发送read系统调用，如果当前没有来自网络的数据，则read系统调用就会被阻塞。同样，当一个进程调用write系统调用时，如果内核中没有缓存来存储发送的数据，则内核将阻塞进程。如果设置了SS_NBIO，在对插口执行I/O操作且请求的资源不能得到时，内核并不阻塞进程，而是返回EWOULDBLOCK。

如果设置了SS_ASYNC，当因为下列情况之一而使插口状态发生变化时，内核发送SIGIO信号给so_pgid标识的进程或进程组：

- 连接请求已完成；
- 断连请求已被启动；
- 断连请求已完成；
- 连接的一个通道已被关闭；
- 插口上有数据到达；
- 数据已被发送(即，输出缓存中有闲置空间)；
- UDP或TCP插口上出现了一个异步差错。

46 so_pcb指向协议控制块，协议控制块包含与协议有关的状态信息和插口参数。每一种协议都定义了自己的控制块结构，所以so_pcb被定义成一个通用的指针。图15-7列出了我们讨论的控制块结构。

so_pcb从来不直接指向tcpcb结构，参考图22-1。

协 议	控 制 块	参考章节
UDP	struct inpcb	22.3节
TCP	struct inpcb	22.3节
	struct tcpcb	24.5节
ICMP、IGMP和原始IP	struct inpcb	22.3节
路由	struct rawcb	20.3节

图15-7 协议控制块

47 so_proto指向进程在socket系统调用(7.4节)中选择的协议的protosw结构。

48-64 设置了SO_ACCEPTCONN标志的插口维护两个连接队列。还没有完全建立的连接(如TCP的三次握手还没完成)放在队列so_q0中。已经建立的连接或将被接受的连接(例如，TCP的三次握手已完成)放入队列so_q中。队列的长度分别为so_q0len和so_qlen。每一个排队的连接由它自己的插口来表示。在每一个排队的插口中，so_head指向设置了SO_ACCEPTCONN的源插口。

插口上可排队的连接数通过so_qlimit来控制，进程可以通过listen系统调用来设置so_qlimit。内核隐含设置的上限为5 (SOMAXCONN，图15-24)、下限为0。图15-29中显示的有点晦涩的公式使用so_qlimit来控制排队的连接数。

图15-8说明了有三个连接将被接受、一个连接已被建立的情况下的队列内容。

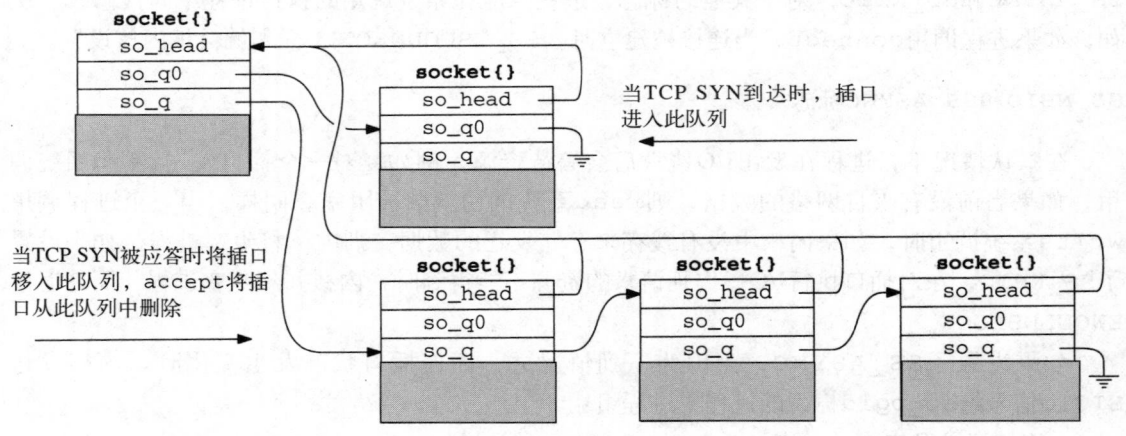

图15-8 插口连接队列

65 so_timeo用作accept、connet和close处理期间的等待通道(15.10节)。

66 so_error保存差错代码，直到在引用该插口的下一个系统调用期间差错代码能送给进程。

67 如果插口的SS_ASYNC被设置，则SIGIO信号被发送给进程(如果so_pgid大于0)或进程组(如果so_pgid小于0)。可以通过ioctl的SIOCSPGRP和SIOCGPGRP命令来修改或检查so_pgid的值。关于进程组的更详细信息请参考[Stevens 1992]。

68 so_oobmark标识在输入数据流中最近收到的带外数据的开始点。16.11节将讨论插口对带外数据的支持，29.7节将讨论TCP中的带外数据的语义。

69-82 每一个插口包括两个数据缓存——so_rcv和so_snd，分别用来缓存接收或发送的数据。so_rcv和so_snd是包含在插口结构中的结构而不是指向结构的指针。我们将在第16章中描述插口缓存的结构和使用。

83-86 在Net/3中不使用so_tpcb。so_upcall和so_upcallarg也仅用于Net/3中的NFS软件。

NFS与通常的软件不太一样。在很大程度上它是一个进程级的应用但却在内核中运行。当数据到达接收缓存时,通过so_upcall来触发NFS的输入处理。在这种情况下,tsleep和wakeup机制是不合适的,因为NFS协议是在内核中运行的,而不是作为一个普通进程运行。

文件socketvar.h和uipc_socket2.c定义了几个简化插口层代码的宏和函数。图15-9对它们进行了描述。

名 称	描 述
sosendallatonce	*so*中指定的协议要求每一个发送系统调用产生一个协议请求吗 int **sosendallatonce**(struct socket *so*);
soisconnecting	将插口状态设置为SO_ISCONNECTING int **soisconnecting**(struct socket *so*);
soisconnected	参考图15-30
soreadable	插口*so*上的读调用不阻塞就返回信息吗 int **soreadable**(struct socket *so*);
sowriteable	插口*so*上的写调用不阻塞就返回吗 int **sowriteable**(struct socket *so*);
socantsendmore	设置插口标志SO_CANTSENDMORE。唤醒所有等待在发送缓存上的进程 int **socantsendmore**(struct socket *so*);
socantrcvmore	设置插口标志SO_CANTRCVMORE。唤醒所有等待在接收缓存上的进程 int **socantrcvmore**(struct socket *so*);
soisdisconnecting	清除SS_ISCONNECTING标志。设置SS_ISDISCONG、SS_CANTRCVMORE和SS_CANTSENDMORE标志。唤醒所有等待在插口上的进程 int **soisdisconnecting**(struct socket *so*);
soisdisconnected	清除SS_ISCONNECTING、SS_ISCONNECTED和SS_ISDISCONNECTING标志。设置SS_CANTRCVMORE和SS_CANTSENDMORE标志。唤醒所有等待在插口上的进程或等待close完成的进程 int **soisdisconnected**(struct socket *so*);
soqinsque	将*so*插入*head*指向的队列中。如果*q*等于0,插口被插到存放未完成的连接的so_q0队列的后面。否则,插口被插到存放准备接受的连接的队列so_q的后面。Net/1错误地将插口插到队列的前面 int **soqinsque**(struct socket *head*, struct socket *so*, int *q*);
soqremque	从队列*q*中删除*so*。通过*so->so_head*来定位插口队列 int **soqremque**(struct socket *so*, int *q*);

图15-9 插口的宏和函数

15.4 系统调用

进程同内核交互是通过一组定义好的函数来进行的，这些函数称为系统调用。在讨论支持网络的系统调用之前，我们先来看看系统调用机制的本身。

从进程到内核中的受保护的环境转换是与机器和实现相关的。在下面的讨论中，我们使用Net/3在386上的实现来说明如何实现有关的操作。

在BSD内核中，每一个系统调用均被编号，当进程执行一个系统调用时，硬件被配置成仅传送控制给一个内核函数。将标识系统调用的整数作为参数传给该内核函数。在386实现中，这个内核函数为syscall。利用系统调用的编号，syscall在表中找到请求的系统调用的sysent结构。表中的每一个单元均为一个sysent结构。

```
struct sysent {
    int sy_narg;          /* number of arguments */
    int (*sy_call) ();    /* implementing function */
};                        /* system call table entry */
```

表中有几个项是从sysent数组中来的，该数组是在kern/init_sysent.c中定义的。

```
struct sysent sysent[] = {
    /*...*/
    { 3, recvmsg },                  /* 27 = recvmsg */
    { 3, sendmsg },                  /* 28 = sendmsg */
    { 6, recvfrom },                 /* 29 = recvfrom */
    {3, accept },                    /* 30 = accept */
    {3, getpeername },               /* 31=getpeername */
    {3, getsockname },               /* 32 = getsockname */
    /* ...*/
}
```

例如，recvmsg系统调用在系统调用表中的第27项，它有两个参数，利用内核中的recvmsg函数实现。

syscall将参数从调用进程复制到内核中，并且分配一个数组来保存系统调用的结果。然后，当系统调用执行完成后，syscall将结果返回给进程。syscall将控制交给与系统调用相对应的内核函数。在386实现中，调用有点像下面所示：

```
struct sysent *callp;
error = (*callp->sy_call) (p, args, rval);
```

这里指针callp指向相关的sysent结构；指针p则指向调用系统调用的进程的进程表表项；args作为参数传给系统调用，它是一个32位长的字数组；而rval则是一个用来保存系统调用的返回结果的数组，数组有两个元素，每个元素是一个32位长的字。当我们用"系统调用"这个词时，我们指的是被syscall调用的内核中的函数，而不是应用调用的进程中的函数。

syscall期望系统调用函数(即sy_call指向的函数)在没有差错时返回0，否则返回非0的差错代码。如果没有差错出现，内核将rval中的值作为系统调用(应用调用的)的返回值传送给进程。如果有差错，syscall忽略rval中的值，并以与机器相关的方式返回差错代码给进程，使得进程能从外部变量errno中得到差错代码。应用调用的函数则返回-1或一个空指针表示应用应该查看errno获得差错信息。

在386上的实现，设置进位比特(carry bit)来表示syscall的返回值是一个差错代码。进程中的系统调用残桩将差错代码赋给errno，并返回-1或空指针给应用。如果没有设置进位比特，则将syscall返回的值返回给进程中的系统调用的残桩。

总之，实现系统调用的函数"返回"两个值：一个给syscall函数；在没有差错的情况下，syscall将另一个(在rval中)返回给调用进程。

15.4.1 举例

socket系统调用的原型是：

```
int socket(int domain, int type, int protocol);
```

实现socket系统调用的内核函数的原型是：

```
struct socket_args {
    int domain;
    int type;
    int protocol;
};
socket(struct proc *p, struct socket_args *uap, int *retval);
```

当一个应用调用socket时，进程用系统调用机制将三个独立的整数传给内核。syscall将参数复制到32位字的数组中，并将数组指针作为第二个参数传给socket的内核版。内核版的socket将第二个参数作为指向socket_args结构的指针。图15-10显示了上述过程。

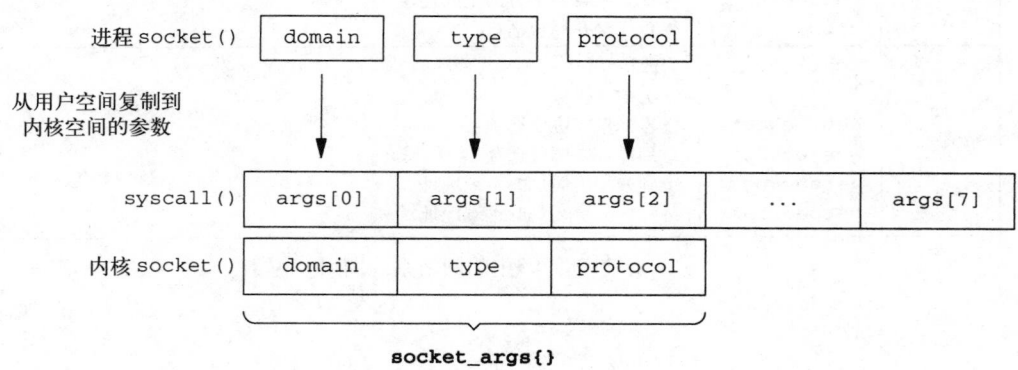

图15-10 socket参数处理

同socket类似，每一个实现系统调用的内核函数将args说明成一个与系统调用有关的结构指针，而不是一个指向32位字的数组的指针。

> 当原型无效时，隐式的类型转换仅在传统的K&R C中或ANSI C中是合法的。如果原型是有效的，则编译器将产生一个警告。

syscall在执行内核系统调用函数之前将返回值置为0。如果没有差错出现，系统调用函数直接返回而不需要清除 *retval，syscall返回0给进程。

15.4.2 系统调用小结

图15-11对与网络有关的系统调用进行了小结。

我们将在本章中讨论建立、服务器、客户和终止类系统调用。输入、输出类系统调用将在第16章中介绍，管理类系统调用将在第17章中介绍。

图15-12画出了应用使用这些系统调用的顺序。大方块中的I/O系统调用可以在任何时候调用。该

图不是一个完整的状态流程图，因为一些正确的转换在本图中没有画出，仅显示了一些常见的转换。

类　别	名　称	功　能
建立	socket bind	在指明的通信域内产生一个未命名的插口 分配一个本地地址给插口
服务器	listen accept	使插口准备接收连接请求 等待并接受连接
客户	connect	同外部插口建立连接
输入	read readv recv recvfrom recvmsg	接收数据到一个缓存中 接收数据到多个缓存中 指明选项接收数据 接收数据和发送者的地址 接收数据到多个缓存中，接收控制信息和发送者地址；指明接收选项
输出	write writev send sendto sendmsg	发送一个缓存中的数据 发送多个缓存中的数据 指明选项发送数据 发送数据到指明的地址 从多个缓存发送数据和控制信息到指明的地址；指明发送选项
I/O	select	等待I/O事件
终止	shutdown close	终止一个或两个方向上的连接 终止连接并释放插口
管理	fcntl ioctl setsockopt getsockopt getsockname getpeername	修改I/O语义 各类插口操作 设置插口或协议选项 得到插口或协议选项 得到分配给插口的本地地址 得到分配给插口的远端地址

图15-11　Net/3中的网络系统调用

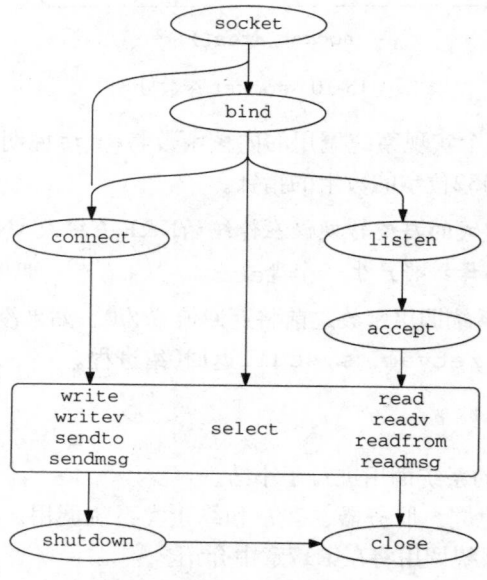

图15-12　网络系统调用流程图

15.5 进程、描述符和插口

在描述插口系统调用之前，我们需要介绍将进程、描述符和插口联系在一起的数据结构。图15-13给出了这些结构以及与我们的讨论有关的结构成员。关于文件结构的更复杂的解释请参考[Leffer et al. 1989]。

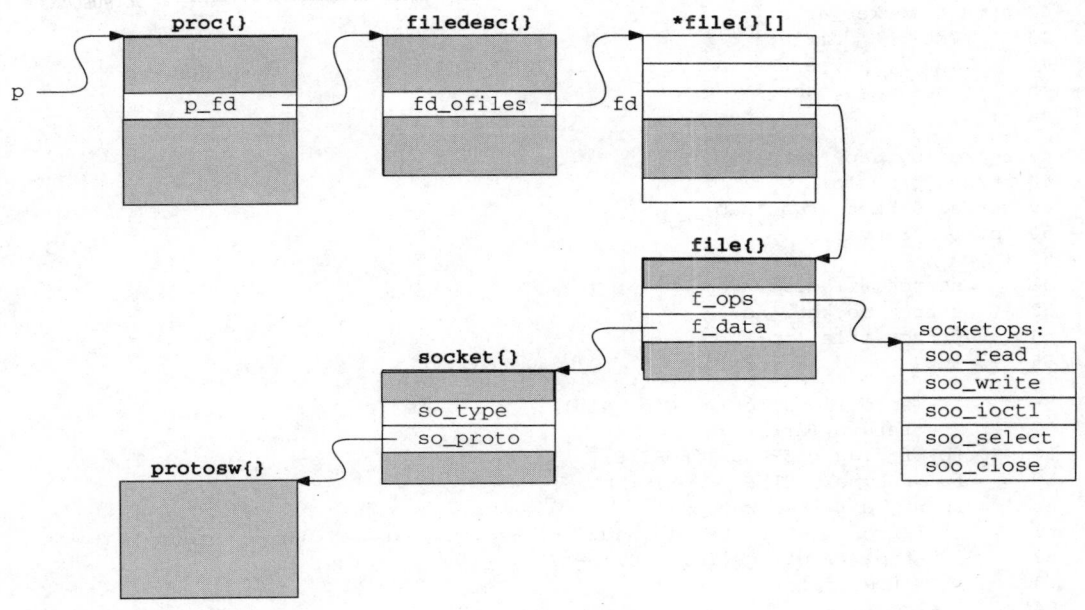

图15-13 进程、文件和插口结构

实现系统调用的函数的第一个参数总为p，即指向调用进程的proc结构的指针。内核利用proc结构记录进程的有关信息。在proc结构中，p_fd指向filedesc结构，该结构的主要功能是管理fd_ofiles指向的描述符表。描述符表的大小是动态变化的，由一个指向file结构的指针数组组成。每一个file结构描述一个打开的文件，该结构可被多个进程共享。

图15-13仅显示了一个file结构。通过p->p_fd->fd_ofiles[fd]访问该结构。在file结构中，有两个结构成员是我们感兴趣的：f_ops和f_data。I/O系统调用(如read和write)的实现因描述符中的I/O对象类型的不同而不同。f_ops指向fileops结构，该结构包含一个实现read、write、ioctl、select和close系统调用的函数指针表。图15-13显示f_ops指向一个全局的fileops结构，即socketops，该结构包含指向插口用的函数的指针。

f_data指向相关I/O对象的专用数据。对于插口而言，f_data指向与描述符相关的socket结构。最后，socket结构中的so_proto指向产生插口时选中的协议的protosw结构。回想一下，每一个protosw结构是由与该协议关联的所有插口共享的。

下面我们开始讨论系统调用。

15.6　**socket系统调用**

socket系统调用产生一个新的插口，并将插口同进程在参数domain、type和protocol中指定的协议联系起来。该函数(如图15-14所示)分配一个新的描述符，用来在后续的系统调用中标识插口，并将描述符返回给进程。

————— uipc_syscalls.c

```
42 struct socket_args {
43     int      domain;
44     int      type;
45     int      protocol;
46 };

47 socket(p, uap, retval)
48 struct proc *p;
49 struct socket_args *uap;
50 int      *retval;
51 {
52     struct filedesc *fdp = p->p_fd;
53     struct socket *so;
54     struct file *fp;
55     int      fd, error;

56     if (error = falloc(p, &fp, &fd))
57         return (error);
58     fp->f_flag = FREAD | FWRITE;
59     fp->f_type = DTYPE_SOCKET;
60     fp->f_ops = &socketops;
61     if (error = socreate(uap->domain, &so, uap->type, uap->protocol)) {
62         fdp->fd_ofiles[fd] = 0;
63         ffree(fp);
64     } else {
65         fp->f_data = (caddr_t) so;
66         *retval = fd;
67     }
68     return (error);
69 }
```

————— uipc_syscalls.c

图15-14　socket系统调用

42-55　每一个系统调用的前面都定义了一个描述进程传递给内核的参数的结构。在这种情况下，参数是通过socket_args传入的。所有插口层系统调用都有三个参数：p，指向调用进程的proc结构；uap，指向包含进程传送给系统调用的参数的结构；retval，用来接收系统调用的返回值。在通常情况下，忽略参数p和retval，引用uap所指的结构中的内容。

56-60　falloc分配一个新的file结构和fd_ofiles数组(图15-13)中的一个元素。fp指向新分配的结构，fd则为结构在数组fd_ofiles中的索引。socket将file结构设置成可读、可写，并且作为一个插口。将所有插口共享的全局fileops结构socketops连接到f_ops指向的file结构中。socketops变量在编译时被初始化，如图15-15所示。

成　员	值
fo_read	*soo_read*
fo_write	*soo_write*
fo_ioctl	*soo_ioctl*
fo_select	*soo_select*
fo_close	*soo_close*

图15-15　socketops：插口用全局fileops结构

60-69　socreate分配并初始化一个socket结构。如果socreate执行失败，将差错代码赋给error，释放file结构，清除存放描述符的数组元素。如果socreate执行成功，将f_data指向socket结构，建立插口和描述符之间的联系。通过*retval将fd返回给进程。socket返回0或返回由socreate返回的差错代码。

15.6.1 socreate函数

大多数插口系统调用至少被分成两个函数，与socket和socreate类似。第一个函数从进程那里获取需要的数据，调用第二个函数so*xxx*来完成功能处理，然后返回结果给进程。这种分成多个函数的做法是为了第二个函数能直接被基于内核的网络协议调用，如NFS。socreate的代码如图15-16所示。

```
                                                                    —— uipc_socket.c
43 socreate(dom, aso, type, proto)
44 int      dom;
45 struct socket **aso;
46 int      type;
47 int      proto;
48 {
49     struct proc *p = curproc;    /* XXX */
50     struct protosw *prp;
51     struct socket *so;
52     int      error;

53     if (proto)
54         prp = pffindproto(dom, proto, type);
55     else
56         prp = pffindtype(dom, type);
57     if (prp == 0 || prp->pr_usrreq == 0)
58         return (EPROTONOSUPPORT);
59     if (prp->pr_type != type)
60         return (EPROTOTYPE);
61     MALLOC(so, struct socket *, sizeof(*so), M_SOCKET, M_WAIT);
62     bzero((caddr_t) so, sizeof(*so));
63     so->so_type = type;
64     if (p->p_ucred->cr_uid == 0)
65         so->so_state = SS_PRIV;
66     so->so_proto = prp;
67     error =
68         (*prp->pr_usrreq) (so, PRU_ATTACH,
69             (struct mbuf *) 0, (struct mbuf *) proto, (struct mbuf *) 0);
70     if (error) {
71         so->so_state |= SS_NOFDREF;
72         sofree(so);
73         return (error);
74     }
75     *aso = so;
76     return (0);
77 }
                                                                    —— uipc_socket.c
```

图15-16　socreate函数

43-52　socreate共有四个参数：dom，请求的协议域(如，PF_INET)；aso，保存指向一个新的socket结构的指针；type，请求的插口类型(如，SOCK_STREAM)；proto，请求的协议。

1. 发现协议交换表

53-60   如果proto等于非0值，pffindproto查找进程请求的协议。如果proto等于0，pffindtype用由type指定的语义在指定域中查找一种协议。这两个函数均返回一个指向匹配协议的protosw结构的指针或空指针(参考7.6节)。

2. 分配并初始化socket结构

61-66   socreate分配一个新的socket结构，并将结构内容全部清0，记录type。如果调用进程有超级用户权限，则设置插口结构中的SS_PRIV标志。

3. PRU_ATTACH请求

67-69   在与协议无关的插口层中发送与协议有关的请求的第一个例子出现在socreate中。回想在7.4节和图15-13中，so->so_proto->pr_usrreq是一个指向与插口so相关联的协议的用户请求函数指针。每一个协议均提供了一个这样的函数来处理从插口层来的通信请求。函数原型是：

```
int pr_usrreq(struct socket *so, int req, struct mbuf *m0, *m1, *m2);
```

第一个参数是一个指向相关插口的指针，*req*是一个标识请求的常数。后三个参数(*m0*，*m1*，*m2*)因请求不同而异，它们总是被作为一个mbuf结构指针传递，即使它们是其他的类型。在必要的时候，进行类型转换以避免编译器的警告。

图15-17列出了pr_usrreq函数提供的通信请求。每一个请求的语义取决于服务请求的协议。

请 求	参 数			描 述
	m0	*m1*	*m2*	
PRU_ABORT				异常终止每一个存在的连接
PRU_ACCEPT		*address*		等待并接受连接
PRU_ATTACH		*protocol*		产生了一个新的插口
PRU_BIND		*address*		绑定地址到插口
PRU_CONNECT		*address*		同地址建立关联或连接
PRU_CONNECT2		*socket2*		将两个插口连在一起
PRU_DETACH				插口被关闭
PRU_DISCONNECT				切断插口和另一地址间的关联
PRU_LISTEN				开始监听连接请求
PRU_PEERADDR		*buffer*		返回与插口关联的对方地址
PRU_RCVD		*flags*		进程已收到一些数据
PRU_RCVOOB	*buffer*	*flags*		接收OOB数据
PRU_SEND	*data*	*address*	*control*	发送正常数据
PRU_SENDOOB	*data*	*address*	*control*	发送OOB数据
PRU_SHUTDOWN				结束同另一地址的通信
PRU_SOCKADDR		*buffer*		返回与插口相关联的本地地址

图15-17 pr_usrreq函数

PRU_CONNECT2请求只用于Unix域，它的功能是将两个本地插口连接起来。Unix的管道(pipe)就是通过这种方式来实现的。

4. 退出处理

70-77   回到socreate，函数将协议交换表连接到插口，发送PRU_ATTACH请求通知协议

已建立一个新的连接端点。该请求引起大多数协议如TCP和UDP分配并初始化所有支持新的连接端点的数据结构。

15.6.2 超级用户特权

图15-18列出了要求超级用户权限的网络操作。

函　　数	超级用户		描　　述	参考图
	进程	插口		
in_control		•	分配接口地址、网络掩码、目的地址	图6-14
in_control		•	分配广播地址	图6-22
in_pcbbind	•		绑定到一个小于1024的Internet端口	图22-22
ifioctl	•		改变接口配置	图4-29
ifioctl	•		配置多播地址(见正文)	图12-11
rip_usrreq	•		产生一个ICMP、IGMP或原始 IP插口	图32-10
slopen	•		将一个SLIP设备与一个tty设备联系起来	图5-9

图15-18　Net/3中的超级用户特权

当多播ioctl命令(SIOCADDMULTI和SIOCDELMULTI)是被IP_ADD_MEMBERSHIP和IP_DROP_MEMBERSHIP插口选项间接激活时，它可以被非超级用户访问。

在图15-18中，"进程"栏表示请求必须由超级用户进程来发起，"插口"栏表示请求必须针对由超级用户产生的插口(也就是说，进程不需要超级用户权限，而只需要有访问插口的权限，见习题15.1)。在Net/3中，suser函数用来判断调用进程是否有超级用户权限，通过SS_PRIV标志来判断一个插口是否由超级用户进程产生。

因为rip_usrreq在用socreate产生插口后立即检查SS_PRIV标志，所以我们认为只有超级用户进程才能访问这个函数。

15.7　getsock和sockargs函数

这两个函数重复出现在插口系统调用中。getsock的功能是将描述符映射到一个文件表项中，sockargs将进程传入的参数复制到内核中的一个新分配的mbuf中。这两个函数都要检查参数的正确性，如果参数不合法，则返回相应的非0差错代码。

图15-19列出了getsock函数的代码。

754-767　getsock函数利用fdp查找描述符fdes指定的文件表项，fdp是指向filedesc结构的指针。getsock将打开的文件结构指针赋给fpp，并返回，或者当出现下列情况时返回差错代码：描述符的值超过了范围而不是指向一个打开的文件；描述符没有同插口建立联系。

图15-20列出了sockargs函数的代码。

768-783　15.4节所描述的，sockargs将进程传给系统调用的参数的指针从进程复制到内核而不是复制指针指向的数据，这样做是因为每一个参数的语义只有相对应的系统调用才知道，而不是针对所有的系统调用。多个系统调用在调用sockargs复制参数指针后，将指针指向的数据从进程复制到内核中新分配的mbuf中。例如，sockargs将bind的第二个参数指向的本地插口地址从进程复制到一个mbuf中。

—————————————————————————————— uipc_syscalls.c
```
754 getsock(fdp, fdes, fpp)
755 struct filedesc *fdp;
756 int      fdes;
757 struct file **fpp;
758 {
759     struct file *fp;
760     if ((unsigned) fdes >= fdp->fd_nfiles ||
761         (fp = fdp->fd_ofiles[fdes]) == NULL)
762         return (EBADF);
763     if (fp->f_type != DTYPE_SOCKET)
764         return (ENOTSOCK);
765     *fpp = fp;
766     return (0);
767 }
```
—————————————————————————————— uipc_syscalls.c

图15-19　getsock函数

—————————————————————————————— uipc_syscalls.c
```
768 sockargs(mp, buf, buflen, type)
769 struct mbuf **mp;
770 caddr_t buf;
771 int      buflen, type;
772 {
773     struct sockaddr *sa;
774     struct mbuf *m;
775     int      error;
776     if ((u_int) buflen > MLEN) {
777         return (EINVAL);
778     }
779     m = m_get(M_WAIT, type);
780     if (m == NULL)
781         return (ENOBUFS);
782     m->m_len = buflen;
783     error = copyin(buf, mtod(m, caddr_t), (u_int) buflen);
784     if (error)
785         (void) m_free(m);
786     else {
787         *mp = m;
788         if (type == MT_SONAME) {
789             sa = mtod(m, struct sockaddr *);
790             sa->sa_len = buflen;
791         }
792     }
793     return (error);
794 }
```
—————————————————————————————— uipc_syscalls.c

图15-20　sockargs函数

　　如果数据不能存入一个mbuf中或无法分配mbuf，则sockargs返回EINVAL或ENOBUFS。注意，这里使用的是标准的mbuf而不是分组首部的mbuf。copyin的功能是将数据从进程复制到mbuf中。copyin返回的最常见的差错是EACCES，它表示进程提供的地址不正确。

784-785　当出现差错时，丢弃mbuf，并返回差错代码。如果没有差错，通过mp返回指向mbuf的指针，sockargs返回0。

786-794　如果type等于MT_SONAME，则进程传入的是一个sockaddr结构。sockargs

将刚复制的参数的长度赋给内部长度变量sa_len。这一点确保即使进程没有正确地初始化结构，结构内的大小也是正确的。

　　Net/3确实包含了一段代码来支持在pre-4.3BSD Reno系统上编译的应用，这些应用的sockaddr结构中并没有sa_len字段，但是图15-20中没有显示这段代码。

15.8 bind系统调用

　　bind系统调用将一个本地的网络运输层地址和插口联系起来。一般来说，作为客户的进程并不关心它的本地地址是什么。在这种情况下，进程在进行通信之前没有必要调用bind；内核会自动为其选择一个本地地址。

　　服务器进程则总是需要绑定到一个已知的地址上。所以，进程在接受连接(TCP)或接收数据报(UDP)之前必须调用bind，因为客户进程需要同已知的地址建立连接或发送数据报到已知的地址。

　　插口的外部地址由connect指定或由允许指定外部地址的写调用(sendto或sendmsg)指定。

　　图15-21列出了bind调用的代码。

———————————————————————————————————— *uipc_syscalls.c*
```
70 struct bind_args {
71     int        s;
72     caddr_t name;
73     int        namelen;
74 };

75 bind(p, uap, retval)
76 struct proc *p;
77 struct bind_args *uap;
78 int    *retval;
79 {
80     struct file *fp;
81     struct mbuf *nam;
82     int       error;

83     if (error = getsock(p->p_fd, uap->s, &fp))
84         return (error);
85     if (error = sockargs(&nam, uap->name, uap->namelen, MT_SONAME))
86         return (error);
87     error = sobind((struct socket *) fp->f_data, nam);
88     m_freem(nam);
89     return (error);
90 }
```
———————————————————————————————————— *uipc_syscalls.c*

图15-21　bind函数

70-82 bind调用的参数(在bind_args结构中)有：s，插口描述符；name，包含传输地址(如sockaddr_in结构)的缓存指针；namelen，缓存大小。

83-90 getsock返回描述符的file结构，sockargs将本地地址复制到mbuf中，sobind将进程指定的地址同插口联系起来。在bind返回sobind的结果之前，释放保存地址的mbuf。

　　从技术上讲，一个描述符(如s)标识一个同socket结构相关联的file结构，而它本身并不是一个socket结构。将这种描述符看作插口是为了简化我们的讨论。

　　我们将在下面的讨论中经常看到这种模式：进程指定的参数被复制到mbuf，必要时还要进行处理，然后在系统调用返回之前释放mbuf。虽然mbuf是为方便处理网络数据分组而设计的，但是将它们用作一般的动态内存分配机制也是有效的。

bind说明的另一种模式是：许多系统调用不使用retval。在15.4节中我们已提到过，在syscall将控制交给相应的系统调用之前总是将retval清0。如果0不是合适的返回值，系统调用并不需要修改retval。

sobind函数

如图15-22所示，sobind是一个封装器，它给与插口相关联的协议发送PRU_BIND请求。

```
                                                            —— uipc_socket.c
78 sobind(so, nam)
79 struct socket *so;
80 struct mbuf *nam;
81 {
82     int     s = splnet();
83     int     error;

84     error =
85         (*so->so_proto->pr_usrreq) (so, PRU_BIND,
86                         (struct mbuf *) 0, nam, (struct mbuf *) 0);
87     splx(s);
88     return (error);
89 }
                                                            —— uipc_socket.c
```

图15-22 sobind函数

78-89 sobind发送PRU_BIND请求。如果请求成功，将本地地址nam同插口联系起来；否则，返回差错代码。

15.9 listen系统调用

listen系统调用的功能是通知协议进程准备接收插口上的连接请求，如图15-23所示。它同时也指定插口上可以排队等待的连接数的门限值。超过门限值时，插口层将拒绝进入的连接请求排队等待。当这种情况出现时，TCP将忽略进入的连接请求。进程可以通过调用accept (15.11节)来得到队列中的连接。

```
                                                            —— uipc_syscalls.c
91 struct listen_args {
92     int     s;
93     int     backlog;
94 };

95 listen(p, uap, retval)
96 struct proc *p;
97 struct listen_args *uap;
98 int     *retval;
99 {
100    struct file *fp;
101    int     error;

102    if (error = getsock(p->p_fd, uap->s, &fp))
103        return (error);
104    return (solisten((struct socket *) fp->f_data, uap->backlog));
105 }
                                                            —— uipc_syscalls.c
```

图15-23 listen系统调用

91-98 listen系统调用有两个参数：一个指定插口描述符；另一个指定连接队列门限值。

99-105 getsock返回描述符s的file结构，solisten将请求传递给协议层。

solisten函数

solisten函数发送PRU_LISTEN请求，并使插口准备接收连接，如图15-24所示。

90-109 在solisten发送PRU_LISTEN请求且pr_usrreq返回后，标识插口处于准备接收连接状态。如果当pr_usrreq返回时有连接正在连接队列中，则不设置SS_ACCEPTCONN标志。

计算存放进入连接的队列的最大值，并赋给so_qlimit。Net/3默认把连接数下限设置为0，上限设置为5(SOMAXCONN)。

```
                                                          ─── uipc_socket.c
 90 solisten(so, backlog)
 91 struct socket *so;
 92 int      backlog;
 93 {
 94     int      s = splnet(), error;
 95     error =
 96         (*so->so_proto->pr_usrreq) (so, PRU_LISTEN,
 97                 (struct mbuf *) 0, (struct mbuf *) 0, (struct mbuf *) 0);
 98     if (error) {
 99         splx(s);
100         return (error);
101     }
102     if (so->so_q == 0)
103         so->so_options |= SO_ACCEPTCONN;
104     if (backlog < 0)
105         backlog = 0;
106     so->so_qlimit = min(backlog, SOMAXCONN);
107     splx(s);
108     return (0);
109 }
                                                          ─── uipc_socket.c
```

图15-24 solisten函数

15.10 **tsleep和wakeup函数**

当一个在内核中执行的进程因为得不到内核资源而不能继续执行时，它就调用tsleep等待。tsleep的原型是：

int tsleep(caddr_t *chan*, int *pri*, char **mesg*, int *timeo*);

tsleep的第一个参数*chan*，称之为等待通道，它标志进程等待的特定资源或事件。许多进程能同时在同一个等待通道上睡眠。当资源可用或事件出现时，内核调用wakeup，并将等待通道作为唯一的参数传入。wakeup的原型是：

void wakeup(caddr_t *chan*);

所有等待在该通道上的进程均被唤醒，并被设置成运行状态。当每一个进程均恢复执行时，内核安排tsleep返回。

当进程被唤醒时，tsleep的第二个参数*pri*指定被唤醒进程的优先级。*pri*中还包括几个用于tsleep的可选的控制标志。通过设置*pri*中的PCATCH标志，当一个信号出现时，tsleep也返回。*mesg*是一个说明调用tsleep的字符串，它将被放在调用报文或ps的输出中。

*timeo*设置睡眠间隔的上限值，其单位是时钟滴答。

图15-25列出了`tsleep`的返回值。

因为所有等待在同一等待通道上的进程均被wakeup唤醒，所以我们总是看到在一个循环中调用`tsleep`。每一个被唤醒的进程在继续执行之前必须检查等待的资源是否可得到，因为另一个被唤醒的进程可能已经先一步得到了资源。如果仍然得不到资源，进程再次调用`tsleep`等待。

`tsleep()`	描 述
0	进程被一个匹配的wakeup唤醒
EWOULDBLOCK	进程在睡眠*timeo*个时钟滴答后，在匹配的wakeup调用之前被唤醒
ERESTART	在睡眠期间信号被进程处理，应重新启动挂起的系统调用
EINTR	在睡眠期间信号被进程处理，挂起的系统调用失败

图15-25 `tsleep`的返回值

多个进程在一个插口上睡眠等待的情况是不多见的，所以，通常情况下，每次调用`wakeup`只有一个进程被内核唤醒。

关于睡眠和唤醒机制的详细讨论请参考[Leffler et al. 1989]。

举例

多个进程在同一个等待通道上睡眠的一个例子是：让多个服务器进程读同一个UDP插口。每一个服务器都调用`recvfrom`，并且只要没有数据可读就在`tsleep`中等待。当一个数据报到达插口时，插口层调用`wakeup`，所有等待进程均被放入运行队列。第一个运行的服务器读取了数据报而其他的服务器则再次调用`tsleep`。在这种情况下，不需要每一个数据报启动一个新的进程，就可将进入的数据报分发到多个服务器。这种技术同样可以用来处理TCP的连接请求，只需让多个进程在同一个插口上调用`accept`。这种技术在[Comer and Stevens 1993]中描述。

15.11 `accept`系统调用

调用`listen`后，进程调用`accept`等待连接请求。`accept`返回一个新的描述符，指向一个连接到客户的新的插口。原来的插口s仍然是未连接的，并准备接收下一个连接。如果`name`指向一个正确的缓存，`accept`就会返回对方的地址。

处理连接的细节由与插口相关联的协议来完成。对于TCP而言，当一条连接已经被建立(即，三次握手已经完成)时，就通知插口层。对于其他的协议，如OSI的TP4，只要一个连接请求到达，`tsleep`就返回。当进程通过在插口上发送或接收数据来显式证实连接后，连接则算完成。

图15-26说明`accept`的实现。

```
                                                              ─── uipc_syscalls.c
106 struct accept_args {
107     int     s;
108     caddr_t name;
109     int     *anamelen;
110 };

111 accept(p, uap, retval)
112 struct proc *p;
113 struct accept_args *uap;
114 int     *retval;
```

图15-26 `accept`系统调用

```
115 {
116     struct file *fp;
117     struct mbuf *nam;
118     int     namelen, error, s;
119     struct socket *so;

120     if (uap->name && (error = copyin((caddr_t) uap->anamelen,
121                               (caddr_t) & namelen, sizeof(namelen))))
122         return (error);
123     if (error = getsock(p->p_fd, uap->s, &fp))
124         return (error);
125     s = splnet();
126     so = (struct socket *) fp->f_data;
127     if ((so->so_options & SO_ACCEPTCONN) == 0) {
128         splx(s);
129         return (EINVAL);
130     }
131     if ((so->so_state & SS_NBIO) && so->so_qlen == 0) {
132         splx(s);
133         return (EWOULDBLOCK);
134     }
135     while (so->so_qlen == 0 && so->so_error == 0) {
136         if (so->so_state & SS_CANTRCVMORE) {
137             so->so_error = ECONNABORTED;
138             break;
139         }
140         if (error = tsleep((caddr_t) & so->so_timeo, PSOCK | PCATCH,
141                         netcon, 0)) {
142             splx(s);
143             return (error);
144         }
145     }
146     if (so->so_error) {
147         error = so->so_error;
148         so->so_error = 0;
149         splx(s);
150         return (error);
151     }
152     if (error = falloc(p, &fp, retval)) {
153         splx(s);
154         return (error);
155     }
156     { struct socket *aso = so->so_q;
157       if (soqremque(aso, 1) == 0)
158         panic("accept");
159       so = aso;
160     }

161     fp->f_type = DTYPE_SOCKET;
162     fp->f_flag = FREAD | FWRITE;
163     fp->f_ops = &socketops;
164     fp->f_data = (caddr_t) so;
165     nam = m_get(M_WAIT, MT_SONAME);
166     (void) soaccept(so, nam);
167     if (uap->name) {
168         if (namelen > nam->m_len)
169             namelen = nam->m_len;
170         /* SHOULD COPY OUT A CHAIN HERE */
171         if ((error = copyout(mtod(nam, caddr_t), (caddr_t) uap->name,
172                         (u_int) namelen)) == 0)
```

图15-26 (续)

```
173              error = copyout((caddr_t) & namelen,
174                      (caddr_t) uap->anamelen, sizeof(*uap->anamelen));
175          }
176      m_freem(nam);
177      splx(s);
178      return (error);
179  }
```
———————————————————————————————————— uipc_syscalls.c

图15-26 （续）

106-114 accept有三个参数：s为插口描述符；name为缓存指针，accept将把外部主机的运输地址填入该缓存；anamelen是一个保存缓存大小的指针。

1. 验证参数

116-134 accept将缓存大小(*anamelen)赋给namelen，getsock返回插口的file结构。如果插口还没有准备好接收连接(即，还没有调用listen)，或已经请求了非阻塞的I/O，且没有连接被送入队列，则分别返回EINVAL或EWOULDBLOCK。

2. 等待连接

135-145 当出现下列情况时，while循环退出：有一条连接到达；出现差错；插口不能再接收数据。当信号被捕获之后(tsleep返回EINTR)，accept并不自动重新启动。当协议层通过sonewconn将一条连接插入队列后，唤醒进程。

在循环内，进程在tsleep中等待，当有连接到达时，tsleep返回0。如果tsleep被信号中断或插口被设置成非阻塞，则accept返回EINTR或EWOULDBLOCK(图15-25)。

3. 异步差错

146-151 如果进程在睡眠期间出现差错，则将插口中的差错代码赋给accept中的返回码，清除插口中的差错码后，accept返回。

异步事件改变插口状态是比较常见的。协议处理层通过设置so_error或唤醒在插口上等待的所有进程来通知插口层插口状态的改变。因此，插口层必须在每次被唤醒后检查so_error，查看是否在进程睡眠期间有差错出现。

4. 将插口同描述符相关联

152-164 falloc为新的连接分配一个描述符；调用soqremque将插口从接收队列中删除，放到描述符的file结构中。习题15.4讨论调用panic。

5. 协议处理

167-179 accept分配一个新的mbuf来保存外部地址，并调用soaccept来完成协议处理。在连接处理期间产生的新的插口的分配和排队在15.12节描述。如果进程提供了一个缓存来接收外部地址，copyout将地址和地址长度分别从nam和namelen中复制给进程。如果有必要，copyout还可能将地址截掉来适应进程提供的缓存大小。最后，释放mbuf，使能协议处理，accept返回。

因为仅仅分配了一个mbuf来存放外部地址，运输地址必须能放入一个mbuf中。因为Unix域地址是文件系统中的路径名(最长可达1023字节)，所以要受到这个限制，但这对Internet域中的16字节长的sockaddr_in地址没有影响。第170行的注释说明可以通过分配和复制一个mbuf链的方式来去掉这个限制。

soaccept函数

soaccept函数通过协议层获得新的连接的客户地址，如图15-27所示。

```
                                                                    uipc_socket.c
184 soaccept(so, nam)
185 struct socket *so;
186 struct mbuf *nam;
187 {
188     int      s = splnet();
189     int      error;
190     if ((so->so_state & SS_NOFDREF) == 0)
191         panic("soaccept: !NOFDREF");
192     so->so_state &= ~SS_NOFDREF;
193     error = (*so->so_proto->pr_usrreq) (so, PRU_ACCEPT,
194                         (struct mbuf *) 0, nam, (struct mbuf *) 0);
195     splx(s);
196     return (error);
197 }
                                                                    uipc_socket.c
```

图15-27 soaccept函数

184-197 soaccept确保插口与一个描述符相连，并发送PRU_ACCEPT请求给协议。
pr_usrreq返回后，nam中包含外部插口的名字。

15.12 sonewconn和soisconnected函数

从图15-26中可以看出，accept等待协议层处理进入的连接请求，并且将它们放入so_q
中。图15-28利用TCP来说明这个过程。

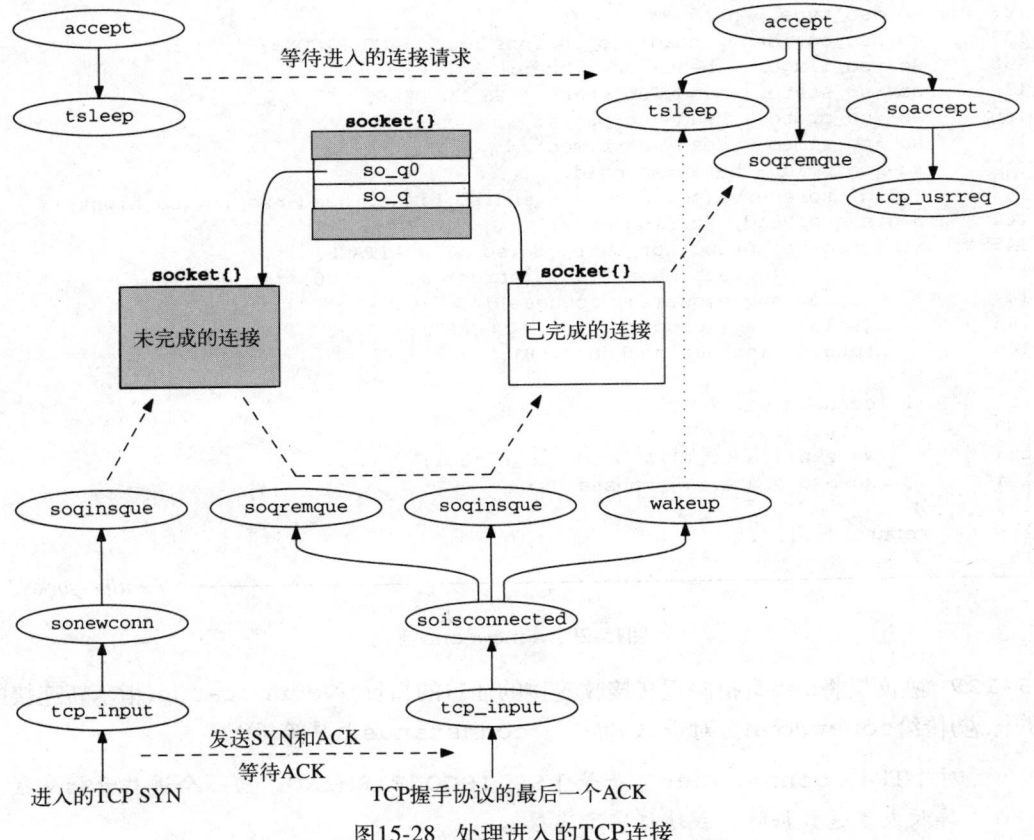

图15-28 处理进入的TCP连接

在图15-28的左上角，accept调用tsleep等待进入的连接。在左下角，tcp_input调用sonewconn为新的连接产生一个插口来处理进入的TCP SYN(图28-7)。sonewconn将产生的插口放入so_q0排队，因为三次握手还没有完成。

当TCP握手协议的最后一个ACK到达时，tcp_input调用soisconnected(图29-2)来更新产生的插口，并将它从so_q0中移到so_q中，唤醒所有调用accept等待进入的连接的进程。

图的右上角说明我们在图15-26中描述的函数。当tsleep返回时，accept从so_q中得到连接，发送PRU_ATTACH请求。插口同一个新的文件描述符建立了联系，accept也返回到调用进程。

图15-29显示了sonewconn函数。

```
                                                                    uipc_socket2.c
123  struct socket *
124  sonewconn(head, connstatus)
125  struct socket *head;
126  int       connstatus;
127  {
128      struct socket *so;
129      int       soqueue = connstatus ? 1 : 0;

130      if (head->so_qlen + head->so_q0len > 3 * head->so_qlimit / 2)
131          return ((struct socket *) 0);
132      MALLOC(so, struct socket *, sizeof(*so), M_SOCKET, M_DONTWAIT);
133      if (so == NULL)
134          return ((struct socket *) 0);
135      bzero((caddr_t) so, sizeof(*so));
136      so->so_type = head->so_type;
137      so->so_options = head->so_options & ~SO_ACCEPTCONN;
138      so->so_linger = head->so_linger;
139      so->so_state = head->so_state | SS_NOFDREF;
140      so->so_proto = head->so_proto;
141      so->so_timeo = head->so_timeo;
142      so->so_pgid = head->so_pgid;
143      (void) soreserve(so, head->so_snd.sb_hiwat, head->so_rcv.sb_hiwat);
144      soqinsque(head, so, soqueue);
145      if ((*so->so_proto->pr_usrreq) (so, PRU_ATTACH,
146              (struct mbuf *) 0, (struct mbuf *) 0, (struct mbuf *) 0)) {
147          (void) soqremque(so, soqueue);
148          (void) free((caddr_t) so, M_SOCKET);
149          return ((struct socket *) 0);
150      }
151      if (connstatus) {
152          sorwakeup(head);
153          wakeup((caddr_t) & head->so_timeo);
154          so->so_state |= connstatus;
155      }
156      return (so);
157  }
                                                                    uipc_socket2.c
```

图15-29 sonewconn函数

123-129 协议层将head(指向正在接收连接的插口的指针)和connstatus(指示新连接的状态的标志)传给sonewconn。对于TCP而言，connstatus总是等于0。

对于TP4，connstatus总是等于SS_ISCONFIRMING。当一个进程开始从插口上接收或发送数据时隐式地证实了连接。

1. 限制进入的连接

130-131 当下面的不等式成立时，sonewconn不再接收任何连接：

$$so\_qlen+so\_q0len > \frac{3 \times so\_qlimit}{2}$$

这个不等式为一直没有完成的连接提供了一个令人费解的因子，且该不等式确保listen(fd, 0)允许一条连接。有关这个不等式的详细情况请参考卷1的图18-23。

2. 分配一个新的插口

132-143 一个新的socket结构被分配和初始化。如果进程对处理接收连接状态的插口调用了setsockopt，则新产生的socket继承好几个插口选项，因为so_options、so_linger、so_pgid和sb_hiwat的值被复制到新的socket结构中。

3. 排队连接

144 在第129行的代码中，根据connstatus的值设置soqueue。如果soqueue为0（如，TCP连接），则将新的插口插入so_q0中；若connstatus等于非0值，则将其插入so_q中（如，TP4连接）。

4. 协议处理

145-150 发送PRU_ATTACH请求，启动协议层对新的连接的处理。如果处理失败，则将插口从队列中删除并丢弃，然后sonewconn返回一个空指针。

5. 唤醒进程

151-157 如果connstatus等于非0值，所有在accept中睡眠或查询插口的可读性的进程均被唤醒。connstatus对so_state执行逻辑或操作。TCP协议从来不会执行这段代码，因为对TCP而言，connstatus总是等于0。

某些将进入的连接首先插入so_q0队列中的协议，如TCP，在连接建立阶段完成时调用soisconnected。对于TCP，当第二个SYN被应答时，就出现这种情况。

图15-30显示了soisconnected的代码。

```
                                                              ── kern/uipc_socket2.c
78 soisconnected(so)
79 struct socket *so;
80 {
81      struct socket *head = so->so_head;
82      so->so_state &= ~(SS_ISCONNECTING | SS_ISDISCONNECTING | SS_ISCONFIRMING);
83      so->so_state |= SS_ISCONNECTED;
84      if (head && soqremque(so, 0)) {
85          soqinsque(head, so, 1);
86          sorwakeup(head);
87          wakeup((caddr_t) & head->so_timeo);
88      } else {
89          wakeup((caddr_t) & so->so_timeo);
90          sorwakeup(so);
91          sowwakeup(so);
92      }
93 }
                                                              ── kern/uipc_socket2.c
```

图15-30 soisconnected函数

6. 排队未完成的连接

78-87 通过修改插口的状态来表明连接已经完成。当对进入的连接调用soisconnected

(即，本地进程正在调用accept)时，head为非空。

如果soqremque返回1，就将插口放入so_q排队，sorwakeup唤醒那些通过调用select测试插口的可读性来监控插口上连接到达的进程。如果进程在accept中因等待连接而阻塞，则wakeup使得相应的tsleep返回。

7. 唤醒等待新连接的进程

88-93   如果head为空，就不需要调用soqremque，因为进程用connect系统调用初始化连接，且插口不在队列中。如果head非空，且soqremque返回0，则插口已经在so_q队列中。在某些协议如TP4中就出现这种情况，因为在TP4中，连接完成之前就已插入so_q队列中。wakeup唤醒所有阻塞在connect中的进程，sorwakeup和sowwakeup负责唤醒那些调用select等待连接完成的进程。

15.13 `connect`系统调用

服务器进程调用listen和accept系统调用等待远程进程初始化连接。如果进程想自己初始化一条连接(即客户端)，则调用connect。

对于面向连接的协议如TCP，connect建立一条与指定的外部地址的连接。如果进程没有调用bind来绑定地址，则内核选择并且隐式地绑定一个地址到插口。

对于无连接协议如UDP或ICMP，connect记录外部地址，以便发送数据报时使用。任何以前的外部地址均被新的地址所代替。

图15-31显示了UDP或TCP调用connect时涉及的函数。

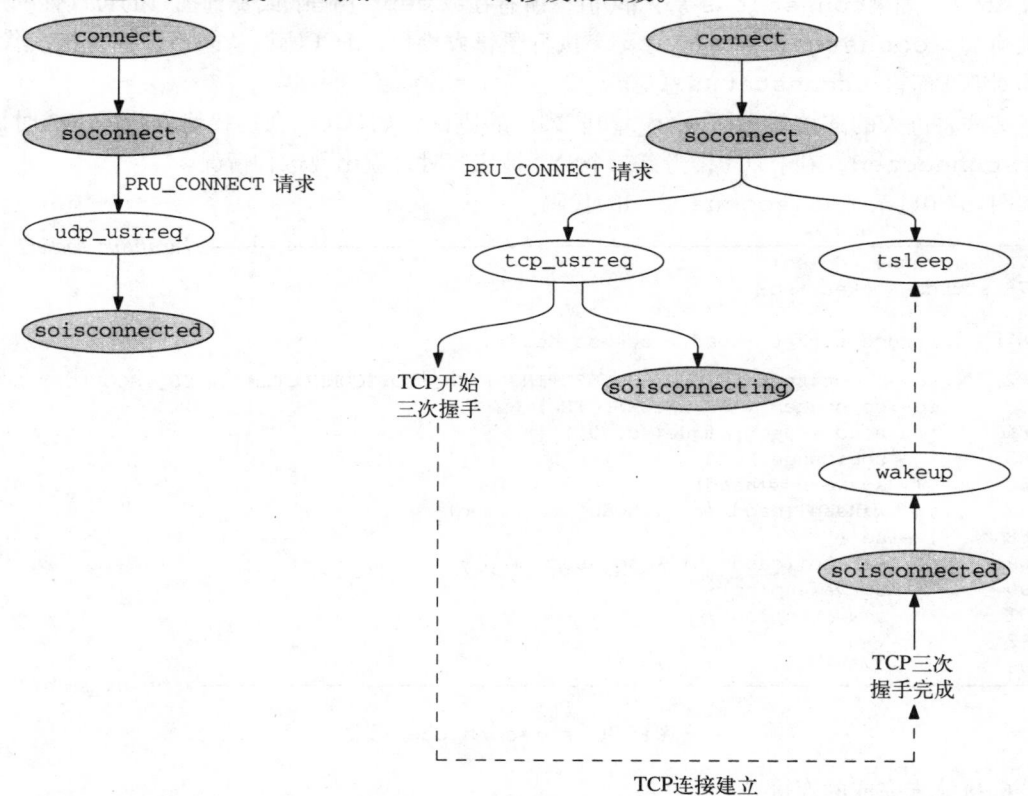

图15-31　connect处理过程

图的左边说明connect如何处理无连接协议，如UDP。在这种情况下，协议层调用soisconnected后connect系统调用立即返回。

图的右边说明connect如何处理面向连接的协议，如TCP。在这种情况下，协议层开始建立连接，调用soisconnecting指示连接将在某个时候完成。如果插口是非阻塞的，soconnect调用tsleep等待连接完成。对于TCP，当三次握手完成时，协议层调用soisconnected将插口标识为已连接，然后调用wakeup唤醒等待的进程，从而完成connect系统调用。

图15-32列出了connect系统调用的代码。

uipc_syscalls.c
```
180 struct connect_args {
181     int       s;
182     caddr_t name;
183     int       namelen;
184 };

185 connect(p, uap, retval)
186 struct proc *p;
187 struct connect_args *uap;
188 int     *retval;
189 {
190     struct file *fp;
191     struct socket *so;
192     struct mbuf *nam;
193     int       error, s;
194     if (error = getsock(p->p_fd, uap->s, &fp))
195         return (error);
196     so = (struct socket *) fp->f_data;
197     if ((so->so_state & SS_NBIO) && (so->so_state & SS_ISCONNECTING))
198         return (EALREADY);
199     if (error = sockargs(&nam, uap->name, uap->namelen, MT_SONAME))
200         return (error);

201     error = soconnect(so, nam);
202     if (error)
203         goto bad;
204     if ((so->so_state & SS_NBIO) && (so->so_state & SS_ISCONNECTING)) {
205         m_freem(nam);
206         return (EINPROGRESS);
207     }
208     s = splnet();
209     while ((so->so_state & SS_ISCONNECTING) && so->so_error == 0)
210         if (error = tsleep((caddr_t) & so->so_timeo, PSOCK | PCATCH,
211                         netcon, 0))
212             break;
213     if (error == 0) {
214         error = so->so_error;
215         so->so_error = 0;
216     }
217     splx(s);
218 bad:
219     so->so_state &= ~SS_ISCONNECTING;
220     m_freem(nam);
221     if (error == ERESTART)
222         error = EINTR;
223     return (error);
224 }
```
uipc_syscalls.c

图15-32　connect系统调用

180-188 connect的三个参数(在connect_args结构中)是：s为插口描述符；name是一个指针，指向存放外部地址的缓存；namelen为缓存的长度。

189-200 getsock获取插口描述符对应的file结构。可能已有连接请求在非阻塞的插口上，若出现这种情况，则返回EALREADY。函数sockargs将外部地址从进程复制到内核。

1. 开始连接处理

201-208 连接是从调用soconnect开始的。如果soconnect报告差错出现，connect跳转到bad。如果soconnect返回时连接还没有完成且使能了非阻塞的I/O，则立即返回EINPROGRESS以免等待连接完成。因为通常情况下，建立连接要涉及同远程系统交换几个分组，因而这个过程可能需要一些时间才能完成。如果连接没完成，则下次对connect调用就返回EALREADY。当连接完成时，soconnect返回EISCONN。

2. 等待连接建立

208-217 while循环直到连接已建立或出现差错时才退出。splnet防止connect在测试插口状态和调用tsleep之间错过wakeup。循环完成后，error包含0、tsleep中的差错代码或插口中的差错代码。

218-224 清除SS_ISCONNECTING标志，因为连接已完成或连接请求已失败。释放存储外部地址的mbuf，返回差错代码。

15.13.1 soconnect函数

soconnect函数确保插口处于正确的连接状态。如果插口没有连接或连接没有被挂起，则连接请求总是正确的。如果插口已经连接或连接正等待处理，则新的连接请求将被面向连接的协议(如TCP)拒绝。对于无连接协议，如UDP，多个连接是允许的，但是每一个新的请求中的外部地址会取代原来的外部地址。

图15-33列出了soconnect函数的代码。

——— uipc_socket.c

```
198 soconnect(so, nam)
199 struct socket *so;
200 struct mbuf *nam;
201 {
202     int     s;
203     int     error;
204     if (so->so_options & SO_ACCEPTCONN)
205         return (EOPNOTSUPP);
206     s = splnet();
207     /*
208      * If protocol is connection-based, can only connect once.
209      * Otherwise, if connected, try to disconnect first.
210      * This allows user to disconnect by connecting to, e.g.,
211      * a null address.
212      */
213     if (so->so_state & (SS_ISCONNECTED | SS_ISCONNECTING) &&
214         ((so->so_proto->pr_flags & PR_CONNREQUIRED) ||
215          (error = sodisconnect(so))))
216         error = EISCONN;
217     else
218         error = (*so->so_proto->pr_usrreq) (so, PRU_CONNECT,
219                         (struct mbuf *) 0, nam, (struct mbuf *) 0);
220     splx(s);
221     return (error);
222 }
```

——— uipc_socket.c

图15-33 soconnect函数

198-222 如果插口被标识为准备接收连接，则soconnect返回EOPNOTSUPP，因为如果已经对插口调用了listen，则进程不能再初始化连接。如果协议是面向连接的，且一条连接已经被初始化，则返回EISCONN。对于无连接协议，任何已有的同外部地址的联系都被sodisconnect切断。

PRU_CONNECT请求启动相应的协议处理来建立连接或关联。

15.13.2 切断无连接插口和外部地址的关联

对于无连接协议，可以通过调用connect，并传入一个不正确的name参数，如指向内容为全0的结构指针或大小不对的结构，来丢弃同插口相关联的外部地址。sodisconnect删除同插口相关联的外部地址，PRU_CONNECT返回差错代码，如EAFNOSUPPORT或EADDRNOTAVAIL，留下没有外部地址的插口。这种方式虽然有点晦涩，但却是一种比较有用的断连方式，在无连接插口和外部地址之间断连，而不是替换。

15.14 shutdown系统调用

shutdown系统调用关闭连接的读通道、写通道或读写通道，如图15-34所示。对于读通道，shutdown丢弃所有进程还没有读走的数据以及调用shutdown之后到达的数据。对于写通道，shutdown让协议做相应的处理。对于TCP，所有剩余的数据将被发送，发送完成后发送FIN。这就是TCP的半关闭特点(参考卷1的18.5节)。

```
                                                        ──────── uipc_syscalls.c
550 struct shutdown_args {
551     int     s;
552     int     how;
553 };
554 shutdown(p, uap, retval)
555 struct proc *p;
556 struct shutdown_args *uap;
557 int     *retval;
558 {
559     struct file *fp;
560     int     error;
561     if (error = getsock(p->p_fd, uap->s, &fp))
562         return (error);
563     return (soshutdown((struct socket *) fp->f_data, uap->how));
564 }
                                                        ──────── uipc_syscalls.c
```

图15-34 shutdown系统调用

为了删除插口和释放描述符，必须调用close。可以在没有调用shutdown的情况下直接调用close。同所有描述符一样，当进程结束时，内核将调用close，关闭所有还没有被关闭的插口。

550-557 在shutdown_args结构中，s为插口描述符，how指明关闭连接的方式。图15-35列出了how和how++(在图15-36中用到)的期望值。

how	how++	描　述
0	*FREAD*	关闭连接的读通道
1	*FWRITE*	关闭连接的写通道
2	*FREAD / FWRITE*	关闭连接的读写通道

图15-35　shutdown系统调用选项

注意，在how和常数FREAD、FWRITE之间有一种隐含的数值关系。

558-564　shutdown是函数soshutdown的包装函数(wrapper function)。由getsock返回与描述符相关联的插口，调用soshutdown，并返回其值。

soshutdown和sorflush函数

关闭连接的读通道是由插口层调用sorflush处理的，写通道的关闭是由协议层的PRU_SHUTDOWN请求处理的。soshutdown函数如图15-36所示。

```
                                                                    ── uipc_socket.c
720 soshutdown(so, how)
721 struct socket *so;
722 int      how;
723 {
724     struct protosw *pr = so->so_proto;

725     how++;
726     if (how & FREAD)
727         sorflush(so);
728     if (how & FWRITE)
729         return ((*pr->pr_usrreq) (so, PRU_SHUTDOWN,
730             (struct mbuf *) 0, (struct mbuf *) 0, (struct mbuf *) 0));
731     return (0);
732 }
                                                                    ── uipc_socket.c
```

图15-36　soshutdown函数

720-732　如果是关闭插口的读通道，则sorflush丢弃插口接收缓存中的数据，禁止读连接(如图15-37所示)。如果是关闭插口的写通道，则给协议发送PRU_SHUTDOWN请求。

733-747　进程等待给接收缓存加锁。因为SB_NOINTR被设置，所以当中断出现时，sblock并不返回。在修改插口状态时，splimp阻塞网络中断和协议处理，因为协议层在接收到进入的分组时可能要访问接收缓存。

socantrcvmore标识插口拒绝接收进入的分组。将sockbuf结构保存在asb中，当splx恢复中断后，要使用asb。调用bzero清除原始的sockbuf结构，使得接收队列为空。

释放控制mbuf

748-751　当shutdown被调用时，存储在接收队列中的控制信息可能引用了一些内核资源。通过sockbuf结构的副本中的sb_mb仍然可以访问mbuf链。

如果协议支持访问权限，且注册了一个dom_dispose函数，则调用该函数来释放这些资源。

在Unix域中，用控制报文在进程间传递描述符是可能的。这些报文包含一些引用计数的数据结构的指针。dom_dispose函数负责去掉这些引用，如果必要，还释放相关的数据缓存以避免产生一些未引用的结构和导致内存泄漏。有关在Unix域内传递文件描述符的细节请参考[Stevens 1990]和[Leffler et al. 1989]。

uipc_socket.c

```
733 sorflush(so)
734 struct socket *so;
735 {
736     struct sockbuf *sb = &so->so_rcv;
737     struct protosw *pr = so->so_proto;
738     int    s;
739     struct sockbuf asb;

740     sb->sb_flags |= SB_NOINTR;
741     (void) sblock(sb, M_WAITOK);
742     s = splimp();
743     socantrcvmore(so);
744     sbunlock(sb);
745     asb = *sb;
746     bzero((caddr_t) sb, sizeof(*sb));
747     splx(s);

748     if (pr->pr_flags & PR_RIGHTS && pr->pr_domain->dom_dispose)
749         (*pr->pr_domain->dom_dispose) (asb.sb_mb);
750     sbrelease(&asb);
751 }
```

uipc_socket.c

图15-37 sorflush函数

当sbrelease释放接收队列中的所有mbuf时，丢弃所有调用shutdown时还没有被处理的数据。

注意，连接的读通道的关闭完全由插口层来处理(习题15.6)，连接的写通道的关闭通过发送PRU_SHUTDOWN请求交由协议处理。TCP协议收到PRU_SHUTDOWN请求后，发送所有排队的数据，然后发送一个FIN来关闭TCP连接的写通道。

15.15 close系统调用

close系统调用能用来关闭各类描述符。当fd是引用对象的最后的描述符时，与对象有关的close函数被调用：

```
error = (*fp->f_ops->fo_close)(fp,p);
```

如图15-13所示，插口的fp->f_ops->fo_close是soo_close函数。

15.15.1 soo_close函数

soo_close函数是soclose函数的封装器，如图15-38所示。

sys_socket.c

```
152 soo_close(fp, p)
153 struct file *fp;
154 struct proc *p;
155 {
156     int    error = 0;

157     if (fp->f_data)
158         error = soclose((struct socket *) fp->f_data);
159     fp->f_data = 0;
160     return (error);
161 }
```

sys_socket.c

图15-38 soo_close函数

152-161   如果socket结构与file相关联，则调用soclose，清除f_data，返回已出现的差错。

15.15.2 soclose函数

soclose函数取消插口上所有未完成的连接(即，还没有完全被进程接受的连接)，等待数据被传输到外部系统，释放不需要的数据结构。

soclose函数的代码如图15-39所示。

```
                                                                    ──── uipc_socket.c
129 soclose(so)
130 struct socket *so;
131 {
132     int      s = splnet();         /* conservative */
133     int      error = 0;

134     if (so->so_options & SO_ACCEPTCONN) {
135         while (so->so_q0)
136             (void) soabort(so->so_q0);
137         while (so->so_q)
138             (void) soabort(so->so_q);
139     }
140     if (so->so_pcb == 0)
141         goto discard;
142     if (so->so_state & SS_ISCONNECTED) {
143         if ((so->so_state & SS_ISDISCONNECTING) == 0) {
144             error = sodisconnect(so);
145             if (error)
146                 goto drop;
147         }
148         if (so->so_options & SO_LINGER) {
149             if ((so->so_state & SS_ISDISCONNECTING) &&
150                 (so->so_state & SS_NBIO))
151                 goto drop;
152             while (so->so_state & SS_ISCONNECTED)
153                 if (error = tsleep((caddr_t) & so->so_timeo,
154                                 PSOCK | PCATCH, netcls, so->so_linger))
155                     break;
156         }
157     }
158 drop:
159     if (so->so_pcb) {
160         int     error2 =
161         (*so->so_proto->pr_usrreq) (so, PRU_DETACH,
162                 (struct mbuf *) 0, (struct mbuf *) 0, (struct mbuf *) 0);
163         if (error == 0)
164             error = error2;
165     }
166 discard:
167     if (so->so_state & SS_NOFDREF)
168         panic("soclose: NOFDREF");
169     so->so_state |= SS_NOFDREF;
170     sofree(so);
171     splx(s);
172     return (error);
173 }
                                                                    ──── uipc_socket.c
```

图15-39 soclose函数

1. 丢弃未完成的连接

129-141 如果插口正在接受连接，soclose遍历两个连接队列，并且调用soabort取消每一个挂起的连接。如果协议控制块为空，则协议已同插口分离，soclose跳转到discard进行退出处理。

soabort发送PRU_ABORT请求给插口的协议，并返回结果。本书中没有介绍soabort的代码。图23-38和图30-7讨论了UDP和TCP如何处理PRU_ABORT请求。

2. 断开已建立的连接或关联

142-157 如果插口没有同任何外部地址相连接，则跳转到drop处继续执行。否则，必须断开插口与对等地址之间的连接。如果断连没有开始，则sodisconnect启动断连进程。如果设置了SO_LINGER插口选项，soclose可能要等到断连完成后才返回。对于一个非阻塞的插口，从来不需要等待断连完成，所以在这种情况下，soclose立即跳转到drop。否则，连接终止正在进行且SO_LINGER选项指示soclose必须等待一段时间才能完成操作。直到出现下列情况时while才退出：断连完成；拖延时间(so_linger)到；进程收到了一个信号。

如果滞留时间被设为0，tsleep仅当断连完成(也许因为一个差错)或收到一个信号时才返回。

3. 释放数据结构

158-173 如果插口仍然同协议相关联，则发送PRU_DETACH请求断开插口与协议的联系。最后，插口被标记为同任何描述符没有关联，这意味着可以调用sofree释放插口。

sofree函数代码如图15-40所示。

```
                                                         —— uipc_socket.c
110 sofree(so)
111 struct socket *so;
112 {
113     if (so->so_pcb || (so->so_state & SS_NOFDREF) == 0)
114         return;
115     if (so->so_head) {
116         if (!soqremque(so, 0) && !soqremque(so, 1))
117             panic("sofree dq");
118         so->so_head = 0;
119     }
120     sbrelease(&so->so_snd);
121     sorflush(so);
122     FREE(so, M_SOCKET);
123 }
                                                         —— uipc_socket.c
```

图15-40 sofree函数

4. 如果插口仍在用则返回

110-114 如果仍然有协议同插口相关联，或如果插口仍然同描述符相关联，则sofree立即返回。

5. 从连接队列中删除插口

115-119 如果插口仍在连接队列上(so_head非空)，则插口的队列应该为空。如果不空，则插口代码和内核panic中有差错。如果队列为空，清除so_head。

6. 释放发送和接收队列中的缓存

120-123 sorelease释放发送队列中的所有缓存，sorflush释放接收队列中的所有缓存。最后，释放插口本身。

15.16 小结

本章中我们讨论了所有与网络操作有关的系统调用。描述了系统调用机制，并且跟踪系统调用直到它们通过pr_usrreq函数进入协议处理层。

在讨论插口层时，我们避免涉及地址格式、协议语义或协议实现等问题。在接下来的章节中，我们将通过协议处理层中的Internet协议的实现将链路层处理和插口层处理联系在一起。

习题

15.1 一个没有超级用户权限的进程怎样才能获取对超级用户进程产生的插口的访问权？

15.2 一个进程怎样才能判断它提供给accept的sockaddr缓存是不是太小以致不能存放调用返回的外部地址？

15.3 IPv6的插口有一个特点：使accept和recvfrom返回一个128位的IPv6地址的数组作为源路由，而不是仅返回一个对等地址。因为数组不能存放在一个mbuf中，所以修改accept和recvfrom，使得它们能够处理协议层来的mbuf链而不是仅仅一个mbuf。如果协议在mbuf簇中返回一个数组而不是一个mbuf链，已有的代码仍然能正常工作吗？

15.4 为什么在图15-26中当soqremque返回一个空指针时要调用panic？

15.5 为什么sorflush要复制接收缓存？

15.6 在sorflush将插口的接收缓存清0后，如果还有数据到达会出现什么现象？在做这个习题之前请阅读第16章的内容。

第16章 插 口 I/O

16.1 引言

本章讨论有关从网络连接上读写数据的系统调用，分三部分介绍。

第一部分介绍四个用来发送数据的系统调用：write、writev、sendto和sendmsg。第二部分介绍四个用来接收数据的系统调用：read、readv、recvfrom和recvmsg。第三部分介绍select系统调用，select调用的作用是监控通用描述符和特殊描述符(插口)的状态。

插口层的核心是两个函数：sosend和soreceive。这两个函数负责处理所有插口层和协议层之间的I/O操作。在后续的章节中我们将看到，因为这两个函数要处理插口层和各种类型的协议之间的I/O操作，使得这两个函数特别长和复杂。

16.2 代码介绍

图16-1中列出了本章后续章节要用到的三个头文件和四个C源文件。

文 件 名	说 明
sys/socket.h	插口API中的结构和宏定义
sys/socketvar.h	socket结构和宏定义
sys/uio.h	uio结构定义
kern/uipc_syscalls.c	socket系统调用
kern/uipc_socket.c	插口层处理
kern/sys_generic.c	select系统调用
kern/sys_socket.c	select对插口的处理

图16-1 本章涉及的头文件和C源文件

全局变量

图16-2列出了三个全局变量。前两个变量由select系统调用使用，第三个变量控制分配给插口的存储器大小。

变 量	数据类型	说 明
selwait	int	select调用的等待通道
nselcoll	int	避免select调用中出现竞争的标志
sb_max	u_long	插口发送或接收缓存的最大字节数

图16-2 本章涉及的全局变量

16.3 插口缓存

从第15.3节我们已经知道，每一个插口都有一个发送缓存和一个接收缓存。缓存的类型为

sockbuf。图16-3中列出了sockbuf结构的定义(重复图15-5)。

```
72      struct sockbuf {                                            socketvar.h
73          u_long   sb_cc;           /* actual chars in buffer */
74          u_long   sb_hiwat;        /* max actual char count */
75          u_long   sb_mbcnt;        /* chars of mbufs used */
76          u_long   sb_mbmax;        /* max chars of mbufs to use */
77          long     sb_lowat;        /* low water mark */
78          struct mbuf *sb_mb;       /* the mbuf chain */
79          struct selinfo sb_sel;    /* process selecting read/write */
80          short    sb_flags;        /* Figure 16.5 */
81          short    sb_timeo;        /* timeout for read/write */
82      } so_rcv, so_snd;
                                                                    socketvar.h
```

图16-3 sockbuf结构

72-78   每一个缓存均包含控制信息和指向存储数据的mbuf链的指针。sb_mb指向mbuf链的第一个mbuf，sb_cc的值等于存储在mbuf链中的数据字节数。sb_hiwat和sb_lowat用来调整插口的流控算法。sb_mbcnt等于分配给缓存中的所有mbuf的存储器数量。

在前面的章节中提到过每一个mbuf可存储0~2048个字节的数据(如果使用了外部簇)。sb_mbmax是分配给插口mbuf缓存的存储器数量的上限。默认的上限在socket系统调用中发送PRU_ATTACH请求时由协议设置。只要内核要求的每个插口缓存的大小不超过262,144个字节的限制(sb_max)，进程就可以修改缓存的上限和下限。流控算法将在16.4节和16.8节中讨论。图16-4显示了Internet协议的默认设置。

协 议	so_snd			so_rcv		
	sb_hiwat	sb_lowat	sb_mbmax	sb_hiwat	sb_lowat	sb_mbmax
UDP	9×1024	2048 (忽略)	$2 \times$ sb_hiwat	$40 \times (1024 + 16)$	1	$2 \times$ sb_hiwat
TCP	8×1024	2048	$2 \times$ sb_hiwat	8×1024	1	$2 \times$ sb_hiwat
原始IP ICMP IGMP	8×1024	2048 (忽略)	$2 \times$ sb_hiwat	8×1024	1	$2 \times$ sb_hiwat

图16-4 Internet协议的默认的插口缓存限制

因为每一个进入的UDP报文的源地址同数据一起排队，所以UDP协议的sb_hiwat的默认值设置为能容纳40个1K字节长的数据报和相应的sockaddr_in结构(每个16字节)。

79   sb_sel是一个用来实现select系统调用的selinfo结构(16.13节)。

80   图16-5列出了sb_flags的所有可能的值。

sb-flags	说 明
SB_LOCK	一个进程已经锁定了插口缓存
SB_WANT	一个进程正在等待给插口缓存加锁
SB_WAIT	一个进程正在等待接收数据或发送数据所需的缓存
SB_SEL	一个或多个进程正在选择这个缓存
SB_ASYNC	为这个缓存产生异步I/O信号
SB_NOINTR	信号不取消加锁请求
SB_NOTIFY	(SB_WAIT|SB_AEL|SB_ASYNC) 一个进程正在等待缓存的变化，如果缓存发生任何改变，用wakeup通知该进程

图16-5 sb_flags的值

81-82 sb_timeo用来限制一个进程在读写调用中被阻塞的时间，单位为时钟滴答(tick)。默认值为0，表示进程无限期的等待。SO_SNDTIMEO和SO_RCVTIMEO插口选项可以改变或读取sb_timeo的值。

插口宏和函数

有许多宏和函数用来管理插口的发送和接收缓存。图16-6中列出了与缓存加锁和同步有关的宏和函数。

名　称	说　明
sblock	申请给sb加锁，如果wf等于M_WAITOK，则进程睡眠等待加锁；否则，如果不能立即给缓存加锁，就返回EWOULDBLOCK。如果进程睡眠被一个信号中断，则返回EINTR或ERESTART；否则返回0 int **sblock**(struct sockbuf *sb, int *wf*);
sbunlock	释放加在sb上的锁。所有等待给sb加锁的进程被唤醒 void **sbunlock**(struct sockbuf *sb);
sbwait	调用tsleep等待sb上的协议动作。返回tsleep返回的结果 int **sbwait**(struct sockbuf *sb);
sowakeup	通知插口有协议动作出现。唤醒所有匹配的调用sbwait的进程或在sb上调用tsleep的进程 void **sowakeup**(struct socket *sb, struct sockbuf *sb);
sorwakeup	唤醒等待sb上的读事件的进程，如果进程请求了I/O事件的异步通知，则还应给该进程发送SIGIO信号 void **sorwakeup**(struct socket *sb);
sowwakeup	唤醒等待sb上的写事件的进程，如果进程请求了I/O事件的异步通知，则还应给该进程发送SIGIO信号 void **sowwakeup**(struct socket *sb);

图16-6　与缓存加锁和同步有关的宏和函数

图16-7显示了设置插口资源限制、往缓存中写数据和从缓存中删除数据的宏和函数。在该表中，m、m0、n和control都是指向mbuf链的指针。sb指向插口的发送或接收缓存。

名　称	说　明
sbspace	sb中可用的空间(字节数)： min(sb_hiwat - sb_cc), (sb_mbmax - sb_mbcont) long **sbspace**(struct sockbuf *sb);
sballoc	将m加到sb中，同时修改sb中的sb_cc和sb_mbcnt void **sballoc**(struct sockbuf *sb, struct mbuf *m);
sbfree	从sb中删除m，同时修改sb中的sb_cc和sb_mbcnt int **sbfree**(struct sockbuf *sb, struct mbuf *m);
sbappend	将m中的mbuf加到sb的最后面 int **sbappend**(struct sockbuf *sb, struct mbuf *m);
sbappendrecord	将m0中的记录加到sb的最后面。调用sbcompress int **sbappendrecord**(struct sockbuf *sb, struct mbuf *m0);

图16-7　与插口缓存分配与操作有关的宏和函数

名 称	说 明
sbappendaddr	将*asa*的地址放入一个mbuf。将地址、*control*和*m0*连接成一个mbuf链，并将该链放在*sb*的最后面 int **abappendaddr**(struct *sb, struct sockaddr *asa, 　　　　　　　　struct mbuf *m0, struct mbuf *control);
sbappendcontrol	将*control*和*m0*连接成一个mbuf链，并将该链放在*sb*的最后面 int **abappendcontrol**(struct *sb, struct mbuf *m0, 　　　　　　　　struct mbuf *control);
sbinsertoob	将*m0*插在没有带外数据的*sb*的第一个记录的前面 int **abinsertoob**(struct sockbuf *sb, struct mbuf *m0);
sbcompress	将*m*合并到*n*中并压缩没用的空间 void **abcompress**(struct sockbuf *sb, struct mbuf *m, 　　　　　　　　struct mbuf *n);
sbdrop	删除*sb*的前*len*个字节 void **sbdrop**(struct sockbuf *sb, int *len*);
sbdroprecord	删除*sb*的第一个记录，将下一个记录移作第一个记录 void **sbdroprecord**(struct sockbuf *sb);
sbrelease	调用sbflush释放*sb*中所有的mbuf。并将sb_hiwat和sb_mbmax清0 void **sbrelease**(struct sockbuf *sb);
sbflush	释放*sb*中的所有mbuf void **sbflush**(struct sockbuf *sb);
soreserve	设置插口缓存高、低水位标记(high-water and low-water mark)。对于发送缓存，调用sbreserve并传入参数*sndcc*。对于接收缓存，调用sbreserve并传入参数*rcvcc*。将发送缓存和接收缓存的sb_lowat初始化成默认值(图16-4)。如果超过系统限制，则返回ENOBUFS int **soreserve**(struct socket *so, int *sndcc*, int *rcvcc*);
sbreserve	将*sb*的高水位标记设置成*cc*。同时将低水位标记降到*cc*。本函数不分配存储器 int **sbreserve**(struct sockbuf *sb, int *cc*);

图16-7 (续)

16.4 write、writev、sendto和sendmsg系统调用

我们将write、writev、sendto和sendmsg四个系统调用统称为写系统调用，它们的作用是往网络连接上发送数据。相对于最一般的调用sendmsg而言，前三个系统调用是比较简单的接口。

所有的写系统调用都要直接或间接地调用sosend。sosend的功能是将进程来的数据复制到内核，并将数据传递给与插口相关的协议。图16-8给出了sosend的工作流程。

在下面的章节中，我们将讨论图16-8中带阴影的函数。其余的四个系统调用和soo_write留给读者自己去了解。

图16-9说明了这四个系统调用和一个相关的库函数(send)的特点。

在Net/3中，send被实现成一个调用sendto的库函数。为了与以前编译的程序二进制兼容，内核将旧的send调用映射成函数osend，该函数不在本书中讨论。

从图16-9的第二栏中可以看出，write和writev系统调用适用于任何描述符，而其他的系统调用只适用于插口描述符。

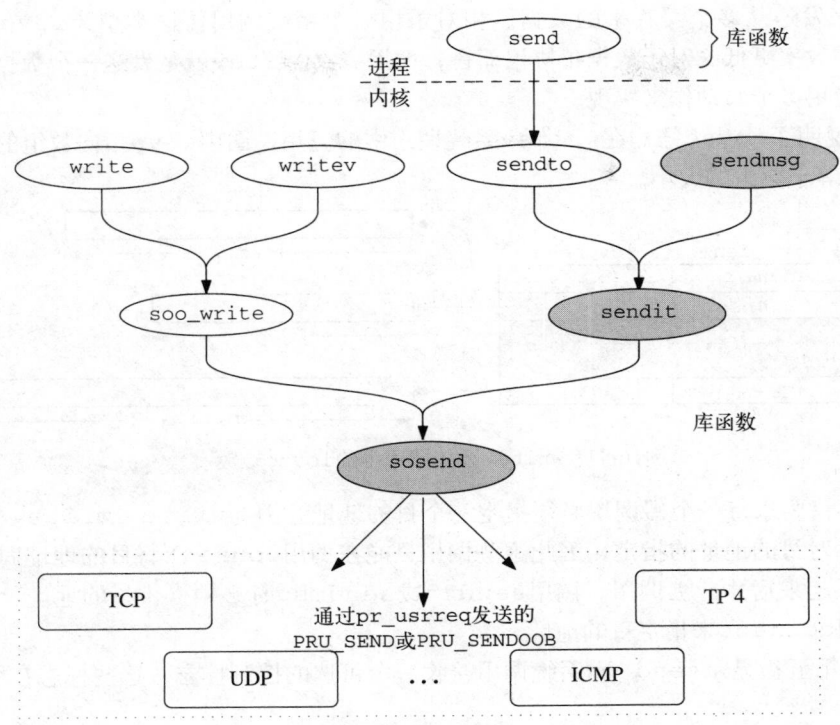

图16-8 所有的插口输出均由sosend处理

函　　数	描述符类型	缓 存 数 量	是否指明目的地址	标　　志?	控制信息?
write	任何类型	1			
writev	任何类型	[1..UIO_MAXIOV]			
send	插口	1		•	
sendto	插口	1	•	•	
sendmsg	插口	[1..UIO-MAXIOV]	•	•	•

图16-9 写系统调用

从图16-9的第三栏中可以看出，writev和sendmsg系统调用可以接收从多个缓存中来的数据。从多个缓存中写数据称为收集(gathering)，同它相对应的读操作称为分散(scattering)。执行收集操作时，内核按序接收类型为iovec的数组中指定的缓存中的数据。数组最多有UIO_MAXIOV个单元。图16-10显示了类型iovec的结构。

```
                                                              — uio.h
41 struct iovec {
42     char   *iov_base;              /* Base address */
43     size_t iov_len;               /* Length */
44 };
                                                              — uio.h
```

图16-10 iovec结构

41-44 在图16-10中，iov_base指向长度为iov_len个字节的缓存的开始。

如果没有这种接口，一个进程将不得不将多个缓存复制到一个大的缓存中，或调用多个写系统调用来发送从多个缓存来的数据。相对于用一个系统调用传送类型为iovec的数组，这两种方法的效率更低。对于数据报协议而言，调用一次writev就是发送一个数据报，数据报的发送不能用多个写动作来实现。

图16-11说明了iovec结构在writev系统调用中的应用，图中iovp指向数组的第一个元素，iovcnt等于数组的大小。

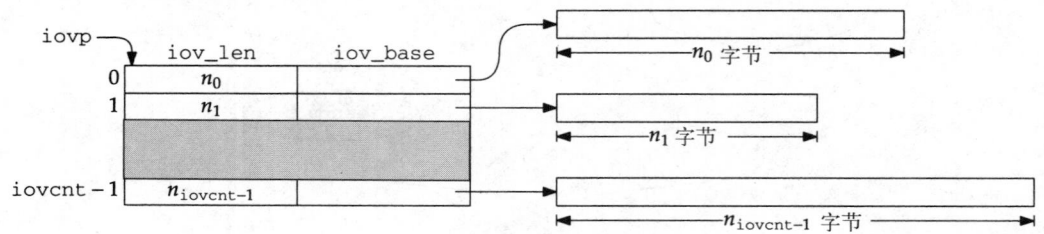

图16-11　writev系统调用中的iovec参数

数据报协议要求每一个写调用必须指定一个目的地址。因为write、writev和send调用接口不支持对目的地址的指定，因此这些调用只能在调用connect将目的地址同一个无连接的插口联系起来后才能被调用。调用sendto或sendmsg时必须提供目的地址，或在调用它们之前调用connect来指定目的地址。

图16-9的第五栏显示send *xxx*系统调用接收一个可选的控制标志，这些标志在图16-12中定义。

flags	描　　述	参　　考
MSG_DONTROUTE	发送本报文时，不查路由表	图16-23
MSG_DONTWAIT	发送本报文时，不等待资源	图16-22
MSG_EOR	标志一个逻辑记录的结束	图16-25
MSG_OOB	发送带外数据	图16-26

图16-12　send *xxx*系统调用：flags值

如图16-9的最后一栏所示，只有sendmsg系统调用支持控制信息。控制信息和另外几个参数是通过结构msghdr(图16-13)一次传递给sendmsg，而不是分别传递。

```
────────────────────────────────────────────────────────── socket.h
228 struct msghdr {
229     caddr_t msg_name;              /* optional address */
230     u_int   msg_namelen;           /* size of address */
231     struct iovec *msg_iov;         /* scatter/gather array */
232     u_int   msg_iovlen;            /* # elements in msg_iov */
233     caddr_t msg_control;           /* ancillary data, see below */
234     u_int   msg_controllen;        /* ancillary data buffer len */
235     int     msg_flags;             /* Figure 16.33 */
236 };
────────────────────────────────────────────────────────── socket.h
```

图16-13　msghdr结构

msg_name应该被说明成一个指向sockaddr结构的指针，因为它包含网络地址。

228-236 msghdr结构包含一个目的地址(msg_name和msg_namelen)、一个分散/收集数组(msg_iov和msg_iovlen)、控制信息(msg_control和msg_controllen)和接收标志

(msg_flags)。控制信息的类型为cmsghdr结构，如图16-14所示。

```
                                                        ──────── socket.h
251 struct cmsghdr {
252    u_int   cmsg_len;            /* data byte count, including hdr */
253    int     cmsg_level;          /* originating protocol */
254    int     cmsg_type;           /* protocol-specific type */
255 /* followed by  u_char  cmsg_data[]; */
256 };
                                                        ──────── socket.h
```

图16-14 cmsghdr结构

251-256   插口层并不解释控制信息，但是报文的类型被置为cmsg_type，且报文长度为cmsg_len。多个控制报文可能出现在控制信息缓存中。

举例

图16-15说明了在调用sendmsg时msghdr的结构。

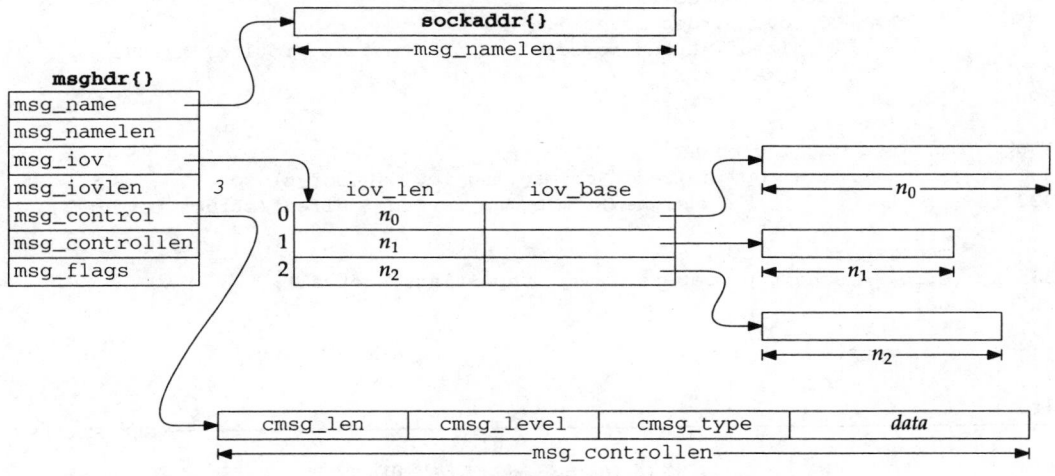

图16-15   sendmsg系统调用的msghdr结构

16.5 **sendmsg系统调用**

只有通过sendmsg系统调用才能访问到与插口API的输出有关的所有功能。sendmsg和sendit函数准备sosend系统调用所需的数据结构，然后由sosend调用将报文发送给相应的协议。对SOCK_DGRAM协议而言，报文就是数据报。对SOCK_STREAM协议而言，报文是一串字节流。对于SOCK_SEQPACKET协议而言，报文可能是一个完整的记录(隐含的记录边界)或一个大的记录的一部分(显式的记录边界)。对于SOCK_PDM协议而言，报文总是一个完整的记录(隐含的记录边界)。

即使一般的sosend代码处理SOCK_SEQPACKET和SOCK_PDK协议，但是在Internet域中没有这样的协议。

图16-16显示了sendmsg系统调用的源代码。

307-319   sendmsg有三个参数：插口描述符；指向msghdr结构的指针；几个控制标志。函数copyin将msghdr结构从用户空间复制到内核。

```
                                                                              ── uipc_syscalls.c
307  struct sendmsg_args {
308      int      s;
309      caddr_t  msg;
310      int      flags;
311  };

312  sendmsg(p, uap, retval)
313  struct proc *p;
314  struct sendmsg_args *uap;
315  int      *retval;
316  {
317      struct msghdr msg;
318      struct iovec aiov[UIO_SMALLIOV], *iov;
319      int      error;

320      if (error = copyin(uap->msg, (caddr_t) & msg, sizeof(msg)))
321          return (error);
322      if ((u_int) msg.msg_iovlen >= UIO_SMALLIOV) {
323          if ((u_int) msg.msg_iovlen >= UIO_MAXIOV)
324              return (EMSGSIZE);
325          MALLOC(iov, struct iovec *,
326                  sizeof(struct iovec) * (u_int) msg.msg_iovlen, M_IOV,
327                  M_WAITOK);
328      } else
329          iov = aiov;
330      if (msg.msg_iovlen &&
331          (error = copyin((caddr_t) msg.msg_iov, (caddr_t) iov,
332                  (unsigned) (msg.msg_iovlen * sizeof(struct iovec)))))
333              goto done;
334      msg.msg_iov = iov;
335      error = sendit(p, uap->s, &msg, uap->flags, retval);
336  done:
337      if (iov != aiov)
338          FREE(iov, M_IOV);
339      return (error);
340  }
```
                                                                              ── uipc_syscalls.c

图16-16 sendmsg系统调用

1. 复制iov数组

320-334   一个有8个元素(UIO_SMALLIOV)的iovec数组从栈中自动分配。如果分配的数组不够大，sendmsg将调用MALLOC分配更大的数组。如果进程指定的数组单元大于1024(UIO_MAXIOV)，则返回EMSGSIZE。copyin将iovec数组从用户空间复制到栈中的数组或一个更大的动态分配的数组中。

　　这种技术避免了调用malloc带来的高代价，因为大多数情况下，数组的单元数小于等于8。

2. sendit和清除缓存

335-340   如果sendit返回，则表明数据已经发送给相应的协议或出现差错。sendmsg释放iovec数组(如果它是动态分配的)，并且返回sendit调用返回的结果。

16.6 **sendit函数**

sendit函数是被sendto和sendmsg调用的公共函数。sendit初始化一个uio结构，将控制和地址信息从进程空间复制到内核。在讨论sosend之前，我们必须先解释uiomove函数和uio结构。

16.6.1 uiomove函数

uiomove函数的原型为：

int uiomove(caddr_t *cp*, int *n*, struct uio *uio*);

uiomove函数的功能是在由*cp*指向的缓存与*uio*指向的类型为*iovec*的数组中的多个缓存之间传送*n*个字节。图16-17说明了uio结构的定义，该结构控制和记录uiomove的行为。

—— *uio.h*
```
45 enum uio_rw {
46     UIO_READ, UIO_WRITE
47 };

48 enum uio_seg {                    /* Segment flag values */
49     UIO_USERSPACE,                /* from user data space */
50     UIO_SYSSPACE,                 /* from system space */
51     UIO_USERISPACE                /* from user instruction space */
52 };

53 struct uio {
54     struct iovec *uio_iov;        /* an array of iovec structures */
55     int     uio_iovcnt;           /* size of iovec array */
56     off_t   uio_offset;           /* starting position of transfer */
57     int     uio_resid;            /* remaining bytes to transfer */
58     enum uio_seg uio_segflg;      /* location of buffers */
59     enum uio_rw uio_rw;           /* direction of transfer */
60     struct proc *uio_procp;       /* the associated process */
61 };
```
—— *uio.h*

图16-17 uio结构

45-61 在uio结构中，uio_iov指向类型为iovec结构的数组，uio_offset记录uiomove传送的字节数，uio_resid记录剩余的字节数。每次调用uiomove，uio_offset增加*n*，uio_resid减去*n*。同时，uiomove根据传送的字节数调整uio_iov数组中的基指针和缓存长度，从而从缓存中删除每次调用时传送的字节。最后，每当从uio_iov中传送一块缓存，uio_iov数组的每个单元就向前进一个数组单元。uio_segflg指向uio_iov数组的基指针指向的缓存的位置。uio_rw指定数据传送的方向。缓存可能在用户数据空间，用户指令空间或内核数据空间。图16-18对uiomove函数的操作进行了小结。图中对操作的描述用到了uiomove函数原型中的参数名。

uio_segflg	uio_rw	描　　述
UIO_USERSPACE	UIO-READ	从内核缓存*cp*中分散*n*个字节到进程缓存
UIO_USERISPACE		
UIO_USERSPACE	UIO-WRITE	从进程缓存中收集*n*个字节到内核缓存*cp*
UIO_USERISPACE		
UIO_SYSSPACE	UIO-READ	从内核缓存*cp*中分散*n*个字节到多个内核缓存
	UIO-WRITE	从多个内核缓存中收集*n*个字节到内核缓存*cp*中

图16-18 uiomove操作

16.6.2 举例

图16-19显示了一个调用uiomove之前的uio结构。

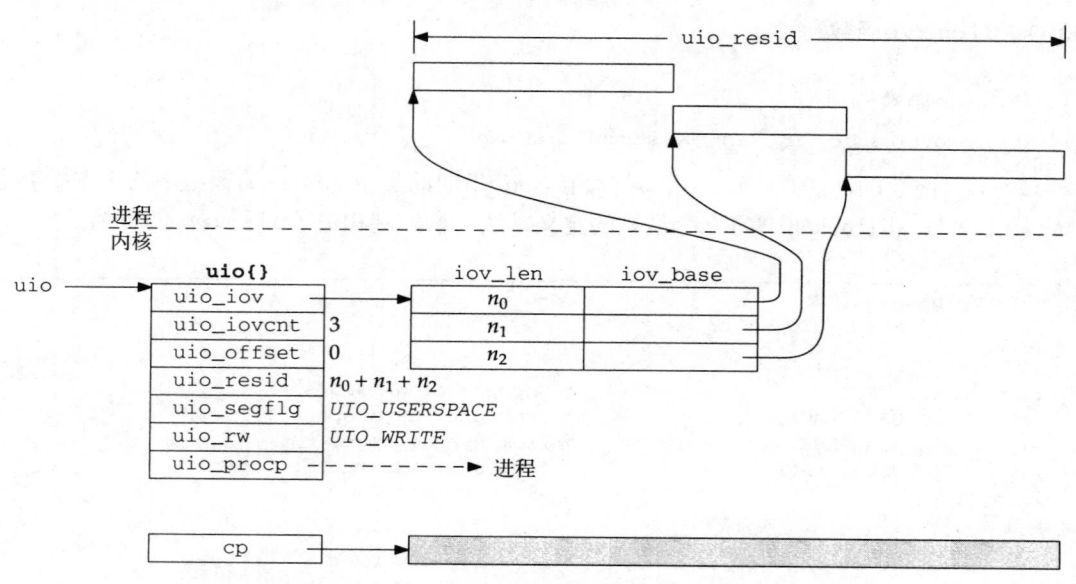

图16-19 调用uiomove前的uio结构

uio_iov指向iovec数组的第一个单元。iov_base指针数组的每一个单元分别指向它们在进程地址空间中的缓存的起始地址。uio_offset等于0，uio_resid等于三块缓存的总的大小。cp指向内核中的一块缓存，一般来说，这块缓存是一个mbuf的数据区。图16-20显示了调用uiomove之后同一个uio结构的内容。

```
uiomove(cp, n, uio);
```

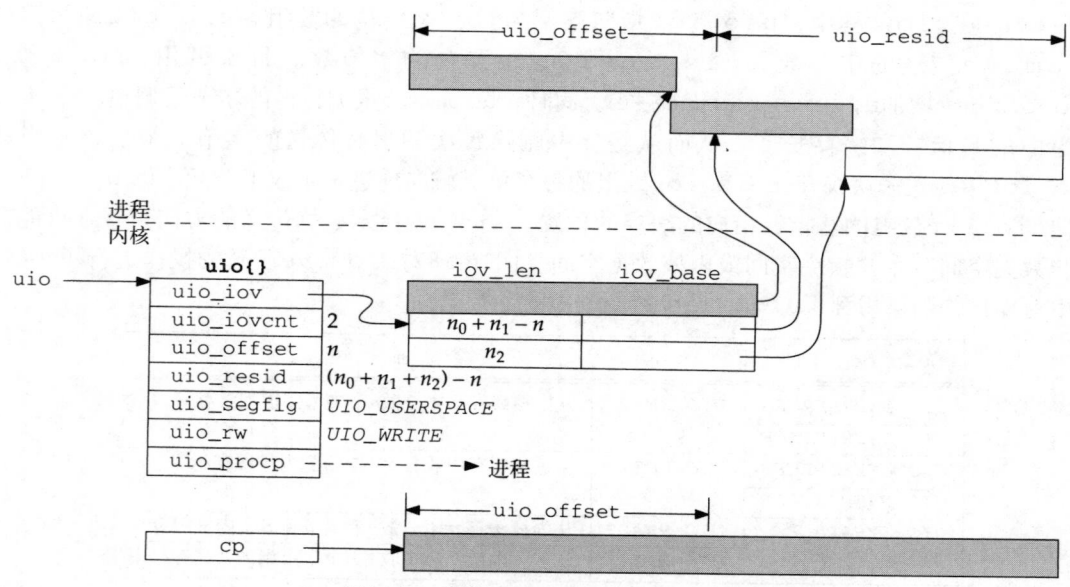

图16-20 调用uiomove后的uio结构

在上述调用中，n包括第一块缓存中的所有字节和第二块缓存中的部分字节(即，$n_0 < n < n_0 + n_1$)。

调用uiomove后，第一块缓存的长度变为0，且它的基指针指向缓存的末端。uio_iov现在指向iovec数组的下一个单元。单元指针也前进了一个单元，长度也减少了，减少的字节数等于缓存中被传送的字节数。同时，uio_offset增加了n，uio_resid减少了n。数据已经从进程中的缓存传送到内核缓存，因为uio_rw等于UIO_WRITE。

16.6.3 sendit代码

现在开始讨论sendit的代码，如图16-21所示。

1. 初始化auio

341-368　sendit调用getsock函数获取描述符对应的file结构，初始化uio结构，并将进程指定的输出缓存中的数据收集到内核缓存中。传送的数据的长度通过一个for循环来计算，并将结果保存在uio_resid。循环内的第一个if保证缓存的长度非负。第二个if保证uio_resid不溢出，因为uio_resid是一个有符号的整数，且iov_len要求非负。

2. 从进程复制地址和控制信息

369-385　如果进程提供了地址和控制信息,则sockargs将地址和控制信息复制到内核缓存中。

uipc_syscalls.c

```
341 sendit(p, s, mp, flags, retsize)
342 struct proc *p;
343 int     s;
344 struct msghdr *mp;
345 int     flags, *retsize;
346 {
347     struct file *fp;
348     struct uio auio;
349     struct iovec *iov;
350     int     i;
351     struct mbuf *to, *control;
352     int    len, error;
353     if (error = getsock(p->p_fd, s, &fp))
354         return (error);
355     auio.uio_iov = mp->msg_iov;
356     auio.uio_iovcnt = mp->msg_iovlen;
357     auio.uio_segflg = UIO_USERSPACE;
358     auio.uio_rw = UIO_WRITE;
359     auio.uio_procp = p;
360     auio.uio_offset = 0;          /* XXX */
361     auio.uio_resid = 0;
362     iov = mp->msg_iov;
363     for (i = 0; i < mp->msg_iovlen; i++, iov++) {
364         if (iov->iov_len < 0)
365             return (EINVAL);
366         if ((auio.uio_resid += iov->iov_len) < 0)
367             return (EINVAL);
368     }
369     if (mp->msg_name) {
370         if (error = sockargs(&to, mp->msg_name, mp->msg_namelen,
371                     MT_SONAME))
```

图16-21 sendit函数

```
372              return (error);
373      } else
374          to = 0;
375      if (mp->msg_control) {
376          if (mp->msg_controllen < sizeof(struct cmsghdr)
377          ) {
378              error = EINVAL;
379              goto bad;
380          }
381          if (error = sockargs(&control, mp->msg_control,
382                              mp->msg_controllen, MT_CONTROL))
383              goto bad;
384      } else
385          control = 0;
386      len = auio.uio_resid;
387      if (error = sosend((struct socket *) fp->f_data, to, &auio,
388                         (struct mbuf *) 0, control, flags)) {
389          if (auio.uio_resid != len && (error == ERESTART ||
390                              error == EINTR || error == EWOULDBLOCK))
391              error = 0;
392          if (error == EPIPE)
393              psignal(p, SIGPIPE);
394      }
395      if (error == 0)
396          *retsize = len - auio.uio_resid;
397  bad:
398      if (to)
399          m_freem(to);
400      return (error);
401  }
```
―――――――――――――――― uipc_syscalls.c

图16-21 (续)

3. 发送数据和清除缓存

386-401   为了防止sosend不接受所有数据而无法计算传送的字节数,将uio_resid的值保存在len中。将插口、目的地址、uio结构、控制信息和标志全部传给函数sosend。当sosend返回后,sendit响应如下:

- 如果sosend传送了部分数据后,传送被信号或阻塞条件所中断,差错被丢弃,报告传送了部分数据。
- 如果sosend返回EPIPE,则发送信号SIGPIPE给进程。error设置成非0,所以如果进程捕捉到了该信号,并且从信号处理程序中返回,或进程忽略信号,写调用返回EPIPE。
- 如果没有差错出现(或差错被丢弃),则计算传送的字节数,并将其保存在*retsize中。如果sendit返回0,syscall(15.4节)返回*retsize给进程而不是返回差错代码。
- 如果任何其他类型的差错出现,返回相应差错代码给进程。

在返回之前,sendit释放包含目的地址的缓存。sosend负责释放control缓存。

16.7 sosend函数

sosend是插口层中最复杂的函数之一。在图16-8中已提到过所有五个写系统调用最终都要调用sosend。sosend的功能就是:根据插口指明的协议支持的语义和缓存的限制,将数据和控制信息传递给插口指明的协议的pr_usrreq函数。sosend从不将数据放在发送缓存中；存储和移走数据应由协议来完成。

sosend对发送缓存的sb_hiwat和sb_lowat值的解释，取决于对应的协议是否实现可靠或不可靠的数据传送功能。

16.7.1 可靠的协议缓存

对于提供可靠的数据传送协议，发送缓存保存了还没有发送的数据和已经发送但还没有被确认的数据。sb_cc等于发送缓存的数据的字节数，且$0 \leqslant$ sb_cc $\leqslant$ sb_hiwat。

> 如果有带外数据发送，则sb_cc有可能暂时超过sb_hiwat。

sosend应该确保在通过pr_usrreq函数将数据传递给协议层之前有足够的发送缓存。协议层将数据放到发送缓存中。sosend通过下面两种方式之一将数据传送给协议层：

- 如果设置了PR_ATOMIC，sosend就必须保护进程和协议层之间的边界。在这种情况下，sosend等待得到足够的缓存来存储整个报文。当获取到足够的缓存后，构造存储整个报文的mbuf链，并用pr_usrreq函数一次性传送给协议层。RDP和SPP就是这种类型的协议。
- 如果没有设置PR_ATOMIC，sosend每次传送一个存有报文的mbuf给协议，可能传送部分mbuf给协议层以防止超过上限。这种方法在SOCK_STREAM类协议如TCP中和SOCK_SEQPACKET类协议如TP4中被采用。在TP4中，记录边界通过MSG_EOR标志(图16-12)来显式指定，所以sosend没有必要保护报文边界。

TCP应用程序对外出的TCP报文段的大小没有控制。例如，在TCP插口上发送一个长度为4096字节的报文，假定发送缓存中有足够的缓存，则插口层将该报文分成两部分，每一部分长度为2048个字节，分别存放在一个带外部簇的mbuf中。然后，在协议处理时，TCP将根据连接上的最大报文段大小将数据分段，通常情况下，最大报文段大小为2048个字节。

当一个报文因为太大而没有足够的缓存时，协议允许报文被分成多段，但sosend仍然不将数据传送给协议层直到缓存中的闲置空间大小大于sb_lowat。对于TCP而言，sb_lowat的默认值为2048 (图16-4)，从而阻止插口层在发送缓存快满时用小块数据干扰TCP。

16.7.2 不可靠的协议缓存

对于提供不可靠的数据传输的协议(如UDP)而言，发送缓存不需保存任何数据，也不等待任何确认。每一个报文一旦被排队等待发送到相应的网络设备，插口层立即将它传送到协议。在这种情况下，sb_cc总是等于0，sb_hiwat指定每一次写的最大长度，间接指明数据报的最大长度。

图16-4显示了UDP协议的sb_hiwat的默认值为9216(9 × 1024)。如果进程没有通过SO_SNDBUF插口选项改变sb_hiwat的值，则发送长度大于9216个字节的数据报将导致差错。不仅如此，其他的协议限制也可能不允许一个进程发送大的数据报报文。卷1的第11.10节中已讨论了在其他的TCP/IP实现中的这些选项和限制。

> 对于NFS写而言，9216已足够大，NFS写的数据加上协议首部的长度一般默认为8192个字节。

图16-22显示了sosend函数的概况。下面分别讨论图中四个带阴影的部分。

```
                                                              —— uipc_socket.c
271 sosend(so, addr, uio, top, control, flags)
272 struct socket *so;
273 struct mbuf *addr;
274 struct uio *uio;
275 struct mbuf *top;
276 struct mbuf *control;
277 int     flags;
278 {

                        /* initialization (Figure 16.23) */

305  restart:
306     if (error = sblock(&so->so_snd, SBLOCKWAIT(flags)))
307         goto out;
308     do {                        /* main loop, until resid == 0 */

                /* wait for space in send buffer (Figure 16.24) */

342         do {
343             if (uio == NULL) {
344                 /*
345                  * Data is prepackaged in "top".
346                  */
347                 resid = 0;
348                 if (flags & MSG_EOR)
349                     top->m_flags |= M_EOR;
350             } else
351                 do {

                /* fill a single mbuf or an mbuf chain (Figure 16.25) */

396                 } while (space > 0 && atomic);

                /* pass mbuf chain to protocol (Figure 16.26) */

412         } while (resid && space > 0);
413     } while (resid);
414  release:
415     sbunlock(&so->so_snd);
416  out:
417     if (top)
418         m_freem(top);
419     if (control)
420         m_freem(control);
421     return (error);
422 }
                                                              —— uipc_socket.c
```

图16-22 sosend函数：概述

271-278 sosend的参数有如下几个：so，指向相应插口的指针；addr，指向目的地址的指针；uio，指向描述用户空间的I/O缓存的uio结构；top，保存将要发送的数据的mbuf链；control，保存将要发送的控制信息的mbuf链；flags，包含本次写调用的一些选项。

正常情况下，进程通过uio机制将数据提供给插口层，top为空。当内核本身正在使用插口层时(如NFS)，数据将作为一个mbuf链传送给sosend，top指向该mbuf链，而uio为空。

279-304 初始化代码分别如下所述。

1. 给发送缓存加锁

305-308 sosend的主循环从restart开始，在循环的开始调用sblock给发送缓存加锁。通过加锁确保多个进程按序互斥访问插口缓存。

如果在flags中MSG_DONTWAIT被设置，则SBLOCKWAIT将返回M_NOWAIT。M_NOWAIT告知sblock，如果不能立即加锁，则返回EWOULDBLOCK。

> MSG_DONTWAIT仅用于Net/3中的NFS。

主循环直到将所有数据都传送给协议(即resid=0)后才退出。

2. 检查空间

309-341 在传送数据给协议之前，需要对各种差错情况进行检查，并且sosend实现前面讨论的流控和资源控制算法。如果sosend阻塞等待输出缓存中的更多的空间，则它跳回restart等待。

3. 使用top中的数据

342-350 一旦有了足够的空间并且sosend也获得了发送缓存上的锁，则准备传送给协议的数据。如果uio等于空(即数据在top指向的mbuf链中)，则sosend检查MSG_EOR，并且在链中设置M_EOR来标志逻辑记录的结束。mbuf链是准备发送给协议层的。

4. 从进程复制数据

351-396 如果uio不空，则sosend必须从进程间复制数据。当PR_ATOMIC被设置时(例如，UDP)，循环继续，直到所有数据都被复制到一个mbuf链中。当sosend从进程得到所有数据后，通过循环中的break(图16-22中没有显示这个break)跳出循环。跳出循环后，sosend将整个数据链一次传送给相应协议。

5. 传送数据给协议

395-414 对于PR_ATOMIC协议，当整个数据链被传送给协议后，resid总是等于0，并且控制跳出两个循环后至release处。如果PR_ATOMIC没有被置位，且当还有数据要发送并有缓存空间时，则sosend继续往mbuf中写数据。如果缓存中没有闲置空间，但仍然有数据要发送，则 sosend回到循环开始，等待闲置空间来写下一个mbuf。如果所有数据都发送完，则两个循环结束。

6. 释放缓存

414-422 当所有数据都传送给协议后，给插口缓存解锁，释放多余的mbuf缓存，然后返回。

sosend的详细情况将分四个部分来描述：

- 初始化(图16-23)。
- 差错和资源检查(图16-24)。
- 数据传送(图16-25)。
- 协议处理(图16-26)。

sosend的第一部分初始化变量，如图16-23所示。

7. 计算传送大小和语义

279-284 如果sosendallatonce等于true(任何设置了PR_ATOMIC的协议)或数据已经

通过top中的mbuf链传送给sosend，则将设置atomic。这个标志控制数据是作为一个mbuf链还是作为多个独立的mbuf传送给协议。

285-297   resid等于iovec缓存中的数据字节数或top中的mbuf链中的数据字节数。习题16.1讨论为什么resid可能等于负数的问题。

```
                                                              —— uipc_socket.c
279    struct proc *p = curproc;    /* XXX */
280    struct mbuf **mp;
281    struct mbuf *m;
282    long    space, len, resid;
283    int     clen = 0, error, s, dontroute, mlen;
284    int     atomic = sosendallatonce(so) || top;
285    if (uio)
286        resid = uio->uio_resid;
287    else
288        resid = top->m_pkthdr.len;
289    /*
290     * In theory resid should be unsigned.
291     * However, space must be signed, as it might be less than 0
292     * if we over-committed, and we must use a signed comparison
293     * of space and resid.  On the other hand, a negative resid
294     * causes us to loop sending 0-length segments to the protocol.
295     */
296    if (resid < 0)
297        return (EINVAL);
298    dontroute =
299        (flags & MSG_DONTROUTE) && (so->so_options & SO_DONTROUTE) == 0 &&
300        (so->so_proto->pr_flags & PR_ATOMIC);
301    p->p_stats->p_ru.ru_msgsnd++;
302    if (control)
303        clen = control->m_len;
304  #define snderr(errno)    { error = errno; splx(s); goto release; }
                                                              —— uipc_socket.c
```

图16-23 sosend函数：初始化

8. 关闭路由

298-303   如果仅仅要求对这个报文不通过路由表进行路由选择，则设置dontroute。clen等于在可选的控制缓存中的字节数。

304 宏snderr传送差错代码，重新使能协议处理，控制跳转到out执行解锁和释放缓存的工作。这个宏简化函数内的差错处理工作。

图16-24显示的sosend代码功能是检查差错条件和等待发送缓存中的闲置空间。

309   当检查差错情况时，为防止缓存发生改变，协议处理被挂起。在每一次数据传送之前，sosend要检查以下几种差错情况：

310-311 • 如果插口输出被禁止(即，TCP连接的写道通已经被关闭)，则返回EPIPE。

312-313 • 如果插口正处于差错状态(例如，前一个数据报可能已经产生了一个ICMP不可达的差错)，则返回so_error。如果差错出现之前数据已经被收到，则sendit忽略这个差错(图16-21的第389行)。

314-318 • 如果协议请求连接且连接还没有建立或连接请求还没有启动，则返回ENOTCONN。sosend允许只有控制信息但没有数据的写操作，即使连接还没有建立。

Internet协议并不使用这个特点，但TP4用它在连接请求中发送数据，证实连接请求，在断连请求中发送数据。

319-321 • 如果在无连接协议中没有指定目的地址(例如，进程调用send但并没有用connect建立目的地址)，则返回EDESTADDREQ。

```
                                                           ── uipc_socket.c
309        s = splnet();
310        if (so->so_state & SS_CANTSENDMORE)
311            snderr(EPIPE);
312        if (so->so_error)
313            snderr(so->so_error);
314        if ((so->so_state & SS_ISCONNECTED) == 0) {
315            if (so->so_proto->pr_flags & PR_CONNREQUIRED) {
316                if ((so->so_state & SS_ISCONFIRMING) == 0 &&
317                    !(resid == 0 && clen != 0))
318                    snderr(ENOTCONN);
319            } else if (addr == 0)
320                snderr(EDESTADDRREQ);
321        }
322        space = sbspace(&so->so_snd);
323        if (flags & MSG_OOB)
324            space += 1024;
325        if (atomic && resid > so->so_snd.sb_hiwat ||
326            clen > so->so_snd.sb_hiwat)
327            snderr(EMSGSIZE);
328        if (space < resid + clen && uio &&
329            (atomic || space < so->so_snd.sb_lowat || space < clen)) {
330            if (so->so_state & SS_NBIO)
331                snderr(EWOULDBLOCK);
332            sbunlock(&so->so_snd);
333            error = sbwait(&so->so_snd);
334            splx(s);
335            if (error)
336                goto out;
337            goto restart;
338        }
339        splx(s);
340        mp = &top;
341        space -= clen;
                                                           ── uipc_socket.c
```

图16-24 sosend函数：差错和资源检查

9. 计算可用空间

322-324 sbspace函数计算发送缓存中剩余的闲置空间字节数。这是一个基于缓存高水位标记的管理上的限制，但也是sb_mbmax对它的限制，其目的是为了防止太多的小报文消耗太多的mbuf缓存(图16-6)。sosend通过放宽缓存限制到1024个字节来给予带外数据更高的优先级。

10. 强制实施报文大小限制

325-327 如果atomic被置位，并且报文大于高水位标记(high-water mark)，则返回EMSGSIZE；报文因为太大而不被协议接受，即使缓存是空的。如果控制信息的长度大于高水位标记，同样返回EMSGSIZE。这是限制数据或记录大小的测试代码。

11. 等待更多的空间吗

328-329 如果发送缓存中的空间不够，数据来源于进程(而不是来源于内核中的top)，并且下列条件之一成立，则sosend必须等待更多的空间：

- 报文必须一次传送给协议(atomic为真)；
- 报文可以分段传送，但闲置空间大小低于低水位标记；
- 报文可以分段传送，但可用空间存放不下控制信息。

当数据通过top传送给sosend (即，uio为空)时，数据已经在mbuf缓存中。因此，sosend忽略缓存高、低水位标记限制，因为不需要附加的缓存来保存数据。

如果在测试中，忽略发送缓存的低水位标记，在插口层和运输层之间将出现一种有趣的交互过程，它将导致性能下降。[Crowcroft et al. 1992]提供了有关这个问题的详细情况。

12. 等待空间

330-338　如果sosend必须等待缓存且插口是非阻塞的，则返回EWOULDBLOCK。同时，缓存锁被释放，sosend调用sbwait等待，直到缓存状态发生变化。当sbwait返回后，sosend重新使能协议处理，并且跳转到restart获取缓存锁，检查差错和缓存空间。如果条件满足，则继续执行。

默认情况下，sbwait阻塞直到可以发送数据。通过SO_SNDTIMEO插口选项改变缓存中的sb_timeo，进程可以设置等待时间的上限。如果定时器超时，则返回EWOULDBLOCK。回想一下图16-21，如果数据已经被成功发送给协议，则sendit忽略这个差错。这个定时器并不限制整个调用的时间，而仅仅是限制写两个mbuf缓存之间的不活动时间。

339-341　在这点上，sosend已经知道一些数据已传送给协议。splx使能中断，因为sosend从进程复制数据到内核相对较长的时间间隔内不应该被阻塞。mp包含一个指针，用来构造mbuf链。在sosend从进程复制任何数据之前，可用缓存的数量需减去控制信息的大小(clen)。

图16-25显示了sosend从进程复制数据到一个或多个内核中的mbuf中的代码段。

13. 分配分组首部或标准mbuf

351-360　当atomic被置位时，这段代码在第一次循环时分配一个分组首部，随后分配标准的mbuf缓存。如果atomic没有被置位，则这段代码总是分配一个分组首部，因为进入循环之前，top总是被清除。

14. 尽可能用簇

361-371　如果报文足够大使得为其分配一个簇是值得的，并且space大于或等于MCLBYTES，则调用MCLGET分配一个簇同mbuf连在一起。当space小于MCLBYTES时，额外的2048个字节将超过缓存分配限制，因为即使resid小于MCLBYTES，整个簇也将被分配。

如果调用MCLGET失败，sosend跳转到nopages，用一个标准的mbuf代替一个外部簇。

　　对MINCLSIZE的测试应该用>，而不是≥，因为208(MINCLSIZE)个字节的写操作只适合小于两个mbuf的情况。

如果atomic被设置(例如，UDP)，则mbuf链表示一个数据报或记录，并且在第一个簇的前面为协议首部保留max_hdr个字节。而后续的簇因为是同一条链的一部分，所以不需要再为协议首部保留空间。

如果atomic没有被置位(如，TCP)，则不需要保留空间，因为sosend不知道协议如何将发送的数据进行分段。

需要注意的是，space由簇大小(2048个字节)而不是len来决定，len等于放在簇中的数据的字节数(习题16-2)。

```
351                 do {
352                     if (top == 0) {
353                         MGETHDR(m, M_WAIT, MT_DATA);
354                         mlen = MHLEN;
355                         m->m_pkthdr.len = 0;
356                         m->m_pkthdr.rcvif = (struct ifnet *) 0;
357                     } else {
358                         MGET(m, M_WAIT, MT_DATA);
359                         mlen = MLEN;
360                     }
361                     if (resid >= MINCLSIZE && space >= MCLBYTES) {
362                         MCLGET(m, M_WAIT);
363                         if ((m->m_flags & M_EXT) == 0)
364                             goto nopages;
365                         mlen = MCLBYTES;
366                         if (atomic && top == 0) {
367                             len = min(MCLBYTES - max_hdr, resid);
368                             m->m_data += max_hdr;
369                         } else
370                             len = min(MCLBYTES, resid);
371                         space -= MCLBYTES;
372                     } else {
373                       nopages:
374                         len = min(min(mlen, resid), space);
375                         space -= len;
376                         /*
377                          * For datagram protocols, leave room
378                          * for protocol headers in first mbuf.
379                          */
380                         if (atomic && top == 0 && len < mlen)
381                             MH_ALIGN(m, len);
382                     }
383                     error = uiomove(mtod(m, caddr_t), (int) len, uio);
384                     resid = uio->uio_resid;
385                     m->m_len = len;
386                     *mp = m;
387                     top->m_pkthdr.len += len;
388                     if (error)
389                         goto release;
390                     mp = &m->m_next;
391                     if (resid <= 0) {
392                         if (flags & MSG_EOR)
393                             top->m_flags |= M_EOR;
394                         break;
395                     }
396                 } while (space > 0 && atomic);
```

图16-25 sosend函数：数据传送

15. 准备mbuf

372-382 如果不用簇，存储在mbuf中的字节数受下面三个量中最小一个量的限制：(1) mbuf中的可用空间；(2) 报文的字节数；(3) 缓存的空间。

如果atomic被置位，则利用MH_ALIGN可知数据在链中的第一个缓存的尾部。如果数据占据整个mbuf，则忽略MH_ALIGN。这一点可能导致没有足够的空间来存放协议首部，主要取决于有多少数据存放在mbuf中。如果atomic没有被置位，则没有为协议首部保留空间。

16. 从进程复制数据

383-395　uiomove从进程复制len个字节的数据到mbuf。传送完成后，更新mbuf的长度，前面的mbuf连接到新的mbuf(或top指向第一个mbuf)，更新mbuf链的长度。如果在传送过程中发生差错，则sosend跳转到release。

一旦最后一个字节传送完毕，如果进程设置了MSG_EOR，则设置分组中的M_EOR，然后sosend跳出循环。

MSG_EOR仅用于有显式的记录边界的协议，如OSI协议族中的TP4。TCP不支持逻辑记录因而忽略MSG_EOR标志。

17. 写另一个缓存吗

396　如果设置了atomic，sosend回到循环开始，写另一个mbuf。

对space>0的测试好像无关紧要。当atomic没有被设置时，space也是无关紧要的，因为一次只传送一个mbuf给协议。如果设置了atomic，只有当有足够的缓存空间来存放整个报文时才进入这个循环。参考习题16-2。

sosend的最后一段代码的功能是传送数据和控制mbuf给插口指定的协议，如图16-26所示。

```
                                                          ── uipc_socket.c
397            if (dontroute)
398                so->so_options |= SO_DONTROUTE;
399            s = splnet();          /* XXX */
400            error = (*so->so_proto->pr_usrreq) (so,
401                        (flags & MSG_OOB) ? PRU_SENDOOB : PRU_SEND,
402                                        top, addr, control);
403            splx(s);
404            if (dontroute)
405                so->so_options &= ~SO_DONTROUTE;
406            clen = 0;
407            control = 0;
408            top = 0;
409            mp = &top;
410            if (error)
411                goto release;
412        } while (resid && space > 0);
413    } while (resid);
                                                          ── uipc_socket.c
```

图16-26　sosend函数：协议分散

397-405　在传送数据到协议层的前后，可能通过SO_DONTROUTE选项选择是否利用路由表为这个报文选择路由。这是唯一的一个针对单个报文的选项，如图16-23所示，在写期间通过MSG_DONTROUTE标志来控制路由选择。

为了防止协议在处理报文期间pr_usrreq阻塞中断，pr_usrreq被放在splnet函数和splx函数之间执行。一些协议(如UDP)可能在进行输出处理期间并不阻塞中断，但插口层得不到这些信息。

如果进程传送的是带外数据，则sosend发送PRU_SENDOOB请求；否则，它发送PRU_SEND请求。同时将地址和控制mbuf传送给协议。

406-413　因为控制信息只需传送给协议一次，所以将clen、control、top和mp初始化，然后为传送报文的下一部分构造新的mbuf链。只有atomic没有被设置时(如TCP)，resid才

可能等于非0。在这种情况下，如果缓存中仍然有空间，则sosend回到循环开始，继续写另一个mbuf。如果没有可用空间，则sosend回到循环开始，等待可用空间(图16-24)。

在第23章我们将了解到不可靠的协议，如UDP，立即将数据排队等待发送。第26章描述可靠的协议，如TCP，将数据放到插口发送缓存直到数据被发送和确认。

16.7.3 sosend函数小结

sosend是一个比较复杂的函数。它共有142行，包含3个嵌套的循环，一个利用goto实现的循环，两个基于是否设置PR_ATOMIC的代码分支，两个并行锁。像许多其他软件一样，复杂性是多年积累的结果。NFS加入MSG_DONTWAIT功能以及从mbuf链接收数据而不是从进程那里接收数据。SS_ISCONFIRMING状态和MSG_EOR标志是为处理OSI协议连接和记录功能而加入的。

比较好的做法是为每一种协议实现一个独立的sosend函数，并通过protosw中的指针pr_send来调度。[Partridge and Pink 1993]中提出并实现了这种方法。

16.7.4 性能问题

如图16-25所描述的，sosend尽可能地以mbuf为单位将报文传送到协议层。与将一个报文用一个mbuf链的形式一次建立并传送给协议层的方法相比，这种做法导致了更多的调用，但是[Jacobson 1998a]说明了这种做法增加了并行性，因而获得了较好的性能。

一次传送一个mbuf(2048个字节)允许CPU在网络硬件传输数据的同时准备一个分组。同发送一个大的mbuf链相比：构造一个大的mbuf链的同时，网络和接收系统是空闲的。在[Jacobson 1998a]描述的系统中，这种改变导致了网络吞吐量增加20%。

有一点非常重要，即确保发送缓存的大小总是大于连接的带宽和时延的乘积(卷1的第20.7节)。例如，如果TCP认为一条连接在收到确认之前能保留20个报文段，那么发送缓存必须大到足够存储20个未被确认的报文段。如果发送缓存太小，TCP在收到第一个确认之前将用完数据，连接将在一段时间内是空闲的。

16.8 read、readv、recvfrom和recvmsg系统调用

我们将read、readv、recvfrom和recvmsg系统调用统称为读系统调用，从网络连接上接收数据。同recvmsg相比，前三个系统调用比较简单。recvmsg因为比较通用而复杂得多。图16-27给出了这四个系统调用和一个库函数(recv)的特点。

函 数	描述符类型	缓 存 数 量	返回发送者的地址吗?	标 志?	返回控制信息?
read	任何类型	1			
readv	任何类型	[1..UIO_MAXIOV]			
recv	插口	1		•	
recvfrom	插口	1	•	•	
recvmsg	插口	[1..UIO-MAXIOV]	•	•	•

图16-27 读系统调用

在Net/3中，recv是一个库函数，通过调用recvfrom来实现的。为了同以前编

译的程序二进制兼容，内核将旧的`recv`系统调用映射到函数`orecv`。我们仅仅讨论`recvfrom`的内核实现。

只有`read`和`readv`系统调用适用于各类描述符，其他的调用只适用于插口描述符。

同写调用一样，通过`iovec`结构数组来指定多个缓存。对数据报协议，`recvfrom`和`recvmsg`返回每一个收到的数据报的源地址。对于面向连接的协议，`getpeername`返回连接对方的地址。与接收调用相关的标志参考第16.11节。

同写调用一样，读调用利用一个公共函数`soreceive`来做所有工作。图16-28说明读系统调用的流程。

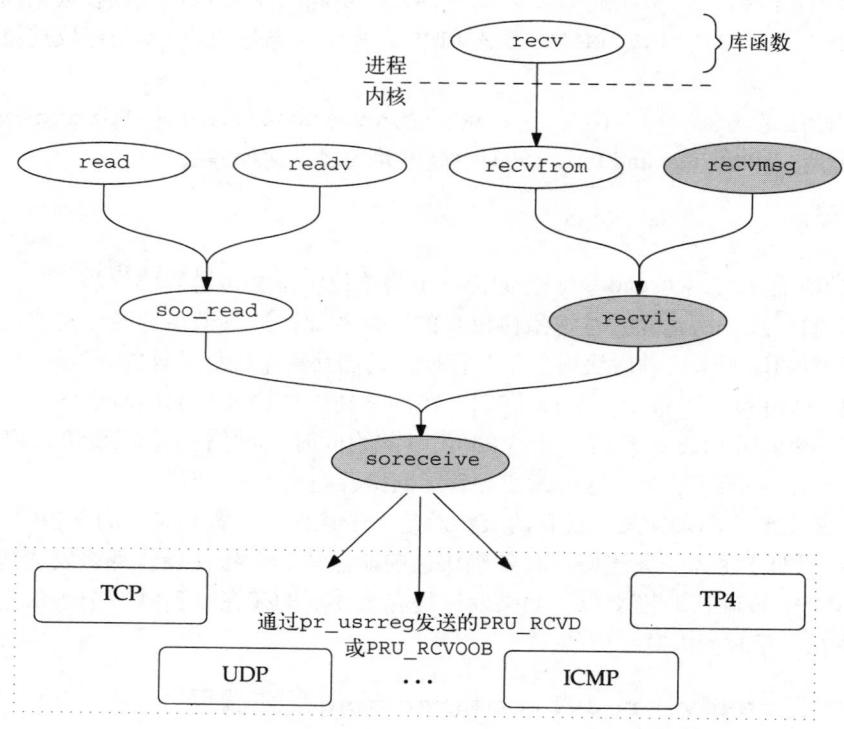

图16-28 所有插口输入都由`soreceive`处理

我们仅仅讨论图16-28中的带阴影的函数。其余的函数读者可以自己查阅有关资料。

16.9 `recvmsg`系统调用

`recvmsg`函数是最通用的读系统调用。如果一个进程使用任何一个其他的读系统调用，且地址、控制信息和接收标志的值还未定，则系统可能在没有任何通知的情况下丢弃它们。图16-29显示了`recvmsg`函数。

433-445 `recvmsg`的三个参数是：插口描述符；类型为`msghdr`的结构指针，几个控制标志。

1. 复制iov数组

446-461 同`sendmsg`一样，`recvmsg`将`msghdr`结构复制到内核，如果自动分配的数组

aiov太小，则分配一个更大的iovec数组，并且将数组单元从进程复制到由iov指向的内核
数组(16.4节)。将第三个参数复制到msghdr结构中。

―― *uipc_syscalls.c*
```
433 struct recvmsg_args {
434     int      s;
435     struct msghdr *msg;
436     int      flags;
437 };

438 recvmsg(p, uap, retval)
439 struct proc *p;
440 struct recvmsg_args *uap;
441 int     *retval;
442 {
443     struct msghdr msg;
444     struct iovec aiov[UIO_SMALLIOV], *uiov, *iov;
445     int     error;

446     if (error = copyin((caddr_t) uap->msg, (caddr_t) & msg, sizeof(msg)))
447         return (error);
448     if ((u_int) msg.msg_iovlen >= UIO_SMALLIOV) {
449         if ((u_int) msg.msg_iovlen >= UIO_MAXIOV)
450             return (EMSGSIZE);
451         MALLOC(iov, struct iovec *,
452             sizeof(struct iovec) * (u_int) msg.msg_iovlen, M_IOV,
453             M_WAITOK);
454     } else
455         iov = aiov;
456     msg.msg_flags = uap->flags;
457     uiov = msg.msg_iov;
458     msg.msg_iov = iov;
459     if (error = copyin((caddr_t) uiov, (caddr_t) iov,
460                 (unsigned) (msg.msg_iovlen * sizeof(struct iovec))))
461             goto done;
462     if ((error = recvit(p, uap->s, &msg, (caddr_t) 0, retval)) == 0) {
463         msg.msg_iov = uiov;
464         error = copyout((caddr_t) & msg, (caddr_t) uap->msg, sizeof(msg));
465     }
466 done:
467     if (iov != aiov)
468         FREE(iov, M_IOV);
469     return (error);
470 }
```
―― *uipc_syscalls.c*

图16-29 recvmsg系统调用

2. recvit和释放缓存

462-470   recvit收完数据后，将更新过的缓存长度和标志的msghdr结构再复制到进程。
如果分配了一个更大的iovec结构，则返回之前释放它。

16.10 recvit函数

recvit函数被recv、recvfrom和recvmsg调用，如图16-30所示。基于recv *xxx*调
用提供的msghdr结构，recvit函数为soreceive的处理准备了一个uio结构。

471-500   getsock为描述符s返回一个file结构，然后recvit初始化uio结构，该结构
描述从内核到进程之间的一次数据传送。通过对iovec数组中的msg_iovlen字段求和得到

传送的字节数。结果保留在uio_resid中的len中。

```
                                                              ── uipc_syscalls.c
471 recvit(p, s, mp, namelenp, retsize)
472 struct proc *p;
473 int      s;
474 struct msghdr *mp;
475 caddr_t namelenp;
476 int     *retsize;
477 {
478     struct file *fp;
479     struct uio auio;
480     struct iovec *iov;
481     int      i;
482     int      len, error;
483     struct mbuf *from = 0, *control = 0;

484     if (error = getsock(p->p_fd, s, &fp))
485         return (error);
486     auio.uio_iov = mp->msg_iov;
487     auio.uio_iovcnt = mp->msg_iovlen;
488     auio.uio_segflg = UIO_USERSPACE;
489     auio.uio_rw = UIO_READ;
490     auio.uio_procp = p;
491     auio.uio_offset = 0;            /* XXX */
492     auio.uio_resid = 0;
493     iov = mp->msg_iov;
494     for (i = 0; i < mp->msg_iovlen; i++, iov++) {
495         if (iov->iov_len < 0)
496             return (EINVAL);
497         if ((auio.uio_resid += iov->iov_len) < 0)
498             return (EINVAL);
499     }
500     len = auio.uio_resid;
                                                              ── uipc_syscalls.c
```

图16-30 recvit函数：初始化uio结构

recvit的第二部分调用soreceive，并且将结果复制到进程，如图16-31所示。

```
                                                              ── uipc_syscalls.c
501     if (error = soreceive((struct socket *) fp->f_data, &from, &auio,
502       (struct mbuf **) 0, mp->msg_control ? &control : (struct mbuf **) 0,
503                        &mp->msg_flags)) {
504         if (auio.uio_resid != len && (error == ERESTART ||
505                            error == EINTR || error == EWOULDBLOCK))
506             error = 0;
507     }
508     if (error)
509         goto out;
510     *retsize = len - auio.uio_resid;
511     if (mp->msg_name) {
512         len = mp->msg_namelen;
513         if (len <= 0 || from == 0)
514             len = 0;
515         else {
516             if (len > from->m_len)
517                 len = from->m_len;
518             /* else if len < from->m_len ??? */
519             if (error = copyout(mtod(from, caddr_t),
```

图16-31 recvit函数：返回结果

```
520                                           (caddr_t) mp->msg_name, (unsigned) len))
521                     goto out;
522                 }
523             mp->msg_namelen = len;
524             if (namelenp &&
525                 (error = copyout((caddr_t) & len, namelenp, sizeof(int)))) {
526                 goto out;
527             }
528         }
529     if (mp->msg_control) {
530         len = mp->msg_controllen;
531         if (len <= 0 || control == 0)
532             len = 0;
533         else {
534             if (len >= control->m_len)
535                 len = control->m_len;
536             else
537                 mp->msg_flags |= MSG_CTRUNC;
538             error = copyout((caddr_t) mtod(control, caddr_t),
539                             (caddr_t) mp->msg_control, (unsigned) len);
540         }
541         mp->msg_controllen = len;
542     }
543 out:
544     if (from)
545         m_freem(from);
546     if (control)
547         m_freem(control);
548     return (error);
549 }
```
uipc_syscalls.c

图16-31 (续)

1. 调用soreceive

501-510 soreceive实现从插口缓存中接收数据的最复杂的功能。传送的字节数保存在
*retsize中,并且返回给进程。如果有些数据已经被复制到进程后信号出现或阻塞出现
(len不等于uio_resid),则忽略差错,并返回已经传送的字节。

2. 将地址和控制信息复制到进程

511-542 如果进程传入了一个存放地址或控制信息或两者都有的缓存,则recvit将结果
写入该缓存,并且根据soreceive返回的结果调整它们的长度。如果缓存太小,则地址信息
可能被截掉。如果进程在发送读调用之前保留缓存的长度,将该长度同内核返回的
namelenp变量(或sockaddr结构的长度域)相比较就可以发现这个差错。通过设置
msg_flags中的MSG_CTRUNC标志来报告这种差错,参考习题16-7。

3. 释放缓存

543-549 从out开始,释放存储源地址和控制信息的mbuf缓存。

16.11 soreceive函数

soreceive函数将数据从插口的接收缓存传送到进程指定的缓存。某些协议还提供发送
者的地址,地址可以同可能的附加控制信息一起返回。在讨论它的代码之前,先来讨论接收
操作,带外数据和插口接收缓存的组织的含义。

图16-32列出了在执行soreceive期间内核知道的一些标志。

flags	描　述	参　考
MSG_DONTWAIT	在调用期间不等待资源	图16-38
MSG_OOB	接收带外数据而不是正常的数据	图16-39
MSG_PEEK	接收数据的副本而不取走数据	图16-43
MSG_WAITALL	在返回之前等待数据写缓存	图16-50

图16-32　recv xxx系统调用：传递给内核的标志值

recvmsg是唯一返回标志字段给进程的读系统调用。在其他的系统调用中，控制返回给进程之前，这些信息被内核丢弃。图16-33列出了在msghdr中recvmsg能设置的标志。

msg_flags	描　述	参　考
MSG_CTRUNC	控制信息的长度大于提供的缓存长度	图16-31
MSG_EOR	收到的数据标志一个逻辑记录的结束	图16-48
MSG_OOB	缓存中包含带外数据	图16-45
MSG_TRUNC	收到的报文的长度大于提供的缓存长度	图16-51

图16-33　recvmsg系统调用：内核返回的msg_flag值

16.11.1　带外数据

带外数据(OOB)在不同的协议中有不同的含义。一般来说，协议利用已建立的通信连接来发送OOB数据。OOB数据可能与已发送的正常数据同序。插口层支持两种与协议无关的机制来实现对OOB数据的处理：标记和同步。本章讨论插口层实现的抽象的OOB机制。UDP不支持OOB数据。TCP的紧急数据机制与插口层的OOB数据之间的关系在TCP一章中描述。

发送进程通过在sendxxx调用中设置MSG_OOB标志将数据标记为OOB数据。sosend将这个信息传递给插口协议，插口层收到这个信息后，对数据进行特殊处理，如加快发送数据或使用另一种排队策略。

当一个协议收到OOB数据后，并不将它放进插口的接收缓存而是放在其他地方。进程通过设置recvxxx调用中的MSG_OOB标志来接收到达的OOB数据。另一种方法是，通过设置SO_OOBINLINE插口选项(见第17.3节)，接收进程可以要求协议将OOB数据放在正常的数据之内。当SO_OOBINLINE被设置时，协议将收到的OOB数据放进正常数据的接收缓存。在这种情况下，MSG_OOB不用来接收OOB数据。读调用要么返回所有的正常数据，要么返回所有的OOB数据。两种类型的数据从来不会在一个输入调用的输入缓存中混淆。进程使用recvmsg来接收数据时，可以通过检查MSG_OOB标志来决定返回的数据是正常数据还是OOB数据。

插口层支持OOB数据和正常数据的同步接收，采用的方法是允许协议在正常数据流中标记OOB数据起始点。接收者可以在每一个读系统调用的后面，通过SIOCATMARK ioctl命令来检查是否已经达到OOB数据的起始点。当接收正常的数据时，插口层确保在一个报文中只有在标记前的正常数据才会收到，使得接收者接收的数据不会超过标记。如果在接收者到达标记之前收到一些附加的OOB数据，标记就自动向前移。

16.11.2　举例

图16-34说明两种接收带外数据的方法。在两个例子中，字节A~I作为正常数据接收，字

节J作为带外数据接收，字节K~L作为正常数据接收。接收进程已经接收了A之前(不包括A)的所有数据。

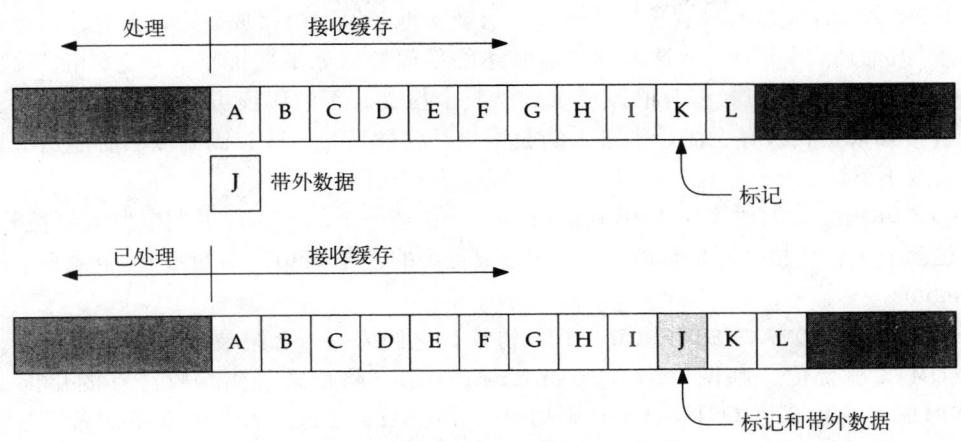

图16-34 接收带外数据

在第一个例子中，进程能够正确读出字节A~I，或者如果设置MSG_OOB，也能读出字节J。即使读请求的长度大于9个字节(A~I)，插口层也只返回9个字节，以免超过带外数据的同步标记。当读出字节I后，SIOCATMARK为真；对于到达带外数据标记的进程，不必读出字节J。

在第二个例子中，在SIOCATMARK为真时只能读字节A~I。第二次调用读字节J~L。

在图16-34中，字节J不是TCP的紧急数据指针指示的字节。在本例中，紧急指针指向的是字节K。有关细节请参考第29.7节。

16.11.3 其他的接收操作选项

进程能够通过设置标志MSG_PEEK来查看是否有数据到达。而数据仍然留在接收队列中，被下一个不设置MSG_PEEK的读调用读出。

标志MSG_WAITALL指示读调用只有在读到指定数量的数据后才返回。即使soreceive中有一些数据可以返回给进程，但它仍然要等到收到剩余的数据后才返回。

当标志MSG_WAITALL被设置后，soreceive只有在下列情况下可以在没有读完指定长度的数据时返回：

- 连接的读通道被关闭；
- 插口的接收缓存小于所读数据的大小；
- 在进程等待剩余的数据时差错出现；
- 带外数据到达；
- 在读缓存被写满之前，一个逻辑记录的结尾出现。

NFS是Net/3中唯一使用MSG_WAITALL和MSG_DONTWAIT标志的软件。进程可以不通过ioctl或fcntl来选择非阻塞的I/O操作而是设置MSG_DONTWAIT标志来实现非阻塞的读系统调用。

16.11.4 接收缓存的组织：报文边界

对于支持报文边界的协议，每一个报文存放在一个mbuf链中。接收缓存中的多个报文通过m_nextpkt指针链接成一个mbuf队列(图2-21)。协议处理层加数据到接收队列，插口层从接收队列中移走数据。接收缓存的高水位标记限制了存储在缓存中的数据量。

如果PR_ATOMIC没有被置位，协议层尽可能多地在缓存中存放数据，丢弃输入数据中的不合要求的部分。对于TCP，这就意味着到达的任何数据如果在接收窗口之外都将被丢弃。如果PR_ATOMIC被置位，缓存必须能够容纳整个报文，否则协议层将丢弃整个报文。对于UDP而言，如果接收缓存已满，则进入的数据报都将被丢弃，缓存满的原因可能是进程读数据报的速度不够快。

PR_ADDR被置位的协议使用sbappendaddr构造一个mbuf链，并将其加入到接收队列。缓存链包含一个存放报文源地址的mbuf，0个或更多的控制mbuf，后面跟着0个或更多的包含数据的mbuf。

对于SOCK_SEQPACKET和SOCK_RDM协议，它们为每一个记录建立一个mbuf链。如果PR_ATOMIC被置位，则调用sbappendrecord，将记录加到接收缓存的尾部。如果PR_ATOMIC没有被置位(OSI的TP4)，则用sbappendrecord产生一个新的记录，其余的数据用sbappend加到这个记录中。

> 假定PR_ATOMIC就是表示缓存的组织结构是不正确的。例如，TP4中并没有PR_ATOMIC，而是用M_EOR标志来支持记录边界。

图16-35说明了由三个mbuf链(即三个数据报)组成的UDP接收缓存的结构。每一个mbuf中都标有m_type的值。

在图16-35中，第三个数据报中有一些控制信息。三个UDP插口选项能够导致控制信息被存入接收缓存。详细情况参考图22-5和图23-7。

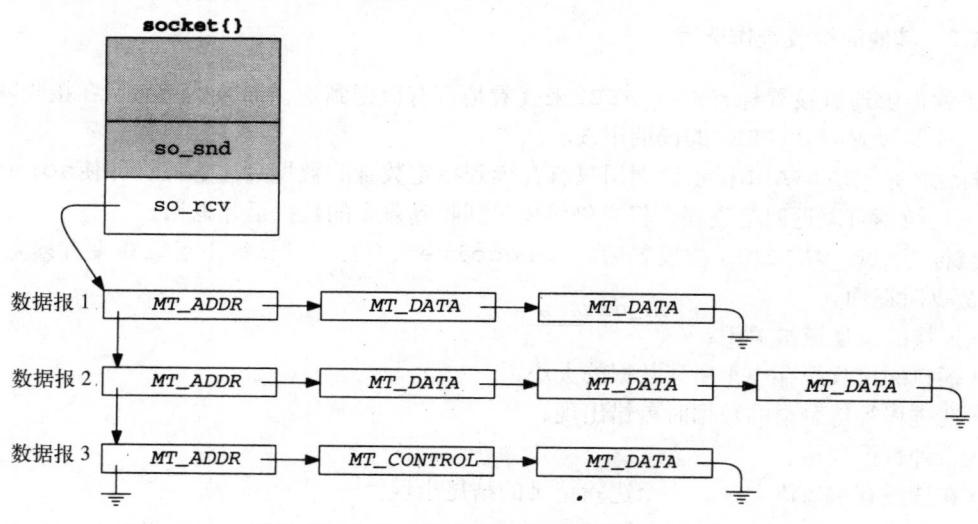

图16-35 包含三个数据报的UDP接收缓存

对于PR_ATOMIC协议，当收到数据时，sb_lowat被忽略。当没有设置PR_ATOMIC时，sb_lowat的值等于读系统调用返回的最小的字节数。但也有一些例外，如图16-41所示。

16.11.5 接收缓存的组织：没有报文边界

当协议不需维护报文边界(即SOCK_STREAM协议，如TCP)时，通过sbappend将进入的数据加到缓存中的最后一个mbuf链的尾部。如果进入的数据长度大于缓存的长度，则数据将被截掉，sb_lowat为一个读系统调用返回的字节数设置了一个下限。

图16-36说明了仅仅包含正常数据的TCP接收缓存的结构。

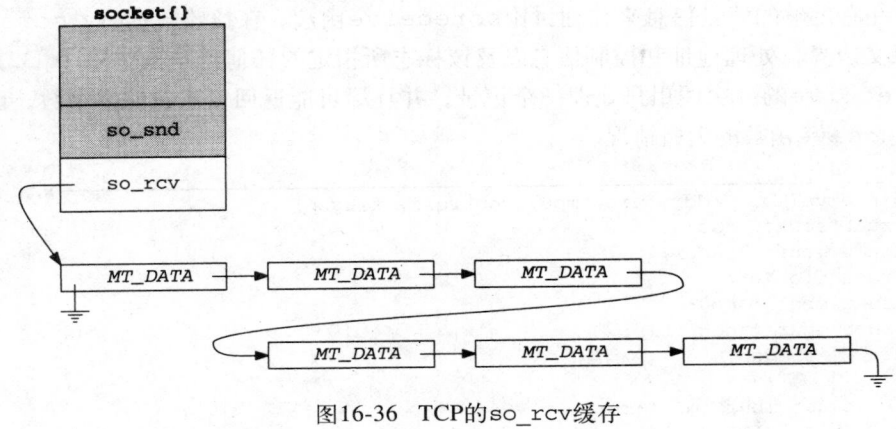

图16-36   TCP的so_rcv缓存

16.11.6　控制信息和带外数据

不像TCP，一些流协议支持控制信息，并且调用sbappendcontrol将控制信息和相关数据作为一个新的mbuf链加入接收缓存。如果协议支持内含OOB数据，则调用sbinsertoob插入一个新的mbuf链到任何包含OOB数据的mbuf链之后，但在任何包含正常数据的mbuf链之前。这一点确保进入的OOB数据总是排在正常数据之前。

图16-37说明包含控制信息和OOB数据的接收缓存的结构。

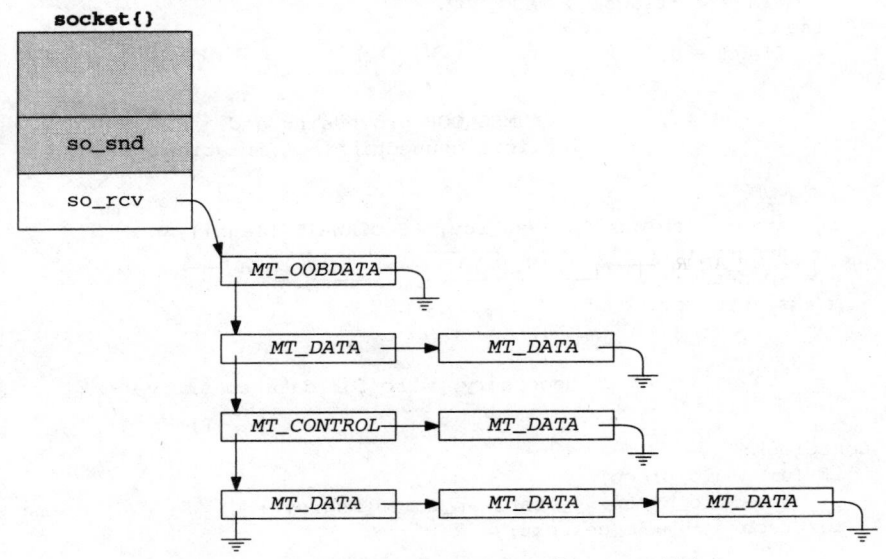

图16-37   带有控制信息和OOB数据的so_rcv缓存

Unix域流协议支持控制信息，OSI TP4协议支持MT_OOBDATA mbuf。TCP既不支持控制信息，也不支持MT_OOBDATA形式的带外数据。如果TCP的紧急指针指向的字节存储在数据内(SO_OOBINLINE被设置)，那么该字节是正常数据而不是OOB数据。TCP对紧急指针和相关数据的处理在第29.7节中讨论。

16.12 **soreceive**代码

我们现在有足够的背景信息来详细讨论soreceive函数。在接收数据时，soreceive必须检查报文边界，处理地址和控制信息以及读标志所指定的任何特殊操作(图16-32)。一般来说，soreceive的一次调用只处理一个记录，并且尽可能返回要求读的字节数。图16-38显示了soreceive函数的大概情况。

```
                                                             ─── uipc_socket.c
439  soreceive(so, paddr, uio, mp0, controlp, flagsp)
440  struct socket *so;
441  struct mbuf **paddr;
442  struct uio *uio;
443  struct mbuf **mp0;
444  struct mbuf **controlp;
445  int     *flagsp;
446  {
447      struct mbuf *m, **mp;
448      int      flags, len, error, s, offset;
449      struct protosw *pr = so->so_proto;
450      struct mbuf *nextrecord;
451      int      moff, type;
452      int      orig_resid = uio->uio_resid;

453      mp = mp0;
454      if (paddr)
455          *paddr = 0;
456      if (controlp)
457          *controlp = 0;
458      if (flagsp)
459          flags = *flagsp & ~MSG_EOR;
460      else
461          flags = 0;


                        /* MSG_OOB processing and */
                  /* implicit connection confirmation */

483  restart:
484      if (error = sblock(&so->so_rcv, SBLOCKWAIT(flags)))
485          return (error);
486      s = splnet();
487      m = so->so_rcv.sb_mb;


                  /* if necessary, wait for data to arrive */

542  dontblock:
543      if (uio->uio_procp)
544          uio->uio_procp->p_stats->p_ru.ru_msgrcv++;
545      nextrecord = m->m_nextpkt;


                  /* process address and control information */

591      if (m) {
```

图16-38 soreceive函数：概述

```
592              if ((flags & MSG_PEEK) == 0)
593                  m->m_nextpkt = nextrecord;
594              type = m->m_type;
595              if (type == MT_OOBDATA)
596                  flags |= MSG_OOB;
597          }


                                    /* process data */


693          }                      /* while more data and more space to fill */


                                    /* cleanup */


715      release:
716          sbunlock(&so->so_rcv);
717          splx(s);
718          return (error);
719      }
```
uipc_socket.c

图16-38 (续)

439-446 soreceive有六个参数。指向插口的so指针。指向存放接收地址信息的mbuf缓
存的指针*paddr。如果mp0指向一个mbuf链，则soreceive将接收缓存中的数据传送到
*mp0指向的mbuf缓存链。在这种情况下，uio结构中只有用来记数的uio_resid字段是有
意义的。如果mp0为空，则soreceive将数据传送到uio结构中指定的缓存。*controlp指
向包含控制信息的mbuf缓存。soreceive将图16-33中描述的标志存放在*flagsp。

447-453 soreceive一开始将pr指向插口协议的交换结构，并将uio_resid(接收请求的
大小)保存在orig_resid。如果将控制或地址信息从内核复制到进程，则将orig_resid清
0。如果复制的是数据，则更新uio_resid。不管哪一种情况，orig_resid都不可能等于
uio_resid。soreceive函数的最后处理要利用这一事实(图16-51)。

454-461 在这一段代码中，首先将*paddr和*controlp置空。在将MSG_EOR标志清0后，
将传给soreceive的*flagsp的值保存在flags中(习题16.8)。flagsp是一个用来返回结
果的参数，但是只有recvmsg系统调用才能收到结果。如果flagsp为空，则将flags清0。

483-487 在访问接收缓存之前，调用sblock给缓存加锁。如果flags中没有设置
MSG_DONTWAIT标志，则soreceive必须等待加锁成功。

支持在内核中从NFS发调用到插口层带来了另一个副作用。

挂起协议处理，使得在检查缓存过程中soreceive不被中断。m是接收缓存中的第一个
mbuf链上的第一个mbuf。

1. 如果需要，等待数据

488-541 soreceive要检查几种情况，并且如果需要，它可能要等待接收更多的数据才继
续往下执行。如果soreceive在这里进入睡眠状态，则在它醒来后跳转到restart查看是
否有足够的数据到达。这个过程一直继续，直到收到足够的数据为止。

542-545 当soreceive已收到足够的数据来满足读请求所要求的数据量时，就跳转到
dontblock。并将指向接收缓存中的第二个mbuf链的指针保存在nextrecord中。

2. 处理地址和控制信息

542-545 在传送数据之前，首先处理地址信息和控制信息。

3. 建立数据传送

591-597 因为只有OOB数据或正常数据是在一次soreceive调用中传送，这段代码的功能就是记住队列前端的数据的类型，这样在类型改变时，soreceive能够停止传送。

4. 传送数据循环

598-692 只要缓存中还有mbuf（m不空），请求的数据还没有传送完毕（uio_resid>0），且没有差错出现，本循环就不会退出。

退出处理

693-719 剩余的代码主要是更新指针、标志和偏移；释放插口缓存锁；使能协议处理并返回。

图16-39说明soreceive对OOB数据的处理。

```
                                                                ─── uipc_socket.c
462     if (flags & MSG_OOB) {
463         m = m_get(M_WAIT, MT_DATA);
464         error = (*pr->pr_usrreq) (so, PRU_RCVOOB,
465                 m, (struct mbuf *) (flags & MSG_PEEK), (struct mbuf *) 0);
466         if (error)
467             goto bad;
468         do {
469             error = uiomove(mtod(m, caddr_t),
470                             (int) min(uio->uio_resid, m->m_len), uio);
471             m = m_free(m);
472         } while (uio->uio_resid && error == 0 && m);
473     bad:
474         if (m)
475             m_freem(m);
476         return (error);
477     }
                                                                ─── uipc_socket.c
```

图16-39 soreceive函数：带外数据

5. 接收OOB数据

462-477 因为OOB数据不存放在接收缓存中，所以soreceive为其分配一块标准的mbuf，并给协议发送PRU_RCVOOB请求。while循环将协议返回的数据复制到uio指定的缓存中。复制完成后，soreceive返回0或差错代码。

对于PRU_RCVOOB请求，UDP协议总是返回EOPNOTSUPP。关于TCP的紧急数据的处理的详细情况参考第30.2节。图16-40说明soreceive对连接信息的处理。

```
                                                                ─── uipc_socket.c
478     if (mp)
479         *mp = (struct mbuf *) 0;
480     if (so->so_state & SS_ISCONFIRMING && uio->uio_resid)
481         (*pr->pr_usrreq) (so, PRU_RCVD, (struct mbuf *) 0,
482                         (struct mbuf *) 0, (struct mbuf *) 0);
                                                                ─── uipc_socket.c
```

图16-40 soreceive函数：连接信息

6. 连接证实

478-482 如果返回的数据存放在mbuf链中，则将*mp初始化成空。如果插口处于

SO_ISCONFIRMING状态，PRU_RCVD请求告知协议进程想要接收数据。

SO_ISCONFIRMING状态仅用于OSI的流协议，TP4。在TP4中，直到一个用户级进程通过发送或接收数据的方式来证实连接，该连接才被认为已完全建立。在通过调用getpeername来获取对方的身份后，进程可能调用shutdown或close来拒绝连接。

图16-38显示了图16-41中的代码在检查接收缓存时，接收缓存被加锁。soreceive的这部分代码的功能是查看接收缓存中的数据是否能满足读系统调用的要求。

```
                                                        ─── uipc_socket.c
488     /*
489      * If we have less data than requested, block awaiting more
490      * (subject to any timeout) if:
491      *   1. the current count is less than the low water mark, or
492      *   2. MSG_WAITALL is set, and it is possible to do the entire
493      *   receive operation at once if we block (resid <= hiwat).
494      *   3. MSG_DONTWAIT is not set
495      *
496      * If MSG_WAITALL is set but resid is larger than the receive buffer,
497      * we have to do the receive in sections, and thus risk returning
498      * a short count if a timeout or signal occurs after we start.
499      */
500     if (m == 0 || ((flags & MSG_DONTWAIT) == 0 &&
501                     so->so_rcv.sb_cc < uio->uio_resid) &&
502         (so->so_rcv.sb_cc < so->so_rcv.sb_lowat ||
503       ((flags & MSG_WAITALL) && uio->uio_resid <= so->so_rcv.sb_hiwat)) &&
504         m->m_nextpkt == 0 && (pr->pr_flags & PR_ATOMIC) == 0) {
                                                        ─── uipc_socket.c
```

图16-41 soreceive函数：数据够吗？

7. 读调用的请求能满足吗

488-504 一般情况下，soreceive要等待直到接收缓存中有足够的数据来满足整个读请求。但是，有几种情况可能导致差错或返回比读请求要求少的数据。

- 接收缓存没有数据(m等于0)。
- 缓存中的数据不能满足读请求要求的数量(sb_cc<uio_resid)并且没有设置MSG_DONTWAIT标志，最少的数据也得不到(sb_cc<sb_lowat)，且当该链到达时更多的数据能够加到链的后面(m_nextpkt等于0，且没有设置PR_ATOMIC)。
- 缓存中的数据不能满足读请求要求的数量，能得到最少的数据量，数据能够加到链中来，但是MSG_WAITALL指示soreceive必须等待直到缓存中的数据能满足读请求。

如果最后一种情况的条件能够满足，但是因为读请求的数据太大以至如果不阻塞等待就不能满足(uio_resid≤sb_hiwat)，soreceive就不等待而是继续往下执行。

如果接收缓存有数据，并且设置了MSG_DONTWAIT，则sorecevie不等待更多的数据。

有几种原因使得等待更多的数据是不合适的。在图16-42中，soreceive要么检查三种情况，然后返回；要么等待更多的数据到达。

8. 等待更多的数据吗

505-534 在此处，soreceive已经决定等待更多的数据来满足读请求。在等待之前，它需要检查以下几种情况：

505-512 • 如果插口处于差错状态，且缓存为空(m为空)，则soreceive返回差错代码。如

果有差错，但是接收缓存中有数据(m非空)，则返回缓存的数据；当下一个读调用来时，如果没有数据，就返回差错。如果设置了MSG_PEEK，就不清除差错，因为设置了MSG_PEEK的读调用不能改变插口的状态。

513-518 • 如果连接的读通道已经被关闭并且数据仍在接收缓存中，则sosend不等待而是将数据返回给进程(在dontblock的情况下)。如果接收缓存为空，则soreceive跳转到release，读系统调用返回0，表示连接的读通道已经被关闭。

519-523 • 如果接收缓存中包含带外数据或出现一个逻辑记录的结尾，则soreceive不等待，而是跳转到dontblock。

524-528 • 如果协议请求中的连接不存在，则设置差错代码为ENOTCONN，函数跳转到release。

529-534 • 如果读请求读0字节或插口是非阻塞的，则函数跳转到release，并返回0或EWOULDBLOCK(后一种情况)。

```
                                                             —— uipc_socket.c
505        if (so->so_error) {
506            if (m)
507                goto dontblock;
508            error = so->so_error;
509            if ((flags & MSG_PEEK) == 0)
510                so->so_error = 0;
511            goto release;
512        }
513        if (so->so_state & SS_CANTRCVMORE) {
514            if (m)
515                goto dontblock;
516            else
517                goto release;
518        }
519        for (; m; m = m->m_next)
520            if (m->m_type == MT_OOBDATA || (m->m_flags & M_EOR)) {
521                m = so->so_rcv.sb_mb;
522                goto dontblock;
523            }
524        if ((so->so_state & (SS_ISCONNECTED | SS_ISCONNECTING)) == 0 &&
525            (so->so_proto->pr_flags & PR_CONNREQUIRED)) {
526            error = ENOTCONN;
527            goto release;
528        }
529        if (uio->uio_resid == 0)
530            goto release;
531        if ((so->so_state & SS_NBIO) || (flags & MSG_DONTWAIT)) {
532            error = EWOULDBLOCK;
533            goto release;
534        }
535        sbunlock(&so->so_rcv);
536        error = sbwait(&so->so_rcv);
537        splx(s);
538        if (error)
539            return (error);
540        goto restart;
541    }
                                                             —— uipc_socket.c
```

图16-42 soreceive函数：等待更多的数据吗？

9. 是，等待更多的数据

535-541 此处soreceive已决定等待更多的数据，并且有理由这么做(即，将有数据到达)。在进程调用sbwait进入睡眠期间，缓存被解锁。如果因为差错或信号出现使得sbwait返回，则soreceive返回相应的差错；否则soreceive跳转到restart，查看接收缓存中的数据是否能够满足读请求。

同sosend中一样，进程能够利用SO_RCVTIMEO插口选项为sbwait设置一个接收定时器。如果在数据到达之前定时器超时，则sbwait返回EWOULDBLOCK。

> 定时器并不能总令人满意。因为当插口上有活动时，定时器每次都被重置。如果在一个超时间隔内至少有一个字节到达，则定时器从来不会超时，一直到设置了更长的超时值的读系统调用返回。sb_timeo是一个不活动定时器，并不要求超时值上限，但为了满足读系统调用，超时值的上限可能是必要的。

在此处，soreceive准备从接收缓存中传送数据。图16-43说明了地址信息的传送。

```
                                                              ── uipc_socket.c
542    dontblock:
543      if (uio->uio_procp)
544          uio->uio_procp->p_stats->p_ru.ru_msgrcv++;
545      nextrecord = m->m_nextpkt;
546      if (pr->pr_flags & PR_ADDR) {
547          orig_resid = 0;
548          if (flags & MSG_PEEK) {
549              if (paddr)
550                  *paddr = m_copy(m, 0, m->m_len);
551              m = m->m_next;
552          } else {
553              sbfree(&so->so_rcv, m);
554              if (paddr) {
555                  *paddr = m;
556                  so->so_rcv.sb_mb = m->m_next;
557                  m->m_next = 0;
558                  m = so->so_rcv.sb_mb;
559              } else {
560                  MFREE(m, so->so_rcv.sb_mb);
561                  m = so->so_rcv.sb_mb;
562              }
563          }
564      }
                                                              ── uipc_socket.c
```

图16-43 soreceive函数：返回地址信息

10. dontblock

542-545 nextrecord指向接收缓存中的下一条记录。在soreceive的后面，当第一个链被丢弃后，该指针被用来将剩余的mbuf放入插口缓存。

11. 返回地址信息

546-564 如果协议提供地址信息，如UDP，则将从mbuf链中删除包含地址的mbuf，并通过*paddr返回。如果paddr为空，则地址被丢弃。

在soreceive中，如果设置了MSG_PEEK，则数据仍留在缓存中。

图16-44中的代码处理缓存中的控制mbuf。

12. 返回控制信息

565-590 每一个包含控制信息的mbuf都将从缓存中删除(如果设置了MSG_PEEK，则不删除

而是复制)，并连到*controlp。如果controlp为空，则丢弃控制信息。

```
                                                                    ── uipc_socket.c
565      while (m && m->m_type == MT_CONTROL && error == 0) {
566          if (flags & MSG_PEEK) {
567              if (controlp)
568                  *controlp = m_copy(m, 0, m->m_len);
569              m = m->m_next;
570          } else {
571              sbfree(&so->so_rcv, m);
572              if (controlp) {
573                  if (pr->pr_domain->dom_externalize &&
574                      mtod(m, struct cmsghdr *)->cmsg_type ==
575                      SCM_RIGHTS)
576                          error = (*pr->pr_domain->dom_externalize) (m);
577                  *controlp = m;
578                  so->so_rcv.sb_mb = m->m_next;
579                  m->m_next = 0;
580                  m = so->so_rcv.sb_mb;
581              } else {
582                  MFREE(m, so->so_rcv.sb_mb);
583                  m = so->so_rcv.sb_mb;
584              }
585          }
586          if (controlp) {
587              orig_resid = 0;
588              controlp = &(*controlp)->m_next;
589          }
590      }
                                                                    ── uipc_socket.c
```

图16-44 soreceive函数：处理控制信息

如果进程准备接收控制信息，则协议定义了一个dom_externalize函数，一旦控制信息mbuf中包含SCM_RIGHTS(访问权限)，就调用dom_externalize函数。该函数执行内核中所有接收访问权限的操作。只有Unix域协议支持访问权限，有关细节在第7.3节已讨论过。如果进程不准备接收控制信息(controlp为空)，则丢弃控制mbuf。

直到处理完所有包含控制信息的mbuf或出现差错时，循环才退出。

对于Unix协议域，dom_externalize函数通过修改接收进程的文件描述符表来实现文件描述符的传送。

处理完所有的控制mbuf后，m指向链中的下一个mbuf。如果在地址或控制信息的后面，链中没有其他的mbuf，则m为空。例如，当一个长度为0的数据报进入接收缓存时就会出现这种情况。图16-45说明了soreceive准备从mbuf链中传送数据。

```
                                                                    ── uipc_socket.c
591      if (m) {
592          if ((flags & MSG_PEEK) == 0)
593              m->m_nextpkt = nextrecord;
594          type = m->m_type;
595          if (type == MT_OOBDATA)
596              flags |= MSG_OOB;
597      }
                                                                    ── uipc_socket.c
```

图16-45 soreceive函数：准备传送mbuf

13. 准备传送数据

591-597   处理完控制mbuf后，链中应该只剩下正常数据、带外数据mbuf或没有任何mbuf。如果m为空，则soreceive完成处理，控制跳到while循环的底部。如果m不空，所有剩余的mbuf链（nextrecord）都将重新连接到m，并将下一个mbuf的类型赋给type。如果下一个mbuf包含OOB数据，则设置flags中的MSG_OOB标志，并在最后返回给进程。因为TCP不支持MT_OOBDATA形式的带外数据，所以MSG_OOB不会返回给TCP插口上的读调用。

图16-47显示了传送mbuf循环的第一部分。图16-46列出了循环中更新的变量。

变　量	描　述
moff	当MSG_PEEK被置位时，将被传送的下一个字节的偏移位置
offset	当MSG_PEEK被置位时，OOB标记的偏移位置
uio_resid	还未传送的字节数
len	从本mbuf中将要传送的字节数；如果uio_resid比较小或靠OOB标记比较近，则len可能小于m_len。

图16-46　soreceive函数：循环内的变量

———————————————————————————————————— *uipc_socket.c*
```
598         moff = 0;
599         offset = 0;
600         while (m && uio->uio_resid > 0 && error == 0) {
601             if (m->m_type == MT_OOBDATA) {
602                 if (type != MT_OOBDATA)
603                     break;
604             } else if (type == MT_OOBDATA)
605                 break;
606             so->so_state &= ~SS_RCVATMARK;
607             len = uio->uio_resid;
608             if (so->so_oobmark && len > so->so_oobmark - offset)
609                 len = so->so_oobmark - offset;
610             if (len > m->m_len - moff)
611                 len = m->m_len - moff;
612             /*
613              * If mp is set, just pass back the mbufs.
614              * Otherwise copy them out via the uio, then free.
615              * Sockbuf must be consistent here (points to current mbuf,
616              * it points to next record) when we drop priority;
617              * we must note any additions to the sockbuf when we
618              * block interrupts again.
619              */
620             if (mp == 0) {
621                 splx(s);
622                 error = uiomove(mtod(m, caddr_t) + moff, (int) len, uio);
623                 s = splnet();
624             } else
625                 uio->uio_resid -= len;
```
———————————————————————————————————— *uipc_socket.c*

图16-47　soreceive函数：uiomove

598-600   while循环的每一次循环中，一个mbuf中的数据被传送到输出链或uio缓存中。一旦链中没有mbuf或进程的缓存已满或出现差错，就退出循环。

14. 检查OOB和正常数据之前的变换

600-605   如果在处理mbuf链的过程中，mbuf的类型发生变化，则立即停止传送，以确保正常数据和带外数据不会混合在一个返回的报文中。但是，这种检查不适用于TCP。

15. 更新OOB标记

606-611 计算当前字节到oobmark之间的长度来限制传送的大小，所以oobmark的前一个字节为传送的最后一个字节。传送的大小同时还要受mbuf大小的限制。这段代码同样适用于TCP。

612-625 如果将数据传送到uio缓存，则调用uiomove。如果数据是作为一个mbuf链返回的，则更新uio_resid的值，使其等于传送的字节数。

为了避免在传送数据过程中协议处理挂起的时间太长，在调用uiomove过程中使能协议处理。所以，在uiomove运行的过程中，接收缓存中可能会出现新的数据。

图16-48中描述的代码说明调整指针和偏移准备传送下一个mbuf。

```
                                                               —— uipc_socket.c
626        if (len == m->m_len - moff) {
627            if (m->m_flags & M_EOR)
628                flags |= MSG_EOR;
629            if (flags & MSG_PEEK) {
630                m = m->m_next;
631                moff = 0;
632            } else {
633                nextrecord = m->m_nextpkt;
634                sbfree(&so->so_rcv, m);
635                if (mp) {
636                    *mp = m;
637                    mp = &m->m_next;
638                    so->so_rcv.sb_mb = m = m->m_next;
639                    *mp = (struct mbuf *) 0;
640                } else {
641                    MFREE(m, so->so_rcv.sb_mb);
642                    m = so->so_rcv.sb_mb;
643                }
644                if (m)
645                    m->m_nextpkt = nextrecord;
646            }
647        } else {
648            if (flags & MSG_PEEK)
649                moff += len;
650            else {
651                if (mp)
652                    *mp = m_copym(m, 0, len, M_WAIT);
653                m->m_data += len;
654                m->m_len -= len;
655                so->so_rcv.sb_cc -= len;
656            }
657        }
                                                               —— uipc_socket.c
```

图16-48 soreceive函数：更新缓存

16. mbuf处理完毕了吗

626-646 如果mbuf中的所有字节都已传送完毕，则必须丢弃mbuf或将指针向前移。如果mbuf中包含了一个逻辑记录的结尾，还应设置MSG_EOR。如果将MSG_PEEK置位，则so_receive跳到下一个缓存。在没有将MSG_PEEK置位的情况下，如果数据已通过uiomove复制完成，则丢弃这块缓存；或者如果数据是作为一个mbuf链返回的，则将缓存添加到mp中。

图16-49包含处理OOB偏移和MSG_EOR的代码段。

```
                                                              — uipc_socket.c
658         if (so->so_oobmark) {
659             if ((flags & MSG_PEEK) == 0) {
660                 so->so_oobmark -= len;
661                 if (so->so_oobmark == 0) {
662                     so->so_state |= SS_RCVATMARK;
663                     break;
664                 }
665             } else {
666                 offset += len;
667                 if (offset == so->so_oobmark)
668                     break;
669             }
670         }
671         if (flags & MSG_EOR)
672             break;
                                                              — uipc_socket.c
```

图16-49 soreceive函数：带外数据标记

17. 更新OOB标记

658-670 如果带外数据标志等于非0，则将其减去已传送的字节数。如果已到达标记处，则将SS_RCVATMARK置位，soreceive跳出while循环。如果没有将MSG_PEEK置位，则更新offset，而不是so_oobmark。

18. 逻辑记录结束

671-672 如果已到达一个逻辑记录的结尾，则soreceive跳出mbuf处理循环，因而不会将下一个逻辑记录也作为这个报文的一部分返回。

在图16-50中，当设置了MSG_WAITALL标志，并且读请求还没有完成，则循环将等待更多的数据到达。

```
                                                              — uipc_socket.c
673     /*
674      * If the MSG_WAITALL flag is set (for non-atomic socket),
675      * we must not quit until "uio->uio_resid == 0" or an error
676      * termination.  If a signal/timeout occurs, return
677      * with a short count but without error.
678      * Keep sockbuf locked against other readers.
679      */
680     while (flags & MSG_WAITALL && m == 0 && uio->uio_resid > 0 &&
681            !sosendallatonce(so) && !nextrecord) {
682         if (so->so_error || so->so_state & SS_CANTRCVMORE)
683             break;
684         error = sbwait(&so->so_rcv);
685         if (error) {
686             sbunlock(&so->so_rcv);
687             splx(s);
688             return (0);
689         }
690         if (m = so->so_rcv.sb_mb)
691             nextrecord = m->m_nextpkt;
692     }
693 }                             /* while more data and more space to fill */
                                                              — uipc_socket.c
```

图16-50 soreceive函数：MSG_WAITALL处理

19. MSG_WAITALL

673-681   如果将MSG_WAITALL置位，而缓存中没有数据(m等于0)，调用者需要更多的数据，`sosendallatonce`为假，并且这是接收缓存中的最后一个记录(`nextrecord`为空)，则`soreceive`必须等待新的数据。

20. 差错或没有数据到达

682-683   如果差错出现或连接被关闭，则退出循环。

21. 等待数据到达

684-689   当接收缓存被协议层改变时`sbwait`返回。如果`sbwait`是被信号中断(error非0)，则`soreceive`立即返回。

22. 用接收缓存同步m和nextrecord

690-692   更新m和`nextrecord`，因为接收缓存被协议层修改了。如果数据到达mbuf，则m等于非0，while循环结束。

23. 处理下一个mbuf

693   本行是mbuf处理循环的结尾。控制返回到循环开始的第600行(图16-47)。一旦接收缓存中有数据，有新的缓存空间，没有差错出现，则循环继续。

如果`soreceive`停止复制数据，则执行图16-51所示的代码段。

```
                                                                ── uipc_socket.c
694     if (m && pr->pr_flags & PR_ATOMIC) {
695         flags |= MSG_TRUNC;
696         if ((flags & MSG_PEEK) == 0)
697             (void) sbdroprecord(&so->so_rcv);
698     }
699     if ((flags & MSG_PEEK) == 0) {
700         if (m == 0)
701             so->so_rcv.sb_mb = nextrecord;
702         if (pr->pr_flags & PR_WANTRCVD && so->so_pcb)
703             (*pr->pr_usrreq) (so, PRU_RCVD, (struct mbuf *) 0,
704                             (struct mbuf *) flags, (struct mbuf *) 0,
705                             (struct mbuf *) 0);
706     }
707     if (orig_resid == uio->uio_resid && orig_resid &&
708         (flags & MSG_EOR) == 0 && (so->so_state & SS_CANTRCVMORE) == 0) {
709         sbunlock(&so->so_rcv);
710         splx(s);
711         goto restart;
712     }
713     if (flagsp)
714         *flagsp |= flags;
                                                                ── uipc_socket.c
```

图16-51   `soreceive`函数：退出处理

24. 被截断的报文

694-698   如果因为进程的接收缓存太小而收到一个被截断的报文(数据报或记录)，则插口层将这种情况通过设置MSG_TRUNC来通知进程，报文的被截断部分被丢弃。同其他接收标志一样，进程只有通过recvmsg系统调用才能获得MSG_TRUNC，即使`soreceive`总是设置这个标志。

25. 记录结尾的处理

699-706   如果没有将MSG_PEEK置位，则下一个mbuf链将被连接到接收缓存，并且如果发送了PRU_RCVD协议请求，则通知协议接收操作已经完成。TCP通过这种机制来完成对连接

接收窗口的更新。

26. 没有传送数据

707-712 如果soreceive运行完成，没有传送任何数据，没有到达记录的结尾，且连接的读通道是活动的，则将接收缓存解锁，soreceive跳回到restart继续等待数据。

713-714 soreceive中设置的任何标志都在*flagsp中返回，缓存被解锁，soreceive返回。

讨论

soreceive是一个复杂的函数。导致其复杂性的主要原因是烦琐的指针操作及对多种类型的数据(带外数据、地址、控制信息和正常数据)和多目标(进程缓存，mbuf链)的处理。

同sosend类似，soreceive的复杂性是多年积累的结果。为每一种协议编写一个特殊的接收函数将会模糊插口层和协议层之间的边界，但是可以大大简化代码。

[Partridge and Pink 1993]描述了一个专门为UDP编写的soreceive函数，其功能是将数据报从接收缓存复制到进程缓存中时给数据报求检验和。他们给出的结论是：修改通用的soreceive函数来支持这一功能将"使本来已经很复杂的插口子程序变得更加复杂。"

16.13 select系统调用

在下面的讨论中，我们假定读者熟悉select调用的基本操作和含义。关于select的应用接口的详细描述参考[Stevens 1992]。

图16-52列出了select能够监控的插口状态。

描　　　述	select监控的操作		
	读	写	例外
有数据可读	•		
连接的读通道被关闭	•		
listen插口已经将连接排队	•		
插口差错未处理	•		
缓存可供写操作用，且一个连接存在或还没有连接请求		•	
连接的写通道被关闭		•	
插口差错未处理		•	
OOB同步标记未处理			•

图16-52 select系统调用：插口事件

我们从select系统调用的第一部分开始讨论，如图16-53所示。

1. 验证和初始化

390-410 在堆栈中分配两个数组：ibits和obits，每个数组有三个单元，每个单元为一个描述符集合。用bzero将它们清0。第一个参数nd，必须不大于进程的描述符的最大数量。如果nd大于当前分配给进程的描述符个数，将其减少到当前分配给进程的描述符的个数。ni等于用来存放nd比特(1个描述符占1比特)的比特掩码所需的字节数。例如，假设最多有256个描述符(FD_SETSIZE)，falset表示一个32比特的整型(NFDBITS)数组，且nd等于65，那么：

$$ni=howmany(65,32) \times 4=3 \times 4=12$$

在上面的公式中，howmany(x,y)返回存储x比特所需要的长度为y比特的对象的数量。

```
390 struct select_args {
391     u_int    nd;
392     fd_set *in, *ou, *ex;
393     struct timeval *tv;
394 };

395 select(p, uap, retval)
396 struct proc *p;
397 struct select_args *uap;
398 int     *retval;
399 {
400     fd_set   ibits[3], obits[3];
401     struct timeval atv;
402     int      s, ncoll, error = 0, timo;
403     u_int    ni;

404     bzero((caddr_t) ibits, sizeof(ibits));
405     bzero((caddr_t) obits, sizeof(obits));
406     if (uap->nd > FD_SETSIZE)
407         return (EINVAL);
408     if (uap->nd > p->p_fd->fd_nfiles)
409         uap->nd = p->p_fd->fd_nfiles;    /* forgiving; slightly wrong */
410     ni = howmany(uap->nd, NFDBITS) * sizeof(fd_mask);
411 #define getbits(name, x) \
412     if (uap->name && \
413         (error = copyin((caddr_t)uap->name, (caddr_t)&ibits[x], ni))) \
414         goto done;
415     getbits(in, 0);
416     getbits(ou, 1);
417     getbits(ex, 2);
418 #undef  getbits
419     if (uap->tv) {
420         error = copyin((caddr_t) uap->tv, (caddr_t) & atv,
421                     sizeof(atv));
422         if (error)
423             goto done;
424         if (itimerfix(&atv)) {
425             error = EINVAL;
426             goto done;
427         }
428         s = splclock();
429         timevaladd(&atv, (struct timeval *) &time);
430         timo = hzto(&atv);
431         /*
432          * Avoid inadvertently sleeping forever.
433          */
434         if (timo == 0)
435             timo = 1;
436         splx(s);
437     } else
438         timo = 0;
```

图16-53 Select函数：初始化

2. 从进程复制文件描述符集

411-418 getbits宏用copyin从进程那里将文件描述符集合传送到ibits中的三个描述符集合。如果描述符集合指针为空，则不需复制。

3. 设置超时值

419-438 如果tv为空，则将timeo置成0，select将无限期等待。如果tv非空，则将超时值复制到内核，并调用itimerfix将超时值按硬件时钟的分辨率取整。调用timevaladd将当前时间加到超时值中。调用hzto计算从启动到超时之间的时钟滴答数，并保存在timo中。如果计算出来的结果为0，将timeo置1，从而防止select阻塞，实现利用全0的timeval结构来实现非阻塞操作。

select的第二部分代码，如图16-54所示。其作用是扫描进程指示的文件描述符，当一个或多个描述符处于就绪状态或定时器超时或信号出现时返回。

```
                                                              ── sys_generic.c
439  retry:
440      ncoll = nselcoll;
441      p->p_flag |= P_SELECT;
442      error = selscan(p, ibits, obits, uap->nd, retval);
443      if (error || *retval)
444          goto done;
445      s = splhigh();
446      /* this should be timercmp(&time, &atv, >=) */
447      if (uap->tv && (time.tv_sec > atv.tv_sec ||
448              time.tv_sec == atv.tv_sec && time.tv_usec >= atv.tv_usec)) {
449          splx(s);
450          goto done;
451      }
452      if ((p->p_flag & P_SELECT) == 0 || nselcoll != ncoll) {
453          splx(s);
454          goto retry;
455      }
456      p->p_flag &= ~P_SELECT;
457      error = tsleep((caddr_t) & selwait, PSOCK | PCATCH, "select", timo);
458      splx(s);
459      if (error == 0)
460          goto retry;
461  done:
462      p->p_flag &= ~P_SELECT;
463      /* select is not restarted after signals... */
464      if (error == ERESTART)
465          error = EINTR;
466      if (error == EWOULDBLOCK)
467          error = 0;
468  #define putbits(name, x) \
469      if (uap->name && \
470          (error2 = copyout((caddr_t)&obits[x], (caddr_t)uap->name, ni))) \
471          error = error2;
472      if (error == 0) {
473          int     error2;
474          putbits(in, 0);
475          putbits(ou, 1);
476          putbits(ex, 2);
477  #undef putbits
478      }
479      return (error);
480  }
                                                              ── sys_generic.c
```

图16-54 select函数：第二部分

4. 扫描文件描述符

439-442 从retry开始的循环直到select能够返回时退出。在调用进程的控制块中保存

全局整数nselcoll的当前值和P_SELECT标志。如果在selscan(图16-55)扫描文件描述符期间出现任何一种变化，则这种变化表明描述符的状态因为中断处理而发生改变，select必须重新扫描文件描述符。selscan查看三个输入的描述符集合中的每一个描述符集合，如果描述符处于就绪状态，则在输出的描述符集合中设置匹配的描述符。

```
                                                                    —— sys_generic.c
481 selscan(p, ibits, obits, nfd, retval)
482 struct proc *p;
483 fd_set *ibits, *obits;
484 int     nfd, *retval;
485 {
486     struct filedesc *fdp = p->p_fd;
487     int     msk, i, j, fd;
488     fd_mask bits;
489     struct file *fp;
490     int     n = 0;
491     static int flag[3] =
492     {FREAD, FWRITE, 0};

493     for (msk = 0; msk < 3; msk++) {
494         for (i = 0; i < nfd; i += NFDBITS) {
495             bits = ibits[msk].fds_bits[i / NFDBITS];
496             while ((j = ffs(bits)) && (fd = i + --j) < nfd) {
497                 bits &= ~(1 << j);
498                 fp = fdp->fd_ofiles[fd];
499                 if (fp == NULL)
500                     return (EBADF);
501                 if ((*fp->f_ops->fo_select) (fp, flag[msk], p)) {
502                     FD_SET(fd, &obits[msk]);
503                     n++;
504                 }
505             }
506         }
507     }
508     *retval = n;
509     return (0);
510 }
                                                                    —— sys_generic.c
```

图16-55 selscan函数

5. 差错或一些描述符准备就绪

443-444 如果差错出现或描述符处于就绪状态，就立即返回。

6. 超时了吗

445-451 如果进程提供的时间限制和当前时间已经超过了超时值，则立即返回。

7. 在执行selscan期间状态发生变化

452-455 selscan可以被协议处理中断。如果在中断期间插口状态改变，则将P_SELECT和nselcoll置位，且selscan必须重新扫描所有描述符。

8. 等待缓存发生变化

456-460 所有调用select的进程均在调用tsleep时用selwait作为等待通道。如图16-60所示，这种做法在多个进程等待同一个插口缓存的情况下将导致效率降低。如果tsleep正确返回，则select跳转到retry，重新扫描所有描述符。

9. 准备返回

461-480 在done处清除P_SELECT，如果差错代码为ERESTART，则修改为EINTR；如果差错代码为EWOULDBLOCK，则将差错代码置成0。这些改变确保在select调用期间若信号出现时能返回EINTR；若超时，则返回0。

16.13.1 selscan函数

select函数的核心是图16-55所示的selscan函数。对于任意一个描述符集合中设置的每一个比特，selscan找出同它相关联的描述符，并且将控制分散给与描述符相关联的so_select函数。对于插口而言，就是soo_select函数。

1. 定位被监视的描述符

481-496 第一个for循环依次查看三个描述符集合：读，写和例外。第二个for循环在每个描述符集合内部循环，这个循环在集合中每隔32 bit(NFDBITS)循环一次。

最里面的while循环检查所有被32 bit的掩码标记的描述符，该掩码从当前描述符集合中获取并保存在bits中。函数ffs返回bits中的第一个被设置的比特的位置，从最低位开始。例如，如果bits等于1000(省略了前面的28个0)，则ffs (bits)等于4。

2. 轮询描述符

497-500 从i到ffs函数的返回值，计算与比特相关的描述符，并保存在fd中。在bits中(而不是在输入描述符集合中)清除比特，找到与描述符相对应的file结构，调用fo_select。

fo_select的第二个参数是flag数组中的一个元素。msk是外层的for循环的循环变量。所以，第一次循环时，第二个参数等于FREAD，第二次循环时等于FWRITE，第三次循环时等于0。如果描述符不正确，则返回EBADF。

3. 描述符准备就绪

501-504 当发现某个描述符的状态为准备就绪时，设置输出描述符集合中相对应的比特位。并将n(状态就绪的描述符的个数)加1。

505-510 循环继续直到轮询完所有描述符。状态就绪的描述符的个数通过*retval返回。

16.13.2 soo_select函数

对于selscan在输入描述符集合中发现的每一个状态就绪的描述符，selscan调用与描述符相关的fileops结构(参考第15.5节)中的fo_select指针引用的函数。在本书中，我们只对插口描述符和图16-56所示的soo_select函数感兴趣。

```
                                                          —— sys_socket.c
105 soo_select(fp, which, p)
106 struct file *fp;
107 int      which;
108 struct proc *p;
109 {
110     struct socket *so = (struct socket *) fp->f_data;
111     int      s = splnet();

112     switch (which) {

113     case FREAD:
114         if (soreadable(so)) {
```

图16-56 soo_select函数

```
115                    splx(s);
116                    return (1);
117                }
118                selrecord(p, &so->so_rcv.sb_sel);
119                so->so_rcv.sb_flags |= SB_SEL;
120                break;
121            case FWRITE:
122                if (sowriteable(so)) {
123                    splx(s);
124                    return (1);
125                }
126                selrecord(p, &so->so_snd.sb_sel);
127                so->so_snd.sb_flags |= SB_SEL;
128                break;
129            case 0:
130                if (so->so_oobmark || (so->so_state & SS_RCVATMARK)) {
131                    splx(s);
132                    return (1);
133                }
134                selrecord(p, &so->so_rcv.sb_sel);
135                so->so_rcv.sb_flags |= SB_SEL;
136                break;
137            }
138        splx(s);
139        return (0);
140    }
```
———— sys_socket.c

图16-56 （续）

105-112 soo_select每次被调用时，它只检查一个描述符的状态。如果相对于which中指定的条件，描述符处于就绪状态，则立即返回1。如果描述符没有处于就绪状态，就用selrecord标记插口的接收缓存或发送缓存，指示进程正在选择该缓存，然后soo_select返回0。

图16-52显示了插口的读、写和例外情况。我们将看到soo_select使用了soreadable和sowriteable宏，这些宏在sys/socketvar.h中定义。

1. 插口可读吗

113-120 soreadable宏的定义如下：

```
#define soreadable(so) \
    ((so)->so_rcv.sb_cc >= (so)->so_rcv.sb_lowat || \
    ((so)->so_state & SS_CANTRCVMORE) || \
    (so)->so_qlen || (so)->so_error)
```

因为UDP和TCP的接收下限默认值为1（图16-4），下列情况表示插口是可读的：接收缓存中有数据，连接的读通道被关闭，可以接受任何连接或有挂起的差错。

2. 插口可写吗

121-128 sowriteable宏的定义如下：

```
#define sowriteable(so) \
    (sbspace(&(so)->so_snd) >= (so)->so_snd.sb_lowat && \
    (((so)->so_state&SS_ISCONNECTED) || \
    ((so)->so_proto->pr_flags&PR_CONNREQUIRED)==0) || \
    ((so)->so_state & SS_CANTSENDMORE) || \
    (so)->so_error)
```

TCP和UDP默认的发送低水位标记是2048。对于UDP而言，sowriteable总是为真，因为sbspace总是等于sb_hiwat，当然也总是大于或等于so_lowat，且不要求连接。

对于TCP而言，当发送缓存中的可用空间小于2048个字节时，插口不可写。其他的情况在图16-52中讨论。

3. 还有挂起的例外情况吗

129-140 对于例外情况，需检查标志so_oobmark和SS_RECVATMARK。直到进程读完数据流中的同步标记后，例外情况才可能存在。

16.13.3 `selrecord`函数

图16-57显示同发送和接收缓存存储在一起的selinfo结构的定义(图16-3中的sb_sel成员)。

```
                                                              select.h
41 struct selinfo {
42     pid_t  si_pid;         /* process to be notified */
43     short  si_flags;       /* 0 or SI_COLL */
44 };
                                                              select.h
```

图16-57 selinfo结构

41-44 当只有一个进程对某一给定的插口缓存调用select时，sl_pid等于等待进程的进程标志符。当其他的进程对同一缓存调用select时，设置sl_flags中的SI_COLL标志。将这种情况称为冲突。这个标志是目前sl_flags中唯一已定义的标志。

当soo_select发现描述符不在就绪状态时就调用selrecord函数，如图16-58所示。该函数记录了足够的信息，使得缓存内容发生变化时协议处理层能够唤醒进程。

```
                                                              sys_generic.c
522 void
523 selrecord(selector, sip)
524 struct proc *selector;
525 struct selinfo *sip;
526 {
527     struct proc *p;
528     pid_t   mypid;

529     mypid = selector->p_pid;
530     if (sip->si_pid == mypid)
531         return;
532     if (sip->si_pid && (p = pfind(sip->si_pid)) &&
533         p->p_wchan == (caddr_t) & selwait)
534         sip->si_flags |= SI_COLL;
535     else
536         sip->si_pid = mypid;
537 }
                                                              sys_generic.c
```

图16-58 selrecord函数

1. 重复选择描述符

522-531 selrecord的第一个参数指向调用select进程的proc结构。第二个参数指向selinfo记录，该记录的so_snd.sb_sel和so_rcv.sb_sel可能会被修改。如果selinfo中已记录了该进程的信息，则立即返回。例如，进程对同一个描述符调用select查询读和例外情况时，函数就立即返回。

2. 同另一个进程的操作冲突吗

532-534 如果另一个进程已经对同一插口缓存执行select操作，则设置SI_COLL。

3. 没有冲突

535-537 如果调用没有发生冲突，则si_pid等于0，将当前进程的进程标志符赋给si_pid。

16.13.4 selwakeup函数

当协议处理改变插口缓存的状态，并且只有一个进程选择了该缓存时，Net/3就能根据selinfo结构中记录的信息立即将该进程放入运行队列。

当插口缓存发生变化但是有多个进程选择同一插口缓存时(设置了SI_COLL)，Net/3就无法确定哪些进程对这种缓存变化感兴趣。我们在讨论图16-54中的代码段时就已经指出，每一个调用select的进程在调用tsleep时使用selwait作为等待通道。这意味着对应的wakeup将唤醒所有阻塞在select上的进程——甚至是对缓存的变化不关心的进程。

图16-59说明如何调用selwakeup。

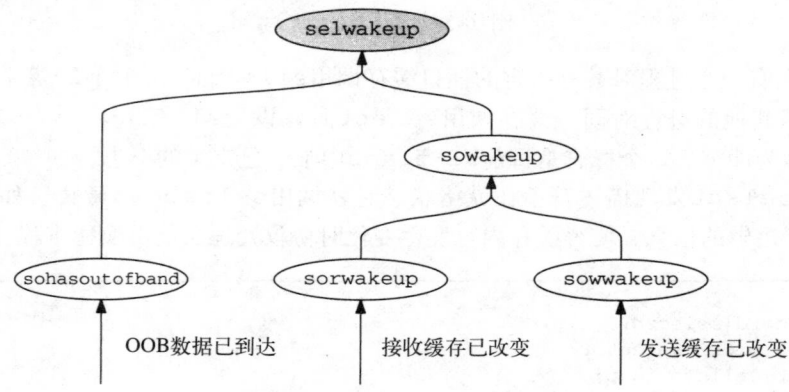

图16-59　selwakeup处理

当改变插口状态的事件出现时，协议处理层负责调用图16-59的底部列出的一个函数来通知插口层。图16-59底部显示的三个函数都将导致selwakeup被调用，在插口上选择的任何进程将被调度运行。

selwakeup函数如图16-60所示。

541-548 如果si_pid等于0，表明没有进程对该缓存执行select操作，函数立即返回。

在冲突中唤醒所有进程

549-553 如果多个进程对同一插口执行select操作，将nselcoll加1，清除冲突标志，唤醒所有阻塞在select上的进程。正如图16-54中讨论的，进程在tsleep中阻塞之前若缓存发生改变，nselcoll能使select重新扫描描述符(习题16.9)。

554-567 如果si_pid标识的进程正在selwait中等待，则调度该进程运行。如果进程是在其他等待通道中，则清除P_SELECT标志。如果对一个正确的描述符执行selrecord，则调用进程可能正在其他的等待通道中等待，然后，selscan在描述符集合中发现一个差错的文件描述符，并返回EBADF，不清除以前修改的selinfo记录。到selwakeup运行时，selwakup

可能会发现sel_pid标识的进程不再在插口缓存等待，从而忽略selinfo中的信息。

如果没有出现多个进程共享同一个描述符的情况(也就是同一块插口缓存)，当然这种情况很少，则只有一个进程被selwakeup唤醒。在作者使用的机器上，nselcoll总是等于0，这说明select冲突是很少发生的。

```
                                                              sys_generic.c
541 void
542 selwakeup(sip)
543 struct selinfo *sip;
544 {
545     struct proc *p;
546     int     s;

547     if (sip->si_pid == 0)
548         return;
549     if (sip->si_flags & SI_COLL) {
550         nselcoll++;
551         sip->si_flags &= ~SI_COLL;
552         wakeup((caddr_t) & selwait);
553     }
554     p = pfind(sip->si_pid);
555     sip->si_pid = 0;
556     if (p != NULL) {
557         s = splhigh();
558         if (p->p_wchan == (caddr_t) & selwait) {
559             if (p->p_stat == SSLEEP)
560                 setrunnable(p);
561             else
562                 unsleep(p);
563         } else if (p->p_flag & P_SELECT)
564             p->p_flag &= ~P_SELECT;
565         splx(s);
566     }
567 }
                                                              sys_generic.c
```

图16-60　selwakeup函数

16.14 小结

本章介绍了插口的读、写和选择系统调用。

我们了解到sosend处理插口层与协议处理层之间的所有输出，而soreceive处理所有输入。

本章还介绍了发送缓存和接收缓存的组织结构，以及缓存的高、低水位标记的默认值和含义。

本章的最后一部分介绍了select系统调用。从这部分内容中我们了解到，当只有一个进程对描述符执行select调用时，协议处理层仅仅唤醒selinfo结构中标识的那个进程。当有多个进程对同一个描述符执行select操作而发生冲突时，协议层只能唤醒所有等待在该描述符上的进程。

习题

16.1 当将一个大于最大的正的有符号整数的无符号整数传给write系统调用时，

sosend中的resid如何变化？

16.2 当sosend将小于MCLBYTES个字节的数据放入簇中时，space被减去MCLBYTES，可能会成为一个负数，这会导致为atomic协议填写mbuf的循环结束。这种结果是正常的吗？

16.3 数据报和流协议有着不同的语义。将sosend和soreceive函数分别分成两个函数，一个用来处理报文，另一个用来处理流。除了使得代码清晰外，这样做还有什么好处？

16.4 对于PR_ATOMIC协议，每一个写调用都指定了一个隐含的报文边界。插口层将这个报文作为一个整体交给协议。MSG_EOR标志允许进程显式指定报文边界。为什么仅有隐含的报文边界是不够的？

16.5 如果插口描述符没有标记为非阻塞，且进程也没有指定MSG_DONTWAIT，当sosend不能立即获取发送缓存上的锁时，结果如何？

16.6 在什么情况下，虽然sb_cc<sb_hiwat，但sbspace仍然报告没有闲置空间?为什么在这种情况下进程应该被阻塞？

16.7 为什么recvit不将控制报文的长度而是将名字长度返回给进程？

16.8 为什么soreceive要清除MSG_EOR？

16.9 如果将nselcoll代码从select和selwakeup中删除，会有什么问题？

16.10 修改select系统调用，使得select返回时返回定时器的剩余时间。

第17章 插口选项

17.1 引言

本章讨论修改插口行为的几个系统调用，以此来结束插口层的介绍。

setsockopt和getsockopt系统调用已在8.8节中介绍过，主要描述访问IP特点的选项。在本章中，我们将介绍这两个系统调用的实现以及通过它们来控制的插口级选项。

ioctl函数在4.4节中已介绍过，在4.4节中，我们描述了用于网络接口配置的与协议无关的ioctl命令。在6.7节中，我们描述了用来分配网络掩码以及单播、多播和目的地址的IP专用的ioctl命令。本章我们将介绍ioctl的实现和fcntl函数的相关特点。

最后，我们介绍getsockname和getpeername系统调用，它们用来返回插口和连接的地址信息。

图17-1列出了实现插口选项系统调用的函数。本章描述带阴影的函数。

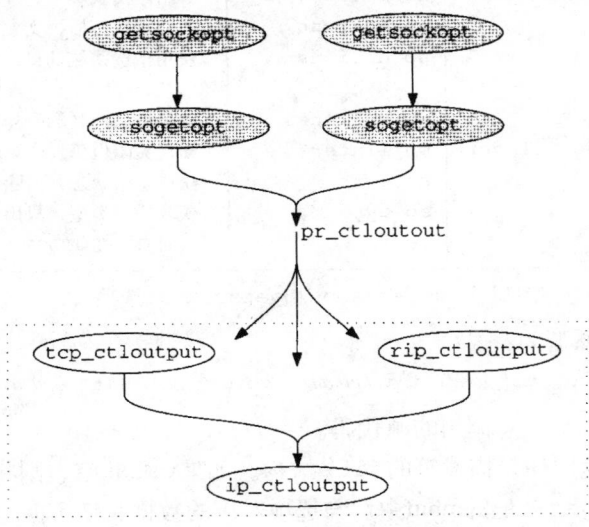

图17-1 setsockopt和getsockopt系统调用

17.2 代码介绍

本章中涉及的源代码来自图17-2中列出的4个文件。

文 件 名	说　明
kern/kern_descrip.c	fcntl系统调用
kern/uipc_syscalls.c	setsockopt、getsockopt、getsockname和getpeername系统调用
kern/uipc_socket.c	插口层对setsockopt和getsockopt的处理
kern/sys_socket.c	ioctl系统调用对插口的处理

图17-2 本章讨论的源文件

全局变量和统计量

本章中描述的系统调用没有定义新的全局变量，也没有收集任何统计量。

17.3　setsockopt系统调用

图8-29列出了函数setsockopt (和getsockopt)能够访问的各种不同的协议层。本章主要关注SOL_SOCKET级的选项，这些选项在图17-3中列出。

optname	*optval* 类型	变　　量	说　　明
SO_SNDBUF	int	so_snd.sb_hiwat	发送缓存高水位标记
SO_RCVBUF	int	so_rcv.sb_hiwat	接收缓存高水位标记
SO_SNDLOWAT	int	so_snd.sb_lowat	发送缓存低水位标记
SO_RCVLOWAT	int	so_rcv.sb_lowat	接收缓存低水位标记
SO_SNDTIMEO	struct timeval	so_snd.sb_timeo	发送超时值
SO_RCVTIMEO	struct timeval	so_snd.sb_timeo	接收超时值
SO_DEBUG	int	so_options	记录插口调试信息
SO_REUSEADDR	int	so_options	插口能重新使用一个本地地址
SO_REUSEPORT	int	so_options	插口能重新使用一个本地端口
SO_KEEPALIVE	int	so_options	协议查询空闲的连接
SO_DONTROUTE	int	so_options	旁路路由表
SO_BROADCAST	int	so_options	插口支持广播报文
SO_USELOOPBACK	int	so_options	仅用于选路域插口；发送进程接收自己的选路报文
SO_OOBINLINE	int	so_options	协议排队内联的带外数据
SO_LINGER	struct linger	so_linger	插口关闭但仍发送剩余数据
SO_ERROR	int	so_error	获取差错状态并清除；只用于getsockopt
SO_TYPE	int	so_type	获取插口类型；只用于getsockopt
其他			返回ENOPROTOOPT

图17-3　setsockopt和getsockopt选项

setsockopt函数原型为：

```
int setsockopt(int s, int level, int optname, void *optval, int optlen);
```

图17-4显示了setsockopt调用的源代码。

565-597　getsock返回插口描述符的file结构。如果val非空，则将valsize个字节的数据从进程复制到用m_get分配的mbuf中。与选项对应的数据长度不能超过MLEN个字节，所以，如果valsize大于MLEN，则返回EINVAL。调用sosetopt，并返回其值。

uipc_syscalls.c

```
565 struct setsockopt_args {
566     int     s;
567     int     level;
568     int     name;
569     caddr_t val;
570     int     valsize;
571 };

572 setsockopt(p, uap, retval)
573 struct proc *p;
574 struct setsockopt_args *uap;
575 int     *retval;
```

图17-4　setsockopt系统调用

```
576 {
577     struct file *fp;
578     struct mbuf *m = NULL;
579     int     error;

580     if (error = getsock(p->p_fd, uap->s, &fp))
581         return (error);
582     if (uap->valsize > MLEN)
583         return (EINVAL);
584     if (uap->val) {
585         m = m_get(M_WAIT, MT_SOOPTS);
586         if (m == NULL)
587             return (ENOBUFS);
588         if (error = copyin(uap->val, mtod(m, caddr_t),
589                     (u_int) uap->valsize)) {
590             (void) m_free(m);
591             return (error);
592         }
593         m->m_len = uap->valsize;
594     }
595     return (sosetopt((struct socket *) fp->f_data, uap->level,
596                 uap->name, m));
597 }
```
————————————————————————————— uipc_syscalls.c

图17-4 (续)

sosetopt函数

sosetopt函数处理所有插口级的选项，并将其他的选项传给与插口关联的协议的pr_ctloutput函数。图17-5列出了sosetopt函数的部分代码。

————————————————————————————— uipc_socket.c

```
752 sosetopt(so, level, optname, m0)
753 struct socket *so;
754 int     level, optname;
755 struct mbuf *m0;
756 {
757     int     error = 0;
758     struct mbuf *m = m0;

759     if (level != SOL_SOCKET) {
760         if (so->so_proto && so->so_proto->pr_ctloutput)
761             return ((*so->so_proto->pr_ctloutput)
762                 (PRCO_SETOPT, so, level, optname, &m0));
763         error = ENOPROTOOPT;
764     } else {
765         switch (optname) {
```

```
                        /* socket option processing */
```

```
841     default:
842             error = ENOPROTOOPT;
843             break;
844         }
845         if (error == 0 && so->so_proto && so->so_proto->pr_ctloutput) {
846             (void) ((*so->so_proto->pr_ctloutput)
847                 (PRCO_SETOPT, so, level, optname, &m0));
```

图17-5 sosetopt函数

```
848                 m = NULL;              /* freed by protocol */
849         }
850     }
851 bad:
852     if (m)
853         (void) m_free(m);
854     return (error);
855 }
```
— uipc_socket.c

图17-5 (续)

752-764 如果选项不是插口级的(SOL_SOCKET)选项，则给底层协议发送PRCO_SETOPT请求。注意：调用的是协议的pr_ctloutput函数，而不是它的pr_usrreq函数。图17-6说明了Internet协议调用的pr_ctloutput函数。

协 议	pr_ctloutput函数	参 考
UDP	ip_ctloutput	8.8节
TCP	tcp_ctloutput	30.6节
ICMP IGMP 原始IP	rip_ctloutput和ip_ctloutput	8.8节和32.8节

图17-6 pr_ctloutput函数

765 switch语句处理插口级的选项。

841-844 对于不认识的选项，在保存它的mbuf被释放后返回ENOPROTOOPT。

845-855 如果没有出现差错，则控制总是会执行到switch。在switch语句中，如果协议层需要响应请求或插口层，则将选项传送给相应的协议。Internet协议中没有预期处理插口级的选项。

注意，如果协议收到不预期的选项，则直接将其pr_ctloutput函数的返回值丢弃。并将m置空，以免调用m_free，因为协议负责释放缓存。

图17-7说明了linger选项和在插口结构中设置单一标志的选项。

766-772 linger选项要求进程传入linger结构：

```
struct linger {
    int l_onoff;   /* option on/off */
    int l_linger;  /* linger time in seconds */
};
```

确保进程已传入长度为linger结构大小的数据后，将结构成员l_linger复制到so_linger中。在下一组case语句后决定是使能还是关闭该选项。so_linger和close系统调用在15.15节中已介绍过。

773-789 当进程传入一个非0值时，设置选项对应的布尔标志；当进程传入的是0时，将对应标志清除。第一次检查确保一个整数大小(或更大)的对象在mbuf中，然后设置或清除对应的选项。

图17-8显示了插口缓存选项的处理。

790-815 这组选项改变插口的发送和接收缓存的大小。第一个if语句确保提供给四个选项的变量是整型。对于SO_SNDBUF和SO_RCVBUF，sbreserve只调整缓存的高水位标记而不分配缓存。对于SO_SNDLOWAT和SO_RCVLOWAT，调整缓存的低水位标记。

uipc_socket.c

```
766         case SO_LINGER:
767             if (m == NULL || m->m_len != sizeof(struct linger)) {
768                 error = EINVAL;
769                 goto bad;
770             }
771             so->so_linger = mtod(m, struct linger *)->l_linger;
772             /* fall thru... */

773         case SO_DEBUG:
774         case SO_KEEPALIVE:
775         case SO_DONTROUTE:
776         case SO_USELOOPBACK:
777         case SO_BROADCAST:
778         case SO_REUSEADDR:
779         case SO_REUSEPORT:
780         case SO_OOBINLINE:
781             if (m == NULL || m->m_len < sizeof(int)) {
782                 error = EINVAL;
783                 goto bad;
784             }
785             if (*mtod(m, int *))
786                 so->so_options |= optname;
787             else
788                 so->so_options &= ~optname;
789             break;
```

uipc_socket.c

图17-7 sosetopt函数：linger和标志选项

uipc_socket.c

```
790         case SO_SNDBUF:
791         case SO_RCVBUF:
792         case SO_SNDLOWAT:
793         case SO_RCVLOWAT:
794             if (m == NULL || m->m_len < sizeof(int)) {
795                 error = EINVAL;
796                 goto bad;
797             }
798             switch (optname) {

799             case SO_SNDBUF:
800             case SO_RCVBUF:
801                 if (sbreserve(optname == SO_SNDBUF ?
802                             &so->so_snd : &so->so_rcv,
803                             (u_long) * mtod(m, int *)) == 0) {
804                     error = ENOBUFS;
805                     goto bad;
806                 }
807                 break;

808             case SO_SNDLOWAT:
809                 so->so_snd.sb_lowat = *mtod(m, int *);
810                 break;
811             case SO_RCVLOWAT:
812                 so->so_rcv.sb_lowat = *mtod(m, int *);
813                 break;
814             }
815             break;
```

uipc_socket.c

图17-8 sosetopt函数：插口缓存选项

图17-9说明超时选项。

```
                                                                    — uipc_socket.c
816        case SO_SNDTIMEO:
817        case SO_RCVTIMEO:
818            {
819                struct timeval *tv;
820                short    val;
821                if (m == NULL || m->m_len < sizeof(*tv)) {
822                    error = EINVAL;
823                    goto bad;
824                }
825                tv = mtod(m, struct timeval *);
826                if (tv->tv_sec > SHRT_MAX / hz - hz) {
827                    error = EDOM;
828                    goto bad;
829                }
830                val = tv->tv_sec * hz + tv->tv_usec / tick;
831                switch (optname) {
832                case SO_SNDTIMEO:
833                    so->so_snd.sb_timeo = val;
834                    break;
835                case SO_RCVTIMEO:
836                    so->so_rcv.sb_timeo = val;
837                    break;
838                }
839                break;
840            }
                                                                    — uipc_socket.c
```

图17-9 sosetopt函数：超时选项

816-824   进程在timeval结构中设置SO_SNDTIMEO和SO_RCVTIMEO选项的超时值。如果传入的数值不正确，则返回EINVAL。

825-830   存储在timeval结构中的时间间隔值不能太大，因为sb_timeo是一个短整数，当时间间隔值的单位为一个时钟滴答时，时间间隔值的大小就不能超过一个短整数的最大值。

第826行代码是不正确的。在下列条件下，时间间隔不能表示为一个短整数：

$$tv\_sec \times hz + \frac{tv\_usec}{tick} > SHRT\_MAX$$

其中，tick=1000000/hz和SHRT_MAX=32767。

所以，如果下列不等式成立，则返回。

$$tv\_sec > \frac{SHRT\_MAX}{hz} - \frac{tv\_usec}{tick \times hz} = \frac{SHRT\_MAX}{hz} - \frac{tv\_usec}{1000000}$$

等式的最后一项不是代码指明的hz。正确的测试代码应该是：

```
if (tv->tv_sec * hz+tv->tv_usec/tick>SHRT_MAX)
error=EDOM;
```

习题17.3中有更详细的讨论。

831-840   将转换后的时间val保存在请求的发送或接收缓存中。sb_timeo限制了进程等待接收缓存中的数据或发送缓存中闲置空间的时间。详细讨论参考16.7节和16.11节。

超时值是传给tsleep的最后一个参数，因为tsleep要求超时值为一个整数，所以进程最多只能等待65535个时钟滴答。假设时钟频率为100 Hz，则等待时间小于11分钟。

17.4 getsockopt系统调用

getsockopt返回进程请求的插口和协议选项。函数原型是：

int getsockopt(int s, int *level*, int *name*, caddr_t *val*, int *valsize*);

该调用的源代码如图17-10所示。

— uipc_syscalls.c

```
598 struct getsockopt_args {
599     int     s;
600     int     level;
601     int     name;
602     caddr_t val;
603     int     *avalsize;
604 };

605 getsockopt(p, uap, retval)
606 struct proc *p;
607 struct getsockopt_args *uap;
608 int     *retval;
609 {
610     struct file *fp;
611     struct mbuf *m = NULL;
612     int     valsize, error;

613     if (error = getsock(p->p_fd, uap->s, &fp))
614         return (error);
615     if (uap->val) {
616         if (error = copyin((caddr_t) uap->avalsize, (caddr_t) & valsize,
617                         sizeof(valsize)))
618             return (error);
619     } else
620         valsize = 0;
621     if ((error = sogetopt((struct socket *) fp->f_data, uap->level,
622             uap->name, &m)) == 0 && uap->val && valsize && m != NULL) {
623         if (valsize > m->m_len)
624             valsize = m->m_len;
625         error = copyout(mtod(m, caddr_t), uap->val, (u_int) valsize);
626         if (error == 0)
627             error = copyout((caddr_t) & valsize,
628                         (caddr_t) uap->avalsize, sizeof(valsize));
629     }
630     if (m != NULL)
631         (void) m_free(m);
632     return (error);
633 }
```

— uipc_syscalls.c

图17-10 getsockopt系统调用

598-633 这段代码现在看上去应该很熟悉了。getsock获取插口的file结构，将选项缓存的大小复制到内核，调用sogetopt来获取选项的值。将sogetopt返回的数据复制到进程提供的缓存，可能还需要修改缓存长度。如果进程提供的缓存不够大，则返回的数据可能会被截掉。通常情况下，存储选项数据的mbuf在函数返回后被释放。

sogetopt函数

同sosetopt一样，sogetopt函数处理所有插口级的选项，并将其他的选项传给与插口关联的协议。图17-11列出了sogetopt函数的开始和结束部分的代码。

```
                                                              —— uipc_socket.c
856  sogetopt(so, level, optname, mp)
857  struct socket *so;
858  int      level, optname;
859  struct mbuf **mp;
860  {
861      struct mbuf *m;

862      if (level != SOL_SOCKET) {
863          if (so->so_proto && so->so_proto->pr_ctloutput) {
864              return ((*so->so_proto->pr_ctloutput)
865                  (PRCO_GETOPT, so, level, optname, mp));
866          } else
867              return (ENOPROTOOPT);
868      } else {
869          m = m_get(M_WAIT, MT_SOOPTS);
870          m->m_len = sizeof(int);

871          switch (optname) {



                          /* socket option processing */


918          default:
919              (void) m_free(m);
920              return (ENOPROTOOPT);
921          }
922          *mp = m;
923          return (0);
924      }
925  }
```
                                                              —— uipc_socket.c

图17-11 sogetopt函数：概况

856-871   同sosetopt一样，函数将那些与插口级选项无关的选项立即通过PRCO_GETOPT协议请求传递给相应的协议级。协议将被请求的选项保存在mp指向的mbuf中。

对于插口级的选项，分配一块标准的mbuf缓存来保存选项值，选项值通常是一个整数，所以将m_len设成整数大小。相应的选项值通过switch语句复制到mbuf中。

918-925   如果执行的是switch中的default情况下的语句，则释放mbuf，并返回ENOPROTOOPT。否则，switch语句执行完成后，将指向mbuf的指针赋给*mp。当函数返回后，getsockopt从该mbuf中将数据复制到进程提供的缓存，并释放mbuf。

图17-12说明对SO_LINGER选项和作为布尔型标志实现的选项的处理。

872-877   SO_LINGER选项请求返回两个值：一个是标志值，赋给l_onoff；另一个是拖延时间，赋给l_linger。

878-887   其余的选项作为布尔标志实现。将so_options和optname执行逻辑与操作，如果选项被打开，则与操作的结果为非0值；反之则结果为0。注意：标志被打开并不表示返回值等于1。

sogetopt的下一部分代码(图17-13)将整型值选项的值复制到mbuf中。

888-906   将每一个选项作为一个整数复制到mbuf中。注意：有些选项在内核中是作为一个短整数存储的(如缓存高低水位标记)，但是作为整数返回。一旦将so_error复制到mbuf中，即清除so_error，这是唯一的一次getsockopt调用修改插口状态。

uipc_socket.c

```
872          case SO_LINGER:
873              m->m_len = sizeof(struct linger);
874              mtod(m, struct linger *)->l_onoff =
875                  so->so_options & SO_LINGER;
876              mtod(m, struct linger *)->l_linger = so->so_linger;
877              break;

878          case SO_USELOOPBACK:
879          case SO_DONTROUTE:
880          case SO_DEBUG:
881          case SO_KEEPALIVE:
882          case SO_REUSEADDR:
883          case SO_REUSEPORT:
884          case SO_BROADCAST:
885          case SO_OOBINLINE:
886              *mtod(m, int *) = so->so_options & optname;
887              break;
```

uipc_socket.c

图17-12 sogetopt选项：SO_LINGER选项和布尔选项

uipc_socket.c

```
888          case SO_TYPE:
889              *mtod(m, int *) = so->so_type;
890              break;

891          case SO_ERROR:
892              *mtod(m, int *) = so->so_error;
893              so->so_error = 0;
894              break;

895          case SO_SNDBUF:
896              *mtod(m, int *) = so->so_snd.sb_hiwat;
897              break;

898          case SO_RCVBUF:
899              *mtod(m, int *) = so->so_rcv.sb_hiwat;
901          case SO_SNDLOWAT:
902              *mtod(m, int *) = so->so_snd.sb_lowat;
903              break;

904          case SO_RCVLOWAT:
905              *mtod(m, int *) = so->so_rcv.sb_lowat;
906              break;
```

uipc_socket.c

图17-13 sogetopt函数：整型值选项

图17-14列出了sogetopt的第三和第四部分代码，它们的作用分别是处理SO_SNDTIMEO和SO_RCVTIMEO选项。

907-917 将发送或接收缓存中的sb_timeo值赋给var。基于val中的时钟滴答数，在mbuf中构造一个timeval结构。

计算tv_usec的代码有一个差错。表达式应该为："(val % hz) * tick"。

```
                                                               ─── uipc_socket.c
907          case SO_SNDTIMEO:
908          case SO_RCVTIMEO:
909              {
910                  int      val = (optname == SO_SNDTIMEO ?
911                                  so->so_snd.sb_timeo : so->so_rcv.sb_timeo);
912                  m->m_len = sizeof(struct timeval);
913                  mtod(m, struct timeval *)->tv_sec = val / hz;
914                  mtod(m, struct timeval *)->tv_usec =
915                                  (val % hz) / tick;
916                  break;
917              }
                                                               ─── uipc_socket.c
```

图17-14 sogetopt函数: 超时选项

17.5 `fcntl`和`ioctl`系统调用

因为历史原因而非有意这么做, 插口API的几个特点既能通过`ioctl`也能通过`fcntl`来访问。关于`ioctl`命令, 我们已经讨论了很多。我们也几次提到`fcntl`。

图17-15显示了本章描述的函数。

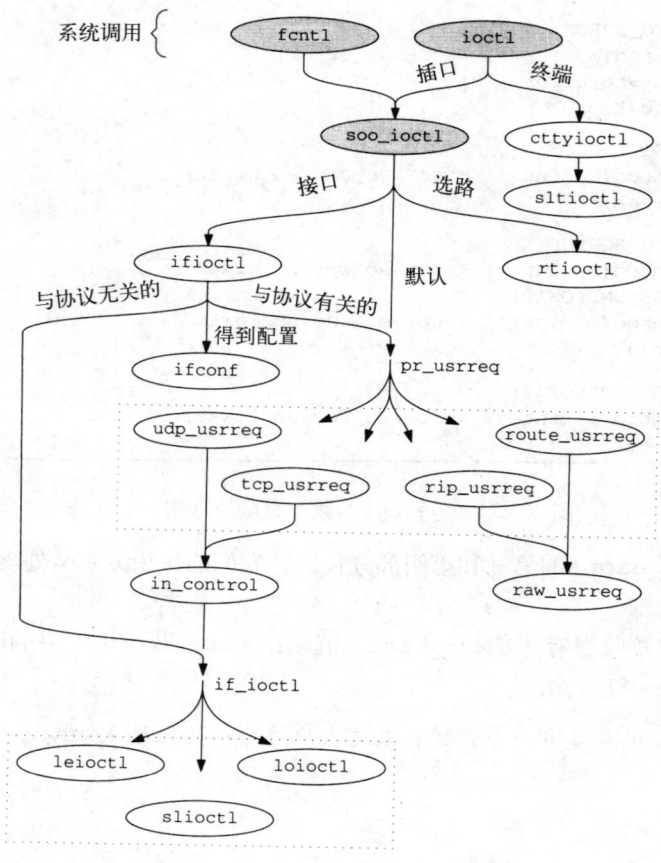

图17-15 `fcntl`和`ioctl`函数

ioctl和fcntl的原型分别为：

```
int ioctl(int fd, unsigned long result, char *argp);
int fcntl(int fd, int cmd,... /* int arg */);
```

图17-16总结了这两个系统调用与插口有关的特点。我们在图17-16中还列出了一些传统的常数，因为它们出现在代码中。考虑与Posix的兼容性，可以用O_NONBLOCK来代替FNONBLOCK，用O_ASYNC来代替FASYNC。

描　　述	fcntl	ioctl
通过打开或关闭so_state中的SS_NBIO来使能或禁止非阻塞功能	FNONBLOCK文件状态标志	FIONBIO命令
通过打开或关闭sb_flags中的SB_ASYNC来使能或禁止异步通知功能	FASYNC文件状态标志	FIOASYNC命令
设置或得到so_pgid，它是SIGIOG和SIGURG信号的目标进程或进程组	F_SETOWN或F_GETOWN	SIOCSPGRP或SIOCGPGRP命令
得到接收缓存中的字节数；返回so_rcv.sb_cc		FIONREAD
返回OOB同步标记，即so_state中的SS_RCVATMARK标志		SIOCATMARK

图17-16　fcntl和ioctl命令

17.5.1 fcntl代码

图17-17列出了fcntl函数的部分代码。

————————————————————————————— kern_descrip.c
```
133 struct fcntl_args {
134     int     fd;
135     int     cmd;
136     int     arg;
137 };
138 /* ARGSUSED */
139 fcntl(p, uap, retval)
140 struct proc *p;
141 struct fcntl_args *uap;
142 int     *retval;
143 {
144     struct filedesc *fdp = p->p_fd;
145     struct file *fp;
146     struct vnode *vp;
147     int     i, tmp, error, flg = F_POSIX;
148     struct flock fl;
149     u_int   newmin;
150     if ((unsigned) uap->fd >= fdp->fd_nfiles ||
151         (fp = fdp->fd_ofiles[uap->fd]) == NULL)
152         return (EBADF);
153     switch (uap->cmd) {

                        /* command processing */

253     default:
254         return (EINVAL);
255     }
256     /* NOTREACHED */
257 }
```
————————————————————————————— kern_descrip.c

图17-17　fcntl系统调用：概况

133-153 验证完指向打开文件的描述符的正确性后，switch语句处理请求的命令。

253-257 对于不认识的命令，fcntl返回EINVAL。

图17-18仅显示fcntl中与插口有关的代码。

```
                                                               kern_descrip.c
168     case F_GETFL:
169         *retval = OFLAGS(fp->f_flag);
170         return (0);

171     case F_SETFL:
172         fp->f_flag &= ~FCNTLFLAGS;
173         fp->f_flag |= FFLAGS(uap->arg) & FCNTLFLAGS;
174         tmp = fp->f_flag & FNONBLOCK;
175         error = (*fp->f_ops->fo_ioctl) (fp, FIONBIO, (caddr_t) & tmp, p);
176         if (error)
177             return (error);

178         tmp = fp->f_flag & FASYNC;
179         error = (*fp->f_ops->fo_ioctl) (fp, FIOASYNC, (caddr_t) & tmp, p);
180         if (!error)
181             return (0);

182         fp->f_flag &= ~FNONBLOCK;
183         tmp = 0;
184         (void) (*fp->f_ops->fo_ioctl) (fp, FIONBIO, (caddr_t) & tmp, p);
185         return (error);

186     case F_GETOWN:
187         if (fp->f_type == DTYPE_SOCKET) {
188             *retval = ((struct socket *) fp->f_data)->so_pgid;
189             return (0);
190         }
191         error = (*fp->f_ops->fo_ioctl)
192             (fp, (int) TIOCGPGRP, (caddr_t) retval, p);
193         *retval = -*retval;
194         return (error);

195     case F_SETOWN:
196         if (fp->f_type == DTYPE_SOCKET) {
197             ((struct socket *) fp->f_data)->so_pgid = uap->arg;
198             return (0);
199         }
200         if (uap->arg <= 0) {
201             uap->arg = -uap->arg;
202         } else {
203             struct proc *p1 = pfind(uap->arg);
204             if (p1 == 0)
205                 return (ESRCH);
206             uap->arg = p1->p_pgrp->pg_id;
207         }
208         return ((*fp->f_ops->fo_ioctl)
209             (fp, (int) TIOCSPGRP, (caddr_t) & uap->arg, p));
                                                               kern_descrip.c
```

图17-18 fcntl系统调用：插口处理

168-185 F_GETFL返回与描述符相关的当前文件状态标志，F_SETFL设置状态标志。通过调用fo_ioctl将FNONBLOCK和FASYNC的新设置传递给对应的插口，而插口的新设置是通过图17-20中描述的soo_ioctl函数来传递的。只有在第二个fo_ioctl调用失败后，才第三次调用fo_ioctl。该调用的功能是清除FNONBLOCK标志，但是应该改为将这个标志恢复到原来的值。

186-194 F_GETOWN返回与插口相关联的进程或进程组的标识符，so_pgid。对于非插口描述符，将TIOCGPGRP ioctl命令传给对应的fo_ioctl函数。F_SETOWN的功能是给so_pgid赋一个新值。

17.5.2 ioctl代码

我们跳过ioctl系统调用本身而先从soo_ioctl开始讨论，如图17-20所示，因为ioctl代码中的大部分是从图17-17所示的代码中复制的。我们已经说过，soo_ioctl函数将选路命令发送给rtioctl，接口命令发送给ifioctl，任何其他的命令发送给底层协议的pr_usrreq函数。

55-68 有几个命令是由soo_ioctl直接处理的。如果*data非空，则FIONBIO打开非阻塞方式，否则关闭非阻塞方式。正如我们已经了解的，这个标志将影响accept、connect和close系统调用，也包括其他的读和写系统调用。

69-79 FIOASYNC使能或禁止异步I/O通知功能。如果设置了SS_ASYNC，则无论什么时候插口上有活动，就调用sowakeup，将信号SIGIO发送给相应的进程或进程组。

80-88 FIONREAD返回接收缓存中的可读字节数。SIOCSPGRP设置与插口相关的进程组，SIOCGPGRP则是得到它。so_pgid作为我们刚讨论过的SIGIO信号的目标进程或进程组，当有带外数据到达插口时，作为SIGURG信号的目标进程或进程组。

89-92 如果插口正处于带外数据的同步标记，则SIOCATMARK返回真；否则返回假。

ioctl命令，FIO*xxx*和SIO*xxx*常量，有一个内部结构，如图17-19所示。

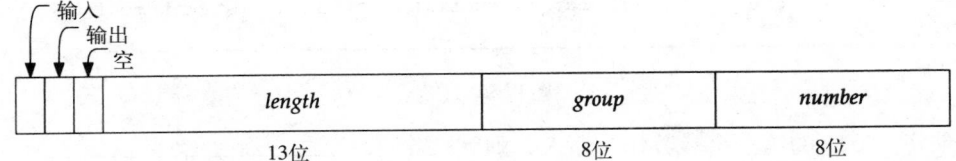

图17-19 ioctl命令的内部结构

```
                                                                 sys_socket.c
55 soo_ioctl(fp, cmd, data, p)
56 struct file *fp;
57 int      cmd;
58 caddr_t data;
59 struct proc *p;
60 {
61     struct socket *so = (struct socket *) fp->f_data;
62     switch (cmd) {
63     case FIONBIO:
64         if (*(int *) data)
65             so->so_state |= SS_NBIO;
66         else
67             so->so_state &= ~SS_NBIO;
68         return (0);
69     case FIOASYNC:
70         if (*(int *) data) {
71             so->so_state |= SS_ASYNC;
72             so->so_rcv.sb_flags |= SB_ASYNC;
```

图17-20 soo_ioctl函数

```
73                 so->so_snd.sb_flags |= SB_ASYNC;
74             } else {
75                 so->so_state &= ~SS_ASYNC;
76                 so->so_rcv.sb_flags &= ~SB_ASYNC;
77                 so->so_snd.sb_flags &= ~SB_ASYNC;
78             }
79             return (0);
80         case FIONREAD:
81             *(int *) data = so->so_rcv.sb_cc;
82             return (0);
83         case SIOCSPGRP:
84             so->so_pgid = *(int *) data;
85             return (0);
86         case SIOCGPGRP:
87             *(int *) data = so->so_pgid;
88             return (0);
89         case SIOCATMARK:
90             *(int *) data = (so->so_state & SS_RCVATMARK) != 0;
91             return (0);
92         }
93         /*
94          * Interface/routing/protocol specific ioctls:
95          * interface and routing ioctls should have a
96          * different entry since a socket's unnecessary
97          */
98         if (IOCGROUP(cmd) == 'i')
99             return (ifioctl(so, cmd, data, p));
100        if (IOCGROUP(cmd) == 'r')
101            return (rtioctl(cmd, data, p));
102        return ((*so->so_proto->pr_usrreq) (so, PRU_CONTROL,
103            (struct mbuf *) cmd, (struct mbuf *) data, (struct mbuf *) 0));
104    }
```
—— *sys_socket.c*

图17-20 （续）

如果将ioctl的第三个参数作为输入，则
设置*input*。如果将该参数作为输出，则*output*
被置位。如果不用该参数，则*void*被置位。
*length*是参数的大小(字节)。相关的命令在同一
个*group*中但每一个命令在组中都有各自的
number。图17-21中的宏用来解析ioctl命令
中的元素。

宏	描　　述
IOCPARM_LEN(cmd)	返回cmd中的*length*
IOCBASECMD(cmd)	*length*设为0的命令
IOCGROUP(cmd)	返回*cmd*中的*group*

图17-21　ioctl命令宏

93-104　宏IOCGROUP从命令中得到8位的*group*。接口命令由ifioctl处理。选路命令由
rtioctl处理。通过PRU_CONTROL请求将所有其他的命令传递给插口协议。

　　　　正如我们在第19章中描述的，Net/2定义了一个新的访问路由选择表接口，在该接
　　口中，报文是通过在PF_ROUTE域中产生的一个插口传递给路由选择子系统的。用这
　　种方法来代替这里讨论的ioctl。在不兼容的内核中，rtioctl总是返回ENOTSUPP。

17.6　getsockname系统调用

getsockname系统调用的原型是：

```
int getsockname(int fd, caddr_t asa, int * alen);
```

getsockname得到绑定在插口fd上的本地地址，并将它存入asa指向的缓存中。当在一个隐式的绑定中内核选择了一个地址，或在一个显式的bind调用中进程指定了一个通配符地址(2.2.5节)时，该函数就很有用。getsockname系统调用如图17-22所示。

———————————————————————————————— uipc_syscalls.c
```
682 struct getsockname_args {
683     int     fdes;
684     caddr_t asa;
685     int     *alen;
686 };

687 getsockname(p, uap, retval)
688 struct proc *p;
689 struct getsockname_args *uap;
690 int     *retval;
691 {
692     struct file *fp;
693     struct socket *so;
694     struct mbuf *m;
695     int     len, error;

696     if (error = getsock(p->p_fd, uap->fdes, &fp))
697         return (error);
698     if (error = copyin((caddr_t) uap->alen, (caddr_t) & len, sizeof(len)))
699         return (error);
700     so = (struct socket *) fp->f_data;
701     m = m_getclr(M_WAIT, MT_SONAME);
702     if (m == NULL)
703         return (ENOBUFS);
704     if (error = (*so->so_proto->pr_usrreq) (so, PRU_SOCKADDR, 0, m, 0))
705         goto bad;
706     if (len > m->m_len)
707         len = m->m_len;
708     error = copyout(mtod(m, caddr_t), (caddr_t) uap->asa, (u_int) len);
709     if (error == 0)
710         error = copyout((caddr_t) & len, (caddr_t) uap->alen,
711                     sizeof(len));
712 bad:
713     m_freem(m);
714     return (error);
715 }
```
———————————————————————————————— uipc_syscalls.c

图17-22 getsockname系统调用

682-715 getsock返回描述符的file结构。将进程指定的缓存的长度赋给len。这是我们第一次看到对m_getclr的调用：该函数分配一个标准的mbuf，并调用bzero清零。当协议收到PRU_SOCKADDR请求时，协议处理层负责将本地地址存入m。

如果地址长度大于进程提供的缓存的长度，则返回的地址将被截掉。*alen等于实际返回的字节数。最后，释放mbuf，并返回。

17.7 getpeername系统调用

getpeername系统调用的原型是：

```
int getpeername(int fd, caddr_t asa, int * alen);
```

getpeername系统调用返回指定插口上连接的远端地址。当一个调用accept的进程通过fork和exec启动一个服务器时(即，任何被inetd启动的服务器)，经常要调用这个函数。服务器不能得到accept返回的远端地址，而只能调用getpeername。通常，要在应用的访问地址表查找返回地址，如果返回地址不在访问表中，则连接将被关闭。

某些协议(如TP4)利用这个函数来确定是否拒绝或证实一个进入的连接。在TP4中，accept返回的插口上的连接是不完整的，必须经证实之后才算连接成功。基于getpeername返回的地址，服务器能够关闭连接或通过发送或接收数据来间接证实连接。这一特点与TCP无关，因为TCP必须在三次握手完成之后，accept才能建立连接。图17-23列出了getpeername函数的代码。

```
                                                         ———— uipc_syscalls.c
719 struct getpeername_args {
720     int        fdes;
721     caddr_t    asa;
722     int        *alen;
723 };

724 getpeername(p, uap, retval)
725 struct proc *p;
726 struct getpeername_args *uap;
727 int      *retval;
728 {
729     struct file *fp;
730     struct socket *so;
731     struct mbuf *m;
732     int    len, error;

733     if (error = getsock(p->p_fd, uap->fdes, &fp))
734         return (error);
735     so = (struct socket *) fp->f_data;
736     if ((so->so_state & (SS_ISCONNECTED | SS_ISCONFIRMING)) == 0)
737         return (ENOTCONN);
738     if (error = copyin((caddr_t) uap->alen, (caddr_t) & len, sizeof(len)))
739         return (error);
740     m = m_getclr(M_WAIT, MT_SONAME);
741     if (m == NULL)
742         return (ENOBUFS);
743     if (error = (*so->so_proto->pr_usrreq) (so, PRU_PEERADDR, 0, m, 0))
744         goto bad;
745     if (len > m->m_len)
746         len = m->m_len;
747     if (error = copyout(mtod(m, caddr_t), (caddr_t) uap->asa, (u_int) len))
748         goto bad;
749     error = copyout((caddr_t) & len, (caddr_t) uap->alen, sizeof(len));
750 bad:
751     m_freem(m);
752     return (error);
753 }
                                                         ———— uipc_syscalls.c
```

图17-23 getpeername系统调用

719-753   图中列出的代码与getsockname的代码是一样的。getsock获取插口对应的file结构，如果插口还没有同对方建立连接或连接还没有证实(如TP4)，则返回ENOTCONN。如果已建立连接，则从进程那里得到缓存的大小，并分配一块mbuf来存储地址。发送PRU_PEERADDR请求给协议层来获取远端地址。将地址和地址的长度从内核的mbuf中复制到进程提供的缓存中。释放mbuf，并返回。

17.8 小结

本章中，我们讨论了六个修改插口功能的函数。插口选项由setsockopt和getsockopt函数处理。其他的选项(其中有些不仅仅用于插口)由fcntl和ioctl处理。最后，通过getsockname和getpeername来获取连接信息。

习题

17.1 为什么选项受标准mbuf大小(MHLEN, 128个字节)的限制?

17.2 为什么图17-7中的最后一段代码能处理SO_LINGER选项?

17.3 图17-9中用来测试timeval结构的代码有些问题，因为tv->tv_sec * hz可能会溢出。请对这段代码做些修改来解决这个问题。

第18章 Radix树路由表

18.1 引言

由IP完成的路由选择是一种选路机制，它通过搜索路由表来确定从哪个接口把分组发送出去。它与选路策略(routing policy)不一样，选路策略是一组规则的集合，这些规则用来确定哪些路由可以编入到路由表中。Net/3内核实现选路机制，而选路守护进程，典型的如routed或gated，实现选路策略。由于分组转发是频繁发生的(一个繁忙的系统每秒要转发成百上千个分组)，相对而言，选路策略的变化要少一些，因此路由表的结构必须能够适应这种情况。

关于路由选择的详细情况，我们分三章进行讨论：

* 本章将讨论Net/3分组转发代码所使用的Radix树路由表的结构。每次发送或转发分组时，IP都将查看该表(发送时分组需要查看该表，是因为IP必须决定哪个本地接口将接收该分组)。
* 第19章着重讨论内核与Radix树之间的接口函数以及内核与选路进程(通常指实现选路策略的选路守护进程)之间交换的选路消息。进程可以通过这些消息来修改内核的路由表(添加路由、删除路由等)，并且当发生了一个异步事件，可能影响路由策略(如收到重定向、接口断开等)时，内核也会通过这些消息来通知守护进程。
* 第20章给出内核与进程之间交换选路消息时使用的选路插口。

18.2 路由表结构

在讨论Net/3路由表的内部结构之前，我们需要了解一下路由表中包含的信息类型。图18-1是图1-17(作者以太网中的四个系统)的下半部分。

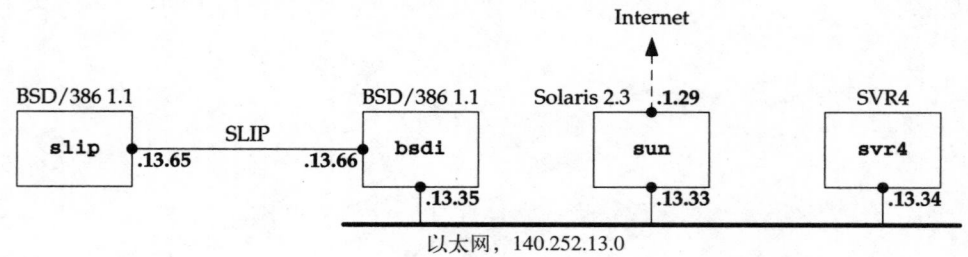

图18-1 路由表例子中使用的子网

图18-2给出了图18-1中bsdi上的路由表。

为了能够更容易地看出每个表项中所设置的标志，我们已经对netstat输出的"Flags"列进行了修改。

该表中的路由是按照下列过程添加的。其中，第1、3、5、8、9步是在系统的初始化阶段执行/etc/netstart shell脚本时完成的。

```
bsdi $ netstat -rn
Routing tables

Internet:
Destination        Gateway             Flags      Refs      Use   Interface
default            140.252.13.33       UG S         0         3   le0
127                127.0.0.1           UG S  R      0         2   lo0
127.0.0.1          127.0.0.1           U  H         1        55   lo0
128.32.33.5        140.252.13.33       UGHS         2        16   le0
140.252.13.32      link#1              U  C         0         0   le0
140.252.13.33      8:0:20:3:f6:42      U  H  L      11    55146   le0
140.252.13.34      0:0:c0:c2:9b:26     U  H  L       0         3   le0
140.252.13.35      0:0:c0:6f:2d:40     U  H  L       1        12   lo0
140.252.13.65      140.252.13.66       U  H         0        41   sl0
224                link#1              U  C         0         0   le0
224.0.0.1          link#1              U  H  L       0         5   le0
```

图18-2　主机bsdi上的路由表

1) 默认路由是由route命令添加的。该路由通往主机sun(140.252.13.33)，主机sun拥有一条到Internet的PPP链路。

2) 到网络127的路由表项通常是由选路守护进程(如gated)创建的，也可以通过/etc/netstart文件中的route命令将其添加到路由表中。该表项使得所有发往该网络的分组都将被环回驱动器(图5-27)拒绝，但发往主机127.0.0.1的分组除外，因为对于该类分组，在下一步中添加的一条更特殊的路由将屏蔽本路由表项的作用。

3) 到环回接口(127.0.0.1)的表项是由ifconfig命令配置的。

4) 到vangogh.cs.berkeley.edu(128.32.33.5)的表项是用route命令手工创建的。该路由指定的路由器与默认路由所指定的相同(都是140.252.13.33)。但是在拥有一条替代默认路由的通往特定主机的路由之后，我们就能把路由度量存储在该路由表项中。这些度量能够由管理者选择设置。每次TCP建立一条到达目的主机的连接时都使用该度量，并且在连接关闭时，由TCP对其进行更新。我们将在图27-3中详细描述这些度量。

5) 接口le0的初始化是由ifconfig命令完成的。该命令会在路由表中增加一条到140.252.13.32网络的表项。

6) 到以太网上另两台主机sun(140.252.13.33)和svr4(140.252.13.34)的路由表项是由ARP创建的，见第21章。它们都是临时路由，经过一段时间后，如果还未被使用，它们就会被自动删除。

7) 到本机(140.252.13.35)的表项是在第一次引用本机IP地址时创建的。该接口是一个环回，也就是说，任何发往本机IP地址的数据报将从内部返送回来。4.4BSD中包含了自动创建该路由的新功能，见21.13节。

8) 到主机140.252.13.65的表项是在ifconfig配置SLIP接口时创建的。

9) 通过以太网接口到达网络244的路由是由route命令添加的。

10) 到多播组224.0.0.1(所有主机的组，all-host group)的表项是ping程序在连接224.0.0.1即"ping 224.0.0.1"时创建的。它也是一条临时路由，如果在一段时间内未被使用，就会被自动删除。

图18-2中的"Flags"列需要简单地说明一下。图18-25列出了所有可能的标志。

U　该路由存在。

G 该路由通向一个网关(路由器)。这种路由称为间接路由。如果没有设置本标志，则表明路由的目的地与本机直接相连，称为直接路由。

H 该路由通往一台主机，也就是说，目的地址是一个完整的主机地址。如果没有设置本标志，则路由通往一个网络，目的地址是一个网络地址：一个网络号，或一个网络号与子网号的组合。netstat命令并不区分这一点，但每一条网络路由中都包含一个网络掩码，而主机路由中则隐含了一个全1的掩码。

S 该路由是静态的。图18-2中route命令创建的三个路由表项是静态的。

C 该路由可被克隆(clone)以产生新的路由。在本路由表中有两条路由设置了这个标志：一条是到本地以太网(140.252.13.32)的路由，ARP通过克隆该路由创建到以太网中其他特定主机的路由；另一条是到多播组224的路由，克隆该路由可以创建到特定多播组(如224.0.0.1)的路由。

L 该路由含有链路层地址。本标志应用于单播地址和多播地址。由ARP从以太网路由克隆而得到的所有主机路由都设置了本标志。

R 环回驱动器(为设有本标志的路由而设计的普通接口)将拒绝所有使用该路由的数据报。

添加带有拒绝标志的路由的功能由NET/2提供。它提供了一种简单的方法来防止主机向外发送以网络127为目的地的数据报。参见习题6.6。

在4.3BSD Reno之前，内核将为IP地址维护两个不同的路由表：一个针对主机路由，另一个针对网络路由。对于给定的路由，将根据它的类型添加到相应的路由表中。默认路由存储在网络路由表中，其目的地址是0.0.0.0。查找过程隐含了这样一种层次关系：首先查看主机路由表；如果找不到，则查找网络路由表；如果仍找不到，则查找默认路由。仅当三次查找都失败时，才认为目的地不可达。[Leffler et al. 1998]的11.5节描述了一种带链表结构的hash表，该hash表同时用于Net/1中的主机路由表和网络路由表。

4.3BSD Reno [Sklower 1991]的变化主要与路由表的内部表示有关。这些变化允许相同的路由表函数访问不同协议栈的路由表，如OSI协议，它的地址是变长的，这一点与长度固定为32位的IP地址不同。为了提高查询速度，路由表的内部结构也做了变动。

Net/3路由表采用Patricia树结构[Sedgewick 1990]来表示主机地址和网络地址(Patricia表示"从文字数字的编码中提取信息的实用算法")。待查找的地址和树中的地址都被看成位序列。这样就可以用相同的函数来查找和维护不同类型的树，如：含有32位定长IP地址的树、含有48位定长XNS地址的树以及一棵含有变长OSI地址的树。

使用Patricia树构造路由表的思想应归功于Van Jacobson 的[Sklower 1991]。

举个例子就可以很容易地描述出这个算法。查找路由表的目标就是找到一个最能匹配给定目标的特定地址。我们称这个给定的目标为查找键(search key)。所谓最能匹配的地址，也就是说，一个能够匹配的主机地址要优于一个能够匹配的网络地址；而一个能够匹配的网络地址要优于默认地址。

每条路由表项都有一个对应的网络掩码，尽管在主机路由中没有存储掩码，但它隐含了一个全1位的掩码。我们对查找键和路由表项的掩码进行逻辑与运算，如果得到的值与该路由表项的目的地址相同，则称该路由表项是匹配的。对于某个给定的查找键，可能会从路由表中找到多条这样的匹配路由，所以在单个表同时包含网络路由和主机路由的情况下，我们必须有效地组织该表，使得总能先找到那个更能匹配的路由。

让我们来讨论图18-3给出的例子。图中给出了两个查找键，分别是127.0.0.1和127.0.0.2。为了更容易地说明逻辑与运算，图中同时给出了它们的十六进制值。图中给出的两个路由表项分别是主机路由127.0.0.1(它隐含了一个全1的掩码0xffffffff)和网络路由127.0.0.0(它的掩码是0xff000000)。

		查找键=127.0.0.1		查找键=127.0.0.2	
		主机路由	网络路由	主机路由	网络路由
1	查找键	7f000001	7f000001	7f000002	7f000002
2	路由表键	7f000001	7f000000	7f000001	7f000000
3	路由表掩码	ffffffff	ff000000	ffffffff	ff000000
4	1和3的逻辑与	7f000001	7f000000	7f000002	7f000000
	2和4相等?	相等	相等	不等	相等

图18-3 分别以127.0.0.1和127.0.0.2为查找键的路由表查找示例

其中两个路由表项都能够匹配查找键127.0.0.1，这时路由表的结构必须确保能够先找到更能匹配该查找键的表项(127.0.0.1)。

图18-4给出了对应于图18-2的Net/3路由表的内部表示。执行带-A标志的netstat命令可以导出路由表的树形结构，图18-4就是根据导出的结果而建立的。

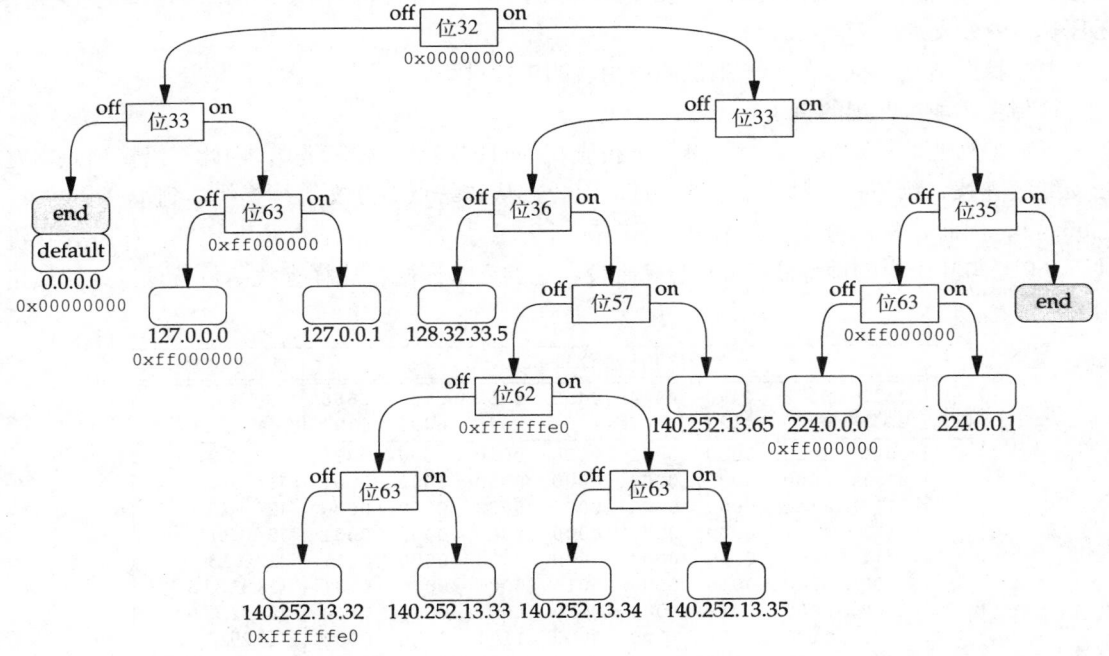

图18-4 对应于图18-2的Net/3路由表

标有"end"的两个阴影框是该树结构中带有特殊标志的叶结点，该标志代表树的端点。左边的那个拥有一个全0键，而右边的拥有一个全1键。左边的两个标有"end"和"default"的框垒在一起，这两个框有特殊的意义，它们与重复键有关，具体内容可参考18.9节。

方角框被称为内部结点(internal node)或简称为结点(node)，圆角框被称为叶子。每一个内部结点对应于测试查找键的一个位，其左右各有一个分支。每一个叶子对应于一个主机地址或者对应于一个网络地址。如果在叶子下面有一个十六进制数，那么这个叶子就对应于一个网络地址，该十六进制数就是叶子的网络掩码。如果在叶子下面没有十六进制的掩码，那么这个叶子就是一个主机地址，其隐含的掩码是0xffffffff。

有一些内部结点也含有网络掩码，在后面的学习中，我们将了解这些掩码在回溯过程中是如何使用的。图中的每一个结点还包含一个指向其父结点的指针(没有在图中表示出来)，它能使树结构的回溯、删除及非递归操作更加方便。

位比较在插口地址结构上完成，因此，在图18-4中给出的位位置是从插口地址结构中的起始位置开始算的。图18-5给出了sockaddr_in结构中的位位置。

图18-5　Internet插口地址结构的位位置

IP地址的最高位位是位32，最低位是位63。此外还列出了长度是16，地址族为2(AF_INET)，这两个数值在我们所列举的例子中将会遇到。

为了解释这些例子，还需要给出树中不同IP地址的位表示形式。它们都列在图18-6中，该图还给出了下面例子中要用到的一些其他IP地址的位表示形式。该图采用了加粗的字体来表示图18-4中分支点所对应的位位置。

现在我们举一些特定的例子来说明路由表的查找过程。

1. 与主机地址匹配的例子

假定主机地址127.0.0.1是查找键——待查找的目的地址。位32为0，因此，沿树顶点向左分支继续查找，到下一个结点。位33为1，因此，从该结点右分支继续查找，到下一个结点。位63为1，因此，从右分支继续查找，到下一个结点。而下一个结点是个叶子，此时查找键(127.0.0.1)与叶子中的地址(127.0.0.1)相比较。它们完全匹配，这样查找函数就可以返回该路由表项。

位位置	32位IP地址(位32~63)								点分十进制表示
3333 **2345**	**3333** **6789**	4444 0123	4444 4567	4455 8901	5555 2345	5555 6789	**6666** **0123**		
0000	1010	0000	0001	0000	0010	0000	0011	10.1.2.3
0111	0000	0000	0000	0000	0000	0000	0001	112.0.0.1
0111	1111	0000	0000	0000	0000	0000	0000	127.0.0.0
0111	1111	0000	0000	0000	0000	0000	0001	127.0.0.1
0111	1111	0000	0000	0000	0000	0000	0011	127.0.0.3
1000	0000	0010	0000	0010	0001	0000	0101	128.32.33.5
1000	0000	0010	0000	0010	0001	0000	0110	128.32.33.6
1000	1100	1111	1100	0000	1101	0010	0000	140.252.13.32
1000	1100	1111	1100	0000	1101	0010	0001	140.252.13.33
1000	1100	1111	1100	0000	1101	0010	0010	140.252.13.34
1000	1100	1111	1100	0000	1101	0010	0011	140.252.13.35
1000	1100	1111	1100	0000	1101	0100	0001	140.252.13.65
1110	0000	0000	0000	0000	0000	0000	0000	224.0.0.0
1110	0000	0000	0000	0000	0000	0000	0001	224.0.0.1

图18-6　图18-2和图18-4中IP地址的位表示形式

2. 与主机地址匹配的例子

再假定查找键是地址140.252.13.35。位32为1，因此，沿树顶点向右分支继续查找。位33为0，位36为1，位57为0，位62为1，位63为1，因此，查找在底部标有140.252.13.35的叶子处终止。查找键与路由表键完全匹配。

3. 与网络地址匹配的例子

假定查找键是127.0.0.2。位32为0，位33为1，位63为0，因此，查找在标有127.0.0.0的叶子处终止。查找键和路由表键并没有完全匹配，因此，需要进一步看它是不是一个能够匹配的网络地址。对查找键和网络掩码(0xff000000)进行逻辑与运算，得到的结果与该路由表键相同，即认为该路由表项能够匹配。

4. 与默认地址匹配的例子

假定查找键是10.1.2.3。位32为0，位33为0，因此，查找在标有"end"和"default"并带有重复键的叶子处终止。在这两个叶子中重复的路由表键是0.0.0.0。查找键与路由表键值没有完全匹配，因此，需要进一步看它是不是一个能够匹配的网络地址。这种匹配运算要对每个含网络掩码的重复键都试一遍。第一个键(标有end)没有网络掩码，可以跳过不查。第二个键(默认表项)有一个0x00000000的掩码。查找键和这个掩码进行逻辑与运算，所得结果和路由表键(0)相等，即认为该路由表项能够匹配。这样默认路由就被用做匹配路由。

5. 带回溯过程的与网络地址匹配的例子

假定查找键是127.0.0.3。位32为0，位33为1，位63为1，因此，查找在标有127.0.0.1的叶子处终止。查找键和路由表键没有完全匹配。由于这个叶子没有网络掩码，无法进行网络掩码匹配的尝试。此时就要进行回溯。

回溯算法在树中向上移动，每次移动一层。如果遇到的内部结点含有掩码，则对查找关键字和该掩码进行逻辑与运算，得到一个键值，然后以这个键值作为新的查找键，在以含该掩码的内部结点为开始的子树中进行另一次查找，看是否能找到匹配的结点。如果找不到，则回溯过程继续沿树上移，直到到达树的顶点。

在这个例子中，查找上移一层到达位63对应的结点，该结点含有一个掩码。于是对查找键和掩码(0xff000000)进行逻辑与运算，得到一个新的查找键，其值为127.0.0.0。然后从该结点开始查找127.0.0.0。位63为0，因此，沿左分支到达标有127.0.0.0的叶子上。用新的查找键与路由表键相比较，它们是相等的，因此认为这个叶子是匹配的。

6. 多层回溯的例子

假定查找键是112.0.0.1。位32为0，位33为1，位63为1，因此，查找在标有127.0.0.1的叶子处终止。该键与查找键不相等，并且路由表项中没有网络掩码，因此需要进行回溯。

查找过程向上移动一层，到达位63对应的结点，该结点含有一个掩码。对查找关键字和该掩码(0xff000000)进行逻辑与运算，然后再从这个结点开始进一步查找。在新的查找键中位63为0，因此，沿左分支到达标有127.0.0.0的叶子。比较之后发现逻辑与运算得到的查找键(112.0.0.0)和路由表键并不相等。

因此继续向上回溯一层，从位63对应的结点上移到位33对应的结点。但这个结点没有掩码，再继续向上回溯。到达的下一层是树的顶点(位32)，它有一个掩码。对查找键(112.0.0.1)和该掩码(0x00000000)进行逻辑与运算后，从该点开始一个新的查找。在新的查找键中，位32为0，位33也为0，因此，查找在标有"end"和"default"的叶子处结束。通过与重复键列表中的每一项进行比较，发现默认键与新的查找键相匹配，因此采用默认路由。

从这个例子可以知道，如果在路由表中存在默认路由，那么当回溯最终到达树的顶点时，它的掩码为全0位，这使得查找向树中最左边叶子的方向进行搜索，最终与默认路由相匹配。

7. 带回溯和克隆过程并与主机地址相匹配的例子

假定查找键是224.0.0.5。位32为1，位33为1，位35为0，位63为1，因此，查找在标有224.0.0.1的叶子处结束。路由表的键值和查找关键字并不相等，并且该路由表项不包含网络掩码，因此要进行回溯。

回溯向上移动一层，到达位63对应的结点。这个结点含有掩码0xff000000，因此，对查找键和该掩码进行逻辑与运算，产生一个新的查找键，即224.0.0.0。再从这个结点开始一次新的查找。在新的查找键中位63为0，于是沿左分支到达标有224.0.0.0的叶子。这个路由表键和逻辑与运算得到的查找键相匹配，因此这个路由表项是匹配的。

该路由上设置了"克隆"标志(见图18-2)，因此，以224.0.0.5为地址创建一个新的叶子。新的路由表项是：

```
Destination    Gateway    Flags    Refs    Use    Interface
224.0.0.5      link#1     UHL      0       0      le0
```

图18-7从位35对应的结点开始，给出了图18-4中路由表树右边部分的新排列。注意，无论何时向树中添加新的叶子，都需要两个结点：一个作为叶子，另一个作为指定要测试位的内部结点。

新创建的表项就被返回给查找224.0.0.5的调用者。

8. 大图

图18-8是一张比较大的图，它描述了涉及的所有数据结构。该图的底部来自图3-32。

现在我们解释图中的几个要点，本章还将在后面给出详细的阐述。

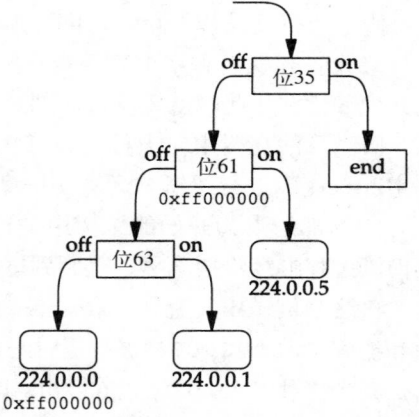

图18-7 插入224.0.0.5路由表项后
图18-4的改动

- rt_tables是指向radix_node_head结构的指针数组。每一个地址族都有一个数组单元与之对应。rt_tables[AF_INET]指向Internet路由表树的顶点。

- radix_node_head结构包含三个radix_node结构。这三个结构是在初始化路由树时创建的，中间的是树的顶点。它对应于图18-4中最上端标有"位32"的结点框。三个radix_node结构中的第一个是图18-4中最左边的叶子(与默认路由共享的重复)，第三个结构是最右边的叶子。在一个空的路由表中，就只包含这三个radix_node结构，我们将会看到rn_inithead函数是如何构建它们的。

- 全局变量mask_rnhead也指向一个radix_node_head结构。它是包含所有掩码的一棵独立树的首部结构。观察图18-4中给出的八个掩码可知，有一个掩码重复了四次，有两个掩码重复了一次。通过把掩码放在一棵单独的树中，可以做到对每一个掩码只需要维护它的一个备份即可。

• 路由表树是用rtentry结构创建的，在图18-8中，有两个rtentry结构。每一个
rtentry结构包含两个radix_node结构，因为每次向树中插入一个新的路由时，都
需要两个结点：一个是内部结点，对应于某一个要测试的位；另一个是叶子，对应于一
个主机路由或一个网络路由。在每一个rtentry结构中，给出了内部结点对应的要测
试的那一位以及叶子中所包含的地址。

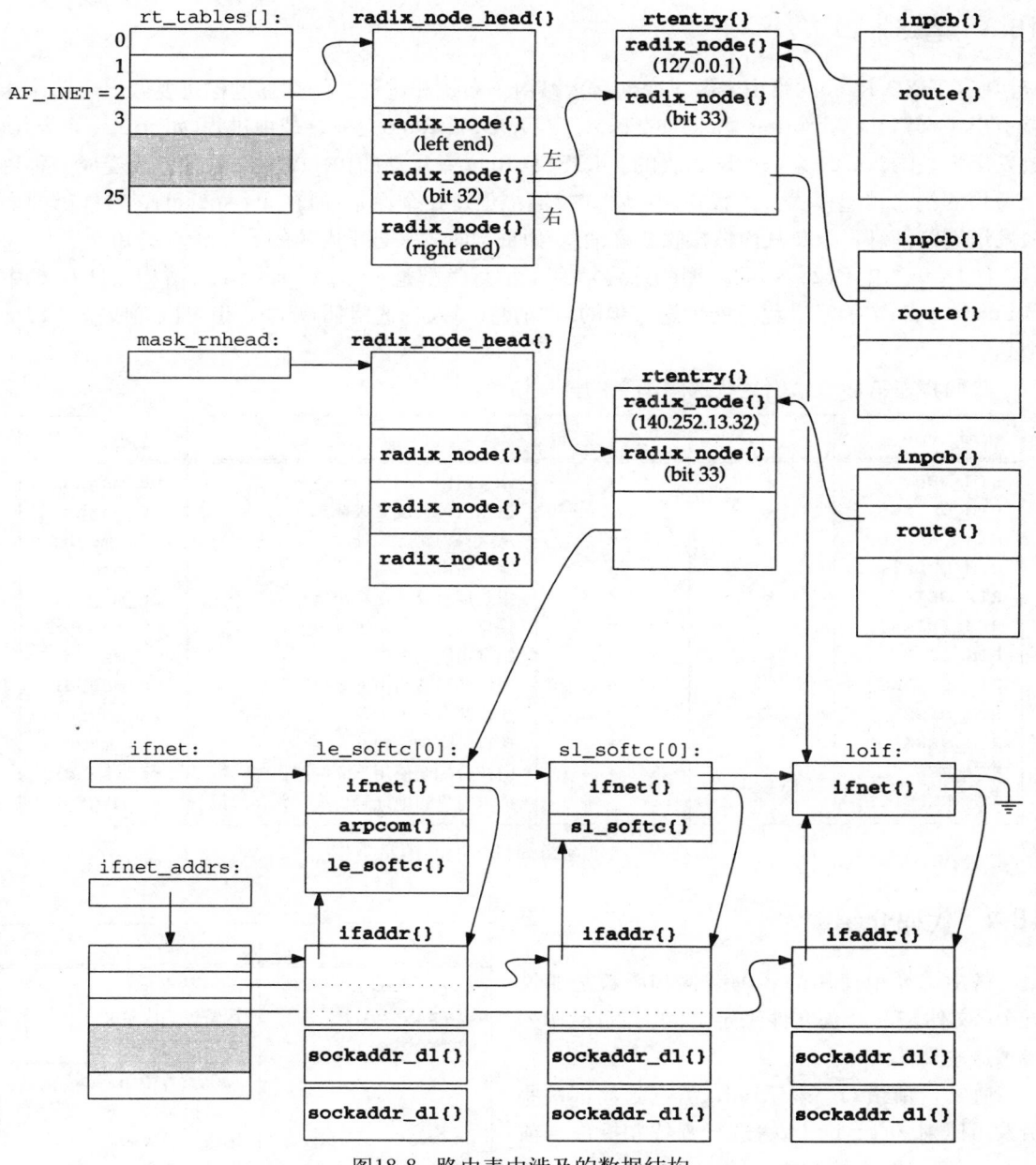

图18-8 路由表中涉及的数据结构

rtentry结构中的其余部分是该路由的一些其他重要信息。虽然我们只给出了该结构中
一个指向ifnet结构的指针，但在这个结构中还包含了指向ifaddr结构的指针、该路由的标

志、指向另一个rtentry结构的指针(如果该路由是一个非直接路由)和该路由的度量，等等。

- 存在于每一个UDP和TCP插口(图22-1)的协议控制块(PCB，见第22章)中包含一个指向rtentry结构的route结构。每次发送一个IP数据报时，UDP和TCP输出函数都传递一个指向PCB中route结构的指针，作为调用ip_output的第三个参数。使用相同路由的PCB都指向相同的路由表项。

18.3 选路插口

在4.3BSD Reno的路由表做了变动后，路由子系统和进程间的交互过程也要做出变动，这就引出了选路插口(routing socket)的概念。在4.3BSD Reno之前，是由进程(如route命令)通过发出定长的ioctl来修改路由表的。4.3BSD Reno采用新的PF_ROUTE域把它改变成一种更为通用的消息传递模式。进程在PF_ROUTE域中创建一个原始插口(raw socket)，就能够向内核发送选路消息，以及从内核接收选路消息(如重定向或来自于内核的其他异步通知)。

图18-9给出了12种不同类型的选路消息。消息类型是位于rt_msghdr结构(图19-16)中的rtm_type字段。进程只能发送其中的5种消息(写入到选路插口中)，但可以接收全部12种消息。

我们将在第19章给出这些选路消息的详细讨论。

rtm_type	发往内核？	从内核发出？	描　　述	结构类型
RTM_ADD	●	●	添加路由	rt_msghdr
RTM_CHANGE	●	●	改变网关、度量或标志	rt_msghdr
RTM_DELADDR		●	从接口中删除地址	ifa_msghdr
RTM_DELETE	●	●	删除路由	rt_msghdr
RTM_GET	●	●	报告度量及其他路由信息	rt_msghdr
RTM_IFINFO		●	接口打开或关闭等	rt_msghdr
RTM_LOCK	●	●	锁定指明的度量	rt_msghdr
RTM_LOSING		●	内核怀疑某路由无效	rt_msghdr
RTM_MISS		●	查找这个地址失败	rt_msghdr
RTM_NEWADDR		●	接口中添加了地址	ifa_msghdr
RTM_REDIRECT		●	内核得知要使用不同的路由	rt_msghdr
RTM_RESOLVE		●	请求将目的地址解析成链路层地址	rt_msghdr

图18-9　通过选路插口交换的消息类型

18.4 代码介绍

路由选择中使用的各种结构和函数是通过五个C文件与三个头文件来定义的。图18-10列出了这些文件。

通常，前缀rn_表示radix结点函数，这些函数可以对Patricia树进行查找和操作，前缀raw_表示路由控制块函数，rout_、rt_和rt这三个前缀表示常用的选路函数。

文　　件	描　　述
net/radix.h	radix结点定义
net/raw_cb.h	选路控制块定义
net/route.h	选路结构
net/radix.c	radix结点(Patricia树)函数
net/raw_cb.c	选路控制块函数
net/raw_usrreq.c	选路控制块函数
net/route.c	选路函数
net/rtsock.c	选路插口函数

图18-10　本章中讨论的文件

尽管有的文件和函数以raw为前缀，但在所有的选路章节中我们仍使用术语选路控制块(routing control block)而不是原始控制块。这是为了防止与第32章中讨论的原始IP控制块及其函数相混淆。虽然原始控制块及相关函数不仅仅用于Net/3中的选路插口(使用这些结构和函数的原始OSI协议之一)，但是本书中我们只用作PF_ROUTE域中的选路插口。

图18-11给出了一些基本的选路函数，并表示了它们之间的相互关系。其中带阴影的椭圆是在本章和下面两章中要涉及的内容。在图中，我们还给出了每种类型的选路消息(共12种)的产生之处。

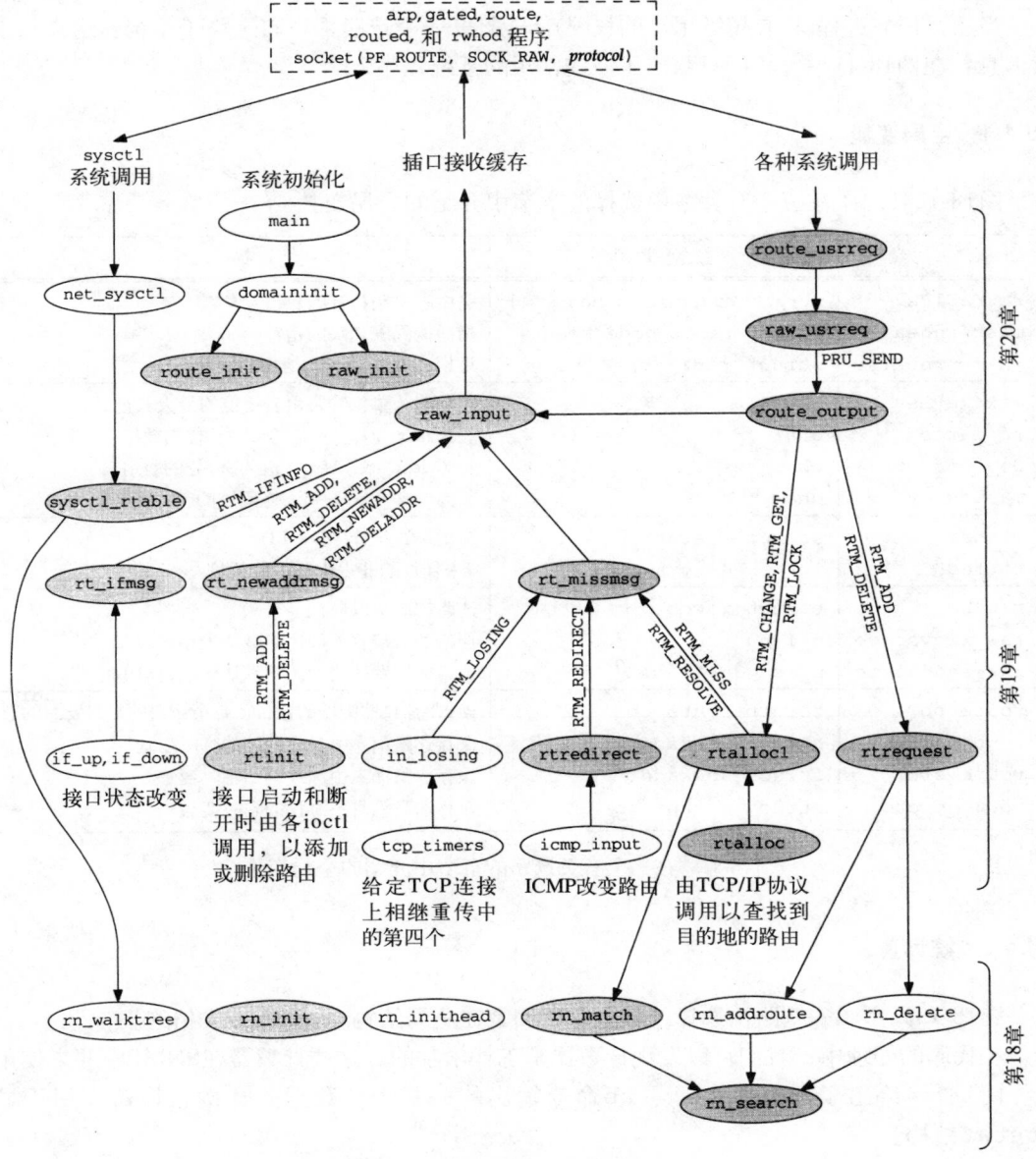

图18-11　各选路函数之间的关系

rtalloc函数是由Internet协议调用的，用于查找到达指定目的地的路由。在ip_rtaddr、ip_forward、ip_output和ip_setmoptions函数中都已出现过rtalloc，在后面介绍的in_pcbconnect和tcp_mss函数中也将会遇到它。

图18-11还给出了在选路域中创建插口的五个典型程序：

- arp处理ARP高速缓存，该ARP高速缓存存储在Net/3的IP路由表中(见第21章)；
- gated和routed是选路守护进程，它们与其他路由器进行通信。当选路环境发生变化时(指路由器及链路断开或连通)，对内核的路由表进行操作；
- route通常是由启动脚本或系统管理员执行的一个程序，用于添加或删除路由；
- rwhod在启动时会调用一个选路sysctl来测定连接的接口。

当然，任何进程(具有超级用户的权限)都能打开一个选路插口向选路子系统发送或从中接收消息；在图18-11中，我们只给出了一些常用的系统程序。

18.4.1 全局变量

图18-12列出了在三个有关路由选择的章节中介绍的全局变量。

变 量	数 据 类 型	描 述
rt_tables	struct radix_node_head *[]	路由表表头指针的数组
mask_rnhead	struct radix_node_head *	指向掩码表表头的指针
rn_mkfreelist	struct radix_mask *	可用radix_mask结构的链表表头
max_keylen	int	以字节为单位的路由表键值的最大长度
rn_zeros	char *	长为max_keylen、值为全0位的数组
rn_ones	char *	长为max_keylen、值为全1位的数组
maskedKey	char *	长为max_keylen、掩码过的查找键数组
rtstat	struct rtstat	路由选择统计(图18-13)
rttrash	int	#未释放的非表中路由的数目
rawcb	struct rawcb	选路控制块双向链表表头
raw_recvspace	u_long	选路插口接收缓冲区的默认大小，8192字节
raw_sendspace	u_long	选路插口发送缓冲区的默认大小，8192字节
route_cb	struct route_cb	#选路插口监听器的数目，每个协议的数目及总的数目
route_dst	struct sockaddr	保存选路消息中目的地址的临时变量
route_src	struct sockaddr	保存选路消息中源地址的临时变量
route_proto	struct sockproto	保存选路消息中协议的临时变量

图18-12 在三个有关选路的章节中介绍的全局变量

18.4.2 统计量

图18-13列举了一些路由选择统计量，它们是在全局结构rtstat中维护的。

在代码的处理中，我们可以发现计数器是怎样增加的。这些计数器在SNMP中并未使用。

图18-14给出了netstat -rs命令输出的一些统计数据的样例，该命令用于显示rtstat结构。

rtstat成员	描　述	在SNMP中的使用
rts_badredirect	#无效重定向调用的数目	
rts_dynamic	#由重定向创建的路由数目	
rts_newgateway	#由重定向修改的路由数目	
rts_unreach	#查找失败的次数	
rts_wildcard	#由通配符匹配的查找次数(从未使用)	

图18-13　在rtstat结构中维护的路由选择统计数据

netstat-rs的输出	rtstat 成员
1029 bad routing redirects	rts_badredirect
0 dynamically created routes	rts_dynamic
0 new gateways due to redirects	rts_newgateway
0 destinations found unreachable	rts_unreach
0 uses of a wildcard route	rts-wildcard

图18-14　路由选择统计数据样例

18.4.3　SNMP变量

图18-15给出了名为ipRouteTable的IP路由表以及相应的内核变量。

IP路由表，index = *<ipRouteDest>*		
SNMP变量	变　量	描　述
ipRouteDest	rt_key	IP目的地址。值为0.0.0.0时，代表默认路由
ipRouteIfIndex	rt_ifp, if_index	接口号：ifIndex
ipRouteMetric1	-1	基本的路由度量。其含义取决于选路协议的值(ipRoute-Proto)。值为-1，表示没有使用
ipRouteMetric2	-1	可选的路由度量
ipRouteMetric3	-1	可选的路由度量
ipRouteMetric4	-1	可选的路由度量
ipRouteNextHop	rt_gateway	下一跳路由器的IP地址
ipRouteType	(见正文)	路由类型：1=其他, 2=无效路由, 3=直接的, 4=间接的
ipRouteProto	(见正文)	路由协议：1=其他, 4=ICMP重定向, 8=RIP, 13=OSPF, 14= BGP等
ipRouteAge	(未实现)	从路由最后一次被修改或被确定为正确时起的秒数
ipRouteMask	rt_mask	在和ipRouteDest比较前，与目的主机IP地址进行逻辑与运算的掩码
ipRouteMetric5	-1	可选的路由度量
ipRouteInfo	NULL	本选路协议特定的MIB定义的引用

图18-15　IP路由表：ipRouteTable

　　如果在rt_flags中将标志RTF_GATEWAY置位，则该路由就是远程的，ipRouteType等于4；否则该路由就是直达的，ipRouteType值为3。对于ipRouteProto，如果将标志RTF_DYNAMIC或RTF_MODIFIED置位，则该路由就是由ICMP来创建或修改的，值为4，否则为其他情况，其值为1。最后，如果rt_mask指针为空，则返回的掩码就是全1(即主机路由)。

18.5 Radix结点数据结构

在图18-8中可以发现每一个路由表的表头都是一个radix_node_head结构，而选路树中所有的结点(包括内部结点和叶子)都是radix_node结构。radix_node_head结构如图18-16所示。

```
                                                                    ─── radix.h
 91 struct radix_node_head {
 92     struct radix_node *rnh_treetop;
 93     int       rnh_addrsize;          /* (not currently used) */
 94     int       rnh_pktsize;           /* (not currently used) */
 95     struct radix_node *(*rnh_addaddr)   /* add based on sockaddr */
 96             (void *v, void *mask,
 97              struct radix_node_head * head, struct radix_node nodes[]);
 98     struct radix_node *(*rnh_addpkt)    /* add based on packet hdr */
 99             (void *v, void *mask,
100              struct radix_node_head * head, struct radix_node nodes[]);
101     struct radix_node *(*rnh_deladdr)   /* remove based on sockaddr */
102             (void *v, void *mask, struct radix_node_head * head);
103     struct radix_node *(*rnh_delpkt)   /* remove based on packet hdr */
104             (void *v, void *mask, struct radix_node_head * head);
105     struct radix_node *(*rnh_matchaddr)     /* locate based on sockaddr */
106             (void *v, struct radix_node_head * head);
107     struct radix_node *(*rnh_matchpkt)   /* locate based on packet hdr */
108             (void *v, struct radix_node_head * head);
109     int       (*rnh_walktree)     /* traverse tree */
110             (struct radix_node_head * head, int (*f) (), void *w);
111     struct radix_node rnh_nodes[3];     /* top and end nodes */
112 };
                                                                    ─── radix.h
```

图18-16 radix_node_head结构：每棵选路树的顶点

92 rnh_treetop指向路由树顶端的radix_node结构。可以看到radix_ node_head结构的最后一项分配了三个radix_node结构，其中间的那个被初始化成树的顶点(图18-8)。

93-94 rnh_addrsize和rnh_pktsize目前未被使用。

rnh_addrsize是为了能够方便地将路由表代码导入系统中，因为系统的插口地址结构中没有标识其长度的字节。rnh_pktsize是为了能够利用radix结点机制直接检查分组头结构中的地址，而不需要把该地址拷贝到某个插口地址结构中去。

95-110 从rnh_addaddr到rnh_walktree是七个函数指针，它们所指向的函数将被调用以完成对树的操作。如图18-17所示，rn_inithead仅初始化了其中的四个指针，剩下的三个指针在Net/3中未被使用。

111-112 图18-18给出了组成树中结点的radix_node结构。在图18-8中我们发现，在radix_node_head中分配了三个这样的radix_node结构，而在每一个rtentry结构中分配了两个radix_node结构。

41-45 前五个成员是内部结点和叶子都有的成员。后面是一个union：如果结点是叶子，那么它定义了三个成员；如果是内部结

成　　员	被rn_inithead初始化为
rnh_addaddr	*rn_addroute*
rnh_addpkt	*NULL*
rnh_deladdr	*rn_delete*
rnh_delpkt	*NULL*
rnh_matchaddr	*rn_match*
rnh_matchpkt	*NULL*
rnh_walktree	*rn_walktree*

图18-17 在radix_node_head结构中的七个函数指针

点，那么它定义了另外不同的三个成员。由于在Net/3代码中经常使用union中的这些成员，因此，用一组#define语句定义它们的简写形式。

41-42 rn_mklist是该结点掩码链表的表头。我们将在18.9节中描述该字段。rn_p指向该结点的父结点。

43 如果rn_b值大于或者等于零，那么该结点为内部结点；否则就是叶子。对于内部结点来说，rn_b就是要测试的位位置：例如，在图18-4中，树的顶结点的rn_b值为32。对于叶子来说，rn_b是负的，它的值等于−1减去网络掩码索引(index of the network mask)。该索引是指掩码中出现的第一个0的位位置。图18-19给出了图18-4中掩码的索引。

```
                                                              ──── radix.h
40 struct radix_node {
41     struct radix_mask *rn_mklist;   /* list of masks contained in subtree */
42     struct radix_node *rn_p;        /* parent pointer */
43     short   rn_b;                   /* bit offset; -1-index(netmask) */
44     char    rn_bmask;               /* node: mask for bit test */
45     u_char  rn_flags;               /* Figure 18.20 */
46     union {
47         struct {                    /* leaf only data: rn_b < 0 */
48             caddr_t rn_Key;         /* object of search */
49             caddr_t rn_Mask;        /* netmask, if present */
50             struct radix_node *rn_Dupedkey;
51         } rn_leaf;
52         struct {                    /* node only data: rn_b >= 0 */
53             int     rn_Off;         /* where to start compare */
54             struct radix_node *rn_L;   /* left pointer */
55             struct radix_node *rn_R;   /* right pointer */
56         } rn_node;
57     } rn_u;
58 };

59 #define rn_dupedkey rn_u.rn_leaf.rn_Dupedkey
60 #define rn_key       rn_u.rn_leaf.rn_Key
61 #define rn_mask      rn_u.rn_leaf.rn_Mask
62 #define rn_off       rn_u.rn_node.rn_Off
63 #define rn_l         rn_u.rn_node.rn_L
64 #define rn_r         rn_u.rn_node.rn_R
                                                              ──── radix.h
```

图18-18 radix_node结构：路由树的结点

	32位IP掩码(位32−63)								索引	rn_b
	3333	3333	4444	4444	4455	5555	5555	6666		
	2345	6789	0123	4567	8901	2345	6789	0123		
00000000:	0000	0000	0000	0000	0000	0000	0000	0000	0	−1
ff000000:	1111	1111	0000	0000	0000	0000	0000	0000	40	−41
fffffffe0:	1111	1111	1111	1111	1111	1111	1110	0000	59	−60

图18-19 掩码索引的例子

我们可以发现，其中全0掩码的索引是特殊处理的：它的索引是0，而不是32。

44 内部结点的rn_bmask是个单字节的掩码，用于检测相应的位是0还是1。在叶子中它的值为0。很快我们将会看到如何运用成员rn_bmask和成员rn_off。

45 图18-20给出了成员rn_flags的三个值。

常　量	描　述
RNF_ACTIVE	该结点是活的(alive)(针对rtfree)
RNF_NORMAL	该叶子含有正常路由(目前未被使用)
RNF_ROOT	该叶子是树的根叶子

图18-20　rn_flags的值

RNF_ROOT标志只有在radix_node_head结构的三个radix结点(树的顶结点、左端结点和右端结点)中才能设置。这三个结点不能从路由树中删除。

48-49　对于叶子而言，rn_key指向插口地址结构，rn_mask指向保存掩码的插口地址结构。如果rn_mask为空，则其掩码为隐含的全1值(即，该路由指向某个主机而不是某个网络)。

图18-21列举了一个与图18-4中的叶子140.252.13.32相对应的radix_node结构的例子。

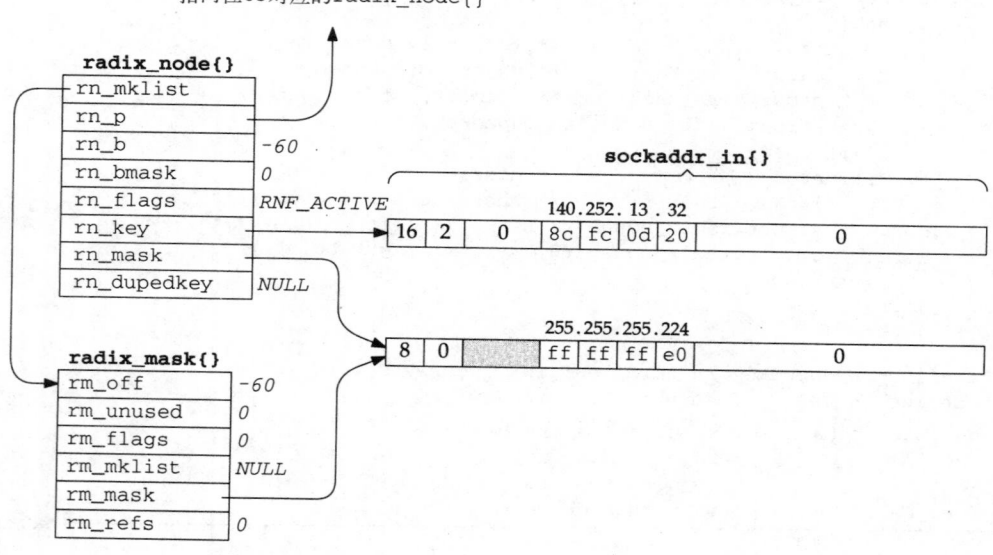

图18-21　与图18-4中的叶子140.252.13.32相对应的radix_node结构

该例子中还给出了图18-22中描述的radix_mask结构。我们把它的宽度略微缩小了一些，以区别于radix_node结构；这两种结构在后面的很多图例中都会遇到。有关radix_mask结构的作用将在18.9节中阐述。

值为-60的rn_b相对应的索引为59。rn_key指向一个sockaddr_in结构，它的长度值为16，地址族值为2(AF_INET)。由rn_mask和rm_mask指向的掩码结构所含的长度值为8，地址族值为0(该族为AF_UNSPEC，但我们从未使用它)。

50-51　当有多个叶子的键值相同时，使用rn_dupedkey指针。具体内容将在18.9节中阐述。

52-58　有关rn_off的内容将在18.8节中阐述。rn_l和rn_r是该内部结点的左、右指针。

图18-22给出了radix_mask结构的定义。

76-83　该结构中包含一个指向其掩码的指针：rm_mask，实际上是一个保存掩码的插口地址结构的指针。每一个radix_node结构对应一个radix_mask结构的链表，这就允许每个结点包含多个掩码：成员rn_mklist指向链表的第一个结点，然后每个结构的成员rm_mklist指向链表的下一个结点。该结构的定义同时声明了全局变量rn_mkfreelist，它是可用的radix_mask结构链表的表头。

```
                                                         ———— radix.h
76 extern struct radix_mask {
77     short   rm_b;               /* bit offset; -1-index(netmask) */
78     char    rm_unused;          /* cf. rn_bmask */
79     u_char  rm_flags;           /* cf. rn_flags */
80     struct radix_mask *rm_mklist;  /* more masks to try */
81     caddr_t rm_mask;            /* the mask */
82     int     rm_refs;            /* # of references to this struct */
83 }       *rn_mkfreelist;
                                                         ———— radix.h
```

图18-22 radix_mask结构

18.6 选路结构

访问内核路由信息的关键之处是：

1) rtalloc函数，用于查找通往目的地的路由；

2) route结构，它的值由rtalloc函数填写；

3) route结构所指向的rtentry结构。

图18-8给出了UDP和TCP(参见第22章)中使用的协议控制块(PCB)，其中包含一个route结构，见图18-23。

```
                                                         ———— route.h
46 struct route {
47     struct rtentry *ro_rt;     /* pointer to struct with information */
48     struct sockaddr ro_dst;    /* destination of this route */
49 };
                                                         ———— route.h
```

图18-23 route结构

ro_dst被定义成一个一般的插口地址结构，但对Internet协议而言，它就是一个sockaddr_in结构。注意，对这种结构类型的绝大多数引用都是指针，而ro_dst是该结构的一个实例而非指针。

这里我们有必要回顾一下图8-24。从该图可以得知，每次发送IP数据报时，这些路由是如何使用的。

- 如果调用者传递了一个route结构的指针，那么就使用该结构。否则，就要用一个局部route结构，其值设置为0(设置ro_rt为空指针)。UDP和TCP把指向它们的PCB中route结构的指针传递给ip_output。
- 如果route结构指向一个rtentry结构(ro_rt指针为非空)，同时所引用的接口仍然有效；而且如果route结构中的目的地址与IP数据报中的目的地址相等，那么该路由就会被使用。否则，目的主机的IP地址将会设置在插口地址结构so_dst中，并且调用rtalloc来查找一条通向该目的主机的路由。在TCP链接中，数据报的目的地址始终是路由的目的地址，不会发生变化，但是UDP应用可以通过sendto每次都把数据报发送到不同的目的地。
- 如果rtalloc返回的ro_rt是个空指针，则表明找不到路由，并且ip_output返回一个差错。

• 如果在rtentry结构中设有RTF_GATEWAY标志，那么该路由为非直接路由(参见图18-2中的G标志)。接口输出函数的目的地址(dst)就变成网关的IP地址，即rt_gateway成员，而不是IP数据报的目的地址。

图18-24给出了rtentry结构的定义。

```
                                                                   ── route.h
83 struct rtentry {
84     struct radix_node rt_nodes[2];  /* a leaf and an internal node */
85     struct sockaddr *rt_gateway;     /* value associated with rn_key */
86     short    rt_flags;              /* Figure 18.25 */
87     short    rt_refcnt;            /* #held references */
88     u_long   rt_use;              /* raw #packets sent */
89     struct ifnet *rt_ifp;          /* interface to use */
90     struct ifaddr *rt_ifa;         /* interface address to use */
91     struct sockaddr *rt_genmask;    /* for generation of cloned routes */
92     caddr_t rt_llinfo;           /* pointer to link level info cache */
93     struct rt_metrics rt_rmx;    /* metrics: Figure 18.26 */
94     struct rtentry *rt_gwroute; /* implied entry for gatewayed routes */
95 };
96 #define rt_key(r)   ((struct sockaddr *)((r)->rt_nodes->rn_key))
97 #define rt_mask(r)  ((struct sockaddr *)((r)->rt_nodes->rn_mask))
                                                                   ── route.h
```

图18-24   rtentry结构

83-84   在该结构中包含有两个radix_node结构。正如我们在图18-7的例子中所提到的，每次向路由树添加一个新叶子的同时也要添加一个新的内部结点。rt_nodes[0]为叶子，rt_nodes[1]为内部结点。在图18-24最后的两个#define语句提供了访问该叶结点的键和掩码的简写形式。

86   图18-25给出了存储在rt_flags中的各种常量以及在图18-2的"Flags"列中由netstat输出的相应字符。

常量	netstat标志	描述
RTF_BLACKHOLE		无差错的丢弃分组(环回驱动器:图5-27)
RTF_CLONING	C	使用中产生新的路由(由ARP使用)
RTF_DONE	d	内核的证实，表示消息处理完毕
RTF_DYNAMIC	D	(由重定向)动态创建
RTF_GATEWAY	G	目的主机是一个网关(非直接路由)
RTF_HOST	H	主机路由(否则，为网络路由)
RTF_LLINFO	L	当rt_llinfo指针无效时，由ARP设置
RTF_MASK	m	子网掩码存在(未使用)
RTF_MODIFIED	M	(由重定向)动态修改
RTF_PROTO1	1	协议专用的路由标志
RTF_PROTO2	2	协议专用的路由标志(ARP使用)
RTF_REJECT	R	有差错的丢弃分组(环回驱动器:图5-27)
RTF_STATIC	S	人工添加的路由(route程序)
RTF_UP	U	可用路由
RTF_XRESOLVE	X	由外部守护进程解析名字(用于X.25)

图18-25   rt_flags的值

netstat不输出RTF_BLACKHOLE标志。两个标志为小写字符的常量,RTF_DONE和RTF_MASK,在路由消息中使用,但通常并不存储在路由表项中。

85 如果设置了RTF_GATEWAY标志,那么rt_gateway所含的插口地址结构的指针就指向网关的地址(即网关的IP地址)。同样,rt_gwroute指向该网关的rtentry。后一个指针在ether_output(图4-15)中会用到。

87 rt_refcnt是一个计数器,保存正在使用该结构的引用数目。在19.3节的最后部分将具体描述该计数器。在图18-2中,该计数器显示在"Refs"列中。

88 当分配该结构存储空间时,rt_use被初始化为0。在图8-24中,可发现每次利用该路由输出一份IP数据报时,其值会随之递增。该计数器的值显示在图18-2的"Use"列中。

89-90 rt_ifp和rt_ifa分别指接口结构和接口地址结构。在图6-5中曾指出一个给定的接口可以有多个地址,因此,rt_ifa是必需的。

92 rt_llinfo指针允许链路层协议在路由表项中存储该协议专用的结构指针。该指针通常与RTF_LLINFO标志一起使用。图21-1描述了ARP如何使用该指针。

```
                                                                    route.h
54 struct rt_metrics {
55      u_long   rmx_locks;          /* bitmask for values kernel leaves alone */
56      u_long   rmx_mtu;            /* MTU for this path */
57      u_long   rmx_hopcount;       /* max hops expected */
58      u_long   rmx_expire;         /* lifetime for route, e.g. redirect */
59      u_long   rmx_recvpipe;       /* inbound delay-bandwith product */
60      u_long   rmx_sendpipe;       /* outbound delay-bandwith product */
61      u_long   rmx_ssthresh;       /* outbound gateway buffer limit */
62      u_long   rmx_rtt;            /* estimated round trip time */
63      u_long   rmx_rttvar;         /* estimated RTT variance */
64      u_long   rmx_pksent;         /* #packets sent using this route */
65 };
                                                                    route.h
```

图18-26 rt_metrics结构

93 图18-26给出了rt_metrics结构,rtentry结构含有该结构。图27-3显示了TCP使用了该结构的六个成员。

54-65 rmx_locks是一个位掩码,由它告诉内核后面的八个度量中的哪些禁止修改。该位掩码的值在图20-13中给出。

ARP(参见第21章)把rmx_expire用作每一个ARP路由项的定时器。与rmx_expire的注释不同的是,rm_expire不是用作重定向的。

图18-28概括了我们上面所阐述的各种结构和这些结构之间的关系,以及所引用的各种插口地址结构。图中给出的rtentry是图18-2中到128.32.33.5的路由。包含在rtentry中的另一个radix_node对应于图18-4中位于该结点正上方的36测试位的内部结点。第一个ifaddr所指的两个sockaddr_dl结构如图3-38所示。另外,从图6-5中也可注意到ifnet结构包含在le_softc结构中,第二个ifaddr结构包含在in_ifaddr结构中。

18.7 初始化:route_init和rtable_init函数

路由表的初始化过程并非是一目了然的,我们需要回顾一下第7章中的domain结构。在描述这些函数调用之前,图18-27给出了各协议族中与domain结构相关的字段。

成　员	OSI值	Internet值	选路值	Unix值	XNS值	注　释
dom_family	AF_ISO	AF_INET	PF_ROUTE	AF_UNIX	AF_NS	
dom_init	0	0	route_init	0	0	
dom_rtattach	rn_inithead	rn_inithead	0	0	rn_inithead	位
dom_rtoffset	48	32	0	0	16	字节
dom_maxrtkey	32	16	0	0	16	

图18-27　domain结构中与路由选择有关的成员

PF_ROUTE域是唯一具有初始化函数的域。同样，只有那些需要路由表的域才有
dom_rtattach函数，并且该函数总是rn_inithead。选路域和Unix域并不需要路由表。

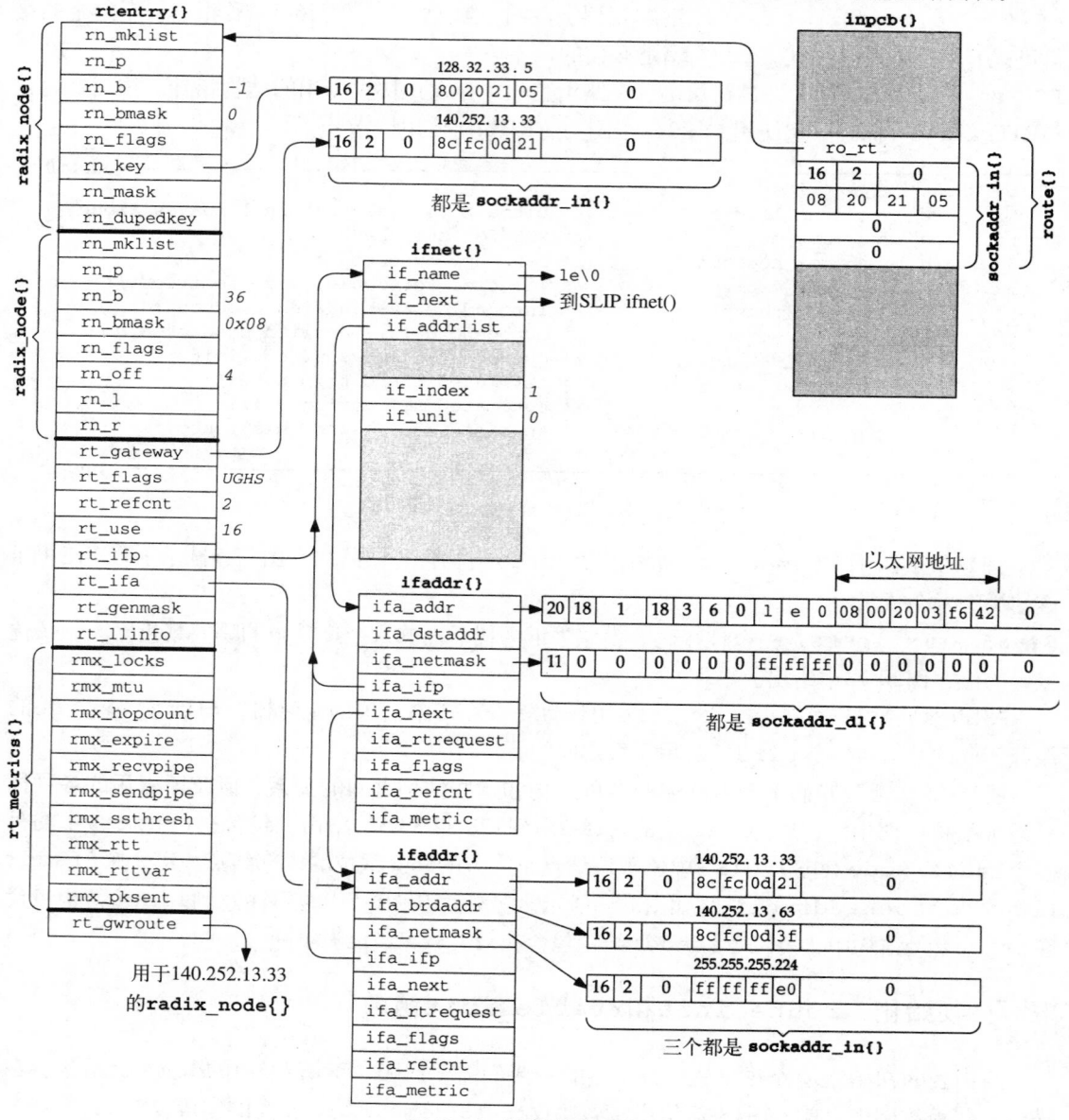

图18-28　选路结构小结

dom_rtoffset成员是以位为单位的选路过程中被检测的第一位的偏移量(从域的插口地址结构的起始处开始计算)。dom_maxrtkey给出了该结构的字节长度。在本章的前一部分的内容中，我们已经知道，sockaddr_in结构中的IP地址是从位32开始的。dom_maxrtkey成员是协议的插口地址结构的字节长度：sockaddr_in的字节长度为16。

图18-29列出了路由表初始化所包含的步骤。

```
main()              /* kernel initialization */
{
    ...
    ifinit();
    domaininit();
    ...
}

domaininit()        /* Figure 7.15 */
{
    ...
    ADDDOMAIN(unix);
    ADDDOMAIN(route);
    ADDDOMAIN(inet);
    ADDDOMAIN(osi);
    ...
    for ( dp = all domains ) {
        (*dp->dom_init)();
        for ( pr = all protocols for this domain )
            (*pr->pr_init)();
    }
}

raw_init()          /* pr_init() function for SOCK_RAW/PF_ROUTE protocol */
{
    初始化选路协议控制块的首部
}

route_init()        /* dom_init() function for PF_ROUTE domain */
{
    rn_init();
    rtable_init();
}

rn_init()
{
    for ( dp = all domains )
        if (dp->dom_maxrtkey > max_keylen)
            max_keylen = dp->dom_maxrtkey;
    分配并初始化 rn_zeros,rn_ones,masked_key;
    rn_inithead(&mask_rnhead);  /* allocate and init tree for masks */
}

rtable_init()
{
    for ( dp = all domains )
        (*dp->dom_rtattach)(&rt_tables[dp->dom_family]);
}

rn_inithead()       /* dom_attach() function for all protocol families */
{
    分配并初始化一个 radix_node_head 结构;
}
```

图18-29 初始化路由表时包含的步骤

在系统初始化时，内核的main函数将调用一次domaininit函数。ADDDOMAIN宏用于创建一个domain结构的链表,并调用每个域的dom_init函数(如果定义了该函数)。正如图18-27所示,route_init是唯一的一个dom_init函数,其代码如图18-30所示。

```
                                                                      route.c
49 void
50 route_init()
51 {
52      rn_init();   /* initialize all zeros, all ones, mask table */
53      rtable_init((void **) rt_tables);
54 }
                                                                      route.c
```

图18-30 rout_init函数

图18-32中的函数rn_init只被调用一次。

图18-31中的函数rtable_init也只被调用一次。它接着调用所有域的dom_rtattach函数,这些函数为各自所属的域初始化一张路由表。

```
                                                                      route.c
39 void
40 rtable_init(table)
41 void  **table;
42 {
43      struct domain *dom;
44      for (dom = domains; dom; dom = dom->dom_next)
45          if (dom->dom_rtattach)
46              dom->dom_rtattach(&table[dom->dom_family],
47                               dom->dom_rtoffset);
48 }
                                                                      route.c
```

图18-31 rtable_init函数:调用每一个域的dom_rtattach函数

从图18-27中可知,rn_inithead是唯一一个dom_rtattach函数,关于rn_inithead函数将在下一节中介绍。

18.8 初始化:rn_init和rn_inithead函数

图18-32中的函数rn_init只被route_init调用一次,用于初始化radix函数使用的一些全局变量。

1. 确定max_keylen

750-761 检查所有domain结构,并将全局变量max_keylen设置为最大的dom_maxrtkey值。在图18-27中最大值是32(对应于AF_ISO),但是,在一个常用的不含OSI和XNS协议的系统中,max_key为16,即sockaddr_in结构的大小。

2. 分配并初始化rn_zeros、rn_ones和maskedKey

762-769 先分配一个大小为max_keylen的三倍的缓存,并在全局变量rn_zeros中存储该缓存的指针。R_Malloc是一个调用内核的malloc函数的宏,它指定了M_RTABLE和M_DONTWAIT的类型。我们还会遇到Bcmp、Bcopy、Bzero和Free这些宏,它们对参数进行适当分类,并调用名称相似的内核函数。

该缓存被分解成三个部分,每一部分的初始化形式如图18-33所示。

rn_zeros是一个全0位的数组,rn_ones是一个全1位的数组,maskedKey数组用于存放被掩码过的查找键的临时副本。

```
                                                                      radix.c
750 void
751 rn_init()
752 {
753     char    *cp, *cplim;
754     struct domain *dom;
755     for (dom = domains; dom; dom = dom->dom_next)
756         if (dom->dom_maxrtkey > max_keylen)
757             max_keylen = dom->dom_maxrtkey;
758     if (max_keylen == 0) {
759         printf("rn_init: radix functions require max_keylen be set\n");
760         return;
761     }
762     R_Malloc(rn_zeros, char *, 3 * max_keylen);
763     if (rn_zeros == NULL)
764         panic("rn_init");
765     Bzero(rn_zeros, 3 * max_keylen);
766     rn_ones = cp = rn_zeros + max_keylen;
767     maskedKey = cplim = rn_ones + max_keylen;
768     while (cp < cplim)
769         *cp++ = -1;

770     if (rn_inithead((void **) &mask_rnhead, 0) == 0)
771         panic("rn_init 2");
772 }
                                                                      radix.c
```

图18-32 rn_init函数

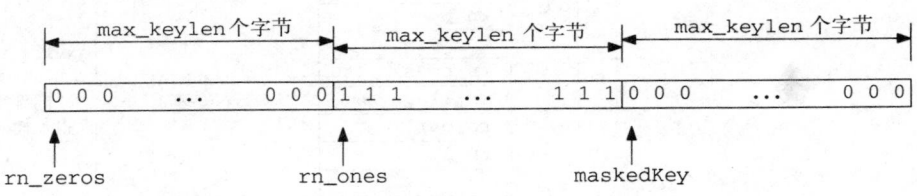

图18-33 rn_zeros、rn_ones和maskedKey数组

3. 初始化掩码树

770-772 调用rn_inithead, 初始化地址掩码路由树的首部, 并使图18-8中全局变量mask_rnhead指向该radix_node_head结构。

从图18-27可知, 对于所有需要路由表的协议, rn_inithead也是它们的dom_attach函数。图18-34给出的不是该函数的源代码, 而是该函数为Internet协议创建的radix_node_head结构。

这三个radix_node结构组成了一棵树: 中间的那个结构是树的顶点(由rnh_treetop指向它), 第一个结构是树的最左边的叶子, 最后一个结构是树的最右边的叶子。这三个结点的父指针(rn_p)都指向中间的那个结点。

rnh_nodes[1].rn_b的值32是待测试的位位置。它来自Internet的domain结构中的dom_rtoffset成员(图18-27)。它的字节偏移量及字节掩码被预先计算出来, 这样就不需要在处理过程中完成移位和掩码。其中, 字节偏移量从插口地址结构起始处开始计算, 它存放在radix_node结构的rn_off成员中(在这个例子中它的值为4); 字节掩码存放在rn_bmask成员中(在这个例子中为0x80)。无论何时往树中添加radix_node结构, 都要计

算这些值，以便在转发过程中加快比较的速度。其他的例子有：在图18-4中检测位33的两个
结点的偏移量和字节掩码分别为4和0x40；检测位63的两个结点的偏移量和字节掩码分别为7
和0x01。

两个叶子中的rn_b成员的值−33是由−1减去该叶子的索引而得到的。

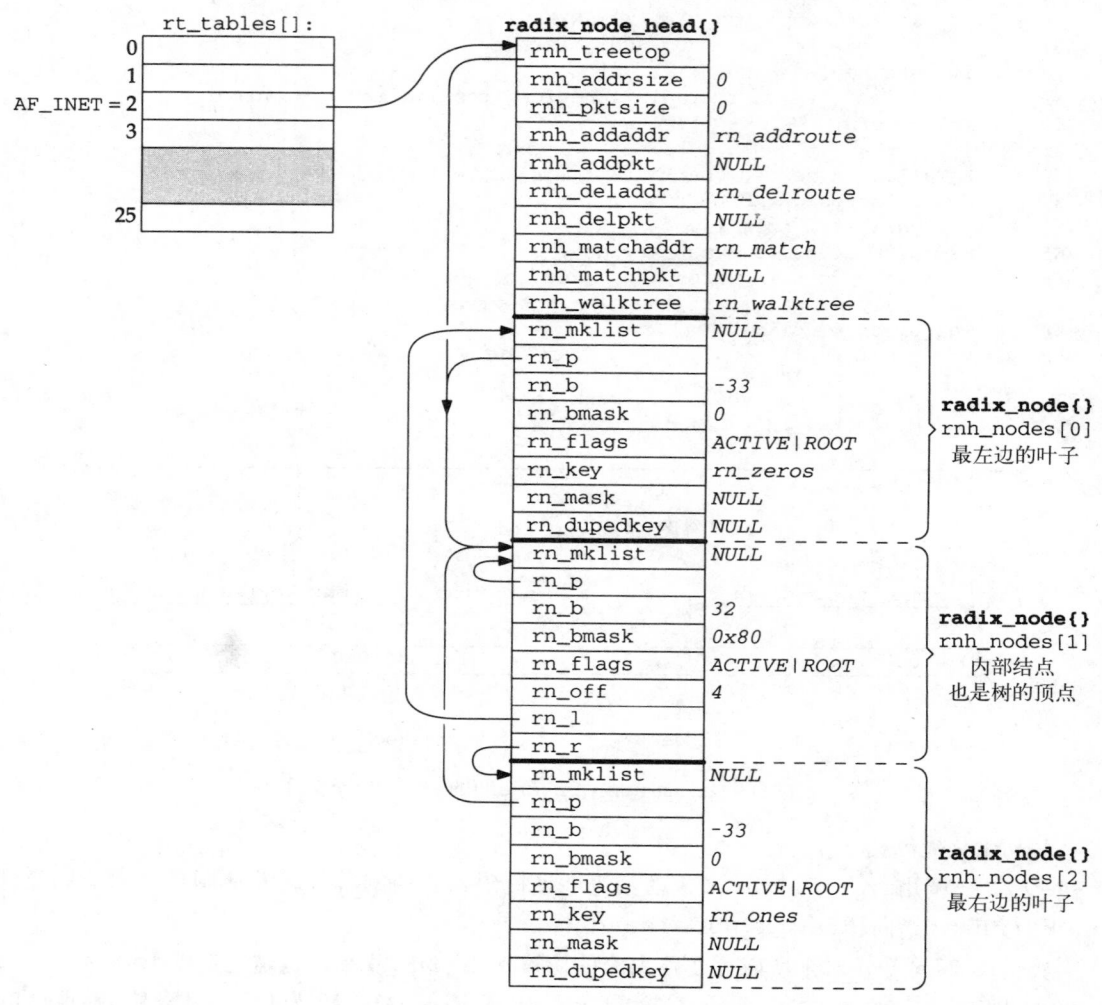

图18-34   rn_inithead为Internet协议创建的radix_node_head结构

最左边结点的键是全0(rn_zeros)，最右边结点的键是全1(rn_ones)。

这三个结点都设置了RNF_ROOT标志(我们省略了前缀RNF_)。这说明它们都是构成树的
原始结点之一。它们也是唯一具有该标志的结点。

有一个细节我们没有提到，就是网络文件系统(NFS)也使用路由表函数。本地主
机的每一个装配点(mount point)都分配一个radix_node_head结构，并且具有一
个指向这些结构的指针数组(利用协议族检索)，与rt_tables数组相似。每次输出
装配点时，针对该装配点，会把能装配该文件系统的主机的协议地址添加到适当的
树中。

18.9 重复键和掩码列表

在介绍查找路由表项的源代码之前,必须先理解radix_node结构中的两个字段:一个是rn_dupedkey,它构成了附加的含重复键的radix_node结构链表;另一个是rn_mklist,它是含网络掩码的radix_mask结构链表的开始。

先看一下图18-4中树的最左边标有"end"和"default"的两个框。这些就是重复键。最左边设有RNF_ROOT标志的结点(在图18-34中的rnh_nodes[0])有一个为全0位的键,但是它和默认路由的键相同。如果创建一个255.255.255.255的路由表项(但该地址是受限的广播地址,不会在路由树中出现),则我们会在树的最右端结点(该结点有一个值为全1位的键)遇到同样的问题。总的来说,如果每次都有不同的掩码,那么Net/3中的radix结点函数就允许重复任何键。

图18-35给出了两个具有全0位重复键的结点。在这个图中,我们去掉了rn_flags中的RNF_前缀,并且省略了非空父指针、左指针和右指针,因为它们与要讨论的内容无关。

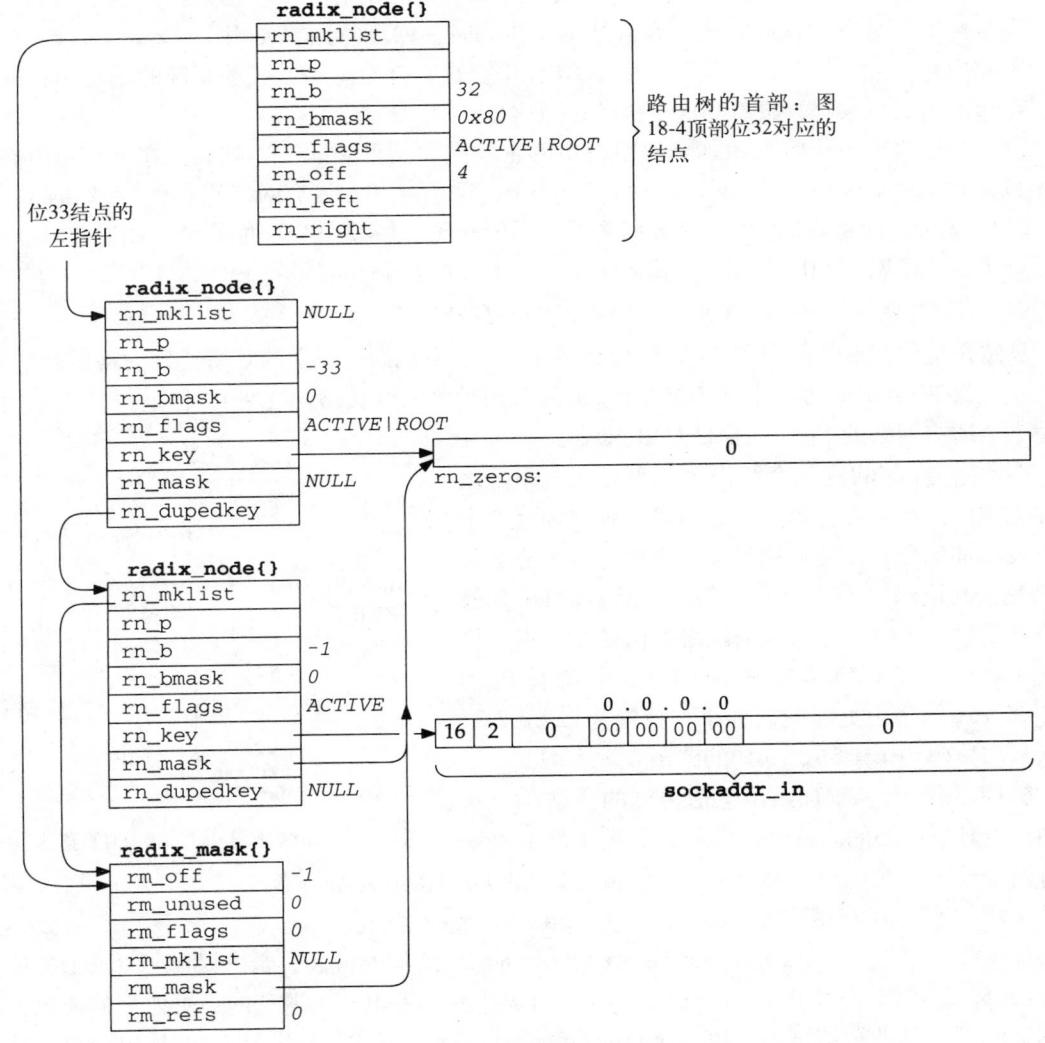

图18-35 值为全0的键的重复结点

图中最上面的结点即为路由树的顶点——图18-4中顶部位32对应的结点。接下来的两个结点是叶子(它们的rn_b为负值),其中第一个叶子的rn_dupedkey成员指向第二个结点。第一个叶子是图18-34中的rnh_nodes[0]结构,该结构是树的左边标有"end"的结点——它设有RNF_ROOT标志。它的键被rn_inithead设为rn_zeros。

第二个叶子是默认路由的表项。它的rn_key指向值为0.0.0.0的sockaddr_in结构,并具有一个全0的掩码。由于掩码表中相同的掩码是共享的,因此,该叶子的rn_mask也指向rn_zeros。

通常,键是不共享的,更不会与掩码共享。由于两个标有"end"的结点的rn_key指针(具有RNF_ROOT标志)是由rn_inithead(图18-34)创建的,因此这两个指针例外。左边标有"end"的结点的键指向rn_zeros,右边标有"end"的结点的键指向rn_ones。

最后一个是radix_mask结构,树的顶结点和默认路由对应的叶子都指向这个结构。这个列表是树的顶结点的掩码列表,在查找网络掩码时,回溯算法将使用它。radix_mask结构列表和内部结点一起确定了运用于从该结点开始的子树的掩码。在重复键的例子中,掩码列表和叶子出现在一起,跟着的这个例子也是这样。

现在我们给出一个特意添加到选路树中的重复键和所得到的掩码列表。在图18-4中有一个主机路由127.0.0.1和一个网络路由127.0.0.0。图中采用了A类网络路由的默认掩码,即0xff000000。如果我们把跟在A类网络号之后的24位分解成一个16位子网号和一个8位主机号,就可以为子网127.0.0添加一个掩码为0xffffff00的路由:

```
bsdi $ route add 127.0.0.0 -netmask 0xffffff00 140 252 13 33
```

虽然在这种情况下使用网络127没什么实际意义,但我们感兴趣的是所得到的路由表结构。虽然重复键在Internet协议中并不常见(除了前面例子中的默认路由之外),但是仍需要利用重复键来为所有网络的0号子网提供路由。

在网络号127的这三个路由表项中存在一个隐含的优先规则。如果查找键是127.0.0.1,则它和这三个路由表项都匹配,但是只选择主机路由,因为它是最匹配的:其掩码(0xffffffff)含有最多的1。如果查找键是127.0.0.2,它与两个网络路由匹配,但是掩码为0xffffff00的子网0的路由比掩码为0xff0000的路由更匹配。如果查找键为127.0.2.3,那么只与掩码为0xff000000的路由表项匹配。

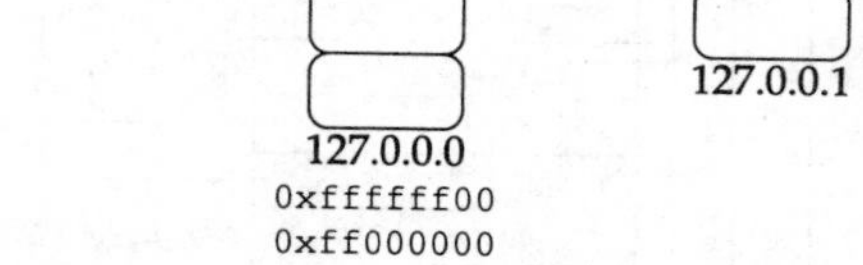

图18-36给出了添加路由之后得到的树结构,从图18-4中对应位33的内部结点处开始。由于这个重复键有两个叶子,我们用两个框来表示键值为127.0.0.0的路由表项。

图18-36 反映重复键127.0.0.0的路由树

图18-37给出了所得到的radix_nod和radix_mask结构。

首先看一下每一个radix_node的radix_mask结构的链表。最上端结点(位63)的掩码列表由0xffffff00及其后的0xff000000组成。在列表中首先遇到的是更匹配的掩码,这样它就能够更早地被测试到。第二个radix_node(rn_b值为-57的那个)的掩码列表与第一个相同。但是第三个radix_node的掩码列表仅由值为0xff000000的掩码构成。

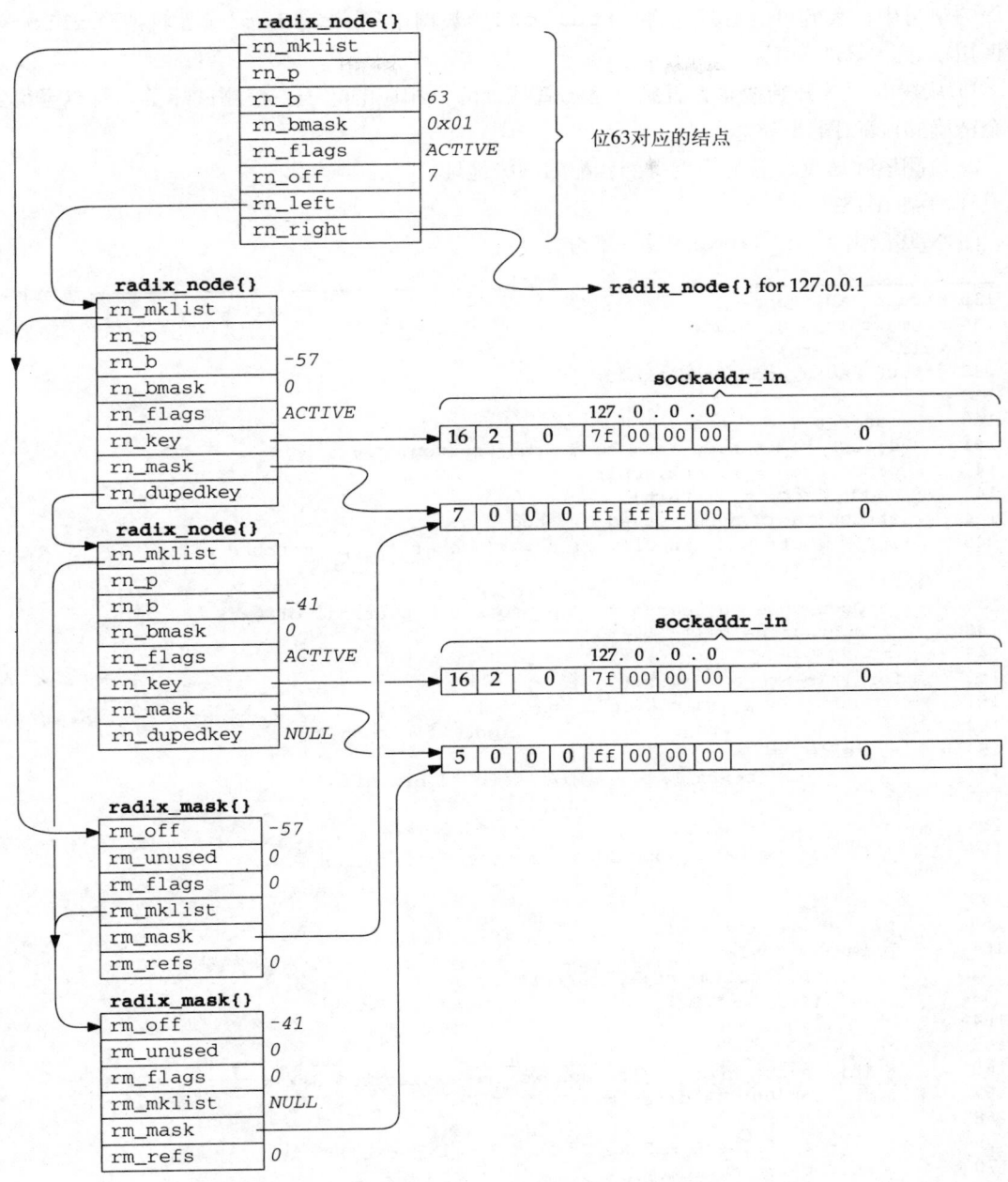

图18-37 网络127.0.0.0的重复键的路由表结构举例

应注意的是，具有相同值的掩码之间可以共享，但是具有相同值的键之间不能共享。这是因为掩码保存在它们自己的路由树中，可以显式地被共享，而且值相同的掩码经常出现(例如，每个C类网络路由都有相同的掩码0xffffff00)，但是值相同的键却不常见。

18.10 rn_match函数

现在我们介绍rn_match函数，在Internet协议中，它被称为rnh_matchaddr函数。在后面的学习中，我们可以看到它将被rtalloc1函数调用(而rtalloc1函数将被rtalloc函数调用)。具体算法如下：

1) 从树的顶端开始搜索，直到到达与查找键的位相应的叶子。检测该叶子，看能否得到一个精确的匹配(图18-38)。

2) 检测该叶结点，看是否能得到匹配的网络地址。

3) 回溯(图18-43)。

图18-38给出了rn_match的第一部分。

```
                                                                    ──── radix.c
135  struct radix_node *
136  rn_match(v_arg, head)
137  void    *v_arg;
138  struct radix_node_head *head;
139  {
140      caddr_t v = v_arg;
141      struct radix_node *t = head->rnh_treetop, *x;
142      caddr_t cp = v, cp2, cp3;
143      caddr_t cplim, mstart;
144      struct radix_node *saved_t, *top = t;
145      int     off = t->rn_off, vlen = *(u_char *) cp, matched_off;

146      /*
147       * Open code rn_search(v, top) to avoid overhead of extra
148       * subroutine call.
149       */
150      for (; t->rn_b >= 0;) {
151          if (t->rn_bmask & cp[t->rn_off])
152              t = t->rn_r;         /* right if bit on */
153          else
154              t = t->rn_l;         /* left if bit off */
155      }
156      /*
157       * See if we match exactly as a host destination
158       */
159      cp += off;
160      cp2 = t->rn_key + off;
161      cplim = v + vlen;
162      for (; cp < cplim; cp++, cp2++)
163          if (*cp != *cp2)
164              goto on1;
165      /*
166       * This extra grot is in case we are explicitly asked
167       * to look up the default.  Ugh!
168       */
169      if ((t->rn_flags & RNF_ROOT) && t->rn_dupedkey)
170          t = t->rn_dupedkey;
171      return t;
172  on1:
                                                                    ──── radix.c
```

图18-38 rn_match函数：沿着树向下搜索，查找严格匹配的主机地址

135-145 第一个参数v_arg是一个插口地址结构的指针，第二个参数head是该协议的指向radix_node_head结构的指针。所有协议都可调用这个函数(图18-17)，但调用时使用不同的head参数。

在变量声明中，off是树的顶结点的rn_off成员(对Internet地址，其值为4，见图18-34)，

vlen是查找键插口地址结构中的长度字段(对Internet地址，其值为16)。

1. 沿着树向下搜索到相应的叶子

146-155 这个循环从树的顶结点开始，然后沿树的左右分支搜索，直到遇到一个叶子为止(rn_b小于0)。每次测试相应位时，都利用事先计算好的rn_bmask中的字节掩码和事先计算好的rn_off中的偏移量。对Internet地址而言，rn_off为4、5、6或7。

2. 检测是否精确匹配

156-164 当遇到叶子时，首先检测能否精确匹配。比较插口地址结构中从协议族的rn_off值开始的所有字节。图18-39给出了Internet插口地址结构的比较情况。

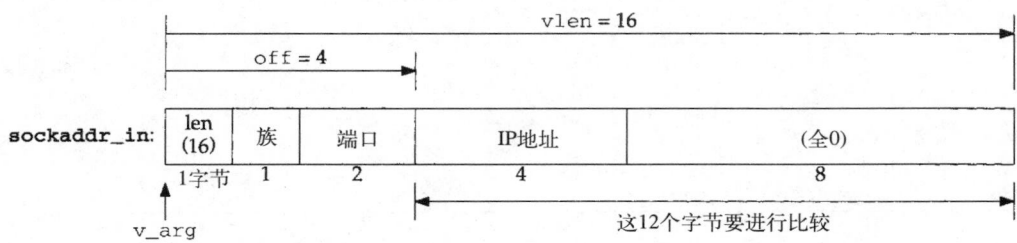

图18-39 比较sockaddr_in结构时的各种变量

如果发现匹配不成功，就立刻跳到on1。

通常，sockaddr_in的最后8个字节为0，但是地址解析协议代理(proxy ARP)(21.12节)会设置其中的一个为非0。这就允许一个给定的IP地址有两个路由表项：一个对应于正常IP地址(最后8个字节为0)，另一个对应于相同IP地址的地址解析协议代理(最后8个字节中有一个为非0)。

图18-39中的长度字节在函数的一开始时就赋值给了vlen，并且我们还会看到rtalloc1将利用family成员来选择路由表进行搜索。选路函数未使用port成员。

3. 显式地检测默认地址

165-172 图18-35给出了存储在键为0的重复叶子中的默认路由。第一个重复的叶子设有RNF_ROOT标志。因此，如果在匹配的结点中设有RNF_ROOT标志，并且该叶子含有重复键，那么就返回指针rn_dupedkey的值(即图18-35中含默认路由的结点的指针)。如果路由树中没有默认路由，则查找过程匹配左边标有"end"的叶子(键为全0位)；或者如果查找时遇到右边标有"end"的叶子(键为全1位)，那么返回指针t，它指向一个设有RNF_ROOT标志的结点。我们将看到rtalloc1会显式地检查匹配结点是否设有这个标志，并判断匹配是否失败。

程序执行到此时，rn_match函数已经到达了某个叶子上，但是它并不是查找键的精确匹配。函数的下一部分将检测该叶子是否为匹配的网络地址，如图18-40所示。

173-174 cp指向该查找键中那个不相等的字节。matched_off被赋值为该字节在插口地址结构中的位置偏移量。

175-183 do while循环反复与所有重复叶子中的每一个具有网络掩码的叶子进行比较。下面我们通过一个例子来看这段代码。假定我们要在图18-4所示的路由表中查找IP地址140.252.13.60。查找会在标有140.252.13.32(位62和63都为0)的结点处终止，该结点包含一个网络掩码。图18-41给出了图18-40中的for循环开始执行时的结构。

```
                                                                    ── radix.c
173        matched_off = cp - v;
174        saved_t = t;
175        do {
176            if (t->rn_mask) {
177                /*
178                 * Even if we don't match exactly as a host;
179                 * we may match if the leaf we wound up at is
180                 * a route to a net.
181                 */
182                cp3 = matched_off + t->rn_mask;
183                cp2 = matched_off + t->rn_key;
184                for (; cp < cplim; cp++)
185                    if ((*cp2++ ^ *cp) & *cp3++)
186                        break;
187                if (cp == cplim)
188                    return t;
189                cp = matched_off + v;
190            }
191        } while (t = t->rn_dupedkey);
192        t = saved_t;
                                                                    ── radix.c
```

图18-40 rn_match函数：检测是否为匹配的网络地址

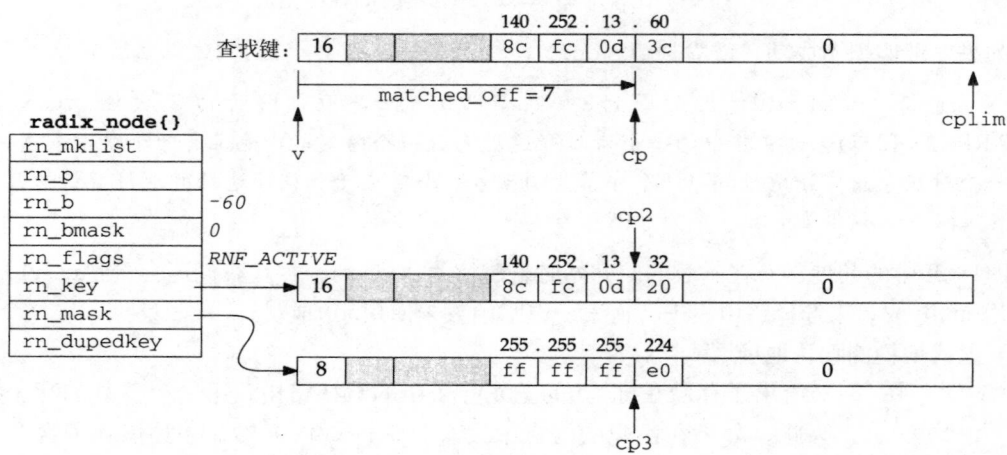

图18-41 比较网络掩码的例子

虽然查找键和路由表键都是sockaddr_in结构，但是掩码的长度并不相同。该掩码长度是非0字节的最小数目。从该点之后直到max_keylen之间的所有字节都为0。

184-190 逐个字节地对查找字和路由表键进行异或运算，并将结果同网络掩码进行逻辑与运算。如果所得到的字节出现非0值，就会由于不匹配而终止循环(习题18.1)。如果循环正常终止，那么与网络掩码进行逻辑与运算后的查找键就和路由表项相匹配。程序将返回指向该路由表项的指针。

查看IP地址的第四个字节，我们可以从图18-42中看出本例子是如何匹配成功的，以及IP地址140.252.13.188是如何匹配失败的。采用这两个地址，是因为它们中的位57、62和63都为0，查找都在图18-41给出的结点上终止。

第一个例子(140.252.13.60)匹配成功是因为逻辑与运算的结果为0(并且地址、键和掩码中所有剩余的字节全都为0)。另一个例子匹配不成功是因为逻辑与运算的结果为非0。

	查找键 = 140.252.13.60	查找键 = 140.252.13.188
查找键字节(*cp): 路由表键字节(*cp2):	0011 1100 = 3c 0010 0000 = 20	1011 1100 = bc 0010 0000 = 20
异或: 网络掩码字节(*cp3):	0001 1100 1110 0000 = e0	1001 1100 1110 0000 = e0
逻辑与:	0000 0000	1000 0000

图18-42 用网络掩码进行关键字匹配的例子

191 如果路由表项含有重复键,那么对每一个键都要执行一次该循环体。

rn_match的最后一部分如图18-43所示,沿路由树向上回溯,以查找匹配的网络地址或默认地址。

```
radix.c
193        /* start searching up the tree */
194     do {
195        struct radix_mask *m;
196        t = t->rn_p;
197        if (m = t->rn_mklist) {
198           /*
199            * After doing measurements here, it may
200            * turn out to be faster to open code
201            * rn_search_m here instead of always
202            * copying and masking.
203            */
204           off = min(t->rn_off, matched_off);
205           mstart = maskedKey + off;
206           do {
207              cp2 = mstart;
208              cp3 = m->rm_mask + off;
209              for (cp = v + off; cp < cplim;)
210                 *cp2++ = *cp++ & *cp3++;
211              x = rn_search(maskedKey, t);
212              while (x && x->rn_mask != m->rm_mask)
213                 x = x->rn_dupedkey;
214              if (x &&
215                 (Bcmp(mstart, x->rn_key + off,
216                      vlen - off) == 0))
217                 return x;
218           } while (m = m->rm_mklist);
219        }
220     } while (t != top);
221     return 0;
222  };
radix.c
```

图18-43 rn_match函数:沿树向上回溯

193-195 do while循环沿着路由树一直向上,检测每一层的结点,直至检测到树的顶端为止。
196 指向父结点的指针的值被赋给了指针t,即向上移动了一层。可见,在每一个结点中包含一个父指针能够简化回溯操作。
197-210 对于回溯到的每一层,只要内部结点的掩码列表非空,就对该层进行检测。rn_mklist是指向radix_node结构的链表的指针,链表中的每一个radix_node结构都包含一个掩码,这些掩码将应用于从该结点开始的子树。程序中的内部do while循环将遍历每一个radix_mask结构。

利用前面的例子，140.252.13.188，图18-44给出了在最内层的for循环开始时的各种数据结构。这个循环对每个掩码中的字节和对应的查找键的字节进行逻辑与操作，并将结果保存在全局变量maskedKey中。该掩码值为0xfffffffe0，搜索会从图18-4中的叶结点140.252.13.32处回溯两层，到达测试位62的结点。

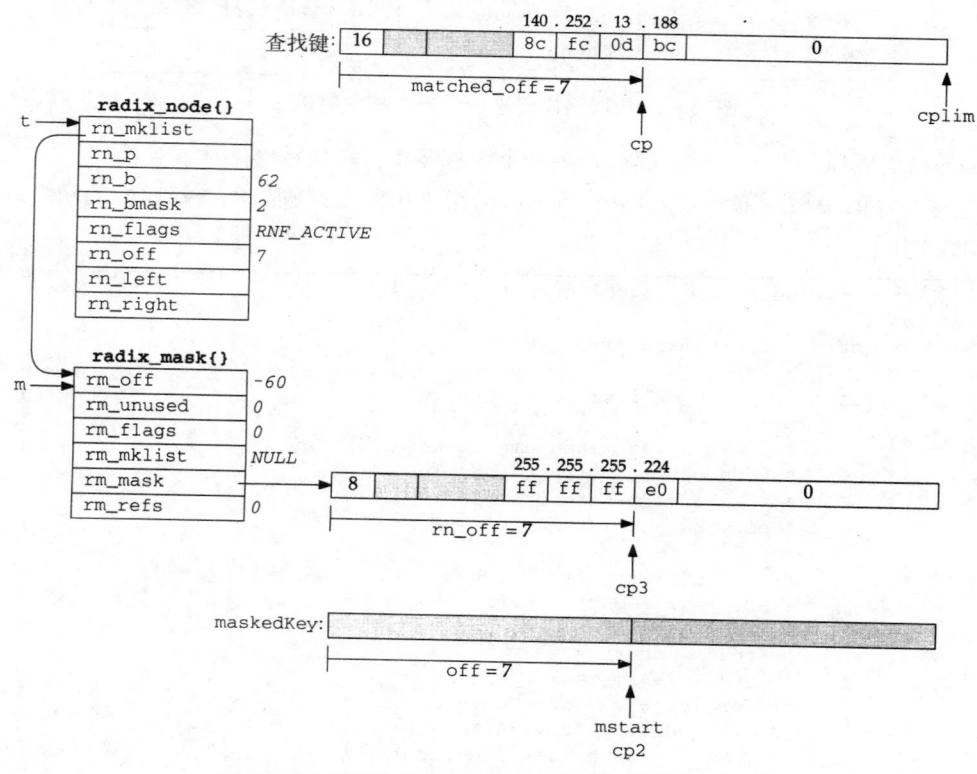

图18-44 利用掩码过的查找键进行再次搜索的准备

for循环完成后，掩码过程也就完成了，再调用rn_search(如图18-48所示)，其调用参数以maskedKey为查找键，以指针t为查找子树的顶点。图18-45给出了我们所举例子中的maskedKey的值。

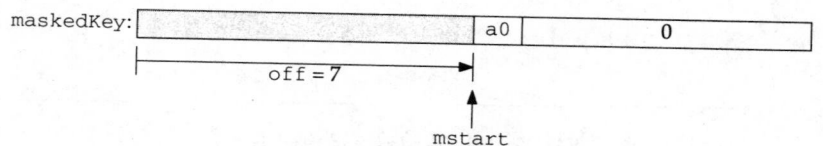

图18-45 调用rn_search时的maskedKey

字节0xa0是0xbc(188，查找键)和0xe0(掩码)逻辑与运算的结果。

211   rn_search从起点开始沿着树往下搜索，根据查找键来确定沿向左或向右的分支进行搜索，直到到达某个叶子。在这个例子中，查找键有9个字节，如图18-45所示，所到达的是图18-4中标有140.252.13.32的那个叶子，这是因为在字节0xa0中位62和63都为0。图18-46给出了调用Bcmp检验是否匹配时的数据结构。

由于这两个9字节的字符串不相同，所以这次比较失败。

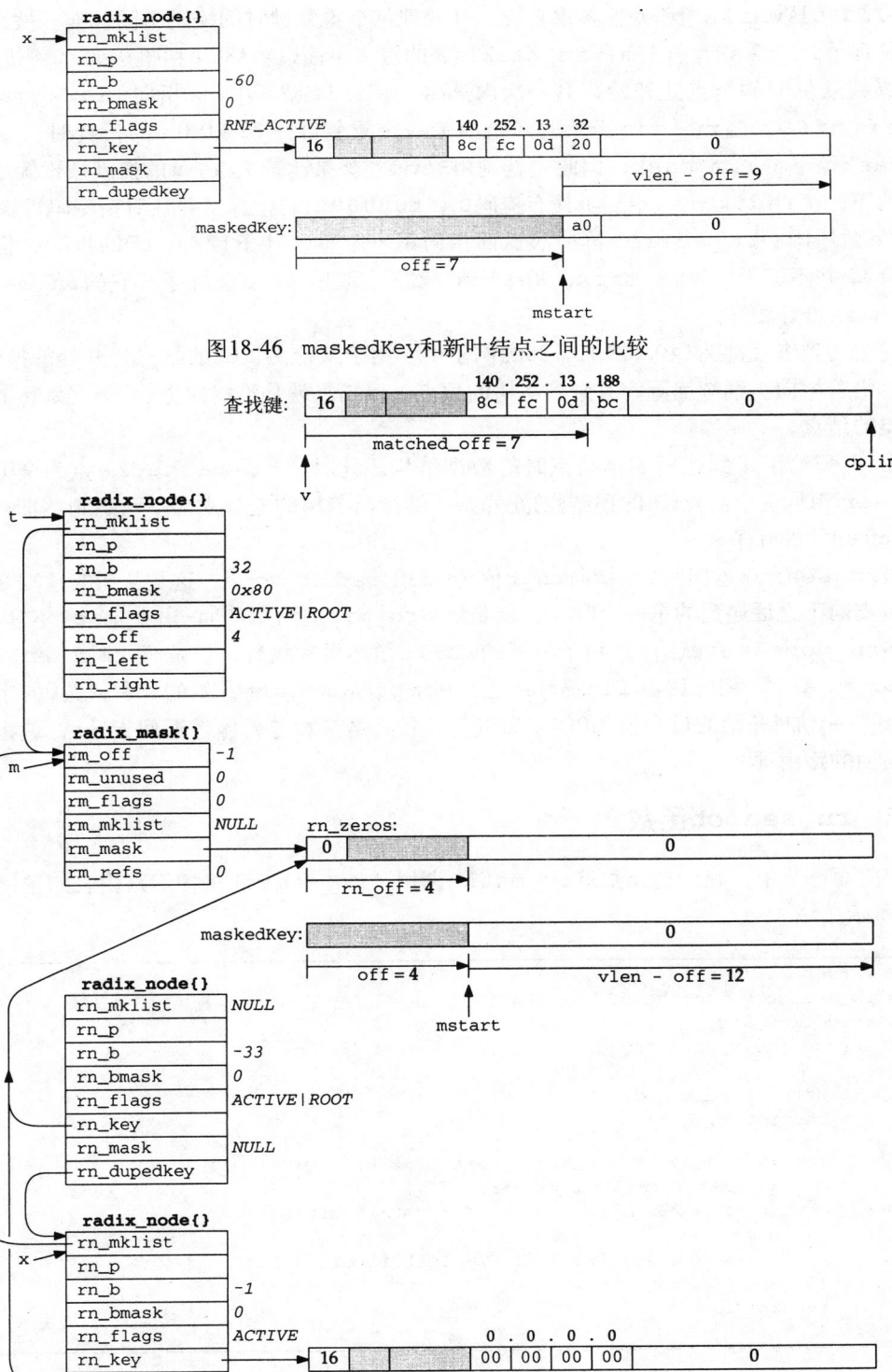

图18-46 maskedKey和新叶结点之间的比较

图18-47 回溯到路由树的顶端和查找默认叶子的rn_search

212-221   该while循环处理各重复键，且处理每个重复键时的掩码不同。唯一被比较的重复键是那个rn_mask指针与m->rm_mask相等的键。下面以图18-36和图18-37为例进行说明。如果查找从位63的结点处开始，第一次内部do while循环中，m指向radix_mask结构0xffffff00。当rn_search返回指向第一个重复叶子127.0.0.0的指针时，该叶子的rm_mask等于m->rm_mask，因此，就调用Bcmp。如果比较失败，m的值就被设置成指向列表中的下一个radix_mask结构(具有掩码0xff000000)的指针，并且对新掩码再次执行do while循环体。rn_search再一次返回指向第一个重复叶子127.0.0.0的指针，但是它的rn_mask并不等于m->rm_mask。While继续进行到下一个重复叶子，它的rn_mask与m->rm_mask恰好相等。

现在回到查找键为140.252.13.188的例子中，由于从检测位62的结点处开始的搜索失败，因此，沿着树向上继续回溯，直到到达树的顶点，该顶点就是沿树向上的下一个rn_mklist为非空的结点。

图18-47给出了到达树的顶结点时的数据结构。此时，计算maskedKey(为全0)，并且rn_search从这个结点(树的顶结点)处开始，继续沿着树的左分支向下两层到达图18-4中标有"default"的叶子。

当rn_search返回时，x指向rn_b值为-33的radix_node，这是从树的顶端开始沿两个左分支向下之后遇到的第一个叶子。但是x->rn_mask(为空)与m->rm_mask不等，因此，将x->rn_dupedkey赋给x。用于测试的while循环再次执行，但是，此时x-rn_mask等于m->rm_mask，因此该while循环终止。Bcmp对从mstart开始的12个值为0的字节和从x->rn_key加4开始的12个值为0的字节进行比较，结果相等，函数返回指针x，该指针指向默认路由的路由项。

18.11 rn_search函数

在前面一节中，我们已经知道rn_match调用了rn_search来搜索路由表的子树。如图18-48所示。

```
                                                                    ──── radix.c
79 struct radix_node *
80 rn_search(v_arg, head)
81 void    *v_arg;
82 struct radix_node *head;
83 {
84     struct radix_node *x;
85     caddr_t v;

86     for (x = head, v = v_arg; x->rn_b >= 0;) {
87         if (x->rn_bmask & v[x->rn_off])
88             x = x->rn_r;          /* right if bit on */
89         else
90             x = x->rn_l;          /* left if bit off */
91     }
92     return (x);
93 };
                                                                    ──── radix.c
```

图18-48 rn_search函数

这个循环和图18-38中的相似。它在每一个结点上比较查找键中的一个位，如果该位为0，就通向左边的分支；如果该位为1，就通向右边的分支。在遇到一个叶子时终止搜索，并返回指向该叶子的指针。

18.12 小结

每一个路由表项都由一个键来标识：在IP协议中就是目的IP地址，该IP地址可以是一个主机地址或者是一个具有相应网络掩码的网络地址。一旦键的搜索确定了路由表项，在该表项中的其他信息就会指定一个路由器的IP地址，到目的地址的数据报就会发往该指定地址，还会指明要用到的接口的指针、度量，等等。

由Internet协议维护的信息是route结构，该route结构只由两个成员构成：指向路由表项的指针和目的地址。在UDP、TCP和原始IP使用的每个Internet协议控制块中，我们都会遇到由Internet协议维护的route结构。

Patricia树数据结构非常适合于路由表。由于路由表的查找要比添加或者删除路由频繁得多，因此从性能的角度来看，在路由表中使用Patricia树就更加有意义。Patricia树虽然不利于添加和删除这些附加工作，但是加快了查找的速度。[Sklower 1991]给出的radix树方法和Net/1散列表的比较结果表明，用radix树方法构造测试树用比Net/1散列表法快一倍，搜索速度快三倍。

习题

18.1 我们说过，在图18-3中，查找键与路由表项匹配的一般条件是，它和路由表掩码的逻辑与运算的结果等于路由表键。但是在图18-40中采用了不同的测试方法。请建立一个逻辑真值表以证明这两种方法等价。

18.2 假设某个Net/3系统中的路由表需要20 000个表项(IP地址)。在不考虑掩码的情况下，请估算大约需要多大的存储器？

18.3 radix_node结构对路由表键的长度限制是多少？

第19章 选路请求和选路消息

19.1 引言

内核的各种协议并不直接使用前一章提供的函数来访问选路树，而是调用本章提供的几个函数：rtalloc和rtalloc1是完成路由表查询的两个函数；rtrequest函数用于添加和删除路由表项；另外大多数接口在接口连接或断开时都会调用函数rtinit。

选路消息在两个方向上传递信息。进程(如route命令)或守护进程(routed或gated)把选路消息写入选路插口，以使内核添加路由、删除路由或修改现有的路由。当有事件发生时，如接口断开、收到重定向等，内核也会发送选路消息。进程通过选路插口来读取它们感兴趣的内容。在本章中，我们将讨论这些选路消息的格式及其含义，关于选路插口的讨论将在下一章进行。

内核还提供了另一种访问路由表的接口，即系统的sysctl调用，我们将在本章的结尾部分阐述。该系统调用允许进程读取整个路由表或所有已配置的接口及接口地址。

19.2 `rtalloc`和`rtalloc1`函数

通常，路由表的查找是通过调用rtalloc和rtalloc1函数来实现的。图19-1给出了rtalloc。

```
58 void                                                           ────── route.c
59 rtalloc(ro)
60 struct route *ro;
61 {
62     if (ro->ro_rt && ro->ro_rt->rt_ifp && (ro->ro_rt->rt_flags & RTF_UP))
63         return;                    /* XXX */
64 .    ro->ro_rt = rtalloc1(&ro->ro_dst, 1);
65 }
                                                                  ────── route.c
```

图19-1 rtalloc函数

58-65 参数ro是一个指针，它指向TCP或UDP所使用的Internet PCB(第22章)中的route结构。如果ro已经指向了某个rtentry结构(即ro_rt非空)，而该结构指向一个接口结构且路由有效，则函数立即返回。否则，rtalloc1将被调用，调用的第二个参数为1。我们很快会看到该参数的用途。

如图19-2所示，rtalloc1调用了rnh_matchaddr函数，对于Internet地址来说，该函数就是rn_match数(图18-17)。

66-76 第一个参数是一个指针，它指向一个含有待查找地址的插口地址结构。sa_family成员用于选择所查找的路由表。

1. 调用`rn_match`

77-78 如果符合下列三个条件，则查找成功。

1) 存在该协议族的路由表；

2) rn_match返回一个非空指针；并且

3) 匹配的radix_node结构没有设置RNF_ROOT标志。

注意，树中标有end的两个叶子都设有RNF_ROOT标志。

```
                                                              ─── route.c
66  struct rtentry *
67  rtalloc1(dst, report)
68  struct sockaddr *dst;
69  int       report;
70  {
71      struct radix_node_head *rnh = rt_tables[dst->sa_family];
72      struct rtentry *rt;
73      struct radix_node *rn;
74      struct rtentry *newrt = 0;
75      struct rt_addrinfo info;
76      int       s = splnet(), err = 0, msgtype = RTM_MISS;

77      if (rnh && (rn = rnh->rnh_matchaddr((caddr_t) dst, rnh)) &&
78          ((rn->rn_flags & RNF_ROOT) == 0)) {
79          newrt = rt = (struct rtentry *) rn;
80          if (report && (rt->rt_flags & RTF_CLONING)) {
81              err = rtrequest(RTM_RESOLVE, dst, SA(0),
82                              SA(0), 0, &newrt);
83              if (err) {
84                  newrt = rt;
85                  rt->rt_refcnt++;
86                  goto miss;
87              }
88              if ((rt = newrt) && (rt->rt_flags & RTF_XRESOLVE)) {
89                  msgtype = RTM_RESOLVE;
90                  goto miss;
91              }
92          } else
93              rt->rt_refcnt++;
94      } else {
95          rtstat.rts_unreach++;
96        miss:if (report) {
97              bzero((caddr_t) & info, sizeof(info));
98              info.rti_info[RTAX_DST] = dst;
99              rt_missmsg(msgtype, &info, 0, err);
100         }
101     }
102     splx(s);
103     return (newrt);
104 }
                                                              ─── route.c
```

图19-2 rtalloc1函数

2. 查找失败

94-101   在这三个条件中只要有一个条件没有得到满足，查找就会失败，并且统计值 rts_unreach也要递增。这时，如果调用rtalloc1的第二个参数(report)为1，就会产生一个选路消息。任何感兴趣的进程都可以通过选路插口读取该消息。选路消息的类型为RTM_MISS，并且函数返回一个空指针。

79   如果三个条件都满足，则查找成功。指向匹配的radix_node结构的指针保存在rt和newrt中。注意，在rtentry结构的定义中(图18-24)，两个radix_node结构在开头的位置处，如图18-8所示，其中第一个代表一个叶结点。因此，rn_match返回的radix_node结构的指针事实上是一个指向rtentry结构的指针，该rtentry结构是一个匹配的叶结点。

3. 创建克隆表项

80-82 如果调用的第二个参数非零，而且匹配的路由表项设有RTF_CLONING标志，则调用rtrequest函数发送RTM_RESOLVE命令来创建一个新的rtentry结构，该结构是查询结果的克隆。ARP将针对多播地址利用这一机制。

4. 克隆失败

83-87 如果rtrequest返回一个差错，newrt就被重新设置成rn_match所返回的表项，并增加它的引用计数。然后程序跳转到miss处，产生一条RTM_MISS消息。

5. 检查是否需要外部转换

88-91 如果rtrequest成功，并且新克隆的表项设有RTF_XRESOLVE标志，则程序跳至miss处，但这次产生的是RTM_RESOLVE消息。该消息的目的是为了把路由创建的时间通知给用户进程，在IP地址到X.121地址的转换过程中会用到它。

6. 为正常的成功查找递增引用计数

92-93 当查找成功但没有设置RTF_CLONING标志时，该语句将递增路由表项的引用计数。这是本函数正常情况下的处理流程，之后程序返回一个非空的指针。

虽然是这样小的一段程序，但是在rtalloc1的处理过程中有很多选择。该函数有7个不同的流程，如图19-3所示。

	report 参数	RTF_- CLONING 标志	RTM_- RESOLVE 返回	RTF_- XRESOLVE 标志	产生的 路由消息	rt_refcnt	返回值
查找失败	0						空
	1				RTM_MISS		空
查找成功		0				++	ptr
	0					++	ptr
	1	1	OK	0		++	ptr
	1	1	OK	1	RTM_RESOLVE	++	ptr
	1	1	差错		RTM_MISS	++	ptr

图19-3 rtalloc1处理过程小结

需要解释的是，如果存在默认路由，前两行(找不到路由表项的流程)是不可能出现的。还有，在第5、第6两行中的rt_refcnt也做了递增，因为这两行在调用rtrequest时使用了RTM_RESOLVE参数，递增在rtrequest中完成。

19.3 宏RTFREE和rtfree函数

宏RTFREE，如图19-4所示，仅在引用计数小于等于1时才调用rtfree函数；否则，它仅完成引用计数的递减。

209-213 rtfree函数如图19-5所示。当不存在对rtentry结构的引用时，函数就释放该结构。例如，在图22-7中，当释放一个协议控制块时，如果它指向一个路由表项，则需要调用rtfree。

105-115 首先递减路由表项的引用计数，如果它小于等于0并且该路由不可用，则该表项可以被释放。如果该表项设有RNF_ACTIVE或RNF_ROOT标志，那么这是一个内部差错。因为，如果设有RNF_ACTIVE，那么该结构仍是路由表的一部分；如果设有RNF_ROOT，那么它是一个由rn_inithead创建的标有end的结构。

```
                                                                    route.h
209 #define RTFREE(rt) \
210     if ((rt)->rt_refcnt <= 1) \
211         rtfree(rt); \
212     else \
213         (rt)->rt_refcnt--;         /* no need for function call */
                                                                    route.h
```

图19-4 宏RTFREE

```
                                                                    route.c
105 void
106 rtfree(rt)
107 struct rtentry *rt;
108 {
109     struct ifaddr *ifa;

110     if (rt == 0)
111         panic("rtfree");
112     rt->rt_refcnt--;
113     if (rt->rt_refcnt <= 0 && (rt->rt_flags & RTF_UP) == 0) {
114         if (rt->rt_nodes->rn_flags & (RNF_ACTIVE | RNF_ROOT))
115             panic("rtfree 2");
116         rttrash--;
117         if (rt->rt_refcnt < 0) {
118             printf("rtfree: %x not freed (neg refs)\n", rt);
119             return;
120         }
121         ifa = rt->rt_ifa;
122         IFAFREE(ifa);
123         Free(rt_key(rt));
124         Free(rt);
125     }
126 }
                                                                    route.c
```

图19-5 rtfree函数：释放一个rtentry结构

116 rttrash是一个用于调试的计数器，记录那些不在选路树中但仍未释放的路由表项的数目。当rtrequest开始删除路由时，它被递增，然后在这儿递减。正常情况下，它的值应该是0。

1. 释放接口引用

117-122 先查看引用计数。确认引用计数非负后，IFAFREE将递减ifaddr结构的引用计数。当计数值递减为零时，调用ifafree释放它。

2. 释放选路存储器

123-124 释放由路由表项关键字及其网关所占的存储器。我们会看到rt_setgate把它们分配在存储器的同一个连着的块中。因此，只调用一个Free就可以同时把它们释放。最后还要释放rtentry结构。

路由表引用计数

路由表引用计数(rt_refcnt)的处理与其他许多引用计数的处理不同。我们看到，在图18-2中，大多数路由的引用计数为0，而这些没有引用的路由表项并没有被删除。原因就在rtfree中：只有当RTF_UP标志被删除时，引用计数为0的表项才会被删除。而仅当从选路树中删除路由时，该标志才会被rtrequest删除。

大多数路由是按如下方式使用的。

- 如果到某接口的路由是在配置该接口时自动创建的(典型的，例如以太网接口的配置)，则rtinit用命令参数RTM_ADD来调用rtquest，以创建新的路由表项，并设置它的引用计数为1。然后，rtinit在退出前把该引用计数递减成0。

  对于点到点接口的处理过程也是类似的，所以路由的引用计数也是从0开始。

  如果路由是由route命令手工创建的，或者是由选路守护进程创建的，处理过程同样是类似的。route_output用命令参数RTM_ADD来调用rtrequest，并设置新路由的引用计数为1。在退出前，route_output把该引用计数递减到0。

  因此，所有新创建的路由都是从引用计数0开始的。

- 当TCP或UDP在插口上发送IP数据包时，ip_output调用rtalloc，rtalloc再调用rtalloc1。如图19-3所示，如果找到了路由，rtalloc1就会递增其引用计数。

  所查找到的路由称为被持路由(held route)，因为协议持有指向路由表项的指针，该指针通常被包含在协议控制块中的route结构里。一个被其他协议持有的rtentry结构是不能被删除的。所以，在rtfree中，当引用计数为0时，rtentry结构才能被删除。

- 协议通过调用RTFREE或rtfree来释放被持路由。在图8-24中，当ip_output检测到目的地址改变时，我们已经使用了这种处理。在第22章中，释放持有路由的协议控制块时，我们还会遇到这种处理。

在后面的代码中可能会引起混淆的是，rtalloc1经常被调用以判断路由是否存在，而调用者并非试图持有该路由。因为rtalloc1递增了该路由的引用计数器，所以调用者就立即递减该计数器。

考虑一个被rtrequest删除的路由。它的RTF_UP标志被清除，并且，如果没有被持有(它的引用计数为0)，就要调用rtfree。但rtfree认为引用计数小于0是错的，所以rtrequest查看它的引用计数，如果小于等于0，就递增该计数值并调用rtfree。通常，这将使引用计数变成1，之后，rtfree把引用计数递减到0，并删除该路由。

19.4 **rtrequest**函数

rtrequest函数是添加和删除路由表项的关键点。图19-6给出了调用它的一些其他函数。

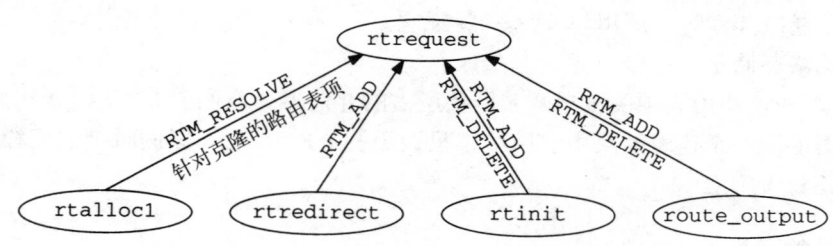

图19-6 调用rtrequest的函数

rtrequest是一个switch语句，每个case对应一个命令：RTM_ADD、RTM_DELETE和RTM_RESOLVE。图19-7给出了该函数的开头一段以及RTM_DELETE命令的处理。

290-307 第二个参数，dst，是一个插口地址结构，它指定在路由表中添加或删除的表项。

表项中的sa_family用于选择路由表。如果flags参数指出该路由是主机路由(而不是到某个网络的路由)，则设置netmask指针为空，忽略调用者设置的任何值。

```
                                                                    route.c
290 int
291 rtrequest(req, dst, gateway, netmask, flags, ret_nrt)
292 int      req, flags;
293 struct sockaddr *dst, *gateway, *netmask;
294 struct rtentry **ret_nrt;
295 {
296     int     s = splnet();
297     int      error = 0;
298     struct rtentry *rt;
299     struct radix_node *rn;
300     struct radix_node_head *rnh;
301     struct ifaddr *ifa;
302     struct sockaddr *ndst;
303 #define senderr(x) { error = x ; goto bad; }
304     if ((rnh = rt_tables[dst->sa_family]) == 0)
305         senderr(ESRCH);
306     if (flags & RTF_HOST)
307         netmask = 0;
308     switch (req) {
309     case RTM_DELETE:
310         if ((rn = rnh->rnh_deladdr(dst, netmask, rnh)) == 0)
311             senderr(ESRCH);
312         if (rn->rn_flags & (RNF_ACTIVE | RNF_ROOT))
313             panic("rtrequest delete");
314         rt = (struct rtentry *) rn;
315         rt->rt_flags &= ~RTF_UP;
316         if (rt->rt_gwroute) {
317             rt = rt->rt_gwroute;
318             RTFREE(rt);
319             (rt = (struct rtentry *) rn)->rt_gwroute = 0;
320         }
321         if ((ifa = rt->rt_ifa) && ifa->ifa_rtrequest)
322             ifa->ifa_rtrequest(RTM_DELETE, rt, SA(0));
323         rttrash++;
324         if (ret_nrt)
325             *ret_nrt = rt;
326         else if (rt->rt_refcnt <= 0) {
327             rt->rt_refcnt++;
328             rtfree(rt);
329         }
330         break;
                                                                    route.c
```

图19-7 rtrequest函数：RTM_DELETE命令

1. 从选路树中删除路由

309-315 rnh_deladdr函数(图18-17中的rn_delete)从选路树中删除表项，返回相应rtentry结构的指针，并清除RTF_UP标志。

2. 删除对网关路由表项的引用

316-320 如果该表项是一个经过某网关的非直接路由，则RTFREE递减该网关路由表项的引用计数。如它的引用计数被减为0，则删除它。设置rt_gwroute指针为空，并将rt设置成原来要删除的表项。

3. 调用接口请求函数

321-322　如果该表项定义了`ifa_rtrequest`函数，就调用该函数。ARP会使用该函数，例如，在第21章中用它来删除对应的ARP表项。

4. 返回指针或删除引用

323-330　因为该表项在接着的代码里不一定被删除，所以递增全局变量`rttrash`。如果调用者需要选路树中被删除的`rtentry`结构的指针(即如果`ret_nrt`非空)，则返回该指针，但此时不能释放该表项；调用者必须在使用完该表项后调用`rtfree`来删除它。如果`ret_nrt`为空，则该表项被释放：如果它的引用计数小于等于0，则递增该计数数值，并调用`rtfree`。`break`语句将使函数退出。

图19-8给出了函数的下一部分，用于处理RTM_RESOLVE命令。只有`rtalloc1`能够携带此命令参数调用本函数。也只有在从一个设有RTF_CLONING标志的表项中克隆一个新的表项时，`rtalloc1`才这样用。

```
                                                              route.c
331    case RTM_RESOLVE:
332        if (ret_nrt == 0 || (rt = *ret_nrt) == 0)
333            senderr(EINVAL);
334        ifa = rt->rt_ifa;
335        flags = rt->rt_flags & ~RTF_CLONING;
336        gateway = rt->rt_gateway;
337        if ((netmask = rt->rt_genmask) == 0)
338            flags |= RTF_HOST;
339        goto makeroute;
                                                              route.c
```

图19-8　rtrequest函数：RTM_RESOLVE命令

331-339　最后一个参数，`ret_nrt`，在这个命令里的用途不同：它是一个设有RTF_CLONING标志的路由表项的指针(图19-2)。新的表项具有相同的`rt_ifa`指针、相同的`rt_gateway`和相同的标志(RTF_CLONING标志被清除)。如果被克隆表项的`rt_genmask`指针为空，则新表项是一个主机路由，因此要设置它的RTF_HOST标志；否则新表项为网络路由，其网络掩码通过复制`rt_genmask`得到。在本节的结尾部分，我们给出了克隆带网络掩码的路由的一个例子。这个case将跳转至下个图中的`makeroute`标记处继续进行。

图19-9给出了RTM_ADD命令的代码。

5. 定位相应的接口

340-342　函数`ifa_ifwithroute`为目的(dst)查找适当的本地接口，并返回指向该接口的`ifaddr`结构的指针。

6. 为路由表项分配存储器

343-348　分配了一个`rtentry`结构。在前一章中我们知道，该结构包含了两个选路树的`radix_node`结构及其他路由信息。该结构被清零，之后，其标志`rt_flags`被设置成调用本函数的`flags`参数，同时再设置RTF_UP标志。

7. 分配并复制网关地址

349-352　`rt_gateway`函数(图19-11)为路由表(dst)及其gateway分配了存储器，然后将gateway复制到新分配的存储器中，并设置指针`rt_key`、`rt_gateway`和`rt_gwroute`。

————————————————————————————————————— *route.c*

```
340       case RTM_ADD:
341           if ((ifa = ifa_ifwithroute(flags, dst, gateway)) == 0)
342               senderr(ENETUNREACH);

343      makeroute:
344           R_Malloc(rt, struct rtentry *, sizeof(*rt));
345           if (rt == 0)
346               senderr(ENOBUFS);
347           Bzero(rt, sizeof(*rt));
348           rt->rt_flags = RTF_UP | flags;
349           if (rt_setgate(rt, dst, gateway)) {
350               Free(rt);
351               senderr(ENOBUFS);
352           }
353           ndst = rt_key(rt);
354           if (netmask) {
355               rt_maskedcopy(dst, ndst, netmask);
356           } else
357               Bcopy(dst, ndst, dst->sa_len);

358           rn = rnh->rnh_addaddr((caddr_t) ndst, (caddr_t) netmask,
359                                 rnh, rt->rt_nodes);
360           if (rn == 0) {
361               if (rt->rt_gwroute)
362                   rtfree(rt->rt_gwroute);
363               Free(rt_key(rt));
364               Free(rt);
365               senderr(EEXIST);
366           }
367           ifa->ifa_refcnt++;
368           rt->rt_ifa = ifa;
369           rt->rt_ifp = ifa->ifa_ifp;
370           if (req == RTM_RESOLVE)
371               rt->rt_rmx = (*ret_nrt)->rt_rmx;      /* copy metrics */
372           if (ifa->ifa_rtrequest)
373               ifa->ifa_rtrequest(req, rt, SA(ret_nrt ? *ret_nrt : 0));
374           if (ret_nrt) {
375               *ret_nrt = rt;
376               rt->rt_refcnt++;
377           }
378           break;
379       }
380  bad:
381      splx(s);
382      return (error);
383  }
```

————————————————————————————————————— *route.c*

图19-9 rtrequest函数：RTM_ADD命令

8. 复制目的地址

353-357 把目的地址(路由表表项dst)复制到rn_key所指向的存储器中。如果提供了网络
掩码，则rt_maskedcopy对dst和netmask进行逻辑与运算，得到新的表项。否则，dst
就会被复制成新的表项。对dst和netmask进行逻辑与运算是为了确保表中的表项已经和它
的掩码进行了与运算。这样，查找表项与表中的表项进行比较时，只需要另外对查找表项和
掩码进行逻辑与运算就可以了。例如，下面的这个命令向以太网接口le0添加了另一个IP地
址(一个别名)，其子网为12而不是13。

```
bsdi $ ifconfig le0 inet 140.252.12.63 netmask 0xfffffffe0 alias
```

该例子中存在的一个问题是，我们所指定的全1的主机号是错误的。不过，该表项存入路由表后，我们用netstat验证可知该地址已经和掩码进行过逻辑与运算了。

```
Destination    Gateway      Flags  Refs  Use  Interface
140.252.12.32  link#1       U C    0     0    le0
```

9. 往选路树中添加表项

358-366   rnh_addaddr函数(图18-17中的rn_addroute)向选路树中添加这个rtentry结构，其中附带了它的目的地址和掩码。如果有差错产生，则释放该结构，并返回EEXIST(即，该表项已经存在于路由表中了)。

10. 保存接口指针

367-369   递增ifaddr结构的引用计数，并保存ifaddr和ifnet结构的指针。

11. 为新克隆的路由复制度量

370-371   如果命令是RTM_RESOLVE(不是RTM_ADD)，则把被克隆的表项中的整个度量结构复制到新的表项里。如果命令是RTM_ADD，则调用者可在函数返回后设置该度量值。

12. 调用接口请求函数

372-373   如果为该表项定义了ifa_rtrequest函数，则调用该函数。对于RTM_ADD和RTM_RESOLVE命令，ARP都要用该函数来完成一些额外的处理。

13. 返回指针并递增引用计数

374-378   如果调用者需要该新结构的指针，则通过ret_nrt返回该指针，并将引用计数值从0递增到1。

举例：克隆的带网络掩码的路由

仅当rtrequest的RTM_RESOLVE命令创建克隆路由时，才使用rt_genmask的值。如果rt_genmask指针非空，则它指向的插口地址结构就成了新创建路由的网络掩码。在我们的路由表中，即图18-2，克隆的路由是针对本地以太网和多播地址的。下面的例子引自[Sklower 1991]，它提供了克隆路由的不同用法。另外一个例子见习题19.2。

考虑一个B类网络，如128.1，它在点到点链路之外。子网掩码是0xffffff00，其中含8比特的子网号和8比特的主机号。我们要为所有可能的254个子网提供路由表项，这些表项的网关是与本机直接相连的路由器，该路由器知道如何到达与128.1网络相连的链路。

假设该网关不是我们的默认路由器，则最简单的方法就是创建单个表项，该表项以128.1.0.0为目的、以0xffff0000为掩码。可是，假设128.1网络的拓扑使所有可能的254个子网中的每一个都有不同的运营特性：RTT、MTU和时延等。那么如果每个子网都有单独的路由表项，我们就能够看到，无论何时连接断开后，TCP都会刷新该路由表项的统计值，如路由的RTT、RTT变量等(图27-3)。尽管我们可以用route命令手工地为254个子网中的每一个子网都添加路由表项，但更好的方法是采用克隆机制。

由系统管理员先创建一个以128.1.0.0为目的地，以0xffff0000为网络掩码的表项。再设置其RTF_CLONING标志，并设置genmask为0xffffff00(与网络掩码不同)。这时，如果在路由表中查找128.1.2.3，而路由表中没有子网128.1.2的表项，那么具有掩码0xffff0000的网络128.1的表项为最佳匹配。因为该表项设有RTF_CLONING标志，所以要创建一个新的表项，新表项以128.1.2为目的地，以0xffffff00(genmask的值)为网络掩码。

这样，下一次引用该子网内的主机时，如128.1.2.88，最佳匹配就是新创建的表项。

19.5 rt_setgate函数

选路树中的每个叶子都有一个表项(rt_key，也就是在rtentry结构开头的 radix_node结构的rn_key成员)和一个相关联的网关(rt_gateway)。在创建路由表项时，它们都被指定为插口地址结构。rt_setgate为这两个结构分配存储器，如图19-10所示。

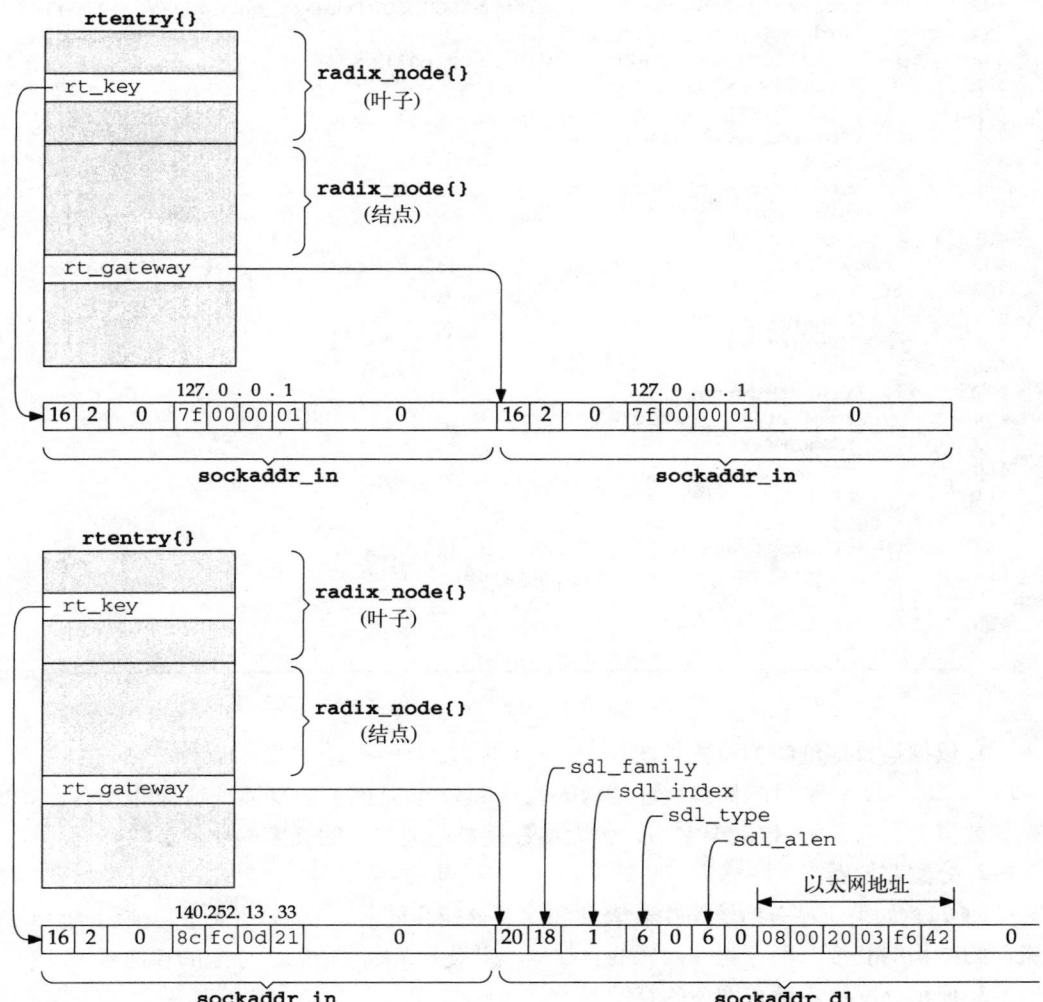

图19-10　路由表表项和相关网关示例

这个例子给出了图18-2中的两个表项，它们的表项分别是127.0.0.1和140.252.13.33。前一个的网关成员指向一个Internet插口地址结构，后一个的网关成员指向一个含以太网地址的数据链路插口地址。前一个是在系统初始化时，由route系统将其添加到路由表中的；后一个是由ARP创建的。

在图19-11中，我们有意识地把两个由rt_key指向的结构紧挨着画在一起，因为它们是由rt_setgate一起分配的。

```
                                                              ── route.c
384 int
385 rt_setgate(rt0, dst, gate)
386 struct rtentry *rt0;
387 struct sockaddr *dst, *gate;
388 {
389     caddr_t new, old;
390     int     dlen = ROUNDUP(dst->sa_len), glen = ROUNDUP(gate->sa_len);
391     struct rtentry *rt = rt0;

392     if (rt->rt_gateway == 0 || glen > ROUNDUP(rt->rt_gateway->sa_len)) {
393         old = (caddr_t) rt_key(rt);
394         R_Malloc(new, caddr_t, dlen + glen);
395         if (new == 0)
396             return 1;
397         rt->rt_nodes->rn_key = new;
398     } else {
399         new = rt->rt_nodes->rn_key;
400         old = 0;
401     }
402     Bcopy(gate, (rt->rt_gateway = (struct sockaddr *) (new + dlen)), glen);
403     if (old) {
404         Bcopy(dst, new, dlen);
405         Free(old);
406     }
407     if (rt->rt_gwroute) {
408         rt = rt->rt_gwroute;
409         RTFREE(rt);
410         rt = rt0;
411         rt->rt_gwroute = 0;
412     }
413     if (rt->rt_flags & RTF_GATEWAY) {
414         rt->rt_gwroute = rtalloc1(gate, 1);
415     }
416     return 0;
417 }
                                                              ── route.c
```

图19-11 rt_setgate函数

1. 依据插口地址结构设置长度

384-391 dlen是目的插口地址结构的长度，glen是网关插口地址结构的长度。ROUNDUP宏把数值上舍入成4的倍数个字节，但大多数插口地址结构的长度本身就是4的倍数。

2. 分配存储器

392-401 如果还没有给该路由表表项和网关分配存储器，或glen大于当前rt_gateway所指向的结构的长度，则分配一片新的存储器，并使rn_key指向新分配的存储器。

3. 使用分配给表项和网关的存储器

398-401 由于已经给表项和网关分配了一片足够大小的存储器，因此，直接将new指向这个已经存在的存储器。

4. 复制新网关

402 复制新的网关结构，并且设置rt_gateway，使其指向插口地址结构。

5. 从原有的存储器中将表项复制到新存储器中

403-406 如果分配了新的存储器，则在网关字段被复制前，先复制路由表表项dst，并释放原有的存储器片。

6. 释放网关路由指针

407-412   如果该路由表项含有非空的rt_gwroute指针，则用RTFREE释放该指针所指向的结构，并设置rt_gwroute为空。

7. 查找并保存新的网关路由指针

413-415   如果路由表项是一个非直接路由，则rtalloc1查找新网关的路由表项，并将它保存在rt_gwroute中。如果非直接路由指定的网关无效，则rt_setgate并不返回任何差错，但rt_gwroute会是一个空指针。

19.6 rtinit函数

Internet协议添加或删除相关接口的路由时，对rtinit的调用有四个。

- 在设置点到点接口的目的地址时，in_control调用rtinit两次。第一次调用指定RTM_DELETE命令，以删除所有现存的到该目的地址的路由(图6-21)；第二次调用指定RTM_ADD命令，以添加新路由。
- in_ifinit调用rtinit为广播网络添加一条网络路由或为点到点链路(图6-19)添加一条主机路由。如果是给以太网接口添加的路由，则in_ifinit自动设置其RTF_CLONING标志。
- in_ifscrub调用rtinit，以删除一个接口现存的路由。

图19-12给出了rtinit函数的第一部分。cmd参数只能是RTM_ADD或RTM_DELETE。

```
                                                              route.c
441 int
442 rtinit(ifa, cmd, flags)
443 struct ifaddr *ifa;
444 int     cmd, flags;
445 {
446     struct rtentry *rt;
447     struct sockaddr *dst;
448     struct sockaddr *deldst;
449     struct mbuf *m = 0;
450     struct rtentry *nrt = 0;
451     int     error;

452     dst = flags & RTF_HOST ? ifa->ifa_dstaddr : ifa->ifa_addr;
453     if (cmd == RTM_DELETE) {
454         if ((flags & RTF_HOST) == 0 && ifa->ifa_netmask) {
455             m = m_get(M_WAIT, MT_SONAME);
456             deldst = mtod(m, struct sockaddr *);
457             rt_maskedcopy(dst, deldst, ifa->ifa_netmask);
458             dst = deldst;
459         }
460         if (rt = rtalloc1(dst, 0)) {
461             rt->rt_refcnt--;
462             if (rt->rt_ifa != ifa) {
463                 if (m)
464                     (void) m_free(m);
465                 return (flags & RTF_HOST ? EHOSTUNREACH
466                         : ENETUNREACH);
467             }
468         }
469     }
470     error = rtrequest(cmd, dst, ifa->ifa_addr, ifa->ifa_netmask,
471                     flags | ifa->ifa_flags, &nrt);
472     if (m)
473         (void) m_free(m);
                                                              route.c
```

图19-12 rt_init函数：调用rtrequest处理命令

1. 为路由获取目的地址

452　如果是一个到达某主机的路由，则目的地址是点到点链路的另一端。否则，我们处理的就是一个网络路由，其目的地址是接口的单播地址(经ifa_netmask掩码过的)。

2. 用网络掩码给网络地址掩码

453-459　如果要删除路由，则必须在路由表中查找该目的地址，并得到它的路由表项。如果要删除的是一个网络路由且接口拥有相关联的网络掩码，则分配一个mbuf，用rt_maskedcopy对目的地址和调用参数中的掩码地址进行逻辑与运算，并将结果复制到mbuf中。令dst指向mbuf中掩码过的复制值，它就是下一步要查找的目的地址。

3. 查找路由表项

460-469　rtalloc1在路由表中查找目的地址，如果能找到，则先递减该表项的引用计数(因为rtalloc1递增了该引用计数)。如果路由表中该接口的ifaddr指针不等于调用者的参数，则返回一个差错。

4. 处理请求

470-473　rt_request执行RTM_ADD或RTM_DELETE命令。当rt_request返回时，如果之前分配了mbuf，则释放它。

图19-13给出了rtinit的后半部分。

```
                                                                      route.c
474    if (cmd == RTM_DELETE && error == 0 && (rt = nrt)) {
475        rt_newaddrmsg(cmd, ifa, error, nrt);
476        if (rt->rt_refcnt <= 0) {
477            rt->rt_refcnt++;
478            rtfree(rt);
479        }
480    }
481    if (cmd == RTM_ADD && error == 0 && (rt = nrt)) {
482        rt->rt_refcnt--;
483        if (rt->rt_ifa != ifa) {
484            printf("rtinit: wrong ifa (%x) was (%x)\n", ifa,
485                rt->rt_ifa);
486            if (rt->rt_ifa->ifa_rtrequest)
487                rt->rt_ifa->ifa_rtrequest(RTM_DELETE, rt, SA(0));
488            IFAFREE(rt->rt_ifa);
489            rt->rt_ifa = ifa;
490            rt->rt_ifp = ifa->ifa_ifp;
491            ifa->ifa_refcnt++;
492            if (ifa->ifa_rtrequest)
493                ifa->ifa_rtrequest(RTM_ADD, rt, SA(0));
494        }
495        rt_newaddrmsg(cmd, ifa, error, nrt);
496    }
497    return (error);
498 }
                                                                      route.c
```

图19-13　rtint函数：后半部分

5. 删除成功时产生一个选路消息

474-480　如果删除了一个路由，并且rtrequest返回0和被删除的rtentry结构的指针(nrt中)，就用rt_newaddrmsg产生一个选路插口消息。如果引用计数小于等于0，则递增该引用计数，并用rtfree释放该路由。

6. 成功添加

481-482 如果添加了一个路由，并且rtrequest返回了0和被添加的rtentry结构的指针(nrt)，就递减其引用计数(因为rtrequest递增了该引用计数)。

7. 不正确的接口

483-494 如果新路由表项中接口的ifaddr指针不等于调用参数，则表明有差错产生。利用rtrequest，通过调用ifa_ifwithroute来测定新路由中的ifa指针(rtrequest函数如图19-9所示)。产生这个差错后，做如下步骤：向控制台输出一条出错消息；如果定义了ifa_rtrequest函数，就以RTM_DELETE为参数调用它；释放ifaddr结构；设置rt_ifa指针为调用者指定的值；递增接口的引用计数；如果定义了ifa_rtrequest函数，就以RTM_ADD为参数调用它。

8. 产生选路消息

495 用rt_newaddrmsg为RTM_ADD命令产生一个选路插口消息。

19.7 rtredirect函数

当收到一个ICMP重定向后，icmp_input调用rtredirect及pfctlinput(图11-27)。后一个函数又调用udp_ctlinput和tcp_ctlinput，这两个函数遍历所有的UDP和TCP协议控制块(PCB)。如果PCB连接到一个外部地址，而到该外部地址的方向已经被改变，并且该PCB持有到那个外部地址的路由，则调用rtfree释放该路由。下一次使用这些控制块发送到该外部地址的IP数据报时，就会调用rtalloc，并在路由表中查找该目的地址，很可能会找到一条新(改变过方向的)路由。

rtredirect函数的作用是验证重定向中的信息，并立即更新路由表，产生选路插口消息。图19-14给出了rtredirect函数的前半部分。

147-157 函数的参数包括：dst，导致重定向的数据报的目的IP地址(图8-18中的HD)；gateway，路由器的IP地址，用作该目的的新网关字段(图8-18中的R2)；netmask，空指针；flags，设置了RTF_GATEWAY标志和RTF_HOST标志；src，发送重定向的路由器的IP地址(图8-18中的R1)；rtp，空指针。需要指出的是，icmp_input调用本函数时，参数netmask和rtp是空指针，但是其他协议调用本函数时，这两个参数未必为空指针。

1. 新路由必须直接相连

158-162 新的网关必须是直接相连的，否则该重定向无效。

2. 查找目的地址的路由表项并验证重定向

163-177 调用rtalloc1在路由表中查找到目的地址的路由。验证重定向时，下列条件必须为真，否则该重定向无效，并且函数返回一个差错。要注意的一点是，icmp_input会忽略从rtredirect返回的任何差错。ICMP也会忽略它，即不会为一个无效的重定向而产生一个差错信息。

- 必须未设置RTF_DONE标志；
- rtalloc必须已找到一个到dst的路由表项；
- 发送重定向的路由器的地址(src)必须等于当前为目的地址设置的rt_gateway；
- 新网关的接口(由ifa_ifwithnet返回的ifa结构)必须等于当前为目的地址设置的接口(rt_ifa)，也就是说，新网关必须和当前网关在同一个网络上；并且

• 新网关不能把到这个主机的路由改变为到它自己，也就是说，不能存在与gateway相
等的带有单播地址或广播地址的连接着的接口。

```
                                                                    route.c
147 int
148 rtredirect(dst, gateway, netmask, flags, src, rtp)
149 struct sockaddr *dst, *gateway, *netmask, *src;
150 int        flags;
151 struct rtentry **rtp;
152 {
153     struct rtentry *rt;
154     int      error = 0;
155     short    *stat = 0;
156     struct rt_addrinfo info;
157     struct ifaddr *ifa;

158     /* verify the gateway is directly reachable */
159     if ((ifa = ifa_ifwithnet(gateway)) == 0) {
160         error = ENETUNREACH;
161         goto out;
162     }
163     rt = rtalloc1(dst, 0);
164     /*
165      * If the redirect isn't from our current router for this dst,
166      * it's either old or wrong.  If it redirects us to ourselves,
167      * we have a routing loop, perhaps as a result of an interface
168      * going down recently.
169      */
170 #define equal(a1, a2) (bcmp((caddr_t)(a1), (caddr_t)(a2), (a1)->sa_len) == 0)
171     if (!(flags & RTF_DONE) && rt &&
172         (!equal(src, rt->rt_gateway) || rt->rt_ifa != ifa))
173         error = EINVAL;
174     else if (ifa_ifwithaddr(gateway))
175         error = EHOSTUNREACH;
176     if (error)
177         goto done;
178     /*
179      * Create a new entry if we just got back a wildcard entry
180      * or if the lookup failed.  This is necessary for hosts
181      * which use routing redirects generated by smart gateways
182      * to dynamically build the routing tables.
183      */
184     if ((rt == 0) || (rt_mask(rt) && rt_mask(rt)->sa_len < 2))
185         goto create;
                                                                    route.c
```

图19-14 rtredirect函数：验证收到的重定向

3. 必须创建一个新路由

178-185   如果到达目的地址的路由没有找到，或找到的路由表项是默认路由，则为该目的
地址创建一个新的路由。如程序注释所述，对于可访问多个路由器的主机来说，当默认路由
器出错时，它可以利用这种机制来获悉正确的路由器。判断是否为默认路由的测试方法是查
看该路由表项是否具有相关的掩码以及掩码的长度字段是否小于2，因为默认路由的掩码是
rn_zeros(图18-35)。

图19-15给出了rtredirect函数的后半部分。

4. 创建新的主机路由

186-195   如果到达目的地址的当前路由是一个网络路由，并且重定向是主机重定向而不是

网络重定向，那么就为该目的地址建立一个主机路由，而不必去管现存的网络路由。我们要提示的是，flags参数总是指明RTF_HOST标志，因为Net/3 ICMP把所有收到的重定向都看成主机重定向。

```
                                                              ── route.c
186        /*
187         * Don't listen to the redirect if it's
188         * for a route to an interface.
189         */
190      if (rt->rt_flags & RTF_GATEWAY) {
191          if (((rt->rt_flags & RTF_HOST) == 0) && (flags & RTF_HOST)) {
192              /*
193               * Changing from route to net => route to host.
194               * Create new route, rather than smashing route to net.
195               */
196          create:
197              flags |= RTF_GATEWAY | RTF_DYNAMIC;
198              error = rtrequest((int) RTM_ADD, dst, gateway,
199                                netmask, flags,
200                                (struct rtentry **) 0);
201              stat = &rtstat.rts_dynamic;
202          } else {
203              /*
204               * Smash the current notion of the gateway to
205               * this destination.  Should check about netmask!!!
206               */
207              rt->rt_flags |= RTF_MODIFIED;
208              flags |= RTF_MODIFIED;
209              stat = &rtstat.rts_newgateway;
210              rt_setgate(rt, rt_key(rt), gateway);
211          }
212      } else
213          error = EHOSTUNREACH;
214  done:
215      if (rt) {
216          if (rtp && !error)
217              *rtp = rt;
218          else
219              rtfree(rt);
220      }
221  out:
222      if (error)
223          rtstat.rts_badredirect++;
224      else if (stat != NULL)
225          (*stat)++;

226      bzero((caddr_t) & info, sizeof(info));
227      info.rti_info[RTAX_DST] = dst;
228      info.rti_info[RTAX_GATEWAY] = gateway;
229      info.rti_info[RTAX_NETMASK] = netmask;
230      info.rti_info[RTAX_AUTHOR] = src;
231      rt_missmsg(RTM_REDIRECT, &info, flags, error);
232  }
                                                              ── route.c
```

图19-15 rtrequest函数：后半部分

5. 创建路由

196-201 rtrequest创建一个新路由，并将标志RTF_GATEWAY和RTF_DYNAMIC置位。参数netmask是一个空指针，这是因为新路由是一个主机路由，它的掩码是隐含的全1比特。

stat指向一个计数器，它在后面的程序里递增。

6. 改变现存的主机路由

202-211 当到达目的地址的当前路由已经是一个主机路由时，才执行这段代码。此时，不需要创建新的表项，但需要修改现存的表项：设置RTF_MODIFIED标志，并调用rt_setgate来修改路由表项的rt_gateway字段，使其指向新的网关地址。

7. 如果目的地址直接相连，则忽略

212-213 如果到达目的地址的当前路由是一个直接路由(没有设置RTF_GATEWAY标志)，那么该重定向针对的是一个已直接连接的目的地址。此时，函数返回EHOSTUNREACH。

8. 返回指针并递增统计值

214-225 如果找到了路由表项，那么该表项被返回(如果rtp非空且没有出错)或者用rtfree释放它。相关的统计值被递增。

9. 产生选路消息

226-232 rt_addrinfo结构清零，并由rt_missmsg产生一个选路插口消息。raw_input把该消息发送到所有对重定向感兴趣的进程。

19.8 选路消息的结构

选路消息由一个定长的首部和至多8个插口地址结构组成。该定长首部是下列三种结构中的一个：

- rt_msghdr
- if_msghdr
- ifa_msghdr

图18-11给出了产生不同消息的函数的概观图，图18-9给出了每种消息类型所使用的结构。选路消息三种首部结构的前三个成员的数据类型及其含义是相同的，分别为：消息的长度、版本和类型。这样，消息接受者就可以对消息进行解码了。而且，每种结构都各有一个成员来编码首部之后8个可能的插口地址结构：rtm_addrs、ifm_addrs和ifam_addrs成员，它们都是一个比特掩码。

图19-16给出了最常用的结构，即rt_msghdr。RTM_IFINFO消息使用了图19-17中的if_msghdr结构。RTM_NEWADDR和RTM_DELADDR消息使用图19-18中的ifa_msghdr结构。

```
                                                              ———— route.h
139  struct rt_msghdr {
140      u_short  rtm_msglen;           /* to skip over non-understood messages */
141      u_char   rtm_version;          /* future binary compatibility */
142      u_char   rtm_type;             /* message type */

143      u_short  rtm_index;            /* index for associated ifp */
144      int      rtm_flags;            /* flags, incl. kern & message, e.g. DONE */
145      int      rtm_addrs;            /* bitmask identifying sockaddrs in msg */
146      pid_t    rtm_pid;              /* identify sender */
147      int      rtm_seq;              /* for sender to identify action */
148      int      rtm_errno;            /* why failed */
149      int      rtm_use;              /* from rtentry */
150      u_long   rtm_inits;            /* which metrics we are initializing */
151      struct rt_metrics rtm_rmx;     /* metrics themselves */
152  };
                                                              ———— route.h
```

图19-16 rt_msghdr结构

```
                                                                          ── if.h
235 struct if_msghdr {
236     u_short ifm_msglen;          /* to skip over non-understood messages */
237     u_char  ifm_version;         /* future binary compatability */
238     u_char  ifm_type;            /* message type */

239     int     ifm_addrs;           /* like rtm_addrs */
240     int     ifm_flags;           /* value of if_flags */
241     u_short ifm_index;           /* index for associated ifp */
242     struct if_data ifm_data;     /* statistics and other data about if */
243 };
                                                                          ── if.h
```

图19-17 if_msghdr结构

```
                                                                          ── if.h
248 struct ifa_msghdr {
249     u_short ifam_msglen;         /* to skip over non-understood messages */
250     u_char  ifam_version;        /* future binary compatability */
251     u_char  ifam_type;           /* message type */

252     int     ifam_addrs;          /* like rtm_addrs */
253     int     ifam_flags;          /* value of ifa_flags */
254     u_short ifam_index;          /* index for associated ifp */
255     int     ifam_metric;         /* value of ifa_metric */
256 };
                                                                          ── if.h
```

图19-18 ifa_msghdr结构

注意，这三种不同结构的前三个成员具有相同的数据结构和含义。

三个变量rtm_addrs、ifm_addrs和ifam_addrs都是比特掩码，它们定义了首部之后的插口地址结构。图19-19给出了比特掩码用到的一些常量。

比 特 掩 码		数 组 索 引		rtsock.c	描　　述
常　　量	值	常　　量	值	中的名字	
RTA_DST	0x01	RTAX_DST	0	dst	目的插口地址结构
RTA_GATEWAY	0x02	RTAX_GATEWAY	1	gate	网关插口地址结构
RTA_NETMASK	0x04	RTAX_NETMASK	2	netmask	网络掩码插口地址结构
RTA_GENMASK	0x08	RTAX_GENMASK	3	genmask	克隆掩码插口地址结构
RTA_IFP	0x10	RTAX_IFP	4	ifpaddr	接口名称插口地址结构
RTA_IFA	0x20	RTAX_IFA	5	ifaaddr	接口地址插口地址结构
RTA_AUTHOR	0x40	RTAX_AUTHOR	6		重定向产生者的插口地址结构
RTA_BRD	0x80	RTAX_BRD	7	brdaddr	广播或点到点的目的地址
		RTAX_MAX	8		rti-into[]数组的元素个数

图19-19 用来引用rti_info数组成员的常量

比特掩码的值可以用常数1左移数组下标指定的位数而得到。例如，0x20(RTA_IFA)是1左移五位(RTAX_IFA)。我们会在代码中看到这个过程。

插口地址结构总是按照数组下标递增的次序，一个接一个地出现的。例如，如果掩码是0x87，则第一个插口地址结构的内容为目的地址，接着是网关地址，网络掩码，最后是广播地址。

内核用图19-19中的数组下标来引用rt_addrinfo结构，如图19-20所示。该结构具有与我们所述相同的比特掩码，以表示哪些地址存在。它的另一个成员指向那些插口地址结构。

```
199 struct rt_addrinfo {                              ──────────── route.h
200     int     rti_addrs;              /* bitmask, same as rtm_addrs */
201     struct sockaddr *rti_info[RTAX_MAX];
202 };
                                                        ──────────── route.h
```

图19-20 rt_addrinfo结构：表示哪些地址存在的掩码和指向这些地址的指针

例如，如果rti_addrs成员中设置了RTA_GATEWAY比特，则rti_info [RTA_GATEWAY] 成员就是含网关地址的插口地址结构的指针。对于Internet协议，该插口地址结构就是含网关的IP地址的sockaddr_in结构。

图19-19中的第五栏给出了文件rtsock.c中rti_info数组成员相应的名称。它们的定义形式如下：

```
#define dst info.rti_info[RTAX_DST]
```

在本章的很多源文件中我们都将遇到这些名称。元素RTAX_AUTHOR没有命名，因为进程不会向内核传递该元素。

我们已经有两次遇到过rt_addrinfo结构：在函数rtalloc1(图19-2)和rtredirect中(图19-14)。图19-21给出了rtalloc1在路由表查找失败后调用rt_missmsg时创建的该结构的格式。

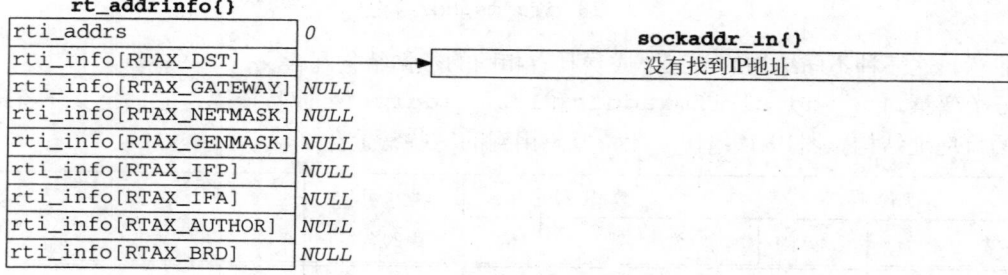

图19-21 rtalloc1传递给rt_missmsg的rt_addrinfo结构

所有未使用的指针都是空指针，因为该结构在使用前被设置成0。还要指出的是，rti_addrs成员没有被初始化成相应的比特掩码，因为在内核使用该结构时，rti_info数组中的指针为空就代表不存在该插口地址结构。仅在进程和内核之间传递的消息里该掩码才是必不可少的。

图19-22给出了rtredirect调用rt_missmsg时创建的该结构的格式。

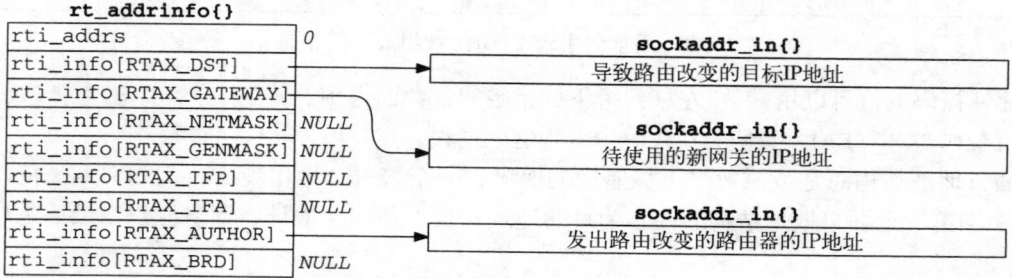

图19-22 rtredirect传递给rt_missmsg的rt_addrinfo结构

下一节中将介绍该结构是如何被放置在发送到其他进程的消息里的。

图19-23给出了route_cb结构，我们会在下一节中遇到。该结构由四个计数器组成，前三个分别针对IP、XNS和OSI协议，最后一个为"任意"计数器。每个计数器分别记录相应的域中当前存在的选路插口的数目。

203-208 内核跟踪选路插口监听器的数目。这样，当不存在等待消息的进程时，内核就可以避免创建选路消息以及调用raw_input发送该消息。

```
                                                                    route.h
203 struct route_cb {
204     int     ip_count;           /* IP */
205     int     ns_count;           /* XNS */
206     int     iso_count;          /* ISO */
207     int     any_count;          /* sum of above three counters */
208 };
                                                                    route.h
```

图19-23 route_cb结构：选路插口监听器的计数器

19.9 rt_missmsg函数

如图19-24所示，rt_missmsg函数使用了图19-21和图19-22中的结构，并调用rt_msg1在mbuf链中为进程创建了相应的变长消息，之后调用raw_input将该mbuf链传递给所有相关的选路插口。

```
                                                                    rtsock.c
516 void
517 rt_missmsg(type, rtinfo, flags, error)
518 int     type, flags, error;
519 struct rt_addrinfo *rtinfo;
520 {
521     struct rt_msghdr *rtm;
522     struct mbuf *m;
523     struct sockaddr *sa = rtinfo->rti_info[RTAX_DST];

524     if (route_cb.any_count == 0)
525         return;

526     m = rt_msg1(type, rtinfo);
527     if (m == 0)
528         return;

529     rtm = mtod(m, struct rt_msghdr *);
530     rtm->rtm_flags = RTF_DONE | flags;
531     rtm->rtm_errno = error;
532     rtm->rtm_addrs = rtinfo->rti_addrs;

533     route_proto.sp_protocol = sa ? sa->sa_family : 0;
534     raw_input(m, &route_proto, &route_src, &route_dst);
535 }
                                                                    rtsock.c
```

图19-24 rt_missmsg函数

516-525 如果没有任何选路插口监听器，则函数立即退出。

1. 在mbuf链中创建消息

526-528 rt_msg1(19.12节)在mbuf链中创建相应的消息，并返回该链的指针。利用图19-22中的rt_addrinfo结构，图19-25给出了所得到的mbuf链的一个例子。这些信息之所以要放在一个mbuf链中，是因为raw_input要调用sbappendaddr把该mbuf链添加到插口接收缓存的尾部。

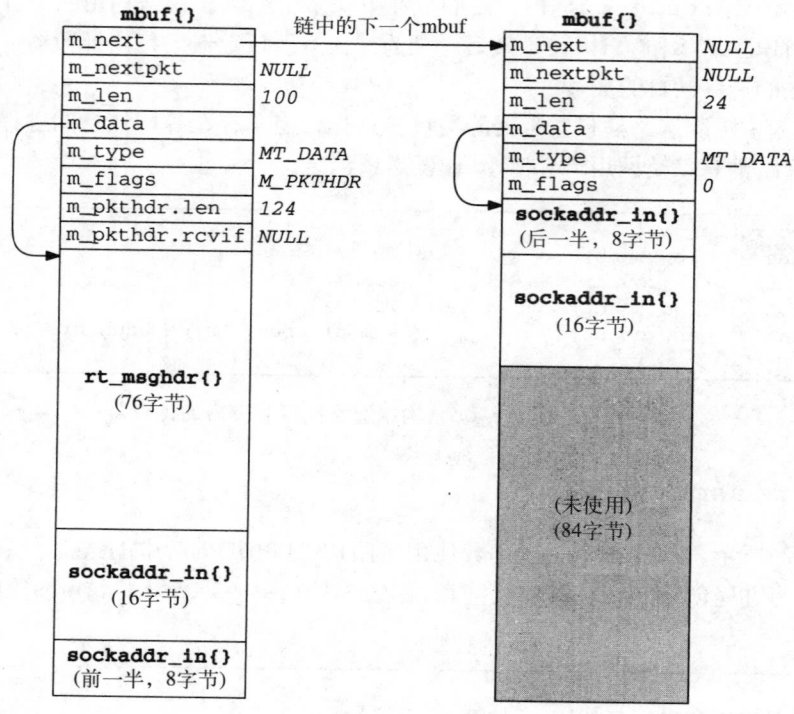

图19-25 由rt_msg1创建的对应于图19-22的mbuf链

2. 完成消息的创建

529-532 成员rtm_flags和rtm_errno被设置成调用者传递的值。成员rtm_addrs的值是由rti_addrs复制而得到的。在图19-21和图19-22中，我们给出的rti_addrs值为0，因此，rt_msg1依据rti_info数组中的指针是否为空，来计算并保存相应的比特掩码。

3. 设置消息的协议，调用`raw_input`

533-534 raw_input的后三个参数指定了选路消息的协议、源和目的。这三个结构被初始化成：

```
struct sockaddr    route_dst = { 2, PF_ROUTE, };
struct sockaddr    route_src = { 2, PF_ROUTE, };
struct sockproto   route_proto = { PF_ROUTE };
```

内核不会修改前两个结构。第三个结构sockproto，我们第一次遇到。图19-26给出了它的定义。

```
                                                                    ──── socket.h
128 struct sockproto {
129     u_short sp_family;        /* address family */
130     u_short sp_protocol;      /* protocol */
131 };
                                                                    ──── socket.h
```

图19-26 sockproto结构

该结构的协议族成员一直保持了它的初始值PF_ROUTE，但其协议成员的值在每一次调用raw_input时都要进行设置。当进程调用socket创建选路插口时，第三个参数定义了该进程所感兴趣的协议。raw_input的调用者再把route_proto结构的sp_protocol成员设置成选路消息的协议。在rt_missmsg这种情况下，该成员被设置成目的插口地址结构的sa_family(如果调用者指定了该值)，在图19-21和图19-22中，其值为AF_INET。

19.10 `rt_ifmsg`函数

在图4-30中我们可以看出，if_up和if_dowm都调用了图19-27中的rt_ifmsg。在接口连接或断开时，该函数被用来产生一个选路插口消息。

```
                                                                    rtsock.c
540 void
541 rt_ifmsg(ifp)
542 struct ifnet *ifp;
543 {
544     struct if_msghdr *ifm;
545     struct mbuf *m;
546     struct rt_addrinfo info;

547     if (route_cb.any_count == 0)
548         return;

549     bzero((caddr_t) & info, sizeof(info));
550     m = rt_msg1(RTM_IFINFO, &info);
551     if (m == 0)
552         return;

553     ifm = mtod(m, struct if_msghdr *);
554     ifm->ifm_index = ifp->if_index;
555     ifm->ifm_flags = ifp->if_flags;
556     ifm->ifm_data = ifp->if_data;    /* structure assignment */
557     ifm->ifm_addrs = 0;

558     route_proto.sp_protocol = 0;
559     raw_input(m, &route_proto, &route_src, &route_dst);
560 }
                                                                    rtsock.c
```

图19-27 rt_ifmsg函数

547-548 如果没有选路插口监听器，函数立即退出。
  1. 在mbuf链中创建消息
549-552 rt_addrinfo结构被设置成0。rt_msg1在一个mbuf链中创建相应的消息。需要注意的是，rt_addrinfo结构中的所有指针都为空，选路消息仅由定长的if_msghdr结构组成，而不含任何地址。
  2. 完成消息的创建
553-557 把接口的索引、标志和if_data结构复制到mbuf中的报文里。把ifm_addrs比特掩码设置成0。
  3. 设置消息的协议，调用`raw_input`
558-559 因为该消息可应用于所有的协议，所以其协议被设置成0。并且该消息是关于某接口的，而不是针对特定的目的地。raw_input把该消息传递给相应的监听器。

19.11 `rt_newaddrmsg`函数

从图19-13中可以看到，在接口上添加或从中删除一个地址时，rtinit要以RTM_ADD或RTM_DELETE为参数调用rt_newaddrmsg。图19-28给出了rt_newaddrmsg函数的前半部分。

```
                                                                ── rtsock.c
569 void
570 rt_newaddrmsg(cmd, ifa, error, rt)
571 int     cmd, error;
572 struct ifaddr *ifa;
573 struct rtentry *rt;
574 {
575     struct rt_addrinfo info;
576     struct sockaddr *sa;
577     int     pass;
578     struct mbuf *m;
579     struct ifnet *ifp = ifa->ifa_ifp;

580     if (route_cb.any_count == 0)
581         return;

582     for (pass = 1; pass < 3; pass++) {
583         bzero((caddr_t) & info, sizeof(info));
584         if ((cmd == RTM_ADD && pass == 1) ||
585             (cmd == RTM_DELETE && pass == 2)) {
586             struct ifa_msghdr *ifam;
587             int     ncmd = cmd == RTM_ADD ? RTM_NEWADDR : RTM_DELADDR;

588             ifaaddr = sa = ifa->ifa_addr;
589             ifpaddr = ifp->if_addrlist->ifa_addr;
590             netmask = ifa->ifa_netmask;
591             brdaddr = ifa->ifa_dstaddr;
592             if ((m = rt_msg1(ncmd, &info)) == NULL)
593                 continue;
594             ifam = mtod(m, struct ifa_msghdr *);
595             ifam->ifam_index = ifp->if_index;
596             ifam->ifam_metric = ifa->ifa_metric;
597             ifam->ifam_flags = ifa->ifa_flags;
598             ifam->ifam_addrs = info.rti_addrs;
599         }
                                                                ── rtsock.c
```

图19-28 rt_newaddrmsg函数的前半部分：创建ifa_msghdr

580-581 如果没有选路插口监听器，函数立即退出。

1. 产生两个选路消息

582 本函数要产生两个选路报文，一个用于提供有关接口的信息，另一个提供有关地址的信息。因此，for循环执行两次，每次产生一个消息。如果命令是RTM_ADD，则第一个消息的类型是RTM_NEWADDR，第二个消息的类型是RTM_ADD；如果命令是RTM_DELETE，则第一个消息的类型是RTM_DELETE，第二个消息的类型是RTM_DELADDR。RTM_NEWADDR和RTM_DELADDR消息的首部为ifa_msghdr结构，而RTM_ADD和RTM_DELETE消息的首部为rt_msghdr结构。

583 rt_addrinfo结构被设置为0。

2. 产生至多含四个地址的消息

588-591 这四个插口地址结构包含的是有关被添加或删除的接口地址的信息，它们的指针存储于rti_info数组中。其中ifaaddr、ifpaddr、netmask和brdaddr引用的是名为info的rti_info数组中的成员，如图19-19所示。rt_msg1在mbuf链中创建了相应的消息。注意，sa也设置成指向ifa_addr结构的指针，我们将在函数的尾部看到选路消息的协议被设置成该插口地址结构的族。

把ifa_msghdr结构的其他成员设置成接口的索引、度量和标志。其比特掩码由rt_msg1设置。

图19-29给出了rt_newaddrmsg的后半部分。该部分用于创建rt_msghdr消息，该消息中包含了有关被添加或删除的路由表项的信息。

3. 创建消息

600-609 rt_mask、rt_key和rt_gateway这三个地址结构的指针存放在rti_info数组中。sa被设置成目的地址的指针，它的族将成为选路消息的协议。rt_msg1在mbuf链中创建相应的消息。

设置其余的rt_msghdr结构成员。其中，比特掩码由rt_msg1设置。

4. 设置消息的协议，调用raw_input

616-619 设置消息的协议，并由raw_input把消息发送给相应的监听器。函数在完成了两次循环后返回。

```
                                                              rtsock.c
600        if ((cmd == RTM_ADD && pass == 2) ||
601            (cmd == RTM_DELETE && pass == 1)) {
602            struct rt_msghdr *rtm;

603            if (rt == 0)
604                continue;
605            netmask = rt_mask(rt);
606            dst = sa = rt_key(rt);
607            gate = rt->rt_gateway;
608            if ((m = rt_msg1(cmd, &info)) == NULL)
609                continue;
610            rtm = mtod(m, struct rt_msghdr *);
611            rtm->rtm_index = ifp->if_index;
612            rtm->rtm_flags |= rt->rt_flags;
613            rtm->rtm_errno = error;
614            rtm->rtm_addrs = info.rti_addrs;
615        }
616        route_proto.sp_protocol = sa ? sa->sa_family : 0;
617        raw_input(m, &route_proto, &route_src, &route_dst);
618    }
619 }
                                                              rtsock.c
```

图19-29 rt_newaddrmsg函数的后半部分：创建rt_msghdr消息

19.12 rt_msg1函数

前三节的函数都调用rt_msg1函数来创建一个相应的选路消息。图19-25还给出了一个mbuf链，该链是由rt_msg1按照图19-22中的rt_msghdr和rt_addrinfo结构创建的。图19-30给出了本函数的代码。

```
399 static struct mbuf *
400 rt_msg1(type, rtinfo)
401 int      type;
402 struct rt_addrinfo *rtinfo;
403 {
404     struct rt_msghdr *rtm;
405     struct mbuf *m;
406     int      i;
407     struct sockaddr *sa;
408     int      len, dlen;

409     m = m_gethdr(M_DONTWAIT, MT_DATA);
410     if (m == 0)
411         return (m);
412     switch (type) {

413     case RTM_DELADDR:
414     case RTM_NEWADDR:
415         len = sizeof(struct ifa_msghdr);
416         break;

417     case RTM_IFINFO:
418         len = sizeof(struct if_msghdr);
419         break;

420     default:
421         len = sizeof(struct rt_msghdr);
422     }
423     if (len > MHLEN)
424         panic("rt_msg1");
425     m->m_pkthdr.len = m->m_len = len;
426     m->m_pkthdr.rcvif = 0;
427     rtm = mtod(m, struct rt_msghdr *);
428     bzero((caddr_t) rtm, len);

429     for (i = 0; i < RTAX_MAX; i++) {
430         if ((sa = rtinfo->rti_info[i]) == NULL)
431             continue;
432         rtinfo->rti_addrs |= (1 << i);
433         dlen = ROUNDUP(sa->sa_len);
434         m_copyback(m, len, dlen, (caddr_t) sa);
435         len += dlen;
436     }
437     if (m->m_pkthdr.len != len) {
438         m_freem(m);
439         return (NULL);
440     }
441     rtm->rtm_msglen = len;
442     rtm->rtm_version = RTM_VERSION;
443     rtm->rtm_type = type;
444     return (m);
445 }
```

图19-30 rt_msg1函数: 获取并初始化mbuf

1. 得到mbuf并确定消息首部的长度

399-422   获得一个含分组首部的mbuf, 并将分组消息定长部分的长度存入len中。图18-9
中各种类型的消息里, 有两个使用ifa_msghdr结构, 有一个使用if_msghdr结构, 其余的
九个使用rt_msghdr结构。

2. 验证结构是否适合mbuf

423-424 定长结构的大小必须完全适合分组首部mbuf的数据部分，因为该mbuf指针将被mtod转换成一个结构指针，之后通过指针来引用该结构。三个结构中最大的为if_msghdr，其长度为84，小于MHLEN(100)。

3. 初始化mbuf分组首部并使结构清零

425-428 初始化分组首部的两个字段，并将mbuf中的结构设置成0。

4. 将插口地址结构复制到mbuf链中

429-436 调用者传递了一个rt_addrinfo结构的指针。与rti_info中所有非空指针相对应的插口地址结构都被m_copyback复制到mbuf里。将数值1左移下标RTX_*xxx*对应的位数就可以得到相应的RTA_*xxx*比特掩码(图19-19)。将每个比特掩码用逻辑或添加到rti_addrs成员中去，调用者在函数返回时可将它保存为相应的报文结构成员。ROUNDUP宏将每个插口地址结构的大小上舍入成下一个4的倍数个字节。

437-440 在循环结束时，如果mbuf分组首部的长度不等于len，则表明函数m_copyback没能获得所需的mbuf。

5. 保存长度、版本和类型

441-445 把长度、版本和报文类型保存到报文结构的前三个成员中。再次说明一下，因为所有的三种*xxx*_msghdr结构都以相同的成员开始，所以尽管代码中的指针rtm是一个rt_msghdr结构的指针，但它可以处理所有这三种情况。

19.13 rt_msg2函数

rt_msg1在mbuf链中创建一个选路消息，调用它的三个函数接着又调用raw_input，从而把mbuf结构附加到一个或多个插口的接收缓存中去。与rt_msg1不同，rt_msg2在存储器缓存中创建选路消息，而不是在mbuf链中创建。并且rt_msg2有一个walkarg结构的参数，在选路域中处理sysctl系统调用时，有两个函数使用该参数调用了rt_msg2。以下是两种调用rt_msg2的情况：

1) route_output调用它处理RTM_GET命令。

2) sysctl_dumpentry和sysctl_iflist调用它处理sysctl系统调用。

在给出rt_msg2的代码之前，图19-31给出了在第2种情况下使用的walkarg结构的定义。我们在遇到它的各成员时再一一介绍。

```
                                                              ─── rtsock.c
41 struct walkarg {
42     int      w_op;          /* NET_RT_xxx */
43     int      w_arg;         /* RTF_xxx for FLAGS, if_index for IFLIST */
44     int      w_given;       /* size of process' buffer */
45     int      w_needed;      /* #bytes actually needed (at end) */
46     int      w_tmemsize;    /* size of buffer pointed to by w_tmem */
47     caddr_t  w_where;       /* ptr to process' buffer (maybe null) */
48     caddr_t  w_tmem;        /* ptr to our malloc'ed buffer */
49 };
                                                              ─── rtsock.c
```

图19-31 walkarg结构：选路域内sysctl系统调用中使用

图19-32给出了rt_msg2函数的前半部分，它与rt_msg1的前半部分类似。

```
                                                                    rtsock.c
446 static int
447 rt_msg2(type, rtinfo, cp, w)
448 int      type;
449 struct rt_addrinfo *rtinfo;
450 caddr_t cp;
451 struct walkarg *w;
452 {
453     int     i;
454     int     len, dlen, second_time = 0;
455     caddr_t cp0;

456     rtinfo->rti_addrs = 0;
457 again:
458     switch (type) {

459     case RTM_DELADDR:
460     case RTM_NEWADDR:
461         len = sizeof(struct ifa_msghdr);
462         break;

463     case RTM_IFINFO:
464         len = sizeof(struct if_msghdr);
465         break;

466     default:
467         len = sizeof(struct rt_msghdr);
468     }
469     if (cp0 = cp)
470         cp += len;
471     for (i = 0; i < RTAX_MAX; i++) {
472         struct sockaddr *sa;

473         if ((sa = rtinfo->rti_info[i]) == 0)
474             continue;
475         rtinfo->rti_addrs |= (1 << i);
476         dlen = ROUNDUP(sa->sa_len);
477         if (cp) {
478             bcopy((caddr_t) sa, cp, (unsigned) dlen);
479             cp += dlen;
480         }
481         len += dlen;
482     }
                                                                    rtsock.c
```

图19-32 rt_msg2函数：复制插口地址结构

446-455 本函数将选路消息保存在一个存储器缓存中，调用者用cp参数指定该缓存的起始位置。调用者必须保证缓存足够长，以容纳所产生的选路消息。当cp参数为空时，rt_msg2不保存任何结果而是处理输入参数，并返回保存结果所需的字节总数。这样可以帮助调用者确定缓存的大小。我们可以看到route_output就利用了这一机制，它调用本函数两次：第一次确定缓存的大小；在获得了大小无误的缓存后，再次调用本函数以保存结果。route_output调用本函数时，最后一个参数为空，但如果是作为sysctl系统调用处理的一部分被调用时，该参数就不是空指针了。

1. 确定结构的大小

458-470 定长消息结构的大小是根据消息类型来确定的。如果cp指针非空，则把大小等于定长消息结构长度的偏移量添加到cp指针上去。

2. 复制插口地址结构

471-482 for循环查看rti_info数组的每个元素。遇到非空指针时,设置rti_addrs比特掩码中的相应比特,并将该插口地址结构复制到cp中(如果cp指针非空),并修改长度变量。

图19-33给出了rt_msg2函数的后半部分。其代码用于处理可选参数walkarg结构。

```
                                                                    rtsock.c
483    if (cp == 0 && w != NULL && !second_time) {
484        struct walkarg *rw = w;

485        rw->w_needed += len;
486        if (rw->w_needed <= 0 && rw->w_where) {
487            if (rw->w_tmemsize < len) {
488                if (rw->w_tmem)
489                    free(rw->w_tmem, M_RTABLE);
490                if (rw->w_tmem = (caddr_t)
491                    malloc(len, M_RTABLE, M_NOWAIT))
492                    rw->w_tmemsize = len;
493            }
494            if (rw->w_tmem) {
495                cp = rw->w_tmem;
496                second_time = 1;
497                goto again;
498            } else
499                rw->w_where = 0;
500        }
501    }
502    if (cp) {
503        struct rt_msghdr *rtm = (struct rt_msghdr *) cp0;

504        rtm->rtm_version = RTM_VERSION;
505        rtm->rtm_type = type;
506        rtm->rtm_msglen = len;
507    }
508    return (len);
509 }
                                                                    rtsock.c
```

图19-33 rt_msg2函数:处理可选参数walkarg

483-484 当调用者传递了一个非空的walkarg结构指针且函数第一次执行到这里时,该if语句的判断条件才为真。变量second_time被初始化成0,它将在本if语句中被设置成1,然后程序往回跳转到图19-32中的标号again处。cp为空指针的测试是不必要的,因为当w指针非空时,cp指针一定是空,反之亦然。

3. 检查是否要保存数据

485-486 w_needed将增大,其增量为报文长度的值。该变量的初始值为0减去sysctl函数中用户缓存的长度。例如,如果该缓存为500比特,则w_needed的初始值为-500。只要该变量为负值,则表明缓存内还有剩余空间。在调用进程中,w_where是指向该缓存的指针。w_where为空表明调用进程不想要函数的处理结果,而仅想获得sysctl处理结果的大小。因此,当w_where为空时,rt_msg2没有必要将数据复制给进程,也就是返回给调用者。同样,rt_msg2也没有必要为保存结构而申请缓存,也不需要返回到标号again处再次执行,因为再次执行是为了把结果填入到缓存里。本函数的处理实际上只有五种情况,如图19-34所示。

4. 第一次调用时或消息长度增加时分配缓存

487-493 w_tmemsize是w_tmem所指向的缓存的长度。它被sysctl_rtable初始化成0。

因此，对于给定的sysctl请求，在第一次调用rt_msg2时，必须为它分配一个缓存。同样，当产生的结果的长度增加时，必须释放原有的缓存，并重新分配一个更大的缓存。

调 用 者	cp	w	w.w_where	second_time	描　　述
route_output	空	空			希望返回长度
	非空	空			希望返回结果
sysctl_rtable	空	非空	空	0	进程希望返回长度
	空	非空	非空	0	第一次执行，计算长度
	非空	非空	非空	1	第二次执行，保存结果

图19-34　rt_msg2函数的五种执行情况

5. 返回再执行一次并保存结果

494-499　如果w_tmemsize非空，则表明该缓存已经存在或刚被分配。设置cp指向该缓存，把second_time设置成1，跳转至标号again处。因为second_time的值为1，所以第二次执行到本图的第一个语句时，if语句的判断不再为真。如果w_tmem为空，则表明调用malloc失败，因此，把进程中的缓存指针设置成空指针以阻止返回任何结果。

6. 保存长度、版本和类型

502-509　如果cp非空，则保存消息首部的前三个成员。函数返回报文的长度。

19.14　sysctl_rtable函数

本函数处理选路插口的sysctl系统调用。如图18-11所示，net_sysctl函数调用了该函数。

在解释其源代码之前，图19-35给出了该系统调用关于路由表的一种典型的用法。这个例子来自于arp程序。

```
int        mib[6];
size_t     needed;
char       *buf, *lim, *next;
struct rt_msghdr   *rtm;

mib[0] = CTL_NET;
mib[1] = PF_ROUTE;
mib[2] = 0;
mib[3] = AF_INET;          /* address family; can be 0 */
mib[4] = NET_RT_FLAGS;     /* operation */
mib[5] = RTF_LLINFO;       /* flags; can be 0 */
if (sysctl(mib, 6, NULL, &needed, NULL, 0) < 0)
    quit("sysctl error, estimate");

if ( (buf = malloc(needed)) == NULL)
    quit("malloc");

if (sysctl(mib, 6, buf, &needed, NULL, 0) < 0)
    quit("sysctl error, retrieval");

lim = buf + needed;
for (next = buf; next < lim; next += rtm->rtm_msglen) {
    rtm = (struct rt_msghdr *)next;
    ...  /* do whatever */
}
```

图19-35　路由表的用法示例

mib数组的前三个元素引导内核调用sysctl_rtable，以处理其余的元素。

mib[4]用于指定操作的类型，共支持3种操作类型。

1) NET_RT_DUMP：返回mib[3]指定的地址族所对应的路由表。如果地址族为0，则返回所有的路由表。

针对每一个路由表项，程序都将返回一个RTM_GET选路消息。每个消息可能包含两个、三个或四个插口地址结构。这些地址结构由指针rt_key、rt_gateway、rt_netmask和rt_genmask所指向。其中最后两个指针可能为空。

2) NET_RT_FLAGS：与前一个命令相同，但mib[5]指定了一个RTF_*xxx*标志(图18-25)，程序仅返回那些设置了该标志的表项。

3) NET_RT_IFLIST：返回所有已配置接口的信息。如果mib[5]的值不是零，则程序仅返回if_index为相应值的接口。否则，返回所有ifnet链表上的接口。

针对每个接口，将返回一个RTM_IFINFO消息，该消息传递了有关接口本身的一些信息。之后用一个RTM_NEWADDR消息传递接口的if_addrlist上的每个ifaddr结构。如果mib[3]的值为非0，则RTM_NEWADDR消息仅返回那些地址族与mib[3]相匹配的地址。否则，mib[3]为0，将返回所有地址的信息。

这个操作是为了替代SIOCGIFCONF ioctl(图4-26)。

与该系统调用有关的一个问题是，该系统返回信息的数量是可变的，这种变化取决于路由表表项的数目和接口的数目。因此，第一次调用sysctl所指定的第三个参数通常是个空指针，也就是说，不需要返回任何选路信息，只要把该信息所占的比特数目返回即可。从图19-35中我们可以看出，进程第一次调用sysctl之后调用了malloc，接着再调用sysctl来获取信息。第二次调用时，通过第四个参数，sysctl又返回了该比特数目(该数目与上次相比可能会有变化)。通过该数目我们可以得到指针lim，它指向的位置位于返回的最后一个字节之后。进程接着就遍历缓存中的每个消息，利用rtm_msglen可找到下一个消息。

图19-36给出了不同的Net/3程序访问路由表和接口列表时指定的这六个mib变量的值。

mib[]	arp	route	netstat	routed	gated	rwhod
0	CTL_NET	CTL_NET	CTL_NET	CTL_NET	CTL_NET	CTL_NET
1	PF_ROUTE	PF_ROUTE	PF_ROUTE	PF_ROUTE	PF_ROUTE	PF_ROUTE
2	0	0	0	0	0	0
3	AF_INET	0	0	AF_INET	0	AF_INET
4	NET_RT_FLAGS	NET_RT_DUMP	NET_RT_DUMP	NET_RT_IFLIST	NET_RT_IFLIST	NET_RT_IFLIST
5	RTF_LLINFO	0	0	0	0	0

图19-36 调用sysctl获取路由表和接口列表的程序举例

前三个程序从路由表中提取路由表项，后三个从接口列表中提取数据。route程序仅支持Internet选路协议，所以它指定mib[3]的值为AF_INET，而gated还支持其他协议，所以它对应的mib[3]的值为0。

图19-37画出了三个sysctl_*xxx*函数的结构，在后面的几节中会逐个予以阐述。

图19-38给出了sysctl_rtable函数。

1. 验证参数

705-719 当进程调用sysctl来设置一个路由表中不支持的变量时，使用new参数。因此该参数必须是一个空指针。

720-721   namelen必须是3，因为系统调用处理到这儿时，name数组中有三个元素：name[0]，地址族(进程中它被指定为mib[3])；name[1]，操作(mib[4])；以及name[2]，标志(mib[5])。

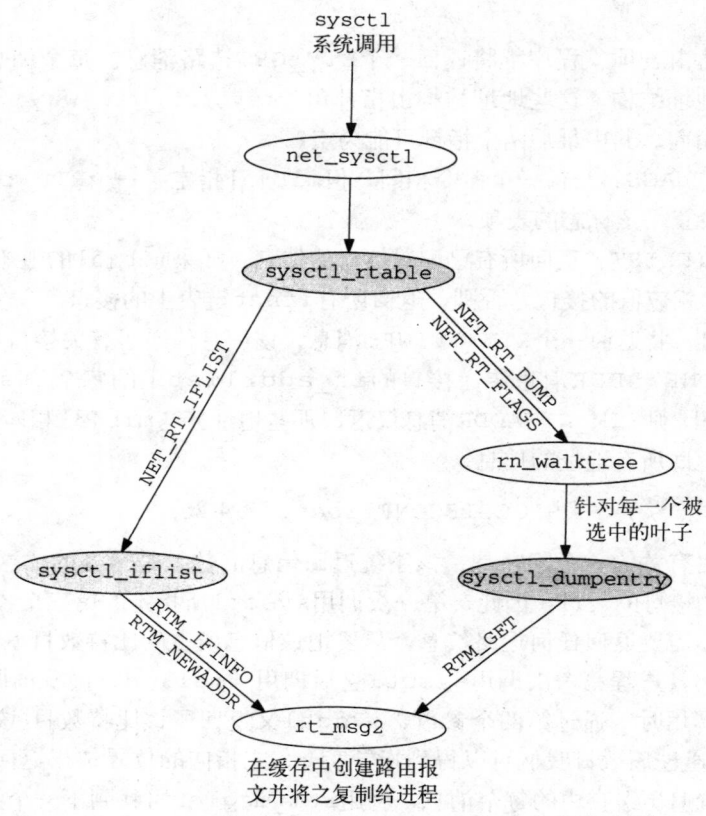

图19-37 支持针对选路插口的sysctl系统调用的函数

```
                                                                    — rtsock.c
705 int
706 sysctl_rtable(name, namelen, where, given, new, newlen)
707 int     *name;
708 int     namelen;
709 caddr_t where;
710 size_t *given;
711 caddr_t *new;
712 size_t  newlen;
713 {
714     struct radix_node_head *rnh;
715     int     i, s, error = EINVAL;
716     u_char  af;
717     struct walkarg w;

718     if (new)
719         return (EPERM);
720     if (namelen != 3)
721         return (EINVAL);
722     af = name[0];
723     Bzero(&w, sizeof(w));
```

图19-38 sysctl_rtable函数：处理sysctl系统调用请求

```
724         w.w_where = where;
725         w.w_given = *given;
726         w.w_needed = 0 - w.w_given;
727         w.w_op = name[1];
728         w.w_arg = name[2];

729         s = splnet();
730         switch (w.w_op) {

731         case NET_RT_DUMP:
732         case NET_RT_FLAGS:
733             for (i = 1; i <= AF_MAX; i++)
734                 if ((rnh = rt_tables[i]) && (af == 0 || af == i) &&
735                     (error = rnh->rnh_walktree(rnh,
736                                                 sysctl_dumpentry, &w)))
737                         break;
738             break;

739         case NET_RT_IFLIST:
740             error = sysctl_iflist(af, &w);
741         }
742         splx(s);
743         if (w.w_tmem)
744             free(w.w_tmem, M_RTABLE);
745         w.w_needed += w.w_given;
746         if (where) {
747             *given = w.w_where - where;
748             if (*given < w.w_needed)
749                 return (ENOMEM);
750         } else {
751             *given = (11 * w.w_needed) / 10;
752         }
753         return (error);
754 }
```
—— *rtsock.c*

图19-38 （续）

2. 初始化walkarg结构

723-728 把walkarg结构(图19-31)设置成0，并初始化下列成员：把w_where设置成调用进程中为结果准备的缓存地址；w_given是该缓存的比特数目(当w_where为空指针时，作为输入参数，该成员没有实际含义，但在输出时它必须被设置成将要返回的结果的长度)；w_needed被设置成缓存的大小的负数；w_op指明操作类型(值为NET_RT_*xxx*)；w_arg被设置成标志值。

3. 导出路由表

731-738 NET_RT_DUMP和NET_RT_FLAGS操作的处理是相同的：利用一个循环语句遍历所有的路由表(rt_table数组)，如果系统使用了该路由表，并且地址族调用参数为0或地址族调用参数与该路由表的族相匹配，则调用rnh_walktree函数来处理整个路由表。图18-17所给出的rnh_walktree函数是通常使用的rn_walktree函数。该函数的第二个参数的值是另一个函数的地址，这个函数(sysctl_dumpentry)将被调用以处理选路树的每一个叶子。rn_walktree的第三个参数是个任意类型的指针，该指针将传递给sysctl_dumpentry函数。在这里，它指向一个walkarg结构，该结构包含了有关sysctl调用的所有信息。

4. 返回接口列表

739-740   NET_RT_IFLIST操作调用sysctl_iflist函数来处理所有的ifnet结构。

5. 释放缓存

743-744   如果由rt_msg2分配的缓存里含有选路消息，则释放该缓存。

6. 更新w_needed

745   rt_msg2函数把每个消息的长度都加入到w_needed中。而该变量被我们初始化成w_given的负数，所以它的值可以表示成：

```
w_needed = 0 - w_given + totalbytes
```

式中，totalbytes表示由rt_msg2函数添加的所有消息的长度总和。通过往w_needed中加入w_given的值，我们就能得到所有消息的字节总数：

```
w_needed = 0 - w_given + totalbytes + w_given
         = totalbytes
```

因为等式中两个w_given的值最终相互抵消，所以当进程所指定的w_where是个空指针时，就没有必要初始化w_given的值。事实上，图19-35中的变量needed就没有被初始化。

7. 返回报文的实际长度

746-749   如果where指针非空，则通过given指针返回保存在缓存中的字节数。如果返回的数值小于进程指定的缓存的大小，则返回一个差错，因为返回信息被截短了。

8. 返回报文长度的估算值

750-752   当where指针为空时，进程只想获得要返回的字节总数。为了防止在两次sysctl调用之间相应的表被增大，我们将该字节总数扩大了10%。10%这个增量的确定没有特定的理由。

19.15   sysctl_dumpentry函数

在前一节中我们阐述了被sysctl_rtable调用的rn_walktree是如何调用本函数的。图19-39给出了本函数的代码。

623-630   每次调用本函数时，第一个参数指向一个radix_node结构，同时它也是一个rtentry结构的指针，第二个参数指向一个由sysctl_rtable初始化了的walkarg结构。

1. 检测路由表项的标志

631-632   如果进程指定了标志值(mib[5])，则忽略那些rt_flags成员中没有设置该标志的表项。在图19-36中，我们可以看到arp程序使用这种方法来选择那些设有RTF_LLINFO标志的表项，因为ARP仅对这些表项感兴趣。

2. 构造选路消息

633-638   rti_info数组中的下列四个指针是从路由表项中复制而得的：dst、gate、netmask和genmask。前两个总是非空的，但另外两个可以是空指针。调用rt_msg2是为了构造一个RTM_GET消息。

3. 复制消息回传给进程

639-651   如果进程需要返回一个报文，并且rt_msg2分配了一个缓存，则将选路报文中的其余部分填写到w_tmem所指向的缓存中去，并调用copyout复制消息回传给进程。如果复制成功，就增大w_where，增加的数目等于所复制的字节的数目。

rtsock.c

```
623 int
624 sysctl_dumpentry(rn, w)
625 struct radix_node *rn;
626 struct walkarg *w;
627 {
628     struct rtentry *rt = (struct rtentry *) rn;
629     int       error = 0, size;
630     struct rt_addrinfo info;

631     if (w->w_op == NET_RT_FLAGS && !(rt->rt_flags & w->w_arg))
632         return 0;
633     bzero((caddr_t) & info, sizeof(info));
634     dst = rt_key(rt);
635     gate = rt->rt_gateway;
636     netmask = rt_mask(rt);
637     genmask = rt->rt_genmask;
638     size = rt_msg2(RTM_GET, &info, 0, w);
639     if (w->w_where && w->w_tmem) {
640         struct rt_msghdr *rtm = (struct rt_msghdr *) w->w_tmem;

641         rtm->rtm_flags = rt->rt_flags;
642         rtm->rtm_use = rt->rt_use;
643         rtm->rtm_rmx = rt->rt_rmx;
644         rtm->rtm_index = rt->rt_ifp->if_index;
645         rtm->rtm_errno = rtm->rtm_pid = rtm->rtm_seq = 0;
646         rtm->rtm_addrs = info.rti_addrs;
647         if (error = copyout((caddr_t) rtm, w->w_where, size))
648             w->w_where = NULL;
649         else
650             w->w_where += size;
651     }
652     return (error);
653 }
```

rtsock.c

图19-39　sysctl_dumpentry函数：处理一个路由表项

19.16 sysctl_iflist函数

图19-40给出了本函数的代码。本函数由sysctl_rtable直接调用，用来把接口列表返回给进程。

本函数由一个for循环组成，该循环从指针ifnet开始，针对每个接口重复执行。接着用while循环处理每个接口的ifaddr结构链表。函数将针对每个接口产生一个RTM_IFINFO选路消息，并且针对每个地址产生一个RTM_NEWADDR消息。

1. 检测接口索引

654-666　进程可以指定一个非零的标志参数(图19-36中的mib[5])。函数用接口的if_index值与之比较，只有匹配时，才进行处理。

2. 创建选路消息

667-670　在RTM_IFINFO消息中只返回了唯一的一个插口地址结构，即ifpaddr。该RTM_IFINFO消息是由rt_msg2创建的。info结构中的ifpaddr指针被设置成0，因为该info结构还要用来产生后面的RTM_NEWADDR消息。

3. 复制消息回传给进程

671-681　如果进程需要返回消息，则填入if_msghdr结构的其余部分，用copyout给进

程复制该缓存，并增大w_where。

```c
                                                             rtsock.c
654  int
655  sysctl_iflist(af, w)
656  int      af;
657  struct walkarg *w;
658  {
659      struct ifnet *ifp;
660      struct ifaddr *ifa;
661      struct rt_addrinfo info;
662      int      len, error = 0;

663      bzero((caddr_t) & info, sizeof(info));
664      for (ifp = ifnet; ifp; ifp = ifp->if_next) {
665          if (w->w_arg && w->w_arg != ifp->if_index)
666              continue;
667          ifa = ifp->if_addrlist;
668          ifpaddr = ifa->ifa_addr;
669          len = rt_msg2(RTM_IFINFO, &info, (caddr_t) 0, w);
670          ifpaddr = 0;
671          if (w->w_where && w->w_tmem) {
672              struct if_msghdr *ifm;

673              ifm = (struct if_msghdr *) w->w_tmem;
674              ifm->ifm_index = ifp->if_index;
675              ifm->ifm_flags = ifp->if_flags;
676              ifm->ifm_data = ifp->if_data;
677              ifm->ifm_addrs = info.rti_addrs;
678              if (error = copyout((caddr_t) ifm, w->w_where, len))
679                  return (error);
680              w->w_where += len;
681          }
682          while (ifa = ifa->ifa_next) {
683              if (af && af != ifa->ifa_addr->sa_family)
684                  continue;
685              ifaaddr = ifa->ifa_addr;
686              netmask = ifa->ifa_netmask;
687              brdaddr = ifa->ifa_dstaddr;
688              len = rt_msg2(RTM_NEWADDR, &info, 0, w);
689              if (w->w_where && w->w_tmem) {
690                  struct ifa_msghdr *ifam;
691                  ifam = (struct ifa_msghdr *) w->w_tmem;
692                  ifam->ifam_index = ifa->ifa_ifp->if_index;
693                  ifam->ifam_flags = ifa->ifa_flags;
694                  ifam->ifam_metric = ifa->ifa_metric;
695                  ifam->ifam_addrs = info.rti_addrs;
696                  if (error = copyout(w->w_tmem, w->w_where, len))
697                      return (error);
698                  w->w_where += len;
699              }
700          }
701          ifaaddr = netmask = brdaddr = 0;
702      }
703      return (0);
704  }
                                                             rtsock.c
```

图19-40 sysctl_iflist函数：返回接口列表及其地址

4. 循环处理每一个地址结构，检测其地址族

682-684   处理接口的每一个ifaddr结构。进程也可以指定一个非零地址族(图19-36中的

mib[3])来选择仅处理那些指定族的接口地址。

5. 创建选路消息

685-688 rt_msg2创建的每个RTM_NEWADDR消息中最多可以返回三个插口地址结构：ifaddr、netmask和brdaddr。

6. 复制消息回传给进程

689-699 如果进程需要返回消息，则填入ifa_msghdr结构的其余部分，用copyout给进程复制缓存，并增大w_where。

701 因为info数组还要在下一个接口消息中使用，所以程序将其中的这三个指针设置成0。

19.17 小结

所有选路消息的格式都是相同的——一个定长的结构，后面跟着若干个插口地址结构。共有三种不同类型的消息，各自具有相应的定长结构，每种定长结构的前三个元素都分别标识消息的长度、版本和类型。每种结构中的比特掩码指定哪些插口地址结构跟在定长结构之后。

这些消息以两种方式在内核与进程之间传递。消息可以在任意一个方向上传递，并且都是通过选路插口每次读或写一个消息。这就使得一个超级用户进程对内核路由表的访问具有完全的读写能力。选路守护进程(如routed和gated)就是这样实现其期望的选路策略的。

另外，任何一个进程都可以用sysctl系统调用来读取内核路由表的内容。这种方法不需要涉及选路插口，也不需要特别的权限。最终的结果通常包含许多选路消息，该结果作为系统调用的一部分被返回。由于进程不知道结果的大小，因此，为系统调用提供了一种方法来返回结果的大小而不返回结果本身。

习题

19.1 RTF_DYNAMIC和RTF_MODIFIED标志之间有什么区别？对于一个给定的路由表项，它们可以同时设置吗？

19.2 当用下列命令添加默认路由时会有什么情况发生？

```
bsdi $ route add default -cloning -genmask 255.255.255.255 sun
```

19.3 某路由表包含了15个ARP表项和20个路由，试估算用sysctl导出该路由表时需要多少空间。

第20章 选路插口

20.1 引言

进程使用选路域(routing domain)中的一个插口来发送和接收前一章所描述的选路报文。socket系统调用需要指定PF_ROUTE的族类型和SOCK_RAW的插口类型。

接着,该进程可以向内核发送以下五种选路报文。

1) RTM_ADD:增加一条新路由。

2) RTM_DELETE:删除一条已经存在的路由。

3) RTM_GET:取得有关一条路由的所有信息。

4) RTM_CHANGE:改变一条已经存在路由的网关、接口或者度量。

5) RTM_LOCK:说明内核不应该修改哪个度量。

除此之外,该进程可以接收其他七个选路报文,这些报文是在发生某些事件(如接口下线和收到重定向报文等)时,由内核生成的。

本章简介选路域、为每个选路插口创建的选路控制块、处理进程产生的报文的函数(route_output)、发送选路报文给一个或多个进程的函数(raw_input),以及支持一个选路插口上所有插口操作的不同函数。

20.2 routedomain和protosw结构

在描述选路插口函数之前,我们需要讨论有关选路域的其他一些细节、在选路域中支持的SOCK_RAW协议,以及每个选路插口所附带的选路控制块。

图20-1列出了称为routedomain的PF_ROUTE域的domain结构。

成 员	值	描 述
dom_family	PF_ROUTE	域的协议族
dom_name	route	名字
dom_init	route_init	域的初始化,图18-30
dom_externalize	0	在选路域中不使用
dom_dispose	0	在选路域中不使用
dom_protosw	routesw	协议交换结构,图20-2
dom_protoswNPROTOSW		指向协议交换结构之后的指针
dom_next		由domaininit填入,图7-15
dom_rtattch	0	在选路域中不使用
dom_rtoffset	0	在选路域中不使用
dom_maxrtkey	0	在选路域中不使用

图20-1 routedomain结构

与支持多个协议(TCP、UDP和ICMP等)的Internet域不一样,在选路域中只支持SOCK_RAW类型的协议。图20-2列出了PF_ROUTE域的协议转换项。

成　员	routesw[0]	描　述
pr_type	SOCK_RAW	原始插口
pr_domain	&routedomain	选路域部分
pr_protocol	0	
pr_flags	PR_ATOMI | PR_ADDR	插口层标志，协议处理时不使用
pr_input	raw_input	不使用这项，raw_input直接调用
pr_output	route_output	PRU_SEND请求所调用
pr_ctlinput	raw_ctlinput	控制输入函数
pr_ctloutput	0	不使用
pr_usrreq	route_usrreq	对一个进程通信请求的响应
pr_init	raw_init	初始化
pr_fasttimo	0	不使用
pr_slowtimo	0	不使用
pr_drain	0	不使用
pr_sysctl	sysctl_rtable	用于sysctl(8)系统调用

图20-2　选路协议protosw的结构

20.3　选路控制块

每当采用如下形式的调用创建一个选路插口时，

```
socket(PF_ROUTE, SOCK_RAW, protocol);
```

与协议的用户请求函数(route_usrreq)对应的PRU_ATTACH请求会分配一个选路控制块，并且将它链接到插口结构上。protocol参数可以将发送给这个插口上的进程的报文类型限制为一个特定族。例如，如果将protocol参数指定为AF_INET，只有包含了Internet地址的选路报文将被发送给这个进程。protocol参数为0将使得来自内核的所有选路报文都发送给这个插口。

回忆一下，我们把这些结构称为选路控制块，而不是原始控制块(raw control block)，是为了避免与第32章中的原始IP控制块相混淆。

图20-3显示了rawcb结构的定义。

```
                                                              ── raw_cb.h
39 struct rawcb {
40     struct rawcb *rcb_next;      /* doubly linked list */
41     struct rawcb *rcb_prev;
42     struct socket *rcb_socket;   /* back pointer to socket */
43     struct sockaddr *rcb_faddr;  /* destination address */
44     struct sockaddr *rcb_laddr;  /* socket's address */
45     struct sockproto rcb_proto;  /* protocol family, protocol */
46 };

47 #define sotorawcb(so)       ((struct rawcb *)(so)->so_pcb)
                                                              ── raw_cb.h
```

图20-3　rawcb结构

另外，分配了一个相同名字的全局结构rawcb作为这个双向链表的头。图20-4显示了这种情况。

39-47　我们在图19-26中显示了sockproto的结构。它的sp_family成员变量被设置为PF_ROUTE，sp_protocol成员变量被设置为socket系统调用的第三个参数。

rcb_faddr成员变量被永久性地设置为指向route_src的指针，我们在图19-26中描述了route_src。rcb_laddr总是一个空指针。

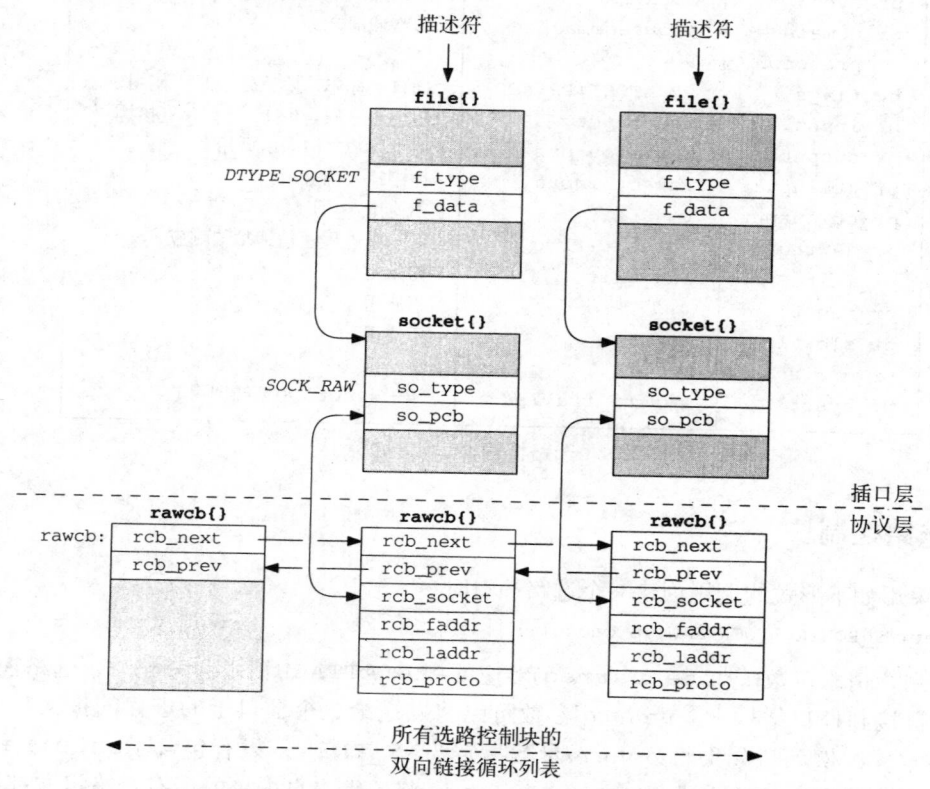

图20-4 原始协议控制块与其他数据结构的关系

20.4 `raw_init`函数

在图20-5中显示的raw_init函数是图20-2中的protosw结构的协议初始化函数。我们在图18-29中描述了选路域的完整初始化过程。

38-42   这个函数将头结构的下一个和前一个指针设置为指向自身来对这个双向链表进行初始化。

```
                                                              ── raw_usrreq.c
38 void
39 raw_init()
40 {
41     rawcb.rcb_next = rawcb.rcb_prev = &rawcb;
42 }
                                                              ── raw_usrreq.c
```

图20-5 raw_init函数：初始化选路控制块的双向链表

20.5 `route_output`函数

如同我们在图18-11所显示的，当给协议的用户请求函数发送PRU_SEND请求时，就会调用route_output，这是一个进程向一个选路插口进行写操作所引起的。在图18-9中，我们给出了内核接受的、由进程发出的五种不同类型的选路报文。

因为这个函数是由一个进程的写操作激活的，来自该进程的数据(发送给进程的选路报文)被放在一个由sosend开始的mbuf链中。图20-6显示了大概的处理步骤，假定进程发送了一个RTM_ADD命令，指定三个地址：目的地址、它的网关和一个网络掩码(因此，这是一个网络路由，而不是一个主机路由)。

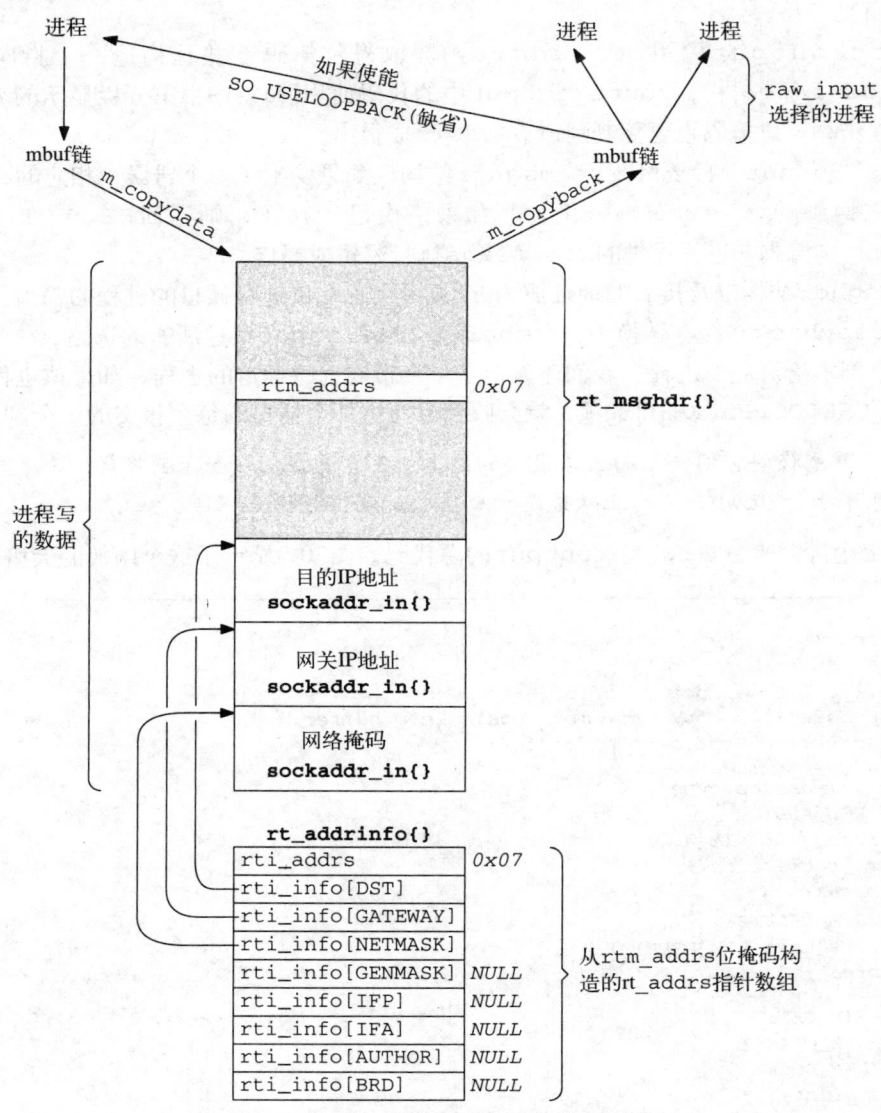

图20-6 一个进程发出的RTM_ADD命令的处理过程示例

在这个图中有几点需要引起注意，我们在介绍route_output的源代码时讨论了这里需要注意的大多数情况。另外，为了节省篇幅，我们省略了rt_addrinfo结构中每个数组下标的RTAX_前缀。

• 进程通过设置位掩码rtm_addrs来指定在定长的rt_msghdr结构之后有哪些插口地址

结构。我们显示了一个值为0x07的位掩码，表示有一个目的地址、一个网关地址和一个网络掩码(图19-19)。RTM_ADD命令需要前两个地址；第三个地址是可选的。另一个可选的地址，genmask指定用来产生克隆路由的掩码。

- write系统调用(sosend函数)将来自进程的一个缓存数据复制到内核的一个mbuf链中。
- m_copydata将mbuf链中的数据复制到route_output使用malloc获得的一个缓存中。访问存储在单个连续缓存中的结构以及结构后面的若干插口地址结构，比访问一个mbuf链更容易。
- route_output调用rt_xaddrs函数取得位掩码，并且构造一个指向缓存的rt_addrinfo结构。route_output中的代码使用图19-19中第五栏显示的名字来引用这些结构。位掩码也要复制到rti_addrs成员中。
- route_output一般要修改rt_msghdr结构。如果发生了一个错误，相应的errno值会被返回到rtm_errno中(例如，如果路由已经存在，则返回EEXIST)；否则，RTF_DONE标志与进程提供的rtm_flags执行逻辑或操作。
- rt_msghdr结构以及接着的地址成为0个或多个正在读选路插口的进程的输入。首先使用m_copyback将缓存转换为一个mbuf链。raw_input经过所有的选路PCB，并且传递一个副本给对应的进程。我们还显示了一个带有选路插口的进程，如果该进程没有禁用SO_USELOOPBACK插口选项，就会收到它写给那个插口的每个报文的一个副本。

为了避免收到它们自己的选路报文的副本，有些程序(如route)将第二个参数置为0来调用shutdown，以防止从选路插口上收到任何数据。

我们分七个部分来分析route_output的源代码。图20-7显示了这个函数的大概流程。

```
int
route_output()
{
    R_Malloc() to allocate buffer;
    m_copydata() to copy from mbuf chain into buffer;
    rt_xaddrs() to build rt_addrinfo{};

    switch (message type) {
    case RTM_ADD:
        rtrequest(RTM_ADD);
        rt_setmetrics();
        break;
    case RTM_DELETE:
        rtrequest(RTM_DELETE);
        break;

    case RTM_GET:
    case RTM_CHANGE:
    case RTM_LOCK:
        rtalloc1();

        switch (message type) {
        case RTM_GET:
            rt_msg2(RTM_GET);
            break;

        case RTM_CHANGE:
```

图20-7　route_output处理步骤小结

```
            change appropriate fields;
            /* fall through */

        case RTM_LOCK:
            set rmx_locks;
            break;
        }
        break;
    }

    set rtm_error if error, else set RTF_DONE flag;

    m_copyback() to copy from buffer into mbuf chain;

    raw_input();      /* mbuf chain to appropriate processes */
}
```

图20-7　（续）

route_output的第一部分显示在图20-8中。

rtsock.c

```
113 int
114 route_output(m, so)
115 struct mbuf *m;
116 struct socket *so;
117 {
118     struct rt_msghdr *rtm = 0;
119     struct rtentry *rt = 0;
120     struct rtentry *saved_nrt = 0;
121     struct rt_addrinfo info;
122     int      len, error = 0;
123     struct ifnet *ifp = 0;
124     struct ifaddr *ifa = 0;
125 #define senderr(e) { error = e; goto flush;}
126     if (m == 0 || ((m->m_len < sizeof(long)) &&
127                         (m = m_pullup(m, sizeof(long))) == 0))
128             return (ENOBUFS);
129     if ((m->m_flags & M_PKTHDR) == 0)
130         panic("route_output");
131     len = m->m_pkthdr.len;
132     if (len < sizeof(*rtm) ||
133         len != mtod(m, struct rt_msghdr *)->rtm_msglen) {
134         dst = 0;
135         senderr(EINVAL);
136     }
137     R_Malloc(rtm, struct rt_msghdr *, len);
138     if (rtm == 0) {
139         dst = 0;
140         senderr(ENOBUFS);
141     }
142     m_copydata(m, 0, len, (caddr_t) rtm);
143     if (rtm->rtm_version != RTM_VERSION) {
144         dst = 0;
145         senderr(EPROTONOSUPPORT);
146     }
147     rtm->rtm_pid = curproc->p_pid;

148     info.rti_addrs = rtm->rtm_addrs;
149     rt_xaddrs((caddr_t) (rtm + 1), len + (caddr_t) rtm, &info);
```

图20-8　route_output函数：初始化处理，从mbuf链中复制报文

```
150        if (dst == 0)
151            senderr(EINVAL);
152        if (genmask) {
153            struct radix_node *t;
154            t = rn_addmask((caddr_t) genmask, 1, 2);
155            if (t && Bcmp(genmask, t->rn_key, *(u_char *) genmask) == 0)
156                genmask = (struct sockaddr *) (t->rn_key);
157            else
158                senderr(ENOBUFS);
159        }
```
rtsock.c

图20-8 (续)

1. 检查mbuf的合法性

113-136   检查mbuf的合法性: 它的长度必须至少是一个rt_msghdr结构的大小。从mbuf的数据部分取出第一个长字,里面包含了rtm_msglen的值。

2. 分配缓存

137-142   分配一个缓存来存放整个报文,m_copydata将报文从mbuf链复制到缓存。

3. 检查版本号

143-146   检查报文的版本号。如果将来引入了新版本的选路报文,这个成员变量可以用来对早期版本提供支持。

147-149   进程的ID被复制到rtm_pid,进程提供的位掩码被复制到该函数的一个内部结构info.rti_addrs。函数rt_xaddrs(在下一节介绍)填入info结构的第8个插口地址指针来指示当前包含报文的缓存。

4. 需要的目的地址

150-151   所有的命令都需要一个目的地址。如果info.rti_info[RTAX_DST]项是一个空指针,就需要一个EINVAL。记住dst引用了这个数组成员(图19-19)。

5. 处理可选的genmask

152-159   genmask是可选的,它是在设置了RTF_CLONING标志后(图19-8)用作所创建路由的网络掩码。rn_addmask将这个掩码加入到掩码树中,并首先在掩码树中查找是否存在与这个掩码相同的项,如果找到,就引用那个项。如果在掩码树中找到或者将这个掩码加入到掩码树中,还要再检查一下掩码树中的那个项是否真等于genmask的值。如果等于,则genmask指针就被替代为掩码树中那个掩码的指针。

图20-9显示了route_output函数处理RTM_ADD和RTM_DELETE的下一部分。

162-163   RTM_ADD命令要求进程指定一个网关。

164-165   rtrequest处理该请求。如果输入的路由是一个主机路由,则netmask指针可以为空。如果一切OK,则saved_nrt返回新的路由表项的指针。

166-172   将rt_metrics结构从调用者缓存中复制到路由表项中。引用计数减1,并且保存genmask指针(可能是一个空指针)。

173-176   处理RTM_DELETE命令非常简单,因为所有的工作都由rtrequest来完成。既然最后一个参数是空指针,如果引用计数为0,rtrequest就调用rtfree从路由表中删除指定的项(图19-7)。

下一步的处理过程显示在图20-10中,其中显示了RTM_GET、RTM_CHANGE和RTM_LOCK

命令的公共代码。

```
                                                            ── rtsock.c
160    switch (rtm->rtm_type) {

161    case RTM_ADD:
162        if (gate == 0)
163            senderr(EINVAL);
164        error = rtrequest(RTM_ADD, dst, gate, netmask,
165                          rtm->rtm_flags, &saved_nrt);
166        if (error == 0 && saved_nrt) {
167            rt_setmetrics(rtm->rtm_inits,
168                          &rtm->rtm_rmx, &saved_nrt->rt_rmx);
169            saved_nrt->rt_refcnt--;
170            saved_nrt->rt_genmask = genmask;
171        }
172        break;

173    case RTM_DELETE:
174        error = rtrequest(RTM_DELETE, dst, gate, netmask,
175                          rtm->rtm_flags, (struct rtentry **) 0);
176        break;
                                                            ── rtsock.c
```

图20-9 route_output函数：进程RTM_ADD和RTM_DELETE命令

```
                                                            ── rtsock.c
177    case RTM_GET:
178    case RTM_CHANGE:
179    case RTM_LOCK:
180        rt = rtalloc1(dst, 0);
181        if (rt == 0)
182            senderr(ESRCH);
183        if (rtm->rtm_type != RTM_GET) {        /* XXX: too grotty */
184            struct radix_node *rn;
185            extern struct radix_node_head *mask_rnhead;

186            if (Bcmp(dst, rt_key(rt), dst->sa_len) != 0)
187                senderr(ESRCH);
188            if (netmask && (rn = rn_search(netmask,
189                                  mask_rnhead->rnh_treetop)))
190                netmask = (struct sockaddr *) rn->rn_key;
191            for (rn = rt->rt_nodes; rn; rn = rn->rn_dupedkey)
192                if (netmask == (struct sockaddr *) rn->rn_mask)
193                    break;
194            if (rn == 0)
195                senderr(ETOOMANYREFS);
196            rt = (struct rtentry *) rn;
197        }
                                                            ── rtsock.c
```

图20-10 route_output函数：RTM_GET、RTM_CHANGE和RTM_LOCK的公共处理部分

6. 查找已经存在的项

177-182 因为三个命令都引用了一个已经存在的项，所以用rtalloc1函数来查找这个项。如果没有找到，则返回一个ESRCH。

7. 不允许网络匹配

183-187 对RTM_CHANGE和RTM_LOCK命令来说，一个网络匹配是不够的：需要一个路由表关键字的精确匹配。因此，如果dst参数不等于路由表关键字，这个匹配就是一个网络匹配，返回一个ESRCH。

8. 使用网络掩码来查找正确的项

188-193 即使是一个精确的匹配，如果存在网络掩码不同的重复表项，仍然必须查找正确的项。如果提供了一个netmask参数，就要在掩码表中查找它(mask_rnhead)。如果找到了，netmask指针就被替代为掩码树中相应掩码的指针。检查重复表项列表的每个叶结点，查找一个rn_mask指针等于netmask的项。这个测试只是比较指针，而不是指针所指向的结构。因为所有的掩码都出现在掩码树中，并且每个不同的掩码只有一个副本出现在这个掩码树中。大多数情况下，表项不会重复，因此for循环只执行一次。如果一个主机路由项被修改了，不应该提供一个网络掩码，因此，netmask和rn_mask都是空指针(两者是相等的)。但是，如果有一个附带掩码的项被修改了，那个掩码必须作为netmask参数提供。

194-195 如果for循环终止时没有找到匹配的网络掩码，就返回ETOOMANYREFS。

注释XXX表示这个函数必须做所有的工作来找到需要的项。所有这些细节在其他一些类似rtalloc1的函数中都应该被隐藏，rtalloc1检测网络匹配，并且处理掩码参数。

这个函数的下一部分继续处理RTM_GET命令，显示在图20-11中。这个命令与

```
                                                                    rtsock.c
198         switch (rtm->rtm_type) {
199         case RTM_GET:
200             dst = rt_key(rt);
201             gate = rt->rt_gateway;
202             netmask = rt_mask(rt);
203             genmask = rt->rt_genmask;
204             if (rtm->rtm_addrs & (RTA_IFP | RTA_IFA)) {
205                 if (ifp = rt->rt_ifp) {
206                     ifpaddr = ifp->if_addrlist->ifa_addr;
207                     ifaaddr = rt->rt_ifa->ifa_addr;
208                     rtm->rtm_index = ifp->if_index;
209                 } else {
210                     ifpaddr = 0;
211                     ifaaddr = 0;
212                 }
213             }
214             len = rt_msg2(RTM_GET, &info, (caddr_t) 0,
215                     (struct walkarg *) 0);
216             if (len > rtm->rtm_msglen) {
217                 struct rt_msghdr *new_rtm;
218                 R_Malloc(new_rtm, struct rt_msghdr *, len);
219                 if (new_rtm == 0)
220                     senderr(ENOBUFS);
221                 Bcopy(rtm, new_rtm, rtm->rtm_msglen);
222                 Free(rtm);
223                 rtm = new_rtm;
224             }
225             (void) rt_msg2(RTM_GET, &info, (caddr_t) rtm,
226                     (struct walkarg *) 0);
227             rtm->rtm_flags = rt->rt_flags;
228             rtm->rtm_rmx = rt->rt_rmx;
229             rtm->rtm_addrs = info.rti_addrs;
230             break;
                                                                    rtsock.c
```

图20-11　route_output函数：RTM_GET处理过程

route_output支持的其他命令的区别在于它能够返回比传递给它的数据更多的数据。例如，只需要输入一个插口地址结构，即目的地址，但至少返回两个插口地址结构，即目的地址和它的网关。参看图20-6，这就意味着为m_copydata复制数据所分配的缓存可能需要扩充大小。

9. 返回目的地址、网关和掩码

198-203　rti_info数组中存储了四个指针：dst、gate、netmask和genmask。后两个可能是空指针。info结构中的这些指针指向进程将要返回的各个插口地址结构。

10. 返回接口信息

204-213　进程可以在rtm_flags位掩码中设置RTA_IFP和RTA_IFA掩码。如果设置了一项或两项，就表示进程想要接收这个路由表项所指示的ifaddr结构：接口的链路层地址(由rt_ifp->addrlist指向)以及这个路由表项的协议地址(由rt_ifa->ifa_addr指向)的内容。接口索引也会被返回。

11. 构造应答报文

214-224　将第三个指针置为空，调用rt_msg2来计算相应于RTM_GET的选路报文和info结构所指向的地址的长度。如果结果报文的长度超过了输入报文的长度，就会分配一个新的缓存，输入报文被复制到新的缓存中，老的缓存被释放，rtm被重新设置为指向新缓存。

225-230　再次调用rt_msg2，这次调用时第三个指针非空，因为在缓存中已经构造了一个结果报文。这次调用填入rt_msghdr结构的最后三个成员项。

图20-12显示了RTM_CHANGE和RTM_LOCK命令的处理过程。

12. 改变网关

231-233　如果进程传递了一个gate地址，rt_setgate就被调用来改变这个路由表项的网关。

13. 查找新的接口

234-244　新的网关(如果被改变)可能也需要rt_ifp和rt_ifa指针。进程可以通过传递一个ifpaddr插口地址结构或者一个ifaaddr插口地址结构来说明这些新的值。先看第一个，然后再看第二个。如果进程两个结构都没传递，rt_ifp和rt_ifa指针就会被忽略。

14. 检验接口是否改变

245-256　如果找到了一个接口(ifa非空)，则该路由的现有rt_ifa指针要和新的值进行比较。如果数值已经改变了，则两个针对rt_ifp和rt_ifa的新值需要存储到路由表的表项中。在这样做之前，先要用RTM_DELETE命令调用该接口的请求函数(如果定义了该函数的话)。这个删除动作是必需的，因为从一种类型的网络到另一种类型的网络，它们的链路层信息可能会有很大的差别(比如说从一个X.25网络改变成以太网的路由)，同时我们还必须通知输出例程。

15. 更新度量

257-258　rt_setmetrics修改路由表项的度量。

16. 调用接口请求函数

259-260　如果定义了一个接口请求函数，它就会和RTM_ADD命令一起被调用。

17. 保存克隆生成的掩码

261-262　如果进程指定了genmask参数，就将在图20-8中获得的掩码的指针保存在rt_genmask中。

18. 修改加锁度量的位掩码

266-270　RTM_LOCK命令修改保存在rt_rmx.rmx_locks中的位掩码。图20-13显示了这

个位掩码中不同位的值，每个度量一个值。

rtsock.c

```
231            case RTM_CHANGE:
232                if (gate && rt_setgate(rt, rt_key(rt), gate))
233                    senderr(EDQUOT);
234                /* new gateway could require new ifaddr, ifp; flags may also be
235                    different; ifp may be specified by ll sockaddr when protocol
236                    address is ambiguous */
237                if (ifpaddr && (ifa = ifa_ifwithnet(ifpaddr)) &&
238                    (ifp = ifa->ifa_ifp))
239                    ifa = ifaof_ifpforaddr(ifaaddr ? ifaaddr : gate,
240                                           ifp);
241                else if ((ifaaddr && (ifa = ifa_ifwithaddr(ifaaddr))) ||
242                        (ifa = ifa_ifwithroute(rt->rt_flags,
243                                               rt_key(rt), gate)))
244                    ifp = ifa->ifa_ifp;
245                if (ifa) {
246                    struct ifaddr *oifa = rt->rt_ifa;
247                    if (oifa != ifa) {
248                        if (oifa && oifa->ifa_rtrequest)
249                            oifa->ifa_rtrequest(RTM_DELETE,
250                                                rt, gate);
251                        IFAFREE(rt->rt_ifa);
252                        rt->rt_ifa = ifa;
253                        ifa->ifa_refcnt++;
254                        rt->rt_ifp = ifp;
255                    }
256                }
257                rt_setmetrics(rtm->rtm_inits, &rtm->rtm_rmx,
258                              &rt->rt_rmx);
259                if (rt->rt_ifa && rt->rt_ifa->ifa_rtrequest)
260                    rt->rt_ifa->ifa_rtrequest(RTM_ADD, rt, gate);
261                if (genmask)
262                    rt->rt_genmask = genmask;
263                /*
264                 * Fall into
265                 */
266            case RTM_LOCK:
267                rt->rt_rmx.rmx_locks &= ~(rtm->rtm_inits);
268                rt->rt_rmx.rmx_locks |=
269                    (rtm->rtm_inits & rtm->rtm_rmx.rmx_locks);
270                break;
271            }
272            break;

273        default:
274            senderr(EOPNOTSUPP);
275        }
```

rtsock.c

图20-12 route_output函数：RTM_CHANGE和RTM_LOCK处理过程

　　路由表项中rt_metrics结构的rmx_locks成员是告诉内核哪些度量不要管的位掩码。即，rmx_locks指定的那些度量内核不能修改。内核唯一能使用这些度量的地方是和TCP一起，如图27-3所示。rmx_pksent度量不能被初始化或加锁，但是内核也从来没有引用或修改过这个成员。

　　进程发出的报文中的rtm_inits值是一个位掩码，指出哪些度量刚刚被rt_setmetrics初始化过。报文中的rtm_rmx.rmx_locks值是一个指出哪些度量现在应

常　量	值	描　述
RTV_MTU	0x01	初始化或者锁住rmx_mtu
RTV_HOPCOUNT	0x02	初始化或者锁住rmx_hopcount
RTV_EXPIRE	0x04	初始化或者锁住rmx_expire
RTV_RPIPE	0x08	初始化或者锁住rmx_recvpipe
RTV_SPIPE	0x10	初始化或者锁住rmx_sendpipe
RTV_SSTHRESH	0x20	初始化或者锁住rmx_ssthresh
RTV_RTT	0x40	初始化或者锁住rmx_rtt
RTV_RTTVAR	0x80	初始化或者锁住rmx_rttvar

图20-13　对度量初始化或加锁的常量

该加锁的位掩码。`rt_rmx.rmx_locks`的值是一个指出路由表中哪些度量当前被加锁的位掩码。首先，任何将要初始化的位(`rtm_inits`)都要解锁。任何既被初始化(`rtm_inits`)又被加锁(`rtm_rmx.rmx_locks`)的位都必须加锁。

273-275　这个`default`是用于图20-9开始的`switch`语句，用来处理进程发出的报文中除了所支持的五个命令以外的其他选路命令。

`route_output`的最后一部分显示在图20-14中，用来发送应答给`raw_input`。

rtsock.c
```
276   flush:
277       if (rtm) {
278           if (error)
279               rtm->rtm_errno = error;
280           else
281               rtm->rtm_flags |= RTF_DONE;
282       }
283       if (rt)
284           rtfree(rt);
285       {
286           struct rawcb *rp = 0;
287           /*
288            * Check to see if we don't want our own messages.
289            */
290           if ((so->so_options & SO_USELOOPBACK) == 0) {
291               if (route_cb.any_count <= 1) {
292                   if (rtm)
293                       Free(rtm);
294                   m_freem(m);
295                   return (error);
296               }
297               /* There is another listener, so construct message */
298               rp = sotorawcb(so);
299           }
300           if (rtm) {
301               m_copyback(m, 0, rtm->rtm_msglen, (caddr_t) rtm);
302               Free(rtm);
303           }
304           if (rp)
305               rp->rcb_proto.sp_family = 0;      /* Avoid us */
306           if (dst)
307               route_proto.sp_protocol = dst->sa_family;
308       raw_input(m, &route_proto, &route_src, &route_dst);
```

图20-14　route_output函数：将结果传递给raw_input

```
309          if (rp)
310              rp->rcb_proto.sp_family = PF_ROUTE;
311      }
312      return (error);
313 }
```
———————————————————————————————————— *rtsock.c*

图20-14 （续）

19. 返回错误或OK

276-282 flush是该函数开头定义的senderr宏所跳转的标号。如果发生了一个错误，错误就在rtm_errno成员中返回；否则，就设置RTF_DONE标志。

20. 释放拥有的路由

283-284 如果拥有一条路由，就要被释放。如果找到，在图20-10的开始位置对rtalloc1的调用拥有这条路由。

21. 没有进程接收报文

285-296 SO_USELOOPBACK插口选项的默认值为真，表示发送进程将会收到它发送给选路插口的每个选路报文的一个副本(如果发送者不接收报文的副本，它就不能收到RTM_GET返回的任何信息)。如果没有设置这个选项，并且选路插口的总数小于或等于1，就没有其他进程接收报文，并且发送者不想要一个报文副本。缓存和mbuf链都会被释放，该函数返回。

22. 没有环回复制报文的其他监听者

297-299 至少有一个其他的监听者而不是发送进程不想要一个报文副本。指针rp默认是空，被设置成指向发送者的选路控制块，也用来作为发送者不想要报文副本的一个标志。

23. 将缓存转换成mbuf链

300-303 缓存被转换成一个mbuf链(图20-6)，然后释放缓存。

24. 避免环回复制

304-305 如果设置了rp，则某个其他的进程可能想要报文，但是发送者不想要副本。发送者的选路控制块的sp_family成员被临时设置为0，但是报文的sp_family(route_proto结构，显示在图19-26中)有一个PF_ROUTE的族。这个技巧防止raw_input将结果的一个副本传递给发送进程，因为raw_input不会将副本传递给sp_family为0的任何插口。

25. 设置选路报文的地址族

306-308 如果dst是一个非空的指针，则那个插口地址结构的地址族成为选路报文的协议。对于Internet协议，这个值将是PF_INET。通过raw_input，一个副本被传递给合适的监听者。

309-313 如果调用进程的sp_family成员被临时设置为0，它就被复位成正常值PF_ROUTE。

20.6 rt_xaddrs函数

在将来自进程的选路报文从mbuf链复制到一个缓存以及将来自进程的位掩码(rtm_addrs)复制到rt_addrinfo结构的rti_info成员之后，只从route_output中调用一次rt_xaddrs函数(图20-8)。rt_xaddrs的目的是获取这个位掩码，并设置rti_info数组的指针，使之指向缓存中相应的地址。图20-15显示了这个函数。

330-340 指针数组被设置成0，因此，所有在位掩码中不出现的地址结构的指针都将是空。

341-347 测试位掩码中8个(RTM_MAX)可能位的每一位(如果设置)，将相应于插口地址结构的一个指针存到rti_info数组中。ADVANCE宏以插口地址结构的sa_len字段为参数，上

圆整为4个字节的倍数，相应地增加指针cp。

```
                                                              ─── rtsock.c
330 #define ROUNDUP(a) \
331     ((a) > 0 ? (1 + (((a) - 1) | (sizeof(long) - 1))) : sizeof(long))
332 #define ADVANCE(x, n) (x += ROUNDUP((n)->sa_len))
333 static void
334 rt_xaddrs(cp, cplim, rtinfo)
335 caddr_t cp, cplim;
336 struct rt_addrinfo *rtinfo;
337 {
338     struct sockaddr *sa;
339     int     i;

340     bzero(rtinfo->rti_info, sizeof(rtinfo->rti_info));
341     for (i = 0; (i < RTAX_MAX) && (cp < cplim); i++) {
342         if ((rtinfo->rti_addrs & (1 << i)) == 0)
343             continue;
344         rtinfo->rti_info[i] = sa = (struct sockaddr *) cp;
345         ADVANCE(cp, sa);
346     }
347 }
                                                              ─── rtsock.c
```

图20-15 rt_xaddrs函数：将指针填入rti_info数组

20.7 rt_setmetrics函数

这个函数在route_output中调用了两次：增加一条新路由时和改变一条已经存在的路由时。来自进程的选路报文的rtm_inits成员指定了进程想要初始化rtm_rmx数组中的哪些度量。位掩码中位的值显示在图20-13中。

请注意，rtm_addrs和rtm_inits都是来自进程的报文中的位掩码，前者指定了接下来的插口地址结构，而后者指定哪些度量将被初始化。为了节省空间，在rtm_addrs中没有设置位的插口地址结构也不会出现在选路报文中。但是整个rt_metrics总是以定长的rt_msghdr结构的形式出现——在rtm_inits中没有设置位的数组成员将被忽略。

图20-16显示了rt_setmetrics函数。

```
                                                              ─── rtsock.c
314 void
315 rt_setmetrics(which, in, out)
316 u_long  which;
317 struct rt_metrics *in, *out;
318 {
319 #define metric(f, e) if (which & (f)) out->e = in->e;
320     metric(RTV_RPIPE, rmx_recvpipe);
321     metric(RTV_SPIPE, rmx_sendpipe);
322     metric(RTV_SSTHRESH, rmx_ssthresh);
323     metric(RTV_RTT, rmx_rtt);
324     metric(RTV_RTTVAR, rmx_rttvar);
325     metric(RTV_HOPCOUNT, rmx_hopcount);
326     metric(RTV_MTU, rmx_mtu);
327     metric(RTV_EXPIRE, rmx_expire);
328 #undef metric
329 }
                                                              ─── rtsock.c
```

图20-16 rt_setmetrics函数：设置rt_metrics结构中的成员

314-318　which参数总是进程的选路报文的rtm_inits成员。in指向进程的rt_
metrics结构，而out指向将要创建或修改的路由表项的rt_metrics结构。

319-329　测试位掩码中8位的每一位，如果该位被设置，就复制相应的度量。请注意当使用
RTM_ADD创建一个新的路由表项时，route_output调用了rtrequest，后者将整个路由表
项设置为0(图19-9)。因此，在选路报文中，进程没有指定的任何度量，其默认值都是0。

20.8　raw_input函数

向一个进程发送的所有选路报文——包括由内核产生的和由进程产生的——都被传递给
raw_input，后者选择接收这个报文的进程。图18-11总结了调用raw_input的四个函数。

当创建一个选路插口时，族总是PF_ROUTE；而协议(socket的第三个参数)可能为0，表
示进程想要接收所有的选路报文；或者是一个如同AF_INET的值，限制插口只接收包含指定
协议族地址的报文。为每个选路插口创建一个选路控制块(20.3节)，这两个值分别存储在
rcb_proto结构的sp_family和sp_protocol成员中。

图20-17显示了raw_input函数。

```
                                                               ─ raw_usrreq.c
51  void
52  raw_input(m0, proto, src, dst)
53  struct mbuf *m0;
54  struct sockproto *proto;
55  struct sockaddr *src, *dst;
56  {
57      struct rawcb *rp;
58      struct mbuf *m = m0;
59      int      sockets = 0;
60      struct socket *last;
61      last = 0;
62      for (rp = rawcb.rcb_next; rp != &rawcb; rp = rp->rcb_next) {
63          if (rp->rcb_proto.sp_family != proto->sp_family)
64              continue;
65          if (rp->rcb_proto.sp_protocol &&
66              rp->rcb_proto.sp_protocol != proto->sp_protocol)
67              continue;
68          /*
69           * We assume the lower level routines have
70           * placed the address in a canonical format
71           * suitable for a structure comparison.
72           *
73           * Note that if the lengths are not the same
74           * the comparison will fail at the first byte.
75           */
76  #define equal(a1, a2) \
77      (bcmp((caddr_t)(a1), (caddr_t)(a2), a1->sa_len) == 0)
78          if (rp->rcb_laddr && !equal(rp->rcb_laddr, dst))
79              continue;
80          if (rp->rcb_faddr && !equal(rp->rcb_faddr, src))
81              continue;
82          if (last) {
83              struct mbuf *n;
84              if (n = m_copy(m, 0, (int) M_COPYALL)) {
85                  if (sbappendaddr(&last->so_rcv, src,
86                              n, (struct mbuf *) 0) == 0)
```

图20-17　raw_input函数：将选路报文传递给0个或多个进程

```
87                           /* should notify about lost packet */
88                          m_freem(n);
89                      else {
90                          sorwakeup(last);
91                          sockets++;
92                      }
93                  }
94              }
95              last = rp->rcb_socket;
96          }
97          if (last) {
98              if (sbappendaddr(&last->so_rcv, src,
99                          m, (struct mbuf *) 0) == 0)
100                 m_freem(m);
101             else {
102                 sorwakeup(last);
103                 sockets++;
104             }
105         } else
106             m_freem(m);
107     }
```
_____ raw_usrreq.c

图20-17 （续）

51-61 在我们所看到的四个对raw_input的调用中，proto、src和dst参数指向三个全局变量route_proto、route_src和route_dst，这些变量都如同图19-26所示的那样被声明和初始化。

1. 比较地址族和协议

62-67 for循环遍历每个选路控制块来查找一个匹配。控制块里的族(一般是PF_ROUTE)必须与sockproto结构的族相匹配，否则这个控制块就被略过。接下来，如果控制块里的协议(socket的第三个参数)非空，它必须匹配sockproto结构的族；否则，这个报文被略去。因此，以0协议创建的一个选路插口的进程将收到所有的选路报文。

2. 比较本地的和外部的地址

68-81 如果指定了的话，这两个测试会比较控制块里的本地地址和外部地址。目前，进程不能设置控制块的rcb_laddr或者rcb_faddr成员。一般来说，进程使用bind设置前者，用connect设置后者，但对于Net/3中的选路插口这是不可能的。作为替代，我们将看到route_usrreq将插口固定地连接到route_src插口地址结构，这是可行的，因为它总是这个函数的src参数。

3. 将报文添加到插口的接收缓存中

82-107 如果last非空，它指向最近看到的应该接收这个报文的socket结构。如果这个变量非空，就使用m_copy和sbappendaddr将这个报文的一个副本添加到那个插口的接收缓存中，并且等待这个接收缓存的任何进程都会被唤醒。然后，last被设置成指向在以前的测试中刚刚匹配的插口。使用last是为了在只有一个进程接收报文的情况下避免调用m_copy(一个代价昂贵的操作)。

如果有N个进程接收报文，那么前N-1个接收一个报文副本，最后一个进程收到的是这个报文本身。

在这个函数里递增的socket变量并没有被用到。因为只有当报文被传递给一个进程后它才会被递增，所以，如果在函数的结尾这个变量的值是0，就表示没有进程接收该报文(但是变量值没有在任何地方保存)。

20.9 route_usrreq函数

route_usrreq是选路协议的用户请求函数。它被不同的操作调用。图20-18显示了这个
函数。

```
                                                                         ──── rtsock.c
 64  int
 65  route_usrreq(so, req, m, nam, control)
 66  struct socket *so;
 67  int      req;
 68  struct mbuf *m, *nam, *control;
 69  {
 70      int      error = 0;
 71      struct rawcb *rp = sotorawcb(so);
 72      int      s;

 73      if (req == PRU_ATTACH) {
 74          MALLOC(rp, struct rawcb *, sizeof(*rp), M_PCB, M_WAITOK);
 75          if (so->so_pcb = (caddr_t) rp)
 76              bzero(so->so_pcb, sizeof(*rp));
 77      }
 78      if (req == PRU_DETACH && rp) {
 79          int      af = rp->rcb_proto.sp_protocol;
 80          if (af == AF_INET)
 81              route_cb.ip_count--;
 82          else if (af == AF_NS)
 83              route_cb.ns_count--;
 84          else if (af == AF_ISO)
 85              route_cb.iso_count--;
 86          route_cb.any_count--;
 87      }
 88      s = splnet();
 89      error = raw_usrreq(so, req, m, nam, control);
 90      rp = sotorawcb(so);
 91      if (req == PRU_ATTACH && rp) {
 92          int      af = rp->rcb_proto.sp_protocol;
 93          if (error) {
 94              free((caddr_t) rp, M_PCB);
 95              splx(s);
 96              return (error);
 97          }
 98          if (af == AF_INET)
 99              route_cb.ip_count++;
100          else if (af == AF_NS)
101              route_cb.ns_count++;
102          else if (af == AF_ISO)
103              route_cb.iso_count++;
104          route_cb.any_count++;

105          rp->rcb_faddr = &route_src;
106          soisconnected(so);
107          so->so_options |= SO_USELOOPBACK;
108      }
109      splx(s);
110      return (error);
111  }
                                                                         ──── rtsock.c
```

图20-18 route_usrreq函数：处理PRU_xxx请求

1. PRU_ATTACH：分配控制块

64-77　当进程调用socket时，就会发出PRU_ATTACH请求。为选路控制块分配内存。MALLOC返回的指针保存在socket结构的so_pcb成员中。如果分配了内存，rawcb结构被设置成0。

2. PRU_DETACH：计数器递减

78-87　close系统调用发出PRU_DETACH请求。如果socket结构指向一个协议控制块，route_cb结构的计数器中有两个被减1：一个是any_count；另一个是基于该协议的计数器。

3. 处理请求

88-90　函数raw_usrreq被调用来进一步处理PRU_*xxx*请求。

4. 计数器递增

91-104　如果请求是PRU_ATTACH，并且插口指向一个选路控制块，就要检查raw_usrreq是否返回一个错误。然后，route_cb结构的计数器中的两个被递增：一个是any_count，另一个是基于该协议的计数器。

5. 连接插口

105-106　选路控制块里的外部地址被设置成route_src。这将永久地连接到新的插口来接收PF_ROUTE族的选路报文。

6. 默认情况下使能SO_USELOOPBACK

107-111　使能SO_USELOOPBACK插口选项。这是一个默认使能的插口选项——其他所有的选项默认都被禁止。

20.10　raw_usrreq函数

raw_usrreq完成在选路域中用户请求处理的大部分工作。在上一节中它被route_usrreq函数所调用。用户请求的处理被划分成这两个函数，是因为其他的一些协议(例如OSI CLNP)调用raw_usrreq而不是route_usrreq。raw_usrreq并不是想要成为一个协议的pr_usrreq函数，相反，它是一个被不同的pr_usrreq函数调用的公共的子例程。

图20-19显示了raw_usrreq函数的开始和结尾，其中的switch语句体在该图后面的图中单独讨论。

1. PRU_CONTROL请求是不合法的

119-129　PRU_CONTROL请求来自ioctl系统调用，在路由选择域中不被支持。

2. 控制信息不合法

130-133　如果进程传递控制信息(使用sendmsg系统调用)，就会返回一个错误，因为路由选择域中不使用这个可选的信息。

3. 插口必须有一个控制块

134-137　如果socket结构没有指向选路控制块，就返回一个错误。如果创建了一个新的插口，调用者(即route_usrreq)有责任在调用这个函数之前分配这个控制块，并且将指针保存在so_pcb成员中。

262-269　这个switch语句的default子句处理case子句没有处理的两个请求：PRU_BIND

和PRU_CONNECT。这两个请求的代码提供过，但在Net/3中被注释掉了。因此，如果在一个选路插口上发出bind或connect系统调用，就会引起一个内核的告警(panic)。这是一个程序错误(bug)。幸运的是创建这种类型的插口需要有超级用户的权限。

```
                                                                    raw_usrreq.c
119 int
120 raw_usrreq(so, req, m, nam, control)
121 struct socket *so;
122 int       req;
123 struct mbuf *m, *nam, *control;
124 {
125     struct rawcb *rp = sotorawcb(so);
126     int     error = 0;
127     int     len;

128     if (req == PRU_CONTROL)
129         return (EOPNOTSUPP);
130     if (control && control->m_len) {
131         error = EOPNOTSUPP;
132         goto release;
133     }
134     if (rp == 0) {
135         error = EINVAL;
136         goto release;
137     }
138     switch (req) {

                              /* switch cases */

262     default:
263         panic("raw_usrreq");
264     }
265 release:
266     if (m != NULL)
267         m_freem(m);
268     return (error);
269 }
                                                                    raw_usrreq.c
```

图20-19 raw_usrreg函数体

我们现在讨论单个case语句。图20-20显示了对PRU_ATTACH和PRU_DETACH请求的处理。

139-148 PRU_ATTACH请求是socket系统调用的一个结果。一个选路插口只能由一个超级用户的进程创建。

149-150 函数raw_attach(图20-24)将控制块链接到双向链接列表中。nam参数是socket的第三个参数，存储在控制块中。

151-159 PRU_DETACH是由close系统调用发出的请求。对一个空的rp指针的测试是多余的，因为在switch语句之前已经进行过这个测试了。

160-161 raw_detach(图20-25)从双向链接表中删除这个控制块。

图20-21显示了PRU_CONNECT2、PRU_DISCONNECT和PRU_SHUTDOWN请求的处理。

186-188 PRU_CONNECT2请求来自socketpair系统调用，在路由选择域中不被支持。

189-196 因为一个选路插口总是连接的(图20-18)，所以PRU_DISCONNECT请求在PRU_DETACH请

```
139            /*
140             * Allocate a raw control block and fill in the
141             * necessary info to allow packets to be routed to
142             * the appropriate raw interface routine.
143             */
144    case PRU_ATTACH:
145            if ((so->so_state & SS_PRIV) == 0) {
146                error = EACCES;
147                break;
148            }
149            error = raw_attach(so, (int) nam);
150            break;

151            /*
152             * Destroy state just before socket deallocation.
153             * Flush data or not depending on the options.
154             */
155    case PRU_DETACH:
156            if (rp == 0) {
157                error = ENOTCONN;
158                break;
159            }
160            raw_detach(rp);
161            break;
```
raw_usrreq.c

图20-20 raw_usrreq函数：PRU_ATTACH和PRU_DETACH请求

求之前由close发出。插口必须已经和一个外部地址相连接，这对于一个选路插口来说总是成立的。raw_disconnect和soisdisconnected完成这个处理。

197-202 当参数指定在这个插口上没有更多的写操作时，shutdown系统调用发出PRU_SHUTDOWN请求。socantsendmore禁止以后的写操作。

```
186    case PRU_CONNECT2:
187            error = EOPNOTSUPP;
188            goto release;

189    case PRU_DISCONNECT:
190            if (rp->rcb_faddr == 0) {
191                error = ENOTCONN;
192                break;
193            }
194            raw_disconnect(rp);
195            soisdisconnected(so);
196            break;

197            /*
198             * Mark the connection as being incapable of further input.
199             */
200    case PRU_SHUTDOWN:
201            socantsendmore(so);
202            break;
```
raw_usrreq.c

图20-21 raw_usrreq函数：PRU_CONNECT2、PRU_DISCONNECT和PRU_SHUTDOWN请求

对一个选路插口最常见的请求：PRU_SEND、PRU_ABORT和PRU_SENSE显示在图20-22中。
203-217 当进程向插口写时，sosend发出PRU_SEND请求。如果指定了一个nam参数，图

```
203          /*                                              ── raw_usrreq.c
204           * Ship a packet out.  The appropriate raw output
205           * routine handles any massaging necessary.
206           */
207      case PRU_SEND:
208          if (nam) {
209              if (rp->rcb_faddr) {
210                  error = EISCONN;
211                  break;
212              }
213              rp->rcb_faddr = mtod(nam, struct sockaddr *);
214          } else if (rp->rcb_faddr == 0) {
215              error = ENOTCONN;
216              break;
217          }
218          error = (*so->so_proto->pr_output) (m, so);
219          m = NULL;
220          if (nam)
221              rp->rcb_faddr = 0;
222          break;
223      case PRU_ABORT:
224          raw_disconnect(rp);
225          sofree(so);
226          soisdisconnected(so);
227          break;
228      case PRU_SENSE:
229          /*
230           * stat: don't bother with a blocksize.
231           */
232          return (0);
                                                             ── raw_usrreq.c
```

图20-22 raw_usrreq函数：PRU_SEND、PRU_ABORT和PRU_SENSE请求

即进程使用sendto或者sendmsg指定了一个目的地址，就会返回一个错误，因为
route_usrreq总是为一个选路插口设置rcb_faddr。

218-222   m指向的mbuf链中的信息被传递给协议的pr_output函数，也就是
route_output。

223-227   如果发出了一个PRU_ABORT请求，则该控制块被断开连接，插口被释放，然后被
断开连接。

228-232   fstat系统调用发出PRU_SENSE请求。函数返回OK。

图20-23显示了剩下的PRU_xxx请求。

```
233          /*                                              ── raw_usrreq.c
234           * Not supported.
235           */
236      case PRU_RCVOOB:
237      case PRU_RCVD:
238          return (EOPNOTSUPP);

239      case PRU_LISTEN:
240      case PRU_ACCEPT:
241      case PRU_SENDOOB:
242          error = EOPNOTSUPP;
```

图20-23 raw_usrreq函数：最后部分

```
243            break;
244        case PRU_SOCKADDR:
245            if (rp->rcb_laddr == 0) {
246                error = EINVAL;
247                break;
248            }
249            len = rp->rcb_laddr->sa_len;
250            bcopy((caddr_t) rp->rcb_laddr, mtod(nam, caddr_t), (unsigned) len);
251            nam->m_len = len;
252            break;
253        case PRU_PEERADDR:
254            if (rp->rcb_faddr == 0) {
255                error = ENOTCONN;
256                break;
257            }
258            len = rp->rcb_faddr->sa_len;
259            bcopy((caddr_t) rp->rcb_faddr, mtod(nam, caddr_t), (unsigned) len);
260            nam->m_len = len;
261            break;
```
——————————————————————————————————— raw_usrreq.c

图20-23 （续）

233-243 这五个请求不被支持。

244-261 PRU_SOCKADDR和PRU_PEERADDR请求分别来自getsockname和getpeername系统调用。前者总是返回一个错误，因为设置本地地址的bind系统调用在路由选择域中不被支持。后者总是返回插口地址结构route_src的内容，这个内容是由route_usrreq作为外部地址设置的。

20.11 raw_attach、raw_detach和raw_disconnect函数

raw_attach函数显示在图20-24中，被raw_input调用来完成PRU_ATTACH请求的处理。
——————————————————————————————————— raw_cb.c

```
49 int
50 raw_attach(so, proto)
51 struct socket *so;
52 int        proto;
53 {
54     struct rawcb *rp = sotorawcb(so);
55     int        error;

56     /*
57      * It is assumed that raw_attach is called
58      * after space has been allocated for the
59      * rawcb.
60      */
61     if (rp == 0)
62         return (ENOBUFS);
63     if (error = soreserve(so, raw_sendspace, raw_recvspace))
64         return (error);
65     rp->rcb_socket = so;
66     rp->rcb_proto.sp_family = so->so_proto->pr_domain->dom_family;
67     rp->rcb_proto.sp_protocol = proto;
68     insque(rp, &rawcb);
69     return (0);
70 }
```
——————————————————————————————————— raw_cb.c

图20-24 raw_attach函数

49-64 调用者必须已经分配了原始的协议控制块。soreserve将发送和接收缓存的高水位标记设置为8192。这对于选路报文应该是绰绰有余了。

65-67 socket结构的一个指针和dom_family(即图20-1中用于选路域的PF_ROUTE)以及proto参数(socket调用的第三个参数)一起存储在协议控制块中。

68-70 insque将这个控制块加入由全局变量rawcb作为头指针的双向链接表的前面。

raw_detach函数显示在图20-25中，被raw_input调用来完成PRU_DETACH请求的处理。

```
                                                                      ────── raw_cb.c
75  void
76  raw_detach(rp)
77  struct rawcb *rp;
78  {
79      struct socket *so = rp->rcb_socket;

80      so->so_pcb = 0;
81      sofree(so);
82      remque(rp);
83      free((caddr_t) (rp), M_PCB);
84  }
                                                                      ────── raw_cb.c
```

图20-25　raw_detach函数

75-84 socket结构中的so_pcb指针被设置成空，然后释放这个插口。使用remque从双向链接表中删除该控制块，使用free来释放被控制块占用的内存。

raw_disconnect函数显示在图20-26中，被raw_input调用来完成PRU_DISCONNECT和PRU_ABORT请求的处理。

88-94 如果该插口没有引用描述符，raw_detach将释放该插口和控制块。

```
                                                                      ────── raw_cb.c
88  void
89  raw_disconnect(rp)
90  struct rawcb *rp;
91  {
92      if (rp->rcb_socket->so_state & SS_NOFDREF)
93          raw_detach(rp);
94  }
                                                                      ────── raw_cb.c
```

图20-26　raw_disconnect函数

20.12　小结

选路插口是PF_ROUTE域中的一个原始插口。选路插口只能被一个超级用户进程创建。如果一个没有权限的进程想要读内核包含的选路信息，可以使用选路域所支持的sysctl系统调用(我们在前一章中描述过)。

在本章中，我们第一次碰到了与插口相联系的协议控制块。在选路域中，一个专门的rawcb包含了有关选路插口的信息：本地和外部的地址、地址族和协议。我们将在第22章中看到用于UDP、TCP和原始IP插口的更大的Internet协议控制块(inpcb)。然而概念是相同的：socket结构被插口层使用，而PCB(一个rawcb或一个inpcb)则被协议层使用。socket结构指向该PCB，后者也指向前者。

route_output函数处理进程可以发出的五个请求。依赖于协议和地址族，raw_input将一个选路报文发送给一个或多个选路插口。对一个选路插口的不同的PRU_*xxx*请求由raw_usrreq和route_usrreq处理。在后面的章节中，我们将碰到另外的*xxx*_usrreq函数，每个协议(UDP、TCP和原始IP)对应一个，每个函数都由一个switch语句组成，用来处理每一个请求。

习题

20.1 当进程向一个选路插口写一个报文时，列出两种进程可以从route_output收到返回值的方法。哪种方法更可靠？

20.2 因为routesw结构的pr_protocol成员为0，所以当进程对socket系统调用指定了一个非0的*protocol*参数时，会发生什么情况？

20.3 路由表中的路由(和ARP项不同)永远不会超时。试在路由上实现一个超时机制。

第21章 ARP：地址解析协议

21.1 介绍

地址解析协议(ARP)用于实现IP地址到网络接口硬件地址的映射。常见的以太网网络接口硬件地址长度为48 bit。ARP同时也可以工作在其他类型的数据链路下，但在本章中，我们只考虑将IP地址映射到48 bit的以太网地址。ARP在RFC 826 [Plummer 1982]中定义。

当某主机要向以太网中另一台主机发送IP数据时，它首先根据目的主机的IP地址在ARP高速缓存中查询相应的以太网地址，ARP高速缓存是主机维护的一个IP地址到相应以太网地址的映射表。如果查到匹配的结点，则相应的以太网地址被写入以太网帧首部，数据报被加入到输出队列等候发送。如果查询失败，ARP会先保留待发送的IP数据报，然后广播一个询问目的主机硬件地址的ARP报文，等收到回答后再将IP数据报发送出去。

以上只是简要描述了ARP协议的基本工作过程，下面我们将结合Net/3中的ARP实现来详细描述其具体细节。卷1的第4章包含了ARP的例子。

21.2 ARP和路由表

Net/3中ARP的实现是和路由表紧密关联的，这也是为什么我们要在描述路由表结构之后再来讲解ARP的原因。图21-1显示了本章中我们描述ARP要用到的一个例子。整个图是与本书中用到的网络实例相对应的，它显示了bsdi主机上当前ARP缓存的相关结构。其中Ifnet、ifaddr和in_ifaddr结构是由图3-32和图6-5简化而来的，所以在这里忽略了在第3章和第6章中描述过的这三个结构中的某些细节。例如，图中没有画出在两个ifaddr结构之后的sockaddr_dl结构——而仅仅是概述了这两个结构中的相应信息。同样，我们也仅仅是概述了三个in_ifaddr结构中的信息。

下面，我们简要概述图中的有关要点。细节部分将随着本章的进行而详细展开。

1) llinfo_arp结构的双向链表包含了每一个ARP已知的硬件地址的少量信息。同名全局变量llinfo_arp是该链表的头结点，图中没有画出第一位的la_prev指针指向最后一项，最后一项的la_next指针指向第一项。该链表由ARP时钟函数每隔5分钟处理一次。

2) 每一个已知硬件地址的IP地址都对应一个路由表结点(rtentry结构)。llinfo_arp结构的la_rt指针成员用来指向相应的rtentry结构，同样地，rtentry结构的rt_llinfo指针成员指向llinfo_arp结构。图中对应主机sun(140.252.13.33)、svr4(140.252.13.34)和bsdi(140.252.13.35)的三个路由表结点各自具有相应的llinfo_arp结构。如图18-2所示。

3) 而在图的最左边第四个路由表结点则没有对应的llinfo_arp结构，该结点对应于本地以太网(140.252.13.32)的路由项。该结点的rt_flags中设置了C比特，表明该结点是被用来复制形成其他结点的。设置接口IP地址功能的in_ifinit函数(图6-19)通过调用rtinit函数来创建该结点。其他三个结点是主机路由结点(H标志)，并由bsdi向其他机器发送数据时通过ARP间接调用路由相关函数产生的(L标志)。

4) rtentry结构中的rt_gateway指针成员指向一个sockaddr_dl结构变量。如果保存物理地址长度的结构sdl_alen成员为6，那么sockaddr_dl结构就包含相应的硬件地址信息。

5) 路由结点变量的rt_ifp成员的相应指针成员指向对应网络设备接口的ifnet结构。中间的两个路由结点对应的是以太网上的其他主机，这两个结点都指向le_softc[0]。而右边的路由结点对应的是bsdi，指向环回结构loif。因为rt_ifp.if_output指向输出函数，所以目的为本机的数据报被路由至环回接口。

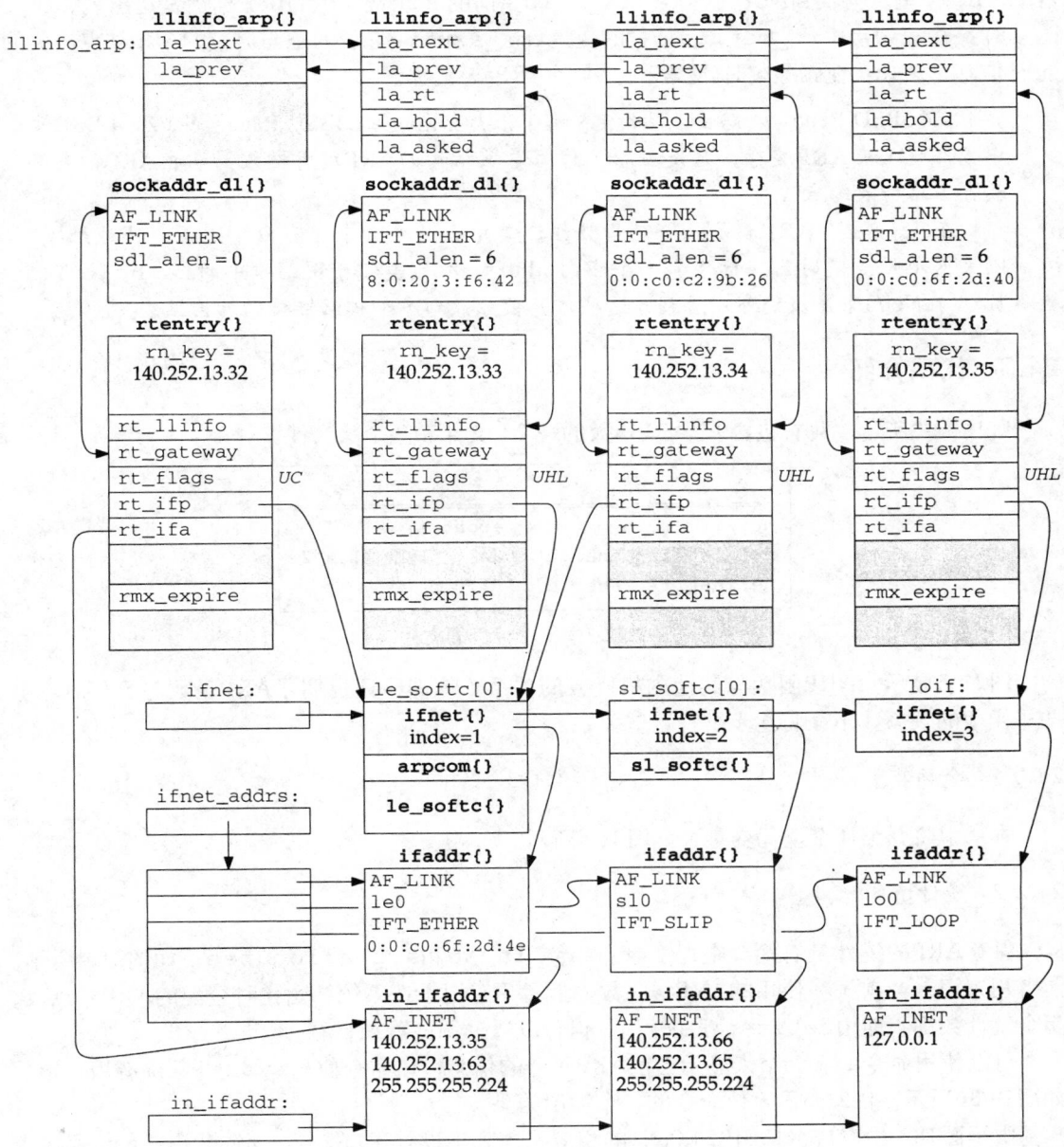

图21-1 ARP与路由表和接口结构的关系

6) 每一个路由结点还有指向相应的`in_ifaddr`结构的指针变量(图6-8中指出了`in_ifaddr`结构内的第一个成员是一个`ifaddr`结构，因此，`rt_ifa`同样是指向了`ifaddr`结构变量)。在本图中，我们只显示一个路由结点的相应指向，其余的路由结点具有同样的性质。而一个接口如`le0`，可以同时设置多个IP地址，每个IP地址都有对应的`in_ifaddr`结构，这就是为什么除了`rt_ifp`之外还需要`rt_ifa`的原因。

7) `la_hold`成员是指向mbuf链表的指针。当要向某个IP传送数据报时，就需要广播一个ARP请求。当内核等待ARP回答时，存放该待发数据报的mbuf链的头结点的地址信息就存放在`la_hold`里。当收到ARP回答后，`la_hold`指向的mbuf链表中的IP数据被发送出去。

8) 路由表结点中`rt_metric`结构的变量`rmx_expire`存放的是与对应的ARP结点相关的定时信息，用来实现删除超时(通常20分钟)的ARP结点。

在4.3BSD Reno中，路由表结构定义有了很大变化，但4.3BSD Reno和Net/2.4.4 BSD中依然定义有ARP缓存，只是去除了作为单独结构的ARP缓存链表，而把ARP信息放在了路由表结点里。

在Net/2中，ARP表是一个结构数组，其中每个元素包含有以下成员：IP地址、以太网地址、定时器、标志和一个指向mbuf的指针(类似于图21-1中的`la_hold`成员)。在Net/3中，我们可以看到，这些信息被分散到多个相互链接的结构里。

21.3 代码介绍

如图21-2所示，共有包含9个ARP函数的一个C文件和两个头文件。

文　件	描　述
`net/if arp.h`	`arphdr`结构的定义
`netinet/if ether.h`	多个结构和常量的定义
`netinet/if_ether.d`	ARP函数

图21-2　本章中讨论的文件

图21-3显示了ARP函数与其他内核函数的关系。该图中还说明了ARP函数与第19章中某些子函数的关系，下面将逐步解释这些关系。

21.3.1 全局变量

本章中将介绍10个全局变量，如图21-4所示。

21.3.2 统计量

保存ARP的统计量有两个全局变量：`arp_inuse`和`arp_allocated`，如图21-4所示。前者用来记录当前正在使用的ARP结点数，后者用来记录在系统初始化时分配的ARP结点数。两个统计数都不能由`netstat`程序输出，但可以通过调试器来查看。

可以使用命令`arp -a`来显示当前ARP缓存的信息，该命令使用`sysctl`系统调用，参数如图19-36所示。图21-5显示该命令的一个输出结果。

由于图18-2中对应多播组224.0.0.1的相应路由表项设置了L标志，而同时由于arp程序查询带有`RTF_LLINFO`标志位的ARP结点，所以该程序也输出多播地址。后面我们将解释为什么该表项标识为"incomplete"，而在它上面的表项是"permanent"。

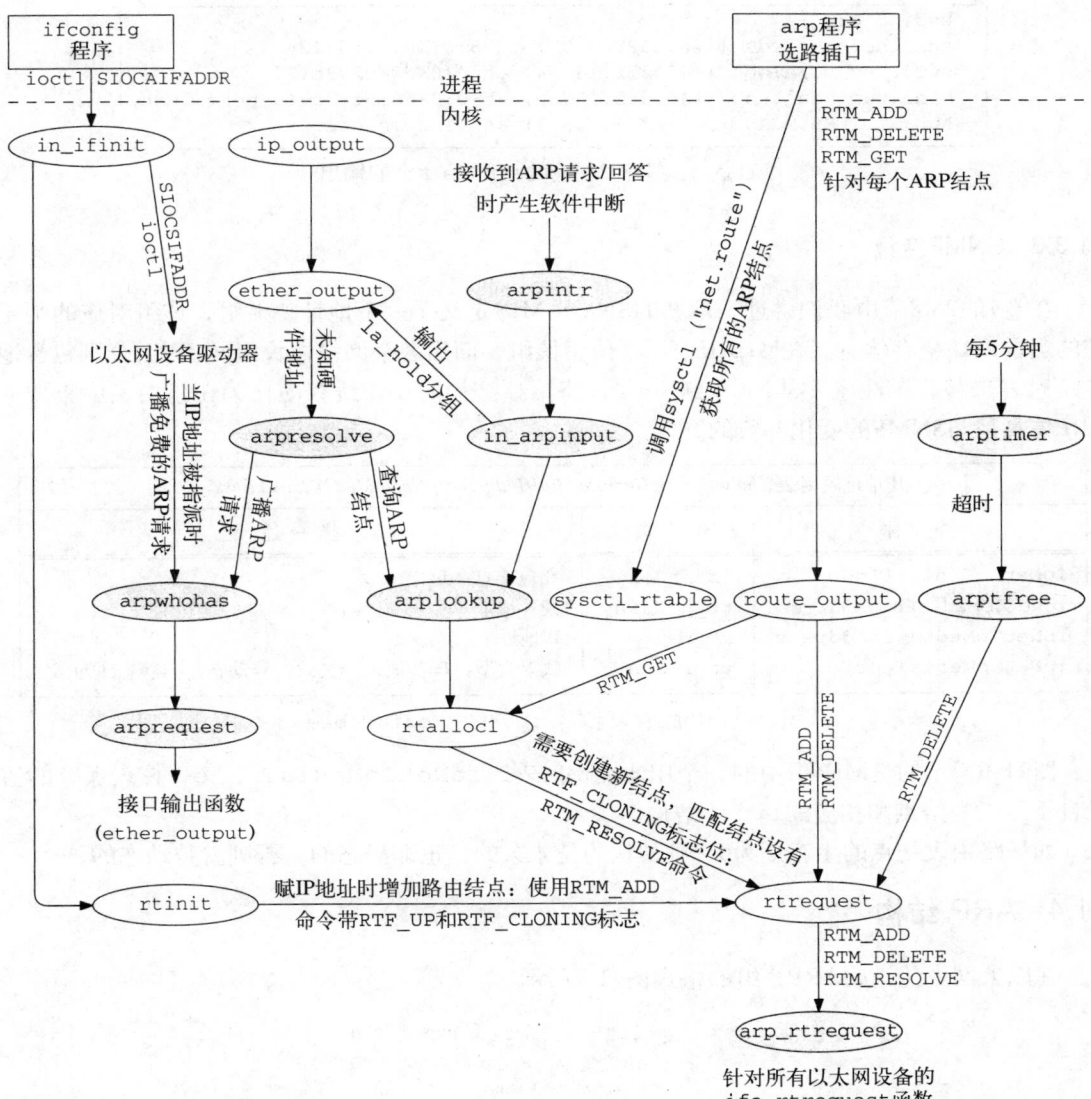

图21-3 ARP函数和内核中其他函数的关系

变 量	数据类型		描 述
llinfo_arp	struct	llinfo_arp	l linfo_arp双向链接表的表头
arpintrq	struct	ifqueue	来自以太网设备驱动程序的ARP输入队列
arpt_prune	Int		检查ARP链表的时间间隔的分钟数(5)
arpt_keep	Int		ARP结点的有效时间的分钟数(20)
arpt_down	Int		ARP洪泛算法的时间间隔的秒数(20)
arp_inuse	Int		正在使用的ARP结点数
arp_allocated	Int		已经分配的ARP结点数
arp_maxtries	Int		对一个IP地址发送ARP请求的重试次数(5)
arpinit_done	Int		初始化标志
uselookback	int		对本机使用环回(默认)

图21-4 本章介绍的全局变量

```
bsdi $ arp -a
sun.tuc.noao.edu (140.252.13.33) at 8:0:20:3:f6:42
svr4.tuc.noao.edu (140.252.13.34) at 0:0:c0:c2:9b:26
bsdi.tuc.noao.edu (140.252.13.35) at 0:0:c0:6f:2d:40 permanent
ALL-SYSTEMS.MCAST.NET (224.0.0.1) at (incomplete)
```

图21-5　与图18-2相应的arp -a命令的输出

21.3.3　SNMP变量

在卷1的25.8节中我们讲过，最初的SNMP MIB定义了一个地址映射组，该组对应的是系统的当前ARP缓存信息。在MIB-II中不再使用该组，而用各个网络协议组(如IP组)分别包含地址映射表来替代。注意，从Net/2到Net/3，将单独结构的ARP缓存演化为在路由表中集成的ARP信息是与SNMP的变化并行的。

IP地址映射表，index = *<ipNetToMediaIfIndex>.<ipNetToMediaNetAddress>*		
名　　称	成　　员	描　　述
ipNetToMediaIfIndex	if_index	相应接口：ifIndex
ipNetToMediaPhysAddress	rt_gateway	硬件地址
ipNetToMediaNetAddress	rt_key	IP地址
ipNetToMediaType	rt_flags	映射类型：1=其他，2=失效，3=动态，4=静态(见正文)

图21-6　IP地址映射表：ipNetToMediaTable

图21-6所示的是MIB-II中的一个IP地址映射表，ipNetToMediaTable，该表保存的值来自于路由表结点和相应的ifnet结构。

如果路由表结点的生存期为0，则被认为是永久的，也即静态的。否则就是动态的。

21.4　ARP 结构

在以太网中传送的ARP分组的格式图21-7所示。

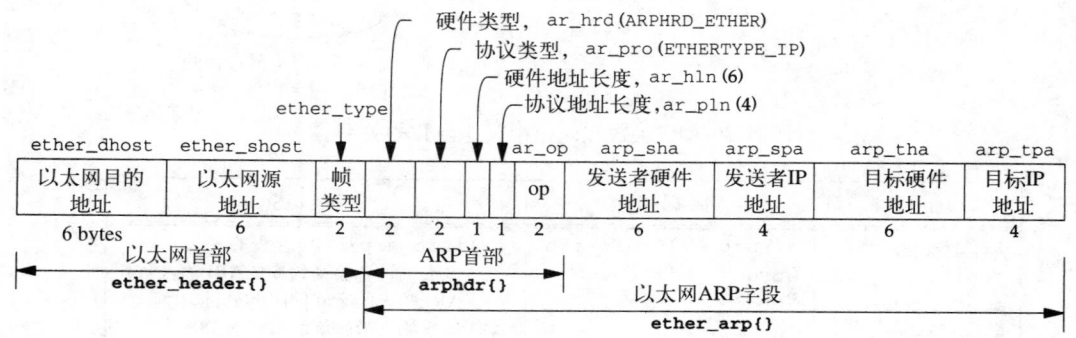

图21-7　在以太网上使用时ARP请求或回答的格式

结构ether_header定义了以太网帧首部；结构arphdr定义了其后的5个字段，其信息用于在任何类型的介质上传送ARP请求和回答；ether_arp结构除了包含arphdr结构外，还包含源主机和目的主机的地址。

结构arphdr的定义如图21-8所示。图21-7显示了该结构中的前4个字段。

```
                                                                      ── if_arp.h
45 struct arphdr {
46     u_short ar_hrd;              /* format of hardware address */
47     u_short ar_pro;              /* format of protocol address */
48     u_char  ar_hln;              /* length of hardware address */
49     u_char  ar_pln;              /* length of protocol address */
50     u_short ar_op;               /* ARP/RARP operation, Figure 21.15 */
51 };
                                                                      ── if_arp.h
```

图21-8 arphdr结构：通用的ARP请求/回答数据首部

图21-9显示了ether_arp结构的定义，其中包含了arphdr结构、源主机和目的主机的IP地址和硬件地址。注意，ARP用硬件地址来表示48 bit以太网地址，用协议地址来表示32 bit IP地址。

```
                                                                      ── if_ether.h
79 struct ether_arp {
80     struct arphdr ea_hdr;        /* fixed-size header */
81     u_char arp_sha[6];           /* sender hardware address */
82     u_char arp_spa[4];           /* sender protocol address */
83     u_char arp_tha[6];           /* target hardware address */
84     u_char arp_tpa[4];           /* target protocol address */
85 };

86 #define arp_hrd ea_hdr.ar_hrd
87 #define arp_pro ea_hdr.ar_pro
88 #define arp_hln ea_hdr.ar_hln
89 #define arp_pln ea_hdr.ar_pln
90 #define arp_op  ea_hdr.ar_op
                                                                      ── if_ether.h
```

图21-9 ether_arp结构

每个ARP结点中，都有一个llinfo_arp结构，如图21-10所示。所有这些结构组成的链接表的头结点是作为全局变量分配的。我们经常把该链接表称为ARP高速缓存，因为在图21-1中，只有该数据结构是与ARP结点一一对应的。

```
                                                                      ── if_ether.h
103 struct llinfo_arp {
104     struct llinfo_arp *la_next;
105     struct llinfo_arp *la_prev;
106     struct rtentry *la_rt;
107     struct mbuf *la_hold;        /* last packet until resolved/timeout */
108     long    la_asked;            /* #times we've queried for this addr */
109 };

110 #define la_timer la_rt->rt_rmx.rmx_expire   /* deletion time in seconds */
                                                                      ── if_ether.h
```

图21-10 llinfo_arp 结构

在Net/2及以前的系统中，很容易识别作为ARP高速缓存的数据结构，因为每一个ARP结点的信息都存放在单一的结构中。而Net/3则把ARP信息存放在多个结构中，没有哪个数据结构被称为ARP高速缓存。但是为了讨论方便，我们依然用ARP高速缓存的概念来表示一个ARP结点的信息。

104-106 该双向链接表的前两项由insque和remque两个函数更新。la_rt指向相关的路由表结点，该路由表结点的rt_llinfo成员指向la_rt。

107 当ARP接收到一个要发往其他主机的IP数据报，且不知道相应硬件地址时，必须发送一个ARP请求，并等待回答。在等待ARP回答时，指向待发数据报的指针存放在la_hold中。收到回答后，la_hold所指的数据报被发送出去。

108-109 la_asked记录了连续为某个IP地址发送请求而没有收到回答的次数。在图21-24中，我们可以看到，当这个数值达到某个限定值时，我们就认为该主机是关闭的，并在其后一段时间内不再发送该主机的ARP请求。

110 这个定义使用路由结点中rt_metrics结构的rmx_expire成员作为ARP定时器。当值为0时，ARP项被认为是永久的；当为非零时，值为当结点到期时算起的秒数。

21.5 **arpwhohas函数**

arpwhohas函数通常由arpresolve调用，用于广播一个ARP请求。如图21-11所示。它还可由每个以太网设备驱动程序调用，在将IP地址赋予该设备接口时主动发送一个地址联编信息(图6-28中的SIOCSIFADDR ioctl)。主动发送地址联编信息不但可以检测在以太网中是否存在IP地址冲突，并且可以使其他机器更新其相应信息。arpwhohas只是简单调用下一部分将要介绍的arprequest函数。

```
                                                            ── if_ether.c
196 void
197 arpwhohas(ac, addr)
198 struct arpcom *ac;
199 struct in_addr *addr;
200 {
201     arprequest(ac, &ac->ac_ipaddr.s_addr, &addr->s_addr, ac->ac_enaddr);
202 }
                                                            ── if_ether.c
```

图21-11 arpwhohas函数：广播一个ARP请求

196-202 arpcom结构(图3-26)对所有以太网设备是通用的，是le_softc结构(图3-20)的一部分。ac_ipaddr成员是接口的IP地址的复制，当SIOCSIFADDR ioctl执行时由驱动程序填写(图6-28)。ac_enaddr是该设备的以太网地址。

该函数的第二个参数addr，是ARP请求的目的IP地址。在主动发送动态联编信息时，addr等于ac_ipaddr，所以arprequest的第二和第三个参数是一样的，即发送IP地址和目的IP地址在主动发送动态联编信息时是一样的。

21.6 **arprequest函数**

arprequest函数由arpwhohas函数调用，用于广播一个ARP请求。该函数建立一个ARP请求分组，并将它传送到接口的输出函数。

在分析代码之前，我们先来看一下该函数建立的数据结构。传送ARP请求需要调用以太网设备的接口输出函数ether_output。ether_output的一个参数是mbuf，它包含待发送数据，即图21-7中以太网类型字段后的所有内容。另外一个参数包含目的地址的端口地址结构。通常情况下，该目的地址是IP地址(例如，在图21-3中，ip_output调用ether_output)。特殊情况下，端口地址的sa_family被设为AF_UNSPEC，即告知ether_output它所带的是一个已填充的以太网帧首部，包含了目的主机的硬件地址，这就防止了ether_output去调用arpreslove而导致死循环。图21-3中没有显示这种循环，在arprequest下面的接口输出函数是ether_output。如果ether_output再去调用arpresolve，将导致死循环。

图21-12显示了该函数建立的两个数据结构mbuf和sockaddr。另外还有两个函数中用到的指针eh和ea。

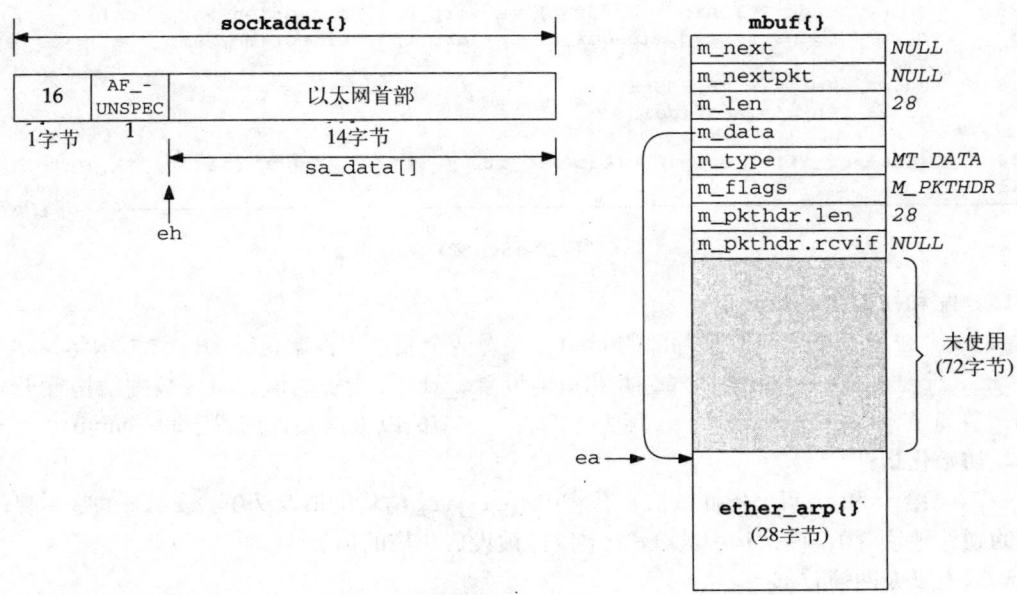

图21-12 arprequest建立的sockaddr和mbuf

图21-13给出了arprequest函数的源代码。

—— if_ether.c

```
209 static void
210 arprequest(ac, sip, tip, enaddr)
211 struct arpcom *ac;
212 u_long *sip, *tip;
213 u_char *enaddr;
214 {
215     struct mbuf *m;
216     struct ether_header *eh;
217     struct ether_arp *ea;
218     struct sockaddr sa;

219     if ((m = m_gethdr(M_DONTWAIT, MT_DATA)) == NULL)
220         return;
221     m->m_len = sizeof(*ea);
222     m->m_pkthdr.len = sizeof(*ea);
223     MH_ALIGN(m, sizeof(*ea));

224     ea = mtod(m, struct ether_arp *);
225     eh = (struct ether_header *) sa.sa_data;
226     bzero((caddr_t) ea, sizeof(*ea));

227     bcopy((caddr_t) etherbroadcastaddr, (caddr_t) eh->ether_dhost,
228         sizeof(eh->ether_dhost));
```

图21-13 arprequest函数：创建一个ARP请求并发送

```
229        eh->ether_type = ETHERTYPE_ARP;        /* if_output() will swap */

230        ea->arp_hrd = htons(ARPHRD_ETHER);
231        ea->arp_pro = htons(ETHERTYPE_IP);
232        ea->arp_hln = sizeof(ea->arp_sha);     /* hardware address length */
233        ea->arp_pln = sizeof(ea->arp_spa);     /* protocol address length */
234        ea->arp_op = htons(ARPOP_REQUEST);
235        bcopy((caddr_t) enaddr, (caddr_t) ea->arp_sha, sizeof(ea->arp_sha));
236        bcopy((caddr_t) sip, (caddr_t) ea->arp_spa, sizeof(ea->arp_spa));
237        bcopy((caddr_t) tip, (caddr_t) ea->arp_tpa, sizeof(ea->arp_tpa));

238        sa.sa_family = AF_UNSPEC;
239        sa.sa_len = sizeof(sa);

240        (*ac->ac_if.if_output) (&ac->ac_if, m, &sa, (struct rtentry *) 0);
241 }
```
— if_ether.c

图21-13 （续）

1. 分配和初始化mbuf

209-223   分配一个分组数据首部的mbuf，并对两个长度字段赋值。MH_ALIGN将28字节的 ether_arp结构置于mbuf的尾部，并相应地设置m_data指针的值。将该数据结构置于mbuf尾部，是为了允许ether_output预先考虑将14字节的以太网帧首部置于同一mbuf中。

2. 初始化指针

224-226   给ea和eh两个指针赋值，并将ether_arp结构的值赋为0。bzero的唯一目的是将目的硬件地址置0，该结构中其余8个字段已被设成相应的值。

3. 填充以太网帧首部

227-229   目的以太网地址设为以太网广播地址，并将以太网帧类型设为ETHERTYPE_ARP。注意代码中的注释，接口输出函数将该字段从主机字节序转化为网络字节序，该函数还将填充本机的以太网地址。图21-14显示了不同以太网帧类型字段的常量值。

常 量	值	描 述
ETHERTYPE_IP	0x0800	IP帧
ETHERTYPE_ARP	0x0806	ARP帧
ETHERTYPE_REVARP	0x8035	逆ARP帧
ETHERTYPE_IPTRAILERS	0x1000	尾部封装(已废弃)

图21-14 以太网帧类型字段

RARP将硬件地址映射成IP地址，通常在无盘工作站系统引导时使用。一般来说，RARP部分不属于内核TCP/IP实现，所以本书将不描述，卷1的第5章讲述了RARP的概念。

4. 填充ARP字段

230-237   填充了ether_arp的所有字段，除了ARP请求所要询问的目的硬件地址。常量ARPHRD_ETHER的值是1时，表示硬件地址的格式是6字节的以太网地址。为了表示协议地址是4字节的IP地址，arp_pro的值设为图21-14中所指的IP协议地址类型(0x800)。图21-15显示了不同的ARP操作码。本章中，我们将看到前两种。后两种在RARP中使用。

5. 填充sockaddr，并调用接口输出函数

238-241   接口地址结构的sa_family成员的值设为AP_UNSPEC，sa_member成员的值设为16。调用接口输出函数ether_output。

常　量	值	描　述
ARPOP_REQUEST	1	解析协议地址的ARP请求
ARPOP_REPLY	2	回答ARP请求
ARPOP_REVREQUEST	3	解析硬件地址的RARP请求
ARPOP_REVREPLY	4	回答RARP请求

图21-15　ARP 操作码

21.7　arpintr函数

在图4-13中，当ether_input函数接收到帧类型字段为ETHERTYPE_ARP的以太网帧时，产生优先级为NETISR_ARP的软件中断，并将该帧挂在ARP输入队列arpintrq的后面。当内核处理该软件中断时，调用arpintr函数，如图21-16所示。

```
                                                                  ── if_ether.c
319 void
320 arpintr()
321 {
322     struct mbuf *m;
323     struct arphdr *ar;
324     int    s;

325     while (arpintrq.ifq_head) {
326         s = splimp();
327         IF_DEQUEUE(&arpintrq, m);
328         splx(s);
329         if (m == 0 || (m->m_flags & M_PKTHDR) == 0)
330             panic("arpintr");

331         if (m->m_len >= sizeof(struct arphdr) &&
332             (ar = mtod(m, struct arphdr *)) &&
333             ntohs(ar->ar_hrd) == ARPHRD_ETHER &&
334             m->m_len >= sizeof(struct arphdr) + 2*ar->ar_hln + 2*ar->ar_pln)

335                 switch (ntohs(ar->ar_pro)) {
336                 case ETHERTYPE_IP:
337                 case ETHERTYPE_IPTRAILERS:
338                     in_arpinput(m);
339                     continue;
340                 }

341         m_freem(m);
342     }
343 }
                                                                  ── if_ether.c
```

图21-16　arpintr函数：处理包含ARP请求/回答的以太网帧

319-343　while循环一次处理一个以太网帧，直到处理完队列中的所有帧为止。只有当帧的硬件类型指明为以太网地址，并且帧的长度大于或等于arphdr结构的长度加上两个硬件地址和两个协议地址的长度时，该帧才能被处理。如果协议地址的类型是ETHERTYPE_IP或ETHERTYPE_IPTRAILERS时，调用in_arpinput函数，否则该帧将被丢弃。

注意if语句中对条件的检测顺序。共两次检查帧的长度。首先，当帧长大于或等于arphdr结构的长度时，才去检查帧结构中的其他字段；然后，利用arphdr中的两个长度字段再次检查帧长。

21.8 `in_arpinput`函数

该函数由arpintr调用，用于处理接收到的ARP请求/回答。ARP本身的概念比较简单，但是加上许多规则后，实现就比较复杂，下面先来看一下两种典型情况：

1) 如果收到一个针对本机IP地址的请求，则发送一个回答。这是一种普通情况。很显然，我们将继续从那个主机收到数据报，随后也会向它回送报文。所以，如果我们还没有对应它的ARP结点，就应该添加一个ARP结点，因为这时我们已经知道了对方的IP地址和硬件地址。这会优化其后与该主机的通信。

2) 如果收到一个ARP回答，那么此时ARP结点是完整的，因此就知道了对方的硬件地址。该地址存放在sockaddr_dl结构中，所有发往该地址的数据报将被发送。

ARP请求是被广播发送的，所以以太网上的所有主机都将看到该请求，当然包括那些非目的主机。回想一下arprequest函数，在发送ARP请求时，帧中包含着请求方的IP地址和硬件地址，这就产生了下面的情况：

3) 如果其他主机发送了一个ARP请求或回答，其中发送方的IP地址与本机相同，那么肯定有一个主机配置有误。Net/3将检测到该差错，并向管理员登记一个报文(这里我们不分请求或回答，因为in_arpinout不检查操作类型，但是ARP回答将被单播，只有目的主机才能收到信息)。

4) 如果主机收到来自其他主机的请求或回答，对应的ARP结点早已存在，但硬件地址发生了变化，那么ARP结点将被更新。这种情况是这样发生的：其他主机以不同的硬件地址重新启动，而本机的对应ARP结点还未失效。这样，根据机器重启动时主动发送动态联编信息，可以使主机不至于因其他主机重启动后导致的ARP结点失效而不能通信。

5) 主机可以被配置为代理ARP服务器。这种情况下，主机可以代其他主机响应ARP请求，在回答中提供其他主机的硬件地址。代理ARP回答中对应目的硬件地址的主机必须能够把IP数据报转发至ARP请求中指定的目的主机。卷1的4.6节讨论了代理ARP。

一个Net/3系统可以配置成代理ARP服务器。这些ARP结点可以通过arp命令添加，该命令中指定IP地址、硬件地址并使用关键词pub。我们将在图21-20中看到该实现，并在21-12节讨论其实现细节。

将in_arpinput的分析分为四部分，图21-17显示了第一部分。

358-375   ether_arp结构的长度由调用者(arp_intr函数)验证，所以ea指针指向接收到的分组。ARP操作码(请求或回答)被拷贝至op字段，但具体值要到后面来验证。发送方和目的方的IP地址拷贝到isaddr和itaddr。

1. 查找匹配的接口和IP地址

376-382   搜索本机的Internet地址链表(in_ifaddr结构的链表，图6-5)。要记住一个接口可以有多个IP地址。收到的数据报中有指向接收接口ifnet结构的指针(在mbuf数据报的首部)，for循环只考虑与接收接口相关的IP地址。如果查询到有IP地址等于目的方IP地址或发送方IP地址，则退出循环。

383-384   如果循环退出时，变量maybe_ia的值为0，说明已经搜索了配置的IP地址整个链表而没有找到相关项。函数跳至out(图21-19)，丢弃mbuf，并返回。这种情况只发生在收到ARP请求的接口虽然已初始化但还没有分配IP地址时。

385   如果退出循环时，`maybe_ia`值不为0，即找到了一个接收端接口，但没有一个IP地址与目的方IP地址或发送方IP地址匹配，则`myaddr`的值设为该接口的最后一个IP地址；否则（正常情况），`myaddr`包含与目的方或发送方的IP地址匹配的本地IP地址。

```
                                                                  if_ether.c
358 static void
359 in_arpinput(m)
360 struct mbuf *m;
361 {
362     struct ether_arp *ea;
363     struct arpcom *ac = (struct arpcom *) m->m_pkthdr.rcvif;
364     struct ether_header *eh;
365     struct llinfo_arp *la = 0;
366     struct rtentry *rt;
367     struct in_ifaddr *ia, *maybe_ia = 0;
368     struct sockaddr_dl *sdl;
369     struct sockaddr sa;
370     struct in_addr isaddr, itaddr, myaddr;
371     int     op;

372     ea = mtod(m, struct ether_arp *);
373     op = ntohs(ea->arp_op);
374     bcopy((caddr_t) ea->arp_spa, (caddr_t) & isaddr, sizeof(isaddr));
375     bcopy((caddr_t) ea->arp_tpa, (caddr_t) & itaddr, sizeof(itaddr));

376     for (ia = in_ifaddr; ia; ia = ia->ia_next)
377         if (ia->ia_ifp == &ac->ac_if) {
378             maybe_ia = ia;
379             if ((itaddr.s_addr == ia->ia_addr.sin_addr.s_addr) ||
380                 (isaddr.s_addr == ia->ia_addr.sin_addr.s_addr))
381                 break;
382         }
383     if (maybe_ia == 0)
384         goto out;
385     myaddr = ia ? ia->ia_addr.sin_addr : maybe_ia->ia_addr.sin_addr;
                                                                  if_ether.c
```

图21-17 in_arpinput函数：查找匹配接口

图21-18显示了in_arpinput函数的第二部分，执行分组的验证。

```
                                                                  if_ether.c
386     if (!bcmp((caddr_t) ea->arp_sha, (caddr_t) ac->ac_enaddr,
387             sizeof(ea->arp_sha)))
388         goto out;                     /* it's from me, ignore it. */
389     if (!bcmp((caddr_t) ea->arp_sha, (caddr_t) etherbroadcastaddr,
390             sizeof(ea->arp_sha))) {
391         log(LOG_ERR,
392             "arp: ether address is broadcast for IP address %x!\n",
393             ntohl(isaddr.s_addr));
394         goto out;
395     }
396     if (isaddr.s_addr == myaddr.s_addr) {
397         log(LOG_ERR,
398             "duplicate IP address %x!! sent from ethernet address: %s\n",
399             ntohl(isaddr.s_addr), ether_sprintf(ea->arp_sha));
400         itaddr = myaddr;
401         goto reply;
402     }
                                                                  if_ether.c
```

图21-18 in_arpinput函数：验证接收到的分组

2. 验证发送方的硬件地址

386-388 如果发送方的硬件地址等于本机接口的硬件地址，那是因为收到了本机发出的请求，忽略该分组。

389-395 如果发送方的硬件地址等于以太网的广播地址，说明出了差错。记录该差错，并丢弃该分组。

3. 检查发送方IP地址

396-402 如果发送方的IP地址等于myaddr，说明发送方和本机正在使用同一个IP地址。这也是一个差错——要么是发送方，要么是本机系统配置出了差错。记录该差错，在将目的IP地址设为myaddr后，程序转至reply(图21-19)。注意该ARP分组本来要送往以太网中其他主机的——该分组本来不是要送给本机的。但是，如果这种形式的IP地址欺骗被检测到，应记录差错，并产生回答。

图21-19显示了in_arpinput函数的第三部分。

```
                                                                    if_ether.c
403     la = arplookup(isaddr.s_addr, itaddr.s_addr == myaddr.s_addr, 0);
404     if (la && (rt = la->la_rt) && (sdl = SDL(rt->rt_gateway))) {
405         if (sdl->sdl_alen &&
406             bcmp((caddr_t) ea->arp_sha, LLADDR(sdl), sdl->sdl_alen))
407             log(LOG_INFO, "arp info overwritten for %x by %s\n",
408                 isaddr.s_addr, ether_sprintf(ea->arp_sha));
409         bcopy((caddr_t) ea->arp_sha, LLADDR(sdl),
410             sdl->sdl_alen = sizeof(ea->arp_sha));
411         if (rt->rt_expire)
412             rt->rt_expire = time.tv_sec + arpt_keep;
413         rt->rt_flags &= ~RTF_REJECT;
414         la->la_asked = 0;
415         if (la->la_hold) {
416             (*ac->ac_if.if_output) (&ac->ac_if, la->la_hold,
417                                     rt_key(rt), rt);
418             la->la_hold = 0;
419         }
420     }

421 reply:
422     if (op != ARPOP_REQUEST) {
423     out:
424         m_freem(m);
425         return;
426     }
                                                                    if_ether.c
```

图21-19 in_arpinput函数：创建新的ARP结点或更新已有的ARP结点

4. 在路由表中搜索与发送方IP地址匹配的结点

403 arplookup在ARP高速缓存中查找符合发送方的IP地址(isaddr)。当ARP分组中的目的IP地址等于本机IP时，如果要创建新的ARP结点，那么第二个参数是1，如果不需要创建新的ARP结点，那么第二个参数是0。如果本机就是目的主机，总是要创建ARP结点的，除非一个查找其他主机的广播分组，这种情况下只是在已有的ARP结点中查询。正如前面提到的，如果主机收到一个对应它自己的ARP请求，则说明以太网中有其他主机将要与它通信，所以应该创建一个对应该主机的ARP结点。

第三个参数是0，意味着不去查找代理ARP结点(后面要证明)。返回值是指向llinfo_

arp结构的指针；如果查不到或没有创建，返回值就是空。

5. 更新已有结点或填充新的结点

404 只有当以下三个条件为真时if语句才执行：

1) 找到一个已有的ARP结点或成功创建一个新的ARP结点(即la非空)；

2) ARP结点指向一个路由表结点(rt)；

3) 路由表结点的re_gateway字段指向一个sockaddr_dl结构。

对于每一个目的并非本机的广播ARP请求，如果发送方的IP地址不在路由表，则第一个条件为假。

6. 检查发送方的硬件地址是否已改变

405-408 如果链路层地址长度(sdl_alen)非0，说明引用的路由表结点是现存的而非新创建的，则比较链路层地址和发送方的硬件地址。如果不同，则说明发送方的硬件地址已经改变，这是因为发送方以不同的以太网地址重新启动了系统，而本机的ARP结点还未超时。这种情况虽然很少出现，但也必须考虑到。记录差错信息后，程序继续往下执行，更新ARP结点的硬件地址。

在这个记录报文中，发送方的IP地址必须转换为主机字节序，这是一个错误。

7. 记录发送方硬件地址

409-410 将发送方的硬件地址写入路由表结点中rt_gateway成员指向的sockaddr_dl结构。sockaddr_dl结构的链路层地址长度(sdl_alen)也被设为6。该赋值对于最近创建的ARP结点是需要的(习题21-3)。

8. 更新最近解析的ARP结点

411-412 在解析了发送方的硬件地址后，执行以下步骤。如果时限是非零的，则将被复位成20分钟(arpt_keep)。arp命令可以创建永久的ARP结点，即该结点永远不会超时。这些ARP结点的时限值置为0。在图21-24中我们将看到，在发送ARP请求(非永久性ARP结点)时，时限被设为本地时间，它是非0的。

413-414 清除RTF_REJECT标志，la_asked计数器设为0。我们将看到，在arpresolve中使用最后两个步骤是为了防止ARP洪泛。

415-420 如果ARP中保持有正在等待ARP解析该目的方硬件地址的mbuf，那么将mbuf送至接口输出函数(如图21-1所示)。由于该mbuf是由ARP保持的，即目的地址肯定是在以太网上，所以接口输出函数应该是ether_outout。该函数也调用arpresolve，但这时硬件地址已被填充，所以允许mbuf加入实际的设备输出队列。

9. 如果是ARP回答分组，则返回

421-426 如果该ARP操作不是请求，那么丢弃接收到的分组，并返回。

in_arpinput的剩下部分如图21-20所示，产生一个对应于ARP请求的回答。只有当以下两种情况时才会产生ARP回答：

1) 本机就是该请求所要查找的目的主机；

2) 本机是该请求所要查找的目的主机的ARP代理服务器。

函数执行到这个时刻，已经接收了ARP请求，但ARP请求是广播发送的，所以目的主机可能是以太网上的任何主机。

10. 本机就是所要查找的目的主机

427-432 如果目的IP地址等于myaddr，那么本机就是所要查找的目的主机。将发送方硬件

地址拷贝到目的硬件地址字段(发送方现在变成了目的主机)，arpcom结构中的接口以太网地址拷贝到源硬件地址字段。ARP回答中的其余部分在else语句后处理。

———————————————————————————————— if_ether.c

```
427        if (itaddr.s_addr == myaddr.s_addr) {
428            /* I am the target */
429            bcopy((caddr_t) ea->arp_sha, (caddr_t) ea->arp_tha,
430                sizeof(ea->arp_sha));
431            bcopy((caddr_t) ac->ac_enaddr, (caddr_t) ea->arp_sha,
432                sizeof(ea->arp_sha));
433        } else {
434            la = arplookup(itaddr.s_addr, 0, SIN_PROXY);
435            if (la == NULL)
436                goto out;
437            rt = la->la_rt;
438            bcopy((caddr_t) ea->arp_sha, (caddr_t) ea->arp_tha,
439                sizeof(ea->arp_sha));
440            sdl = SDL(rt->rt_gateway);
441            bcopy(LLADDR(sdl), (caddr_t) ea->arp_sha, sizeof(ea->arp_sha));
442        }
443        bcopy((caddr_t) ea->arp_spa, (caddr_t) ea->arp_tpa, sizeof(ea->arp_spa));
444        bcopy((caddr_t) & itaddr, (caddr_t) ea->arp_spa, sizeof(ea->arp_spa));
445        ea->arp_op = htons(ARPOP_REPLY);
446        ea->arp_pro = htons(ETHERTYPE_IP);   /* let's be sure! */
447        eh = (struct ether_header *) sa.sa_data;
448        bcopy((caddr_t) ea->arp_tha, (caddr_t) eh->ether_dhost,
449            sizeof(eh->ether_dhost));
450        eh->ether_type = ETHERTYPE_ARP;
451        sa.sa_family = AF_UNSPEC;
452        sa.sa_len = sizeof(sa);
453        (*ac->ac_if.if_output) (&ac->ac_if, m, &sa, (struct rtentry *) 0);
454        return;
455    }
```

———————————————————————————————— if_ether.c

图21-20 in_arpinput 函数：形成ARP回答，并发送出去

11. 检测本机是否目的主机的ARP代理服务器
433-437 即使本机不是所要查找的目的主机，也可能被配置为目的主机的ARP代理服务器。再次调用arplookup函数，将第二个参数设为0，第三个参数设为SIN_PROXY，这将在路由表中查找SIN_PROXY标志为1的结点。如果查找不到(这是通常情况，本机收到了以太网上其他ARP请求的拷贝)，out处的代码将丢弃mbuf，并返回。

12. 产生代理回答
437-442 处理代理ARP请求时，发送方的硬件地址变成目的硬件地址，ARP结点中的以太网地址拷贝到发送方硬件地址。该ARP结点中的硬件地址可以是以太网中任一台主机的硬件地址，只要它可以向目的主机转发IP数据报。通常，提供代理ARP服务的主机会填入自己的硬件地址，当然这不是要求的。代理ARP结点是由系统管理员用arp命令带关键字pub创建的，标明目的IP地址(这是路由表项的关键值)和在ARP回答中返回的以太网地址。

13. 完成构造ARP回答分组
443-444 继续完成ARP回答分组的构建。发送方和目标的硬件地址已经填充好了，现在交换发送方和目标的IP地址。目的IP地址在itaddr中，如果发现以太网中有其他主机使用同一

IP地址，则该值已经被填充了(见图21-18)。

445-446 ARP操作码字段设为ARPOP_REPLY，协议地址类型设为ETHERTYPE_IP。旁边加了注释"你需要确定"，是因为当协议地址类型为ETHERTYPE_IPTRAILERS时arpintr也会调用该函数，但现在跟踪封装(trailer encapsulation)已不再使用了。

14. 用以太网帧首部填充sockaddr

447-452 sockaddr结构用14字节的以太网帧首部填充，如图21-12所示。目的硬件地址变成了以太网目的地址。

453-455 将ARP回答传送至接口输出函数，并返回。

21.9 ARP定时器函数

ARP结点一般是动态的——需要时创建，超时时自动删除。也允许管理员创建永久性结点，前面我们讨论的代理结点就是永久性的。回忆一下图21-1和图21-10中最后的#define语句，路由度量结构中的rmx_expire成员就是用作ARP定时器的。

21.9.1 arptimer函数

如图21-21所示，该函数每5分钟被调用一次。它查看所有ARP结点是否超时。

```
                                                              ———————— if_ether.c
74 static void
75 arptimer(ignored_arg)
76 void    *ignored_arg;
77 {
78     int       s = splnet();
79     struct llinfo_arp *la = llinfo_arp.la_next;

80     timeout(arptimer, (caddr_t) 0, arpt_prune * hz);
81     while (la != &llinfo_arp) {
82         struct rtentry *rt = la->la_rt;
83         la = la->la_next;
84         if (rt->rt_expire && rt->rt_expire <= time.tv_sec)
85             arptfree(la->la_prev);  /* timer has expired, clear */
86     }
87     splx(s);
88 }
                                                              ———————— if_ether.c
```

图21-21 arptimer函数：每5分钟查看所有ARP定时器

1. 设置下一个时限

80 arp_rtrequest函数使arptimer函数第一次被调用，随后arptimer每隔5分钟(arpt_prune)使自己被调用一次。

2. 查看所有ARP结点

81-86 查看ARP结点链表中的每一个结点。如果定时器值是非零的(不是一个永久结点)，而且时间已经超时，那么arptfree就删除该结点。如果rt_expire是非零的，它的值是从结点超时起到现在的秒数。

21.9.2 arptfree函数

如图21-22所示，arptfree函数由arptimer函数调用，用于从链接llinfo_dl表项的列表中删除一个超时的ARP结点。

1. 使正在使用的结点无效(不删除)

467-473   如果路由表引用计数器值大于0，而且rt_gatewary成员指向一个sockaddr_dl结构，则arptfree执行以下步骤：

1) 将链路层地址长度设为0；
2) 将la_asked计数器值设为0；
3) 清除RTF_REJECT标志。

随后函数返回。因为路由表引用计数器值非零，所以该路由结点不能删除。但是将sdl_alen值设为0，该结点也就无效了。下次要使用该结点时，还将产生一个ARP请求。

```
                                                            ── if_ether.c
459 static void
460 arptfree(la)
461 struct llinfo_arp *la;
462 {
463     struct rtentry *rt = la->la_rt;
464     struct sockaddr_dl *sdl;
465     if (rt == 0)
466         panic("arptfree");
467     if (rt->rt_refcnt > 0 && (sdl = SDL(rt->rt_gateway)) &&
468         sdl->sdl_family == AF_LINK) {
469         sdl->sdl_alen = 0;
470         la->la_asked = 0;
471         rt->rt_flags &= ~RTF_REJECT;
472         return;
473     }
474     rtrequest(RTM_DELETE, rt_key(rt), (struct sockaddr *) 0, rt_mask(rt),
475             0, (struct rtentry **) 0);
476 }
                                                            ── if_ether.c
```

图21-22 arptfree函数：删除或使一个ARP结点无效

2. 删除没有被引用的结点

474-475   rtrequest删除路由结点，在21.13节中，我们将看到它调用了arp_rtrequest。arp_rtrequest函数释放所有该ARP结点保持的mbuf(由la_hold指针所指向)，并删除相应的llinfo_arp结点。

21.10 arpresolve函数

在图4-16中，ether_output函数调用arpresolve函数以获得对应某个IP地址的以太网地址。如果已知该以太网地址，则arpreslove返回值为1，允许将待发IP数据报挂在接口输出队列上。如果不知道该以太网地址，则arpresolve返回值为0，arpsolve函数利用llinfo_arp结构的la_hold成员指针"保持(held)"待发IP数据报，并发送一个ARP请求。收到ARP回答后，再将保持的IP数据报发送出去。

arpresolve应避免ARP洪泛，也就是说，它不应在尚未收到ARP回答时高速重复发送ARP请求。出现这种情况主要有两个原因，第一，有多个IP数据报要发往同一个尚未解析硬件地址的主机；第二，一个IP数据报的每个分片都会作为独立分组调用ether_output。11.9节讨论了一个由分片引起的ARP洪泛的例子及相关的问题。图21-23显示了arpresolve的前半部分。

252-261 dst是一个指向sockaddr_in的指针，它包含目的IP地址和对应的以太网地址（一个6字节的数组）。

```
                                                                  if_ether.c
252 int
253 arpresolve(ac, rt, m, dst, desten)
254 struct arpcom *ac;
255 struct rtentry *rt;
256 struct mbuf *m;
257 struct sockaddr *dst;
258 u_char *desten;
259 {
260     struct llinfo_arp *la;
261     struct sockaddr_dl *sdl;

262     if (m->m_flags & M_BCAST) { /* broadcast */
263         bcopy((caddr_t) etherbroadcastaddr, (caddr_t) desten,
264             sizeof(etherbroadcastaddr));
265         return (1);
266     }
267     if (m->m_flags & M_MCAST) { /* multicast */
268         ETHER_MAP_IP_MULTICAST(&SIN(dst)->sin_addr, desten);
269         return (1);
270     }
271     if (rt)
272         la = (struct llinfo_arp *) rt->rt_llinfo;
273     else {
274         if (la = arplookup(SIN(dst)->sin_addr.s_addr, 1, 0))
275             rt = la->la_rt;
276     }
277     if (la == 0 || rt == 0) {
278         log(LOG_DEBUG, "arpresolve: can't allocate llinfo");
279         m_freem(m);
280         return (0);
281     }
                                                                  if_ether.c
```

图21-23 arpresolve函数：查找所需的ARP结点

1. 处理广播和多播地址

262-270 如果mbuf的M_BCAST标志置位，则用以太网广播地址填充目的硬件地址字段，函数返回1。如果M_MCAST标志置位，则宏ETHER_MAP_IP_MULTICAST(图12-6)将D类地址映射为相应的以太网地址。

2. 得到指向llinfo_arp结构的指针

271-276 目的地址是单播地址。如果调用者传输了一个指向路由表结点的指针，则将la设置为相应的llinfo_arp结构。否则，arplookup根据给定IP的地址搜索路由表。第二个参数是1，告诉arplookup如果搜索不到相应的ARP结点就创建一个新的；第三个参数是0，即意味着不去查找代理ARP结点。

277-281 如果rt或la中有一个是空指针，说明刚才请求分配内存时失败，因为即使不存在已有结点，arplookup也已经创建了一个，rt和la都不应是空值。记录一个差错报文，释放分组，函数返回0。

图21-24显示了arpresolve的后半部分。它检查ARP结点是否有效，如无效，则发送一个ARP请求。

```
                                                                          ─── if_ether.c
282         sdl = SDL(rt->rt_gateway);
283         /*
284          * Check the address family and length is valid, the address
285          * is resolved; otherwise, try to resolve.
286          */
287         if ((rt->rt_expire == 0 || rt->rt_expire > time.tv_sec) &&
288             sdl->sdl_family == AF_LINK && sdl->sdl_alen != 0) {
289             bcopy(LLADDR(sdl), desten, sdl->sdl_alen);
290             return 1;
291         }
292         /*
293          * There is an arptab entry, but no ethernet address
294          * response yet.  Replace the held mbuf with this
295          * latest one.
296          */
297         if (la->la_hold)
298             m_freem(la->la_hold);
299         la->la_hold = m;

300         if (rt->rt_expire) {
301             rt->rt_flags &= ~RTF_REJECT;
302             if (la->la_asked == 0 || rt->rt_expire != time.tv_sec) {
303                 rt->rt_expire = time.tv_sec;
304                 if (la->la_asked++ < arp_maxtries)
305                     arpwhohas(ac, &(SIN(dst)->sin_addr));
306                 else {
307                     rt->rt_flags |= RTF_REJECT;
308                     rt->rt_expire += arpt_down;
309                     la->la_asked = 0;
310                 }
311             }
312         }
313     return (0);
314 }
                                                                          ─── if_ether.c
```

图21-24 arpresolve函数: 检查ARP结点是否有效, 如无效, 则发送一个ARP请求

3. 检查ARP结点的有效性

282-291   即使找到了一个ARP结点, 还需检查其有效性。如以下条件成立, 则ARP结点是有效的:

1) 结点是永久有效的(时限值为0), 或尚未超时;

2) 由rt_gateway指向的插口地址结构的sdl_family字段为AF_LINK;

3) 链路层地址长度值(sdl_alen)不等于0。

arptfree使一个仍被引用的ARP结点失效的方法是将sdl_alen值置0。如果结点是有效的, 则将sockaddr_dl中的以太网地址拷贝到desten, 函数返回1。

4. 只保持最近的IP数据报

292-299   此时, 已经有了ARP结点, 但它没有一个有效的以太网地址, 因此, 必须发送一个ARP请求。将la_hold指针指向mbuf, 同时也就释放了刚才la_hold所指的内容。这意味着, 在发送ARP请求到收到ARP回答之间, 如果有多个发往同一目的地的IP数据报要发送, 只有最近的一个IP数据报才被la_hold保留, 之前的全部丢弃。NFS就是这样的一个例子, 如果NFS要传送一个8500字节的IP数据报, 需要将其分割成6个分片。如果每个分片都在发送ARP请求到收到ARP回答之间由ip_output送往ether_output, 那么前5个分片将被丢弃,

当收到ARP回答时，只有最后一个分片被保留了下来。这会使NFS超时，并重发这6个分片。

5. 发送ARP请求，但避免ARP洪泛

300-314   RFC 1122要求ARP避免在收到ARP回答之前以过高的速度对一个以太网地址重发ARP请求。Net/3采用以下方法来避免ARP洪泛：

- Net/3不在同一秒钟内发送多个对应同一目的地的ARP请求；
- 如果在连续5个ARP请求(也就是5秒钟)后还没有收到回答，路由结点的`RTF_REJECT`标志置1，时限设为往后的20秒。这会使`ether_output`在20秒内拒绝发往该目的地址的IP数据报，并返回`EHOSTDOWN`或`EHOSTUNREACH`(如图4-15所示)。
- 20秒钟后，`arpresolve`会继续发送该目的主机的ARP请求。

如果时限值不等于0(非永久性结点)，则清除`RTF_REJECT`标志，该标志是在早些时候为避免ARP洪泛而设置的。计数器`la_asked`记录的是连续发往该目的地址的ARP请求数。如果计数器值为0或时限值不等于当前时钟(只需看一下当前时钟的秒钟部分)，那么需要再发送一个ARP请求。这就避免了在同一秒钟内发送多个ARP请求。然后将时限值设为当前时钟的秒钟部分(也就是微秒部分，`time_tv_usec`被忽略)。

将`la_asked`所含计数器值与限定值5(`arp_maxtries`)比较，然后加1。如果小于5，则`arpwhohas`发送ARP请求；如果等于5，则ARP已经达到了限定值：将`RTF_REJECT`标志置1，时限值置为往后的20秒钟，`la_asked`计数器值复位为0。

图21-25显示了一个例子，进一步解释了`arpresolve`和`ether_output`为了避免ARP洪泛所采用的算法。

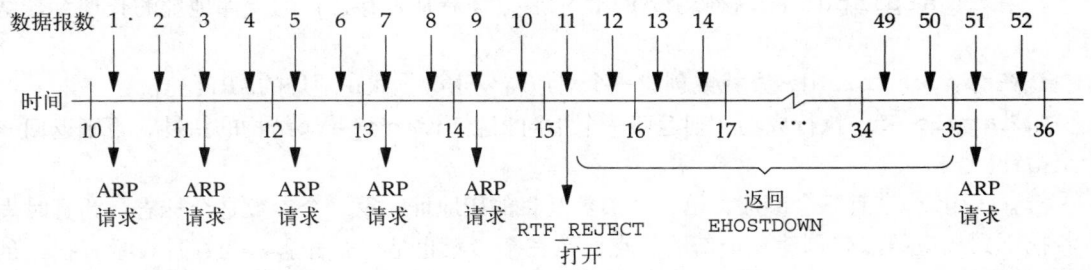

图21-25   避免ARP洪泛所采用的算法

图中总共显示了26秒的时间，从10到36。我们假定有一个进程每隔0.5秒发送一个IP数据报，也就是说，一秒钟内有两个数据报等待发送。数据报依次被标号为1~52。我们还假定目的主机已经关闭，所以收不到ARP回答。ARP将采取以下行动：

- 假定当进程写数据报1时`la_asked`的值为0。`la_hold`设为指向数据报1，`rt_expire`值设为当前时钟(10)，`la_asked`值变为1，发送ARP请求。函数返回0。
- 进程写数据报2时，丢弃数据报1，`la_hold`指向数据报2。由于`rt_expire`值等于当前时钟(10)，所以不发送ARP请求，函数返回，返回值为0。
- 进程写数据报3时，丢弃数据报2，`la_hold`指向数据报3。由于当前时钟(11)不等于`rt_expire`(10)，所以将`rt_expire`设为11。`la_asked`值为1，小于5，所以发送ARP请求，并将`la_asked`值置为2。
- 进程写数据报4时，丢弃数据报3，`la_hold`指向数据报4。由于`rt_expire`值等于当前时钟(11)，所以无须其他动作，函数返回0。

- 对于数据报5~10，情况都是一样的。在数据报9到达后，发送ARP请求后，la_asked 值被设为5；
- 进程写数据报11时，丢弃数据报10，la_hold指向数据报11。当前时钟(15)不等于 rt_expire(14)，所以将rt_expire的值设为15。此时la_asked的值不再小于5，ARP避免洪泛的算法开始作用：RTF_REJECT标志位置1，rt_expire的值被设为 35(即往后20秒)，la_asked的值设为0，函数返回0。
- 进程写数据报12时，ether_output注意到RTF_REJECT标志位为1，而且当前时钟小 于rt_expire(35)，因此，返回EHOSTDOWN给发送者(通常是ip_output)。
- 从数据报13到50，都返回EHOSTDOWN给发送者。
- 当进程写数据报51时，尽管此时的RTF_REJECT标志位仍然为1，但当前时钟的值(35) 不再小于rt_expire(35)，因此不会返回出错信息。调用arpresolve，整个过程重 新开始，5秒钟内发送5个ARP请求，然后是20秒钟的等待，直到发送者放弃或目的主机 响应ARP请求。

21.11 `arplookup`函数

arplookup函数调用选路函数rtalloc1在Internet路由表中查找ARP结点。我们已经看 到过3次调用arplookup的情况：

1) 在in_arpinput中，在接收到ARP分组后，对应源IP地址查找或创建一个ARP结点。

2) 在in_arpinput中，接收到ARP请求后，查看是否存在目的硬件地址的代理ARP结 点。

3) 在arpresolve中，查找或创建一个对应待发送数据报IP地址的ARP结点。

如果arplookup执行成功，则返回一个指向相应llinfo_arp结构的指针，否则返回一 个空指针。

arplookup带有三个参数，第一个参数是目的IP地址；第二个参数是个标志，为真时表 示若找不到相应结点就创建一个新的结点；第三个参数也是一个标志，为真时表示查找或创 建代理ARP结点。

代理ARP结点通过定义一个不同形式的Internet插口地址结构来处理，即sockaddr_ inarp结构，如图21-26所示。该结构只在ARP中使用。

```
111 struct sockaddr_inarp {                                  ───────── if_ether.h
112     u_char  sin_len;              /* sizeof(struct sockaddr_inarp) = 16 */
113     u_char  sin_family;          /* AF_INET */
114     u_short sin_port;
115     struct in_addr sin_addr;     /* IP address */
116     struct in_addr sin_srcaddr;  /* not used */
117     u_short sin_tos;             /* not used */
118     u_short sin_other;           /* 0 or SIN_PROXY */
119 };
                                                             ───────── if_ether.h
```

图21-26 sockaddr_inarp结构

111-119　　前面8个字节与sockaddr_in结构相同，sin_family被设为AF_INET。最后8

个字节有所不同：sin_srcaddr、sin_tos和sin_other成员。当结点作为代理结点时，只用到sin_other成员，并将其设为SIN_PROXY(1)。

图21-27显示了arplookup函数。

```
                                                                    if_ether.c
480 static struct llinfo_arp *
481 arplookup(addr, create, proxy)
482 u_long  addr;
483 int     create, proxy;
484 {
485     struct rtentry *rt;
486     static struct sockaddr_inarp sin =
487     {sizeof(sin), AF_INET};

488     sin.sin_addr.s_addr = addr;
489     sin.sin_other = proxy ? SIN_PROXY : 0;
490     rt = rtalloc1((struct sockaddr *) &sin, create);
491     if (rt == 0)
492         return (0);
493     rt->rt_refcnt--;
494     if ((rt->rt_flags & RTF_GATEWAY) || (rt->rt_flags & RTF_LLINFO) == 0 ||
495         rt->rt_gateway->sa_family != AF_LINK) {
496         if (create)
497             log(LOG_DEBUG, "arptnew failed on %x\n", ntohl(addr));
498         return (0);
499     }
500     return ((struct llinfo_arp *) rt->rt_llinfo);
501 }
                                                                    if_ether.c
```

图21-27 arplookup函数：在路由表中查找ARP结点

1. 初始化sockaddr_inarp结构，准备查找

480-489 sin_addr成员设为将要查找的IP地址。如果proxy参数值不为0，则sin_other成员设为SIN_PROXY；否则设为0。

2. 路由表中查找结点

490-492 rtalloc1在Internet路由表中查找IP地址，如果create参数值不为0，就创建一个新的结点。如果找不到结点，则函数返回值为0(空指针)。

3. 减少路由表结点的引用计数值

493 如果找到了结点，则减少路由表结点的引用计数。因为，此时ARP不再被认为像运输层一样"持有"路由表结点，因此，路由表查找时对rt_refcnt计数的递增，应在这里由ARP取消。

494-499 如果将标志RTF_GATEWAY置位，或者标志RTF_LLINFO没有置位，或者由rt_gateway指向的插口地址结构的地址族字段值不是AF_LINK，说明出了某些差错，返回一个空指针。如果结点是这样创建的，应创建一个记录报文。

记录报文中对arptnew的注释是针对老版本Net/2中创建ARP结点的。

如果rtalloc1由于匹配结点的RTF_CLONING标志置位而创建一个新的结点，那么函数arp_rtrequest(21.13节)也要被rtrequest调用。

21.12 代理ARP

Net/3支持代理ARP，有两种不同类型的代理ARP结点，可以通过arp命令及pub选项将它们加入到路由表中。添加代理ARP选项会使arp_rtrequest主动发送动态联编信息(如图21-28所示)，因为在创建结点时RTF_ANNOUNCE标志位被置1。

代理ARP结点的第一种类型：它允许将网络内的某一主机的IP地址填入到ARP高速缓存内。硬件地址可以设为任意值。这种结点加入到路由表中时使用了直接的掩码0xffffffff。加掩码的目的是即使插口地址的SIN_PROXY标志位为1，在调用图21-27中的rtalloc1时能与该结点匹配。于是在调用图21-20中的arplookup时也能与该结点匹配，目的地址的SIN_PROXY置位。

如果本网中的主机H1不能实现ARP，那么可以使用这种类型的代理ARP结点。作为代理的主机代替H1回答所有的ARP请求，同时提供创建代理ARP结点时设定的硬件地址(比如可以是H1的以太网地址)。这种类型的结点可以通过arp -a命令查看，它带有"published"符号。

第二种类型的代理ARP结点用于已经存有路由表结点的主机。内核为该目的地址创建另外一个路由表结点，在这个新的结点中含有链路层的信息(如以太网地址)。该新结点中sockaddr_inarp 结构(图21-26)的sin_other成员的SIN_PROXY标志置位。回想一下，搜索路由表时是比较12字节的Internet插口地址(图18-39)。只有当该结构的最后8字节非零时，才会用到SIX_PROXY标志位。当arplookup指定送往rtalloc1的结构中的sin_other成员中SIN_PROXY的值时，只有路由表中那些匹配的结点的SIN_PROXY标志置位。

这种类型的代理ARP结点通常指明了作为代理ARP服务器的以太网地址。如果某代理ARP结点是为主机HD创建的，一般有以下步骤：

1) 代理服务器收到来自主机HS的查找HD硬件地址的广播ARP请求，主机HS认为HD在本地网上；

2) 代理服务器回答请求，并提供本机的以太网地址；

3) HS将发往HD的数据报发送给代理服务器；

4) 收到发往HD的数据报后，代理服务器利用路由表中关于HD的信息将数据报转发给HD。

路由器netb使用这种类型的代理ARP结点，见卷1 4.6节中的例子。可以通过命令arp -a来查看这些带有"published (proxy only)"的结点。

21.13 arp_rtrequest函数

图21-3简要显示了ARP函数和选路函数之间的关系。在ARP中，我们将调用两个路由表函数：

1) arplookup调用rtalloc1查找ARP结点，如果找不到匹配结点，则创建一个新的ARP结点。

> 如果在路由表中找到了匹配结点，且该结点的RTF_CLONING标志位没有置位(即该结点就是目的主机的结点)，则返回该结点。如果RTF_CLONING标志位被置位，rtalloc1以RTM_RESOLVE命令为参数调用rtrequest。图18-2中的140.252.13.33和140.252.13.34结点就是这么创建的，它们是从140.252.13.32的结点复制而来的。

2) arptfree以RTM_DELETE命令为参数调用rtrequest，删除对应ARP结点的路由表结点。

此外，arp命令通过发送和接收路由插口上的路由报文来操纵ARP高速缓存。arp以命令

RTM_RESOLVE、RTM_DELETE和RT_GET为参数发布路由信息。前两个参数用于调用
rtrequest，第三个参数用于调用rtallocl。

最后，当以太网设备驱动程序获得了赋予该接口的IP地址后，rtinit增加一个网络路由。
于是rtrequest函数被调用，参数是RTM_ADD，标志位是RTF_UP和RTF_CLONING。图18-
2中140 252 13 32结点就是这么创建的。

在第19章中我们讲过，每一个ifaddr结构都有一个指向函数(ifa_rtrequest成员)的
指针，该函数在创建或删除一个路由表结点时被自动调用。在图6-17中，对于所有以太网设备，
in_ifinit将该指针指向arp_rtrequest函数。因此，当调用路由函数为ARP创建或删除
路由表结点时，总会调用arp_rtrequest。当任意路由表函数被调用时，arp_rtrequest
函数的作用是做各种初始化或退出处理所需的工作。例如：当创建新的ARP结点时，
arp_rtrequest内要为llinfo_arp结构分配内存。同样，当路由函数处理完一个
RTM_DELETE命令后，arp_rtrequest的工作是删除llinfo_arp结构。

图21-28显示了arp_rtrequest函数的第一部分。

```
                                                                    ── if_ether.c
 92 void
 93 arp_rtrequest(req, rt, sa)
 94 int      req;
 95 struct rtentry *rt;
 96 struct sockaddr *sa;
 97 {
 98     struct sockaddr *gate = rt->rt_gateway;
 99     struct llinfo_arp *la = (struct llinfo_arp *) rt->rt_llinfo;
100     static struct sockaddr_dl null_sdl =
101     {sizeof(null_sdl), AF_LINK};

102     if (!arpinit_done) {
103         arpinit_done = 1;
104         timeout(arptimer, (caddr_t) 0, hz);
105     }
106     if (rt->rt_flags & RTF_GATEWAY)
107         return;
108     switch (req) {

109     case RTM_ADD:
110         /*
111          * XXX: If this is a manually added route to interface
112          * such as older version of routed or gated might provide,
113          * restore cloning bit.
114          */
115         if ((rt->rt_flags & RTF_HOST) == 0 &&
116             SIN(rt_mask(rt))->sin_addr.s_addr != 0xffffffff)
117             rt->rt_flags |= RTF_CLONING;
118         if (rt->rt_flags & RTF_CLONING) {
119             /*
120              * Case 1: This route should come from a route to iface.
121              */
122             rt_setgate(rt, rt_key(rt),
123                         (struct sockaddr *) &null_sdl);
124             gate = rt->rt_gateway;
125             SDL(gate)->sdl_type = rt->rt_ifp->if_type;
126             SDL(gate)->sdl_index = rt->rt_ifp->if_index;
127             rt->rt_expire = time.tv_sec;
```

图21-28 arp_rtrequest函数：RTM_ADD命令

```
128                break;
129            }
130            /* Announce a new entry if requested. */
131            if (rt->rt_flags & RTF_ANNOUNCE)
132                arprequest((struct arpcom *) rt->rt_ifp,
133                            &SIN(rt_key(rt))->sin_addr.s_addr,
134                            &SIN(rt_key(rt))->sin_addr.s_addr,
135                            (u_char *) LLADDR(SDL(gate)));
136            /* FALLTHROUGH */
```
─── if_ether.c

图21-28 （续）

1. 初始化ARP timeout函数

92-105 第一次调用arp_rtrequest函数时(系统初始化阶段，在对第一个以太网接口赋IP地址时)，timeout函数在一个时钟滴答内调用arptimer函数。此后，ARP定时器代码每5分钟运行一次，因为arptimer总是要调用timeout的。

2. 忽略间接路由

106-107 如果将标志RTF_GATEWAY置位，则函数返回。RTF_GATEWAY标志表明该路由表结点是间接的，而所有ARP结点都是直接的。

108 一个带有三种可能的switch语句：RTM_ADD、RTM_RESOLVE和RTM_DELETE (后两种在后面的图中显示)。

3. RTM_ADD命令

109 RTM_ADD命令出现在以下两种情况中：执行arp命令手工创建ARP结点或者rtinit函数对以太网接口赋IP地址(图21-3)。

4. 向后兼容

110-117 若标志RTF_HOST没有置位，说明该路由表结点与一个掩码相关(也就是说是网络路由，而非主机路由)。如果掩码不是全1，那么该结点确实是某一接口的路由，因此，将标志RTF_CLONING置位。如注释中所述，这是为了与某些旧版本的路由守护程序兼容。此外，/etc/netstart中的命令：

```
route add -net 224.0.0.0 -interface bsdi
```

为图18-2所示网络创建带有RTF_CLONING标志的路由表结点。

5. 初始化到接口的网络路由结点

118-126 若标志RTF_CLONING(in_ifinit为所有以太网接口设置该标志)置位，那么该路由表结点是由rtinit添加的。rt_setgate为sockaddr_dl结构分配空间，该结构由rt_gateway指针所指。与图21-1中140.252.13.32的路由表结点相关的就是该数据链路插口地址结构。sdl_family和sdl_len成员的值是根据静态定义的null_sd而初始化的，sdl_type(可能是IFT_ETHER)和sdl_index成员的值来自接口的ifnet结构。该结构不包含以太网地址，sdl_alen成员的值为0。

127-128 最后将时限值设为当前时间，也就是结点的创建时间，执行break后返回。对于在系统初始化时创建的结点，它们的rmx_expire值为系统启动的时间。注意，图21-1中该路由表结点没有相应的llinfo_arp结构，所以它不会被arptimer处理。但是要用它的sockaddr_dl结构，对于以太网中特定主机的路由结点来说，要复制的是rt_gateway结构，用RTM_RESOLVE命令参数创建路由表结点时，rtrequest复制该结构。此外，

netstat程序将sdl_index的值输出为link#n，见图18-2。

6. 发送免费ARP请求

130-135 若将标志RTF_ANNOUNCE置位，则该结点是由arp命令带pub选项创建的。该选项有两个分支：(1) sockaddr_inarp结构中sin_other成员的SIN_PROXY标志被置位；(2)标志RTF_ANNOUNCE被置位。因为标志RTF_ANNOUNCE被置位，所以arprequest广播免费ARP请求。注意，第二个和第三个参数是相同的，即该ARP请求中，发送方IP地址和目的方IP地址是一样的。

136 继续执行针对RTM_RESOLVE命令的case语句。

图21-29显示了arp_rtrequest函数的第二部分，处理RTM_RESOLVE命令。当rtalloc1找到一个RTF_CLONING标志位置位的路由表结点且rtalloc1的第二个参数值(arplookup的create参数)不为0时，调用该命令。需要分配一个新的llinfo_arp结构，并将其初始化。

```
                                                            ── if_ether.c
137    case RTM_RESOLVE:
138        if (gate->sa_family != AF_LINK ||
139            gate->sa_len < sizeof(null_sdl)) {
140            log(LOG_DEBUG, "arp_rtrequest: bad gateway value");
141            break;
142        }
143        SDL(gate)->sdl_type = rt->rt_ifp->if_type;
144        SDL(gate)->sdl_index = rt->rt_ifp->if_index;
145        if (la != 0)
146            break;                  /* This happens on a route change */
147        /*
148         * Case 2:  This route may come from cloning, or a manual route
149         * add with a LL address.
150         */
151        R_Malloc(la, struct llinfo_arp *, sizeof(*la));
152        rt->rt_llinfo = (caddr_t) la;
153        if (la == 0) {
154            log(LOG_DEBUG, "arp_rtrequest: malloc failed\n");
155            break;
156        }
157        arp_inuse++, arp_allocated++;
158        Bzero(la, sizeof(*la));

159        la->la_rt = rt;
160        rt->rt_flags |= RTF_LLINFO;
161        insque(la, &llinfo_arp);

162        if (SIN(rt_key(rt))->sin_addr.s_addr ==
163            (IA_SIN(rt->rt_ifa))->sin_addr.s_addr) {
164            /*
165             * This test used to be
166             *  if (loif.if_flags & IFF_UP)
167             * It allowed local traffic to be forced
168             * through the hardware by configuring the loopback down.
169             * However, it causes problems during network configuration
170             * for boards that can't receive packets they send.
171             * It is now necessary to clear "useloopback" and remove
172             * the route to force traffic out to the hardware.
173             */
174            rt->rt_expire = 0;
```

图21-29 arp_rtrequest函数：RTM_RESOLVE命令

```
175                    Bcopy(((struct arpcom *) rt->rt_ifp)->ac_enaddr,
176                        LLADDR(SDL(gate)), SDL(gate)->sdl_alen = 6);
177                    if (useloopback)
178                        rt->rt_ifp = &loif;
179            }
180        break;
```
── *if_ether.c*

图21-29 （续）

7. 验证sockaddr_dl结构

137-144   验证rt_gateway指针所指的sockaddr_dl结构的sa_family和sa_len成员的值。接口类型(可能是IFT_ETHER)和索引值填入新的sockaddr_dl结构。

8. 处理路由变化

145-146   正常情况下，该路由表结点是新创建的，并没有指向一个llinfo_arp结构。如果la指针非空，则在路由已发生了变化时调用arp_rtrequest。此时llinfo_arp已经分配，执行break，函数返回。

9. 初始化llinfo_arp结构

147-158   分配一个llinfo_arp结构，rt_llinfo中存有指向该结构的指针。统计值变量arp_inuse和arp_allocated各加1，llinfo_arp结构置0。将la_hold指针置空，la_asked值置0。

159-161   将rt指针存储于llinfo_arp结构中，置RTF_LLINFO标志位。如图18-2所示，ARP创建的三个结点140.252.13.33、140.252.13.34和140.252.13.35都有L标志，和240.0.0.1一样。arp程序只检查该标志(图19-36)。最后insque将llinfo_arp加入到链接表的首部。

就这样创建了一个ARP结点：rtrequest创建路由表结点(经常为以太网克隆一个特定网络的结点)，arp_rtrequest分配和初始化llinfo_arp结构。剩下只需广播一个ARP请求，在收到回答后填充主机的以太网地址。事件发生的一般次序是：arpresolve调用arplookup，于是arp_rtrequest被调用(中间可能跟有函数调用，见图21-3)。当控制返回到arpresolve时，发送ARP广播请求。

10. 处理发给本机的特例情况

162-173   这是4.4BSD新增的测试特例部分(注释是老版本留下的)。它创建了图21-1中最右边的路由表结点，该结点包含了本机的IP地址(140.252.13.35)。if语句检测它是否等于本机IP地址，如等于，那么这个刚创建的结点代表的是本机。

11. 将结点置为永久性，并设置以太网地址

174-176   时限值设为0，意味着该结点是永久有效的——永远不会超时。从接口的arpcom结构中将硬件地址拷贝至rt_gateway所指的sockaddr_dl结构中。

12. 将接口指针指向环回接口

177-178   若全局变量usrloopback值不为0(默认为1)，则将路由表结点内的接口指针指向环回接口。这意味着，如果有数据报发给自己，就送往环回接口。在4.4BSD以前的版本中，可以通过/etc/netstart文件中的命令：

```
route add 140.252.13.35 127.0.0.1
```

来建立从本机IP地址到环回接口的路由。4.4BSD仍然支持这种方式，但已不是必需的了。当

第一次有数据报发给本机IP地址时，我们刚才看到的代码会自动创建一个这样的路由。此外，这些代码对于一个接口只会执行一次。一旦路由表结点和永久性ARP结点创建好后，它们就不会超时，所以不会再次出现对本机IP地址的RTM_RESOLLVE命令。

　　arp_rtrequest函数的最后部分如图21-30所示，处理RTM_DELETE请求。从图21-3中，我们可以看到，该命令是由arp命令产生的，用于手工删除一个结点；或者在一个ARP结点超时时由arptfree产生。

```
────────────────────────────────────────────────── if_ether.c
181    case RTM_DELETE:
182        if (la == 0)
183            break;
184        arp_inuse--;
185        remque(la);
186        rt->rt_llinfo = 0;
187        rt->rt_flags &= ~RTF_LLINFO;
188        if (la->la_hold)
189            m_freem(la->la_hold);
190        Free((caddr_t) la);
191    }
192 }
────────────────────────────────────────────────── if_ether.c
```

图21-30 arp_rtrequest 函数：RTM_DELETE命令

13. 验证la指针

182-183　la指针应该是非空的，也就是说路由表结点必须指向一个llinfo_arp结构；否则，执行break，函数返回。

14. 删除llinfo_arp结构

184-190　统计值变量arp_inuse减1，remque从链表中删除llinfo_arp结构。rt_llinfo指针置0，清除RTF_LLINFO标志。如果该ARP结点保持有mbuf(即该ARP请求未收到回答)，则将mbuf释放。最后释放llinfo_arp结构。

　　注意，switch语句中没有包含default情况，也没有考虑RTM_GET命令。这是因为arp程序产生的RTM_GET命令全部由route_output函数处理，并不调用rtrequest。此外，见图21-3，在RTM_GET命令产生的对rtalloc1调用中，指定第二个参数是0，所以rtalloc1并不调用rtrequest。

21.14 ARP和多播

　　如果一个IP数据报要采用多播方式发送，ip_output检测进程是否已将某个特定的接口赋予插口(见图12-40)。如果已经赋值，则将数据报发往该接口，否则，ip_output利用路由表选择输出接口(见图8-24)。因此，对于具有多个多播发送接口的系统来说，IP路由表应指定每个多播组的默认接口。

　　在图18-2中我们看到，路由表中有一个结点是为网络224.0.0.0创建的，该结点具有"flag"标志。所有以224开头的多播组都以该结点指定的接口(le0)为默认接口。对于其他的多播组(以225~239开头)，可以分别创建新的路由表结点，也可以对某个指定多播组创建一个路由表结点。例如，可以为224.0.11(网络定时协议)创建一个与224.0.0.0不同的路由表结点。如果路由表中没有对应某个多播组的结点，同时进程没有用IP_MULTICAST_IF插口选项指明接口，那么该组的默认接口成为路由表中默认路由的接口。其实图18-2中对应224.0.0.0的路由表结点并不是必要的，因为默认接口就是le0。

如果选定的接口是以太网接口，则调用arpresolve将多播组地址映射为相应的以太网地址。在图21-23中，映射通过调用宏ETHER_MAP_IP_MULTICAST来完成。该宏所做的就是将该多播组地址的低23位与一个常量逻辑或(图12-6)，映射不需要ARP请求和回答，也不需要进入ARP高速缓存。每次需要映射时，调用该宏。

如果多播组是从另外一个结点复制得来的，那么多播组地址会出现在ARP缓存里，如图21-5所示。因为这些结点将RTF_LLINFO标志置位。它们不会有ARP请求和回答，所以说不是真正的ARP结点。它们也没有相应的链路层地址，宏ETHER_MAP_IP_MULTICAST就可以完成映射。

这些多播组的ARP结点的时效与正常的ARP结点不同。在为某个多播组创建一个路由表结点时，如图18-2中的224.0.0.1，rtrequest从被克隆的结点中复制rt_metrics结构(图19-9)。图21-28中，网络路由结点的rmx_expire值被设为RTM_ADD命令执行的时间，也即系统初始化的时间。为224.0.0.1设置的结点也设置为同样的时间。

这就意味着在下次arptimer执行时，对应多播组224.0.0.1的ARP结点总是超时的。所以，当下一次在路由表中查找时就需重新创建该结点。

21.15 小结

ARP提供了IP地址到硬件地址的映射，本章讲述了如何实现这种映射。

Net/3实现与以往的BSD版本有很大不同。ARP信息被存放在多个结构里面：路由表、数据链路插口地址结构和llinfo_arp结构。图21-1显示了这些结构之间的关系。

发送一个ARP请求是很简单的：正确填充相关字段后，将请求广播发送出去就行了。处理请求就要复杂一些，因为每个主机都收到了广播的ARP请求。除了响应请求外，in_arpinput还要检测是否有其他主机正与它使用同一个IP地址。因为每一个ARP请求中包含发送方的IP和硬件地址，所以网络上的所有主机都可以通过它来更新自己的ARP结点。

在局域网中，ARP洪泛将是一个问题，Net/3是第一个考虑这种问题的BSD版本。对于同一个目的地，一秒钟内只可发送一个ARP请求，如果连续5个请求都没有收到回答，必须暂停20秒钟才可再发送去往该目的地的ARP请求。

习题

21.1 图21-17中给局部变量ac赋值时，做过什么假设？

21.2 如果我们先ping本地以太网的广播地址，之后执行arp -a，就可以发现几乎所有本地以太网上的其他主机的表项都填入到了ARP高速缓存中。这是为什么？

21.3 查看代码并解释为什么图21-19中需要把sdl_alen的值赋为6。

21.4 在Net/2中有一个独立于路由表而存在的ARP表，每次调用arpresolve时，都要在该ARP表中查找。试与Net/3的方法比较，哪个更有效？

21.5 Net/2中的ARP代码显式地设置ARP高速缓存中非完整表项的超时为3分钟，非完整表项是指正在等待ARP回答的表项。但我们从没有提过Net/3如何处理该超时，那么Net/3何时才认为非完整表项超时？

21.6 当Net/3系统作为一个路由器并且导致洪泛的分组来自其他主机时，为避免ARP洪泛要做哪些变动？

21.7 图21-1中给出的四个`rmx_expire`变量的值是什么？代码在何处设置该值？

21.8 对广播ARP请求的每个主机，本章中引起要创建一个ARP结点的代码需要做哪些变动？

21.9 为了验证图21-25中的例子，作者运行了卷1附录C的sock程序，每隔500 ms向本地以太网上一个不存在的主机发送一个UDP数据报(程序的-p选项改为等待的毫秒数)。但是在返回第一个EHOSTDOWN差错之前，仅无差错地发送了10个UDP数据报，而不是图21-25所示的11个，这是为什么？

21.10 修改ARP，使得它在等待ARP回答时持有到目的主机的所有分组，而不是持有最近的一个。如何实现这种改变？是否像每个接口的输出队列一样，需要一个限制？是否需要改变数据结构？

第22章 协议控制块

22.1 引言

协议层使用协议控制块(PCB)存放各UDP和TCP插口所要求的多个信息片。Internet协议维护Internet 协议控制块(Internet protocol control block)和TCP控制块(TCP control block)。因为UDP是无连接的,所以一个端结点需要的所有信息都可以在Internet PCB中找到;不存在UDP控制块。

Internet PCB含有所有UDP和TCP端结点共有的信息:外部和本地IP地址、外部和本地端号、IP首部原型、该端结点使用的IP选项以及一个指向该端结点目的地址选路表条目的指针。TCP控制块包含了TCP为各连接维护的所有结点信息:两个方向的序号、窗口大小、重传次数等等。

本章我们描述Net/3所用的Internet PCB,在详细讨论TCP时再探讨TCP控制块。我们将研究几个操作Internet PCB的函数,会在描述UDP和TCP时遇到它们。大多数的函数以in_pcb开头。

图22-1总结了协议控制块以及它们与file和socket结构之间的关系。该图中有几点要考虑:

- 当socket或accept创建一个插口后,插口层生成一个file结构和一个socket结构。文件类型是DTYPE_SOCKET,UDP端结点的插口类型是SOCK_DGRAM,TCP端结点的插口类型是SOCK_STREAM。
- 然后调用协议层。UDP创建一个Internet PCB(一个inpcb结构),并把它链接到socket结构上:so_pcb成员指向inpcb结构,inp_socket成员指向socket结构。
- TCP做同样的工作,也创建它自己的控制块(一个tcpcb结构),并用指针inp_ppcb和t_inpcb把它链接到inpcb上。在两个UDP inpcb中,inp_ppcb成员是一个空指针,因为UDP不负责维护它自己的控制块。
- 我们显示的其他四个inpcb结构的成员,从inp_faddr到inp_lport,形成了该端结点的插口对:外部IP地址和端口号,以及本地IP地址和端口号。
- UDP和TCP用指针inp_next和inp_prev维护一个所有Internet PCB的双向链表。它们在表头分配一个全局inpcb结构(命名为udb和tcb),在该结构中只使用三个成员:下一个和前一个指针,以及本地端口号。后一个成员中包含了该协议使用的下一个临时端口号。

Internet PCB是一个传输层数据结构。TCP、UDP和原始IP使用它,但IP、ICMP或ICMP不用它。

我们还没有讲过原始IP,但它也用Internet PCB。与TCP和UDP不同,原始IP在PCB中不用端口号成员,原始IP只用本章中提到的两个函数:in_pcballoc分配PCB,in_pcbdetach释放PCB。第32章将讨论原始IP。

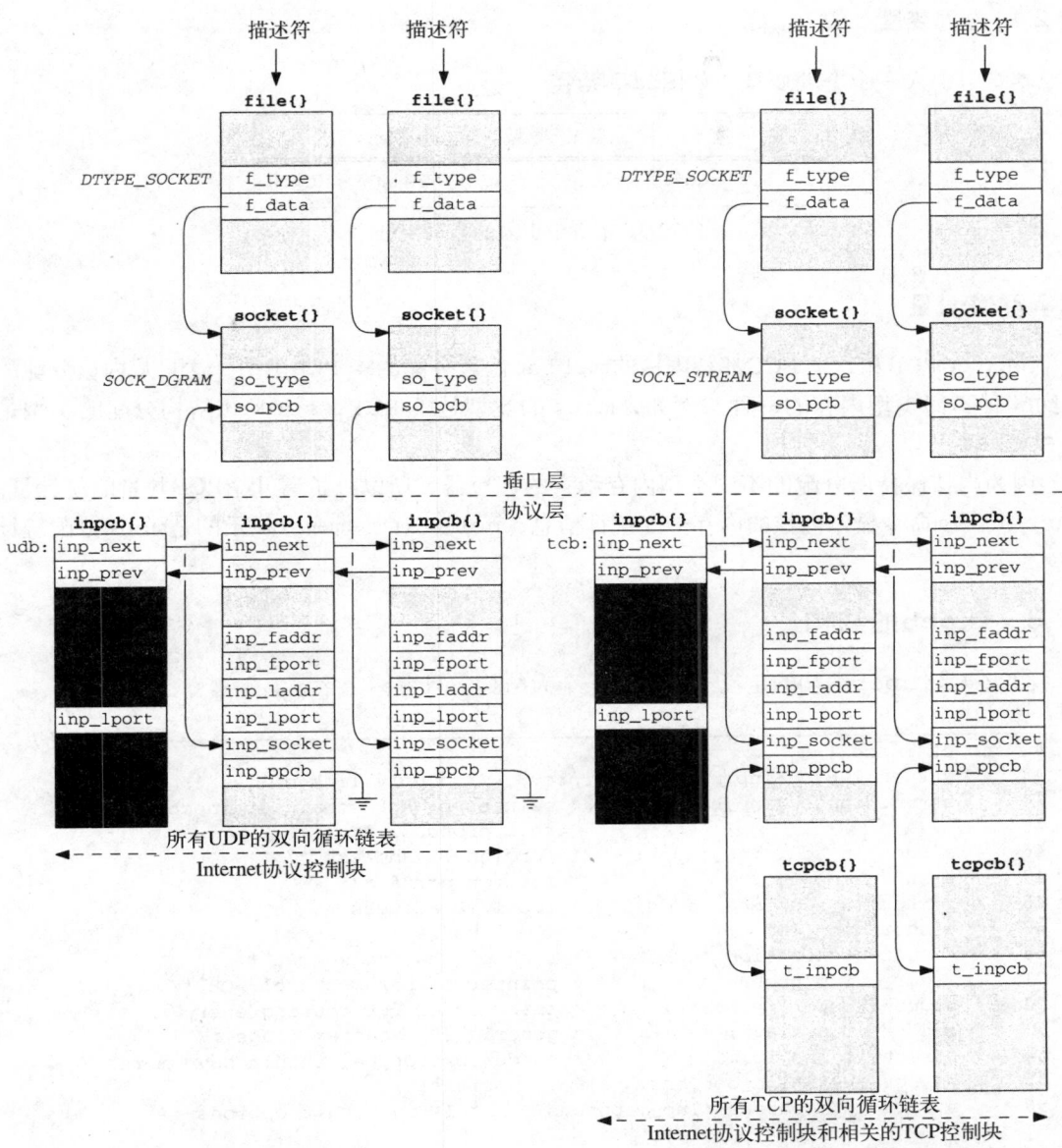

图22-1　Internet协议控制块以及与其他结构之间的关系

22.2　代码介绍

所有PCB函数都在一个C文件和一个包含定义的头文件中，如图22-2所示。

文　　件	描　　述
netinet/in_pcb.h	in_pcb结构定义
netinet/in_pcb.c	PCB函数

图22-2　本章中讨论的文件

22.2.1 全局变量

本章只引入一个全局变量，如图22-3所示。

变　量	数据类型	描　述
zeroin_addr	struct in_addr	32 bit全零IP地址

图22-3　本章中引入的全局变量

22.2.2 统计量

Internet PCB和TCP PCB都是内核的`malloc`函数分配的M_PCB类型。这只是内核分配的大约60种不同类型内存的一种。例如，mbuf的类型是M_BUF，`socket`结构分配的类型是M_SOCKET。

因为内核保持所分配的不同类型内存缓存的计数器，所以维护着几个PCB数量的统计量。`vmstat -m`命令显示内核的内存分配统计信息，`netstat -m`命令显示的是mbuf分配统计信息。

22.3 `inpcb`的结构

图22-4是inpcb结构的定义。这不是一个大结构，只占84个字节。

```
                                                                    ── in_pcb.h
42 struct inpcb {
43     struct inpcb *inp_next, *inp_prev;  /* doubly linked list */
44     struct inpcb *inp_head;         /* pointer back to chain of inpcb's for
45                                        this protocol */
46     struct in_addr inp_faddr;       /* foreign IP address */
47     u_short inp_fport;              /* foreign port# */
48     struct in_addr inp_laddr;       /* local IP address */
49     u_short inp_lport;              /* local port# */
50     struct socket *inp_socket;      /* back pointer to socket */
51     caddr_t inp_ppcb;               /* pointer to per-protocol PCB */
52     struct route inp_route;         /* placeholder for routing entry */
53     int     inp_flags;              /* generic IP/datagram flags */
54     struct ip inp_ip;               /* header prototype; should have more */
55     struct mbuf *inp_options;       /* IP options */
56     struct ip_moptions *inp_moptions;   /* IP multicast options */
57 };
                                                                    ── in_pcb.h
```

图22-4　inpcb结构

43-45 inp_next和inp_prev为UDP和TCP的所有PCB形成一个双向链表。另外，每个PCB都有一个指向协议链表表头的指针(inp_head)。对UDP表上的PCB，inp_head总是指向udb(图22-1)；对TCP表上的PCB，这个指针总是指向tcb。

46-49 下面四个成员：inp_faddr、inp_fport、inp_laddr和inp_lport，包含了这个IP端结点的插口对：外部IP地址和端口号，以及本地IP地址和端口号。PCB中以网络字节序而不是以主机字节序维护这四个值。

运输层的TCP和UDP都使用Internet PCB。尽管在这个结构里保存本地和外部IP地址很有意义，但端口号并不属于这里。端口号及其大小的定义是由各运输层协议指定的，不同的运输层可以指定不同的值。[Partridge 1987] 提出了这个问题，其中版本1的RDP采用8 bit的端口号，需要用8 bit的端口号重新实现几个标准内核程序。版本2的RDP [Partridge和Hinden 1990] 采用16 bit端口号。实际上，端口号属于运输层专用控制块，例如TCP的tcpcb。可能会要求采用一种新的UDP专用的PCB。尽管这个方案可行，但却可能使我们马上要讨论的几个程序复杂化。

50-51 inp_socket是一个指向该PCB的socket结构的指针，inp_ppcb是一个指针，它指向这个PCB的可选运输层专用控制块。我们在图22-1中看到，inp_ppcb和TCP一起指向对应的tcpcb，但UDP不用它。socket和inpcb之间的链接是双向的，因为有时内核从插口层开始，需要对应的Internet PCB(如用户输出)，而有时内核从PCB开始，需要找到对应的socket结构(如处理收到的IP数据报)。

52 如果IP有一个到外部地址的路由，则它被保存在ipp_route条目处。我们将看到，当收到一个ICMP重定向报文时，将扫描所有Internet PCB，找到那些外部IP地址与重定向IP地址匹配的PCB，将其inp_route条目标记成无效。当再次将该PCB用于输出时，迫使IP重新找一条到该外部地址的新路由。

53 inp_flags成员中存放了几个标志。图22-5显示了各标志。

inp_flags	描　述
INP_HDRINCL	进程提供整个IP首部(只有原始插口)
INP_RECVOPTS	把到达IP选项作为控制信息接收(只有UDP，还没有实现)
INP_RECVRETOPTS	把回答的IP选项作为控制信息接收(只有UDP，还没有实现)
INP_RECVDSTADDR	把IP目的地址作为控制信息接收(只有UDP)
INP_CONTROLOPTS	INP_RECVOPTS | INP-RECVRETOPTS | INP_RECVDSTADDR

图22-5 inp_flags值

54 PCB中维护一个IP首部的备份，但它只使用其中的两个成员，TOS和TTL。TOS被初始化为0(普通业务)，TTL被运输层初始化。我们将看到，TCP和UDP都把TTL的默认值设为64。进程可以用IP_TOS或IP_TTL插口选项改变这些默认值，新的值记录在inpcb-inp_ip结构中。以后，TCP和UDP在发送IP数据报时，却把该结构用作原型IP首部。

55-56 进程也可以用IP_OPTIONS插口选项设置外出数据报的IP选项。函数ip_pcbopts把调用方选项的备份存放在一个mbuf中，inp_options成员是一个指向该mbuf的指针。每次TCP和UDP调用ip_output函数时，就把一个指向这些IP首部的指针传给IP，IP将其插到出去的IP数据报中。类似地，inp_moptions成员是一个指向用户IP多播选项备份的指针。

22.4 in_pcballoc和in_pcbdetach函数

在创建插口时，TCP、UDP和原始IP会分配一个Internet PCB。系统调用socket发布PRU_ATTACH请求。在UDP情况下，我们将在图23-33中看到，产生的调用是

```
struct socket *so;
int error;

error = in_pcballoc(so, &udb);
```

图22-6是in_pcballoc函数。

```
                                                                        — in_pcb.c
36 int
37 in_pcballoc(so, head)
38 struct socket *so;
39 struct inpcb *head;
40 {
41     struct inpcb *inp;

42     MALLOC(inp, struct inpcb *, sizeof(*inp), M_PCB, M_WAITOK);
43     if (inp == NULL)
44         return (ENOBUFS);
45     bzero((caddr_t) inp, sizeof(*inp));

46     inp->inp_head = head;
47     inp->inp_socket = so;
48     insque(inp, head);
49     so->so_pcb = (caddr_t) inp;
50     return (0);
51 }
                                                                        — in_pcb.c
```

图22-6 in_pcballoc函数：分配一个Internet PCB

1. 分配PCB，初始化为零

36-45 in_pcballoc使用宏MALLOC调用内核的内存分配器。因为这些PCB总是作为系统调用的结果分配的，所以总能等到一个。

Net/2和早期的伯克利版本把Internet PCB和TCP PCB都保存在mbuf中。它们的大小分别是80和108字节。Net/3版本中的大小变成了84和140字节，所以TCP控制块不再适合存放在mbuf中。Net/3使用内核的内存分配器而不是mbuf分配两种控制块。

细心的读者会注意到图2-6的例子中，为PCB分配了17个mbuf，而我们刚刚讲到Net/3不再用mbuf存放Internet PCB和TCP PCB。但是，Net/3的确用mbuf存放Unix域的PCB，这就是计数器所指的。netstat输出的mbuf统计信息是针对内核为所有协议族分配的mbuf，而不仅仅是Internet协议族。

bzero把PCB设成0。这非常重要，因为PCB中的IP地址和端口号必须被初始化成0。

```
                                                                        — in_pcb.c
252 int
253 in_pcbdetach(inp)
254 struct inpcb *inp;
255 {
256     struct socket *so = inp->inp_socket;

257     so->so_pcb = 0;
258     sofree(so);
259     if (inp->inp_options)
260         (void) m_free(inp->inp_options);
261     if (inp->inp_route.ro_rt)
262         rtfree(inp->inp_route.ro_rt);
263     ip_freemoptions(inp->inp_moptions);
264     remque(inp);
265     FREE(inp, M_PCB);
266 }
                                                                        — in_pcb.c
```

图22-7 in_pcbdetach函数：释放一个Internet PCB

2. 把结构链接起来

46-49 in_head成员指向协议的PCB表头(udb或tcp)，inp_socket成员指向socket结

构，新的PCB结构被加到协议的双向链表上(insque)，socket结构指向该PCB。insque函数把新的PCB放到协议表的表头里。

在发布PRU_DETACH请求后，释放一个Internet PCB，这是在关闭插口时发生的。图22-7显示了in_pcbdetach函数，最后将调用它。

252-263 socket结构中的PCB指针被设成0，sofree释放该结构。如果给这个PCB分配的是一个有IP选项的mbuf，则由m_free将其释放。如果该PCB中有一个路由，则由rtfree将其释放。所有多播选项都由ip_freemoptions释放。

264-265 remque把该PCB从协议的双向链表中移走，该PCB使用的内存被返回给内核。

22.5　绑定、连接和分用

在研究绑定插口、连接插口和分用进入的数据报的内核函数之前，我们先来看一下内核对这些动作施加的限制规则。

1. 绑定本地IP地址和端口号

图22-8是进程在调用bind时可以指定的本地IP地址和本地端口号的六种组合。

前三行通常是服务器的——它们绑定某个特定端口，称为服务器的知名端口(well-known port)，客户都知道这些端口的值。后三行通常是客户的——它们不考虑本地的端口，称为临时端口(ephemeral port)，只要它在客户主机上是唯一的。

大多数服务器和客户在调用bind时，都指定通配IP地址。如图22-8所示，在第3行和第6行中，用*表示。

本地IP地址	本地端口	描　　　述
单播或广播	非零	一个本地接口，特定端口
多播	非零	一个本地多播组，特定端口
*	非零	任何本地接口或多播组，特定端口
单播或广播	0	一个本地接口，内核选择端口
多播	0	一个多播组，内核选择端口
*	0	任何本地接口，内核选择端口

图22-8　bind的本地IP地址和本地端口号的组合

如果服务器把某个特定IP地址绑定到某个插口上(也就是说，不是通配地址)，那么进入的IP数据报中，只有那些以该特定IP地址作为目的IP地址的IP数据报——不管是单播、广播或多播——都被交付给该进程。自然地，当进程把某个特定单播或广播IP地址绑定到某个插口上时，内核验证该IP地址与一个本地接口对应。

尽管可能，但很少出现客户程序绑定某个特定IP地址的情况(图22-8中的第4行和第5行)。通常客户绑定通配IP地址(图22-8中的最后一行)，让内核根据自己选择的到服务器的路由来选择外出的接口。

图22-8没有显示如果客户程序试图绑定一个已经被其他插口使用的本地端口时会发生什么情况。默认情况下，如果一个端口已经被使用，进程是不能绑定它的。如果发生这种情况，则返回EADDRINUSE差错(地址正在被使用)。正在被使用(in use)的定义很简单，就是只要存在一个PCB，就把该端口作为它的本地端口。"正在被使用"的概念是相对于绑定协议的：TCP或UDP，因为TCP端口号与UDP端口号无关。

Net/3允许进程指定以下两个插口选项来改变这个默认行为：

SO_REUSEADDR 允许进程绑定一个正在被使用的端口号，但被绑定的IP地址(包括通配
地址)必须没有被绑定到同一个端口。

例如，如果连到的接口的IP地址是140.252.1.29，则一个插口可以被绑
定到140.252.1.29，端口5555；另一个插口可绑定到127.0.0.1，端口
5555；还有一个插口可以绑定到通配IP地址，端口5555。在第二种和
第三种情况下调用bind之前，必须先调用setsockopt，设置
SO_REUSEADDR选项。

SO_REUSEPORT 允许进程重用IP地址和端口号，但是包括第一个在内的各个IP地址和
端口号，必须指定这个插口选项。和SO_REUSEADDR一样，第一次绑
定端口号时要指定插口选项。

例如，如果连到的接口具有140.252.1.29的IP地址，并且某个插口绑定
到140.252.1.29，端口6666，并指定SO_REUSEPORT插口选项，则另一
个插口也可以指定同一个插口选项，并绑定140.252.1.29，端口6666。

本节的后面将讨论在后一个例子中，当到达一个目的地址是140.252.1.29，目的端口是
6666的IP数据报时，会发生什么情况。因为这两个插口都被绑定到该端结点上。

SO_REUSEPORT是Net/3新加上的，在4.4BSD中是为支持多播而引入的。在这个
版本之前，两个插口是不可能绑定到同一个IP地址和同一个端口号的。

不幸的是，SO_REUSEPORT不是原来的标准多播源程序的内容，所以对它的支
持并不广泛。其他支持多播的系统，如Solaris 2.x，让进程指定SO_REUSEADDR来表
明允许把多个端口绑定到同一IP地址和相同的端口号。

2. 连接一个UDP插口

我们通常把connect系统调用和TCP客户联系起来，但是UDP客户或UDP服务器也可能
调用connect，为插口指定外部IP地址和外部端口号。这就限制插口必须只与某个特定对方
交换UDP数据报。

当连接UDP插口时，会有一个副作用：本地IP地址，如果在调用bind时没有指定，会自
动被connect设置。它被设成由IP选路指定对方所选择的本地接口地址。

图22-9显示了UDP插口的三种不同的状态，以及函数为终止各状态调用的伪代码。

本 地 插 口	外 部 插 口	描　　述
localIP.lport	*foreignIP.fport*	限制到一个对方： socket(),bind(*.*lport*),connect(*foreignIP, fport*) socket(),bind(*localIP, lport*),connect(*foreignIP, fport*)
localIP.lport	*.*	限制在本地接口上到达的数据报：*localIP* socket(), bind(*localIP, lport*)
.lport	*.*	接收所有发到*lport*的数据报： socket(),bind(*, *lport*)

图22-9　UDP插口的本地和外部IP地址和端口号规范

前三个状态叫作已连接的UDP插口(connected UDP socket)，后两个叫作未连接的UDP插
口(unconnected UDP socket)。两个没有连接上的UDP插口的区别在于，第一个具有一个完全

指定的本地地址，而第二个具有一个通配本地IP地址。

3. 分用TCP接收的IP数据报

图22-10显示了主机sun上的三个Telnet服务器的状态。前两个插口处于LISTEN状态，等待进入的连接请求，加三个连接到IP地址是140 252 111的主机上的端口1500。第一个监听插口处理在接口140.252.129上到达的连接请求，第二个监听插口将处理所有其他接口(因为它的本地IP地址是通配地址)。

本地地址	本地端口	外部地址	外部端口	TCP状态
140.252.1.29	23	*	*	LISTEN
*	23	*	*	LISTEN
140.252.1.29	23	140.252.1.11	1500	ESTABLISHED

图22-10 本地端口是23的三个TCP插口

两个具有未指定的外部IP地址和端口号的监听插口都显示了出来，因为插口API不允许TCP服务器限制任何一个值。TCP服务器必须accept客户的连接，并在连接建立完成之后(也就是说，当TCP的三次握手结束之后)被告知客户的IP地址和端口号。只有到这个时候，如果服务器不喜欢客户的IP地址和端口号，才能关闭连接。这并不是对TCP要求的特性，这只是插口API通常的工作方式。

当TCP收到一个目的端口是23的报文段时，它调用in_pcblookup，搜索它的整个Internet PCB表，找到一个匹配。马上我们会研究这个函数，将看到它有优先权，因为它的通配匹配(wildcard match)数最少。为了确定通配匹配数，我们只考虑本地和外部的IP地址，不考虑外部端口号。本地端口号必须匹配，否则我们甚至不考虑PCB。通配匹配数可以是0、1(本地IP地址或外部IP地址)或2(本地和外部IP地址)。

例如，假定到达报文段来自140.252.1.11，端口1500，目的地是140.252.1.29，端口23。图22-11是图22-10中三个插口的通配匹配数。

本地地址	本地端口	外部地址	外部端口	TCP状态	通配匹配数
140.252.1.29	23	*	*	LISTEN	1
*	23	*	*	LISTEN	2
140.252.1.29	23	140.252.1.11	1500	ESTABLISHED	0

图22-11 从{140.252.1.11, 1500}到{140.252.1.29, 23}的到达报文段

第一个插口匹配这四个值，但有一个通配匹配(外部IP地址)。第二个插口也和到达报文段匹配，但有两个通配匹配(本地和外部IP地址)。第三个插口是一个没有通配匹配的完全匹配。Net/3使用第三个插口，它具有最小通配匹配数。

继续这个例子，假定到达报文段来自140.252.1.11，端口1501，目的地是140.252.1.29，端口23。图22-12显示了通配匹配数。

本地地址	本地端口	外部地址	外部端口	TCP状态	通配匹配数
140.252.1.29	23	*	*	LISTEN	1
*	23	*	*	LISTEN	2
140.252.1.29	23	140.252.1.11	1500	ESTABLISHED	

图22-12 从{140.252.1.11, 1501}到{140.252.1.29, 23}的到达报文段

第一个插口匹配有一个通配匹配；第二个插口匹配有两个通配匹配；第三个插口根本不匹配，因为外部端口号不相等(只有当PCB中的外部IP地址不是通配地址时，才比较外部端口号)。所以选择第一个插口。

在这两个例子中，我们没有提到到达TCP报文段的类型：假定图22-11中的报文段包含数据或对一个已经建立的连接的确认，因为它是发送到一个已经建立的插口上的。我们还假定，图22-12中的报文段是一个到达的连接请求(一个SYN)，因为它是发送给一个正在监听的插口的。但是`in_pcblookup`的分用代码并不关心这些。如果TCP报文段对交付的插口来说是错误的类型，我们将在后面看到，TCP会处理这种情况。现在，重要的是，分用代码只把IP数据报中的源和目的插口对的值与PCB中的值进行比较。

4. 分用UDP接收的IP数据报

UDP数据报的交付比我们刚才研究的TCP的例子要复杂得多，因为可以把UDP数据报发送到一个广播或多播地址。因为Net/3(以及大多数支持多播的系统)允许多个插口有相同的本地IP地址和端口，所以如何处理多个接收方的情况呢？Net/3的规则是：

1) 把目的地是广播IP地址或多播IP地址的到达UDP数据报交付给所有匹配的插口。这里没有"最好的"匹配的概念(也就是具有最小通配匹配数的匹配)。

2) 把目的地是单播IP地址的到达UDP数据报只交付给一个匹配的插口，就是具有最小通配匹配数的插口。如果有多个插口具有相同的"最小"通配匹配数，那么具体由哪个插口来接收到达数据报依赖于不同的实现。

图22-13显示了四个我们将在后面例子中使用的UDP插口。要使四个UDP插口具有相同的本地端口号需要使用SO_REUSEADDR或SO_REUSEPORT。前两个插口已经被连接到一个外部IP地址和端口号，后面两个没有任何连接。

本地地址	本地端口	外部地址	外部端口	说　明
140.252.1.29	577	140.252.1.11	1500	已连接，本地IP = 单播
140.252.13.63	577	140.252.13.35	1500	已连接，本地IP = 广播
140.252.13.63	577	*	*	未连接，本地IP = 广播
*	577	*	*	未连接，本地IP = 通配地址

图22-13　四个本地端口为577的UDP插口

考虑目的地是140.252.13.63(位于子网140.252.13上的广播地址)，端口577，来自140.252.13.34，端口1500。图22-14显示它被交付给第三和第四个插口。

本地地址	本地端口	外部地址	外部端口	交　付？
140.252.1.29	577	140.252.1.11	1500	不，本地和外部IP不匹配
140.252.13.63	577	140.252.13.35	1500	不，外部IP不匹配
140.252.13.63	577	*	*	交付
*	577	*	*	交付

图22-14　接收从{140.252.13.34, 1500}到{140.252.13.63, 577}的数据报

广播数据报不交付给第一个插口，因为本地IP地址和目的IP地址不匹配，外部IP地址和源IP地址也不匹配。也不把它交付给第二个插口，因为外部IP地址和源IP地址不匹配。

对于下一个例子，考虑目的地是140.252.129(一个单播地址)，端口577，来自140 252 1.111，

端口1500。图22-15显示了把该数据报交付给哪个端口。

本地地址	本地端口	外部地址	外部端口	交　付?
140.252.1.29	577	140.252.1.11	1500	交付, 0个通配匹配
140.252.13.63	577	140.252.13.35	1500	不, 本地和外部IP不匹配
140.252.13.63	577	*	*	不, 本地IP不匹配
*	577	*	*	不, 2个通配匹配

图22-15　接收从{140.252.1.11, 1500}到{140.252.1.29, 577}的数据报

该数据报和第一个插口匹配,且没有通配匹配;也和第四个插口匹配,但有两个通配匹配。所以,它被交付给第一个插口,最好的匹配。

22.6　in_pcblookup函数

in_pcblookup函数有几个作用:

1) 当TCP或UDP收到一个IP数据报时,in_pcblookup扫描协议的Internet PCB表,寻找一个匹配的PCB,来接收该数据报。这是运输层对收到数据报的分用。

2) 当进程执行bind系统调用,为某个插口分配一个本地IP地址和本地端口号时,协议调用in_pcbbind,验证请求的本地地址对没有被使用。

3) 当进程执行bind系统调用,请求给它的插口分配一个临时端口时,内核选了一个临时端口,并调用in_pcbbind检查该端口是否正在被使用。如果正在被使用,就试下一个端口号,以此类推,直到找到一个没有被使用的端口号。

4) 当进程显式或隐式地执行connect系统调用时,in_pcbbind验证请求的插口对是唯一的(当在一个没有连接上的插口上发送一个UDP数据报时,会隐式地调用connect,我们将在第23章看到这种情况)。

在第2种、第3种和第4种情况下,in_pcbbind调用in_pcblookup。两个选项使该函数的逻辑显得有些混乱。首先,进程可以指定SO_REUSEADDR或SO_REUSEPORT插口选项,表明允许复制本地地址。

其次,有时通配匹配也是允许的(例如,一个到达UDP数据报可以和一个自己的本地IP地址有通配符的PCB匹配,意味着该插口将接收在任何本地接口上到达的UDP数据报),而其他情况下,一个通配匹配是禁止的(例如,当连接到一个外部IP地址和端口号时)。

在原始的标准IP多播代码中,出现了这样的注释"in_pcblookup的逻辑比较模糊,也没有一点说明……"。形容词模糊比较保守。

公开的IP多播码是BSD/386的,是由Craig Leres从4.4BSD派生而来的。他修改了该函数过载的语义,只对上面的第1种情况使用in_pcblookup。第2种和第4种情况由一个新函数in_pcbconflict处理。情况3由新函数in_uniqueport处理。把原来的功能分成几个独立的函数就显得更清楚了,但在我们描述的Net/3版本中,整个逻辑还是结合在一个函数in_pcblookup中。

图22-16显示了in_pcblookuup函数。

该函数从协议的PCB表的表头开始,并可能会遍历表中的每个PCB。变量match记录了指向到目前为止最佳匹配条目的指针,matchwild记录在该匹配中的通配匹配数。后者被初

始化成3，比可能遇到的最大通配匹配数还大(任何大于2的值都可以)。每次循环时，wildcard从0开始，计数每个PCB的通配匹配数。

1. 比较本地端口号

第一个比较的是本地端口号。如果PCB 的本地端口和lport参数不匹配，则忽略该PCB。

```
405 struct inpcb *                                                    ———— in_pcb.c
406 in_pcblookup(head, faddr, fport_arg, laddr, lport_arg, flags)
407 struct inpcb *head;
408 struct in_addr faddr, laddr;
409 u_int      fport_arg, lport_arg;
410 int        flags;
411 {
412     struct inpcb *inp, *match = 0;
413     int        matchwild = 3, wildcard;
414     u_short fport = fport_arg, lport = lport_arg;

415     for (inp = head->inp_next; inp != head; inp = inp->inp_next) {
416         if (inp->inp_lport != lport)
417             continue;               /* ignore if local ports are unequal */

418         wildcard = 0;

419         if (inp->inp_laddr.s_addr != INADDR_ANY) {
420             if (laddr.s_addr == INADDR_ANY)
421                 wildcard++;
422             else if (inp->inp_laddr.s_addr != laddr.s_addr)
423                 continue;
424         } else {
425             if (laddr.s_addr != INADDR_ANY)
426                 wildcard++;
427         }

428         if (inp->inp_faddr.s_addr != INADDR_ANY) {
429             if (faddr.s_addr == INADDR_ANY)
430                 wildcard++;
431             else if (inp->inp_faddr.s_addr != faddr.s_addr ||
432                      inp->inp_fport != fport)
433                 continue;
434         } else {
435             if (faddr.s_addr != INADDR_ANY)
436                 wildcard++;
437         }

438         if (wildcard && (flags & INPLOOKUP_WILDCARD) == 0)
439             continue;               /* wildcard match not allowed */

440         if (wildcard < matchwild) {
441             match = inp;
442             matchwild = wildcard;
443             if (matchwild == 0)
444                 break;              /* exact match, all done */
445         }
446     }
447     return (match);
448 }
```
———— in_pcb.c

图22-16 in_pcblookuup函数：搜索所有PCB寻找匹配

2. 比较本地地址

419-427 in_pcblookup比较PCB内的本地地址和laddr参数。如果有一个是通配地址，另一个不是，则wildcard计数器加1。如果都不是通配地址，则它们必须一样；否则忽略这个PCB 。如果都是通配地址，则什么也不改变：它们不可比，也不增加wildcard计数器。图22-17对四种不同的情况做了小结。

PCB本地IP	laddr参数	描　　　述
不是*	*	wildcard++
不是*	不是*	比较IP地址，如果不相等，则略过PCB
*	*	不能比较
*	不是*	wildcard++

图22-17 in_pcblookup做的四种IP地址比较

3. 比较外部地址和外部端口号

428-437 这几行完成与我们刚才讲的同样的检查，但是用外部地址而不是本地地址。而且，如果两个外部地址都不是通配地址，则不仅两个IP地址必须相等，而且两个外部端口也必须相等。图22-18对外部IP地址的比较做了总结。

PCB外部IP	faddr参数	描　　　述
不是*	*	wildcard++
不是*	不是*	比较IP地址和端口，如果不相等，则略过PCB
*	*	不能比较
*	不是*	wildcard++

图22-18 in_pcblookup做的四种外部IP地址比较

可以对图22-18中的第二行进行另外的外部端口号比较，因为一个PCB不可能具有非通配外部地址，且外部端口号为0。这个限制是由connect加上的，我们马上就会看到，该函数要求一个非通配外部IP地址和一个非零外部端口。但是，也可能，并且通常都是具有一个通配本地地址和一个非零本地端口。我们在图22-10和图22-13看到过这种情况。

4. 检查是否允许通配匹配

438-439 参数flags可以被设成INPLOOKUP_WILDCARD，意味着允许匹配中包含通配匹配。如果在匹配中有通配匹配(wildcard非零)，并且调用方没有指定这个标志位，则忽略这个PCB。当TCP和UDP调用这个函数分用一个到达数据报时，总是把INPLOOKUP_WILDCARD置位，因为允许通配匹配(记住图22-10和图22-13所给出的例子)。但是，当这个函数作为connect系统调用的一部分而调用时，为了验证一个插口对没有被使用，把flags参数设成0。

5. 记录最佳匹配，如果找到确切匹配，则返回

440-447 这些语句记录到目前为止找到的最佳匹配。重复一下，最佳匹配是具有最小通配匹配数的匹配。如果一个匹配有一个或两个通配匹配，则记录该匹配，循环继续。但是，如果找到一个确切的匹配(wildcard是0)，则循环终止，返回一个指向该确切匹配PCB的指针。

例子：分用收到的TCP报文段

图22-19取自我们在图22-11中的TCP的例子。假定in_pcblookup正在分用一个从140.252.1.11即端口1500到140.252.1.29即端口23的数据报。还假定PCB的顺序是图中行的顺序。

laddr是目的IP地址，lport是目的TCP端口，faddr是源IP地址，fport是源TCP端口。

PCB值				wildcard
本地地址	本地端口	外部地址	外部端口	
140.252.1.29	23	*	*	1
*	23	*	*	2
140.252.1.29	23	140.252.1.11	1500	0

图22-19 laddr=140.252.1.29, lport=23, faddr = 140.252.1.11, fport= 1500

当把第一行和到达报文段比较时，wildcard是1(外部IP地址)，flags被设成INPLOOKUP_WILDCARD，所以把match设成指向该PCB，matchwild设为1。因为还没有找到确切的匹配，所以循环继续。下一次循环中，wildcard是2(本地和外部IP地址)，因为比matchwild大，所以不记录该条目，循环继续。再次循环时，wildcard是0，比matchwild(1)小，所以把这个条目记录在match中。因为已经找到了一个确切的地址，所以终止循环，把指向该PCB的指针返回给调用方。

如果TCP和UDP只用in_pcblookup来分用到达数据报，就可以对它进行简化。首先，没有必要检查faddr或laddr是否是通配地址，因为它们是收到数据报的源和目的IP地址。参数flags以及与相应的检测也可以不要，因为允许通配匹配。

这一节讨论了in_pcblookup函数的机制。我们在讨论in_pcbbind和in_pcbconnect如何调用这个函数后，将继续回来讨论它的意义。

22.7 in_pcbbind函数

下一个函数in_pcbbind，把一个本地地址和端口号绑定到一个插口上。从五个函数中调用它：

1) bind为某个TCP插口调用(通常绑定到服务器的一个知名端口上)；

2) bind为某个UDP插口调用(绑定到服务器的一个知名端口上，或者绑定到客户插口的一个临时端口上)；

3) connect为某个TCP插口调用，如果该插口还没有绑定到一个非零端口上(对TCP客户来说，这是一种典型情况)；

4) listen为某个TCP 插口调用，如果该插口还没有绑定到一个非零端口(这很少见，因为是TCP 服务器调用listen，TCP服务器通常绑定到一个知名端口上，而不是临时端口)；

5) 从in_pcbconnect(22.8节)调用，如果本地IP地址和本地端口号被置位(当为一个UDP插口调用connect，或为一个未连接UDP插口调用sendto时，这种情况比较典型)。

在第3种、第4种和第5种情形下，把一个临时端口号绑定到该插口上，不改变本地IP地址(在它已经被置位的情况下)。

称情形1和情形2为显式绑定(explicit bind)，情形3、4和5为隐式绑定(implicit bind)。我们也注意到，尽管在情形2时，服务器绑定到一个知名端口是很正常的，但那些用远程过程调用(RPC)启动的服务器也常常绑定到临时端口上，然后用其他程序注册它们的临时端口，该程序维护在该服务器的RPC程序号与其临时端口之间的映射(例如，卷1的29.4节描述的Sun端口映射器)。

我们分三部分显示in_pcbbind函数。图22-20是第一部分。

```
                                                                    in_pcb.c
52 int
53 in_pcbbind(inp, nam)
54 struct inpcb *inp;
55 struct mbuf *nam;
56 {
57     struct socket *so = inp->inp_socket;
58     struct inpcb *head = inp->inp_head;
59     struct sockaddr_in *sin;
60     struct proc *p = curproc;    /* XXX */
61     u_short lport = 0;
62     int     wild = 0, reuseport = (so->so_options & SO_REUSEPORT);
63     int     error;

64     if (in_ifaddr == 0)
65         return (EADDRNOTAVAIL);
66     if (inp->inp_lport || inp->inp_laddr.s_addr != INADDR_ANY)
67         return (EINVAL);

68     if ((so->so_options & (SO_REUSEADDR | SO_REUSEPORT)) == 0 &&
69         ((so->so_proto->pr_flags & PR_CONNREQUIRED) == 0 ||
70          (so->so_options & SO_ACCEPTCONN) == 0))
71         wild = INPLOOKUP_WILDCARD;
                                                                    in_pcb.c
```

图22-20 in_pcbbind函数：绑定本地地址和端口号

64-67 前两个测试验证至少有一个接口已经被分配了一个IP地址，且该插口还没有绑定。不能两次绑定一个插口。

68-71 这个if语句有点令人疑问。总的结果是如果SO_REUSEADDR和SO_REUSEPORT都没有置位，就把wild设置成INPLOOKUP_WILDCARD。

对UDP来说，第二个测试为真，因为PR_CONNREQUIRED对无连接插口为假，对面向连接的插口为真。

第三个测试就是疑问所在[Torek 1992]。插口标志SO_ACCEPTCONN只被系统调用listen置位(15.9节)，该值只对面向连接的服务器有效。在正常情况下，一个TCP服务器调用socket、bind，然后调用listen。因而，当in_pcbbind被bind调用时，就清除了这个插口标志位。即使进程调用完socket后就调用listen，而不调用bind，TCP的PRU_LISTEN请求还是调用in_pcbbind，在插口层设置SO_ACCEPTCONN标志位之前，给插口分配一个临时端口。这意味着if语句中的第三个测试，测试SO_ACCEPTCONN是否没有置位，总是为真。因此if语句等价于

```
if ((so->so_options & (SO_REUSEADDR|SO_REUSEPORT)) == 0 &&
    ((so->so_proto->pr_flags & PR_CONNREQUIRED)==0||1)
        wild = INPLOOKUP_WILDCARD;
```

因为任何与1做逻辑或运算的结果都为真，所以这等价于

```
if ((so->so_options & (SO_REUSEADDR|SO_REUSEPORT)) == 0 )
        wild = INPLOOKUP_WILDCARD;
```

这样简单且容易理解：如果任何一个REUSE插口选项被置位，wild就是0。如果没有REUSE选项被置位，则把wild设成INPLOOKUP_WILDCARD。换言之，当函数在后面调用in_pcblookup时，只有在没有REUSE选项处于开状态时，才允许通配匹配。

in_pcbbind的第二部分显示在图22-22中，函数处理可选nam参数。

72-75   只有当进程显式调用bind时，nam参数才是一个非零指针。对一个隐式的绑定（connect、listen或in_pcbconnect的副作用，本节开始的情形3、4和5），nam是一个空指针。当指定了该参数时，它是一个含有sockaddr_in结构的mbuf。图22-21显示了非空参数nam的四种情形。

nam参数		PCB成员被设成：		
localIP	*lport*	inp_laddr	inp_iport	说　　明
不是*	0	*localIP*	临时端口	*localIP*必须是本地接口
不是*	非零	*localIP*	*lport*	交付给in_pcblookup
*	0	*	临时端口	
*	非零	*	*lport*	交付给 in_pcblookup

图22-21   in_pcbbind的nam参数的四种情形

76-83   对正确的地址族的测试被注释掉了，但在函数in_pcbconnect(图22-25)中执行了等价的测试。我们希望两者或者都有或者都没有。

85-94   Net/3测试被绑定的IP地址是否是一个多播组。如果是，则SO_REUSEADDR选项被认为与SO_REUSEPORT等价。

95-99   否则，如果调用方绑定的本地地址不是通配地址，则ifa_ifwithaddr验证该地址与一个本地接口对应。

注释"yech"可能是因为插口地址结构中的端口号必须是0，因为ifa_ifwithaddr对整个结构做二进制比较，而不仅仅比较IP地址。

这是进程在调用系统调用之前必须把插口地址结构全部置零的几种情况之一。如果调用bind，并且插口地址结构(sin_zero[8])的最后8个字节非零，则ifa_ifwithaddr将找不到请求的接口，in_pcbbind会返回一个错误。

100-105   当调用方绑定了一个非零端口时，也就是说，进程要绑定一个特殊端口号(图22-21中的第2种和第4种情形)，就执行下一个if语句。如果请求的端口小于1024(IPPORT_RESERVED)，则进程必须具有超级用户的优先权限。这不是Internet协议的一部分，而是伯克利的习惯。使用小于1024的端口号，我们称之为保留端口(reserved port)，例如，rcmd函数 [Stevens 1990]使用的端口，rlogin和rsh客户程序又调用该函数，作为服务器对它们身份认证的一部分。

106-109   然后调用函数in_pcblookup(图22-16)，检测是否已经存在一个具有相同本地IP地址和本地端口号的PCB。第二个参数是通配IP地址(外部IP地址)，第三个参数是一个为0的端口号(外部端口号)。第二个参数的通配值导致in_pcblookup忽略该PCB的外部IP地址和外部端口——只把本地IP 地址和本地端口号分别和sin->sin_addr及lport进行比较。我们前面提到，只有当所有REUSE插口选项都没有被设置时，才把wild设成INPLOOKUP_WILDCARD。

111   调用方的本地IP地址值存放在PCB中。如果调用方指定，它可以是通配地址。在这种情况下，由内核选择本地IP地址，但要等到晚些时候插口连接上时。这就是为什么说本地IP地址是根据外部IP地址，由IP路由选择决定。

in_pcb.c

```
 72      if (nam) {
 73          sin = mtod(nam, struct sockaddr_in *);
 74          if (nam->m_len != sizeof(*sin))
 75              return (EINVAL);
 76 #ifdef notdef
 77          /*
 78           * We should check the family, but old programs
 79           * incorrectly fail to initialize it.
 80           */
 81          if (sin->sin_family != AF_INET)
 82              return (EAFNOSUPPORT);
 83 #endif
 84          lport = sin->sin_port;   /* might be 0 */
 85          if (IN_MULTICAST(ntohl(sin->sin_addr.s_addr))) {
 86              /*
 87               * Treat SO_REUSEADDR as SO_REUSEPORT for multicast;
 88               * allow complete duplication of binding if
 89               * SO_REUSEPORT is set, or if SO_REUSEADDR is set
 90               * and a multicast address is bound on both
 91               * new and duplicated sockets.
 92               */
 93              if (so->so_options & SO_REUSEADDR)
 94                  reuseport = SO_REUSEADDR | SO_REUSEPORT;
 95          } else if (sin->sin_addr.s_addr != INADDR_ANY) {
 96              sin->sin_port = 0;   /* yech... */
 97              if (ifa_ifwithaddr((struct sockaddr *) sin) == 0)
 98                  return (EADDRNOTAVAIL);
 99          }
100          if (lport) {
101              struct inpcb *t;
102              /* GROSS */
103              if (ntohs(lport) < IPPORT_RESERVED &&
104                  (error = suser(p->p_ucred, &p->p_acflag)))
105                  return (error);
106              t = in_pcblookup(head, zeroin_addr, 0,
107                              sin->sin_addr, lport, wild);
108              if (t && (reuseport & t->inp_socket->so_options) == 0)
109                  return (EADDRINUSE);
110          }
111          inp->inp_laddr = sin->sin_addr;      /* might be wildcard */
112      }
```

in_pcb.c

图22-22 in_pcbbind函数：处理可选的nam参数

当调用方显式绑定端口0，或nam参数是一个空指针(隐式绑定)时，in_pcbbind的最后一部分(图22-23)处理分配一个临时端口。

113-122 这个协议(TCP或UDP)使用的下一个临时端口号被维护在该协议的PCB表的head：tcb或udb。除了协议的head PCB中的inp_next和inp_back指针外，inpcb结构另一个唯一被使用的元素是本地端口号。令人迷惑的是，这个本地端口在head PCB中是主机字节序，而在表中其他PCB上，使用的却是网络字节序！使用从1024开始的临时端口号(IPPORT_RESERVED)，每次加1，直到5000(IPPORT_USERRESERVED)，然后又从1024重新开始循环。该循环一直执行到in_pcbbind找不到匹配为止。

1. SO_REUSEADDR举例

让我们通过一些普通的例子来了解一下in_pcbbind与in_pcblookup及两个REUSE插

口选项之间的交互。

```
113      if (lport == 0)                                                ─── in_pcb.c
114          do {
115              if (head->inp_lport++ < IPPORT_RESERVED ||
116                  head->inp_lport > IPPORT_USERRESERVED)
117                  head->inp_lport = IPPORT_RESERVED;
118              lport = htons(head->inp_lport);
119          } while (in_pcblookup(head,
120                          zeroin_addr, 0, inp->inp_laddr, lport, wild));
121      inp->inp_lport = lport;
122      return (0);
123  }
                                                                        ─── in_pcb.c
```

图22-23　in_pcbbind函数：选择一个临时端口

1) TCP或UDP通常以调用socket和bind开始。假定一个调用bind的TCP服务器，指定了通配IP 地址和它的非零知名端口23(Telnet服务器)。还假定该服务器还没有运行，进程没有设置SO_REUSEADDR插口选项。

in_pcbbind把INPLOOKUP_WILDCARD作为最后一个参数，调用in_pcblookup。in_pcblookup中的循环没有找到匹配的PCB，就假定没有其他进程使用服务器的知名TCP端口，返回一个空指针。一切正常，in_pcbbind，返回0。

2) 假定和上面相同的情况，但当再次试图启动服务器时，该服务器已经开始运行。

当调用in_pcblookup时，它发现了本地插口为{*, 23}的PCB。因为wildcard计数器是0，所以in_pcblookup返回指向这个条目的指针。因为reuseport是0，所以in_pcbbind返回EADDRINUSE。

3) 假定与上面相同的情况，但当第二次试图启动服务器时，指定了SO_REUSEADDR插口选项。

因为指定了这个插口选项，所以in_pcbbind在调用in_pcblookup时，最后一个参数为0。但本地插口为{*, 23}的PCB仍然匹配，因为in_pcblookup无法比较两个通配地址(图22-17)，所以wildcard为0。in_pcbbind又返回EADDRINUSE，避免启动两个具有相同本地插口的服务器例程，不管是否指定了SO_REUSEADDR。

4) 假定有一个Telnet服务器已经以本地插口{*, 23}开始运行，而我们试图以另一个本地插口{140.252.13.35, 23}启动另一个服务器。

假定没有指定SO_REUSEADDR，调用in_pcblookup时，最后一个参数为INPLOOKUP_WILDCARD。当它与含有*.23的PCB比较时，wildcard计数器被设为1。因为允许通配匹配，所以在扫描完所有TCP PCB后，就把这个匹配作为最佳匹配。in_pcbbind返回EADDRINUSE。

5) 这个例子与上一个相同，但为第二个试图绑定本地插口{140.252.13.35, 23}的服务器指定了SO_REUSEADDR插口选项。

现在，in_pcblookup的最后一个参数是0，因为指定了插口选项。当与本地插口为{*, 23}的PCB比较时，wildcard计数器为1，但因为最后的flags参数是0，所以跳过这个条目，不把它记作匹配。在比较完所有TCP PCB后，函数返回一个空指针，in_pcbbind返回0。

6) 假定当我们试图以本地插口{*, 23}启动第二个服务器时，第一个Telnet服务器以本地插口{140.252.13.35, 23}启动。与前面的例子一样，但这一次我们以相反的顺序启动服务器。

第一个服务器的启动没有问题，假定没有其他插口绑定到端口23。当我们启动第二个服务器时，in_pcblookup的最后一个参数是INPLOOKUP_WILDCARD，假定没有指定SO_REUSEADDR插口选项。当和具有本地插口{140.252.13.35, 23}的PCB比较时，wildcard被设成1，记录这个条目。在比较完所有TCP PCB后，返回指向这个条目的指针。导致in_pcbbind返回EADDRINUSE。

7) 如果我们启动同一个服务器的两个例程，并且都是非通配本地IP地址，会发生什么情况？假定我们以本地插口{140.252.13.35, 23}启动第一个Telnet服务器，然后试图用本地插口{127.0.0.1, 23}启动第二个服务器，且不指定SO_REUSEADDR。

当第二个服务器调用in_pcbbind时，它调用in_pcblookup，最后一个参数是INPLOOKUP_WILDCARD。当比较具有本地插口{140.252.13.35, 23}的PCB时，因为本地IP地址不相等，所以跳过它。in_pcblookup返回一个空指针，in_pcbbind返回0。

从这个例子中我们看到，SO_REUSEADDR插口选项对非通配IP地址没有影响。事实上，只有当wildcard大于0时，也就是说，当PCB条目具有一个通配IP地址，或者绑定的IP地址是一个通配地址时，才检查in_pcblookup中的INPLOOKUP_WILDCARD标志位。

8) 作为最后一个例子，假定我们试图启动同一服务器的两个例程，具有相同的非通配本地IP地址127.0.0.1。

启动第二个服务器时，in_pcblookup总是返回具有相同本地插口的匹配PCB。不管是否指定SO_REUSEADDR插口选项，都发生这种情况，因为对这种比较，wildcard计数器总是0。因为in_pcblookup返回一个非空指针，所以in_pcbbind返回EADDRINUSE。

从这些例子中，我们可以指出本地IP地址和SO_REUSEADDR插口选项的绑定规则。这些规则如图22-24所示。假定*localIP1*和*localP2*是在本地主机上有效的两个不同的单播或广播IP地址，*localmcastIP*是一个多播组。我们还假定进程要绑定到一个已经绑定到某个已存在PCB的非零端口号。

我们需要区分单播或多播地址和一个多播地址，因为我们看到，in_pcbbind认为对多播地址SO_REUSEADDR与SO_REUSEPORT是一样。

存在PCB	试图绑定	SO_REUSEADDR 关	SO_REUSEADDR 开	描 述
LocalIP1	*localIP1*	错误	错误	每个IP地址和端口一个服务器
localIP1	*localIP2*	正确	正确	每个本地接口一个服务器
localIP1	*	错误	正确	一个接口一个服务器，其他接口一个服务器
*	*localIP1*	错误	正确	一个接口一个服务器，其他接口一个服务器
*	*	错误	错误	不能复制本地插口(和第一个例子一样)
localIP1	*localIP1*	错误	正确	多个多播接收方

图22-24 SO_REUSEADDR插口选项对绑定本地IP地址的影响

2. SO_REUSEPORT插口选项

Net/3中对SO_REUSEPORT的处理改变了in_pcbbind的逻辑，只要指定了SO_REUSEPORT，就允许复制本地插口。换言之，所有服务器都必须同意共享同一本地端口。

22.8 in_pcbconnect函数

函数in_pcbconnect为插口指定IP地址和外部端口号。有四个函数调用它：

1) connect为某个TCP插口(某个TCP客户的请求)调用；

2) connect为某个UDP插口(对UDP客户是可选的，UDP服务器很少见)调用；

3) 当在一个没有连接上的UDP插口(普通)上输出数据报时从sendto调用；

4) 当一个连接请求(一个SYN报文段)到达一个处于LISTEN状态(对TCP服务器是标准的)的TCP插口时，tcp_input调用。

在以上四种情况下，当调用in_pcbconnect时，通常，但不要求，不指定本地IP 地址和本地端口。因此，在没有指定的情形下，由in_pcbconnect的一个函数给它们赋一个本地的值。

我们将分四个部分讨论in_pcbconnect函数。图22-25显示了第一部分。

```
                                                                    ── in_pcb.c
130 int
131 in_pcbconnect(inp, nam)
132 struct inpcb *inp;
133 struct mbuf *nam;
134 {
135     struct in_ifaddr *ia;
136     struct sockaddr_in *ifaddr;
137     struct sockaddr_in *sin = mtod(nam, struct sockaddr_in *);
138     if (nam->m_len != sizeof(*sin))
139         return (EINVAL);
140     if (sin->sin_family != AF_INET)
141         return (EAFNOSUPPORT);
142     if (sin->sin_port == 0)
143         return (EADDRNOTAVAIL);
144     if (in_ifaddr) {
145         /*
146          * If the destination address is INADDR_ANY,
147          * use the primary local address.
148          * If the supplied address is INADDR_BROADCAST,
149          * and the primary interface supports broadcast,
150          * choose the broadcast address for that interface.
151          */
152 #define satosin(sa)      ((struct sockaddr_in *)(sa))
153 #define sintosa(sin)     ((struct sockaddr *)(sin))
154 #define ifatoia(ifa)     ((struct in_ifaddr *)(ifa))
155         if (sin->sin_addr.s_addr == INADDR_ANY)
156             sin->sin_addr = IA_SIN(in_ifaddr)->sin_addr;
157         else if (sin->sin_addr.s_addr == (u_long) INADDR_BROADCAST &&
158                 (in_ifaddr->ia_ifp->if_flags & IFF_BROADCAST))
159             sin->sin_addr = satosin(&in_ifaddr->ia_broadaddr)->sin_addr;
160     }
                                                                    ── in_pcb.c
```

图22-25 in_pcbconnect函数：验证参数，检查外部IP地址

1. 确认参数

130-143   nam参数指向一个包含sockaddr_in结构以及外部IP地址和端口号的mbuf。这些行确认参数并验证调用方不打算连接到端口号为0的端口上。

2. 特别处理到0.0.0.0和255.255.255.255的连接

134-160   对全局变量in_ifaddr的检查证实已配置了一个IP接口。如果外部地址是0.0.0.0(INADDR_ANY)，则用最初的IP接口的IP地址代替0.0.0.0。这就是说，调用进程是连接到这个主机上的一个对等实体的。如果外部IP地址是255.255.255.255 (INADDR_BROADCAST)，

而且原来的接口支持广播，则用原来接口的广播地址代替255.255.255.255。这样，UDP应用程序无须计算它的IP 地址，就可以在原来的接口上广播——它可以简单地把数据报发送给255.255.255.255，由内核把这个地址转换成该接口合适的IP地址。

下一部分代码，如图22-26所示，处理没有指定本地地址的情况。对TCP和UDP客户程序来说，本节开始的表中的情形1、2和3是非常普遍的。

```
                                                                    ——— in_pcb.c
161    if (inp->inp_laddr.s_addr == INADDR_ANY) {
162        struct route *ro;

163        ia = (struct in_ifaddr *) 0;
164        /*
165         * If route is known or can be allocated now,
166         * our src addr is taken from the i/f, else punt.
167         */
168        ro = &inp->inp_route;
169        if (ro->ro_rt &&
170            (satosin(&ro->ro_dst))->sin_addr.s_addr !=
171             sin->sin_addr.s_addr ||
172             inp->inp_socket->so_options & SO_DONTROUTE)) {
173            RTFREE(ro->ro_rt);
174            ro->ro_rt = (struct rtentry *) 0;
175        }
176        if ((inp->inp_socket->so_options & SO_DONTROUTE) == 0 &&     /* XXX */
177            (ro->ro_rt == (struct rtentry *) 0 ||
178             ro->ro_rt->rt_ifp == (struct ifnet *) 0)) {
179            /* No route yet, so try to acquire one */
180            ro->ro_dst.sa_family = AF_INET;
181            ro->ro_dst.sa_len = sizeof(struct sockaddr_in);
182            ((struct sockaddr_in *) &ro->ro_dst)->sin_addr =
183                sin->sin_addr;
184            rtalloc(ro);
185        }
186        /*
187         * If we found a route, use the address
188         * corresponding to the outgoing interface
189         * unless it is the loopback (in case a route
190         * to our address on another net goes to loopback).
191         */
192        if (ro->ro_rt && !(ro->ro_rt->rt_ifp->if_flags & IFF_LOOPBACK))
193            ia = ifatoia(ro->ro_rt->rt_ifa);
194        if (ia == 0) {
195            u_short fport = sin->sin_port;

196            sin->sin_port = 0;
197            ia = ifatoia(ifa_ifwithdstaddr(sintosa(sin)));
198            if (ia == 0)
199                ia = ifatoia(ifa_ifwithnet(sintosa(sin)));
200            sin->sin_port = fport;
201            if (ia == 0)
202                ia = in_ifaddr;
203            if (ia == 0)
204                return (EADDRNOTAVAIL);
205        }
                                                                    ——— in_pcb.c
```

图22-26 in_pcbconnect函数：没有指定本地IP地址

3. 如果路由不再有效，则释放该路由

164-175   如果PCB中含有一条路由，但该路由的目的地址和已经连接上的外部地址不同，或者SO_DONTROUTE插口选项被置位，则放弃该路由。

为了理解为什么一个PCB会含有一条相关路由，考虑本节开始的表中的情形3：每次在一个未连接上的插口上发送UDP数据报时，就调用in_pcbconnect。每次进程调用sendto时，UDP输出函数调用in_pcbconnect、ip_output和in_pcbdisconnect。如果在该插口上发送的所有数据报都具有相同的目的IP地址，则第一次通过in_pcbconnect时，就分配了一条路由，从此时开始可以使用该路由。但是，因为UDP应用程序可能在每次调用sendto时，都向不同的IP地址发送数据报，所以必须比较目的地址和保存的路由。当目的地址改变时，就放弃该路由。ip_output也做同样的检查，这看起来似乎是多余的。

SO_DONTROUTE插口选项告诉内核旁路掉正常的选路决策，把该IP数据报发到本地连接的接口，该接口的IP网络地址和目的地址的网络部分匹配。

4. 获取路由

176-185   如果没有置位SO_DONTROUTE插口选项，则PCB中没有到目的地的路由，就要调用rtalloc获取一条路由。

5. 确定外出的接口

186-205   这一节代码的意图是让ia指向一个接口地址结构(in_ifaddr，6.5节)，该结构中包含了该接口的IP地址。如果PCB中的路由仍然有效，或者如果rtalloc找到一条路由，并且该路由不是到回环接口的，则使用相应的接口。否则，调用ifa_withdstaddr和ifa_withnet检查该外部IP地址是否在一个点到点链路的另一端，或者位于一个连到的网络上。两个函数都要求插口地址结构中的端口号为0，以便在调用期间保存在fport中。如果失败，就用原来的IP地址(in_ifaddr)，如果没有配置接口(in_ifaddr为0)，则返回错误。

图22-27显示了in_pcbconnect的下一部分，处理目的地址是多播地址的情况。

206-223   如果目的地址是一个多播地址，且进程指定了多播分组的外出接口(用IP_MULTICAST_IF插口选项)，则该接口的IP地址被用作本地地址。搜索所有IP接口，找到与插口选项所指定接口的匹配。如果该接口不存在，则返回错误。

224-225   图22-26的开头是处理通配本地地址情形的完整代码。指向本地接口ia的sockaddr_in结构的指针保存在ifaddr中。

in_pcblookup的最后一部分显示在图22-28中。

6. 验证插口对是唯一的

227-233   in_pcblookup验证插口对是唯一的。外部地址和外部端口号是指定给in_pcbconnect的参数的值。本地地址是已经绑定到该插口的值，或者是ifaddr中我们刚刚介绍的代码计算出来的值。本地端口可以是0，对TCP客户程序来说这是典型的。我们将在这部分代码的后面看到，为本地端口选择了一个临时端口。

这个测试避免从相同的本地地址和本地端口上建立两个到同一外部地址和外部端口的TCP连接。例如，如果我们与主机sun上的回显服务器建立了一个TCP连接，然后试图从同一本地端口(8888，用-b选项指定)建立另一条到同一服务器的连接，调用in_pcblookup后返回一个匹配，导致connect返回差错EADDRINUSE(我们用卷1附录C的sock程序)。

```
bsdi S sock -b 8888 sun echo &       启动后台的第一个
bsdi S sock -A  -b 8888 sun echo     然后再试一次
connect() error: Address already in use
```

```
                                                                      ─── in_pcb.c
206        /*
207         * If the destination address is multicast and an outgoing
208         * interface has been set as a multicast option, use the
209         * address of that interface as our source address.
210         */
211        if (IN_MULTICAST(ntohl(sin->sin_addr.s_addr)) &&
212            inp->inp_moptions != NULL) {
213            struct ip_moptions *imo;
214            struct ifnet *ifp;

215            imo = inp->inp_moptions;
216            if (imo->imo_multicast_ifp != NULL) {
217                ifp = imo->imo_multicast_ifp;
218                for (ia = in_ifaddr; ia; ia = ia->ia_next)
219                    if (ia->ia_ifp == ifp)
220                        break;
221                if (ia == 0)
222                    return (EADDRNOTAVAIL);
223            }
224        }
225        ifaddr = (struct sockaddr_in *) &ia->ia_addr;
226    }
                                                                      ─── in_pcb.c
```

图22-27 in_pcbconnect函数：目的地址是一个多播地址

```
                                                                      ─── in_pcb.c
227    if (in_pcblookup(inp->inp_head,
228                     sin->sin_addr,
229                     sin->sin_port,
230             inp->inp_laddr.s_addr ? inp->inp_laddr : ifaddr->sin_addr,
231                     inp->inp_lport,
232                     0))
233        return (EADDRINUSE);

234    if (inp->inp_laddr.s_addr == INADDR_ANY) {
235        if (inp->inp_lport == 0)
236            (void) in_pcbbind(inp, (struct mbuf *) 0);
237        inp->inp_laddr = ifaddr->sin_addr;
238    }
239    inp->inp_faddr = sin->sin_addr;
240    inp->inp_fport = sin->sin_port;
241    return (0);
242 }
                                                                      ─── in_pcb.c
```

图22-28 in_pcbconnect函数：验证插口对是唯一的

我们指定-A选项，设置SO_REUSEADDR插口选项，使bind成功，但是connect不成功。这是一个人为的例子，因为我们显式地把两个插口都绑定到同一本地端口上(8888)。在正常情形下，主机bsdi上的两个不同客户程序连接到sun的回显服务器上，当第二个客户程序调用图22-28中的in_pcblookup函数时，本地端口将是0。

这个测试也避免了两个UDP插口从相同的本地端口上连接到同一个外部地址。但这个测试不能避免两个UDP插口从同一个本地端口上交替地向同一个外部地址发送数据报，只要它们都不调用connect。因为UDP插口在sendto系统调用的过程中，只是临时连接到一个对等实体上。

7. 隐式绑定和分配临时端口

234-238 如果插口的本地地址仍然是通配匹配的，则把它设置成ifaddr中保存的值。这

是一个隐式绑定：22.7节开始时讲的情形3、4和5。首先，检查本地端口是否已经被绑定，如果没有，in_pcbbind就把该插口绑定到一个临时端口。调用in_pcbbind和给inp_laddr赋值的顺序很重要，因为如果本地地址不是通配地址，则in_pcbbind会失败。

8. 把外部地址和外部端口存放在PCB中

239-240 这个函数的最后一步设置PCB的外部IP地址和外部端口号成员。如果这个函数成功返回，我们就能保证PCB中的插口对——本地的和外部的——都有了特定的值。

IP源地址与外出接口地址

在IP数据报的源地址和用来发送该数据报接口的IP地址之间有些微妙的差别。

TCP和UDP把PCB成员inp_laddr用作该IP数据报的源地址。它可由进程设成任何被bind配置的接口的IP 地址(在in_pcbbind中调用ifa_ifwithaddr验证应用程序想要的本地地址)。只有当本地地址是一个通配地址时，in_pcbconnect才给它赋值。而当这种情况发生时，本地地址是根据外出接口分配的(因为目的地址已知)。

但是，外出接口也是根据目的IP地址，由ip_output确定的。在多接口主机上，当进程显式绑定一个不同于外出接口的本地地址时，源地址有可能是一个本地接口的IP地址，且该接口不是外出的接口。这种情况是允许的，因为Net/3选择了弱端系统模式(8.4节)。

22.9 `in_pcbdisconnect`函数

ip_pcbdisconnect把UDP插口断连。把外部IP地址设成全0(INADDR_ANY)，外部端口号设成0，就把外部相关内容删除了。

这是在已经在一个未连接上的UDP插口上发送了一个数据报后，在一个连接上的UDP插口上调用connect时做的。在第一种情况下，调用sendto的次序是：UDP调用in_pcbconnect把插口临时连接到目的地，udp_output发送数据报，然后in_pcbdisconnect删除临时连接。

当关闭插口时，不调用in_pcbdisconnect，因为in_pcbdetach处理释放PCB。只有当一个不同的地址或端口号要求重用该PCB时，才断连。

图22-29显示了in_pcbdisconnect函数。

```
                                                                    in_pcb.c
243 int
244 in_pcbdisconnect(inp)
245 struct inpcb *inp;
246 {
247     inp->inp_faddr.s_addr = INADDR_ANY;
248     inp->inp_fport = 0;
249     if (inp->inp_socket->so_state & SS_NOFDREF)
250         in_pcbdetach(inp);
251 }
                                                                    in_pcb.c
```

图22-29 in_pcbdisconnect函数：与外部地址和端口号断连

如果该PCB不再有文件表引用(SS_NOFDREF置位)，则in_pcbdetach(图22-7)释放该PCB。

22.10 in_setsockaddr和in_setpeeraddr函数

getsockname系统调用返回插口的本地协议地址(例如，Internet插口的IP 地址和端口号)，getpeername系统调用返回外部协议地址。两个系统调用终止时，都发布一个PRU_SOCKADDR或PRU_PEERADDR请求。然后协议调用in_setsockaddr或in_setpeeraddr。图22-30显示了以上的第一种情况。

```
                                                                  in_pcb.c
267 int
268 in_setsockaddr(inp, nam)
269 struct inpcb *inp;
270 struct mbuf *nam;
271 {
272     struct sockaddr_in *sin;

273     nam->m_len = sizeof(*sin);
274     sin = mtod(nam, struct sockaddr_in *);
275     bzero((caddr_t) sin, sizeof(*sin));
276     sin->sin_family = AF_INET;
277     sin->sin_len = sizeof(*sin);
278     sin->sin_port = inp->inp_lport;
279     sin->sin_addr = inp->inp_laddr;
280 }
                                                                  in_pcb.c
```

图22-30 in_setsockaddr函数：返回本地地址和端口号

参数nam是一个指针，该指针指向一个用来存放结果的mbuf：一个sockaddr_in结构，系统调用复制给进程的备份。该代码填写插口地址结构的内容，并把IP 地址和端口号从Internet PCB拷贝到sin_addr和sin_port成员中。

图22-31显示了in_setpeeraddr函数。它基本上等同于图22-30中的代码，但从PCB中拷贝了外部IP地址和端口号。

```
                                                                  in_pcb.c
281 int
282 in_setpeeraddr(inp, nam)
283 struct inpcb *inp;
284 struct mbuf *nam;
285 {
286     struct sockaddr_in *sin;

287     nam->m_len = sizeof(*sin);
288     sin = mtod(nam, struct sockaddr_in *);
289     bzero((caddr_t) sin, sizeof(*sin));
290     sin->sin_family = AF_INET;
291     sin->sin_len = sizeof(*sin);
292     sin->sin_port = inp->inp_fport;
293     sin->sin_addr = inp->inp_faddr;
294 }
                                                                  in_pcb.c
```

图22-31 in_setpeeraddr函数：返回外部地址和端口号

22.11 in_pcbnotify、in_rtchange和in_losing函数

当收到一个ICMP差错时，调用in_pcbnotify函数，把差错通知给合适的进程。通过对所有的PCB搜索一个协议(TCP或UDP)，并把本地和外部IP地址及端口号与ICMP差错返回的值进行比较，找到"合适的进程"。例如，当因为一些路由器丢掉了某个TCP报文段而收到

ICMP源抑制差错时，TCP必须找到产生该差错的连接的PCB，放慢在该连接上的传输速度。

　　在显示该函数之前，我们必须回顾一下它是怎样被调用的。图22-32总结了处理ICMP差错时调用的函数。两个有阴影的椭圆是本节描述的函数。

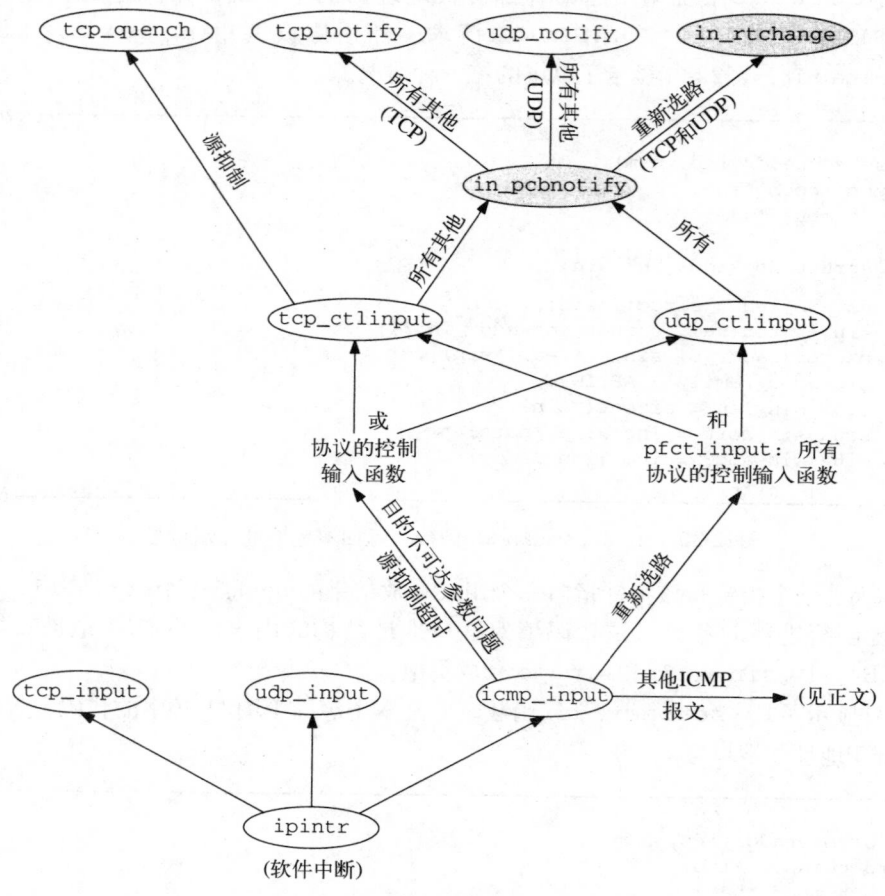

图22-32　ICMP差错处理总结

　　当收到一个ICMP报文时，调用icmp_input。ICMP的五种报文按差错来划分(图11-1和图11-2)：

- 目的主机不可达；
- 参数问题；
- 重定向；
- 源抑制；
- 超时。

重定向的处理不同于其他四个差错。所有其他的ICMP报文(查询)的处理见第11章。

　　每个协议都定义了它的控制输入函数，即protosw结构(7.4节)中的pr_ctlinput条目。对TCP和UDP，它们分别称为tcp_ctlinput和udp_ctlinput，我们将在后面几章给出它们的代码。因为收到的ICMP差错中包含了引起差错的数据报的IP首部，所以引起该差错的协议(TCP或UDP)是已知的。这五个ICMP差错中的四个将引起对协议的控制输入函数的调用。

重定向的处理不同：调用函数pfctlinput，它继续调用协议族(Internet)中所有协议的控制输入函数。TCP和UDP是Internet协议族中仅有的两个具有控制输入函数的协议。

　　重定向的处理是特殊的，因为它们不仅影响产生重定向的数据报，还将影响所有到该目的地的IP数据报。另一方面，其他四个差错只需由产生差错的协议进行处理。

```
                                                                    in_pcb.c
306 int
307 in_pcbnotify(head, dst, fport_arg, laddr, lport_arg, cmd, notify)
308 struct inpcb *head;
309 struct sockaddr *dst;
310 u_int    fport_arg, lport_arg;
311 struct in_addr laddr;
312 int      cmd;
313 void     (*notify) (struct inpcb *, int);
314 {
315     extern u_char inetctlerrmap[];
316     struct inpcb *inp, *oinp;
317     struct in_addr faddr;
318     u_short fport = fport_arg, lport = lport_arg;
319     int      errno;

320     if ((unsigned) cmd > PRC_NCMDS || dst->sa_family != AF_INET)
321         return;
322     faddr = ((struct sockaddr_in *) dst)->sin_addr;
323     if (faddr.s_addr == INADDR_ANY)
324         return;

325     /*
326      * Redirects go to all references to the destination,
327      * and use in_rtchange to invalidate the route cache.
328      * Dead host indications: notify all references to the destination.
329      * Otherwise, if we have knowledge of the local port and address,
330      * deliver only to that socket.
331      */
332     if (PRC_IS_REDIRECT(cmd) || cmd == PRC_HOSTDEAD) {
333         fport = 0;
334         lport = 0;
335         laddr.s_addr = 0;
336         if (cmd != PRC_HOSTDEAD)
337             notify = in_rtchange;
338     }
339     errno = inetctlerrmap[cmd];
340     for (inp = head->inp_next; inp != head;) {
341         if (inp->inp_faddr.s_addr != faddr.s_addr ||
342             inp->inp_socket == 0 ||
343             (lport && inp->inp_lport != lport) ||
344             (laddr.s_addr && inp->inp_laddr.s_addr != laddr.s_addr) ||
345             (fport && inp->inp_fport != fport)) {
346             inp = inp->inp_next;
347             continue;              /* skip this PCB */
348         }
349         oinp = inp;
350         inp = inp->inp_next;
351         if (notify)
352             (*notify) (oinp, errno);
353     }
354 }
                                                                    in_pcb.c
```

图22-33 in_spcbnotify函数：把差错通知传给进程

有关图22-32我们要做的最后一点说明是，TCP在处理源抑制差错时，与其他差错的处理不同，而重定向由in_pcbnotify特别处理：不管引起差错的是什么协议，都调用in_rtchange函数。

图22-33显示了in_pcbnotify函数。当TCP调用它时，第一个参数是tcb的地址，最后一个参数是函数tcp_notify的地址。对UDP来说，这两个参数分别是udb的地址和函数udp_notify的地址。

1. 验证参数

306-324 验证cmd参数和目的地址族。检测外部地址，保证它不是0.0.0.0。

2. 特殊处理重定向

325-338 如果差错是重定向，则对它的处理是特殊的(差错PRC_HOSTDEAD是一种旧的差错，由IMP产生。目前的系统再也看不到这种差错了——它是一个历史产物)。外部端口、本地端口和本地地址都被设成全0，这样后面的for循环就不会比较它们了。对于重定向，我们需要该循环只根据外部IP地址选出接收通知的PCB，因为主机是在这个IP地址上接收到重定向的。而且，为重定向调用的函数是in_rtchange(图22-34)，而不是调用方指定的notify参数。

339 全局数组inetctlerrmap把协议无关差错码(图11-19中的PRC_*xxx*值)映射到它对应的Unix的errno值(图11-1的最后一栏)。

3. 为所选的PCB调用通知函数

341-353 这个循环选择要通知的PCB。可以通知多个PCB——该循环在找到匹配后仍然继续。第一个if语句结合了五个检测，如果这五个中有任一个为真，则跳过该PCB：(1)如果外部地址不相等；(2)如果该PCB没有对应的socket结构；(3)如果本地端口不相等；(4)如果本地地址不相等；(5)如果外部端口不相等。外部地址必须匹配，但只有当对应的参数非零时，才比较其他三个外部和本地参数。当找到一个匹配时，调用notify函数。

22.11.1 in_rtchange函数

我们看到，当ICMP差错是一个重定向时，in_pcbnotify调用in_rtchange函数。对所有外部地址与已重定向的IP地址匹配的PCB，都调用该函数。图22-34显示了in_rtchange函数。

```
                                                                    in_pcb.c
391 void
392 in_rtchange(inp, errno)
393 struct inpcb *inp;
394 int        errno;
395 {
396     if (inp->inp_route.ro_rt) {
397         rtfree(inp->inp_route.ro_rt);
398         inp->inp_route.ro_rt = 0;
399         /*
400          * A new route can be allocated the next time
401          * output is attempted.
402          */
403     }
404 }
                                                                    in_pcb.c
```

图22-34 in_rtchange函数：使路由无效

如果该PCB中有路由，则rtfree释放该路由，且该PCB成员被标记为空。此时，我们不用重定向返回的路由来更新路由。当这个PCB被再次使用时，ip_output会根据内核的选路表重新分配新的路由，而该选路表是在调用pfctlinput之前，由重定向报文更新的。

22.11.2 重定向和原始插口

让我们来研究一下重定向、原始插口和缓存在PCB中的路由之间的交互。如果我们运行ping程序，该程序使用一个原始插口，收到来自被ping的IP地址发来的ICMP重定向差错。ping程序继续使用原来的路由，而不是已重定向的路由。我们可以从以下过程来看。

我们从位于1 402 521网络上的gemini主机 ping位于14 025 213网络上的svr4主机。gemini的默认路由是gateway，但分组应该被发送到路由器netb。图22-35显示了这个安排。

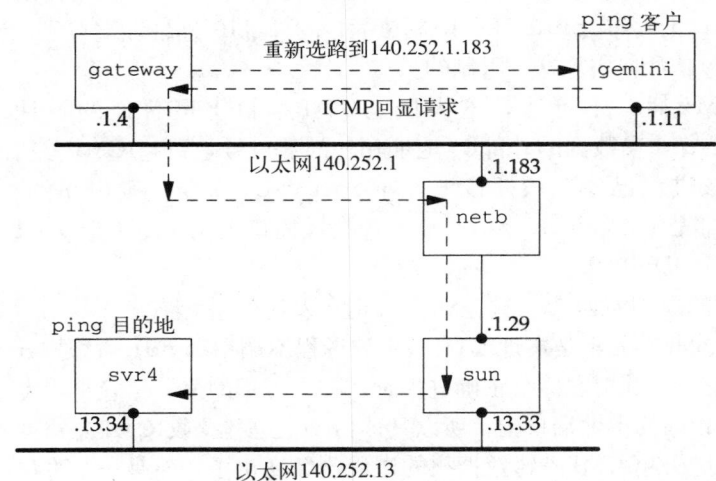

图22-35 ICMP重定向举例

我们希望gateway在收到第一个ICMP回显请求时，发一个重定向。

```
gemini $ ping -sv svr4
PING 140.252.13.34: 56 data bytes
ICMP Host redirect from gateway 140.252.1.4
  to netb (140.252.1.183) for svr4 (140.252.13.34)
64 bytes from svr4 (140.252.13.34): icmp_seq=0. time=572. ms
ICMP Host redirect from gateway 140.252.1.4
  to netb (140.252.1.183) for svr4 (140.252.13.34)
64 bytes from svr4 (140.252.13.34): icmp_seq=1. time=392. ms
```

选项-s使每隔一秒发送一次ICMP回显请求，选项-v打印每个收到的ICMP报文(不仅仅是ICMP回显回答)。

每个ICMP回显请求引出一个重定向，但ping使用的原始插口从来不通知重定向改变它正在使用的路由。第一次计算出来并被保存在PCB中的路由，使IP数据报被发送到路由器gateway{140.252.1.4}，应该更新它，使数据报能被发送到路由器netb{140.252.1.183}上。我们看到，gemini上的内核接收ICMP重定向，但它们被略过了。

如果我们终止ping程序，并重新运行它，我们就再也看不到重定向了：

```
gemini $ ping -sv svr4
```

```
PING 140.252.13.34: 56 data bytes
64 bytes from svr4 (140.252.13.34): icmp_seq=0,time=388. ms
64 bytes from svr4 (140.252.13.34): icmp_seq=1. time=363. ms
```

这个不正常的原因是原始IP插口代码(第32章)没有控制输入函数。只有TCP和UDP有控制输入函数。当收到重定向时，ICMP更新内核的选路表，调用pfctlinput(图22-32)。但是因为原始IP协议没有控制输入函数，所以不释放与ping的原始插口相关的PCB中高速缓存的路由。但是，当我们第二次运行ping程序时，根据内核更新后的选路表分配路由，所以我们看不到重定向了。

22.11.3 ICMP差错和UDP插口

插口API令人迷惑的一部分是，不把在UDP插口上收到的ICMP差错传给应用程序，除非该应用程序在该插口上发布connect，限制该插口的外部IP 地址和端口号。现在我们来看一下 in_pcbnotify是如何实施这一限制的。

考虑某个ICMP插口不可达，这大概是UDP插口上最普通的一种ICMP差错了。in_pcbnotify的dst参数内的外部IP 地址和外部端口号是引起ICMP差错的IP地址和端口号。但是，如果该进程已经在该插口上发布connect命令，则PCB的inp_faddr和inp_fport成员都是0，避免in_pcbnotify在该插口上调用notify函数。图22-33中的for循环将跳过每个UDP PCB。

产生这个限制的原因有两个。首先，如果正在发送的进程有一个未连接上的UDP插口，则该插口对中唯一的非零元素是本地端口(假定该进程不调用bind)。这是in_pcbnotify在分用进入的ICMP差错，并把它传给正确进程时，唯一可用的值。尽管很少发生，但也可能有多个进程都绑定到相同的本地端口上，所以具体由哪个进程接收ICMP差错就不明确了。还有一种可能就是，发送引起ICMP差错数据报的进程已经终止了，而另一个进程又开始运行并使用同一本地端口。这也不太可能，因为临时端口是从1024到5000按顺序分配的，只有循环一遍以后才可能重用同一端口号(图22-23)。

这个限制的第二个原因是，内核给进程的差错通知——一个errno值——是不够的。考虑某个进程连续三次在一个未连接上的UDP插口上调用sendto函数，向三个不同的目的地发送一个UDP数据报，然后用recvfrom等待回答。如果其中一个数据报生成一个ICMP端口不可达差错，且内核将向该进程发布的recvfrom返回对应的差错(ECONNREFUSED)，那么，errno值并没有告诉进程是哪个数据报产生了该差错。内核具有ICMP差错所要求的所有信息，但是插口API并不提供手段把这些信息返回给该进程。

因此，如果进程想要得到在某个UDP插口上的这些ICMP差错通知，在设计时就必须决定插口只能连接到一个对等实体上。如果在该连接上的插口返回ECONNREFUSED差错，毫无疑问就是该对等实体产生的差错。

还有一种远程可能性，会把ICMP差错交付给错误的进程。假设某个进程发送了一个UDP数据报，引起一个ICMP差错，但它在收到该差错之前终止了。另一个进程在收到该差错之前开始运行，并且绑定到到同一个本地端口，连接到相同的外部地址和外部端口上，导致这个新进程接收到前面的ICMP差错。由于UDP缺少内存，所以无法避免这种情况的发生。我们将看到TCP用它的TIME_WAIT状态处理这个问题。

在我们前面的例子中，应用程序绕开这个限制的一个办法是使用三个连接上的UDP插口，而不是一个未连接上的插口，并在其中任意一个有收到的数据报或差错要读写时，调用select函数来确定。

这里我们有一种情形是内核有足够的信息而API(插口)的信息不足。大多数Unix System V及其他常见的API(TLI)，其逆为真：TLI函数t_rcvuderr可以返回对等实体的IP地址、端口号以及一个差错值。但大多数TCP/IP的SVR4流实现都不为ICMP提供手段，把差错传递给一个未连接上的UDP端节点。

在理想情况下，in_pcbnotify把ICMP差错交付给所有匹配的UDP插口，即使唯一的非通配匹配是本地端口。返回给进程的差错将包括产生差错的目的IP地址和目的UDP端口，允许进程确定该差错是否是它发送的数据报产生的。

22.11.4 in_losing函数

处理PCB的最后一个函数图22-36的in_losing。当TCP的某个连接的重传定时器连续第三次超时时，调用该函数。

—————————————————————————————————————— in_pcb.c
```
361 int
362 in_losing(inp)
363 struct inpcb *inp;
364 {
365     struct rtentry *rt;
366     struct rt_addrinfo info;

367     if ((rt = inp->inp_route.ro_rt)) {
368         inp->inp_route.ro_rt = 0;
369         bzero((caddr_t) & info, sizeof(info));
370         info.rti_info[RTAX_DST] =
371             (struct sockaddr *) &inp->inp_route.ro_dst;
372         info.rti_info[RTAX_GATEWAY] = rt->rt_gateway;
373         info.rti_info[RTAX_NETMASK] = rt_mask(rt);
374         rt_missmsg(RTM_LOSING, &info, rt->rt_flags, 0);
375         if (rt->rt_flags & RTF_DYNAMIC)
376             (void) rtrequest(RTM_DELETE, rt_key(rt),
377                             rt->rt_gateway, rt_mask(rt), rt->rt_flags,
378                             (struct rtentry **) 0);
379         else
380             /*
381              * A new route can be allocated
382              * the next time output is attempted.
383              */
384             rtfree(rt);
385     }
386 }
```
—————————————————————————————————————— in_pcb.c

图22-36 in_losing函数：使高速缓存路由信息无效

1. 产生选路报文

361-374 如果PCB中有一个路由，则丢掉该路由。用要失效的高速缓存路由的有关信息填充一个rt_addrinfo结构。然后调用rt_missmsg函数，从RTM_LOSING类型的选路插口中生成一个报文，指明有关该路由的问题。

2. 删除或释放路由

375-384   如果高速缓存路由是由一个重定向生成的(`RTF_DYNAMIC`置位)，则用请求
`RTM_DELETE`调用`rtrequest`，删除该路由。否则释放高速缓存的路由，这样，当该插口上
有下一个输出时，为它重新分配一条到目的地的路由——希望是一条更好的路由。

22.12   实现求精

毫无疑问，这一章我们遇到的最耗时的算法是`in_pcblookup`做的对PCB的线性搜索。22.6
节一开始，我们就注意到有四种情况会调用这个函数。可以忽略对`bind`和`connect`的调用，因
为TCP和UDP在分用每个收到的IP数据报时，调用它们的次数比调用`in_pcblookup`的少得多。

后面几章我们将看到，TCP和UDP试图帮助这个线性搜索，它们都维护一个指向该协议
引用的最后一个PCB的指针：一个单条目高速缓存。如果高速缓存的PCB的本地地址、本地
端口、外部地址和外部端口与收到的数据报的值匹配，则协议根本就不调用`in_pcblookup`。
如果协议数据适合分组列模型[Jain和Routhier 1986]，这个简单的高速缓存效果很好。但是，
如果数据不适合这个模型，例如，看起来像联机交易处理系统的数据条目，则单条目高速缓
存的效率很低[McKenney和Dove 1992]。

一个稍好一点的PCB安排的建议是，当引用某个PCB时，把它移到该PCB表的最前面
([McKenney和Dove 1992]把这个想法给了Jon Crowcroft；[Partridge和Pink 1993]把它给了
Gary Delp)。移动PCB很容易，因为该表是一个双向链表，而且`in_pcblookup`的第一个参
数是一个指向该表表头的指针。

[McKenney和Dove 1992]把原始的Net/1实现(没有高速缓存)，一种提高的单条目发送−接
收高速缓存，"移到最前面"启发算法，以及他们自己的使用散列链的算法做了比较。他们指
出，在散列链上维护一个PCB的线性表比其他算法的性能提高了一个数量级。散列链的唯一
耗费是需要内存存放散列链的链头，以及计算散列函数。他们也考虑把"移到最前面"启发
算法与他们的散列链算法结合，结论是只增加一些散列链，更为简单。

BSD线性搜索和散列表搜索的另一个比较是在[Hutchinson和Peterson 1991]中。他们指出，
随着散列表中插口数量的增加，分用一个进入的UDP数据报所需的时间是常量，但线性搜
索所需的时间随插口数量的增加而增加。

22.13   小结

每个Internet插口都有一个相关的Internet PCB：TCP、UDP和原始IP。它包含了Internet插
口的一般信息：本地和外部IP地址，指向一个路由结构的指针等等。给定协议的所有PCB都
放在该协议维护的一个双向链表上。

本章中，我们研究了多个操作PCB的函数，对其中的三个做了详细的讨论：

1) TCP和UDP调用`in_pcblookup`分用每个进入的数据报。它选择接收数据报的插口，
考虑通配匹配。

`in_pcbbind`也调用这个函数来验证本地地址和本地进程是唯一的；`in_pcbconnect`
调用这个函数验证本地地址、本地进程、外部地址和外部进程的组合是唯一的。

2) `in_pcbbind`显式或隐式地把一个本地地址和本地端口号绑定到一个插口。当进程调
用`bind`时，发生显式绑定；当一个TCP客户程序调用`connect`而不调用`bind`时，或当一个

UDP进程调用sendto或connect而不调用bind时，发生隐式绑定。

3) in_pcbconnect设置外部地址和外部进程。如果进程还没有设置本地地址，计算一条到外部地址的路由，结果的本地接口成为本地地址。如果进程还没有设置本地端口，in_pcbbind为插口选择一个临时端口。

图22-37对多种TCP和UDP应用程序以及存放在PCB中的本地地址，本地端口、外部地址和外部端口的值做了总结。我们还没有讨论完图22-37中TCP和UDP进程的所有动作，将在后面的章节中继续讨论。

应用程序	本地地址： inp_laddr	本地端口： inp_lport	外部地址： inp_faddr	外部端口： inp_fport
TCP客户程序：connect (*foreignIP, fport*)	in_pcbconnect调用rtalloc为foreignIP分配路由。本地地址是本地接口	in_pcbconnect调用in_pcbbind选择临时端口。	*foreignIP*	*fport*
TCP客户程序：bind (*localIP, lport*) connect (*foreignIP,fport*)	*localIP*	*lport*	*foreignIP*	*fport*
TCP客户程序：bind(*, *lport*) connect (*foreignIP, fport*)	in_pcbconnect调用rtalloc为foreignIP分配路由。本地地址是本地接口	*lport*	*fport*	*fport*
TCP客户程序:bind (*localIP, 0*) connect (*foreignIP,fport*)	*localIP*	in_pcbbind选择临时端口	*foreignIP*	*fport*
TCP服务器程序：bind(*localIP, lport*) listen()accept()	*localIP*	*lport*	IP首部内的源地址	TCP首部内的源端口地址
TCP服务器程序：bind (*, *lport*) listen() accept()	IP首部里的目的地址	*lport*	*foreignIP*。发送完数据报后，置位为0.0.0.0	TCP首部内的源端口地址
UDP客户程序：sendto(*foreignIP, fport*)	in_pcbconnect调用rtalloc为foreignIP 分配路由。本地地址是本地接口。在发送完数据报之后，置位为0.0.0.0	in_pcbconnect调用in_pcbbind选择临时端口。后面调用sendto时不改变	*foreignIP*	*fport*。发送完数据报后，置位为0
UDP客户程序：connect(*foreignIP, fport*) write()	in_pcbconnect调用rtalloc为foreignIP分配路由。本地地址是本地接口。后面调用write时不改变	in_pcbconnect调用in_pcbbind选择临时端口。后面调用write时不改变	*foreignIP*	*fport*

图22-37 in_pcbbind和in_pcbconnect的总结

习题

22.1 在图22-23中，当进程请求一个临时端口，而所有临时端口都被使用时，会发生什么情况？

22.2 在图22-10中，我们显示了两个有正在监听插口的Telnet服务器：一个具有特定本地IP地址；另一个的本地IP地址是通配地址。你的系统的Telnet守护程序允许你指定本地IP地址吗？如果允许，如何指定？

22.3 假定某个插口被绑定到本地插口{140.252.1.29, 8888}，且这是唯一使用本地插口8888的插口。(1)当有另一个插口绑定到{140.252.1.29, 8888}时，请执行in_pcbbind的所有步骤，假定没有任何插口选项。(2)当有另一个插口绑定到通配IP地址，端口8888时，执行in_pcbbind的所有步骤，假定没有任何插口选项。(3)当有另一个插口绑定到通配IP地址，端口8888时，且设定了插口选项SO_REUSEADDR，执行in_pcbbind的所有步骤。

22.4 UDP分配的第一个临时端口号是什么？

22.5 当进程调用bind时，必须填充sockaddr_in结构中的哪一个元素？

22.6 如果进程要bind一个本地广播地址时，会发生什么情况？如果进程要bind受限广播地址(255.255.255.255)时，会发生什么情况？

第23章　UDP：用户数据报协议

23.1　引言

　　用户数据报协议，即UDP，是一个面向数据报的简单运输层协议：进程的每次输出操作只产生一个UDP数据报，从而发送一个IP数据报。

　　进程通过创建一个Internet域内的SOCK__DGRAM类型的插口，来访问UDP。该类插口默认地称为无连接的(unconnected)。每次进程发送数据报时，必须指定目的IP地址和端口号。每次从插口上接收数据报时，进程可以从数据报中收到源IP地址和端口号。

　　我们在22.5节中提到，UDP插口也可以被连接到一个特殊的IP地址和端口号。这样，所有写到该插口上的数据报都被发往该目的地，而且只有来自该IP地址和端口号的数据报才被传给该进程。

　　本章讨论UDP的实现。

23.2　代码介绍

　　9个UDP函数在一个C文件中，2个UDP定义的头文件，如图23-1所示。

　　图23-2显示了6个主要的UDP函数与其他内核函数之间的关系。带阴影的椭圆是本章我们讨论的6个函数，另外还有其他3个函数是这6个函数经常调用的。

文　件	描　　述
netinet/udp.h	udphdr结构定义
netinet/udp var.h	其他UDP定义
netinet/udp_usrreq.c	UDP函数

图23-1　本章中讨论的文件

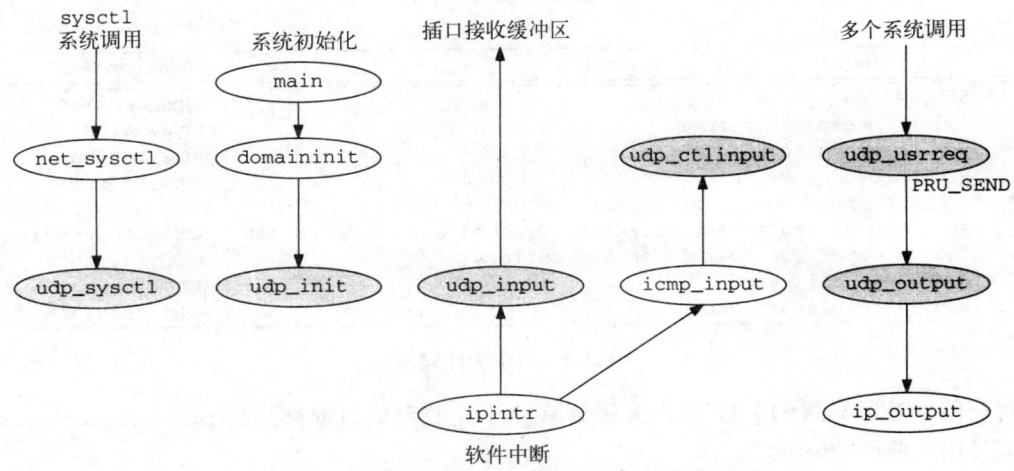

图23-2　UDP函数与内核其他函数之间的关系

23.2.1 全局变量

本章引入的全局变量，如图23-3所示。

变　量	数据类型	描　述
udb	Struct inpcb	UDP PCB表的表头
udp_last_inpcb	Struct inpcb *	指向最近收到的数据报的指针："向后一个"高速缓存
udpcksum	Int	用于计算和验证UDP检验和的标志位
udp_in	Struct sockaddr_in	在输入时存放发送方的IP地址
udpstat	Struct udpstat	UDP统计(图23-4)
udp_recvspace	u_long	插口接收缓存的默认大小，41 600字节
udp_sendspace	u_long	插口发送缓存的默认大小，9 216字节

图23-3 本章中引入的全局变量

23.2.2 统计量

全局结构udpstat维护多种UDP统计量，如图23-4所示。讨论代码的过程中，我们会看到何时增加这些计数器的值。

udpstat成员	描　述	SNMP使用的
udps_badlen	收到所有数据长度大于分组的数据报个数	●
udps_badsum	收到有检验和错误的数据报个数	●
udps_fullsock	收到由于输入插口已满而没有提交的数据报个数	
udps_hdrops	收到分组小于首部的数据报个数	●
udps_ipackets	所有收的数据报个数	●
udps_noport	收到在目的端口没有进程的数据报个数	●
udps_noportbcast	收到在目的端口没有进程的广播／多播数据报个数	●
udps_opackets	全部输出数据报的个数	●
udps_pcbcachemiss	收到的丢失pcb高速缓存的输入数据报个数	

图23-4 在udpstat结构中维持的UDP统计

图23-5显示了执行netstat -s后输出的统计信息。

netstat -s输出	udpstat成员
18,575,142 datagrams received	udps_ipackets
0 with incomplete header	udps_hdrops
18 with bad data length field	udps_badlen
58 with bad checksum	udps_badsum
84,079 dropped due to no socket	udps_noport
446 broadcast/multicast datagrams dropped due to no socket	udps_noportbcast
5,356 dropped due to full socket buffers	udps_fullsock
18,485,185 delivered	(见正文)
18,676,277 datagrams output	udps_opackets

图23-5 UDP统计样本

提交的UDP数据报的个数(输出的倒数第二行)是收到的数据报总数(udps_ipackets)减去图23-5中它前面的6个变量。

23.2.3 SNMP变量

图23-6显示了UDP组中的四个简单SNMP变量，这四个变量在实现该变量的udpstat结构中计数。

图23-7显示了UDP监听器表，称为udpTable。SNMP为这个表返回的值是取自UDP PCB，而不是udpstat结构。

SNMP变量	udpstat成员	描　述
udpInDatagrams	udps_ipackets	收到的所有提交给进程的数据报个数
udpInErrors	udps_hdrops + udps_badsum + udps_badlen	收到的由于某些原因不可提交的UDP数据报个数，这些原因中不包括在目的端口没有应用程序的原因(例如，UDP检验和差错)
udpNoPorts	udps_noport + udps_noportbcast	收到的所有目的端口没有应用进程的数据报
udpOutDatagrams	udps_opackets	发送的数据报的个数

图23-6　udp组中的简单SNMP变量

UDP监听器表，索引=*<udpLocalAddress>*.*<udpLocalPort>*		
SNMP变量	PCB变量	描　述
udpLocalAddress	inp_laddr	这个监听器的本地IP
udpLocalPort	inp_lport	这个监听器的本地端口号

图23-7　UDP监听器表：udpTable

23.3 UDP的protosw结构

图23-8显示了UDP的协议交换条目

成　员	inetsw[1]	描　述
pr_type	*SOCK_DGRAM*	UDP提供数据报分组服务
pr_domain	*&inetdomain*	UDP是Internet域的一部分
pr_protocol	*IPPROTO_UDP(17)*	出现在IP首部的ip_p字段
pr_flags	*PR_ATOMIC|PR_ADDR*	插口层标志，协议处理没有使用
pr_input	*Udp_input*	从IP层接收报文
pr_output	*0*	UDP没有使用
pr_ctlinput	*udp_ctlinput*	ICMP差错的控制输入函数
pr_ctloutput	*ip_ctloutput*	响应来自进程的管理请求
pr_usrreq	*udp_usrreq*	响应来自进程的通信请求
pr_init	*udp_init*	初始化UDP
pr_fasttimo	*0*	UDP没有使用
pr_slowtimo	*0*	UDP没有使用
pr_drain	*0*	UDP没有使用
pr_sysctl	*udp_sysctl*	对sysctl (8)系统调用

图23-8　UDP的protosw结构

本章我们描述五个以udp_开头的函数。另外我们还要介绍第6个函数udp_output，它不在协议交换条目，但当输出一个UDP数据报时，udp_usrreq会调用它。

23.4 UDP的首部

UDP首部定义成一个udphdr结构。图23-9是C结构，图23-10是UDP首部的图。

```
                                                                      ── udp.h
39 struct udphdr {
40     u_short uh_sport;              /* source port */
41     u_short uh_dport;              /* destination port */
42     short   uh_ulen;              /* udp length */
43     u_short uh_sum;               /* udp checksum */
44 };
                                                                      ── udp.h
```

图23-9 udphdr结构

图23-10 UDP首部和可选数据

在源代码中，通常把UDP首部作为一个紧跟着UDP 首部的IP首部来引用。这就是udp_input如何处理收到的IP数据报，以及udp_output如何构造外出的IP数据报。这种联合的IP/UDP首部是一个udpiphdr结构，如图23-11所示。

```
                                                                      ── udp_var.h
38 struct udpiphdr {
39     struct ipovly ui_i;           /* overlaid ip structure */
40     struct udphdr ui_u;           /* udp header */
41 };

42 #define ui_next      ui_i.ih_next
43 #define ui_prev      ui_i.ih_prev
44 #define ui_x1        ui_i.ih_x1
45 #define ui_pr        ui_i.ih_pr
46 #define ui_len       ui_i.ih_len
47 #define ui_src       ui_i.ih_src
48 #define ui_dst       ui_i.ih_dst
49 #define ui_sport     ui_u.uh_sport
50 #define ui_dport     ui_u.uh_dport
51 #define ui_ulen      ui_u.uh_ulen
52 #define ui_sum       ui_u.uh_sum
                                                                      ── udp_var.h
```

图23-11 udpiphdr结构：联合的IP/UDP首部

20字节的IP首部定义成一个ipovly结构，如图23-12所示。

不幸的是，这个结构并不是一个真正的如图8-8所示的IP首部。大小相同(20字节)，但字段不同。我们将在23.6节讲UDP检验和的计算时回来讨论这个不同之处。

```
                                                                    ip_var.h
38 struct ipovly {
39     caddr_t ih_next, ih_prev;    /* for protocol sequence q's */
40     u_char  ih_x1;               /* (unused) */
41     u_char  ih_pr;               /* protocol */
42     short   ih_len;              /* protocol length */
43     struct in_addr ih_src;       /* source internet address */
44     struct in_addr ih_dst;       /* destination internet address */
45 };
                                                                    ip_var.h
```

图23-12 ipovly结构

23.5 udp_init函数

domaininit函数在系统初始化时调用UDP的初始化函数(udp_init，图23-13)。

这个函数所做的唯一的工作是把头部PCB(udb)的向前和向后指针指向它自己。这是一个双向链表。

udb PCB的其他部分都被初始化成0，尽管在这个头部PCB中唯一使用的字段是inp_lport，它是要分配的下一个UDP临时端口号。在解习题22.4时，我们提到，因为这个本地端口号被初始化成0，所以第一个临时端口号将是1024。

```
                                                                    udp_usrreq.c
50 void
51 udp_init()
52 {
53     udb.inp_next = udb.inp_prev = &udb;
54 }
                                                                    udp_usrreq.c
```

图23-13 udp_init函数

23.6 udp_output函数

当应用程序调用以下五个写函数中的任意一个时，发生UDP输出。这五个函数是：send、sendto、sendmsg、write或writev。如果插口已连接上的，则可任意调用这五个函数，尽管用sendto或sendmsg不能指定目的地址。如果插口没有连接上，则只能调用sendto和sendmsg，并且必须指定一个目的地址。图23-14总结了这五个函数，它们在终止时，都调用udp_output，该函数再调用ip_output。

五个函数终止调用sosend，并把一个指向msghdr结构的指针作为参数传给该函数。要输出的数据被分装在一个mbuf链上，sosend把一个可选的目的地址和可选的控制信息放到mbuf中，并发布PRU_SEND请求。

UDP调用函数udp_output，该函数的第一部分如图23-15所示。四个参数分别是：inp，指向插口Internet PCB的指针；m，指向输出mbuf链的指针；addr，一个可选指针，指向某个mbuf，存放分装在一个sockaddr_in结构中的目的地址；control，一个可选指针，指向一个mbuf，其中存放着sendmsg中的控制信息。

1. 丢掉可选控制信息

333-344 m_freem丢弃可选的控制信息，不产生差错。UDP输出不使用任何控制信息。

注释xxx是因为忽略控制信息且不产生错误。其他协议如路由选择域和TCP，当进程传递控制信息时，都会产生一个错误。

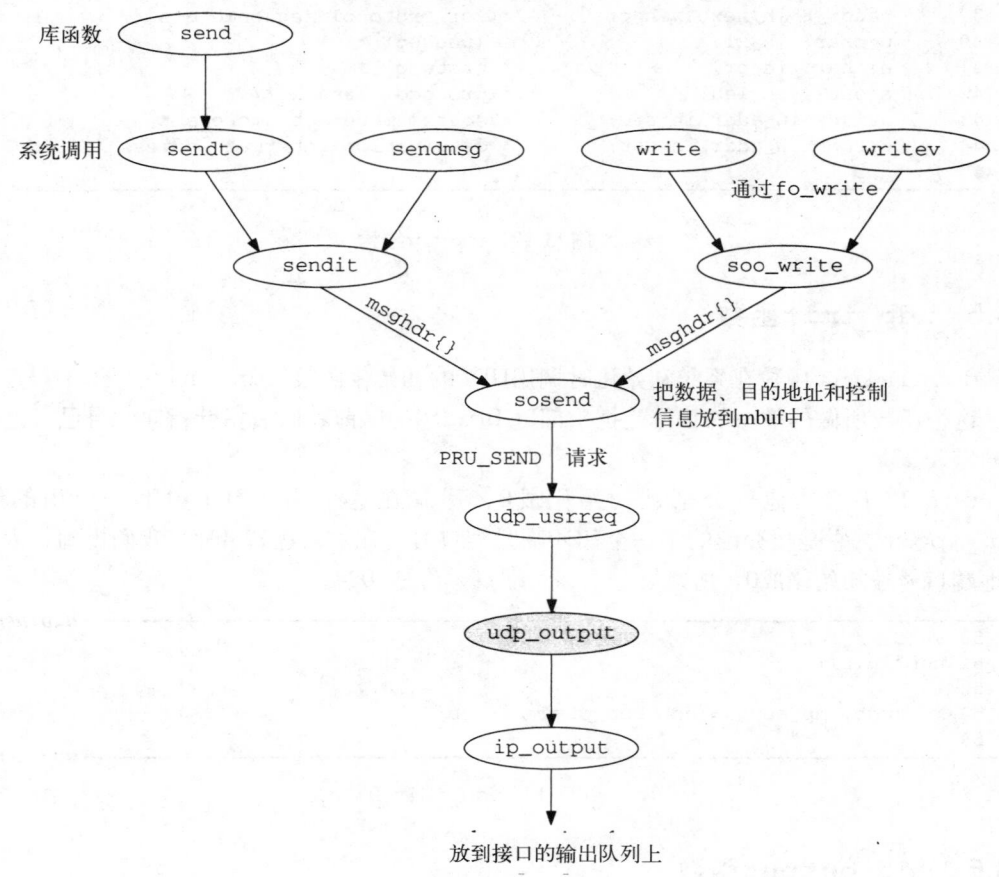

图23-14   五个写函数如何终止调用udp_output

2. 临时连接一个未连接上的插口

345-359   如果调用方为UDP数据报指定了目的地址(addr非空)，则插口是由in_pcbconnect临时连接到该目的地址的，并在该函数的最后被断连。在连接之前，要做一个检测，判断插口是否已经连接上。如果已连接上，则返回错误EISCONN。这就是为什么sendto在已连接上的插口上指定目的地址时，会返回错误。

在临时连接插口之前，splnet停止IP的输入处理。这样做的原因是因为，临时连接将改变插口PCB中的外部地址、外部端口以及本地地址。如果在临时连接该PCB的过程中处理某个收到的UDP数据报，可能把该数据报提交给错误的进程。把处理器设置成比splnet优先，只能阻止软件中断引发执行IP输入程序(图1-12)，它不能阻止接口层接收进入的分组，并把它们放到IP的输入队列中。

[Partridge和Pink 1993] 注意到临时连接插口的这个操作开销很大，用去每个UDP传送将近三分之一的时间。

在临时连接之前，PCB的本地地址被保存在laddr中，因为如果它是通配地址，它将被

in_pcbconnect在调用in_pcbbind时改变。

如果进程调用了connect，则应用于目的地址的同一规则也将适用，因为两种情况都将调用in_pcbconnect。

——————————————————————————— udp_usrreq.c

```
333 int
334 udp_output(inp, m, addr, control)
335 struct inpcb *inp;
336 struct mbuf *m;
337 struct mbuf *addr, *control;
338 {
339     struct udpiphdr *ui;
340     int      len = m->m_pkthdr.len;
341     struct in_addr laddr;
342     int      s, error = 0;

343     if (control)
344         m_freem(control);        /* XXX */

345     if (addr) {
346         laddr = inp->inp_laddr;
347         if (inp->inp_faddr.s_addr != INADDR_ANY) {
348             error = EISCONN;
349             goto release;
350         }
351         /*
352          * Must block input while temporarily connected.
353          */
354         s = splnet();
355         error = in_pcbconnect(inp, addr);
356         if (error) {
357             splx(s);
358             goto release;
359         }
360     } else {
361         if (inp->inp_faddr.s_addr == INADDR_ANY) {
362             error = ENOTCONN;
363             goto release;
364         }
365     }
366     /*
367      * Calculate data length and get an mbuf for UDP and IP headers.
368      */
369     M_PREPEND(m, sizeof(struct udpiphdr), M_DONTWAIT);
370     if (m == 0) {
371         error = ENOBUFS;
372         goto release;
373     }

                    /* remainder of function shown in Figure 23.20 */

409 release:
410     m_freem(m);
411     return (error);
412 }
```
——————————————————————————— udp_usrreq.c

图23-15 udp_output函数：临时连接一个未连接上的插口

360-364 如果进程没有指定目的地址，并且插口没有连接上，则返回ENOTCONN。

3. 在前面加上IP/UDP首部

366-373 M_PREPEND在数据的前面为IP和UDP首部分配空间。图1-8是一种情况，假定mbuf链上的第一个mbuf已经没有空间存放首部的28个字节。习题23.1详细给出了其他情况。需要指定标志位M_DONTWAIT，因为如果插口是临时连接的，则IP处理被阻塞，所以M_PREPEND也应被阻塞。

　　　早期的伯克利版本不正确地指定了这里的M_WAIT。

23.6.1　在前面加上IP/UDP首部和mbuf簇

在M_PREPEND宏和mbuf簇之间有一个微妙的交互。如果sosend把用户数据放到一个簇中，则该簇的最前面的56个字节(max_hdr，图7-17)没有使用，这就为以太网、IP和UDP首部提供了空间。避免M_PREPEND仅仅为存放这些首部而另外再分配一个mbuf。M_PREPEND调用M_LEADINGSPACE来计算在mbuf的前面有多大的空间可以使用：

```
#define M_LEADINGSPACE(m) \
    ((m)->m_flags & M_EXT ? /* (m)->m_data - (m)->m_ext_buf */ 0 : \
        (m)->m_flags & M_PKTHDR ? (m)->m_data - (m)->m_pktdat : \
        (m)->m_data - (m)->m_dat)
```

正确地计算出簇前面可用空间大小的代码被注释掉了，如果数据在簇内，该宏总是返回0。这意味着，当用户数据也在某个簇中时，M_PREPEND总是为协议首部分配一个新的mbuf，而不再使用sosend分配的用于存放首部的空间。

　　　M_LEADINGSPACE中注释掉正确代码的原因是因为该簇可能被共享(2.9节)，而且，如果它被共享，使用簇中数据报前面的空间可能会擦掉其他数据。

　　　UDP数据不共享簇，因为udp_output不保存数据的备份。但是TCP在它的发送缓存内保存数据备份(等待对该数据的确认)，而且如果数据不在簇内，则说明它是共享的。但tcp_output不调用M_LEADINGSPACE，因为sosend只为数据报协议在簇前面留56个字节，所以，tcp_output总是调用MGETHDR为协议首部分配一个mbuf。

23.6.2　UDP检验和计算和伪首部

在讨论udp_output的后一部分之前，我们描述一下UDP如何填充IP/UDP首部的某些字段，如何计算UDP检验和，以及如何传递IP/UDP首部及数据给IP输出的。这些工作很巧妙地使用了ipovly结构。

图23-16显示了udp_output在由m指向的mbuf链的第一个存储器上构造的28字节IP/UDP首部。没有阴影的字段是udp_output填充的，有阴影的字段是ip_output填充的。这个图显示了首部在线路上的格式。

UDP检验和的计算覆盖了三个区域：(1)一个12字节的伪首部，其中包含IP首部的字段；(2)8字节UDP首部；(3)UDP数据。图23-17显示了用于检验和计算的12字节伪首部，以及UDP首部。用于计算检验和的UDP首部等价于出现在线路上的UDP首部(图23-16)。

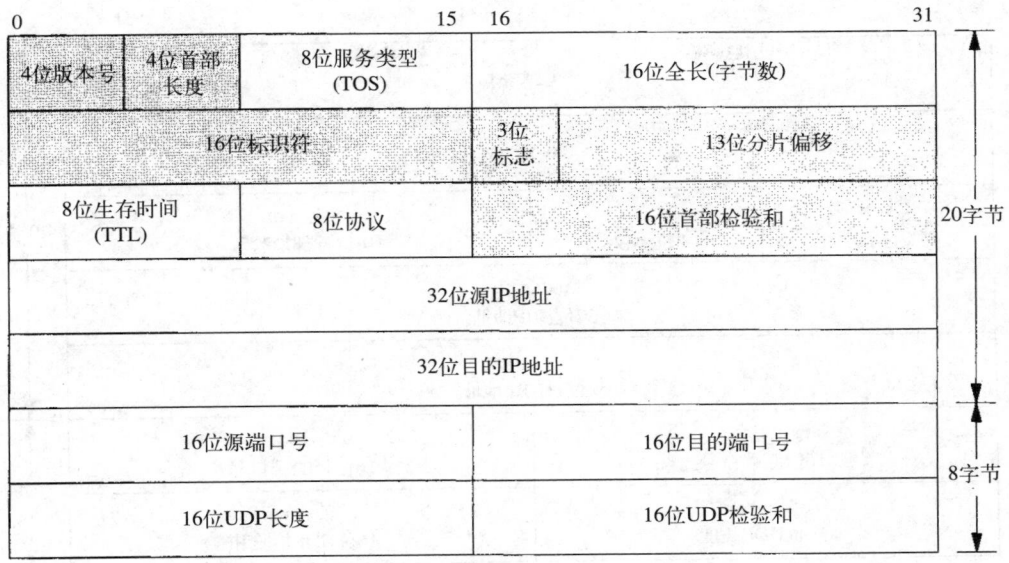

图23-16 IP/UDP首部：UDP填充没有阴影的字段，IP填充有阴影的字段

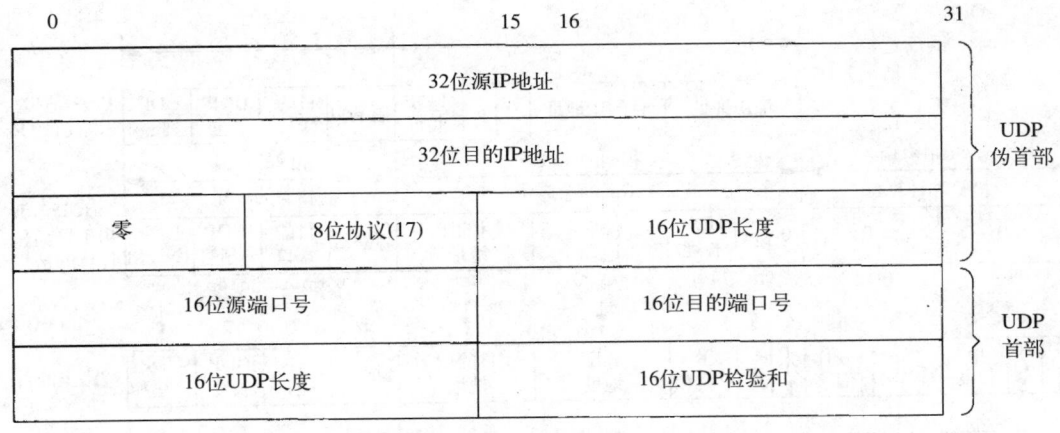

图23-17 检验和计算所使用的伪首部和UDP首部

在计算UDP检验和时使用以下三个事实：(1)在伪首部(图23-17)中的第三个32 bit字看起来与IP首部(图23-16)中的第三个32 bit字类似：两个8 bit值和一个16 bit值。(2)伪首部中三个32 bit值的顺序是无关的。事实上，Internet检验和的计算不依赖于所使用的16 bit值的顺序(8.7节)。(3)在检验和计算中另外再加上一个全0的32 bit字没有任何影响。

udp_output利用这三个事实，填充udpiphdr结构(图23-11)的字段，如图23-18所示。该结构包含在由m指向的mbuf链的第一个mbuf中。

在20字节IP首部(5个成员：ui_x1、ui_pr、ui_len、ui_src和ui_dst)中的最后三个32 bit字被用作检验和计算的伪首部。IP首部的前两个32 bit字(ui_next和ui_prev)也用在检验和计算中，但它们被初始化成0，所以不影响最后的检验和。

图23-19总结了我们描述的操作：

1) 图23-19中最上面的图是伪首部的协议定义，与图23-17对应。

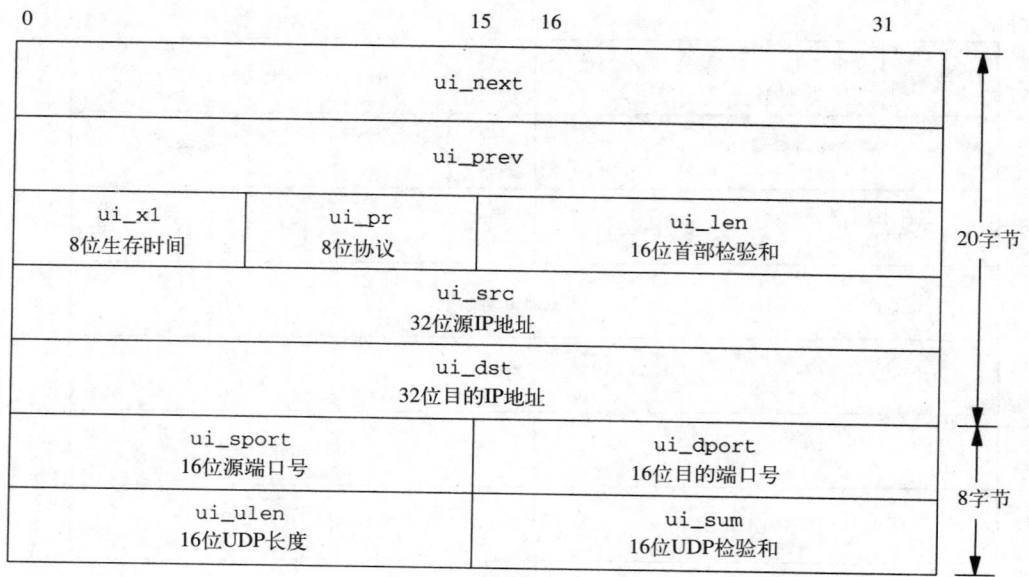

图23-18 udp_output填充的udpiphdr

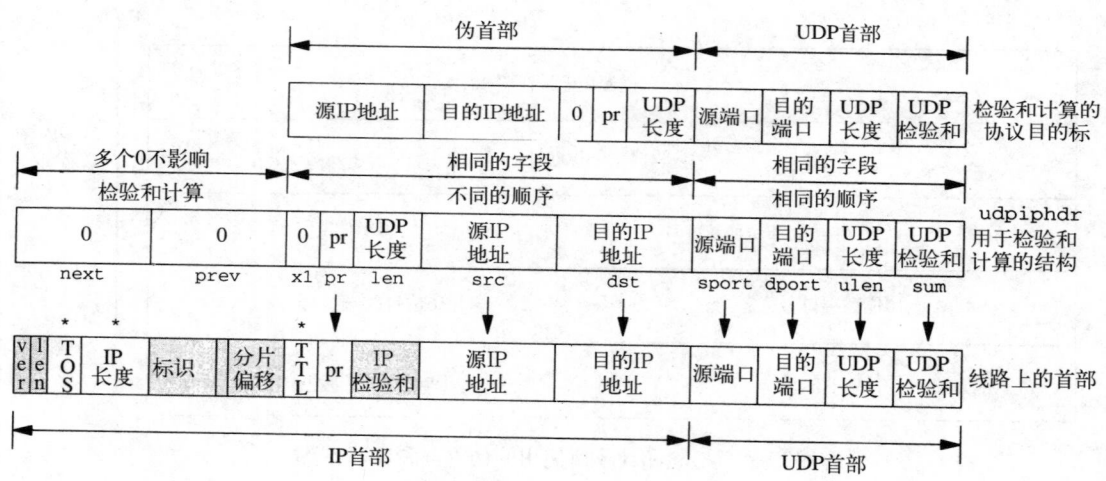

图23-19 填充IP/UDP首部和计算UDP检验和的操作

2) 中间的图是源代码使用的udpiphdr结构，与图23-11对应(为图的可读性，省略了所有成员的前缀ui_)。这是udp_output在mbuf链上的第一个mbuf中构造的结构，然后被用于计算UDP检验和。

3) 下面的图是出现在线路上的IP/UDP首部，与图23-16对应。上面有箭头的7个字段是udp_output在检验和计算之前填充的。上面有星号的3个字段是udp_output在检验和计算之后填充的。其他6个有阴影的字段是ip_output填充的。

图23-20是udp_output函数的后半部分。

1. 为检验和计算准备伪首部

374-387 把udpiphdr结构(图23-18)的所有成员设置成它们相应的值。PCB中的本地和外部插口已经是网络字节序，但必须把UDP的长度转换成网络字节序。UDP的长度是数据报的

字节数(len，可以是0)加上UDP 首部的大小(8)。UDP 长度字段在UDP 检验和计算中出现了两次：ui_len和ui_ulen。有一个是冗余的。

udp_usrreq.c

```
374       /*
375        * Fill in mbuf with extended UDP header
376        * and addresses and length put into network format.
377        */
378       ui = mtod(m, struct udpiphdr *);
379       ui->ui_next = ui->ui_prev = 0;
380       ui->ui_x1 = 0;
381       ui->ui_pr = IPPROTO_UDP;
382       ui->ui_len = htons((u_short) len + sizeof(struct udphdr));
383       ui->ui_src = inp->inp_laddr;
384       ui->ui_dst = inp->inp_faddr;
385       ui->ui_sport = inp->inp_lport;
386       ui->ui_dport = inp->inp_fport;
387       ui->ui_ulen = ui->ui_len;

388       /*
389        * Stuff checksum and output datagram.
390        */
391       ui->ui_sum = 0;
392       if (udpcksum) {
393           if ((ui->ui_sum = in_cksum(m, sizeof(struct udpiphdr) + len)) == 0)
394                   ui->ui_sum = 0xffff;
395       }
396       ((struct ip *) ui)->ip_len = sizeof(struct udpiphdr) + len;
397       ((struct ip *) ui)->ip_ttl = inp->inp_ip.ip_ttl;      /* XXX */
398       ((struct ip *) ui)->ip_tos = inp->inp_ip.ip_tos;      /* XXX */
399       udpstat.udps_opackets++;
400       error = ip_output(m, inp->inp_options, &inp->inp_route,
401               inp->inp_socket->so_options & (SO_DONTROUTE | SO_BROADCAST),
402                       inp->inp_moptions);

403       if (addr) {
404           in_pcbdisconnect(inp);
405           inp->inp_laddr = laddr;
406           splx(s);
407       }
408       return (error);
```

udp_usrreq.c

图23-20 udp_output函数：填充首部、计算检验和并传给IP

2. 计算检验和

388-395 计算检验和时，首先把它设成0，然后调用in_cksum。如果UDP检验和是禁止的(一个坏的想法——见卷1的11.3节)，则检验和的结果是0。如果计算的检验和是0，则在首部中保存16个1，而不是0(在求补运算中，全1和全0都是0)。这样，接收方就可以区分没有检验和的UDP分组(检验和字段为0)和有检验和的UDP分组了，后者的检验和值为0(16位的检验和是16个1)。

变量udpcksum(图23-3)通常默认值为1，使能UDP检验和。对内核的编译可对4.2BSD兼容，把udpcksum初始化为0。

3. 填充UDP长度、TTL和TOS

396-398 指针ui指向一个指向某个标准IP首部的指针(ip)，UDP设置IP首部内的三个字段。IP长度字段等于UDP数据报中数据的个数加上IP/UDP首部大小28。注意，IP首部的这个字段

以主机字节序保存，不像首部其他多字节字段，是以网络字节序保存的。ip_output在发送之前，把它转换成网络字节序。

把IP首部里的TTL和TOS字段的值设成插口PCB中的值。在创建插口时，UDP设置这些默认值，进程可用setsockopt改变它们。因为这三个字段——IP长度、TTL和TOS——不是伪首部的内容，UDP检验和计算时也没有用到它们，所以，在计算检验和之后，调用ip_output之前，必须设置它们。

4. 发送数据报

400-402 ip_output发送数据报。第二个参数inp_options，是进程可用setsockopt设置的IP选项。这些IP选项是ip_output放置到IP首部中的。第三个参数是一个指向高速缓存在PCB中的路由的指针，第四个参数是插口选项。传给ip_output的唯一插口选项是SO_DONTROUTE(旁路选路表)和SO_BROADCAST(允许广播)。最后一个参数是一个指向该插口的多播选项的指针。

5. 断连临时连接的插口

403-407 如果插口是临时连接上的，则in_pcbdisconnect断连插口，本地IP地址在PCB中恢复，恢复中断级别到保存的值。

23.7 udp_input函数

进程调用五个写函数之一来驱动UDP输出。图23-14显示的函数都作为系统调用的组成部分被直接调用。另一方面，当IP在它的协议字段指定为UDP的输入队列上收到一个IP数据报时，才发生UDP的输入。IP通过协议交换表(图8-15)中的pr_input函数调用函数udp_input。因为IP的输入是在软件中断级，所以udp_input也在这一级上执行。udp_input的目标是把UDP数据报放置到合适的插口的缓存内，唤醒该插口上因输入阻塞的所有进程。

我们对udp_input函数的讨论分三个部分。

1) UDP对收到的数据报完成一般性的确认；

2) 处理目的地是单播地址的UDP数据报：找到合适的PCB，把数据报放到插口的缓存内；

3) 处理目的地是广播或多播地址的UDP数据报：必须把数据报提交给多个插口。

最后一步是新的，是为了在Net/3中支持多播，但占用了大约三分之一的代码。

23.7.1 对收到的UDP数据报的一般确认

图23-21是UDP输入的第一部分。

55-65 udp_input的两个参数是：m，一个指向包含了该IP数据报的mbuf链的指针；iphlen，IP首部的长度(包括可能的IP选项)。

1. 丢弃IP选项

67-76 如果有IP选项，则ip_stripoptions丢弃它们。正如注释中表明的，UDP应该保存IP选项的一个备份，使接收进程可以通过IP_RECVOPTS插口选项访问到它们，但这个还没有实现。

77-88 如果mbuf链上的第一个mbuf小于28字节(IP首部加上UDP首部的大小)，则m_pullup重新安排mbuf链，使至少有28个字节连续地存放在第一个mbuf中。

```
55 void
56 udp_input(m, iphlen)
57 struct mbuf *m;
58 int       iphlen;
59 {
60     struct ip *ip;
61     struct udphdr *uh;
62     struct inpcb *inp;
63     struct mbuf *opts = 0;
64     int     len;
65     struct ip save_ip;

66     udpstat.udps_ipackets++;

67     /*
68      * Strip IP options, if any; should skip this,
69      * make available to user, and use on returned packets,
70      * but we don't yet have a way to check the checksum
71      * with options still present.
72      */
73     if (iphlen > sizeof(struct ip)) {
74         ip_stripoptions(m, (struct mbuf *) 0);
75         iphlen = sizeof(struct ip);
76     }
77     /*
78      * Get IP and UDP header together in first mbuf.
79      */
80     ip = mtod(m, struct ip *);
81     if (m->m_len < iphlen + sizeof(struct udphdr)) {
82         if ((m = m_pullup(m, iphlen + sizeof(struct udphdr))) == 0) {
83             udpstat.udps_hdrops++;
84             return;
85         }
86         ip = mtod(m, struct ip *);
87     }
88     uh = (struct udphdr *) ((caddr_t) ip + iphlen);

89     /*
90      * Make mbuf data length reflect UDP length.
91      * If not enough data to reflect UDP length, drop.
92      */
93     len = ntohs((u_short) uh->uh_ulen);
94     if (ip->ip_len != len) {
95         if (len > ip->ip_len) {
96             udpstat.udps_badlen++;
97             goto bad;
98         }
99         m_adj(m, len - ip->ip_len);
100        /* ip->ip_len = len; */
101    }
102    /*
103     * Save a copy of the IP header in case we want to restore
104     * it for sending an ICMP error message in response.
105     */
106    save_ip = *ip;
107    /*
108     * Checksum extended UDP header and data.
109     */
110    if (udpcksum && uh->uh_sum) {
```

图23-21 udp_input函数：对收到的UDP数据报的一般确认

```
111          ((struct ipovly *) ip)->ih_next = 0;
112          ((struct ipovly *) ip)->ih_prev = 0;
113          ((struct ipovly *) ip)->ih_x1 = 0;
114          ((struct ipovly *) ip)->ih_len = uh->uh_ulen;
115          if (uh->uh_sum = in_cksum(m, len + sizeof(struct ip))) {
116              udpstat.udps_badsum++;
117              m_freem(m);
118              return;
119          }
120      }
```
                                                                    —— *udp_usrreq.c*

图23-21 （续）

2. 验证UDP长度

333-344 与UDP数据报相关的两个长度是：IP首部的长度字段(ip_len)和UDP首部的长度字段(uh_ulen)。前面讲到，ipintr在调用udp_input之前，从ip_len中抽取出IP首部的长度(图10-11)。比较这两个长度，可能有三种可能性：

1) ip_len等于uh_ulen。这是通常情况。

2) ip_len大于uh_ulen。IP首部太大，如图23-22所示。代码相信两个长度中小的那个(UDP首部长度)，m_adj从数据报的最后移走多余的数据字节。m_adj的第二个参数是负数，在图2-20中我们说，从mbuf链的最后截断数据。在这种情况下，UDP的长度字段出现冲突。如果是这样，假定发送方计算了UDP的检验和，则不久检验和会检测到这个错误，接收方也会验证检验和，从而丢弃该数据报。IP长度字段必须正确，因为IP根据接口上收到的数据量验证它，而强制的IP首部检验和覆盖了IP首部的长度字段。

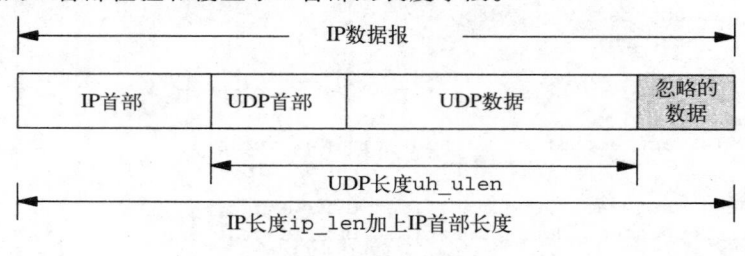

图23-22 UDP长度太小

3) ip_len小于uh_ulen。当UDP首部的长度给定时，IP数据报比可能的小。图23-23显示了这种情况。这说明数据报有错误，必须丢弃，没有其他的选择：如果UDP长度字段被破坏，用UDP检验和是无法检测到的。需要用正确的UDP长度来计算UDP检验和。

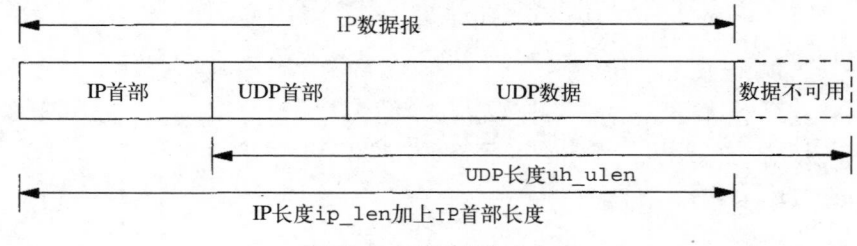

图23-23 UDP长度太大

正如我们提到的，UDP长度是冗余的。在第28章中我们将看到，TCP自己的首部内没有长度字段——它用IP长度字段减去IP和TCP首部的长度，以此确定数据报内数据的数量。为什么存在UDP长度字段呢？可能是为了加上少量的差错检测，因为UDP检验和是可选的。

3. 保存IP首部的备份，验证UDP检验和

102-106　udp_input在验证检验和之前保存IP首部的备份，因为检验和计算会擦去原始IP首部的一些字段。

110　只有当的UDP检验和(udpcksum)是内核允许的，并且发送方也计算了UDP检验和(收到的检验和不为0)时，才验证检验和。

　　　这个检测是不正确的。如果发送方计算了一个检验和，就应该验证它，不管外出的检验和是否被计算。变量udpcksum应该只指定是否计算外出的检验和。不幸的是，许多厂商都复制了这个检测，尽管厂商已经改变它们产品的内核，却默认地允许UDP检验和。

111-120　在计算检验和之前，IP首部作为ipovly结构(图23-18)引用，所有字段的初始化都是udp_output在计算UDP检验和(上一节)时初始化的。

　　此时，如果数据报的目的地是一个广播或多播IP地址，将执行特别的代码。我们把这段代码推迟到本节最后。

23.7.2　分用单播数据报

　　假定数据报的目的地是一个单播地址，图23-24显示了执行的代码。

udp_usrreq.c

```
            /* demultiplex broadcast & multicast datagrams (Figure 23.26) */

206     /*
207      * Locate pcb for unicast datagram.
208      */
209     inp = udp_last_inpcb;
210     if (inp->inp_lport != uh->uh_dport ||
211         inp->inp_fport != uh->uh_sport ||
212         inp->inp_faddr.s_addr != ip->ip_src.s_addr ||
213         inp->inp_laddr.s_addr != ip->ip_dst.s_addr) {
214         inp = in_pcblookup(&udb, ip->ip_src, uh->uh_sport,
215                         ip->ip_dst, uh->uh_dport, INPLOOKUP_WILDCARD);
216         if (inp)
217             udp_last_inpcb = inp;
218         udpstat.udpps_pcbcachemiss++;
219     }
220     if (inp == 0) {
221         udpstat.udps_noport++;
222         if (m->m_flags & (M_BCAST | M_MCAST)) {
223             udpstat.udps_noportbcast++;
224             goto bad;
225         }
226         *ip = save_ip;
227         ip->ip_len += iphlen;
228         icmp_error(m, ICMP_UNREACH, ICMP_UNREACH_PORT, 0, 0);
229         return;
230     }
```

udp_usrreq.c

图23-24　udp_input函数：分用单播数据报

1. 检查"向后一个"高速缓存

206-209 UDP 维护一个指针，该指针指向最后在其上接收数据报的Internet PCB，udp_last_inpcb。在调用in_pcblookup之前，可能必须搜索UDP表上的PCB，把最近一次接收PCB的外部和本地地址以及端口号和收到数据报的进行比较。这称为"向后一个"高速缓存(one-behind cache)[Partridge和Pink 1993]。它是根据这样一个假设，即收到的数据报极有可能要发往上一个数据报发往的同一端口 [Mogul 1991]。这个高速缓存技术是在4.3BSD Tahoe版本中引入的。

210-213 高速缓存的PCB和收到数据报之间的四个比较的次序是故意安排的。如果PCB不匹配，则应尽快结束比较。最大的可能性是目的端口号不相同——这就是为什么第一个检测它。不匹配的可能性最小的是本地地址，尤其在只有一个接口的主机，所以它是最后一个检测。

不幸的是，这种"向后一个"高速缓存技术代码，在实际中毫无用处 [Partridge和Pink 1993]。最普通的UDP服务器类型只绑定它的知名端口，它的本地地址、外部地址和外部端口都是通配地址。最普通的UDP 客户程序类型并不连接它的UDP 插口；它用sendto指定每个数据报的目的地址。因此，大多数时间PCB内的inp_laddr、inp_faddr和inp_fport都是通配的。在高速缓存的比较中，收到数据报的这四个值永远都不是通配的，这意味着只有当指定PCB的四个本地和外部值是非通配时，高速缓存条目与收到数据报的比较才可能相等。这种情况只在连接上的UDP插口上发生。

> 在系统bsdi上，udpps_pcbcachemiss计数器是41 253，udps_ipackets
> 计数器是42 485。小于3% 缓存命中率。

> netstat -s命令打印出udpstat结构(图23-5)的大多数字段。不幸的是，
> Net/3版本，以及多数厂家的版本都不打印udpps_pcbcachemiss。如果你想看它
> 们的值，用调试器检查在运行的内核中的变量。

2. 搜索所有UDP的PCB

214-218 假定与高速缓存的比较失败，则in_pcblookup寻找一个匹配。指定INPLOOKUP_WILDCARD标志，允许通配匹配。如果找到一个匹配，则把指向该PCB的指针保存在udp_last_inpcb中，我们说它高速缓存了最后收到的UDP数据报的PCB。

3. 生成ICMP端口不可达差错

220-230 如果没找到匹配的PCB，UDP 通常产生一个ICMP端口不可达差错。首先检测收到的mbuf链的m_flags，看看该数据报是否是要发送到一个链路级广播或多播地址。有可能会收到一个发送到链路级广播或多播地址的IP数据报，具有单播地址，此时不应该产生ICMP端口不可达差错。如果成功产生ICMP差错，则把IP首部恢复成收到它时的值(save_ip)，也把IP长度设置成它原来的值。

> 链路级广播或多播地址的检测是冗余的。icmp_error也做这个检测。这个冗
> 余检测的唯一好处是，在udps_noportbcast计数器之外，还维护了
> udps_noport计数器。

> 把iphlen改回ip_len是一个错误。icmp_error也会做这项工作，使得
> ICMP差错返回的IP首部的IP长度字段是20字节，这太大了。可以在Traceroute程

序(卷1的第8章)中加上几行新程序，在最终到达目的主机后，打印出ICMP端口不可达差错报文中的这个字段，可以测试系统是否有这个错误。

图23-25是处理单播数据报的代码，把数据报提交给与目的PCB对应的插口。

```
                                                            ─── udp_usrreq.c
231     /*
232      * Construct sockaddr format source address.
233      * Stuff source address and datagram in user buffer.
234      */
235     udp_in.sin_port = uh->uh_sport;
236     udp_in.sin_addr = ip->ip_src;

237     if (inp->inp_flags & INP_CONTROLOPTS) {
238         struct mbuf **mp = &opts;

239         if (inp->inp_flags & INP_RECVDSTADDR) {
240             *mp = udp_saveopt((caddr_t) & ip->ip_dst,
241                         sizeof(struct in_addr), IP_RECVDSTADDR);
242             if (*mp)
243                 mp = &(*mp)->m_next;
244         }
245 #ifdef notyet
246         /* IP options were tossed above */
247         if (inp->inp_flags & INP_RECVOPTS) {
248             *mp = udp_saveopt((caddr_t) opts_deleted_above,
249                         sizeof(struct in_addr), IP_RECVOPTS);
250             if (*mp)
251                 mp = &(*mp)->m_next;
252         }
253         /* ip_srcroute doesn't do what we want here, need to fix */
254         if (inp->inp_flags & INP_RECVRETOPTS) {
255             *mp = udp_saveopt((caddr_t) ip_srcroute(),
256                         sizeof(struct in_addr), IP_RECVRETOPTS);
257             if (*mp)
258                 mp = &(*mp)->m_next;
259         }
260 #endif
261     }
262     iphlen += sizeof(struct udphdr);
263     m->m_len -= iphlen;
264     m->m_pkthdr.len -= iphlen;
265     m->m_data += iphlen;
266     if (sbappendaddr(&inp->inp_socket->so_rcv, (struct sockaddr *) &udp_in,
267                 m, opts) == 0) {
268         udpstat.udps_fullsock++;
269         goto bad;
270     }
271     sorwakeup(inp->inp_socket);
272     return;

273 bad:
274     m_freem(m);
275     if (opts)
276         m_freem(opts);
277 }
                                                            ─── udp_usrreq.c
```

图23-25 udp_input函数：把单播数据报提交给插口

4. 返回源站IP地址和源站端口

231-236　收到的IP数据报的源站IP地址和源站端口被保存在全局sockaddr_in结构中的

udp_in。在函数的后面，该结构作为参数传给了sbappendaddr。

采用全局变量保存IP地址和端口号不出现问题的原因是，udp_input是单线程的。当ipintr调用它时，它在返回之前完整地处理了收到的数据报。而且，sbappendaddr还把该插口结构从全局变量复制一个mbuf中。

5. IP_RECVDSTADDR插口选项

337-244 常数INP_CONTROLOPTS是三个插口选项的结合，进程可以设置这三个插口选项，通过系统调用recvmsg返回插口的控制信息(图22-5)。IP_RECVDSTADDR把收到的UDP数据报中的目的IP地址作为控制信息返回。函数udp_saveopt分配一个MT_CONTROL类型的mbuf，并把4字节的目的IP地址存放在该缓存中。我们在23.8节中介绍这个函数。

该插口选项与4.3BSD Reno一起出现，是为一般文件传输协议TFTP的应用程序设计的，它们不响应发给广播地址的客户程序请求。不幸的是，即使接收应用程序使用这个选项，也很难确定目的IP地址是否是一个广播地址(习题23.6)。

当4.4BSD中加上了多播功能后，这个代码只对目的地是单播地址的数据报有效。我们将在图23-26看到，对发给多播地址的广播数据报还没有实现这个选项，根本无法达到该选项的目的。

6. 未实现的插口选项

245-260 这段代码被注释掉了，因为它们不起作用。IP_RECVOPTS插口选项的原意是把收到数据报的IP选项作为控制信息返回，而IP_RECVRETOPTS插口选项返回源路由信息。三个IP_RECV插口选项对mp变量的操作构造了一个最多有三个mbuf的链表，该链表由sbappendaddr放置到插口的缓存。图23-25显示的代码只把一个选项作为控制信息返回，所以指向该mbuf的m_next总是一个空指针。

7. 把数据加到插口的接收队列中

262-272 此时，已经准备好把收到的数据报(m指向的mbuf链)以及一个表示发送方IP地址和端口的插口地址结构(udp_in)和一些可选的控制信息(opts指向的mbuf，目的IP地址)放到插口的接收队列中。这个工作由sbappendaddr完成。但在调用这个函数之前，要修正指针和缓存链上的第一个mbuf，忽略掉UDP和IP首部。返回之前，调用sorwakeup唤醒插口接收队列中的所有睡眠进程。

8. 返回差错

273-276 如果在UDP输入处理的过程中遇到错误，udp_input会跳转到bad标号语句，释放所有包含该数据报以及控制信息(如果有的话)的mbuf链。

23.7.3 分用多播和广播数据报

现在返回到udp_input处理发给广播或多播IP地址数据报的这部分代码。如图23-26所示。

121-138 正如注释所表明的，这些数据报被提交给匹配的所有插口，而不仅仅是一个插口。我们提到的UDP接口不够指的是除非连接上插口，否则进程没有能力在UDP插口上接收异步差错(特别是ICMP端口不可达差错)。我们22-11节讨论这个问题。

139-145 源站的IP地址和端口号被保存在全局sockaddr_in结构的udp_in中，传给sbappendaddr。更新mbuf链的长度和数据指针，忽略UDP和IP首部。

```
121     if (IN_MULTICAST(ntohl(ip->ip_dst.s_addr)) ||
122         in_broadcast(ip->ip_dst, m->m_pkthdr.rcvif)) {
123         struct socket *last;
124         /*
125          * Deliver a multicast or broadcast datagram to *all* sockets
126          * for which the local and remote addresses and ports match
127          * those of the incoming datagram.  This allows more than
128          * one process to receive multi/broadcasts on the same port.
129          * (This really ought to be done for unicast datagrams as
130          * well, but that would cause problems with existing
131          * applications that open both address-specific sockets and
132          * a wildcard socket listening to the same port -- they would
133          * end up receiving duplicates of every unicast datagram.
134          * Those applications open the multiple sockets to overcome an
135          * inadequacy of the UDP socket interface, but for backwards
136          * compatibility we avoid the problem here rather than
137          * fixing the interface.  Maybe 4.5BSD will remedy this?)
138          */

139         /*
140          * Construct sockaddr format source address.
141          */
142         udp_in.sin_port = uh->uh_sport;
143         udp_in.sin_addr = ip->ip_src;
144         m->m_len -= sizeof(struct udpiphdr);
145         m->m_data += sizeof(struct udpiphdr);
146         /*
147          * Locate pcb(s) for datagram.
148          * (Algorithm copied from raw_intr().)
149          */
150         last = NULL;
151         for (inp = udb.inp_next; inp != &udb; inp = inp->inp_next) {
152             if (inp->inp_lport != uh->uh_dport)
153                 continue;
154             if (inp->inp_laddr.s_addr != INADDR_ANY) {
155                 if (inp->inp_laddr.s_addr !=
156                     ip->ip_dst.s_addr)
157                     continue;
158             }
159             if (inp->inp_faddr.s_addr != INADDR_ANY) {
160                 if (inp->inp_faddr.s_addr !=
161                     ip->ip_src.s_addr ||
162                     inp->inp_fport != uh->uh_sport)
163                     continue;
164             }
165             if (last != NULL) {
166                 struct mbuf *n;

167                 if ((n = m_copy(m, 0, M_COPYALL)) != NULL) {
168                     if (sbappendaddr(&last->so_rcv,
169                                 (struct sockaddr *) &udp_in,
170                                 n, (struct mbuf *) 0) == 0) {
171                         m_freem(n);
172                         udpstat.udps_fullsock++;
173                     } else
174                         sorwakeup(last);
175                 }
176             }
177             last = inp->inp_socket;
```

图23-26 udp_input函数：分用广播或多播数据报

```
178            /*
179             * Don't look for additional matches if this one does
180             * not have either the SO_REUSEPORT or SO_REUSEADDR
181             * socket options set.  This heuristic avoids searching
182             * through all pcbs in the common case of a non-shared
183             * port.  It assumes that an application will never
184             * clear these options after setting them.
185             */
186            if ((last->so_options & (SO_REUSEPORT | SO_REUSEADDR) == 0))
187                break;
188        }
189        if (last == NULL) {
190            /*
191             * No matching pcb found; discard datagram.
192             * (No need to send an ICMP Port Unreachable
193             * for a broadcast or multicast datgram.)
194             */
195            udpstat.udps_noportbcast++;
196            goto bad;
197        }
198        if (sbappendaddr(&last->so_rcv, (struct sockaddr *) &udp_in,
199                        m, (struct mbuf *) 0) == 0) {
200            udpstat.udps_fullsock++;
201            goto bad;
202        }
203        sorwakeup(last);
204        return;
205    }
```
                                                                    —— *udp_usrreq.c*

图23-26 （续）

146-164   大的for循环扫描每个UDP PCB，寻找所有匹配PCB。这种分用不调用
in_pcblookup，因为它只返回一个PCB，而广播或多播数据报可能需要提交给多个PCB。

　　如果PCB的本地端口和收到数据报的本地端口不匹配，则忽略该条目。如果PCB的本地
端口不是通配地址，则把它和目的IP地址比较，如果不相等则跳过该条目。如果PCB内的外
部地址不是通配地址，就把它和源站IP地址比较，如果不匹配，则外部端口也必须和源站端
口匹配。最后一个检测假定，如果插口连接到某个外部IP地址，则它也必须连接到一个外部
端口，反之亦然。这与in_pcblookup函数的逻辑相同。

165-177   如果这不是第一个匹配(last非空)，则把该数据报放到上一个匹配的接收队列中。
因为当sbappendaddr完成后要释放mbuf链，所以m_copy先要做个备份。sorwakeup唤醒
所有等待这个数据的进程，last保存指向匹配的socket结构的指针。

　　使用变量last避免调用m_copy函数(因为要复制整个mbuf链，所以耗费很大)，除非有
多个接收方接收该数据报。在通常只有一个接收方的情况下，for循环必须把last设成指
向一个匹配PCB，当循环终止时，sbappendaddr把mbuf链放到插口的接收队列中——不做
备份。

178-188   如果匹配的插口没有设置SO_REUSEPORT或SO_REUSEADDR插口选项，则没必
要再找其他匹配，终止该循环。在循环的外部，调用sbappendaddr把数据报放到这个插口
的接收队列中。

189-197   如果在循环的最后，last为空，没找到匹配，则并不产生ICMP差错，因为该数
据报是发给广播或多播IP地址。

198-204 最后的匹配条目(可能是唯一的匹配条目)把原来的数据报(m)放到它的接收队列中。在调用sorwakeup后，udp_input返回，因为完成了对广播或多播数据报的处理。

函数的其他部分(图23-24)处理单播数据报。

23.7.4 连接上的UDP插口和多接口主机

在使用连接上的UDP插口与多接口主机上的一个进程交换数据报时，有一个微妙的问题。来自对等实体的数据报可能到达时具有不同的源站IP地址，不能提交给连接上的插口。

考虑图23-27所示的例子。

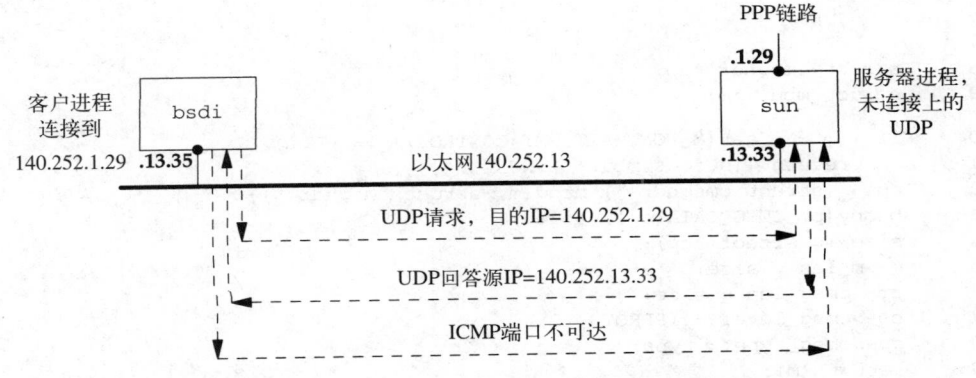

图23-27 连接上的UDP插口向一个多接口主机发送数据报的例子

有三个步骤：

1) bsdi上的客户程序创建一个UDP插口，并把它连接到140.252.1.29，这是sun上的PPP接口，而不是以太网接口。客户程序在插口上把数据报发给服务器。

Sun上的服务器接收并收下该数据报，即使到达接口与目的IP地址不同(sun是一个路由器，所以不管它实现的是弱端系统模型或强端系统模型都没有关系)。数据报被提交给在未连接上的UDP插口上等待客户请求的服务器。

2) 服务器发一个回答，因为是在一个未连接上的UDP插口上发送的，所以由内核根据外出的接口(140.252.13.33)选择回答的目的IP地址。请求的目的IP地址不作为回答的源站地址。

bsdi收到回答时，因为IP地址不匹配，所以不把它提交给客户程序的连接上的UDP接口。

3) 因为无法分用回答，所以bsdi产生一个ICMP端口不可达差错(假定在bsdi上没有其他进程符合接收该数据报的条件)。

这个例子的问题在于，服务器并不把请求中的目的IP地址作为回答的源站IP地址。如果它这样做，就不存在这个问题了，但这个办法并不简单——见习题23.10。我们将在图28-16中看到，如果一个TCP服务器没有明确地把一个本地IP地址绑定它的插口上，它就把来自客户的目的IP地址用作来自它自己的源IP地址。

23.8 udp_saveopt函数

如果进程指定了IP_RECVDSTADDR插口选项，则udp_input调用udp_saveopt，从收到的数据报中接收目的IP地址：

```
*mp = udp_saveopt((caddr_t) & ip_dst, sizeof(struct in_addr),
              IP_RECVDSTADDR);
```

图23-28显示了这个函数。

```
                                                                 —— udp_usrreq.c
278 /*
279  * Create a "control" mbuf containing the specified data
280  * with the specified type for presentation with a datagram.
281  */
282 struct mbuf *
283 udp_saveopt(p, size, type)
284 caddr_t p;
285 int     size;
286 int     type;
287 {
288     struct cmsghdr *cp;
289     struct mbuf *m;

290     if ((m = m_get(M_DONTWAIT, MT_CONTROL)) == NULL)
291         return ((struct mbuf *) NULL);
292     cp = (struct cmsghdr *) mtod(m, struct cmsghdr *);
293     bcopy(p, CMSG_DATA(cp), size);
294     size += sizeof(*cp);
295     m->m_len = size;
296     cp->cmsg_len = size;
297     cp->cmsg_level = IPPROTO_IP;
298     cp->cmsg_type = type;
299     return (m);
300 }
                                                                 —— udp_usrreq.c
```

图23-28 udp_saveopt函数：用控制信息创建mbuf

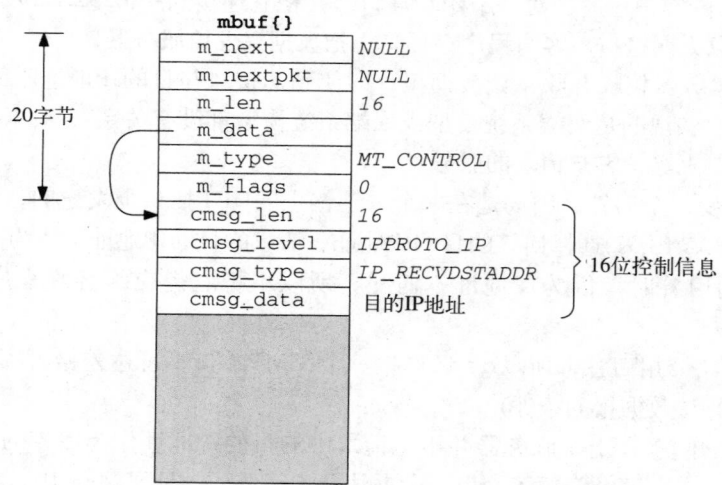

图23-29 把收到的数据报的目的地址作为控制信息保存的mbuf

276-286 参数包括p，一个指向存储在mbuf中的信息的指针(收到的数据报的目的IP地址)；size，字节数大小(在这个例子中是4，IP地址的大小)；以及type，控制信息的类型(IP_RECVDSTADDR)。

290-299 分配一个mbuf，并且因为是在软件中断级执行代码，所以指定M_DONTWAIT。指针cp指向mbuf的数据部分，是一个指向cmsghdr结构(图16-14)的指针。bcopy把IP首部中的IP地址复制到cmsghdr结构的数据部分。然后设置紧跟在cmsghdr结构后面的mbuf的长度(在本例中设成16)。图23-29是mbuf的最后一个状态。

cmsg_len字段包含了cmsghdr的长度(12)加上cmsg_data字段的长度(本例中是4)。如果应用程序调用recvmsg接收控制信息，则它必须检查cmsghdr结构，确定cmsg_data字段的类型和长度。

23.9 udp_ctlinput函数

当icmp_input收到一个ICMP差错(目的主机不可达、参数问题、重定向、源站抑制和超时)时，调用相应协议的pr_ctlinput函数：

```
if (ctlfunc = inetsw[ ip_protox[icp->icmp_ip.ip_p] ].pr_ctlinput)
    (*ctlfunc)(code, (struct sockaddr *)&icmpsrc, &icp->icmp_ip);
```

对于UDP，调用图22-32显示的函数udp_ctlinput。我们将在图23-30中给出这个函数。

314-322 参数包括cmd，图11-19的一个PRC_*xxx*常数；sa，一个指向sockaddr_in结构的指针，该结构含有ICMP报文的源站IP地址；ip，一个指向引起差错的IP首部的指针。对于目的站不可达、参数问题、源站抑制和超时差错，ip指向引起差错的IP首部。但当pfctlinput为重定向(图22-32)调用udp_ctlinput时，sa指向一个 sockaddr_in结构，该结构中包含要被重定向的目的地址，ip是一个空指针。最后一种情况没有信息丢失，因为我们在22.11节看到，重定向应用于所有连接到目的地址的TCP和UDP插口。但对其他差错，如端口不可达，需要非空的第三个参数，因为协议跟在IP首部后面的协议首部包含了不可达端口。

323-325 如果差错不是重定向，并且PRC_*xxx*的值太大或全局数组inetctlerrmap中没有差错码，则忽略该ICMP差错。为理解这个检测，我们来看一下对收到的ICMP所做的处理：

1) icmp_input把ICMP类型和码转换成一个PRC_*xxx*差错码。

2) 把PRC_*xxx*差错码传给协议的控制输入函数。

3) Internet PCB协议(TCP和UDP)用inetctlerrmap把PRC_*xxx*差错码映射到一个Unix的errno值，这个值被返回给进程。

```
                                                                   udp_usrreq.c
314 void
315 udp_ctlinput(cmd, sa, ip)
316 int        cmd;
317 struct sockaddr *sa;
318 struct ip *ip;
319 {
320     struct udphdr *uh;
321     extern struct in_addr zeroin_addr;
322     extern u_char inetctlerrmap[];

323     if (!PRC_IS_REDIRECT(cmd) &&
324         ((unsigned) cmd >= PRC_NCMDS || inetctlerrmap[cmd] == 0))
325         return;
326     if (ip) {
327         uh = (struct udphdr *) ((caddr_t) ip + (ip->ip_hl << 2));
328         in_pcbnotify(&udb, sa, uh->uh_dport, ip->ip_src, uh->uh_sport,
329                 cmd, udp_notify);
330     } else
331         in_pcbnotify(&udb, sa, 0, zeroin_addr, 0, cmd, udp_notify);
332 }
                                                                   udp_usrreq.c
```

图23-30 udp_ctlinput函数：处理收到的ICMP差错

图11-1和图11-2总结了ICMP报文的处理。

回到图23-30，我们可以看到如何处理响应UDP数据报的ICMP源站抑制报文。icmp_input把ICMP报文转换成差错PRC_QUENCH，并调用udp_ctlinput。但因为在图11-2中，这个ICMP差错的errno行是空白，所以忽略该差错。

326-331   in_pcbnotify函数把该ICMP差错通知给恰当的PCB。如果udp_ctlinput的第三个参数非空，则把引起差错数据报的源和目的UDP端口以及源IP地址，传给in_pcbnotify。

udp_notify函数

in_pcbnotify函数的最后一个参数是一个指向函数的指针，in_pcbnotify为每个准备接收差错的PCB调用该函数。对UDP，该函数是udp_notify，如图23-31所示。

301-313   该函数的第二个参数errno保存在插口的so_error变量中。通过设置这个插口变量，使插口变成可读，并且如果进程调用select，插口也可写。然后唤醒插口上所有正在等待接收或发送的进程接收该差错。

```
                                                              ─── udp_usrreq.c
305 static void
306 udp_notify(inp, errno)
307 struct inpcb *inp;
308 int        errno;
309 {
310     inp->inp_socket->so_error = errno;
311     sorwakeup(inp->inp_socket);
312     sowwakeup(inp->inp_socket);
313 }
                                                              ─── udp_usrreq.c
```

图23-31 udp_notify函数：通知进程一个异步差错

23.10 udp_usrreq函数

许多操作都要调用协议的用户请求函数。从图23-14我们看到，在某个UDP插口上调用五个写函数中的任意一个，都以请求PRU_SEND调用UDP的用户请求函数结束。

图23-32显示了udp_usrreq的开始和结束。switch单独在后面的图中给出。图15-17显示了该函数的参数。

```
                                                              ─── udp_usrreq.c
417 int
418 udp_usrreq(so, req, m, addr, control)
419 struct socket *so;
420 int        req;
421 struct mbuf *m, *addr, *control;
422 {
423     struct inpcb *inp = sotoinpcb(so);
424     int        error = 0;
425     int        s;

426     if (req == PRU_CONTROL)
427         return (in_control(so, (int) m, (caddr_t) addr,
428                         (struct ifnet *) control));
429     if (inp == NULL && req != PRU_ATTACH) {
430         error = EINVAL;
431         goto release;
432     }
```

图23-32 udp_usrreq函数体

```
433        /*
434         * Note: need to block udp_input while changing
435         * the udp pcb queue and/or pcb addresses.
436         */
437        switch (req) {
```

```
                            /* switch cases */
```

```
522        default:
523            panic("udp_usrreq");
524        }

525    release:
526        if (control) {
527            printf("udp control data unexpectedly retained\n");
528            m_freem(control);
529        }
530        if (m)
531            m_freem(m);
532        return (error);
533    }
```
—— udp_usrreq.c

图23-32 （续）

417-428 PRU_CONTROL请求来自ioctl系统调用。函数in_control完整地处理该请求。

429-432 在函数的开头定义inp时，把插口指针转换成PCB指针。唯一允许PCB指针为空的时候是创建新插口时(PRU_ATTACH)。

433-436 注释表明，只要在UDP PCB表中增加或删除表项，代码必须由splnet保护起来。这是因为udp_usrreq是作为系统调用的一部分来调用的，在它修改PCB的双重链表时，不能被UDP输入中断(被IP输入作为软件中断调用)。在修改PCB的本地或外部地址或端口时，也必须阻塞UDP输入，避免in_pcblookup不正确地提交收到的UDP数据报。

我们现在讨论每个case语句。图23-33语句中的PRU_ATTACH请求，来自socket系统调用。

—— udp_usrreq.c
```
438    case PRU_ATTACH:
439        if (inp != NULL) {
440            error = EINVAL;
441            break;
442        }
443        s = splnet();
444        error = in_pcballoc(so, &udb);
445        splx(s);
446        if (error)
447            break;
448        error = soreserve(so, udp_sendspace, udp_recvspace);
449        if (error)
450            break;
451        ((struct inpcb *) so->so_pcb)->inp_ip.ip_ttl = ip_defttl;
452        break;

453    case PRU_DETACH:
454        udp_detach(inp);
455        break;
```
—— udp_usrreq.c

图23-33 udp_usrreq函数：PRU_ATTACH和PRU_DETACH请求

438-447   如果插口结构已经指向一个PCB，则返回EINVAL。in_pcballoc分配一个新的
PCB，把它加到UDP PCB表的前面，把插口结构和PCB链接到一起。

448-450   soreserve为插口的发送和接收缓存保留缓存空间。如图16-7所示，
soreserve只是实施系统的限制，并没有真正分配缓存空间。发送和接收缓存的默认大小分
别是9216字节(udp_sendspace)和41 600字节(udp_recvspace)。前者允许最大9200字节
的数据报(在NFS分组中，有8 KB的数据)，加上16字节目的地址的sockaddr_in结构。后者
允许插口上一次最多有40个1024字节的数据报排队。进程可调用setsockopt改变这些值。

451-452   进程通过setsockopt函数可以改变PCB中原型IP首部的两个字段：TTL和TOS。
TTL默认值是64(ip_defttl)，TOS的默认值是0(普通服务)，因为in_pcballoc把PCB初
始化为0。

453-455   close系统调用发布PRU_DETACH请求，调用图23-34所示的udp_detach函数。
本节后面的PRU_ABORT请求也调用这个函数。

```
                                                          ─────── udp_usrreq.c
534 static void
535 udp_detach(inp)
536 struct inpcb *inp;
537 {
538     int     s = splnet();

539     if (inp == udp_last_inpcb)
540         udp_last_inpcb = &udb;
541     in_pcbdetach(inp);
542     splx(s);
543 }
                                                          ─────── udp_usrreq.c
```

图23-34 udp_detach函数：删除一个UDP PCB

如果最后收到的PCB指针("向后一个"缓存)指向一个已分离的PCB，则把缓存的指针设
成指向UDP表的表头(udb)。函数in_pcbdetach从UDP表中移走PCB，并释放该PCB。

回到udp_usrreq，PRU_BIND请求是系统调用bind的结果，而PRU_LISTEN请求是系
统调用listen的结果。如图23-35所示。

456-460   in_pcbbind完成所有PRU_BIND请求的工作。

461-463   对无连接协议来说，PRU_LISTEN请求是无效的——只有面向连接的协议才使用它。

```
                                                          ─────── udp_usrreq.c
456     case PRU_BIND:
457         s = splnet();
458         error = in_pcbbind(inp, addr);
459         splx(s);
460         break;

461     case PRU_LISTEN:
462         error = EOPNOTSUPP;
463         break;
                                                          ─────── udp_usrreq.c
```

图23-35 udp_usrreq函数：PRU_BIND和PRU_LISTEN请求

前面提到，一个UDP应用程序，客户或服务器(通常是客户)，可以调用connect。它修
改插口发送或接收的外部IP地址和端口号。图23-36显示了PRU_CONNECT、PRU_CONNECT2
和PRU_ACCEPT请求。

464-474 如果插口已经连接上，则返回EISCONN。在这个时候，不应该连接上插口，因为在一个已经连接上的UDP插口上调用connect，会在生成PRU_CONNECT请求之前生成PRU_DISCONNECT请求。否则，由in_pcbconnect完成所有工作。如果没有遇到任何错误，soisconnected就把该插口结构标记成已经连接上的。

475-477 socketpair系统调用发布PRU_CONNECT2请求，只适用于Unix域的协议。

478-480 PRU_ACCEPT请求来自系统调用accept，只适用于面向连接的协议。

```
                                                            ───── udp_usrreq.c
464      case PRU_CONNECT:
465          if (inp->inp_faddr.s_addr != INADDR_ANY) {
466              error = EISCONN;
467              break;
468          }
469          s = splnet();
470          error = in_pcbconnect(inp, addr);
471          splx(s);
472          if (error == 0)
473              soisconnected(so);
474          break;

475      case PRU_CONNECT2:
476          error = EOPNOTSUPP;
477          break;

478      case PRU_ACCEPT:
479          error = EOPNOTSUPP;
480          break;
                                                            ───── udp_usrreq.c
```

图23-36 udp_usrreq函数：PRU_CONNECT、PRU_CONNECT2和PRU_ACCEPT请求

对于UDP插口，有两种情况会产生PRU_DISCONNECT请求：

1) 当关闭了一个连接上的UDP插口时，在PRU_DETACH之前调用PRU_DISCONNECT。

2) 当在一个已经连接上的UDP插口上发布connect时，soconnect在PRU_CONNECT请求之前发布PRU_DISCONNECT请求。

PRU_DISCONNECT请求如图23-37所示。

```
                                                            ───── udp_usrreq.c
481      case PRU_DISCONNECT:
482          if (inp->inp_faddr.s_addr == INADDR_ANY) {
483              error = ENOTCONN;
484              break;
485          }
486          s = splnet();
487          in_pcbdisconnect(inp);
488          inp->inp_laddr.s_addr = INADDR_ANY;
489          splx(s);
490          so->so_state &= ~SS_ISCONNECTED;    /* XXX */
491          break;
                                                            ───── udp_usrreq.c
```

图23-37 udp_usrreq函数：PRU_DISCONNECT请求

如果插口没有连接上，则返回ENOTCONN。否则，in_pcbdisconnect把外部IP地址设成0.0.0.0，把外部地址设成0。本地地址也被设成0.0.0.0，因为connect可能已经设置了这个PCB变量。

调用shutdown说明进程数据发送结束，产生PRU_SHUTDOWN请求，尽管对UDP插口来

说，很少有进程发布这个系统调用。图23-38显示了PRU_SHUTDOWN、PRU_SEND和PRU_ABORT请求。

492-494 socantsendmore设置插口的标志，阻止其他更多输出。

495-496 图23-14显示了五个写函数如何调用udp_surreq，发布PRU_SEND请求。udp_output发送该数据报，udp_usrreq返回，避免执行release标号语句(图23-32)，因为还不能释放包含数据的mbuf链(m)。IP输出把这个mbuf链加到合适的接口输出队列中，当发送完数据后，由设备驱动器释放mbuf链。

```
                                                               ─── udp_usrreq.c
492         case PRU_SHUTDOWN:
493             socantsendmore(so);
494             break;

495         case PRU_SEND:
496             return (udp_output(inp, m, addr, control));

497         case PRU_ABORT:
498             soisdisconnected(so);
499             udp_detach(inp);
500             break;
                                                               ─── udp_usrreq.c
```

图23-38 udp_usrreq函数体：PRU_SHUTDOWN、PRU_SEND和PRU_ABORT请求

内核中UDP输出的唯一缓冲是在接口的输出队列中。如果插口的发送缓存内有存放数据报和目的地址的空间，则sosend调用udp_usrreq，该函数调用udp_output。图23-20显示，udp_output继续调用ip_output，ip_output 为以太网调用ether_output，把数据报放到接口的输出队列中(如果有空间)。如果进程调用sendto的动作比接口快，就可以发送该数据报，ether_output返回ENOBUFS，并被返回给进程。

497-500 在UDP插口上从不发布PRU_ABORT请求。但如果发布，则断连插口，分离PCB。

PRU_SOCKADDR和PRU_PEERADDR请求分别来自系统调用getsockname和getpeername。这两个请求和PRU_SENSE请求一起，如图23-39所示。

```
                                                               ─── udp_usrreq.c
501         case PRU_SOCKADDR:
502             in_setsockaddr(inp, addr);
503             break;

504         case PRU_PEERADDR:
505             in_setpeeraddr(inp, addr);
506             break;

507         case PRU_SENSE:
508             /*
509              * fstat: don't bother with a blocksize.
510              */
511             return (0);
                                                               ─── udp_usrreq.c
```

图23-39 udp_usrreq函数体：PRU_SOCKADDR、PRU_PEERADDR和PRU_SENSE请求

501-506 函数in_setsockaddr和in_setpeeraddr从PCB中取得信息，并把结果保存在addr参数中。

507-511 系统调用fstat产生PRU_SENSE请求。该函数返回OK，但并不返回其他信息。我们将在后面看到，TCP把发送缓存的大小作为stat结构的st_blksize元素返回。

图23-40显示了其他7个PRU_xxx请求，UDP插口不支持。

对最后两个请求的处理略微有些不同，因为PRU_RCVD不把指向mbuf的指针(m是一个非空指针)作为参数传递，而PRU_RCVOOB则传递指向协议mbuf的指针来填充。两种情况下，立即返回错误，不终止switch语句的执行，释放mbuf链。调用方用PRU_RCVOOB释放它分配的mbuf。

```
                                                                    ── udp_usrreq.c
512    case PRU_SENDOOB:
513    case PRU_FASTTIMO:
514    case PRU_SLOWTIMO:
515    case PRU_PROTORCV:
516    case PRU_PROTOSEND:
517        error = EOPNOTSUPP;
518        break;

519    case PRU_RCVD:
520    case PRU_RCVOOB:
521        return (EOPNOTSUPP);      /* do not free mbuf's */
                                                                    ── udp_usrreq.c
```

图23-40 udp_usrreq函数体：不支持的7个请求

23.11 udp_sysctl函数

UDP的sysctl函数只支持一个选项，UDP检验和标志位。系统管理员可以禁止用sysctl(8)程序使能或禁止UDP检验和。图23-41显示了udp_sysctl函数。该函数调用sysctl_int取得或设置整数udpcksum的值。

```
                                                                    ── udp_usrreq.c
547 udp_sysctl(name, namelen, oldp, oldlenp, newp, newlen)
548 int    *name;
549 u_int   namelen;
550 void   *oldp;
551 size_t *oldlenp;
552 void   *newp;
553 size_t  newlen;
554 {
555     /* All sysctl names at this level are terminal. */
556     if (namelen != 1)
557         return (ENOTDIR);

558     switch (name[0]) {
559     case UDPCTL_CHECKSUM:
560         return (sysctl_int(oldp, oldlenp, newp, newlen, &udpcksum));
561     default:
562         return (ENOPROTOOPT);
563     }
564     /* NOTREACHED */
565 }
                                                                    ── udp_usrreq.c
```

图23-41 udp_sysctl函数

23.12 实现求精

23.12.1 UDP PCB高速缓存

在22.12节中，我们讲到PCB搜索的一般性质，以及代码是如何线性搜索协议的PCB表的。现在我们把它和图23-24中UDP使用的"向后一个"高速缓存结合起来。

"向后一个"高速缓存的问题发生在当高速缓存的PCB中有通配值时(本地地址，外部地址或外部端口)：高速缓存的值永远不和收到的数据报匹配。[Partridge和Pink 1993] 测试的一个解决办法是，修改高速缓存，不比较通配值。也就是说，不再把PCB中的外部地址和数据报的源地址进行比较，而是只有当PCB中的外部地址不是通配地址时，才比较这两个值。

这个办法有一个微妙的问题[Partridge和Pink 1993]。假定有两个插口绑定到本地端口555上。其中一个有三个通配成分，而另一个已经连接到外部地址128.1.2.3，外部端口1600。如果我们高速缓存第一个PCB，且有一个数据报来自128.1.2.3，端口1600，则不能仅仅因为高速缓存的值具有通配外部地址就不比较外部地址。这叫作高速缓存隐藏(cache hiding)。在这个例子中，高速缓存的PCB隐藏了另一个更好匹配的PCB。

为解决高速缓存隐藏，当在高速缓存加上或删除一个条目时，要做更多的工作。不能高速缓存那些可能隐藏其他PCB的PCB。但这很简单，因为普通情形是每个本地端口都有一个插口。刚才我们给的例子中，两个插口都绑定到本地端口555，尽管可能(尤其在一个多接口主机上)，但很少见。

[Partridge和Pink 1993]的另一个提高测试的也是记录最后发送的数据报的PCB。这是[Mogul 1991]提出的，指出在所有收到的数据报中，一半都是对最后发送的数据报的回答。在这里高速缓存隐藏也是个问题，所以不高速缓存那些可能隐藏其他PCB的PCB。

在通用系统上测试[Partridge和Pink 1993] 的两种高速缓存结果是，100 000个左右收到的UDP数据报显示出57%命中最近收到PCB高速缓存，30%命中最近发送PCB高速缓存。相比于没有高速缓存的版本，udp_input使用的CPU时间减少了一半还多。

这两种高速缓存还在某种程度上依赖于位置：刚刚到达的UDP数据报极大可能来自与最近收到或发送UDP数据报相同的对等实体上。后者对发送一个数据报并等待回答的请求—应答应用程序很典型。[McKenney和Dove 1992] 显示某些应用程序，如联机交易处理(OLTP)系统的数据条目，没有产生 [Partridge和Pink 1993] 观察到的很高的命中率。正如我们在22.12节中提到的，对于具有上千个OLTP连接的系统来说，把PCB放在哈希链上，相对于最近收到和最近发送高速缓存而言，性能提高了一个数量级。

23.12.2 UDP检验和

提高实现性能的下一个领域是把进程和内核之间的数据复制与检验和计算结合起来。Net/3中，在输出操作中，每个数据都被处理两遍：一次是从进程复制到mbuf中(uiomove函数，被sosend调用)；另一次是计算UDP检验和(函数in_cksum被udp_output调用)。输入跟输出一样。

[Partridge和Pink1993] 修改了图23-14的UDP输出处理，调用一个UDP专有函数udp_sosend，而不是sosend。这个新函数计算UDP 首部和内嵌的伪首部的检验和(不调用通用的in_cksum函数)，然后用特殊函数in_uiomove把数据从进程复制到一个mbuf链上(不是通用函数uiomove)，由这个新函数复制数据，更新检验和。采用这个技术，花在复制数据和计算检验和的时间减少了40%到45%。

在接收方情况就不同了。UDP 计算UDP首部和伪首部的检验和，移走UDP首部，把数据报在合适的插口上排队。当应用程序读取数据报时，soreceive的一个特殊版本(udp_soreceive)在把数据复制到用户高速缓存的同时，计算检验和。但是，如果检验和不正确，在整个数据报被复制到用户高速缓存之前，检测不到错误。对于普通的阻塞插口来说，udp_soreceive仅仅等待下一个数据报的到达。但是若插口是无阻塞的，且下一个数据报还没有准备好传给进程，就必须返回差错EWOULDBLOCK。对于无阻塞读的UDP插口来说，这意味着插口接口的两个变化：

1) select函数可以指示无阻塞UDP插口可读，但如果检验和失败，其中一个读函数依然要返回错误EWOULDBLOCK。

2) 因为是在数据报被复制到用户高速缓存之后检测到检验和错误，所以即使读没有返回数据，应用程序的高速缓存也被改变了。

即使是阻塞插口，如果有检验和错误的数据报包含了100字节的数据，而下一个没有错误的数据报包含40字节的数据，则recvfrom的返回长度是40，但跟在用户高速缓存后面的60字节没有改变。

[Partridge和Pink1993] 在六台不同计算机上，对单纯复制和有检验和的复制的计时做了比较。结果显示，在许多体系结构的机器上，在复制操作中计算检验和不需要额外时间。这种情况是在内存访问速度和CPU处理速度正确匹配的系统上的，目前许多RISC处理器都符合条件。

23.13 小结

UDP是一个无连接的简单协议，这是我们为什么在TCP之前讨论它的原因。UDP输出很简单：IP和UDP首部放在用户数据的前面，尽可能填满首部，把结果传递给ip_output。唯一复杂的是UDP检验和计算，包括只为计算UDP检验和而加上一个伪首部。我们将在第26章遇到用于计算TCP检验和的伪首部。

当udp_input收到一个数据报时，它首先完成一个常规确认(长度和检验和)；然后的处理根据目的IP地址是单播地址、广播或多播地址而不同。最多把单播数据报提交给一个进程，但多播或广播数据报可能会被提交给多个进程。"向后一个"高速缓存适用于单播，其中维护着一个指向在其上接收数据报的最近Internet PCB的指针。但是，我们也看到，由于UDP应用程序普遍使用通配地址，所以这个高速缓存技术实际上毫无用处。

调用udp_ctlinput函数处理收到的ICMP报文，udp_usrreq函数处理来自插口层的PRU_xxx请求。

习题

23.1 列出udp_output传给ip_output的mbuf链的五种类型(提示：看看sosend)。

23.2 当进程为外出的数据报指定了IP选项时，上一题会是什么答案？

23.3 UDP客户需要调用bind吗？为什么？

23.4 如果插口没有连接上，并且图23-15中调用M_PREPEND失败，那么在udp_output里，处理器优先级会发生什么变化？

23.5 udp_output不检测目的端口0。它可能发送一个具有目的端口0的UDP数据报吗？

23.6 假定当把一个数据报发送到一个广播地址时，IP_RECVDSTADDR插口选项有效，你如何确定这个地址是否是一个广播地址？

23.7 谁释放udp_saveopt(图23-38)分配的mbuf？

23.8 进程如何断连连接上的UDP插口？也就是说，进程调用connect并与对等实体交换数据报，然后进程要断连插口。允许它调用sendto，并向其他主机发送数据报。

23.9 我们在图22-25的讨论中，注意到一个用外部IP地址255.255.255.255调用connect的UDP应用程序，在接口上发送时，是把该接口对应的广播地址作为目的IP地址。如果UDP应用使用未连接的插口，用目的地址255.255.255.255调用sendto，会发生什么情况？

第24章 TCP：传输控制协议

24.1 引言

传输控制协议，即TCP，是一种面向连接的传输协议，为两端的应用程序提供可靠的端到端的数据流传输服务。它完全不同于无连接的、提供不可靠的数据报传输服务的UDP协议。

我们在第23章中详细讨论了UDP的实现，有9个函数、约800行C代码。我们将要讨论的TCP实现包括28个函数、约4500行C代码，因此，我们将TCP的实现分成7章来讨论。

这几章中不包括对TCP概念的介绍，假定读者已阅读过卷1的第17~24章，熟悉TCP的操作。

24.2 代码介绍

TCP实现代码包括7个头文件(其中定义了大量的TCP结构和常量)和6个C文件，包含TCP函数的具体实现代码。文件如图24-1所示。

文 件	描 述
netinet/tcp.h	tcphdr结构定义
netinet/tcp_debug.h	tcp_debug结构定义
netinet/tcp_fsm.h	TCP有限状态机定义
netinet/tcp_seg.h	实现TCP序号比较的宏定义
netinet/tcp_timer.h	TCP定时器定义
netinet/tcp_var.h	tcpcb(控制块)和tcpstat(统计)结构定义
netinet/tcpip.h	TCP+IP首部定义
netinet/tcp_debug.c	支持SO_DEBUG协议端口号调试(27.10节)
netinet/tcp_input.c	tcp_input及其辅助函数(第28章和第29章)
netinet/tcp_output.c	tcp_output及其辅助函数(第26章)
netinet/tcp_subr.c	各种TCP子函数(第27章)
netinet/tcp_timer.c	TCP定时器处理(第25章)
netinet/tcp_usrreq.c	PRU_xxx请求处理(第30章)

图24-1 TCP各章中将讨论的文件

图24-2描述了各TCP函数与其他内核函数之间的关系。带阴影的椭圆分别表示我们将要讨论的9个主要TCP函数，其中8个出现在protosw结构中(图24-8)，第9个是tcp_output。

24.2.1 全局变量

图24-3列出了TCP函数中用到的全局变量。

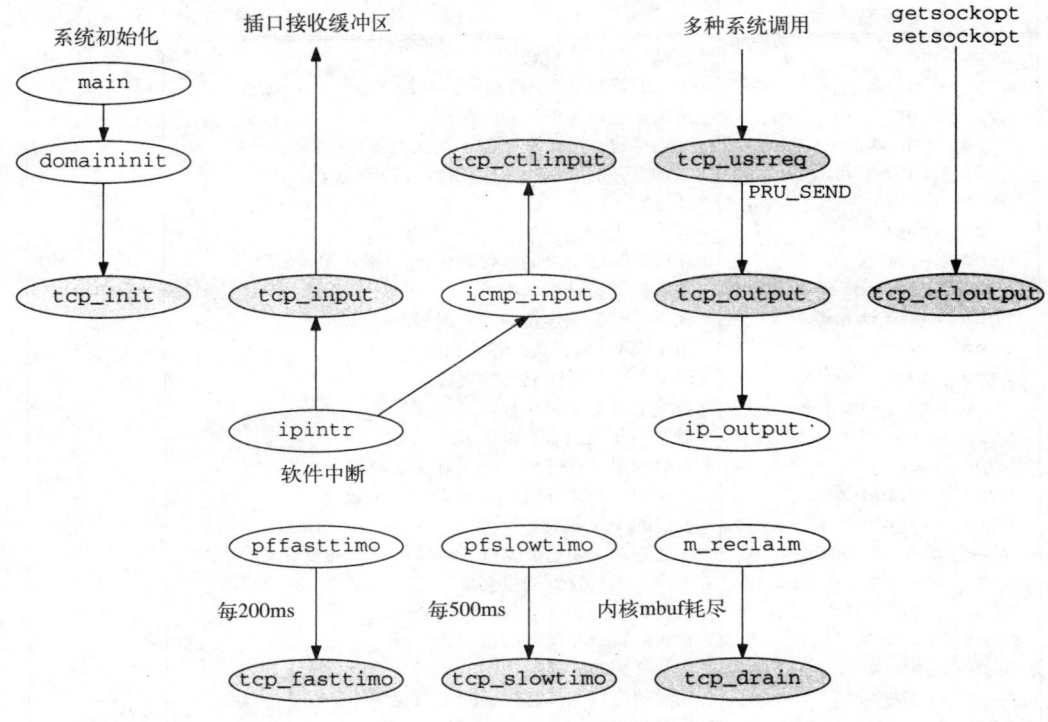

图24-2 TCP函数与其他内核函数间的关系

变 量	数据类型	描 述
tcb	struct inpcb	TCP Internet PCB表表头
tcp_last_inpcb	struct inpcb *	指向最后收到报文段的PCB的指针："后面一个"高速缓存
tcpstat	struct tcpstat	TCP统计数据(图24-4)
tcp_outflags	u_char	输出标志数组，索引为连接状态(图24-16)
tcp_recvspace	u_long	端口接收缓存大小默认值(8192字节)
tcp_sendspace	u_long	端口发送缓存大小默认值(8192字节)
tcp_iss	tcp_seq	TCP发送初始序号(ISS)
tcprexmtthresh	int	ACK重复次数的门限值(3)，触发快速重传
tcp_mssdflt	int	默认MSS值(512字节)
tcp_rttdflt	int	没有数据时RTT的默认值(3秒)
tcp_do_rfrc1323	int	如果为真(默认值)，请求窗口大小和时间戳选项
tcp_now	u_long	用于RFC 1323时间戳实现的500 ms计数器
tcp_keepidle	int	保活：第一次探测前的空闲时间(2小时)
tcp_keepintvl	int	保活：无响应时两次探测的间隔时间(75秒)
tcp_maxidle	int	保活：探测之后、放弃之前的时间(10分钟)

图24-3 后续章节中将介绍的全局变量

24.2.2 统计量

全局结构变量tcpstat中保存了各种TCP统计量，图24-4描述了各统计量的具体含义。在接下来的代码分析过程中，读者会了解这些计数器数值的变化过程。

tcpstat成员	描　　述	SNMP使用
tcps_accepts	被动打开的连接数	•
tcps_closed	关闭的连接数（包括意外丢失的连接）	
tcps_connattempt	试图建立连接的次数（调用connect）	•
tcps_conndrops	在连接建立阶段失败的连接次数（SYN收到之前）	•
tcps_connects	主动打开的连接次数（调用connect成功）	
tcps_delack	延迟发送的ACK数	
tcps_drops	意外丢失的连接数（收到SYN之后）	•
tcps_keepdrops	在保活阶段丢失的连接数（已建立或正等待SYN）	
tcps_keepprobe	保活探测指针发送次数	
tcps_keeptimeo	保活定时器或连接建立定时器超时次数	
tcps_pawsdrop	由于PSWS而丢失的报文段数	
tcps_pcbcachemiss	PCB高速缓存匹配失败次数	
tcps_persisttimeo	持续定时器超时次数	
tcps_predack	对ACK报文首部预测的正确次数	
tcps_preddat	对数据报文首部预测的正确次数	
tcps_rcvackbyte	由收到的ACK报文确认的发送字节数	
tcps_rcvackpack	收到的ACK报文数	
tcps_rcvacktoomuch	收到的对未发送数据进行确认的ACK报文数	
tcps_rcvafterclose	连接关闭后收到的报文数	
tcps_rcvbadoff	收到的首部长度无效的报文数	•
tcps_rcvbadsum	收到的检验和错误的报文数	•
tcps_rcvbyte	连续收到的字节数	
tcps_rcvbyteafterwin	在滑动窗口已满时收到的字节数	
tcps_rcvdupack	收到的重复ACK报文的次数	
tcps_rcvdupbyte	在完全重复报文中收到的字节数	
tcps_rcvduppack	内容完全一致的报文数	
tcps_rcvoobyte	收到失序的字节数	
tcps_rcvoopack	收到失序的报文数	
tcps_rcvpack	顺序接收的报文数	
tcps_rcvpackafterwin	携带数据超出滑动窗口通告值的报文数	
tcps_rcvpartdupbyte	部分内容重复的报文中的重复字节数	
tcps_rcvpartduppack	部分数据重复的报文数	
tcps_rcvshort	长度过短的报文数	•
tcps_rcvtotal	收到的报文总数	•
tcps_rcvwinprobe	收到的窗口探测报文数	
tcps_rcvwinupd	收到的窗口更新报文数	
tcps_rexmttimeo	重传超时次数	
tcps_rttupdated	RTT估算值更新次数	
tcps_segstimed	可用于RTT测算的报文数	
tcps_sndacks	发送的纯ACK报文数（数据长度=0）	
tcps_sndbyte	发送的字节数	
tcps_sndctrl	发送的控制(SYN、FIN、RST)报文数（数据长度=0）	
tcps_sndpack	发送的数据报文数（数据长度>0）	
tcps_sndprobe	发送的窗口探测次数（等待定时器强行加入1字节数据）	
tcps_sndrexmitbyte	重传的数据字节数	•
tcps_sndrexmitpack	重传的报文数	•
tcps_sndtotal	发送的报文总数	•
tcps_sndurg	只携带URG标志的报文数（数据长度=0）	
tcps_sndwinup	只携带窗口更新信息的报文数（数据长度=0）	
tcps_timeoutdrop	由于重传超时而丢失的连接数	

图24-4　tcpstat结构变量中保存的TCP统计量

在命令行输入netstat -s，系统将输出当前TCP的统计值。图24-5的例子显示了主机连续运行30天后，各统计计数器的值。由于某些统计量互相关联——一个保存数据分组数目，另一个保存相应的字节数——图中做了一些简化。例如，表中第二行tcps_snd(pack,byte)实际表示了两个统计量，tcps_sndpack和tcps_sndbyte。

　　tcps_sndbyte值应为3 722 884 824字节，而不是-22 194 928字节，平均每个数据分组有450字节。与之类似，tcps_rcvackbyte值应为3 738 811 552字节，而不是-21 264 360字节(平均每个数据分组565字节)。这些数据之所以被错误地显示，是因为netstat程序中调用printf语句时使用了%d(符号整型)，而非%lu(无符号长整型)。所有统计量均定义为无符号长整型，上面两个统计量的值已接近无符号32位长整型的上限($2^{32}-1$=4 294 967 295)。

netstat -s 输出	tcpstat 成员
10,655,999 packets sent	tcps_sndtotal
9,177,823 data packets (-22,194,928 bytes)	tcps_snd{pack,byte}
257,295 data packets (81,075,086 bytes) retransmitted	tcps_sndrexmit{pack,byte}
862,900 ack-only packets (531,285 delayed)	tcps_sndacks,tcps_delack
229 URG-only packets	tcps_sndurg
3,453 window probe packets	tcps_sndprobe
74,925 window update packets	tcps_sndwinup
279,387 control packets	tcps_sndctrl
8,801,953 packets received	tcps_rcvtotal
6,617,079 acks (for -21,264,360 bytes)	tcps_rcvack{pack,byte}
235,311 duplicate acks	tcps_rcvdupack
0 acks for unsent data	tcps_rcvacktoomuch
4,670,615 packets (324,965,351 bytes) rcvd in-sequence	tcps_rcv{pack,byte}
46,953 completely duplicate packets (1,549,785 bytes)	tcps_rcvdup{pack,byte}
22 old duplicate packets	tcps_pawsdrop
3,442 packets with some dup. data (54,483 bytes duped)	tcps_rcvpartdup{pack,byte}
77,114 out-of-order packets (13,938,456 bytes)	tcps_rcvoo{pack,byte}
1,892 packets (1,755 bytes) of data after window	tcps_rcv{pack,byte}afterwin
1,755 window probes	tcps_rcvwinprobe
175,476 window update packets	tcps_rcvwinup
1,017 packets received after close	tcps_rcvafterclose
60,370 discarded for bad checksums	tcps_rcvbadsum
279 discarded for bad header offset fields	tcps_rcvbadoff
0 discarded because packet too short	tcps_rcvshort
144,020 connection requests	tcps_connattempt
92,595 connection accepts	tcps_accepts
126,820 connections established (including accepts)	tcps_connects
237,743 connections closed (including 1,061 drops)	tcps_closed,tcps_drops
110,016 embryonic connections dropped	tcps_conndrops
6,363,546 segments updated rtt (of 6,444,667 attempts)	tcps_{rttupdated,segstimed}
114,797 retransmit timeouts	tcps_rexmttimeo
86 connection dropped by rexmit timeout	tcps_timeoutdrop
1,173 persist timeouts	tcps_persisttimeo
16,419 keepalive timeouts	tcps_keeptimeo
6,899 keepalive probes sent	tcps_keepprobe
3,219 connections dropped by keepalive	tcps_keepdrops
733,130 correct ACK header predictions	tcps_predack
1,266,889 correct data packet header predictions	tcps_preddat
1,851,557 cache misses	tcps_pcbcachemiss

图24-5 TCP统计量样本

24.2.3 SNMP变量

图24-6列出了SNMP TCP组中定义的14个SNMP简单变量，以及与它们相对应的`tcpstat`结构中的统计量。前四项的常量值在Net/3中定义，计数器`tcpCurrEstab`用于保存TCP PCB表中Internet PCB的数目。

图24-7列出了`tcpTable`，即TCP监听表(listener table)。

SNMP变量	tcpstat成员或常量	描述
tcpRtoAlgorithm	4	用于计算重传定时时限的算法: 1=其他; 2=RTO为固定值; 3=MIL-STD-1778附录B; 4=Van Jacobson的算法;
tcpRtoMin	1000	最小重传定时时限，以毫秒为单位
tcpRtoMax	64000	最大重传定时时限，以毫秒为单位
tcpMaxConn	-1	可支持的最大TCP连接数(-1表示动态设置)
tcpActiveOpens	tcps_connattempt	从CLOSED转换到SYN SENT的次数
tcpPassiveOpens	tcps_accepts	从LISTEN转换到SYN RCVD的次数
tcpAttemptFails	tcps_conndrops	从SYN_SENT或SYN_RCVD转换到CLOSED的次数+从SYN_RCVD转换到LISTEN的次数
tcpEstabResets	tcps_drops	从ESTABLISHED或CLOSE_WAIT转换到CLOSED的次数
tcpCurrEstab	(见正文)	当前位于ESTABLISHED或CLOSE_WAIT状态的连接数
tcpInSegs	tcps_rcvtotal	收到的报文总数
tcpOutSegs	tcps_sndtotal - tcps_sndrexmitpack	发送的报文总数，减去重传报文数
tcpRetransSegs	tcps_sndrexmitpack	重传的报文总数
tcpInErrs	tcps_rcvbadsum + tcps_rcvbadoff + tcps_rcvshort	收到的出错报文总数
tcpOutRsts	(未实现)	RST标志置位的发送报文数

图24-6 tcp组中的简单SNMP变量

index = <tcpConnLocalAddress>.<tcpConnLocalPort>.<tcpConnRemAddress>.<tcpConnRemPort>		
SNMP变量	PCB变量	描述
tcpConnState	t_state	连接状态: 1 = CLOSED, 2=LISTEN, 3 = SYN_SENT, 4 = SYN_RCVD, 5 = ESTABLISHED,6 = FIN_WAIT, 7 = FIN_WAIT_2, 8 = CLOSE_WAIT, 9 = LAST_ACK, 10 = CLOSING, 11 = TIME_WAIT,12 = 删除TCP控制块
tcpConnLocalAddress	inp_laddr	本地IP地址
tcpConnLocalPort	inp_lport	本地端口号
tcpConnRemAddress	inp_faddr	远端IP地址
tcpConnRemPort	inp_fport	远端端口号

图24-7 TCP监听表: `tcpTable`中的变量

第一个PCB变量(t_state)来自TCP控制块(图24-13)，其他四个变量来自Internet PCB (图22-4)。

24.3 TCP 的`protosw`结构

图24-8列出了TCP protosw结构的成员变量，它定义了TCP协议与系统内其他协议间的交互接口。

成员变量	inetsw[2]	描 述
pr_type	*SOCK_STREAM*	TCP提供字节流传输服务
pr_domain	*&inetdomain*	TCP属于Internet协议族
pr_ptotocol	*IPPROTO_TCP(6)*	填充IP首部的ip_p字段
pr_flags	*PR_CONNREQUIRED | PR_WANTRCVD*	插口层标志，协议处理中忽略
pr_input	*tcp_input*	从IP层接收消息
pr_output	*0*	TCP协议忽略该成员变量
pr_ctlinput	*tcp_ctlinput*	处理ICMP错误的控制输入函数
pr_ctloutput	*tcp_ctloutput*	在进程中响应管理请求
pr_usrreg	*tcp_usrreq*	在进程中响应通信请求
pr_init	*tcp_init*	TCP初始化
pr_fasttimo	*tcp_fasttimo*	快超时函数，每200 ms调用一次
pr_slowtimo	*tcp_slowtimo*	慢超时函数，每500 ms调用一次
pr_drain	*tcp_drain*	内核mbuf耗尽时调用
pr_sysctl	*0*	TCP协议忽略该成员变量

图24-8 TCP protosw结构

24.4 TCP的首部

`tcphdr`结构定义了TCP首部。图24-9给出了`tcphdr`结构的定义，图24-10描述了TCP首部。

```
                                                                    ──── tcp.h
40 struct tcphdr {
41     u_short th_sport;                /* source port */
42     u_short th_dport;                /* destination port */
43     tcp_seq th_seq;                  /* sequence number */
44     tcp_seq th_ack;                  /* acknowledgement number */
45 #if BYTE_ORDER == LITTLE_ENDIAN
46     u_char  th_x2:4,                 /* (unused) */
47             th_off:4;                /* data offset */
48 #endif
49 #if BYTE_ORDER == BIG_ENDIAN
50     u_char  th_off:4,                /* data offset */
51             th_x2:4;                 /* (unused) */
52 #endif
53     u_char  th_flags;                /* ACK, FIN, PUSH, RST, SYN, URG */
54     u_short th_win;                  /* advertised window */
55     u_short th_sum;                  /* checksum */
56     u_short th_urp;                  /* urgent offset */
57 };
                                                                    ──── tcp.h
```

图24-9 tcphdr结构

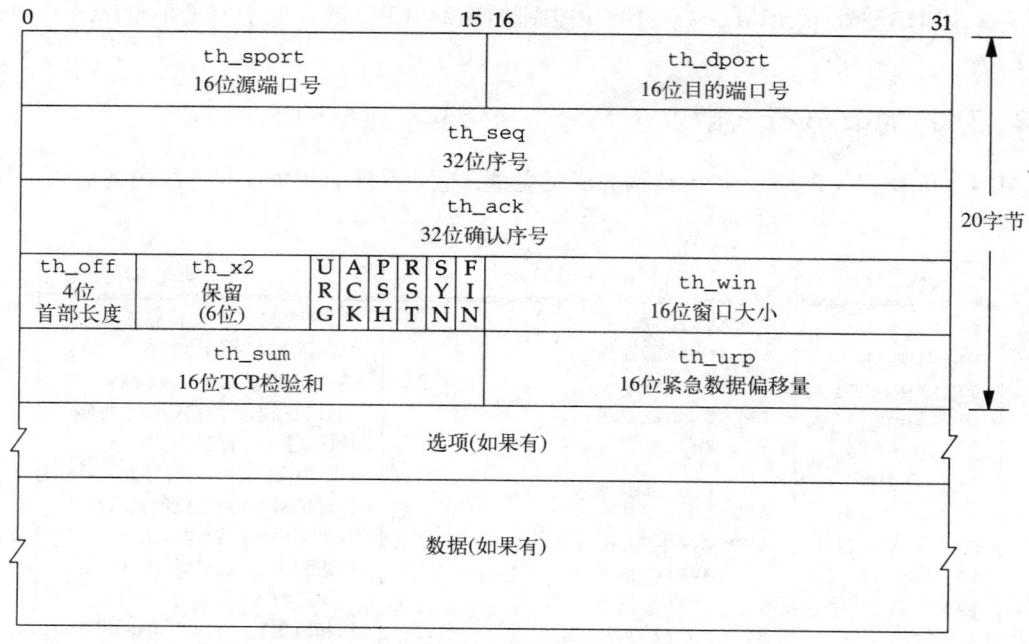

图24-10 TCP首部及可选数据

　　大多数RFC文档、相关书籍(包括卷1)和接下来要讨论的TCP实现代码，都把th_urp称为"紧急指针"(urgent pointer)。更准确的名称应该是"紧急数据偏移量"(urgent offset)，因为这个字段给出的16位无符号整数值，与th_seq序号字段相加后，得到发送的紧急数据最后一个八位组的32位序号(关于该序号应该是紧急数据最后一个字节的序号，或者是紧急数据结束后的第一个字节的序号，一直存在着争议。但就我们目前的讨论而言，这一点无关紧要)。图24-13中，TCP代码把保存紧急数据最后一个八位组的32位序号的snd_up正确地称为"紧急数据发送指针"。如果将TCP首部的16位偏移量也称为"指针"，容易引起误解。在习题26.6中，我们重申了"紧急指针"和"紧急数据偏移量"间的区别。

　　TCP首部中4位的首部长度、接着的6位的保留字段和6位的码元标志，在C结构中定义为两个4位的位字段和紧跟的一个8位字节。为了处理两个位字段在8位字节中的存放次序，C代码根据不同的主机字节存储顺序使用了#ifdef语句。

　　还请注意，TCP中称4位的th_off为"首部长度"，而C代码中称之为"数据偏移量"。两种名称都正确，因为它表示TCP首部的长度，包括可选项，以32位为单位，也就是指向用户数据第一个字节的偏移量。

　　th_flags成员变量包括6个码元标志位，通过图24-11中定义的名称读写。

　　Net/3中，TCP首部通常意味着"IP首部 + TCP首部"。tcp_input处理收到的IP数据报和tcp_output构造待发送的IP数据报时都采用了这一思想。图24-12中给出了tcpiphdr结构的定义，形式化地描述了组合的IP/TCP首部。

38-58　　图23-19给出的ipovly结构定义了20字节长度的IP首部。通过前面章节的讨论可知，尽管长度相同(20字节)，但这个结构并不是一个真正的IP首部。

th_flags	描　述
TH_ACK	确认序号(th_ack)有效
TH_FIN	发送方字节流结束
TH_PUSH	接收方应该立即将数据提交给应用程序
TH_RST	连接复位
TH_SYN	序号同步(建立连接)
TH_URG	紧急数据偏移量(th_urp)有效

图24-11　th_flags值

tcpip.h
```
38 struct tcpiphdr {
39     struct ipovly ti_i;        /* overlaid ip structure */
40     struct tcphdr ti_t;        /* tcp header */
41 };

42 #define ti_next     ti_i.ih_next
43 #define ti_prev     ti_i.ih_prev
44 #define ti_x1       ti_i.ih_x1
45 #define ti_pr       ti_i.ih_pr
46 #define ti_len      ti_i.ih_len
47 #define ti_src      ti_i.ih_src
48 #define ti_dst      ti_i.ih_dst
49 #define ti_sport    ti_t.th_sport
50 #define ti_dport    ti_t.th_dport
51 #define ti_seq      ti_t.th_seq
52 #define ti_ack      ti_t.th_ack
53 #define ti_x2       ti_t.th_x2
54 #define ti_off      ti_t.th_off
55 #define ti_flags    ti_t.th_flags
56 #define ti_win      ti_t.th_win
57 #define ti_sum      ti_t.th_sum
58 #define ti_urp      ti_t.th_urp
```
tcpip.h

图24-12　tcpiphdr结构定义：组合的IP/TCP首部

24.5　TCP的控制块

在图22-1中我们看到，除了标准的Internet PCB外，TCP还有自己专用的控制块(tcpcb结构)而UDP则不需要专用控制块，它的全部控制信息都已包含在Internet PCB中。

TCP控制块较大，需占用140字节。从图22-1中可看到，Internet PCB与TCP控制块彼此对应，都带有指向对方的指针。图24-13给出了TCP控制块的定义。

tcp_var.h
```
41 struct tcpcb {
42     struct tcpiphdr *seg_next;  /* reassembly queue of received segments */
43     struct tcpiphdr *seg_prev;  /* reassembly queue of received segments */
44     short   t_state;            /* connection state (Figure 24.16) */
45     short   t_timer[TCPT_NTIMERS]; /* tcp timers (Chapter 25) */
46     short   t_rxtshift;         /* log(2) of rexmt exp. backoff */
47     short   t_rxtcur;           /* current retransmission timeout (#ticks) */
48     short   t_dupacks;          /* #consecutive duplicate ACKs received */
49     u_short t_maxseg;           /* maximum segment size to send */
50     char    t_force;            /* 1 if forcing out a byte (persist/OOB) */
51     u_short t_flags;            /* (Figure 24.14) */
```

图24-13　tcpcb结构：TCP控制块

```
52        struct tcpiphdr *t_template;    /* skeletal packet for transmit */
53        struct inpcb *t_inpcb;          /* back pointer to internet PCB */
54 /*
55  * The following fields are used as in the protocol specification.
56  * See RFC783, Dec. 1981, page 21.
57  */
58 /* send sequence variables */
59     tcp_seq snd_una;               /* send unacknowledged */
60     tcp_seq snd_nxt;               /* send next */
61     tcp_seq snd_up;                /* send urgent pointer */
62     tcp_seq snd_wl1;               /* window update seg seq number */
63     tcp_seq snd_wl2;               /* window update seg ack number */
64     tcp_seq iss;                   /* initial send sequence number */
65     u_long  snd_wnd;               /* send window */
66 /* receive sequence variables */
67     u_long  rcv_wnd;               /* receive window */
68     tcp_seq rcv_nxt;               /* receive next */
69     tcp_seq rcv_up;                /* receive urgent pointer */
70     tcp_seq irs;                   /* initial receive sequence number */
71 /*
72  * Additional variables for this implementation.
73  */
74 /* receive variables */
75     tcp_seq rcv_adv;               /* advertised window by other end */
76 /* retransmit variables */
77     tcp_seq snd_max;               /* highest sequence number sent;
78                                     * used to recognize retransmits */
79 /* congestion control (slow start, source quench, retransmit after loss) */
80     u_long  snd_cwnd;              /* congestion-controlled window */
81     u_long  snd_ssthresh;          /* snd_cwnd size threshhold for slow start
82                                     * exponential to linear switch */
83 /*
84  * transmit timing stuff.  See below for scale of srtt and rttvar.
85  * "Variance" is actually smoothed difference.
86  */
87     short   t_idle;                /* inactivity time */
88     short   t_rtt;                 /* round-trip time */
89     tcp_seq t_rtseq;               /* sequence number being timed */
90     short   t_srtt;                /* smoothed round-trip time */
91     short   t_rttvar;              /* variance in round-trip time */
92     u_short t_rttmin;              /* minimum rtt allowed */
93     u_long  max_sndwnd;            /* largest window peer has offered */
94 /* out-of-band data */
95     char    t_oobflags;            /* TCPOOB_HAVEDATA, TCPOOB_HADDATA */
96     char    t_iobc;                /* input character, if not SO_OOBINLINE */
97     short   t_softerror;           /* possible error not yet reported */
98 /* RFC 1323 variables */
99     u_char  snd_scale;             /* scaling for send window (0-14) */
100     u_char  rcv_scale;            /* scaling for receive window (0-14) */
101     u_char  request_r_scale;      /* our pending window scale */
102     u_char  requested_s_scale;    /* peer's pending window scale */
103     u_long  ts_recent;            /* timestamp echo data */
104     u_long  ts_recent_age;        /* when last updated */
105     tcp_seq last_ack_sent;        /* sequence number of last ack field */
106 };
107 #define intotcpcb(ip)    ((struct tcpcb *)(ip)->inp_ppcb)
108 #define sototcpcb(so)    (intotcpcb(sotoinpcb(so)))
```
─── *tcp_var.h*

图24-13 (续)

现在暂不讨论上述成员变量的具体含义，在后续代码中遇到时再详细分析。

图24-14列出了t_flags变量的可选值。

t_flags	描　述
TF_ACKNOW	立即发送ACK
TF_DELACK	延迟发送ACK
TF_NODELAY	立即发送用户数据，不等待形成最大报文段(禁止Nagle算法)
TF_NOOPT	不使用TCP选项(永不填充TCP选项字段)
TF_SENTFIN	FIN已发送
TF_RCVD_SCALE	对端在SYN报文中发送窗口变化选项时置位
TF_RCVD_TSTMP	对端在SYN报文中发送时间戳选项时置位
TF_REQ_SCALE	已经/将要在SYN报文中请求窗口变化选项
TF_REQ_TSTMP	已以/将要在SYN中请求时间戳选项

图24-14　t_flags取值

24.6　TCP的状态变迁图

TCP协议根据连接上到达报文的不同类型采取相应动作，协议规程可抽象为图24-15所示的有限状态变迁图。读者在本书的文前插页也可找到这张图，以便在阅读有关TCP的章节时参考。

图中的各种状态变迁组成了TCP有限状态机。尽管TCP协议允许从LISTEN状态直接变迁到SYN_SENT状态，但使用SOCKET API编程时这种变迁不可实现(调用listen后不可以调用connect)。

TCP控制块的成员变量t_state保存连接的当前状态，可选值如图24-16所示。

图中还定义了tcp_outflags数组，保存处于对应连接状态时tcp_output将使用的输出标志。

图24-16还列出了与符号常量相对应的数值，因为在代码中将利用它们之间的数值关系。例如，有下面两个宏定义：

```
#define TCPS_HAVERCVDSYN(s) ((s)>=TCPS_SYN_RECEIVED)
#define TCPS_HAVERCVDFIN(s) ((s)>=TCPS_TIME_WAIT)
```

类似地，连接未建立时，即t_state小于TCPS_ESTABLISHED时，tcp_notify处理ICMP差错的方式也不同。

> TCPS_HAVERCVDSYN的命名是正确的，但TCPS_HAVERCVDFIN则可能引起误解，因为在 CLOSE_WAIT、CLOSING和LAST_ACK状态也会收到FIN。我们将在第29章中遇到该宏。

半关闭

当进程调用shutdown且第二个参数设为1时，称为"半关闭"。TCP发送FIN，但允许进程在同一端口上继续接收数据(卷1的18.5节中举例介绍了TCP的半关闭)。

例如，尽管图24-15中只在ESTABLISHED状态标注了"数据传输"，但如果进程执行了"半关闭"，则连接变迁到FIN_WAIT_1状态和其后的FIN_WAIT_2状态，在这两个特定状态中，进程仍然可以接收数据。

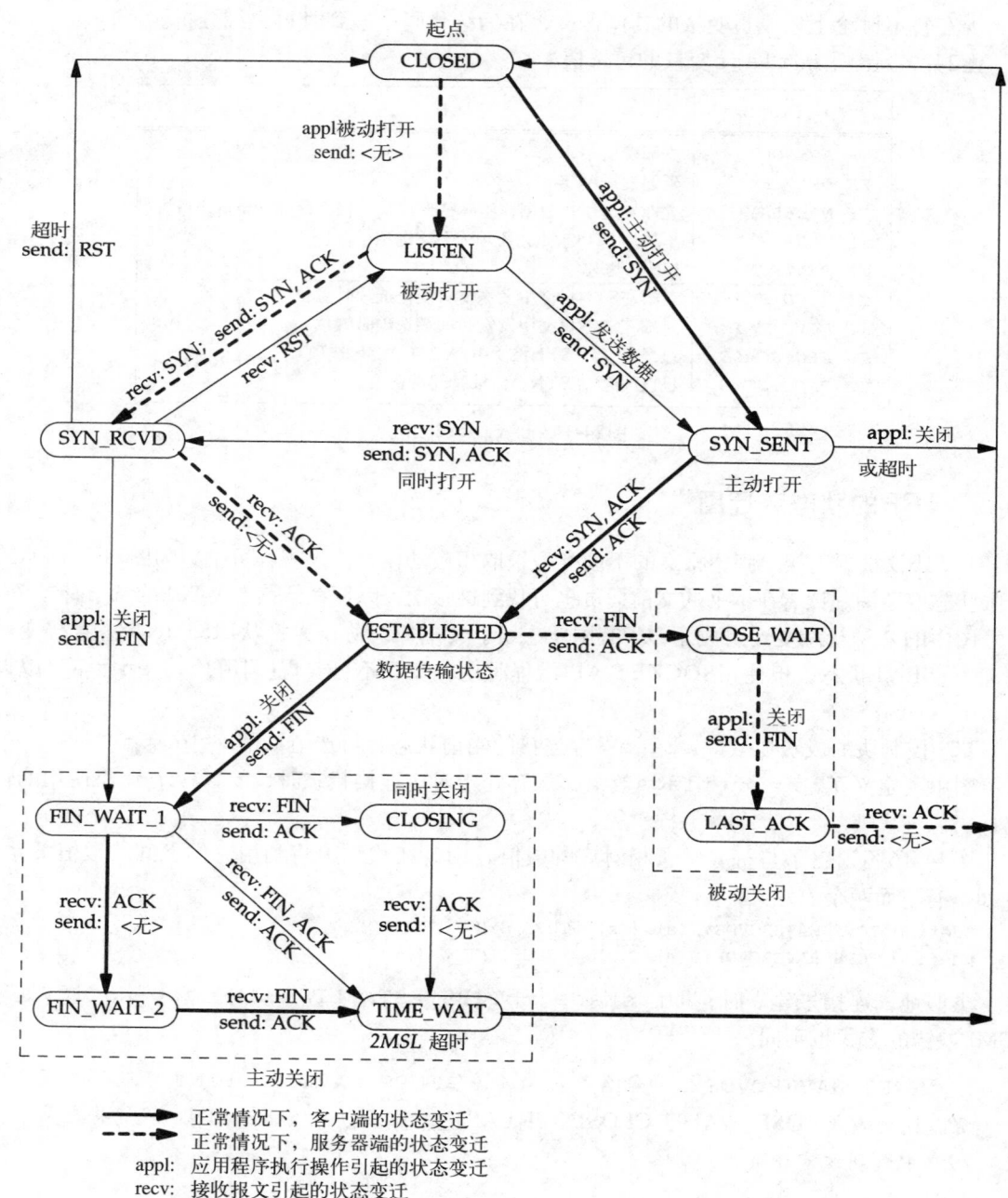

图24-15　TCP状态变迁图

24.7　TCP的序号

TCP连接上传输的每个数据字节，以及SYN、FIN等控制报文都被赋予一个32位的序号。TCP首部的序号字段(图24-10)填充了报文段第一个数据字节的32位的序号，确认序号字段填充了发送方希望接收的下一序号，确认已正确接收了所有序号小于等于确认序号减1的数据字节。换言之，确认序号是ACK发送方等待接收的下一序号。只有当报文首部的ACK标志置位时，确认序号才有效。读者将看到，除了在主动打开首次发送SYN时(SYN_SENT状态，参见图24-16中的tcp_outflags[2])或在某些RST报文段中，ACK标志总是被置位的。

t_state	值	描 述	tcp_outflags[]
TCPS_CLOSED	0	关闭	TH_RST | TH_ACK
TCPS_LISTEN	1	监听连接请求(被动打开)	0
TCPS_SYN_SENT	2	已发送SYN(主动打开)	TH_SYN
TCPS_SYN_RECEIVED	3	已发送并接收SYN；等待ACK	TH_SYN | TH_ACK
TCPS_ESTABLISHED	4	连接建立(数据传输)	TH_ACK
TCPS_CLOSE_WAIT	5	已收到FIN，等待应用程序关闭	TH_ACK
TCPS_FIN_WAIT_1	6	已关闭，发送FIN；等待ACK和FIN	TH_FIN | TH_ACK
TCPS_CLOSING	7	同时关闭；等待ACK	TH_FIN | TH_ACK
TCPS_LAST_ACK	8	收到的FIN已关闭；等待ACK	TH_FIN | TH_ACK
TCPS_FIN_WAIT_2	9	已关闭，等待FIN	TH_ACK
TCPS_TIME_WAIT	10	主动关闭后2MSL等待状态	TH_ACK

图24-16　t_state取值

由于TCP连接是全双工的，每一端都必须为两个方向上的数据流维护序号。TCP控制块中(图24-13)有13个序号：8个用于数据发送(发送序号空间)，5个用于数据接收(接收序号空间)。

图24-17给出了发送序号空间中4个变量间的关系：snd_wnd、snd_una、snd_nxt和snd_max。这个例子列出了数据流的第1~11字节。

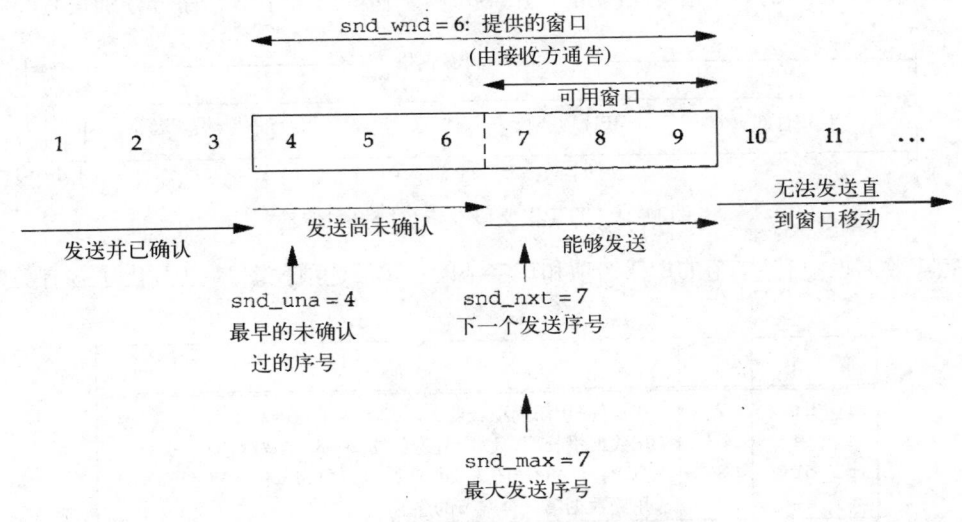

图24-17　发送序号空间举例

一个有效的ACK序号必须满足：

snd_una < 确认序号 <= snd_max

图24-17的例子中，一个有效ACK的确认序号必须是5、6或7。如果确认序号小于或等于snd_una，则是一个重复的ACK。它确认了已确认过的八位组，否则snd_una不会递增超过那些序号。

`tcp_output`中有多处用到下面的测试，如果正发送的是重传数据，则表达式为真：

```
snd_nxt < snd_max
```

图24-18给出了图24-17中连接的另一端：接收序号空间，图中假定还未收到序号为4、5、6的报文，标出了三个变量`rcv_nxt`、`rcv_wnd`和`rcv_adv`。

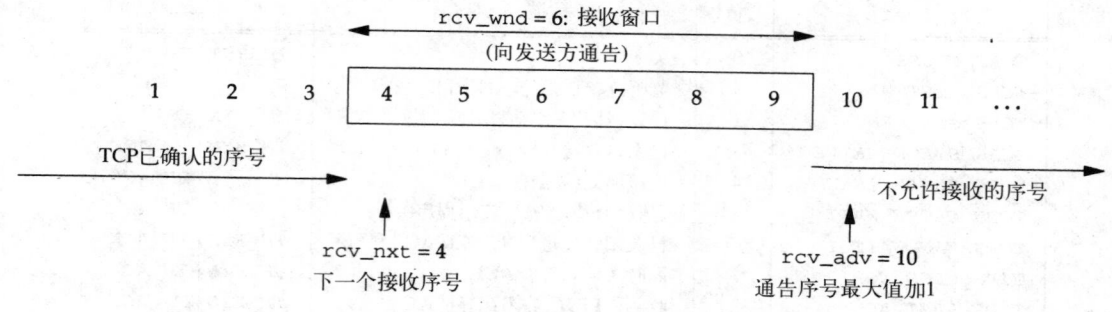

图24-18 接收序号空间举例

如果接收报文段中携带的数据落在接收窗口内，则该报文段是一个有效报文段。换言之，下面两个不等式中至少要有一个为真。

```
rcv_nxt <= 报文段起始序号  < rcv_nxt + rcv_wnd
rcv_nxt <=报文段终止序号 <  rcv_nxt + rcv_wnd
```

报文段起始序号就是TCP首部的序号字段，`ti_seq`。终止序号是序号字段加上TCP数据长度后减1。

例如，图24-19中的TCP报文段携带了图24-17中发送的三个字节，序号分别是4、5和6。

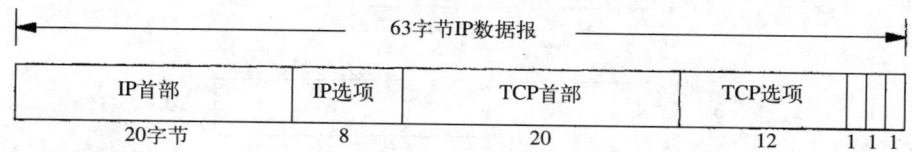

图24-19 TCP报文段在IP数据报中传输

假定IP数据报中有8字节的IP任选项和12字节的TCP任选项。图24-20列出了各有关变量的取值。

变　　量	值	描　　　述
ip_hl	7	IP首部+IP任选项长度，以32位为单位(=28字节)
ip_len	63	IP数据报长度，以字节为单位(20+8 +20+12+3)
ti_off	8	TCP首部+TCP任选项长度，以32位为单位(=32字节)
ti_seq	4	用户数据第一个字节的序号
ti_len	3	TCP数据的字节数：ip_len-(ip_hl×4)-(ti_off×4)
	6	用户数据最后一个字节的序号：ti_seq+ti_len-1

图24-20 图24-19中各变量的取值

`ti_len`并非TCP首部的字段，而是在对接收到的首部计算检验和及完成验证之后，根据图24-20中的算式得到的结果，存储到外加的IP结构中(图24-12)。图中最后一个值并不存储到变量中，而是在需要时直接从其他值通过计算得到。

1. 序号取模运算

TCP必须处理的一个问题是序号来自有限的32位取值空间：0~4 294 967 295。如果某个TCP连接传输的数据量超过2^{32}字节，序号从4 294 967 295 回绕到0，将出现重复序号。

即使传输数据量小于2^{32}字节，仍可能遇到同样的问题，因为连接的初始序号并不一定从0开始。各数据流方向上的初始序号可以是0~4 294 967 295之间的任何值。这个问题使序号复杂化了。例如，序号1可能大于序号4 294 967 295。

在tcp.h中，TCP序号定义为unsigned long：

```
typedef u_long tcp_seq;
```

图24-21定义了4个用于序号比较的宏。

――――――――――――――――――――――――――――――――――――― *tcp_seq.h*
```
40 #define SEQ_LT(a,b)    ((int)((a)-(b)) < 0)
41 #define SEQ_LEQ(a,b)   ((int)((a)-(b)) <= 0)
42 #define SEQ_GT(a,b)    ((int)((a)-(b)) > 0)
43 #define SEQ_GEQ(a,b)   ((int)((a)-(b)) >= 0)
```
――――――――――――――――――――――――――――――――――――― *tcp_seq.h*

图24-21 TCP序号比较宏

2. 举例：序号比较

下面这个例子说明了TCP序号的操作方式。假定序号只有3位，0~7。图24-22列出了全部8个序号和相应的二进制补码(为求二进制补码，将二进制码中的所有0变为1，所有1变为0，最后再加1)。给出补码形式，是因为$a-b = a+(b$的补码)。

x	二进制码	二进制补码	$0-x$	$1-x$	$2-x$
0	000	000	000	001	010
1	001	111	111	000	001
2	010	110	110	111	000
3	011	101	101	110	111
4	100	100	100	101	110
5	101	011	011	100	101
6	110	010	010	011	100
7	111	001	001	010	011

图24-22 3位序号举例

表中最后三栏分别是$0-x$、$1-x$和$2-x$。在这三栏中，如果定义计算结果是带符号整数(注意图24-21中的四个宏，计算结果全部强制转换为int)，那么最高位为1表示值小于0 (SEQ_LT宏)，最高位为0且值不为0表示大于0 (SEQ_GT宏)。最后三栏中以横线分隔开四个负值和四个非负值。

请注意图24-22中的第四栏(标注"$0-x$")，可看出0小于1、2、3和4(最高位为1)，而0大于5、6和7(最高位为0且结果非0)。图24-23显示了这种关系。

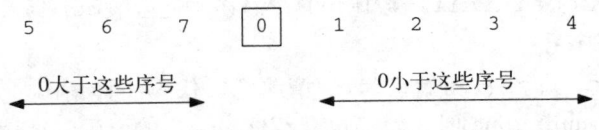

图24-23 3位的TCP序号的比较

图24-22中的第五栏(1−x)也存在类似的关系，如图24-24所示。

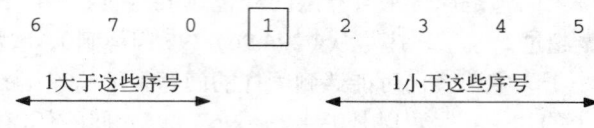

图24-24　3位的TCP序号的比较

图24-25是上面两个图的另一种表示形式，使用圆环强调了序号的回绕现象。

图24-25　图24-23和图24-24的另一种表示形式

就TCP而言，通过序号比较来确定给定序号是新序号还是重传序号。例如，在图24-24的例子中，如果TCP正等待的序号为1，但到达序号为6，通过前面介绍的计算可知6小于1，从而判定这是重传的数据，可予以丢弃。但如果到达序号为5，因为5大于1，TCP判定这是新数据，予以保存，并继续等待序号为2、3和4的八位组(假定序号为5的数据字节落在接收窗口内)。

图24-26扩展了图24-25中左边的圆环，用TCP 32位的序号替代了3位的序号。

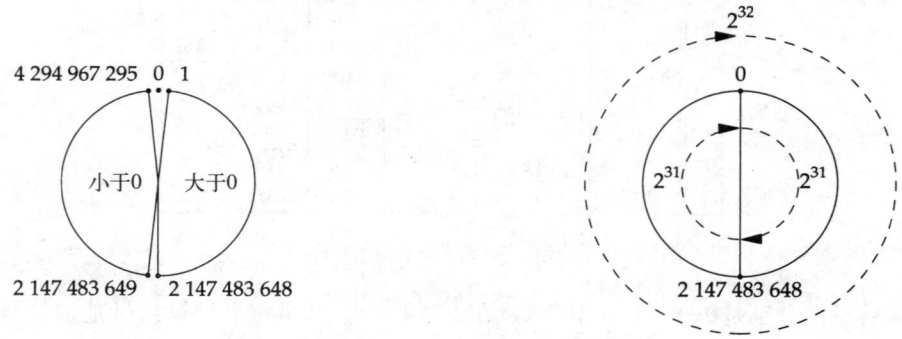

图24-26　与序号0比较：采用32位序号

图24-26右边的圆环强调了32位序号空间的一半有2^{31}个可用数字。

24.8　`tcp_init`函数

系统初始化时，domaininit函数调用TCP的初始化函数tcp_init(图24-27)。

1. 设定初始发送序号

初始发送序号tcp_iss被初始化为1。请注意，代码注释指出，这是错误的。后面讨论TCP的"平静时间"(quite time)时，将简单介绍这一选择的原因。请读者自行与图7-23中IP标识符的初始化做比较，后者使用了当天的时钟。

```
                                                              ———— tcp_subr.c
43 void
44 tcp_init()
45 {
46      tcp_iss = 1;                     /* wrong */
47      tcb.inp_next = tcb.inp_prev = &tcb;

48      if (max_protohdr < sizeof(struct tcpiphdr))
49                 max_protohdr = sizeof(struct tcpiphdr);
50      if (max_linkhdr + sizeof(struct tcpiphdr) > MHLEN)
51                 panic("tcp_init");
52 }
                                                              ———— tcp_subr.c
```

图24-27 tcp_init函数

2. TCP Internet PCB链表初始化

PCB首部(tcb)的previous指针和next指针都指向自己，这是一个空的双向链表。tcb PCB的其余成员均初始化为0(所有未明确初始化的全局变量均设为0)。事实上，除链表外，在该PCB首部中只用了一个字段inp_lport：下一个分配的TCP临时端口号。TCP使用的第一个临时端口号应为1024，习题22.4的解答中给出了原因。

3. 计算最大协议首部长度

到目前为止，讨论过的协议首部的长度最大不超过40字节，max_protohdr设为40(组合的IP/TCP首部长度，不带任何可选项)。图7-17定义了该变量。如果max_linkhdr (通常为16)加40后大于放入单个mbuf中带首部的数据报的数据长度(100字节，图2-7中的MHLEN)，内核将告警。

MSL和平静时间的概念

TCP协议要求如果主机崩溃，且没能保存打开TCP连接上最后使用的序号，则重启后在一个MSL(2分钟，平静时间)内，不能发送任何TCP报文段。目前，基本没有TCP实现能够在系统崩溃或操作员关机时保存这些信息。

MSL是最大报文段生存时间(maximum segment lifetime)，指任何报文段被丢弃前在网络中能够存在的最大时间。不同的实现可选择不同的MSL。连接主动关闭后，将在CLOSE_WAIT状态等待2个MSL时间(图24-15)。

RFC 793(Postel 1981c)建议MSL设定为2分钟，但Net/3实现中MSL设为30秒(图25-3中定义的常量TCPTV_MSL)。

如果报文段在网络中出现延迟，协议会出现问题(RFC 793称之为漫游重复(wandering duplicate))。假定Net/3系统启动时tcp_iss置为1(图24-27)，经过一段时间，在序号刚刚回绕时系统崩溃。后面25.5节中将介绍，tcp_iss每秒增加128 000，即重启后需经过9.3小时序号才会回绕。此外，每发送一个connect，tcp_iss将增加64 000，因此序号回绕时间必然早于9.3小时。下面的例子说明了老的报文段怎样被错误地发送到现在的连接上。

1) 一个客户和服务器建立了一个连接。客户的端口号是1024，发送了一个序号为2的报文段。该报文段在传送途中陷入路径循环，未能到达服务器。这个报文段成为"漫游重复"报文段。

2) 客户重发该报文段，序号依旧为2。重发报文段到达服务器。

3) 客户关闭连接。

4) 客户主机崩溃。

5) 客户主机在崩溃后40秒重启，TCP初始化`tcp_iss`为1。

6) 同一客户和同一服务器之间立即建立了一条新的连接，使用了同样的端口号：客户端口号为1024，服务器方依然是其预知的端口号。客户发送的SYN中初始序号置为1。这条新的使用同样端口对的连接称为原有连接的化身(incarnation)。

7) 步骤1中的漫游重复报文段最终到达服务器，并被认为是新建连接中的合法报文段，尽管它实际上属于原有连接。

图24-28列出了上述步骤发生的时间顺序。

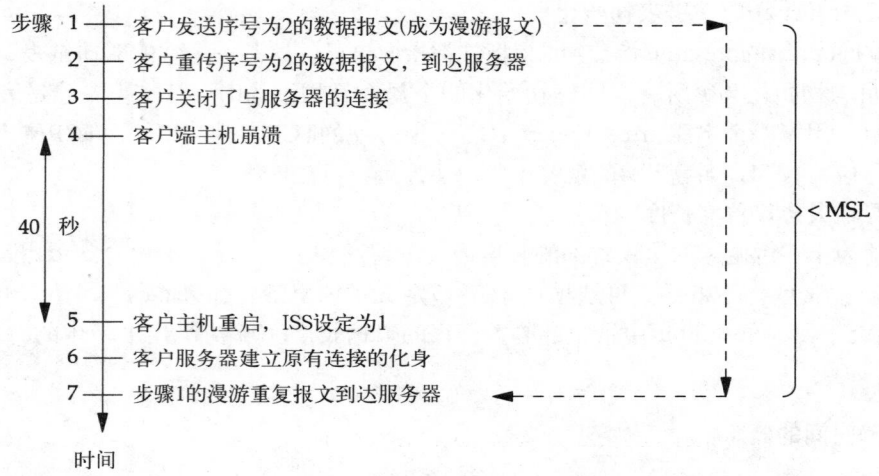

图24-28　示例：旧报文段到达原有连接的化身

即使系统重启后，TCP通过当前时钟计算ISS，问题同样存在。无论原有连接的ISS设为多少，由于序号会回绕，完全有可能重启后新建连接的ISS接近于重启前原有连接最后使用的序号。

除了保存重启前所有已建连接的序号，解决这个问题的唯一方法就是重启后TCP在MSL内保持平静(不发送任何报文段)。尽管问题有可能出现，但绝大多数TCP中并未实现相应的解决方法，因为多数主机仅重启时间就要长于MSL。

24.9　小结

本章概要介绍了接下来的6章中将要讨论的TCP源代码。TCP为每条连接建立自己的控制块，保存该连接的所有变量和状态信息。

定义了TCP的状态变迁图，TCP在哪些条件下从一个状态变迁到另一个状态，每次变迁过程中发送和接收了哪些报文段。状态变迁图还显示了连接建立和终止的过程。在后续TCP讨论中会经常引用该图。

TCP连接上传输的每个数据字节都有相应的序号，TCP在连接控制块中维护多个序号：有些用于发送，有些用于接收(TCP工作于全双工方式)。由于序号来自有限的32位空间，会从最大值回绕到0。本章解释了如何使用小于和大于测试来比较序号，在后续的TCP代码中将不断遇到序号的比较。

最后介绍了最简单的TCP函数，`tcp_init`，完成对Internet PCB的TCP链表的初始化。此外，还讨论了初始发送序号的选取问题。

习题

24.1 研究图24-5中的统计数据，计算每条连接上发送和接收的平均字节数。

24.2 在`tcp_init`中，内核告警是否合理？

24.3 执行`netstat -a`，了解你的系统当前有多少个活跃的TCP端点。

第25章 TCP的定时器

25.1 引言

从本章起，我们开始详细讨论TCP的实现代码，首先熟悉一下在绝大多数TCP函数里都会遇到的各种定时器。

TCP为每条连接建立了七个定时器。按照它们在一条连接生存期内出现的次序，简要介绍如下。

1）"连接建立(connection establishment)"定时器在发送SYN报文段建立一条新连接时启动。如果没有在75秒内收到响应，连接建立将中止。

2）"重传(retransmission)"定时器在TCP发送数据时设定。如果定时器已超时而对端的确认还未到达，TCP将重传数据。重传定时器的值(即TCP等待对端确认的时间)是动态计算的，取决于TCP为该连接测量的往返时间和该报文段已被重传的次数。

3）"延迟ACK(delayed ACK)"定时器在TCP收到必须被确认但不需要马上发出确认的数据时设定。TCP等待200 ms后发送确认响应。如果，在这200 ms内，有数据要在该连接上发送，延迟的ACK响应就可随着数据一起发送回对端，称为捎带确认。

4）"持续 (persist)"定时器在连接对端通告接收窗口为0，阻止TCP继续发送数据时设定。由于连接对端发送的窗口通告不可靠(只有数据才会被确认，ACK不会被确认)，允许TCP继续发送数据的后续窗口更新有可能丢失。因此，如果TCP有数据要发送，但对端通告接收窗口为0，则持续定时器启动，超时后向对端发送1字节的数据，判定对端接收窗口是否已打开。与重传定时器类似，持续定时器的值也是动态计算的，取决于连接的往返时间，在5秒到60秒之间取值。

5）"保活(keepalive)"定时器在应用进程选取了插口的SO_KEEPALIVE选项时生效。如果连接的连续空闲时间超过2小时，保活定时器超时，向对端发送连接探测报文段，强迫对端响应。如果收到了期待的响应，TCP可确定对端主机工作正常，在该连接再次空闲超过2小时之前，TCP不会再进行保活测试。如果收到的是其他响应，TCP可确定对端主机已重启。如果连续若干次保活测试都未收到响应，TCP就假定对端主机已崩溃，尽管它无法区分是主机故障(例如，系统崩溃而尚未重启)，还是连接故障(例如，中间的路由器发生故障或电话线断了)。

6) FIN_WAIT_2定时器。当某个连接从FIN_WAIT_1状态变迁到FIN_WAIT_2状态(图24-15)，并且不能再接收任何新数据时(意味着应用进程调用了close，而非shutdown，没有利用TCP的半关闭功能)，FIN_WAIT_2定时器启动，设为10分钟。定时器超时后，重新设为75秒，第二次超时后连接被关闭。加入这个定时器的目的是为了避免如果对端一直不发送FIN，某个连接会永远滞留在FIN_WAIT_2状态。

7) TIME_WAIT定时器，一般也称为2MSL定时器。2MSL指两倍的MSL，24.8节定义的最大报文段生存时间。当连接转移到TIME_WAIT状态，即连接主动关闭时，定时器启动。卷1

的18.6节详细说明了需要2MSL等待状态的原因。连接进入TIME_WAIT状态时，定时器设定为1分钟(Net/3选用30秒的MSL)，超时后，TCP控制块和Internet PCB被删除，端口号可重新使用。

TCP包括两个定时器函数：一个函数每200 ms调用一次(快速定时器)；另一个函数每500 ms调用一次(慢速定时器)。延迟ACK定时器与其他6个定时器有所不同：如果某个连接上设定了延迟ACK定时器，那么下一次200 ms定时器超时后，延迟的ACK必须被发送(ACK的延迟时间必须在0~200 ms之间)。其他的定时器每500 ms递减一次，计数器减为0时，就触发相应的动作。

25.2 代码介绍

当某个连接的TCP控制块中的TF_DELACK标志(图24-14)置位时，允许该连接使用延迟ACK定时器。TCP控制块中的t_timer数组包括4个(TCPT_NTIMERS)计数器，用于实现其他的6个定时器。图25-1列出了数组的索引。下面简单地介绍这6个计数器是如何实现除延迟ACK定时器外的其余6个定时器的。

常　量	值	描　述
TCPT_REXMT	0	重传定时器
TCPT_PERSIST	1	持续定时器
TCPT_KEEP	2	保活定时器或连接建立定时器
TCPT_2MSL	3	2MSL定时器或FIN_WAIT_2定时器

图25-1　t_timer数组索引

t_timer中的每条记录，保存了定时器的剩余值，以500 ms为计时单位。如果等于零，则说明对应的定时器没有设定。由于每个定时器都是短整型，所以定时器的最大值只能设定为16 383.5秒，约为4.5小时。

请注意，图25-1中利用4个"定时计数器"实现了6个TCP"定时器"，这是因为有些定时器彼此间是互斥的。下面我们首先区分一下计数器与定时器。TCPT_KEEP计数器同时实现了保活定时器和连接建立定时器，因为这两个定时器永远不会同时出现在同一条连接上。类似地，2MSL定时器和FIN_WAIT_2定时器都由TCPT_2MSL计数器实现，因为一条连接在同一时间内只可能处于其中的一种状态。图25-2的第一行小结了7个TCP定时器的实现方式，第二

	建连定时器	重传定时器	延迟ACK定时器	持续定时器	保活定时器	FIN_WAIT_2	2MSL
t_timer[TCPT_REXMT]		●					
t_timer[TCPT_PERSIST]				●			
t_timer[TCPT_KEEP]	●				●		
t_timer[TCPT_2MSL]						●	●
t_flags & TF_DELACK			●				
tcp_keepidle (2小时)					●		
tcp_keepintvl (75秒)					●		
tcp_maxidle (10分钟)					●		
2 * TCPTV_MSL (60秒)							●
TCPTV_KEEP_INIT (75秒)	●						

图25-2　七个TCP定时器的实现

行和第三行列出了其中4个定时器初始化时用到的3个全局变量(图24-3)和2个常量(图25-3)。注意，有2个全局变量同时被多个定时器使用。前面已讨论过，延迟ACK定时器直接受控于TCP的200 ms定时器，在本章后续部分将讨论其他2个定时器的时间长度是如何设定的。

图25-3列出了Net/3实现中基本的定时器取值。

常　　　量	500 ms的时钟滴答数	秒　　数	描　　　述
TCPTV_MSL	60	30	MSL，最大报文段生存时间
TCPTV_MIN	2	1	重传定时器最小值
TCPTV_REXMTMAX	128	64	重传定时器最大值
TCPTV_PERSMIN	10	5	持续定时器最小值
TCPTV_PERSMAX	120	60	持续定时器最大值
TCPTV_KEEP_INIT	150	75	连接建立定时器取值
TCPTV_KEEP_IDLE	14400	7200	第一次保活测试前连接的空闲时间(2小时)
TCPTV_KEEPINTVL	150	75	对端无响应时保活测试间的间隔时间
TCPTV_SRTTBASE	0		特殊取值，意味着目前无连接RTT样本
TCPTV_SRTTDFLT	6	3	连接无RTT样本时的默认值

图25-3   TCP实现中基本的定时器取值

图25-4列出了在代码中会遇到的其他定时器常量。

常　　　量	值	描　　　述
TCP_LINGERTIME	120	用于SO_LINGER插口选项的最大时间，以秒为单位
TCP_MAXRXTSHIFT	12	等待某个ACK的最大重传次数
TCPTV_KEEPCNT	8	对端无响应时，最大保活测试次数

图25-4   定时器常量

图25-5中定义的TCPT_RANGESET宏，给定时器设定一个给定值，并确认该值在指定范围内。

```
                                                              —— tcp_timer.h
102  #define TCPT_RANGESET(tv, value, tvmin, tvmax) { \
103      (tv) = (value); \
104      if ((tv) < (tvmin)) \
105          (tv) = (tvmin); \
106      else if ((tv) > (tvmax)) \
107          (tv) = (tvmax); \
108  }
                                                              —— tcp_timer.h
```

图25-5   TCPT_RANGESET宏

从图25-3可知，重传定时器和持续定时器都有最大值和最小值限制，因为它们的取值都是基于测量的往返时间动态计算得到的，其他定时器均设为常值。

本章中将不讨论图25-4中列出的一个特殊定时器：插口的拖延定时器(linger timer)，这是由插口选项SO_LINGER设置的。这是一个插口级的定时器，由系统函数close使用(15.15节)。在图30-12中读者将看到，插口关闭时，TCP会首先检查该选项是否置位，拖延时间是否为0。如果上述条件满足，将不采用TCP正常的关闭过程，连接直接被复位。

25.3 tcp_canceltimers函数

图25-6中定义了tcp_canceltimers函数。连接进入TIME_WAIT状态时，tcp_input在设定2MSL定时器之前，调用该函数。4个定时计数器清零，相应地关闭了重传定时器、持续定时器、保活定时器和FIN_WAIT_2定时器。

```
                                                                    tcp_timer.c
107 void
108 tcp_canceltimers(tp)
109 struct tcpcb *tp;
110 {
111     int     i;

112     for (i = 0; i < TCPT_NTIMERS; i++)
113         tp->t_timer[i] = 0;
114 }
                                                                    tcp_timer.c
```

图25-6 tcp_canceltimers函数

25.4 tcp_fasttimo函数

图25-7定义了tcp_fasttimo函数。该函数每隔200 ms被pr_fasttimo调用一次，用于操作延迟ACK定时器。

```
                                                                    tcp_timer.c
41 void
42 tcp_fasttimo()
43 {
44     struct inpcb *inp;
45     struct tcpcb *tp;
46     int      s = splnet();

47     inp = tcb.inp_next;
48     if (inp)
49         for (; inp != &tcb; inp = inp->inp_next)
50             if ((tp = (struct tcpcb *) inp->inp_ppcb) &&
51                 (tp->t_flags & TF_DELACK)) {
52                 tp->t_flags &= ~TF_DELACK;
53                 tp->t_flags |= TF_ACKNOW;
54                 tcpstat.tcps_delack++;
55                 (void) tcp_output(tp);
56             }
57     splx(s);
58 }
                                                                    tcp_timer.c
```

图25-7 tcp_fasttimo函数，每200 ms调用一次

函数检查TCP链表中每个具有对应TCP控制块的Internet PCB。如果TCP_DELACK标志置位，清除该标志，并置位TF_ACKNOW标志。调用tcp_output，由于TF_ACKNOW标志已置位，ACK被发送。

为什么TCP的PCB链表中的某个Internet PCB会没有相应的TCP控制块(第50行的判断)？读者将在图30-11中看到，创建插口时(PRU_ATTACH请求响应socket系统调用)，首先创建

Inertnet PCB，之后才创建TCP控制块。两个操作间有可能会插入高优先级的时钟中断(图1-13)，该中断有可能调用tcp_fasttimo函数。

25.5 tcp_slowtimo函数

图25-8定义了tcp_slowtimo函数，每隔500ms被pr_slowtimo调用一次。它操作其他6个定时器：连接建立定时器、重传定时器、持续定时器、保活定时器、FIN_WAIT_2定时器和2MSL定时器。

```
─────────────────────────────────────────────────────────────── tcp_timer.c
64 void
65 tcp_slowtimo()
66 {
67     struct inpcb *ip, *ipnxt;
68     struct tcpcb *tp;
69     int      s = splnet();
70     int      i;

71     tcp_maxidle = TCPTV_KEEPCNT * tcp_keepintvl;
72     /*
73      * Search through tcb's and update active timers.
74      */
75     ip = tcb.inp_next;
76     if (ip == 0) {
77         splx(s);
78         return;
79     }
80     for (; ip != &tcb; ip = ipnxt) {
81         ipnxt = ip->inp_next;
82         tp = intotcpcb(ip);
83         if (tp == 0)
84             continue;
85         for (i = 0; i < TCPT_NTIMERS; i++) {
86             if (tp->t_timer[i] && --tp->t_timer[i] == 0) {
87                 (void) tcp_usrreq(tp->t_inpcb->inp_socket,
88                                 PRU_SLOWTIMO, (struct mbuf *) 0,
89                                 (struct mbuf *) i, (struct mbuf *) 0);
90                 if (ipnxt->inp_prev != ip)
91                     goto tpgone;
92             }
93         }
94         tp->t_idle++;
95         if (tp->t_rtt)
96             tp->t_rtt++;
97     tpgone:
98         ;
99     }
100     tcp_iss += TCP_ISSINCR / PR_SLOWHZ;     /* increment iss */
101     tcp_now++;                              /* for timestamps */
102     splx(s);
103 }
─────────────────────────────────────────────────────────────── tcp_timer.c
```

图25-8 tcp_slowtimo函数，每隔500 ms调用一次

71 tcp_maxidle初始化为10分钟，这是TCP向对端发送连接探测报文段后，收到对端主机响应前的最长等待时间。如图25-6所示，FIN_WAIT_2定时器也使用了这一变量。它的初始化语句可放到tcp_init中，因为其值可在系统初启时设定(见习题 25.2)。

1. 检查所有TCP控制块中的所有定时器

72-89 检查TCP链表中每个具有对应TCP控制块的Internet PCB，测试每个连接的所有定时计数器，如果非0，计数器减1。如果减为0，则发送PRU_SLOWTIMO请求。后面会介绍该请求将调用tcp_timers函数。

tcp_usrreq的第四个参数是指向mbuf的指针。不过，在不需要mbuf指针的场合，这个参数实际被用于完成其他功能。tcp_slowtimo函数中利用它传递索引i，指出超时的是哪一个时钟。代码中把i强制转换为mbuf指针是为了避免编译错误。

2. 检查TCP控制块是否已被删除

90-93 在检查控制块中的定时器之前，先将指向下一个Internet PCB的指针保存在ipnxt中。每次PRU_SLOWTIMO请求返回后，tcp_slowtimo会检查TCP链表中的下一个PCB是否仍指向当前正处理的PCB。如果不是，则意味着控制块已被删除——也许2MSL定时器超时或重传定时器超时，并且TCP已放弃当前连接——控制转到tpgone，跳过当前控制块的其余定时器，并移至下一个PCB。

3. 计算空闲时间

94 当一个报文段到达当前连接，tcp_input清零控制块中的t_idle。从连接收到最后一个报文段起，每隔500ms t_idle递增一次。空闲时间统计主要有三个目的：(1)TCP在连接空闲2小时后发送连接探测报文段；(2)如果连接位于FIN_WAIT_2状态，且空闲10分钟后又空闲75秒，TCP将关闭该连接；(3)连接空闲一段时间后，tcp_output将返回慢启动状态。

4. 增加RTT计数器

95-96 如果需要测量某个报文段的RTT，tcp_output在发送该报文段时，初始化t_rtt计数器为1。它每500 ms递增一次，直至收到该报文段的确认。在tcp_slowtimo函数中，如果连接正对某个报文段计时，即t_rtt计数器非零，则递增t_rtt。

5. 递增初始发送序号

100 tcp_iss在tcp_init中初始化为1。每500 ms tcp_iss增加64 000：128 000 (TCP_ISSINCR) 除以2 (PR_SLOWHZ)。尽管看上去tcp_iss每秒钟仅递增两次，但实际速率可达每8微秒增加1。后面将介绍，无论主动打开或被动打开，只要建立了一条连接，tcp_iss就会增加64 000。

> RFC 793规定初始发送序号应该约每4微秒增加一次，或每秒钟250 000次。Net/3实现的增加速率只有规定的一半。

6. 递增RFC 1323规定的时间戳值

101 tcp_now在系统重启时初始化为0，每500 ms递增一次，用于实现RFC 1323中定义的时间戳[Jacobson, Barden和Borman 1992]。26.6节中将详细介绍这一功能。

75-79 请注意，如果主机上没有打开的连接(tcb.inp_next为空)，则tcp_iss和则tcp_now的递增将停止。这种状况只可能发生在系统初启时，因为在一个联网的UNIX系统中几乎不可能没有若干活跃的TCP服务器。

25.6 tcp_timers函数

tcp_timers函数在4个TCP定时计数器中的任何一个减为0时由TCP的PRU_SLOWTIMO请求处理代码调用(图30-10)：

```
case PRU_SLOWTIMO:
    tp = tcp_timers(tp, (int)nam);
```

整个函数的结构是一个switch语句，每个定时器对应一个case语句，如图25-9所示。

```
                                                            ─ tcp_timer.c
120 struct tcpcb *
121 tcp_timers(tp, timer)
122 struct tcpcb *tp;
123 int     timer;
124 {
125     int     rexmt;
126     switch (timer) {


                            /* switch cases */


256     }
257     return (tp);
258 }
                                                            ─ tcp_timer.c
```

图25-9 tcp_timers函数：总体框架

下面我们介绍其中3个定时计数器(5个TCP定时器)，重传定时器留待25.11节中再讨论。

25.6.1 FIN_WAIT_2和2MSL定时器

TCP的TCP2_2MSL定时计数器实现了两种定时器。

1) FIN_WAIT_2定时器。当tcp_input从FIN_WAIT_1状态变迁到FIN_WAIT_2状态，并且插口不再接收任何新数据(意味着应用进程调用了close，而不是shutdown，从而无法利用TCP的半关闭功能)时，FIN_WAIT_2定时器设定为10分钟(tcp_maxidle)。这样可以防止连接永远停留在FIN_WAIT_2状态。

2) 2MSL定时器。当TCP转移到TIME_WAIT状态，2MSL定时器设定为60秒。

图25-10列出了处理2MSL定时器的case语句——在该定时器减为0时执行。

```
                                                            ─ tcp_timer.c
127     /*
128      * 2 MSL timeout in shutdown went off.  If we're closed but
129      * still waiting for peer to close and connection has been idle
130      * too long, or if 2MSL time is up from TIME_WAIT, delete connection
131      * control block.  Otherwise, check again in a bit.
132      */
133     case TCPT_2MSL:
134         if (tp->t_state != TCPS_TIME_WAIT &&
135             tp->t_idle <= tcp_maxidle)
136             tp->t_timer[TCPT_2MSL] = tcp_keepintvl;
137         else
138             tp = tcp_close(tp);
139         break;
                                                            ─ tcp_timer.c
```

图25-10 tcp_timers函数：2MSL定时器超时

1. 2MSL定时器

127-139   图25-10中的条件判断逻辑较为复杂，因为TCPT_2MSL计数器的两种不同用法混在了一起(习题25.4)。首先看TIME_WAIT状态，定时器60秒超时后，将调用tcp_close并释

放控制块。图25-11给出了典型的时间顺序，列出了2MSL定时器超时后的一系列函数调用。从图中可看出，如果某个定时器被设定为*N*秒(2×*N*滴答)，由于定时计数器的第一次递减将发生在其后的0~500 ms之间，定时器将在其后2×*N*-1和2×*N*个滴答之间的某个时刻超时。

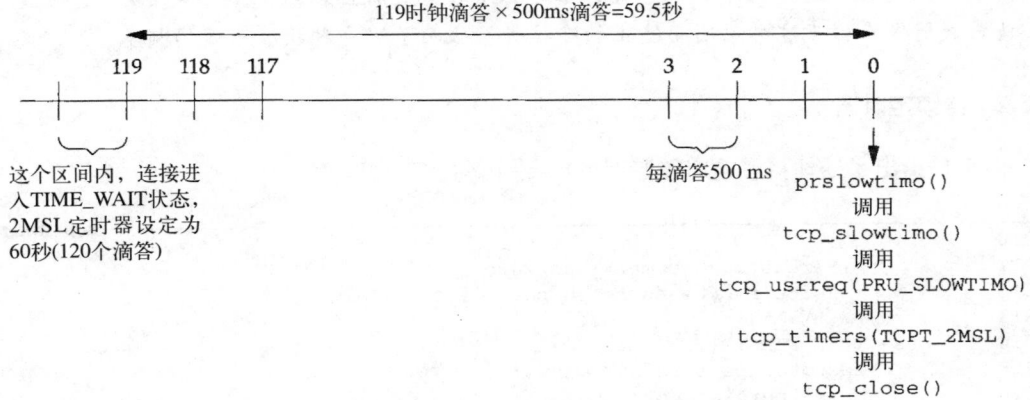

图25-11 TIME_WAIT状态下2MSL定时器的设定与超时

2. FIN_WAIT_2定时器

127-139 如果连接状态不是TIME_WAIT，`TCPT_2MSL`计数器表示FIN_WAIT_2定时器。只要连接的空闲时间超过10分钟(`tcp_maxidle`)，连接就会被关闭。但如果连接的空闲时间小于或等于10分钟，FIN_WAIT_2定时器将被设为75秒。图25-12给出了典型的时间顺序。

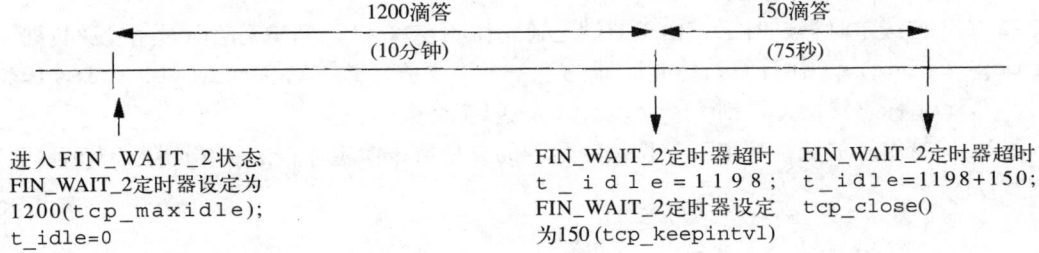

图25-12 FIN_WAIT_2定时器，避免永久滞留于FIN_WAIT_2状态

连接接收到一个ACK后，从FIN_WAIT_1状态变迁到FIN_WAIT_2状态(图24-15)，t_idle被置为0，FIN_WAIT_2定时器设为1200(`tcp_maxidle`)。图25-12中，向上的箭头指着10分钟定时起始时刻的右侧，强调定时计数器的第一次递减发生在定时器设定后的0~500 ms之间。1199个滴答后，定时器超时。从图25-8中可知，在四个定时计数器递减并做超时判定之后，t_idle才会增加，因此t_idle等于1198(我们假定连接在10分钟内一直空闲)。因为条件表达式"1198小于或等于1200"为真，FIN_WAIT_2定时器设为150 (`tcp_keepintvl`)。定时器75秒后再次超时，假定连接一直空闲，t_idle应为1348，条件表达式为假，`tcp_close`被调用。

第一次10分钟定时后加入另一个75秒定时是因为除非持续空闲时间超过10分钟，否则处于FIN_WAIT_2状态的连接不会被关闭。如果第一个10分钟定时器还未超时，测试t_idle值是没有意义的，但只要过了这段时间，每隔75秒就会进行一次测试。由于有可能收到重复的报文段，即一个重复的ACK使得连接从FIN_WAIT_1状态变迁到FIN_WAIT_2状态，因此每收到一个报文段，10分钟等待将重新开始(因为t_idle重设为0)。

处于FIN_WAIT_2状态的连接在10分钟空闲后将被关闭，这一点并不符合协议规范，但在实际中是可行的。处于FIN_WAIT_2状态，应用进程调用close，连接上的所有数据都已发送并被确认，FIN已被对端确认，TCP等待对端应用进程调用close。如果对端进程永远不关闭它的连接，本地TCP将一直滞留在FIN_WAIT_2状态。应定义计数器保存由于这种原因而终止的连接数，从而了解这种状况出现的频率。

25.6.2   持续定时器

图25-13给出了处理持续定时器超时的case语句。

```
                                                            ─── tcp_timer.c
210        /*
211         * Persistence timer into zero window.
212         * Force a byte to be output, if possible.
213         */
214    case TCPT_PERSIST:
215        tcpstat.tcps_persisttimeo++;
216        tcp_setpersist(tp);
217        tp->t_force = 1;
218        (void) tcp_output(tp);
219        tp->t_force = 0;
220        break;
                                                            ─── tcp_timer.c
```

图25-13 tcp_timers函数：持续定时器超时

强制发送窗口探测报文段

210-220 持续定时器超时后，由于对端已通告接收窗口为0，TCP无法向对端发送数据。此时，`tcp_setpersist`计算持续定时器的下一个设定值，并存储在TCPT_PERSIST计数器中。`t_force`标志置位，强制`tcp_output`发送1字节数据。

图25-14给出了局域网环境下，持续定时器的典型值，假定连接的重传时限为1.5秒(见卷1的图22-1)。

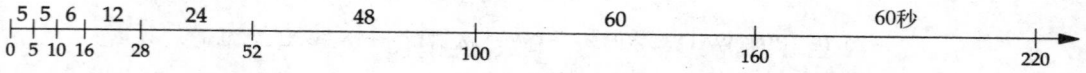

图25-14 持续定时器取值的时间表：探测对端接收窗口

一旦持续定时器取值达到60秒，TCP将每隔60秒发送一次窗口探测报文段。由于持续定时器取值的下限为5秒，上限为60秒，因此定时器头两次均设定为5秒，而不是1.5秒和3秒。从图中可知，定时器采用了指数退避策略，新的取值等于原有值乘以2，25.9节中将介绍这一算法的实现。

25.6.3   连接建立定时器和保活定时器

TCP的TCPT_KEEP计数器实现了两个定时器：

1) 当应用进程调用connect，连接转移到SYN_SENT状态(主动打开)，或者当连接从LISTEN状态变迁到SYN_RCVD状态(被动打开)时，SYN发送之后，将连接建立定时器设定为75秒(TCPTV_KEEP_INIT)。如果75秒内连接未能进入ESTABLISHED状态，则该连接被丢弃。

2) 收到一个报文段后，tcp_input将复位连接的保活定时器，重设为2小时(tcp_keepidle)，并清零连接的t_idle计数器。上述操作适用于系统中所有的TCP连接，无论是否置位了插口的保活选项。如果保活定时器超时(收到最后一个报文段2小时后)，并且置位了插口的保活选项，则TCP将向对端发送连接探测报文段。如果定时器超时，且未置位插口选项，则TCP将只复位定时器，重设为2小时。

图25-15给出了处理TCP的TCPT_KEEP计数器的case语句。

——— *tcp_timer.c*

```
221        /*
222         * Keep-alive timer went off; send something
223         * or drop connection if idle for too long.
224         */
225     case TCPT_KEEP:
226        tcpstat.tcps_keeptimeo++;
227        if (tp->t_state < TCPS_ESTABLISHED)
228          goto dropit;               /* connection establishment timer */

229        if (tp->t_inpcb->inp_socket->so_options & SO_KEEPALIVE &&
230            tp->t_state <= TCPS_CLOSE_WAIT) {
231          if (tp->t_idle >= tcp_keepidle + tcp_maxidle)
232              goto dropit;
233          /*
234           * Send a packet designed to force a response
235           * if the peer is up and reachable:
236           * either an ACK if the connection is still alive,
237           * or an RST if the peer has closed the connection
238           * due to timeout or reboot.
239           * Using sequence number tp->snd_una-1
240           * causes the transmitted zero-length segment
241           * to lie outside the receive window;
242           * by the protocol spec, this requires the
243           * correspondent TCP to respond.
244           */
245          tcpstat.tcps_keepprobe++;
246          tcp_respond(tp, tp->t_template, (struct mbuf *) NULL,
247                      tp->rcv_nxt, tp->snd_una - 1, 0);
248          tp->t_timer[TCPT_KEEP] = tcp_keepintvl;
249        } else
250            tp->t_timer[TCPT_KEEP] = tcp_keepidle;
251        break;
252     dropit:
253        tcpstat.tcps_keepdrops++;
254        tp = tcp_drop(tp, ETIMEDOUT);
255        break;
```

——— *tcp_timer.c*

图25-15 tcp_timer函数：保活时钟超时处理

1. 连接建立定时器75秒后超时

221-228 如果状态小于ESTABLISHED(图24-16)，TCPT_KEEP计数器代表连接建立定时器。定时器超时后，控制转到dropit，调用tcp_drop终止连接，给出差错代码ETIMEDOUT。我们将看到，ETIMEDOUT是默认差错码——例如，连接收到了某个差错报告，比如ICMP的主机不可达，返回应用进程的差错将变为EHOSTUNREACH，而非默认差错码。

我们将在图30-4中看到，TCP发送SYN的同时初始化了两个定时器：正在讨论的连接建立定时器(设定为75秒)和重传定时器，保证对端无响应时可重传SYN。图25-16给出了这两个定时器。

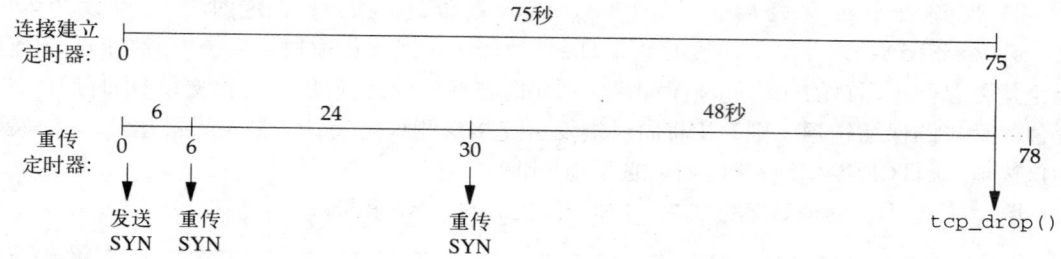

图25-16 SYN发送后：连接建立定时器和重传定时器

对于一个新连接，重传定时器初始化为6秒(图25-19)，后续值分别为24秒和48秒，25.7节中将详细讨论定时器取值的计算方法。重传定时器使得SYN报文段在0秒、6秒和30秒处连续三次被重传。在75秒处，也就是重传定时器再次超时之前3秒钟，连接建立定时器超时，调用`tcp_drop`终止连接。

2. 保活定时器在2小时空闲后超时

229-230 所有连接上的保活定时器在连续2小时空闲后超时，无论连接是否选取了插口的`SO_KEEPALIVE`选项。如果插口选项置位，并且连接处于ESTABLISHED状态或CLOSE_WAIT状态(图24-15)，TCP将发送连接探测报文段。但如果应用进程调用了close(状态大于CLOSE_WAIT)，即使连接已空闲了2小时，TCP也不会发送连接探测报文段。

3. 无响应时丢弃连接

231-232 如果连接总的空闲时间大于或等于2小时(`tcp_keepidle`)加10分钟(`tcp_maxidle`)，连接将被丢弃。也就是说，对端无响应时，TCP最多发送9个连接探测报文段，间隔75秒(`tcp_keepintvl`)。TCP在确认连接已死亡之前必须发送多个连接探测报文段的一个原因是，对端的响应很可能是不带数据的纯ACK报文段，TCP无法保证此类报文段的可靠传输，因此，连接探测报文段的响应有可能丢失。

4. 进行保活测试

233-248 如果TCP进行保活测试的次数还在许可范围之内，`tcp_respond`将发送连接探测报文段。报文段的确认字段(`tcp_respond`的第四个参数)填入`rcv_nxt`，期待接收的下一序号；序号字段填入`snd_una -1`，即对端已确认过的序号(图24-17)。由于这一特定序号落在接收窗口之外，对端必然会发送ACK，给定它所期待的下一序号。

图25-17小结了保活定时器的用法。

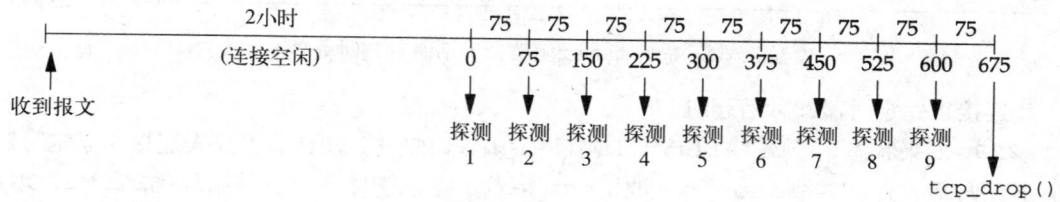

图25-17 保活定时器小结：判定对端是否可达

从0秒起，每隔75秒连续9次发送连接探测报文段，直至600秒。675秒时(定时器2小时超时后的11.25分钟)连接被丢弃。请注意，尽管常量TCPTV_KEEPCNT(图25-4)的值设为8，却发送了9次报文段，这是因为代码首先完成定时器递减、与0比较并做可能的处理后才递增变量t_idle(图25-8)。当tcp_input接收了一个报文段，就会复位保活定时器为14400(tcp_keepidle)，并清零t_idle。下一次调用tcp_slowtimo时，定时器减为14339而t_idle增为1。约2小时后，定时器从1减为0时将调用tcp_timers，而此时t_idle的值将为14339。图25-18列出了每次调用tcp_timers时t_idle的取值。

探测次数	图25-17中的时间	t_idle
1	0	14399
2	75	14549
3	150	14699
4	225	14849
5	300	14999
6	375	15149
7	450	15299
8	525	15449
9	600	15599
	675	15749

图25-18 调用tcp_timers处理保活定时器时t_idle的取值

图25-15中的代码一直等待t_idle大于或等于15600(tcp_keepidle+tcp_maxidle)，这一事件只可能发生在图25-17中的675秒处，即连续发送了9次连接探测报文段之后。

5. 复位保活定时器

249-250 如果插口选项未置位，或者连接状态大于CLOSE_WAIT，连接的保活定时器将复位，重设为2小时(tcp_keepidle)。

遗憾的是，计数器tcp_keepdrops(253行)不加区分地统计TCPT_KEEP定时计数器的两种不同用法所造成的连接丢弃：连接建立计数器和保活计数器。

25.7 重传定时器的计算

到目前为止，讨论过的定时器的取值都是固定的：延迟ACK 200ms，连接建立定时器75秒，保活定时器2小时等等。最后两个定时器——重传定时器和持续定时器——的取值依于连接上测算得到的RTT。在讨论实现定时器时限计算和设定的代码之前，首先应理解连接RTT的测算方法。

TCP的一个基本操作是在发送了需对端确认的报文段后，设置重传定时器。如果在定时器时限范围内未收到ACK，该报文段被重发。TCP要求对端确认所有数据报文段，不携带数据的报文段则无须确认(例如纯ACK报文段)。如果估算的重传时间过小，响应到达前即超时，造成不必要的重传；如果过大，在报文段丢失之后，发送重传报文段之前将等待一段额外的时间，降低了系统的效率。更为复杂的是，主机间的往返时间动态改变，且变化范围显著。

Net/3中TCP计算重传时限(RTO)时不仅要测量数据报文段的往返时间(*nticks*)，还要记录已平滑的RTT估计器(*srtt*)和已平滑的RTT平均偏差估计器(*rttvar*)。平均偏差是标准方差的良好近似，计算较为容易，不需要标准方差的求平方根运算。[Jacobson 1988b]讨论了RTT测算的其他细节，给出下面的公式：

$$delta = nticks - srtt$$
$$srtt \leftarrow srtt + g \times delta$$
$$rttvar \leftarrow rttvar + h(|delta| - rttvar)$$
$$RTO = srtt + 4 \times rttvar$$

*delta*是最新测量的往返时间(*nticks*)与当前已平滑的RTT估计器(*srtt*)间的差值。g是用到RTT估计器的增益，设为1/8。h是用到平均偏差估计器的增益，设为1/4。这两个增益和*RTO*计算中的乘数4有意取为2的乘方，从而不需要乘、除法，只需要简单的移位操作就能够完成运算。

[Jacobson 1988b]规定RTO算式应使用$2 \times rttvar$，但经过进一步的研究，[Jacobson 1990d]更正为$4 \times rttvar$，即Net/1实现中采用的算式。

下面首先介绍TCP重传定时器计算中用到的各种变量和算式，它们在TCP代码中出现的频率很高。图25-19列出了控制块中与重传定时器有关的变量。

tcpcb的成员	单　　位	tcp_newtcpcb 初始值	秒　　数	描　　述
t_srtt	滴答×8	0		已平滑的RTT估计器：$srtt \times 8$
t_rttvar	滴答×4	24	3	已平滑的RTT平均偏差估计器：$rttvar \times 4$
t_rxtcur	滴答	12	6	当前重传时限：RTO
t_rttmin	滴答	2	1	重传时限最小值
t_rxtshift	不用	0		tcp_backoff[ ]数组索引（指数退避）

图25-19　用于重传定时器计算的控制块变量

tcp_backoff数组将在25.9节末尾定义。tcp_newtcpcb函数设定这些变量的初始值，实现代码将在下一节详细讨论。对变量t_rxtshift中的shift及其上限TCP_MAXRXTSHIFT的命名并不十分准确。它指的并不是比特移位，而是如图25-19中所声明的，指数组索引。

TCP时限计算中不易理解的地方是已平滑的RTT估计器和已平滑的RTT平均偏差估计器(t_rtt和t_rttvar)在C代码中都定义为整型，而不是浮点型。这样可以避免内核中的浮点运算，代价是增加了代码的复杂性。

为了区分缩放前和缩放后(scaled)的变量，斜体变量*srtt*和*rttvar*表示前面公式中未缩放的变量，t_srtt和t_rttvar表示TCP控制块中缩放后的变量。

图25-20列出了将遇到的四个常量，它们分别定义了t_srtt的缩放因子和t_rttvar的缩放因子，分别为8和4。

常　　量	值	描　　述
TCP_RTT_SCALE	8	相乘：t_srtt=$srtt \times 8$
TCP_RTT_SHIFT	3	移位：t_srtt=$srtt$<<3
TCP_RTTVAR_SCALE	4	相乘：t_rttvar=$rttvar \times 4$
TCP_RTTVAR_SHIFT	2	移位：t_rttvar=$rttvar$<<2

图25-20　RTT均值与偏差的乘法与移位

25.8　tcp_newtcpcb算法

图25-21定义了tcp_newtcpcb，分配一个新的TCP控制块并完成初始化。创建新的插口时，TCP的PRU_ATTACH请求将调用它（图30-2）。调用者已事先为该连接分配了一个Internet PCB，并在参数inp中包含指向该结构的指针。我们在这里给出函数代码，是因为它初始化了TCP的定时器变量。

167-175　内核函数malloc分配控制块所需内存，bzero清零新分配的内存块。

176　变量seg_next和seg_prev指向未按正常次序到达当前连接的报文段的重组队列。我们将在27.9节中详细讨论这一重组队列。

tcp_subr.c

```
167  struct tcpcb *
168  tcp_newtcpcb(inp)
169  struct inpcb *inp;
170  {
171      struct tcpcb *tp;

172      tp = malloc(sizeof(*tp), M_PCB, M_NOWAIT);
173      if (tp == NULL)
174          return ((struct tcpcb *) 0);
175      bzero((char *) tp, sizeof(struct tcpcb));
176      tp->seg_next = tp->seg_prev = (struct tcpiphdr *) tp;
177      tp->t_maxseg = tcp_mssdflt;
178      tp->t_flags = tcp_do_rfc1323 ? (TF_REQ_SCALE | TF_REQ_TSTMP) : 0;
179      tp->t_inpcb = inp;
180      /*
181       * Init srtt to TCPTV_SRTTBASE (0), so we can tell that we have no
182       * rtt estimate.  Set rttvar so that srtt + 2 * rttvar gives
183       * reasonable initial retransmit time.
184       */
185      tp->t_srtt = TCPTV_SRTTBASE;
186      tp->t_rttvar = tcp_rttdflt * PR_SLOWHZ << 2;
187      tp->t_rttmin = TCPTV_MIN;
188      TCPT_RANGESET(tp->t_rxtcur,
189                    ((TCPTV_SRTTBASE >> 2) + (TCPTV_SRTTDFLT << 2)) >> 1,
190                    TCPTV_MIN, TCPTV_REXMTMAX);

191      tp->snd_cwnd = TCP_MAXWIN << TCP_MAX_WINSHIFT;
192      tp->snd_ssthresh = TCP_MAXWIN << TCP_MAX_WINSHIFT;

193      inp->inp_ip.ip_ttl = ip_defttl;
194      inp->inp_ppcb = (caddr_t) tp;
195      return (tp);
196  }
```

tcp_subr.c

图25-21 tcp_newtcpcb函数：创建并初始化一个新的TCP控制块

177-179 发送报文段的最大长度，t_maxseq，默认为512(tcp_mssdflt)。收到对端MSS选项后，它将被tcp_mss函数更改(新连接建立后，TCP也会向对端发送MSS选项)。如果配置要求系统实现RFC 1313规定的可变窗口和时间戳功能(图24-3中的全局变量tcp_do_rfc1313，默认值为1)，TF_REQ_SCALE和TF_REQ_TSTMP两个标志将被置位。TCP控制块中的t_inpcb指针将指向由调用者传来的Internet PCB。

180-185 初始化图25-19中列出的四个变量t_srtt、t_rttvar、t_rttmin和t_rxtcur。首先，已平滑的RTT估计器被设为0(TCPTV_SRTTBASE)，这个取值非常特殊，指明连接上还不存在RTT估计器。首次进行RTT测量时，tcp_xmit_timer函数将判定已平滑的RTT估计器是否等于0，以采取相应动作。

186-187 已平滑的RTT平均偏差估计器t_rttvar定义为24：3(tcp_rttdflt，图24-3)乘以2(PR_SLOWHZ)后左移2 bit(即乘以4)。由于t_rttvar是变量*rttvar*的4倍，也就等于6个滴答，即3秒钟。*RTO*的最小值，t_rttmin，为2个滴答。

188-190 变量t_rxtcu保存了当前*RTO*值，以滴答为单位，最小值为2个滴答(TCPTV_MIN)，最大值为128个滴答(TCPTV_REXMTMAX)。TCPT_RANGESET的第二个参数，表达式计算后等于12个滴答，即6秒钟，是连接的第一个*RTO*值。

理解上述C表达式和RTT缩放值的概念并不是一件容易的事，下面的讨论可能会对您有所帮助。首先从原始的计算公式开始，并将缩放后的变量替代其中缩放前的变量。下面的算式用于计算第一个*RTO*，以乘数2替代了乘数4。

$$RTO = srtt + 2 \times rttvar$$

使用乘数2而非4是最初4.3BSD Tahoe实现的一个遗留问题[Paxson 1994]。

把下面两个缩放后的变量

$$t\_srtt = 8 \times srtt$$
$$t\_rttvar = 4 \times rttvar$$

代入上式，得到：

$$RTO = \frac{t\_srtt}{8} + 2 \times \frac{t\_rttvar}{4} = \frac{\frac{t\_srtt}{4} + t\_rttvar}{2}$$

也就是图25-21代码中TCPT_RANGESET第二个参数的表达式，只不过用常量——值为6个滴答的TCPTV_SRTTDFLT乘以4后(缩放运算)代替了变量t_rttvar。

191-192   拥塞窗口(snd_cwnd)和慢起动门限(snd_ssthresh)初始化为1 073 725 440 (约为1 G字节)，如是配置了动态窗口选项，这已是TCP窗口大小的上限(卷1的21.6节详细讨论了慢起动和避免拥塞策略)，即TCP首部窗口字段的最大值(65535，TCP_MAXWIN)乘以2^{14}，14是窗口缩放因子的最大值(TCP_MAX_WINSHIFT)。后面将看到，连接上发送或接收了一个SYN时，tcp_mss复位snd_cwnd为1。

193-194   Internet PCB中的IP TTL的默认值初始化为64(ip_defttl)，而PCB则指向新的TCP控制块。

代码中没有明确初始化的其他变量，如移位变量t_rxtshift，均为0，这是因为控制块内存分配后已由bzero清零。

25.9   **tcp_setpersist**函数

接下来要讨论的函数是tcp_setpersist，它用到了TCP的重传超时算法。从图25-13中可知，持续定时器超时后，将调用此函数。当TCP有数据要发送，而连接对端通告接收窗口为0时，持续定时器启动。图25-22给出了函数实现代码，计算并存储定时器的下个取值。

```
                                                            ─── tcp_output.c
493 void
494 tcp_setpersist(tp)
495 struct tcpcb *tp;
496 {
497     t = ((tp->t_srtt >> 2) + tp->t_rttvar) >> 1;
498     if (tp->t_timer[TCPT_REXMT])
499         panic("tcp_output REXMT");
500     /*
501      * Start/restart persistance timer.
502      */
503     TCPT_RANGESET(tp->t_timer[TCPT_PERSIST],
504                 t * tcp_backoff[tp->t_rxtshift],
505                 TCPTV_PERSMIN, TCPTV_PERSMAX);
506     if (tp->t_rxtshift < TCP_MAXRXTSHIFT)
507         tp->t_rxtshift++;
508 }
                                                            ─── tcp_output.c
```

图25-22   tcp_setpersist函数：计算并存储持续定时器的下一次取值

1. 确认重传定时器未设定

493-499 持续定时器设定之前，首先检查确认重传定时器未启动，这是因为两个定时器彼此互斥：如果数据已被发送，说明对端通告的接收窗口必然非零，但持续时钟仅当对端通告零接收窗口时才会设定。

2. 计算RTO

500-505 函数起始处，计算RTO值并存储到变量t中。使用的计算公式为

$$RTO = srtt + 2 \times rttvar$$

与上小节结束时讨论过的公式相同。通过变量替换可得到

$$RTO = \frac{\dfrac{t\_srtt}{4} + t\_rttvar}{2}$$

即变量t的计算式。

3. 指数退避算法

506-507 RTO计算中还用到了指数退避算法，将上式计算得到的RTO与tcp_backoff数组中的某个值相乘：

```
int tcp_backoff[ TCP_MAXRXTSHIFT + 1 ] =
        {1, 2, 4, 8, 16, 32, 64, 64, 64, 64, 64, 64, 64 };
```

tcp_output第一次为连接设置持续定时器的代码是：

```
        tp->t_rxtshift=0;
        tcp_setpersist(tp);
```

因此，第一次调用tcp_setpersist时，t_rxtshift= 0。由于tcp_backoff[0]=1，持续时限等于t。TCPT_RANGESET宏确保RTO值位于5秒~60秒之间。t_rxtshift每次增加1，直到最大值12(TCP_MAXRXTSHIFT)，tcp_backoff[12]是数组的最后一个元素。

25.10 tcp_xmit_timer函数

下一个讨论的函数，tcp_xmit_timer，在得到了一个RTT测量值，从而更新已平滑的RTT估计器(srtt)和平均偏差(rttvar)时被调用。

参数rtt传递了得到的RTT测量值。它的值为nticks+1 (与25.7节中的符号一致)，可以通过下面两种方法之一得到。

如果收到的报文段中存在时间戳选项，RTT测量值应等于当前时间(tcp_now)减去时间戳值。我们将在26.6节中讨论时间戳选项，现在只需了解tcp_now每500ms递增一次(图25-8)。发送报文段时，tcp_now作为时间戳被发送，连接对端在相应的ACK中回显该时间戳。

如果未使用时间戳，可以对数据报文计时。从图25-8可知，连接上的计数器t_rtt每500ms递增一次。在25.5节也曾提到，该计数器初始化为1，因此收到ACK时，该计数器中的值即为RTT测量值加1(以滴答为单位)。

tcp_input中调用tcp_xmit_timer的典型代码如下：

```
    if (ts_present)
        tcp_xmit_timer(tp, tcp_now - ts_ecr + 1);
    else if (tp->rtt  &&  SEQ_GT(ti->ti_ack, tp->t_rtseq))
        tcp_xmit_timer(tp, tp->t_rtt);
```

如果报文段中存在时间戳(ts_present)，RTT测量值等于当前时间(tcp_now)减去回显

的时间戳(ts_ecr)再加1，RTT估计器将被更新(后面将介绍加1的原因)。

如果不存在时间戳，但收到的ACK报文确认了一个正在计时的数据报文，这种情况下RTT估计器也将被更新。每个TCP控制块(t_rtt)中只存在一个RTT计数器，因此，在一条连接上只可能对一个特定数据报文计时。这个报文发送时的起始序号存储在t_rtseq中，与收到的ACK比较，可以确定该报文对应ACK返回的时间。如果收到的确认序号(ti_ack)大于正在计时的数据报文起始序号(t_rtseq)，t_rtt即为RTT新的样本，从而更新RTT估计器。

在支持RFC 1323的时间戳功能之前，t_rtt是TCP测量RTT的唯一方法。但这个变量还用作确认报文段是否被计时的标志(图25-8)：如果t_rtt大于0，则tcp_slowtimo每隔500ms完成t_rtt的加1操作；因此，t_rtt非零时，它等于所用的滴答数再加1。我们将看到，tcp_xmit_timer函数中对得到的第二个参数减1，以纠正上述偏差。因此，使用时间戳时，向tcp_xmit_timer传送的第二个参数必须加1，以保持一致。

序号的大于判定是因为ACK是累积的：如果TCP发送并计时的报文序号为1~1024(t_rtseq等于1)，然后立即发送(但未计时)下一个报文序号为1025~2048，接着收到一个ACK报文，其ti_ack等于2049，它确认了序号1~2048，即同时确认了第一个计时报文和第二个未计时报文。注意，如果使用了RFC 1323定义的时间戳，则不存在序号比较问题。如果对端发送了时间戳选项，意味着它填入了回应时间(ts_ecr)，从而可直接计算RTT。

图25-23给出了函数更新RTT估算值的部分代码。

tcp_input.c

```
1310 void
1311 tcp_xmit_timer(tp, rtt)
1312 struct tcpcb *tp;
1313 short   rtt;
1314 {
1315     short   delta;

1316     tcpstat.tcps_rttupdated++;
1317     if (tp->t_srtt != 0) {
1318         /*
1319          * srtt is stored as fixed point with 3 bits after the
1320          * binary point (i.e., scaled by 8).  The following magic
1321          * is equivalent to the smoothing algorithm in rfc793 with
1322          * an alpha of .875 (srtt = rtt/8 + srtt*7/8 in fixed
1323          * point).  Adjust rtt to origin 0.
1324          */
1325         delta = rtt - 1 - (tp->t_srtt >> TCP_RTT_SHIFT);
1326         if ((tp->t_srtt += delta) <= 0)
1327             tp->t_srtt = 1;
1328         /*
1329          * We accumulate a smoothed rtt variance (actually, a
1330          * smoothed mean difference), then set the retransmit
1331          * timer to smoothed rtt + 4 times the smoothed variance.
1332          * rttvar is stored as fixed point with 2 bits after the
1333          * binary point (scaled by 4).  The following is
1334          * equivalent to rfc793 smoothing with an alpha of .75
1335          * (rttvar = rttvar*3/4 + |delta| / 4).  This replaces
1336          * rfc793's wired-in beta.
1337          */
```

图25-23 tcp_xmit_timer函数：利用新的RTT测量值计算已平滑的RTT估计器

```
1338           if (delta < 0)
1339               delta = -delta;
1340           delta -= (tp->t_rttvar >> TCP_RTTVAR_SHIFT);
1341           if ((tp->t_rttvar += delta) <= 0)
1342               tp->t_rttvar = 1;
1343       } else {
1344           /*
1345            * No rtt measurement yet - use the unsmoothed rtt.
1346            * Set the variance to half the rtt (so our first
1347            * retransmit happens at 3*rtt).
1348            */
1349           tp->t_srtt = rtt << TCP_RTT_SHIFT;
1350           tp->t_rttvar = rtt << (TCP_RTTVAR_SHIFT - 1);
1351       }
```
tcp_input.c

图25-23 （续）

1. 更新已平滑的RTT估计器

1310-1325 前面已介绍过，tcp_newtcpcb初始化已平滑的RTT估计器(t_srtt)为0，指明连接上不存在RTT估计器。delta是RTT测量值与当前已平滑的RTT估计器间的差值，以未缩放的滴答为单位。t_srtt除以8，单位从缩放后的滴答转换为未缩放的滴答。

1326-1327 已平滑的RTT估计器用以下公式进行更新：

$$srtt \leftarrow srtt + g \times delta$$

由于增益$g=1/8$，公式变为

$$8 \times srtt \leftarrow 8 \times srtt + delta$$

也就是

$$t\_srtt \leftarrow t\_srtt + delta$$

1328-1342 已平滑的RTT平均偏差估计器的计算公式如下：

$$rttvar \leftarrow rttvar + h(|delta| - rttvar)$$

将$h=1/4$和缩放后的$t\_rttvar = 4 \times rttvar$代入，得到：

$$\frac{t\_rttvar}{4} \leftarrow \frac{t\_rttvar}{4} + \frac{|delta| - \frac{t\_rttvar}{4}}{4}$$

也就是

$$t\_rttvar \leftarrow t\_rttvar + |delta| - \frac{t\_rttvar}{4}$$

最后一个表达式即为C代码中的表达式。

2. 第一次测量RTT时初始化平滑的估计器值

1343-1350 如果是首次测量某连接的RTT值，已平滑的RTT估计器初始化为测量得到的样本值。下面的计算用到了参数rtt，前面已介绍过rtt等于测量到的RTT值加1($nticks+1$)，而前面公式中用到的delta是从rtt中减1得到的。

$$srtt = nticks + 1$$

或

$$\frac{t\_srtt}{8} = nticks + 1$$

也就是

$$t\_srtt=(nticks+1) \times 8$$

平均偏差等于测量到的RTT值的一半：

$$rttvar = \frac{srtt}{2}$$

也就是

$$\frac{t\_rttvar}{4} = \frac{nticks+1}{2}$$

或者

$$t\_rttvar=(nticks+1) \times 2$$

代码中的注释指出，已平滑的平均偏差的这种初始取值使得RTO的初始值等于$3 \times srtt$。因为

$$RTO=srtt+4 \times rttvar$$

替换掉$rttvar$，得到：

$$RTO = srtt + 4 \times \frac{srtt}{2}$$

也就是

$$RTO=3 \times srtt$$

图25-24给出了`tcp_xmit_timer`函数最后一部分的代码。

```
                                                                ── tcp_input.c
1352    tp->t_rtt = 0;
1353    tp->t_rxtshift = 0;

1354    /*
1355     * the retransmit should happen at rtt + 4 * rttvar.
1356     * Because of the way we do the smoothing, srtt and rttvar
1357     * will each average +1/2 tick of bias.  When we compute
1358     * the retransmit timer, we want 1/2 tick of rounding and
1359     * 1 extra tick because of +-1/2 tick uncertainty in the
1360     * firing of the timer.  The bias will give us exactly the
1361     * 1.5 tick we need.  But, because the bias is
1362     * statistical, we have to test that we don't drop below
1363     * the minimum feasible timer (which is 2 ticks).
1364     */
1365    TCPT_RANGESET(tp->t_rxtcur, TCP_REXMTVAL(tp),
1366                    tp->t_rttmin, TCPTV_REXMTMAX);

1367    /*
1368     * We received an ack for a packet that wasn't retransmitted;
1369     * it is probably safe to discard any error indications we've
1370     * received recently.  This isn't quite right, but close enough
1371     * for now (a route might have failed after we sent a segment,
1372     * and the return path might not be symmetrical).
1373     */
1374    tp->t_softerror = 0;
1375 }
                                                                ── tcp_input.c
```

图25-24 `tcp_xmit_timer`函数：最后一部分

1352-1353   RTT计数器(`t_rtt`)和重传移位计数器(`t_rxtshift`)同时复位为0，为下一个报文的发送和计时做准备。

1354-1366 连接的下一个*RTO*(t_rxtcur)计算用到宏

```
#define TCP_REXMTVAL(tp) \
        (((tp)->t_srtt >> TCP_RTT_SHIFT) + (tp)->t_ttvar)
```

其实,这就是我们很熟悉的公式

$$RTO = srtt + 4 \times rttvar$$

用tcp_xmit_timer更新过的缩放后的变量替代上式中的*srtt*和*rttvar*,得到宏的表达式:

$$RTO = \frac{t\_srtt}{8} + 4 \times \frac{t\_rttvar}{4} = \frac{t\_srtt}{8} + t\_rttvar$$

此外,*RTO*取值应在规定范围之内,最小值为连接上设定的最小RTO(t_rttmin,t_newtcpcb初始化为2个滴答),最大值为128个滴答(TCPTV_REXMTMAX)。

3. 清除软错误变量

1367-1374 由于只有当收到了已发送的数据报文的确认时,才会调用tcp_xmit_timer,如果连接上发生了软错误(t_softerror),该错误将被丢弃。下一节中将详细讨论软错误。

25.11 重传超时:tcp_timers函数

我们现在回到tcp_timers函数,讨论25.6节中未涉及的最后一个case语句:处理重传定时器。如果在*RTO*内没有收到对端对一个已发送数据报的确认,则执行此段代码。

图25-25小结了重传定时器的操作。假定tcp_output计算的报文首次重传时限为1.5秒,这是LAN的典型值(参见卷1的图21-1)。

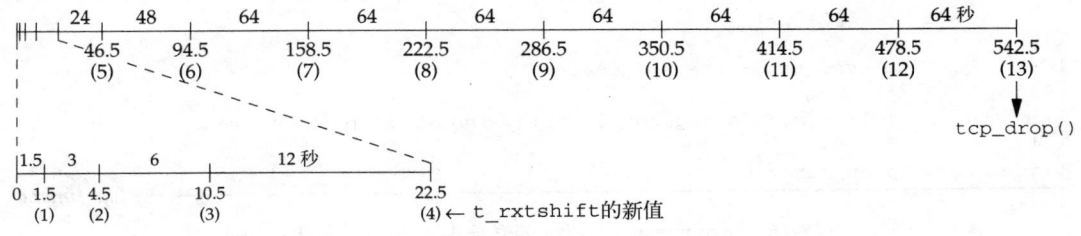

图25-25 发送数据时重传定时器小结

x轴为时间轴,以秒为单位,标注依次为:0、1.5、4.5等等。这些数字的下方,给出了代码中用到的t_rxtshift的值。连续12次重传后,总共为542.5秒(约9分钟),TCP将放弃并丢弃连接。

RFC 793建议在建立新连接时,无论主动打开或被动打开,应定义一个参数规定TCP发送数据的总时限,也就是TCP在放弃发送并丢弃连接之前试图传输给定数据报文的总时间。推荐的默认值为5分钟。

RFC 1122要求应用程序必须为连接指定一个参数,限定TCP总的重传次数或者TCP试图发送数据的总时间。这个参数如果设为"无限",那么TCP永不会放弃,还可能不允许终端用户终止连接。

在代码中可看到,Net/3不支持应用程序的上述控制权:TCP放弃传输之前的重传次数是固定的(12),所用的总时间取决于RTT。

图25-26给出了重传超时case语句的前半部分。

```
                                                          tcp_timer.c
140          /*
141           * Retransmission timer went off.  Message has not
142           * been acked within retransmit interval.  Back off
143           * to a longer retransmit interval and retransmit one segment.
144           */
145      case TCPT_REXMT:
146          if (++tp->t_rxtshift > TCP_MAXRXTSHIFT) {
147               tp->t_rxtshift = TCP_MAXRXTSHIFT;
148               tcpstat.tcps_timeoutdrop++;
149               tp = tcp_drop(tp, tp->t_softerror ?
150                         tp->t_softerror : ETIMEDOUT);
151               break;
152          }
153          tcpstat.tcps_rexmttimeo++;
154          rexmt = TCP_REXMTVAL(tp) * tcp_backoff[tp->t_rxtshift];
155          TCPT_RANGESET(tp->t_rxtcur, rexmt,
156                       tp->t_rttmin, TCPTV_REXMTMAX);
157          tp->t_timer[TCPT_REXMT] = tp->t_rxtcur;
158          /*
159           * If losing, let the lower level know and try for
160           * a better route.  Also, if we backed off this far,
161           * our srtt estimate is probably bogus.  Clobber it
162           * so we'll take the next rtt measurement as our srtt;
163           * move the current srtt into rttvar to keep the current
164           * retransmit times until then.
165           */
166          if (tp->t_rxtshift > TCP_MAXRXTSHIFT / 4) {
167               in_losing(tp->t_inpcb);
168               tp->t_rttvar += (tp->t_srtt >> TCP_RTT_SHIFT);
169               tp->t_srtt = 0;
170          }
171          tp->snd_nxt = tp->snd_una;
172          /*
173           * If timing a segment in this window, stop the timer.
174           */
175          tp->t_rtt = 0;
                                                          tcp_timer.c
```

图25-26 tcp_timers函数：重传定时器超时，前半部分

1. 递增移位计数器

146 重传移位计数器(t_rxtshift)在每次重传时递增，如果大于12(TCP_MAXRXTSHIFT)，连接将被丢弃。图25-25给出了t_rxtshift每次重传时的取值。请注意两种丢弃连接的区别：由于收不到对端对已发送数据报文的确认而造成的丢弃连接，以及由于保活定时器的作用在长时间空闲且收不到对端响应时的丢弃连接。两种情况下，TCP都会向应用进程报告ETIMEDOUT差错，除非连接收到了一个软错误。

2. 丢弃连接

147-152 软错误指不会导致TCP终止已建立的连接或正试图建立的连接的错误，但系统会记录出现的软错误，以备TCP将来放弃连接时参考。例如，如果TCP重传SYN报文段，试图建立新的连接，但未收到响应，TCP将向应用进程报告ETIMEDOUT差错。但如果在重传期间，收到一个ICMP"主机不可达"差错代码，tcp_notify会在t_softerror中存储这一软错误。如果TCP最终决定放弃重传，返回给应用进程的差错代码将为EHOSTUNREACH，而不是

ETIMEDOUT，从而向应用进程提供了更多的信息。如果TCP发送SYN后，对端的响应为RST，这是个硬错误，连接立即被终止，返回差错代码ECONNRFUSED(图28-18)。

3. 计算新的RTO

153-157　利用TCP_REXMTVAL宏实现指数退避，计算新的RTO值。代码中，给定报文第一次重传时t_rxtshift等于1，因此，RTO值为TCP_REXMTVAL计算值的两倍。新的RTO值存储在t_rxtcur中，供连接的重传定时器——t_timer[TCPT_REXMT]——使用，tcp_input在启动重传定时器时会用到它(图28-12和图29-6)。

4. 向IP询问更换路由

158-167　如果报文段已重传4次以上，in_losing将释放缓存中的路由(如果存在)，tcp_output再次重传该报文时(图25-27中case语句的结尾处)，将选择一条新的，也许好一些的路由。从图25-25可看到，每次重定定时器超时时，如果重传时限已超过22.5秒，将调用in_losing。

5. 清除RTT估计器

168-170　代码中，已平滑的RTT估计器(t_srtt)被置为0(t_newtcpcb中曾将其初始化为0)，强迫tcp_xmit_timer将下一个RTT测量值作为已平滑的RTT估计器，这是因为报文段重传次数已超过4次，意味着TCP的已平滑的RTT估计器可能已失效。若重传定时器再次超时，进入case语句后，将利用TCP_REXMTVAL计算新的RTO值。由于t_srtt被置为0，新的计算值应与本次重传中的计算值相同，再利用指数退避算法加以修正(图25-28中，在42.464秒处的重传很好地说明了上面讨论的概念)。

再次计算RTO时，利用公式

$$RTO = \frac{t\_srtt}{8} + t\_rttvar$$

由于t_srtt等于0，RTO取值不变。如果报文的重传定时器再次超时(图25-28中从84.064秒到217.84秒)，case语句再次被执行，t_srtt等于0，t_rttvar不变。

6. 强迫重传最早的未确认数据

171　下一个发送序号(snd_nxt)被置为最早的未确认的序号(snd_una)。回想图24-17中，snd_nxt大于snd_una。把snd_nxt回移，将重传最早的未确认过的报文。

7. Karn算法

172-175　RTT计数器，t_rtt，被置为0。Karn算法认为由于该报文即将重传，对该报文的计时也就失去了意义。即使收到了ACK，也无法区分它是对第一次报文，还是对第二次报文的确认。[Karn and Partridge 1987]和卷1的21.3节中都介绍了这一算法。因此，TCP只对未重传报文计时，利用t_rtt计数器得到样本值，并据此修正RTT估计器。在后面的图29-6中将看到，如何使用RFC 1323的时间戳功能取代Karn算法。

25.11.1　慢起动和避免拥塞

图25-27给出了case语句的后半部分，实现慢起动和避免拥塞，并重传最早的未确认过的报文。

由于重传定时器超时，网络中很可能发生了拥塞。这种情况下，需要用到TCP的拥塞避免算法。如果最终收到了对端发送的确认，TCP采用慢起动算法以较慢的速率继续进行数据传输。卷1的20.6节和21.6节详细讨论了这两种算法。

176-205 win被置为现有窗口大小(接收方通告的窗口大小snd_wnd和发送方拥塞窗口大小snd_cwnd，两者之中的较小值)的一半，以报文为单位，而非字节(因此除以t_maxseg)，最小值为2。它的值等于网络拥塞时现有窗口大小的一半，也就是慢起动门限，t_ssthresh(以字节为单位，因此乘以t_maxseg)。拥塞窗口的大小，snd_cwnd，被置为只容纳1个报文，强迫执行慢起动。上述做法假定造成网络拥塞的原因之一是本地数据发送太快，因此在拥塞发生时，必须降低发送窗口大小。

> 这段代码放在一对括号中，是因为它是在4.3BSD和Net/1实现之间添加的，并要求有自己的局部变量(win)。

206 连续重复ACK计数器，t_dupacks (用于29.4节中将介绍的快速重传算法)被置为0。我们将在第29章中介绍它在TCP快速重传和快速恢复算法中的用途。

208 tcp_output重新发送包含最早的未确认序号的报文，即由于重传定时器超时引发了报文重传。

```
                                                                    tcp_timer.c
176        /*
177         * Close the congestion window down to one segment
178         * (we'll open it by one segment for each ack we get).
179         * Since we probably have a window's worth of unacked
180         * data accumulated, this "slow start" keeps us from
181         * dumping all that data as back-to-back packets (which
182         * might overwhelm an intermediate gateway).
183         *
184         * There are two phases to the opening: Initially we
185         * open by one mss on each ack.  This makes the window
186         * size increase exponentially with time.  If the
187         * window is larger than the path can handle, this
188         * exponential growth results in dropped packet(s)
189         * almost immediately.  To get more time between
190         * drops but still "push" the network to take advantage
191         * of improving conditions, we switch from exponential
192         * to linear window opening at some threshhold size.
193         * For a threshhold, we use half the current window
194         * size, truncated to a multiple of the mss.
195         *
196         * (the minimum cwnd that will give us exponential
197         * growth is 2 mss.  We don't allow the threshhold
198         * to go below this.)
199         */
200        {
201            u_int    win = min(tp->snd_wnd, tp->snd_cwnd) / 2 / tp->t_maxseg;
202            if (win < 2)
203                win = 2;
204            tp->snd_cwnd = tp->t_maxseg;
205            tp->snd_ssthresh = win * tp->t_maxseg;
206            tp->t_dupacks = 0;
207        }
208        (void) tcp_output(tp);
209        break;
                                                                    tcp_timer.c
```

图25-27 tcp_timer函数：重传定时器超时，后半部分

25.11.2 精确性

TCP维护的这些估计器的精确性如何呢？首先应指出，因为RTT以500 ms为测量单位，是非常不精确的。已平滑的RTT估计器和平均偏差的精确性要高一些(缩放因子为8和4)，但也不够，LAN的RTT是毫秒级，横跨大陆的RTT约为60ms左右。这些估计器仅仅给出了RTT的上限，从而在设定重传定时器时，可以不考虑由于重传时限过小而造成不必要的重传。

[Brakmo, O'Malley, and Peterson 1994]描述的TCP实现，能够提供高精度的RTT样本。他们的做法是，发送报文段时记录系统时钟读数(精度比以500 ms为测量单位要高得多)，收到ACK时再次读取系统时钟，从而得到高精度的RTT。

Net/3支持的时间戳功能(26.6节)本来可以提供较高精度的RTT，但Net/3将时间戳的精度也定为500 ms。

25.12 一个RTT的例子

下面讨论一个具体的例子，说明上述计算是如何进行的。我们从主机 b s d i 向 vangogh.cs.berkeley.edu发送12288字节的数据。在发送过程中，故意断开工作中的 PPP链路，之后再恢复，看看TCP如何处理报文的超时与重传。为发送数据，我们运行自己的 sock程序(参见卷1的附录C)，加-D选项，置位插口的SO_DEBUG选项(27.10节)。传输结束后，运行trpt(8)程序检查留在内核的环形缓存中的调试记录，之后打印TCP控制块中我们感兴趣的时钟变量。

图25-28列出了各变量在不同时刻的值。我们用M：N表示序号M~N−1已被发送。本例中的每个报文段都携带了512字节的数据。符号"ACK M"表示ACK报文的确认字段为M。标注"实际差值(ms)"栏列出了RTT定时器打开时刻和关闭时刻间的时间差值。标注"rtt (参数)"栏列出了调用tcp_xmit_timer时第二个参数的值：RTT定时器打开时刻和关闭时刻间的滴答数再加1。

tcp_newtcpcb函数完成t_srtt、t_rttvar和t_rxtcur的初始化，时刻0.0对应的即为变量初始值。

第一个计时报文是最初的SYN报文，365 ms后收到了对端的ACK，调用tcp_xmit_timer，rtt参数值为2。由于这是第一个RTT测量值(t_srtt=0)，执行图25-23中的else语句，计算RTT估计器初始值。

携带1~512字节的数据报文是第二个计时报文，1.259秒时收到对应的ACK，RTT估计器被更新。

从接下来的三个报文可看出，连续报文是如何被确认的。1.260秒时发送携带513~1024字节的报文，并启动定时器。之后又发送了携带1025~1526字节的报文，在2.206秒时收到了对端的ACK，同时确认了已发送的两个报文。RTT估计器被更新，因为ACK确认了正计时报文的起始序号(513)。

2.206秒时发送携带1537~2048字节的报文，并启动定时器。3.132秒时收到对应的ACK，RTT估计器被更新。

对3.132秒时发送的报文段计时，重传定时器设为5个滴答(t_rxtcur的当前值)。这时，路由器sun和netb间的PPP链路中断，几分钟后恢复正常。重传定时器在6.064秒超时，执行图25-26中的代码更新RTT变量。t_rxtshift从0增至1，t_rxtcur置为10个滴答(指数退避)，重传最早的未确认过的序号(snd_una=3073)。5秒钟后，定时器再次超时，t_rxtshift递增为2，重传定时器设为20个滴答。

发送时间	发送	接收	RTT定时器	实际时间差(ms)	rtt参数	t_srtt(8个滴答)	t_rttvar(4个滴答)	t_rxtcur(滴答)	t_rxtshift
0.0	SYN		on			0	24	12	
0.365		SYN,ACK	off	365	2	16	4	6	
0.365	ACK								
0.415	1:513		on						
1.259		ack 513	off	844	2	15	4	5	
1.260	513:1025		on						
1.261	1025:1537								
2.206		ack 1537	off	946	3	16	4	6	
2.206	1537:2049		on						
2.207	2049:2561								
2.209	2561:3073								
3.132		ack 2049	off	926	3	16	3	5	
3.132	3073:3585		on						
3.133	3585:4097								
3.736		ack 2561							
3.736	4097:4609								
3.737	4609:5121								
3.739		ack 3073							
3.739	5121:5633								
3.740	5633:6145								
6.064	3073:3585		off			16	3	10	1
11.264	3073:3585		off			16	3	20	2
21.664	3073:3585		off			16	3	40	3
42.464	3073:3585		off			0	5	80	4
84.064	3073:3585		off			0	5	128	5
150.624	3073:3585		off			0	5	128	6
217.184	3073:3585		off			0	5	128	7
217.944		ack 6145							
217.944	6145:6657		on						
217.945	6657:7169								
218.834		ack 6657	off	890	3	24	6	9	
218.834	7169:7681		on						
218.836	7681:8193								
219.209		ack 7169							
219.209	8193:8705								
219.760		ack 7681	off	926	2	22	7	9	
219.760	8705:9217		on						
220.103		ack 8705							
220.103	9217:9729								
220.105	9729:10241								
220.106	10241:10753								
220.821		ack 9217	off	1061	3	22	6	8	
220.821	10753:11265		on						
221.310		ack 9729							
221.310	11265:11777								
221.312		ack 10241							
221.312	11777:12289								
221.674		ack 10753							
221.955		ack 11265	off	1134	3	22	5	7	

图25-28 实例中的RTT变量值和估计器

42.464秒时，重传定时器再次超时，t_srtt清零，t_rttvar置为5。我们在图25-26的讨论中提到过，此时t_rxtcur运算得到的结果相同(因此，下一次运算的结果应为160)。但由于t_srtt重置为0，下一次更新RTT估计器时(218.834秒)，与建立一条新的连接相类似，得到的RTT测量值将成为新的已平滑的RTT估计器。

之后继续进行数据传输，并且又多次更新了RTT估计器。

25.13 小结

内核每隔200 ms和500 ms，分别调用tcp_fasttimo函数和tcp_slowtimo函数。这两个函数负责维护TCP为连接建立的各种定时器。

TCP为每条连接维护下列7个定时器：
- 连接建立定时器；
- 重传定时器；
- 延迟ACK定时器；
- 持续定时器；
- FIN_WAIT_2定时器；
- 2MSL定时器。

延迟ACK定时器与其他6个定时器不同，设置它时意味着下一次TCP200 ms定时器超时时，延迟的ACK报文必须被发送。其他6个定时器都是计数器，每次TCP 500 ms定时器超时时，计数器减1。任何一个计数器减为0时，触发TCP完成相应动作：丢弃连接、重传报文、发送连接探测报文等等，这些内容本章中都有详细讨论。由于某些定时器是彼此互斥的，代码用4个计数器实现了这6个定时器，复杂性有所增加。

本章还介绍了重传定时器取值的标准计算方法。TCP为每条连接维护两个RTT估计器：已平滑的RTT估计器(*srtt*)和已平滑的RTT平均偏差估计器(*rttvar*)。尽管算法简单清楚，但由于使用了缩放因子(在不使用内核浮点运算的情况下保证足够的精度)，使得代码较为复杂。

习题

25.1 TCP快速超时处理函数的效率如何？(提示：参考图24-5中列出的延迟ACK的次数)有没有另外的实现方式？

25.2 为什么在tcp_slowtimo函数，而不是在tcp_init函数中初始化tcp_maxidle？

25.3 tcp_slowtimo递增t_idle，前面已介绍过t_idle用于计数从连接上收到最后一个报文起到当前为止的滴答数。TCP是否需要计数从连接上发送最后一个报文段起计时的空闲时间？

25.4 重写图25-10中的代码，分离TCPT_2MSL计数器两种不同用法的处理逻辑。

25.5 图25-12中，连接进入FIN_WIN_2状态75秒后收到一个重复的ACK。会发生什么？

25.6 应用程序设置SO_KEEPALIVE选项时连接已空闲了1小时。第一次连接探测报文在何时发送，1小时后还是2小时后？

25.7 为什么tcp_rttdflt是一个全局变量，而非常量？

25.8 重写与习题25.6有关的代码，实现另一种结果。

第26章 TCP 输 出

26.1 引言

函数tcp_output负责发送报文段，代码中有很多地方都调用了它。

tcp_usrreq在多种请求处理中调用了这一函数：处理PRU_CONNECT，发送初始SYN；处理PRU_SHUTDOWN， 发送FIN；处理PRU_RCVD，应用进程从插口接收缓存中读取若干数据后可能需要发送新的窗口大小通告；处理PRU_SEND，发送数据；处理PRU_SENDOOB，发送带外数据。

- tcp_fasttimo调用它发送延迟的ACK；
- tcp_timers在重传定时器超时时，调用它重传报文段；
- tcp_timers在持续定时器超时时，调用它发送窗口探测报文段；
- tcp_drop调用它发送RST；
- tcp_disconnect调用它发送FIN；
- tcp_input在需要输出或需要立即发送ACK时调用它；
- tcp_input在收到一个纯ACK报文段且本地有数据发送时调用它(纯ACK报文段指不携带数据，只确认已接收数据的报文段)；
- tcp_input在连续收到3个重复的ACK时，调用它发送一个单一报文段(快速重传算法)。

tcp_input首先确定是否有报文段等待发送。除了存在需要发往连接对端的数据外，TCP输出还受到其他许多因素的控制。例如，对端可能通告接收窗口为零，阻止TCP发送任何数据；Nagle算法阻止TCP发送大量小报文段；慢启动和避免拥塞算法限制TCP发送的数据量。相反，有些函数置位一些特殊标志，强迫tcp_output发送报文段，如TF_ACKNOW标志置位意味着必须立即发送一个ACK。如果tcp_output确定不发送某个报文段，数据(如果存在)将保留在插口的发送缓存中，等待下一次调用该函数。

26.2 tcp_output概述

tcp_output函数很大，我们将分14个部分予以讨论。图26-1给出了函数的框架结构。

1. 是否等待对端的ACK

61 如果发送的最大序号(snd_max)等于最早的未确认过的序号(snd_una)，即不等待对端发送ACK，idle为真。图24-17中，idle应为假，因为序号4~6已发送但还未被确认，TCP在等待对端发送对上述序号的确认。

2. 返回慢启动

62-68 如果TCP不等待对端发送ACK，而且在一个往返时间内也没有收到对端发送的其他报文段，设置拥塞窗口为仅能容纳一个报文段(t_maxseg字节)，从而在发送下一个报文段时，

强迫执行慢启动算法。如果数据传输中出现了显著的停顿("显著"指停顿时间超过RTT),说明与先前测量RTT时相比,网络条件已发生了变化。Net/3假定出现了最坏情况,因而返回慢起动状态。

```
                                                              tcp_output.c
43  int
44  tcp_output(tp)
45  struct tcpcb *tp;
46  {
47      struct socket *so = tp->t_inpcb->inp_socket;
48      long    len, win;
49      int     off, flags, error;
50      struct mbuf *m;
51      struct tcpiphdr *ti;
52      u_char  opt[MAX_TCPOPTLEN];
53      unsigned optlen, hdrlen;
54      int     idle, sendalot;

55      /*
56       * Determine length of data that should be transmitted
57       * and flags that will be used.
58       * If there are some data or critical controls (SYN, RST)
59       * to send, then transmit; otherwise, investigate further.
60       */
61      idle = (tp->snd_max == tp->snd_una);
62      if (idle && tp->t_idle >= tp->t_rxtcur)
63          /*
64           * We have been idle for "a while" and no acks are
65           * expected to clock out any data we send --
66           * slow start to get ack "clock" running again.
67           */
68          tp->snd_cwnd = tp->t_maxseg;
69  again:
70      sendalot = 0;   /* set nonzero if more than one segment to output */


                    /* look for a reason to send a segment;  */
                    /* goto send if a segment should be sent */


218     /*
219      * No reason to send a segment, just return.
220      */
221     return (0);

222  send:


                    /* form output segment, call ip_output() */


489     if (sendalot)
490         goto again;
491     return (0);
492  }
                                                              tcp_output.c
```

图26-1 tcp_output函数:框架结构

3. 发送多个报文段

69-70 控制跳转至send后,调用ip_output发送一个报文段。但如果ip_output确定有多个报文段需要发送，sendalot置为1，函数将试图发送另一个报文段。因此，ip_output的一次调用能够发送多个报文段。

26.3 决定是否应发送一个报文段

某些情况下，在报文段准备好之前已调用了tcp_output。例如，当插口层从插口的接收缓存中移走数据，传递给用户进程时，会生成PRU_RCVD请求。尽管不一定，但完全有可能因为应用进程取走了大量数据，而使得TCP有必要发送新的窗口通告。tcp_output的前半部分确定是否存在需要发往对端的报文段。如果没有，则函数返回，不执行发送操作。

图26-2给出了判定"是否有报文段发送"测试代码的第一部分。

```
                                                        tcp_output.c
71      off = tp->snd_nxt - tp->snd_una;
72      win = min(tp->snd_wnd, tp->snd_cwnd);

73      flags = tcp_outflags[tp->t_state];
74      /*
75       * If in persist timeout with window of 0, send 1 byte.
76       * Otherwise, if window is small but nonzero
77       * and timer expired, we will send what we can
78       * and go to transmit state.
79       */
80      if (tp->t_force) {
81          if (win == 0) {
82              /*
83               * If we still have some data to send, then
84               * clear the FIN bit.  Usually this would
85               * happen below when it realizes that we
86               * aren't sending all the data.  However,
87               * if we have exactly 1 byte of unsent data,
88               * then it won't clear the FIN bit below,
89               * and if we are in persist state, we wind
90               * up sending the packet without recording
91               * that we sent the FIN bit.
92               *
93               * We can't just blindly clear the FIN bit,
94               * because if we don't have any more data
95               * to send then the probe will be the FIN
96               * itself.
97               */
98              if (off < so->so_snd.sb_cc)
99                  flags &= ~TH_FIN;
100             win = 1;
101         } else {
102             tp->t_timer[TCPT_PERSIST] = 0;
103             tp->t_rxtshift = 0;
104         }
105     }
                                                        tcp_output.c
```

图26-2 tcp_output函数：强迫数据发送

71-72 off指从发送缓存起始处算起指向第一个待发送字节的偏移量，以字节为单位。它指向的第一个字节为snd_una(已发送但还未被确认的字节)。

win是对端通告的接收窗口大小(snd_wnd)与拥塞窗口大小(snd_cwnd)间的最小值。

73 图24-16给出了`tcp_outflags`数组，数组值取决于连接的当前状态。`flags`包括下列标志比特的组合：`TH_ACK`、`TH_FIN`、`TH_RST`和`TH_SYN`，分别表示需向对端发送的报文段类型。其他两个标志比特，`TH_PUSH`和`TH_URG`，如果需要，在报文段发送之前加入，与前4个标志比特是逻辑或的关系。

74-105 `t_force`标志非零表示持续定时器超时，或者有带外数据需要发送。这两种条件下，调用`tcp_output`的代码均为：

```
tp->t_force = 1;
error = tcp_output(tp);
tp->t_force = 0;
```

从而强迫TCP发送数据，尽管在正常情况下不会执行任何发送操作。

如果`win`等于0，连接处于持续状态(因为`t_force`非零)。如果此时插口的发送缓存中还存在数据，则FIN标志被清除。`win`必须置为1，以强迫发送一个字节的数据。

如果`win`非零，即有带外数据需要发送，则持续定时器复位，指数退避算法的索引，`t_rxtshift`被置为0。

图26-3给出了`tcp_output`的下一模块，计算发送的数据量。

```
                                                          ─ tcp_output.c
106     len = min(so->so_snd.sb_cc, win) - off;
107     if (len < 0) {
108         /*
109          * If FIN has been sent but not acked,
110          * but we haven't been called to retransmit,
111          * len will be -1.  Otherwise, window shrank
112          * after we sent into it.  If window shrank to 0,
113          * cancel pending retransmit and pull snd_nxt
114          * back to (closed) window.  We will enter persist
115          * state below.  If the window didn't close completely,
116          * just wait for an ACK.
117          */
118         len = 0;
119         if (win == 0) {
120             tp->t_timer[TCPT_REXMT] = 0;
121             tp->snd_nxt = tp->snd_una;
122         }
123     }
124     if (len > tp->t_maxseg) {
125         len = tp->t_maxseg;
126         sendalot = 1;
127     }
128     if (SEQ_LT(tp->snd_nxt + len, tp->snd_una + so->so_snd.sb_cc))
129         flags &= ~TH_FIN;

130     win = sbspace(&so->so_rcv);
                                                          ─ tcp_output.c
```

图26-3 `tcp_output`函数：计算发送的数据量

1. 计算发送的数据量

106 `len`等于发送缓存中比特数和`win`(对端通告的接收窗口与拥塞窗口间的最小值，强迫TCP发送数据时也可能等于1字节)，两者间的最小值减去`off`。减去`off`是因为发送缓存中的许多字节已发送过，正等待对端的确认。

2. 窗口缩小检查

107-117   造成len小于零的一种可能情况是接收方缩小了窗口，即接收方把窗口的右界移向左侧，下面的例子说明了这种情况。开始时，接收方通告接收窗口大小为6字节，TCP发送报文段，携带字节4、5和6。紧接着，TCP又发送一个报文段，携带字节7、8和9。图26-4显示了两个报文段发送后本地的状态。

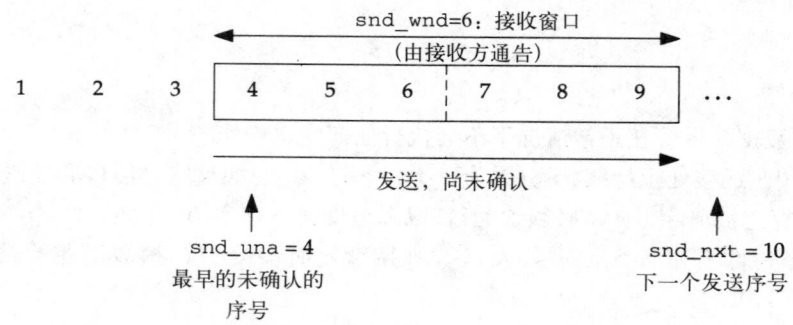

图26-4　发送4~9字节后的本地发送缓存

之后，收到一个ACK，确认序号字段为7(确认所有序号小于7的数据，包括字节6)，但窗口字段为1。接收方缩小了接收窗口，此时本地的状态如图26-5所示。

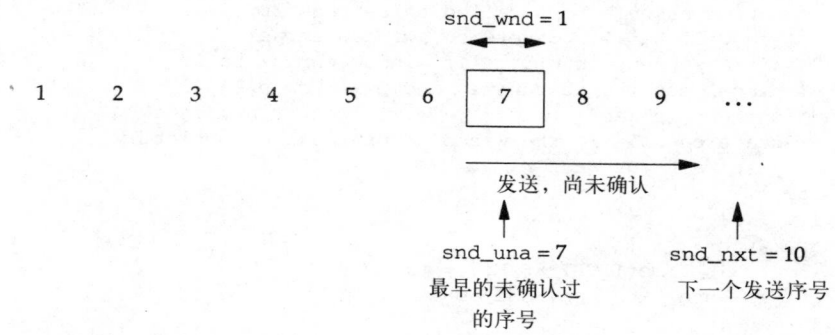

图26-5　收到4~7字节的确认后，本地发送缓存

窗口缩小后，执行图26-2和图26-3中的计算，得到：

```
off = snd_nxt - snd_una = 10 - 7 = 3
win = 1
len = min(so_snd.sb_cc, win) -off = min(3, 1) - 3 = -2
```

假定发送缓存仅包含字节7、8和9。

　　RFC 793和RFC 1122都非常不赞成缩小窗口。尽管如此，具体实现必须考虑这一问题并加以处理。这种做法遵循了在RFC 791中首次提出的稳健性原则："对接收报文段的假设尽量少一些，对发送报文段的限制尽量多一些。"

　　造成len小于0的另一种可能情况是，已发送过FIN，但还未收到确认(见习题26.2)。图26-6给出了这种情况。

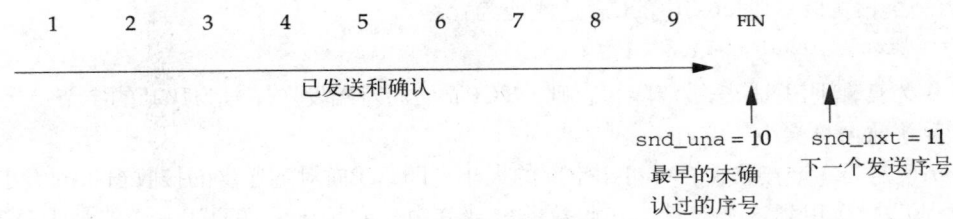

图26-6 字节1~9已发送并收到对端确认，之后关闭连接

图26-6是图26-4的继续，假定字节7~9已被确认，snd_una的当前值为10。应用进程随后关闭连接，向对端发送FIN。在本章后续部分将看到，TCP发送FIN时，snd_nxt将增加1(因为FIN也需要序号)，在本例中，snd_nxt将等于11，而FIN的序号为10。执行图26-2和图26-3中的计算，得到:

```
off = snd_nxt - snd_una = 11 - 10 = 1
win = 6
len = min( so_snd.sb_cc, win ) - off = min(0, 6) - 1 = -1
```

我们假定接收方通告接收窗口大小为6。这个假定无关紧要，因为发送缓存中待发送的字节数(0)小于它。

3. 进入持续状态

118-122 len被置为0。如果对端通告的接收窗口大小为0，则重传定时器将被置为0，任何等待的重传将被取消。令snd_nxt等于snd_una，指针返回发送窗口的最左端，连接将进入持续状态。如果接收方最终打开了接收窗口，则TCP将从发送窗口的最左端开始重传。

4. 一次发送一个报文段

124-127 如果需要发送的数据超过了一个报文段的容量，len置为最大报文段长度，sendalot置为1。如图26-1所示，这将使tcp_output在报文段发送完毕后进入另一次循环。

5. 如果发送缓存不空，关闭FIN标志

128-129 如果本次输出操作未能清空发送缓存，FIN标志必须被清除(防止该标志在flags中被置位)。图26-7举例说明了这一情况。

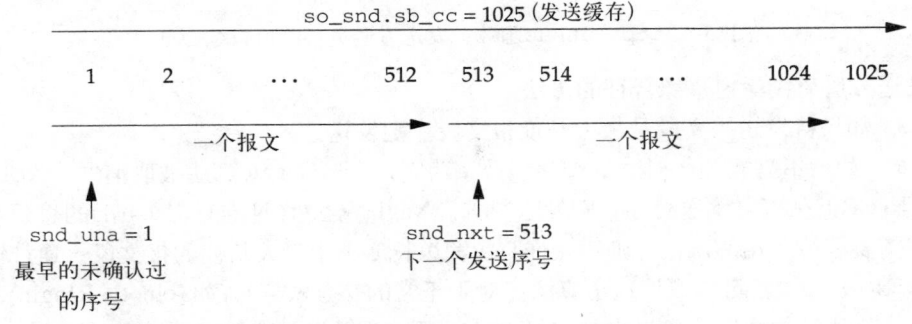

图26-7 实例:FIN置位时，发送缓存不空

这个例子中，第一个512字节的报文段已发送(还未被确认)，TCP正准备发送第二个报文段(512~1024字节)。此时，发送缓存中仍有1字节的数据(1025字节)，应用进程关闭了连接。

len=512(一个报文段)，图26-3中的C表达式变为：

    SEQ_LT (1025, 1026)

如果表达式为真，则FIN标志被清除；否则，TCP无法向对端发送序号为1025的字节。

6. 计算接收窗口大小

130   win设定为本地接收缓存中可用空间的大小，即TCP向对端通告的接收窗口的大小。请注意，这是第二次用到这个变量。在函数前一部分中，它等于允许TCP发送的最大数据量，但从现在起，它等于本地向对端通告的接收窗口的大小。

糊涂窗口综合征(简写为SWS，详见卷1的22.3节)指连接上交换的都是短报文段，而不是最大长度报文段。这种现象的出现是由于接收方通告的接收窗口过小，或者发送方传输了许多小报文段，因此，避免糊涂窗口综合征，需要发送方和接收方的共同努力。图26-8给出了发送方避免糊涂窗口综合征的做法。

```
                                                          ——————— tcp_output.c
131    /*
132     * Sender silly window avoidance.  If connection is idle
133     * and can send all data, a maximum segment,
134     * at least a maximum default-sized segment do it,
135     * or are forced, do it; otherwise don't bother.
136     * If peer's buffer is tiny, then send
137     * when window is at least half open.
138     * If retransmitting (possibly after persist timer forced us
139     * to send into a small window), then must resend.
140     */
141    if (len) {
142        if (len == tp->t_maxseg)
143            goto send;
144        if ((idle || tp->t_flags & TF_NODELAY) &&
145            len + off >= so->so_snd.sb_cc)
146            goto send;
147        if (tp->t_force)
148            goto send;
149        if (len >= tp->max_sndwnd / 2)
150            goto send;
151        if (SEQ_LT(tp->snd_nxt, tp->snd_max))
152            goto send;
153    }
                                                          ——————— tcp_output.c
```

图26-8 tcp_output函数：发送方避免糊涂窗口综合征

7. 发送方避免糊涂窗口综合征的方法

142-143   如果待发送报文段是最大长度报文段，则发送它。

144-146   如果不需要等待对端的ACK(idle为真)，或者Nagle算法被取消(TF_NODELAY为真)，并且TCP正在清空发送缓存，则发送数据。Nagle算法(详见卷1的19.4节)的思想是：如果某个连接需要等待对端的确认，则不允许TCP发送长度小于最大长度的报文段。通过设定插口选项TCP_NODELAY，可以取消这个算法。对于正常的交互式连接(如Telnet或Rlogin)，即使连接上存在未确认过的数据，代码中的if语句也为假，因为默认条件下TCP会采用Nagle算法。

147-148   如果由于持续定时器超时，或者有带外数据，强迫TCP执行发送操作，则数据将被发送。

149-150   如果接收方的接收窗口已至少打开了一半，则发送数据。这个限制条件是为了处

理对端一直发送小窗口通告，甚至小于报文段长度的情况。变量max_sndwnd由tcp_input
维护，等于连接对端发送的所有窗口通告中的最大值。实际上，TCP试图猜测对端接收缓存
的大小，并假定对端永远不会减小其接收缓存。

151-152 如果重传定时器超时，则必须发送一个报文段。snd_max是已发送过的最高序号，
从图25-26可知，重传定时器超时后，snd_nxt将被设为snd_una，即snd_nxt会指向窗口
的左侧，从而小于snd_max。

图26-9给出了tcp_output的下一部分，确定TCP是否必须向对端发送新的窗口通告，
称之为"窗口更新"。

tcp_output.c
```
154     /*
155      * Compare available window to amount of window
156      * known to peer (as advertised window less
157      * next expected input).  If the difference is at least two
158      * max size segments, or at least 50% of the maximum possible
159      * window, then want to send a window update to peer.
160      */
161     if (win > 0) {
162         /*
163          * "adv" is the amount we can increase the window,
164          * taking into account that we are limited by
165          * TCP_MAXWIN << tp->rcv_scale.
166          */
167         long     adv = min(win, (long) TCP_MAXWIN << tp->rcv_scale) -
168         (tp->rcv_adv - tp->rcv_nxt);
169         if (adv >= (long) (2 * tp->t_maxseg))
170             goto send;
171         if (2 * adv >= (long) so->so_rcv.sb_hiwat)
172             goto send;
173     }
```
tcp_output.c

图26-9 tcp_output函数：判定是否需要发送窗口更新报文

154-168 表达式
```
min (win, (long) TCP_MAXWIN << tp->rcv_scale)
```
等于插口接收缓存可用空间大小(win)和连接上所允许的最大窗口大小之间的最小值，即TCP
当前能够向对端发送的接收窗口的最大值。表达式
```
(tp->rcv_adv - tp->rcv_nxt)
```
等于TCP最后一次通告的接收窗口中剩余空间的大小，以字节为单位。两者相减得到adv，窗
口已打开的字节数。tcp_input顺序接收数据时，递增rcv_nxt。tcp_output在通告窗
口边界向右移动时，递增rcv_adv(代码见图26-32)。

回想图24-18，假定收到了字节4、5和6，并提交给应用进程。图26-10给出了此时
tcp_output中接收缓存的状态。
adv等于3，因为接收空间中还有3个字节(字节10、11和12)等待对端填充。

169-170 如果剩余的接收空间能够容纳两个或两个以上的报文段，则发送窗口更新报文。
在收到最大长度报文段后，TCP将确认收到的所有其他报文段："确认所有其他报文段(ACK-
every-other-segment)"的属性(马上就会看到具体的实例)。

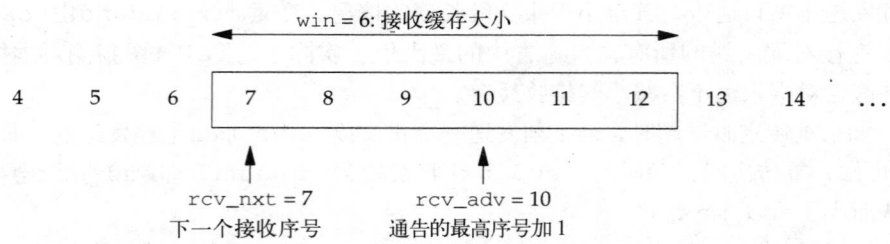

图26-10 收到字节4、5和6后，图24-18中连接的状态变化

171-172 如果可用空间大于插口接收缓存的一半，则发送窗口更新报文。

图26-11给出了`tcp_output`下一部分的代码，判定输出标志是否置位，要求TCP发送相应报文段。

```
────────────────────────────────────────── tcp_output.c
174      /*
175       * Send if we owe peer an ACK.
176       */
177      if (tp->t_flags & TF_ACKNOW)
178          goto send;
179      if (flags & (TH_SYN | TH_RST))
180          goto send;
181      if (SEQ_GT(tp->snd_up, tp->snd_una))
182          goto send;
183      /*
184       * If our state indicates that FIN should be sent
185       * and we have not yet done so, or we're retransmitting the FIN,
186       * then we need to send.
187       */
188      if (flags & TH_FIN &&
189          ((tp->t_flags & TF_SENTFIN) == 0 || tp->snd_nxt == tp->snd_una))
190          goto send;
────────────────────────────────────────── tcp_output.c
```

图26-11 tcp_output函数：是否需要发送特定报文段

174-178 如果TF_ACKNOW置位，要求立即发送ACK，则发送相应报文段。有多种情况可导致TF_ACKNOW置位：200 ms延迟ACK定时器超时，报文段未按顺序到达(用于快速重传算法)，三次握手时收到了SYN，收到了窗口探测报文，收到了FIN。

179-180 如果输出标志flags要求发送SYN或RST，则发送相应报文段。

181-182 如果紧急指针，snd_up，超出了发送缓存的起始边界，则发送相应报文段。紧急指针由PRU_SENDOOB请求处理代码(图30-9)负责维护。

183-190 如果输出标志flags要求发送FIN，并且满足下列条件：FIN未发送过或者FIN等待重传，则发送相应报文段。FIN发送后，函数将置位TF_SENTFIN标志。

到目前为止，`tcp_output`还没有真正发送报文段，图26-12给出了函数返回前的最后一段代码。

191-217 如果发送缓存中存在需要发送的数据(so_snd.sb_cc非零)，并且重传定时器和持续定时器都未设定，则启动持续定时器。这是为了处理对端通告的接收窗口过小，无法接收最大长度报文段，而且也没有特殊原因需要发送立即发送报文段的情况。

218-221 由于不需要发送报文段，`tcp_output`返回。

```
                                                                    tcp_output.c
191     /*
192      * TCP window updates are not reliable, rather a polling protocol
193      * using 'persist' packets is used to ensure receipt of window
194      * updates.  The three 'states' for the output side are:
195      *  idle               not doing retransmits or persists
196      *  persisting         to move a small or zero window
197      *  (re)transmitting    and thereby not persisting
198      *
199      * tp->t_timer[TCPT_PERSIST]
200      *      is set when we are in persist state.
201      * tp->t_force
202      *      is set when we are called to send a persist packet.
203      * tp->t_timer[TCPT_REXMT]
204      *      is set when we are retransmitting
205      * The output side is idle when both timers are zero.
206      *
207      * If send window is too small, there is data to transmit, and no
208      * retransmit or persist is pending, then go to persist state.
209      * If nothing happens soon, send when timer expires:
210      * if window is nonzero, transmit what we can,
211      * otherwise force out a byte.
212      */
213     if (so->so_snd.sb_cc && tp->t_timer[TCPT_REXMT] == 0 &&
214         tp->t_timer[TCPT_PERSIST] == 0) {
215         tp->t_rxtshift = 0;
216         tcp_setpersist(tp);
217     }
218     /*
219      * No reason to send a segment, just return.
220      */
221     return (0);
                                                                    tcp_output.c
```

图26-12 tcp_output函数：进入持续状态

举例

应用进程向某个空闲的连接写入100字节，接着又写入50字节。假定报文段大小为512字节。在第一次写入操作时，由于连接空闲，且TCP正在清空发送缓存，图26-8中的代码(144~146行)被执行，发送一个报文段，携带100字节的数据。

在第二次写入50字节时，图26-8中的代码被执行，但未发送报文段：待发送数据不能构成一个最大长度报文段，连接未空闲(假定TCP正在等待第一个报文段的ACK)，默认时采用Nagle算法，t_force未置位，并且假定正常情况下接收窗口大小为4096，50不满足大于等于2048的条件。这50字节的数据将暂留在发送缓存中，也许会一直等到第一个报文段的ACK到达。由于对端可能延迟发送ACK，最后50字节数据发送前的延迟有可能会更长。

这个例子说明采用Nagle算法时，如果待发送数据无法构成最大长度报文段，如何计算它的延时。参见习题26.12。

举例

本例说明TCP的"确认所有其他报文段"属性。假定连接的报文段大小为1024字节，接收缓存大小为4096字节。本地不发送数据，只接收数据。

发向对端的对SYN的ACK报文中，通告接收窗口大小为4096，图26-13给出了两个变量
`rcv_nxt`和`rcv_adv`的初始值。接收缓存为空。

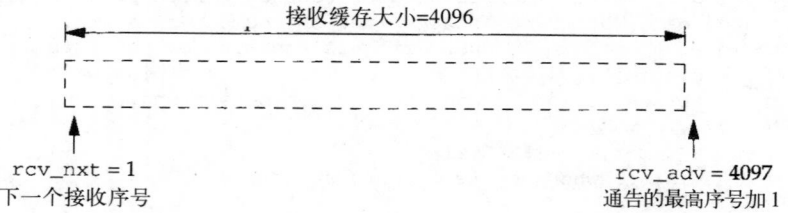

图26-13　接收方通告接收窗口大小为4096

对端发送1~1024字节的报文段，`tcp_input`处理报文段后，设置连接的延迟ACK标志，
把1024字节的数据放入插口的接收缓存中(图28-13)。更新`rcv_nxt`，如图26-14所示。

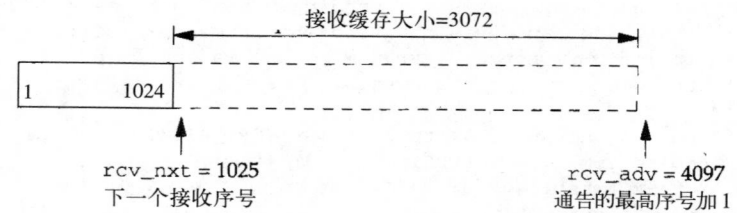

图26-14　图26-13所示的连接在收到1~1024字节后的状态变迁

应用进程从插口的接收缓存中读取1024字节的数据。从图30-6中可看到，生成的
PRU_RCVD请求在处理过程中会调用`tcp_output`，因为应用进程从接收缓存读取数据后，
可能需要发送窗口更新报文。当`tcp_output`被调用时，`rcv_nxt`和`rcv_adv`的值与图26-
14相同，唯一的区别是接收缓存的可用空间增加至4096，因为应用进程从中读取了第一个
1024字节的数据。把上述具体数值代入图26-9中的算式，得到：

```
adv = min(4096, 65535) - (4097 - 1025)
    = 1024
```

TCP_MAXWIN等于65535，我们假定接收窗口大小偏移量为0。由于窗口的增加值小于两
个最大报文段长度(2048)，不需要发送窗口更新报文。但由于延迟ACK标志置位，如果200ms
定时器超时，将发送ACK。

当TCP收到下一个1025~2048字节的报文段时，`tcp_input`处理后，设定连接的延迟
ACK标志(这个标志已置位)，把1024字节的数据放入插口的接收缓存中，更新`rcv_nxt`，如
图26-15所示。

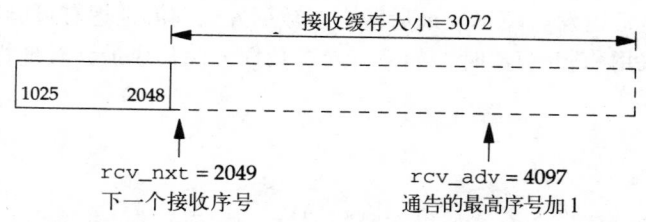

图26-15　图26-14所示的连接收到1025~2048字节后的状态变迁

应用进程读取1024~2048字节的数据，调用tcp_output。rcv_nxt和rcv_adv的值与图26-15相同，尽管应用进程读取1024字节的数据后，接收缓存的可用空间增加至4096。把上述具体数值代入图26-9的算式中，得到：

```
adv = min(4096, 65535) - (4097 - 2049)
    = 2048
```

它等于两个报文段的长度，因此发送窗口更新报文，确认序号字段为2049，通告窗口字段为4096，表示接收方希望接收序号2049~6145的数据。我们在后面将看到，函数发送完窗口更新报文后，将更新rcv_adv的值为6145。

本例说明了如果数据接收时间少于200ms延迟定时器时限，在有两个或两个以上报文段到达，而且应用进程连续读取数据引起了接收窗口的不断变化时，将发送ACK，确认所有接收到的报文段。如果有数据到达，但应用进程没有从插口的接收缓存中读取数据，则"确认所有其他报文段"的属性不会出现。相反，发送方只能看到多个延迟ACK，每个ACK的窗口字段均较前一个要小，直到接收缓存被填满，接收窗口缩小为0。

26.4 TCP选项

TCP首部可以有任选项。由于tcp_output的下一部分代码将试图确定哪些选项需要发送，并据此组织将发送的报文段，下面我们将暂时离开函数代码，转而讨论这些选项。

图26-16列出了Net/3支持的选项格式。

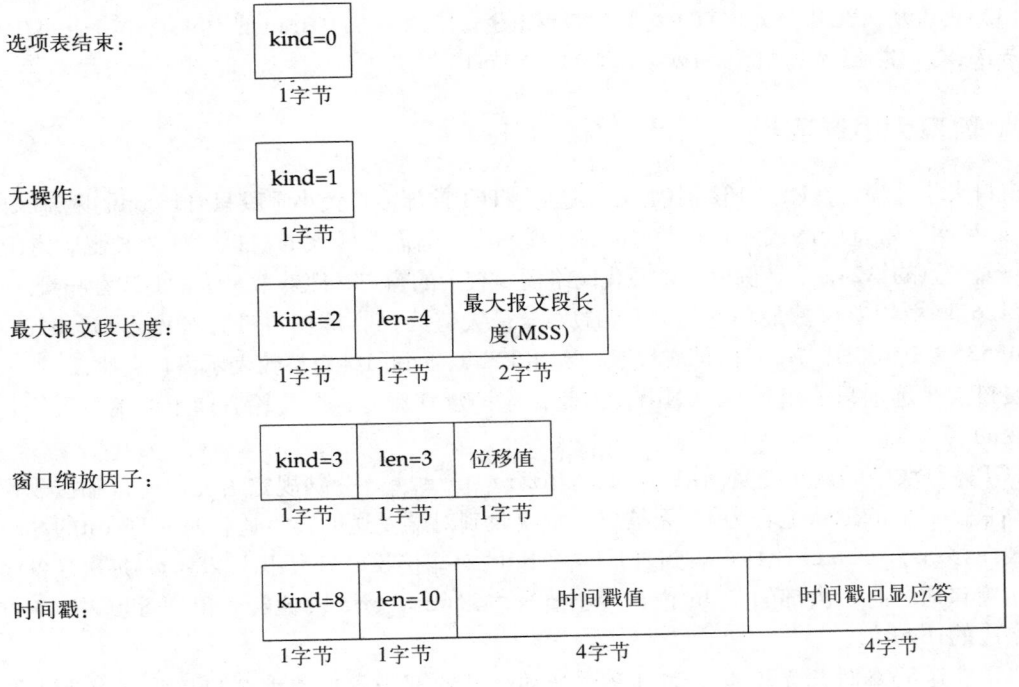

图26-16 Net/3支持的TCP选项

所有选项以1字节的*kind*字段开头，确定选项类型。头两个选项(*kind*=0或*kind*=1)只有1个字节。其余3个选项都是多字节的，带有*len*字段，位于*kind*字段之后，存储选项的长度。长度中包括*kind*字段和*len*字段。

多字节整数——MSS和两个时间戳值——遵照网络字节序存储。

最后两个选项，窗口大小和时间戳，是新增的，因此许多系统都不支持。为了与以前的系统兼容，应遵循下列原则：

1) TCP主动打开时(发送不带ACK的SYN)，可以在初始SYN中同时发送这两个选项，或发送其中的任何一个。如果全局变量`tcp_do_rfc1323`非零(默认值等于1)，则Net/3同时支持这两个选项。此项功能由`tcp_newtcpcb`函数实现。

2) 只有对端返回的SYN中包含同样的选项时，才可以使用这些选项。图28-20和图29-2中的代码实现此类处理。

3) TCP被动打开时，如果收到的SYN中包含了这两个选项，而且也希望使用这些选项，则发向对端的响应(带有ACK的SYN)中必须包含它们，如图26-23所示。

由于系统必须忽略它不了解的选项，因此新增的选项只有当连接双方都了解这一选项，且同时希望支持它时才会被使用。

27.5节将讨论如何处理MSS选项。下面两节将总结Net/3处理两个新选项的做法：窗口大小和时间戳。

还有其他可能的选项。*kinds*等于4、5、6和7，称为选择性ACK和回显选项，在RFC 1072[Jacobson and Braden 1998]中定义。图26-16中并未给出这些选项，因为回显选项已被时间戳选项所代替，选择性ACK选项目前还未形成正式标准，未在RFC 1323中出现。此外，处理TCP交易的T/TCP建议(RFC 1644[Braden 1994]和卷1的24.7节)规定了其他3个选项，*kinds*分别为11、12和13。

26.5 窗口大小选项

窗口大小选项，在RFC 1323中定义，避免了TCP首部窗口大小字段只有16 bit的限制(图24-10)。如果网络带宽较高或延时较长(如，RTT较长)，则需要较大的窗口，称为长肥管道(long fat pipe)。卷1的第24.3节举例说明了现代网络需要较大的窗口，以获取最大的TCP吞吐量。

图26-16中的偏移量最小值为0 (无缩放)，最大值为14，即窗口最大可设定为1 073 725 440 (65535×2^{14})字节。Net/3内部实现时，利用32 bit，而非16 bit整数表示窗口大小。

窗口大小选项只能出现在SYN中，因此，连接建立后，每个传输方向上的缩放因子是固定不变的。

TCP控制块中的两个变量`snd_scale`和`rcv_scale`，分别规定了发送窗口和接收窗口的偏移量。它们的默认值均为0，无缩放。每次收到对端发送的窗口通告时，16 bit的窗口大小值被左移`snd_scale`比特，得到真正的32 bit的对端接收窗口大小(图28-6)。每次准备向对端发送窗口通告时，内部的32 bit窗口大小值被右移`rcv_scale`比特，得到可填入TCP首部窗口字段的16 bit值。

TCP发送SYN时，无论是主动打开或被动打开，都是根据本地插口接收缓存大小选取`rcv_scale`值，填充窗口大小选项的偏移量字段。

26.6 时间戳选项

RFC 1323中还定义了时间戳选项。发送方在每个报文段中放入时间戳，接收方在ACK中将时间戳发回。对于每个收到的ACK,发送方根据返回的时间戳计算相应的RTT样本值。

图26-17总结了时间戳选项所用到的变量。

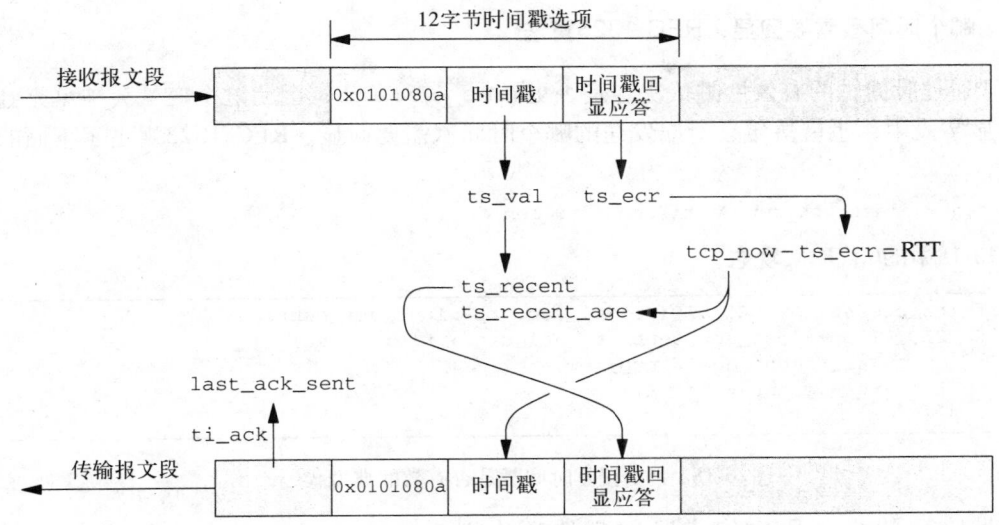

图26-17 时间戳选项中用到的变量小结

全局变量tcp_now是一个时间戳时钟。内核初启时它初始化为0,之后每500 ms增加1(图25-8)。为实现时间戳选项,TCP控制块中定义了下面3个变量:

- ts_recent等于对端发送的最新的有效时间戳(后面很快会介绍什么是"有效的"时间戳)。
- ts_recent_age是最近一次tcp_recent被更新时的tcp_now值。
- last_ack_sent是最近一次发送报文段时确认字段(ti_ack)的值(图26-32)。除非ACK被延迟,正常情况下,它等于rcv_nxt,下一个等待接收的序号。

tcp_input函数中的两个局部变量ts_val和ts_ecr,保存时间戳选项的两个值:

- ts_val是对端发送的数据中携带的时间戳。
- ts_ecr是由收到的报文段确认的本地发送报文段中携带的时间戳。

发送报文段中,时间戳选项的前4个字节为0x0101080a,这是RFC 1323附录A中建议的填充值。第一和第二字节都等于1,为 NOP;第三字节为*kind*字段,等于8;第四字节为*len*字段,等于10。在选项之前添加两个NOP后,紧接着的两个32 bit时间戳和后续数据都可按照32 bit边界对齐。此外,图26-17中还给出了接收到的时间戳选项,同样采用了推荐的12字节格式(Net/3通常生成的格式)。不过,处理接收选项的应用进程代码(图28-10),并不要求必须使用此格式。图26-16中定义的10字节格式中,没有两个前导的NOP,对端接收处理代码一样工作正常(参见习题28.4)。

从发送报文段至收到其ACK间的RTT等于tcp_now减ts_ecr,单位为500ms滴答,因为这是Net/3时间戳的单位。

时间戳选项还可以支持TCP执行PAWS:防止序号回绕(protection against wrapped sequence number)。28.7节将详细讨论这一算法。PAWS中会用到ts_recent_age变量。

tcp_output向输出报文段中填充时间戳选项时,复制tcp_now到时间戳字段,复制

ts_recent到时间戳回显字段(图26-24)。如果连接采用了时间戳选项，则必须为所有输出报文段执行这一操作，除非RST标志置位。

26.6.1　哪个时间戳需要回显，RFC 1323算法

TCP通过时间戳的有效性测试决定是否更新ts_recent，因为这个变量会被填充到时间戳回显字段中，也就决定了对端发送的哪个时间戳需要回显。RFC 1323规定了下面的测试条件：

ti_seq <= last_ack_sent < ti_seq + ti_len

图26-18中的C代码实现它。

```
if (ts_present && SEQ_LEQ(ti->ti_seq, tp->last_ack_sent) &&
    SEQ_LT(tp->last_ack_sent, ti->ti_seq + ti->ti_len)) {
        tp->ts_recent_age = tcp_now;
        tp->ts_recent = ts_val;
}
```

图26-18　判定接收时间戳是否有效的典型代码

如果收到的报文段中携带时间戳选项，则变量ts_present为真。我们在tcp_input中两次遇到这段代码：图28-11首部预测代码中的测试；和图28-35正常输入处理中的测试。

为了理解测试条件的具体含义，图26-19给出了5种不同的实例，分别对应于连接上收到的5种不同的报文段。每个例子中，ti_len都等于3。

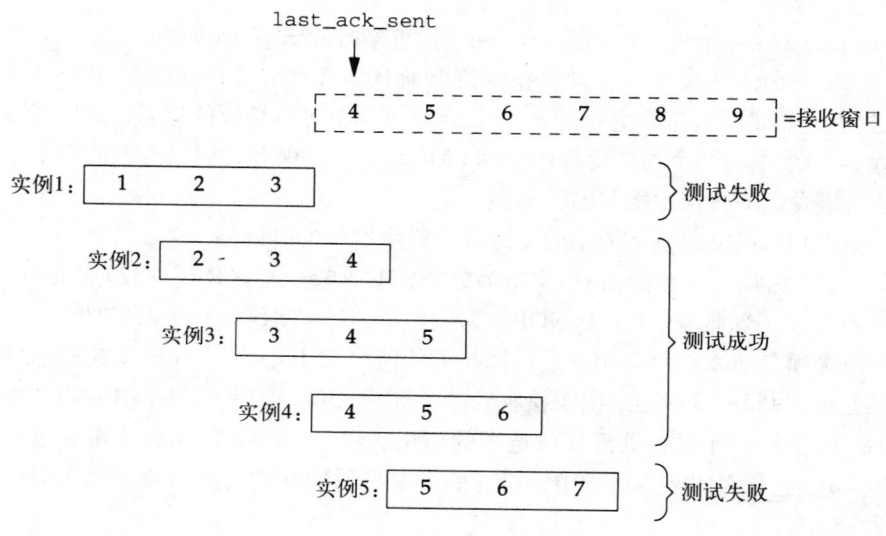

图26-19　举例：收到5个不同报文段时的接收窗口

接收窗口左边界的序号从4开始。实例1中，报文段中携带的全部是重复数据。图28-11中的SEQ_LEQ测试为真，但SEQ_LT测试失败。对于实例2、3和4，由于收到其中任何一个报文段，接收窗口左边界都会增加，SEQ_LEQ和SEQ_LT测试都为真，尽管实例2中包含2个重复

数据，实例3中也包含1个重复数据。实例5，由于它无法增加接收窗口左边界，所以SEQ_LEQ测试失败。这是一个未来报文段，而非等待的下一个报文段，意味着它前面的报文段丢失或报文段序列错误。

不幸的是，这个用于判定是否更新ts_recent的测试条件存在问题[Braden 1993]，考虑下面的例子。

1) 假定图26-19中的连接开始时收到了一个报文段，携带字节1、2和3。因为last_ack_sent等于1，报文段的时间戳被保存到ts_recent中。发送ACK，确认序号为4，last_ack_sent设为4 (rcv_nxt的值)，得到如图26-19所示的接收窗口。

2) ACK丢失。

3) 对端超时后重传前一个报文段，携带字节1、2和3，即为图26-19中实例1的报文段。由于图26-18中的SEQ_LT测试失败，ts_recent不会更新为重传报文段中的值。

4) TCP发送一个重复的ACK，确认序号为4，但时间戳回显字段填入的ts_recent，即从步骤1的原始报文段中获取的时间戳值。接收方利用这个值计算RTT时，将(不正确地)计入原始传输、丢失的ACK、定时器超时、重传和重复ACK，得到它们的总时延。

为了使对端能够正确地计算RTT，重发ACK中应该携带重传报文中的时间戳值。

图26-18中的测试在收到的报文长度为0时，由于无法移动接收窗口左边界，同样不能更新rs_recent。此外，这个错误的测试条件还会造成生存时间过长的(大于24天，参见28.7节中讨论的PAWS限制)、单方向的(数据流只在一个方向上存在，从而数据发送方总是输出相同的ACK)连接。

26.6.2 哪个时间戳需要回显，正确的算法

Net/3源代码中使用了图26-18所示的算法。[Braden 1993]定义了正确的算法，如图26-20所示。

```
if (ts_present && TSTMP_GEQ(ts_val, tp->ts_recent) &&
    SEQ_LEQ(ti->ti_seq, tp->last_ack_sent)) {
```

图26-20　判定接收时间戳是否有效的正确代码

它不关心接收窗口左侧是否移动，只确认新的时间戳(ts_val)大于等于前一个时间戳(ts_recent)，并且接收到的报文段的起始序号不大于窗口的左边界。图26-19中实例5的报文仍旧无法通过新的测试，因为这是一个乱序报文。

宏TSTMP_GEQ与图24-21中的SEQ_GEQ相同。它用于处理时间戳，因为时间戳是32 bit的无符号整数，与序号一样存在回绕的问题。

26.6.3 时间戳与延迟ACK

正确理解延迟ACK是如何影响时间戳和RTT计算是很重要的。回想图26-17，TCP把ts_recent填入到发送报文段的时间戳回显字段中，对端据此计算新的RTT样本值。如果ACK被延迟，对端计算时应把延迟时间也考虑在内，否则会造成频繁重传。下面的例子中，我们使用图26-20中的代码，不过图26-18的代码也能正确处理延迟ACK。

考虑图26-21所示的接收窗口收到携带字节4和5的报文段时的变化。

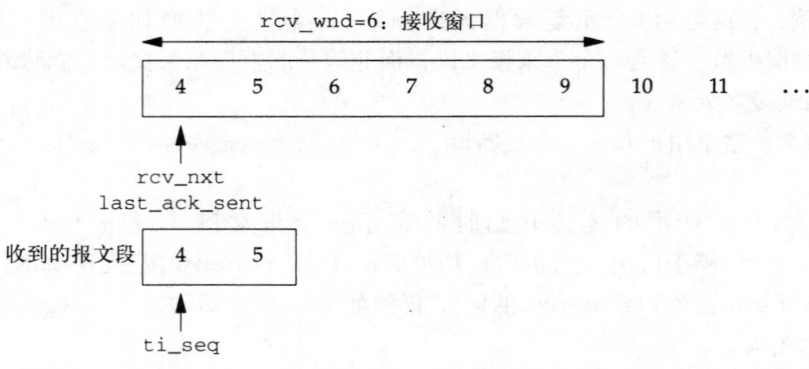

图26-21   当字节4和5到达时的接收序号空间

由于ti_seq小于等于last_ack_sent, ts_recent被更新。rcv_nxt增加2。

假定对这两个字节的ACK被延迟，而且在延迟ACK发送之前，收到了下一个按序到达的报文段，如图26-22所示。

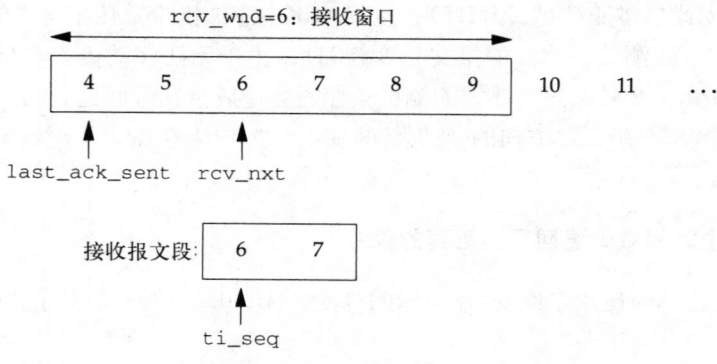

图26-22   当字节6和7到达时的接收序号空间

这一次ti_seq大于last_ack_sent，因此，不会更新ts_recent。这样做是有目的的。假定TCP现在发送确认序号4~7的ACK，对端据此了解存在延迟ACK，因为时间戳回显字段填入的是携带序号4和5的报文段的时间戳值(图26-24)。图26-22还说明了除非使用了延迟ACK，否则，rcv_nxt应该等于last_ack_sent。

26.7 发送一个报文段

tcp_output接下来的代码负责发送报文段——填充TCP报文首部的所有字段，并传递给IP层准备发送。

图26-23给出了这段代码的第一部分，发送SYN报文段，携带MSS选项和窗口大小选项。

223-234   TCP选项字段构建时用到数组opt，整数optlen记录累积的字节数(因为一次可发送多个选项)。如果SYN标志置位，snd_nxt复位为初始发送序号(iss)。如果主动打开，则创建TCP控制块时在PRU_CONNECT请求处理中对iss赋值；如果被动打开，则tcp_input创建TCP控制块的同时对iss赋值。两种情况下，iss都等于全局变量tcp_iss。

235   查看标志TF_NOOPT。但事实上，这个标志永远都不会置位，因为没有代码实现置位操作。因此，SYN报文段中必然存在MSS选项。

Net/1版的`tcp_newtcpcb`中，初始化`t_flags`为0的代码旁有一条注释"发送选项！"。TF_NOOPT标志很可能是从早期的Net/1版本中遗留下来的问题。早期版本发送MSS选项时与其他主机系统不兼容，只好默认设置不发送这一选项。

```
                                                              ─── tcp_output.c
223     /*
224      * Before ESTABLISHED, force sending of initial options
225      * unless TCP set not to do any options.
226      * NOTE: we assume that the IP/TCP header plus TCP options
227      * always fit in a single mbuf, leaving room for a maximum
228      * link header, i.e.
229      *   max_linkhdr + sizeof (struct tcpiphdr) + optlen <= MHLEN
230      */
231     optlen = 0;
232     hdrlen = sizeof(struct tcpiphdr);
233     if (flags & TH_SYN) {
234         tp->snd_nxt = tp->iss;
235         if ((tp->t_flags & TF_NOOPT) == 0) {
236             u_short mss;

237             opt[0] = TCPOPT_MAXSEG;
238             opt[1] = 4;
239             mss = htons((u_short) tcp_mss(tp, 0));
240             bcopy((caddr_t) & mss, (caddr_t) (opt + 2), sizeof(mss));
241             optlen = 4;

242             if ((tp->t_flags & TF_REQ_SCALE) &&
243                 ((flags & TH_ACK) == 0 ||
244                  (tp->t_flags & TF_RCVD_SCALE))) {
245                 *((u_long *) (opt + optlen)) = htonl(TCPOPT_NOP << 24 |
246                                             TCPOPT_WINDOW << 16 |
247                                             TCPOLEN_WINDOW << 8 |
248                                             tp->request_r_scale);
249                 optlen += 4;
250             }
251         }
252     }
                                                              ─── tcp_output.c
```

图26-23 `tcp_output`函数：发送第一个SYN时加入选项

1. 构造MSS选项

236-241 opt[0]等于2(TCPOPT_MAXSEG)，opt[1]等于4，即MSS选项长度，以字节为单位。函数`tcp_mss`计算准备向对端发送的MSS值，27.5节将讨论这个函数。bcopy把16 bit的MSS存储到opt[2]和opt[3]中(习题26.5)。注意，Net/3总是在建立连接的SYN中发送MSS。

2. 是否发送窗口大小选项

242-244 即使TCP请求窗口大小功能，也只有在主动打开(TH_ACK未置位)时，或者被动打开但对端SYN中已包含了窗口大小选项时，才会发送这一选项。回想图25-21中TCP控制块创建时，如果全局变量`tcp_do_rfc1323`非零(默认值)，那么`t_flags`就等于TF_REQ_SCALE|TF_REQ_TSTMP。

3. 构造窗口大小选项

245-249 由于窗口大小选项占用3个字节(图26-16)，在它前面加入1字节的NOP，强迫其长

度为4字节，从而后续数据都可以按照4字节边界对齐。如果主动打开，则在PRU_CONNECT
请求处理代码中计算request_r_scale。如果被动打开，则tcp_input在收到SYN时计
算窗口大小因子。

RFC 1323规定如果TCP支持缩放窗口，即使自己的偏移量为0，也应该发送窗口大小选项。
因为这个选项有两个目的：通知对端自己支持此选项；通告本地的偏移量。即使TCP计算得
到的本地偏移量为0，对端可能希望使用不同的值。

图26-24给出了tcp_output的下一部分，完成在外出报文段中构造选项。

```
                                                         ─── tcp_output.c
253      /*
254       * Send a timestamp and echo-reply if this is a SYN and our side
255       * wants to use timestamps (TF_REQ_TSTMP is set) or both our side
256       * and our peer have sent timestamps in our SYN's.
257       */
258      if ((tp->t_flags & (TF_REQ_TSTMP | TF_NOOPT)) == TF_REQ_TSTMP &&
259          (flags & TH_RST) == 0 &&
260          ((flags & (TH_SYN | TH_ACK)) == TH_SYN ||
261           (tp->t_flags & TF_RCVD_TSTMP))) {
262          u_long *lp = (u_long *) (opt + optlen);

263          /* Form timestamp option as shown in appendix A of RFC 1323. */
264          *lp++ = htonl(TCPOPT_TSTAMP_HDR);
265          *lp++ = htonl(tcp_now);
266          *lp = htonl(tp->ts_recent);
267          optlen += TCPOLEN_TSTAMP_APPA;
268      }
269      hdrlen += optlen;

270      /*
271       * Adjust data length if insertion of options will
272       * bump the packet length beyond the t_maxseg length.
273       */
274      if (len > tp->t_maxseg - optlen) {
275          len = tp->t_maxseg - optlen;
276          sendalot = 1;
277      }
                                                         ─── tcp_output.c
```

图26-24 tcp_output函数：完成发送选项构造

4. 是否需要发送时间戳

253-261   如果下列3个条件均为真，则发送时间戳选项：(1)TCP当前配置要求支持时间戳选
项；(2)正在构造的报文段不包含RST标志；(3)主动打开(flags中SYN标志置位，ACK标志
未置位)，或者TCP收到了对端发送的时间戳(TF_RCVS_TSTMP)。与MSS和窗口大小选项不
同，只要连接双方都同意支持它，时间戳可加入到任意报文段中。

5. 构造时间戳选项

263-267   时间戳选项(26.6节)占用12字节(TCPOLEN_TSTAMP_APPA)。头4个字节为
0x0101080a(常量TCPOPT_TSTAMP_HDR)，如图26-17所示。时间戳值等于tcp_now(系统
初启到现在的500ms滴答数)。时间戳回显字段值等于由tcp_input设定的ts_recent。

6. 选项加入后是否会造成报文段长度越界

270-277   加入选项后，TCP首部长度会增加optlen字节。如果发送数据的长度(len)大于

MSS减去选项长度(optlen)，则必须相应地减少数据量，并置位sendalot标志，强迫函数发送完当前报文段后进入另一个循环(图26-1)。

MSS和窗口大小选项只出现在SYN报文段中。由于Net/3不在SYN中添加用户数据，因此数据长度的调整对这两个选项不起作用。但如果存在时间戳选项，它可以出现在所有报文段中，从而降低了一次可发送的数据量。最大长度报文段可携带的数据从通告的MSS降至MSS减去12字节。

图26-25给出了tcp_output下一部分代码，更新部分统计值，并为IP和TCP首部分配mbuf。它在输出报文段携带有用户数据(len大于0)时执行。

```
                                                              ────── tcp_output.c
278     /*
279      * Grab a header mbuf, attaching a copy of data to
280      * be transmitted, and initialize the header from
281      * the template for sends on this connection.
282      */
283     if (len) {
284         if (tp->t_force && len == 1)
285             tcpstat.tcps_sndprobe++;
286         else if (SEQ_LT(tp->snd_nxt, tp->snd_max)) {
287             tcpstat.tcps_sndrexmitpack++;
288             tcpstat.tcps_sndrexmitbyte += len;
289         } else {
290             tcpstat.tcps_sndpack++;
291             tcpstat.tcps_sndbyte += len;
292         }
293         MGETHDR(m, M_DONTWAIT, MT_HEADER);
294         if (m == NULL) {
295             error = ENOBUFS;
296             goto out;
297         }
298         m->m_data += max_linkhdr;
299         m->m_len = hdrlen;
300         if (len <= MHLEN - hdrlen - max_linkhdr) {
301             m_copydata(so->so_snd.sb_mb, off, (int) len,
302                     mtod(m, caddr_t) + hdrlen);
303             m->m_len += len;
304         } else {
305             m->m_next = m_copy(so->so_snd.sb_mb, off, (int) len);
306             if (m->m_next == 0)
307                 len = 0;
308         }
309         /*
310          * If we're sending everything we've got, set PUSH.
311          * (This will keep happy those implementations that
312          * give data to the user only when a buffer fills or
313          * a PUSH comes in.)
314          */
315         if (off + len == so->so_snd.sb_cc)
316             flags |= TH_PUSH;
                                                              ────── tcp_output.c
```

图26-25 tcp_output函数：更新统计值，为IP和TCP首部分配mbuf

7. 更新统计值

284-292 如果t_force非零，且用户数据只有1字节，可知是一个窗口探测报文。如果snd_nxt小于snd_max，则是一个重传报文。其他的都是正常的数据传输报文。

8. 为IP和TCP首部分配mbuf

293-297   MGETHDR为带有数据分组首部的mbuf分配内存，mbuf中保存IP和TCP的首部及可能的数据(若空间允许)。尽管`tcp_output`调用通常作为系统调用的一部分(如，`write`)，它也可在软件中断级由`tcp_input`调用，或作为定时器处理的一部分。因此，定义了M_DONTWAIT。如果返回错误，控制跳转至"`out`"处。它位于函数的末尾，如图26-32所示。

9. 向mbuf中复制数据

298-308   如果数据少于44字节(100-40-16，假定没有TCP选项)，数据由m_copydata直接从插口的发送缓存中复制到新的数据组首部mbuf中。若数据量较大，m_copy创建新的mbuf链表，复制插口发送缓存中的数据，最后与前面创建的数据组首部mbuf链接。回想2.9节中介绍过的m_copy函数，如果数据本身已是一个簇，m_copy将不复制，只引用这个簇。

10. 置位PSH标志

309-316   如果TCP发送了从发送缓存得到的所有数据，则PSH标志被置位。如同注释中提到的，这是因为有些接收系统只有在收到PSH标志或者接收缓存已满时，才会向应用程序递交收到的数据。我们在`tcp_input`中将看到，Net/3绝不会为了等待PSH标志，而把数据滞留在接收缓存中。

图26-26给出了`tcp_output`下一部分的代码，从在len等于0时执行的else语句开始，处理不携带用户数据的TCP报文段。

```
                                                              tcp_output.c
317     } else {                        /* len == 0 */
318         if (tp->t_flags & TF_ACKNOW)
319             tcpstat.tcps_sndacks++;
320         else if (flags & (TH_SYN | TH_FIN | TH_RST))
321             tcpstat.tcps_sndctrl++;
322         else if (SEQ_GT(tp->snd_up, tp->snd_una))
323             tcpstat.tcps_sndurg++;
324         else
325             tcpstat.tcps_sndwinup++;

326         MGETHDR(m, M_DONTWAIT, MT_HEADER);
327         if (m == NULL) {
328             error = ENOBUFS;
329             goto out;
330         }
331         m->m_data += max_linkhdr;
332         m->m_len = hdrlen;
333     }
334     m->m_pkthdr.rcvif = (struct ifnet *) 0;
335     ti = mtod(m, struct tcpiphdr *);
336     if (tp->t_template == 0)
337         panic("tcp_output");
338     bcopy((caddr_t) tp->t_template, (caddr_t) ti, sizeof(struct tcpiphdr));
                                                              tcp_output.c
```

图26-26 `tcp_output`函数：更新统计值，为IP和TCP首部分配mbuf

11. 更新统计值

318-325   需要更新的统计值有：TF_ACKNOW和长度为0说明是一个纯ACK报文段。如果SYN、FIN或RST中任何一个置位，即为控制报文段。如果紧急指针超过snd_una，是为了

通知对端紧急指针的位置。如果上述条件均为假，则是窗口更新报文段。

12. 得到存储IP和TCP首部的mbuf

326-335 为带有数据包组首部的mbuf分配内存，以保存IP和TCP的首部。

13. 向mbuf中复制IP和TCP首部模板

336-338 bcopy把IP和TCP首部模板从t_template复制到mbuf中。这个模板由 tcp_template创建。

图26-27给出了tcp_output下一部分的代码，填充TCP首部剩余的字段。

```
                                                                    tcp_output.c
339     /*
340      * Fill in fields, remembering maximum advertised
341      * window for use in delaying messages about window sizes.
342      * If resending a FIN, be sure not to use a new sequence number.
343      */
344     if (flags & TH_FIN && tp->t_flags & TF_SENTFIN &&
345         tp->snd_nxt == tp->snd_max)
346         tp->snd_nxt--;
347     /*
348      * If we are doing retransmissions, then snd_nxt will
349      * not reflect the first unsent octet.  For ACK only
350      * packets, we do not want the sequence number of the
351      * retransmitted packet, we want the sequence number
352      * of the next unsent octet.  So, if there is no data
353      * (and no SYN or FIN), use snd_max instead of snd_nxt
354      * when filling in ti_seq.  But if we are in persist
355      * state, snd_max might reflect one byte beyond the
356      * right edge of the window, so use snd_nxt in that
357      * case, since we know we aren't doing a retransmission.
358      * (retransmit and persist are mutually exclusive...)
359      */
360     if (len || (flags & (TH_SYN | TH_FIN)) || tp->t_timer[TCPT_PERSIST])
361         ti->ti_seq = htonl(tp->snd_nxt);
362     else
363         ti->ti_seq = htonl(tp->snd_max);

364     ti->ti_ack = htonl(tp->rcv_nxt);

365     if (optlen) {
366         bcopy((caddr_t) opt, (caddr_t) (ti + 1), optlen);
367         ti->ti_off = (sizeof(struct tcphdr) + optlen) >> 2;
368     }
369     ti->ti_flags = flags;
                                                                    tcp_output.c
```

图26-27 tcp_output函数：置位ti_seq、ti_ack和ti_flags

14. 如果FIN将重传，递减snd_nxt

339-346 如果TCP已经发送过FIN，则发送序列空间如图26-28所示。因此，如果TH_FIN置位，则TF_SENTFIN也置位，并且snd_nxt等于snd_max，可知FIN等待重传。不久将看到(图26-31)，发送FIN时，snd_nxt会递增1(由于FIN也要占用一个序号)，因此，这里的代码递减snd_nxt。

15. 设置报文段的序号字段

347-363 报文段的序号字段通常等于snd_nxt，但在满足下列条件时，应等于snd_max：如果(1) 不传输数据(len等于0)；(2) SYN标志和FIN标志都未置位；(3) 持续定时器未置位。

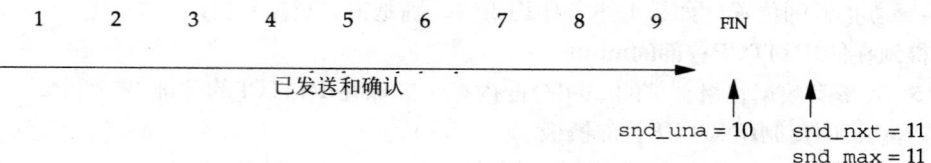

图26-28 FIN发送后的发送序列空间

16. 设置报文段的确认字段

364 报文段的确认字段通常等于`rcv_nxt`，期待接收的下一个序号。

17. 如果存在首部选项，设置首部长度字段

365-368 如果存在TCP选项(`optlen`大于0)，代码把选项内容复制到TCP首部，TCP首部4
bit的首部长度字段(图24-10的`th_off`)等于TCP首部的固定长度(20字节)加上选项总长度后除
以4。这个字段是以32 bit为单位的首部长度值，包括TCP选项。

369 TCP首部的标志字段根据变量flags设定。

图26-29给出了下一部分的代码，填充TCP首部其他字段，并计算TCP检验和。

```
                                                                   ──── tcp_output.c
370     /*
371      * Calculate receive window.  Don't shrink window,
372      * but avoid silly window syndrome.
373      */
374     if (win < (long) (so->so_rcv.sb_hiwat / 4) && win < (long) tp->t_maxseg)
375         win = 0;
376     if (win > (long) TCP_MAXWIN << tp->rcv_scale)
377         win = (long) TCP_MAXWIN << tp->rcv_scale;
378     if (win < (long) (tp->rcv_adv - tp->rcv_nxt))
379         win = (long) (tp->rcv_adv - tp->rcv_nxt);
380     ti->ti_win = htons((u_short) (win >> tp->rcv_scale));
381     if (SEQ_GT(tp->snd_up, tp->snd_nxt)) {
382         ti->ti_urp = htons((u_short) (tp->snd_up - tp->snd_nxt));
383         ti->ti_flags |= TH_URG;
384     } else
385         /*
386          * If no urgent pointer to send, then we pull
387          * the urgent pointer to the left edge of the send window
388          * so that it doesn't drift into the send window on sequence
389          * number wraparound.
390          */
391         tp->snd_up = tp->snd_una;    /* drag it along */
392     /*
393      * Put TCP length in extended header, and then
394      * checksum extended header and data.
395      */
396     if (len + optlen)
397         ti->ti_len = htons((u_short) (sizeof(struct tcphdr) +
398                                       optlen + len));
399     ti->ti_sum = in_cksum(m, (int) (hdrlen + len));
                                                                   ──── tcp_output.c
```

图26-29 `tcp_output`函数：填充其他TCP首部字段并计算检验和

18. 通告的窗口大小应大于最大报文段长度

370-375   计算向对端通告的窗口大小(ti_win)时，应考虑如何避免糊涂窗口综合征。回想图 26-3 结尾处，win 等于插口的接收缓存大小。如果 win 小于接收缓存大小的 1/4(so_rcv.sb_hiwat)，并且小于一个最大报文段长度，则通告的窗口大小设为0，从而在后续测试中防止窗口缩小。也就是说，如果可用空间已达到接收缓存大小的1/4，或者等于最大报文段长度，将向对端发送窗口更新通告。

19. 遵守连接的通告窗口大小的上限

376-377   如果win大于连接规定的最大值，应将其减少为最大值。

20. 不要缩小窗口

378-379   回想图26-10中，rcv_adv减去rcv_nxt等于最近一次向发送方通告的窗口大小中的剩余空间。如果win小于它，应将其设定为该值，因为不允许缩小窗口。有时尽管剩余的可用空间小于最大报文段长度(因此，win在代码起始处被置为0)，但还可以容纳一些数据，就会出现这种情况。卷1中的图22-3举例说明了这一现象。

21. 设置紧急数据偏移量

381-383   如果紧急指针(snd_up)大于snd_nxt，则TCP处于紧急方式。TCP首部的紧急数据偏移量字段设定为以报文段起始序号为基准的紧急指针的16 bit偏移量，并且置位URG标志。无论所指向的紧急数据是否包含在当前处理的报文段中，TCP都会发送紧急数据偏移量和URG标志。

图26-30举例说明了如何计算紧急数据偏移量，假定应用进程执行了

```
send(fd, buf, 3, MSG_OOB);
```

并且调用send时发送缓存为空。这种做法表明基于Berkeley的系统认为紧急指针应指向带外数据后的第一个字节。回想图24-10中，我们区分了数据流中32 bit的紧急指针(snd_up)，以及TCP首部中的16 bit紧急数据偏移量(ti_urp)。

> 这里有个小错误。无论是否采用窗口大小选项，如果发送缓存大于65535，并且几乎为空，则应用进程发送带外数据时，从snd_nxt算起的紧急指针的偏移量有可能超过65535。但偏移量是一个16 bit的无符号整数，如果计算结果超过65535，高位16 bit被丢弃，发送到对端的数据必然是错误的。解决办法参见习题26.6。

384-391   如果TCP不处于紧急方式，则紧急指针移向窗口的最左端(snd_una)。

392-399   TCP长度存储在伪首部中以计算TCP检验和。到目前为止，TCP首部的所有字段已填充完毕，而且从t_template复制IP和TCP首部模板时(图26-26)，对伪首部中用到的IP首部部分字段预先做了初始化(见图23-19中UDP检验和的计算)。

图26-31给出了tcp_output下一部分的代码，SYN或FIN标志置位时更新序号，并启动重传定时器。

22. 保存起始序号

400-405   如果TCP不处于持续状态，则起始序号保存在startseq中。图26-31中的代码在对报文段计时时用到这一变量。

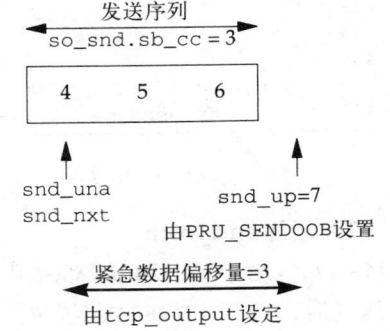

图26-30 紧急指针与紧急数据偏移量计算举例

```
400        /*                                                           tcp_output.c
401         * In transmit state, time the transmission and arrange for
402         * the retransmit.  In persist state, just set snd_max.
403         */
404        if (tp->t_force == 0 || tp->t_timer[TCPT_PERSIST] == 0) {
405            tcp_seq startseq = tp->snd_nxt;
406            /*
407             * Advance snd_nxt over sequence space of this segment.
408             */
409            if (flags & (TH_SYN | TH_FIN)) {
410                if (flags & TH_SYN)
411                    tp->snd_nxt++;
412                if (flags & TH_FIN) {
413                    tp->snd_nxt++;
414                    tp->t_flags |= TF_SENTFIN;
415                }
416            }
417            tp->snd_nxt += len;
418            if (SEQ_GT(tp->snd_nxt, tp->snd_max)) {
419                tp->snd_max = tp->snd_nxt;
420                /*
421                 * Time this transmission if not a retransmission and
422                 * not currently timing anything.
423                 */
424                if (tp->t_rtt == 0) {
425                    tp->t_rtt = 1;
426                    tp->t_rtseq = startseq;
427                    tcpstat.tcps_segstimed++;
428                }
429            }
430            /*
431             * Set retransmit timer if not currently set,
432             * and not doing an ack or a keepalive probe.
433             * Initial value for retransmit timer is smoothed
434             * round-trip time + 2 * round-trip time variance.
435             * Initialize  counter which is used for backoff
436             * of retransmit time.
437             */
438            if (tp->t_timer[TCPT_REXMT] == 0 &&
439                tp->snd_nxt != tp->snd_una) {
440                tp->t_timer[TCPT_REXMT] = tp->t_rxtcur;
441                if (tp->t_timer[TCPT_PERSIST]) {
442                    tp->t_timer[TCPT_PERSIST] = 0;
443                    tp->t_rxtshift = 0;
444                }
445            }
446        } else if (SEQ_GT(tp->snd_nxt + len, tp->snd_max))
447            tp->snd_max = tp->snd_nxt + len;
                                                                         tcp_output.c
```

图26-31 tcp_output函数：更新序号并启动重传定时器

23. 增加snd_nxt

406-417   由于SYN和FIN都占用一个序号，其中任一标志置位，snd_nxt都必须增加。FIN发送过后，TF_SENTFIN将置位。之后，snd_nxt增加发送的数据字节数(len)，可以为0。

24. 更新snd_max

418-419   如果snd_nxt的最新值大于snd_max，则不是重传报文。snd_max值被更新。

420-428 如果连接目前还没有RTT值(t_rtt=0)，则定时器启动(t_rtt=1)，计时报文段的起始序号保存在t_rtseq中。tcp_input利用它确定计时报文段ACK的到达时间，从而更新RTT。根据25.10节中的讨论，代码应为：

```
if (tp->t_rtt && SEQ_GT(ti->ti_ack, tp->t_rtseq))
    tcp_xmit_timer(tp, tp->t_rtt);
```

25. 设定重传定时器

430-440 如果重传定时器还未启动，并且报文段中有数据，则重传定时器时限设定为t_rxtcur。前面已经介绍过，通过测量RTT样本值，tcp_xmit_timer将更新t_rxtcur。但如果snd_nxt等于snd_una(此时snd_nxt中已加入了len)，则是一个纯ACK报文段，而只有在发送数据报文段时才需要启动重传定时器。

441-444 如果持续定时器已启动，则关闭它。对于给定连接，可以在任何时候启动重传定时器或者持续定时器，但两者不允许同时存在。

26. 持续状态

446-447 由于t_force非零，而且持续定时器已设定，可知连接处于持续状态(与图26-31起始处的if语句配对的else语句)。需要时，更新snd_max。处于持续状态时，len应等于1。

tcp_output的最后一部分，在图26-32中给出，输出报文段准备完毕，调用ip_output发送数据报。

```
                                                          ─── tcp_output.c
448    /*
449     * Trace.
450     */
451    if (so->so_options & SO_DEBUG)
452        tcp_trace(TA_OUTPUT, tp->t_state, tp, ti, 0);

453    /*
454     * Fill in IP length and desired time to live and
455     * send to IP level.  There should be a better way
456     * to handle ttl and tos; we could keep them in
457     * the template, but need a way to checksum without them.
458     */
459    m->m_pkthdr.len = hdrlen + len;
460    ((struct ip *) ti)->ip_len = m->m_pkthdr.len;
461    ((struct ip *) ti)->ip_ttl = tp->t_inpcb->inp_ip.ip_ttl;   /* XXX */
462    ((struct ip *) ti)->ip_tos = tp->t_inpcb->inp_ip.ip_tos;   /* XXX */
463    error = ip_output(m, tp->t_inpcb->inp_options, &tp->t_inpcb->inp_route,
464                 so->so_options & SO_DONTROUTE, 0);
465    if (error) {
466      out:
467        if (error == ENOBUFS) {
468            tcp_quench(tp->t_inpcb, 0);
469            return (0);
470        }
471        if ((error == EHOSTUNREACH || error == ENETDOWN)
472            && TCPS_HAVERCVDSYN(tp->t_state)) {
473            tp->t_softerror = error;
474            return (0);
475        }
476        return (error);
477    }
```

图26-32 tcp_output函数：调用ip_output发送报文段

```
478        tcpstat.tcps_sndtotal++;

479        /*
480         * Data sent (as far as we can tell).
481         * If this advertises a larger window than any other segment,
482         * then remember the size of the advertised window.
483         * Any pending ACK has now been sent.
484         */
485        if (win > 0 && SEQ_GT(tp->rcv_nxt + win, tp->rcv_adv))
486            tp->rcv_adv = tp->rcv_nxt + win;
487        tp->last_ack_sent = tp->rcv_nxt;
488        tp->t_flags &= ~(TF_ACKNOW | TF_DELACK);

489        if (sendalot)
490            goto again;
491        return (0);
492    }
```
—————————————————————————————————— tcp_output.c

图26-32 （续）

27. 为插口调试添加路由记录

448-452   如果选用了SO_DEBUG选项，`tcp_trace`会在TCP的循环路由缓存中添加一条记录，27.10节将详细讨论这个函数。

28. 设置IP长度、TTL和TOS

453-462   IP首部的3个字段必须由传输层设置：IP长度、TTL和TOS，图23-19底部用星号强调了这3个特殊字段。

　　注意，注释的内容为"XXX"，这是因为尽管对于给定连接，TTL和TOS通常是常量，可以保存在首部模板中，不需要每次发送报文段时都明确赋值。只有当TCP检验和计算完毕后，这两个字段才能填入IP首部，因此只能这样实现。

29. 向IP传递数据报

463-464   `ip_output`发送携带TCP报文段的数据报。TCP的插口选项和SO_DONTROUTE逻辑与，从而能向IP层传送的插口选项只有一个：SO_DONTROUTE。尽管`ip_output`还测试另一个选项SO_BROADCAST，但即使设定了它，与SO_DONTROUTE的逻辑与也会将其关闭。也就是说，应用进程不允许向一个广播地址发送`connect`，即使它设定了SO_BROADCAST选项。

467-470   如果接口队列已满，或者IP请求分配mbuf失败，则返回差错码ENOBUFS。`tcp_quench`把拥塞窗口设定为只能容纳一个最大报文段长度，强迫连接执行慢起动。注意，出现上述情况时，TCP仍旧返回0（OK），而非错误，即使数据报实际已丢弃。这与`udp_output`(图23-20)不同，后者返回一个错误。TCP将通过超时重传该数据报(数据报文段)，希望那时在接口输出队列中会有可用空间或者能申请到更多的mbuf。如果TCP报文段不包含数据，对端由于未收到ACK而引发超时时，将重传由丢失的ACK所确认的数据。

471-475   如果连接已收到一个SYN，但找不到至目的地的路由，则记录连接上出现了一个软错误。

　　当`tcp_output`被`tcp_usrreq`调用，作为应用进程系统调用的一部分时(参见第30章，PRU_CONNECT、PRU_SEND、PRU_SENDOOB和PRU_SHUTDOWN请求)，应用进程将接收`tcp_output`的返回值。其他调用`tcp_output`的函数，如`tcp_input`、快超时函数和慢超时函数，忽略其返回值(因为这些函数不向应用进程返回差错码)。

30. 更新rcv_adv和last_ack_sent

479—486 如果报文段中通告的最高序号(rcv_nxt加上win)大于rcv_adv，则保存新的值。回想图26-9中利用rcv_adv确定最后一个报文段发送后新增的可用空间，以及图26-29中利用它确定TCP没有缩小窗口。

487 报文段确认字段的值保存在last_ack_sent中，tcp_input利用它处理时间戳选项(图26-6)。

488 由于所有延迟的ACK都已被发送，TF_ACKNOW和TF_DELACK标志被清除。

31. 是否还有数据需要发送

489—490 如果sendalot标志置位，控制跳回到again处(图26-1)。如果发送缓存中的数据超过一个最大长度报文段的容量(图26-3)，或者由于加入TCP选项，降低了最大长度报文段的数据容量，无法在一个报文段中将缓存中的数据发送完毕时，控制将折回。

26.8 tcp_template函数

创建插口时，将调用tcp_newtcpcb(见前一章)为TCP控制块分配内存，并完成部分初始化。当在插口上发送或接收第一个报文段时(主动打开，PRU_CONNECT请求，或者在监听的插口上收到了一个SYN)，tcp_template为连接的IP和TCP的首部创建一个模板，从而减少了报文段发送时tcp_output的工作量。

图26-33给出了tcp_template函数。

```
                                                              ─── tcp_subr.c
59 struct tcpiphdr *
60 tcp_template(tp)
61 struct tcpcb *tp;
62 {
63     struct inpcb *inp = tp->t_inpcb;
64     struct mbuf *m;
65     struct tcpiphdr *n;

66     if ((n = tp->t_template) == 0) {
67         m = m_get(M_DONTWAIT, MT_HEADER);
68         if (m == NULL)
69             return (0);
70         m->m_len = sizeof(struct tcpiphdr);
71         n = mtod(m, struct tcpiphdr *);
72     }
73     n->ti_next = n->ti_prev = 0;
74     n->ti_x1 = 0;
75     n->ti_pr = IPPROTO_TCP;
76     n->ti_len = htons(sizeof(struct tcpiphdr) - sizeof(struct ip));
77     n->ti_src = inp->inp_laddr;
78     n->ti_dst = inp->inp_faddr;
79     n->ti_sport = inp->inp_lport;
80     n->ti_dport = inp->inp_fport;
81     n->ti_seq = 0;
82     n->ti_ack = 0;
83     n->ti_x2 = 0;
84     n->ti_off = 5;                    /* 5 32-bit words = 20 bytes */
85     n->ti_flags = 0;
86     n->ti_win = 0;
87     n->ti_sum = 0;
88     n->ti_urp = 0;
89     return (n);
90 }
                                                              ─── tcp_subr.c
```

图26-33 tcp_template函数：创建IP和TCP首部的模板

1. 分配mbuf

59-72   IP和TCP的首部模板在一个mbuf中组建，指向这个mbuf的指针存储在TCP控制块的`t_template`成员变量中。由于这个函数可在软件中断级被`tcp_input`调用，M_DONTWAIT标志置位。

2. 初始化首部字段

73-88   除下列字段外，IP和TCP首部的其他字段均置为0：ti_pr等于TCP的IP协议值(6)；ti_len等于20，TCP首部的默认值；ti_off等于5，TCP首部长度，以32 bit为单位；此外，还要从Internet PCB中把源IP地址、目的IP地址和TCP端口号复制到TCP首部模板中。

3. 用于TCP检验和计算的伪首部

73-88   由于预先对IP和TCP首部中许多字段做了初始化，简化了TCP检验和的计算，方法与23.6节中讨论过的UDP首部检验和的计算方式相同。参考图23-19中的udpiphdr结构，请读者自己思考为什么tcp_template将ti_next和ti_prev等字段初始化为0。

26.9 `tcp_respond`函数

函数tcp_respond尽管也调用ip_output发送IP数据报，但用途不同。主要在下面两种情况下调用它：

1) tcp_input调用它生成RST报文段，携带或不携带ACK；

2) tcp_timers调用它发送保活探测报文。

在这两种特殊情况下，TCP调用tcp_respond，取代tcp_output中复杂的逻辑。但请注意，下一章中讨论的tcp_drop函数调用tcp_output来生成RST报文段。并非所有的RST报文段都由tcp_respond生成。

图26-34给出了tcp_respond的前半部分。

```
                                                          ─── tcp_subr.c
104 void
105 tcp_respond(tp, ti, m, ack, seq, flags)
106 struct tcpcb *tp;
107 struct tcpiphdr *ti;
108 struct mbuf *m;
109 tcp_seq ack, seq;
110 int      flags;
111 {
112     int      tlen;
113     int      win = 0;
114     struct route *ro = 0;
115     if (tp) {
116         win = sbspace(&tp->t_inpcb->inp_socket->so_rcv);
117         ro = &tp->t_inpcb->inp_route;
118     }
119     if (m == 0) {                    /* generate keepalive probe */
120         m = m_gethdr(M_DONTWAIT, MT_HEADER);
121         if (m == NULL)
122             return;
123         tlen = 0;                    /* no data is sent */
124         m->m_data += max_linkhdr;
125         *mtod(m, struct tcpiphdr *) = *ti;
```

图26-34 tcp_respond函数：前半部分

```
126              ti = mtod(m, struct tcpiphdr *);
127              flags = TH_ACK;
128       } else {                          /* generate RST segment */
129              m_freem(m->m_next);
130              m->m_next = 0;
131              m->m_data = (caddr_t) ti;
132              m->m_len = sizeof(struct tcpiphdr);
133              tlen = 0;
134 #define xchg(a,b,type) { type t; t=a; a=b; b=t; }
135              xchg(ti->ti_dst.s_addr, ti->ti_src.s_addr, u_long);
136              xchg(ti->ti_dport, ti->ti_sport, u_short);
137 #undef xchg
138       }
```
─── *tcp_subr.c*

图26-34 (续)

104-110 图26-35列出了3种不同情况下调用tcp_respond时其参数的变化。

	参　数					
	tp	ti	m	ack	seq	flags
生成不带ACK的RST	tp	ti	m	0	ti_ack	TH_RST
生成带ACK的RST	tp	ti	m	ti_seq + ti_len	0	TH_RST | TH_ACK
生成保活探测	tp	t_template	NULL	rcv_nxt	snd_una	0

图26-35 tcp_respond的参数

tp是指向TCP控制块的指针(可能为空)；ti是指向IP和TCP首部模板的指针；m是指向mbuf的指针，其中的报文段引发RST。最后3个参数是确认字段、序号字段和待生成报文段的标志字段。

113-118 如果tcp_input收到一个不属于任何连接的报文段，则有可能生成RST。例如，收到的报文段中没有指明任何现存连接(如，SYN指明的端口上没有正在监听的服务器)。这种情况下，tp为空，使用win和ro的初始值。如果tp不空，则通告窗口大小将等于接收缓存中的可用空间，指向缓存路由的指针保存在ro中，在后面调用tcp_input时会用到。

1. 保活定时器超时后发送保活探测

119-127 参数m是指向接收报文段的mbuf链表的指针。但保活探测报文只有当保活定时器超时时才会被发送，收到的TCP报文段不可能引发此项操作，因此m为空，由m_gethdr分配保存IP和TCP首部的mbuf。TCP数据长度tlen，设为0，因为保活探测报文不包含任何用户数据。

> 有些基于4.2BSD的较老的系统不响应保活探测报文，除非它携带数据。通过配置，在编译内核时定义TCP_COMPAT_42，Net/3能够在保活探测报文中携带一个字节的无效数据，以引出这些系统的响应。这种情况下，tlen设为1，而非0。无效字节不会造成不良后果，因为它不是对方正等待(而是一个对方已接收并确认过)的字节，对端将丢弃它。

利用赋值语句把ti指向的TCP首部模板结构复制到mbuf的数据部分，之后指针ti将被重新设定，指向mbuf中的首部模板。

2. 发送RST报文段

128-138 接收到的报文段有可能会引发`tcp_input`发送RST。发送RST时，保存输入报文段的mbuf可以重用。因为`tcp_respond`生成的报文段中只包含IP首部和TCP首部，因此，除第一个mbuf之外(数据分组首部)，`m_free`将释放链表中其余的所有mbuf。另外，IP首部和TCP首部中的源IP地址和目的IP地址及端口号应互换。

图26-36给出了`tcp_respond`的后半部分。

```
————————————————————————————————————————————————— tcp_subr.c
139    ti->ti_len = htons((u_short) (sizeof(struct tcphdr) + tlen));
140    tlen += sizeof(struct tcpiphdr);
141    m->m_len = tlen;
142    m->m_pkthdr.len = tlen;
143    m->m_pkthdr.rcvif = (struct ifnet *) 0;
144    ti->ti_next = ti->ti_prev = 0;
145    ti->ti_x1 = 0;
146    ti->ti_seq = htonl(seq);
147    ti->ti_ack = htonl(ack);
148    ti->ti_x2 = 0;
149    ti->ti_off = sizeof(struct tcphdr) >> 2;
150    ti->ti_flags = flags;
151    if (tp)
152        ti->ti_win = htons((u_short) (win >> tp->rcv_scale));
153    else
154        ti->ti_win = htons((u_short) win);
155    ti->ti_urp = 0;
156    ti->ti_sum = 0;
157    ti->ti_sum = in_cksum(m, tlen);
158    ((struct ip *) ti)->ip_len = tlen;
159    ((struct ip *) ti)->ip_ttl = ip_defttl;
160    (void) ip_output(m, NULL, ro, 0, NULL);
161 }
————————————————————————————————————————————————— tcp_subr.c
```

图26-36 `tcp_respond`函数：后半部分

139-157 为计算TCP检验和，IP和TCP首部字段必须被初始化。这些语句与`tcp_template`初始化`t_template`字段的方式类似。序号和确认字段由调用者提供，最后调用`ip_output`发送数据分组。

26.10 小结

本章讨论了生成大多数TCP报文段的通用函数(`tcp_output`)及生成RST报文段和保活探测的特殊函数(`tcp_respond`)。

TCP是否发送报文段取决于许多因素：报文段中的标志、对端通告的窗口大小、待发送的数据量以及连接上是否存在未确认的数据等等。因此，`tcp_output`中的逻辑决定了是否发送报文段(函数的前半部分)，如果需要发送，如何填充TCP首部的字段(函数后半部分)。报文段发送之后，还需要更新TCP控制块中的相应变量。

`tcp_output`一次只生成一个报文段，但它在结尾处会测试是否还有剩余数据等待发送，如果有，控制将折回，并试图发送下一个报文段。这样的循环会一直持续到数据全部发送完毕，或者有其他停止传输的条件出现(接收方的窗口通告)。

　　TCP报文段中可以携带选项。Net/3支持的选项规定了最大报文段长度、窗口大小缩放因子和一对时间戳。头两个选项只能出现在SYN报文段中，而时间戳选项(如果连接双方都支持)能够出现在所有报文段中。因为窗口大小和时间戳是新增的选项，如果主动打开的一端希望使用这些选项，则必须在自己发送的SYN中添加它们，并且只有在对端发回的SYN也包含了同样的选项时才能使用。

习题

26.1　图26-1中，如果发送数据过程中出现停顿，TCP将返回慢启动状态，而空闲时间被设定为从最后一次收到报文段到现在的时间。为什么TCP不将空闲时间设定为从最后一次发送报文到现在的时间？

26.2　图26-6中，我们说如果FIN已发送，但还未被确认且没有重传，此时len小于0。如果FIN已重传，情况会怎样？

26.3　Net/3总在主动打开时发送窗口大小和时间戳选项。为什么需要全局变量tcp_do_rfc 1323？

26.4　图25-28中的例子未使用时间戳，RTT估算值被更新了8次。如果使用了时间戳，RTT估算值会被更新几次？

26.5　图26-23中，调用bcopy把收到的MSS存储在变量mss中。为什么不对指向opt[2]的指针做强制转换，变为不带符号的短整型指针，并利用赋值语句完成这一操作？

26.6　在图26-29后面，我们讨论了代码的一个错误，可能会导致发送一个错误的紧急数据偏移量。提出你的解决方案。(提示：一个TCP报文中能够发送的最大数据量是多少？)

26.7　图26-32中，我们提到不会向应用进程返回差错代码ENOBUFS，因为(1)如果丢弃的是数据报文，重传定时器超时后数据将被重传；(2)如果丢弃的是纯ACK报文，对端收不到ACK时会重传对应的数据报文。如果丢弃的是RST报文，情况会怎样？

26.8　解释卷1图20-3中PSH标志的设定。

26.9　为什么图26-36使用ip_defttl作为TTL的值，而图26-32却使用PCB？

26.10　如果应用进程规定的IP选项是用于TCP连接的，图26-25中分配的mbuf会出现什么情况？实现一个更好的方案。

26.11　tcp_output函数很长(包括注释约500行)，看上去效率不高，其中许多代码用于处理特殊情况。假定函数只用于处理准备好的最大长度报文，且没有特殊情况：无IP选项，无特殊标志如SYN、FIN或URG。实际执行的约有多少行C代码？报文递交给ip_output之前会调用多少函数？

26.12　26.3节结尾的例子中，应用程序向连接写入100字节，接着又写入50字节。如果应用程序为两个缓存各调用一次writev，而不是调用write两次，有何不同？如果两个缓存大小分别为200和300，而不是100和50，调用writev时又有何不同？

26.13　在时间戳选项中发送的时间戳来自于全局变量tcp_now，它每500ms递增一次。修改TCP代码，使用更精确的时间戳值。

第27章 TCP的函数

27.1 引言

本章介绍多个TCP函数，它们为下两章进一步讨论TCP的输入打下了基础：

- `tcp_drain`是协议的资源耗尽处理函数，当内核的mbuf用完时被调用。实际上，不做任何处理。
- `tcp_drop`发送RST来丢弃连接。
- `tcp_close`执行正常的TCP连接关闭操作：发送FIN，并等待协议要求的4次报文交换以终止连接。卷1的18.2节讨论了连接关闭时双方需要交换的4个报文。
- `tcp_mss`处理收到的MSS选项，并在TCP发送自己的MSS选项时计算应填入的MSS值。
- `tcp_ctlinput`在收到对应于某个TCP报文段的ICMP差错时被调用，它接着调用`tcp_notify`处理ICMP差错。`tcp_quench`专门负责处理ICMP的源站抑制差错。
- `TCP_REASS`宏和`tcp_reass`函数管理连接重组队列中的报文段。重组队列处理收到的乱序报文段，某些报文段还可能互相重复。
- `tcp_trace`向内核的TCP调试循环缓存中添加记录(插口选项`SO_DEBUG`)。运行`trpt`(8)程序可以打印缓存内容。

27.2 `tcp_drain`函数

`tcp_drain`是所有TCP函数中最简单的。它是协议的`pr_drain`函数，在内核的mbuf用完时，由`m_reclaim`调用。图10-32中，`ip_drain`丢弃其重组队列中的所有数据报分片，而UDP则不定义自己的资源耗尽处理函数。尽管TCP也占用mbuf——位于接收窗口内的乱序报文段——但Net/3实现的TCP并不丢弃这些mbuf，即使内核的mbuf已用完。相反，`tcp_drain`不做任何处理，假定收到的(但次序差错)的TCP报文段比IP分片重要。

27.3 `tcp_drop`函数

`tcp_drop`在整个系统中多次被调用，发送RST报文段以丢弃连接，并向应用进程返回差错。它与关闭连接(`tcp_disconnect`函数)不同，后者向对端发送FIN，并遵守TCP状态变迁图所规定的连接终止步骤。

图27-1列出了调用`tcp_drop`的7种情况和相应的errno参数。

图27-2给出了`tcp_drop`函数。

202-213 如果TCP收到了一个SYN，连接被同步，则必须向对端发送RST。`tcp_drop`把状态设为CLOSED，并调用`tcp_output`。从图24-16可知，CLOSED状态的`tcp_outflags`数组中包含RST标志。

214-216 如果errno等于ETIMEDOUT，且连接上曾收到过软差错(如EHOSTUNREACH)，

软差错代码将取代内容不确定的ETIMEDOUT，作为返回的插口差错。

217 tcp_close结束插口关闭操作。

函 数	errno	描 述
tcp_input	ENOBUFS	监听服务器收到SYN，但内核无法为t_template分配所需的mbuf
tcp_input	ECONNREFUSED	收到的RST是对本地发送的SYN的响应
tcp_input	ECONNRESET	在现存连接上收到了RST
tcp_timers	ETIMEDOUT	重传定时器连续超时13次，仍未收到对端的ACK(图25-25)
tcp_timers	ETIMEDOUT	连接建立定时器超时(图25-16)，或者保活定时器超时，且连续9次发送窗口探测报文段，对方均无响应
tcp_usrreq	ECONNABORTED	PRU_ABORT请求
tcp_usrreq	0	关闭插口，设定SO_LINGER选项，且拖延时间为0

图27-1 调用tcp_drop函数和errno参数

```
                                                                    ── tcp_subr.c
202 struct tcpcb *
203 tcp_drop(tp, errno)
204 struct tcpcb *tp;
205 int      errno;
206 {
207     struct socket *so = tp->t_inpcb->inp_socket;

208     if (TCPS_HAVERCVDSYN(tp->t_state)) {
209         tp->t_state = TCPS_CLOSED;
210         (void) tcp_output(tp);
211         tcpstat.tcps_drops++;
212     } else
213         tcpstat.tcps_conndrops++;
214     if (errno == ETIMEDOUT && tp->t_softerror)
215         errno = tp->t_softerror;
216     so->so_error = errno;
217     return (tcp_close(tp));
218 }
                                                                    ── tcp_subr.c
```

图27-2 tcp_drop函数

27.4 tcp_close函数

通常情况下，如果应用进程被动关闭，且在LAST_ACK状态时收到了ACK，tcp_input将调用tcp_close关闭连接；或者当2MSL定时器超时，插口从TIME_WAIT状态变迁到CLOSED状态时，tcp_timers也会调用tcp_close。它也可以在其他状态被调用，一种可能是发生了差错，如上一小节讨论过的情况。tcp_close释放连接占用的内存(IP和TCP首部模板、TCP控制块、Internet PCB和保存在连接重组队列中的所有乱序报文段)，并更新路由特性。

我们分3部分讲解这个函数，前两部分讨论路由特性，最后一部分介绍资源释放。

27.4.1 路由特性

rt_metrics结构(图18-26)中保存了9个变量，有6个用于TCP。其中8个变量可通过

route (8)命令读写(第9个，rmx_pksent未使用)：图27-3列出了这些变量。此外，运行route命令时，加入-lock选项，可以设置rmx_locks成员变量(图20-13)中对应的RTV_*xxx*比特，告诉内核不要更新对应的路由参数。

关闭TCP插口时，如果下列条件满足：连接上传输的数据量足够生成有效的统计值，并且变量未被锁定，tcp_close将更新3个路由参数——已平滑的RTT估计器、已平滑的RTT平均偏差估计器和慢起动门限。

rt_metrics成员	tcp_close是否 保存该成员	tcp_mss是否 使用该成员	route(8)附加参数
rmx_expire			-expire
rmx_hopcount			-hopcount
rmx_mtu		●	-mtu
rmx_recvpipe		●	-recvpipe
rmx_rtt	●	●	-rtt
rmx_rttvar	●	●	-rttvar
rmx_sendpipe		●	-sendpipe
rmx_ssthresh	●	●	-ssthresh

图27-3 TCP用到的rt_metrics结构中的变量

图27-4给出了tcp_close的第一部分。

1. 判断是否发送了足够的数据量

234-248   默认的发送缓存大小为8192字节(sb_hiwat)，因此首先比较初始发送序号和连接上已发送的最大序号，测试是否已传输了131 072字节(16个完整的缓存)的数据。此外，插口还必须有一条非默认路由的缓存路由(参见习题19.2)。

请注意，如果传输的数据量在$N \times 2^{32}(N>1)$和$N \times 2^{32}+131\ 072(N>1)$之间，则因为序号可能回绕，比较时也许会出现问题，尽管可能性不大。但目前很少有连接会传输4 G的数据。

尽管Internet上存在大量的默认路由，缓存路由对于维护有效的路由表还是很有用的。如果主机长期与另外某个主机(或网络)交换数据，即使默认路由可用，也应运行route命令向路由表中添加源站选路和目的选路的路由，从而在整条连接上维护有效的路由信息(参见习题19.2)。这些信息在系统重启时丢失。

250   管理员可以锁定图27-3中的变量，防止内核修改它们。因此，代码在更新这些变量之前，必须先检查其锁定状态。

2. 更新RTT

251-264   t_srtt的单位为8个滴答(图25-19)，而rmx_rtt的单位为微秒。因此，首先必须实现单位换算，t_srtt乘以1 000 000(RTM_RTTUNIT)，除以2(滴答/秒)再乘以8，得到RTT的最新值。如果rmx_rtt值已存在，它被更新为最新值与原有值和的一半，即两者的平均值。如果不存在，最新值将直接赋给rmx_rtt变量。

3. 更新平均偏差

265-273   更新平均偏差的算法与更新RTT的类似，也需要把单位为4个滴答的t_rttvar换算为以微秒为单位。

```
                                                             ───────── tcp_subr.c
225  struct tcpcb *
226  tcp_close(tp)
227  struct tcpcb *tp;
228  {
229      struct tcpiphdr *t;
230      struct inpcb *inp = tp->t_inpcb;
231      struct socket *so = inp->inp_socket;
232      struct mbuf *m;
233      struct rtentry *rt;

234      /*
235       * If we sent enough data to get some meaningful characteristics,
236       * save them in the routing entry.  'Enough' is arbitrarily
237       * defined as the sendpipesize (default 8K) * 16.  This would
238       * give us 16 rtt samples assuming we only get one sample per
239       * window (the usual case on a long haul net).  16 samples is
240       * enough for the srtt filter to converge to within 5% of the correct
241       * value; fewer samples and we could save a very bogus rtt.
242       *
243       * Don't update the default route's characteristics and don't
244       * update anything that the user "locked".
245       */
246      if (SEQ_LT(tp->iss + so->so_snd.sb_hiwat * 16, tp->snd_max) &&
247          (rt = inp->inp_route.ro_rt) &&
248        ((struct sockaddr_in *) rt_key(rt))->sin_addr.s_addr != INADDR_ANY) {
249          u_long  i;

250          if ((rt->rt_rmx.rmx_locks & RTV_RTT) == 0) {
251              i = tp->t_srtt *
252                  (RTM_RTTUNIT / (PR_SLOWHZ * TCP_RTT_SCALE));
253              if (rt->rt_rmx.rmx_rtt && i)
254                  /*
255                   * filter this update to half the old & half
256                   * the new values, converting scale.
257                   * See route.h and tcp_var.h for a
258                   * description of the scaling constants.
259                   */
260                  rt->rt_rmx.rmx_rtt =
261                      (rt->rt_rmx.rmx_rtt + i) / 2;
262              else
263                  rt->rt_rmx.rmx_rtt = i;
264          }
265          if ((rt->rt_rmx.rmx_locks & RTV_RTTVAR) == 0) {
266              i = tp->t_rttvar *
267                  (RTM_RTTUNIT / (PR_SLOWHZ * TCP_RTTVAR_SCALE));
268              if (rt->rt_rmx.rmx_rttvar && i)
269                  rt->rt_rmx.rmx_rttvar =
270                      (rt->rt_rmx.rmx_rttvar + i) / 2;
271              else
272                  rt->rt_rmx.rmx_rttvar = i;
273          }
                                                             ───────── tcp_subr.c
```

图27-4 tcp_close函数：更新RTT和平均偏差

图27-5给出了tcp_close的下一部分代码，更新路由的慢起动门限。

274-283 满足下列条件时，慢起动门限被更新：(1)它被更新过(rmx_ssthresh非零)；(2)管理员规定了rmx_sendpipe，而snd_ssthresh的最新值小于rmx_sendpipe的一半。如同代码注释中指出的，TCP不会更新rmx_ssthresh值，除非因为数据分组丢失而不得不这样做。从这个角度出发，除非十分必要，TCP不会修改门限值。

```
274          /*
275           * update the pipelimit (ssthresh) if it has been updated
276           * already or if a pipesize was specified & the threshhold
277           * got below half the pipesize.  I.e., wait for bad news
278           * before we start updating, then update on both good
279           * and bad news.
280           */
281          if ((rt->rt_rmx.rmx_locks & RTV_SSTHRESH) == 0 &&
282              (i = tp->snd_ssthresh) && rt->rt_rmx.rmx_ssthresh ||
283              i < (rt->rt_rmx.rmx_sendpipe / 2)) {
284              /*
285               * convert the limit from user data bytes to
286               * packets then to packet data bytes.
287               */
288              i = (i + tp->t_maxseg / 2) / tp->t_maxseg;
289              if (i < 2)
290                  i = 2;
291              i *= (u_long) (tp->t_maxseg + sizeof(struct tcpiphdr));
292              if (rt->rt_rmx.rmx_ssthresh)
293                  rt->rt_rmx.rmx_ssthresh =
294                      (rt->rt_rmx.rmx_ssthresh + i) / 2;
295              else
296                  rt->rt_rmx.rmx_ssthresh = i;
297          }
298      }
```
————————————————————————————————————— tcp_subr.c

图27-5　tcp_close函数：更新慢起动门限

284-290　变量snd_ssthresh以字节为单位，除以MSS(t_maxseg)得到报文段数，加上1/2t_maxseg是为了保证总报文段容量必定大于snd_ssthresh字节。报文段数的下限为2个报文段。

291-297　MSS加上IP和TCP首部大小(40)，再乘以报文段数，利用得到的结果来更新rmx_ssthresh，采用的算法与图27-4中的相同(新值的1/2加上原有值的1/2)。

27.4.2　资源释放

图27-6给出了tcp_close的最后一部分，释放插口占用的内存资源。

```
299      /* free the reassembly queue, if any */
300      t = tp->seg_next;
301      while (t != (struct tcpiphdr *) tp) {
302          t = (struct tcpiphdr *) t->ti_next;
303          m = REASS_MBUF((struct tcpiphdr *) t->ti_prev);
304          remque(t->ti_prev);
305          m_freem(m);
306      }
307      if (tp->t_template)
308          (void) m_free(dtom(tp->t_template));
309      free(tp, M_PCB);
310      inp->inp_ppcb = 0;
```

图27-6　tcp_close函数：释放连接资源

```
311          soisdisconnected(so);
312          /* clobber input pcb cache if we're closing the cached connection */
313          if (inp == tcp_last_inpcb)
314              tcp_last_inpcb = &tcb;
315          in_pcbdetach(inp);
316          tcpstat.tcps_closed++;
317          return ((struct tcpcb *) 0);
318 }
```
                                                                    —— tcp_subr.c

图27-6 (续)

1. 释放重组队列占用的mbuf

299-306   如果连接重组队列中还有报文段，则丢弃它们。重组队列用于存放收到位于接收窗口内、但次序差错的报文段。在等待接收的正常序列报文段到达之前，它们会一直保存在重组队列中；之后，报文段被重组并递交给应用程序。27.9节会详细讨论这一过程。

2. 释放首部模板和TCP控制块

307-309   调用m_free释放IP和TCP首部模板，调用free释放TCP控制块，调用sodisconnected发送PRU_DISCONNECT请求，标记插口已断开连接。

3. 释放PCB

310-318   如果插口的Internet PCB保存在TCP的高速缓存中，则把TCP的PCB链表表头赋给tcp_last_inpcb，以清空缓存。接着调用in_pcbdetach释放PCB占用的内存。

27.5 tcp_mss函数

tcp_mss被两个函数调用：

1) tcp_output，准备发送SYN时调用，以添加MSS选项；

2) tcp_input，收到的SYN报文段中包含MSS选项时调用。

tcp_mss函数检查到达目的地的缓存路由，计算用于该连接的MSS。

图27-7给出了tcp_mss第一部分的代码，如果PCB中没有到达目的地的路由，则设法得到所需的路由。

                                                                    —— tcp_input.c

```
1391 int
1392 tcp_mss(tp, offer)
1393 struct tcpcb *tp;
1394 u_int    offer;
1395 {
1396     struct route *ro;
1397     struct rtentry *rt;
1398     struct ifnet *ifp;
1399     int     rtt, mss;
1400     u_long  bufsize;
1401     struct inpcb *inp;
1402     struct socket *so;
1403     extern int tcp_mssdflt;

1404     inp = tp->t_inpcb;
1405     ro = &inp->inp_route;

1406     if ((rt = ro->ro_rt) == (struct rtentry *) 0) {
```

图27-7 tcp_mss函数：如果PCB中没有路由，则设法得到所需路由

```
1407             /* No route yet, so try to acquire one */
1408             if (inp->inp_faddr.s_addr != INADDR_ANY) {
1409                 ro->ro_dst.sa_family = AF_INET;
1410                 ro->ro_dst.sa_len = sizeof(ro->ro_dst);
1411                 ((struct sockaddr_in *) &ro->ro_dst)->sin_addr =
1412                     inp->inp_faddr;
1413                 rtalloc(ro);
1414             }
1415             if ((rt = ro->ro_rt) == (struct rtentry *) 0)
1416                 return (tcp_mssdflt);
1417         }
1418         ifp = rt->rt_ifp;
1419         so = inp->inp_socket;
```
—— *tcp_input.c*

图27-7 (续)

1. 如果需要，就获取路由

1391-1417   如果插口没有高速缓存路由，则调用rtalloc得到一条。与外出路由相关的接口指针存储在ifp中。外出接口是非常重要的，因为其MTU会影响TCP通告的MSS。如果无法得到所需路由，函数就立即返回默认值512 (tcp_mssdflt)。

图27-8给出了tcp_mss的下一部分代码，判断得到的路由是否有相应的参数表。如果有，则变量t_rttmin、t_srtt和t_rttvar将初始化为参数表中的对应值。

—— *tcp_input.c*
```
1420     /*
1421      * While we're here, check if there's an initial rtt
1422      * or rttvar.  Convert from the route-table units
1423      * to scaled multiples of the slow timeout timer.
1424      */
1425     if (tp->t_srtt == 0 && (rtt = rt->rt_rmx.rmx_rtt)) {
1426         /*
1427          * XXX the lock bit for RTT indicates that the value
1428          * is also a minimum value; this is subject to time.
1429          */
1430         if (rt->rt_rmx.rmx_locks & RTV_RTT)
1431             tp->t_rttmin = rtt / (RTM_RTTUNIT / PR_SLOWHZ);
1432         tp->t_srtt = rtt / (RTM_RTTUNIT / (PR_SLOWHZ * TCP_RTT_SCALE));

1433         if (rt->rt_rmx.rmx_rttvar)
1434             tp->t_rttvar = rt->rt_rmx.rmx_rttvar /
1435                 (RTM_RTTUNIT / (PR_SLOWHZ * TCP_RTTVAR_SCALE));
1436         else
1437             /* default variation is +- 1 rtt */
1438             tp->t_rttvar =
1439                 tp->t_srtt * TCP_RTTVAR_SCALE / TCP_RTT_SCALE;

1440         TCPT_RANGESET(tp->t_rxtcur,
1441                       ((tp->t_srtt >> 2) + tp->t_rttvar) >> 1,
1442                       tp->t_rttmin, TCPTV_REXMTMAX);
1443     }
```
—— *tcp_input.c*

图27-8 tcp_mss函数：判断路由是否有相应的RTT参数表

2. 初始化已平滑的RTT估计器

1420-1432   如果连接上不存在RTT样本值(t_srtt=0)，并且rmx_rtt非零，则将后者赋

给已平滑的RTT估计器t_srtt。如果路由参数表锁定标志的RTV_RTT比特置位，表明连接的最小RTT(t_rttmin)也应初始化为rmx_rtt。前面介绍过，tcp_newtcpcb把t_rttmin初始化为2个滴答。

rmx_rtt(以微秒为单位)转换为t_srtt(以8个滴答为单位)，这是图27-4的反变换。注意，t_rttmin等于t_srtt的1/8，因为前者没有除以缩放因子TCP_RTT_SCALE。

3. 初始化已平滑的RTT平均偏差估计器

1433-1439 如果存储的rmx_rttvar(以微秒为单位)值非零，将其转换为t_rttvar (以4个滴答为单位)。但如果为零，则t_rttvar等于t_rtt，即偏差等于均值。已平滑的RTT平均偏差估计器默认设置为±1 RTT。由于t_rttvar的单位为4个滴答，而t_rtt的单位为8个滴答，t_srtt值也必须做相应转换。

4. 计算初始RTO

1440-1442 计算当前的*RTO*，并存储在t_rxtcur中，采用下列算式更新：

$$RTO = srtt + 2 \times rttvar$$

计算第一个*RTO*时，乘数取2，而非4，上式与图25-21中用到的算式相同。将缩放关系代入，得到：

$$RTO = \frac{t\_srtt}{8} + 2 \times \frac{t\_rttvar}{4} = \frac{\frac{t\_srtt}{4} + t\_rttvar}{2}$$

即为TCPT_RANGESET的第二个参数。

图27-9给出了tcp_mss的下一部分，计算MSS。

```
                                                              ──── tcp_input.c
1444      /*
1445       * if there's an mtu associated with the route, use it
1446       */
1447      if (rt->rt_rmx.rmx_mtu)
1448          mss = rt->rt_rmx.rmx_mtu - sizeof(struct tcpiphdr);
1449      else {
1450          mss = ifp->if_mtu - sizeof(struct tcpiphdr);
1451 #if (MCLBYTES & (MCLBYTES - 1)) == 0
1452          if (mss > MCLBYTES)
1453              mss &= ~(MCLBYTES - 1);
1454 #else
1455          if (mss > MCLBYTES)
1456              mss = mss / MCLBYTES * MCLBYTES;
1457 #endif
1458          if (!in_localaddr(inp->inp_faddr))
1459              mss = min(mss, tcp_mssdflt);
1460      }
                                                              ──── tcp_input.c
```

图27-9 tcp_mss函数：计算mss

5. 从路由表中的MTU得到MSS

1444-1450 如果路由表中的MTU有值，则将其赋给mss。如果没有，则mss初始值等于外出接口的MTU值减去40(IP和TCP首部默认值)。对于以太网，MSS初始值应为1460。

6. 减小MSS，令其等于MCLBYTES的倍数

1451-1457 如果mss大于MCLBYTES，则减小mss的值，令其等于最接近的

MCLBYTES(mbuf簇大小)的整数倍。如果MCLBYTES值(通常等于1024或2048)与MCLBYTES值减1逻辑与后等于0，说明MCLBYTES等于2的倍数。例如，1024(0x400)逻辑与1023(0x3ff)等于0。

代码通过清零mss的若干低位比特，将mss减小到最接近的MCLBYTES的倍数：如果mbuf簇大小为1024，mss与1023的二进制补码(0xfffffc00)逻辑与，低位的10 bit被清零。对于以太网，mss将从1460减至1024。如果mbuf簇大小为2048，与2047的二进制补码(0xffff8000)逻辑与，低位的11 bit被清零。对于令牌环，MTU大小为4464，上述运算将mss从4424减为4096。如果MCLBYTES不是2的倍数，代码用mss整数除以MCLBYTES后，再乘上MCLBYTES，从而将mss减小到最接近的MCLBYTES的倍数。

7. 判断目的地是本地地址还是远端地址

1458-1459　　如果目的IP不是本地地址(in_localaddr返回零)，且mss大于512(tcp_mssdflt)，则将mss设为512。

　　　　IP地址是否为本地地址取决于全局变量subnetsarelocal，内核编译时把符号变量SUBNETSARELOCAL的值赋给它。默认值为1，意味着如果给定IP地址与主机任一接口的IP地址具有相同的网络ID，则被认为是一个本地地址。如果为0，则给定IP地址必须与主机任一接口的IP地址具有相同的网络号和子网号，才会被认为是一个本地地址。

　　　　对于非本地地址，将MSS最小化是为了避免IP数据报经广域网时被分片。绝大多数WAN链路的MTU只有1006，这是从ARPANET遗留下来的一个问题。在卷1的11.7节中讨论过，现代的多数WAN支持1500，甚至更大的MTU。感兴趣的读者还可阅读卷1的24.2节中讨论的路由MTU发现特性(RFC 1191，[Mogul and Deering 1990])。Net/3不支持路由MTU发现。

图27-10给出了tcp_mss最后一部分的代码。

8. 对端的MSS用作上限

1461-1472　　如果tcp_mss被tcp_input调用，参数offer非零，等于对端通告的mss值。如果mss大于对端通告的值，则将offer赋给它。例如，如果函数计算得到的mss等于1024，但对端通告的值只有512，则mss必须被设定为512。相反，如果mss等于536(即输出MTU等于576)，而对端通告的值为1460，TCP仍旧使用536。只要不超过对端通告的值，mss可以取小于它的任何一个值。如果tcp_mss被tcp_output调用，offer等于0，用于发送MSS选项。注意，尽管mss的上限可变，其下限固定为32。

1473-1483　　如果mss小于tcp_newtcpcb中设定的默认值t_maxseg(512)，或者如果TCP正在处理收到的MSS选项(offer非零)，则需执行下列步骤。首先，如果路由的rmx_sendpipe有值，则采用它作为发送缓存的高端(high-water)标志(图16-4)。如果缓存小于mss，则使用较小的值。除非是应用程序有意把发送缓存定得很小，或者管理员将rmx_sendpipe定得很小，这种情况一般不会发生，因为发送缓存的上限默认值为8192，大于绝大多数的mss。

9. 增加缓存大小，令其等于最近的MSS整数倍

1484-1489　　增加缓存大小，令其等于最近的mss整数倍，上限为sb_max(Net/3中定义为262 144，即256×1024)。插口发送缓存的上限设定为sbreserve。例如，上限默认值等于

8192，但对于以太网上的本地TCP传输，其mbuf簇大小为2048(假定mss等于1460)，代码把上限值增加到8760(等于6×1460)。但对于非本地的连接，mss等于512，上限值保持8192不变。

---
tcp_input.c

```
1461        /*
1462         * The current mss, t_maxseg, was initialized to the default value
1463         * of 512 (tcp_mssdflt) by tcp_newtcpcb().
1464         * If we compute a smaller value, reduce the current mss.
1465         * If we compute a larger value, return it for use in sending
1466         * a max seg size option, but don't store it for use
1467         * unless we received an offer at least that large from peer.
1468         * However, do not accept offers under 32 bytes.
1469         */
1470        if (offer)
1471            mss = min(mss, offer);
1472        mss = max(mss, 32);            /* sanity */
1473        if (mss < tp->t_maxseg || offer != 0) {
1474            /*
1475             * If there's a pipesize, change the socket buffer
1476             * to that size.  Make the socket buffers an integral
1477             * number of mss units; if the mss is larger than
1478             * the socket buffer, decrease the mss.
1479             */
1480            if ((bufsize = rt->rt_rmx.rmx_sendpipe) == 0)
1481                bufsize = so->so_snd.sb_hiwat;
1482            if (bufsize < mss)
1483                mss = bufsize;
1484            else {
1485                bufsize = roundup(bufsize, mss);
1486                if (bufsize > sb_max)
1487                    bufsize = sb_max;
1488                (void) sbreserve(&so->so_snd, bufsize);
1489            }
1490            tp->t_maxseg = mss;
1491            if ((bufsize = rt->rt_rmx.rmx_recvpipe) == 0)
1492                bufsize = so->so_rcv.sb_hiwat;
1493            if (bufsize > mss) {
1494                bufsize = roundup(bufsize, mss);
1495                if (bufsize > sb_max)
1496                    bufsize = sb_max;
1497                (void) sbreserve(&so->so_rcv, bufsize);
1498            }
1499        }
1500        tp->snd_cwnd = mss;
1501        if (rt->rt_rmx.rmx_ssthresh) {
1502            /*
1503             * There's some sort of gateway or interface
1504             * buffer limit on the path.  Use this to set
1505             * the slow start threshhold, but set the
1506             * threshold to no less than 2*mss.
1507             */
1508            tp->snd_ssthresh = max(2 * mss, rt->rt_rmx.rmx_ssthresh);
1509        }
1510        return (mss);
1511 }
```

---
tcp_input.c

图27-10 tcp_mss函数：结束处理

1490 由于t_maxseg已小于默认值(512)，或者由于收到了对端发送的MSS选项，所以应更新它。

1491-1499 对接收缓存的处理与发送缓存相同。

10. 初始化拥塞窗口和慢起动门限

1500-1509 拥塞窗口的值，`snd_cwnd`，等于一个最大报文段长度。如果路由表中的 `rmx_ssthresh`非零，慢起动门限(`snd_ssthresh`)初始化为该值，但应保证其下限为两个最大报文段长度。

1510 函数最后返回mss。`tcp_input`忽略这一返回值(图28-10，因为它已收到对端的MSS选项)，但图26-23中，`tcp_output`将它用作MSS通告。

举例

下面通过一个连接建立的实例说明`tcp_mss`的操作过程。连接建立过程中，它会被调用两次：发送SYN时和收到对端带有MSS选项的SYN时。

1) 创建插口，`tcp_newtcpcb`初始化t_maxseg为512。

2) 应用进程调用`connect`。为了在SYN报文段中加入MSS选项，`tcp_output`调用`tcp_mss`，参数offer等于零。假定目的IP为本地以太网地址，mbuf簇大小为2048，执行图27-9中的代码后，mss等于1460。由于offer等于零，图27-10中的代码不修改mss值，函数返回1460。因为1460大于默认值(512)而且未收到对端的MSS选项，缓存大小不变。`tcp_output`发送MSS选项，通告MSS大小为1460。

3) 对端发送响应SYN，通告mss大小为1024。`tcp_input`调用`tcp_mss`，参数offer等于1024。图27-9的代码逻辑仍旧设定mss为1460，但在图27-10起始处的min语句将mss减小为1024。因为offer非零，缓存大小增加至最近的1024的整数倍(等于8192)。t_maxseg更新为1024。

> 初看上去，`tcp_mss`的逻辑存在问题：TCP向对端通告mss大小为1460，之后从对端收到的mss只有1024。尽管TCP只能发送1024字节的报文段，对端却能够发送1460字节的报文段。读者可能会认为发送缓存应等于1024的倍数，而接收缓存则应等于1460的倍数。但图27-10中的代码却将两个缓存大小都设为对端通告的mss的倍数。这是因为尽管TCP通告mss为1460，但对端通告的mss仅为1024，对端有可能不会发送1460字节的报文段，而将发送报文段限制为1024字节。

27.6 `tcp_ctlinput`函数

回想图22-32中，`tcp_ctlinput`处理5种类型的ICMP差错：目的地不可达、数据报参数错、源站抑制、数据报超时和重定向。所有重定向差错会上交给相应的TCP或UDP进行处理。

对于其他4种差错，仅当它们是被TCP报文段引发的，才会调用`tcp_ctlinput`进行处理。

图27-11给出了`tcp_ctlinput`函数，它与图23-30的udp_ctlinput函数类似。

365-366 在逻辑上，`tcp_ctlinput`与udp_ctlinput的唯一区别是如何处理ICMP源站抑制差错。因为inetctlerrmap等于0，UDP忽略源站抑制差错。TCP检查源站抑制差错，并把notify函数的默认值tcp_notify改为tcp_quench。

tcp_subr.c

```
355 void
356 tcp_ctlinput(cmd, sa, ip)
357 int      cmd;
358 struct sockaddr *sa;
359 struct ip *ip;
360 {
361     struct tcphdr *th;
362     extern struct in_addr zeroin_addr;
363     extern u_char inetctlerrmap[];
364     void    (*notify) (struct inpcb *, int) = tcp_notify;

365     if (cmd == PRC_QUENCH)
366         notify = tcp_quench;
367     else if (!PRC_IS_REDIRECT(cmd) &&
368             ((unsigned) cmd > PRC_NCMDS || inetctlerrmap[cmd] == 0))
369         return;
370     if (ip) {
371         th = (struct tcphdr *) ((caddr_t) ip + (ip->ip_hl << 2));
372         in_pcbnotify(&tcb, sa, th->th_dport, ip->ip_src, th->th_sport,
373                     cmd, notify);
374     } else
375         in_pcbnotify(&tcb, sa, 0, zeroin_addr, 0, cmd, notify);
376 }
```

tcp_subr.c

图27-11 tcp_ctlinput函数

27.7 tcp_notify函数

tcp_notify被tcp_ctlinput调用，处理目的地不可达、数据报参数错、数据报超时和重定向差错。与UDP的差错处理函数相比，它要复杂得多，因为TCP必须灵活地处理连接上收到的各种软差错。图27-12给出了tcp_motify函数。

tcp_subr.c

```
328 void
329 tcp_notify(inp, error)
330 struct inpcb *inp;
331 int      error;
332 {
333     struct tcpcb *tp = (struct tcpcb *) inp->inp_ppcb;
334     struct socket *so = inp->inp_socket;

335     /*
336      * Ignore some errors if we are hooked up.
337      * If connection hasn't completed, has retransmitted several times,
338      * and receives a second error, give up now.  This is better
339      * than waiting a long time to establish a connection that
340      * can never complete.
341      */
342     if (tp->t_state == TCPS_ESTABLISHED &&
343        (error == EHOSTUNREACH || error == ENETUNREACH ||
344         error == EHOSTDOWN)) {
345         return;
346     } else if (tp->t_state < TCPS_ESTABLISHED && tp->t_rxtshift > 3 &&
347             tp->t_softerror)
348         so->so_error = error;
```

图27-12 tcp_notify函数

```
349      else
350          tp->t_softerror = error;
351      wakeup((caddr_t) & so->so_timeo);
352      sorwakeup(so);
353      sowwakeup(so);
354 }
```
                                                                    tcp_subr.c

图27-12 （续）

328-345   如果连接状态为ESTABLISHED，则忽略EHOSTUNREACH、ENETUNREACH和
EHOSTDOWN差错代码。

   处理这3个差错是4.4BSD中新增的功能。Net/2及早期版本在连接的软差错变量
（t_softerror）中记录这些差错，如果连接最终失败，则向应用进程返回相应的差
错码。回想一下，tcp_xmit_timer在收到一个ACK，确认未发送过的报文段时，
复位t_softerror为零。

346-353   如果连接还未建立，而且TCP已经至少4次重传了当前报文段，t_softerror中
已存在差错记录，则最新的差错将被保存在插口的so_error变量中，从而应用进程可以调
用select对插口进行读写。如果上述条件不满足，当前差错将仍旧保存在t_softerror中。
我们在tcp_drop函数中讨论过，如果连接最终由于超时而被丢弃，tcp_drop会把
t_softerror赋给插口差错变量errno。任何在插口上等待接收或发送数据的应用进程会
被唤醒，并得到相应的差错代码。

27.8 tcp_quench函数

   tcp_quench的函数代码在图27-13中给出。TCP在两种情况下调用它：当连接上收到源
站抑制差错时，由tcp_input调用。当ip_output返回ENOBUFS差错代码时，由
tp_output调用。

                                                                    tcp_subr.c
```
381 void
382 tcp_quench(inp, errno)
383 struct inpcb *inp;
384 int      errno;
385 {
386      struct tcpcb *tp = intotcpcb(inp);

387      if (tp)
388          tp->snd_cwnd = tp->t_maxseg;
389 }
```
                                                                    tcp_subr.c

图27-13 tcp_quench函数

   拥塞窗口设定为最大报文段长度，强迫TCP执行慢起动。慢起动门限不变（与
tcp_timers处理重传超时的思想相同），因此，窗口大小将成指数地增加，直至达到
snd_ssthresh门限或发生拥塞。

27.9 **TCP_REASS宏和tcp_reass函数**

   TCP报文段有可能乱序到达，因此，在数据上交给应用进程之前，TCP必须设法恢复正确

的报文段次序。例如，如果接收方的接收窗口
大小为4096，等待接收的下一个序号为0。收
到的第一个报文段携带0～1023字节的数据(次
序正确)，第二个报文段携带了2048～3071字
节的数据，很明显，第二个报文段到达的次序
差错。如果乱序报文段位于接收窗口内，TCP
并不丢弃它，而是将其保存在连接的重组队列
中，继续等待中间缺失的报文段(携带1024～
2047字节的报文段)。这一节我们将讨论处理
TCP重组队列的代码，为后两章讨论tcp_
input打下基础。

如果假定某个mbuf中包含IP首部、TCP首
部和4字节的用户数据(回想图2-14的左半部
分)，如图27-14所示。此外还假定数据的序号
依次为7、8、9和10。

图24-12中定义的tcpiphdr结构里包含
了ipovly和tcphdr两个结构，tcphdr结构
在图24-12中给出。图27-14只列出了与重组有
关的一些变量：ti_next、ti_prev、
ti_len、ti_dport和ti_seq。头两个指
针指向由给定连接所有乱序报文段组成的双向
链表。链表头保存在连接的TCP控制块中：结
构 的 头 两 个 成 员 变 量 为 seg_next和

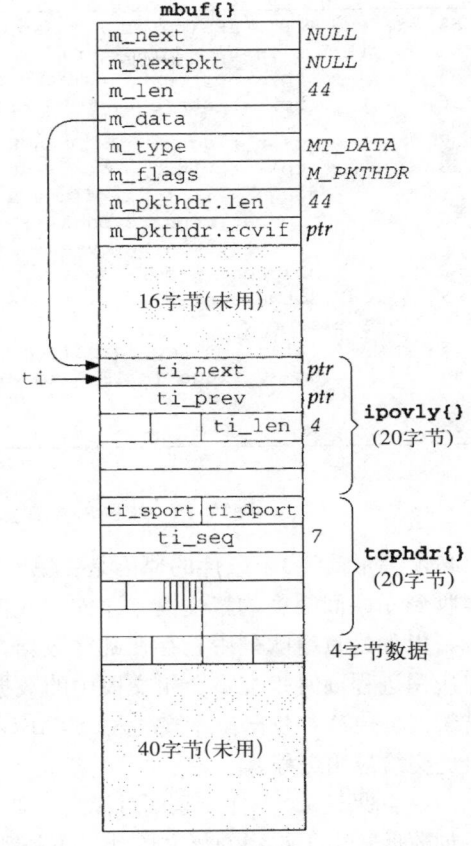

图27-14 举例：带有4字节数据的IP和TCP首部

seg_prev。ti_next和ti_prev指针与IP首部的头8个字节重复，只要数据报到达了TCP，
就不再需要这些内容。ti_len等于TCP数据的长度，TCP计算检验和之前首先计算并储存这
个字段。

27.9.1 TCP_REASS宏

tcp_input收到数据后，就调用图27-15中的宏TCP_REASS，把数据放入连接的重组队
列。TCP_REASS只在一种情况下被调用：参见图29-22。

54-63 tp是指向连接TCP控制块的指针，ti是指向接收报文段的tcpiphdr结构的指针。
如果下列3个条件均为真：

1) 报文段到达次序正确(序号ti_seq等于连接上等待接收的下一序号，rcv_nxt)；
2) 连接的重组队列为空(seg_next指向自己，而不是某个mbuf)；
3) 连接处于ESTABLISHED状态。

则执行下列步骤：设定延迟ACK标志；更新rcv_nxt，增加报文段携带的数据长度；如果报
文段TCP首部中FIN标志置位，则flags参数中增加TH_FIN标志；更新两个统计值；数据放
入插口的接收缓存；唤醒所有在插口上等待接收的应用进程。

```
53 #define TCP_REASS(tp, ti, m, so, flags) { \                          — tcp_input.c
54     if ((ti)->ti_seq == (tp)->rcv_nxt && \
55         (tp)->seg_next == (struct tcpiphdr *)(tp) && \
56         (tp)->t_state == TCPS_ESTABLISHED) { \
57         tp->t_flags |= TF_DELACK; \
58         (tp)->rcv_nxt += (ti)->ti_len; \
59         flags = (ti)->ti_flags & TH_FIN; \
60         tcpstat.tcps_rcvpack++; \
61         tcpstat.tcps_rcvbyte += (ti)->ti_len; \
62         sbappend(&(so)->so_rcv, (m)); \
63         sorwakeup(so); \
64     } else { \
65         (flags) = tcp_reass((tp), (ti), (m)); \
66         tp->t_flags |= TF_ACKNOW; \
67     } \
68 }
```
                                                                        — tcp_input.c

图27-15 TCP_REASS宏：向连接的重组队列中添加数据

必须满足前述3个条件的原因是：第一，如果数据次序差错，则必须将其放入重组队列，直至收到了中间缺失的报文段，才能把数据提交给应用进程。第二，即使当前数据到达次序正确，但如果重组队列中已存在乱序数据，则新的数据有可能就是所需的缺失数据，从而能够向应用进程同时提交多个报文段中的数据；第三，尽管允许请求建立连接的SYN报文段中携带数据，但这些数据在连接进入ESTABLISHED状态之前，必须保存在重组队列中，不允许直接提交给应用进程。

64-67 如果这3个条件不是同时满足，则TCP_REASS宏调用TCP_REASS函数，向重组队列中添加数据。由于收到的报文段如果不是乱序报文段，就有可能是所需的缺失报文段，因此，置位TF_ACKNOW，要求立即发送ACK。TCP的一个重要特性是收到乱序报文段时，必须立即发送ACK，这有助于快速重传算法(29.4节)的实现。

在讨论TCP_REASS函数代码之前，需要先了解图27-14中TCP首部的两个端口号，ti_sport和ti_dport，所起的作用。其实，只要找到了TCP控制块并调用了TCP_REASS，就不再需要它们了。因此，TCP报文段放入重组队列时，可以把对应mbuf的地址存储在这两个端口号变量中。对于图27-14中的报文段，不需要这样做，因为IP和TCP的首部都存储在mbuf的数据部分，可直接使用dtom宏。但我们在2.6节讨论m_pullup时曾指出，如果IP和TCP的首部保存在簇中(如图2-16所示，对于最大长度报文这是很正常的)，dtom宏将无法使用。我们在该节中曾提到，TCP把从TCP首部指向mbuf的后向指针(back pointer)存储在TCP的两个端口号字段中。

图27-16举例说明了这一技术的用法，利用它处理连接上的两个乱序报文段，每个报文段都存储在一个mbuf簇中。乱序报文段双向链表的表头是连接的TCP控制块中的seg_next成员变量。为简化起见，图中未标出seg_prev指针和指向链表最后一个报文段的ti_next指针。

接收窗口等待接收的下一个序号为1(rcv_nxt)，但我们假定这个报文段丢失了。接着又收到了两个报文段，携带1461~4380字节的数据，这是两个乱序报文段。TCP调用m_devget把它们放入mbuf簇中，如图2-16所示。

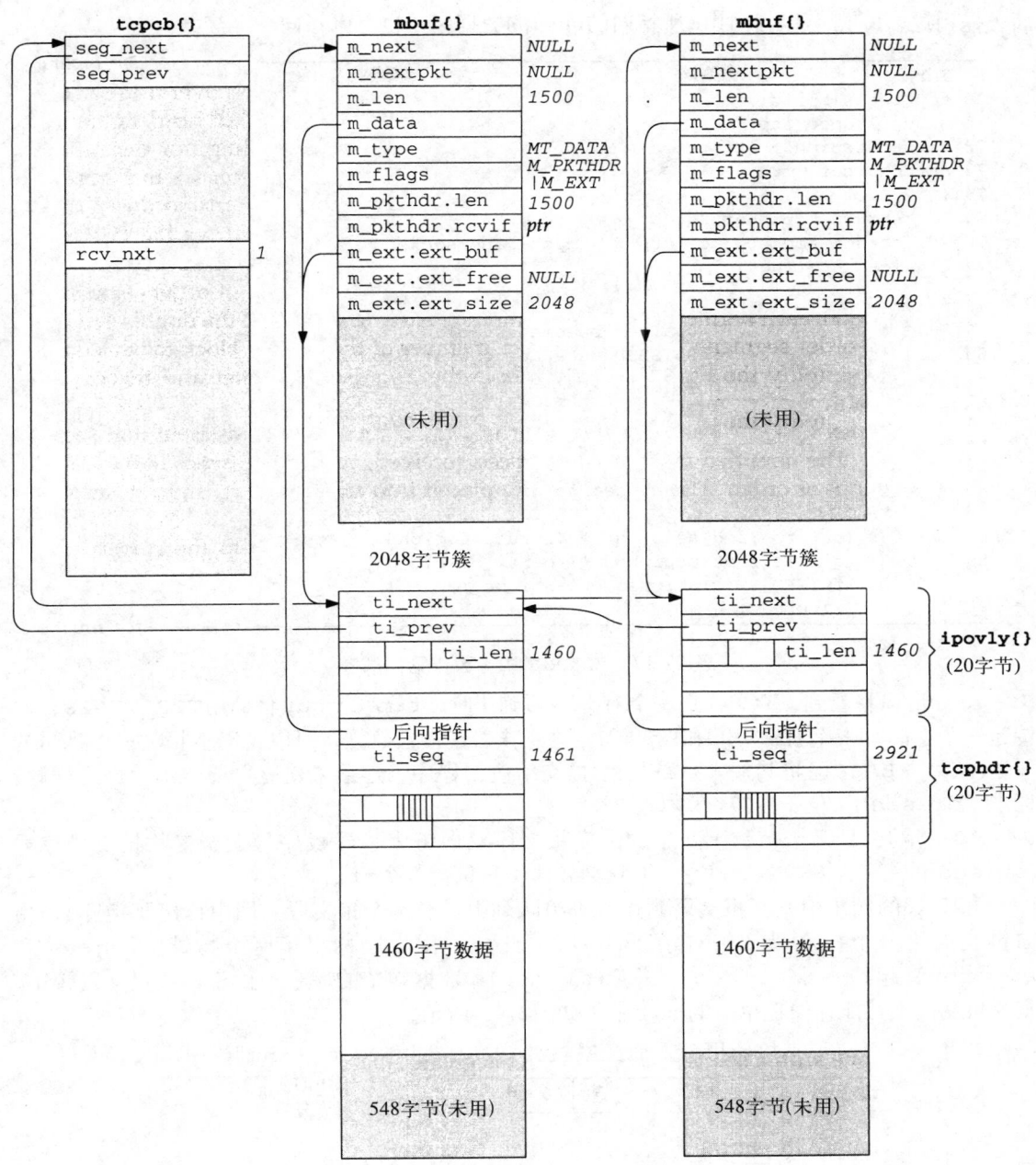

图27-16 两个乱序TCP报文段存储在mbuf簇中

TCP首部的头32 bit存储指向对应mbuf的指针，下面介绍的TCP_REASS函数将用到这个后向指针。

27.9.2 TCP_REASS函数

图27-17给出了TCP_REASS函数的第一部分。参数包括：tp，指向TCP控制块的指针；ti，指向接收报文段IP和TCP首部的指针；m，指向存储接收报文段的mbuf链表的指针。前

面曾提到过，ti既可以指向由m所指向的mbuf的数据区，也可以指向一个簇。

```
                                                              tcp_input.c
69 int
70 tcp_reass(tp, ti, m)
71 struct tcpcb *tp;
72 struct tcpiphdr *ti;
73 struct mbuf *m;
74 {
75     struct tcpiphdr *q;
76     struct socket *so = tp->t_inpcb->inp_socket;
77     int      flags;

78     /*
79      * Call with ti==0 after become established to
80      * force pre-ESTABLISHED data up to user socket.
81      */
82     if (ti == 0)
83         goto present;

84     /*
85      * Find a segment that begins after this one does.
86      */
87     for (q = tp->seg_next; q != (struct tcpiphdr *) tp;
88          q = (struct tcpiphdr *) q->ti_next)
89         if (SEQ_GT(q->ti_seq, ti->ti_seq))
90             break;
                                                              tcp_input.c
```

图27-17　TCP_REASS函数：第一部分

69-83　后面将看到，TCP收到一个对SYN的确认时，tcp_input将调用TCP_REASS，并传递一个空的ti指针(图28-20和图29-2)。这意味着连接已建立，可以把SYN报文段中携带的数据(TCP_REASS已将其放入重组队列)提交给应用程序。连接未建立之前，不允许这样做。标志"present"位于图27-23中。

84-90　遍历从seg_next开始的乱序报文段双向链表，寻找序号大于接收报文段序号(ti_seq)的第一个报文段。注意，for循环体中只包含一个if语句。

　　图27-18的例子中，新报文段到达时重组队列中已有两个报文段。图中标出了指针q，指向链表的下一个报文段，带有字节10~15。此外，图中还标出了两个指针ti_next和ti_prev，起始序号(ti_seq)、长度(ti_len)和数据字节的序号。由于这些报文段较小，每个报文段很可能存储在单一的mbuf中，如图27-14所示。

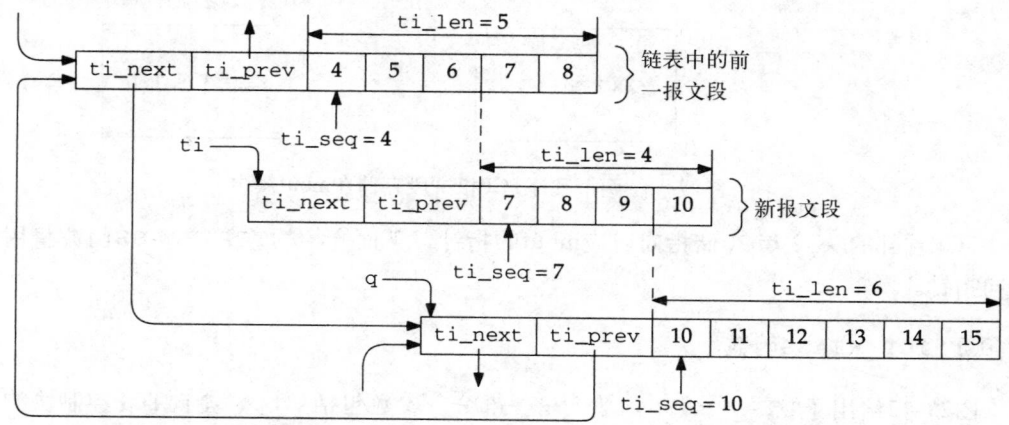

图27-18　存储重复报文段的重组队列举例

图27-19给出了TCP_REASS下一部分的代码

```
                                                          tcp_input.c
91      /*
92       * If there is a preceding segment, it may provide some of
93       * our data already.  If so, drop the data from the incoming
94       * segment.  If it provides all of our data, drop us.
95       */
96      if ((struct tcpiphdr *) q->ti_prev != (struct tcpiphdr *) tp) {
97          int     i;
98          q = (struct tcpiphdr *) q->ti_prev;
99          /* conversion to int (in i) handles seq wraparound */
100         i = q->ti_seq + q->ti_len - ti->ti_seq;
101         if (i > 0) {
102             if (i >= ti->ti_len) {
103                 tcpstat.tcps_rcvduppack++;
104                 tcpstat.tcps_rcvdupbyte += ti->ti_len;
105                 m_freem(m);
106                 return (0);
107             }
108             m_adj(m, i);
109             ti->ti_len -= i;
110             ti->ti_seq += i;
111         }
112         q = (struct tcpiphdr *) (q->ti_next);
113     }
114     tcpstat.tcps_rcvoopack++;
115     tcpstat.tcps_rcvoobyte += ti->ti_len;
116     REASS_MBUF(ti) = m;             /* XXX */
                                                          tcp_input.c
```

图27-19 TCP_REASS函数：第二部分

91-107   如果双向链表中q指向的报文段前还存在报文段，则该报文段有可能与新报文段重复，因此，挪动指针q，令其指向q的前一个报文段(图27-18中携带字节4~8的报文段)，计算重复的字节数，并存储在变量i中：

```
i = q->ti_seq + q->ti_len - ti->ti_seq;
  = 4 + 5 -7
  = 2
```

如果i大于0，则链表中原有报文段与新报文段携带的数据间存在重复，如例子中给出的报文段。如果重复的字节数(i)大于或等于新报文段的大小，即新报文段中所有的数据都已包含在原有报文段中，新报文段是重复报文段，应予以丢弃。

108-112   如果只有部分数据重复(如图27-18所示)，m_adj丢弃新报文段起始i字节的数据，并相应更新新报文段的序号和长度。挪动q指针，指向链表中的下一个报文段。图27-20给出了图27-18中各报文段和变量此时的状态。

116   mbuf的地址m存储在TCP首部的源端口号和目的端口号中，也就是我们在本节前面曾提到的后向指针，防止TCP首部被存放在mbuf簇中，而无法使用dtom宏。宏REASS_MBUF定义为：

```
#define REASS_MBUF(ti) (*(struct mbuf **)&((ti)->ti_t))
```

ti_t是一个tcphdr结构(图24-12)，最初的两个成员变量是两个16bit的端口号。请注意图27-19中的注释"XXX"，其中隐含了这样一个假定，指针能够存放在两个端口号占用的32bit空间中。

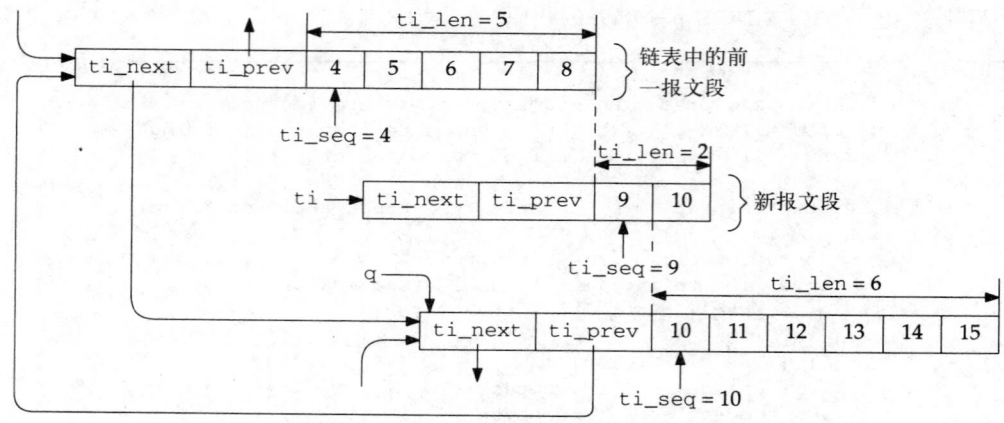

图27-20   删除新报文段中的字节7和8后，更新图27-18

图27-21给出了tcp_reass的第三部分，删除重组队列下一报文段中可能的重复字节。

117-135   如果还有后续报文段，则计算新报文段与下一报文段间重复的字节数，并存储在变量i中。还是以图27-18中的报文段为例，得到：

```
i = 9 + 2 - 10
  = 1
```

因为序号10的字节同时存在于两个报文段中。

根据i值的大小，有可能出现3种情况：

1) 如果i小于等于0，无重复。

2) 如果i小于下一报文段的字节数(q->ti_len)，则有部分重复，调用m_adj，从该报文段中丢弃起始的i字节。

3) 如果i大于等于下一报文段的字节数，则出现完全重复，从链表中删除该报文段。

136-139   代码最后调用insque，把新报文段插入连接的重组双向链表中。图27-22给出了图27-18中各报文段和变量此时的状态。

```
117      /*                                                          tcp_input.c
118       * While we overlap succeeding segments trim them or,
119       * if they are completely covered, dequeue them.
120       */
121      while (q != (struct tcpiphdr *) tp) {
122          int     i = (ti->ti_seq + ti->ti_len) - q->ti_seq;
123          if (i <= 0)
124              break;
125          if (i < q->ti_len) {
126              q->ti_seq += i;
127              q->ti_len -= i;
128              m_adj(REASS_MBUF(q), i);
129              break;
130          }
131          q = (struct tcpiphdr *) q->ti_next;
132          m = REASS_MBUF((struct tcpiphdr *) q->ti_prev);
133          remque(q->ti_prev);
```

图27-21   TCP_REASS函数：第三部分

```
134              m_freem(m);
135          }
136          /*
137           * Stick new segment in its place.
138           */
139          insque(ti, q->ti_prev);
```
─── *tcp_input.c*

图27-21 （续）

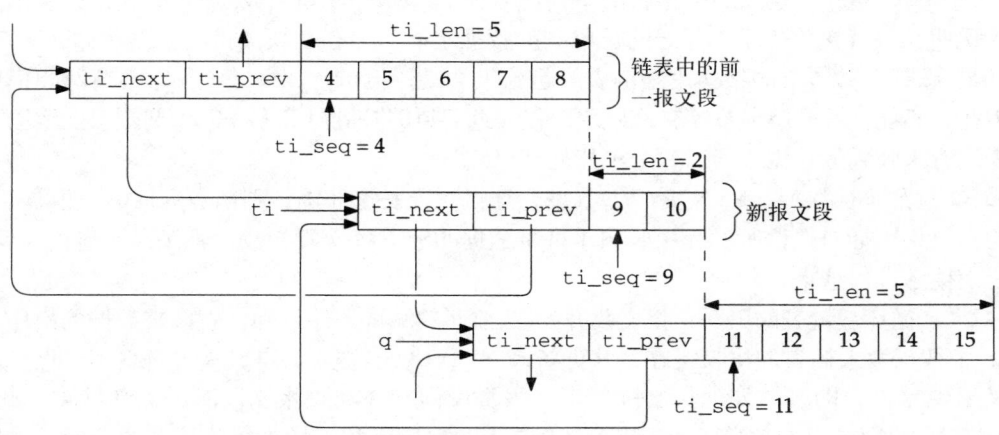

图27-22 丢弃所有重复字节后，更新图27-20

图27-23给出了tcp_reass最后一部分的代码，如果可能，向应用进程递交数据。

─── *tcp_input.c*
```
140     present:
141         /*
142          * Present data to user, advancing rcv_nxt through
143          * completed sequence space.
144          */
145         if (TCPS_HAVERCVDSYN(tp->t_state) == 0)
146             return (0);
147         ti = tp->seg_next;
148         if (ti == (struct tcpiphdr *) tp || ti->ti_seq != tp->rcv_nxt)
149             return (0);
150         if (tp->t_state == TCPS_SYN_RECEIVED && ti->ti_len)
151             return (0);
152         do {
153             tp->rcv_nxt += ti->ti_len;
154             flags = ti->ti_flags & TH_FIN;
155             remque(ti);
156             m = REASS_MBUF(ti);
157             ti = (struct tcpiphdr *) ti->ti_next;
158             if (so->so_state & SS_CANTRCVMORE)
159                 m_freem(m);
160             else
161                 sbappend(&so->so_rcv, m);
162         } while (ti != (struct tcpiphdr *) tp && ti->ti_seq == tp->rcv_nxt);
163         sorwakeup(so);
164         return (flags);
165     }
```
─── *tcp_input.c*

图27-23 tcp_reass函数：第四部分

145-146 如果连接还没有收到SYN(连接处于LISTEN状态或SYN_SENT状态)，不允许向应用进程提交数据，函数返回。当函数被宏TCP_REASS调用时，返回值0被赋给宏的参数flags。这种做法带来的副作用是可能会清除FIN标志。当宏TCP_REASS被图29-22的代码调用时，如果接收报文段包含了SYN、FIN和数据(尽管不常见，但却是有效的报文段)，会出现这种情况。

147-149 ti设定为链表的第一个报文段。如果链表为空，或者第一个报文段的起始序号(ti->ti_seq)不等于连接等待接收的下一序号(rcv_nxt)，则函数返回0。如果第二个条件为真，说明在等待接收的下一序号与已收到的数据之间仍然存在缺失报文段。例如，图27-22中，如果携带4～8字节的报文段是链表的起始报文段，但rcv_nxt等于2，字节2和3仍旧缺失，因此，不能把4～15字节提交给应用进程。返回值0将清除FIN标志(如果该标志设定)，这是因为还有未收到的数据，所以暂时不能处理FIN。

150-151 如果连接处于SYN_RCVD状态，且报文段长度非零，则函数返回0。如果两个条件均为真，说明插口在监听过程中收到了携带数据的SYN报文段。数据将保存在连接队列中，等待三次握手过程结束。

152-164 循环从链表的第一个报文段开始(从前面的测试条件可知，它携带数据的次序已经正确)，把数据放入插口的接收缓存，并更新rcv_nxt。当链表为空，或者链表下一报文段的序号又出现差错，即当前处理报文段与下一报文段间存在缺失报文段时，循环结束。此时，flags变量(函数的返回值)等于0或者为TH_FIN，取决于放入插口接收缓存的最后一个报文段中是否带有FIN标志。

在所有mbuf都放入插口的接收缓存后，sorwakeup唤醒所有在插口上等待接收数据的应用进程。

27.10 `tcp_trace`函数

图26-32中，在向IP递交报文段之前，tcp_output调用了tcp_trace函数：

```
if (so->so_options & SO_DEBUG)
    tcp_trace(TA_OUTPUT, tp->t_state, tp, ti, 0);
```

在内核的环形缓存中添加一条记录，这些记录可通过trpt(8)程序读取。此外，如果内核编译时定义了符号TCPDEBUG，并且变量tcpconsdebug非零，则信息将输出到系统控制台。

任何进程都可以设定TCP的插口选项SO_DEBUG，要求TCP把信息存储到内核的环形缓存中。但只有特权进程或系统管理员才能运行trpt，因为它必须读取系统内存才能获取这些信息。

尽管可以为任何类型的插口设定SO_DUBUG选项(如UDP或原始IP)，但只有TCP才会处理它。

这些信息被保存在tcp_debug结构中，如图27-24所示。

35-43 tcp_debug很大(196字节)，因为它包含了其他两个结构：保存IP和TCP首部的tcpiphdr和完整的TCP控制块tcpcb。由于保存了TCP控制块，其中的任何变量都可通过trpt打印出来。也就是说，如果trpt标准输出中没有包含读者感兴趣的信息，可修改源代码以打印控制块中任何想要的信息(Net/3版支持这种修改)。图25-28中的RTT变量就是通过这种方式得到的。

```
                                                            ——— tcp_debug.h
35 struct tcp_debug {
36     n_time  td_time;               /* iptime(): ms since midnight, UTC */
37     short   td_act;                /* TA_xxx value (Figure 27.25) */
38     short   td_ostate;             /* old state */
39     caddr_t td_tcb;                /* addr of TCP connection block */
40     struct tcpiphdr td_ti;         /* IP and TCP headers */
41     short   td_req;                /* PRU_xxx value for TA_USER */
42     struct tcpcb td_cb;            /* TCP connection block */
43 };
53 #define TCP_NDEBUG 100
54 struct tcp_debug tcp_debug[TCP_NDEBUG];
55 int      tcp_debx;
                                                            ——— tcp_debug.h
```

图27-24 tcp_debug结构

53-55   图27-24还定义了数组tcp_debug，也就是前面提到的环形缓存。数组指针
(tcp_debx)初始化为零，该数组约占20 000字节。

内核只调用了tcp_trace 4次，每次调用都会在结构的td_act变量中存入一个不同的
值，如图27-25所示。

td_act	描 述	参 考
TA_DROP	当输入报文段被丢弃时，被tcp_input调用	图29-27
TA_INPUT	输入处理完毕后，调用tcp_output之前	图29-26
TA_OUTPUT	调用ip_output发送报文段之前	图26-32
TA_USER	RPU_xxx请求处理完毕后，被tcp_usrreq调用	图30-1

图27-25 td_act值及相应的tcp_trace调用

图27-26给出了tcp_trace函数的主要部分，我们忽略了直接输出到控制台的那部分
代码。

48-133   在函数被调用时，ostate中保存了连接的前一个状态，与连接的当前状态(保存在
控制块中)相比较，可了解连接的状态变迁状况。图27-25中，TA_OUTPUT不改变连接状态，
但其他3个调用则会导致状态的转移。

```
                                                            ——— tcp_debug.c
48 void
49 tcp_trace(act, ostate, tp, ti, req)
50 short   act, ostate;
51 struct tcpcb *tp;
52 struct tcpiphdr *ti;
53 int     req;
54 {
55     tcp_seq seq, ack;
56     int     len, flags;
57     struct tcp_debug *td = &tcp_debug[tcp_debx++];

58     if (tcp_debx == TCP_NDEBUG)
59         tcp_debx = 0;                /* circle back to start */

60     td->td_time = iptime();
61     td->td_act = act;
```

图27-26 tcp_trace函数：在内核的环形缓存中保存信息

```
62      td->td_ostate = ostate;
63      td->td_tcb = (caddr_t) tp;
64      if (tp)
65          td->td_cb = *tp;              /* structure assignment */
66      else
67          bzero((caddr_t) & td->td_cb, sizeof(*tp));
68      if (ti)
69          td->td_ti = *ti;              /* structure assignment */
70      else
71          bzero((caddr_t) & td->td_ti, sizeof(*ti));
72      td->td_req = req;

73 #ifdef TCPDEBUG
74      if (tcpconsdebug == 0)
75          return;


                   /* output information on console */


132 #endif
133 }
```
tcp_debug.c

图27-26　(续)

输出举例

图27-27列出了tcpdump输出的前4行，反映25.12节例子中的三次握手过程和发送的第一个数据报文段(卷1附录A提供了tcpdump输出格式的细节)。

1	0.0	bsdi.1025 > vangogh.discard: S 20288001:20288001(0) win 4096 <mss 512>
2	0.362719 (0.3627)	vangogh.discard > bsdi.1025: S 3202722817:3202722817(0) ack 20288002 win 8192 <mss 512>
3	0.364316 (0.0016)	bsdi.1025 > vangogh.discard: . ack 1 win 4096
4	0.415859 (0.0515)	bsdi.1025 > vangogh.discard: . 1:513(512) ack 1 win 4096

图27-27　反映图25-28实例的tcpdump输出

图27-28列出了与之对应的trpt的输出。

图27-28的输出与正常的trpt输出相比略有一些不同：32 bit的数字序号显示为无符号整数(trpt将其差错地打印为有符号整数)；有些trpt按16进制输出的值被改为10进制；为了编制图25-28，作者人为地把从t_rtt到t_rxtcur的值加入到trpt中。

```
953738 SYN_SENT: output 20288001:20288005(4) @0 (win=4096)
       <SYN> -> SYN_SENT
       rcv_nxt 0, rcv_wnd 0
       snd_una 20288001, snd_nxt 20288002, snd_max 20288002
       snd_wl1 0, snd_wl2 0, snd_wnd 0
       REXMT=12 (t_rxtshift=0), KEEP=150
```

图27-28　反映图25-28实例的trpt输出

```
                     t_rtt=1, t_srtt=0, t_rttvar=24, t_rxtcur=12
953739 CLOSED: user CONNECT -> SYN_SENT
                     rcv_nxt 0, rcv_wnd 0
                     snd_una 20288001, snd_nxt 20288002, snd_max 20288002
                     snd_wl1 0, snd_wl2 0, snd_wnd 0
                     REXMT=12 (t_rxtshift=0), KEEP=150
                     t_rtt=1, t_srtt=0, t_rttvar=24, t_rxtcur=12
954103 SYN_SENT: input 3202722817:3202722817(0) @20288002 (win=8192)
                     <SYN,ACK> -> ESTABLISHED
                     rcv_nxt 3202722818, rcv_wnd 4096
                     snd_una 20288002, snd_nxt 20288002, snd_max 20288002
                     snd_wl1 3202722818, snd_wl2 20288002, snd_wnd 8192
                     KEEP=14400
                     t_rtt=0, t_srtt=16, t_rttvar=4, t_rxtcur=6
954103 ESTABLISHED: output 20288002:20288002(0) @3202722818 (win=4096)
                     <ACK> -> ESTABLISHED
                     rcv_nxt 3202722818, rcv_wnd 4096
                     snd_una 20288002, snd_nxt 20288002, snd_max 20288002
                     snd_wl1 3202722818, snd_wl2 20288002, snd_wnd 8192
                     KEEP=14400
                     t_rtt=0, t_srtt=16, t_rttvar=4, t_rxtcur=6
954153 ESTABLISHED: output 20288002:20288514(512) @3202722818 (win=4096)
                     <ACK> -> ESTABLISHED
                     rcv_nxt 3202722818, rcv_wnd 4096
                     snd_una 20288002, snd_nxt 20288514, snd_max 20288514
                     snd_wl1 3202722818, snd_wl2 20288002, snd_wnd 8192
                     REXMT=6 (t_rxtshift=0), KEEP=14400
                     t_rtt=1, t_srtt=16, t_rttvar=4, t_rxtcur=6
```

图27-28 （续）

在时刻953738，发送SYN。注意，代码中的时间变量有8位数字，以毫秒为单位，这里只输出了低6位。输出的结束序号(20288005)是差错的。SYN中确实携带了4字节的内容，但并非数据，而是MSS选项。重传定时器设定为6秒(REXMT)，保活定时器为75秒(KEEP)，这些定时器值均以500 ms滴答为单位。t_rtt等于1，意味对该报文段计时，测量RTT样本值。

发送SYN是为了响应应用进程的connect调用。一毫秒后，这次系统调用的信息被写入内核的环形缓存。尽管是因为应用进程调用了connect，才导致发送SYN报文段，但TCP在处理完PRU_CONNECT请求后，才调用tcp_trace，环形缓存中实际写入了两条记录。此外，应用进程调用connect时，连接状态为CLOSED，发送完SYN后，状态变迁至SYN_SENT，这也是两条记录仅有的不同之处。

第三条记录，时刻954103，与第一条记录相隔365 ms (tcpdump显示时间差为362.7 ms)，即为图25-28中"实际时间差(ms)"一栏的填充值。收到带有SYN和ACK的报文段后，连接状态从SYN_SENT转移到ESTABLISHED。因为计时报文段已得到确认，更新RTT估计器值。

第四条记录反映了三次握手过程中的第三个报文段：确认对端的SYN。因为是纯ACK报文段，不用对它计时(rtt等于0)，它在时刻954103被发送。connect系统调用返回，应用进程接着调用write发送数据，产生TCP输出。

第五条记录反映了这个数据报文段，在时刻954153，三次握手结束后50 ms，被发送。它携带50字节的数据，起始序号为20288002。重传定时器设为3秒，需要计时。

应用进程继续调用write发送数据。尽管不再显示更多记录，但很明显，接下来的3条记录也都是在TCP处理完PRU_SEND请求后写入环形缓存的。第一次PRU_SEND请求，生成我们已看到的第一个512字节的输出报文段，其他3次请求不会引发TCP输出报文段，此时连接正处于慢起动状态。只生成4条记录是因为，图25-28的例子中的TCP发送缓存大小只有4096，mbuf簇大小为1024。一旦发送缓存被占满，应用进程就进入休眠状态。

27.11   小结

本章介绍了各种TCP函数，为后续章节打下基础。

TCP连接正常关闭时，向对端发送FIN，并等待4次报文交换过程结束。它被丢弃时，只需发送RST。

路由表中的每条记录都包含8个变量，其中有3个在连接关闭时更新，有6个用于新连接的建立，从而内核能够跟踪与同一目标之间建立的正常连接的某些特性，如RTT估计器值和慢起动门限。系统管理员可以设置或锁定部分变量，如MTU、接收管道大小和发送管道大小，这些特性会影响到达该目标的连接的性能。

TCP对收到的ICMP差错有一定的容错性——不会导致TCP终止已建立的连接。Net/3处理ICMP差错的方式与早期的Berkeley版本不同。

TCP报文段可能乱序到达，并包含重复数据，TCP必须处理这些异常现象。TCP为每条连接维护一个重组队列，保存乱序报文段，处理之后再提交给应用进程。

最后介绍了选定插口选项SO_DEBUG时，内核中保存的信息。除某些程序如tcpdump之外，这些内容也是很有用的调试工具。

习题

27.1 为什么图27-1中最后一行的errno等于0？

27.2 rmx_rtt中存储的最大值是多少？

27.3 为了保存某个给定主机的路由信息(图27-3)，我们用手工在本地的路由表中添加一条到达该主机的路由。之后，运行FTP客户程序，向这台主机发送足够多的数据，如图27-4所要求的。但终止FTP客户程序后，检查路由表，到达该主机的所有变量依旧为0。出了什么问题？

第28章　TCP的输入

28.1　引言

　　TCP输入处理是系统中最长的一部分代码，函数tcp_input约有1100行代码。输入报文段的处理并不复杂，但非常烦琐。许多实现，包括Net/3，都完全遵循RFC 793中定义的输入事件处理步骤，它详细定义了如何根据连接的当前状态，处理不同的输入报文段。

　　当收到的数据报的协议字段指明这是一个TCP报文段时，ipintr(通过协议转换表中的pr_input函数)会调用tcp_input进行处理。tcp_input在软件中断一级执行。

　　函数非常长，我们将分两章讨论。图28-1列出了tcp_input中的处理框架。本章将结束对RST报文段处理的讲解，从下一章开始介绍ACK报文段的处理。

　　头几个步骤是非常典型的：对输入报文段做有效性验证(检验和、长度等)，以及寻找连接的PCB。尽管后面还有大量代码，但通过"首部预测(header prediction)"(28.4节)，算法却有可能完全跳过后续的逻辑。首部预测算法是基于这样的假定：一般情况下，报文段既不会丢失，次序也不会错误，因此，对于给定连接，TCP总能猜到下一个接收报文段的内容。如果算法起作用，函数直接返回，这是tcp_input中最快的一条执行路径。

　　如果算法不起作用，函数在"dodata"处结束，测试几个标志，并且若需要对接收报文段做出响应，则调用tcp_output。

```
void
tcp_input()
{
    checksum TCP header and data;

findpcb:
    locate PCB for segment;
    if (not found)
        goto dropwithreset;
    reset idle time to 0 and keepalive timer to 2 hours;
    process options if not LISTEN state;
    if (packet matched by header prediction) {
        completely process received segment;
        return;
    }

    switch (tp->t_state) {
    case TCPS_LISTEN:
        if SYN flag set, accept new connection request;
        goto trimthenstep6;

    case TCPS_SYN_SENT:
        if ACK of our SYN, connection completed;
trimthenstep6:
        trim any data not within window;
```

图28-1　TCP输入处理步骤小结

```
            goto step6;
    }

    process RFC 1323 timestamp;
    check if some data bytes are within the receive window;
    trim data segment to fit within window;

    if (RST flag set) {
        process depending on state;
        goto drop;
    }                               /* Chapter 28 finishes here */

    if (ACK flag set) {             /* Chapter 29 starts here */
        if (SYN_RCVD state)
            simultaneous open complete;
        if (duplicate ACK)
            fast recovery algorithm;
        update RTT estimators if segment timed;
        open congestion window;
        remove ACKed data from send buffer;
        change state if in FIN_WAIT_1, CLOSING, or LAST_ACK state;
    }
step6:
    update window information;
    process URG flag;
dodata:
    process data in segment, add to reassembly queue;

    if (FIN flag is set)
        process depending on state;

    if (SO_DEBUG socket option)
        tcp_trace(TA_INPUT);

    if (need output || ACK now)
        tcp_output();
    return;

dropafterack:
    tcp_output() to generate ACK;
    return;

dropwithreset:
    tcp_respond() to generate RST;
    return;

drop:
    if (SO_DEBUG socket option)
        tcp_trace(TA_DROP);
    return;
}
```

图28-1 （续）

　　函数结尾处有3个标注，处理出现差错时控制会跳转到这些地方：dropafterack、dropwithreset和drop。标注中出现的"drop"指丢弃当前处理的报文段，而非丢弃连接。不过，当控制跳转到dropwithreset时，将发送RST，从而丢弃连接。

　　函数仅有的另一个分支是首部预测算法后的switch语句，如果连接处于LISTEN或SYN_SENT状态时收到了一个有效的SYN报文段，它负责分别进行处理。trimthenstep6

处的代码结束后，跳转到step 6，继续执行正常的流程。

28.2　预处理

图28-2的代码包含一些声明，并对收到的TCP报文段进行预处理。

1. 从第一个mbuf中获取IP和TCP首部

170-204　参数iphlen等于IP首部长度，包括可能的IP选项。如果长度大于20字节，可知存在IP选项，调用ip_stripoptions丢弃这些选项。TCP忽略除源选路之外的所有IP选项，源选路选项由IP特别保存(9.6节)，TCP能够读取其内容(图28-7)。如果簇中第一个mbuf的容量小于IP/TCP首部大小(40字节)，则调用m_pullup，试着把最初的40字节移入第一个mbuf中。

tcp_input.c

```
170 void
171 tcp_input(m, iphlen)
172 struct mbuf *m;
173 int       iphlen;
174 {
175     struct tcpiphdr *ti;
176     struct inpcb *inp;
177     caddr_t optp = NULL;
178     int     optlen;
179     int     len, tlen, off;
180     struct tcpcb *tp = 0;
181     int     tiflags;
182     struct socket *so;
183     int     todrop, acked, ourfinisacked, needoutput = 0;
184     short   ostate;
185     struct in_addr laddr;
186     int     dropsocket = 0;
187     int     iss = 0;
188     u_long  tiwin, ts_val, ts_ecr;
189     int     ts_present = 0;

190     tcpstat.tcps_rcvtotal++;
191     /*
192      * Get IP and TCP header together in first mbuf.
193      * Note: IP leaves IP header in first mbuf.
194      */
195     ti = mtod(m, struct tcpiphdr *);
196     if (iphlen > sizeof(struct ip))
197             ip_stripoptions(m, (struct mbuf *) 0);
198     if (m->m_len < sizeof(struct tcpiphdr)) {
199         if ((m = m_pullup(m, sizeof(struct tcpiphdr))) == 0) {
200             tcpstat.tcps_rcvshort++;
201             return;
202         }
203         ti = mtod(m, struct tcpiphdr *);
204     }
```

tcp_input.c

图28-2　tcp_input函数：变量声明及预处理

图28-3给出了函数下一部分的代码，验证TCP检验和及偏移字段。

2. 验证TCP检验和

205-217　tlen指TCP报文段的长度，即IP首部后的字节数。前面介绍过，IP已经从

ip_len中减去了IP的首部长度，因此，变量len就等于整个IP数据报的长度，即包括伪首部在内的需要计算检验和的数据长度。根据TCP检验和计算的要求，填充伪首部中的各个字段，如图23-19所示。

```
205        /*                                                    ── tcp_input.c
206         * Checksum extended TCP header and data.
207         */
208        tlen = ((struct ip *) ti)->ip_len;
209        len = sizeof(struct ip) + tlen;
210        ti->ti_next = ti->ti_prev = 0;
211        ti->ti_x1 = 0;
212        ti->ti_len = (u_short) tlen;
213        HTONS(ti->ti_len);
214        if (ti->ti_sum = in_cksum(m, len)) {
215            tcpstat.tcps_rcvbadsum++;
216            goto drop;
217        }
218        /*
219         * Check that TCP offset makes sense,
220         * pull out TCP options and adjust length.        XXX
221         */
222        off = ti->ti_off << 2;
223        if (off < sizeof(struct tcphdr) || off > tlen) {
224            tcpstat.tcps_rcvbadoff++;
225            goto drop;
226        }
227        tlen -= off;
228        ti->ti_len = tlen;
                                                              ── tcp_input.c
```

图28-3 tcp_input函数：验证TCP检验和及偏移字段

3. 验证TCP偏移字段

218-228   TCP的偏移字段，ti_off，是以32 bit为单位的TCP首部长度值，包括所有的TCP选项。把它乘以4(得到TCP报文段中第一个数据字节所在位置的偏移量)，并验证其有效性。偏移量必须大于等于标准TCP首部的大小(20字节)，并且小于等于TCP报文段的长度。

从TCP长度变量tlen中减去首部长度，得到报文段中携带的数据字节数(可能为0)，并把这个值赋给tlen，以及TCP首部的变量ti_len。函数中会多次用到这个值。

图28-4给出了函数下一部分的代码：处理特定的TCP选项。

```
229        if (off > sizeof(struct tcphdr)) {                 ── tcp_input.c
230            if (m->m_len < sizeof(struct ip) + off) {
231                if ((m = m_pullup(m, sizeof(struct ip) + off)) == 0) {
232                    tcpstat.tcps_rcvshort++;
233                    return;
234                }
235                ti = mtod(m, struct tcpiphdr *);
236            }
237            optlen = off - sizeof(struct tcphdr);
238            optp = mtod(m, caddr_t) + sizeof(struct tcpiphdr);
239            /*
240             * Do quick retrieval of timestamp options ("options
```

图28-4 tcp_input函数：处理特定的TCP选项

```
241        * prediction?").  If timestamp is the only option and it's
242        * formatted as recommended in RFC 1323 Appendix A, we
243        * quickly get the values now and not bother calling
244        * tcp_dooptions(), etc.
245        */
246       if ((optlen == TCPOLEN_TSTAMP_APPA ||
247            (optlen > TCPOLEN_TSTAMP_APPA &&
248             optp[TCPOLEN_TSTAMP_APPA] == TCPOPT_EOL)) &&
249           *(u_long *) optp == htonl(TCPOPT_TSTAMP_HDR) &&
250           (ti->ti_flags & TH_SYN) == 0) {
251           ts_present = 1;
252           ts_val = ntohl(*(u_long *) (optp + 4));
253           ts_ecr = ntohl(*(u_long *) (optp + 8));
254           optp = NULL;          /* we've parsed the options */
255       }
256   }
```
tcp_input.c

图28-4 （续）

4. 把IP和TCP首部及选项放入第一个mbuf

230-236 如果首部长度大于20，说明存在TCP选项。必要时调用m_pullup，把标准IP首部、标准TCP首部的所有TCP选项放入簇中的第一个mbuf中。因为3部分数据最大只能为80字节(20+20+40)，因此，必定能够放入第一个存储数据分组首部的mbuf中。

此处能够造成m_pullup失败的唯一原因是IP数据分组的字节数小于20加上TCP首部长度，而且已通过TCP检验和的验证，我们认为m_pullup不可能失败。但有一点，图28-2中调用的m_pullup，将共享计数器tcps_rcvshort，因此，查看tcps_rcvshort并不能说明哪一个调用失败。不管怎样，从图24-5可知，即使收到九百万个TCP报文段之后，这个计数器仍旧为0。

5. 快速处理时间戳选项

237-255 optlen等于首部中TCP选项的长度，optp是指向第一个选项字节的指针。如果下列3个条件均为真，说明只存在时间戳选项，而且格式正确：

1) TCP选项长度等于12(TCPOLEN_TSTAMP_APPA)；或TCP选项长度大于12，但optp[12]等于选项结束字节。

2) 选项的头4个字节等于0x0101080a(TCPOPT_TSTAMP_HDR，在26.6节曾讨论过)。

3) SYN标志未置位(说明连接已建立，如果报文段中出现时间戳选项，意味着连接双方都同意使用这一选项)。

如果上述条件全部满足，则ts_present置为1；从接收报文段首部获取两个时间戳值，分别赋给ts_val和ts_ecr；optp置为空，因为所有选项已处理完毕。这种辨认时间戳的方法可以避免调用通用选项处理函数tcp_dooptions，从而使后者能够专门处理只出现在SYN报文段中的各种选项(MSS和窗口大小选项)。如果连接双方同意使用时间戳，那么在建立的连接上交换的几乎所有报文段中都可能带有时间戳选项，因此，必须加快其处理速度。

图28-5给出了函数下一部分的代码，寻找报文段的Internet PCB。

6. 保存输入标志，把字段转换为主机字节序

257-264 接收报文段中的标志(SYN、FIN等)被保存在本地变量tiflags中，因为函数在处理过程中会多次引用这些标志。TCP首部的两个16 bit字段和两个32 bit序号被转换回主机字

节序，而两个16 bit端口号则不做处理，依旧为网络字节序，因为Internet PCB中的端口号是依照网络字节序存储的。

```
                                                                  ──── tcp_input.c
257     tiflags = ti->ti_flags;
258     /*
259      * Convert TCP protocol specific fields to host format.
260      */
261     NTOHL(ti->ti_seq);
262     NTOHL(ti->ti_ack);
263     NTOHS(ti->ti_win);
264     NTOHS(ti->ti_urp);
265     /*
266      * Locate pcb for segment.
267      */
268  findpcb:
269     inp = tcp_last_inpcb;
270     if (inp->inp_lport != ti->ti_dport ||
271         inp->inp_fport != ti->ti_sport ||
272         inp->inp_faddr.s_addr != ti->ti_src.s_addr ||
273         inp->inp_laddr.s_addr != ti->ti_dst.s_addr) {
274         inp = in_pcblookup(&tcb, ti->ti_src, ti->ti_sport,
275                         ti->ti_dst, ti->ti_dport, INPLOOKUP_WILDCARD);
276         if (inp)
277             tcp_last_inpcb = inp;
278         ++tcpstat.tcps_pcbcachemiss;
279     }
                                                                  ──── tcp_input.c
```

图28-5 tcp_input函数：寻找报文段的Internet PCB

7. 寻找Internet PCB

265-279 TCP的缓存(tcp_last_inpcb)中保存了收到的最后一个报文段的PCB地址，采用的技术与UDP相同。TCP使用一对插口来识别连接，寻找PCB时插口对中4个元素的比较次序与udp_input相同。如果与TCP缓存中的记录不匹配，则调用in_pcblookup，把新的PCB放入缓存。

TCP中不会出现我们在UDP中曾遇到过的问题：由于高速缓存中存在通配项(wildcard entry)，导致匹配成功率很低。因为只有处于监听状态的服务器，才可能在其插口中保存通配项。连接一旦建立，插口对的4个元素将全部填入确定值。从图24-5可知，高速缓存命中率能够达到80%。

图28-6给出了函数下一部分的代码。

```
                                                                  ──── tcp_input.c
280     /*
281      * If the state is CLOSED (i.e., TCB does not exist) then
282      * all data in the incoming segment is discarded.
283      * If the TCB exists but is in CLOSED state, it is embryonic,
284      * but should either do a listen or a connect soon.
285      */
286     if (inp == 0)
287         goto dropwithreset;
288     tp = intotcpcb(inp);
```

图28-6 tcp_input函数：判断是否应丢弃报文段

```
289        if (tp == 0)
290            goto dropwithreset;
291        if (tp->t_state == TCPS_CLOSED)
292            goto drop;
293        /* Unscale the window into a 32-bit value. */
294        if ((tiflags & TH_SYN) == 0)
295            tiwin = ti->ti_win << tp->snd_scale;
296        else
297            tiwin = ti->ti_win;
```
tcp_input.c

图28-6 （续）

8. 丢弃报文段并生成RST

280-287 如果没有找到PCB，则丢弃输入报文段，并发送RST作为响应。例如，TCP收到了一个SYN，但报文段指定的服务器并不存在，则直接向对端发送RST。回想一下，出现这种情况时UDP的处理方式，它将发送一个ICMP端口不可达差错。

288-290 如果PCB存在，但对应的TCP控制块不存在，可能插口已关闭(tcp_close释放TCP之后，才释放PCB)，则丢弃输入报文段，并发送RST作为响应。

9. 丢弃报文段且不发送响应

291-292 如果TCP控制块存在，但连接状态为CLOSED，说明插口已创建，且得到了本地地址和本地端口号，但还未调用connect或者listen。报文段被丢弃，且不发送任何响应。举例来说，如果客户向服务器发送的连接请求报文段到达时，服务器已调用了bind，但还未调用listen。这种情况下，客户连接请求将超时，导致重传SYN。

10. 不改变通告窗口大小

293-297 如果需要支持窗口大小选项，连接双方都必须在连接建立时通过窗口大小选项规定窗口缩放因子。如果报文段中包含SYN，说明此时窗口缩放因子还未定义，因此，直接把TCP首部的窗口字段值复制给tiwin；否则，首部中的16 bit数值应根据窗口缩放因子左移，得到32 bit的数值。

图28-7给出了函数的下一部分代码，如果选取了插口的SO_DEBUG选项，或者插口正处于监听状态，则完成一些相应的预处理工作。

tcp_input.c
```
298        so = inp->inp_socket;
299        if (so->so_options & (SO_DEBUG | SO_ACCEPTCONN)) {
300            if (so->so_options & SO_DEBUG) {
301                ostate = tp->t_state;
302                tcp_saveti = *ti;
303            }
304            if (so->so_options & SO_ACCEPTCONN) {
305                so = sonewconn(so, 0);
306                if (so == 0)
307                    goto drop;
308                /*
309                 * This is ugly, but ....
310                 *
311                 * Mark socket as temporary until we're
312                 * committed to keeping it.  The code at
313                 * 'drop' and 'dropwithreset' check the
```

图28-7 tcp_input函数：处理调试选项和监听状态的插口

```
314                      * flag dropsocket to see if the temporary
315                      * socket created here should be discarded.
316                      * We mark the socket as discardable until
317                      * we're committed to it below in TCPS_LISTEN.
318                      */
319                     dropsocket++;
320                     inp = (struct inpcb *) so->so_pcb;
321                     inp->inp_laddr = ti->ti_dst;
322                     inp->inp_lport = ti->ti_dport;
323 #if BSD>=43
324                     inp->inp_options = ip_srcroute();
325 #endif
326                     tp = intotcpcb(inp);
327                     tp->t_state = TCPS_LISTEN;

328                     /* Compute proper scaling value from buffer space */
329                     while (tp->request_r_scale < TCP_MAX_WINSHIFT &&
330                         TCP_MAXWIN << tp->request_r_scale < so->so_rcv.sb_hiwat)
331                         tp->request_r_scale++;
332             }
333     }
```

———————————————————————————————— *tcp_input.c*

图28-7 （续）

11. 如果选定了插口调试选项，则保存连接状态及IP和TCP首部

300-303   如果SO_DEBUG选项置位，则保存当前连接状态(ostate)及IP和TCP首部 (tcp_saveti)。函数结束时，这些信息将作为参数传给tcp_trace(图29-26)。

12. 如果监听插口收到了报文段，则创建新的插口

304-319   如果有报文段到达处于监听状态的插口(listen置位SO_ACCEPTCONN)，则调用 sonewconn创建新的插口。发出PRU_ATTACH协议请求(图30-2)，分配Internet PCB和TCP控制块。在TCP最终接受连接请求之前，还需做更多的处理(如一个最基本的问题，报文段中是否包含SYN)，如果发现差错，置位dropsocket标志，控制跳转至标注"drop"和"dropwithreset"，丢弃新的插口。

320-326   inp和tp将指向新建的插口。本地地址和本地端口号直接从接收报文段TCP首部的目的地址和目的端口号字段中复制。如果输入数据报中有源选路的路由，TCP调用 ip_srcroute，得到指向保存数据报源选路选项的mbuf的指针，并赋给inp_options。 TCP向连接发送数据时，tcp_output会把源选路选项传给ip_output，使用与之相同的逆向路由。

327 新插口的状态设为LISTEN。如果接收报文段中包含SYN，控制将转到图28-16中的代码，完成连接建立请求的处理。

13. 计算窗口缩放因子

328-331   窗口缩放因子取决于接收缓存的大小。如果接收缓存大于通告窗口的最大值 65 535(TCP_MAXWIN)，则左移65 535，直到结果大于接收缓存大小，或者窗口缩放因子已等于最大值14(TCP_MAX_WINSHIFT)。注意，窗口缩放因子的选取基于监听插口的接收缓存，也就是说，应用进程调用listen进入监听状态之前，应首先设定SO_RCVBUF插口选项，或者继承tcp_recvspace中的默认值。

窗口缩放因子最大值等于14，而65 535×2^{14}等于1 073 725 440，已远远大于接收缓存的最大值(Net/3中为262 144)，因此，在窗口缩放因子远小于14时，循环即终止。参见习题28.1和28.2。

图28-8给出了TCP输入处理下一部分的代码。

```
                                                             tcp_input.c
334      /*
335       * Segment received on connection.
336       * Reset idle time and keepalive timer.
337       */
338      tp->t_idle = 0;
339      tp->t_timer[TCPT_KEEP] = tcp_keepidle;

340      /*
341       * Process options if not in LISTEN state,
342       * else do it below (after getting remote address).
343       */
344      if (optp && tp->t_state != TCPS_LISTEN)
345          tcp_dooptions(tp, optp, optlen, ti,
346                        &ts_present, &ts_val, &ts_ecr);
                                                             tcp_input.c
```

图28-8 tcp_input函数：复位空闲时间和保活定时器，处理应用进程选项

14. 复位空闲时间和保活定时器

334-339 由于连接上收到了报文段，t_idle重设为0。保活定时器复位为2小时。

15. 如果不处于监听状态，处理TCP选项

340-346 如果TCP首部中有选项，并且连接状态不等于LISTEN，调用tcp_dooptions进行处理。前面介绍过，如果连接已建立，接收报文段中只存在时间戳选项，并且时间戳选项格式符合RFC 1323附录A的建议，这种情况在图28-4中已处理过，而且optp被置为空。如果插口处于监听状态，TCP把对端地址保存在PCB中之后，才会调用tcp_dooptions，这是因为处理MSS选项时需要了解到达对端的路由，具体代码如图28-17所示。

28.3 tcp_dooptions函数

函数处理Net/3支持的5个TCP选项(图26-4)：EOL、NOP、MSS、窗口大小和时间戳。图28-9给出了函数的第一部分。

```
                                                             tcp_input.c
1213 void
1214 tcp_dooptions(tp, cp, cnt, ti, ts_present, ts_val, ts_ecr)
1215 struct tcpcb *tp;
1216 u_char *cp;
1217 int     cnt;
1218 struct tcpiphdr *ti;
1219 int    *ts_present;
1220 u_long *ts_val, *ts_ecr;
1221 {
1222     u_short mss;
1223     int    opt, optlen;

1224     for (; cnt > 0; cnt -= optlen, cp += optlen) {
1225         opt = cp[0];
1226         if (opt == TCPOPT_EOL)
```

图28-9 tcp_dooptions函数：处理EOL和NOP选项

```
1227            break;
1228        if (opt == TCPOPT_NOP)
1229            optlen = 1;
1230        else {
1231            optlen = cp[1];
1232            if (optlen <= 0)
1233                break;
1234        }
1235        switch (opt) {
1236        default:
1237            continue;
```
――――――――――――――― tcp_input.c

图28-9 （续）

1. 获取选项类型的长度

1213-1229　代码遍历TCP首部选项，遇到EOL(选项终止)时终止循环，函数返回；遇到NOP时，将其长度置为1，因为它后面不带长度字段(图26-16)，控制转到switch语句的default子句，对其不做处理。

1230-1234　所有其他选项的长度保存在optlen中。

所有新增的Net/3不支持的TCP选项都被忽略。这是因为：

1) 将来定义的所有新选项都将带有长度字段(NOP和EOL是仅有的两个不带长度字段的选项)，而for语句的每次循环都跳过optlen字节。

2) switch语句的default子句忽略所有未知选项。

图28-10给出了tcp_dooptions最后一部分的代码，处理MSS、窗口大小和时间戳选项。

2. MSS选项

1238-1246　如果长度不等于4(TCPOLEN_MAXSEG)，或者报文段不带SYN标志，则忽略该选项。否则，复制两个MSS字节到本地变量，转换为主机字节序，调用tcp_mss完成处理。tcp_mss负责更新TCP控制块中的变量t_maxseg，即发向对端的报文段中允许携带的最大字节数。

3. 窗口大小选项

1247-1254　如果长度不等于4(TCPOLEN_WINDOW)，或者报文段不带SYN标志，则忽略该选项。Net/3置位TF_RCVD_SCALE，说明收到了一个窗口大小选项请求，并在requested_s_scale中保存缩放因子。由于cp[2]只有一个字节，因此，不存在边界问题。当连接转移到ESTABLISHED状态时，如果连接双方都同意支持窗口大小选项，则使用这一功能。

4. 时间戳选项

1255-1273　如果长度不等于10(TCPOLEN_TIMESTAMP)，则忽略该选项。否则，ts_present指向的标志被置位1，两个时间戳值分别保存在ts_val和ts_ecr所指向的变量中。如果收到的报文段带有SYN标志，Net/3置位TF_RCVD_TSTMP，说明收到了一个时间戳请求。ts_recent等于收到的时间戳值，ts_recent_age等于tcp_now，从系统初启到目前的时间，以500ms滴答为单位。

```
                                                                    ─── tcp_input.c
1238        case TCPOPT_MAXSEG:
1239            if (optlen != TCPOLEN_MAXSEG)
1240                continue;
1241            if (!(ti->ti_flags & TH_SYN))
1242                continue;
1243            bcopy((char *) cp + 2, (char *) &mss, sizeof(mss));
1244            NTOHS(mss);
1245            (void) tcp_mss(tp, mss);      /* sets t_maxseg */
1246            break;

1247        case TCPOPT_WINDOW:
1248            if (optlen != TCPOLEN_WINDOW)
1249                continue;
1250            if (!(ti->ti_flags & TH_SYN))
1251                continue;
1252            tp->t_flags |= TF_RCVD_SCALE;
1253            tp->requested_s_scale = min(cp[2], TCP_MAX_WINSHIFT);
1254            break;

1255        case TCPOPT_TIMESTAMP:
1256            if (optlen != TCPOLEN_TIMESTAMP)
1257                continue;
1258            *ts_present = 1;
1259            bcopy((char *) cp + 2, (char *) ts_val, sizeof(*ts_val));
1260            NTOHL(*ts_val);
1261            bcopy((char *) cp + 6, (char *) ts_ecr, sizeof(*ts_ecr));
1262            NTOHL(*ts_ecr);

1263            /*
1264             * A timestamp received in a SYN makes
1265             * it ok to send timestamp requests and replies.
1266             */
1267            if (ti->ti_flags & TH_SYN) {
1268                tp->t_flags |= TF_RCVD_TSTMP;
1269                tp->ts_recent = *ts_val;
1270                tp->ts_recent_age = tcp_now;
1271            }
1272            break;
1273        }
1274    }
1275 }
                                                                    ─── tcp_input.c
```

图28-10 tcp_dooptions函数：处理MSS、窗口大小选项和时间戳选项

28.4 首部预测

下面接着图28-8中的代码，继续介绍tcp_input函数。

首部预测最初由Van Jacobson提出，出现在4.3BSD Reno版中。除了下面要讨论的代码外，只有[Jacobson 1990b]还介绍过该算法，核心内容来自3张给出实现代码的幻灯片。

首部预测算法通过处理两种常见现象，简化单向数据传输的实现。

1) 如果TCP发送数据，连接上等待接收的下一个报文段是对已发送数据的ACK。

2) 如果TCP接收数据，连接上等待接收的下一个报文段是顺序到达的数据报文段。

两种情况下，通过若干测试，判定收到的报文段是否是等待接收的报文段。如果是，则立即处理，比起本章接下来和下一章介绍的通用处理要快得多。

　　[Partridge 1993]介绍了一种基于Van Jacobson的研究成果，速度更快的TCP首部预测算法实现。

　　图28-11给出了首部预测的第一部分代码。

```
                                                              ──────── tcp_input.c
347     /*
348      * Header prediction: check for the two common cases
349      * of a uni-directional data xfer.  If the packet has
350      * no control flags, is in-sequence, the window didn't
351      * change and we're not retransmitting, it's a
352      * candidate.  If the length is zero and the ack moved
353      * forward, we're the sender side of the xfer.  Just
354      * free the data acked & wake any higher-level process
355      * that was blocked waiting for space.  If the length
356      * is non-zero and the ack didn't move, we're the
357      * receiver side.  If we're getting packets in order
358      * (the reassembly queue is empty), add the data to
359      * the socket buffer and note that we need a delayed ack.
360      */
361     if (tp->t_state == TCPS_ESTABLISHED &&
362     (tiflags & (TH_SYN | TH_FIN | TH_RST | TH_URG | TH_ACK)) == TH_ACK &&
363         (!ts_present || TSTMP_GEQ(ts_val, tp->ts_recent)) &&
364         ti->ti_seq == tp->rcv_nxt &&
365         tiwin && tiwin == tp->snd_wnd &&
366         tp->snd_nxt == tp->snd_max) {

367         /*
368          * If last ACK falls within this segment's sequence numbers,
369          *  record the timestamp.
370          */
371         if (ts_present && SEQ_LEQ(ti->ti_seq, tp->last_ack_sent) &&
372             SEQ_LT(tp->last_ack_sent, ti->ti_seq + ti->ti_len)) {
373             tp->ts_recent_age = tcp_now;
374             tp->ts_recent = ts_val;
375         }
                                                              ──────── tcp_input.c
```

图28-11　tcp_input函数：首部预测，第一部分

1. 判定收到的报文段是否是等待接收的报文段

347-366　下列6个条件必须全真，才能说明收到的报文段是连接正等待接收的数据报文段或ACK报文段：

　　1) 连接状态等于ESTABLISHED。

　　2) 下列4个控制标志必须不设定：SYN、FIN、RST或URG。但ACK标志必须置位。换言之，TCP的6个控制标志中，ACK标志必须置位，前面列出的4个标志必须清除，PSH标志置位与否无关紧要(连接处于ESTABLISHED状态时，除非RST标志置位，一般情况下，ACK都会置位)。

　　3) 如果报文段带有时间戳选项，则最新时间戳值(ts_val)必须大于或等于连接上以前收到的时间戳值(ts_recent)。本质上说，这就是PAWS测试，28.7节将详细介绍PAWS。如果ts_val小于ts_recent，则新报文段是乱序报文段，因为它的发送时间早于连接上收到的上一个报文段。由于对端通常把时钟值填充到时间戳字段(Net/3的全局变量tcp_now)，收到的时间戳正常情况下应该是一个单调递增的序列。

　　并非每个顺序到达报文段中的时间戳都会增加。事实上，Net/3系统每500 ms增加一次时

钟值(tcp_now)，在这段时间间隔中，完全可能发送多个报文段。假定利用时间戳和序号构成一个64位的数值，序号放在低32位，时间戳放在高32位，对于每个顺序报文段，这个64位的值都至少会增加1(应考虑取模算法)。

4) 报文段的起始序号(ti_seq)必须等于连接上等待接收的下一个序号(rcv_nxt)。如果这个条件为假，那么收到的报文段是重传报文段或是乱序报文段。

5) 报文段通告的窗口大小必须非零(tiwin)，必须等于当前发送窗口(snd_wnd)。也就是说，无须更新当前发送窗口。

6) 下一个发送序号(snd_nxt)必须等于已发送的最大序号(snd_max)，也就是说，上一个发送报文段不是重传报文段。

2. 根据接收的时间戳更新ts_recent

367-375 如果存在时间戳选项，并且时间戳值满足图26-18中的测试条件，则把收到的时间戳值(ts_val)赋给ts_recent，并在ts_recent_age中保存当前时钟(tcp_now)。

前面讨论过图26-18中的时间戳有效性测试条件所存在的问题，并在图26-20中给出了正确的测试条件。但在首部预测算法的实现中，图26-20中的TSTMP_GEQ测试是多余的，因为图28-11起始处的if语句已完成了这一测试。

图28-12给出了首部预测的下一部分代码，用于单向数据的发送方：处理输出数据的ACK。

tcp_input.c

```
376         if (ti->ti_len == 0) {
377             if (SEQ_GT(ti->ti_ack, tp->snd_una) &&
378                 SEQ_LEQ(ti->ti_ack, tp->snd_max) &&
379                 tp->snd_cwnd >= tp->snd_wnd) {
380                 /*
381                  * this is a pure ack for outstanding data.
382                  */
383                 ++tcpstat.tcps_predack;
384                 if (ts_present)
385                     tcp_xmit_timer(tp, tcp_now - ts_ecr + 1);
386                 else if (tp->t_rtt &&
387                         SEQ_GT(ti->ti_ack, tp->t_rtseq))
388                     tcp_xmit_timer(tp, tp->t_rtt);

389                 acked = ti->ti_ack - tp->snd_una;
390                 tcpstat.tcps_rcvackpack++;
391                 tcpstat.tcps_rcvackbyte += acked;
392                 sbdrop(&so->so_snd, acked);
393                 tp->snd_una = ti->ti_ack;
394                 m_freem(m);

395                 /*
396                  * If all outstanding data is acked, stop
397                  * retransmit timer, otherwise restart timer
398                  * using current (possibly backed-off) value.
399                  * If process is waiting for space,
400                  * wakeup/selwakeup/signal.  If data
401                  * is ready to send, let tcp_output
402                  * decide between more output or persist.
403                  */
404                 if (tp->snd_una == tp->snd_max)
405                     tp->t_timer[TCPT_REXMT] = 0;
```

图28-12 tcp_input函数：首部预测，发送方处理

```
406                      else if (tp->t_timer[TCPT_PERSIST] == 0)
407                          tp->t_timer[TCPT_REXMT] = tp->t_rxtcur;
408                      if (so->so_snd.sb_flags & SB_NOTIFY)
409                          sowwakeup(so);
410                      if (so->so_snd.sb_cc)
411                          (void) tcp_output(tp);
412                      return;
413              }
```
                                                                    ── tcp_input.c

图28-12 （续）

3. 纯ACK测试

376-379　如果下列4个条件全真，则收到的是一个纯ACK报文段。

1) 报文段不携带数据(ti_len等于0)。

2) 报文段的确认字段(ti_ack)大于最大的未确认序号(snd_una)。由于测试条件是"大于"，而非"大于等于"，也就是要求收到的ACK必须确认未曾确认过的数据。

3) 报文段的确认字段(ti_ack)小于等于已发送的最大序号(snd_max)。

4) 拥塞窗口大于等于当前发送窗口(snd_wnd)，要求窗口完全打开，连接不处于慢起动或拥塞避免状态。

4. 更新RTT值

384-388　如果报文段携带时间戳选项，或者报文段中的确认序号大于某个计时报文段的起始序号，则调用tcp_xmit_timer更新RTT值。

5. 从发送缓存中删除被确认的字节

389-394　acked等于接收报文段确认字段所确认的字节数，调用sbdrop从发送缓存中删除这些字节。更新最大的未确认过的序号(snd_una)为报文段的确认字段值，释放保存接收报文段的mbuf链表(由于数据长度等于0，实际只有一个保存首部的mbuf)。

6. 终止重传定时器

395-407　如果接收报文段确认了所有已发送数据(snd_una等于snd_max)，则关闭重传定时器。若条件不满足，且持续定时器未设定，则重启重传定时器，时限设为t_rxtcur。

前面介绍过，tcp_output发送报文段时，只有重传定时器未启动，才会设定它。如果连续发送两个报文段，发送第一个报文段时定时器启动，发送第二个报文段时定时器不变。但如果只收到第一个报文段的确认，则重传定时器必须重启，防止第二个报文段丢失。

7. 唤醒等待进程

408-409　如果发送缓存修改后，有必要唤醒等待的应用进程，则调用sowwakeup。从图16-5可知，如果有应用进程正在等待缓存空间，或者设定了与缓存有关的select选项，或者正等待插口上的SIGIO，则SB_NOTIFY为真。

8. 生成更多的输出

410-411　如果发送缓存中有数据，则调用tcp_output，因为发送窗口已经向右移动。snd_una已增加，但snd_wnd未变化，因此，图24-17中的整个窗口将向右移动。

图28-13给出了首部预测的下一部分代码，接收方收到顺序到达的数据时进行的各种处理。

9. 测试收到报文段是否是连接等待接收的下一个报文段

414-416 如果下列4个条件均为真，则收到的报文段是连接上等待接收的下一报文段，并且插口缓存中的剩余空间能够容纳到达的数据。

1) 报文段的数据量(ti_len)大于0，即图28-12起始处if语句的else子句。

2) 确认字段(ti_ack)等于最大的未确认序号，即报文段未确认任何数据。

3) 连接乱序报文段的重组队列为空(seq_next等于tp)。

4) 接收缓存能够容纳报文段数据。

10. 完成接收数据的处理

423-435 等待接收序号(rcv_nxt)递增收到的数据字节数。从mbuf链中丢弃IP首部、TCP首部和所有TCP选项，将剩余的mbuf链附加到插口的接收缓存，调用sorwakeup唤醒接收进程。注意，代码没有调用TCP_REASS宏，因为宏代码中的条件判定已经包含在首部预测的测试条件中。设定延迟ACK标志，输入处理结束。

```
                                                              ─── tcp_input.c
414        } else if (ti->ti_ack == tp->snd_una &&
415                 tp->seg_next == (struct tcpiphdr *) tp &&
416                 ti->ti_len <= sbspace(&so->so_rcv)) {
417            /*
418             * this is a pure, in-sequence data packet
419             * with nothing on the reassembly queue and
420             * we have enough buffer space to take it.
421             */
422            ++tcpstat.tcps_preddat;
423            tp->rcv_nxt += ti->ti_len;
424            tcpstat.tcps_rcvpack++;
425            tcpstat.tcps_rcvbyte += ti->ti_len;
426            /*
427             * Drop TCP, IP headers and TCP options then add data
428             * to socket buffer.
429             */
430            m->m_data += sizeof(struct tcpiphdr) + off - sizeof(struct tcphdr);
431            m->m_len -= sizeof(struct tcpiphdr) + off - sizeof(struct tcphdr);
432            sbappend(&so->so_rcv, m);
433            sorwakeup(so);
434            tp->t_flags |= TF_DELACK;
435            return;
436        }
437    }
                                                              ─── tcp_input.c
```

图28-13 tcp_input函数：首部预测的接收方处理

统计量

首部预测能在多大程度上改善系统性能？让我们做个简单的实验，跨越LAN(bdsi和svr4间的双向通信)的数据传输，以及跨越WAN(vangogh.cs.berkeley.edu和ftp.uu.net之间的双向通信)的数据传输。运行netstat，得到类似于图24-5的输出，列出了两种情况下的首部预测寄存器的值。

跨越LAN传输时，无数据分组丢失，只有一些重复的ACK。利用首部预测处理的报文段可占到97%~100%。跨越WAN时，比例有所降低，约为83%~99%之间。

请注意，首部预测的应用限定于单独的连接，无论主机是否收到了额外的TCP流量，PCB

缓存必须在主机范围内共享。即使TCP流量的丢失造成了PCB缓存缺失，但如果给定连接上的数据分组未丢失，这条连接上的首部预测仍能工作。

28.5　TCP输入：缓慢的执行路径

下面讨论首部预测失败时的处理代码，`tcp_input`中较慢的一条执行路径。图28-14给出了下一部分代码，为输入报文段的处理完成一些准备工作。

```
                                                                    tcp_input.c
438     /*
439      * Drop TCP, IP headers and TCP options.
440      */
441     m->m_data += sizeof(struct tcpiphdr) + off - sizeof(struct tcphdr);
442     m->m_len -= sizeof(struct tcpiphdr) + off - sizeof(struct tcphdr);

443     /*
444      * Calculate amount of space in receive window,
445      * and then do TCP input processing.
446      * Receive window is amount of space in rcv queue,
447      * but not less than advertised window.
448      */
449     {
450         int     win;

451         win = sbspace(&so->so_rcv);
452         if (win < 0)
453             win = 0;
454         tp->rcv_wnd = max(win, (int) (tp->rcv_adv - tp->rcv_nxt));
455     }
                                                                    tcp_input.c
```

图28-14　`tcp_input`函数：丢弃IP和TCP首部

1. 丢弃IP和TCP首部，包括TCP选项

438-442　更新数据指针和mbuf链表中的第一个mbuf的长度，以跳过IP首部、TCP首部和所有TCP选项。因为off等于TCP首部长度，包括TCP选项，因此，表达式中减去了标准TCP首部的大小(20字节)。

2. 计算接收窗口

443-455　win等于插口接收缓存中可用的字节数，rcv_adv减去rcv_nxt等于当前通告的窗口大小，接收窗口等于上述两个值中较大的一个，这是为了保证接收窗口不小于当前通告窗口的大小。此外，如果最后一次窗口更新后，应用进程从插口接收缓存中取走了数据，win可能大于通告窗口，因此，TCP最多能够接收win字节的数据(即使对端不会发送超过通告窗口大小的数据)。

因为函数后面的代码必须确定通告窗口中能放入多少数据(如果有)，所以现在必须计算通告窗口的大小。落在通告窗口之外的接收数据被丢弃：落在窗口左侧的数据是已接收并确认过的数据，落在窗口右侧的数据是暂不允许对端发送的数据。

28.6　完成被动打开或主动打开

如果连接状态等于LISTEN或者SYN_SENT，则执行本节给出的代码。连接处于这两个状态时，等待接收的报文段为SYN，任何其他报文段将被丢弃。

28.6.1 完成被动打开

连接状态等于LISTEN时，执行图28-15中的代码，其中变量tp和inp指向图28-7所创建的新的插口，而非服务器的监听插口。

```
                                                                   ── tcp_input.c
456    switch (tp->t_state) {

457        /*
458         * If the state is LISTEN then ignore segment if it contains an RST.
459         * If the segment contains an ACK then it is bad and send an RST.
460         * If it does not contain a SYN then it is not interesting; drop it.
461         * Don't bother responding if the destination was a broadcast.
462         * Otherwise initialize tp->rcv_nxt, and tp->irs, select an initial
463         * tp->iss, and send a segment:
464         *     <SEQ=ISS><ACK=RCV_NXT><CTL=SYN,ACK>
465         * Also initialize tp->snd_nxt to tp->iss+1 and tp->snd_una to tp->iss
466         * Fill in remote peer address fields if not previously specified.
467         * Enter SYN_RECEIVED state, and process any other fields of this
468         * segment in this state.
469         */
470    case TCPS_LISTEN:{
471            struct mbuf *am;
472            struct sockaddr_in *sin;

473            if (tiflags & TH_RST)
474                goto drop;
475            if (tiflags & TH_ACK)
476                goto dropwithreset;
477            if ((tiflags & TH_SYN) == 0)
478                goto drop;
                                                                   ── tcp_input.c
```

图28-15 tcp_input函数：检测监听插口上是否收到了SYN

1. 丢弃RST、ACK或非SYN

473-478 如果接收报文段中带有RST标志，则丢弃它。如果带有ACK，则丢弃它并发送RST作为响应(建立连接的最初的SYN报文段是少数几个不允许携带ACK的报文段之一)。如果未带有SYN，则丢弃它。case子句的后续代码处理连接处于LISTEN状态时收到了SYN的状况。新的连接状态等于SYN_RCVD。

图28-16给出了case语句接下来的代码。

```
                                                                   ── tcp_input.c
479            /*
480             * RFC1122 4.2.3.10, p. 104: discard bcast/mcast SYN
481             * in_broadcast() should never return true on a received
482             * packet with M_BCAST not set.
483             */
484            if (m->m_flags & (M_BCAST | M_MCAST) ||
485                IN_MULTICAST(ti->ti_dst.s_addr))
486                goto drop;

487            am = m_get(M_DONTWAIT, MT_SONAME);  /* XXX */
488            if (am == NULL)
489                goto drop;
490            am->m_len = sizeof(struct sockaddr_in);
```

图28-16 tcp_input函数：处理监听插口上收到的SYN报文段

```
491            sin = mtod(am, struct sockaddr_in *);
492            sin->sin_family = AF_INET;
493            sin->sin_len = sizeof(*sin);
494            sin->sin_addr = ti->ti_src;
495            sin->sin_port = ti->ti_sport;
496            bzero((caddr_t) sin->sin_zero, sizeof(sin->sin_zero));

497            laddr = inp->inp_laddr;
498            if (inp->inp_laddr.s_addr == INADDR_ANY)
499                inp->inp_laddr = ti->ti_dst;
500            if (in_pcbconnect(inp, am)) {
501                inp->inp_laddr = laddr;
502                (void) m_free(am);
503                goto drop;
504            }
505            (void) m_free(am);
```
———————————————————————————— tcp_input.c

图28-16 （续）

2. 如果是广播报文段或多播报文段，则丢弃它

479-486   如果数据报被发送到广播地址或多播地址，则丢弃它，TCP只支持点到点的应用。前面介绍过，根据数据帧携带的目的硬件地址，`ether_input`置位M_BCAST和M_MCAST标志，IN_MULTICAST宏可判定IP地址是否为D类地址。

注释引用了`in_broadcast`，因为Net/1代码(它不支持多播)在此处调用了这个函数，以检测目的IP地址是否为广播地址。Net/2中改为根据目的硬件地址，通过`ether_input`设定M_BCAST和M_MCAST标志。

Net/3只测试目的硬件地址是否为广播地址，而且不调用`in_broadcast`测试目的IP地址是否为广播地址。它假定除非目的硬件地址是广播地址，否则，目的IP地址绝不可能是广播地址，从而避免调用`in_broadcast`。另外，如果Net/3真的收到了一个数据帧，其目的硬件地址为单播地址，而目的IP地址为广播地址，将执行图28-16中的代码处理此种报文段。

目的地址参数IN_MULTICAST需要被转换为主机字节序。

3. 为客户端的IP地址和端口号分配mbuf

487-496   分配一个mbuf，保存`sockaddr_in`结构，其中带有客户端的IP地址和端口号。IP地址从IP首部的源地址字段中复制，端口号从TCP首部的源端口号字段中复制。这个结构用于把服务器的PCB连到客户，之后mbuf被释放。

注释中的"XXX"，是因为获取mbuf的消耗等同于之后调用`in_pcbconnect`的消耗。不过此处的代码位于`tcp_input`中较慢的一条执行路径。从图24-5可知，不足%2的接收报文段的处理中会用到这段处理代码。

4. 设定PCB中的本地地址

497-499   `laddr`是绑定在插口上的本地地址。如果服务器没有为插口绑定一个确定地址(正常情况下)，IP首部的目的地址将成为PCB中的本地地址。注意，不管数据报是在哪个端口收到的，都将保存IP首部中的目的地址。

注意，laddr不会是通配地址，因为图28-7中的代码已将收到报文段中的目的IP
地址赋给了它。

5. 填充PCB中的对端地址

500-505 调用in_pcbconnect，把服务器的PCB与客户相连，填充PCB中的对端地址和
对端端口号。之后，释放mbuf。

图28-17给出了函数下一部分的代码，结束case语句的处理。

```
                                                          tcp_input.c
506          tp->t_template = tcp_template(tp);
507          if (tp->t_template == 0) {
508              tp = tcp_drop(tp, ENOBUFS);
509              dropsocket = 0;  /* socket is already gone */
510              goto drop;
511          }
512          if (optp)
513              tcp_dooptions(tp, optp, optlen, ti,
514                            &ts_present, &ts_val, &ts_ecr);
515          if (iss)
516              tp->iss = iss;
517          else
518              tp->iss = tcp_iss;
519          tcp_iss += TCP_ISSINCR / 2;
520          tp->irs = ti->ti_seq;
521          tcp_sendseqinit(tp);
522          tcp_rcvseqinit(tp);
523          tp->t_flags |= TF_ACKNOW;
524          tp->t_state = TCPS_SYN_RECEIVED;
525          tp->t_timer[TCPT_KEEP] = TCPTV_KEEP_INIT;
526          dropsocket = 0;       /* committed to socket */
527          tcpstat.tcps_accepts++;
528          goto trimthenstep6;
529      }
                                                          tcp_input.c
```

图28-17 tcp_input函数：完成LISTEN状态下收到SYN报文段的处理

6. 分配并初始化IP和TCP首部模板

506-511 调用tcp_template创建IP和TCP首部的模板。图28-7中调用sonewconn时，为
新连接分配了PCB和TCP控制块，但未分配首部模板。

7. 处理所有的TCP选项

512-514 如果存在TCP选项，则调用tcp_dooptions进行处理。图28-8中曾调用过一次
tcp_dooptions，但只处理非LISTEN状态时的TCP选项。现在，插口处于监听状态，PCB
中的对端地址已填入(tcp_mss函数中会用到对端地址)，调用tcp_dooptions：获取到达
对端的路由；查看对端主机是本地结点还是远端结点(选择MSS时，需考虑到对端的网络ID和
子网ID)。

8. 初始化ISS

515-519 通常情况下，初始发送序号复制自全局变量tcp_iss，之后增加64 000
(TCP_ISSINCR除以2)。如果局部变量iss非零，则使用iss取代tcp_iss，初始化连接的
发送序号。

出现以下事件序列时，会用到iss：

- 服务器的IP地址为128.1.2.3，端口号为27。
- IP地址等于192.3.4.5的客户与前述服务器建立了连接，客户端口号等于3000。服务器的插口对为{128.1.2.3, 27, 192.3.4.5, 3000}。
- 服务器主动关闭了连接，上述插口对的状态转移到TIME_WAIT。连接处于这种状态时，最后收到的序号保存在TCP控制块中。假设序号等于100 000。
- 连接离开TIME_WAIT状态之前，收到来自同一客户主机、同一端口号(192.3.4.5, 3000)的新的SYN，TCP寻找处于TIME_WAIT状态的连接所对应的PCB，而不是监听服务器的PCB。假定新SYN报文段的序号等于200 000。
- 因为连接状态不等于LISTEN，所以将不执行刚讨论过的图28-17中的代码，而是执行图28-28中的代码。我们将看到，其中包含了下列处理逻辑：如果新SYN报文段的序号(200 000)大于客户最后发来的序号(100 000)，那么：(1)局部变量iss等于100 000加上128 000；(2)处于TIME_WAIT状态的连接被完全关闭(PCB和TCP控制块被删除)；(3)控制跳转到findpcb(图28-5)。
- 寻找服务器监听插口的PCB(假定监听服务器还在运行)，执行本节中介绍的代码。图28-17中的代码将使用局部变量iss(现在等于228 000)初始化新连接的tcp_iss。

RFC 1122中定义的这种处理逻辑，允许同一个客户和服务器重用同样的插口连接对，只要服务器主动关闭原有连接。它也解释了为什么只要有进程调用connect，全局变量tcp_iss就递增64 000(图30-4)：为了确保在某个客户不断地重建与同一个服务器的连接的情况下，即使前一次连接上没有传输数据，甚至500 ms定时器都未超时(定时器超时处理代码会增加tcp_iss)，新建连接仍可以使用较大的ISS。

9. 初始化控制块中的序号变量

520-522   图28-17中，初始接收序号复制自SYN报文段中的序号字段(irs)。下面两个宏初始化了TCP控制块中的相关变量。

```
#define tcp_rcvseqinit(tp) \
    (tp)->rcv_adv = (tp)->rcv_nxt = (tp)->irs + 1

#define tcp_sendseqinit(tp) \
    (tp)->snd_una = (tp)->snd_nxt = (tp)->snd_max = (tp)->snd_up = \
        (tp)->iss
```

因为SYN占据一个序号，所以第一个宏表达式需加1。

10. 确认SYN并更新状态

523-525   因为对于SYN的确认必须立即发送，所以置位TF_ACKNOW标志。连接状态转移到SYN_RCVD，连接建立定时器设为75秒(TCPTV_KEEP_INIT)。因为TF_ACKNOW置位，函数结束时将调用tcp_output。从图24-16可知，此种tcp_outflags会导致发送携带SYN和ACK的报文段。

526-528   现在，TCP结束了从图28-7开始的新插口的创建，drop插口标志被清除。控制跳转到trimthenstep6处，完成SYN报文段的处理。前面介绍过，SYN报文段能够携带数据，尽管只有等连接进入ESTABLISHED状态后，数据才会被提交给应用程序。

28.6.2 完成主动打开

图28-18给出了连接进入SYN_SENT状态后，处理代码的第一部分。TCP等待接收SYN。

tcp_input.c

```
530         /*
531          * If the state is SYN_SENT:
532          *  if seg contains an ACK, but not for our SYN, drop the input.
533          *  if seg contains an RST, then drop the connection.
534          *  if seg does not contain SYN, then drop it.
535          * Otherwise this is an acceptable SYN segment
536          *  initialize tp->rcv_nxt and tp->irs
537          *  if seg contains ack then advance tp->snd_una
538          *  if SYN has been acked change to ESTABLISHED else SYN_RCVD state
539          *  arrange for segment to be acked (eventually)
540          *  continue processing rest of data/controls, beginning with URG
541          */
542     case TCPS_SYN_SENT:
543         if ((tiflags & TH_ACK) &&
544             (SEQ_LEQ(ti->ti_ack, tp->iss) ||
545              SEQ_GT(ti->ti_ack, tp->snd_max)))
546             goto dropwithreset;
547         if (tiflags & TH_RST) {
548             if (tiflags & TH_ACK)
549                 tp = tcp_drop(tp, ECONNREFUSED);
550             goto drop;
551         }
552         if ((tiflags & TH_SYN) == 0)
553             goto drop;
```

tcp_input.c

图28-18 tcp_input函数：判定收到的SYN是否是所需的响应

1. 验证收到的ACK

530-546 当应用进程主动打开，TCP发送SYN时，从图30-4可知，连接的iss将等于全局变量tcp_iss，宏tcp_sendseqinit(前一节结尾给出了定义)被执行。假设ISS等于365，图28-19给出了tcp_output发送SYN后的发送序号变量。

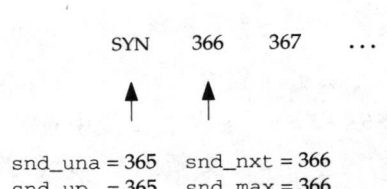

图28-19 ISS等于365的SYN发送后的发送序号变量

tcp_sendseqinit初始化图28-19中的4个变量为365，接着图26-31中的代码在发送SYN之后，把其中两个增至366。因此，如果图28-18中的接收报文段包含ACK，并且确认字段小于等于iss(365)，或者大于snd_max(366)，ACK无效，丢弃报文段并发送RST作为响应。注意，连接处于SYN_SENT状态时，收到的报文段中无须携带ACK。它可以只包括SYN，这种情况称为同时打开(simultaneous open)(图24-15)。

2. 处理并丢弃RST报文段

547-551 如果接收报文段中带有RST，则丢弃它。但首先应查看ACK标志，因为如果报文段同时携带了有效的ACK(已验证过)和RST，则说明对端拒绝本次连接请求，通常是因为服务器进程未运行。这种情况下，tcp_drop设定插口的so_error变量，并向调用connect的应用进程返回差错。

3. 判定SYN标志是否置位

552-553 如果收到报文段中的SYN标志未置位，则丢弃它。

这个case语句的其余代码用于处理本地发送连接请求后，收到对端响应的SYN报文段(及可选的ACK)的情况。图28-20给出了tcp_input下一部分的代码，继续处理SYN。

```
554              if (tiflags & TH_ACK) {                              tcp_input.c
555                  tp->snd_una = ti->ti_ack;
556                  if (SEQ_LT(tp->snd_nxt, tp->snd_una))
557                      tp->snd_nxt = tp->snd_una;
558              }
559              tp->t_timer[TCPT_REXMT] = 0;
560              tp->irs = ti->ti_seq;
561              tcp_rcvseqinit(tp);
562              tp->t_flags |= TF_ACKNOW;
563              if (tiflags & TH_ACK && SEQ_GT(tp->snd_una, tp->iss)) {
564                  tcpstat.tcps_connects++;
565                  soisconnected(so);
566                  tp->t_state = TCPS_ESTABLISHED;
567                  /* Do window scaling on this connection? */
568                  if ((tp->t_flags & (TF_RCVD_SCALE | TF_REQ_SCALE)) ==
569                      (TF_RCVD_SCALE | TF_REQ_SCALE)) {
570                      tp->snd_scale = tp->requested_s_scale;
571                      tp->rcv_scale = tp->request_r_scale;
572                  }
573                  (void) tcp_reass(tp, (struct tcpiphdr *) 0,
574                              (struct mbuf *) 0);
575                  /*
576                   * if we didn't have to retransmit the SYN,
577                   * use its rtt as our initial srtt & rtt var.
578                   */
579                  if (tp->t_rtt)
580                      tcp_xmit_timer(tp, tp->t_rtt);
581              } else
582                  tp->t_state = TCPS_SYN_RECEIVED;
                                                                     tcp_input.c
```

图28-20 tcp_input函数：发送连接请求后，收到对端响应的SYN

4. 处理ACK

554-558　如果报文段中有ACK，令snd_una等于报文段的确认字段。以图28-19为例，snd_una应更新为366，因为确认字段唯一有效的值就是366。如果snd_nxt小于snd_una(在图28-19的例子中不可能发生)，令snd_nxt等于snd_una。

5. 关闭连接建立定时器

559　连接建立定时器被关闭。

　　此处代码有错误。连接建立定时器只有在ACK标志置位时才能被关闭，因为收到一个不带ACK的SYN报文段，只是说明连接双方同时打开，而不意味着对端已收到了SYN。

6. 初始化接收序号

560-562　初始接收序号从接收报文段的序号字段中复制。tcp_rcvseqinit宏(上一节结束时给出了定义)初始化rcv_adv和rcv_nxt为接收序号加1。置位TF_ACKNOW标志，从而在函数结尾处调用tcp_output，发送报文段携带的确认字段应等于rcv_nxt(图26-27)，确认刚收到的SYN。

563-564　如果接收报文段带有ACK，并且snd_una大于连接的ISS，主动打开处理完毕，连接进入ESTABLISHED状态。

　　第二个测试条件其实是多余的。图28-20起始处，如果ACK标志置位，snd_una将等于接收报文段的确认字段值。另外，图28-18中紧跟着case语句的if语句验证了收到的确认字段大于ISS。所以，此处只要ACK置位，就可以确保snd_una大于ISS。

7. 连接建立

565-566 soisconnected设定插口进入连接状态，TCP连接的状态转移到ESTABLISHED。

8. 查看窗口大小选项

567-572 如果TCP在本地SYN中加入窗口大小选项，并且收到的SYN中也包含了这一选项，使用窗口缩放功能，设定snd_scale和rcv_scale。因为tcp_newtcpcb初始化TCP控制块为0，所以，如果不使用窗口大小选项，这两个变量的默认值为0。

9. 向应用进程提交队列中的数据

573-574 由于数据可能在连接未建立之前到达，调用tcp_reass把数据放入接收缓存，第二个参数为空。

测试条件其实不必要的。因为TCP刚收到带有ACK的SYN报文段，状态从SYN_SENT转移到ESTABLISHED。即使有数据出现在SYN中，也会被暂时搁置，直到函数快结束，控制转到dodata标注时才会被处理。如果TCP收到不带ACK的SYN(同时打开)，即使报文段携带数据，也会被暂时搁置，等到收到了ACK，连接从SYN_RCVD转移到ESTABLISHED之后，才会被处理。

尽管SYN中可以携带数据，并且Net/3能够正确处理这样的报文段，但Net/3自己不会产生这样的报文段。

10. 更新RTT估计器值

575-580 如果确认的SYN正被计时，tcp_xmit_timer将根据得到的对SYN报文段的测量值初始化RTT估计器值。

TCP在此处忽略收到的时间戳选项，只查看t_rtt计数器。TCP主动打开时，在第一个SYN中加入时间戳选项(图26-24)，如果对端也同意采用时间戳，就会在它响应的SYN中回应收到的时间戳(参见图28-10，Net/3在SYN中回应收到的时间戳)。因此，TCP在此处可以使用收到的时间戳，而不用t_rtt，但因为两者的精度相同(500ms)，在这一点上时间戳并无优势可言。使用时间戳，而非t_rtt计数器的真正好处在于高速网络中同时发送大量数据时，能提供更多的RTT测量值和更好的估计器值(希望如此)。

11. 同时打开

581-582 如果TCP在SYN_SENT状态收到不带ACK的SYN，则称为同时打开，连接转移到SYN_RCVD状态。

图28-21给出了函数的下一部分代码，处理SYN中可能携带的数据。图28-17结尾处，代码跳转至trimthenstep6标注处，这里也有类似的情况。

tcp_input.c

```
583        trimthenstep6:
584            /*
585             * Advance ti->ti_seq to correspond to first data byte.
586             * If data, trim to stay within window,
587             * dropping FIN if necessary.
588             */
```

图28-21 tcp_input函数：接收SYN的通用处理

```
589            ti->ti_seq++;
590            if (ti->ti_len > tp->rcv_wnd) {
591                todrop = ti->ti_len - tp->rcv_wnd;
592                m_adj(m, -todrop);
593                ti->ti_len = tp->rcv_wnd;
594                tiflags &= ~TH_FIN;
595                tcpstat.tcps_rcvpackafterwin++;
596                tcpstat.tcps_rcvbyteafterwin += todrop;
597            }
598            tp->snd_wl1 = ti->ti_seq - 1;
599            tp->rcv_up = ti->ti_seq;
600            goto step6;
601        }
```
———————————————————————————————————— *tcp_input.c*

图28-21 （续）

584-589 报文段序号加1，以计入SYN。如果SYN带有数据，`ti_seq`现在应等于数据第一个字节的序号。

12. 丢弃落在接收窗口外的数据

590-597 `ti_len`等于报文段中的数据字节数。如果它大于接收窗口，超出部分的数据(`ti_len`减去`rcv_wnd`)将被`m_adj`丢弃。函数参数为负值，所以，将从mbuf链尾部起逆向删除数据(图2-20)。更新`ti_len`，等于数据删除后mbuf中剩余的数据量。清除FIN标志，这是因为FIN可能跟在最后一个数据字节之后，落在接收窗口外而被丢弃。

如果SYN是对本地连接请求的响应，且携带的数据过多，则说明对端收到的SYN报文段中带有窗口通告，但对端忽略了通告的窗口大小，并禁止不规范的行为。但如果主动打开的SYN报文段中带有大量数据，则说明对端还未收到窗口通告，所以不得不猜测SYN中能够携带多少数据。

13. 强制更新窗口变量

598-599 `snd_wl1`等于接收序号减1。从图29-15中可看到，这将强制更新3个窗口变量：`snd_wnd`、`snd_wl1`和`snd_wl2`。接收紧急指针(`rcv_up`)等于接收序号。控制跳转到标注step6处，与RFC 793定义的步骤相对应，我们将在图29-15中详细讨论。

28.7 PAWS：防止序号回绕

图28-22给出了`tcp_input`下一部分的代码，处理可能出现的序号回绕：RFC 1323中定义的PAWS算法。请回想一下我们在26.6节关于时间戳的讨论。

```
                                                        tcp_input.c
602        /*
603         * States other than LISTEN or SYN_SENT.
604         * First check timestamp, if present.
605         * Then check that at least some bytes of segment are within
606         * receive window.  If segment begins before rcv_nxt,
607         * drop leading data (and SYN); if nothing left, just ack.
608         *
609         * RFC 1323 PAWS: If we have a timestamp reply on this segment
610         * and it's less than ts_recent, drop it.
611         */
612        if (ts_present && (tiflags & TH_RST) == 0 && tp->ts_recent &&
```

图28-22 tcp_input函数：处理时间戳选项

```
613              TSTMP_LT(ts_val, tp->ts_recent)) {
614         /* Check to see if ts_recent is over 24 days old.  */
615         if ((int) (tcp_now - tp->ts_recent_age) > TCP_PAWS_IDLE) {
616             /*
617              * Invalidate ts_recent.  If this segment updates
618              * ts_recent, the age will be reset later and ts_recent
619              * will get a valid value.  If it does not, setting
620              * ts_recent to zero will at least satisfy the
621              * requirement that zero be placed in the timestamp
622              * echo reply when ts_recent isn't valid.  The
623              * age isn't reset until we get a valid ts_recent
624              * because we don't want out-of-order segments to be
625              * dropped when ts_recent is old.
626              */
627             tp->ts_recent = 0;
628         } else {
629             tcpstat.tcps_rcvduppack++;
630             tcpstat.tcps_rcvdupbyte += ti->ti_len;
631             tcpstat.tcps_pawsdrop++;
632             goto dropafterack;
633         }
634     }
```
tcp_input.c

图28-22 (续)

1. 基本PAWS测试

602-613 如果存在时间戳，则调用tcp_dooptions设定ts_present。如果下列3个条件全真，则丢弃报文段：

1) RST标志未置位(参见习题28.8)；

2) TCP曾收到过对端发送的有效的时间戳(ts_recent非零)；

3) 当前报文段中的时间戳(ts_val)小于原先收到的时间戳。

PAWS算法基于这样的假定：对于高速连接，32 bit时间戳值回绕的速度远小于32 bit序号回绕的速度。习题28.6说明，即使是最高的时钟计数器更新频率(每毫秒加1)，时间戳的符号位也要24天才会回绕一次。而在千兆级网络中，序号可能17秒就回绕一次(卷1的24.3节)。因此，如果报文段时间戳小于从同一个连接收到的最近一次的时间戳，说明是个重复报文段，应被丢弃(还需进行后续的时间戳过期测试)。尽管因为序号已过时，tcp_input也可将其丢弃，但PAWS算法能够有效地处理序号回绕速率很高的高速网。

注意，PAWS算法是对称的：它不仅丢弃重复的数据报文段，也丢弃重复的ACK。PAWS处理所有收到的报文段，前面介绍过，首部预测代码也采用了PAWS测试(图28-11)。

2. 检查过期时间戳

614-627 尽管可能性不大，PAWS测试还是会失败，因为连接有可能长时间空闲。收到的报文段并非重复报文段，但连接空闲时间过长，造成时间戳值回绕，从而小于从同一个连接收到的最近一次的时间戳。

无论何时，ts_recent保存接收报文段中的时间戳值，ts_recent_age记录当前时间(tcp_now)。如果ts_recent的最后一次更新发生在24天之前，则将其清零，不是一个有效的时间戳值。常量TCP_PAWS_IDLE定义为$(24 \times 24 \times 60 \times 60 \times 2)$，最后的乘数2指每秒钟2个滴答。这种情况下，不丢弃接收报文段，因为问题是时间戳过期，而非重复报文段。参见习题28.6和28.7。

图28-23举例说明了时间戳过期问题。连接左侧的系统是一个非Net/3的TCP实现，以RFC 1323中规定的最高速度，每毫秒更新一次时钟。连接右侧是Net/3实现。

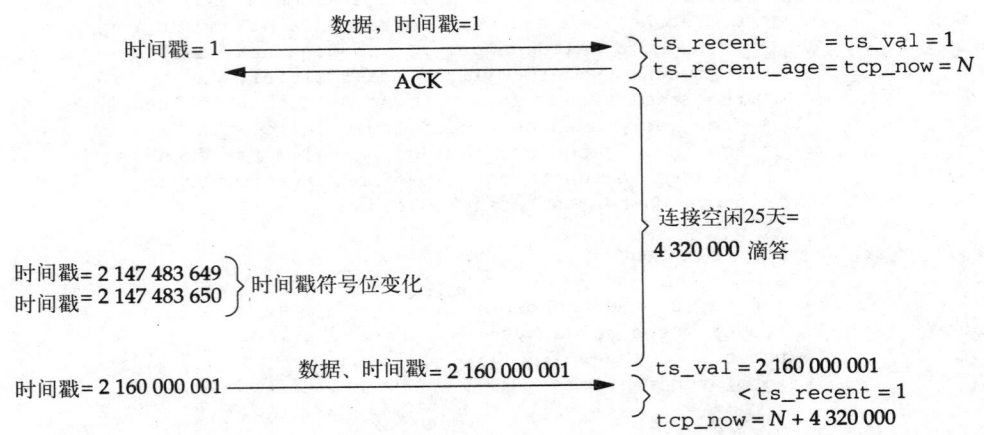

图28-23 过期时间戳举例

第一个数据报文段中携带的时间戳值等于1，所以`ts_recent`等于1，`ts_recent_age`等于当前时间(`tcp_now`)，如图28-11和图28-35所示。连接空闲25天，在此期间`tcp_now`增加了4 320 000 ($25 \times 24 \times 60 \times 60 \times 1000$)，对端的时间戳值增加了2 160 000 000 ($25 \times 24 \times 60 \times 60 \times 1000$)，时间戳值的符号位改变，即2 147 483 649大于1，而2 147 483 650小于1(回想图24-26)。因此，当收到的数据报文段中的时间戳等于2 160 000 001时，调用TSTMP_LT宏进行比较，收到的时间戳小于`ts_recent`(1)，PAWS测试失败。但因为`tcp_now`减去`ts_recent_age`大于24天，说明造成失败的原因是连接空闲时间过长，报文段被接受。

3. 丢弃重复报文段

628-633   如果PAWS算法测试说明收到的是一个重复报文段，确认之后丢弃该报文段(所有重复报文段都必须被确认)，不更新本地时间戳变量。

图24-5中，`tcp_pawsdrop` (22)远小于`tcps_rcvduppack` (46 953)。这可能是因为目前只有很少的系统支持时间戳，导致绝大多数重复报文段直到TCP输出处理中才被发现和丢弃，而非PAWS。

28.8 裁剪报文段使数据在窗口内

本节讨论如何调整收到的报文段，确保它只携带能够放入接收窗口内的数据：

- 丢弃接收报文段起始处的重复数据；并且
- 从报文段尾部起，丢弃超出接收窗口的数据。

从而只剩下可放入接收窗口的新数据。图28-24给出的代码，用于判定报文段起始处是否存在重复数据。

1. 查看报文段前部是否存在重复数据

635-636   如果接收报文段的起始序号(`ti_seq`)小于等待接收的下一序号(`rcv_nxt`)，则

todrop大于0, 报文段前部有重复数据。这些数据已被确认并提交给应用进程(图24-18)。

```
                                                                    tcp_input.c
635        todrop = tp->rcv_nxt - ti->ti_seq;
636        if (todrop > 0) {
637            if (tiflags & TH_SYN) {
638                tiflags &= ~TH_SYN;
639                ti->ti_seq++;
640                if (ti->ti_urp > 1)
641                    ti->ti_urp--;
642                else
643                    tiflags &= ~TH_URG;
644                todrop--;
645            }
                                                                    tcp_input.c
```

图28-24 tcp_input函数: 查看报文段起始处的重复数据

2. 丢弃重复SYN

637-645 如果SYN标志置位, 它必然指向报文段的第一个数据序号, 现已知是重复数据。清除SYN, 报文段的起始序号加1, 以越过重复的SYN。此外, 如果接收报文段中的紧急指针大于1 (ti_urp), 则必须将其减1, 因为紧急数据偏移量以报文段起始序号为基准。如果紧急指针等于0或者1, 则不做处理, 为防止出现等于1的情况, 清除URG标志。最后, todrop减1(因为SYN占用一个序号)。

图28-25继续处理报文段前部的重复数据。

```
                                                                    tcp_input.c
646        if (todrop >= ti->ti_len) {
647            tcpstat.tcps_rcvduppack++;
648            tcpstat.tcps_rcvdupbyte += ti->ti_len;
649            /*
650             * If segment is just one to the left of the window,
651             * check two special cases:
652             * 1. Don't toss RST in response to 4.2-style keepalive.
653             * 2. If the only thing to drop is a FIN, we can drop
654             *    it, but check the ACK or we will get into FIN
655             *    wars if our FINs crossed (both CLOSING).
656             * In either case, send ACK to resynchronize,
657             * but keep on processing for RST or ACK.
658             */
659            if ((tiflags & TH_FIN && todrop == ti->ti_len + 1)
660                ) {
661                todrop = ti->ti_len;
662                tiflags &= ~TH_FIN;
663                tp->t_flags |= TF_ACKNOW;
664            } else {
665                /*
666                 * Handle the case when a bound socket connects
667                 * to itself. Allow packets with a SYN and
668                 * an ACK to continue with the processing.
669                 */
670                if (todrop != 0 || (tiflags & TH_ACK) == 0)
671                    goto dropafterack;
672            }
673        } else {
674            tcpstat.tcps_rcvpartduppack++;
675            tcpstat.tcps_rcvpartdupbyte += todrop;
```

图28-25 tcp_input函数: 处理完全重复的报文段

```
676             }
677             m_adj(m, todrop);
678             ti->ti_seq += todrop;
679             ti->ti_len -= todrop;
680             if (ti->ti_urp > todrop)
681                 ti->ti_urp -= todrop;
682             else {
683                 tiflags &= ~TH_URG;
684                 ti->ti_urp = 0;
685             }
686         }
```
tcp_input.c

图28-25 (续)

3. 判定报文段数据是否完全重复

646-648   如果报文段前部重复的数据字节数大于等于报文段大小，则是一个完全重复的报文段。

4. 判定重复FIN

649-663   接下来测试FIN是否重复，图28-26举例说明了这一情况。

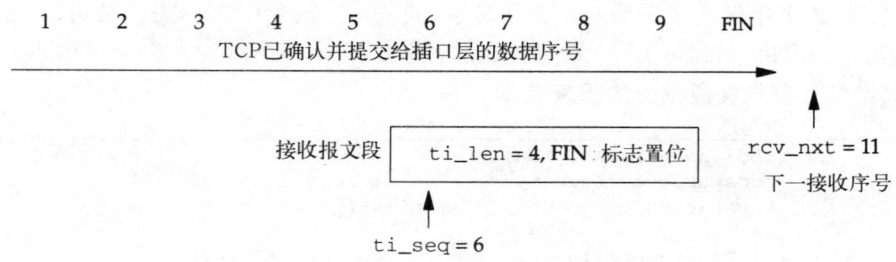

图28-26 举例：带有FIN标志的重复报文段

图28-26的例子中，todrop等于5，大于等于ti_len(4)。因为FIN置位，并且todrop等于ti_len加1，所以清除FIN标志，todrop重设为4，置位TF_ACKNOW，函数结束时立即发送ACK。这个例子也适用于其他报文段，如果ti_seq加上ti_len等于10。

代码的注释提到了4.2BSD实现中的保活定时器，Net/3省略了相关处理(if语句中的另一项测试)。

5. 生成重复ACK

664-672   如果todrop非零(报文段携带的全部是重复数据)，或者ACK标志未置位，则丢弃报文段，调用dropafterack生成ACK。出现这种情况，一般是因为对端未收到ACK，导致报文段重发。TCP生成新的ACK。

6. 处理同时打开或半连接

664-672   代码还处理同时打开，以及插口与自己建立连接的情况，将在下一节中详细讨论。如果todrop等于0(完全重复报文段中不包含数据)，且ACK标志置位，则继续下一步的处理。

if语句是4.4BSD版中新加的。早期的基于Berkeley的系统只是简单地跳转到dropafterack，即不处理同时打开，也不处理与自己建立连接的情况。

即使做了改进，这段代码仍有错误，我们在本节结束时将谈到这一点。

7. 收到部分重复报文段时，更新统计值

673-676　当todrop小于报文段长度时，执行else语句：报文段携带数据中只有部分重复。

8. 删除重复数据，更新紧急指针

677-685　调用m_adj，从mbuf链的首部开始删除重复数据，并相应地调整起始序号和长度。如果紧急指针指向的数据仍在mbuf中，也需做相应的调整。否则，紧急指针清零，并清除URG标志。

图28-27给出了函数下一部分的代码，处理应用进程终止后到达的数据。

```
                                                            —— tcp_input.c
687     /*
688      * If new data is received on a connection after the
689      * user processes are gone, then RST the other end.
690      */
691     if ((so->so_state & SS_NOFDREF) &&
692         tp->t_state > TCPS_CLOSE_WAIT && ti->ti_len) {
693         tp = tcp_close(tp);
694         tcpstat.tcps_rcvafterclose++;
695         goto dropwithreset;
696     }
                                                            —— tcp_input.c
```

图28-27 tcp_input函数：处理应用进程终止后到达的数据

687-696　如果找不到插口的描述符，说明应用进程已关闭了连接(连接状态等于图24-16中大于CLOSE_WAIT的5个状态中的任何一个)，若接收报文段中有数据，则连接被关闭。报文段被丢弃，输出RST作为响应。

因为TCP支持半关闭功能，如果应用进程意外终止(也许被某个信号量终止)，作为进程终止的一部分，内核将关闭所有打开的描述符，TCP将发送FIN。连接转移到FIN_WAIT_1状态。因为FIN的接收者无法知道对端执行的是完全关闭，还是半关闭。如果它假定是半关闭，并继续发送数据，那么将收到图28-27中发送的FIN。

图28-28给出了函数下一部分的代码，从接收报文段中删除落在通告窗口右侧的数据。

```
                                                            —— tcp_input.c
697     /*
698      * If segment ends after window, drop trailing data
699      * (and PUSH and FIN); if nothing left, just ACK.
700      */
701     todrop = (ti->ti_seq + ti->ti_len) - (tp->rcv_nxt + tp->rcv_wnd);
702     if (todrop > 0) {
703         tcpstat.tcps_rcvpackafterwin++;
704         if (todrop >= ti->ti_len) {
705             tcpstat.tcps_rcvbyteafterwin += ti->ti_len;
706             /*
707              * If a new connection request is received
708              * while in TIME_WAIT, drop the old connection
709              * and start over if the sequence numbers
710              * are above the previous ones.
711              */
712             if (tiflags & TH_SYN &&
713                 tp->t_state == TCPS_TIME_WAIT &&
```

图28-28 tcp_input函数：删除落在窗口右侧的数据

```
714                   SEQ_GT(ti->ti_seq, tp->rcv_nxt)) {
715                       iss = tp->rcv_nxt + TCP_ISSINCR;
716                       tp = tcp_close(tp);
717                       goto findpcb;
718                   }
719                   /*
720                    * If window is closed can only take segments at
721                    * window edge, and have to drop data and PUSH from
722                    * incoming segments.  Continue processing, but
723                    * remember to ack.  Otherwise, drop segment
724                    * and ack.
725                    */
726                   if (tp->rcv_wnd == 0 && ti->ti_seq == tp->rcv_nxt) {
727                       tp->t_flags |= TF_ACKNOW;
728                       tcpstat.tcps_rcvwinprobe++;
729                   } else
730                       goto dropafterack;
731               } else
732                   tcpstat.tcps_rcvbyteafterwin += todrop;
733               m_adj(m, -todrop);
734               ti->ti_len -= todrop;
735               tiflags &= ~(TH_PUSH | TH_FIN);
736           }
```

tcp_input.c

图28-28 (续)

9. 计算落在通告窗口右侧的字节数

697-703 todrop等于接收报文段中落在通告窗口右侧的字节数。例如，在图28-29中，todrop等于(6+5)减去(4+6)，即等于1。

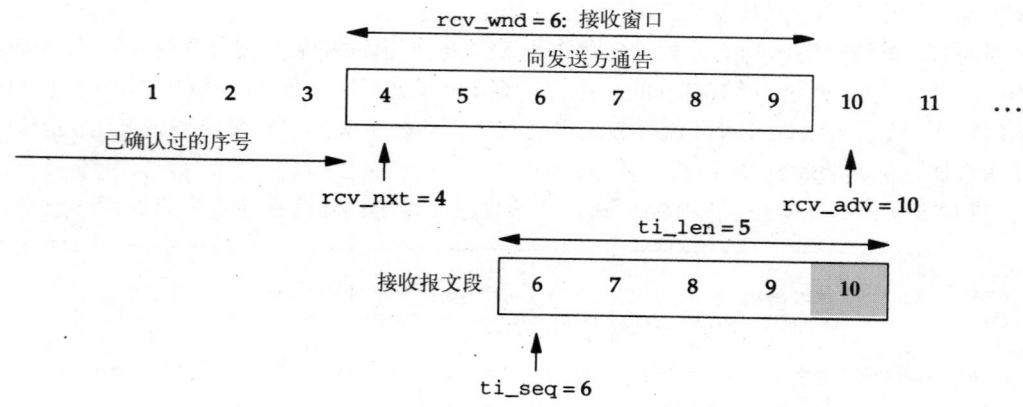

图28-29 举例：接收报文段部分数据落在窗口右侧

10. 如果连接处于TIME_WAIT状态，查看有无新的连接请求

704-718 如果todrop大于等于报文段长度，则丢弃整个报文段。如果下列3个条件全真：

1) SYN标志置位；

2) 连接处于TIME_WAIT状态；

3) 新的起始序号大于连接上最后收到的序号。

说明对端要求在已被关闭且正处于TIME_WAIT状态的连接上重建连接。RFC 1122允许这种情况，但要求新连接的ISS必须大于最后收到的序号(rcv_nxt)。TCP在rcv_nxt的基础上增加

128 000(TCP_ISSINCR)，得到执行图28-17中的代码时所使用的ISS。调用tcp_close释放处于TIME_WAIT状态的原有连接的PCB和TCP控制块。控制跳转到findpcb(图28-5)，寻找监听服务器的PCB(假定服务器仍在运行)。然后执行图28-7中的代码，为新连接创建新的插口，最后执行图28-16和图28-17中的代码，完成新连接请求的处理。

11. 判定是否为窗口探测报文段

719-728 如果接收窗口已关闭(rcv_wnd等于0)，且接收报文段中的数据从窗口最左端开始(rcv_nxt)，说明是对端发送的窗口探测报文段。TCP立即发送响应ACK，其中包含等待接收的序号。

12. 丢弃完全落在窗口之外的其他报文段

729-730 如果报文段整个落在窗口之外，且并非窗口探测报文段，则丢弃该报文段，并发送携带等待接收序号的ACK，作为响应。

13. 处理携带部分有效数据的报文段

731-735 通过m_adj，从mbuf链中删除落在窗口右侧的数据，并更新ti_len。如果接收报文段是对端发送的窗口探测报文段，m_adj将丢弃mbuf链中的所有数据，并将ti_len设为0，最后清除FIN和PSH标志。

何时丢弃ACK

图28-25中的代码有错误，在几种情况下，本应继续进行报文段处理，控制却跳转到dropafterack[Carlson 1993; Lanciani 1993]。系统实际运行时，如果连接双方重组队列中都存在缺失报文段，并都进入持续状态，将造成死锁，因为双方都将丢弃正常的ACK。

纠正的方法是简化图28-25起始处的代码。控制不再跳转到dropafterack，如果收到了完全重复报文段，则关闭FIN标志，并在函数结束时强迫立即发送ACK。删除图28-25中的646~676行的代码，而代之以图28-30中的代码。此外，新代码还更正了原代码中的另一个错误(习题28.9)。

```
if (todrop > ti->ti_len ||
    todrop == ti->ti_len && (tiflags & TH_FIN) == 0) {

    /*
     * Any valid FIN must be to the left of the window.
     * At this point the FIN must be a duplicate or
     * out of sequence; drop it.
     */
    tiflags &= ~TH_FIN;

    /*
     * Send an ACK to resynchronize and drop any data.
     * But keep on processing for RST or ACK.
     */
    tp->t_flags |= TF_ACKNOW;
    todrop = ti->ti_len;
    tcpstat.tcps_rcvdupbyte += todrop;
    tcpstat.tcps_rcvduppack++;

} else {
    tcpstat.tcps_rcvpartduppack++;
    tcpstat.tcps_rcvpartdupbyte += todrop;
}
```

图28-30 图28-28中646~676行代码的修正

28.9 自连接和同时打开

读者应首先理解插口与自己建立连接的步骤。接着会看到在4.4BSD中，如何巧妙地通过一行代码修正图28-25中的错误，从而不仅能够处理自连接，还能处理4.4BSD以前的版本中都无法正确处理的同时打开。

应用进程创建一个插口，并通过下列系统调用建立自连接：socket，bind绑定到一个本地端口(假定为3000)，之后connect试图与同一个本地地址和同一个端口号建立连接。如果connect成功，则插口已建立了与自己的连接：向这个插口写入的所有数据，都可以在同一插口上读出。这有点类似于全双工的管道，但只有一个，而非两个标识符。尽管很少有应用进程会这样做，但实际上它是一种特殊的同时打开，两者的状态变迁图相同。如果系统不允许插口建立自连接，那么它也很可能无法正确处理同时打开，而后者是RFC 1122所要求的。有些人对于自连接能成功感到非常惊诧，因为只用了一个Internet PCB和一个TCP控制块。不过，TCP是全双工的、对称的协议，它为每个方向上的数据流保留一份专有数据。

图28-31给出了应用进程调用connect时的发送序号空间，SYN已发送，连接状态为SYN_SENT。

插口收到SYN后，执行图28-18和图28-20中的代码，但因为SYN中未包含ACK，连接状态转移到SYN_RCVD。从状态变迁图(图24-15)可知，与同时打开类似。图28-32给出了接收序号空间。图28-20置位TF_ACKNOW，tcp_output生成的报文段将包含SYN和ACK(图24-16中的tcp_outflags)。SYN序号等于153，而确认序号等于154。

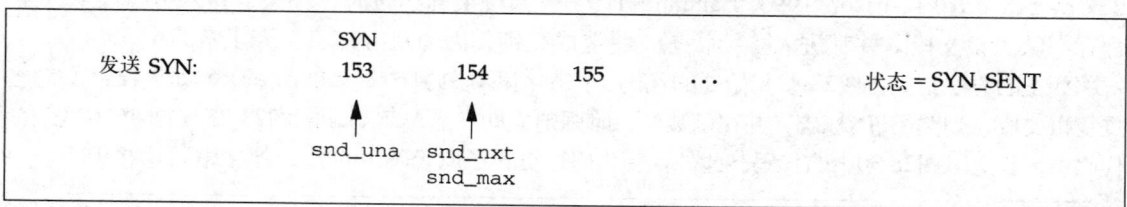

图28-31　自连接：SYN发送后的发送序号空间

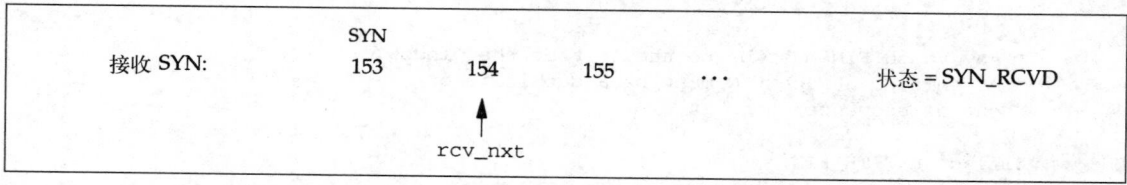

图28-32　自连接：收到的SYN处理完毕后的接收序号空间

与图28-20处理的正常情况相比，发送序号空间没有变化，只是连接状态等于SYN_SENT。图28-33给出了收到同时带有SYN和ACK的报文段时，接收序号空间的状态。

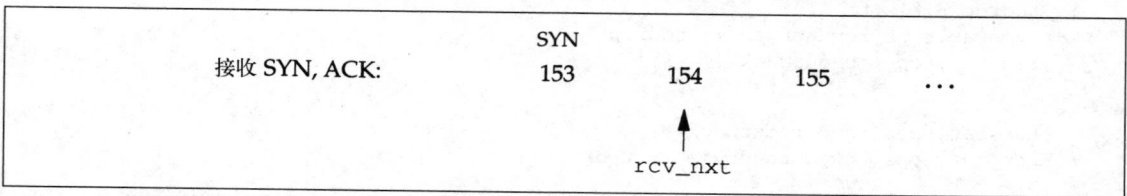

图28-33　收到带有SYN和ACK报文段时，接收序号空间的状态

因为连接状态等于SYN_RCVD，将执行图29-2中的代码处理收到的报文段，而不用我们在本章前面讨论过的处理主动打开或被动打开的代码。但在此之前，首先遇到的是图28-24中的代码，而且从测试结果看似乎是一个重复SYN：

```
todrop = rcv_nxt - rcv_seq
       = 154 - 153
       = 1
```

因为SYN标志置位，清除该标志，ti_seq等于154，todrop等于0。但因为todrop等于报文段长度(0)，图28-25开始处的测试条件为真，从而判定是一个重复报文段，执行注释为"处理绑定插口自连接的情况"的代码。早期的TCP实现直接跳到dropafterack，略过了SYN_RCVD状态的处理逻辑，不可能建立连接。相反，即使todrop等于0，且ACK标志置位(本例中两个条件都成立)，Net/3仍旧继续处理收到的报文段，从而进入函数后面对SYN_RCVD状态的处理，连接转移到ESTABLISHED状态。

图28-34给出了自连接处理中函数调用的情况，是非常有意思的。

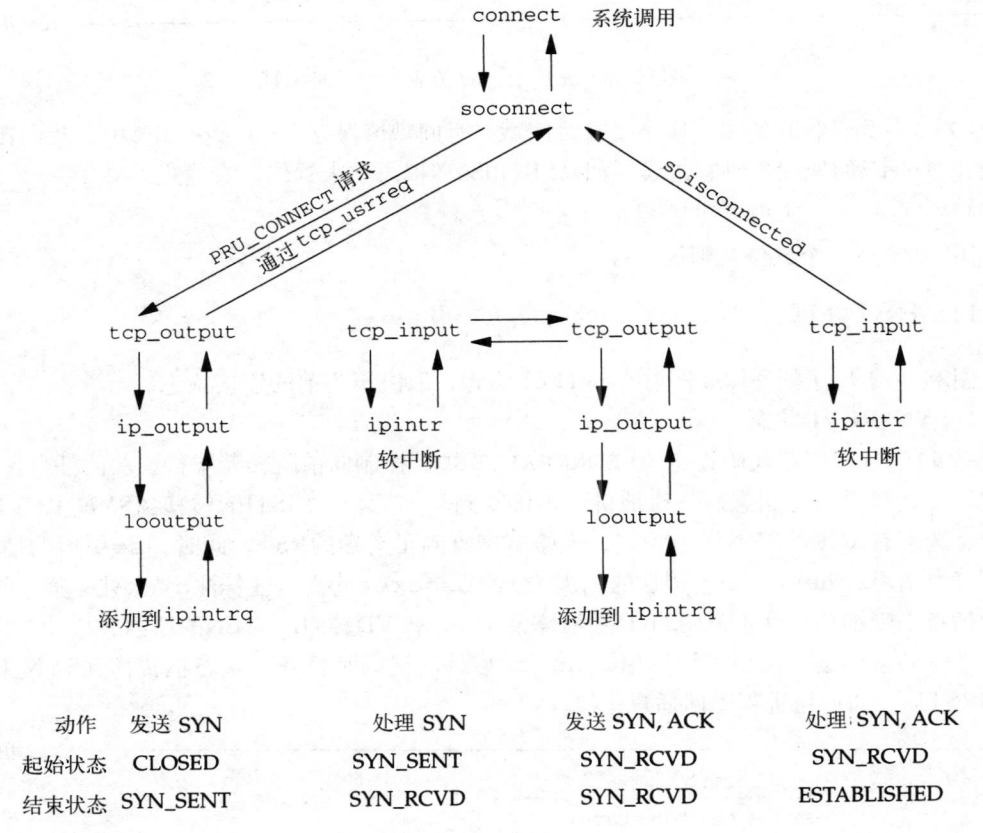

	发送 SYN	处理 SYN	发送 SYN, ACK	处理 SYN, ACK
动作				
起始状态	CLOSED	SYN_SENT	SYN_RCVD	SYN_RCVD
结束状态	SYN_SENT	SYN_RCVD	SYN_RCVD	ESTABLISHED

图28-34 自连接处理中的函数调用序列

操作顺序从左至右，首先应用进程调用connect，发出PRU_CONNECT请求，经协议栈发送SYN。因为报文段发向主机自己的IP地址，直接通过环回接口加入到ipintrq，并生成一个软中断。

系统在软中断处理中调用ipintr，ipintr调用tcp_input，tcp_input再调用

tcp_output，经协议栈发送带有ACK的SYN。这个报文段也经由环回接口加入到ipintrq，并生成一个软中断。系统调用ipintr处理软中断，ipintr调用tcp_input，连接进入ESTABLISHED状态。

28.10 记录时间戳

图28-35给出了tcp_input下一部分的代码，处理收到的时间戳选项。

```
                                                           ──── tcp_input.c
737      /*
738       * If last ACK falls within this segment's sequence numbers,
739       * record its timestamp.
740       */
741      if (ts_present && SEQ_LEQ(ti->ti_seq, tp->last_ack_sent) &&
742          SEQ_LT(tp->last_ack_sent, ti->ti_seq + ti->ti_len +
743              ((tiflags & (TH_SYN | TH_FIN)) != 0))) {
744          tp->ts_recent_age = tcp_now;
745          tp->ts_recent = ts_val;
746      }
                                                           ──── tcp_input.c
```

图28-35 tcp_input函数：记录时间戳

737-746 如果收到的报文段中带有时间戳，时间戳值保存在ts_recent中。我们在26.6节曾讨论过Net/3的处理代码有错误。如果FIN和SYN标志均未置位，表达式

```
((tiflags & (TH_SYN|TH_FIN)) != 0)
```

等于0；如果有一个置位，则等于1。

28.11 RST处理

图28-36给出了处理RST标志的switch语句，取决于当前的连接状态。

1. SYN_RCVD状态

759-761 插口差错代码设定为ECONNREFUSED，控制向前跳转若干行，关闭插口。在两种状况下，连接进入此状态。一般地讲，连接收到SYN后，从LISTEN转移到SYN_RCVD状态。TCP发送带有ACK的SYN作为响应，但接着却收到了对端的RST。此时，so引用的插口是在图28-7中调用sonewconn新创建的。因为dropsocket为真，在标注drop处，插口被丢弃，监听插口不受影响。这也是图24-15中状态从SYN_RCVD转回LISTEN的原因。

另一种情况是，应用进程调用connect后，出现同时打开，状态也转移到SYN_RCVD。收到RST后，向应用进程返回插口差错。

```
                                                           ──── tcp_input.c
747      /*
748       * If the RST bit is set examine the state:
749       *    SYN_RECEIVED state:
750       * If passive open, return to LISTEN state.
751       * If active open, inform user that connection was refused.
752       *    ESTABLISHED, FIN_WAIT_1, FIN_WAIT2, CLOSE_WAIT states:
753       * Inform user that connection was reset, and close tcb.
754       *    CLOSING, LAST_ACK, TIME_WAIT states:
755       * Close the tcb.
756       */
```

图28-36 tcp_input函数：处理RST标志

```
757     if (tiflags & TH_RST)
758         switch (tp->t_state) {

759         case TCPS_SYN_RECEIVED:
760             so->so_error = ECONNREFUSED;
761             goto close;

762         case TCPS_ESTABLISHED:
763         case TCPS_FIN_WAIT_1:
764         case TCPS_FIN_WAIT_2:
765         case TCPS_CLOSE_WAIT:
766             so->so_error = ECONNRESET;
767           close:
768             tp->t_state = TCPS_CLOSED;
769             tcpstat.tcps_drops++;
770             tp = tcp_close(tp);
771             goto drop;

772         case TCPS_CLOSING:
773         case TCPS_LAST_ACK:
774         case TCPS_TIME_WAIT:
775             tp = tcp_close(tp);
776             goto drop;
777         }
```
——— *tcp_input.c*

图28-36 （续）

2. 其他状态

762-777　如果在ESTABLISHED、FIN_WAIT_1、FIN_WAIT_2或CLOSE_WAIT状态收到RST，则返回差错代码ECONNRESET。如果状态为CLOSING、LAST_ACK或TIME_WAIT，由于应用进程已关闭插口，无须返回差错代码。

> 如果允许RST终止处于TIME_WAIT状态的连接，那么TIME_WAIT状态也就没有存在的必要。RFC 1337 [Braden 1992]讨论了这一点，及其他取消TIME_WAIT状态的可能状况，建议不允许RST永久终止处于TIME_WAIT状态的连接。参见习题28.10中的例子。

图28-37给出了函数下一部分的代码，验证SYN是否出错，ACK是否存在。

——— *tcp_input.c*
```
778     /*
779      * If a SYN is in the window, then this is an
780      * error and we send an RST and drop the connection.
781      */
782     if (tiflags & TH_SYN) {
783         tp = tcp_drop(tp, ECONNRESET);
784         goto dropwithreset;
785     }
786     /*
787      * If the ACK bit is off we drop the segment and return.
788      */
789     if ((tiflags & TH_ACK) == 0)
790         goto drop;
```
——— *tcp_input.c*

图28-37 tcp_input函数：处理带有多余SYN或者缺少ACK的报文段

778-785　如果SYN标志依旧置位，说明出现了差错，连接被丢弃，返回差错代码ECONNRESET。

786-790   如果ACK标志未置位，则报文段被丢弃。我们将在下一章讨论函数剩余部分的代码，其中假定ACK标志均置位。

28.12 小结

本章详细介绍了TCP输入处理的前半部分，下一章将继续讨论函数剩余的部分。

本章介绍了如何验证报文段检验和，处理各种TCP选项，处理发起和结束连接建立的SYN报文段，从报文段头尾两个方向删除无效数据，及处理RST标志。

首部预测算法处理正常情况的数据流是非常有效的，执行速度最快。尽管我们讨论的多数处理逻辑用于覆盖所有可能发生的情况，但多数报文段都是正常的，只需很少的处理步骤。

习题

28.1 假定Net/3中插口缓存最大等于262 444，基于图28-7的算法，得到的窗口缩放因子是多少？

28.2 假定Net/3中插口缓存最大等于262 444，如果往返时间等于60ms，可能的最大吞吐量是多少？（提示：见卷1的图24-5及带宽的解）

28.3 为什么图28-10中，调用bcopy获取时间戳值？

28.4 我们在26.6节中提到，TCP要求的时间戳选项格式与RFC 1323附录A中定义的不同。尽管TCP能够正确处理时间戳，但由于采用与标准不同的格式，会付出什么代价？

28.5 处理PRU_ATTACH请求时会分配PCB和TCP控制块，为什么不接着调用tcp_template分配首部模板？而是直至收到了SYN，在图28-17中才进行这一操作。

28.6 阅读RFC 1323，理解为什么图28-22中选取24天作为空闲时间的界限？

28.7 在图28-22中，如果连接空闲时间超过24天，tcp_now-ts_recent_age与TCP_PAWS_IDLE的比较，会出现符号位回绕的问题。Net/3中采取500ms作为时间戳单位，会在什么时间出现问题？

28.8 阅读RFC 1323，回答为什么图28-22中PAWS测试不包括RST报文段？

28.9 客户发送了SYN，服务器响应SYN/ACK。客户转移到ESTABLISHED状态，并发送响应ACK。但这个ACK丢失，服务器重发SYN/ACK。描述一下客户收到重发的SYN/ACK时的处理步骤。

28.10 客户和服务器已建立了连接，服务器主动关闭。连接正常终止，服务器上的插口对转移到TIME_WAIT状态。在服务器的2MSL定时器超时前，同一客户(客户端的同一个插口对)向服务器发送SYN，但起始序号小于连接上最后收到的序号。会发生什么？

第29章 TCP的输入(续)

29.1 引言

本章从前一章结束的地方开始，继续介绍TCP输入处理。回想一下图28-37中最后的测试条件，如果ACK未置位，输入报文段被丢弃。

本章处理ACK标志，更新窗口信息，处理URG标志及报文段中携带的所有数据，最后处理FIN标志，如果需要，则调用tcp_output。

29.2 ACK处理概述

在本章中，我们首先讨论ACK的处理，图29-1给出了ACK处理的框架。SYN_RCVD状态需要特殊处理，紧跟着是其他状态的通用处理代码(前一章已讨论过在LISTEN和SYN_SENT状态下收到ACK时的处理逻辑)。接着是对TCPS_FIN_WAIT_1、TCPS_CLOSING和TCPS_LAST_ACK状态的一些特殊处理，因为在这些状态下收到ACK会导致状态的转移。此外，在TIME_WAIT状态下收到ACK还会导致2MSL定时器的重启。

```
switch (tp->t_state) {

case TCPS_SYN_RECEIVED:
    complete processing of passive open and process
        simultaneous open or self-connect;
    /* fall into ... */

case TCPS_ESTABLISHED:
case TCPS_FIN_WAIT_1:
case TCPS_FIN_WAIT_2:
case TCPS_CLOSE_WAIT:
case TCPS_CLOSING:
case TCPS_LAST_ACK:
case TCPS_TIME_WAIT:
    process duplicate ACK;
    update RTT estimators;
    if all outstanding data ACKed, turn off retransmission timer;
    remove ACKed data from socket send buffer;

    switch (tp->t_state) {

    case TCPS_FIN_WAIT_1:
        if (FIN is ACKed) {
            move to FIN_WAIT_2 state;
            start FIN_WAIT_2 timer;
        }
        break;

    case TCPS_CLOSING:
        if (FIN is ACKed) {
```

图29-1 ACK处理框架

```
                move to TIME_WAIT state;
                start TIME_WAIT timer;
            }
            break;

    case TCPS_LAST_ACK:
        if (FIN is ACKed)
            move to CLOSED state;
        break;

    case TCPS_TIME_WAIT:
        restart TIME_WAIT timer;
        goto dropafterack;
    }
}
```

图29-1　(续)

29.3　完成被动打开和同时打开

图29-2给出了如何处理SYN_RCVD状态下收到的ACK报文段。如前一章中提到过的，这也将完成被动打开(一般情况)，或者是同时打开及自连接(特殊情况)的连接建立过程。

1. 验证收到的ACK

801-806　如果收到的ACK确认了已发送的SYN，它必须大于snd_una (tcp_sendseqinit将snd_una设定为连接的ISS，SYN报文段的序号)，且小于等于snd_max。如果条件满足，则插口进入连接状态ESTABLISHED。

```
791  /*                                                    ─── tcp_input.c
792   * Ack processing.
793   */
794  switch (tp->t_state) {

795      /*
796       * In SYN_RECEIVED state if the ack ACKs our SYN then enter
797       * ESTABLISHED state and continue processing, otherwise
798       * send an RST.
799       */
800  case TCPS_SYN_RECEIVED:
801      if (SEQ_GT(tp->snd_una, ti->ti_ack) ||
802          SEQ_GT(ti->ti_ack, tp->snd_max))
803          goto dropwithreset;
804      tcpstat.tcps_connects++;
805      soisconnected(so);
806      tp->t_state = TCPS_ESTABLISHED;
807      /* Do window scaling? */
808      if ((tp->t_flags & (TF_RCVD_SCALE | TF_REQ_SCALE)) ==
809          (TF_RCVD_SCALE | TF_REQ_SCALE)) {
810          tp->snd_scale = tp->requested_s_scale;
811          tp->rcv_scale = tp->request_r_scale;
812      }
813      (void) tcp_reass(tp, (struct tcpiphdr *) 0, (struct mbuf *) 0);
814      tp->snd_wl1 = ti->ti_seq - 1;
815      /* fall into ... */
                                                           ─── tcp_input.c
```

图29-2　tcp_input函数：在SYN_RCVD状态收到ACK

在收到三次握手的最后一个报文段后，调用`soisconnected`唤醒被动打开的应用进程(一般为服务器)。如果服务器在调用`accept`上阻塞，则该调用现在返回。如果服务器调用`select`等待连接可读，则连接现在已经可读。

2. 查看窗口大小选项

807-812 如果TCP曾发送窗口大小选项，并且收到了对方的窗口大小选项，则在TCP控制块中保存发送缩放因子和接收缩放因子。另外，TCP控制块中的`snd_scale`和`rcv_scale`的默认值为0(无缩放)。

3. 向应用进程提交队列中的数据

813 现在可以向应用进程提交连接重组队列中的数据，调用`tcp_reass`，第二个参数为空。重组队列中的数据可能是SYN报文段中携带的，它同时将连接状态变迁为SYN_RCVD。

814 `snd_wl1`等于收到的序号减1，从图29-15可知，这样将导致更新3个窗口变量。

29.4 快速重传和快速恢复的算法

图29-3给出了ACK处理的下一部分代码，处理重复ACK，并决定是否起用TCP的快速重传和快速恢复算法[Jacobson 1990c]。两个算法各自独立，但一般都在一起实现[Floyd 1994]。

- 快速重传算法用于连续出现几次(一般为3次)重复ACK时，TCP认为某个报文段已丢失并且从中推断出丢失报文段的起始序号，丢失报文段被重传。RFC 1122中的4.2.2.21节提到了这一算法，建议TCP收到乱序报文段后，立即发送ACK。我们看到，在图27-15中，Net/3正是这样做的。这个算法最早出现在4.3BSD Tahoe版及后续的Net/1实现中，丢失报文段被重传之后，连接执行慢起动。
- 快速恢复算法认为采用快速重传算法之后(即丢失报文段已重传)，应执行拥塞避免算法，而非慢起动。这样，如果拥塞不严重，还能保证较大的吞吐量，尤其窗口较大时。这个算法最早出现在4.3BSD Reno版和后续的Net/2实现中。

Net/3同时实现了快速重传和快速恢复算法，下面将做简单介绍。

在图24-17节中，我们提到有效的ACK必须满足下面的不等式：

`snd_una < 确认字段 <= snd_max`

第一步只与`snd_una`做比较，之后在图29-5中再进行不等式第二部分的比较。分开比较的原因是为了能对收到的ACK完成下列5项测试：

1) 如果确认字段小于等于`snd_una`；
2) 接收报文段长度为0；
3) 窗口通告大小未变；
4) 连接上部分发送数据未被确认(重传定时器非零)；
5) 接收报文段的确认字段是TCP收到的最大的确认序号(确认字段等于`snd_una`)。

之后可确认报文段是完全重复的ACK(测试项1、2和3在图29-3中，测试4和5在图29-4的起始处)。

TCP统计连续收到的重复ACK的个数，保存在变量`t_dupacks`中，次数超过门限(`tcprexmtthresh`，3)时，丢失报文段被重传。这也就是卷1第21.7节中介绍的快速重传算法。它与图27-15中的代码互相配合：当TCP收到乱序报文段时，立即生成一个重复的ACK，告诉对端报文段有可能丢失和等待接收的下一个序号值。快速重传算法是为了让TCP立即重传看上去已经丢失的报文段，而不是被动地等待重传定时器超时。卷1第21.7节举例详细说明了这个算法是如何工作的。

```
816          /*                                              ─────── tcp_input.c
817           * In ESTABLISHED state: drop duplicate ACKs; ACK out-of-range
818           * ACKs.  If the ack is in the range
819           *  tp->snd_una < ti->ti_ack <= tp->snd_max
820           * then advance tp->snd_una to ti->ti_ack and drop
821           * data from the retransmission queue.  If this ACK reflects
822           * more up-to-date window information we update our window information.
823           */
824      case TCPS_ESTABLISHED:
825      case TCPS_FIN_WAIT_1:
826      case TCPS_FIN_WAIT_2:
827      case TCPS_CLOSE_WAIT:
828      case TCPS_CLOSING:
829      case TCPS_LAST_ACK:
830      case TCPS_TIME_WAIT:

831          if (SEQ_LEQ(ti->ti_ack, tp->snd_una)) {
832              if (ti->ti_len == 0 && tiwin == tp->snd_wnd) {
833                  tcpstat.tcps_rcvdupack++;
834                  /*
835                   * If we have outstanding data (other than
836                   * a window probe), this is a completely
837                   * duplicate ack (ie, window info didn't
838                   * change), the ack is the biggest we've
839                   * seen and we've seen exactly our rexmt
840                   * threshold of them, assume a packet
841                   * has been dropped and retransmit it.
842                   * Kludge snd_nxt & the congestion
843                   * window so we send only this one
844                   * packet.
845                   *
846                   * We know we're losing at the current
847                   * window size so do congestion avoidance
848                   * (set ssthresh to half the current window
849                   * and pull our congestion window back to
850                   * the new ssthresh).
851                   *
852                   * Dup acks mean that packets have left the
853                   * network (they're now cached at the receiver)
854                   * so bump cwnd by the amount in the receiver
855                   * to keep a constant cwnd packets in the
856                   * network.
857                   */
                                                            ─────── tcp_input.c
```

图29-3 tcp_input函数：判定完全重复的ACK报文段

　　另一方面，重复ACK的接收方也能确认某个数据分组已"离开了网络"，因为对端已收到了一个乱序报文段，从而开始发送重复的ACK。快速恢复算法要求连续收到几个重复ACK后，TCP应该执行拥塞避免算法(如降低速度)，而不一定必须等待连接两端间的管道清空(慢起动)。"离开了网络"指数据分组已被对端接收，并加入到连接的重组队列中，不再滞留在传输途中。

如果前述5项测试条件只有前3项为真，说明ACK是重复报文段，统计值tcps_rcvdupack加1，而连续重复ACK计数器(t_dupacks)复位为0。如果仅有第一项测试条件为真，则计数器t_dupacks复位为0。

图29-4给出了快速重传算法其余的代码，当所有5个测试条件全部满足时，根据已连续收到的重复ACK数目的不同，运用快速重传算法处理收到的报文段。

1) t_dupacks等于3(tcprexmtthresh)，则执行拥塞避免算法，并重传丢失报文段。

2) t_dupacks大于3，则增大拥塞窗口，执行正常的TCP输出。

3) t_dupacks小于3，不做处理。

```
                                                                        tcp_input.c
858                    if (tp->t_timer[TCPT_REXMT] == 0 ||
859                        ti->ti_ack != tp->snd_una)
860                        tp->t_dupacks = 0;
861                    else if (++tp->t_dupacks == tcprexmtthresh) {
862                        tcp_seq onxt = tp->snd_nxt;
863                        u_int win =
864                            min(tp->snd_wnd, tp->snd_cwnd) / 2 /
865                                tp->t_maxseg;

866                        if (win < 2)
867                            win = 2;
868                        tp->snd_ssthresh = win * tp->t_maxseg;
869                        tp->t_timer[TCPT_REXMT] = 0;
870                        tp->t_rtt = 0;
871                        tp->snd_nxt = ti->ti_ack;
872                        tp->snd_cwnd = tp->t_maxseg;
873                        (void) tcp_output(tp);
874                        tp->snd_cwnd = tp->snd_ssthresh +
875                            tp->t_maxseg * tp->t_dupacks;
876                        if (SEQ_GT(onxt, tp->snd_nxt))
877                            tp->snd_nxt = onxt;
878                        goto drop;
879                    } else if (tp->t_dupacks > tcprexmtthresh) {
880                        tp->snd_cwnd += tp->t_maxseg;
881                        (void) tcp_output(tp);
882                        goto drop;
883                    }
884                } else
885                    tp->t_dupacks = 0;
886                break;                  /* beyond ACK processing (to step 6) */
887            }
                                                                        tcp_input.c
```

图29-4 tcp_input函数：处理重复的ACK

1. 连续收到的重复ACK次数已达到门限值3

861-868 t_dupacks等于3(tcprexmtthresh)时，在变量onxt中保存snd_nxt值，令慢起动门限(ssthresh)等于当前拥塞窗口大小的一半，最小值为两个最大报文段长度。这与图25-27中重定时器超时处理中的慢起动门限设定操作类似，但我们将看到，超时处理中把拥塞窗口设定为一个最大报文段长度，快速重传算法并不这样做。

2. 关闭重传定时器

869-870 关闭重传定时器。为防止TCP正对某个报文段计时，t_rtt清零。

3. 重传缺失报文段

871-873   从连续收到的重复ACK报文段中可判断出丢失报文段的起始序号(重复ACK的确认字段)，将其赋给snd_nxt，并将拥塞窗口设定为一个最大报文段长度，从而tcp_output将只发送丢失报文段(参见卷1的图21-7中的63号报文段)。

4. 设定拥塞窗口

874-875   拥塞窗口等于慢起动门限加上对端高速缓存的报文段数。"高速缓存"指对端已收到的乱序报文段数，且为这些报文段发送了重复的ACK。除非对端收到了丢失的报文段(刚刚发送)，这些缓存报文段中的数据不会被提交给应用进程。卷1的图21-10和图21-11给出了快速重传算法起作用时,拥塞窗口和慢起动门限的变化情况。

5. 设定snd_nxt

876-878   比较下一发送序号(snd_nxt)的先前值(onxt)和当前值，将两者中最大的一个重新赋还给snd_nxt，因为重传报文段时，tcp_output会改变snd_nxt。一般情况下，snd_nxt将等于原来保存的值，意味着只有丢失报文段被重传，下一次调用tcp_output时,将继续发送序列中的下一报文段。

6. 连续收到的重复ACK数超过门限3

879-883   因为t_dupacks等于3时，已重传了丢失的报文段，再次收到重复ACK说明又有另一个报文段离开了网络。拥塞窗口大小加1，调用tcp_output发送序列中的下一报文段，并丢弃重复的ACK(参见卷1的图21-7的67号、69号和71号报文段)。

884-885   如果收到的报文段中带有重复的ACK，且长度非零或者通告窗口大小发生变化，则执行这些语句。此时，前面提到的5个测试条件中只有第一个为真，连续收到的重复ACK数被清零。

7. 略过ACK处理的其余部分

886   break语句在下列3种情况下被执行：(1)前述5个测试条件中只有第一个条件为真；(2)只有前3个条件为真；(3)重复ACK次数小于门限值3。任何一种情况下，尽管收到的是重复ACK，将执行break语句，控制跳到图29-2中switch语句的结尾处，在标注step6处继续执行。

为了理解前面的窗口操作步骤，请看下面的例子。假定对端接收窗口只能容纳8个报文段，而本地报文段1~8已发送。报文段1丢失，其余报文段均正常到达且被确认。收到对报文段2、3和4的确认后，重传丢失的报文段(1)。尽管在收到后续的对报文段5~8的确认后，TCP希望能够发送报文段9，以保证高的吞吐率。但窗口大小等于8，禁止发送报文段9及其后续报文段。因此，每当再次收到一个重复的ACK，就暂时把拥塞窗口加1，因为收到重复的ACK告诉TCP又有一个报文段已在对端离开了网络。最终收到对报文段1的确认后，下面将介绍的代码会减少拥塞窗口大小，令其等于慢起动门限。卷1的图21-10举例说明了这一过程，重复ACK到达时，增加拥塞窗口大小，之后收到新的ACK时，再相应地减少拥塞窗口。

29.5 ACK处理

图29-5中的代码继续处理ACK。

tcp_input.c

```
888          /*
889           * If the congestion window was inflated to account
890           * for the other side's cached packets, retract it.
891           */
892          if (tp->t_dupacks > tcprexmtthresh &&
893              tp->snd_cwnd > tp->snd_ssthresh)
894                  tp->snd_cwnd = tp->snd_ssthresh;
895          tp->t_dupacks = 0;

896          if (SEQ_GT(ti->ti_ack, tp->snd_max)) {
897                  tcpstat.tcps_rcvacktoomuch++;
898                  goto dropafterack;
899          }
900          acked = ti->ti_ack - tp->snd_una;
901          tcpstat.tcps_rcvackpack++;
902          tcpstat.tcps_rcvackbyte += acked;
```

tcp_input.c

图29-5 tcp_input函数：继续ACK处理

1. 调整拥塞窗口

888-895 如果连续收到的重复ACK数超过了门限值3，说明这是在收到了4个或4个以上的重复ACK后，收到的第一个非重复的ACK。快速重传算法结束。因为从收到的第4个重复ACK开始，每收到一个重复ACK就会导致拥塞窗口加1，如果它已超过了慢起动门限，令其等于慢起动门限。连续收到的重复ACK计数器清零。

2. 检查ACK的有效性

896-899 前面介绍过，有效的ACK必须满足下列不等式：

snd_una < 确认字段 <= snd_max

如果确认字段大于snd_max，可对端正在确认了TCP尚未发送的数据。可能的原因是，对于高速连接，某个失踪的ACK再次出现时，序号已回绕，从图24-5可知，这是极为罕见的(因为实际的网络不可能那么快)。

3. 计算确认的字节数

900-902 经过前面的测试，已知这是一个有效的ACK。acked等于确认的字节数。

图29-6给出了ACK处理的下一部分代码，完成RTT测算和重传定时器的操作。

4. 更新RTT测算值

903-915 如果时间戳选项存在，或者TCP对某个报文段计时且收到的确认字段大于该报文段的起始序号，则调用tcp_xmit_timer更新RTT测算值。注意，使用时间戳时，tcp_xmit_timer的第二个参数等于当前时间(tcp_now)减去收到的时间戳回显(ts_ecr)加1(因为函数处理中减了1)。

由于延迟ACK的存在，在前面的测试不等式中应采用大于号。例如，假定TCP发送了一个报文段，携带字节1~1024，并对其计时，接着又发送了一个报文段，携带字节1025~2048。如果收到的确认字段等于2049，因为2049大于1(计时报文段的起始序号)，TCP将更新RTT测算值。

5. 是否确认了所有已发送数据

916-924 如果收到报文段的确认字段(ti_ack)等于TCP的最大发送序号(snd_max)，说明所有已发送数据都已被确认。关闭重传定时器，并置位needoutput标志，从而在函数结束

时强迫调用`tcp_output`。这是因为在此之前，有可能因为发送窗口已满，TCP拒绝了等待发送的数据，而现在收到了新的ACK，确认了全部已发送数据，发送窗口能够向右移动(图29-8中的`snd_una`被更新)，允许发送更多的数据。

```
                                                                    ──── tcp_input.c
903          /*
904           * If we have a timestamp reply, update smoothed
905           * round-trip time.  If no timestamp is present but
906           * transmit timer is running and timed sequence
907           * number was acked, update smoothed round-trip time.
908           * Since we now have an rtt measurement, cancel the
909           * timer backoff (cf., Phil Karn's retransmit alg.).
910           * Recompute the initial retransmit timer.
911           */
912          if (ts_present)
913              tcp_xmit_timer(tp, tcp_now - ts_ecr + 1);
914          else if (tp->t_rtt && SEQ_GT(ti->ti_ack, tp->t_rtseq))
915              tcp_xmit_timer(tp, tp->t_rtt);

916          /*
917           * If all outstanding data is acked, stop retransmit
918           * timer and remember to restart (more output or persist).
919           * If there is more data to be acked, restart retransmit
920           * timer, using current (possibly backed-off) value.
921           */
922          if (ti->ti_ack == tp->snd_max) {
923              tp->t_timer[TCPT_REXMT] = 0;
924              needoutput = 1;
925          } else if (tp->t_timer[TCPT_PERSIST] == 0)
926              tp->t_timer[TCPT_REXMT] = tp->t_rxtcur;
                                                                    ──── tcp_input.c
```

图29-6 `tcp_input`函数：RTT测算值和重传定时器

6. 存在未确认的数据

925-926　由于发送缓存中还存在未被确认的数据，如果持续定时器未设定，则启动重传定时器，时限等于`t_rxtcur`的当前值。

Karn算法和时间戳

注意，时间戳的运用取消了Karn算法的部分规定(卷1的21.3节)：如果重传定时器超时，则报文段被重传，收到对重传报文段的确认时，不应据此更新RTT测算值(重传确认的二义性问题)。在图25-26中，我们看到当发生重传时，遵从Karn算法，`t_rtt`被设为0。如果时间戳不存在，且收到的是对重传报文段的确认，则图29-6中的代码不会更新RTT测算值，因为此时`t_rtt`等于0。但如果时间戳存在，则不查看`t_rtt`值，允许利用收到的时间戳回显字段更新RTT测算值。根据RFC 1323，时间戳的运用不存在二义性，因为`ts_ecr`的值复制自被确认的报文段。Karn算法中关于重传报文段时应采用指数退避的策略依旧有效。

图29-7给出了ACK处理的下一部分代码，更新拥塞窗口。

```
                                                                    ──── tcp_input.c
927          /*
928           * When new data is acked, open the congestion window.
929           * If the window gives us less than ssthresh packets
```

图29-7 `tcp_input`函数：响应收到的ACK，打开拥塞窗口

```
930            * in flight, open exponentially (maxseg per packet).
931            * Otherwise open linearly: maxseg per window
932            * (maxseg^2 / cwnd per packet), plus a constant
933            * fraction of a packet (maxseg/8) to help larger windows
934            * open quickly enough.
935            */
936            {
937                u_int    cw = tp->snd_cwnd;
938                u_int    incr = tp->t_maxseg;

939                if (cw > tp->snd_ssthresh)
940                    incr = incr * incr / cw + incr / 8;
941                tp->snd_cwnd = min(cw + incr, TCP_MAXWIN << tp->snd_scale);
942            }
```
—— *tcp_input.c*

图29-7 (续)

1. 更新拥塞窗口

927-942   慢起动和拥塞避免的一条原则是收到ACK后将增大拥塞窗口。默认情况下，每收到一个ACK(慢起动)，拥塞窗口将加1。但如果当前拥塞窗口大于慢起动门限，增加值等于1除以拥塞窗口大小，并加上一个常量。表达式

```
incr * incr / cw
```

等于

```
t_maxseg * t_maxseg / snd_cwnd
```

即1除以拥塞窗口，因为snd_cwnd的单位为字节，而非报文段。表达式的常量部分等于最大报文段长度的1/8。此外，拥塞窗口的上限等于连接发送窗口的最大值。算法的举例参见卷1的21.8节。

> 添加一个常量(最大报文段长度的1/8)是错误的[Floyd 1994]。但它一直存在于BSD源码中，从4.3BSD到4.4BSD和Net/3，应将其删除。

图29-8给出了tcp_input下一部分的代码，从发送缓存中删除已确认的数据。

—— *tcp_input.c*
```
943    if (acked > so->so_snd.sb_cc) {
944        tp->snd_wnd -= so->so_snd.sb_cc;
945        sbdrop(&so->so_snd, (int) so->so_snd.sb_cc);
946        ourfinisacked = 1;
947    } else {
948        sbdrop(&so->so_snd, acked);
949        tp->snd_wnd -= acked;
950        ourfinisacked = 0;
951    }
952    if (so->so_snd.sb_flags & SB_NOTIFY)
953        sowwakeup(so);
954    tp->snd_una = ti->ti_ack;
955    if (SEQ_LT(tp->snd_nxt, tp->snd_una))
956        tp->snd_nxt = tp->snd_una;
```
—— *tcp_input.c*

图29-8 tcp_input函数：从发送缓存中删除已确认的数据

2. 从发送缓存中删除已确认的字节

943-946   如果确认字节数超过发送缓存中的字节数，则从snd_wnd中减去发送缓存中的字

节数，并且可知本地发送的FIN已被确认。调用sbdrop从发送缓存中删除所有字节。能够以这种方式检查对FIN报文段的确认，是因为FIN在序号空间中只占一个字节。

947-951 如果确认字节数小于或等于发送缓存中的字节数，ourfinisacked等于0，并从发送缓存中丢弃acked字节的数据。

3. 唤醒等待发送缓存的进程

951-956 调用sowwakeup唤醒所有等待发送缓存的应用进程，更新snd_una保存最老的未被确认的序号。如果snd_una的新值超过了snd_nxt，则更新后者，因为这说明中间的数据也被确认。

图29-9举例说明了为什么snd_nxt保存的序号有可能小于snd_una。假定传输了两个报文段，第一个携带字节1~512，而第二个携带字节513~1024。

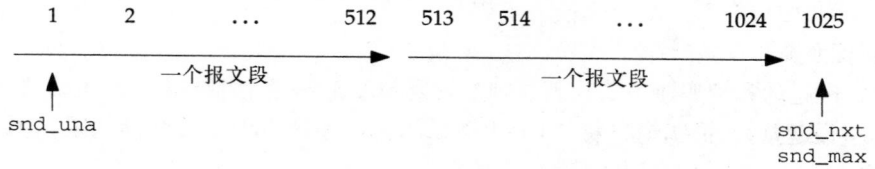

图29-9　连接上发送了两个报文段

确认返回前，重传定时器超时。图25-26中的代码将snd_nxt设定为snd_una，进入慢起动状态，调用tcp_output重传携带1~512字节的报文段。tcp_output将snd_nxt增加为513，如图29-10所示。

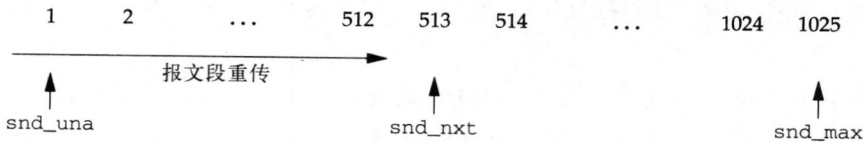

图29-10　重传定时器超时后的连接(接图29-9)

此时，确认字段等于1025的ACK到达(或者是最初发送的两个报文段或者是ACK在网络中被延迟)。这个ACK是有效的，因为它小于等于snd_max，但它也将小于更新后的snd_una值。

一般性的ACK处理现在已结束，图29-11中的switch语句接着处理了4种特殊情况。

```
                                                                ─── tcp_input.c
957          switch (tp->t_state) {
958              /*
959               * In FIN_WAIT_1 state in addition to the processing
960               * for the ESTABLISHED state if our FIN is now acknowledged
961               * then enter FIN_WAIT_2.
962               */
963          case TCPS_FIN_WAIT_1:
964              if (ourfinisacked) {
965                  /*
966                   * If we can't receive any more
967                   * data, then closing user can proceed.
968                   * Starting the timer is contrary to the
```

图29-11　tcp_input函数：在FIN_WAIT_1状态时收到了ACK

```
969                      * specification, but if we don't get a FIN
970                      * we'll hang forever.
971                      */
972                     if (so->so_state & SS_CANTRCVMORE) {
973                         soisdisconnected(so);
974                         tp->t_timer[TCPT_2MSL] = tcp_maxidle;
975                     }
976                     tp->t_state = TCPS_FIN_WAIT_2;
977                 }
978                 break;
```
—— tcp_input.c

图29-11 (续)

4. 在FIN_WAIT_1状态时收到了ACK

958-971 此时，应用进程已关闭了连接，TCP已发送了FIN，但还有可能收到对在FIN之前发送的报文段的确认。因此，只有在收到FIN的确认后，连接才会转移到FIN_WAIT_2状态。图29-8中，ourfinisacked标志已置位，这取决于确认的字节数是否超过发送缓存中的数据量。

5. 设定FIN_WAIT_2定时器

972-975 我们在25.6节中介绍了Net/3如何设定FIN_WAIT_2定时器，以防止在FIN_WAIT_2状态无限等待。只有当应用进程完全关闭了连接(如close系统调用，或者在应用进程被某个信号量终止时与close类似的内核调用)，而不是半关闭时(如已发送了FIN，但应用进程仍在连接上接收数据)，定时器才会启动。

图29-12给出了在CLOSING状态收到ACK时的处理代码。

—— tcp_input.c
```
979             /*
980              * In CLOSING state in addition to the processing for
981              * the ESTABLISHED state if the ACK acknowledges our FIN
982              * then enter the TIME-WAIT state, otherwise ignore
983              * the segment.
984              */
985         case TCPS_CLOSING:
986             if (ourfinisacked) {
987                 tp->t_state = TCPS_TIME_WAIT;
988                 tcp_canceltimers(tp);
989                 tp->t_timer[TCPT_2MSL] = 2 * TCPTV_MSL;
990                 soisdisconnected(so);
991             }
992             break;
```
—— tcp_input.c

图29-12 tcp_input函数：在CLOSING状态收到ACK

6. 在CLOSING状态收到ACK

979-992 如果收到的ACK是对FIN的确认(而非之前发送的数据报文段)，则连接转移到TIME_WAIT状态。所有等待的定时器都被清除(如等待的重传定时器)，TIME_WAIT定时器被启动，时限等于两倍的MSL。

图29-13给出了在LAST_ACK状态收到ACK的处理代码。

```
993                     /*                                      tcp_input.c
994                      * In LAST_ACK, we may still be waiting for data to drain
995                      * and/or to be acked, as well as for the ack of our FIN.
996                      * If our FIN is now acknowledged, delete the TCB,
997                      * enter the closed state, and return.
998                      */
999     case TCPS_LAST_ACK:
1000        if (ourfinisacked) {
1001            tp = tcp_close(tp);
1002            goto drop;
1003        }
1004        break;
                                                                tcp_input.c
```

图29-13　tcp_input函数：在LAST_ACK状态收到ACK

7. 在LAST_ACK状态收到ACK

993-1004　　如果FIN已确认，连接将转移到CLOSED状态。tcp_close将负责这一状态变迁，并同时释放Internet PCB和TCP控制块。

图29-14给出了在TIME_WAIT状态收到ACK的处理代码。

```
1005                    /*                                      tcp_input.c
1006                     * In TIME_WAIT state the only thing that should arrive
1007                     * is a retransmission of the remote FIN.  Acknowledge
1008                     * it and restart the finack timer.
1009                     */
1010    case TCPS_TIME_WAIT:
1011        tp->t_timer[TCPT_2MSL] = 2 * TCPTV_MSL;
1012        goto dropafterack;
1013        }
1014    }
                                                                tcp_input.c
```

图29-14　tcp_input函数：在TIME_WAIT状态收到ACK

8. 在TIME_WAIT状态收到ACK

1005-1014　　此时，连接两端都已发送过FIN，且两个FIN都已被确认。但如果TCP对远端FIN的确认丢失，对端将重传FIN(带有ACK)。TCP丢弃报文段并重传ACK。此外，TIME_WAIT定时器必须被重传，时限等于两倍的MSL。

29.6　更新窗口信息

TCP控制块中还有两个窗口变量我们未曾提及：snd_wl1和snd_wl2。
- nd_wl1记录最后接收报文段的序号，用于更新发送窗口(snd_wnd)。
- snd_wl2记录最后接收报文段的确认序号，用于更新发送窗口。

到目前为止，只在连接建立时(主动打开、被动打开或同时打开)遇到过这两个变量，snd_wl1被设定为ti_seq减1。当时说是为了保证窗口更新，下面的代码将证明这一点。

如果下列3个条件中的任一个被满足，则应根据接收报文段中的通告窗口值(tiwin)更新发送窗口(snd_wnd)：

1) 报文段携带了新数据。因为snd_wl1保存了用于更新窗口的最后接收报文段的起始序号，如果snd_wl1<ti_seq，说明此条件为真。

2) 报文段未携带新数据(snd_wl1等于ti_seq)，但报文段确认了新数据。因为snd_wl2保存了用于更新窗口的最后接收报文段的确认序号，如果snd_wl2<ti_ack，说明此条件为真。

3) 报文段未携带新数据，也未确认新数据，但通告窗口大于当前发送窗口。

这些测试条件的目的是为了防止旧的报文段影响发送窗口，因为发送窗口并非绝对的序号序列，而是从snd_una算起的偏移量。

图29-15给出了更新发送窗口的代码。

```
                                                           ─── tcp_input.c
1015    step6:
1016      /*
1017       * Update window information.
1018       * Don't look at window if no ACK: TAC's send garbage on first SYN.
1019       */
1020      if ((tiflags & TH_ACK) &&
1021          (SEQ_LT(tp->snd_wl1, ti->ti_seq) || tp->snd_wl1 == ti->ti_seq &&
1022           (SEQ_LT(tp->snd_wl2, ti->ti_ack) ||
1023            tp->snd_wl2 == ti->ti_ack && tiwin > tp->snd_wnd))) {
1024          /* keep track of pure window updates */
1025          if (ti->ti_len == 0 &&
1026              tp->snd_wl2 == ti->ti_ack && tiwin > tp->snd_wnd)
1027              tcpstat.tcps_rcvwinupd++;
1028          tp->snd_wnd = tiwin;
1029          tp->snd_wl1 = ti->ti_seq;
1030          tp->snd_wl2 = ti->ti_ack;
1031          if (tp->snd_wnd > tp->max_sndwnd)
1032              tp->max_sndwnd = tp->snd_wnd;
1033          needoutput = 1;
1034      }
                                                           ─── tcp_input.c
```

图29-15 tcp_input函数：更新窗口信息

1. 是否需要更新发送窗口

1015-1023 if语句检查报文段的ACK标志是否置位，且前述3个条件中是否有一个被满足。前面介绍过，在LISTEN状态或SYN_SENT状态收到SYN后，控制将跳转到step6，而在LISTEN状态收到的SYN不带ACK。

注释中的TAC指"终端接入控制器(terminal access controller)"，是ARPANET上的Telnet客户。

1024-1027 如果收到一个纯窗口更新报文段(长度为0，ACK未确认新数据，但通告窗口增加)，统计值tcps_rcvwinupd递增。

2. 更新变量

1028-1033 更新发送窗口，保存新的snd_wl1和snd_wl2值。此外，如果新的通告窗口是TCP从对端收到的所有窗口通告中的最大值，则新值被保存在max_sndwnd中。这是为了猜测对端接收缓存的大小，在图26-8中用到了此变量。更新snd_wnd后，发送窗口可用空间增加，从而能够发送新的报文段，因此，needoutput标志置位。

29.7 紧急方式处理

TCP输入处理的下一部分是URG标志置位时的报文段。如图29-16所示。

```
1035        /*                                                          tcp_input.c
1036         * Process segments with URG.
1037         */
1038        if ((tiflags & TH_URG) && ti->ti_urp &&
1039            TCPS_HAVERCVDFIN(tp->t_state) == 0) {
1040            /*
1041             * This is a kludge, but if we receive and accept
1042             * random urgent pointers, we'll crash in
1043             * soreceive.  It's hard to imagine someone
1044             * actually wanting to send this much urgent data.
1045             */
1046            if (ti->ti_urp + so->so_rcv.sb_cc > sb_max) {
1047                ti->ti_urp = 0;       /* XXX */
1048                tiflags &= ~TH_URG; /* XXX */
1049                goto dodata;          /* XXX */
1050            }
                                                                        tcp_input.c
```

图29-16 tcp_input函数：紧急方式的处理

1. 是否需要处理URG标志

1035-1039   只有满足下列条件的报文段才会被处理：URG标志置位，紧急数据偏移量 (ti_urp)非零，连接还未收到FIN。只有当连接的状态等于TIME_WAIT时，宏 TCPS_HAVERCVDFIN才会为真，因此，连接处于任何其他状态时，URG都会被处理。在后面的注释中提到，连接处于CLOSE_WAIT、CLOSING、LAST_ACK和TIME_WAIT等几个状态时，URG标志会被忽略，这种说法是错误的。

2. 忽略超出的紧急指针

1040-1050   如果紧急数据偏移量加上接收缓存中已有的数据超过了插口缓存可容纳的数据量，则忽略紧急标志。紧急数据偏移量被清零，URG标志被清除，剩余的紧急方式处理逻辑被忽略。

图29-17给出了tcp_input下一部分的代码，处理紧急指针。

```
1051        /*                                                          tcp_input.c
1052         * If this segment advances the known urgent pointer,
1053         * then mark the data stream.  This should not happen
1054         * in CLOSE_WAIT, CLOSING, LAST_ACK or TIME_WAIT states since
1055         * a FIN has been received from the remote side.
1056         * In these states we ignore the URG.
1057         *
1058         * According to RFC961 (Assigned Protocols),
1059         * the urgent pointer points to the last octet
1060         * of urgent data.  We continue, however,
1061         * to consider it to indicate the first octet
1062         * of data past the urgent section as the original
1063         * spec states (in one of two places).
1064         */
1065        if (SEQ_GT(ti->ti_seq + ti->ti_urp, tp->rcv_up)) {
```

图29-17 tcp_input函数：处理收到的紧急指针

```
1066                    tp->rcv_up = ti->ti_seq + ti->ti_urp;
1067                    so->so_oobmark = so->so_rcv.sb_cc +
1068                        (tp->rcv_up - tp->rcv_nxt) - 1;
1069                    if (so->so_oobmark == 0)
1070                        so->so_state |= SS_RCVATMARK;
1071                    sohasoutofband(so);
1072                    tp->t_oobflags &= ~(TCPOOB_HAVEDATA | TCPOOB_HADDATA);
1073                }
1074                /*
1075                 * Remove out-of-band data so doesn't get presented to user.
1076                 * This can happen independent of advancing the URG pointer,
1077                 * but if two URG's are pending at once, some out-of-band
1078                 * data may creep in... ick.
1079                 */
1080                if (ti->ti_urp <= ti->ti_len
1081 #ifdef SO_OOBINLINE
1082                    && (so->so_options & SO_OOBINLINE) == 0
1083 #endif
1084                    )
1085                    tcp_pulloutofband(so, ti, m);
1086            } else {
1087                /*
1088                 * If no out-of-band data is expected, pull receive
1089                 * urgent pointer along with the receive window.
1090                 */
1091                if (SEQ_GT(tp->rcv_nxt, tp->rcv_up))
1092                    tp->rcv_up = tp->rcv_nxt;
1093            }
```
tcp_input.c

图29-17 (续)

1051-1065 如果接收报文段的起始序号加上紧急数据偏移量超过了当前接收紧急指针, 说明已收到了一个新的紧急指针。例如, 图26-30中的携带3字节的报文段到达接收方, 如图29-18所示。

一般情况下, 收到的紧急指针(rcv_up)等于rcv_nxt。这个例子中, 因为if语句为真(4加3大于4), rcv_up的新值等于7。

3. 计算收到的紧急指针

1066-1070 计算插口接收缓存中带外数据的分界点, 应计入接收缓存中已有的数据(so_rcv.sb_cc)。在上面的例子中, 假定接收缓存为空, so_oobmark等于2: 序号为6的字节被认为是带外数据。如果这个带外数据标记等于0, 说明插口正处在带外数据分界

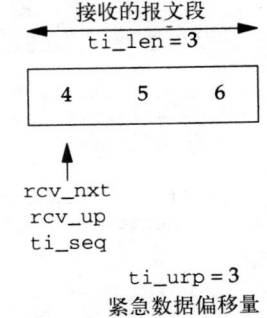

图29-18 图26-30中发送的报文段到达接收方

点上。如果发送带外数据的send系统调用给定长度为1, 并且这个报文段到达对端时接收缓存为空, 就会发生这一现象, 同时也再次重申了Berkeley系统认为紧急指针应指向带外数据后的第一字节。

4. 向应用进程通告TCP的紧急方式

1071-1072 调用sohasoutofband告知应用进程有带外数据到达了插口, 清除两个标志

TCPOOB_HAVEDATA和TCPOOB_HADDATA，它们用于图30-8中的PRU_RCVOOB请求处理。

5. 从正常的数据流中提取带外数据

1074-1085   如果紧急数据偏移量小于等于接收报文段中的字节数，说明带外数据包含在报文段中。TCP的紧急方式允许紧急数据偏移量指向尚未收到的数据。如果定义了SO_OOBINLINE常量(正常情况下，Net/3定义了此常量)，而且未选用对应的插口选项，则接收进程将从正常的数据流中提取带外数据，并保存在t_iobc变量中。完成这一功能的函数，是我们将在下一节介绍的tcp_pulloutofband。

注意，无论紧急指针指向的字节是否可读，TCP都将通知接收进程发送方已进入紧急方式。这是TCP紧急方式的一个特性。

6. 如果不处于紧急方式，调整接收紧急指针

1086-1093   在接收方未处理紧急指针时，如果rcv_nxt大于接收紧急指针，则rcv_up向右移动，并等于rcv_nxt。这使接收紧急指针一直指向接收窗口的左侧，确保在收到URG标志时，图29-17起始处的宏SEQ_GT能够得出正确的结果。

如果要实现习题26.6中提出的方案，也必须相应修改图29-16和图29-17中的代码。

29.8 tcp_pulloutofband函数

图29-17中的代码调用了这个函数，如果：

1) 接收报文段中带有紧急方式标志；并且

2) 带外数据包含在接收报文段中(如，紧急指针指向接收报文段)；并且

3) 未选用SO_OOBINLINE选项。

函数从正常的数据流(保存接收报文段的mbuf链)中提取带外字节，并保存在连接TCP控制块中的t_iobc变量中。应用进程通过recv系统调用，置位MSG_OOB标志，读取这个变量：图30-8中的PRU_RCVOOB请求。图29-19给出了函数代码。

```
                                                                    ——— tcp_input.c
1282 void
1283 tcp_pulloutofband(so, ti, m)
1284 struct socket *so;
1285 struct tcpiphdr *ti;
1286 struct mbuf *m;
1287 {
1288     int     cnt = ti->ti_urp - 1;
1289     while (cnt >= 0) {
1290         if (m->m_len > cnt) {
1291             char    *cp = mtod(m, caddr_t) + cnt;
1292             struct tcpcb *tp = sototcpcb(so);
1293             tp->t_iobc = *cp;
1294             tp->t_oobflags |= TCPOOB_HAVEDATA;
1295             bcopy(cp + 1, cp, (unsigned) (m->m_len - cnt - 1));
1296             m->m_len--;
1297             return;
1298         }
1299         cnt -= m->m_len;
```

图29-19 tcp_pulloutofband函数：将带外数据保存在t_iobc变量中

```
1300              m = m->m_next;
1301              if (m == 0)
1302                  break;
1303         }
1304         panic("tcp_pulloutofband");
1305    }
```
                                                                    ——— *tcp_input.c*

图29-19 (续)

1282-1289 考虑图29-20中的例子。紧急数据偏移量等于3，因此紧急指针等于7，带外字节的序号等于6。接收报文段携带了5字节的数据，全部保存在一个mbuf中。

变量cnt等于2，因为m_len(等于5)大于2，执行if语句为真部分的代码。

1290-1298 cp指向序号为6的字节，它被放入保存带外字节的变量t_iobc中。置位TCPOOB_HAVEDATA标志，调用bcopy将接下来的两个字节(序号7和8)左移1字节，如图29-21所示。

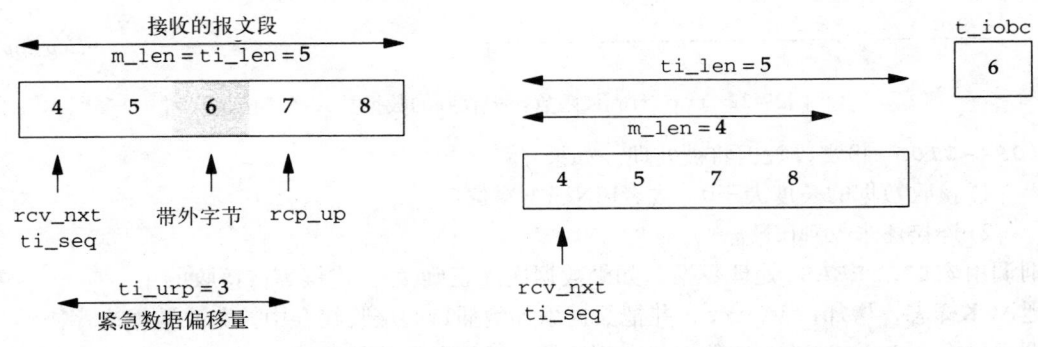

图29-20 携带带外字节的报文段   图29-21 移走带外数据后的结果(接图29-20)

注意，数字7和8指数据字节的序号，而不是其内容。mbuf的长度从5减为4，但ti_len仍等于5不变，这是为了按序把报文段放入插口的接收缓存。TCP_REASS宏和tcp_reass函数(在下一节调用)都会给rcv_nxt增加ti_len，本例中ti_len必须等于5，因为下一个等待接收的序号等于9。还请注意，函数没有对第一个mbuf中的数据分组首部长度(m_pkthdr.len)减1，这是因为负责把数据添加到插口接收缓存的sbappend不使用此长度值。

跳至链中的下一个mbuf

1299-1302 如果带外数据未保存在此mbuf中，则从cnt中减去mbuf中的字节数，处理链中的下一个mbuf。因为只有当紧急数据移量指向接收报文段时，才会调用此函数，所以，如果链已结束，不存在下一个mbuf，则执行break语句，跳转到标注panic处。

29.9 处理已接收的数据

tcp_input接着提取收到的数据(如果存在)，将其添加到插口接收缓存，或者放入插口的乱序重组队列中。图29-22给出了完成此项功能的代码。

```
                                                                    ─── tcp_input.c
1094    dodata:                          /* XXX */
1095      /*
1096       * Process the segment text, merging it into the TCP sequencing queue,
1097       * and arranging for acknowledgment of receipt if necessary.
1098       * This process logically involves adjusting tp->rcv_wnd as data
1099       * is presented to the user (this happens in tcp_usrreq.c,
1100       * case PRU_RCVD).  If a FIN has already been received on this
1101       * connection then we just ignore the text.
1102       */
1103      if ((ti->ti_len || (tiflags & TH_FIN)) &&
1104          TCPS_HAVERCVDFIN(tp->t_state) == 0) {
1105          TCP_REASS(tp, ti, m, so, tiflags);
1106          /*
1107           * Note the amount of data that peer has sent into
1108           * our window, in order to estimate the sender's
1109           * buffer size.
1110           */
1111          len = so->so_rcv.sb_hiwat - (tp->rcv_adv - tp->rcv_nxt);
1112      } else {
1113          m_freem(m);
1114          tiflags &= ~TH_FIN;
1115      }
                                                                    ─── tcp_input.c
```

图29-22 tcp_input函数：把收到的数据放入插口接收队列

1094-1105 报文段数据将被处理。如果：

1) 接收数据的长度大于0，或者FIN标志置位；

2) 连接还未收到FIN。

则调用宏TCP_REASS处理数据。如果数据次序正确(如，连接等待接收的下一序号)，置位延迟ACK标志，增加rcv_nxt，并把数据添加到插口的接收缓存中。如果数据次序错误，宏会调用tcp_reass函数，把数据加入到连接的重组队列中(新到数据有可能填充队列中的缺口，从而将已排队的数据添加到插口的接收缓存中)。

前面介绍过，宏的最后一个参数(tiflags)是可修改的。特别地，如果数据次序错误，tcp_reass令tiflags等于0，清除FIN标志(如果它已置位)。这也就是为什么即使报文段中没有数据，只要FIN置位，if语句也为真。

考虑下面的例子。连接建立后，发送方立即发送报文段：一个携带字节1~1024，另一个携带字节1025~2048，还有一个未带数据的FIN。第一个报文段丢失，因此，第二个报文段到达时(字节1025~2048)，接收方将其放入乱序重组队列，并立即发送ACK。当第三个带有FIN标志的报文段到达时，图29-22中的代码被执行。即使数据长度等于0，因为FIN置位，导致调用TCP_REASS，它接着调用tcp_reass。因为ti_seq(2049，FIN的序号)不等于rcv_nxt(1)，tcp_reass返回0(图27-23)。在TCP_REASS宏中，tiflags被设为0，从而清除了FIN标志，阻止后续代码(图29-10)继续处理FIN。

猜测对端发送缓存大小

1106-1111 计算len，实际上是在猜测对端发送缓存的大小。考虑下面的例子。插口接收缓存大小等于8192(Net/3的默认值)，因此，TCP在SYN中通告窗口大小为8192。之后收到第一个报文段，携带字节1~1024。图29-23给出了在TCP_REASS增加rcv_nxt以反应收到的数据后接收空间的状态。

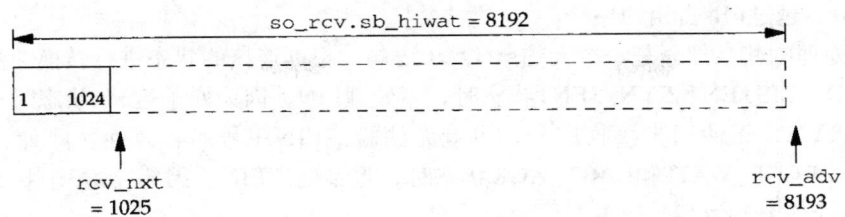

图29-23 大小为8192的接收窗口收到字节1~1024后的状态

此时，经计算，`len`等于1024。对端向接收窗口发送更多数据后，`len`值将增加，但绝不会超过对端发送缓存的大小。前面介绍过，图29-15中对变量`max_sndwnd`的计算，是在猜测对端接收缓存的大小。

事实上，变量`len`从未被使用。它是从Net/1遗留下来的，`len`计算后被存储到TCP控制块的`max_rcvd`变量中：

```
if (len > tp->max_rcvd)
    tp->max_rcvd = len;
```

但即使在Net/1中，变量`max_rcvd`也未被使用。

1112-1115 如果`len`等于0，且FIN标志未置位，或者连接上已收到了FIN，则丢弃保存接收报文段的mbuf链，并清除FIN。

29.10 FIN处理

`tcp_input`的下一步，在图29-24中给出，处理FIN标志。

```
                                                                    ── tcp_input.c
1116        /*
1117         * If FIN is received ACK the FIN and let the user know
1118         * that the connection is closing.
1119         */
1120        if (tiflags & TH_FIN) {
1121            if (TCPS_HAVERCVDFIN(tp->t_state) == 0) {
1122                socantrcvmore(so);
1123                tp->t_flags |= TF_ACKNOW;
1124                tp->rcv_nxt++;
1125            }
1126            switch (tp->t_state) {

1127                /*
1128                 * In SYN_RECEIVED and ESTABLISHED states
1129                 * enter the CLOSE_WAIT state.
1130                 */
1131            case TCPS_SYN_RECEIVED:
1132            case TCPS_ESTABLISHED:
1133                tp->t_state = TCPS_CLOSE_WAIT;
1134                break;
                                                                    ── tcp_input.c
```

图29-24 `tcp_input`函数：FIN处理，前半部分

1. 处理收到的第一个FIN

1116-1125 如果接收报文段FIN置位，并且是连接上收到的第一个FIN，则调用`socantrcvmore`，把插口设为只读，置位`TF_ACKNOW`，从而立即发送ACK(无延迟)。

rcv_nxt加1，越过FIN占用的序号。

1126   FIN处理的其余部分是一个大的switch语句，根据连接的状态进行转换。注意，连接处于CLOSED、LISTEN和SYN_SENT状态时，不处理FIN，因为处于这3个状态时，还未收到对端发送的SYN，无法同步接收序号，也就无法验证FIN序号的有效性。此外，连接处于CLOSING、CLOSE_WAIT和LAST_ACK状态时，也不处理FIN，因为在这3个状态下收到的FIN必然是一个重复报文段。

2. SYN_RCVD和ESTABLISHED状态

1127-1134   如果连接处于SYN_RCVD或ESTABLISHED状态，收到FIN后，新的状态为CLOSE_WAIT。

尽管在SYN_RCVD状态下收到FIN是合法的，但却极为罕见。图24-15的状态图未列出这一状态变迁。它意味着处于LISTEN状态的插口收到一个同时带有SYN和FIN的报文段。或者，正在监听的插口收到了SYN，连接转移到SYN_RCVD状态，但在收到ACK之前，先收到了FIN(从分析可知，FIN未携带有效的ACK，否则，图29-2中的代码会使连接转移到ESTABLISHED状态)。

图29-25给出了FIN处理的下一部分。

```
                                                                    ─ tcp_input.c
1135            /*
1136             * If still in FIN_WAIT_1 state FIN has not been acked so
1137             * enter the CLOSING state.
1138             */
1139        case TCPS_FIN_WAIT_1:
1140            tp->t_state = TCPS_CLOSING;
1141            break;

1142            /*
1143             * In FIN_WAIT_2 state enter the TIME_WAIT state,
1144             * starting the time-wait timer, turning off the other
1145             * standard timers.
1146             */
1147        case TCPS_FIN_WAIT_2:
1148            tp->t_state = TCPS_TIME_WAIT;
1149            tcp_canceltimers(tp);
1150            tp->t_timer[TCPT_2MSL] = 2 * TCPTV_MSL;
1151            soisdisconnected(so);
1152            break;

1153            /*
1154             * In TIME_WAIT state restart the 2 MSL time_wait timer.
1155             */
1156        case TCPS_TIME_WAIT:
1157            tp->t_timer[TCPT_2MSL] = 2 * TCPTV_MSL;
1158            break;
1159        }
1160    }
                                                                    ─ tcp_input.c
```

图29-25 tcp_input函数：FIN处理，后半部分

3. FIN_WAIT_1状态

1135-1141   因为报文段的ACK处理已结束，如果处理FIN时，连接处于FIN_WAIT_1状态，意味着连接两端同时关闭连接——两端发送的两个FIN在网络中交错。连接进入CLOSING状态。

4. FIN_WAIT_2状态

1142-1148 收到FIN将使连接进入TIME_WAIT状态。当在FIN_WAIT_1状态收到携带ACK和FIN的报文段时(典型情况),尽管图24-15显示连接直接从FIN_WAIT_1转移到TIME_WAIT状态,但在图29-11中处理ACK时,连接实际已进入FIN_WAIT_2状态。此处的FIN处理再将连接转到TIME_WAIT状态。因为ACK在FIN之前处理,所以连接总会经过FIN_WAIT_2状态,尽管是暂时性的。

5. 启动TIME_WAIT定时器

1149-1152 关闭所有等待的TCP定时器,并启动TIME_WAIT定时器,时限等于MSL(如果接收报文段中包含ACK和FIN,图29-11中的代码会启动FIN_WAIT_2定时器)。插口断开连接。

6. TIME_WAIT状态

1153-1159 如果在TIME_WAIT状态时收到FIN,说明这是一个重复报文段。与图29-14中的处理类似,启动TIME_WAIT定时器,时限等于两倍的MSL。

29.11 最后的处理

图29-26给出了`tcp_input`函数中首部预测失败时,较慢的执行路径中最后一部分的代码,以及标注`dropafterack`。

```
                                                                    — tcp_input.c
1161        if (so->so_options & SO_DEBUG)
1162            tcp_trace(TA_INPUT, ostate, tp, &tcp_saveti, 0);

1163        /*
1164         * Return any desired output.
1165         */
1166        if (needoutput || (tp->t_flags & TF_ACKNOW))
1167            (void) tcp_output(tp);
1168        return;

1169    dropafterack:
1170        /*
1171         * Generate an ACK dropping incoming segment if it occupies
1172         * sequence space, where the ACK reflects our state.
1173         */
1174        if (tiflags & TH_RST)
1175            goto drop;
1176        m_freem(m);
1177        tp->t_flags |= TF_ACKNOW;
1178        (void) tcp_output(tp);
1179        return;
                                                                    — tcp_input.c
```

图29-26 `tcp_input`函数:最后的处理

1. SO_DEBUG插口选项

1161-1162 如果选用了SO_DEBUG插口选项,则调用`tcp_trace`向内核的环形缓存中添加记录。回想一下,图28-7中的代码同时保存了原有连接状态,IP和TCP的首部,因为函数有可能改变这些值。

2. 调用`tcp_output`

1163-1168 如果`needoutput`标志置位(图29-6和图29-15),或者需要立即发送ACK,则调用`tcp_output`。

3. dropafterack

1169-1179   只有当RST标志未置位时，才会生成ACK(带有RST的报文段不会被确认)，释放保存接收报文段的mbuf链，调用`tcp_output`立即发送ACK。

图29-27结束`tcp_input`函数。

```
                                                              ─ tcp_input.c
1180    dropwithreset:
1181      /*
1182       * Generate an RST, dropping incoming segment.
1183       * Make ACK acceptable to originator of segment.
1184       * Don't bother to respond if destination was broadcast/multicast.
1185       */
1186      if ((tiflags & TH_RST) || m->m_flags & (M_BCAST | M_MCAST) ||
1187          IN_MULTICAST(ti->ti_dst.s_addr))
1188          goto drop;
1189      if (tiflags & TH_ACK)
1190          tcp_respond(tp, ti, m, (tcp_seq) 0, ti->ti_ack, TH_RST);
1191      else {
1192          if (tiflags & TH_SYN)
1193              ti->ti_len++;
1194          tcp_respond(tp, ti, m, ti->ti_seq + ti->ti_len, (tcp_seq) 0,
1195                      TH_RST | TH_ACK);
1196      }
1197      /* destroy temporarily created socket */
1198      if (dropsocket)
1199          (void) soabort(so);
1200      return;
1201    drop:
1202      /*
1203       * Drop space held by incoming segment and return.
1204       */
1205      if (tp && (tp->t_inpcb->inp_socket->so_options & SO_DEBUG))
1206          tcp_trace(TA_DROP, ostate, tp, &tcp_saveti, 0);
1207      m_freem(m);
1208      /* destroy temporarily created socket */
1209      if (dropsocket)
1210          (void) soabort(so);
1211      return;
1212  }
                                                              ─ tcp_input.c
```

图29-27 `tcp_input`函数：最后的处理

4. dropwithreset

1180-1188   除了接收报文段也有RST，或者接收报文段是多播和广播报文段的情况之外，应发送RST。绝不允许因为响应RST而发送新的RST，这将引起RST风暴(两个端点间连续不断地交换RST)。

此处的代码存在与图28-16同样的错误：它不检查接收报文段的目的地址是否为广播地址。

类似地，IN_MULTICAST的目的地址参数应转换为主机字节序。

5. RST报文段的序号和确认序号

1189-1196   RST报文段的序号字段值、确认字段值和ACK标志取决于接收报文段中是否带有ACK。

图29-28总结了生成RST报文段中的这些字段。

接收到的报文段	生成的RST报文段		
	序　号　值	确认序号	输出标志
带有ACK	接收到的确认字段	0	TH_RST
不带ACK	0	接收到的序号字段	TH_RST｜TH_ACK

图29-28　生成RST报文段各字段的值

正常情况下，除了起始的SYN(图24-16)，所有报文段都带有ACK。tcp_respond的第四个参数是确认序号，第五个参数是序号。

6. 拒绝连接

1192-1193　如果SYN置位，则ti_len必须加1，从而生成RST的确认字段比收到的SYN报文段的起始序号大1。如果到达的SYN请求与不存在的服务器建立连接，会执行这一段代码。此时，由于图28-6中的代码找不到请求的Internet PCB，控制跳转到dropwithreset。但为了使发送的RST能被对端接受，报文段必须确认SYN(图28-18)。卷1的18.14节举例说明了这种类型的RST。

最后请注意，tcp_respond利用保存接收报文段的第一个mbuf构造RST，并且释放链上的其他mbuf。当第一个mbuf最终到达设备驱动程序后，它也会被丢弃。

7. 释放临时创建的插口

1197-1199　如果在图28-7中为监听的服务器创建了临时的插口，但图28-16中的代码发现接收报文段有错误，它会置位drop socket。如果出现了这种情况，插口在此处被释放。

8. 丢弃(不带ACK或RST)

1201-1206　如果接收报文段被丢弃，且不生成ACK或RST，则调用tcp_trace。如果SO_DEBUG置位且生成了ACK，则tcp_output将向内核的环形缓存中添加一条跟踪记录。如果SO_DEBUG置位且生成了RST，系统不会为RST添加新的跟踪记录。

1207-1211　释放保存接收报文段的mbuf链。如果dropsocket非零，则释放临时创建的插口。

29.12　实现求精

为了加速TCP处理而进行的优化与UDP类似(23.12节)。应利用复制数据计算检验和，并避免在处理中多次遍历数据。[Dalton et al. 1993]讨论了这些修订。

连接数增加时，对TCP PCB的线性搜索也是一个处理瓶颈。[McKenney and Dove 1992]讨论了这个问题，利用哈希表替代了线性搜索。

[Partridge 1993]介绍了Van Jacobson开发的一个用于研究目的的协议实现，极大地减少了TCP的输入处理。接收数据分组首先由IP进行处理(RISC系统中约有25条指令)，之后由分用器(demultiplexer)寻找PCB(约10条指令)，最后由TCP处理(约30条指令)。这30条指令完成了首部预测，并计算伪首部检验和。如果数据报文段通过了首部预测，且应用进程正等待接收数据，则复制数据到应用进程缓存，计算TCP检验和并完成验证(一次遍历中完成数据复制和检验和计算)。如果TCP首部预测失败，则执行TCP输入处理中较慢的路径。

29.13　首部压缩

下面介绍TCP首部压缩。尽管首部压缩不是TCP输入处理的一部分，但需要彻底了解TCP

的工作机制后，才能很好地理解首部压缩。RFC 1144[Jacobson 1994a]中详细定义了首部压缩，因为Van Jacobson首先提出了这一算法，通常也称为VJ 首部压缩。本节的目的不是详细讨论首部压缩的源代码(RFC 1144给出了实现代码，其中有很好的注释，程序量与tcp_output差不多)，而是概括性地介绍一下算法的思想。请注意区分首部预测(28.4节)和首部压缩。

29.13.1　引言

多数的SLIP和PPP实现支持首部压缩。尽管首部压缩，在理论上，适用于任何数据链路，但主要还是面向慢速串行链路。首部压缩只处理TCP报文段——与其他的IP协议无关(如ICMP、IGMP、UDP等等)。它能够把IP/TCP组合首部从正常的40字节压缩到只有3字节，从而降低了交互性应用，如远程登录或Telnet中TCP报文段的大小，从典型的41字节减少到只剩4字节——大大提高了慢速串行链路的效率。

串行链路的两端，每端都维护着两个连接状态表，一个用于数据报的发送，另一个用于数据报的接收。每张表最多保存256条记录，但典型的只有16条，即同一时间内最多允许16条不同的TCP连接执行首部压缩算法。每条记录中保存一个8 bit的连接ID(限制记录数最多只能为256)、某些标志和最近接收/发送的数据报的未被压缩的首部。96 bit的插口对可唯一确定一条连接——源端IP地址和TCP端口、目的IP地址和TCP端口——这些信息都保存在未压缩的首部中。图29-29举例说明了这些表的结构。

因为TCP连接是全双工的，在两个方向的数据流上都可执行首部压缩算法。连接两端必须同时实现压缩和解压缩。同一条连接在两端的表中都会出现，如图29-29所示。在这个例子上部的两张表中，连接ID等于1的表项的源端IP地址都等于128.1.2.3，源端TCP端口号都等于1500，目的IP地址等于192.3.4.5，目的TCP端口号都等于25。在底部的两张表中，连接ID等于2的记录保存了同一条连接反方向数据流的信息。

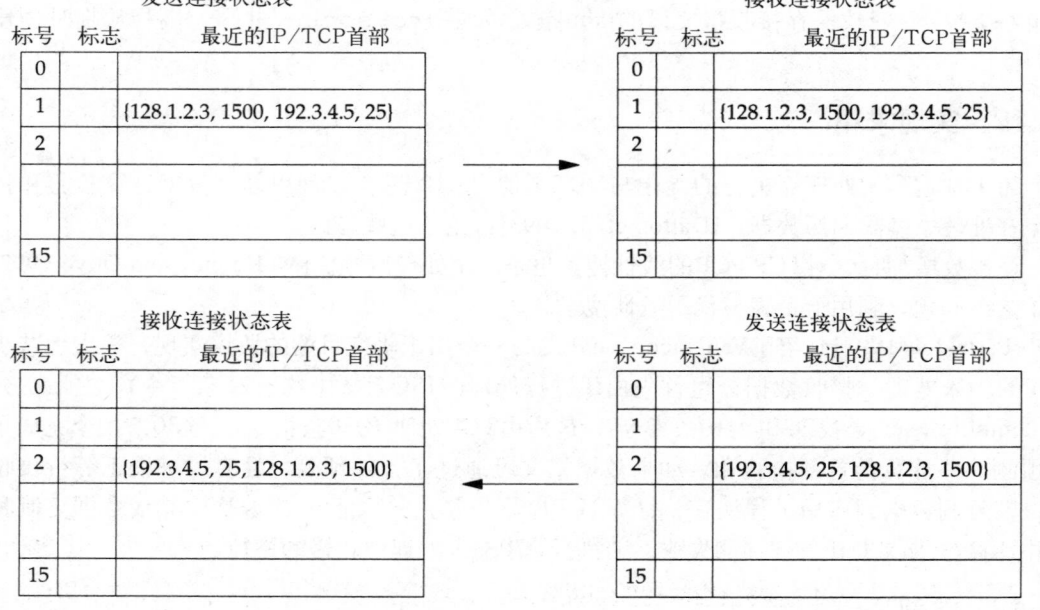

图29-29　链路(如SLIP链路)两端的一组连接状态表

我们在图29-29中利用数组表示这些表,但在源代码中,表项定义为一个结构,连接状态表定义为这些结构组成的环形链表,最近一次用过的结构位于表头。

因为连接两端都保存了最近用过的未压缩的数据报首部,所以只需在链路上传送当前数据报与前一数据报不同的字段(及一个特殊的前导字节,指明后续的是哪一个字段)。因为某些首部字段在相邻的数据报之间不会变化,而其他的首部字段变化也很小,这种差分处理是压缩算法的核心。首部压缩只适用于IP和TCP首部——TCP报文段的数据部分不变。

图29-30给出了发送方利用首部压缩算法,在串行链路上发送IP数据报时采取的步骤。

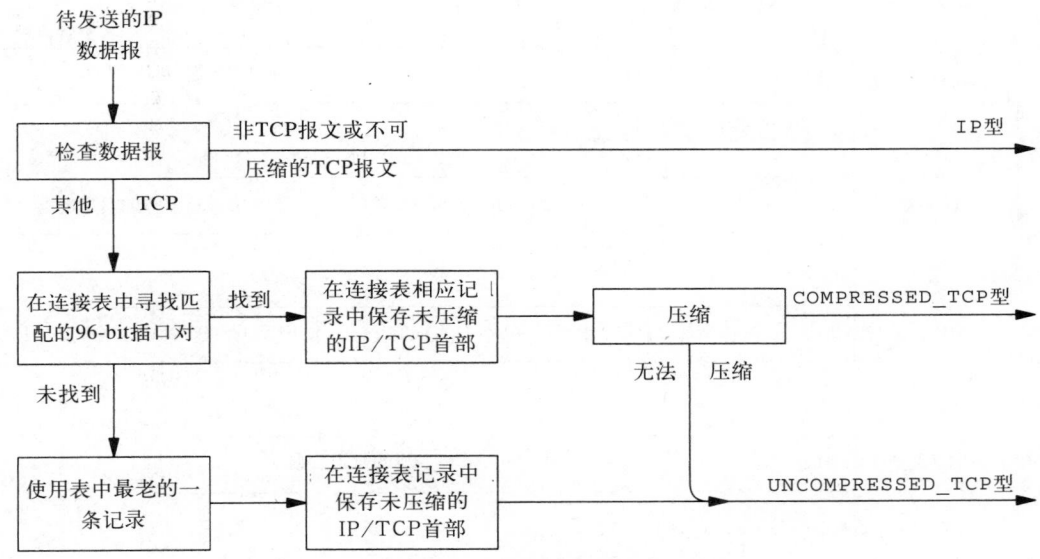

图29-30 发送方采用首部压缩时的步骤

接收方必须能够识别下面3种类型的数据报:

1) IP型数据报,前导字节的高位4比特等于4。这也是IP首部中正常的IP版本号(图8-8),说明链路上发送的是正常的、未压缩的数据报。

2) COMPRESSED_TCP型数据报,前导字节的最高位置为1,类似于IP版本号介于8和15之间(剩余的7bit由压缩算法使用),说明链路上发送的是压缩过的首部和未压缩的数据,接下来我们还会谈到这种类型的数据报。

3) UNCOMPRESSED_TCP型数据报,前导字节的高位4比特等于7,说明链路上发送的是正常的、未压缩的数据报,但IP的协议字段(等于6,对TCP)被替换为连接ID,接收方可据此从连接状态表中找到正确的记录。

接收方查看数据报的第一个字节,即前导字节,确定其类型,实现代码参见图5-13。图5-16中,发送方调用sl_compress_tcp确认TCP报文段是可压缩的,函数返回值与数据报首字节逻辑或后,结果依然保存在首字节中。

图29-31列出了链路上传送的前导字节,其中4位"-"表示正常的IP首部长度字段。7位"C、I、P、S、A、W和E"指明后续的是哪些可选字段,后面会简单地介绍这些字母的含义。

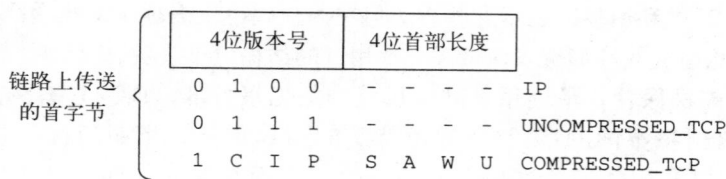

图29-31   链路上传送的前导字节

图29-32给出了使用压缩算法之后，不同类型的完整的IP数据报。

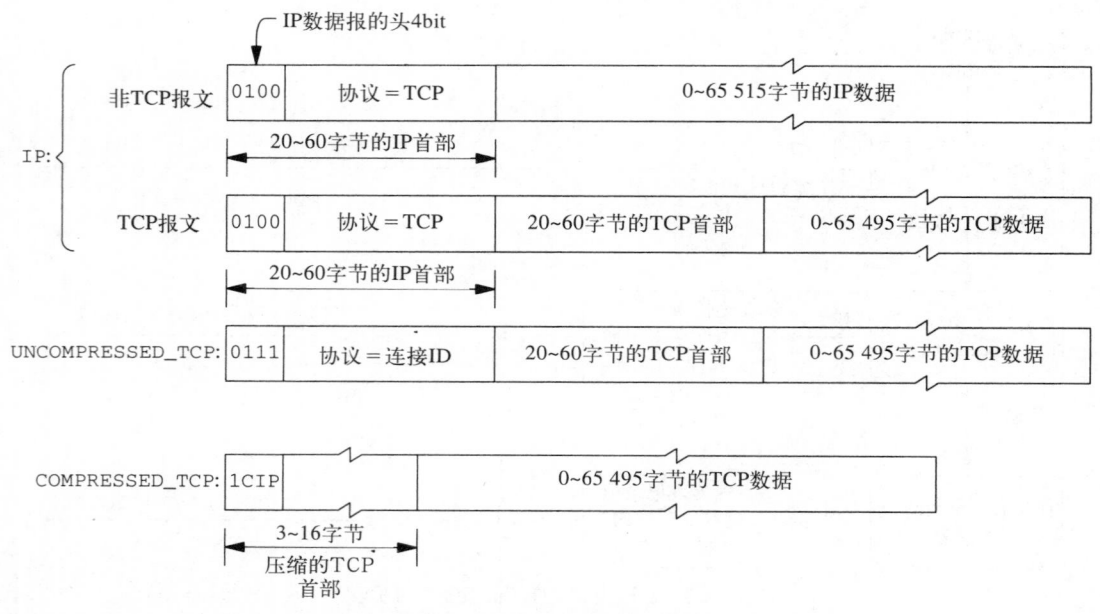

图29-32   采用首部压缩后的不同类型的IP数据报

图中给出了两个IP型数据报：一个携带了非TCP报文段(如UDP、ICMP或IGMP协议报文段)，另一个携带了TCP报文段。这是为了说明作为IP型数据报发送的TCP报文段与作为UNCOMPRESSED_TCP型数据报发送的TCP报文段间的差异：前导字节的高位4比特互不相同，类似于IP首部的协议字段。

如果IP数据报的协议字段不等于TCP，或者协议是TCP，但下列条件之一为真，都不会采用首部压缩算法。

• 数据报是一个IP分片：分片偏移量非零或者分片标志置位；
• SYN、FIN或RST中的任何一个置位；
• ACK标志未置位。

上述3个条件中只要有一个为真，都将作为IP型数据报发送。

此外，即使数据报携带了可压缩的TCP报文段，压缩算法也可能失败，生成UNCOMPRESSED_TCP型的数据报。可能因为当前数据报与连接上发送的上一个数据报比较时，有些特殊字段发生了变化，而正常情况下，对于给定的连接，它们应该不变，从而导致压缩算法无法反映存在的变化。例如，TOS字段，分片标志位。此外，如果某些字段数值的差异超过65535，压缩算法也会失败。

29.13.2 首部字段的压缩

下面介绍如何压缩图29-33中给出的IP和TCP的首部字段，阴影字段指对于给定连接，正常情况下不会发生变化的字段。

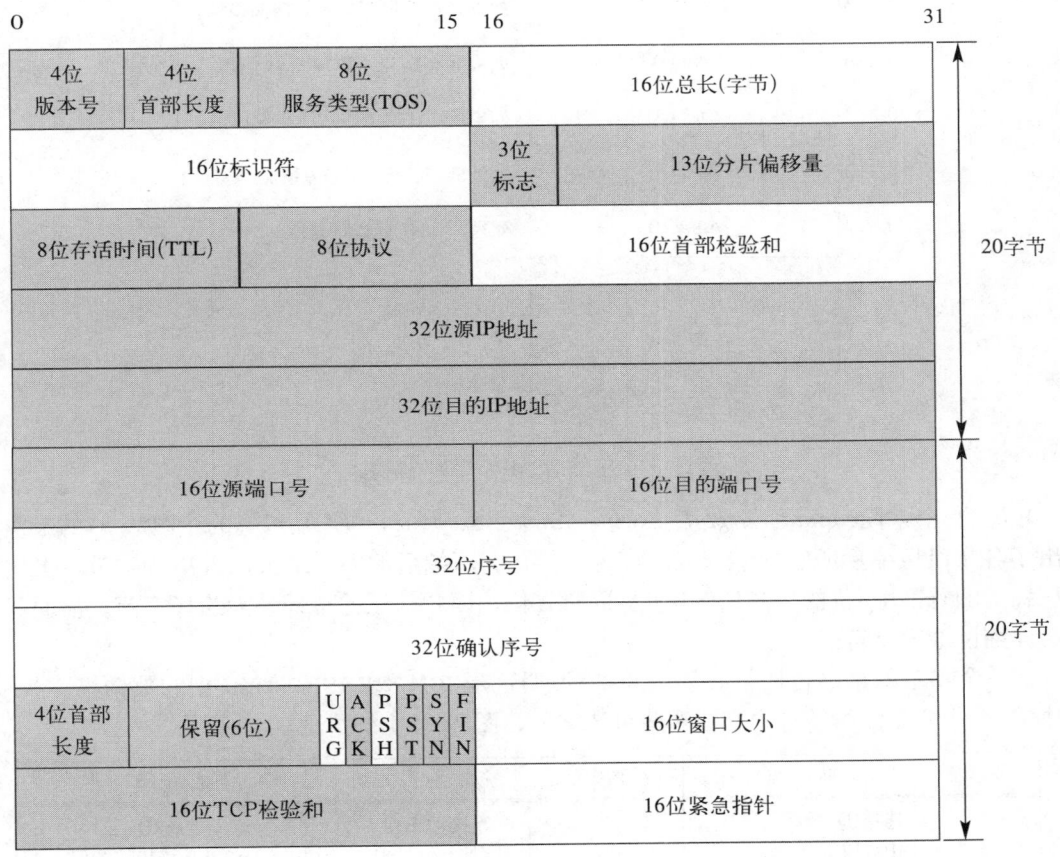

图29-33 组合的IP和TCP首部：阴影字段通常不变化

如果连接上发送的前一个报文段与当前报文段之间，有阴影字段发生变化，则压缩算法失败，报文段被直接发送。图中未列出IP和TCP选项，但如果它们存在，且这些选项字段发生了变化，则报文段也不压缩，而被直接发送(习题29.7)。

如果阴影字段均未变化，即使算法只传输非阴影字段，也会节省50%的传输容量。VJ首部压缩甚至做得更好，图29-34给出了压缩后的IP/TCP首部格式。

最小的压缩后的IP/TCP首部只有3个字节：第一个字节(标志比特)，加上16位的TCP检验和。为了防止可能的链路错误，一般不改动TCP检验和(SLIP不提供链路层的检验和，尽管PPP提供一个)。

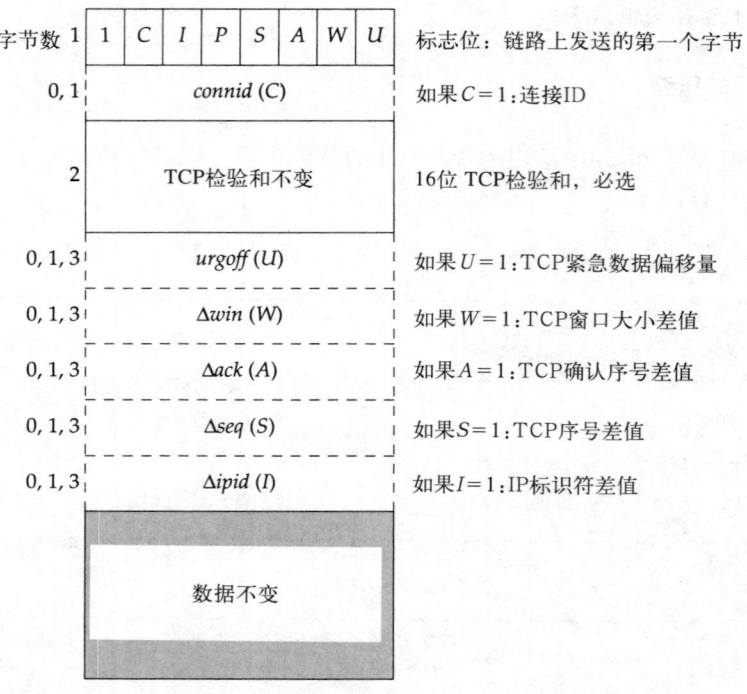

图29-34 压缩后的IP/TCP首部格式

其他的6个字段*connid*、*urgoff*、Δwin、Δack、Δseq和$\Delta ipid$都是可选的。图29-34的最左侧列出了各字段压缩后所需的字节数。读者可能认为压缩后的首部最大应占用19字节，但实际上压缩后的首部中4位的*SAWU*绝不可能同时置位，因此，压缩首部最大为16字节，后面我们还会详细讨论这个问题。

第一个字节的最高位比特必须设为1，说明这是COMPRESSED_TCP型的数据报。其余7 bit中的6个规定了后续首部中存在哪些可选字段，图29-35小结了这7位的用法。

标志比特	描　　述	结构变量	标志等于0说明	标志等于1说明
C	连接ID		连接ID不变	*connid*=连接ID
I	IP标识符	`ip_id`	`ip_id`已加1	$\Delta ipid$=IP标识符差值
P	TCP推标志		PSH标志清除	PSH标志置位
S	TCP序号	`th_seq`	`th_seq`不变	Δseq=TCP序号差值
A	TCP确认序号	`th_ack`	`th_ack`不变	Δack=TCP确认序号差值
W	TCP窗口	`th_win`	`th_win`不变	Δwin=TCP窗口字段差值
U	TCP紧急数据偏移量	`th_urg`	URG标志未置位	*urgoff*=紧急数据偏移量

图29-35 压缩首部中的7个标志比特

C 如果*C*比特等于0，则当前报文段与前一报文段(无论是压缩的或非压缩的)具有相同的连接ID。如果等于1，则*connid*将等于连接ID，其值位于0~255之间。

I 如果*I*比特等于0，当前报文段的IP标识符较前一报文段加1(典型情况)。如果等于1，$\Delta ipid$等于`ip_id`的当前值减去它的前一个值。

P 这个比特复制自TCP报文段中的PSH标志位。因为PSH标志不同于其他的正常方式，必须在每个报文段中明确地定义这一标志。

S 如果*S*比特等于0，TCP序号不变。如果等于1，Δseq等于th_seq的当前值减去它的前一个值。

A 如果*A*比特等于0，TCP确认序号不变(典型情况)。如果等于1，Δack等于th_ack的当前值减去它的前一个值。

W 如果*W*比特等于0，TCP窗口大小不变。如果等于1，Δwin等于th_win的当前值减去它的前一个值。

U 如果*U*比特等于0，报文段的URG标志未置位，紧急数据偏移量不变(典型情况)。如果等于1，说明URG标志置位，*urgoff*等于th_urg的当前值。如果URG标志未置位时，紧急数据偏移量发生改变，报文段将被直接发送(这种现象通常发生在紧急数据传送完毕后的第一个报文段)。

通过字段的当前值减去它的前一个值，得到需传输的差值。正常情况下，得到的是一个小正数(Δwin是个例外)。

请注意，图29-34中有5个字段的长度可变，可占用0、1或3字节。

0字节：对应标志未置位，此字段不存在；

1字节：发送值在1~255之间，只需占用1字节；

3字节：如果发送值等于0或者在256~65535之间，则需要用3个字节才能表示：第一个字节全0，后两个字节保存实际值。这种方法一般用于3个16 bit的值：*urgoff*、Δwin和$\Delta ipid$。但如果两个32比特字段Δack和Δseq的差值小于0或者大于65 535，报文段将被直接发送。

如果把图29-33中不带阴影的字段与图29-34中可能的传输字段进行比较，会发现有些字段永远不会被传输。

- IP总长度字段不会被传输，因为绝大多数链路层向接收方提供接收数据分组的长度。
- 因为IP首部中被传输的唯一字段是16 bit的IP标识符，IP检验和被忽略。因为它只在一段链路上保护IP首部，每次转发都会被重新计算。

29.13.3 特殊情况

算法检查输入报文段，如果出现两种特殊情况，则用前导字节的低位4比特——*SAWU*的两种特殊组合，分别加以表示。因为紧急数据很少出现，如果报文段中URG标志置位，并且与前一报文段相比，序号与窗口字段都发生了变化(意味着低位4比特应为1011或1111)，此种报文段会跳过压缩算法，被直接发送。因此，如果低位4比特等于1011(称为*SA)或1111(称为*S)，就说明出现了下面两种特殊情况：

SA 序号与确认序号都增加，差值等于前一报文段的数据量，窗口大小与紧急数据偏移量不变，URG标志未置位。采用这种表示法可以避免传送Δseq和Δack。

如果对端回送终端数据，那么两个传输方向上的数据报文段中都会经常出现这一现象。卷1的图19-3和图19-4，举例说明了远程登录应用中出现的这种类型的数据。

S 序号增加，差值等于前一报文段的数据量，确认序号、窗口大小与紧急数据偏移量均不变，URG标志未置位。采用这种表示法可以避免传送Δseq。

这种类型的数据通常出现在单向数据传输(如FTP)的发送方。卷1的图20-1、图20-2

和图20-3举例说明了这种类型的数据传输。此外，如果对端不回送终端数据，那么在数据发送方的数据报文段中也会出现这种现象。

29.13.4 实例

下面的两个例子，在图1-17中的bsdi和slip两个系统间，利用SLIP链路传输数据。这条SLIP链路在两个传输方向上都采用了首部压缩算法。在主机bsdi上运行tcpdump程序(卷1的附录A)，保存所有数据帧的备份。这个程序还支持一个选项，能够输出压缩后的首部，列出图29-34中的所有字段。

在主机间已建立了两条连接：一条远程登录连接，另一条是从bsdi到slip的文件传输(FTP)。图29-36列出了两条连接上不同类型数据帧出现的次数。

帧 类 型	远程登录		FTP	
	输入	输出	输入	输出
IP	1	1	5	5
UNCOMPRESSED_TCP	3	2	2	3
COMPRESSED_TCP				
特殊情况 *SA	75	75	0	0
特殊情况 *S	25	1	1	325
一般情况	9	93	337	13
总数	113	172	345	346

图29-36 远程登录和FTP连接上，不同类型数据帧出现的次数

远程登录连接中，在两个传输方向上，*SA都出现了75次，从而证明了在对端回显终端流量时，这一特殊情况在两个传输方向上都会经常出现。FTP连接中，在数据的发送方，*S出现了325次，也证明了对于单向数据传输，这一特殊情况会经常出现在数据的发送方。

FTP连接中，IP型的数据帧出现了10次，对应于4个带有SYN的报文段，以及6个带有FIN的报文段。FTP使用了两条连接：一条用于传输交互式命令，另一条用于文件传输。

UNCOMPRESSED_TCP型数据帧一般对应于连接建立后的第一个报文段，即同步连接ID的报文段。这两个例子中还有少量的其他类型的报文段，主要用于服务类型设定(Net/3中的远程登录及FTP客户及服务器都是在连接建立后才设定TOS字段)。

字节数	远程登录		FTP	
	输入	输出	输入	输出
3	102	44	2	250
4		94		78
5	7	12	5	2
6		6	325	5
7		13	2	1
8				1
9			4	1
总数	109	169	338	338

图29-37 压缩首部大小的分布

图29-37给出了压缩首部大小的分布情况，后4栏中压缩首部的平均大小为分别等于3.1、4.1、6.0和3.3字节，与原来的40字节相比，大大提高了系统的传输效率，尤其对于交互式连接，效果更加明显。

在FTP输入一栏中，压缩首部大小为6字节的报文段有325个，其中绝大多数只携带了值等于256的Δack字段，因为256大于255，所以必须用3个字节表示。SLIP MTU等于296，因此，TCP采用了256的MSS。在FTP输出一栏中，压缩首部大小为3字节的报文段有250个，其中绝大多数都代表 * S类的特殊情况(只有序号发生变化)，差值等于256。但因为 * S的序号差值默认为前一报文段的数据量，所以只需传输前导字节和TCP检验和。在FTP输出一栏中，78个压缩首部大小为4字节的报文段也属于同一情况，只不过IP标识符也发生了变化(习题29.8)。

29.13.5　配置

对给定的SLIP或PPP链路，首部压缩必须被选定后才能起作用。配置SLIP链路接口时，一般可设定两个标志：首部压缩标志和自动首部压缩标志。配置命令是ifconfig，分别带选项link0和link2。正常情况下，由客户端(拨号主机)决定是否采用首部压缩算法，服务器(客户通过拨号接入的主机或终端服务器)只选择是否置位自动首部压缩标志。如果客户选用了首部压缩算法，它的TCP首先发送一个UNCOMPRESSED_TCP型的数据报，规定连接ID。如果服务器收到这个数据报，它也开始采用首部压缩算法(服务器处于自动方式)；如果未收到这个数据报，服务器绝不会在这条链路上采用首部压缩。

PPP允许在链路建立时，连接双方共同协商传输选项，其中的一个选项即是否支持首部压缩算法。

29.14　小结

本章结束了我们对TCP输入处理的详细介绍。首先介绍了如果连接在SYN_RCVD状态时收到了ACK，该如何处理，即如何完成被动打开、同时打开或自连接。

快速重传算法指TCP在连续收到的重复ACK数超过规定的门限值后，能够检测到丢失的报文段并进行重发，即使重传定时器还未超时。Net/3结合了快速重传算法与快速恢复算法，执行拥塞避免算法而非慢起动，尽量保证发送方到接收方的数据流不中断。

ACK处理负责从插口的发送缓存中丢弃已确认的数据，并且在收到的ACK会改变连接当前状态时，对一些TCP状态做特殊处理。

处理接收报文段的URG标志，如果置位，则通过TCP紧急方式的处理，提取带外数据。这一操作是非常复杂的，因为应用进程可以利用正常的数据流缓存，或者特殊的带外数据缓存接收带外数据，而且TCP收到URG时，紧急指针所指向的数据可能还未到达。

TCP输入处理结束时，会调用TCP_REASS，提取报文段中的数据放入插口的接收缓存或重组队列，处理FIN标志，并且在接收报文段需要响应时，调用tcp_output输入响应报文段。

TCP首部压缩是用于SLIP和PPP链路的一种技术，能够把IP和TCP首部长度从40字节减少到约为3~6字节(典型情况)。这是因为对于给定连接，相邻两个报文段之间，首部的多数字段不会改变，即使有些字段的值发生了变化，其差值也很小，从而可以通过前导字节中的标志比特，指明哪些字段发生了变化，在后续部分只传输这些字段的当前值与前一报文段间的差值。

习题

29.1 客户与服务器建立连接，不考虑报文段丢失，哪一个应用进程，客户或服务器，首先完成连接建立过程？

29.2 Net/3系统中，监听服务器收到了一个SYN，它同时携带了50字节的数据。会发生什么？

29.3 继续前一个习题，假定客户没有重传50字节的数据，而是在对服务器SYN/ACK报文段的确认中置位FIN标志，会发生什么？

29.4 Net/3客户向服务器发送SYN，服务器响应SYN/ACK，其中还携带了50字节的数据和FIN标志。列出客户端TCP的处理步骤。

29.5 卷1的图18-19和RFC 793的图14，都给出了出现同时关闭时，连接双方交换的4个报文段。但如果连接两端都是Net/3系统，出现同时关闭时，或者一个Net/3系统的自连接关闭时，彼此将交换6个报文段，而不是4个，多余出两个报文段是因为连接两端各自收到对端的FIN后，将向对端重发FIN。问题出在什么地方，如何解决？

29.6 RFC 793第72页建议，如果发送缓存中的数据已被对端确认，"应给用户一个确认，指明缓存中已发送且被确认的数据(例如，发送缓存返回时应带有'OK'响应)"。Net/3是否提供了这种机制？

29.7 RFC 1323中定义的选项对TCP首部压缩有何影响？

29.8 Net/3对IP标识符字段的赋值方式，对TCP首部压缩有何影响？

第30章 TCP的用户需求

30.1 引言

本章介绍TCP的用户请求处理函数tcp_usrreg，它被协议的pr_usrreq函数调用，处理各种与TCP插口有关的系统调用。此外，还将介绍tcp_ctloutput，应用进程调用setsockopt设定TCP插口选项时，会用到它。

30.2 tcp_usrreq函数

TCP的用户请求函数用于处理多种操作。图30-1给出了tcp_usrreq函数的基本框架，其中switch的语句体部分将在后续部分逐一展开。图15-17中列出了函数的参数，其具体含义取决于所处理的用户请求。

```
                                                              ──── tcp_usrreq.c
45 int
46 tcp_usrreq(so, req, m, nam, control)
47 struct socket *so;
48 int        req;
49 struct mbuf *m, *nam, *control;
50 {
51     struct inpcb *inp;
52     struct tcpcb *tp;
53     int        s;
54     int        error = 0;
55     int        ostate;
56     if (req == PRU_CONTROL)
57         return (in_control(so, (int) m, (caddr_t) nam,
58                           (struct ifnet *) control));
59     if (control && control->m_len) {
60         m_freem(control);
61         if (m)
62             m_freem(m);
63         return (EINVAL);
64     }
65     s = splnet();
66     inp = sotoinpcb(so);
67     /*
68      * When a TCP is attached to a socket, then there will be
69      * a (struct inpcb) pointed at by the socket, and this
70      * structure will point at a subsidary (struct tcpcb).
71      */
72     if (inp == 0 && req != PRU_ATTACH) {
73         splx(s);
74         return (EINVAL);          /* XXX */
75     }
76     if (inp) {
77         tp = intotcpcb(inp);
```

图30-1 tcp_usrreq函数体

```
78              /* WHAT IF TP IS 0? */
79              ostate = tp->t_state;
80          } else
81              ostate = 0;
82          switch (req) {


                              /* switch cases */
276         default:
277             panic("tcp_usrreq");
278         }
279         if (tp && (so->so_options & SO_DEBUG))
280             tcp_trace(TA_USER, ostate, tp, (struct tcpiphdr *) 0, req);
281         splx(s);
282         return (error);
283     }
```
—— tcp_usrreq.c

图30-1 (续)

1. in_control处理ioctl请求

45-58　PRU_CONTROL请求来自于ioctl系统调用，函数in_control负责处理这一请求。

2. 控制信息无效

59-64　如果试图调用sendmsg，为TCP 插口配置控制信息，代码将释放mbuf，并返回EINVAL差错代码，声明这一操作无效。

65-66　函数接着执行splnet。这种做法极为保守，因为并非在所有情况下都需要锁定，只是为了防止在case语句中单个地调用splnet。我们在图23-15中曾提到，调用splnet设定处理器的优先级，唯一的作用是阻止软中断执行IP输入处理(它会接着调用tcp_input)，但却无法阻止接口层接收输入数据分组并放入到IP的输入队列中。

通过指向插口结构的指针，可得到指向Internet PCB的指针。只有在应用进程调用socket系统调用，发出PRU_ATTACH请求时，该指针才允许为空。

67-81　如果inp非空，当前连接状态将保存在ostate中，以备函数结束时可能会调用tcp_trace。

下面我们开始讨论单独的case语句。应用进程调用socket系统调用，或者监听服务器收到连接请求(图28-7)，调用sonewconn函数时，都会发出PRU_ATTACH请求，图30-2给出了这一请求的处理代码。

——— tcp_usrreq.c
```
83          /*
84           * TCP attaches to socket via PRU_ATTACH, reserving space,
85           * and an internet control block.
86           */
87          case PRU_ATTACH:
88              if (inp) {
89                  error = EISCONN;
90                  break;
91              }
92              error = tcp_attach(so);
93              if (error)
```

图30-2 tcp_usrreq函数：PRU_ATTACH和PRU_DETACH请求

```
94                break;
95            if ((so->so_options & SO_LINGER) && so->so_linger == 0)
96                so->so_linger = TCP_LINGERTIME;
97            tp = sototcpcb(so);
98            break;

99            /*
100            * PRU_DETACH detaches the TCP protocol from the socket.
101            * If the protocol state is non-embryonic, then can't
102            * do this directly: have to initiate a PRU_DISCONNECT,
103            * which may finish later; embryonic TCB's can just
104            * be discarded here.
105            */
106       case PRU_DETACH:
107            if (tp->t_state > TCPS_LISTEN)
108                tp = tcp_disconnect(tp);
109            else
110                tp = tcp_close(tp);
111            break;
```
—— *tcp_usrreq.c*

图30-2 （续）

3. PRU_ATTACH请求

83-94 如果插口结构已经指向某个PCB，则返回EISCONN差错代码。调用tcp_attach完成处理：分配并初始化Internet PCB和TCP控制块。

95-96 如果选用了SO_LINGER插口选项，且拖延时间为0，则将其设为120(TCP_LINGERTIME)。

为什么在PRU_ATTACH请求发出之前，就可以设定插口选项？尽管不可能在调用socket之前就设定插口选项，但sonewconn也会发送PRU_ATTACH请求。它在把监听插口的so_options复制到新建插口之后，才会发送PRU_ATTACH请求。此处的代码防止新建连接从监听插口中继承拖延时间为0的SO_LINGER选项。

请注意，此处的代码有错误。常量TCP_LINGERTIME在tcp_timer.h中初始化为120，该行的注释为"最多等待2分钟"。但SO_LINGER值也是内核tsleep函数(由soclose调用)的最后一个参数，从而成为内核的timeout函数的最后一个参数，单位为滴答，而非秒。如果系统的滴答频率(Hz)等于100，则拖延时间将变为1.2秒，而非2分钟。

97 现在，tp已指向插口的TCP控制块。这样，如果选定了SO_DEBUG插口选项，函数结束时就可以输出所需信息。

4. PRU_DETACH请求

99-111 close系统调用在PRU_DISCONNECT请求失败后，将发送PRU_DETACH请求。如果连接尚未建立(连接状态小于ESTABLISHED)，则无须向对端发送任何信息。但如果连接已建立，则调用tcp_disconnect初始化TCP的连接关闭过程(发送所有缓存中的数据，之后发送FIN)。

代码if语句的测试条件要求状态大于LISTEN，这是不正确的。因为如果连接状态等于SYN_SENT或者SYN_RCVD，两者都大于LISTEN，此时tcp_disconnect会直接调用tcp_close。实际上，这个case语句可以简化为直接调用tcp_disconnect。

图30-3给出了bind和listen系统调用的处理代码。

```
                                                                  tcp_usrreq.c
112         /*
113          * Give the socket an address.
114          */
115     case PRU_BIND:
116         error = in_pcbbind(inp, nam);
117         if (error)
118             break;
119         break;

120         /*
121          * Prepare to accept connections.
122          */
123     case PRU_LISTEN:
124         if (inp->inp_lport == 0)
125             error = in_pcbbind(inp, (struct mbuf *) 0);
126         if (error == 0)
127             tp->t_state = TCPS_LISTEN;
128         break;
                                                                  tcp_usrreq.c
```

图30-3 tcp_usrreq函数：PRU_BIND和PRU_LISTEN请求

112-119 PRU_BIND请求的处理只是简单地调用in_pcbbind。

120-128   对于PRU_LISTEN请求，如果插口还未绑定在某个本地端口上，则调用 in_pcbbind自动为其分配一个。这种情况十分少见，因为多数服务器会明确地绑定一个知名端口，尽管RPC(远端过程调用)服务器一般是绑定在一个临时端口上，并通过Port Mapper 向系统注册该端口(卷1的29.4节介绍了Port Mapper)。连接状态变迁到LISTEN，完成了listen 调用的主要目的：设定插口的状态，以便接受到达的连接请求(被动打开)。

图30-4给出了connect系统调用的处理代码：客户发起的主动打开。

```
                                                                  tcp_usrreq.c
129         /*
130          * Initiate connection to peer.
131          * Create a template for use in transmissions on this connection.
132          * Enter SYN_SENT state, and mark socket as connecting.
133          * Start keepalive timer, and seed output sequence space.
134          * Send initial segment on connection.
135          */
136     case PRU_CONNECT:
137         if (inp->inp_lport == 0) {
138             error = in_pcbbind(inp, (struct mbuf *) 0);
139             if (error)
140                 break;
141         }
142         error = in_pcbconnect(inp, nam);
143         if (error)
144             break;

145         tp->t_template = tcp_template(tp);
146         if (tp->t_template == 0) {
147             in_pcbdisconnect(inp);
148             error = ENOBUFS;
```

图30-4 tcp_usrreq函数：PRU_CONNECT请求

```
149              break;
150          }
151          /* Compute window scaling to request.   */
152          while (tp->request_r_scale < TCP_MAX_WINSHIFT &&
153                  (TCP_MAXWIN << tp->request_r_scale) < so->so_rcv.sb_hiwat)
154              tp->request_r_scale++;
155          soisconnecting(so);
156          tcpstat.tcps_connattempt++;
157          tp->t_state = TCPS_SYN_SENT;
158          tp->t_timer[TCPT_KEEP] = TCPTV_KEEP_INIT;

159          tp->iss = tcp_iss;
160          tcp_iss += TCP_ISSINCR / 2;
161          tcp_sendseqinit(tp);

162          error = tcp_output(tp);
163          break;
```
tcp_usrreq.c

图30-4 （续）

5. 分配临时端口

129-141   如果插口还未绑定在某个本地端口上，调用ip_pcbbind自动为其分配一个。对于客户端，这是很常见的，因为客户一般不关心本地端口值。

6. 连接PCB

142-144   调用in_pcbconnect，获取到达目的地的路由，确定外出接口，验证插口对不重复。

7. 初始化IP和TCP首部

145-150   调用tcp_template分配mbuf，保存IP和TCP的首部，并初始化两个首部，填入尽可能多的信息。会造成函数失败的唯一原因是内核耗尽了mbuf。

8. 计算窗口缩放因子

151-154   计算用于接收缓存的窗口缩放因子：左移65535(TCP_MAXWIN)，直到它大于或等于接收缓存的大小(so_rcv.sb_hiwat)。得到的位移次数(0~14之间)，就是需要在SYN中发送的缩放因子值(图28-7处理被动打开时，有相同的代码)。应用进程必须在调用connect之前，设定SO_RCVBUF 插口选项，TCP才会在SYN中添加窗口大小选项，否则，将使用接收缓存大小的默认值(图24-3中的tcp_recvspace)。

9. 设定插口和连接的状态

155-158   调用soisconnecting，置位插口状态变量中恰当的比特，设定TCP连接状态为SYN_SENT，从而在后续的tcp_output调用中发送SYN(参见图24-16的tcp_outlags值)。连接建立定时器启动，时限初始化为75秒。tcp_output还会启动SYN的重传定时器，如图25-16所示。

10. 初始化序号

159-161   令初始序号等于全局变量tcp_iss，之后令tcp_iss增加64 000 (TCP_ISSINCR除以2)。在监听服务器收到SYN并初始化ISS时(图28-17)，对tcp_iss的相同的操作。接着调用tcp_sendseqinit初始化发送序号。

11. 发送初始SYN

162   调用tcp_output发送初始SYN，以建立连接。如果tcp_output返回错误(例如，mbuf耗尽或没有到达目的地的路由)，该差错代码将成为tcp_usrreq的返回值，报告给应用进程。

图30-5给出了PRU_CONNECT2、PRU_DISCONNECT和PRU_ACCEPT请求的处理代码。

164-169　PRU_CONNECT2请求，来自socketpair系统调用，对TCP协议无效。

170-183　close系统调用会发送PRU_DISCONNECT请求。如果连接已建立，应调用tcp_disconnect，发送FIN，执行正常的TCP关闭操作。

```
                                                                ─── tcp_usrreq.c
164        /*
165         * Create a TCP connection between two sockets.
166         */
167     case PRU_CONNECT2:
168         error = EOPNOTSUPP;
169         break;

170        /*
171         * Initiate disconnect from peer.
172         * If connection never passed embryonic stage, just drop;
173         * else if don't need to let data drain, then can just drop anyway,
174         * else have to begin TCP shutdown process: mark socket disconnecting,
175         * drain unread data, state switch to reflect user close, and
176         * send segment (e.g. FIN) to peer.  Socket will be really disconnected
177         * when peer sends FIN and acks ours.
178         *
179         * SHOULD IMPLEMENT LATER PRU_CONNECT VIA REALLOC TCPCB.
180         */
181     case PRU_DISCONNECT:
182         tp = tcp_disconnect(tp);
183         break;

184        /*
185         * Accept a connection.  Essentially all the work is
186         * done at higher levels; just return the address
187         * of the peer, storing through addr.
188         */
189     case PRU_ACCEPT:
190         in_setpeeraddr(inp, nam);
191         break;
                                                                ─── tcp_usrreq.c
```

图30-5　tcp_usrreq函数：PRU_CONNECT2、PRU_DISCONNECT和PRU_ACCEPT请求

请注意以SHOULD IMPLEMENT(应该实现)起头的注释，这是因为无法接着使用出现错误的插口。例如，客户调用connect，并得到一个错误，它就无法在同一个插口上再次调用connect，而必须首先关闭插口，调用socket创建新的插口，在新的插口上才能再次调用connect。

184-191　与accept系统调用有关的工作全部由插口层和协议层完成。PRU_ACCEPT请求只简单地向应用进程返回对端的IP地址和端口号。

图30-6给出了PRU_SHUTDOWN、PRU_RCVD和PRU_SEND请求的处理代码。

12. PRU_SHUTDOWN请求

192-200　应用进程调用shutdown，禁止更多的输出时，soshutdown会发送PRU_SHUTDOWN请求。调用socantsendmore置位插口的标志，禁止继续发送报文段。接着调用tcp_usrclosed，根据图24-15的状态变迁图，设定正确的连接状态。tcp_output发送FIN之前，如果发送缓存中仍有数据，会首先发送等待数据。

```
192              /*
193               * Mark the connection as being incapable of further output.
194               */
195          case PRU_SHUTDOWN:
196              socantsendmore(so);
197              tp = tcp_usrclosed(tp);
198              if (tp)
199                  error = tcp_output(tp);
200              break;

201              /*
202               * After a receive, possibly send window update to peer.
203               */
204          case PRU_RCVD:
205              (void) tcp_output(tp);
206              break;

207              /*
208               * Do a send by putting data in output queue and updating urgent
209               * marker if URG set.  Possibly send more data.
210               */
211          case PRU_SEND:
212              sbappend(&so->so_snd, m);
213              error = tcp_output(tp);
214              break;
```
—— *tcp_usrreq.c*

图30-6 tcp_usrreq函数：PRU_SHUTDOWN、PRU_RCVD和PRU_SEND请求

13. PRU_RCVD请求

201-206 应用进程从插口的接收缓存中读取数据后，soreceive会发送这个请求。此时接收缓存已扩大，也许会有足够的空间，让TCP发送更大的窗口通告。tcp_output会决定是否需要发送窗口更新报文段。

14. PRU_SEND请求

207-214 图23-14中给出的5个写函数，都以这一请求结束。调用sbappend，向插口的发送缓存中添加数据(它将一直保存在缓存中，直到被确认)，并调用tcp_output发送新报文段(如果条件允许)。

图30-7给出了PRU_ABORT和PRU_SENSE请求的处理代码。

```
215              /*
216               * Abort the TCP.
217               */
218          case PRU_ABORT:
219              tp = tcp_drop(tp, ECONNABORTED);
220              break;

221          case PRU_SENSE:
222              ((struct stat *) m)->st_blksize = so->so_snd.sb_hiwat;
223              (void) splx(s);
224              return (0);
```
—— *tcp_usrreq.c*

图30-7 tcp_usrreq函数：PRU_ABORT和PRU_SENSE请求

15. PRU_ABORT请求

215-220 如果插口是监听插口(如服务器)，并且存在等待建立的连接，例如已发送初始

SYN或已完成三次握手过程，但还未被服务器accept的连接，调用soclose会导致发送PRU_ABORT请求。如果连接已同步，tcp_drop将发送RST。

16. PRU_SENSE请求

221-224 fstat系统调用会生成PRU_SENSE请求。TCP返回发送缓存的大小，保存在stat结构的成员变量st_blksize中。

图30-8给出了PRU_RCVOOB的处理代码。当应用进程置位MSG_OOB标志，试图读取带外数据时，soreceive会发送这一请求。

```
                                                              ─────── tcp_usrreq.c
225      case PRU_RCVOOB:
226          if ((so->so_oobmark == 0 &&
227              (so->so_state & SS_RCVATMARK) == 0) ||
228              so->so_options & SO_OOBINLINE ||
229              tp->t_oobflags & TCPOOB_HADDATA) {
230              error = EINVAL;
231              break;
232          }
233          if ((tp->t_oobflags & TCPOOB_HAVEDATA) == 0) {
234              error = EWOULDBLOCK;
235              break;
236          }
237          m->m_len = 1;
238          *mtod(m, caddr_t) = tp->t_iobc;
239          if (((int) nam & MSG_PEEK) == 0)
240              tp->t_oobflags ^= (TCPOOB_HAVEDATA | TCPOOB_HADDATA);
241          break;
                                                              ─────── tcp_usrreq.c
```

图30-8 tcp_usrreq函数：PRU_RCVOOB请求

17. 能否读取带外数据

225-232 如果下列3个条件有一个为真，应用进程读取带外数据的努力就会失败。

1) 如果插口的带外数据分界点(so_oobmark)等于0，并且插口的SS_RCVATMARK标志未设定；

2) 如果SO_OOBINLINE插口选项设定；

3) 如果连接的TCPOOB_HADDATA标志设定(例如，连接的带外数据已被读取)。

如果上述3个条件中任何一个为真，则返回差错代码EINVAL。

18. 是否有带外数据到达

233-236 如果上述3个条件全假，但TCPOOB_HAVEDATA标志置位，说明尽管TCP已收到了对端发送的紧急方式通告，但尚未收到序号等于紧急指针减1的字节(图29-17)，此时返回差错代码EWOULDBLOCK，有可能因为发送方发送紧急数据通告时，紧急数据偏移量指向了尚未发送的字节。卷1的图26-7举例说明了这种情况，发送方的数据传输被对端的零窗口通告停止时，常出现这种现象。

19. 返回带外数据字节

237-238 tcp_pulloutofband向应用进程返回存储在t_iobc中的一个字节的带外数据。

20. 更新标志

239-241 如果应用进程已读取了带外数据(而不是仅大致了解带外数据的情况，MSG_PEEK标志置位)，TCP清除HAVE标志，并置位HAD标志。case语句执行到此处时，通过前面的代码可

以肯定,HAVE标志已置位,而HAD标志被清除。置位HAD标志的目的是防止应用进程试图再次读取带外数据。一旦HAD标志置位,在收到新的紧急指针之前,它不会被清除(图29-17)。

代码使用了让人费解的异或运算,而不是简单的

```
tp->t_oobflags = TCPOOB_HADDATA;
```

是为了能够在t_oobflags中定义更多的比特。但Net/3中,实际只用到了上面提及的两个标志比特。

图30-9中的PRU_SENDOOB请求,是在应用进程写入数据并置位MSG_OOB时,由sosend发送的。

```
                                                            ─ tcp_usrreq.c
242    case PRU_SENDOOB:
243        if (sbspace(&so->so_snd) < -512) {
244            m_freem(m);
245            error = ENOBUFS;
246            break;
247        }
248        /*
249         * According to RFC961 (Assigned Protocols),
250         * the urgent pointer points to the last octet
251         * of urgent data.  We continue, however,
252         * to consider it to indicate the first octet
253         * of data past the urgent section.
254         * Otherwise, snd_up should be one lower.
255         */
256        sbappend(&so->so_snd, m);
257        tp->snd_up = tp->snd_una + so->so_snd.sb_cc;

258        tp->t_force = 1;
259        error = tcp_output(tp);
260        tp->t_force = 0;

261        break;
                                                            ─ tcp_usrreq.c
```

图30-9 tcp_usrreq函数:PRU_SENDOOB请求

21. 确认发送缓存中有足够空间并添加新数据

242-247 发送带外数据时,允许应用进程写入数据后,待发送数据量超过发送缓存大小,超出量最多为512字节。插口层的限制要宽松一些,写入带外数据后,最多可超出发送缓存1024字节(图16-24)。调用sbappend向发送缓存末端添加数据。

22. 计算紧急指针

248-257 紧急指针(snd_up)指向写入的最后一个字节之后的字节。图26-30举例说明了这一点,假定发送缓存为空,应用进程写入3字节的数据,且置位了MSG_OOB标志。这是考虑到若应用进程置位MSG_OOB标志,且写入的数据量超过1字节,如果接收方为伯克利系统,则只有最后一个字节会被认为是带外数据。

23. 强制TCP输出

258-261 令t_force等于1,并调用tcp_output。即使收到了对端的零窗口通告,TCP也会发送报文段,URG标志置位,紧急指针偏移量非零。卷1的图26-7说明了如何向一个关闭的接收窗口发送紧急报文段。

图30-10给出了最后3个请求的处理。

```
262        case PRU_SOCKADDR:
263            in_setsockaddr(inp, nam);
264            break;

265        case PRU_PEERADDR:
266            in_setpeeraddr(inp, nam);
267            break;

268            /*
269             * TCP slow timer went off; going through this
270             * routine for tracing's sake.
271             */
272        case PRU_SLOWTIMO:
273            tp = tcp_timers(tp, (int) nam);
274            req |= (int) nam << 8;  /* for debug's sake */
275            break;
```
tcp_usrreq.c

图30-10 tcp_usrreq函数: PRU_SOCKADDR、PRU_PEERADDR和PRU_SLOWTIMO请求

262-267　getsockname和getpeername系统调用分别发送PRU_SOCKADDR和PRU_PEERADDR请求。调用in_setsockaddr和in_setpeeraddr函数，从PCB中获取需要信息，存储在addr参数中。

268-275　执行tcp_slowtimo函数会发送PRU_SLOWTIMO函数。如同注释所指出的，tcp_slowtimo不直接调用tcp_timers的唯一原因是为了能够在函数结尾处调用tcp_trace，跟踪记录定时器超时事件(图30-1)。为了在记录中指明是4个TCP定时器中的哪一个超时，tcp_slowtimo通过nam参数传递了t_timer数组(图25-1)的指针，并左移8位后与请求值(req)逻辑或。trpt程序了解这种做法，并据此完成相应的处理。

30.3　**tcp_attach函数**

　　tcp_attach函数，在处理PRU_ATTACH请求(例如，插口系统调用，或者监听插口上收到了新的连接请求)时，由tcp_usrreq调用。图30-11给出了它的代码。

　　1. 为发送缓存和接收缓存分配资源

361-372　如果还未给插口的发送和接收缓存分配空间，sbreserve将两者都设为8192，即全局变量tcp_sendspace和tcp_recvspace的默认值(图24-3)。

　　　这些默认值是否够用，取决于连接两个传输方向上的MSS，后者又取决于MTU。例如，[Comer and lin 1994]论证了，如果发送缓存小于3倍的MSS，则会出现异常，严重降低系统性能。某些实现定义的默认值很大，如61 444字节，已考虑到这些默认值对性能的影响，尤其对较大的MTU(如FDDI和ATM)更是如此。

　　2. 分配Internet PCB和TCP控制块

373-377　in_pcballoc分配Internet PCB，而tcp_newtcpcb分配TCP控制块，并将其与对应的PCB相连。

378-384　如果tcp_newtcpcb调用malloc时失败，则执行注释为"XXX"的代码。前面已介绍过，PRU_ATTACH请求是插口系统调用或监听插口收到新的连接请求(sonewconn)的结果。对于后一种情况，插口标志SS_NOFDREF置位。如果此标志置位，in_pcballoc调用sofree时会释放插口结构。但我们在tcp_input中看到，除非该函数已完成接收报文段

的处理(图29-27中的dropsocket标志),否则,不应释放插口结构。因此,调用in_pcbdetach时,应将SS_NOFDREF标志的当前值保存在变量nofd中,并在tcp_attach返回前重设该标志。

385-386 TCP连接状态初始化为CLOSED。

```
                                                              ─── tcp_usrreq.c
361 int
362 tcp_attach(so)
363 struct socket *so;
364 {
365     struct tcpcb *tp;
366     struct inpcb *inp;
367     int      error;

368     if (so->so_snd.sb_hiwat == 0 || so->so_rcv.sb_hiwat == 0) {
369         error = soreserve(so, tcp_sendspace, tcp_recvspace);
370         if (error)
371             return (error);
372     }
373     error = in_pcballoc(so, &tcb);
374     if (error)
375         return (error);
376     inp = sotoinpcb(so);
377     tp = tcp_newtcpcb(inp);
378     if (tp == 0) {
379         int     nofd = so->so_state & SS_NOFDREF;   /* XXX */

380         so->so_state &= ~SS_NOFDREF;    /* don't free the socket yet */
381         in_pcbdetach(inp);
382         so->so_state |= nofd;
383         return (ENOBUFS);
384     }
385     tp->t_state = TCPS_CLOSED;
386     return (0);
387 }
                                                              ─── tcp_usrreq.c
```

图30-11 tcp_attach函数:创建新的TCP插口

30.4 tcp_disconnect函数

图30-12给出的tcp_disconnect函数,准备断开TCP连接。

1. 连接未同步

396-402 如果连接还未进入ESTABLISHED状态(如LISTEN、SYN_SENT或SYN_RCVD),tcp_close只释放PCB和TCP控制块。无须向对端发送任何报文段,因为连接尚未同步。

2. 硬性断开

403-404 如果连接已同步,且SO_LINGER插口选项置位,拖延时间(SO_LINGER)设为零,则调用tcp_drop丢弃连接。连接不经过TIME_WAIT,直接更新为CLOSED,向对端发送RST,释放PCB和TCP控制块。调用close会发送PRU_DISCONNECT请求,丢弃仍在发送或接收缓存中的任何数据。

如果SO_LINGER插口选项置位,且拖延时间非零,则调用soclose进行处理。

3. 平滑断开

405-406 如果连接已同步,且SO_LINGER选项未设定,或者选项设定且拖延时间不为零,

则执行TCP正常的连接终止步骤。soisdisconnecting设定插口状态。

```
                                                                    tcp_usrreq.c
396 struct tcpcb *
397 tcp_disconnect(tp)
398 struct tcpcb *tp;
399 {
400     struct socket *so = tp->t_inpcb->inp_socket;
401     if (tp->t_state < TCPS_ESTABLISHED)
402         tp = tcp_close(tp);
403     else if ((so->so_options & SO_LINGER) && so->so_linger == 0)
404         tp = tcp_drop(tp, 0);
405     else {
406         soisdisconnecting(so);
407         sbflush(&so->so_rcv);
408         tp = tcp_usrclosed(tp);
409         if (tp)
410             (void) tcp_output(tp);
411     }
412     return (tp);
413 }
                                                                    tcp_usrreq.c
```

图30-12 tcp_disconnect函数：准备断开TCP连接

4. 丢弃滞留的接收数据

407   调用sbflush，丢弃所有滞留在接收缓存中的数据，因为应用进程已关闭了插口。发送缓存中的数据仍保留，tcp_output将试图发送剩余的数据。我们说"试图"，因为不能保证数据还能成功地被发送。在收到并确认这些数据之前，对端可能已崩溃，即使对端的TCP模块能够接收并确认这些数据，在应用程序读取数据之前，系统也可能崩溃。因为本地进程已关闭了插口，即使TCP放弃发送仍滞留在发送缓存中的数据(因为重传定时器最终超时)，也无法向应用进程通告错误。

5. 改变连接状态

408-410   tcp_usrclosed基于连接的当前状态，促使其进入下一状态。通常情况下，连接将转移到FIN_WAIT_1状态，因为连接关闭时一般都处于ESTABLIDHED状态。后面会看到，tcp_usrclosed通常返回当前控制块的指针(tp)。因为状态必须先同步才会执行此处的代码，所以总需要调用tcp_output发送报文段。如果连接从ESTABLISHED转移到FIN_WAIT_2，将发送FIN。

30.5 tcp_usrclosed函数

图30-13给出的这个函数，在PRU_SHUTDOWN处理中，由tcp_disconnect调用。

1. 未收到SYN时的简单关闭

429-434   如果连接上还未收到SYN，则无须发送FIN。新的状态等于CLOSED，tcp_close将释放Internet PCB和TCP控制块。

2. 转移到FIN_WAIT_1状态

435-438   如果连接当前状态等于SYN_RCVD和ESTABLISHED，新的状态将等于FIN_WAIT_1，再次调用tcp_output时，将发送FIN(图24-16中的tcp_outflags值)。

3. 转移到LAST_ACK状态

439-441 如果连接当前状态等于CLOSE_WAIT，新状态等于LAST_ACK，则再次调用
tcp_output时，将发送FIN。

443-444 如果连接当前状态等于FIN_WAIT_2或TIME_WAIT，soisdisconnected将正
确地标注插口的状态。

―――――――――――――――――――――――――― *tcp_usrreq.c*
```
424 struct tcpcb *
425 tcp_usrclosed(tp)
426 struct tcpcb *tp;
427 {
428     switch (tp->t_state) {
429     case TCPS_CLOSED:
430     case TCPS_LISTEN:
431     case TCPS_SYN_SENT:
432         tp->t_state = TCPS_CLOSED;
433         tp = tcp_close(tp);
434         break;

435     case TCPS_SYN_RECEIVED:
436     case TCPS_ESTABLISHED:
437         tp->t_state = TCPS_FIN_WAIT_1;
438         break;

439     case TCPS_CLOSE_WAIT:
440         tp->t_state = TCPS_LAST_ACK;
441         break;
442     }
443     if (tp && tp->t_state >= TCPS_FIN_WAIT_2)
444         soisdisconnected(tp->t_inpcb->inp_socket);
445     return (tp);
446 }
```
―――――――――――――――――――――――――― *tcp_usrreq.c*

图30-13 tcp_usrclosed函数：基于连接关闭的处理进程，将连接转移到下一状态

30.6 tcp_ctloutput函数

tcp_ctloutput函数被getsockopt和setsockopt函数调用，如果它们的描述符参
数指明了一个TCP插口，且level不是SOL_SOCKET。图30-14列出了TCP支持的两个插口选项。

选 项 名	变 量	存 取	描 述
TCP_NODELAY	t_flags	读、写	Nagel算法(图26-8)
TCP_MAXSEG	t_maxseg	读、写	TCP将发送的最大报文段长度

图30-14 TCP支持的插口选项

图30-15给出了函数的第一部分。

―――――――――――――――――――――――――― *tcp_usrreq.c*
```
284 int
285 tcp_ctloutput(op, so, level, optname, mp)
286 int     op;
287 struct socket *so;
288 int     level, optname;
```
图30-15 tcp_ctloutput函数：第一部分

```
289  struct mbuf **mp;
290  {
291      int      error = 0, s;
292      struct inpcb *inp;
293      struct tcpcb *tp;
294      struct mbuf *m;
295      int      i;

296      s = splnet();
297      inp = sotoinpcb(so);
298      if (inp == NULL) {
299          splx(s);
300          if (op == PRCO_SETOPT && *mp)
301              (void) m_free(*mp);
302          return (ECONNRESET);
303      }
304      if (level != IPPROTO_TCP) {
305          error = ip_ctloutput(op, so, level, optname, mp);
306          splx(s);
307          return (error);
308      }
309      tp = intotcpcb(inp);
```
                                                              ———— *tcp_usrreq.c*

图30-15 (续)

296-303 函数执行时，处理器优先级设为splnet，inp指向插口的Internet PCB。如果inp
为空，且操作类型是设定插口选项，则释放mbuf并返回错误。

304-308   如果*level*(getsockopt和setsockopt系统调用的第二个参数)不等于
IPPROTO_TCP，说明操作的是其他协议(如IP)。例如，可以创建一个TCP插口，并设定其IP
源选路插口选项。此时应由IP处理这个插口选项，而不是TCP。ip_ctloutput处理命令。

309 如果是对TCP选项进行操作，tp将指向TCP控制块。

函数的剩余部分是一个switch语句，有两个分支：一个处理PRCO_SETOPT(图30-16中
给出)，另一个处理PRCO_GETOPT(图30-17中给出)。

                                                              ———— *tcp_usrreq.c*
```
310      switch (op) {

311      case PRCO_SETOPT:
312          m = *mp;
313          switch (optname) {

314          case TCP_NODELAY:
315              if (m == NULL || m->m_len < sizeof(int))
316                      error = EINVAL;
317              else if (*mtod(m, int *))
318                          tp->t_flags |= TF_NODELAY;
319              else
320                  tp->t_flags &= ~TF_NODELAY;
321          break;

322          case TCP_MAXSEG:
323              if (m && (i = *mtod(m, int *)) > 0 && i <= tp->t_maxseg)
324                      tp->t_maxseg = i;
325              else
326                  error = EINVAL;
327          break;
```

图30-16 tcp_ctloutput函数：设定插口选项

```
328        default:
329            error = ENOPROTOOPT;
330            break;
331        }
332        if (m)
333            (void) m_free(m);
334        break;
```
————— tcp_usrreq.c

图30-16 （续）

315-316 m是一个mbuf，保存了setsockopt的第四个参数。对于两个TCP插口选项，mbuf中都必须是整数。如果任何一个mbuf指针为空，或者mbuf中的数据长度小于整数大小，则返回错误。

1. TCP_NODELAY选项

317-321 如果整数值非零，则置位TF_NODELAY标志，从而取消图26-8中的Negal算法。如果整数值等于0，则使用Negal算法(默认值)，并清除TF_NODELAY标志。

2. TCP_MAXSEG选项

322-327 应用进程只能减少MSS。TCP插口创建时，tcp_newtcpcb初始化t_maxseg为默认值512。当收到对端SYN中包含的MSS选项时，tcp_input调用tcp_mss，t_maxseg最高可等于外出接口的MTU(减去40字节，IP和TCP首部的默认值)，以太网等于1460。因此，调用插口之后，连接建立之前，应用进程只能以默认值512为起点，减少MSS。连接建立后，应用进程可以从tcp_mss选取的任何值起，减少MSS。

4.4BSD是伯克利版本中第一次支持MSS作为插口选项，以前的版本只允许利用getsockopt读取MSS值。

3. 释放mbuf

332-333 释放mbuf链。

图30-17给出了PRCO_GETOPT命令的处理。

————— tcp_usrreq.c
```
335    case PRCO_GETOPT:
336        *mp = m = m_get(M_WAIT, MT_SOOPTS);
337        m->m_len = sizeof(int);

338        switch (optname) {
339        case TCP_NODELAY:
340            *mtod(m, int *) = tp->t_flags & TF_NODELAY;
341            break;
342        case TCP_MAXSEG:
343            *mtod(m, int *) = tp->t_maxseg;
344            break;
345        default:
346            error = ENOPROTOOPT;
347            break;
348        }
349        break;
350    }
351    splx(s);
352    return (error);
353 }
```
————— tcp_usrreq.c

图30-17 tcp_ctloutput函数：读取插口选项

335-337　两个TCP插口选项都向应用进程返回一个整数值，因此，调用m_get得到一个mbuf，其长度等于整数长度。

339-341　TCP_NODELAY返回TF_NODELAY标志的当前状态：如果标志未置位(使用Nagel算法)，则等于0；如果标志置位，则等于TF_NODELAY。

342-344　TCP_MAXSEG选项返回t_maxseg的当前值。前面讨论PRCO_SETOPT命令时曾提到，返回值取决于插口是否已进入连接状态。

30.7　小结

tcp_usrreq函数处理逻辑很简单，因为绝大多数处理都由其他函数完成。PRU_*xxx*请求是独立于协议的系统调用与TCP协议处理间的桥梁。

tcp_ctlsockopt函数也很简单，因为TCP只支持两个插口选项：使用或取消Nagel算法，设置或读取最大报文段长度。

习题

30.1　现在，我们已经结束了对TCP的讨论，如果某个客户执行了正常的socket、connect、 write (向服务器请求)和read(读取服务器响应)，分别列出客户端和服务器端的处理步骤及TCP状态变迁。

30.2　如果应用进程设定SO_LINGER插口选项，且拖延时间等于0，之后调用close，我们给出了如何调用tcp_disconnect，从而发送RST。如果应用进程设定了这个插口选项，且拖延时间等于0，之后进程被某个信号杀死(kill)，而非调用close，会发生什么？还会发送RST报文段吗？

30.3　图25-4中描述TCP_LINGERTIME时，称之为"SO_LINGER插口选项的最大秒数"。根据图30-2中的代码，这个说法正确吗？

30.4　某个Net/3客户调用socket和connect，主动与服务器建立连接，使用了客户的默认路由。客户主机向服务器发送了1 129个报文段。假定到达目的地的路由未变，为了这条连接，客户主机需要搜索多少次路由表？解释你的结论。

30.5　找到卷1的附录C中提到的sock程序。把该程序作为服务器运行，读取数据前有停顿(-p)，且有较大的接收缓存。之后在另一个系统中运行同一个程序，但作为客户。通过tcpdump查看数据。确认TCP"确认所有其他报文段"的属性未出现，服务器送出的ACK全部是延迟ACK。

30.6　修改SO_KEEPALIVE插口选项，从而能够配置每个连接的参数。

30.7　阅读RFC 1122，了解为什么它建议TCP应该允许RST报文段携带数据。修改Net/3代码以实现此功能。

第31章 BPF：BSD 分组过滤程序

31.1 引言

BSD分组过滤程序(BPF)是一种软件设备，用于过滤网络接口的数据流，即给网络接口加上"开关"。应用进程打开/dev/bpf0、/dev/bpf1等等后，可以读取BPF设备。每个应用进程一次只能打开一个BPF设备。

因为每个BPF设备需要8192字节的缓存，系统管理员一般限制BPF设备的数目。如果open返回EBUSY，说明该设备已被使用，应用进程应该试着打开下一BPF设备，直到open成功为止。

通过若干ioctl命令，可以配置BPF设备，把它与某个网络接口相关联，并安装过滤程序，从而能够选择性地接收输入的分组。BPF设备打开后，应用进程通过读写设备来接收分组，或将分组放入网络接口队列中。

我们将一直使用"分组"，尽管"帧"可能更准确一些，因为BPF工作在数据链路层，在发送和接收的数据帧中包含了链路层的首部。

BPF设备工作的前提是网络接口必须能够支持BPF。第3章中提到以太网、SLIP和环回接口的驱动程序都调用了bpfattach，用于配置读取BPF设备的接口。本节中，我们将介绍BPF设备驱动程序是如何组织的，以及数据分组在驱动程序和网络接口之间是如何传递的。

BPF一般情况下用作诊断工具，查看某个本地网络上的流量，卷1附录A 介绍的tcpdump程序是此类工具中最好的一个。通常情况下，用户感兴趣的是一组指定主机间交互的分组，或者某个特定协议，甚至某个特定TCP连接上的数据流。BPF设备经过适当配置，能够根据过滤程序的定义丢弃或接受输入的分组。过滤程序的定义类似于伪机器指令，BPF的细节超出了本书的讨论范围，感兴趣的读者请参阅bpf(4)和[McCanne and Jacobson 1993]。

31.2 代码介绍

下面将要介绍的有关BPF设备驱动程序的代码，包括两个头文件和一个C文件，在图31-1中给出。

文 件	描 述
net/bpf.h	BPF常量
net/bpfdesc.h	BPF结构
net/bpf.c	BPF设备支持

图31-1 本章讨论的文件

31.2.1 全局变量

本章用到的全局变量在图31-2中给出。

变　　量	数 据 类 型	描　　述
bpf_iflist	struct bpf_if *	支持BPF的接口组成的链表
bpf_dtab	struct bpf_d []	BPF描述符数组
bpf_bufsize	int	BPF缓存大小默认值

图31-2　本章用到的全局变量

31.2.2　统计量

图31-3列出了bpf_d结构中为每个活动的BPF设备维护的两个统计量。

bpf_d成员变量	描　　述
bd_rcount	从网络接口接收的分组的数目
bd_dcount	由于缓存空间不足而丢弃的分组的数目

图31-3　本章讨论的统计值

本章的其余内容分为4个部分：
- BPF接口结构；
- BPF设备描述符；
- BPF输入处理；
- BPF输出处理。

31.3　`bpf_if`结构

BPF维护一个链表，包括所有支持BPF的网络接口。每个接口都由一个bpf_if结构描述，全局指针bpf_iflist指向表中的第一个结构。图31-4给出了BPF接口结构。

```
──────────────────────────────────────────────────── bpfdesc.h
67 struct bpf_if {
68     struct bpf_if *bif_next;    /* list of all interfaces */
69     struct bpf_d *bif_dlist;    /* descriptor list */
70     struct bpf_if **bif_driverp;   /* pointer into softc */
71     u_int  bif_dlt;             /* link layer type */
72     u_int  bif_hdrlen;          /* length of header (with padding) */
73     struct ifnet *bif_ifp;      /* correspoding interface */
74 };
──────────────────────────────────────────────────── bpfdesc.h
```

图31-4　bpf_if结构

67-79 bif_next指向链表中的下一个BPF接口结构。bif_dlist指向另一个链表，包括所有已打开并配置过的BPF设备。

70 如果某个网络接口已配置了BPF设备，即被加上了开关，则bif_driverp将指向ifnet结构中的bpf_if指针。如果网络接口还未加上开关，*bif_driverp为空。为某个网络接口配置BPF设备时，*bif_driverp将指向bif_if结构，从而告诉接口可以开始向BPF传递分组。

71 接口类型保存在bif_dlt中。图31-5中列出了前面提到的几个接口所分别对应的常量值。

bif_dlt	描　　述
DLT_EN10MB	10 Mb以太网接口
DLT_SLIP	SLIP接口
DLT_NULL	环回接口

图31-5 bif_dlt值

72-74 BPF接受的所有分组都有一个附加的BPF首部。bif_hdrlen等于首部大小。最后，bif_ifp指向对应接口的ifnet结构。

图31-6给出了每个输入分组中附加的bpf_hdr结构。

```
                                                                    ── bpf.h
122 struct bpf_hdr {
123     struct timeval bh_tstamp;    /* time stamp */
124     u_long  bh_caplen;           /* length of captured portion */
125     u_long  bh_datalen;          /* original length of packet */
126     u_short bh_hdrlen;           /* length of bpf header (this struct plus
127                                     alignment padding) */
128 };
                                                                    ── bpf.h
```

图31-6 bpf_hdr结构

122-128 bh_tstamp记录了分组被捕捉的时间。bh_caplen等于BPF保存的字节数，bh_datalen等于原始分组中的字节数。bh_headlen等于bpf_hdr的大小加上所需填充字节的长度。它用于解释从BPF设备中读取的分组，应该等同于接收接口的bif_hdrlen。

图31-7给出了bpf_if结构是如何与前述3个接口(le_softc [0]、sl_softc[0]和loif)的ifnet结构建立连接的。

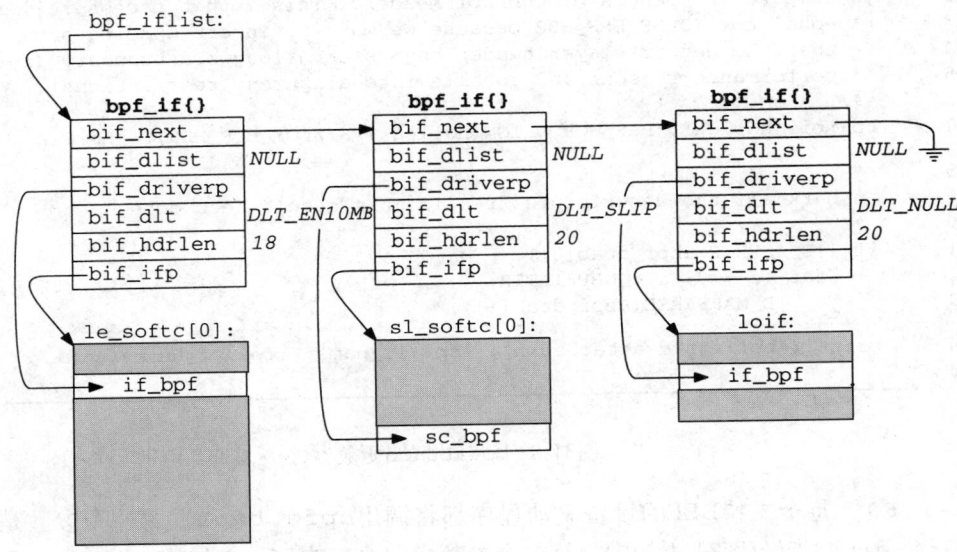

图31-7 bpf_if和ifnet结构

注意，bif_driverp指向网络接口的if_bpf和sc_bpf指针，而不是接口结构。

SLIP设备使用sc_bpf，而不是if_bpf。这可能是因为SLIP BPF代码完成时，

if_bpf成员变量还未加入到ifnet结构中。Net/2中的ifnet结构不包括if_bpf
成员。

按照各接口驱动程序调用bpfattach时给出的信息,对3个接口初始化链路类型和首部
长度成员变量。

第3章介绍了bpfattach被以太网、SLIP和环回接口的驱动程序调用。每个设备驱动程
序初始化调用bpfattach时,将构建BPF接口结构链表。图31-8给出了该函数。

```
                                                                        ── bpf.c
1053 void
1054 bpfattach(driverp, ifp, dlt, hdrlen)
1055 caddr_t *driverp;
1056 struct ifnet *ifp;
1057 u_int   dlt, hdrlen;
1058 {
1059     struct bpf_if *bp;
1060     int     i;
1061     bp = (struct bpf_if *) malloc(sizeof(*bp), M_DEVBUF, M_DONTWAIT);
1062     if (bp == 0)
1063         panic("bpfattach");

1064     bp->bif_dlist = 0;
1065     bp->bif_driverp = (struct bpf_if **) driverp;
1066     bp->bif_ifp = ifp;
1067     bp->bif_dlt = dlt;

1068     bp->bif_next = bpf_iflist;
1069     bpf_iflist = bp;

1070     *bp->bif_driverp = 0;

1071     /*
1072      * Compute the length of the bpf header.  This is not necessarily
1073      * equal to SIZEOF_BPF_HDR because we want to insert spacing such
1074      * that the network layer header begins on a longword boundary (for
1075      * performance reasons and to alleviate alignment restrictions).
1076      */
1077     bp->bif_hdrlen = BPF_WORDALIGN(hdrlen + SIZEOF_BPF_HDR) - hdrlen;

1078     /*
1079      * Mark all the descriptors free if this hasn't been done.
1080      */
1081     if (!D_ISFREE(&bpf_dtab[0]))
1082         for (i = 0; i < NBPFILTER; ++i)
1083             D_MARKFREE(&bpf_dtab[i]);

1084     printf("bpf: %s%d attached\n", ifp->if_name, ifp->if_unit);
1085 }
                                                                        ── bpf.c
```

图31-8 bpfattach函数

1053-1063   每个支持BPF的设备驱动程序都将调用bpfattach。第一个参数是保存在
bif_driverp的指针(图31-4给出),第二个参数指向接口的ifnet结构,第三个参数确认数
据链路层类型,第四个参数传递分组中的数据链路首部大小,为接口分配一个新的bpf_if
结构。

1. 初始化bpf_if结构

1064-1070 bpf_if结构根据函数的参数进行初始化，并插入BPF接口链表，bpf_iflist，的表头。

2. 计算BPF首部大小

1071-1077 设定bif_hdrlen大小，强迫网络层首部(如IP首部)从一个长字的边界开始。这样可以提高性能，避免为BPF加入不必要的对齐限制。图31-9列出了在前述3个接口上，各自捕捉到的BPF分组的总体结构。

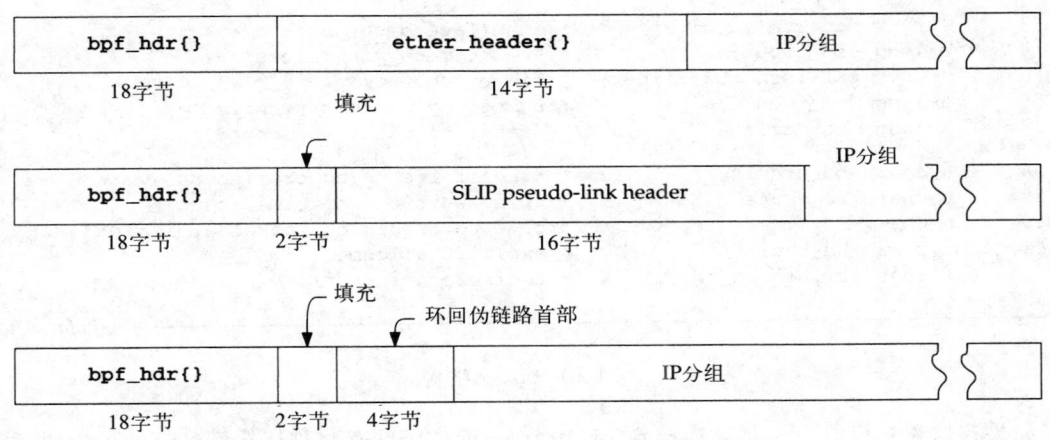

图31-9 BPF分组结构

ether_header结构在图4-10中给出，SLIP伪链路首部在图5-14中给出，而环回接口伪链路首部在图5-28中给出。

请注意，SLIP和环回接口分组需要填充2字节，以强迫IP首部按4字节对齐。

3. 初始化bpf_dtab表

1078-1083 代码初始化图31-10中给出的BPF描述符表。注意，仅在第一次调用bpfattach时进行初始化，后续调用将跳过初始化过程。

4. 打印控制台信息

1084-1085 系统向控制台输出一条短信息，宣告接口已配置完毕，可以支持BPF。

31.4 bpf_d结构

为了能够选择性地接收输入报文，应用进程首先打开一个BPF设备，调用若干ictl命令规定BPF过滤程序的条件，指明接口、读缓存大小和超时时限。每个BPF设备都有一个相关的bpf_d结构，如图31-10所示。

45-46 如果同一网络接口上配置了多个BPF设备，与之相应的bpf_d结构将组成一个链表。bd_next指向链表中的下一个结构。

分组缓存

47-52 每个bpf_d结构都有两个分组缓存。输入分组通常保存在bd_sbuf所对应的缓存(存储缓存)中。另一个缓存要么对应于bd_fbuf(空闲缓存)，意味着缓存为空；或者对应于bd_hbuf(暂留缓存)，意味着缓存中有分组等待应用进程读取。bd_slen和bd_hlen分别记

录了保存在存储缓存和暂留缓存中的字节数。

```
                                                                        bpfdesc.h
45 struct bpf_d {
46     struct bpf_d *bd_next;      /* Linked list of descriptors */
47     caddr_t bd_sbuf;            /* store slot */
48     caddr_t bd_hbuf;            /* hold slot */
49     caddr_t bd_fbuf;            /* free slot */
50     int     bd_slen;            /* current length of store buffer */
51     int     bd_hlen;            /* current length of hold buffer */

52     int     bd_bufsize;         /* absolute length of buffers */

53     struct bpf_if *bd_bif;      /* interface descriptor */
54     u_long  bd_rtout;           /* Read timeout in 'ticks' */
55     struct bpf_insn *bd_filter; /* filter code */
56     u_long  bd_rcount;          /* number of packets received */
57     u_long  bd_dcount;          /* number of packets dropped */

58     u_char  bd_promisc;         /* true if listening promiscuously */
59     u_char  bd_state;           /* idle, waiting, or timed out */
60     u_char  bd_immediate;       /* true to return on packet arrival */
61     u_char  bd_pad;             /* explicit alignment */
62     struct selinfo bd_sel;      /* bsd select info */
63 };
                                                                        bpfdesc.h
```

图31-10　bpf_d结构

如果存储缓存已满，它将被连接到bd_hbuf，而空闲缓存将被连接到bd_sbuf。当暂留缓存清空时，它会被连接到bd_fbuf。宏ROTATE_BUFFERS负责把存储缓存连接到bd_hbuf，空闲缓存连接到bd_sbuf，并清空bd_fbuf。存储缓存满或者应用进程不想再等待更多的分组时调用该宏。

bd_bufsize记录与设备相连的两个缓存的大小，其默认值等于4096(BPF_BUFSIZE)字节。修改内核代码可以改变默认值大小，或者通过BIOCSBLEN ioctl命令改变某个特定BPF设备的bd_bufsize。BIOCGBLEN命令返回bd_bufsize的当前值，其最大值不超过32768 (BPF_MAXBUFSIZE)字节，最小值为32 (BPF_MINBUFSIZE)字节。

53-57　bd_bif指向BPF设备所对应的bpf_if结构。BIOCSETIF命令可指明设备。bd_rtout是等待分组时，延迟的滴答数。bd_filter指向BPF设备的过滤程序代码。两个统计值，应用进程可通过BIOCGSTATS命令读取，分别保存在bd_rcount和bd_dcount中。

58-63　bd_promisc通过BIOCPROMISC命令置位，从而使接口工作在混杂(promiscuous)状态。bd_state未使用。bd_immediate通过BIOCIMMEDIATE命令置位，促使驱动程序收到分组后即返回，不再等待暂留缓存填满。bd_pad填充bpf_d结构，从而与长字边界对齐。bd_sel保存的selinfo结构，可用于select系统调用。我们不准备介绍如何对BPF设备使用select系统调用，16.13节已介绍了select的一般用法。

31.4.1　bpfopen函数

应用进程调用open，试图打开一个BPF设备时，该调用将被转到bpfopen(图31-11)。
256-263　系统编译时，BPF设备的数目受到NBPFILTER的限制。如果设备的最小设备号大于NBPFILTER，则返回ENXIO，这是因为系统管理员创建的/dev/bpfx项数大于NBPFILTER的值。

```
                                                                    bpf.c
256 int
257 bpfopen(dev, flag)
258 dev_t    dev;
259 int      flag;
260 {
261     struct bpf_d *d;
262     if (minor(dev) >= NBPFILTER)
263         return (ENXIO);
264     /*
265      * Each minor can be opened by only one process.  If the requested
266      * minor is in use, return EBUSY.
267      */
268     d = &bpf_dtab[minor(dev)];
269     if (!D_ISFREE(d))
270         return (EBUSY);

271     /* Mark "free" and do most initialization. */
272     bzero((char *) d, sizeof(*d));
273     d->bd_bufsize = bpf_bufsize;

274     return (0);
275 }
                                                                    bpf.c
```

图31-11 bpfopen函数

分配bpf_d结构

264-275 同一时间内，一个应用进程只能访问一个BPF设备。如果bpf_d结构已被激活，则返回EBUSY。应用程序，如tcpdump，收到此返回值时，会自动寻找下一个设备。如果该设备已存在，最小设备号所指定的bpf_dtab表中的项被清除，分组缓存大小复位为默认值。

31.4.2 bpfioctl函数

设备打开后，可通过ioctl命令进行配置。图31-12总结了与BPF设备有关的ioctl命令。图31-13给出了bpfioctl函数，只列出BIOCSETF和BIOCSETIF的处理代码，其他未涉及的ioctl命令则被忽略。

命　　令	第三个参数	函　　数	描　　述
FIONREAD	u_int	bpfioctl	返回暂留缓存和存储缓存中的字节数
BIOCGBLEN	u_int	bpfioctl	返回分组缓存大小
BIOCSBLEN	u_int	bpfioctl	设定分组缓存大小
BIOCSETF	struct bpf_program	bpf_setf	安装BPF程序
BIOCFLUSH		reset_d	丢弃挂起分组
BIOCPROMISC		ifpromisc	设定混杂方式
BIOCGDLT	u_int	bpfioctl	返回bif_dlt
BIOCGETIF	struct ifreq	bpf_ifname	返回所属接口的名称
BIOCSETIF	struct ifreq	bpf_setif	为网络接口添加设备
BIOCSRTIMEOUT	struct timeval	bpfioctl	设定"读"操作的超时时限
BIOCGRTIMEOUT	struct timeval	bpfioctl	返回"读"操作的超时时限
BIOCGSTATS	struct bpf_stat	bpfioctl	返回BPF统计值
BIOCIMMEDIATE	u_int	bpfioctl	设定立即方式
BIOCVERSION	struct bpf_version	bpfioctl	返回BPF版本信息

图31-12 BPF ioctl命令

```
                                                                                            — bpf.c
501 int
502 bpfioctl(dev, cmd, addr, flag)
503 dev_t   dev;
504 int     cmd;
505 caddr_t addr;
506 int     flag;
507 {
508     struct bpf_d *d = &bpf_dtab[minor(dev)];
509     int     s, error = 0;
510     switch (cmd) {
511         /*
512          * Set link layer read filter.
513          */
514     case BIOCSETF:
515         error = bpf_setf(d, (struct bpf_program *) addr);
516         break;

517         /*
518          * Set interface.
519          */
520     case BIOCSETIF:
521         error = bpf_setif(d, (struct ifreq *) addr);
522         break;

                        /* other ioctl commands from Figure 31.12 */

668     default:
669         error = EINVAL;
670         break;
671     }
672     return (error);
673 }
                                                                                            — bpf.c
```

图31-13 bpfioctl函数

501-509   与bpfopen类似，通过最小设备号从bpf_dtab表中选取相应的bpf_d结构。整个命令处理是一个大的switch/case语句。我们给出了两个命令，BIOCSETF和BIOCSETIF，以及default子句。

510-522   bpf_setf函数安装由addr指向的过滤程序，bpf_setif建立起指定名称接口与bpf_d结构间的对应关系。本书中没有给出bpf_setf的实现代码。

668-673   如果命令未知，则返回EINVAL。

图31-14的例子中，bpf_setif已把bpf_d结构连接到LANCE接口上。

图中，bif_dlist指向bpf_dtab[0]，以太网接口描述符链表中的第一个也是仅有的一个描述符。在bpf_dtab[0]中，bd_sbuf和bd_hbuf成员分别指向存储缓存和暂留缓存。两个缓存大小都等于4096(bd_bufsize)字节。bd_bif回指接口的bpf_if结构。

ifnet结构(le_softc[0])中的if_bpf也指回bpf_if结构。如图4-19和图4-11所示，如果if_bpf非空，则驱动程序开始调用bpf_tap，向BPF设备传递分组。

图31-15接着图31-10，给出了打开第二个BPF设备，并连接到同一个以太网网络接口后的各结构变量的状态。

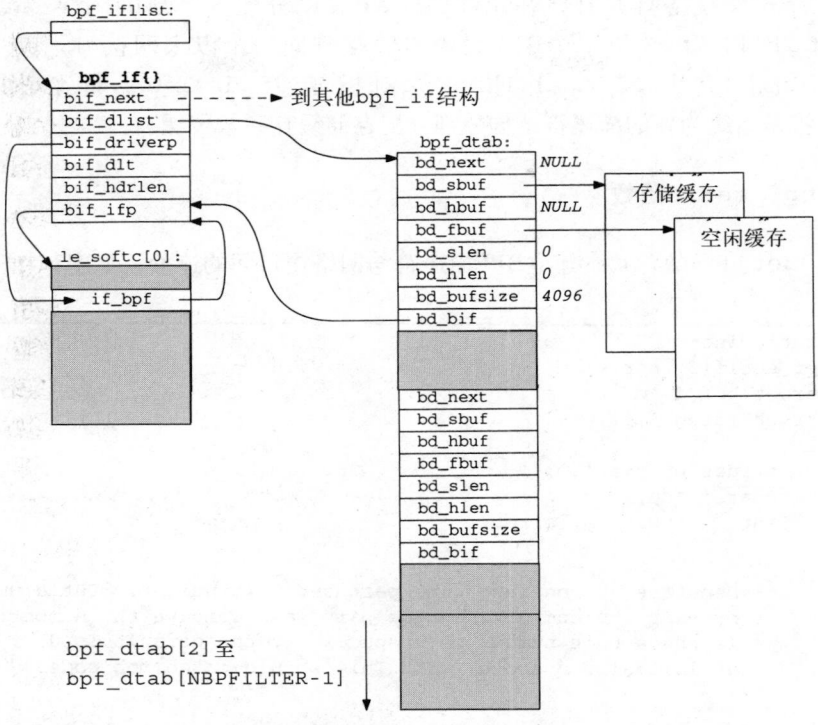

图31-14 连接到以太网接口的BPF设备

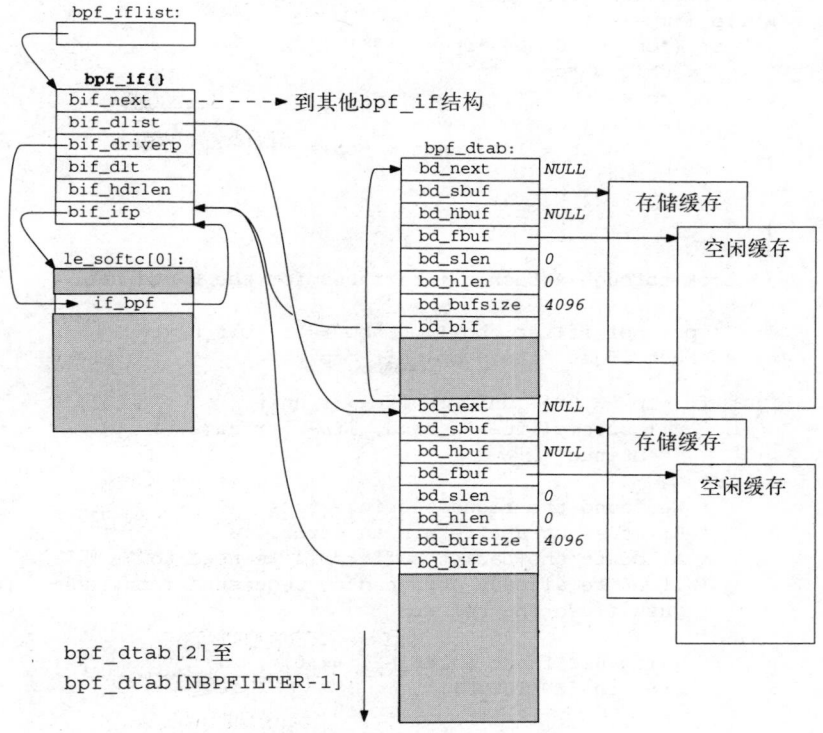

图31-15 连接到以太网接口的两个BPF设备

第二个BPF设备打开时，在bpf_dtab表中分配一个新的bpf_d结构，本例中为bpf_dtab[1]。因为第二个BPF设备也连接到同一个以太网接口，bif_dlist指向bpf_dtab[1]，并且bpf_dtab[1].bd_next指向bpf_dtab[0]，即以太网上对应的第一个BPF描述符。系统为新的描述符结构分别分配存储缓存和暂留缓存。

31.4.3 bpf_setif函数

bpf_setif函数，负责建立BPF描述符与网络接口间的连接，如图31-16所示。

bpf.c

```
721 static int
722 bpf_setif(d, ifr)
723 struct bpf_d *d;
724 struct ifreq *ifr;
725 {
726     struct bpf_if *bp;
727     char    *cp;
728     int     unit, s, error;

729     /*
730      * Separate string into name part and unit number.  Put a null
731      * byte at the end of the name part, and compute the number.
732      * If the a unit number is unspecified, the default is 0,
733      * as initialized above.   XXX This should be common code.
734      */
735     unit = 0;
736     cp = ifr->ifr_name;
737     cp[sizeof(ifr->ifr_name) - 1] = '\0';
738     while (*cp++) {
739         if (*cp >= '0' && *cp <= '9') {
740             unit = *cp - '0';
741             *cp++ = '\0';
742             while (*cp)
743                 unit = 10 * unit + *cp++ - '0';
744             break;
745         }
746     }
747     /*
748      * Look through attached interfaces for the named one.
749      */
750     for (bp = bpf_iflist; bp != 0; bp = bp->bif_next) {
751         struct ifnet *ifp = bp->bif_ifp;

752         if (ifp == 0 || unit != ifp->if_unit
753             || strcmp(ifp->if_name, ifr->ifr_name) != 0)
754             continue;
755         /*
756          * We found the requested interface.
757          * If it's not up, return an error.
758          * Allocate the packet buffers if we need to.
759          * If we're already attached to requested interface,
760          * just flush the buffer.
761          */
762         if ((ifp->if_flags & IFF_UP) == 0)
763             return (ENETDOWN);
```

图31-16 bpf_setif函数

```
764              if (d->bd_sbuf == 0) {
765                  error = bpf_allocbufs(d);
766                  if (error != 0)
767                      return (error);
768              }
769              s = splimp();
770              if (bp != d->bd_bif) {
771                  if (d->bd_bif)
772                      /*
773                       * Detach if attached to something else.
774                       */
775                      bpf_detachd(d);
776                  bpf_attachd(d, bp);
777              }
778              reset_d(d);
779              splx(s);
780              return (0);
781          }
782      /* Not found. */
783      return (ENXIO);
784 }
```
—— *bpf.c*

图31-16 (续)

721-746 bpf_setif的第一部分完成ifreq结构(图4-23)中接口名的正文与数字部分的分离，数字部分保存在unit中。例如，如果ifr_name的头4字节为"sl1\0"，代码执行完毕后，将等于"sl\0\0"，且unit等于1。

1. 寻找匹配的ifnet结构

747-754 for循环用于在支持BPF的接口(bpf_iflist中)中查找符合ifreq定义的接口。

755-768 如果未找到匹配的接口，则返回ENETDOWN。如果接口存在，bpf_allocate为bpf_d分配空闲缓存和存储缓存，如果它们还未被分配的话。

2. 连接bpf_d结构

769-777 如果BPF设备还未与网络接口建立连接关系，或者连接的网络接口不是ifreq中指定的接口，则调用bpf_detachd丢弃原先的接口(如果存在)，并调用bpf_attachd将其连接到新的接口上。

778-784 reset_d复位分组缓存，丢弃所有在应用进程中等待的分组。函数返回0，说明处理成功；或者ENXIO，说明未找到指定接口。

31.4.4 bpf_attachd函数

图31-17给出的bpf_attachd函数，建立起BPF描述符与BPF设备和网络接口间的对应关系。
—— *bpf.c*

```
189 static void
190 bpf_attachd(d, bp)
191 struct bpf_d *d;
192 struct bpf_if *bp;
193 {
194     /*
195      * Point d at bp, and add d to the interface's list of listeners.
```

图31-17 bpf_attachd函数

```
196          * Finally, point the driver's bpf cookie at the interface so
197          * it will divert packets to bpf.
198          */
199         d->bd_bif = bp;
200         d->bd_next = bp->bif_dlist;
201         bp->bif_dlist = d;

202         *bp->bif_driverp = bp;
203 }
```
———bpf.c

图31-17 (续)

189-203 首先，令bd_bif指向网络接口的BPF接口结构。接着，bpf_d结构被插入与设备对应的bpf_d结构链表的头部。最后，改变网络接口中的BPF指针，指向当前BPF结构，从而促使接口向BPF设备传递分组。

31.5 BPF的输入

　　一旦BPF设备打开并配置完毕，应用进程就通过read系统调用从接口中接收分组。BPF过滤程序复制输入分组，因此，不会干扰正常的网络处理。输入分组保存在与BPF设备相连的存储缓存和暂留缓存中。

31.5.1 bpf_tap函数

　　下面列出了图4-11中LANCE设备驱动程序调用bpf_tap的代码，并利用这一调用介绍bpf_tap函数。图4-11中的调用如下：

```
bpf_tap(le->sc_if.if_bpf, buf, len + sizeof(struct ether_header));
```

图31-18给出了bpf_tap函数。

```
                                                                    bpf.c
869 void
870 bpf_tap(arg, pkt, pktlen)
871 caddr_t arg;
872 u_char *pkt;
873 u_int   pktlen;
874 {
875     struct bpf_if *bp;
876     struct bpf_d *d;
877     u_int   slen;
878     /*
879      * Note that the ipl does not have to be raised at this point.
880      * The only problem that could arise here is that if two different
881      * interfaces shared any data.  This is not the case.
882      */
883     bp = (struct bpf_if *) arg;
884     for (d = bp->bif_dlist; d != 0; d = d->bd_next) {
885         ++d->bd_rcount;
886         slen = bpf_filter(d->bd_filter, pkt, pktlen, pktlen);
887         if (slen != 0)
888             catchpacket(d, pkt, pktlen, slen, bcopy);
889     }
890 }
```
———bpf.c

图31-18 bpf_tap函数

869-882 第一个参数是指向bpf_if结构的指针，由bpfattach设定。第二个参数是指向进入分组的指针，包括以太网首部。第三个参数等于缓存中包含的字节数，本例中，等于以太网首部(14字节)大小加上以太网帧的数据部分。

向一个或多个BPF设备传递分组

883-890 for循环遍历连接到网络接口的BPF设备链表。对每个设备，分组被递交给bpf_filter。如果过滤程序接受了分组，它返回捕捉到的字节数，并调用catchpacket复制分组。如果过滤程序拒绝了分组，slen等于0，循环继续。循环终止时，bpf_tap返回。这一机制确保了同一网络接口上对应了多个BPF设备时，每个设备都能拥有一个独立的过滤程序。

环回驱动程序调用bpf_mtap，向BPF传递分组。这个函数与bpf_tap类似，然而是在mbuf链，而不是在一个内存的连续区域中复制分组。本书中不介绍这个函数。

31.5.2 catchpacket函数

图31-18中，过滤程序接受了分组后，将调用catchpacket，图31-19给出了这个函数。

```
                                                                  ── bpf.c
946 static void
947 catchpacket(d, pkt, pktlen, snaplen, cpfn)
948 struct bpf_d *d;
949 u_char *pkt;
950 u_int   pktlen, snaplen;
951 void    (*cpfn) (const void *, void *, u_int);
952 {
953     struct bpf_hdr *hp;
954     int     totlen, curlen;
955     int     hdrlen = d->bd_bif->bif_hdrlen;
956     /*
957      * Figure out how many bytes to move.  If the packet is
958      * greater or equal to the snapshot length, transfer that
959      * much.  Otherwise, transfer the whole packet (unless
960      * we hit the buffer size limit).
961      */
962     totlen = hdrlen + min(snaplen, pktlen);
963     if (totlen > d->bd_bufsize)
964         totlen = d->bd_bufsize;

965     /*
966      * Round up the end of the previous packet to the next longword.
967      */
968     curlen = BPF_WORDALIGN(d->bd_slen);
969     if (curlen + totlen > d->bd_bufsize) {
970         /*
971          * This packet will overflow the storage buffer.
972          * Rotate the buffers if we can, then wakeup any
973          * pending reads.
974          */
975         if (d->bd_fbuf == 0) {
976             /*
977              * We haven't completed the previous read yet,
978              * so drop the packet.
979              */
980             ++d->bd_dcount;
```

图31-19 catchpacket函数

```
981            return;
982          }
983          ROTATE_BUFFERS(d);
984          bpf_wakeup(d);
985          curlen = 0;
986      } else if (d->bd_immediate)
987          /*
988           * Immediate mode is set.  A packet arrived so any
989           * reads should be woken up.
990           */
991          bpf_wakeup(d);
992      /*
993       * Append the bpf header.
994       */
995      hp = (struct bpf_hdr *) (d->bd_sbuf + curlen);
996      microtime(&hp->bh_tstamp);
997      hp->bh_datalen = pktlen;
998      hp->bh_hdrlen = hdrlen;
999      /*
1000      * Copy the packet data into the store buffer and update its length.
1001      */
1002     (*cpfn) (pkt, (u_char *) hp + hdrlen, (hp->bh_caplen = totlen - hdrlen));
1003     d->bd_slen = curlen + totlen;
1004 }
```
bpf.c

图31-19　(续)

946-955　catchpacket的参数包括：d，指向BPF设备结构的指针；pkt，指向进入分组的通用指针；pktlen，分组被接收时的长度；snaplen，从分组中保存下来的字节数；cpfn，函数指针，把分组从pkt中复制到一块连续内存中。如果分组已经保存连续内存中，则cptn等于bcopy。如果分组被保存在mbuf中(pkt指向mbuf链表中的第一个mbuf，如环回驱动程序)，则cptn等于bpf_mcopy。

956-964　除了链路层首部和分组，catchpacket为每个分组添加bpf_hdr。从分组中保存的字节数等于snaplen和pktlen中较小的一个。处理过的分组和bpf_hdr必须能放入分组缓存中(bd_bufsize字节)。

1. 分组能否放入缓存

965-985　curlen等于存储缓存中已有的字节数加上所需的填充字节，以保证下一分组能从长字边界处开始存放。如果进入分组无法放入剩余的缓存空间，说明存储缓存已满。如果空闲缓存不可用(如应用进程正从暂留缓存中读取数据)，则进入分组被丢弃。如是空闲缓存可用，则调用ROTATE_BUFFERS宏轮转缓存，并通过bpf_wakeup唤醒所有等待输入数据的应用进程。

2. 立即方式处理

986-991　如果设备处于立即方式，则唤醒所有等待进程以处理进入分组——内核中没有分组的缓存。

3. 添加BPF首部

992-1004　当前时间(microtime)、分组长度和首部长度均保存在bpf_hdr中。调用cptf所指的函数，把分组复制到存储缓存，并更新存储缓存的长度。因为在把分组从设备缓存传送到某个mbuf链表之前，bpf_tab已由leread直接调用，接收时间戳近似等于实际的接收时间。

31.5.3 bpfread函数

内核把针对BPF设备的read转交给bpfread处理。通过BIOCSRTIMEOUT命令，BPF支
持限时读取。这个"特性"也可通过select系统调用来实现，但至少tcpdump还是采用了
BIOCSRTIMEOUT，而非select。应用进程提供一个读缓存，能够与设备的暂留缓存大小相
匹配。BICOGBLEN命令返回缓存大小。一般情况下，读操作在存储缓存已满时返回。内核轮
转缓存，把存储缓存转给暂留缓存，后者在read系统调用时被复制到应用进程提供的读缓存，
同时BPF设备继续向存储缓存中存放进入分组。图31-20给出了bpfread。

—— bpf.c

```
344 int
345 bpfread(dev, uio)
346 dev_t    dev;
347 struct uio *uio;
348 {
349     struct bpf_d *d = &bpf_dtab[minor(dev)];
350     int     error;
351     int     s;

352     /*
353      * Restrict application to use a buffer the same size as
354      * as kernel buffers.
355      */
356     if (uio->uio_resid != d->bd_bufsize)
357         return (EINVAL);

358     s = splimp();
359     /*
360      * If the hold buffer is empty, then do a timed sleep, which
361      * ends when the timeout expires or when enough packets
362      * have arrived to fill the store buffer.
363      */
364     while (d->bd_hbuf == 0) {
365         if (d->bd_immediate && d->bd_slen != 0) {
366             /*
367              * A packet(s) either arrived since the previous
368              * read or arrived while we were asleep.
369              * Rotate the buffers and return what's here.
370              */
371             ROTATE_BUFFERS(d);
372             break;
373         }
374         error = tsleep((caddr_t) d, PRINET | PCATCH, "bpf", d->bd_rtout);
375         if (error == EINTR || error == ERESTART) {
376             splx(s);
377             return (error);
378         }
379         if (error == EWOULDBLOCK) {
380             /*
381              * On a timeout, return what's in the buffer,
382              * which may be nothing.  If there is something
383              * in the store buffer, we can rotate the buffers.
384              */
385             if (d->bd_hbuf)
```

图31-20 bpfread函数

```
386                    /*
387                     * We filled up the buffer in between
388                     * getting the timeout and arriving
389                     * here, so we don't need to rotate.
390                     */
391                    break;
392                if (d->bd_slen == 0) {
393                    splx(s);
394                    return (0);
395                }
396                ROTATE_BUFFERS(d);
397                break;
398            }
399        }
400        /*
401         * At this point, we know we have something in the hold slot.
402         */
403        splx(s);

404        /*
405         * Move data from hold buffer into user space.
406         * We know the entire buffer is transferred since
407         * we checked above that the read buffer is bpf_bufsize bytes.
408         */
409        error = uiomove(d->bd_hbuf, d->bd_hlen, UIO_READ, uio);

410        s = splimp();
411        d->bd_fbuf = d->bd_hbuf;
412        d->bd_hbuf = 0;
413        d->bd_hlen = 0;
414        splx(s);

415        return (error);
416 }
```
———————————————————————————— bpf.c

图31-20　（续）

344-357　通过最小设备号在bpf_dtab中寻找相应的BPF设备。如果读缓存不能匹配BPF设备缓存的大小，则返回EINVAL。

1. 等待数据

358-364　因为多个应用进程能够从同一个BPF设备中读取数据，如果有某个进程已先读取了数据，while循环将强迫读操作继续。如果暂留缓存中存在数据，循环被跳过。这与两个应用进程通过两个不同的BPF设备过滤同一个网络接口的情况(见习题31.2)是不同的。

2. 立即方式

365-373　如果设备处于立即方式，且存储缓存中有数据，则轮回缓存，while循环被终止。

3. 无可用的分组

374-384　如果设备不处于立即方式，或者存储缓存中没有数据，则应用进程进入休眠状态，直到某个信号到达，读定时器超时，或者有数据到达暂留缓存。如果有信号到达，则返回EINTR或ERESTART。

　　记住，应用进程不会见到ERESTART，因为syscall函数将处理这一错误，且不会向应用进程返回这一错误。

4. 查看暂留缓存

385-391 如果定时器超时，且暂留缓存中存在数据，则循环终止。

5. 查看存储缓存

392-399 如果定时器超时，且存储缓存中没有数据，则read返回0。应用进程执行限时读取时，必须考虑到这种情况。如果定时器超时，且存储缓存中存在数据，则把存储缓存转给暂留缓存，循环终止。

如果tsleep返回正常且存在数据，同时while循环测试失败，则循环终止。

6. 分组可用

400-416 循环终止时，暂留缓存中已有数据。uiomove从暂留缓存中移出bd_hlen个字节，交给应用进程。把暂留缓存转给空闲缓存，清除缓存计数器，函数返回。uiomove调用前的注释指出，uiomove通常能向应用进程复制bd_hlen字节的数据，因为前面已检查过读缓存大小，确保它大于BPF设备缓存的最大值，即bd_bufsize。

31.6 BPF的输出

最后，我们讨论如何向带有BPF设备的网络接口输出队列中添加分组。首先，应用进程必须构造完整的数据链路帧。对以太网而言，包括源和目的主机的硬件地址和数据帧类型(图4-8)。内核在把它放入接口的输出队列前不会修改链路帧。

bpfwrite函数

内核把应用进程的write系统调用转给图31-21给出的bpfwrite处理，数据帧被传给BPF设备。

bpf.c

```
437 int
438 bpfwrite(dev, uio)
439 dev_t    dev;
440 struct uio *uio;
441 {
442     struct bpf_d *d = &bpf_dtab[minor(dev)];
443     struct ifnet *ifp;
444     struct mbuf *m;
445     int     error, s;
446     static struct sockaddr dst;
447     int     datlen;

448     if (d->bd_bif == 0)
449         return (ENXIO);

450     ifp = d->bd_bif->bif_ifp;

451     if (uio->uio_resid == 0)
452         return (0);

453     error = bpf_movein(uio, (int) d->bd_bif->bif_dlt, &m, &dst, &datlen);
454     if (error)
455         return (error);

456     if (datlen > ifp->if_mtu)
457         return (EMSGSIZE);

458     s = splnet();
459     error = (*ifp->if_output) (ifp, m, &dst, (struct rtentry *) 0);
460     splx(s);
```

bpf.c

图31-21 bpfwrite函数

```
461      /*
462       * The driver frees the mbuf.
463       */
464      return (error);
465 }
```
                                                                      bpf.c

图31-21 （续）

1. 检查设备号

437-449   通过最小的设备号选择BPF设备，它必须已连接到某个网络接口。如果还没有，则返回ENXIO。

2. 向mbuf链中复制数据

450-457   如果write给出的写入数据长度等于0，则立即返回0。bpf_movein从应用进程复制数据到一个mbuf链表，并基于由bif_dlt传递的接口类型计算去除了链路层首部后的分组长度，并在datlen中返回该值。它还在dst中返回一个已初始化过的sockaddr结构。对以太网而言，这个地址结构的类型应该等于AF_UNSPEC，说明mbuf链中保存了外出数据帧的数据链路层首部。如果分组大于接口的MTU，则返回EMSGSIZE。

3. 分组排队

458-465   调用ifnet结构中指定的if_output函数，得到的mbuf链被提交给网络接口。对于以太网，if_output等于ether_output。

31.7   小结

本章中，我们讨论了如何配置BPF设备，如何向BPF设备递交进入数据帧，及如何在一个BPF设备上传送外出数据帧。

一个网络接口可以有多个BPF设备，每个BPF设备都有自己的过滤程序。存储缓存和暂留缓存最大限度地减少了应用进程为了处理进入数据帧而调用read的次数。

本章中只介绍了BPF的一些主要特性。有关BPF设备过滤程序代码的详细情况和其他一些特性，感兴趣的读者请参阅源代码和Net/3手册。

习题

31.1   为什么在分组存入BPF缓存之前，就能在catchpacket中调用bpf_wakeup？

31.2   图31-20中，我们提到可能会有两个进程在同一BPF设备上等待数据。图31-11中，我们指出同一时间只能有一个应用进程可以打开一个特定的BPF设备。为什么这两种说法都正确呢？

31.3   如果BIOCSETIF命令中指定的设备不支持BPF，会发生什么现象？

第32章 原 始 IP

32.1 引言

应用进程在Internet域中创建一个SOCK_RAW类型的插口，就可以利用原始IP层。一般有下列3种用法：

1) 应用进程可利用原始插口发送和接收ICMP和IGMP报文。

ping程序利用这种类型的插口，发送ICMP回显请求和接收ICMP回显应答。

有些选路守护程序，利用这一特性跟踪通常由内核处理的ICMP重定向报文段。我们在19.7节中提到，Net/3处理重定向报文段时，会在需重定向的插口上生成RTM_REDIRECT消息，从而无须利用原始插口的这一功能。

这个特性还用于实现基于ICMP的协议，如路由通告和路由请求(参见卷1的9.6节)，它们需用到ICMP，不过最好由应用进程而不是内核完成相应处理。

多播路由守护程序利用原始IGMP插口发送和接收IGMP报文。

2) 应用进程可利用原始插口构造自己的IP首部。路由跟踪程序利用这一特性生成自己的UDP数据报，包括IP和UDP首部。

3) 应用进程可利用原始插口读写内核不支持的IP协议的IP数据报。

gated程序利用这一特性支持基于IP的路由协议：EGP、HELLO和OSPF。

这种类型的原始插口还可用于设计基于IP的新的运输层协议，而无须增加对内核的支持。调试应用进程代码比调试内核代码容易得多。

本章介绍原始IP插口的实现。

32.2 代码介绍

图32-1给出的C文件中包含了5个原始IP处理函数。

文 件	描 述
netinet/raw_ip.c	原始IP处理函数

图32-1 本章讨论的文件

图32-2给出了5个原始IP函数与其他内核函数间的关系。

带阴影的椭圆表示我们在本章中将要讨论的5个函数。请注意，原始IP函数名中的前缀"rip"表示"原始IP"(Raw IP)，而不是"选路信息协议"(Routing Information Protocol)，后者的缩写也是RIP。

32.2.1 全局变量

本章中用到4个全局变量，如图32-3所示。

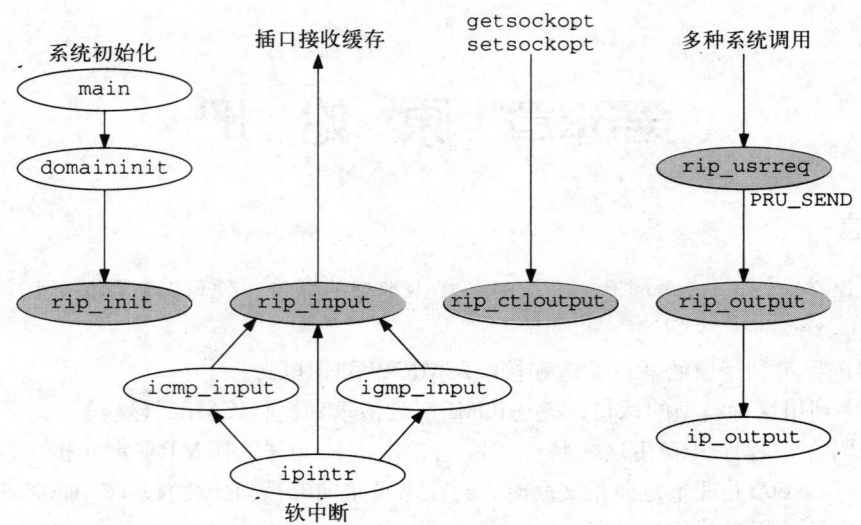

图32-2 原始IP函数与其他内核函数间的关系

变　　量	数据类型	描　　述
rawinpcb	struct inpcb	原始IP的Internet PCB链表表头
ripsrc	struct sockaddr_in	在输入中包含发送方的IP地址
rip_recvspace	u_long	插口接收缓存大小默认值，8192字节
rip_sendspace	u_long	插口发送缓存大小默认值，8192字节

图32-3 本章介绍的全局变量

32.2.2 统计量

原始IP在ipstat结构(图8-4)中维护两个计数器，如图32-4所示。

ipstat成员变量	描　　述	SNMP变量使用
ips_noproto	协议类型未知或协议不支持的分组数	•
ips_rawout	生成的原始IP分组总数	

图32-4 ipstat结构中维护的原始IP统计量

图8-6给出了如何在SNMP中使用ips_noproto计数器。图8-5给出了这两个计数器输出值的例子。

32.3 原始IP的protosw结构

与所有其他协议不同，inetsw数组有多条记录都可以读写原始IP。inetsw结构中有4个记录的插口类型都等于SOCK_RAW，但协议类型则各不相同：

- IPPROTO_ICMP(协议值1)；
- IPPROTO_IGMP(协议值2)；
- IPPROTO_RAW(协议值255)；

- 原始IP通配记录(协议值0)。

其中ICMP和IGMP前面已介绍过(图11-12和图13-9)。4项记录间的区别总结如下：

- 如果应用进程创建了一个原始插口(SOCK_RAW)，协议值非零(socket的第三个参数)，并且如果协议值等于IPPROTO_ICMP、IPPROTO_IGMP或IPPROTO_RAW，则会使用对应的protosw记录。

- 如果应用进程创建了一个原始插口，协议值非零，但内核不支持该协议，pffindproto会返回协议值为0的通配记录，从而允许应用进程处理内核不支持的IP协议，而无须修改内核代码。

我们在7.8节中提到，ip_protox数组中的所有未知记录都指向IPPROTO_RAW，它的协议转换类型如图32-5所示。

成 员	inetsw[3]	描 述
pr_type	SOCK_RAW	原始插口
pr_domain	&inetdomain	属于Internet域的原始IP
pr_protocol	IPPROTO_RAW(255)	出现在IP首部的ip_p字段
pr_flags	PR_ATOMIC|PR_ADDR	插口层标志，不用于协议处理
pr_input	rip_input	从IP层接收报文段
pr_output	0	原始IP不使用
pr_ctlinput	0	原始IP不使用
pr_ctloutput	rip_ctlinput	响应应用进程的管理请求
pr_usrreq	rip_usrreq	响应应用进程的通信请求
pr_init	0	原始IP不使用
pr_fasttimo	0	原始IP不使用
pr_slowtimo	0	原始IP不使用
pr_drain	0	原始IP不使用
pr_sysctl	0	原始IP不使用

图32-5 原始IP的protosw结构

本章中我们将介绍3个以rip_开头的函数，此外还大致提一下rip_output函数，它没有出现在协议转换记录中，但输出原始IP数据报时，rip_usrreq将会调用它。

第5个原始IP函数rip_init只出现在通配记录中。初始化函数只能调用一次，所以它既可以出现在IPPROTP_RAW记录中，也可以放在通配记录中。

不过，图32-5中并没有说明其他协议(ICMP和IGMP)，在它们自己的protosw结构中也用到了一些原始IP函数。图32-6对4个SOCK_RAW协议各自protosw结构的相关成员变量做了一个比较。为了强调彼此间的区别，不同之处都用黑体字标出。

protosw 记录	SOCK_RAW 协议类型			
	IPPROTO_ICMP (1)	IPPROTO_IGMP (2)	IPPROTO_RAW (255)	通配(0)
pr_input	**icmp_input**	**igmp_input**	**rip_input**	**rip_input**
pr_output	rip_output	rip_output	rip_output	rip_output
pr_ctloutput	rip_ctloutput	rip_ctloutput	rip_ctloutput	rip_ctloutput
pr_usrreq	rip_usrreq	rip_usrreq	rip_usrreq	rip_usrreq
pr_init	0	**igmp_init**	0	**rip_init**
pr_sysctl	**icmp_sysctl**	0	0	0
pr_fasttimo	0	**igmp_fasttimo**	0	0

图32-6 原始插口的协议转换值的比较

不同BSD版本中，原始IP的实现各有不同。`ip_protox`表中，协议号等于`IPPROTO_RAW`通常都用做通配记录以支持未知的IP协议，而协议号等于0的记录通常作为默认记录，从而允许应用进程读写内核不支持的IP协议数据报。

应用进程使用`IPPROTO_RAW`记录，最早见于Van Jacobson开发的Traceout，这是第一个需要自己写IP首部(改变TTL字段)的应用进程。为了支持Traceout，修订了4.3BSD和Net/1，包括修改`rip_output`，在收到协议号等于`IPPROTO_RAW`的数据报时，假定应用进程提交了一个完整的IP数据报，包括IP首部。在Net/2中，引入了`IP_HDRINCL`插口选项，简化了`IPPROTO_RAW`的用法，允许应用进程利用通配记录发送自己的IP首部。

32.4 `rip_init`函数

系统初始化时，`domaininit`函数调用原始IP初始化函数`rip_init`(图32-7)。

```
                                                                      ── raw_ip.c
47 void
48 rip_init()
49 {
50      rawinpcb.inp_next = rawinpcb.inp_prev = &rawinpcb;
51 }
                                                                      ── raw_ip.c
```

图32-7 `rip_init`函数

这个函数执行的唯一操作是令PCB首部(`rawinpcb`)中的前向和后向指针都指向自己，实现一个空的双向链表。

只要某个`socket`系统调用创建了`SOCK_RAW`类型的插口，下面将介绍的原始IP `PRU_ATTACH`函数就创建一个Internet PCB，并插入`rawinpcb`链表中。

32.5 `rip_input`函数

因为`ip_protox`数组中保存的所有关于未知协议的记录都指向`IPPROTO_RAW`(图7-8)，且后者的`pr_input`函数指向`rip_input`(图32-6)，所以只要某个接收IP数据报的协议号内核无法识别，就会调用此函数。但从图32-2可看出，ICMP和IGMP都可能调用`rip_input`，只要满足下列条件：

- `icmp_input`调用`rip_input`处理所有未知的ICMP报文类型和所有非响应的ICMP报文。
- `igmp_input`调用`rip_input`处理所有IGMP分组。

上述两种情况下，调用`rip_input`的一个原因是允许创建了原始插口的应用进程处理新增的ICMP和IGMP报文，内核可能不支持它们。

图32-8给出了`rip_input`函数。

```
                                                                      ── raw_ip.c
59 void
60 rip_input(m)
61 struct mbuf *m;
62 {
63      struct ip *ip = mtod(m, struct ip *);
64      struct inpcb *inp;
```

图32-8 `rip_input`函数

```
 65        struct socket *last = 0;

 66        ripsrc.sin_addr = ip->ip_src;
 67        for (inp = rawinpcb.inp_next; inp != &rawinpcb; inp = inp->inp_next) {
 68            if (inp->inp_ip.ip_p && inp->inp_ip.ip_p != ip->ip_p)
 69                continue;
 70            if (inp->inp_laddr.s_addr &&
 71                inp->inp_laddr.s_addr == ip->ip_dst.s_addr)
 72                continue;
 73            if (inp->inp_faddr.s_addr &&
 74                inp->inp_faddr.s_addr == ip->ip_src.s_addr)
 75                continue;
 76            if (last) {
 77                struct mbuf *n;
 78                if (n = m_copy(m, 0, (int) M_COPYALL)) {
 79                    if (sbappendaddr(&last->so_rcv, &ripsrc,
 80                                 n, (struct mbuf *) 0) == 0)
 81                        /* should notify about lost packet */
 82                        m_freem(n);
 83                    else
 84                        sorwakeup(last);
 85                }
 86            }
 87            last = inp->inp_socket;
 88        }
 89        if (last) {
 90            if (sbappendaddr(&last->so_rcv, &ripsrc,
 91                         m, (struct mbuf *) 0) == 0)
 92                m_freem(m);
 93            else
 94                sorwakeup(last);
 95        } else {
 96            m_freem(m);
 97            ipstat.ips_noproto++;
 98            ipstat.ips_delivered--;
 99        }
100    }
```
—— raw_ip.c

图32-8 (续)

1. 保存源IP地址

59-66　　IP数据报中的源地址被保存在全局变量`ripsrc`中,只要找到了匹配的PCB,
`ripsrc`将作为参数传给`sbappendaddr`。与UDP不同,原始IP没有端口号的概念,因此
`sockaddr_in`结构中的`sin_port`总等于0。

2. 在所有原始IP PCB中寻找一个或多个匹配的记录

67-88　　原始IP处理PCB表的方式与UDP和TCP不同。前面介绍过,这两个协议维护一个指针,
总是指向最近收到的数据报(单报文段缓存),并调用通用函数`in_pcblookup`寻找一个最佳
匹配(如果收到的数据报不同于缓存中的记录)。由于原始IP数据报可能发送到多个插口上,所
以无法使用`in_pcblookup`,因此,必须遍历原始PCB链表中的所有PCB。这一点类似于
UDP处理广播数据报和多播数据报的方式(图23-26)。

3. 协议比较

68-69　　如果PCB中的协议字段非0,并且与IP首部的协议字段不匹配,则PCB被忽略。也说
明协议值等于0(socket的第三个参数)的原始插口能够匹配所有收到的原始IP数据报。

4. 比较本地和远端IP地址

70-75   如果PCB中的本地地址非0，并且与IP首部的目的IP地址不匹配，则PCB被忽略。如果PCB中的远端地址非0，并且与IP首部的源IP地址不匹配，PCB被忽略。

上述3种测试说明应用进程能够创建一个协议号等于0的原始插口，即不绑定到本地地址，也不与远端地址建立连接，可以接收经rip_input处理的所有数据报。

第71和74行代码都有同样的错误：相等测试，实际应为不相等测试。

5. 递交接收数据报的复制报文段以备处理

76-94   sbappendaddr向应用进程提交一个接收数据报的复制报文段。变量last的使用与图23-26中的用法类似：因为sbappendaddr把报文段放入适当队列中后将释放所有mbuf，如果有多个进程接收数据报的复制报文段，rip_input必须调用m_copy保存一份复制报文段。但如果只有一个应用进程接收数据报，则无须复制。

6. 无法上交的数据报

95-99   如果无法为数据报找到相匹配的插口，则释放mbuf，递增ips_noproto，递减ips_delivered。IP在调用rip_input之前已经递增过后一个计数器(图8-15)。由于数据报实际上没有上交给运输层，因此，必须递减ips_delivered，确保两个SNMP计数器ipInDiscards和ipInDelivers(图8-16)的正确性。

本节开始时我们提到，icmp_input会为未知报文类型或非响应报文调用rip_input，意味着如果收到ICMP主机不可达报文，且rip_input找不到可匹配的原始插口PCB，ips_noproto会递增。这也说明为什么图8-5中的计数器值较大。在前面对该计数器的描述中提到"未知或不支持的协议"，这种说法是不正确的。

如果收到的IP数据报带有的协议字段既无法被内核辨识，也无法被某个应用进程通过原始插口处理，Net/3不会生成差错代码等于2(协议不可达)的ICMP目的不可达报文。RFC 1122建议出现此种情况时应该生成ICMP差错报文(参见习题32.4)。

32.6 rip_output函数

图32-6中，ICMP、IGMP和原始IP都调用rip_output实现原始IP输出。应用程序调用send、sendto、sendmsg、write和writev这5个写函数之一输出报文段。如果插口已建立连接，就可以任意调用上述5个函数，尽管sendto和sendmsg中不能规定目的地址。如果插口没有建立连接，则只能调用sendto和sendmsg，且必须规定目的地址。

图32-9给出了rip_output函数。

1. 内核填充IP首部

119-128   如果IP_HDRINCR插口选项未定义，M_PREPEND为IP首部分配空间，并填充IP首部各字段。此处未填充的字段留待ip_output初始化(图8-22)。协议字段等于PCB中保存的值，并且是图32-10中socket系统调用的第三个参数。

TOS等于0，TTL等于255。内核为原始IP插口填充各首部字段时通常使用这些固定值。这与UDP和TCP不同，进程能够通过插口选项设定IP_TTL和IP_TOS值。

129   进程通过IP_OPTIONS插口选项设定的所有IP选项，都通过opts变量传给ip_output函数。

```
                                                             ───── raw_ip.c
105 int
106 rip_output(m, so, dst)
107 struct mbuf *m;
108 struct socket *so;
109 u_long  dst;
110 {
111     struct ip *ip;
112     struct inpcb *inp = sotoinpcb(so);
113     struct mbuf *opts;
114     int     flags = (so->so_options & SO_DONTROUTE) | IP_ALLOWBROADCAST;

115     /*
116      * If the user handed us a complete IP packet, use it.
117      * Otherwise, allocate an mbuf for a header and fill it in.
118      */
119     if ((inp->inp_flags & INP_HDRINCL) == 0) {
120         M_PREPEND(m, sizeof(struct ip), M_WAIT);
121         ip = mtod(m, struct ip *);
122         ip->ip_tos = 0;
123         ip->ip_off = 0;
124         ip->ip_p = inp->inp_ip.ip_p;
125         ip->ip_len = m->m_pkthdr.len;
126         ip->ip_src = inp->inp_laddr;
127         ip->ip_dst.s_addr = dst;
128         ip->ip_ttl = MAXTTL;
129         opts = inp->inp_options;
130     } else {
131         ip = mtod(m, struct ip *);
132         if (ip->ip_id == 0)
133             ip->ip_id = htons(ip_id++);
134         opts = NULL;
135         /* XXX prevent ip_output from overwriting header fields */
136         flags |= IP_RAWOUTPUT;
137         ipstat.ips_rawout++;
138     }
139     return (ip_output(m, opts, &inp->inp_route, flags, inp->inp_moptions));
140 }
                                                             ───── raw_ip.c
```

图32-9 rip_output函数

2. 调用者填充IP首部：`IP_HDRINCR`插口选项

130-133 如果选用了`IP_HDRINCR`插口选项，调用者在数据报前提供完整的IP首部。如果进程提供的ID字段等于0，对此类IP首部需要做的唯一修改是ID字段。IP数据报的ID字段可以等于0。此处，`rip_output`对ID字段的赋值可以简化进程的处理，直接设ID字段等于0，`rip_output`向内核请求内核变量`ip_id`的当前值，作为IP报文段的ID值。

134-136 令opts为空，忽略进程可能通过`IP_OPTIONS`设定的任何IP选项。如果调用者构建了自己的IP首部，其中肯定已包括了调用者希望加入的IP选项。`flags`变量中必须有`IP_RAWOUTPUT`标志，告诉ip_output不要修改IP首部。

137 计数器ips_rawout递增。执行Traceroute时，Traceroute每发送一个变量就会导致此变量加1。

rip_output的操作在不同版本中有所变化。在Net/3中使用`IP_HDRINCL`插口选项时，`rip_output`对IP首部所做的唯一修改就是填充ID字段，如果进程将其定为0。因为`IP_RAWOUTPUT`标志置位，Net/3中的ip_output函数不改动IP首部。但

在Net/2中，即使IP_HDRINCL插口选项设定时，它也会修改IP首部中特定字段：IP
版本号等于4，分片偏移量等于0，分片标志被清除。

32.7 rip_usrreq函数

协议的用户请求处理函数能够完成多种操作。与UDP和TCP的用户请求处理函数类似，
rip_usrreq是一个很大的switch语句，每个PRU_*xxx*请求都有一个对应的case子句。

图32-10给出的PRU_ATTACH请求来自socket系统调用。

```
                                                                      raw_ip.c
194 int
195 rip_usrreq(so, req, m, nam, control)
196 struct socket *so;
197 int      req;
198 struct mbuf *m, *nam, *control;
199 {
200     int      error = 0;
201     struct inpcb *inp = sotoinpcb(so);
202     extern struct socket *ip_mrouter;
203     switch (req) {

204     case PRU_ATTACH:
205         if (inp)
206             panic("rip_attach");
207         if ((so->so_state & SS_PRIV) == 0) {
208             error = EACCES;
209             break;
210         }
211         if ((error = soreserve(so, rip_sendspace, rip_recvspace)) ||
212             (error = in_pcballoc(so, &rawinpcb)))
213             break;
214         inp = (struct inpcb *) so->so_pcb;
215         inp->inp_ip.ip_p = (int) nam;
216         break;
                                                                      raw_ip.c
```

图32-10 rip_usrreq函数：PRU_ATTACH请求

194-206   每次socket函数被调用时，都会创建新的socket结构，此时还没有指向某个
Internet PCB。

1. 确认超级用户

207-210   只有超级用户才能创建原始插口，这是为了防止普通用户向网络发送自己的IP数
据报。

2. 创建Internet PCB，保留缓存空间

211-215   为输入和输出队列保留所需空间，调用in_pcballoc分配新的Internet PCB，添
加到原始IP PCB链表中(rawinpcb)，并与socket结构建立对应关系。rip_usrreq的nam
参数就是socket系统调用的第三个参数：协议。它被保存在PCB中，因为rip_input要用
它上交收到的数据报，rip_output也要把它填入外出数据报的协议字段中(如果
IP_HDRINCL未设定)。

原始IP插口与远端IP地址建立的连接，与UDP插口和远端IP地址建立的连接相类似。它固
定了原始插口只能接收来自特定地址的数据报，如我们在rip_input中所看到的。原始IP与

UDP一样，是一个无连接协议，下面两种情况下会发送PRU_DISCONNECT请求：

1) 关闭建立连接的原始插口时，在PRU_DETACH之前会先发送PRU_DISCONNECT请求。

2) 如果对一个已建立连接的原始插口调用connect，soconnect在发送PRU_CONNECT请求前会先发送PRU_DISCONNECT请求。

图32-11给出了PRU_DISCONNECT、PRU_ABORT和PRU_DETACH请求。

```
                                                              ─── raw_ip.c
217     case PRU_DISCONNECT:
218         if ((so->so_state & SS_ISCONNECTED) == 0) {
219             error = ENOTCONN;
220             break;
221         }
222         /* FALLTHROUGH */

223     case PRU_ABORT:
224         soisdisconnected(so);
225         /* FALLTHROUGH */

226     case PRU_DETACH:
227         if (inp == 0)
228             panic("rip_detach");
229         if (so == ip_mrouter)
230             ip_mrouter_done();
231         in_pcbdetach(inp);
232         break;
                                                              ─── raw_ip.c
```

图32-11 rip_usrreq函数：PRU_DISCONNECT、PRU_ABORT和PRU_DETACH请求

217-222 如果处理PRU_DISCONNECT请求的插口没有进入连接状态，则返回错误。

223-225 尽管禁止在一个原始插口上发送PRU_ABORT请求，这个case语句实际上是PRU_DISCONNECT请求处理的延续。插口转入断开状态。

226-230 close系统调用发送PRU_DETACH请求，这个case语句还将结束PRU_DISCONNECT请求的处理。如果socket结构用于多播选路(ip_mrouter)，则调用ip_mrouter_done取消多播选路。一般情况下，mrouted(8)守护程序会通过DVMPR_DONE插口选项取消多播选路，因此，这个条件用于防止mrouted(8)在没有正确设定插口选项之前就异常终止了。

231 调用in_pcbdetach释放Internet PCB，并从原始IP PCB表(rawinpcb)中删除。

通过PRU_BIND请求，可以把原始IP插口绑定到某个本地IP地址上，如图32-12所示。我们在rip_input中指出，插口将只能接收发向该地址的数据报。

233-250 应用进程向sockaddr_in结构填充本地IP地址。下列3个条件必须全真，否则将返回差错代码EADDRNOTAVAIL：

1) 至少配置了一个IP接口；

2) 地址族应等于AF_INET(或者AF_IMPLINK。这种不一致是历史上人为造成的)；

3) 如果绑定的IP地址不等于0.0.0.0，它必须对应于某个本地接口。调用者的sockaddr_in中的端口号必须等于0，否则ifa_ifwithaddr将返回错误。

本地IP地址保存在PCB中。

```
233          case PRU_BIND:                                                      raw_ip.c
234              {
235                  struct sockaddr_in *addr = mtod(nam, struct sockaddr_in *);
236                  if (nam->m_len != sizeof(*addr)) {
237                      error = EINVAL;
238                      break;
239                  }
240                  if ((ifnet == 0) ||
241                      ((addr->sin_family != AF_INET) &&
242                       (addr->sin_family != AF_IMPLINK)) ||
243                      (addr->sin_addr.s_addr &&
244                       ifa_ifwithaddr((struct sockaddr *) addr) == 0)) {
245                      error = EADDRNOTAVAIL;
246                      break;
247                  }
248                  inp->inp_laddr = addr->sin_addr;
249                  break;
250              }
                                                                                 raw_ip.c
```

图32-12 rip_usrreq函数：PRU_BIND请求

进程还可以在原始IP插口与某个特定远端IP地址间建立连接。我们在rip_input中指出，这样可以限制进程只能接收源IP地址等于连接对端IP地址的数据报。进程可以同时调用bind和connect，或者两者都不调用，这取决于它希望rip_input对接收数据报采用的过滤方式。图32-13给出了PRU_CONNECT请求的处理逻辑。

251-270 如果调用者的sockaddr_in初始化正确，且至少配置了一个IP接口，则指定的远端地址将存储在PCB中。注意，这一处理和UDP插口建立与远端IP地址的连接有所不同。对于UDP，in_pcbconnect申请到达远端地址的一条路由，并把外出接口视为本地地址（图22-9）。对于原始IP，只有远端IP地址存储到PCB中，除非应用进程还调用了bind，rip_input将只比较远端地址。

```
251          case PRU_CONNECT:                                                   raw_ip.c
252              {
253                  struct sockaddr_in *addr = mtod(nam, struct sockaddr_in *);
254                  if (nam->m_len != sizeof(*addr)) {
255                      error = EINVAL;
256                      break;
257                  }
258                  if (ifnet == 0) {
259                      error = EADDRNOTAVAIL;
260                      break;
261                  }
262                  if ((addr->sin_family != AF_INET) &&
263                      (addr->sin_family != AF_IMPLINK)) {
264                      error = EAFNOSUPPORT;
265                      break;
266                  }
267                  inp->inp_faddr = addr->sin_addr;
268                  soisconnected(so);
269                  break;
270              }
                                                                                 raw_ip.c
```

图32-13 rip_usrreq函数：PRU_CONNECT请求

进程结束发送数据后，调用shutdown，生成PRU_SHUTDOWN请求，尽管进程很少为原始IP插口调用shutdown。图32-14给出了PRU_CONNECT2和PRU_SHUTDOWN请求的处理逻辑。

```
                                                            ─── raw_ip.c
271     case PRU_CONNECT2:
272         error = EOPNOTSUPP;
273         break;

274         /*
275          * Mark the connection as being incapable of further input.
276          */
277     case PRU_SHUTDOWN:
278         socantsendmore(so);
279         break;
                                                            ─── raw_ip.c
```

图32-14 PRU_CONNECT2和PRU_SHUTDOWN请求

271-273 原始IP插口不支持PRU_CONNECT2请求。

274-279 socantsendmore置位插口标志，禁止所有输出。

图23-14中，我们给出了5个写函数如何调用协议的pr_usrreq函数，发送PRU_SEND请求。图32-15给出了这个请求的处理逻辑。

```
                                                            ─── raw_ip.c
280         /*
281          * Ship a packet out.  The appropriate raw output
282          * routine handles any massaging necessary.
283          */
284     case PRU_SEND:
285         {
286             u_long  dst;
287             if (so->so_state & SS_ISCONNECTED) {
288                 if (nam) {
289                     error = EISCONN;
290                     break;
291                 }
292                 dst = inp->inp_faddr.s_addr;
293             } else {
294                 if (nam == NULL) {
295                     error = ENOTCONN;
296                     break;
297                 }
298                 dst = mtod(nam, struct sockaddr_in *)->sin_addr.s_addr;
299             }
300             error = rip_output(m, so, dst);
301             m = NULL;
302             break;
303         }
                                                            ─── raw_ip.c
```

图32-15 rip_usrreq函数：PRU_SEND请求

280-303 如果插口处于连接状态，则调用者不能指定目的地址(nam参数)。如果插口未建立连接，则需要指明目的地址。不管哪种情况，只要条件满足，dst将等于目的IP地址。rip_output发送数据报。令mbuf指针m为空，防止函数结束时释放mbuf链。因为接口输出

例程发送数据报之后会释放mbuf链(记住，`rip_output`向`ip_output`提交mbuf链，
`ip_output`把它加入到接口的输出队列中)。

图32-16给出了`rip_usrreq`的最后一部分代码。由`fstat`系统调用生成的PRU_SENSE
请求没有返回值。PRU_SOCKADDR和PRU_PEERADDR请求分别由`getsockname`和
`getpeername`系统调用生成。原始IP插口不支持其余请求。

319-324 函数`in_setsockaddr`和`in_setpeeraddr`能够从PCB中读取信息，在`nam`参
数中返回结果。

```
                                                                    raw_ip.c
304    case PRU_SENSE:
305        /*
306         * fstat: don't bother with a blocksize.
307         */
308        return (0);

309        /*
310         * Not supported.
311         */
312    case PRU_RCVOOB:
313    case PRU_RCVD:
314    case PRU_LISTEN:
315    case PRU_ACCEPT:
316    case PRU_SENDOOB:
317        error = EOPNOTSUPP;
318        break;

319    case PRU_SOCKADDR:
320        in_setsockaddr(inp, nam);
321        break;

322    case PRU_PEERADDR:
323        in_setpeeraddr(inp, nam);
324        break;

325    default:
326        panic("rip_usrreq");
327    }
328    if (m != NULL)
329        m_freem(m);
330    return (error);
331 }
                                                                    raw_ip.c
```

图32-16　`rip_usrreq`函数：剩余的请求

32.8　`rip_ctloutput`函数

`setsockopt`和`getsockopt`函数会调用`rip_ctloutput`，它处理一个IP插口选项和8
个用于多播选路的插口选项。

图32-17给出了`rip_ctloutput`函数的第一部分。

```
                                                                    raw_ip.c
144 int
145 rip_ctloutput(op, so, level, optname, m)
146 int        op;
147 struct socket *so;
```

图32-17　`rip_usrreq`函数：处理IP_HDRINCL插口选项

```
148 int       level, optname;
149 struct mbuf **m;
150 {
151     struct inpcb *inp = sotoinpcb(so);
152     int       error;

153     if (level != IPPROTO_IP)
154         return (EINVAL);

155     switch (optname) {

156     case IP_HDRINCL:
157         if (op == PRCO_SETOPT || op == PRCO_GETOPT) {
158             if (m == 0 || *m == 0 || (*m)->m_len < sizeof(int))
159                     return (EINVAL);
160             if (op == PRCO_SETOPT) {
161                 if (*mtod(*m, int *))
162                         inp->inp_flags |= INP_HDRINCL;
163                 else
164                     inp->inp_flags &= ~INP_HDRINCL;
165                 (void) m_free(*m);
166             } else {
167                 (*m)->m_len = sizeof(int);
168                 *mtod(*m, int *) = inp->inp_flags & INP_HDRINCL;
169             }
170             return (0);
171         }
172         break;
```
                                                                    — raw_ip.c

图32-17 （续）

144-172 　保存新选项值或者选项当前值的mbuf至少要能容纳一个整数。对于`setsockopt`系统调用，如果mbuf中的整数值非0，则设定该标志，否则清除它。对于`getsockopt`系统调用，mbuf中的返回值要么等于0，要么是非0的选项值。函数返回，以避免`switch`语句结束时处理其他IP选项。

　　图32-18给出了`rip_ctloutput`函数的最后一部分，处理8个多播选路插口选项。

                                                                    — raw_ip.c
```
173     case DVMRP_INIT:
174     case DVMRP_DONE:
175     case DVMRP_ADD_VIF:
176     case DVMRP_DEL_VIF:
177     case DVMRP_ADD_LGRP:
178     case DVMRP_DEL_LGRP:
179     case DVMRP_ADD_MRT:
180     case DVMRP_DEL_MRT:


                    /* shown in Figure 14.9 */


188     }
189     return (ip_ctloutput(op, so, level, optname, m));
190 }
```
                                                                    — raw_ip.c

图32-18　rip_usrreq函数：处理多播选路插口选项

173-188 　这8个插口选项只对`setsockopt`系统调用有效，它们由图14-9讨论的

ip_mrouter_cmd函数处理。

189 所有其他IP插口选项，如设定IP选项的IP_OPTIONS，则由ip_ctloutput处理。

32.9 小结

原始插口为IP主机提供3种功能。

1) 用于发送和接收ICMP和IGMP报文。

2) 支持进程构建自己的IP首部。

3) 允许进程支持基于IP的其他协议。

原始IP较为简单——只填充IP首部的有限几个字段，但它允许进程提供自己的IP首部。例如，调试程序就能发送任何类型的IP数据报。

原始IP输入提供了3种处理方式，能够选择性地接收进入的IP数据报。应用进程基于下列因素选择接收数据报：协议字段；源IP地址(由connect指明)；目的IP地址(由bind指明)。进程可以任意组合上述3种过滤条件。

习题

32.1 假定IP_HDRINCL插口选项未设定。如果socket的第三个参数等于0，rip_output填入IP首部协议字段(ip_p)的值是多少？如果socket的第三个参数等于IPPROTO_RAW (255)，rip_output填入该字段(ip_p)的值又是多少？

32.2 进程创建了一个原始插口，协议值等于IPPROTO_RAW (255)。进程在这个插口上将收到什么类型的IP数据报？

32.3 进程创建了一个原始插口，协议值等于0。进程在这个插口上将收到什么类型的IP数据报？

32.4 修改rip_input，在适当情况下发送代码等于2 (协议不可达)的ICMP目的不可达报文。请注意，不要为rip_input正处理的ICMP或IGMP数据报生成一个差错。

32.5 如果进程希望生成自己的IP数据报，自己填充IP首部字段，可使用IP_HDRINCL选项置位的原始IP插口，或者采用BPF(第31章)，这两种方法的区别是什么？

32.6 什么时候进程应该读取原始IP插口？什么时候读取BPF？

结 束 语

"我们已走了很长一段路。前面的九章中给出了大量的代码，其中有很多地方值得进一步商讨。如果你第一次阅读时没能全部消化，不要紧——因为那是不可能的。即使最好的代码也需要花时间去理解，而且你不可能完全掌握所有细节，除非开始使用并修改程序。学习编程的唯一方法是消化代码：读，修改，再读"

摘自《软件工具》的结束语[Kernighan and Plauger 1976]

"事实上，在这个RFC中，你将看到模块化与性能是不可兼得的，设计者往往不得不在良好的结构和优异的性能间做出痛苦但不可避免的选择。"

摘自RFC 817 [Clark 1982]

本书详细讨论了一个真正的操作系统中非常有意义的一部分代码。书中代码的各个版本是Unix内核，以及其他许多非Unix系统的一部分。

我们讨论的代码并不完美，也并非实现TCP/IP协议栈的唯一方式。过去15年中，它经过了许多人的修改、完善、测试和攻击。书中代码的很大一部分甚至不是由加州大学伯克利计算机系统研究小组开发的：Stev Deering编写了多播代码，Thomas Skibo加入了对长肥管道的支持，Van Jacobson开发了部分TCP代码，等等。代码包含了很多goto语句(准确地说有221个)、许多大函数(如tcp_input和tcp_output)，而且许多编码风格也有问题(我们试着在讨论代码时指出它们)。尽管如此，代码毫无疑问具有"事实上的生命力"，是添加新特性的基础，是衡量其他实现的标准。

伯克利联网代码设计用于VAX机型，当时带4MB内存的VAX-11/780已是一个大系统了。因此，许多设计思想(如mbuf)为了节省内存而牺牲了处理性能。如果现在重新编写全部代码，可以改变这一点。

过去几年中，越来越强调网络软件的处理性能，因为底层网络速度正变得越来越快(如FDDI和ATM)，而且高带宽业务正不断涌现(如声音和视频)。无论何时，设计嵌于操作系统内核中的网络软件时，简洁性通常会让位给速度[Clark 1982]。对于任何实际实现，这一点都是正确的。

[Partridge 1993]和[Jacobson 1993]给出了Internet协议的一个实现，主要用于研究，设计思想侧重于性能的提高。[Jacobson 1993]中代码的处理速度是本书中代码处理速度的10~100倍，BSD系统中常见的mbuf软件中断和多数协议分层都被抛弃。如果能在更大的范围内使用，不久的将来，它将成为衡量其他实现的新标准。

1994年7月，IPv4的下一版本IPv6诞生了。它采用了128位(16字节)地址。IP和ICMP层有了很多变化，但运输层协议UDP和TCP并未改变(有人提出了TCPng，下一代TCP，但作者认为即使仅仅升级IP，对于世界范围内的厂商和Internet用户而言，已经是一个巨大的挑战)。一两年后才会出现商用的实现，再过许多年，终端用户才会把他们的主机和路由器更新为IPv6。在实验室中，基于本书代码的IPv6实现计划于1995年初出现。

为了加深对伯克利网络代码的了解，最好能够得到源代码，并着手做一些修改。源代码很容易得到(附录B)，书中有大量习题建议了可进一步改进的地方。

附录A　部分习题的解答

第1章

1.2 SLIP驱动程序执行spltty(图1-13)，其优先级必须低于或等于splimp，且高于splnet。因此，SLIP驱动程序由于中断而被阻塞。

第2章

2.1 M_EXT标志是mbuf自身的一个属性，而不是mbuf中保存的数据报的属性。

2.2 调用者请求大于100字节(MHLEN)的连续空间。

2.3 不可行，因为多个mbuf都可指向簇(2.9节)。此外，簇中也没有用于后向指针的空间(习题2.4)。

2.4 在<sys/mbuf.h>定义的宏MCLALLOC和MCLFREE中，我们看到引用计数器是一个名为mclrefcnt的数组。它在内核初始化时被分配，代码文件为machdep.c。

第3章

3.3 采用很大的交互式队列，并不符合建立队列的目的，新的交互式流量跟在原有流量之后，会造成附加时延。

3.4 因为sl_softc结构都是全局变量，内核初始化时都被置为0。

3.5

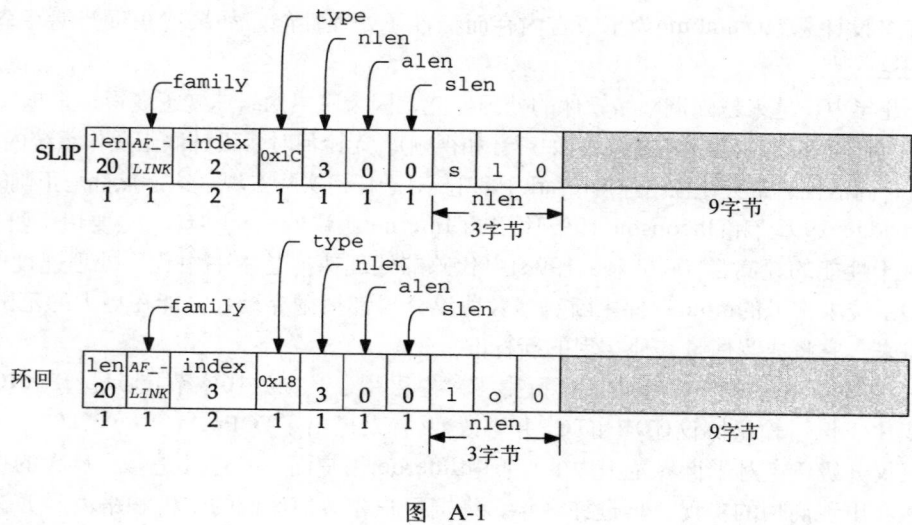

图　A-1

第4章

4.1 leread必须查看数据报，确认把数据报提交给BPF之后，是否需要将其丢弃。因为

BPF开关会造成接口处于一种混杂模式，数据报的目的地有可能是以太网中的其他主机，BPF处理完毕后，必须将其丢弃。

如果接口没有加开关，则必须在ether_input中完成这一测试。

4.2 如果测试反过来，广播标志永远不会置位。

如果第二个if前没有else，所有广播分组都会带上多播标志。

第5章

5.1 环回接口不需要输入函数，因为它接收的所有分组都直接来自于looutput，后者实际完成了输入功能。

5.2 堆栈分配快于动态存储器分配。对BPF处理，性能是首要考虑的因素，因为对每个进入数据报都会执行该代码。

5.5 缓存溢出的第一个字节被丢弃，SC_ERROR置位，slinput重设簇指针，从缓存起始处开始收集字符。因为SC_ERROR置位，slinput收到SLIP END字符后，丢弃当前接收的数据帧。

5.6 如果检验和无效或者IP首部长度与实际数据报长度不匹配，数据报被丢弃。

5.7 因为ifp指向le_softc结构的第一个成员，

```
sc = (struct le_softc*) ifp;
```

sc初始化正确。

5.8 这是非常困难的。某些路由器在开始丢弃数据报时，可能会发送ICMP源站抑制报文段，但Net/3实现中的UDP插口丢弃这些报文段(图23-30)。应用程序可以使用与TCP所采用的相同技术：根据确认的数据报估算往返时间，确认可用的带宽和时延。

第6章

6.1 IP子网出现之前(RFC 950 [Mogul和Postel 1985])，IP地址的网络和主机部分都以字节为界。in_addr结构的定义如下：

```
struct in_addr {
      union {
              struct { u_char s_b1, s_b2, s_b3, s_b4; } S_un_b;
              struct { u_short s_w1, s_w2; } S_un_w;
              u_long S_addr;
      } S_un;
#define s_addr   S_un.S_addr         /* should be used for all code */
#define s_host   S_un.S_un_b.s_b2    /* OBSOLETE: host on imp */
#define s_net    S_un.S_un_b.s_b1    /* OBSOLETE: network */
#define s_imp    S_un.S_un_w.s_w2    /* OBSOLETE: imp */
#define s_impno  S_un.S_un_b.s_b4    /* OBSOLETE: imp # */
#define s_lh     S_un.S_un_b.s_b3    /* OBSOLETE: logical host */
};
```

图 A-2

Internet地址读写单位既可以是8 bit字节，也可以是16 bit单字，或32 bit双字。宏s_host、s_net、s_imp等等，它们的名字明确地反映出早期TCP/IP网络的结构。子网和超网概念的引入，淘汰了这种以字节和单字区分的做法。

6.2 返回指向结构sl_softc[0]的指针。

6.3　接口输出函数，如ether_output，只有一个指向接口ifnet结构的指针，而没有
　　　指向ifaddr的指针。在arpcom结构(最后一次为接口设定的IP地址)中使用IP地址
　　　可以避免从ifaddr地址链表中寻找所需地址。

6.4　只有超级用户进程才能创建原始IP插口。通过UDP插口，任何用户进程能够查看接
　　　口配置，但内核仍拥有超级用户特权，能够修改接口地址。

6.5　有3个函数循环处理网络掩码，一次处理一个字节。它们是ifa_ifwithnet、
　　　ifaof_ifpforaddr和rt_maskedcopy。较短的网络掩码能够提高这些函数的性能。

6.6　与远端系统建立Telnet连接。Net/2系统不应该转交这些数据报，而其他系统不会接
　　　受到达环回接口之外的非环回接口的环回数据报。

第7章

7.1　下列调用返回指向inetsw[6]的指针：
```
pffindproto(PF_INET, 0, SOCK_RAW);
```

第8章

8.1　可能不会。系统不可能响应任意的广播报文，因为没有可供响应的源地址。

8.4　因为数据报已经损坏，无法知道首部中的地址是否正确。

8.5　如果应用程序选取的源地址与指定的外出接口的地址不同，则无法发送到下一跳路由
　　　器。如果下一跳路由器发现数据报源地址与其到达的子网地址不符，则不会执行下一
　　　步的转发操作。这是尽量减少终端系统复杂性带来的后果，RFC 1122指出了这一问题。

8.6　新主机认为广播报文来自于某个没有划分子网的网络中的主机，并试图将数据报发
　　　回给源主机。网络接口开始广播ARP请求，向网络请求该广播地址，当然，这一请
　　　求永远不会收到响应。

8.7　减少TTL的操作出现在小于等于1的测试之后，是为了避免收到的TTL等于0，减1后
　　　将等于255，从而引起操作差错。

8.8　如果两个路由器彼此认为对方是某个数据报的下一跳路由器，则形成环路。除非该
　　　环路被打破，原始数据报在两个路由器间来回传递，并且每个路由器都向源主机发
　　　送ICMP重定向报文段，如果该主机与路由器处于同一个网络中。路由更新时，不同
　　　路由器中的路由表暂时存在的不一致现象，会造成这种环路。
　　　原始报文段的TTL最终减为0，数据报被丢弃。这是TTL存在的一个主要原因。

8.9　不会检查4个以太网广播地址，因为它们不属于接收接口。但应检查有限的广播地址，说
　　　明带有SLIP链路的系统采用有限的广播地址，即使不知道对端地址，也能与对端通信。

8.10　只对数据报的第一个分片(分片偏移量等于0)生成ICMP差错报文。无论是主机字节
　　　序，还是网络字节序，0的表示都相同，因此无须转换。

第9章

9.1　RFC 1122建议如果数据报中的选项彼此冲突，处理方式由各实现代码自己决定。
　　　Net/3能正确处理第一个源路由选项，但因为它会更新数据报首部的ip_dst，第二
　　　条源路由处理将出现差错。

9.2　网络中的主机也可以用做到达网络其他主机的中继。如果目的主机不可直接到达，

源主机可在数据报中加入路由，首先到达中继主机，接着到达最终的目的主机。路由器不会丢弃数据报，因为目的地址指向中继主机，后者将处理路由并把数据报转发给最终目的主机。目的主机把路由反转，同样利用中继主机转发响应。

9.3 采用与前一个习题同样的原则。我们选取一个能够同时与源主机和目的主机通信的中继路由器，并构造源路由，穿过中继路由器到达目的地址。中继路由器必须与目的地址处于同一个网络，通信中不需要默认路由。

9.4 如果源路由是仅有的IP选项，NOP选项使得所有IP地址以4字节边界对齐，从而能够优化存储器中的地址读取操作。这种对齐技术也适用于多个IP选项，如果每个IP选项都通过NOP填充，保证按4字节边界对齐。

9.5 不应混淆非标准时间值和标准时间值，最大的标准时间值等于86 399 399($24 \times 60 \times 60 \times 1000 - 1$)，需要28 bit才能表示。由于时间值有32 bit，从而避免了高位比特的混淆问题。

9.6 源路由选项代码在处理过程中可能会改变`ip_dst`。保存目的地址，从保证时间戳处理使用原始目的地址。

第10章

10.2 重装后，只有第一个分片的选项上交给运输层协议。

10.3 因为数据长度(204 + 20)大于208(图2-16)。

图10-11中的`m_pullup`把头40字节复制到一个单独的mbuf中，如图2-18所示。

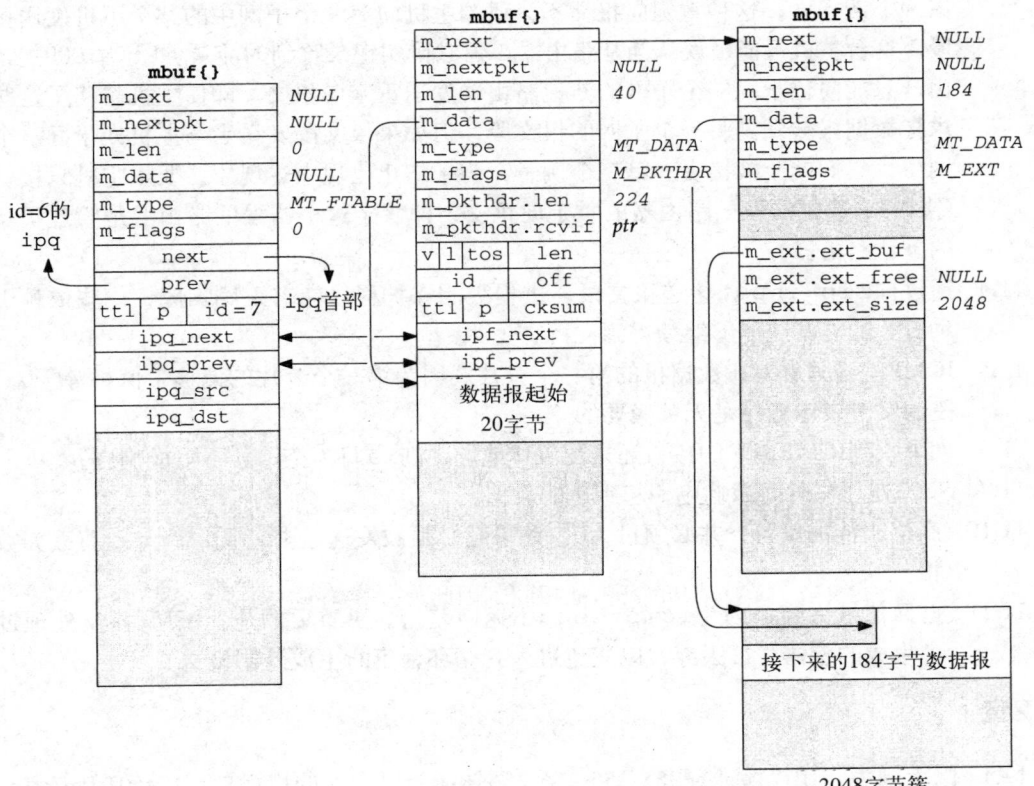

图　A-3

10.5 平均每个数据报收到的分片数等于

$$\frac{72\,786-349}{16\,557}=4.4$$

平均每个输出数据报新建的平均分片数等于

$$\frac{796\,084}{26\,0484}=3.1$$

10.6 图10-11中，数据报最初被作为分片处理。当ip_off左移时，保留的比特位被丢弃。得到的数据报被视为分片或一个完整的数据报，取决于MF和分片偏移量的值。

第11章

11.1 输出响应使用收到请求的接口的源地址。主机可能无法辨识0.0.0.0是一个有效的广播地址，因此，有可能忽略请求。推荐的广播地址等于255.255.255.255。

11.2 假定主机发送了一个链路层的广播数据报，其源IP地址是另一台主机的地址，且数据报有差错，如内容差错的选项。所有主机都能接收并检测出差错，因为这是一个链路层的广播报文，而且选项的处理先于最终目的地的检测。许多发现差错的主机会向数据报的源IP地址发送ICMP报文，即使原数据报属于链路层广播。另一台主机将收到大量假的ICMP差错。这就是为什么不允许为链路层广播而发送ICMP差错报文。

11.3 第一个例子中，这种重定向报文不会诱骗主机向另一个子网中的某个主机发送报文段。这台主机可能被误认为是路由器，但它确实记录收到的流量。RFC 1009规定路由器只能向位于同一个子网的其他路由器发送重定向报文。即使主机忽略了这些要求把数据报转发到另一个子网的报文段，但如果报文段发送者与主机处于同一个子网中，它们就会被接受。第二个例子，为了防止出现上述现象，要求主机只接受它(错误地)选定的原始路由器的重定向报文，即假定这个错误的路由器是管理员指定的默认路由器。

11.4 通过向rip_input传递报文段，进程级的守护程序能够正确响应，一些依赖于这种行为的老系统能够继续得到支持。

11.5 ICMP差错只针对IP数据报的第一个分片。因为第一个分片的偏移量值必等于0，字段的字节表示顺序是无关紧要的。

11.6 如果收到ICMP请求的接口还未配置IP地址，则ia将为空，且不生成响应。

11.7 Net/3处理与时间戳响应一起到达的数据。

11.10 高位比特被保留，并必须设为0。如果它必须被发送，则icmp_error将丢弃数据报。

11.11 返回值被丢弃，因为icmp_send不返回差错。更重要的是，ICMP报文处理过程中生成的差错将被丢弃，以避免进入死循环，不断生成差错报文。

第12章

12.1 以太网中，IP广播地址255.255.255.255转换为以太网的广播地址ff:ff:ff:ff:ff:ff，网络中的所有以太网接口都会接收这样的数据帧。没有运行IP软件的系统必须主动接收并丢弃这种广播报文。

数据报需发送给多播组224.0.0.1中的所有主机，转换后的以太网多播地址为01:00:5e:00:00:01，只有明确要求其接口接收IP多播报文的系统才会收到它。没有运行IP或者在链路层不兼容的系统不会收到这些报文段，因为以太网接口的硬件已直接丢弃了这些报文段。

12.2　一种替代方案是通过文本名规定接口，如同ifreq结构和ioctl命令存取接口信息采取的方式一样。ip_setmoptions和ip_getmoptions可以调用ifunit，取代INADDR_TO_IFP，寻找指向接口ifnet结构的指针。

12.3　多播组高位4 bit通常为1110，因此，只有5个有意义的比特被匹配函数丢弃。

12.4　完整的ip_moptions结构必须能放入单个mbuf中，从而限制结构最大只能等于108字节(记住20字节的mbuf首部)。IP_MAX_MEMBERSHIPS可以大一些，但必须小于等于25(4+1+1+2+(4×25)=108)。

12.5　数据报重复，在IP输入队列中有两份复制的数据报。多播应用程序必须能识别并丢弃重复的数据报。

12.6

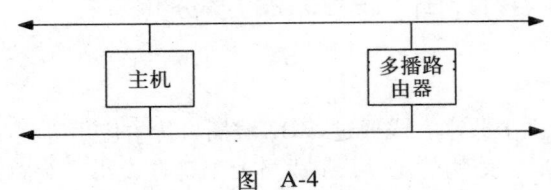

图　A-4

12.8　应用进程可以创建第二个插口，并通过第二个插口请求IP_MAX_MEMBERSHIPS。

12.9　为mbuf首部的m_flags成员变量定义一个新的mbuf标志M_LOCAL。ip_output处理环回数据报时置位该标志，从而取代检验和。如果该标志置位，ipintr就跳过检验和验证。SunOS 5.X提供完成此功能的选项(ip_local_cksum，卷1的531页)。

12.10　存在$2^{23}-1$(8 388 607)个独立的以太网IP多播地址。记住保留的IP组224.0.0.0。

12.11　这个假设正确，因为in_addmulti拒绝所有新增请求，如果接口没有调用ioctl函数，说明如果if_ioctl为空，则永不会调用in_delmulti。

12.12　mbuf永远不会被释放，说明ip_getmoptions包含了一个存储器泄露。ip_getmoptions由ip_ctloutput调用，调用语句如下：

ip_getmoptions(IP_ADD_MEMBERSHIP, 0, mp)

会引发ip_getmoptions中的一个差错。

第13章

13.1　要求环回接口响应ICMP请求是没有必要的，因为本地主机是环回网络中唯一的系统，它已经知道自己的成员状态。

13.2　max_linkhdr + sizeof (struct ip)+IGMP_MINLEN=16+20+8=44<100

13.3　报告成员状态时出现随机延迟的主要原因是为了最大限度地减少出现在多播网络中的报告数(理想情况下应等于1)。一个点到点网络只包括两个接口，因此，无须延迟以减少响应的数量。一个接口(假定是一个多播路由器)发出请求,另一个接口响应。另一个原因是避免过多的成员状态报告淹没接口的输出队列。大量IGMP成员状态报文可能会超出输出队列关于数据报和字节的限制。例如,在SLIP驱动程序中,如果输出队列已满或设备过忙,就会丢弃队列中所有等待的数据报(图5-16)。

第14章

14.1 5个,分别对应网络A~E。

14.2 grplst_member只被ip_mforward调用,但在协议处理过程中,ip_mforward又将被ipintr或者ip_output调用,ip_output可以由插口层间接调用。缓存是一个共享数据区,在更新时必须加以保护。add_lgrp和del_lgrp在更新成员列表时,通过splx保护此共享数据结构。

14.3 SIOCDELMULTI命令只影响以太网接口的多播列表,不改变IP多播组列表,因此,接口仍然保留为组中成员。只要依旧是接口IP组列表中的一员,接口将继续接收属于该组的多播数据报。

14.4 只有虚接口才能成为多播树的父接口。如果分组在隧道上接收,那么对应的物理接口不可能成为父接口,ip_mforward丢弃分组。

第15章

15.1 插口可以在分支上共享,或通过UNIX域插口传给应用进程([Stevens])。

15.2 accept返回后,结构的sa_len成员大于缓存大小。对固定长度的Internet地址而言,这不是问题,但它有可能用于可变长度的地址,例如OSI协议支持的地址格式。

15.4 只有so_qlen不等于0时,才会调用soqremque。如果soqremque返回一个空指针,说明插口队列代码必然出现了内核无法处理的问题。

15.5 复制的目的在于结构锁定时仍可调用bzero清零,并可在splx后接着调用dom_dispose和sbrealse,从而最大限度地减少了CPU停留在splimp的时间,即网络中断被阻塞的时间。

15.6 宏sbspace返回0,从而sbappendaddr和sbappendcontrol函数(由UDP调用)将拒绝向队列添加新报文段。TCP调用sbappend,后者假定调用者已事先检查过可用空间。即使sbspace返回0,TCP也会调用sbappend,但放入接收队列中的数据还不能提交给应用进程,因为SS_CANTRCVMORE标志阻止read系统调用返回任何数据。

第16章

16.1 如果给uio结构中的uio_resid赋值,它将成为一个大负数。sosend拒绝带有EINVAL的报文段。

Net/2不检查负值,sosend起始处的注释说明了这个问题(图16-23)。

16.2 不。向簇中填充的字节数少于MCLBYTES只可能出现在报文段尾部,此时剩余的字节数小于MCLBYTES。此时,resid等于0,循环在394行break语句处终止,还未到达测试条件spce>0。

16.5 应用进程阻塞，直到缓存解锁。本例中，只有在另一个进程检查缓存或向协议层传送数据时，缓存才会被锁定；而在应用进程等待缓存可用空间时不会加锁，后者有可能等待无限长的时间。

16.6 如果发送缓存包括许多mbuf，每个都包括若干字节的数据，那么当mbuf分配大块存储器时，sb_cc很可能大大低于sb_hiwat规定的限制。如果内核不限制每个缓存可拥有的mbuf的数量，应用进程就能轻易地造成存储器枯竭。

16.7 recvit分别由recvfrom和recvmsg调用。只有recvmsg处理控制信息。它把完整的msghdr结构，包括控制信息长度，复制给应用进程。至于地址信息，recvmsg把namelenp参数设为空，因为它可从msg_namelen中得到所需长度。当recvfrom调用recvit时，namelenp非空，因为函数需要从*namelenp中得到所需长度。

16.8 MSG_EOR由soreceive清除，因此，它不可能在M_EOR mbuf被处理前，被soreceive返回。

16.9 select检查描述符时，实际上存在一种竞争。如果某个选定事件发生在selscan查看描述符之后，但在select调用tsleep之前，该事件不会被发现，应用进程将保持睡眠状态，直到下一个选定事件发生。

第17章

17.1 简化在内核和应用进程间复制数据的代码。copyin和copyout可用于单个的mbuf，但需要uiomove处理多个mbuf。

17.2 代码工作正确，因为linger结构的第一个成员是所要求的整数标志。

第18章

18.1 做一个8行的表格，每行对应一种查找键、路由表键和路由表掩码中比特的组合方式：

行	1 查找键	2 路由表键	3 路由表掩码	1 & 3	2 == 4?	1 ^ 2	6 & 3
1	0	0	0	0	是	0	0=是
2	0	0	1	0	是	0	0=是
3	0	1	0	0	否	1	0=是
4	0	1	1	0	否	1	1=否
5	1	0	0	0	是	1	0=是
6	1	0	1	1	否	1	1=否
7	1	1	0	0	否	0	0=是
8	1	1	1	1	是	0	0=是

图 A-5

标注为"2 == 4?"和标注为"6 & 3"的两栏，值应相等。第一眼看上去，似乎并不完全相同，但我们可以略过第3行和第7行，因为这两行中路由表比特等于1，而在路由表掩码中的对应比特也等于1。构建路由表时，键值与掩码逻辑与，保证掩码中的等于0每一比特位，键值中的对应比特位也等于0。

可以从另一个角度理解图18-40中的异或和逻辑与操作，异或结果等于1的条件是查找键比特不同于路由表键值中对应的比特位。之后的逻辑与操作忽略所有与掩码中等于0的比特相对应的比特。如果结果依然非零，则查找键与路由表键值不匹配。

18.2   rtentry结构的大小等于120字节，其中包括两个radix_node结构。每条记录还要求两个sockaddr_in结构(图18-28)，有152字节。总数约为3兆字节。

18.3   因为rn_b是一个短整数，假定短整数占16 bit，因此，每个键值最多有32767 bit (4095字节)。

第19章

19.1   图19-15中，如果重定向报文创建了新的路由，将置位RTF_DYNAMIC标志；如果重定向报文修改了现有路由的网关字段，则置位RTF_MODIFIED标志。如果重定向报文新建了一条路由，之后另一个重定向报文又修改了它，则两个标志都会置位。

19.2   在每个可通过默认路由到达的主机上创建一条主机路由。TCP能够对每个主机维护并更新路由矩阵(图27-3)。

19.3   每个rt_msghdr结构需要76字节。主机路由中包括还两个sockaddr_in结构(目的地和网关)，因此，报文段大小为108字节。每条ARP记录的报文段为112字节：一个sockaddr_in和一个sockaddr_dl。总长度等于(15 × 112+20 × 108)即3840字节。一条网络路由(非主机路由)还需要另外的8个字节存放网络掩码(数据大小等于116字节，而非108字节)，因此，如果20条路由全部为网络路由，总长度等于4000字节。

第20章

20.1   返回值放入报文段的rtm_errno成员变量中(图20-14)，同时也作为write的返回值(图20-22)。后者更可靠，因为前者可能会因为mbuf短缺，而丢弃响应报文段(图20-17)。

20.2   对SOCK_RAW型的插口，pffindproto函数(图7-20)将返回协议值等于0(通配)的记录，如果没有找到可匹配的记录。

第21章

21.1   它基于假定ifnet结构位于arpcom的开头，事实也是如此(图3-20)。

21.2   发送ICMP的回显请求不需要ARP，因为目的地址是广播地址。但ICMP的回显响应一般都是点对点的，因此，发送者必须通过ARP确定目的以太网地址。本地主机收到ARP请求时，in_arpinput应答并为另一主机创建一条记录。

21.3   如果创建了一条新的ARP记录，图19-8中的rtrequest从源记录中复制rt_gateway值，本例中为sockaddr_dl结构。图21-1中，我们看到该记录的sdl_alen值等于0。

21.4   Net/3中，如果arpresolve的调用者提供了指向路由表表项的指针，则不会再调用arplookup，通过rt_gateway指针可得到所需的以太网地址(假定它还未超时)。这样可以避免通常意义上的任何类型的查询。第22章中，我们将看到TCP和UDP在自己的协议控制块中保存指向路由表的指针，TCP不再需要搜索路由表(连接的目的IP地址不会变化)，在目的地址不变时UDP也不需这样做。

21.5 如果ARP记录不完整，则它在记录创建后0~5分钟超时。arpresolve发送ARP请求时，令rt_expire等于当前时间。下一次执行arpresolve时，如果记录还没有解析，则删除它。

21.6 ether_output返回EHOSTUNREACH，而非EHOSTDOWN，从而ip_forward将发送ICMP主机不可达差错报文。

21.7 图21-28中，为140.252.13.35创建记录时，值等于当前时间。它不会改变。140.252.13.33和140.252.13.34记录的值复制自140.252.13.32，因为rtrequest根据140.252.13.32复制前两条记录。之后，arpresolve发送ARP请求时，把这两条记录的值更新为当前时间，最后由in_arpinput将其更新为收到ARP响应的时间加上20分钟。

21.8 修改图21-19开始处的arplookup，第二个参数永远等于1(创建标志)。

21.9 在下一秒的后半秒发送第一个数据报。因此，第一个和第二个数据报都会导致发送ARP请求，间隔约为500 ms，因为内核的time.tv_sec变量在这两个数据报发送时的值不同。

21.10 每个待发送的数据报都是一个mbuf链，m_nextpkt指针指向每个链的第一个mbuf，用于构成等待传输的mbuf链表。

第22章

22.1 无限循环等待某个端口变为可用，假定允许应用进程打开足够多的描述符，绑定所有临时端口。

22.2 极少有服务器支持此选项。[Cheswick和Bellovin 1994]提到为什么它可用于实现防火墙系统。

22.4 udb结构初始化为0，因此，udb.inp_lport从0开始。第一次调用ip_pcbbin时，它增加为1，因为小于1024，所以被设定为1024。

22.5 一般情况下，调用者把地址族(sa_family)设为AF_INET，但我们在图22-20的注释中看到，最好不进行关于地址族的测试。调用者设定长度变量(sa_len)，但我们在图15-20中看到，函数sockargs将其作为bind的第3个参数，对于sockaddr_in结构，应等于16，通常都使用C的sizeof操作符。
本地IP地址(sin_addr)可以指明为通配地址或某个本地IP地址。本地端口号(sin_port)，可以等于0(告诉内核选择一个临时端口)或非0，如果应用进程希望指明端口号。通常情况下，TCP或UDP服务器指明一个通配IP地址，端口号等于0。

22.6 应用进程可以bind一个本地广播地址，因为ifa_ifwithaddr(图22-22)的调用成功。它被用做在该插口上发送的IP数据报的源地址。C.2节中指出，RFC 1122不允许这种做法。但试图绑定255.255.255.255时会失败，因为ifa_ifwithaddr不接受该地址。

第23章

23.1 sosend把用户数据放入单个的mbuf中，如果其长度小于等于100字节；放入两个mbuf中，如果长度小于等于207字节；否则，放入多个mbuf中，每个都带有一个簇。此外，如果长度小于100字节，sosend调用MH_ALIGN，希望能在mbuf起始处为协议首部保留空间。因为udp_output调用M_PREPEND，下述5种情况都是可能的：(1)如果用户数据长度小于等于72字节，一个mbuf就可以存放IP首部、UDP首部和数据；(2)如果长度位于73字节和100字节之间，sosend为用户数据分配一个mbuf，M_PERPEND为IP和TCP首部再分配一个mbuf；(3)如果长度位于101字节和207字节之间，sosend为用户数据分配两个mbuf，M_PREPEND为IP和TCP首部再分配一个mbuf；(4)如果长度位于208字节和MCLBYTES之间，sosend为用户数据分配一个带簇的mbuf，M_PERPEND为IP和TCP首部再分配一个mbuf；(5)如果长度超出，则sosend分配足够多的mbuf和簇，以存放数据(最大数据长度65507字节，需分配64个带1024字节簇的mbuf)，M_PERPEND为IP和TCP首部再分配一个mbuf。

23.2 IP选项提交给ip_output，后者调用ip_insertoptions在输出IP数据报中插入IP选项。它接着分配一个新的mbuf，存放带有IP选项的IP首部，如果第一个mbuf指向一个簇(UDP输出不可能出现这种情况)，或者第一个mbuf中没有足够的剩余空间存放新增选项。上个习题中给出的第一种情况中，选项大小将决定ip_insertoptions是否分配另一个mbuf：如果用户数据长度小于100−28−optlen(IP选项占用的字节数)，说明mbuf足够存放IP首部、IP选项、UDP首部和数据。
第2、3、4和5种情况中，第一个mbuf都由M_PREPEND分配，只存放IP和UDP首部。M_PREPEND调用M_PREPEND，接着调用MH_ALIGN，把28字节的首部移到mbuf尾部，因此，第一个mbuf中必定有空间存放最大为40字节的IP选项。

23.3 不。函数in_pcbconnect只有在应用程序调用connect，或者在一个未连接的UDP插口上发送第一个数据报时，才会被调用。因为本地地址是通配地址，本地端口号等于0，所以in_pcbconnect给本地端口号赋一个临时端口(通过调用in_pcbbind)，并根据到达目的地的路由设定本地地址。

23.4 处理器优选级仍为splnet不变，没有还原为初始值，这是代码的一个差错。

23.5 不。in_pcbconnect不允许与等于0的端口建立连接。即使应用进程没有直接调用connect，也会间接地执行connect，因此，in_pcbconnect总会被调用。

23.6 应用程序必须调用ioctl，命令为SIOCGIFCONF，返回所有已配置的IP接口信息。之后，在ioctl返回的所有IP地址和广播地址中寻找接收数据报中的目的地址(也可不用ioctl，19.14节中介绍的sysctl系统调用也能够返回所有配置接口的信息)。

23.7 recvit释放带有控制信息的mbuf。

23.8 为了断开一个已建立连接的UDP插口，调用connect，传递一个无效的地址参数，如0.0.0.0，端口号等于0。因为插口已经建立了连接，soconnect调用sodisconnect，后者调用udp_usrreq，发送PRU_DISCONNECT请求，令远端地址等于0.0.0.0，远端端口号等于0。这样，接下来调用sendto时可以指明目的地址。由于指明地址无效，sodisconnect发送的PRU_CONNECT请求失败。实际上，我们不希望connect成功，只是要执行PRU_DISCONNECT请求，而且通过connect来执行这一请求的做法是唯一可行的方案，因为插口API没有提供disconnect函数。

手册中关于connect(2)的描述通常包括下述说明："可通过把数据报插口连接到一个无效地址，如空地址，来断开其当前连接。"但没有明确指出调用connect时，如果传送的地址无效，会返回一个差错。"空地址"的含义也易造成混淆，它指IP地址0.0.0.0，而非bind的第二个参数的空指针。

23.9 因为in_pcbbind能够建立UDP插口与远端IP地址间的临时连接，情况与应用进程调用connect类似：如果某接口的目的IP地址与该接口的广播地址对应，则从该接口发送数据报。

23.10 服务器必须设定IP_RECVDSTADDR插口选项，并调用recvmsg从客户请求中获取目的IP地址。为了成为响应报文段中的源地址，必须将其绑定在插口上。由于一个插口只能bind一次，服务器每次响应时都必须创建新的插口。

23.11 注意，ip_output(图8-22)中，IP不修改调用者传递的DF比特。需要定义新的插口选项，促使udp_output在把数据报传递给IP之前，设定DF比特。

23.12 不。它只被udp_input使用，且应为该函数的局部变量。

第24章

24.1 状态为ESTABLISHED的连接总数为126 820。除以发送和接收的总字节数，得到每个方向上的平均字节数，约为30 000字节。

24.2 tcp_output中，保存IP和TCP首部的mbuf还有空间容纳链路层首部(max_linkhdr)。试图通过bcopy把IP和TCP首部原型复制到mbuf中是行不通的，因为有可能会把40字节的首部分散在两个mbuf中。尽管40字节的首部必须放入单个mbuf中，但链路层首部不存在这样的限制。不过这样做会降低性能，因为后续处理不得不为链路层首部再次分配mbuf。

24.3 在作者的bsdi系统中，计数器等于16，其中15个是标准系统守护程序(Telnet、Rlogin、FTP，等等)。而vangogh.cs.berkeley.edu系统，一个约有20个用户的中等规模的多用户系统，计数器约为60。对于大型的带有150个用户的多用户系统(world.std.com)，则有417个TCP端点和809个UDP端点。

第25章

25.1 图24-5中，2 592 000秒 (30天)中出现了531 285次延迟ACK，平均每5秒钟有一次延迟ACK，或者说每25次调用tcp_fasttimo，才会有一次延迟ACK。这说明在代码检查所有TCP控制块，判定延迟ACK标志是否置位时，96%(25次中有24次)的时间都未置位。对于习题24.3中给出的大型的多用户系统，意味着需查看超过400个的TCP控制块，每秒钟查询5次。

另一种解决方案是，在需要延迟ACK时，设定全局标志。只有当全局标志置位时，才检查控制块列表。或者为需要延迟ACK的控制块单独建立并维护一个列表。例如，

图13-14中的变量igmp_timers_are_running。

25.2 这样使得变量t c p _ k e e p i n t v l绑定在运行中的内核上，下次调用tcp_slowtimo时，内核可以改变tcp_maxidle的值。

25.3 t _ i d l e中保存的实际上是从最后一次接收或发送报文段后算起的时间。因为TCP的输出必须被对端确认，与收到数据报文段相同，收到ACK也将清零t_idle。

25.4 图A-6给出代码的一种可能的重写方式。

```
case TCPT_2MSL:
    if (tp->t_state == TCPS_TIME_WAIT)
        tp = tcp_close(tp);
    else {
        if (tp->t_idle <= tcp_maxidle)
            tp->t_timer[TCPT_2MSL] = tcp_keepintvl;
        else
            tp = tcp_close(tp);
    }
    break;
```

图 A-6

25.5 如果收到了重复的ACK，t_idle等于150，但被复位为0。FIN_WAIT_2时钟超时后，t_idle将等于1048 (1198−150)，因此，定时器被设定为150个滴答。定时器再次超时，t_idle应等于1198+150，导致连接被关闭。重复ACK令时间延长，直到连接被关闭。

25.6 第一次连接探测报文段将在1小时后发送。应用进程设定该选项时，实际只置位了socket结构中的SO_KEEPALIVE选项。由于设定了该选项，定时器将于1小时后超时，图25-15中的代码将发送第一次连接探测报文段。

25.7 tcp_rttdflt用于为每条TCP连接初始化RTT估计器的值。如果需要，主机可通过更改全局变量，改变默认设置。如果通过#define将其定义为常量，则只有通过重新编译内核文件才能改变默认值。

第26章

26.1 事实上，TCP并没有刻意计算从连接上最后一次发送报文段算起的时间，因为连接上的计时器t_idle一直在起作用。

26.2 图25-26中，snd_nxt被设定为snd_una，len等于0。

26.3 如果运行Net/3系统，但对端主机却无法处理某个新选项(例如，对端拒绝建立连接，即使被要求忽略无法辨识的选项)。遇到这种情况时，通过在内核中改变这个全局变量的值，可以禁止某一个或两个选项。

26.4 时间戳选项能够在每次收到对新数据的ACK时，更新RTT估计器值。因此，使用时间戳选项后，RTT估计器值将被更新16次，是不使用该选项时更新次数的两倍。注意，在时刻217.944时，收到了对6145的ACK，RTT估计器值被更新，但这个新的计算值并不准确——或者是在时刻3.740发送的携带5633~6144字节的数据段，或者是收到的对6145的ACK，在网络中延迟了200秒。

26.5 这种存储器引用时，无法确保2字节的MSS值能够正确地对齐。

26.6 (该解决方案来自Dave Borman)一个数据段能够携带的TCP数据量的最大值为65495字节，即65535减去IP和TCP首部的最小值(40)。因此，紧急数据偏移量可取值范围中有39个值是无意义的：65496~65535，包括65535。无论何时，只要发送方得到一个超过65495的紧急数据偏移量，则将其替换为65535，并置位URG标志。从而迫使接收方进入紧急模式，并告知接收方紧急数据偏移量所指向的数据尚未被发送。发送方将持续发送紧急数据偏移量等于65535且URG标志置位的数据报文段，直到紧急数据偏移量小于等于65495，说明真正的紧急数据偏移量的开始。

26.7 我们提到，数据段的传输是可靠的(重传机制)，而ACK则有可能丢失。RST报文段的传输同样也是不可靠的。如果连接上收到了一个假报文段(例如，不属于本连接的报文段，或者一个不属于任何连接的报文段)，则传送RST报文段。如果RST报文段被ip_output丢弃，当对端重传导致发送RST报文段的数据报文段时，将再次生成RST报文段。

26.8 应用程序执行了8次写入1024字节的操作。头4次调用sosend时，tcp_output被调用，报文段被发送。因为这4个报文段都包含了发送缓存中最后一个字节的数据，每个报文段的PSH标志都置位(图26-25)。第二个缓存装满后，应用进程进行下一次写操作，调用sosend时被挂起。收到对端通告窗口大小等于0的ACK后，丢弃发送缓存中已被确认的4096字节的数据，应用进程被唤醒，又连续执行了4次写操作，发送缓存再次被填满。但只有当接收方通告窗口大小不等于0时，才能继续发送数据。条件满足时，接下来的4个报文段被发送，但只有最后一个报文段的PSH标志置位，因为前3个报文段并未清空发送缓存。

26.9 如果正在发送的报文段不属于任何连接，传给tcp_respond的tp参数可以是空指针。代码只有在指针为空时，才会查看tp，并代之以默认值。

26.10 tcp_output通常调用MGETHDR，分配一个仅能容纳IP和TCP首部的mbuf，参见图26-25和图26-26。在新的mbuf的前部，代码只预留了链路层首部(max_linkhdr)大小的空间。如果使用了IP选项，而且选项的大小超过了max_linkhdr，ip_insertoptions会自动分配另一个mbuf。但如果IP选项的大小小于等于max_linkhdr，则ip_insertoptions也会占用mbuf首部的空间，从而导致ether_output仅为链路层首部分配另一个mbuf(假定以太网输出)。
为了避免多余的mbuf，图26-25和图26-26中的代码，可以在报文段中携带IP选项时调用MH_ALIGN。

26.11 约有80行代码，假定采用了RFC 1323中的时间戳选项，且报文段被计时。
宏MGETHDR调用了宏MALLOC，后者可能调用函数malloc。函数m_copy也会被调用，但一个完整大小的报文段可能需要一个簇，因此，不复制mbuf，而是保存一个对簇的引用。m_copy中调用MGET，可能会导致对malloc的调用。函数bcopy复制模板，而in_cksum计算TCP的检验和。

26.12 调用writev没有区别，因为处理逻辑由sosend实现。因为数据大小等于150字节，小于MINCLSIZE (208)，所以为头100个字节分配了一个mbuf。并且因为协议支持数据的分段，PRU_SEND请求被发送。接着为剩余的50字节再分配一个mbuf，并发送相应的PRU_SEND请求(对于PR_ATOMIC协议，如UDP，writev只生成一条"记录"，即只发送一个PRU_SEND请求。)

如果两个缓存的长度分别等于200和300，总长度超过了MINCLSIZE，则分配一个mbuf簇，且只发送一次PRU_SEND请求。TCP只生成一个500字节的报文段。

第27章

27.1 表中前6行记录的差错，都是由于接收报文段或者定时器超时引起的异步差错。通过在so_error中保存非零的差错代码，应用进程能够在下一次读/写操作中收到差错信息。但如果调用来自tcp_disconnect，说明应用进程调用了close，或者应用进程终止时系统自动关闭其所拥有的描述符。无论是哪一种情况，描述符被关闭，应用进程不可能再通过读/写操作来获取差错代码。此外，因为应用进程必须明确设定插口选项，强迫RST置位，此时返回一个差错代码并不能向应用进程提供有用的信息。

27.2 假定它是32 bit的u_long，最大值小于4298秒(1.2小时)。

27.3 路由表中的统计数据由tcp_close更新，但只有当连接进入CLOSED状态时，它才会被调用。因为FTP客户终止向对端发送数据(执行主动关闭)，本地连接端点进入TIME_WAIT状态。必须经过2MSL后，路由表统计值才会被更新。

第28章

28.1 0、1、2和3。

28.2 34.9Mb/s。对于更高的速率，连接两端需要更大的缓存。

28.3 通常，tcp_dooption不知道两个时间戳值是否按32 bit边界对齐。图28-4中的代码，在指定情况下，能够确认时间戳值按32 bit边界对齐，从而避免调用bcopy。

28.4 图28-4中实现"选项预测"代码，只能处理系统推荐的格式。如果连接对端未采用系统推荐的格式，会导致为每个接收到的报文段调用tcp_dooptions，降低了处理速度。

28.5 如果在每次创建插口时，而非每次连接建立时，调用tcp_template，则系统中的每个监听服务器都会拥有一个tcp_template，而该结构可能永远不会被使用。

28.6 时间戳时钟频率应该在1 b/ms 和1 b/s之间(Net/3采用了2 b/s)。如果采用最高的时钟频率1 b/ms，32 bit的时间戳将在$2^{31} / (24 \times 60 \times 60 \times 1000)$天，即24.8天后发生符号位回绕。

28.7 如果频率为每500 ms 1 bit，32 bit的时间戳将在$2^{31} / (24 \times 60 \times 60 \times 2)$天，即12 427天，约34年后才会出现符号位回绕。

28.8 对RST报文段的处理应优先于时间戳，而且，RST报文段中最好不携带时间戳选项(图26-24中的tcp_input代码确保了这一点)。

28.9 因为客户端状态为ESTABLISHED，处理将在图28-24的代码处结束。todrop等于1，因为rcv_nxt在收到第一个SYN时已递增过。SYN标志被清除(因为这是一个重复报文段)，ti_seq递增，todrop减为0。因为todrop和ti_len都等于0，执行图28-25起始处的if语句，并跳过下一个if语句，直接调用m_adj。但下一章中介绍tcp_input后续代码时，将谈到在某些情况下不会调用tcp_output，本题即是一例。因此，客户端会不响应重复的SYN/ACK。服务器端超时后，再次发送SYN/ACK

(图28-17中介绍了某个被动打开的插口收到SYN时，定时器的设置)，这个重发的SYN/ACK报文段同样被忽略。我们现在讨论的其实是图28-25代码中的另一个差错，图28-30中给出的代码同样也纠正了这一差错。

28.10 客户发出的SYN到达服务器，并被交给处于TIME_WAIT状态的插口。图28-24中的代码关闭SYN标志，图28-25中的代码跳转至dropafterack，丢弃该报文段，但生成一个ACK，确认字段等于rcv_nxt(图26-27)。它被称作"再同步(resynchronization) ACK"报文段，因为其目的是告诉对端本地希望接收的下一序号。客户端收到此ACK后(客户处于SYN_SENT状态)，发现它的确认字段所携带的序号不等于自己期待得到的序号后(图28-18)，向服务器发送RST报文段。RST报文段的ACK标志被清除，且序号等于再同步ACK报文段中确认字段携带的序号(图29-28)。服务器收到此RST报文段后，其TIME_WAIT状态提前终止，相应插口被关闭(图28-36)。客户端6秒钟后超时，重传SYN报文段。假定监听服务器进程在服务器主机上运转正常，新的连接将建立。由于TIME_WAIT状态的这种防护作用，新连接建立时，下一个SYN报文段携带的序号既可以高于前一连接上最后收到的序号(图28-28中的测试)，也可以低于该序号。

第29章

29.1 假定RTT等于2秒钟。服务器被动打开，客户端在时刻0主动打开。服务器在时刻1收到客户发出的SYN，并做出响应，发送自己的SYN和对客户SYN的ACK。客户端在时刻2收到服务器的响应报文段，图28-20中的代码调用soisconnected(唤醒客户进程)，完成主动打开过程，并向服务器发送ACK响应。服务器在时刻3收到客户的ACK，图29-2中的代码完成服务器端的被动打开过程，控制返回给服务器进程。一般情况下，客户进程比服务器进程提早1/2 RTT时间得到控制。

29.2 假定SYN的序号等于1000，50字节数据的序号等于1001~1050。tcp_input处理此SYN报文段时，首先执行图28-15中的起始case语句，令rcv_nxt等于1001，接着跳到step6。图29-22中的代码调用cp_reass，把数据放入插口的重组队列中。但数据还不能放入插口的接收缓存(图27-23)，因此，rcv_nxt还是等于1001。在调用tcp_output生成ACK响应时，rcv_nxt (1001)被放入ACK报文段的确认字段。也就是说，SYN被确认，但与之同时到达的50字节的数据没有被确认。因此，客户端不得不重发50字节的数据，所以，在完成主动打开的SYN报文段中携带数据是没有意义的。

29.3 客户端的ACK/FIN报文段到达时，服务器处于SYN_RCVD状态，因此，图29-2中的tcp_input代码将结束对ACK的处理。连接转移到ESTABLISHED状态，tcp_reass把已在重组队列中的数据放入接收缓存，rcv_nxt递增为1051。tcp_input继续执行，图29-24中的代码负责处理FIN标志，此时TF_ACKNOW标志置位，rcv_nxt等于1052。socantrcvmove设定插口的状态，使服务器在读取50字节的数据之后，得到"文件结束"指示。服务器的插口也转移到CLOSE_WAIT状态。调用tcp_output，确认客户端的FIN(因为rcv_nxt等于1052)。假定服务器进程在收到"文件结束"指示后，关闭其插口，服务器也将向客户发送FIN，并等待回应。

在这个例子中，这了从客户端向服务器传送50字节的数据，双方需3个来回，共发送6个报文段。为了减少所需的报文段数，应采用"用于交易的TCP扩展[Braden 1994]"。

29.4 收到服务器响应时，客户插口处于SYN_SENT状态。图28-20中的代码处理该报文段，连接转移到ESTABLISHED状态，控制跳转到step6，由图29-22中的代码继续处理数据。TCP_REASS把数据添加到插口的接收缓存，并递增rcv_nxt。之后，图29-24中的代码开始处理FIN，再次递增rcv_nxt，连接转移到CLOSE_WAIT状态。在调用tcp_output时，rcv_nxt同时确认了SYN、50字节的数据和FIN。随后的客户进程首先读取50字节的数据，接着是"文件结束"指示，并可能关闭其插口。客户端连接进入LAST_ACK状态，向服务器发送FIN报文段，并等待其响应报文段。

29.5 问题出在图24-16中的tcp_outflags[TCPS_CLOSING]。它设定了TH_FIN标志，而状态变迁图(图24-15)并未规定FIN应被重传。解决问题的方法是，从该状态的tcp_outflags中除去TH_FIN标志。这个问题没有什么危害——只不过多交换两个报文段——而且同时关闭或者在关闭后紧接着自连接的情况是非常罕见的。

29.6 没有。系统调用write返回OK，只说明数据已复制到插口的缓存中。在数据得到对端确认时，Net/3不再通知应用进程。如果需要得到此类信息，应设计并实现应用级的确认机制。

29.7 RFC 1323的时间戳选项，造成"首部压缩"失效。因为只要时间戳变化，即TCP选项发生了改变，报文段发送时就不会被压缩。窗口大小选项无效，因为TCP首部中值的长度仍为16 bit。

29.8 IP中ID字段的取值来自一个全局变量，只要发送一个IP数据报，该变量递增一次。这种方式导致在同一TCP连接上两个连续TCP报文段间的ID差值大于1的可能性大大增加。一旦ID差值大于1，图29-34中的Δ*ipid*字段将被发送，增大了压缩首部的大小。一个更好的解决方案是，TCP自己维护一个计数器，用于ID的赋值。

第30章

30.2 是的，仍会发送RST报文段。应用进程终止的处理中包括关闭它打开的所有描述符。同一个函数(soclose)最终会被调用，无论是应用进程明确地关闭了插口描述符，还是隐含地进行了关闭(首先被终止)。

30.3 不。这个常量只有在监听插口设定SO_LINGER选项，且延迟时间等于0时，才会被用到。正常情况下，插口选项的这种设定方式会导致在连接关闭时发送RST报文段(图30-12)，但图30-2中对于接收连接请求的监听插口，把该值从0改为120(滴答)。

30.4 如果这是第一次使用默认路由，则为两次；否则为一次。当创建插口时，in_pcballoc将Internet PCB置为0，从而将PCB结构中的route结构设为0。发送第一个报文段(SYN)时，tcp_output调用ip_output。因为ro_rt指针为空，因此向ro_dst填充IP数据报的目的地址，并调用rtalloc。在该连接的PCB中，route结构的ro_rt变量中保存默认路由。当ip_output调用ether_output时，后者检查路由表中的rt_gwroute变量是否为空。如果是，则调用rtalloc1。假定路由没有改变，该连接每次调用`tcp_output`时，都会使用保存的`ro_rt`指针，以避免多余的路由表查询。

第31章

31.1 因为在`bpf_wakeup`调用唤醒任何沉睡进程之前，`catchpacket`肯定会结束。

31.2 打开BPF设备的应用进程可能调用`fork`，导致多个应用进程都有权访问同一个BPF设备。

31.3 只有支持BPF的设备才会出现在BPF接口表(`bpf_iflist`)中，因此，如果无法找到指定接口，`bpf_setif`将返回`ENXIO`。

第32章

32.1 在第一个例子中等于0，第二个例子中等于255。这些值都是RFC 1700 [Reynolds和Postel 1994]中的保留值，不应出现在数据报中。也就是说，如果某个插口创建时的协议号设定为`IPPROTO_RAW`，则必须设定其`IP_HDRINCL`插口选项，且写入该插口的数据报必须拥有一个有效的协议值。

32.2 因为IP协议值255是保留值，不会出现在网络中传送的数据报中。但这又是一个非零的协议值，`rip_input`的3项测试中的第一项测试将忽略所有协议值不等于255的数据报。因此，应用进程无法在该插口上收到任何数据报。

32.3 即使该协议值是一个保留值，不会出现在网络中传送的数据报中，但`rip_input`的3项测试中的第一项测试保证此类型的插口能够接收任何协议类型的数据报。如果应用进程调用了`connect`或者`bind`，或者两者都调用，对于此种原始插口而言，对输入的唯一限制是IP报的源地址和目的地址。

32.4 因为`ip_protox`数组(图7-22)保存了有关内核所能支持的协议类型的信息，只有在该协议既没有相关的原始监听插口，而且指针`inetsw[ip_protox[ip->ip_p]].pr_input`等于`rip_input`时，才会生成ICMP差错报告。

32.5 两种情况下，应用进程都必须自己构造IP首部，以及其后的内容(UDP报文段，TCP报文段或任何其他的报文段)。对于原始IP插口，输出时同样调用`sendto`，通过Internet插口地址结构指明目的IP地址。调用`ip_output`，并依据给定的目的IP地址执行正常的IP选路。

BPF要求应用进程提供完整的数据链路层首部，例如以太网首部。输出时，需调用`write`，因为无法指明目的地址。数据分组被直接交给接口输出函数，跳过`ip_output`函数(图31-20)。应用进程通过`BIOCSETIF ioctl`(图31-16)选择外出接口。因为未执行IP选路，数据帧只能发给是直接相连的网络上的另一个主机(除非应用进程重复IP选路函数，并将数据帧发给直接相联网络上的某个路由器，由路由器根据目的IP地址完成转发)。

32.6 原始IP插口只能接收具有内核不处理的协议类型的数据报，例如，应用进程无法在原始插口上接收TCP报文段或UDP报文段。

BPF能够接收到达指定接口的所有数据帧，无论它们是否是IP数据报。`BIOCPROMISC ioctl`使接口处于一种混杂状态，甚至能够接收不是发给本主机的数据报。

附录B 源代码的获取

URL：统一资源定位符

本附录列出源代码所在的网址和下载方式。例如，常见的"匿名FTP"地址表示如下：

```
ftp://ftp.cdrom.com/pub/bsd-sources/4.4BSD-Lite.tar.gz
```

即主机为ftp.cdrom.com。通过匿名FTP客户登录后，从目录pub/bsd-sources下载文件4.4BSD-Lite.tar.gz。后缀.tar说明文件以标准的tar(1)格式存储，.gz说明文件由GNU gzip(1)程序压缩。

4.4BSD-Lite

有多种方式可得到4.4BSD-Lite的正式版代码。完整的4.4BSD-Lite正式版代码可通过Walnut Creek CD-ROM公司得到，网址为

```
ftp://ftp.cdrom.com/pub/bsd-sources/4.4BSD-Lite.tar.gz
```

或者直接得到其光碟版。联系电话为18007869907或+1510 674 0783。

O'Reilly & Associates出版的CD-ROM，包括全套的4.4BSD手册和4.4BSD-Lite正式版代码。联系电话为1 800 889 8989或者+1 707 829 0515。

运行4.4BSD-Lite 网络软件的操作系统

4.4BSD-Lite正式版不是一个完整的操作系统。为了测试本书中介绍的网络软件，需要内置4.4BSD-Lite正式版的操作系统，或者支持4.4BSD-Lite的操作系统。

作者使用的操作系统是Berkeley Software Design Inc.生产的商用系统，联系电话为1 800 ITS BSD8，+1 719 260 8114，或者info@bsdi.com。

还有些免费的操作系统，已内置了4.4BSD-Lite，如NetBSD、386BSD和FreeBSd。详情请见Walnut Creek CD-ROM(ftp.cdrom.com)或者comp.os.386bsd Usenet新闻组。

RFC

所有RFC都是免费的，通过电子邮件或匿名FTP服务器可从因特网上得到所需文档。向下述地址发送电子邮件：

```
To: rfc-info@ISI.EDU.
Subject: getting rfcs
help: ways_to_get_rfcs
```

回复邮件中会列出通过电子邮件或匿名FTP服务器获取RFC不同方法的详细说明。

记住，首先应先下载最新的RFC 索引，从中查找所需的RFC，确认所需的RFC没有被新的RFC更新或取代。

GNU软件

利用GNU Indent程序对本书出现的所有源代码进行格式调整,并利用GNU Gzip程序对文件做了压缩。这些程序可在下列站点找到:

```
ftp://prep.ai.mit.edu/pub/gnu/indent-1.9.1.tar.gz
ftp://prep.ai.mit.edu/pub/gnu/gzip-1.2.2.tar
```

文件名中的数字随版本的不同而不同。此外还有用于其他操作系统的Gzip程序,如MS-DOS。

因特网上还有许多其他站点也提供GNU资源,`prep.ai.mit.edu`主机的问候词中列出了这些站点的名称。

PPP软件

有些PPP实现是免费的。`comp.protocols.ppp` FAQ的第5部分提供了很多有价值的信息。

```
http://cs.uni-bonn.de/ppp/part5.html
```

mrouted软件

`mrouted`软件的最新版本和其他多播应用程序可从Xerox Palo Alto研究中心的站点得到:

```
ftp://parcftp.xerox.com/pub/net-research/
```

ISODE软件

ISODE软件包中的SNMP代理实现与Net/3兼容。详细信息参见ISODE论坛的网站:

```
http://www.isode.com/
```

附录C RFC 1122 的有关内容

本附录总结了Net/3实现与RFC 1122[Braden 1989a]建议的兼容性。RFC 1122分4类给出了实现需求：

- 链路层
- IP层
- UDP
- TCP

我们将按照本书章节的顺序讨论这些实现要求。

C.1 链路层的需求

本节依据RFC 1122中的2.5节总结了链路层需求和Net/3代码对这些需求的支持程度。

- 建议支持尾部封装。

  部分支持：Net/3不发送带有尾部封装的IP数据报，但某些Net/3设备驱动程序能够接收此类数据报。感兴趣的读者可以阅读RFC 893和[Leffler et al. 1989]的11.8节。

- 没有协商之前，默认状态必须不发送尾部。

  不支持：Net/2支持是否发送尾部启动的协商过程。Net/3忽略发送尾部请求，且不会向对端申请发送尾部。

- 必须能够发送和接收RFC 894的以太网封装。

  支持：Net/3支持RFC 894的以太网封装。

- 应该能够接收RFC 1042(IEEE 802)封装。

  不支持：Net/3能够处理收到的IEEE 802的封装格式，但只用于OSI协议栈。到达的按802.3封装的IP数据报将被ether_input丢弃(图4-13)。

- 建议发送报文段实现RFC 1042封装格式，为此，系统还必须实现软件可配置的转换开关以选择合适的封装格式，且RFC 894应为默认值。

  不支持：Net/3的发送报文段不支持RFC 1042封装格式。

- 必须向IP层提交链路层的广播报文。

  支持：链路层通过置位mbuf数据报首部的M_BCAST标志(或M_MCAST多播标志)报告链路层的广播。

- 必须向链路层提交IP TOS值。

  支持：Net/3没有明确地提交TOS值，而是作为链路层可利用的IP首部的一部分出现。

C.2 IP的需求

本节总结了RFC 1122的3.5节建议的IP的需求以及本书介绍的Net/3系统对这些需求的支持程度。

- 必须实现IP和ICMP。

支持：inetsw[0]实现了IP，inetsw[4]实现了ICMP。

- 必须处理应用层的远端多接口(multihoming)通信。

  支持：内核不区分远端多接口通信，因此，既不阻碍也不支持应用程序的这种通信方式。

- 建议支持本地的多接口通信。

  支持：Net/3系统维护一个ifnet列表，且每个ifnet结构都带有一个ifaddr列表，即每个IP接口可配置多个IP地址，从而支持本地多接口通信。

- 如果转发IP数据报，则必须满足路由器规约。

  部分支持：参见第18章，其中详细讨论了路由器的需求。

- 必须为内置的路由器功能提供使能选项，默认设置应为主机操作。

  支持：ipforwarding变量默认值为FALSE，控制Net/3中的IP数据报转发机制。

- 必须禁止基于IP接口数的选路。

  支持：if_attach函数并不根据系统初启时配置的接口数来修改ipforwarding变量。

- 应该记录丢弃的数据报，包括其内容，并在统计计数器中记录丢弃事件。

  部分支持：Net/3没有提供一种机制，能够保存丢弃数据报的内容，但维护多种统计计数器。

- 必须丢弃IP版本号不等于4的数据报而不回显信息。

  支持：ipintr实现此需求。

- 必须验证IP检验和，并丢弃验证失败的数据报而不回显信息。

  支持：ipintr调用ip_cksum，实现此需求。

- 必须支持子网地址(RFC 950)。

  支持：在in_ifaddr结构中，所有的IP地址都有一个对应的子网掩码。

- 必须把主机自己的IP地址作为源IP地址，与数据报同时发送。

  部分支持：如果运输层发送的IP数据报中，源地址为全0时，IP插入外出接口的IP地址作为源地址。应用进程可以把某个本地插口绑定在本地IP广播地址上，IP将其作为无效的源地址发送。

- 必须丢弃不是发往本地主机的数据报而不回显信息。

  支持：如果系统没有被配置为路由器，ipintr丢弃目的地址差错(无法辨认的单播、广播或多播地址)的数据报。

- 必须丢弃源地址差错的数据报而不回显信息。

  不支持：ipintr把数据报提交给运输层之前，不检测进入数据报的源地址。

- 必须支持重装。

  支持：ip_reass实现重装。

- 建议为同一个IP数据报设定同样的ID。

  不支持：ip_output为每个外出数据报赋一个新的ID，并且不允许运输层协议设定IP数据报的ID。参见第32章。

- 必须允许运输层设定TOS。

  支持：ip_output接受运输层协议在IP首部设定的所有TOS值。运输层在默认情况下，必须把TOS设为全0。应用进程可通过IP_TOS插口选项设定某个特定数据报或连接的TOS值。

- 必须把TOS值上交给运输层。

  支持：Net/3在输入处理期间保存TOS字段的值。当IP针对接收数据报的协议调用pr_input函数时，运输层可得到完整的IP首部。不幸的是，UDP和TCP运输层协议忽略该字段。

- 应该不采用RFC 795 [Postel 1981d]中建议的TOS链路层匹配方式。

  支持：Net/3没有使用这些匹配方式。

- 必须不发送TTL等于0的数据报。

  部分支持：Net/3中的IP层(ip_output)不检查这项需求，而是依靠运输层以使得不会构造TTL等于0的IP首部。UDP、TCP、ICMP和IGMP都选择了一个非零的TTL默认值。但默认值可被IP_TTL选项忽略。

- 必须不丢弃TTL小于2的接收数据报。

  支持：只要系统是数据报的目的地，ipintr将接受该数据报，并不测试其TTL值。只有在数据报需要被转发时，才会检测TTL值。

- 必须允许运输层设定TTL。

  支持：运输层在调用ip_output之前，必须设定TTL。

- 必须允许配置一个固定的TTL值。

  支持：全局整型变量ip_defttl中保存了TTL默认值，等于64(IPDEFTTL)。UDP和TCP都使用此默认值，除非应用进程通过IP_TTL插口选项为某个特定的插口指派了一个不同的值。通过调用sysctl，通过指派IPCTL_DEFTTL，可以修改ip_defttl。

多接口

- 应该选取接收数据报中指定的目的地址作为响应的源地址。

  支持：内核生成的响应(ICMP响应报文段)包含了正确的源地址(C.5节)。运输层生成的响应在其各自章节中做了描述。

- 必须允许应用进程选取本地IP地址。

  支持：应用程序能够把插口绑定在指派的本地IP地址上(15.8节)。

- 建议丢弃目的地址与所到达的接口IP地址不同的数据报而不回显信息。

  不支持：Net/3实现了一个简单的终端系统模型，ipintr接受此类的数据报。

- 建议数据报离开系统时所选接口的IP地址应与数据报的源地址一致。本需求不适用于源站选路的数据报。

  不支持：Net/3允许数据报通过任意接口离开系统——另一个简单终端系统的特征。

广播

- 必须禁止在源地址中选用IP广播地址。

  部分支持：如果应用程序明确地指派了源地址，IP层不会改变此设置。否则，IP选择与外出接口相连的IP地址作为源地址。

- 应该接受全0或全1的广播地址。

支持：ipintr接受发向上述任何一个地址的数据报。

- 建议提供选项，允许在指派接口上配置广播地址为全0或全1。如果提供该选项，可配置的广播地址默认值应为全1。

  不支持：应用进程必须明确地向全0(INADDR_ANY)或全1(INADDR_BROADCAST)广播地址发送数据报。没有配置默认值。

- 必须在链路层广播中使用IP广播地址或IP多播目的地址。

  支持：只有当目的地址是IP多播地址或广播地址时，ip_output才会置位链路层多播或广播标志。

- 应该丢弃链路层广播数据帧而不回显信息，如果它未指派某个IP广播地址作为其目的地址。

  不支持：Net/3中，没有对输入数据报中的M_BCAST或M_MCAST标志做明确测试，但ip_forward在转发前会丢弃这些数据报。

- 对直接相连的网络，应使用受限的广播地址

  部分支持：Net/3中，是否使用受限的广播地址(相对于子网广播地址和全网广播地址)由应用进程决定。

IP接口

- 必须允许运输层使用所有的IP机制(如IP选项、TTL和TOS)。

  支持：Net/3中的运输层可使用所有的IP机制。

- 必须向运输层提交IP接口号。

  支持：每个保存进入数据报的mbuf中的m_pkthdr.rcvif成员变量指向一个ifnet结构，其中保存了接收该数据报的接口的信息。

- 必须向运输层提交所有IP选项

  支持：ipintr向运输层接收协议的pr_input函数提交的数据报中，包含了完整的IP首部，包括各种IP选项。

- 必须允许运输层发送"ICMP端口不可达"报文和其他所有ICMP查询报文。

  支持：运输层调用icmp_error可以发送任何ICMP差错报文；或者调用ip_output，构造并发送任何类型的IP数据报。

- 必须向运输层提交下列ICMP报文：目的地址不可达、源站抑制、回显回答、时间戳回答和数据报超时。

  支持：ICMP可以向其他运输层协议发送此类报文段，或通过原始IP机制向任何等待进程发送此类报文段。

- 必须在向运输层提交的ICMP报文中包括ICMP报文内容(IP首部和附加数据)

  支持：icmp_input向运输层提交包含在ICMP报文中的原始IP数据报。

- 应该在一次处理中完成所有功能。

  不支持：也许在下一版IP中能够实现。

C.3 IP选项的要求

本节总结了RFC 1122第3.5节中IP选项处理的需求，以及本书介绍的Net/3系统对这些需求

的支持程度。

- 必须允许运输层设置IP选项。

  支持：`ip_output`的第二个参数即为用于输出IP数据报的IP选项列表。
- 必须向高层提交收到的所有IP选项。

  支持：IP首部及选项都能传递给运输层接收协议的`pr_input`函数。
- 必须忽略所有未知选项。

  支持：`ip_dooptions`中的`default`语句跳过了所有未知选项。
- 建议支持安全选项。

  不支持：Net/3不支持IP安全选项。
- 建议不发送流标识选项，并且必须忽略接收数据报中的该选项。

  支持：Net/3不支持流标识选项，并忽略接收数据报中的该选项。
- 建议支持路由记录选项。

  支持：Net/3支持路由记录选项。
- 建议支持时间戳选项。

  部分支持：Net/3支持时间戳选项，但没有完全遵照规定的方式递增时间戳值。有时间戳请求时，源主机并未在报文段中插入时间戳，而是由对端主机在向运输层提交数据报之前记录时间戳值。时间戳值遵守RFC 1122第3.2.2.8节中对ICMP时间戳报文段标准值的规定。
- 必须支持源站选路，必须能够成为源站选路报文段的终点。

  支持：源站选路选项可作为传送给`ip_output`的参数，`ip_dooptions`能够正确地终止源站选路，并能保存该路由，在构造返回路由时使用。
- 向运输层提交数据报时，必须同时提交完整的源站选路路由。

  支持：源站选路路由与其他数据报中可能出现的IP选项一起，提交给运输层。
- 必须构造正确的(非冗余的)返回路由。

  不支持：Net/3只是简单地逆转收到的源选路路由，并不检查或纠正路由中可能存在的多余转发。
- 必须禁止在一个首部中发送多个源路由选项。

  不支持：Net/3的IP层不禁止运输层在一个数据报中构造并发送多个源路由。

源路由转发

- 建议支持带源路由选项的数据报的转发。

  支持：Net/3支持源路由选项。`ip_dooptions`实现所有功能。
- 处理源路由选项的同时，必须遵守相应的路由器原则。

  支持：Net/3遵守路由器原则，无论数据报上是否包含源路由。
- 必须根据网关原则更新TTL。

  支持：`ip_forward`实现本需求。
- 必须生成ICMP差错代码4和5(需要分片和源路由失败)。

  支持：`ip_output`能够生成"需要分片"报文，`ip_dooptions`能够生成"源路由失败"报文。

- 必须允许带有源路由选项数据报的IP源地址不是转发主机的IP地址。

  支持：`ip_output`发送此类数据报。

  RFC 1122将本需求指明为"建议"，因为地址可能不一致，但必须允许这种不一致。

- 必须更新时间戳和记录路由选项

  支持：`ip_dooptions`为带有源路由选项的数据报处理这些选项。

- 必须支持一个可配置选项，用于打开或关闭"非本地源路由"。选项默认值应为关闭。

  不支持：Net/3允许非本地源选路，没有提供一个选项来关闭此功能。非本地源选路指在两个不同接口间转发数据报，而不是在同一接口接收和发送数据报。

- 非本地源选路处理中，必须满足网关接入规则。

  支持：Net/3在非本地源选路处理过程中，遵守转发规则。

- 如果无法转发源选路数据报(除了ICMP差错报文)，应该发送ICMP"目的地不可达"差错(源路由失败)报文。

  支持：`ip_dooptions`发送ICMP"目的地不可达"差错报文。如果处理的数据报是一个ICMP差错报文，`icmp_error`将丢弃新生成的ICMP差错报文。

C.4 IP分片与重装的需求

本节总结了RFC 1122第3.5节中关于IP分片和重装的需求，以及Net/3对这些需求的支持程度。

- 必须能够重装输入的数据报，数据报长度至少为576字节。

  支持：`ip_reass`支持数据报的重装，且数据报的长度不限。

- 应该不限制输入数据报的长度，或者允许配置输入数据报长度的上限。

  支持：Net/3不限制输入数据报的长度。

- 必须提供某种机制，允许运输层了解接收的最大数据报长度。

  不适用：Net/3可接收的数据报长度只受可用存储器的限制。

- 重装超时时，必须能够发送ICMP"数据报超时"差错报文。

  不支持：Net/3不发送ICMP"数据报超时"差错报文。参见图10-30和习题10.1。

- 应该设定一个固定的重装超时值，且不应该采用收到的IP分片中TTL的剩余值作为重装超时值。

  支持：Net/3采用编译时指派的固定值30秒(`IPFRAGTTL`等于60个慢超时时间间隔，约为30秒)作为重装超时值。

- 必须向高层提供NMS_S(可发送的最大报文段长度)。

  部分支持：TCP首先从到达目的地的路由表项中找到最大的MTU，或者是读取外出接口的MTU，并根据上述MTU计算出NMS_S。UDP应用程序无法得到此信息。

- 必须支持对外出数据报的本地分片。

  支持：如果`ip_output`发现外出数据报长度大于指定外出接口的MTU，则对其分片。

- 如果不支持数据报的本地分片，则必须禁止运输层发送长度大于NMS_S的报文段。

  不适用：这条对于运输层的需求不适用于Net/3系统，因为系统支持数据报的本地分片。

- 如果无法确知到达远端目的地路由的最小MTU，则不应该向远端目的地发送大于576字节的报文段。

部分支持：Net/3 TCP报文段的默认大小等于553字节(512字节数据 + 40字节首部)。
Net/3 UDP应用程序无法确认目的地址位于本地，或是远端，因此，通常都将报文段大
小限制在540字节以下(512 + 20 + 8)。内核中没有机制禁止发送长度超出限制的报文。

- 建议支持"全部子网MTU"配置标志。

支持：全局变量subnetsarelocal默认为TRUE。TCP向本地网络中的某个子网发送
报文段时，利用该标志选择较大的报文段长度(外出接口的MTU的大小)，取代默认的报
文段大小。

C.5 ICMP的需求

本节总结了RFC 1122第3.5节中关于ICMP的需求，以及Net/3系统对这些需求的支持
程度。

- 必须丢弃不了解的ICMP报文而不回显信息。

部分支持：icmp_input忽略未知的ICMP报文，将其交给rip_input，后者将报文段
交给任何等待进程，或者在没有进程接收的情况下将其丢弃而不回显信息。

- 建议携带原始数据报中至少8字节的内容。

不支持：icmp_error在ICMP差错报文中，最多返回原始数据报中8字节的内容，参见
习题11.9。

- 必须原封不动地返回接收数据报的首部和数据。

部分支持：Net/3的ipintr将接收数据报的ID、偏移量和长度字段从网络字节序转换为
主机字节序，从而方便数据报的处理。但Net/3在把偏移量和长度字段放入ICMP差错报
文时，没有将这两个字段转换回网络字节序。如果系统的主机字节序与网络字节序相同，
这个差错不会引起误解。但如果系统的主机字节序与网络字节序不一致，ICMP差错报
文中携带的IP首部报文段中的偏移量和长度字段都是错误的。

作者发现，Intel版的SVR4和AIX 3.2(基于Net/2)返回的长度字段的字节顺序都是
错误的，而实验过的其他不基于Net/2和Net/3的实现(Cisco、NetBlazer、VM和
Solaris2.3)却没有此差错。

此外，在UDP代码中发送ICMP"端口不可达"差错报文时，还有一个差错：接
收数据报的首部长度被错误地修改了(23.7节)。作者在Net/2和Net/3系统中都发现了
这个差错，而Net/1版中却没有。

- 必须能够将收到的ICMP差错分用给运输层协议。

支持：icmp_error利用原始数据报首部的协议字段选择适当的运输层协议，以响应该
差错。

- 发送ICMP差错报文时，TOS字段应该等于0。

支持：icmp_error构造的所有ICMP差错报文的TOS字段都等于0。

- 必须禁止ICMP差错报文再次引发新的ICMP差错报文。

部分支持：ICMP重定向报文可能导致icmp_error发送新的ICMP差错报文。RFC
1122第3.2.2节中把ICMP重定向报文划分为ICMP差错报文。

- 必须禁止IP广播或多播报文引发ICMP差错外。

  不支持：`icmp_error`不进行此类检查。

  最初BSD中的Deering多播处理代码的`icmp_error`函数进行此类检查。

- 必须禁止链路层广播报文引发ICMP差错报文。

  支持：`icmp_error`丢弃作为链路层广播或多播报文到达的ICMP报文。

- 必须禁止IP数据报的后续分片引发ICMP差错。

  支持：`icmp_error`丢弃此类情况引发的ICMP差错报文。

- 必须禁止源地址不确定的数据报引发ICMP差错报文。

  支持：`icmp_reflect`检查实验性地址和多播地址。`ip_output`丢弃源地址等于广播地址的数据报。

- 不属于禁止范围之内时，必须返回ICMP差错报文。

  部分支持：一般情况下，Net/3发送适当的ICMP差错报文。但某些情况下，它无法发送ICMP"分片重装超时"报文(习题10.1)。

- 应该生成ICMP"目的站不可达"报文(协议和端口)。

  不支持：如果数据报所指明的协议系统不支持，则交由`rip_input`函数处理。后者检查确认系统中没有应用进程能够处理此数据报后，将数据报丢弃而不回显信息。UDP生成ICMP"端口不可达"差错报文。

- 必须向高层提交ICMP"目的站不可达"差错报文。

  支持：`icmp_input`向指定协议的`pr_ctlinput`函数(例如，UDP的`udp_ctlinput`函数，TCP的`tcp_ctlinput`函数)提交此类报文。

- 应该响应"目的站不可达"差错报文。

  参见23.9节和27.6节。

- 必须把"目的站不可达"差错解释为一种暗示，可能只是一种临时状态。

  参见23.9节和27.6节。

- 如果配置为主机，则必须禁止发送ICMP"重定向"报文段。

  支持：`ip_forward`，唯一的检测和发送"重定向"报文的函数，只有在系统配置为路由器时才会被调用。

- 收到ICMP"重定向"报文时，必须更新路由表缓存。

  支持：`ipintr`调用`rtredirect`，处理此报文。

- 必须能够处理"主机重定向"和"网络重定向"报文段。此外，必须把"网络重定向"报文作为"主机重定向"报文进行处理。

  支持：`ipintr`调用`rtredirect`，处理这两类报文。

- 应该丢弃非法的重定向报文

  支持：`rtredirect`丢弃非法的重定向报文(第19.7节)。

- 存储器不足时，建议发送"源站抑制"报文。

  支持：如果`ip_output`返回ENOBUFS，`ip_forward`发送"源站抑制"报文。如果mbuf不足，或者接口输出队列已满时，会出现这种情况。

- 必须向高层提交"源站抑制"报文。

  支持：`icmp_input`向运输层提交"源站抑制"差错报文。

- 高层应该响应"源站抑制"差错报文。

  详见23.9节和27.6节，UDP和TCP的处理逻辑。ICMP和IGMP都不接受ICMP差错报文（它们没有定义自己的`pr_ctlinput`函数）。这种情况下，IP将丢弃ICMP差错报文。

- 必须向运输层提交"数据报超时"差错报文。

  支持：`icmp_input`向运输层提交此类差错报文。

- 应该发送"数据报参数错"报文段。

  支持：`ip_dooptions`发现选项构造差错时，会发送此报文段。

- 必须向运输层报告出现数据报参数差错。

  支持：`icmp_input`向运输层报告此类差错。

- 建议向应用进程报告出现参数差错。

  详见23.9节和27.6节，UDP和TCP的处理逻辑。ICMP和IGMP都不接受ICMP差错报文。

- 必须支持回显服务器，应该支持回显客户。

  支持：`icmp_input`实现回显服务器，ping程序利用原始IP插口实现回显客户。

- 建议丢弃发往广播地址的回显请求报文。

  不支持：`icmp_reflect`发送应答。

- 建议丢弃发往多播地址的回显请求报文。

  不支持：Net/3响应发往多播地址的回显请求报文。`icmp_reflect`和`ip_output`都允许多播目的地址。

- 必须使用确定的目的地址作为回显回答报文的源地址。

  支持：`icmp_reflect`将广播地址或多播地址转换为接收接口的IP地址，并将转换后的地址用于回显回答报文的源地址。

- 必须在回显回答报文中返回回显请求数据。

  支持：`icmp_reflect`不更改回显请求报文的数据部分。

- 必须向高层提交回显回答报文。

  支持：ICMP回显回答报文提交给`rip_input`，进而交给指明的应用进程。

- 必须响应ICMP回显请求报文中携带的记录路由和时间戳选项。

  支持：`icmp_reflect`在回显回答报文中包括记录路由和时间戳选项。

- 必须逆转并响应源路由选项。

  支持：`icmp_reflect`调用`ip_srcroute`，获取逆转的源路由，并放入外出的回显回答报文中。

- 应该不支持ICMP信息请求和信息回答报文段。

  部分支持：内核不生成或响应这两类报文段，但应用进程可能会通过原始IP插口发送或接收这两类报文段。

- 建议实现ICMP时间戳请求和时间戳回答报文段。

  支持：`icmp_input`实现时间戳服务器的功能。时间戳客户的功能可通过原始IP机制来实现。

- 必须最小化时间戳延时偏移量(如果实现时间戳报文)。

  部分支持：接收时间戳在报文从IP输入队列中取出时加入，发送时间戳在报文放入接口输出队列前加入。

- 建议丢弃发往广播地址的时间戳请求而不回显信息。

  不支持：`icmp_input`响应发向广播地址的时间戳请求。

- 必须使用确定的目的地址作为时间戳回答报文的源地址。

  支持：`icmp_reflect`将广播地址和或多播地址转换为接收接口的IP地址，并将转换后的地址用于时间戳回答报文的源地址。

- 应该响应ICMP时间戳请求报文中携带的记录路由和时间戳选项。

  支持：`icmp_reflect`在时间戳回答报文中包括记录路由和时间戳选项。

- 必须逆转并响应ICMP时间戳请求报文中携带的源路由选项。

  支持：`icmp_reflect`调用`ip_srcroute`，获取逆转的源路由，并放入外出的时间戳回答报文中。

- 必须向高层提交时间戳回答报文。

  支持：ICMP时间戳回答报文提交给`rip_input`，进而交给指定的应用进程。

- 必须遵守有关标准时间戳值的规定。

  支持：`icmp_input`调用`iptime`，后者可返回标准时间戳值。

- 必须能够通过配置改变接口的地址掩码。

  不支持：Net/3通过`ifconfig`程序，只支持地址掩码的静态配置。

- 必须支持地址掩码的静态配置。

  支持：Net/3间接实现了这一功能。典型情况下，通过`/etc/netstart`批处理文件执行系统初始化，调用`ifconfig`程序配置接口时，可设定静态信息。

- 建议系统初始化时动态获取地址掩码。

  不支持：Net/3不支持利用BOOTP或DHCP，获取地址掩码信息。

- 建议通过ICMP地址掩码请求和回答报文获取地址掩码信息。

  不支持：Net/3不支持通过ICMP地址掩码请求和回答报文获取地址掩码信息。

- 如果没有响应，必须重传地址掩码请求。

  不适用：Net/3不支持此项功能。

- 如果没有响应，建议使用假定的默认地址掩码

  不适用：Net/3不支持此项功能。

- 只允许在收到第一个响应时更新地址掩码。

  不适用：Net/3不支持此项功能。

- 建议对所有已安装的地址掩码进行合理的检测。

  不支持：Net/3不对地址掩码进行检测。

- 必须禁止响应未确认的地址掩码请求报文，且必须被明确地配置为代理。

  支持：`icmp_input`只有当`icmpmaskrepl`非零时(默认为0)，才会响应地址掩码请求报文。

- 应该为每个静态配置的地址掩码设定相应的地址掩码确认标志。

  不支持：Net/3只维护一个全局的确认标志(`icmpmaskrepl`)，发送任何接口的地址掩码回答报文之前都要查询同一个全局变量。

- 必须在初始化时广播地址掩码回答报文。

  不支持：Net/3配置接口时，不广播地址掩码回答报文。

C.6 多播的需求

本节总结了RFC 1122第3.5节关于IP多播功能的需求，以及Net/3系统对这些需求的支持程度。

- 应该支持本地IP多播(RFC 1122)。
  支持：Net/3支持IP多播。
- 应该在启动时加入全主机组。
  支持：in_ifinit初始化接口时加入全主机组。
- 应该为高层提供一种机制，使其能够了解接口的IP多播功能。
  支持：内核代码能够直接访问接口ifnet结构中的IFF_MULTICAST标志，应用进程通过SIOCGIFFLAGS命令也能做到这一点。

C.7 IGMP的需求

本节总结了RFC 1122第3.5节关于IGMP功能的需求，以及Net/3系统对这些需求的支持程度。

- 建议支持IGMP(RFC 1122)
  支持：Net/3支持IGMP。

C.8 选路的需求

本节总结了RFC 1122第3.5节关于IP选路功能的需求，以及Net/3系统对这些需求的支持程度。请注意，RFC 中的这些需求只适用于主机，而非内核的实现。Net/3内核的选路函数没有明确实现其中的某些条款，但这些功能都包括在后台选路进程如routed或gated中。

- 必须使用地址掩码来确定数据报的目的地址是否位于直接相连的网络中。
  支持：在配置连通某个网络(如以太网)的接口时，同时也配置了接口的地址掩码(或根据IP地址的类别选择一个默认的地址掩码)，保存在路由表表项中。rn_match查找网络匹配时，会用到已配置的地址掩码。
- 不存在路由器(所有网络都直接相连)时，必须能在最小环境中运行正常，
  支持：这种情况下，系统管理员不允许配置默认路由。
- 必须在缓存中保存到达下一跳路由器的路由。
  支持：路由表位于缓存中。
- "网络重定向"报文的处理方式应该等同于"主机重定向"报文。
  支持：详见19.7节。
- 必须使用默认路由器，如果路由表中没有到达目的地址的路由记录。
  支持：条件是路由表中已配置有默认路由。
- 必须支持多个默认路由器。
  内核不支持多条默认路由。完成选路的后台进程可能支持此功能。
- 建议实现静态路由表。
  支持：可在系统初始化时通过route命令实现。
- 建议为每条静态路由指派一个标志，说明它是否能被重定向报文修改。

不支持。

- 建议采用完整的主机地址，而不是网络地址作为路由表的表项

  支持：主机路由比到达同一网络的网络路由具有优先权。

- 应该在路由表表项中包括TOS值。

  不支持：第21章中描述的sockaddr_inarp结构中定义了TOS字段，但目前未使用。

- 必须能够检测路由表中出现在网关域的下一跳路由器的故障，并能选择其他的下一跳路由器。

  消极的建议。in_losing生成的RTM_LOSING报文，将被上交给从选路插口读取数据的所有进程，从而允许应用进程(如，某个选路后台进程)处理该事件。

- 不应该假定一条路由永远正常。

  支持：除了ARP生成的表项外，Net/3内核路由表中的其余表项没有超时字段。UNIX系统标准的后台选路进程负责对路由表项定时，超时后，在可能的情况下，选择另一条路由替代已超时的路由。

- 必须禁止连续ping(ICMP回应请求)路由器。

  支持：Net/3内核不会这样做。后台选路进程也不会生成ICMP回应请求报文。

- 只有在需要向路由器发送报文时，才允许ping路由器。

  Net/3内核绝不会ping下一跳路由器。

- 应该实现某种机制，允许高层或低层向路由模块报告正常或差错。

  部分支持：其他层向Net/3选路函数传递信息的唯一方式是通过in_losing，而in_losing只被TCP调用。选路层采取的唯一动作是生成RTM_LOSING报文段。

- 默认路由器出现故障时，必须切换到另一个默认路由器上。

  支持：尽管Net/3内核不实现此功能，但得到后台选路进程支持。

- 必须能够手工配置路由表中的下述信息：IP地址、网络掩码和默认路由表。

  支持：但内核只支持一条默认路由。

C.9 ARP的需求

本节总结了RFC 1122第2.5节关于ARP功能的需求，以及Net/3系统对这些需求的实现程度。

- 必须提供某种机制，能够清除过时的ARP记录。如果利用超时，时限应是可配置的。

  支持：arptimer提供所要求的机制。时限是可配置的(arp_prune和arp_keep全局变量)，但改变时限值的唯一方式是重新编译内核，或通过调试器修改内核。

- 必须提供某种机制，防止ARP洪泛。

  支持：详见图21-24。

- 应该保存(而非丢弃)至少一个(最后一个)，发往同一个未解析的IP地址的数据报，并且在IP地址解析后发送保存的数据报。

  支持：这就是定义llinfo_arp结构中la_hold成员变量的目的。

C.10 UDP的需求

本节总结了RFC 1122第4.1.5节关于UDP功能的需求，以及Net/3系统对这些需求的实现程度。

- 应该发送ICMP"端口不可达"差错报文。

  支持：udp_input完成此功能。
- 必须向应用程序提交接收的IP选项。

  不支持：udp_input中实现此功能的代码被注释掉了。也就是说，即使应用进程收到的UDP报文段中带有源选路选项，也无法采用逆向路由发送响应。
- 必须允许应用进程指派发送的IP选项。

  支持：IP_OPTIONS插口选项实现此功能。指派的选项保存在PCB中，并由ip_output放入输出的IP数据报中。
- 必须能向下向IP层传递IP选项。

  支持：前面已提到，IP把选项放入IP数据报中。
- 必须向应用程序提交收到的ICMP报文。

  支持：我们必须阅读RFC 原文："基于UDP的应用程序，如果希望接收ICMP差错报文，则应负责维护必需的状态，从而在报文段到达时能够正确处理。例如，应用程序可能需要为此保存一个挂起的接收操作。"基于Berkeley系统所需的状态，是指插口已连接到远端地址和插口上。如同图23-26起始处的注释所指出的，某些应用程序为指派的远端端口同时创建连接插口和非连接插口，利用连接插口接收异步差错。
- 必须能够生成并验证UDP检验和。

  支持：udp_input在全局变量udpcksum的基础上实现此功能。
- 必须丢弃检验和验证失败的UDP报文段而不回显信息。

  支持：只要udpcksum非零，Net/3丢弃该报文段。我们前面曾提到，该变量同时控制发送时检验和的产生以及接收检验和的验证。如果它等于0，则内核对收到的非零检验和不做验证。
- 建议允许发送程序指定是否需要计算输出报文段的检验和，默认操作必须为需要计算

  不支持：应用程序不能控制UDP检验和。默认情况下，Net/3计算UDP检验和，除非内核编译时定义了4.2BSD的兼容功能，或者系统管理员通过sysctl (8)关闭了UDP检验和功能。
- 建议允许接收进程指定是丢弃收到的不带检验和的UDP报文段(例如，收到的检验和等于0)，还是将此类报文段提交给应用进程。

  不支持：即使接收报文段的检验和字段等于0，也会被提交给应用进程。
- 必须向应用进程提交目的IP地址。

  支持：应用程序可以调用recvmsg，并指派IP_RECVDSTADDR插口选项。尽管在图23-25中的讨论中曾指出，如果目的地址是广播地址或多播地址，4.4BSD不遵守此规定。
- 必须允许应用进程指派发送UDP报文段时所使用的本地IP地址。

  支持：应用程序调用bind，为UDP插口指派本地IP地址。在第22.8节结尾处，我们已经讨论了源IP地址和输出接口IP地址间的差别。Net/3不允许应用程序指派输出接口——ip_output负责根据到达目的地址的路由选取本地输出接口。
- 必须允许应用程序指派本地IP地址的通配地址。

  支持：如果bind调用中指派的IP地址为IPADDR_ANY, in_pcbconnect将根据到达目的地址的路由选取本地IP地址。

- 应该允许应用程序了解选定的本地IP地址。

  支持：应用程序必须调用connect。如果插口未建立连接，且绑定时指派的是本地通配地址，在该插口上发送报文段时，ip_output选择输出接口，并把输出接口的IP地址作为源地址。但在sendto返回前，udp_output结尾处的代码会把PCB中的inp_laddr成员变量，重置为通配地址。因此，getsockname将返回空值。但应用程序可以调用connect，把UDP插口连接到指定目的地，强迫in_pcbconnect选择输出接口，并把接口地址保存到PCB中。应用程序随后调用getsockname，可得到本地接口的IP地址。

- 必须丢弃收到的源地址差错(广播地址或多播地址)的UDP报文段而不回显信息。

  不支持：即使收到的UDP报文段源地址差错，但如果有插口绑定在指派的目的端口上，则报文段也会被提交给该插口。

- 必须发送有效的IP源址。

  支持：如果通过bind指派本地IP地址，bind会检查地址的有效性。如果指派了本地通配地址，ip_output选择本地地址。

- 必须实现RFC 1122第3.4节定义的完整的IP接口。

  参见C.2节

- 必须允许应用进程为输出报文段指派TTL、TOS和IP选项。

  支持：应用程序可使用IP_TTL、IP_TOS和IP_OPTIONS插口选项。

- 建议向应用程序提交TOS。

  不支持：应用程序无法得到接收报文段IP首部的TOS值。请注意，调用getsockopt，参数为IP_TOS时得到的返回值是输出报文段，而非接收报文段的TOS值。接收报文段的TOS对udp_input是可见的，但后者在处理过程中，将它与整个IP首部一起丢弃。

C.11　TCP的需求

本节总结了RFC 1122第4.2.5节关于TCP功能的需求，以及Net/3系统对这些需求的实现程度。

PSH标志

- 建议累积用户发送的不带PSH标志的数据。

  部分支持：Net/3没有为应用进程提供机制，能够在调用write的同时指派PSH标志。但Net/3能够累积用户在多次write操作中发送的数据。

- 建议把收到的不带PSH标志的数据放入队列。

  不支持：接收报文段中是否带有PSH标志不会影响Net/3的处理。接收报文段处理过程中，收到的数据都放入插口的接收队列。

- 发送方在对数据打包时，应该合并连续的PSH标志。

  不支持。

- 建议在write调用中指派PSH标志。

  不支持：插口API不提供此项功能。

- 由于PSH标志不是write调用的一部分，必须防止无限期地缓存数据，且必须在最后一个缓存报文段中置位PSH标志。

支持：基于Berkeley的系统都采用此方法。
- 建议向应用程序提交收到的PSH标志。

  不支持：插口API不提供此项功能。
- 在可能的情况下，应该发送最大长度报文段，以提高性能。

  支持。

窗口

- 必须把窗口大小视为无符号整数。应该把窗口大小视为32 bit数值。

  支持：图24-13中的所有窗口大小的数据类型都是unsigned long。RFC 1323关于窗口大小选项的说明中也有此要求。
- 不允许接收方缩小窗口。

  支持：详见图26-29。
- 发送方必须非常灵活，在对端缩小窗口时也能正常运作。

  支持：详见图29-15。
- 建议无限期关闭提供的接收窗口。

  支持。
- 发送方必须能够探测零窗口。

  支持：这也是设置持续定时器的目的。
- 在窗口因为RTO而关闭时，应该发送第一次零窗口探测报文段。

  不支持：Net/3把持续定时器的下限设为5秒，一般情况下都大于RTO。
- 应该线性递增连续探测报文段间的时间间隔。

  支持：详见图25-14。
- 必须允许对端窗口无限期地关闭。

  支持：TCP会一直向关闭窗口发送探测报文段。
- 不允许由于接收方一直发送零窗口通告，发送方就超时关闭连接。

  支持。

发送数据

- 紧急指针必须指向紧急数据的最后一个字节。

  不支持：基于伯克利的系统都将紧急指针解释为指向紧急数据结束后的第一个字节。
- 必须支持任何长度的紧急数据。

  支持：条件是修订了习题26.6中讨论的差错。
- 必须通知接收进程：(1)TCP收到紧急指针，并且没有正等待处理的紧急数据；(2)紧急指针出现在数据流之前。

  支持：详见图29-17。
- 必须允许应用进程以某种方式确定剩余的紧急数据量，或者至少能确定是否还有需要读取的紧急数据。

  支持：这就是设置带外数据标志SIOCATMARK ioctl的目的。

TCP选项

- 必须能够接收任何报文段中的TCP选项。

  支持。

- 必须忽略所有不支持的选项。

  支持：详见第28.3节。

- 必须处理非法的选项长度。

  支持：详见第28.3节。

- 必须能够发送并接收MSS选项。

  支持：图28-10中的代码处理收到的MSS选项，图26-23中的代码总是在SYN中发送MSS选项。

- 如果接收MSS不等于536，则应该在响应SYN报文段中发送MSS选项；建议在所有SYN报文段中发送MSS选项。

  支持：前面已提到，Net/3在所有SYN报文段中发送MSS选项。

- 如果收到的SYN报文段中未携带MSS选项，必须假定MSS默认值等于536。

  不支持：MSS的默认值等于512，而非536。

    这可能是一个历史遗留问题。因为VAX系统物理存储器页大小为512字节，而trailer协议只能处理长度为512倍数的数据。

- 必须计算"有效发送MSS"。

  支持：详见27.5节。

TCP检验和

- 必须在输出报文段中生成TCP检验和，必须验证收到的检验和。

  支持：Net/3支持TCP检验和的生成和验证。

初始序号选择

- 必须使用RFC 793中规定的时钟驱动的选择机制。

  不支持：RFC 793中规定的时钟，每半秒递增125 000，而Net/3 ISN(全局变量`tcp_iss`)每半秒递增64 000，约为规定速率的一半。

打开连接

- 必须支持同时打开。

  支持：尽管基于Berkeley的系统，4.4BSD以前的版本，不支持此功能。第28.9节中讨论了这个问题。

- 必须能区分是从LISTEN状态，还是从SYN_SENT状态变迁到SYN_RCVD状态。

  支持：结果相同，方法不同。提出此需求的目的是允许被动打开的一方，在收到RST时能返回到LISTEN状态(如图24-15所示)，而主动打开的一方，如果在SYN_RCVD状态时收到RST，应被强迫终止。如图28-36所示。

- 被动打开必须不影响系统中已建立的连接。

支持。

- 必须允许绑定在同一本地端口上的监听插口和另一插口同时处于SYN_SENT 状态或SYN_RCVD状态。

  支持：提出本需求的目的在于允许应用进程能同时接受多个连接请求。Berkeley系统采用的方法是，收到SYN时，系统根据处于LISTEN状态的插口创建一条完全相同的连接。

- 如果在多接口主机上，执行主动打开的应用进程没有指派源IP地址，则必须要求IP层选择一个本地IP地址作为源IP地址。

  支持：由in_pcbconnect实现。

- 同一连接上发送的所有报文段必须使用相同的源IP地址。

  支持：只要in_pcbconnect选定了源IP地址，就不会再改变。

- 执行主动打开时，对端地址不允许是广播地址或多播地址。

  部分支持：TCP不会向广播地址发送报文段，因为图26-32中调用ip_output时，不会指定SO_BROADCAST选项。但Net/3允许应用程序试图与多播地址建立连接。

- 必须忽略收到无效源地址的SYN报文段。

  支持：图28-16中的代码检查无效源地址。

关闭连接

- 应该允许RST携带数据。

  不支持：图28-36中对RST的处理，结束时跳转到drop，略过了图29-22中对报文段数据的所有处理。

- 必须通知应用进程对端是正常关闭连接(例如，发送了FIN)，还是通过RST异常中止了连接

  支持：如果收到FIN，read系统调用返回0(文件结束)；如果收到RST，read系统调用返回-1，差错代码为ECONNRESET。

- 建议实现半关闭。

  支持：应用进程调用shutdown，令第二个参数等于1，可发送FIN。此后，应用进程仍能从连接读取数据。

- 如果应用进程完全关闭了连接(不是半关闭)，但接收数据还没有被读取，或者关闭操作后，又有新的数据到达，则TCP应该发送RST，说明有数据丢失。

  部分支持：如果应用进程调用close，且没有读取插口接收缓存中的数据，则TCP不发送RST。但如果插口被关闭后，又有新的数据到达，则TCP将发送RST报文段。

- 必须在TIME_WAIT状态等待2MSL。

  支持：尽管Net/3 MSL等于30秒，远小于RFC 793中建议的2分钟的时间长度。

- 如果在TIME_WAIT状态收到对端新发送的SYN，应允许直接建立新连接。

  支持：详见图28-28。

重传

- 必须实现Van Jacobson的慢起动和拥塞避免算法。

  支持。

- 如果重传报文段与原始报文段相同，建议使用同一个IP标识符。

  不支持：`ip_output`把全局变量`ip_id`的当前值填入IP数据报的ID字段。每发送一个IP数据报，`ip_id`加1。TCP不负责IP标识符的赋值。

- 必须实现Jacobson的RTO算法和选取的RTT测量值Karn算法。

  支持：请注意，如果采用RFC 1323 定义的时间戳选项，重传报文段二义性将不再存在，Karn算法的一半问题也解决了。在图29-6中我们已讨论过这个问题。

- 对于连续的RTO值，必须有指数退避机制。

  支持：详见图25-22。

- SYN报文段的重传算法应该与数据报文段的重传算法相同。

  支持：详见图25-16。

- 应该初始化往返时间估值参数，保证计算得到的RTO的初始值为3秒。

  不支持：`tcp_newtcpcb`计算得到的`t_rxtcur`初始值等于6秒。详见图25-16。

- RTO的下限应为几分之一秒，上限应等于2MSL。

  不支持：RTO的下限设为1秒，上限等于64秒(图25-3)。

生成ACK

- 应该把乱序报文段放入重组队列。

  支持：`tcp_reass`实现此功能。

- 发送ACK之前，必须先处理队列中的所有报文段。

  支持：但只适用于顺序到达的报文段。`ipintr`处理IP接收队列中的数据报，如果携带的是TCP报文段，则调用`tcp_input`。对于顺序到达的报文段，`tcp_input`设定延迟ACK标志，控制返回`ipintr`。如果IP输入队列中还有其他携带TCP报文段的数据报，`ipintr`依次调用`tcp_input`。只有IP输入队列中的数据报全部处理完毕后，才能调用`tcp_fasttimo`生成延迟ACK，确认`tcp_input`处理过的全部报文段中最高的数据字节序号。

  处理乱序报文段遇到的问题是：把控制返回给`ipintr`之前，`tcp_input`会直接调用`tcp_output`，生成对乱序报文段的确认。如果此时IP输入队列中还有剩余报文段，它们与当前处理的乱序报文段合在一起完全有可能组成一个顺序数据序列，但它们只能等到立即ACK发送完毕后才会被处理。

- 建议立即发送乱序报文段的ACK。

  支持：这也是快速重传和快速恢复算法的要求(29.4节)。

- 应该实现延迟ACK，且延迟时间应小于0.5秒。

  支持：`tcp_fasttimo`每隔200 ms，检查一次`TF_DELACK`标志。

- 每隔一个报文段，至少应该发送一次ACK。

  支持：图26-9中的代码每隔一个报文段生成一个ACK。我们也讨论过，只有当接收数据的应用进程在数据到达时立即读取，才会出现这种处理过程。因为只有在`PRU_RCVD`的处理代码中，才会调用`tcp_output`，每隔一个报文段发送一次ACK。

- 接收方必须实现糊涂窗口综合征避免算法。

  支持：详见图26-29。

发送数据

- TCP报文段中的TTL值必须是可配置的。

  支持：tcp_newtcpcb初始化TTL为64(IPDEFTTL)，但应用进程可通过IP_TTL插口选项修改该值。

- 发送方必须实现糊涂窗口综合征避免算法。

  支持：详见图26-8。

- 应该实现Nagle算法。

  支持：详见图26-8。

- 必须允许应用进程对于指定连接禁止Nagle算法。

  支持：通过TCP_NODELAY插口选项。

连接失败

- 如果某报文段的重传次数超过指定的门限R1，必须向IP层告警。

  支持：图25-26中，R1等于4。如果重传次数超过4，则调用in_losing。

- 如果某报文段的重传次数超过R2，必须关闭连接。

  支持：R2等于12(图25-26)。

- 必须允许应用进程配置R2的值。

  不支持：在图25-26中，R2的值是定死的。

- 如果重传次数超过R1，而小于R2，应该通知应用进程。

  不支持。

- R1的默认值最小应该为3次，R2最小应该为100秒。

  支持：R1等于4，最小RTO等于1秒。tcp_backoff数组(25.9节)确保R2的最小值大于500秒。

- SYN报文段重传的处理方式必须与数据报文段重传的处理方式相同。

  支持：但一般情况下，SYN重传次数不会超过R1(图25-16)。

- 对于SYN报文段，R2的最小值必须设为3分钟。

  不支持：连接建立定时器把SYN的R2限定为75秒(图25-16)。

连接探测报文段

- 建议实现连接探测报文段。

  支持：Net/3提供此功能。

- 必须允许应用进程打开或关闭保活功能，默认值为关闭。

  支持：默认值为关闭。应用进程必须通过SO_KEEPALIVE插口选项打开此功能。

- 只有当连接空闲时间超过限制时，才允许发送连接探测报文段。

  支持。

- 必须允许配置保活的时间间隔，默认值必须大于2小时。

  部分支持：发送连接探测报文段前的时间间隔很难配置，但默认值等于2小时。如果默认的空间时间间隔被更改(修改全局变量tcp_keepidle)，它会影响主机上设置了保活选项的所有用户——无法如许多用户所希望的，为每条连接单独进行配置。
- 即使对端未响应特定探测报文段，不允许立即认为连接已中断。

  支持：在确认连接中断之前，Net/3系统会发送9个探测报文段。

IP选项

- 必须忽略接收报文段中不支持的IP选项。

  支持：IP层实现此功能。
- 建议支持接收报文段中的时间戳选项和记录路由选项。

  不支持：Net/3只响应ICMP报文中的这些选项，把这些选项反转给发送方（icmp_reflect）。tcp_input调用ip_stripoptions，丢弃所有收到的IP选项，如图28-2所示。
- 主动打开连接时，应用进程必须能够指派源路由，而且该路由应该优先于在该连接上收到的源路由。

  支持：应用进程可通过IP_OPTIONS插口选项，指派源路由。如果连接是主动打开的，tcp_input不会查看接收报文段中的源路由。
- 如果连接是被动打开，且发送报文段时，必须使用收到的源路由的逆转路由，则必须保存连接上收到的源路由。如果后续报文段中携带的源路由与当前保存的路由不同，新路由将取代原有路由。

  部分支持：只有在监听插口上收到SYN时，图28-7中的代码才会调用ip_srcroute。如果后续报文段携带了新路由，则被忽略。

接收IP层提交的ICMP报文

- 收到ICMP源站抑制报文段后，应该执行慢起动。

  支持：tcp_ctlinput调用tcp_quench函数。
- 收到ICMP网络不可达、主机不可达或源路由失败的报文段后，必须禁止TCP终止连接，并应该通知应用进程。

  部分支持：如图27-12所示，Net/3完全忽略已建立连接上收到的网络不可达和主机不可达报文段。
- 收到ICMP协议不可达、端口不可达和需要分片但DF置位的报文段后，应该中断当前连接。

  不支持：tcp_notify只在t_softerror中记录这些ICMP差错。如果连接最终被丢弃，则向应用进程报告。
- 收到处理数据报超时和数据报参数错的报文段后，应该采用与前述网络不可达和主机不可达报文段同样的处理方式。

  支持：tcp_notify只在t_softerror中记录ICMP数据报参数错。tcp_ctlinput忽略ICMP数据报超时报文段。两种报文段都不会导致连接被丢弃。

应用程序编程接口

- 必须提供某种方式，向应用进程报告软差错，一般应通过异步方式。

不支持：连接被丢弃时，通过返回值向应用进程报告软差错。

- 必须允许应用进程为连接上发送的报文段指派TOS。应该允许应用进程在连接的生存期内，动态更改TOS。

  支持：应用程序通过IP_TOS选项可完成上述功能。
- 建议向应用进程提交最近收到的TOS值。

  不支持：插口API不提供此项功能。调用getsockopt，参数为IP_TOS，只能返回用于发送的TOS当前值。它无法返回最近收到的TOS值。
- 建议实现"flush"调用。

不支持：TCP尽可能快地发送应用进程数据。
- 必须允许应用进程在主动打开或被动打开之前，指派本地IP地址。

  支持：应用进程可在调用connect或accept之前，调用bind。

参 考 文 献

所有的RFC文件都可以通过电子邮件或者用匿名FTP通过Internet免费获得，在附录B中对此做了说明。

通过URL（统一资源定位符，附录B）、作者随时可以找到本参考书目中文章和报告的电子副本。

Almquist, P. 1992. "Type of Service in the Internet Protocol Suite," RFC 1349, 28 pages (July).

Almquist, P., and Kastenholz, F. J. 1994. "Towards Requirements for IP Routers," RFC 1716, 186 pages (Nov.).

此RFC是取代RFC 1009 [Braden and Postel 1987]的中间步骤。

Auerbach, K. 1994. "Max IP Packet Length and MTU," Message-ID <karl.3.000A4DD7 @cavebear.com>, Usenet, comp.protocols.tcp-ip Newsgroup (July).

Boggs, D. R. 1982. "Internet Broadcasting," Xerox PARC CSL-83-3, Stanford University, Palo Alto, Calif. (Jan.).

Braden, R. T., ed. 1989a. "Requirements for Internet Hosts—Communication Layers," RFC 1122, 116 pages (Oct.).

Host Requirements RFC的前半部分。这部分包括链路层、IP、TCP和UDP。

Braden, R. T., ed. 1989b. "Requirements for Internet Hosts—Application and Support," RFC 1123, 98 pages (Oct.).

Host Requirements RFC的后半部分。这部分包括Telnet、FTP、TFTP、SMTP和DNS。

Braden, R. T. 1989c. "Perspective on the Host Requirements RFCs," RFC 1127, 20 pages (Oct.).

对开发制定Host Requirements RFC的IETF工作组的讨论和结论的一个非正式总结。

Braden, R. T. 1992. "TIME-WAIT Assassination Hazards in TCP," RFC 1337, 11 pages (May).

说明在TIME_WAIT状态时接收一个RST是如何能导致问题的。

Braden, R. T. 1993. "TCP Extensions for High Performance: An Update," Internet Draft, 10 pages (June).

这是一个对RFC 1323 [Jacobson, Braden, and Borman 1992]的更新文件。

Braden, R. T. 1994. "T/TCP—TCP Extensions for Transactions, Functional Specification," RFC 1644, 38 pages (July).

896   *TCP/IP详解 卷2: 实现*

Braden, R. T., Borman, D. A., and Partridge, C. 1988. "Computing the Internet Checksum," RFC 1071, 24 pages (Sept.).

提供方法和算法来计算IP、ICMP、IGMP、UDP和TCP中使用的检验和。

Braden, R. T., and Postel, J. B. 1987. "Requirements for Internet Gateways," RFC 1009, 55 pages (June).

等同于路由器的Host Requirements RFC。此RFC被RFC 1716 [Almquist and Kastenholz 1994]所取代。

Brakmo, L. S., O'Malley, S. W., and Peterson, L. L. 1994. "TCP Vegas: New Techniques for Congestion Detection and Avoidance," *Computer Communication Review*, vol. 24, no. 4, pp. 24 - 35 (Oct.).

说明了一些对4.3BSD Reno TCP实现的改进，这些改进用来提高吞吐量和减少重传。

```
ftp://ftp.cs.arizona.edu/xkernel/Papers/vegas.ps
```

Carlson, J. 1993. "Re: Bug in Many Versions of TCP," Message-ID <1993Jul12.130854.26176 @xylogics.com>, Usenet, comp.protocols.tcp-ip Newsgroup (July).

Casner, S., *Frequently Asked Questions (FAQ) on the Multicast Backbone (MBONE)*, 1993.
```
ftp://ftp.isi.edu/mbone/faq.txt
```

Cheswick, W. R., and Bellovin, S. M. 1994. *Firewalls and Internet Security: Repelling the Wily Hacker*. Addison-Wesley, Reading, Mass.

说明了如何去建立和管理一个防火墙网关，还涉及了安全问题。

Clark, D. D. 1982. "Modularity and Efficiency in Protocol Implementation," RFC 817, 26 pages (July).

Comer, D. E., and Lin, J. C. 1994. "TCP Buffering and Performance Over an ATM Network," Purdue Technical Report CSD-TR 94-026, Purdue University, West Lafayette, In. (Mar.).

Comer, D. E., and Stevens, D. L. 1993. *Internetworking with TCP/IP: Vol. III: Client—Server Programming and Applications, BSD Socket Version*. Prentice-Hall, Englewood Cliffs, N. J.

Croft, W., and Gilmore, J. 1985. "Bootstrap Protocol (BOOTP)," RFC 951, 12 pages (Sept.).

Crowcroft, J., Wakeman, I., Wang, Z., and Sirovica, D. 1992. "Is Layering Harmful?," *IEEE Network*, vol. 6, no. 1, pp. 20 - 24 (Jan.).

这篇文章中遗漏的7个图放在下一期中：vol. 6, no. 2 (March)。

Dalton, C., Watson, G., Banks, D., Calamvokis, C., Edwards, A., and Lumley, J. 1993. "Afterburner," *IEEE Network,* vol. 7, no. 4, pp. 36 - 43 (July).

说明了如何通过减少数据复制的执行次数来提高TCP的速度，并介绍了一个支持这种设计的专用接口卡。

Deering, S. E. 1989. "Host Extensions for IP Multicasting," RFC 1112, 17 pages (Aug.).

IP多播和IGMP的规范。

Deering, S. E., ed. 1991a. "ICMP Router Discovery Messages," RFC 1256, 19 pages (Sept.).

Deering, S. E. 1991b. "Multicast Routing in a Datagram Internetwork," STAN-CS-92-1415, Stanford University, Palo Alto, Calif. (Dec.).

ftp://gregorio.stanford.edu/vmtp-ip/sdthesis.part1.ps.Z

Deering, S. E., and Cheriton, D. P. 1990. "Multicast Routing in Datagram Internetworks and Extended LANs," *ACM Transactions on Computer Systems*, vol. 8, no. 2, pp. 85 - 110 (May).

对扩展支持多播的公共选路技术的建议。

Deering, S., Estrin, D., Farinacci, D., Jacobson, V., Liu, C., and Wei, L. 1994. "An Architecture for Wide-Area Multicast Routing," *Computer Communication Review*, vol. 24, no. 4, pp. 126 - 135 (Oct.).

Droms, R. 1993. "Dynamic Host Configuration Protocol," RFC 1541, 39 pages (Oct.).

Finlayson, R., Mann, T., Mogul, J. C., and Theimer, M. 1984. "A Reverse Address Resolution Protocol," RFC 903, 4 pages (June).

Floyd, S. 1994. Private Communication.

Forgie, J. 1979. "ST—A Proposed Internet Stream Protocol," IEN 119, MIT Lincoln Laboratory (Sept.).

Fuller, V., Li, T., Yu, J. Y., and Varadhan, K. 1993. "Classless Inter-Domain Routing (CIDR): An Address Assignment and Aggregation Strategy," RFC 1519, 24 pages (Sept.).

Hornig, C. 1984. "Standard for the Transmission of IP Datagrams over Ethernet Networks," RFC 894, 3 pages (Apr.).

Hutchinson, N. C., and Peterson, L. L. 1991. "The x-Kernel: An Architecture for Implementing Network Protocols," *IEEE Transactions on Software Engineering*, vol. 17, no. 1, pp. 64 - 76 (Jan.).

ftp://ftp.cs.arizona.edu/xkernel/Papers/architecture.ps

Itano, W. M., and Ramsey, N. F. 1993. "Accurate Measurement of Time," *Scientific American*, vol. 269, p. 56 (July).

概述了精确计时的历史的和当前的方法。还简短讨论了国际时间尺度，包括国际原子时间（TAI）和协调全球时间（UTC）。

Jacobson, V. 1988a. "Some Interim Notes on the BSD Network Speedup," Message-ID <8807200426.AA01221@helios.ee.lbl.gov>, Usenet, comp.protocols.tcp-ip Newsgroup (July).

Jacobson, V. 1988b. "Congestion Avoidance and Control," *Computer Communication Review*, vol. 18, no. 4, pp. 314 - 329 (Aug.).

一个说明TCP慢启动和拥塞避免算法的典型文章。

ftp://ftp.ee.lbl.gov/congavoid.ps.Z

Jacobson, V. 1990a. "Compressing TCP/IP Headers for Low-Speed Serial Links," RFC 1144, 43 pages (Feb.).

说明CSLIP，一个压缩了TCP和IP首部的SLIP版本。

Jacobson, V. 1990b. "4BSD TCP Header Prediction," *Computer Communication Review*, vol. 20, no. 2, pp. 13 - 15 (Apr.).

Jacobson, V. 1990c. "Modified TCP Congestion Avoidance Algorithm," April 30, 1990, end2end-interest mailing list (Apr.).

说明快速重传和快速恢复算法。

ftp://ftp.isi.edu/end2end/end2end-interest-1990.mail

Jacobson, V. 1990d. "Berkeley TCP Evolution from 4.3-Tahoe to 4.3-Reno," *Proceedings of the Eighteenth Internet Engineering Task Force*, p. 365 (Sept.), University of British Columbia, Vancouver, B. C.

Jacobson, V. 1993. "Some Design Issues for High-Speed Networks," *Networkshop '93* (Nov.), Melbourne, Australia.

讨论了21项开销。

ftp://ftp.ee.lbl.gov/papers/vj-nws93-1.ps.Z

Jacobson, V., and Braden, R. T. 1988. "TCP Extensions for Long-Delay Paths," RFC 1072, 16 pages (Oct.).

说明TCP的可选择确认选项和反射选项。在新近的RFC 1323中，前者被删除了，而后者被时间戳所代替。

Jacobson, V., Braden, R. T., and Borman, D. A. 1992. "TCP Extensions for High Performance," RFC 1323, 37 pages (May).

说明窗口刻度选项、时间戳选项和PAWS算法，以及需要这些修改的原因。[Braden 1993]更新了此RFC。

Jain, R., and Routhier, S. A. 1986. "Packet Trains: Measurements and a New Model for Computer Network Traffic," *IEEE Journal on Selected Areas in Communications*, vol. 4, pp. 1162 - 1167.

Karels, M. J., and McKusick, M. K. 1986. "Network Performance and Management with 4.3BSD and IP/TCP," *Proceedings of the 1986 Summer USENIX Conference*, pp. 182 - 188, Atlanta, Ga.

说明从4.2BSD到4.3BSD中关于TCP/IP的变动。

Karn, P., and Partridge, C. 1987. "Improving Round-Trip Time Estimates in Reliable Transport Protocols," *Computer Communication Review*, vol. 17, no. 5, pp. 2 -7 (Aug.).

处理重传的报文段的重传超时Karn算法的细节。

ftp://sics.se/users/craig/karn-partridge.ps

Kay, J., and Pasquale, J. 1993. "The Importance of Non-Data Touching Processing Overheads in TCP/IP," *Computer Communication Review*, vol. 23, no. 4, pp. 259 - 268 (Sept.).

Kent, C. A., and Mogul, J. C. 1987. "Fragmentation Considered Harmful," *Computer*

Communication Review, vol. 17, no. 5, pp. 390 - 401 (Aug.).

Kernighan, B. W., and Plauger, P. J. 1976. *Software Tools*. Addison-Wesley, Reading, Mass.

Krol, E. 1994. The *Whole Internet, Second Edition*. O'Reilly & Associates, Sebastopol, Calif.

对Internet、公共Internet应用和Internet上的各种可用资源的一个介绍。

Krol, E., and Hoffman, E. 1993. "FYI on 'What is the Internet?'," RFC 1462, 11 pages (May).

Lanciani, D. 1993. "Re: Bug in Many Versions of TCP," Message-ID <1993Jul10.015938.15951@burrhus.harvard.edu>, Usenet, comp.protocols.tcp-ip Newsgroup (July).

Leffler, S. J., McKusick, M. K., Karels, M. J., and Quarterman, J. S. 1989. *The Design and Implementation of the 4.3BSD UNIX Operating System*. Addison-Wesley, Reading, Mass.

一本完全讲解4.3BSD Unix系统的书。这本书说明的是4.3BSD的Tahoe版。

Lynch, D. C. 1993. "Historical Perspective," *in Internet System Handbook*, eds. D. C. Lynch and M. T. Rose, pp. 3-14. Addison-Wesley, Reading, Mass.

对Internet和它的前身ARPANET的历史的概述。

Mallory, T., and Kullberg, A. 1990. "Incremental Updating of the Internet Checksum," RFC 1141, 2 pages (Jan.).

此RFC被RFC 1624 [Rijsinghani 1994]更新。

Mano, M. M. 1993. *Computer System Architecture, Third Edition*. Prentice-Hall, Englewood Cliffs, N. J.

McCanne, S., and Jacobson, V. 1993. "The BSD Packet Filter: A New Architecture for User-Level Packet Capture," *Proceedings of the 1993 Winter USENIX Conference*, pp. 259 - 269, San Diego, Calif.

对BSD分组过滤器（BPF）做了详细的说明并同Sun公司的网络接口分接头（NIT）进行了比较。

`ftp://ftp.ee.lbl.gov/papers/bpf-usenix93.ps.Z`

McCloghrie, K., and Farinacci, D. 1994a. "Internet Group Management Protocol MIB," Internet Draft, 12 pages (Jul.).

McCloghrie, K., and Farinacci, D. 1994b. "IP Multicast Routing MIB," Internet Draft, 15 pages (Jul.).

McCloghrie, K., and Rose, M. T. 1991. "Management Information Base for Network Management of TCP/IP-based Internets: MIB-II," RFC 1213 (Mar.).

McGregor, G. 1992. "PPP Internet Protocol Control Protocol (IPCP)," RFC 1332, 12 pages (May).

McKenney, P. E., and Dove, K. F. 1992. "Efficient Demultiplexing of Incoming TCP Packets," *Computer Communication Review*, vol. 22, no. 4, pp. 269 - 279 (Oct.).

Mogul, J. C. 1991. "Network Locality at the Scale of Processes," *Computer Communication*

Review, vol. 21, no. 4, pp. 273 - 284 (Sept.).

Mogul, J. C. 1993. "IP Network Performance," in *Internet System Handbook*, eds. D. C. Lynch and M. T. Rose, pp. 575 - 675. Addison-Wesley, Reading, Mass.

包括很多Internet协议方面用来获得最佳性能的论题。

Mogul, J. C., and Deering, S. E. 1990. "Path MTU Discovery," RFC 1191, 19 pages (Apr.).

Mogul, J. C., and Postel, J. B. 1985. "Internet Standard Subnetting Procedure," RFC 950, 18 pages (Aug.).

Moy, J. 1994. "Multicast Extensions to OSPF," RFC 1584, 102 pages (Mar.).

Olivier, G. 1994. "What is the Diameter of the Internet?," Message-ID <1994Jan22.094832 @mines.u-nancy.fr>, Usenet, comp.unix.wizards Newsgroup (Jan.).

Partridge, C. 1987. "Implementing the Reliable Data Protocol (RDP)," *Proceedings of the 1987 Summer USENIX Conference*, pp. 367 - 379, Phoenix, Ariz.

Partridge, C. 1993. " Jacobson on TCP in 30 Instructions," Message-ID <1993Sep8.213239.28992 @sics.se>, Usenet, comp.protocols.tcp-ip Newsgroup (Sept.).

说明了一个由Van Jacobson开发的TCP/IP的研究实现，它把在一个RISC系统上的TCP分组接收处理减少到30条指令。

Partridge, C., and Hinden, R. 1990. "Version 2 of the Reliable Data Protocol (RDP)," RFC 1151, 4 pages (Apr.).

Partridge, C., Mendez, T., and Milliken, W. 1993. "Host Anycasting Service," RFC 1546, 9 pages (Nov.).

Partridge, C., and Pink, S. 1993. "A Faster UDP," *IEEE/ACM Transactions on Networking*, vol. 1, no. 4, pp. 429 - 440 (Aug.).

说明对Berkeley源代码实现的改进，它可以把UDP性能提高30%。

Paxson, V. 1994. Private Communication.

Perlman, R. 1992. *Interconnections: Bridges and Routers.* Addison-Wesley, Reading, Mass.

Piscitello, D. M., and Chapin, A. L. 1993. *Open Systems Networking: TCP/IP and OSI.* Addison-Wesley, Reading, Mass.

Plummer, D. C. 1982. "An Ethernet Address Resolution Protocol," RFC 826, 10 pages (Nov.).

Postel, J. B., ed. 1981a. "Internet Protocol," RFC 791, 45 pages (Sept.).

Postel, J. B. 1981b. "Internet Control Message Protocol," RFC 792, 21 pages (Sept.).

Postel, J. B., ed. 1981c. "Transmission Control Protocol," RFC 793, 85 pages (Sept.).

Postel, J. B. 1981d. "Service Mappings," RFC 795, 4 pages (Sept.).

Postel, J. B., and Reynolds, J. K. 1988. "Standard for the Transmission of IP Datagrams over IEEE 802 Networks," RFC 1042, 15 pages (Apr.).

Rago, S. A. 1993. *UNIX System V Network Programming.* Addison-Wesley, Reading, Mass.

Reynolds, J. K., and Postel, J. B. 1994. "Assigned Numbers," RFC 1700, 230 pages (Oct.).

Rijsinghani, A. 1994. "Computation of the Internet Checksum via Incremental Update," RFC

1624, 6 pages (May).

　　对RFC 1141的更新[Mallory and Kullberg 1990]。

　　Romkey, J. L. 1988. "A Nonstandard for Transmission of IP Datagrams Over Serial Lines: SLIP," RFC 1055, 6 pages (June).

　　Rose, M. T. 1990. *The Open Book: A Practical Perspective on OSI*. Prentice-Hall, Englewood Cliffs, N. J.

　　Salus, P. H. 1994. A *Quarter Century of Unix*. Addison-Wesley, Reading, Mass.

　　Sedgewick, R. 1990. *Algorithms in C*. Addison-Wesley, Reading, Mass.

　　Simpson, W. A. 1993. "The Point-to-Point Protocol (PPP)," RFC 1548, 53 pages (Dec.).

　　Sklower, K. 1991. "A Tree-Based Packet Routing Table for Berkeley Unix," *Proceedings of the 1991 Winter USENIX Conference*, pp. 93 - 99, Dallas, Tex.

　　Stallings, W. 1987. *Handbook of Computer-Communications Standards, Volume 2*: Local Network *Standards*. Macmillan, New York.

　　Stallings, W. 1993. *Networking Standards: A Guide to OSI, ISDN, LAN, and MAN Standards*. Addison-Wesley, Reading, Mass.

　　Stevens, W. R. 1990. *UNIX Network Programming*. Prentice-Hall, Englewood Cliffs, N. J.

　　Stevens, W. R. 1992. *Advanced Programming in the UNIX Environment*. Addison-Wesley, Reading, Mass.

　　Stevens, W. R. 1994. *TCP/IP Illustrated, Volume 1: The Protocols*. Addison-Wesley, Reading, Mass.

　　本系列的第1卷，它对Internet协议做了全面的介绍。

　　Tanenbaum, A. S. 1989. *Computer Networks, Second Edition*. Prentice-Hall, Englewood Cliffs, N. J.

　　Topolcic, C. 1990. "Experimental Stream Protocol, Version 2 (SY-II)," RFC 1190, 148 pages (Oct.).

　　Torek, C. 1992. "Re: A Problem in Bind System Call," Message-ID <27240@dog.ee.lbl.gov>, Usenet, comp.unix.internals Newsgroup (Nov.).

　　Waitzman, D., Partridge, C., and Deering, S. E. 1988. "Distance Vector Multicast Routing Protocol," RFC 1075, 24 pages (Nov.).

推荐阅读

计算机网络：自顶向下方法（原书第6版）

作者：James F. Kurose, Keith W. Ross　译者：陈鸣 等
ISBN: 978-7-111-45378-9　定价：79.00元

　　本书是当前世界上最为流行的计算机网络教材之一，采用作者独创的自顶向下方法讲授计算机网络的原理及其协议，即从应用层协议开始沿协议栈向下讲解，让读者从实现、应用的角度明白各层的意义，强调应用层范例和应用编程接口，使读者尽快进入每天使用的应用程序之中进行学习和"创造"。

　　本书第1~6章适合作为高等院校计算机、电子工程等相关专业本科生"计算机网络"课程的教材，第7~9章可用于硕士研究生"高级计算机网络"教学。对计算机网络从业者、有一定网络基础的人员甚至专业网络研究人员，本书也是一本优秀的参考书。

计算机网络：系统方法（原书第5版）

作者：Larry L.Peterson, Bruce S.Davie　译者：王勇 等
ISBN: 978-7-111-49907-7 定价：99.00元

　　本书是计算机网络领域的经典教科书，凝聚了两位顶尖网络专家几十年的理论研究、实践经验和大量第一手资料，自出版以来已经成为网络课程的主要教材之一，被美国哈佛大学、斯坦福大学、卡内基-梅隆大学、康奈尔大学、普林斯顿大学等众多名校采用。

　　本书采用"系统方法"来探讨计算机网络，把网络看作一个由相互关联的构造模块组成的系统，通过实际应用中的网络和协议设计实例，特别是因特网实例，讲解计算机网络的基本概念、协议和关键技术，为学生和专业人士理解现行的网络技术以及即将出现的新技术奠定了良好的理论基础。无论站在什么视角，无论是应用开发者、网络管理员还是网络设备或协议设计者，你都会对如何构建现代网络及其应用有"全景式"的理解。

TCP/IP详解 卷1：协议（原书第2版）

作者：Kevin R. Fall, W. Richard Stevens　译者：吴英 吴功宜
ISBN：978-7-111-45383-3　定价：129.00元

TCP/IP详解 卷1：协议（英文版·第2版）

ISBN：978-7-111-38228-7　定价：129.00元

　　我认为本书之所以领先群伦、独一无二，是源于其对细节的注重和对历史的关注。书中介绍了计算机网络的背景知识，并提供了解决不断演变的网络问题的各种方法。本书一直在不懈努力，以获得精确的答案和探索剩余的问题域。对于致力于完善和保护互联网运营或探究长期存在的问题的可选解决方案的工程师，本书提供的见解将是无价的。作者对当今互联网技术的全面阐述和透彻分析是值得称赞的。

——Vint Cerf，互联网发明人之一，图灵奖获得者

　　《TCP/IP详解》是已故网络专家、著名技术作家W.Richard Stevens的传世之作，内容详尽且极具权威性，被誉为TCP/IP领域的不朽名著。本书是《TCP/IP详解》第1卷的第2版，主要讲述TCP/IP协议，结合大量实例介绍了TCP/IP协议族的定义原因，以及在各种不同的操作系统中的应用及工作方式。第2版在保留Stevens卓越的知识体系和写作风格的基础上，新加入的作者Kevin R.Fall结合其作为TCP/IP协议研究领域领导者的尖端经验来更新本书，反映了最新的协议和最佳的实践方法。

推 荐 阅 读

交互式系统设计：HCI、UX和交互设计指南（原书第3版）

作者：David Benyon 译者：孙正兴 等 ISBN：978-7-111-52298-0 定价：129.00元

本书在人机交互、可用性、用户体验以及交互设计领域极具权威性。书中囊括了作者关于创新产品及系统设计的大量案例和图解，每章都包括发人深思的练习、挑战点评等内容，适合具有不同学科背景的人员学习和使用。

以用户为中心的系统设计

作者：Frank E. Ritter 等 译者：田丰 等 ISBN：978-7-111-57939-7 定价：85.00元

本书融合了作者多年的工作经验，阐述了影响用户与系统有效交互的众多因素，其内容涉及人体测量学、行为、认知、社会层面等四个主要领域，介绍了相关的基础研究，以及这些基础研究对系统设计的启示。